Sturm/Klein

Betriebsgeräte und Schaltungen für elektrische Lampen

Herausgeber:

Erwin Klein

Schriftleiter:

Peter Krebs

Autoren:	**Abschnitt:**
Hans-Jürgen Fähnrich	1.3, 2.5, 3.3, 4.2, 5.2, 5.4, 6.2, 6.3, 11.2
Siegfried Goedicke	3.2.1-3.2.12, 4.3.1, 4.3.2, 5.3
Ratibor Hadzi-Manovic	8.2
Hans-Jürgen Hentschel	1.1, 12
Peter Krebs	2.3.1 (Abschnitt Prüfungen), 2.4.9, 3.2.13, 4.3.3, 8.3.3, 10.1, 10.2, 10.4, 10.5, 11.1
Erhard Rasch	1.2, 2.1, 2.2, 3.1, 4.1, 4.4, 5.1, 6.1, 7, 8.1
Franz von Rohr	2.3 (ohne 2.3.1, Abschnitt Prüfungen)
Kurt Schmoll	9, 10.3
Bernd Zimmermann	2.4.1-2.4.8, 8.3.1, 8.3.2

Betriebsgeräte und Schaltungen für elektrische Lampen

Vorschaltgeräte, Transformatoren, Starter Lampen und Leuchten Normen

Von Carl Heinz Sturm und Erwin Klein

Herausgeber: Erwin Klein

6., neubearbeitete Auflage, 1992

Siemens Aktiengesellschaft

Die Deutsche Bibliothek – CIP-Einheitsaufnahme

Betriebsgeräte und Schaltungen für elektrische Lampen :
Vorschaltgeräte, Transformatoren, Starter, Lampen und
Leuchten, Normen / von Carl Heinz Sturm und Erwin Klein.
Hrsg.: Erwin Klein. [Autoren: Hans-Jürgen Fähnrich ...]. – 6.,
neubearb. Aufl. – Berlin ; München : Siemens-Aktienges.,
[Abt. Verl.], 1992
ISBN 3-8009-1586-3
NE: Sturm, Carl Heinz; Klein, Erwin

Die in diesem Buch wiedergegebenen Bezeichnungen können Warenzeichen sein, deren Benutzung durch Dritte für deren Zwecke die Rechte der Inhaber verletzen kann.
Text und Abbildungen dieses Buches wurden mit größtmöglicher Sorgfalt erstellt. Verlag, Herausgeber und Autoren können jedoch für eventuell verbliebene fehlerhafte Angaben und deren Folgen weder eine juristische Verantwortung noch irgendeine Haftung übernehmen. Es empfiehlt sich, für eigene Arbeiten die jeweils gültigen Gesetze, Vorschriften oder Richtlinien in ihrer aktuellen und vollständigen Fassung zu verwenden.

ISBN 3-8009-1586-3

Verlag: Siemens Aktiengesellschaft, Berlin und München.

Printed in the Federal Republic of Germany

Vorwort

Die elektrische Erzeugung von Licht mit Gasentladungslampen und Halogenglühlampen wird von zwei untrennbar verbundenen Komponenten beherrscht, der Lampe und der zugehörigen elektrischen Versorgungseinheit. Bei den Lampen haben immer wieder enorme Innovationssprünge stattgefunden, die eine Anpassung der zugehörigen Betriebsgeräte mit sich zogen. Auch wurden die Betriebsgeräte ständig verbessert, um die elektrische Energie zur Lichterzeugung möglichst effektiv nutzen zu können. Hieraus entstanden wiederum Impulse zur Weiterentwicklung der Lichtquellen.

Inzwischen ist zur Gasentladungslampe mit den dazugehörigen Betriebsgeräten eine dritte, wesentliche Komponente hinzugekommen, die Lenkung und Verteilung des Lichts mittels optischer Elemente wie Reflektoren und Refraktoren. Sie hat heute absolut den gleichen Stellenwert erreicht, da sie entscheidend ist für den Komfort, den das Licht dem Menschen in seinem Lebens- und Arbeitsraum bietet. Maßgebend dafür ist die erzielte hohe Lichtqualität, die sich aus Lichtfarbe, Lichthelligkeit und Lichtempfindung zusammensetzt.

Die jeweils erreichbare Lichtqualität ist abhängig von der momentanen Art des Lebensraums, sei es bei der Arbeit, im Verkehr, beim Sport, im geselligen Bereich oder innerhalb der „eigenen vier Wände". Aus diesen Anwendungsbereichen ergibt sich das weitgefächerte Einsatzgebiet elektrischer Lampen mit ihren Betriebsgeräten und den Leuchten mit ihren vielen Kombinationsmöglichkeiten. Es reicht von Industrie, Büro, Straßen und Plätzen, Parkanlagen, Anstrahlungen und Sportstätten bis in den Wohnbereich, wobei zusätzlich zwischen den wirtschaftlichen und den mehr auf Komfort ausgerichteten Sphären zu unterscheiden ist.

In letzter Zeit hat ein besonderes Gebiet der Beleuchtungstechnik hohe Bedeutung erlangt, bei dem Licht als architektonisches Gestaltungsmittel eingesetzt wird. So werden zum Beispiel in Banken, Geschäftshäusern oder Hotels durch Kombinieren verschiedener Lichtquellen und eigens dafür konstruierter Leuchten individuelle Beleuchtungseinrichtungen mit besonderer Lichtatmosphäre geschaffen. Die technischen Anforderungen an die Betriebsgeräte und Lampen sind hier sehr hoch, so daß eine sorgfältige Dimensionierung aller Komponenten erforderlich ist.

Das gegenseitige Wechselspiel von Lampe, Leuchte und Betriebsgerät in der Entwicklung scheint zu immer weiteren und kühneren Innovationen zu führen, so daß dem Entwicklungsingenieur heute ein beachtliches Betätigungsfeld offensteht, insbesondere auf dem Gebiet zur Stromversorgung der Lampen.

Vorschaltgeräte für Gasentladungslampen wurden im 1952 erstmals erschienenen Standardwerk von Carl Heinz Sturm, „Vorschaltgeräte und Schaltungen für Niederspannungs-Entladungslampen", umfassend beschrieben. Seit der 1974 veröffentlichten 5. Auflage kamen zahlreiche neue Lampenarten auf den Markt. Außerdem fand der Einzug der Elektronik in die Technik der Vorschaltgeräte und Betriebsgeräte statt. Neben der Diversifikation der Geräte machen auch die inzwischen entwickelten verfeinerten Rechenmethoden eine Überarbeitung und Neustrukturierung des gesamten Nachschlagewerkes erforderlich.

Wenngleich viele Textteile und Bilder aus dem ursprünglichen Buch übernommen werden konnten, ist doch ein gänzlich neues Werk daraus geworden, was sich in dem Titel „Betriebsgeräte und Schaltungen für elektrische Lampen" ausdrückt. Es wurde versucht, die Beiträge der einzelnen Autoren, die auf ihrem jeweiligen Arbeitsgebiet Experten sind, zu einem möglichst homogenen Werk zusammenzufügen, obwohl ein solches Unterfangen von der Gliederung und Strukturierung des Inhalts her keinesfalls allen Ansprüchen gerecht werden kann.

Ein Inhaltsschwerpunkt sind die Betriebssysteme für elektronische Vorschaltgeräte (EVG) und elektronische Transformatoren für Halogenglühlampen, die sich inzwischen erfolgreich in die Technik der herkömmlichen Vorschaltgeräte und Transformatoren eingliedern konnten.

Obwohl inzwischen aktualisierte Fachbücher zur Physik und Technik der Gasentladungslampen erschienen sind, haben wir auch diesem Bereich besondere Aufmerksamkeit geschenkt, um das Grundlagenwissen für aktuelle Entwicklungen zu vermitteln. Das gilt auch für Niedervolthalogenglühlampen und deren Betriebsgeräte.

Insgesamt sind die Kapitel des Buches weitestgehend entsprechend den einzelnen Lampenarten geordnet, wobei jeweils die Lampen selbst und die zugehörigen Betriebsgeräte mit ihren Betriebsarten beschrieben sind. Außerdem enthält das Buch ein Kapitel über die Leuchtentechnik und zu beachtende Schwerpunkte bei der Installation der Leuchten. Besonderes Gewicht wurde auch auf die jeweils geltenden aktuellen Vorschriften und Approbationsmodalitäten, unter Berücksichtigung der internationalen Harmonisierung, gelegt. Am Ende des Buches wird die Wirtschaftlichkeit von Beleuchtungsanlagen mit moderner Technik betrachtet.

Dieses Buch ist ein Standardwerk für alle Fachleute, die mit der Entwicklung, Planung, Prüfung, Installation und dem Betrieb von Betriebsgeräten und Beleuchtungsanlagen zu tun haben. Besonderer Wert wurde auf Grafiken und Tabellen gelegt, die eine leichte Umsetzung des theoretischen Inhalts auf das Lösen praktischer Probleme ermöglichen.

Allen Autoren ist für ihre Bereitschaft zur Mitarbeit an diesem Werk zu danken, Herrn Peter Krebs für seinen unermüdlichen Einsatz als Schriftleiter, Frau Sieglinde Dengg für das Schreiben vieler Manuskriptseiten sowie Herrn Dr. Gerhard Seitfudem vom Verlag für seine Hilfe bei der redaktionellen Bearbeitung des Werkes.

München, im Oktober 1992

Siemens Aktiengesellschaft

Inhalt

1 Einführung

1.1 Grundbegriffe und Größen der Lichttechnik

Die Lichttechnik als die interdisziplinäre Lehre von der Erzeugung, Messung und Anwendung des Lichtes hat Anteil an der Physik der Lichterzeugung, der Physiologie und Psychologie des Sehens, der Elektrotechnik des Betriebes der Lampen, der Leuchtentechnologie und der Bautechnik einschließlich der Architektur im Zusammenwirken von Beleuchtung und Umgebung. Dementsprechend besteht die Lichttechnik aus den folgenden Teilgebieten:

▷ Physiologisch-psychische Grundlagen des Sehens und Wahrnehmens
▷ Lichttechnische Größen und Einheiten
▷ Lichtmessung oder Photometrie
▷ Lichterzeugung oder Leuchttechnik
▷ Hilfsmittel der Lichtanwendung, insbesondere Leuchten und Betriebsgeräte
▷ Lichtanwendung im Innen- und Außenraum, die Beleuchtungstechnik in engerem Sinne.

Soweit es für die Zwecke dieses Buches erforderlich ist, werden die einzelnen Teilgebiete im folgenden behandelt. Zur genaueren Beschäftigung mit Lichttechnik wird auf die entsprechende Literatur hingewiesen [1.1.1, 1.1.2].

1.1.1 Das Spektrum im UV-, sichtbaren und IR-Bereich

Licht ist elektromagnetische Strahlung des Wellenlängenbereiches von 380 bis 780 nm (1 nm = 10^{-9} m). Die sichtbare Strahlung nimmt nur etwa eine Oktave im breiten Spektrum der elektromagnetischen Wellen ein, zu kürzeren Wellenlängen hin folgt der Bereich der ultravioletten Strahlung (auch UV- oder ultraviolettes Licht genannt), zu längeren Wellenlängen hin der Bereich der infraroten, der IR-Strahlung (Bild 1.1).

Die Einteilung des Spektrums der elektromagnetischen Strahlung im optischen Bereich, an den sich

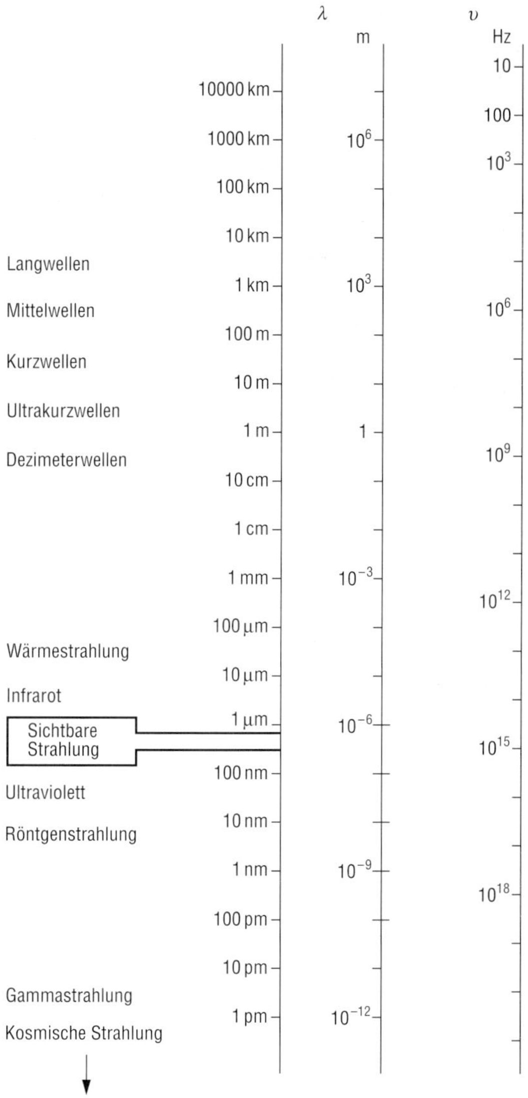

Bild 1.1
Das Spektrum der elektromagnetischen Wellen

Tabelle 1.1
Einteilung des Spektrums der elektromagnetischen Strahlung im optischen Bereich (nach DIN 5031 Teil 7)

Benennung der Strahlung		Kurzzeichen			Wellenlänge λ (in nm)
Ultraviolettstrahlung[1)]	Vakuum-UV	UV	UV-C	VUV	100 bis 200
	Fernes UV			FUV	200 bis 280
	Mittleres UV		UV-B		280 bis 315
	Nahes UV		UV-A		315 bis 380
Sichtbare Strahlung, Licht[2)]		VIS			380 bis 780
Infrarotstrahlung[2)]	Nahes IR	IR	NIR	IR-A	780 bis $140 \cdot 10^1$
				IR-B	$140 \cdot 10^1$ bis $300 \cdot 10^1$
	Mittleres IR		IR-C	MIR	$300 \cdot 10^1$ bis $500 \cdot 10^2$
	Fernes IR			FIR	$500 \cdot 10^2$ bis 10^6

[1)] Von der Internationalen Beleuchtungskommission (CIE) (Internationales Wörterbuch der Lichttechnik, CIE-Publikation No. 17 (E-1.1) 1970) ist als obere Grenze des Wellenlängenbereichs der Ultraviolettstrahlung 400 nm angegeben. Bei der Verwendung dieser Grenze ergibt sich eine Überlappung zwischen dem Wellenlängenbereich der Ultraviolettstrahlunng (UV) und der sichtbaren Strahlung, Licht (VIS).

[2)] Strahlung in den benachbarten Bereichen der sichtbaren Strahlung kann bei hoher Strahldichte sichtbar sein. Für Farbmessungen sollte daher der Wellenlängenbereich 360 nm bis 830 nm berücksichtigt werden (siehe DIN 5033 Teil 2 – Farbmessung, Normvalenz-Systeme). Bei extrem hohen Strahldichten kann es außerdem notwendig sein, diesen Bereich ins UV-A oder IR-A zu erweitern.

nach kürzeren Wellenlängen die ionisierende Strahlung, nach längeren Wellenlängen die Millimeterwellen anschließen, zeigt Tabelle 1.1.

Durch den Gesichtssinn wird ein Gemisch aus Strahlen aller Wellenlängenbereiche des sichtbaren Spektrums als mehr oder weniger unbunt empfunden. Im Gegensatz dazu ist monochromatische Strahlung, die Strahlung in einem engbegrenzten Wellenlängenbereich des Intervalls λ bis $\lambda + d\lambda$, mit der Empfindung einer gesättigten bunten Farbe, der Spektralfarbe, verknüpft. Dabei entsprechen die Spektralfarben violett, blau, grün, gelb, orange und rot monochromatischen Strahlungen von 380 nm bis 780 nm.

Bei der Beschreibung des Lichts als physikalische Erscheinung ist grundsätzlich zwischen den Vorgängen Emission und Absorption einerseits sowie der Ausbreitung der elektromagnetischen Strahlung andererseits zu unterscheiden. Für die Behandlung der Emissions- und Absorptionsvorgänge muß das Licht als eine aus kleinsten Energieportionen, den Lichtquanten, bestehende Strahlung aufgefaßt werden, während für seine Ausbreitung die Gesetze der Wellentheorie gelten.

Eine Welle stellt die Ausbreitung eines periodischen Schwingungszustands dar. Die Wellenlänge ist der Abstand zwischen zwei Schwingungszuständen der gleichen Phase, gemessen in der Ausbreitungsrichtung der Welle. Verläuft die periodische Schwingung mit der Frequenz ν, so folgen in einer Sekunde ν Wellenzüge der Länge λ aufeinander. Die Ausbreitungsgeschwindigkeit ist somit

$$c = \lambda \cdot \nu \qquad (1.1)$$

Aus Gleichung (1.1) ergibt sich bei einer Geschwindigkeit c des Lichtes im Vakuum von $3 \cdot 10^8\ \mathrm{ms}^{-1}$ für einen Wellenlängenbereich von etwa 400 bis 800 nm ein Frequenzbereich von $7{,}5 \cdot 10^{14}$ Hz am violetten bis $3{,}75 \cdot 10^{14}$ Hz am roten Ende des Spektrums.

Mit der Wellentheorie eng verknüpft ist die Vorstellung von der geradlinigen Ausbreitung des Lichtes. Wegen der damit verbundenen physikalischen Phänomene, insbesondere der optischen Brechung und Reflexion, sei auf die physikalische Literatur verwiesen.

Die Annahme der geradlinigen Ausbreitung gilt allerdings nur, wenn sich die ebene Wellenfront ungestört ausbreiten kann. In der Praxis der Lichtanwendung ist dies der Fall, solange nicht Gegenstände die Ausbreitung der Wellenfront behindern, deren Abmessungen mit der Wellenlänge des Lichtes vergleichbar sind. Solche Gegenstände führen zu den Phänomenen der Beugung und Interferenz.

Eine weitere Ausnahme von der vereinfachten Betrachtungsweise der geradlinigen Ausbreitung des Lichtes bildet im Rahmen der Lichttechnik neuerdings die Erzeugung von Hologrammen. Diese von kohärentem Laserlicht erzeugte Erscheinung wird in Zukunft immer mehr an Bedeutung gewinnen.

Abgesehen von den erwähnten Ausnahmen rechnet man in der praktischen Lichttechnik stets mit der geradlinigen Ausbreitung des Lichtes, indem man Beugungs- und Interferenzerscheinungen vernachlässigt.

Emission und Absorption des Lichtes lassen sich nicht durch die Wellentheorie erklären. Deutbar wurden sie erst durch Plancks Annahme von der Existenz quantenhaft diskontinuierlich abgestrahlter Energieportionen. Auf dieser Grundlage entwickelte Einstein die Theorie der Lichtquanten.

Mit dem Planckschen Wirkungsquantum (Wirkung gleich Energie mal Zeit) $h = 6{,}626 \cdot 10^{-34}$ Js gilt für die Größe eines Energiequants E bei Absorption oder Emission von Strahlung

$$E = h \cdot \nu \qquad (1.2)$$

Die quantenhafte Emission und Absorption wird bei den weiteren entsprechenden Abschnitten ausführlicher behandelt.

1.1.2 Bewertung der sichtbaren Strahlung durch das Auge

Das menschliche Auge (Bild 1.2) als das eigentliche Sinnesorgan, das dem Gesichtssinn die zur Wahrnehmung optischer Eindrücke erforderlichen Informationen liefert, besteht aus einem kugelförmigen Körper mit einem Durchmesser von etwa 26 mm.

Das optische System unseres Auges setzt sich zusammen aus der Hornhaut, der Linse und dem Glaskörper. Außerdem ist an der optischen Abbildung die zwischen Hornhaut und Augenlinse befindliche Kammerwasserflüssigkeit beteiligt. Das optische System bildet die Umwelt auf der Netzhaut ab. Dabei stellt sich die Augenlinse auf die Entfernung des Gegenstands zwischen Nah- und Fernpunkt ein; diesen Vorgang nennt man Akkommodation. Die Netzhaut enthält die lichtempfindlichen Empfängerelemente des Auges, die Zapfen und Stäbchen.

Die farbtüchtigen Zapfen sind für das Sehen am Tage bestimmt; die Stäbchen sind insbesondere für das Sehen bei sehr geringen Helligkeiten geeignet, vermitteln aber nur das Schwarzweißsehen. Beide Elemente, also die Zapfen und die Stäbchen, sind über einen komplizierten Schaltmechanismus, die Bipolar- und Ganglienzellen, an die Fasern des Sehnervs angeschlossen.

Der Vorgang der Wahrnehmung optischer Reize läuft folgendermaßen ab:

1. Absorption elektromagnetischer Strahlung in den Zapfen bzw. Stäbchen der Netzhaut.

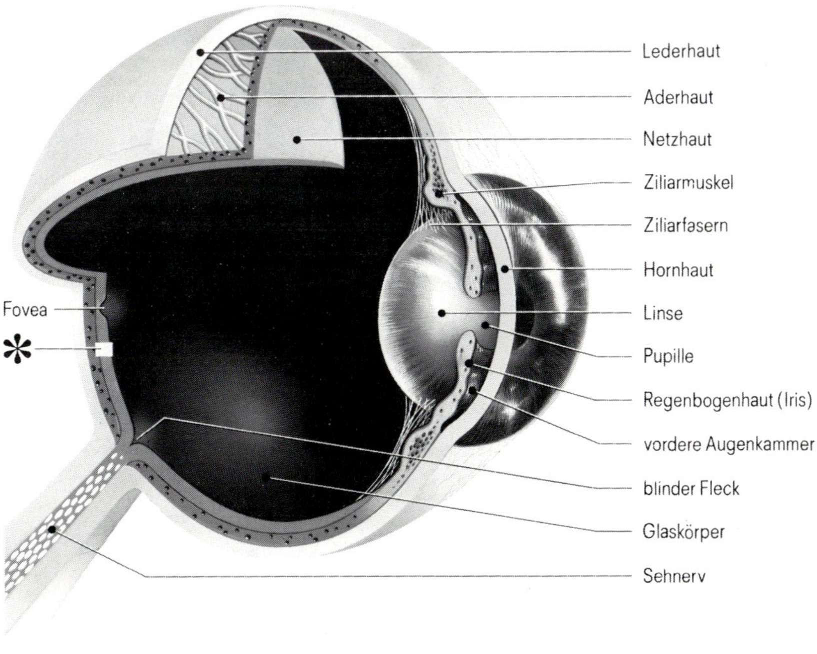

Bild 1.2
Der Aufbau des menschlichen Auges (Quelle: Hentschel, Licht und Beleuchtung, 3. Aufl. Heidelberg: Hüthig 1987 [1.1.2])

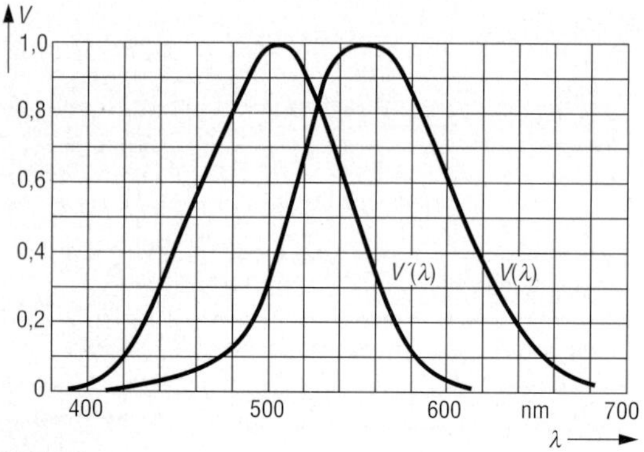

Bild 1.3
Die relative spektrale Hellempfindlichkeit der Zapfen $V(\lambda)$ und der Stäbchen $V'(\lambda)$

2. Zersetzung und Regeneration der in diesen befindlichen Sehstoffe unter Aufbau elektrischer Potentiale.
3. Weiterleitung der elektrischen Potentiale in Form kurzer Impulse über die Fasern des Sehnerves zur Großhirnrinde. In der Großhirnrinde entsteht die eigentliche Lichtempfindung und Wahrnehmung der Umwelt.

Die quantitative Beschreibung der Lichtempfindung bezieht sich auf die spektrale Empfindlichkeit der Empfänger in der Netzhaut, der Zapfen und Stäbchen. Bild 1.3 zeigt die relative spektrale Hellempfindlichkeit der Zapfen $V(\lambda)$ und der Stäbchen $V'(\lambda)$ entsprechend DIN 5031 Teil 3 (Größen, Formelzeichen und Einheiten der Lichttechnik) [1.1.3]. Die Angaben der lichttechnischen Größen und Einheiten sind auf die Hellempfindlichkeit $V(\lambda)$ für Tagessehen bezogen.

1.1.3 Definition der lichttechnischen Größen und Einheiten

Ausgehend von der relativen spektralen Hellempfindlichkeit der Zapfen $V(\lambda)$ wird die Strahlung einer Lichtquelle mit ihrer spektralen Verteilung der Strahlungsleistung, dem spektralen Strahlungsfluß $\Phi_{e\lambda}$ mit $V(\lambda)$ über das sichtbare Spektrum bewertet. Die Integration führt mit der Beziehung

$$\Phi = K_m \cdot \int \Phi_{e\lambda} \cdot V(\lambda) \cdot d\lambda \qquad (1.3)$$

auf den Lichtstrom Φ als der photometrisch bewerteten Strahlungsleistung. Mit dem definierten Maximalwert des photometrischen Strahlungsäquivalentes K_m von 683 lm/W ergibt sich daraus die Einheit des Lichtstroms als Lumen, abgekürzt lm.

Der so definierte Lichtstrom und die daraus abgeleiteten Größen hängen über die $V(\lambda)$-Bewertung linear und additiv (Integration) mit den spektralen Strahlungsgrößen zusammen.

Nach DIN 5031 Teil 3 wird der Lichtstrom aus der Lichtmenge abgeleitet. Mit der Definition (1.3) des Lichtstroms als dem $V(\lambda)$-getreu bewerteten Strahlungsfluß ergibt sich die Lichtmenge Q als das Integral des Lichtstroms über der Zeit

$$Q = \int \Phi \cdot dt \qquad (1.4)$$

in der Einheit lm · s oder lm · h.

Nach DIN 5031 Teil 3 gibt Tabelle 1.2 die wichtigsten lichttechnischen Größen und Einheiten wieder.

In der Tabelle bezieht sich der Index 1 stets auf die Ausstrahlung, also ist z. B. dA_1 das strahlende Flächenelement, der Index 2 bezieht sich auf die Einstrahlung, z. B. ist dA_2 das bestrahlte Flächenelement.

Die spezifische Lichtausstrahlung M beschreibt die Dichte des Lichtstroms einer Lichtquelle bezogen auf die strahlende Fläche.

Die Lichtstärke I ist die für die Beschreibung der räumlichen Ausbreitung der Strahlung einer Lichtquelle, einer Lampe oder Leuchte gebräuchliche Größe. Sie ist definiert als die Dichte des Lichtstroms, bezogen auf den (sehr kleinen) durchstrahlten Raumwinkel Ω, ein kegelförmiges Gebilde mit dem Ursprung 0 (siehe Bild 1.4).

Der Raumwinkel Ω wird dabei gemessen durch den Quotienten aus der durchstrahlten Kugelfläche A_K und dem Quadrat des Kugelradius r gemäß

$$\Omega = \frac{A_K}{r^2} \qquad (1.5)$$

in der Einheit Steradiant (sr).

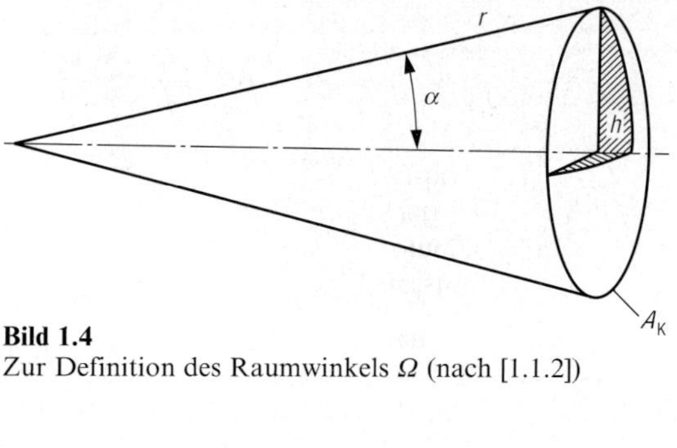

Bild 1.4
Zur Definition des Raumwinkels Ω (nach [1.1.2])

Tabelle 1.2 Lichttechnische Größen und Einheiten (nach DIN 5031 Teil 3)

Größe	Formelzeichen	Beziehung	Vereinfachte Beziehung	Erklärung	Einheit	Zeichen und Zusammenhänge
Lichtstrom	Φ	$\Phi = K_m \cdot \int \Phi_{e\lambda} \cdot V(\lambda) \cdot d\lambda$ $K_m = 683$ lm/W	–	Der Lichtstrom Φ ist der $V(\lambda)$-getreu bewertete Strahlungsfluß Φ_e	Lumen	1 lm = 1 cd · sr
Spezifische Lichtausstrahlung	M	$M = \frac{d\Phi}{dA_1}$	$M = \frac{\Phi}{A_1}$	Die spezifische Lichtausstrahlung M ist der Quotient aus dem von einer Fläche A_1 abgegebenen Lichtstrom Φ und der leuchtenden Fläche	Lumen/Quadratmeter	$lm \cdot m^{-2}$
Lichtstärke	I	$I = \frac{d\Phi}{d\Omega_1}$	$I = \frac{\Phi}{\Omega_1}$	Die Lichtstärke I ist der Quotient aus dem von einer Lichtquelle in einer bestimmten Richtung ausgesandten Lichtstrom und dem durchstrahlten Raumwinkel Ω_1	Candela	cd
Leuchtdichte	L	$L = \frac{d^2\Phi}{dA_1 \cdot \cos\varepsilon_1 \cdot d\Omega_1}$ $L = \frac{d^2\Phi}{dA_2 \cdot \cos\varepsilon_2 \cdot d\Omega_2}$	$L = \frac{\Phi}{A_1 \cdot \cos\varepsilon_1 \cdot \Omega_1}$ $L = \frac{\Phi}{A_2 \cdot \cos\varepsilon_2 \cdot \Omega_2}$	Die Leuchtdichte L ist der Quotient aus dem durch eine Fläche A in einer bestimmten Richtung (ε) durchtretenden (auftreffenden) Lichtstrom Φ und dem Produkt aus dem durchstrahlten Raumwinkel Ω und der Projektion der Fläche $A \cdot \cos\varepsilon$ auf eine Ebene senkrecht zur betrachteten Richtung	Candela/Quadratmeter	$cd \cdot m^{-2}$
Beleuchtungsstärke	E	$E = \frac{d\Phi}{dA_2}$	$E = \frac{\Phi}{A_2}$	Die Beleuchtungsstärke E ist der Quotient aus dem auf eine Fläche auftreffenden Lichtstrom Φ und der beleuchteten Fläche A_2	Lumen/Quadratmeter Lux	$lm \cdot m^{-2}$ 1 lx = 1 $lm \cdot m^{-2}$
Zylindrische Beleuchtungsstärke	E_z	$E_z = \frac{1}{2\pi}\int_0^{2\pi} E_v(\varphi)\,d\varphi$ $= \bar{E}_v$	$E_z = \frac{1}{n}\sum_{x=1}^{n} E_{vx}$	Die zylindrische Beleuchtungsstärke E_z ist der an einem Punkt vorhandene arithmetische Mittelwert $\bar{E}_v$ der vertikalen Beleuchtungsstärken E_{vx}, bezogen auf die optische (Zylinder-)achse. E_v Beleuchtungsstärke auf einer Ebene, die die optische Achse enthält φ Winkel in der Ebene senkrecht zur optischen Achse	Lumen/Quadratmeter Lux	$lm \cdot m^{-2}$ 1 lx = 1 $lm \cdot m^{-2}$
Lichtmenge	Q	$Q = \int \Phi\,dt$	$Q = \Phi \cdot t$	Die Lichtmenge Q ist das Produkt aus dem Lichtstrom Φ und der Dauer der Strahlung	Lumenstunde Lumensekunde	lm · h lm · s
Belichtung	H	$H = \int E \cdot dt$	$H = E \cdot t$	Die Belichtung H ist das Produkt aus der Beleuchtungsstärke E und der Dauer t des Beleuchtungsvorganges	Luxsekunde	1 lx · s = 1 $lm \cdot m^{-2} \cdot s$

Als Lichteinheit ist international die Candela (cd) festgelegt. Sie ist die Lichtstärke einer Strahlungsquelle in einer gegebenen Richtung, die eine Frequenz von 540×10^{12} Hz aussendet und deren Strahlstärke 1/683 W je Steradiant in dieser Richtung beträgt (16. Generalkonferenz für Maße und Gewichte am 11. 10. 1979 in Paris).

Die Leuchtdichte L ist unabhängig vom Ort im Strahlengang, soweit keine Absorption oder Streuung im durchstrahlten Medium stattfindet und ist diejenige lichttechnische Größe, die mit der Helligkeitsempfindung des Menschen korreliert. Besitzt eine kleine ebene Fläche A_1 die Lichtstärke $I(\varepsilon_1)$ in Richtung zum Beobachter, so ist deren Leuchtdichte L gegeben durch

$$L = \frac{I(\varepsilon)}{A_1 \cdot \cos\varepsilon_1} \tag{1.6}$$

ε_1 ist der Winkel zu einer auf der Ebene stehenden Senkrechten. Die Umkehrbeziehung von (1.6)

$$I(\varepsilon) = L \cdot A_1 \cdot \cos\varepsilon_1 \tag{1.7}$$

ist als das Cosinusgesetz bekannt.

Häufig wird vereinfachend angenommen, daß die Leuchtdichte L über die betrachtete Fläche und im betrachteten Raumwinkel der Ausstrahlung konstant ist. Einen solchen Strahler nennt man Lambertstrahler.

Die Beleuchtungsstärke E ist die Dichte des Lichtstroms Φ auf der bestrahlten Fläche A_2. Sie dient zum Beschreiben der Beleuchtung von Flächen. In Verbindung mit dem Reflexionsgrad ϱ der bestrahlten Fläche liefert sie bei vollkommener Streuung des reflektierten Lichtstroms Φ_r die reflektierte Leuchtdichte

$$L_r = \frac{E \cdot \varrho}{\pi \cdot \Omega_0} \tag{1.8}$$

mit Ω_o als dem Einheitsraumwinkel 1 sr. Dabei ist der Reflexionsgrad ϱ definiert zu

$$\varrho = \frac{\Phi_r}{\Phi_0} \tag{1.9}$$

mit Φ_0 als dem auf die reflektierende Fläche eingestrahlten Lichtstrom.

Analog zu Gleichung (1.9) ist der Transmissionsgrad τ eines lichtdurchlässigen Mediums definiert zu

$$\tau = \frac{\Phi_d}{\Phi_0} \tag{1.10}$$

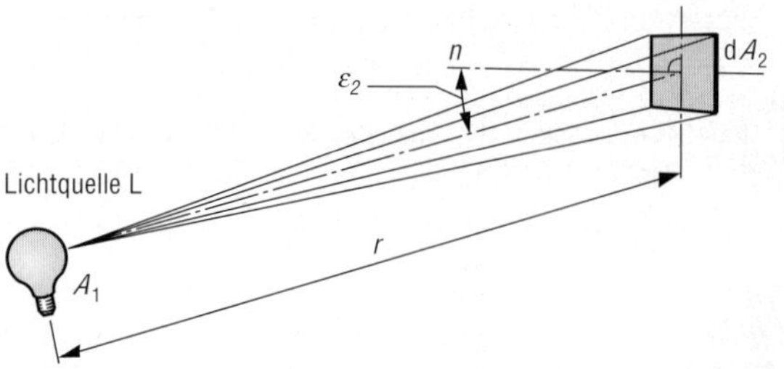

Bild 1.5
Zur Ableitung des Entfernungsgesetzes (nach [1.1.2])

mit Φ_d als dem durchgelassenen (transmittierten) Lichtstrom.

Beleuchtet eine Lichtquelle L mit der Lichtstärke I eine Fläche $\mathrm{d}A_2$ im Abstand r unter dem Einstrahlungswinkel ε_2 (siehe Bild 1.5), so ist die Beleuchtungsstärke E gegeben durch

$$E = \frac{I}{r^2} \cdot \cos\varepsilon_2 \cdot \Omega_0 \tag{1.11}$$

mit $\Omega_0 = 1$ sr (Entfernungsgesetz). Dabei wird vorausgesetzt, daß der Abstand r groß gegen die Abmessungen der Lichtquelle ist. Für flächenhafte Strahler ist diese Bedingung etwa erfüllt, wenn r mindestens das Fünffache des größten Durchmessers des Strahlers beträgt. Für linienhafte Strahler mit Lambertstrahlung (konstante Leuchtdichte) genügt für ausreichende Genauigkeit bei Anwendung von Gleichung 1.11 das dreifache der Länge des Strahlers als Abstand r.

Ist aus einer Messung die räumliche Verteilung der Lichtstärken einer Lichtquelle, Lampe oder Leuchte bekannt, so läßt sich der Lichtstrom Φ durch Integration gemäß

$$\Phi = \int_0^{4\pi} I \cdot \mathrm{d}\Omega \tag{1.12}$$

ermitteln. Zu Einzelheiten solcher Berechnungen nach 1.12, wie sie häufig in Verbindung mit rechnergesteuerten Goniophotometern nötig sind, muß auf das lichttechnische Schrifttum verwiesen werden.

1.1.4 Photometrische Messungen

Als Grundregel jeder Lichtmessung (siehe DIN 5032 Lichtmessung Teil 1 Photometrische Meßverfahren) [1.1.4] gilt nach der Definition der lichttechnischen Größen als $V(\lambda)$-bewertete Strahlungsgrößen, daß die relative spektrale Empfindlichkeit des Empfängers an $V(\lambda)$ angepaßt ist. Wird eine Strahlung visuell auf ihre Lichtwirkung und Farbe bewertet, so ist darauf zu achten, daß der Beobachter farbtüchtig ist und damit in seiner subjektiven relativen spektralen Hellempfindlichkeit annähernd dem genormten $V(\lambda)$-getreuen Normalbeobachter entspricht. In der physikalischen Photometrie werden Lichtmessungen heute ausschließlich mit physikalischen Empfängern ausgeführt. Die dazu meist verwendeten Silizium-Photoelemente gleicht man durch Farbfilter-Kombinationen individuell an die $V(\lambda)$-Kurve an. Mit vertretbarem Aufwand läßt sich der Angleich so genau ausführen (siehe DIN 5032 Teil 7 Klasseneinteilung von Beleuchtungsstärke und Leuchtdichtemeßgeräten [1.1.5]), daß bei einem auf eine Normlichtquelle (meist eine Glühlampe der Verteilungstemperatur 2854 K – Normlichtart A nach DIN 5033 Farbmessung Teil 7 Meßbedingungen für Körperfarben [1.1.6]) kalibrierten Empfänger keine Korrekturfaktoren erforderlich sind, wenn Licht mit stark abweichender spektraler Verteilung, zum Beispiel von Natrium-Niederdrucklampen, gemessen werden soll.

Weitere Grundregeln für die physikalische Lichtmessung sind Linearität und Konstanz der Anzeige. Soll Licht gemessen werden, das unter dem Winkel ε_2 gegen die Flächennormale auf den Empfänger auftritt, so muß die Anzeige nach Gleichung (1.11) proportional zu cos ε_2 verlaufen.

Das erfordert in der Regel einen meist aus einer Trübglasscheibe und einem Abschattring bestehenden Vorsatz vor dem Photoelement zur sogenannten cos-Korrektur. Schließlich ist der Temperaturgang der Empfänger zu beachten. Als Empfänger werden heute thermostatische Photometerköpfe angeboten, die das Photoelement mit $V(\lambda)$-Filterung, den cos-Korrektur-Vorsatz, eine geregelte Heizung zur Temperaturstabilisierung und einen Vorverstärker enthalten, der auf eine vereinbarte Schnittstellenspannung zum Anschluß an das Meßgerät kalibriert ist.

Solche Empfänger dienen zum Messen der Beleuchtungsstärke auf einer Fläche. In Verbindung mit dem meist digitalen Anzeigeinstrument bezeichnet man sie als Luxmeter.

Mit dem Luxmeter läßt sich die Beleuchtungsstärke E von Lampen und Leuchten in der Entfernung r messen. Bei senkrechtem Lichteinfall ergibt sich daraus die Lichtstärke I zu

$$I = E \cdot r^2/\Omega_0 \quad \text{mit} \quad \Omega_0 = 1\,\text{sr} \tag{1.13}$$

Zum Aufnehmen der räumlichen Lichtstärkeverteilung von Lampen und Leuchten dient das Goniophotometer. Ein drehbares Spiegelsystem lenkt dabei die Strahlung der Lampe oder Leuchte unter stetig veränderten Richtungen auf das in konstantem Abstand angebrachte Luxmeter. Dabei kann die Lampe oder Leuchte in konstanter Gebrauchslage bleiben, so daß keine Korrekturen wegen Lage- und Temperaturabhängigkeiten des Lichtstroms der Lampe nötig sind.

Solche rechnergesteuerten Goniophotometersysteme liefern die Lichtstärkewerte in Tabellen- oder Diagrammform.

Die Lichtstärkeverteilung von Lampen und Leuchten wird meist in einem Meridianebenen-System („C-Ebenen") dargestellt, dessen Polachse senkrecht auf der horizontalen Ebene steht. Der Winkel γ gegen die Senkrechte nach unten wird als Elevation bezeichnet und von 0° bis 180° gezählt, der Winkel φ der Meridianebene gegen eine definierte Vorzugsebene, z. B. senkrecht zur Lampen- oder Leuchtenachse als Azimut und von 0° bis 360° gezählt. Im Polardiagramm gibt die Länge des Radiusvektors den Zahlenwert der Lichtstärke an, in der Regel bezogen auf einen Lichtstrom der Lampe oder Leuchte von 1000 lm = 1 klm. Die absoluten Lichtstärkewerte erhält man durch Multiplikation mit dem Zahlenwert des Lichtstroms in klm. Bild 1.6 zeigt ein Beispiel solcher Lichtstärkeverteilungskurven (LVK).

Der Lichtstrom einer Lampe oder Leuchte wird nach Gleichung (1.12) durch Integration über die räumliche Lichtstärkeverteilung ermittelt. Ist die Lichtstärkeverteilung, wie oben beschrieben, für

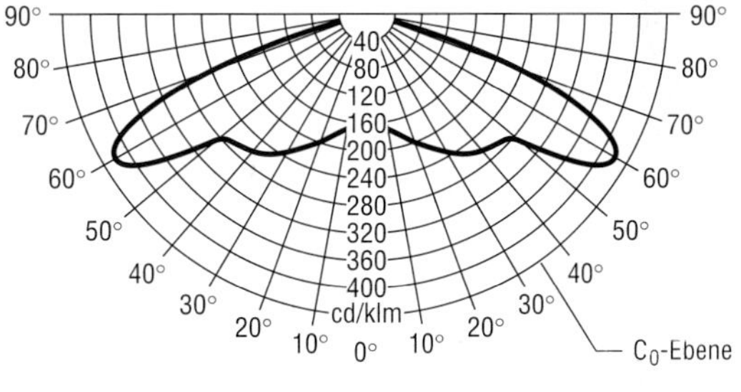

Bild 1.6
Beispiel einer Lichtstärkeverteilung (nach [1.1.2])

die Winkel γ und φ gegeben, folgt aus Gleichung (1.12) der Zusammenhang

$$\Phi = \int_{\gamma=0°}^{180°} \int_{\varphi=0°}^{360°} I(\gamma, \varphi) \sin\gamma \, d\gamma \, d\varphi \quad (1.14)$$

und nach Mittelwertsbildung von $I(\gamma, \varphi)$ über φ, die zu $\bar{I}(\gamma)$ führt, auch

$$\Phi = 2\pi \cdot \int_{\gamma=0°}^{180°} \bar{I}(\gamma) \sin\gamma \, d\gamma \quad (1.15)$$

Auf der Mittelwertsbildung und Bewertung mit $\sin\gamma$ beruht die Integration in Goniophotometersystemen mit Rechnerauswertung.

Eine dem Lichtstrom proportionale Maßzahl ergibt sich als indirekte Beleuchtungsstärke in einer innen mit einem streuenden weißen Anstrich versehenen Kugel („Ulbricht-Kugel"), in deren Mitte die Lampe oder Leuchte betrieben wird. Die indirekte Beleuchtungsstärke E_{ind} wird mit einem Luxmeter an einem Meßfenster gemessen, das gegen die direkte Strahlung mittels einer Blende („Schatter") abgeschattet ist. Wenn die Kugel mittels eines Lichtstromnormals – möglichst mit der gleichen Spektralverteilung und ähnlicher Lichtstärkeverteilung wie die Lampe oder Leuchte – kalibriert wurde, ergibt sich der Lichtstrom Φ mit dem Kalibrierfaktor C_K zu

$$\Phi = C_K \cdot E_{ind} \quad (1.16)$$

Die Wirksamkeit der Lichterzeugung durch das System Lampe–Vorschaltgerät beschreibt die Lichtausbeute η. Sie ist der Quotient aus Lichtstrom Φ und der zu seiner Erzeugung insgesamt aufgewendeten elektrischen Leistung P_{el} gemäß

$$\eta = \frac{\Phi}{P_{el}} \quad (1.17)$$

in lm/W. Damit enthält P_{el} auch die Verlustleistung des Vorschaltgeräts.

Der Leuchtenbetriebswirkungsgrad η_{LB} ist definiert als das Verhältnis des unter anzugebenden Bedingungen (Umgebungstemperatur, Netzspannung usw.) aus der Leuchte austretenden Lichtstroms zum Nennlichtstrom, den die Lampe bzw. bei mehrlampigen Leuchten die Lampen laut Liste des Herstellers aufweist bzw. aufweisen:

$$\eta_{LB} = \frac{\Phi_{Leuchte}}{\Phi_{Lampe(n)}} \quad (1.18)$$

Der Nennlichtstrom der Lampe(n) ergibt sich aus Messungen unter Referenzbedingungen, die der Lampenhersteller seinen Nenndaten zugrunde legt: Freibrennende Lampe in definierter Gebrauchslage, Umgebungstemperatur – wenn nicht anders gesagt – 25 °C, ruhende Luft, Betrieb am Referenzvorschaltgerät bei Netznennspannung.

Zu den Bedingungen der Messungen an elektrischen Lampen siehe DIN 5032 Teil 2 (Meßbedingungen für elektrische Lampen) [1.1.7].

Zu beachten ist, daß nach DIN 5032 Teil 4 (Messungen an Leuchten) [1.1.8] zur Bestimmung des Lampenlichtstroms das gleiche Vorschaltgerät verwendet wird wie zur Bestimmung des Leuchtenlichtstroms. Hierbei kann unter Umständen dadurch eine Abweichung auftreten, daß der Lichtstrom am individuellen Vorschaltgerät Φ_{vor} nicht gleich dem Lichtstrom unter Referenzbedingung Φ_{ref} ist. Bei größeren Abweichungen ist der Leuchtenbetriebswirkungsgrad, gemessen als $\Phi_{Leuchte}/\Phi_{vor}$, zu korrigieren gemäß

$$\eta_{LB} = \frac{\Phi_{Leuchte}}{\Phi_{vor}} \cdot \frac{\Phi_{vor}}{\Phi_{ref}} \quad (1.19)$$

Das Verhältnis Φ_{vor}/Φ_{ref} wird auch „Vorschaltgeräte-Lichtstromfaktor" genannt.

Zu weiteren Wirkungsgraden, die insbesondere die Nutzung des von den Leuchten ausgestrahlten Lichtstroms in Beleuchtungsanlagen betreffen, wird auf die Literatur verwiesen.

Zur Definition und Messung von lichttechnischen Stoffkennzahlen siehe DIN 5036 [1.1.9].

1.1.5 Elektrische Lampen

Die Strahlung elektrischer Lampen stammt von thermisch, elektrisch oder durch Absorption von Strahlung angeregten Atomen. Beim Übergang eines Atoms von einem angeregten Zustand in einen niedrigerer Energie wird ein Lichtquant $h \cdot v$ ausgestrahlt. Träger der Anregungsenergie sind die Elektronen der äußeren Hüllen des Atoms, die Valenzelektronen.

Bei Temperaturstrahlern wird die Strahlung thermisch angeregt. Unter den elektrischen Lampen ist nur die Glühlampe ein Temperaturstrahler. In ihr wird ein Wolframdraht durch Stromdurchgang auf 2700 bis 3000 K erhitzt. Das liegt nahe an der Schmelztemperatur des Wolframs von 3650 K.

Der Forderung nach hoher Lichtausbeute, d.h.

höheren Temperaturen, steht die durch das Verdampfen des Drahtes begrenzte Lebensdauer von Glühlampen entgegen. Die Lebensdauer beträgt etwa 1000 Stunden bei Allgebrauchslampen, bei Halogenglühlampen etwa 2000 Stunden.

Die Lichtausbeute der genannten Glühlampen kann infolge der Gesetze der Temperaturstrahlung nur etwa 10 bis 25 lm/W betragen.

Bei Entladungslampen werden die Atome eines Gases oder Metalldampfes durch eine angelegte Spannung ionisiert, zu Stoßprozessen und damit zum Leuchten angeregt. Entsprechend den für das betreffende Atom spezifischen Energiezuständen der Valenzelektronen werden den Übergangsenergien entsprechende diskrete Linien ausgestrahlt, im Gegensatz zum Kontinuum des Temperaturstrahlers. Durch geeignete Wahl des Gases oder Metalldampfes werden höhere Anteile der zugeführten Leistung in Strahlung im sichtbaren Spektrum umgesetzt und damit eine höhere Lichtausbeute erreicht.

Zum Betrieb einer Entladungslampe ist zunächst die Entladungsstrecke im Entladungsgefäß zwischen den Elektroden durch eine Startschaltung zu ionisieren, anschließend muß der Entladungsstrom wegen der fallenden Strom-Spannungs-Kennlinie durch einen Vorschaltwiderstand begrenzt und die Entladung stabilisiert werden. Bei Wechselstrombetrieb der Entladungslampen wird hierzu eine Drosselspule oder eine Kombination von Drosselspule und Kondensator eingesetzt. Auch bei HF-Betrieb von Entladungslampen wird die Entladung im HF-Kreis durch eine Kombination von HF-Drossel und Kondensator stabilisiert.

Bei mit Leuchtstoffen beschichteten Lampen wird ein UV-Lichtquant aus der Gasentladung vom Leuchtstoff absorbiert und anschließend bei der Rekombination des dadurch angeregten Elektrons ein Lichtquant geringerer Energie, d.h. größerer Wellenlänge, im sichtbaren Spektralbereich ausgestrahlt. Entsprechend der Bandenstruktur der Energieterme im kristallinen Leuchtstoff kommt es dabei zur Ausstrahlung mehr oder weniger breiter Spektralbereiche, den sogenannten Bandenspektren. Durch Auswahl und Mischung geeigneter Leuchtstoffe läßt sich jede Nuance der Lichtfarbe zwischen warmton und tageslichtweiß herstellen, daneben zahlreiche bunte Farben. Die gebräuchlichste Gruppe von Leuchtstofflampen ist die Quecksilber-Niederdruckentladungslampe in Röhrenform. Diese Lampen enthalten kein Neon, so daß die häufig gebrauchten Bezeichnungen „Neonlicht“ oder „Neonröhre“ völlig fehl am Platze sind.

1.1.6 Energiebilanz von Lampen

Das photometrische Strahlungsäquivalent $K(\lambda)$ nach DIN 5031 Teil 4 (Wirkungsgrade) [1.1.10]

$$K(\lambda) = K_m \cdot V(\lambda) \tag{1.20}$$

gibt die theoretische Grenze der Umsetzung von elektrischer Leistung in Lichtstrom an.

Eine verlustlos erzeugte monochromatische Strahlung bei der Wellenlänge 555 nm hätte demgemäß eine Lichtausbeute von 683 lm/W. Weißes Licht der gleichen spektralen Strahlungsleistung je Wellenlängenintervall, das äquienergetische Spektrum, hätte bei verlustloser Erzeugung eine Lichtausbeute von 228 lm/W. Es wird offenbar, daß diese Werte theoretische Obergrenzen darstellen, wenn man die Energiebilanzen einer Glühlampe und einer Leuchtstofflampe nach den Bildern 1.7 und 1.8 betrachtet. Die Gesetze der Temperaturstrahlung verhindern höhere Anteile sichtbarer Strahlung. Ein theoretischer Temperaturstrahler von 7000 K hätte eine Lichtausbeute von 95 lm/W, ist aber technisch nicht darstellbar. Mit den heutigen Möglichkeiten von Glüh- und Halogen-

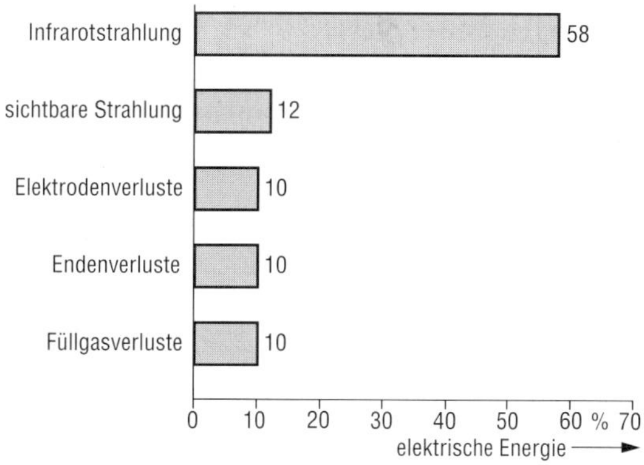

Bild 1.7
Energiebilanz einer Glühlampe. Die Energieverluste bestehen zum größten Teil aus Infrarotstrahlung (Wärmestrahlung) und jeweils zu etwa gleichen Teilen aus Verlusten durch Wärmeleitung in den Stromzuführungen (Elektrodenverluste), elektrischen Verlusten in den Stromzuführungen (Endenverluste) und Verlusten durch Erwärmung des Lampenfüllgases mit Wärmeabgabe an die Umgebung

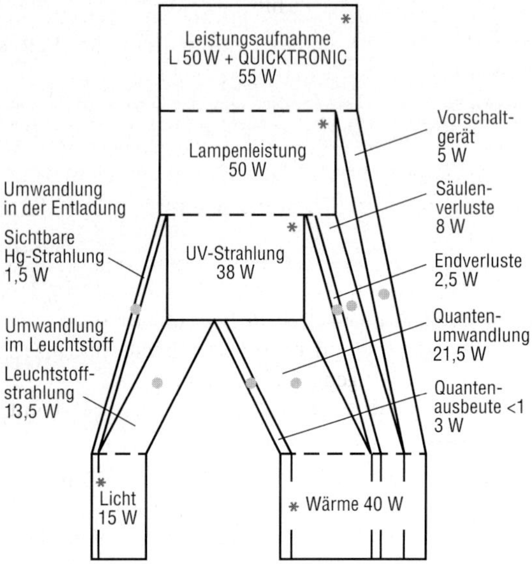

Bild 1.8
Energiebilanz einer Leuchtstofflampe LUMILUX L 50 W mit elektronischem Vorschaltgerät QUICKTRONIC

glühlampen sind für die allgemeine Anwendung die Grenzen bei etwa 25 lm/W gesetzt.

Anders ist es dagegen bei den Entladungs- und Leuchtstofflampen. Hier erreicht man durch diskrete Anregung von Termübergängen im sichtbaren Spektralbereich, in der Entladung und in Leuchtstoffen höhere physikalische Wirkungsgrade der Energieumsetzung in Strahlung im sichtbaren Bereich.

Die Existenz der Entladung ist jedoch mit Verlustprozessen wie der Rekombination von Elektronen und Ionen in der Hülle der Entladung und den Wärmeverlusten der heißen Kathode und des Bogens verbunden. Dadurch sind bei weißem Licht heute Lichtausbeuten im System Lampe–Vorschaltgerät von etwa 100 lm/W, bei selektiven Strahlern wie der Natrium-Hochdrucklampe von 130 lm/W und der Natrium-Niederdrucklampe mit der Linienstrahlung bei $\lambda = 589$ nm (reingelb) bis 200 lm/W möglich. Bild 1.9 zeigt die Lichtausbeuten einiger Lampen als Funktion der elektrischen Leistung.

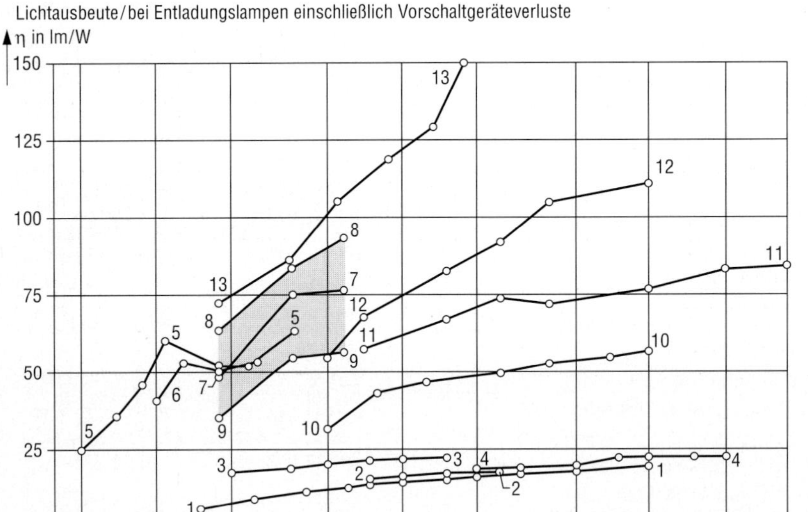

1 Glühlampen für Allgebrauch 220 V
2 Halogen-Hochvoltglühlampen 220 V
3 Halogen-Niedervoltglühlampen
4 Halogenglühlampen zweiseitig gesockelt
5 Kompaktleuchtstofflampen U-Form
6 Kompaktleuchtstofflampen Doppel-U-Form
7 Leuchtstofflampe Röhrenform KVG
8 Leuchtstofflampe Röhrenform EVG (7 + 8 Dreibanden-Leuchtstoff)
9 Leuchtstofflampe Röhrenform KVG (Standard-Leuchtstoff)
10 Hochdruck-Quecksilberdampflampen
11 Halogen-Metalldampflampen
12 Natriumdampf-Hochdrucklampen
13 Natriumdampf-Niederdrucklampen

Bild 1.9
Lichtausbeuten verschiedener Lampenarten für Allgemeinbeleuchtung

Entsprechend den geschilderten Möglichkeiten und Grenzen ist eine Steigerung der Lichtausbeute wahrscheinlich nur noch in kleinen Schritten durch Verringern der Verlustprozesse möglich.

1.1.7 Referenzdaten

Für die Entwicklung, den bestimmungsgemäßen Betrieb der Leuchten mit den dafür vorgesehenen Lampen und für den problemlosen Ersatz ausgefallener Lampen müssen Lampen- und Betriebsgerätedaten festgelegt werden. Diese Daten beziehen sich auf genormte Referenzbedingungen. Sind zum Betrieb der Lampen Vorschaltgeräte zur Stabilisierung von Lampenstrom und Lampenleistung erforderlich, werden zur Ermittlung von Referenzdaten sogenannte Referenzvorschaltgeräte – meistens Drosselspulen – für eine vorgegebene Netznennspannung in Normen festgelegt. Einzelheiten sind sowohl diesen Normen (siehe Tabelle 1.3) als auch den betreffenden Abschnitten dieses Buches zu entnehmen.

Referenzdaten müssen sich zunächst auf äußere Bedingungen stützen. Die wichtigsten sind:

- ▷ Netznennspannung, für Referenzzwecke häufig noch 220 V
- ▷ Netzfrequenz, falls nicht anders angegeben 50 Hz
- ▷ Umgebungstemperatur, falls nicht anders angegeben 25 °C
- ▷ Betrieb der Lampe in definierter Brennlage bei ruhender Luft, d. h. nur mit Eigenkonvektion ohne erzwungene Luftbewegung
- ▷ Lampe, wie erwähnt freibrennend, falls nicht anders angegeben

Diese und weitere, bei der Messung von Lampen auf Übereinstimmung mit den Referenzdaten bzw. Abweichungen hiervon zu beachtende Vorgaben

Tabelle 1.3
Allgemeine Lampen- und Betriebsgeräte[1)]
Neuere Normen bestehen aus den Teilen „Allgemeine und Sicherheitsforderungen" und dem Teil „Arbeitsweise". Deshalb sind in der Tabelle jeweils zwei Bezeichnungen angegeben

Lampenart (Kurztitel)	Lampennormen		Zugehörige Vorschaltgerätenormen	
	IEC-Publ.	EN-Norm	IEC-Publ.	EN-Norm
Allgebrauchs-Glühlampen	64	60064	–	–
Leuchtstofflampen 2seitig gesockelt	81	60081	920/921 928/929[3)]	60920/60921 60928/60929[3)]
Quecksilberdampf-Hochdrucklampen	188	60188	922/923	60922/60923
Natriumdampf-Niederdrucklampen	192	60192	922/923	60922/60923
Halogenglühlampen außer Fahrzeuglampen	357	60357	742 1046/1047[2)]	60742 61046/61047[2)]
Natriumdampf-Hochdrucklampen	662	60662	922/923	60922/60923
Leuchtstofflampen einseitig gesockelt	901	60901	920/921 928/929[3)]	60920/60921 60928/60929[3)]
Lampen mit integriertem Vorschaltgerät	968/969	60968/60969	–	–
Halogen-Metalldampflampen	1167	61167	922/923	60922/60923

[1)] Stand April 1992
[2)] Elektronische Trafos für Halogen-Niedervoltlampen 1046/1047
[3)] HF-Betrieb mit EVG 928/929

und Regeln finden sich in Normen wie DIN 5032 Teil 2 und IEC-Publikationen (siehe Tabelle 1.3).

Die Referenzdaten von Lampen und Lieferangaben der Hersteller betreffen die folgenden Nennwerte:

- ▷ Typ/Bestellnummer, evtl. Kurzbezeichnung einer Lampe
- ▷ Leistung in Watt
- ▷ gegebenenfalls Brennspannung in Volt, z. B. bei Niedervoltlampen
- ▷ Lampenstrom bzw. Vorheizströme und -bedingungen

Zusätzlich zu den Referenzdaten der Lampen finden sich die folgenden Angaben in Listen der Hersteller und in Datenblättern:

- ▷ Lichtstrom der Lampe in Lumen
- ▷ Lichtfarbe der Lampe, bei Leuchtstofflampen z. B. ww, nw oder tw für warmweiß, neutralweiß oder tageslichtweiß
- ▷ Geometrische Abmessungen wie Durchmesser, maximale Länge über alles, Lichtschwerpunkt usw.
- ▷ Sockeltyp (z. B. E 27 für Edison-Schraubsockel 27 mm Durchmesser) und weitere geometrische Daten
- ▷ insbesondere bei Entladungslampen Brennspannung, Referenzwert des Betriebsstroms, Lampenbrennstellung, Versorgungsspannung mit Grenzwerten, z. B. 230 V + 6/− 10%
- ▷ Leuchtdichte der Lampe für Kolben oder Entladungsrohr (Brenner), Farbtemperatur
- ▷ Zündbedingungen und erforderliche Zündspannung

Für jede der in den allgemeinen Gebrauch eingeführten Lampen gibt es ein Teilblatt der aufgeführten IEC-Publikationen (siehe Tabelle 1.3).

Bei Referenzdaten von Vorschaltgeräten ist zu unterscheiden zwischen den in den Lampennormen genannten Festlegungen für sogenannte Referenzvorschaltgeräte und zulässigen Betriebswerten für Vorschaltgeräte zum allgemeinen Gebrauch (Vorschaltgerätenormen siehe Tabelle 1.3).

1.2 Grundbegriffe der Lichterzeugung und des Betriebes elektrischer Lampen

1.2.1 Lichterzeugung mit elektrischen Lampen

Die physikalischen Prozesse, durch die in elektrischen Lampen Licht erzeugt wird, sind Temperaturstrahlung, Gasentladung und Photolumineszenz. Weitere Prozesse, mit denen Licht erzeugt werden kann, z. B. die Elektrolumineszenz und der Lasereffekt, oder die Leuchtdiode sind nicht zur Entwicklung von technischen Lichtquellen zur Allgemeinbeleuchtung genützt worden; auf sie wird daher in diesem Buch nicht eingegangen.

Die Temperaturstrahler, die in Form der Glühlampen breiteste Anwendung finden und die zahlenmäßig weltweit die häufigste Lichtquelle bilden, benötigen im allgemeinen keinerlei besondere Vorschaltgeräte zu ihrem Betrieb. Eine Ausnahme sind die Niedervolt-Halogenglühlampen, auf die in Kapitel 8 näher eingegangen wird. Der Betrieb von Gasentladungslampen mit oder ohne Photolumineszenz ist hingegen an den zur Verfügung stehenden Spannungsquellen nur unter Zuhilfenahme spezieller Betriebsgeräte möglich.

Von den Merkmalen, die eine Lichtquelle charakterisieren, wie Lichtstrom, Lichtausbeute, Lichtstärke, Farbwiedergabe und Lebensdauer lassen sich nur mit Gasentladungslampen die für jeden Anwendungszweck spezifischen Anforderungen erfüllen. Deshalb muß man die Unbequemlichkeiten, die die zum Betrieb der Lampen notwendigen Vorschaltgeräte mit sich bringen, in Kauf nehmen.

Die Bilder 1.10 bis 1.12 geben eine Übersicht über die heute hauptsächlich verwendeten Gasentladungslampen. Alle Lampen lassen sich auf wenige Grundformen zurückführen. Trotzdem zeigt die vergleichende Übersicht eine sehr große Vielfalt in den Eigenschaften, deren Notwendigkeit sich aus den verschiedenartigen Anwendungen ergibt (Tab. 1.4).

Entsprechend unterschiedlich sind auch die physikalischen Prozesse und Verfahren, die für die Lichterzeugung in einer Lampe angewendet werden. Trotz dieser Vielfalt in den Eigenschaften und im Aufbau aller Lampentypen ist der Einsatz und die Betriebsweise leicht überschaubar und trotz gewisser Eigentümlichkeiten nach allgemein geltenden Regeln möglich.

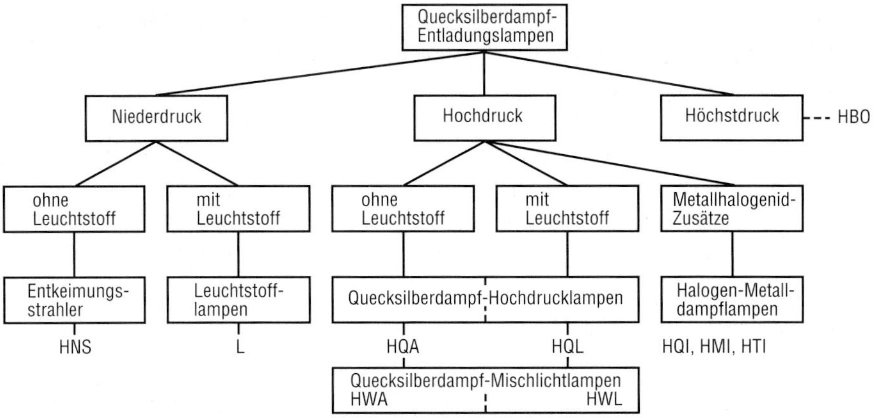

Bild 1.10
Die Familie der Quecksilberdampf-Entladungslampen hat für die Allgemeinbeleuchtung die größte Bedeutung. Der günstigere Dampfdruck des Quecksilbers und leichte Anregbarkeit machen das Quecksilberatom zu einer unersetzbaren Lichtquelle. Die Abkürzungen geben die Kurzbezeichnungen der Firma OSRAM wieder

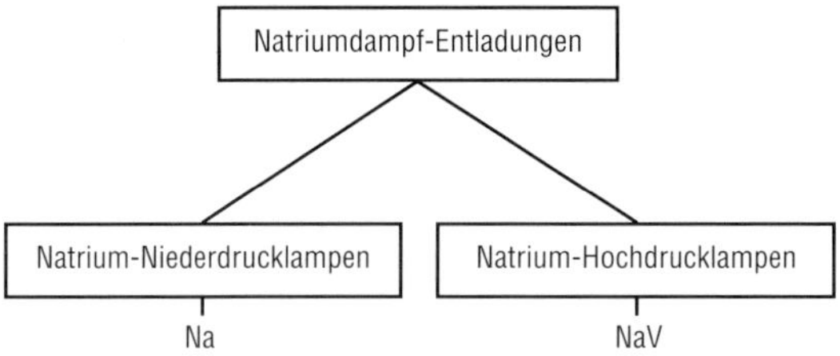

Bild 1.11
Mit Entladungen in Natriumdampf lassen sich heute die höchsten bekannten Lichtausbeuten erreichen; allerdings muß man dabei mäßige Farbwiedergabeeigenschaften in Kauf nehmen

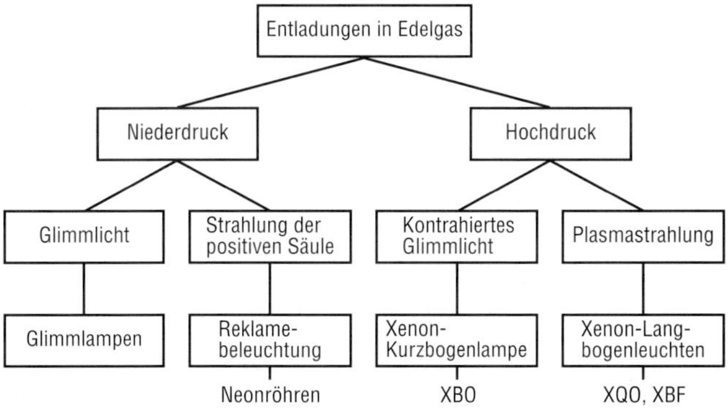

Bild 1.12
Edelgasentladungen umfassen ein breites Spektrum von Lichtquellen, das von der Glimmlampe bis zur mehrere kW aufnehmenden Xenonlampe reicht

Tabelle 1.4 Lichttechnische Daten charakteristischer Lichtquellen (K: $\cdot 10^3$, M: $\cdot 10^6$)

Lichtquelle	Lichtstrom lm	Leuchtdichte cd/cm²	Lichtausbeute ohne VG lm/W	Lichtausbeute mit VG lm/W	Lebensdauer h	Farbtemperatur K	Farbwiedergabeindex r_a
Hypothetischer monochromatischer Strahler, 555 nm	–	–	683	–	–		
Hypothetischer weißer Strahler	–	–	163	–	–	3000	100
Allgebrauchsglühlampen	100 … 20 K	200 … 2 K					
z. B. 100 W/220 V	1380	800	13,8		1000	2750	100
Halogenglühlampen	60 … 50 K	1 K … 4 K					
z. B. 50 W/12 V	1000		20	17	2000	3000	1000
Leuchtstofflampen	100 … 10 K	0,7 … 1,4 K					
z. B. L 36 W/21	3450	1,2 K	96	75	7500		85
Kompakt-Leuchtstofflampen	400 … 2 K	2 … 4 K					
z. B. DULUX D 13 W/41	900	3 K	70	53	6000	2700	85
z. B. DULUX EL 20 W mit integriertem VG	1200	3 K	–	60	6000	2700	85
Quecksilberdampf-Hochdrucklampen	1,5 … 60 K	3 … 15 K					
z. B. HQL 125 W de luxe	6300	10	52	46	9000	3200	56
Quecksilberdampf-Mischlichtlampen	3 … 32 K	3 … 8 K		19,4	5000	3150	69
z. B. HWL 160 W	3100	4					
Quecksilberdampf-Höchstdrucklampen	2 … 30 K	30 … 170 K					
z. B. HBO 200 W	10 K	40 K	55	–	400	6500	36
Halogen-Metalldampflampen							
für Allgemeinbeleuchtung	2,4 … 300 K	0,5 … 8 K	–				
z. B. HQI 70 W TS	5000	5 K	70	57	6000	3000	75
für Projektoren	16 K … 1,1 M	10 … 20 K					
z. B. HMI 200 W	16 K	12 K	80	–	300	5600	> 90
Xenonhochdrucklampen							
Kurzbogenlampen	1 … 325 K	100 … 32 K					
z. B. XBO 150 W	3000	18 K	20	–	1200	6000	> 94
Langbogenlampen z. B. XBF 6 kW (mit Wasserkühlung)	21,5 K	3,2 K	36	–	600		
Natriumlampen							
Hochdrucklampen	4 … 130 K	400 … 600					
z. B. NaV T 100 W	10 K	500	100	87	9000	2000	20
Niederdrucklampen	1,8 … 35 K	1 … 4	150	119	10000	1800	– 20
z. B. Na 90 W	13,5 K	3					

Zunächst soll der prinzipielle Aufbau einer Gasentladung und ihre Entstehung beschrieben werden. Um das Verhalten der Lampe beim Betrieb besser verstehen zu können, ist es unerläßlich, auch die wichtigsten atomaren Prozesse zu kennen, die, selbst wenn sie nicht selbst unmittelbar an der Lichtemission beteiligt sind, in anderen Betriebszuständen dominieren, z. B. bei der Zündung.

Entstehung von Gasentladungen

Als Gasentladung bezeichnet man den Durchgang eines elektrischen Stromes durch ein Gas beim Anlegen einer ausreichend hohen Spannung an zwei Elektroden, die in das in ein Gefäß eingeschlossene Gas eintauchen. Bei Entladungslampen ist dieses Gefäß aus einem durchsichtigen, isolierenden Material und kann je nach Anforderungen aus Glas, Quarz oder Keramik bestehen.

Bei kleinen Spannungen wirkt die Gasstrecke wie ein Isolator. Wird die Spannung erhöht, kommt es zu einer schwachen Leitfähigkeit, weil zufällig vorhandene Ladungsträger nun zur entgegengesetzt geladenen Elektrode wandern können. Diese Ladungsträger – fast ausschließlich positive Ionen – sind immer vorhanden, weil sie sich im Gas selbst, z. B. durch Höhenstrahlung oder durch Photoeffekt, bilden können. Wird die Spannung weiter erhöht, so nimmt die Geschwindigkeit der wandernden Ladungsträger zu und ebenso die Wahrscheinlichkeit, daß sie ein anderes Neutralgasteilchen treffen und dieses ebenfalls ionisieren (multiple Ladungsträgerkollektion). So kann selbst bei wenigen Anfangsprimärionen ein nennenswerter Strom durch das Gas fließen, der jedoch sofort unterbrochen wird, wenn die Fremdionenzufuhr unterbrochen wird. Man nennt dies eine „unselbständige Entladung".

Oberhalb eines gewissen Spannungswertes kann es schließlich dazu kommen, daß sich die Eigenionisation lawinenartig vermehrt und keine Fremdionen zur Initiierung des Prozesses nötig sind. Die Gasstrecke ist „durchgeschlagen", sie ist elektrisch leitfähig geworden und bildet nun eine „selbständige Entladung". Hat sie einen Gleichgewichtszustand erreicht, so nennt man sie stationär, ein Zustand, der alle Entladungen in Lampen kennzeichnet.

Der Stromfluß durch das Gas kann durch die ionisierte Gasstrecke nicht begrenzt werden, weil durch die Stoßionisation beliebig viele Ladungsträger gebildet werden können. Der Strom muß daher durch die Spannungsquelle selbst begrenzt werden. Welche Form die selbständige Entladung annimmt, hängt von der Art ab, in der die zum Stromtransport erforderlichen Elektronen an der negativen Elektrode, der Kathode, erzeugt werden.

Wenn der Strom verhältnismäßig klein bleibt, können Elektronen am Anfang nur durch energetisch aufwendige Prozesse aus der Kathode befreit werden: Sekundäremissionen durch auftreffende Ionen, Photoeffekt, Feldemission u. a. Diese Form der Entladung wird Glimmentladung genannt.

Die stationäre Form der Entladung technischer Lichtquellen ist dagegen die Bogenentladung bei höheren Strömen. Hier geschieht die Elektronenbefreiung hauptsächlich durch thermische Elektronenemission nach dem Richardson-Gesetz für die Elektronenemission im Vakuum. Die Kathoden werden aber jetzt extern durch die kinetische Energie der positiven Ionen aufgeheizt. Durch einen Selbststabilisierungsprozeß wird nur der Teil der Elektrodenoberfläche auf diejenige Temperatur aufgeheizt, die erforderlich ist, um die benötigte Zahl von Elektronen zu liefern. Auf der Kathode bildet sich ein „Brennfleck" aus, falls sie nicht anderweitig, z. B. durch ohmsche Heizung, erhitzt wird. Alle Gasentladungen, die in Lichtquellen verwendet werden, sind solche Brennfleckbögen. Damit die Elektronenemission schon bei niedriger Temperatur einsetzt, überzieht oder dotiert man die Kathode mit einem Material niedriger Austrittsarbeit.

Strom-Spannungs-Charakteristik

Entsprechend der Entladungsentwicklung verläuft auch ganz allgemein die Strom-Spannungs-Charakteristik, die vom Anlegen der Spannung bis zum Einsetzen der Entladung durchlaufen wird (Bild 1.13). Der Strombereich, in dem eine merklich gerichtete Ladungsträgerbewegung stattfindet, beginnt bei einigen 10^{-12} A; der Bereich der unselbständigen Entladung reicht bis zu 10^{-4} A. Danach wird als erstes Stadium der selbständigen Entladung die Phase der Glimmentladung durchlaufen. Die Spannung an der Gasstrecke ist sehr hoch, hauptsächlich weil die Elektronen aus der Kathode noch durch energetisch sehr aufwendige Prozesse befreit werden müssen.

Die Ionen müssen stark beschleunigt werden, um aus der Kathode Elektronen herausschlagen zu können, und ihre Zahl ist noch so gering, daß sie die Kathode nicht stark genug erhitzen können,

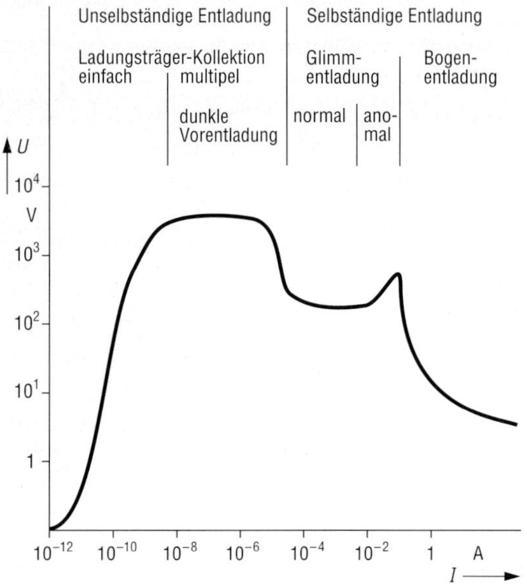

Bild 1.13
Typisches Strom-Spannungs-Diagramm einer Gasentladung. Beim Zünden einer Lampe müssen alle Zustände dieser Kurve durchlaufen werden

damit Elektronen thermisch emittiert werden. Dieses Übergangsstadium ist für alle Entladungen sehr wichtig, insbesondere der Teil der Glimmentladung, in der die Spannung mit dem Strom wieder steigt (anomale Glimmentladung). Die Spannung an der Lampe ist im Bereich der anomalen Glimmentladung sehr viel höher als im späteren Betrieb. Das Vorschaltgerät muß daher garantieren, daß in diesem Zustand ein Strom fließt, der genügend hoch ist, damit die Kathode aufgeheizt werden kann und keine Glimmentladung bestehen bleibt. Außerdem sollte dieser Zustand möglichst schnell durchlaufen werden, damit die Belastung der Kathoden durch das Bombardement mit hoher Energie möglichst gering ist. Diese Belastung führt zu starkem Abtrag von Kathodenmaterial (Kathodenzerstäubung) und ist die häufigste Ursache für dunkle Beläge an den elektrodenseitigen Enden der Entladungsröhren. Auch kann durch die zerstäubten Schichten aktives Emissionsmaterial verdeckt werden und dann im späteren Brennfleckbogen zur weiteren Schädigung führen, da die Elektronenemission nunmehr von weniger aktiven Stellen der Kathoden übernommen werden muß.

Die Entladungsteile

Die stationären Entladungen haben – obwohl in Form und physikalischen Daten je nach Entladungstyp von außerordentlicher Vielfalt – im Prinzip ein einheitliches Aussehen.

Man kann die optischen Erscheinungen im wesentlichen in fünf Regionen aufteilen. Am deutlichsten ausgeprägt zeigen sie sich in einer Glimmentladung in reinen Edelgasen (Bild 1.14). Die Elektronen, die aus der Kathode austreten, werden in dem elektrischen Feld zur Anode hin beschleunigt. Dies geschieht hauptsächlich in der ersten, dunklen Schicht vor der Kathode. Die Energie der Elektronen ist hier noch so gering, daß keine Atome des Füllgases angeregt oder ionisiert werden können. Erst in dem folgenden „negativen Glimmlicht“ – auch Kathodenglimmlicht genannt – kommt es zu optimalen Anregungsbedingungen und die eintretenden Elektronen können neutrale Atome ionisieren oder sie zur Lichtemission anregen. Sie werden hier fast vollständig abgebremst und diffundieren unter der Wirkung des elektrischen Feldes mit einer Driftbewegung zur Anode aus dem negativen Glimmlicht heraus.

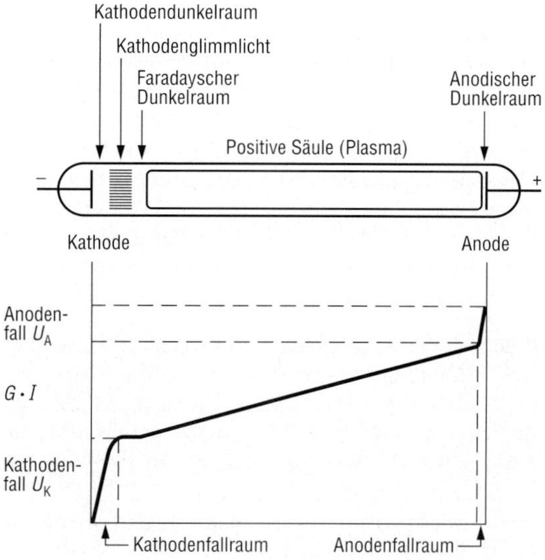

Bild 1.14
Prinzipieller Aufbau einer Entladung. In dieser Form sind die Leuchterscheinungen am deutlichsten bei niedrigen Gasdrücken ausgebildet. Aber auch bei Hochdrucklampen sind sie noch gut zu erkennen. Darunter ist der Potentialverlauf längs der Strecke zwischen den Elektroden dargestellt

Ihre Raumladung wird durch positive Ionen kompensiert, so daß hier die Feldstärke sehr klein wird. In dem sich anschließenden Faradayschen Dunkelraum finden ebenfalls keine Anregungen und Ionisationen statt, da die Elektronen ihre Energie im negativen Glimmlicht abgegeben haben. Die Elektronen werden von der Anode gesammelt. Hier sind entsprechend Glimmräume und Dunkelräume im allgemeinen nur sehr undeutlich ausgebildet. An der Anode geben die Elektronen ihre kinetische Energie ab; dadurch wird die Anode erwärmt. Zusätzliche Verlustprozesse an der Anode entstehen, wenn sich Raumladungen an der Anode herausbilden müssen, um die Elektronen durch Feldwirkung heranzuziehen.

Die beschriebenen kathodischen und anodischen Erscheinungen sind in einer selbständigen Entladung immer vorhanden. Die Leuchterscheinung dazwischen kann je nach Entladungsbedingungen unterschiedliche Ausdehnungen haben. Dies ist das Gebiet des Plasmas oder der positiven Säule. In diesem Teil der Entladung ist die Dichte der Elektronen und Ionen gleich, das Plasma ist elektrisch neutral. Wegen der unterschiedlichen Beweglichkeiten wird der Strom fast ausschließlich von den Elektronen getragen; die Ionen sind nur zur Raumladungskompensation da.

Bild 1.14 zeigt auch den typischen Potentialverlauf in einer Entladung. Die Beschleunigungsspannung vor der Kathode nennt man Kathodenfall U_K, vor der Anode Anodenfall U_A. Der Potentialabfall längs der positiven Säule ist linear; der Wert pro Längeneinheit heißt der Gradient G.

Die Brennspannung einer Entladungslampe U_L ist:

$$U_L = U_K + U_A + G \cdot l$$
(l = Länge der positiven Säule) (1.21)

Typische Werte für diese Größe zeigt Tabelle 1.5. Der Kathodenfall ist stark von der Austrittsarbeit des Kathodenmaterials abhängig. Der Anodenfall dagegen ist vom Material der Anode fast unbeeinflußt, sondern mehr von der Form und Fläche. Der Gradient wird hauptsächlich von Gasart und Gasdruck bestimmt, aber auch vom Durchmesser des Entladungsrohres. Beispielsweise erhöht eine Verringerung des Durchmessers den Gradienten.

Die Lichtemission der Entladung

Bei den heutigen elektrischen Lichtquellen entstammt die Lichtemission fast ausschließlich dem Plasma. In der Niederdruckentladung ist es die Strahlung der positiven Säule, in der Hochdruckentladung die Strahlung des Hochdruckplasmas. In der positiven Säule herrschen keine hohen Ladungsträgerdichten, deshalb muß die Säule weit ausgedehnt sein, um genügend hohe Lichtströme zu erreichen. Bei der Hochdruckentladung ist das Plasma nicht nur viel dichter, es ist zusätzlich noch durch magnetische oder elektrische Kräfte kontrahiert. Dieser Unterschied äußert sich nicht nur in den Leuchtdichten beider Entladungen (s. Tab. 1.4), sondern auch im optischen Spektrum des ausgestrahlten Lichtes. In der Niederdruckentladung können die angeregten Atome verhältnismäßig ungestört ihre Anregungsenergie in Form von Licht abgeben; in der Hochdruckentladung sind sie, z. B. durch Stöße untereinander oder Kraftfelder benachbarter Teilchen, stark gestört. Deshalb zeigt das Spektrum der Niederdruckentladungen schmale Spektrallinien, während in der Hochdruckentladung entweder verbreiterte Spektrallinien oder gar kontinuierliche Spektren ausgesandt werden.

Angeregt wird bei Gasgemischen stets das Element mit der niedrigsten Anregungsspannung. Bei der Auswahl geeigneter Elemente kommt es nicht nur darauf an, daß das betreffende Atom in einen günstigen Spektralbereich strahlt (großer visueller

Tabelle 1.5
Typische Werte für Elektrodenfälle und Gradienten und Entladungslampen

Lampenart	Kathodenfall V	Anodenfall V	Gradient V/cm
Leuchtstofflampen		0 ... 8	1
ohne Brennfleckbildung (Glimmentladung)	50 ... 200		
mit Brennfleck	2 ... 8		
Quecksilberhochdrucklampen		3	50
Anlaufphase	50 ... 150		
mit Brennfleck	5		
Halogenmetalldampflampen		3	100
Anlaufphase	50 ... 250		
mit Brennfleck	6		
Quecksilberdampf-Höchstdrucklampen	6	1	500
Xenonhochdrucklampen	6	1	40

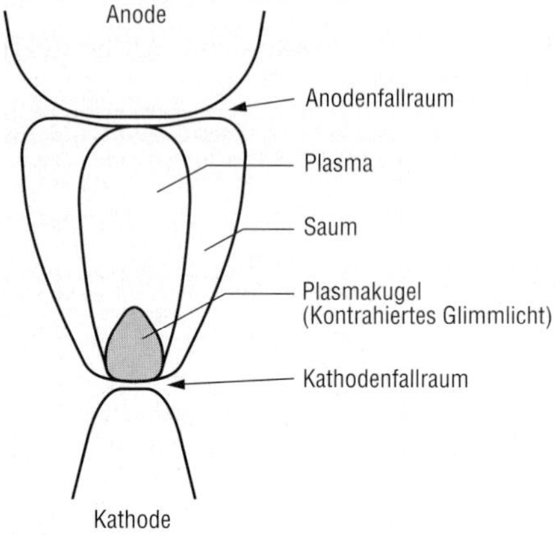

Bild 1.15
Prinzipieller Aufbau einer Höchstdruckentladung. Eine stark kontrahierte Plasmakugel vor der Elektrode ist das deutlichste Merkmal dieses Entladungstyps, dessen hohe Leuchtdichte für viele Anwendungen ausgenutzt wird

Nutzeffekt), sondern daß es bei erreichbaren Temperaturen einen geeigneten Dampfdruck erreicht. Es gibt sehr wenige günstige Kombinationen, da nur reine chemische Elemente in Frage kommen; chemische Verbindungen würden sich in der Entladung zersetzen. Dies ist der Grund, weswegen sich nur wenige Stoffe als geeignete Füllsubstanzen erwiesen haben.

Eine gewisse Ausnahme bilden die Halogen-Metalldampflampen, bei denen auch Verbindungen verwendet werden, die durch chemische Prozesse in einem Kreislauf von Zerfall und Wiederentstehung gehalten werden können.

Während bei den meisten Hochdrucklampen die einzelnen Entladungsteile noch gut erkennbar sind, sehen die Entladungen von Höchstdrucklampen ganz anders aus. Eigentliche Lichtquelle ist wegen ihrer hohen Leuchtdichte eine sich direkt vor der Kathode bildende Plasmakugel, die aber im Entladungsaufbau keine positive Säule, sondern ein kontrahiertes negatives Glimmlicht ist (Bild 1.15). Neben den elektrischen und magnetischen Kräften spielen auch Gasströmungen eine maßgebliche Rolle beim Zustandekommen der Bogenform.

1.2.2 Zündung und Stabilität von Entladungen

Der Arbeitsbereich der Entladungen von elektrischen Entladungslampen – die Bogenentladung – liegt, wie aus Bild 1.13 ersichtlich, immer in einem Bereich fallender Strom-Spannungs-Charakteristik. Der Entladungsstrom muß also durch einen äußeren Widerstand begrenzt werden. Außerdem durchläuft die Entladung, bis sie das Stadium der Bogenentladung erreicht hat, mehrere Phasen, die eine weit höhere Spannung benötigen. Das Vorschaltgerät muß daher sicherstellen, daß die Bogenentladung auch erreicht wird. Der Lampenstromkreis besteht aus der Versorgungsspannungsquelle mit der Spannung U_0 und einem Widerstand R in Reihe zur Lampe, der den Strom I_0 begrenzt. Das Erreichen des stationären Zustands soll an Hand von Bild 1.16 erläutert werden. Hier ist neben der Entladungskennlinie noch die Widerstandsgerade $U = U_0 - IR$ eingezeichnet, das ist diejenige Spannung, die an der Entladung anliegt. Der Arbeitspunkt, der sich einstellen wird, liegt im Schnittpunkt der Widerstandsgeraden mit der Entladungskennlinie.

Hätte die Leerlaufspannung U_0 nur den Wert der unteren Kurve, so könnte sich gar keine selbständige Entladung ausbilden (Schnittpunkt 1). Erst bei der Erhöhung von U_0, bis der Schnittpunkt das Maximum der Entladungskennlinie erreicht, kann sich eine selbständige Entladung bilden. Der Arbeitspunkt springt von hier auf den Schnittpunkt 3 und bildet den stabilen, stationären Zustand einer selbständigen Entladung. Dieser Vorgang wird Zündung genannt, die Höhe der erforderlichen Spannung ist die Zündspannung U_Z. Der eigentli-

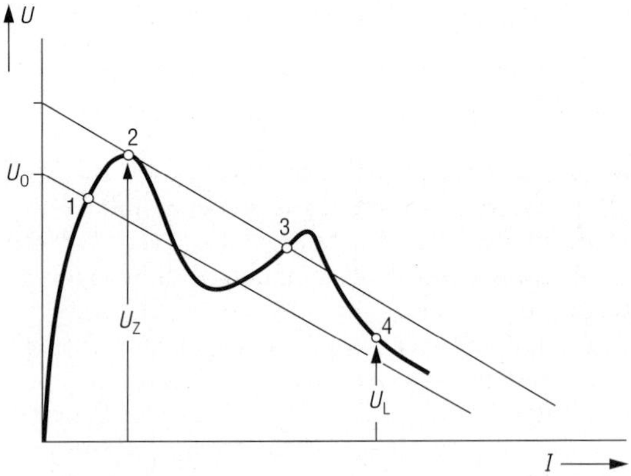

U_0 Versorgungsspannung,
U_Z Zündspannung, U_L Lampenspannung

Bild 1.16
Entstehung eines stabilen Arbeitspunktes bei der Zündung einer Gasentladung mit Vorwiderstand zur Strombegrenzung

che Arbeitspunkt der Gasentladung liegt jedoch bei höheren Stromstärken im Bereich der fallenden Kennlinie, etwa in Punkt 4. Ob nach erfolgter Zündung dieser Punkt auch erreicht wird, und ob der Arbeitspunkt 3 verlassen werden kann, hängt davon ab, ob die Entladung aus dem Gebiet der anomalen Glimmentladung 3 befreit werden kann. Das kann entweder durch Erhöhung der Leerlaufspannung über den Zündspannungswert hinaus geschehen oder dadurch, daß während der Glimmentladung die Elektroden aufgeheizt werden und damit der Überschlag in einen anderen Entladungszustand möglich ist. Der schlechte Übergang von der Zündung in die stabile Bogenentladung ist sowohl für Niederdruck- wie für Hochdruckentladungen häufig Ursache für vorzeitige Lampenschädigungen durch ungünstig dimensionierte Vorschaltgeräte. Solche Geräte verursachen durch Nichtlinearitäten und bei höheren Strömen zusammenbrechende Spannungen das unnötige Verharren der Entladung in stabilen Glimmentladungszuständen.

Hat die Entladung schließlich das Bogenstadium erreicht, so kann es zur Situation wie in Bild 1.17 kommen, in der zwei Schnittpunkte mit der Kennlinie möglich sind. Es ist zu prüfen, welcher von beiden Zuständen, 1 oder 2, eingenommen wird. Um dies zu untersuchen, nehmen wir an, die Kennlinie sei in der Nähe der beiden Zustände im Strombereich ΔI linear. Dann kann man die Kennlinie ausdrücken als

$$U = U_{1,2} + \left(\frac{\mathrm{d}U}{\mathrm{d}I}\right)_{1,2} \cdot \Delta I \qquad (1.22)$$

wobei $\left(\frac{\mathrm{d}U}{\mathrm{d}I}\right) = \varrho$ als differentieller, dynamischer Widerstand bezeichnet werden kann. Ändert sich aus irgendeinem Grunde (Störungen, Rauschen usw.) der Strom um einen positiven kleinen Betrag ΔI, so hat dies im Stromkreis eine Veränderung der Spannung um den Wert

$$\Delta U = U_0 - U - RI = -(\varrho + R)\Delta I \qquad (1.23)$$

zur Folge.

Ist nun $\varrho + R > 0$ (Punkt 2), so hat ΔU das entgegengesetzte Vorzeichen und wirkt der Stromänderung entgegen, d. h. Punkt 2 ist stabil. Ist $\varrho + R < 0$ (Punkt 1), so wirkt ΔU in der gleichen Richtung wie ΔI und unterstützt also ΔU, d. h. Punkt 1 ist instabil und der Arbeitspunkt verschiebt sich schnell in Richtung 2.

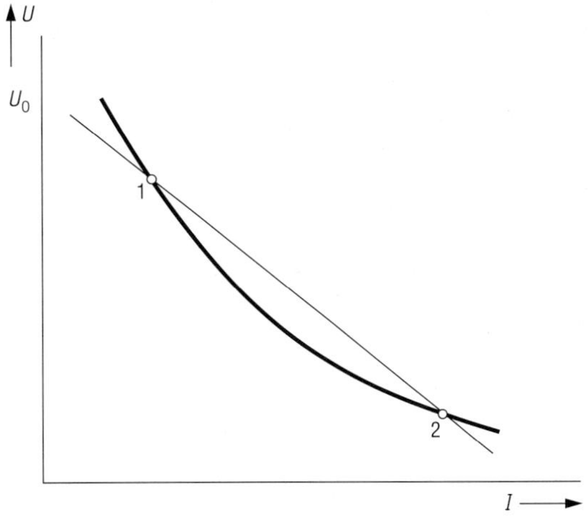

Bild 1.17
Entladungscharakteristik mit zwei möglichen Arbeitspunkten. Nur der Arbeitspunkt (2) ist stabil, weil eine Stromänderung eine Spannungsänderung verursacht, die der Stromänderung entgegenwirkt

Sind im Stromkreis nicht nur ohmsche Widerstände, sondern auch Kapazitäten und Induktivitäten, so können diese Arbeitspunktverschiebungen Schwingungen und Oszillationen verursachen. Solche Oszillationen kann man in der Tat bei starken Stromänderungen, wie sie bei Start- und Zündvorgängen auftreten, beobachten. Im Hinblick auf die Stabilität einer Entladung wäre es daher am günstigsten, eine hohe Leerlaufspannung und hohe Vorschaltwiderstände zu verwenden.

Wechselstrombetrieb

Selbstverständlich verwendet man ohmsche Widerstände zur Strombegrenzung nur selten; gemessen an der Lampenleistung wären die Verluste viel zu hoch. Bei Wechselspannung kann man auch Induktivitäten oder Kapazitäten als Begrenzungswiderstände einsetzen. Verluste entstehen dann nur durch die ohmschen Anteile.

Die Elektroden wirken abwechselnd als Kathode und Anode. Das Licht, das aus der Nähe der Elektroden stammt, ist mit der Betriebsfrequenz moduliert, während das Licht aus den Plasma die doppelte Betriebsfrequenz zeigt (Bild 1.18). Bei einer Betriebsfrequenz von 50 Hz erscheint das mit 100 Hz modulierte Licht des Plasmas als Gleichlicht, da das menschliche Auge bei dieser Frequenz praktisch unempfindlich ist, während man das anteilmäßig ohnehin nur wenige Prozent des Gesamt-

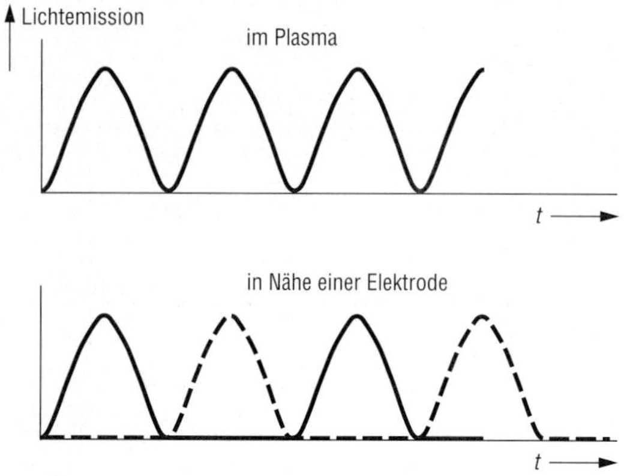

Bild 1.18
Lichtemission einer Entladung bei Wechselstrombetrieb. Das Plasma der Entladung strahlt mit der doppelten Betriebsfrequenz, während an der Elektrode nur Lichtimpulse mit der einfachen Betriebsfrequenz entstehen

lichtstroms ausmachende Licht an den Elektroden als Flimmern wahrnehmen kann, insbesondere bei peripherem Sehen. Bei einer Netzfrequenz von 60 Hz ist auch das Elektrodenflimmern deutlich schwächer wahrnehmbar. Das Licht von Niederdruckentladungen wird bis zu hohen Frequenzen (10^5 Hz) moduliert. Bei Hochdruckentladungen, bei denen das Licht aus einem stark aufgeheizten Plasma abgestrahlt wird, verschwindet hingegen bei einigen kHz die Modulation des Lichtes weitgehend, weil das Plasma in den stromlosen Pausen nicht genügend schnell abkühlt. Bei veränderlicher Versorgungsspannung U_0 muß die Entladung unterhalb eines gewissen Wertes verlöschen (Löschspannung). Sie wird erst wiederzünden, wenn die Spannung einen gewissen Wert überschritten hat (Wiederzündspannung). Die Wiederzündspannung ist nicht mit der Zündspannung (Punkt 2) in Bild 1.16 identisch, sondern ist niedriger. Löschen und Wiederzünden kennzeichnen den Betrieb bei Wechselspannung. Die stromlose Pause verstärkt die Flimmererscheinung an den Elektroden; sie muß bei der Dimensionierung von Vorschaltgeräten sorgfältig beobachtet werden.

Die stromlose Pause führt auch dazu, daß die Verluste an der Kathode etwas steigen, weil in ihr Ladungsträger neutralisiert werden, die später wieder neu gebildet werden müssen. Mit zunehmender Betriebsfrequenz sinken daher die Verluste in den Lampen und die Lampenlichtausbeute steigt bis zu 15% an, ein Effekt, der bei elektronischen Vorschaltgeräten ausgenutzt wird.

Steigt die Frequenz über 10^6 Hz, so werden die Vorgänge an den Elektroden für die Ladungsträgererzeugung und -sammlung immer unwichtiger; es kann aus dem elektrischen Feld genügend Energie direkt absorbiert werden, so daß eine Entladung ohne Elektroden gezündet und aufrechterhalten werden kann (elektrodenlose Entladung). Für technische Lichtquellen ist diese Betriebsweise jedoch noch nicht realisiert worden.

1.2.3 Grundbegriffe des Betriebes elektrischer Gasentladungslampen

Im folgenden sollen einige allgemeine Hinweise für die Dimensionierung und Messung der zum Betrieb von Gasentladungslampen erforderlichen Geräte gegeben werden. Aufgabe dieser Geräte ist nicht nur das aus physikalischen Gründen erforderliche Begrenzen des Entladungsstroms, sondern auch das Erzeugen der zum Einleiten und Aufrechterhalten der Entladung notwendigen Spannungen, je nach der Höhe der erforderlichen Versorgungsspannungen und Zündspannungen. Die Zündspannungen reichen von 100 bis zu vielen tausend Volt. Zu ihrer Erzeugung begnügt man sich daher in vielen Fällen mit Impulsen, die die Gasstrecke durchschlagen, so daß mit der sehr viel niedrigeren Versorgungsspannung eine Entladung aufrechterhalten werden kann. Nach der Zündung müssen oft bis zum Erreichen des Gleichgewichtszustandes bestimmte Bedingungen eingehalten werden (Anlaufstrom, erhöhte Versorgungsspannung). Aus diesen Gründen haben sich für die einzelnen Lampentypen unterschiedliche Verfahren zum Betrieb der Lampen entwickelt. In Tabelle 1.6 sind für die gebräuchlichsten Lampen die Betriebsbedingungen und die Betriebsschaltungen aufgeführt. Es fällt auf, daß trotz eines Leistungsbereichs von vier Zehnerpotenzen und fast drei Zehnerpotenzen in der Zündspannung der Bereich der Lampenspannungen nur wenig schwankt. Auch die Zahl der angewandten Schaltungen (Bilder 1.19a–i) ist sehr begrenzt. Bei allen Schaltungen wird zur Strombegrenzung eine Induktivität verwendet (Lampendrossel). Dies ist letztlich auch bei komplizierten Schaltungen der Fall, z. B. bei solchen, bei denen infolge zu niedriger Netzspannung Aufwärtstransformatoren verwendet werden müssen.

Trotz der im Prinzip einfachen Grundschaltung (Bild 1.20) sind die Verhältnisse im Lampenstromkreis nicht ganz einfach zu überblicken. Das liegt daran, daß der zeitliche Verlauf von Lampenstrom

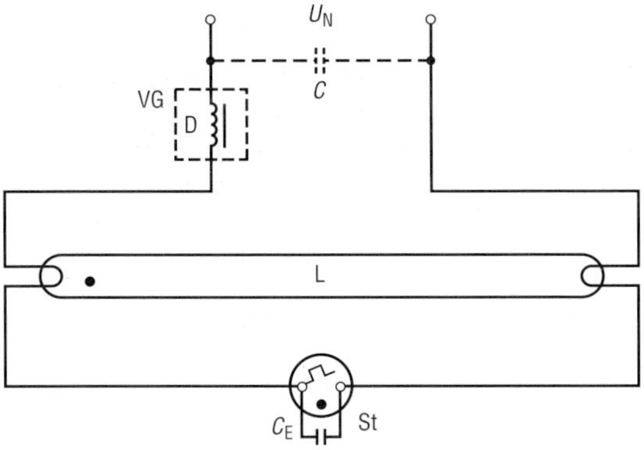

a Einzelschaltung mit Drossel und Glimmstarter für Leuchtstofflampen (Drossel-Starter-Schaltung)

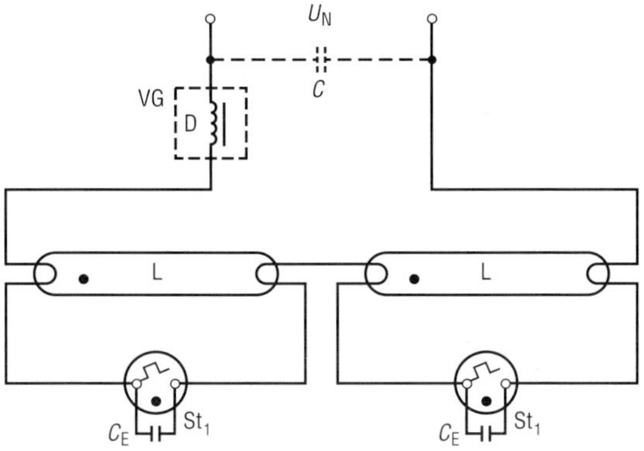

b Reihenschaltung für zwei Leuchtstofflampen

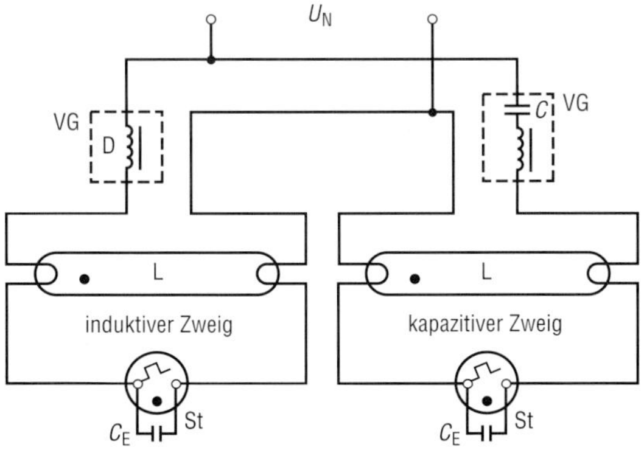

c Duoschaltung für Leuchtstofflampen. Ein Zweig ist induktiv, der zweite kapazitiv; beide zusammen ergeben einen Leistungsfaktor, der nahe bei 1 liegt

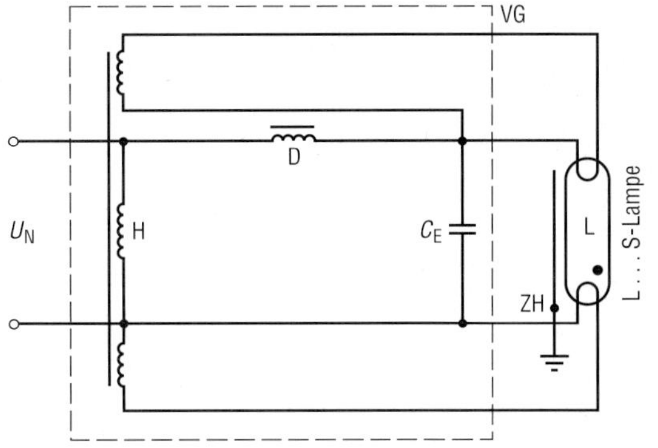

d Rapidstart-Schaltung. Niedrige Zündspannung wird erreicht durch externe Vorheizung der Elektroden und metallische Zündhilfe

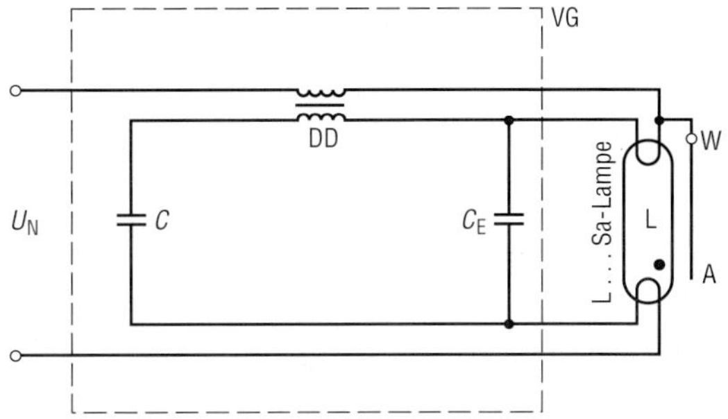

e Resonanz-Doppel-Drosselschaltung. Durch externe Elektrodenvorheizung erniedrigte Zündspannung, durch Teilresonanz erhöhte Leerlaufspannung, hochtransformierte Kapazität ergibt Kompensation bis Leistungsfaktor nahe bei 1; für Leuchtstofflampen mit Zündstreifen auf der Lampe

Bild 1.19
Schaltungen zum Betrieb von Gasentladungslampen (Fortsetzung S. 32)
Bezeichnungen:
D Drossel, DD Doppeldrossel, *C* Kompensationskondensator, L Lampe, U_N Netzspannung, St Starter, VG Vorschaltgerät, C_E Funkentstörkondensator, Z_H Zündhilfe, A Außenzündstreifen, W Im Sockel eingebauter Hochohmwiderstand, C_S Sequenzstartkondensator, ZG Zündgerät, E Hauptelektrode, H Hilfselektrode, *R* In der Lampe eingebaute Widerstände

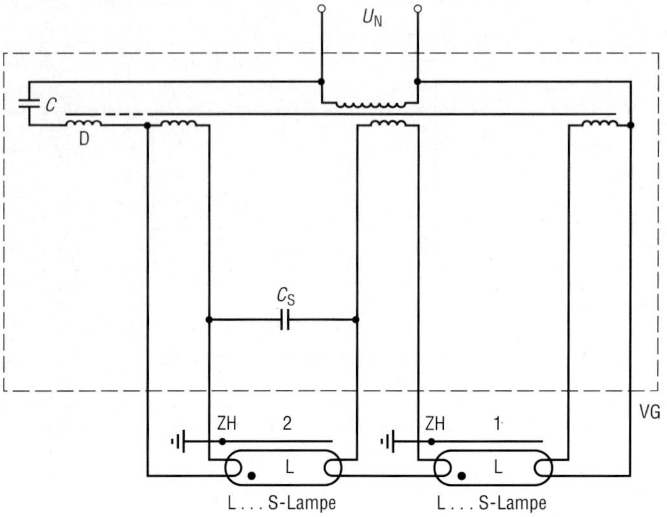

f Sequenzstart-Schaltung für Leuchtstofflampen. Beide Lampen starten nacheinander unter Mitwirkung des Sequenz-Kondensators C_S; externe Elektrodenvorheizung, metallische Zündhilfe

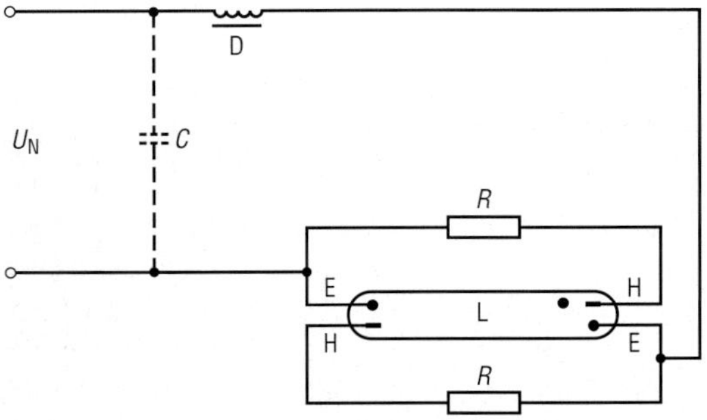

g Schaltung für Hochdrucklampen mit in die Lampe eingebauten Hilfsentladungen zwischen Haupt- und Hilfselektrode

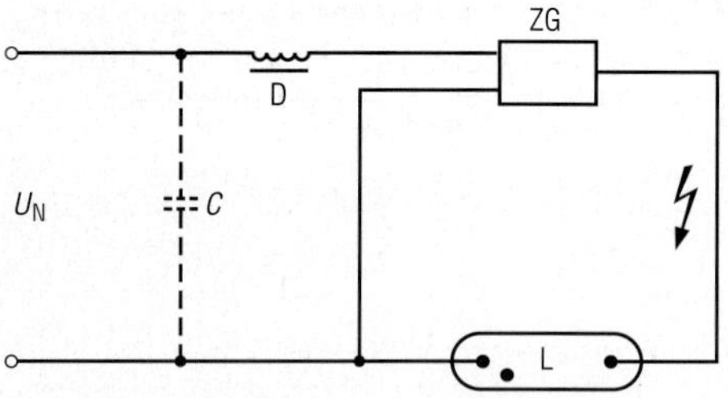

h Gebräuchlichste Betriebsschaltung mit separatem Zündgerät (Überlagerungszündgerät)

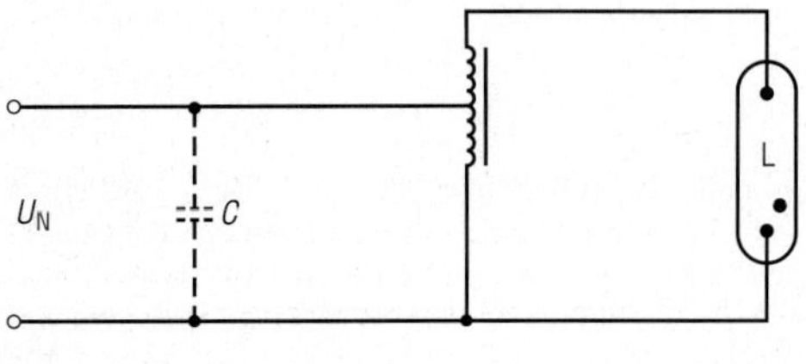

i Streufeldtransformator

Tabelle 1.6 Übersicht über Entladungslampen für Allgemeinbeleuchtung und ihre Betriebsweise

		Zündspannung, min		Brenn-spannung	Leistungs-bereich	Vorschaltgerätetypen	Schaltung Bild
		Impuls kV	Dauer V	V	W		
L	Leuchtstofflampen	0,7–1,5	150–300	30–120	4–200	Drossel-Starter-Schaltung Trafoheizung (RS-Schaltung) Resonanzschaltung (RD, TLM) Sequenzstart	a, b, c d e f
HQ	Quecksilberdampf-Hochdrucklampen	–	180	100–150	50–1000	Drossel Glühlampe integriert	g
HQI	Halogen-Metall-dampflampen	3–60	–	90–120	70–3500	Drossel und Zündgerät	h
NaV	Natriumdampf-Hochdrucklampen	2,8–4	200	90–120	35–1000	Drossel und Zündgerät Drossel (eingeb. Glimmzünder)	h g
Na	Natriumdampf-Niederdruck-lampen	–	200–700	40–200	18–180	Streufeldtransformator	i
XQO	Xenon-Lang-bogenlampe	40–100	–	150–300	6000–60000	Drossel mit Zündgerät an 380 V	h

und Lampenspannung nicht mit dem der treibenden Netzspannung identisch ist. Bild 1.21 zeigt am Beispiel einer Leuchtstofflampe Oszillogramme der wichtigsten Größen im Lampenstromkreis.

Neben der Phasenverschiebung zwischen Netzspannung und Lampenstrom bemerkt man, daß die Lampe nicht während einer gesamten Netzhalbperiode brennt. Kurz vor Ende einer Periode verlischt die Lampe und der Strom wird gleich Null. Erst kurze Zeit später startet die Lampe erneut und brennt dann mit fast konstanter Spannung. Dieser zeitliche Verlauf ist für den Wechselstrombetrieb von Entladungslampen typisch.

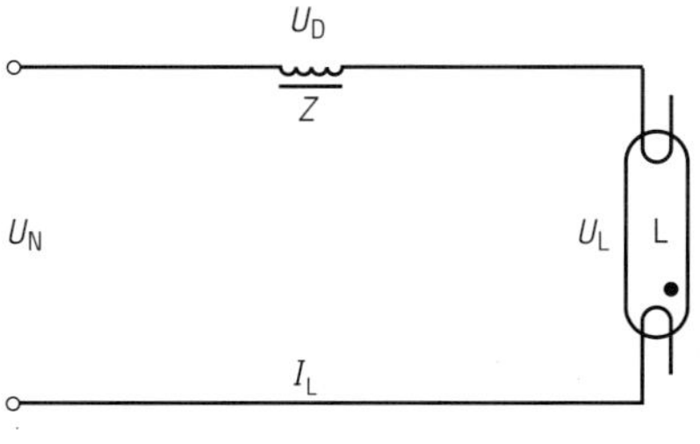

Bild 1.20
Lampenstromkreis bei Wechselstrombetrieb

Wiederzündspitze

Im Augenblick der Zündung bildet sich eine mehr oder weniger starke Spannungsspitze in der Lampenspannung aus, die sogenannte Wiederzündspitze. Danach bleibt die Spannung fast konstant. Erst beim Absinken der Netzspannung unterhalb einen bestimmten Wert (Löschspannung) verlischt die Entladung. Die Wiederzündspitze ist die Folge der stromlosen Pause durch das Verlöschen der Entladung. Ihre Form ist nicht nur durch die Lampe selber, sondern auch durch die Schaltung bedingt. Sie gibt wichtige Hinweise über die Stabilität des Betriebs und der Zündung. Ihre charakteristische Form erhält sie dadurch, daß während der stromlosen Pause an der Lampe zunächst die gesamte, nicht phasenverschobene Netzspannung liegt. Wenn die Lampe durchgezündet hat und ein Strom durch die Drossel fließt, baut sich die gegenüber der Netzspannung phasenverschobene Drosselspannung auf und die Spannung an der Lampe fällt auf die vektorielle Differenz $U_N - U_D$ zurück. Dieser Anstieg und Abfall der Spannung wird also nicht durch die Höhe der Zündspannung der Lampe allein bestimmt, sondern auch von der äußeren Beschaltung. Befinden sich Kapazitäten im Stromkreis, so kann es bei Lampen mit hohen Wiederzündspitzen sogar zu Schwingungen kommen.

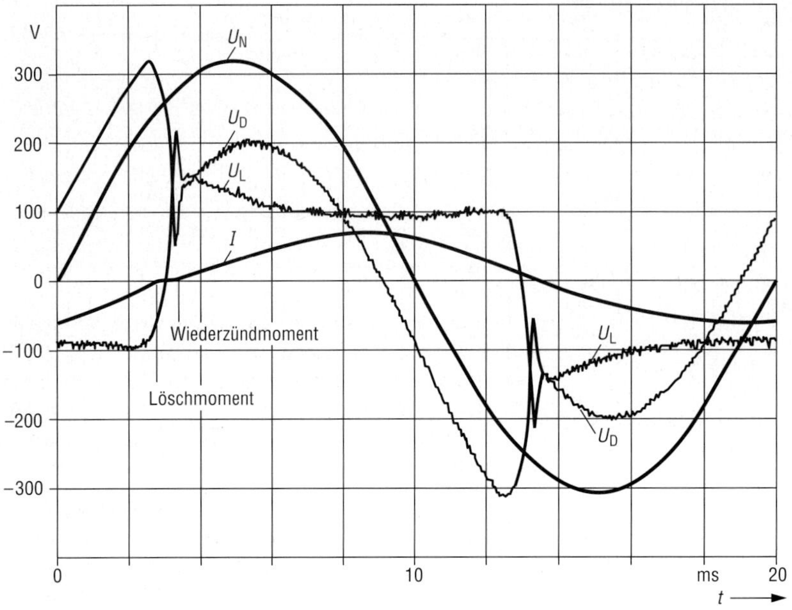

Bild 1.21
Oszillogramme von Netzspannung U_N (Versorgungsspannung), Lampenspannung U_L, Drosselspannung U_D und Lampenstrom I_L einer Leuchtstofflampe mit Induktivität (Drossel) als Strombegrenzung

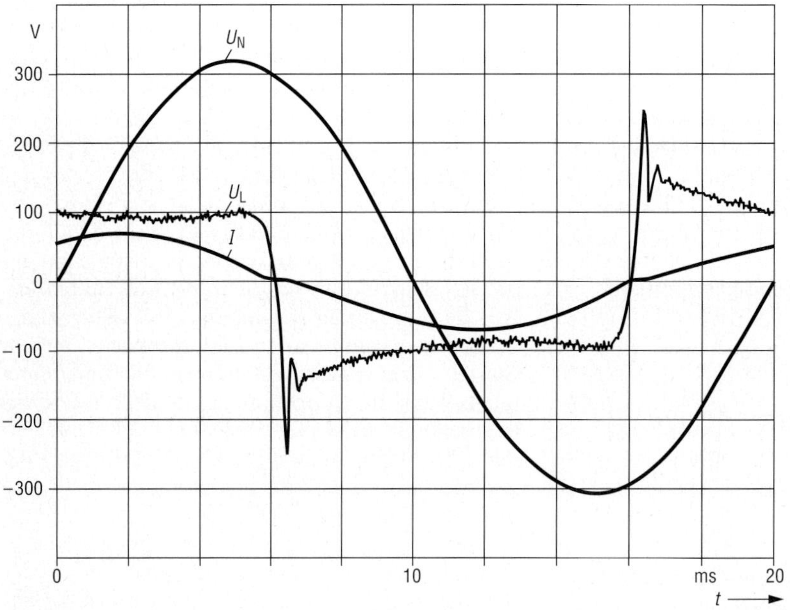

Bild 1.22
Oszillogramm von Lampenstrom I_L und Lampenspannung U_L einer Leuchtstoffkompaktlampe DULUX L 36 W mit parallelgeschaltetem Kondensator

Abb. 1.22 zeigt einen solchen Fall, in dem der lampenparallel geschaltete Funk-Entstörkondensator bei einer DULUX L-Lampe zusammen mit der Drosselinduktivität zu einer gedämpften Schwingung angestoßen werden kann. Die Brennspannung der Lampe kann von mehr oder weniger starken Schwingungen im kHz-Bereich überlagert sein, den sogenannten Anodenfallschwingungen. Sie entstehen in der Lampe selbst und sind durch die Schaltung fast nicht beeinflußbar. Sie sind auch für unsere Betrachtungen unerheblich, da sie sich auf die Lampendaten, wie Leistung und Lampenstrom, nicht auswirken. Der Grund liegt darin, daß diese Schwingungen nur eine Spannungskomponente haben, sich im Lampenstrom aber nicht bemerkbar machen, das Produkt beider also Null ist.

Kapazitiver Betrieb

Grundsätzlich ist es möglich, anstelle von Induktivitäten auch Kondensatoren zur Strombegrenzung einzusetzen. Ihre Anwendung ist jedoch stark eingeschränkt. Da der Kondensator in jeder Halbwelle umgeladen werden muß, sind starke Stromspitzen im Lampenstrom die Folge. Die Pulsation des Lichtes ist sehr hoch. Wegen der geringen Impedanz bei hohen Frequenzen können Störungen aus dem Netz (z. B. Rundsteuerimpulse) ungedämpft zur Lampe gelangen. Die Störungen werden optisch sichtbar, die Lampe flimmert. Daher ist diese Schaltung im allgemeinen nicht anwendbar.

Auch in Verbindung mit Dämpfungswiderständen, die in Reihe geschaltet werden, und bei niedrigen Lampenspannungen kann man zwar stabile Betriebsbedingungen schaffen, die Flimmerneigung macht aber auch diese Schaltung generell nicht anwendbar.

Weit verbreitet für den Betrieb von Leuchtstofflampen ist die Anwendung von Kondensatoren in Verbindung mit Drosseln (kapazitive Schaltung). Wie Bild 1.19c zeigt, wird zur Kompensation des Netzblindstroms je ein kapazitiver und induktiver Zweig zusammengeschaltet (Duoschaltung). Charakteristisch ist bei dieser Schaltung die hohe, an der Lampe liegende Leerlaufspannung (Bild 1.23), da sich die Spannung des Kondensators zur Netzspannung addiert.

Auch in bezug auf die Netzspannungsabhängigkeit verhält sie sich anders als die Schaltung nur mit Drossel. Der Lampenstrom ist je nach dem Verhältnis C/L weitgehend unabhängig von der Netzspannung. Bei Hochdrucklampen, insbesondere bei HQI-Lampen, ist die kapazitive Schaltung wegen der hohen Stromscheitelfaktoren nicht zulässig.

Das Vektordiagramm

In der Elektrotechnik ist es von jeher üblich, komplizierte Zusammenhänge mit Hilfe von Vektordiagrammen anschaulich darzustellen. Ein Vektordiagramm ist streng genommen nur dann wirklich genau, wenn die dargestellten Größen Strom, Spannung und magnetischer Fluß einen rein sinusförmigen Verlauf aufweisen. Sie können aber auch bei verzerrten, mit Oberwellen behafteten Größen verschiedene Vorgänge und Zusammenhänge gut verdeutlichen, wenn sie mit Hilfe der Effektivwerte konstruiert werden.

Auch der Betrieb von Gasentladungslampen mit verschiedenen Vorschaltgeräten läßt sich durch Vektordiagramme darstellen. Auf diese Weise erhält man einen besseren Einblick in bestimmte Eigenschaften und Verhaltensweisen im Zusammenwirken von Lampe und Vorschaltgerät. In der Praxis hat sich gezeigt, daß mit dieser Methode auch sehr komplizierte Zusammenhänge des Betriebs von Gasentladungslampen an den verschiedensten Vorschaltgeräten elegant und eindeutig geklärt werden können.

Am Beispiel des induktiven und kapazitiven Betriebes von Leuchtstofflampen soll die Konstruktion eines Vektordiagramms erläutert werden (Abb. 1.24 und 1.25).

Aus der Messung sind der Lampenstrom bzw. Drosselstrom I_L, die Netzspannung U_N, die Lampenspannung U_L, die Drosselspannung U_D und die Drosselverlustleistung P_V bekannt. Daraus können die Wirkspannung der Drossel U_w und die Blindspannung der Drossel U_b berechnet werden. Mit diesen Größen ist es möglich, das Vektordiagramm zu konstruieren:

▷ Zeichnen des Netzspannungshalbkreises.
▷ Eintragen der Richtung des Lampenstromvektors I_L auf der Y-Achse.
▷ Zeichnen der Drosselblindspannung U_b, um 90 Grad dem Strom voreilend.
▷ Einzeichnen der Drosselwirkspannung am Endpunkt der Blindspannung, gleichphasig zum Strom.
▷ Die vektorielle Summe beider ergibt die Drosselspannung entsprechend dem gemessenen Wert.

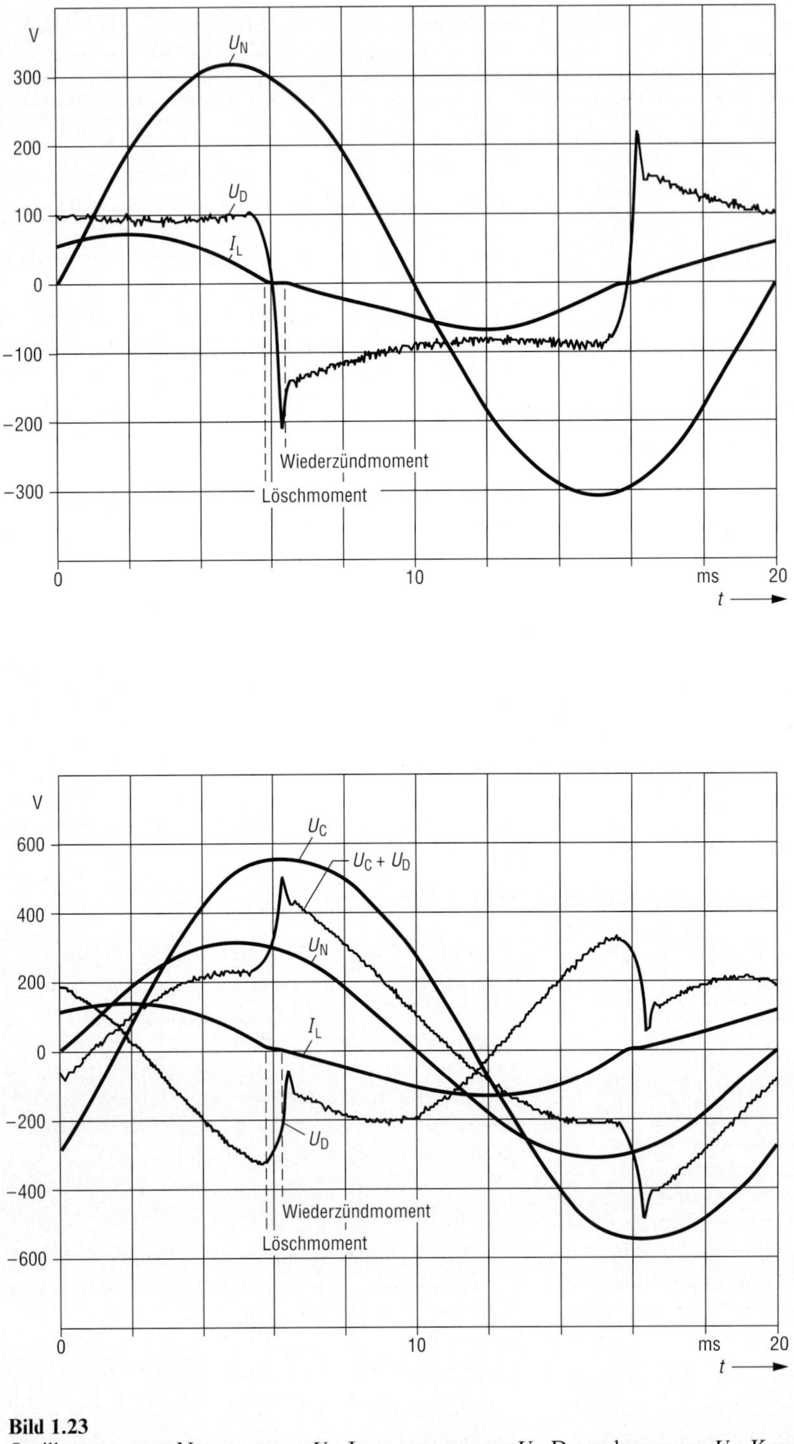

Bild 1.23
Oszillogramm von Netzspannung U_N, Lampenspannung U_L, Drosselspannung U_D, Kondensatorspannung U_C, Lampenstrom I und Gerätespannung U (Summe von U_0 und U_C) des kapazitiven Zweiges einer Duoschaltung nach Abb. 1.19c. Zur besseren Verdeutlichung des zeitlichen Verlaufs ist die Darstellung auf zwei Oszillogramme verteilt

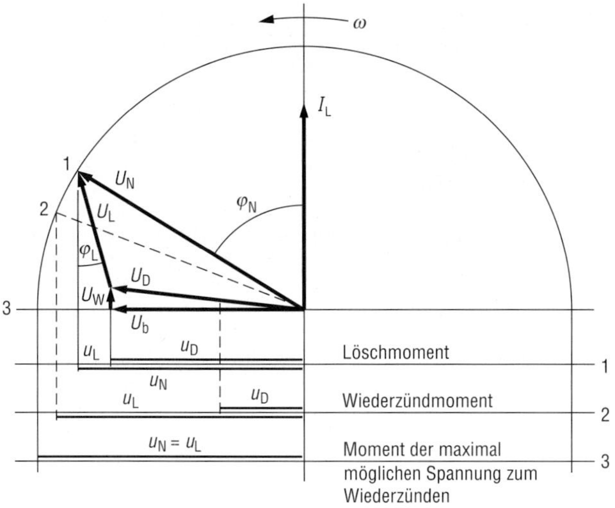

Bild 1.24
Vektordiagramm der Spannungen und Ströme im induktiven Zweig einer Duoschaltung

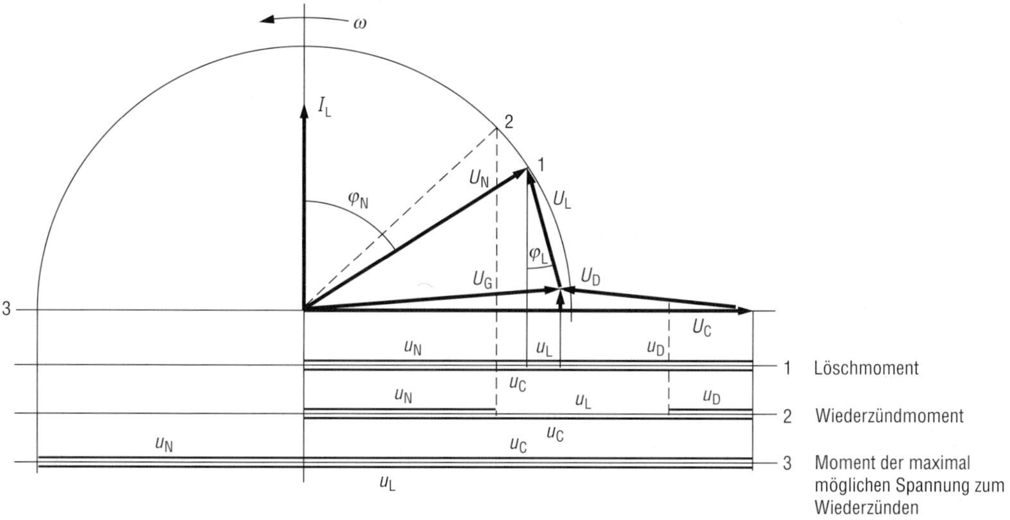

Bild 1.25
Vektordiagramm der Spannungen und Ströme im kapazitiven Zweig einer Duoschaltung

- ▷ Die Lampenspannung wird vom Endpunkt der Drosselspannung bis zum Schnittpunkt mit dem Netzspannungshalbkreis eingetragen.
- ▷ Der Netzspannungsvektor reicht vom Nullpunkt bis zum Endpunkt der Lampenspannung.

In analoger Weise wird auch das Vektordiagramm für das kapazitive System konstruiert (Bild 1.25). Lediglich muß zur Drosselspannung U_D die dem Lampenstrom nacheilende Kondensatorspannung U_C addiert werden.

Auswertung der Vektordiagramme und Oszillogramme

Die Diagramme zeigen, daß die Brennspannung der Lampe bei 50- oder 60-Hz-Betrieb nicht gleichphasig mit dem Strom verläuft, sie eilt diesem vielmehr voraus, die Lampe hat eine induktive Komponente. Diese wird verursacht durch die etwas verzögerte Wiederzündung der Lampe nach dem Strom-Nulldurchgang, was in den Vektordiagrammen durch die Punkte 1 und 2 markiert und deutlich erkennbar ist. Der Kosinus des Winkels φ_L ist nicht identisch mit dem aus Strom, Spannung und Leistung der Lampe errechneten Lampenleistungsfaktor, letzterer berücksichtigt auch die Oberschwingungen, während φ_L etwa die Phasenverschiebung zwischen den Grundwellen von Lampenstrom und Lampenspannung darstellt.

Der Winkel φ_N beschreibt die Phasenverschiebung zwischen den Grundwellen von Netzspannung und Lampenstrom; die Diagramme zeigen, daß der Strom der kapazitiv betriebenen Lampe der Netzspannung etwa gleich viel voreilt, wie der Strom der induktiv betriebenen nacheilt. Beide Geräte, zum Duogerät vereinigt, ergeben also annähernd reinen Wirkstrom.

Lösch- und Wiederzündmoment können aus den Oszillogrammen in die Vektordiagramme übertragen werden und es ist dann möglich, die in diesen Momenten auftretenden Spannungen zu ermitteln. Bei induktivem Betrieb ist die an der Lampe liegende Spannung gleich der Netzspannung abzüglich der Drosselspannung: $U_L = U_N - U_D$. Da die Drosselspannung nach dem Erlöschen der Lampe auf Null absinkt, ist die höchstmögliche Wiederzündspannung gleich dem Scheitelwert der Netzspannung, also etwa 310 V bei 220 V Nennspannung. Bei kapazitivem Betrieb dagegen hat die Kondensatorspannung im Stromnulldurchgang ihren höchsten Wert von ca. 520 V erreicht, den sie bis zur Wiederzündung beibehält. Die Lampenspannung ist gleich Kondensatorspannung minus Netzspannung minus Drosselspannung: $U_L = U_C - U_N - U_D$. Auch in diesem Fall geht die Drosselspannung auf Null und die zur Wiederzündung zur Verfügung stehende Spannung ist $U_C + U_N$. Nach dem Umpolen des Netzes wird daraus $U_C + U_N$, woraus sich theoretisch ein maximal möglicher Scheitelwert von etwa $520 + 310 = 830$ V ergibt. Auch wenn nicht die maximal möglichen Spannungen auftreten, kann das kapazitive Gerät infolge der hohen Kondensatorspannung beträchtlich höhere Wiederzündspannungen liefern als die induktive Schaltung. Daraus resultiert ein stabilerer Lampenbetrieb, insbesondere bei Lampen mit relativ hoher Wiederzündspannung.

Funkstörung

Wie alle elektrischen Geräte dürfen auch Leuchten und Betriebsgeräte keine Funkstörungen verursachen. Funkstörungen können von den Leitungen oder den Lampen selbst abgestrahlt werden. Jedoch ist dieser Anteil klein und meist vernachlässigbar.

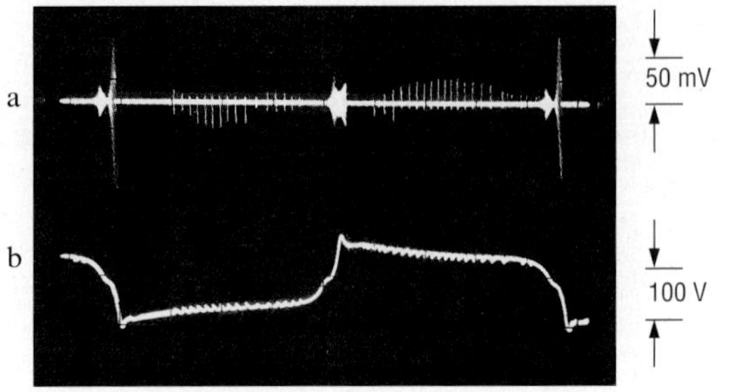

Bild 1.26
Funkstörspannungen bei Leuchtstofflampen:
a über einen Hochpaß gefilterte Lampenspannung
b ungefilterter Verlauf der Brennspannung

Den überwiegenden Beitrag bilden Störspannungen, die sich über die Netzzuleitungen im Netz ausbreiten. Die Störspannungen können ihren Ursprung in den Betriebsgeräten haben – wie im Falle elektronischer Vorschaltgeräte – oder von den Lampen selbst ausgehen. Bei konventionellen Vorschaltgeräten sind es, mit Ausnahme der Zündgeräte, fast ausschließlich die Lampen selbst, die zum Störspektrum beitragen.

Ursache der Störspannungen sind Schwingungen von Ladungsträgern im Plasma. Typische Störquellen sind die schon erwähnten Anodenfallschwingungen, deren Oberwellen bis ins Langwellengebiet (300 kHz) reichen können. Störspannungen bei höheren Frequenzen entstehen meist durch das Lösch- und Wiederzündrauschen. Bild 1.26 zeigt als Beispiel die Hochfrequenzanteile in der Brennspannung von Leuchtstofflampen, in deren zeitlichem Verlauf die einzelnen Anteile gut zu erkennen sind. Eine intensive Funkstörquelle bilden auch die Brennfleckbewegungen von Hochdrucklampen. Hier können die Störungen bis zu 100 MHz reichen.

Im allgemeinen verhindern die Strombegrenzungsdrosseln eine Ausbreitung der Störungen ins Netz. Die höherfrequenten Anteile kann man durch parallelgeschaltete Kondensatoren auf ein zulässiges Maß reduzieren. Deshalb ist eine zusätzliche Entstörung von Leuchten nur in den seltensten Fällen notwendig.

Gleichungen für den Lampenstromkreis

Eine exakte mathematische Behandlung des Lampenstromkreises ist aus folgenden Gründen nicht möglich:

- ▷ Die Lampenspannung ist nicht berechenbar, sondern entsteht durch die physikalischen Prozesse in der Entladung; sie wird durch die äußere Beschaltung in komplizierter Weise beeinflußt.
- ▷ Lampenspannung und Lampenstrom sind nicht sinusförmig.
- ▷ Die Induktivität ist kein linearer Widerstand, sondern hängt von Kurvenform und Amplitude des Stroms ab.

Zur Beschreibung der Zusammenhänge von Strom und Spannung ist ein System von Differentialgleichungen erforderlich, das nicht allgemein lösbar ist.

Man kann auf verschiedene Weisen Näherungsformeln zur rechnerischen Beschreibung des Lampenstromkreises finden. Eine sehr einfache Ableitung ergibt sich aus der analytischen Geometrie der Dreiecke im Vektordiagramm (Bild 1.24). Man erhält mit den Erläuterungen in Bild 1.24 und 1.25 sowie Tab. 1.7:

$$U_N^2 = (U_L \cdot \cos\varphi_L + U_V)^2 + \left(U_L \cdot \sin\varphi_L + \sqrt{U_D^2 - U_V^2}\,\right)^2 \qquad (1.24)$$

(1.24) gilt für nicht zu stark verzerrte Ströme mit guter, für die Praxis ausreichender Näherung. Wählt man als Parameter nicht die Drosselverlustspannung U_V, sondern die besser meßbare Verlustleistung $P_V = I_L \cdot U_V$, so kann man sie weiter vereinfachen und es ergibt sich für die Drosselspannung:

$$U_D = \left(U_N^2 - U_L^2 - 2\,U_L \frac{P_V}{I}\right)^{1/2} - U_L \cdot \sin\varphi_L \qquad (1.25)$$

oder mit dem Drosselleistungsfaktor λ_D als Parameter

$$U_D = (U_N^2 - U_L^2)^{1/2} - U_L \cdot (\lambda_D + \sin\varphi_L) \qquad (1.26)$$

Die lampenspezifischen Daten U_L und die Größe $\sin\varphi_L$ lassen sich nur durch separate Messung ermitteln. Man kann jedoch auch unmittelbar die Referenzdaten der entsprechenden Lampen benutzen und aus ihnen $\sin\varphi_L$ errechnen. Da sich aber φ_L ebenfalls mit Strom und Netzspannung verändert, gilt dies aber immer nur in der Nähe der gewählten Betriebsbedingungen.

Für Überschlagsrechnungen mit handelsüblichen Vorschaltgeräten und Lampen kann man mit guter Näherung $(\lambda_D + \sin\varphi_L) = 0{,}25$ setzen.

Mit $U_D = I_L \cdot Z$ läßt sich die Drosselspannung auch zur Festlegung von Drosseln verwenden. Darauf wird im Abschnitt 2.1.10 näher eingegangen.

Die Lampenleistung ist wegen der stromlosen Pause kleiner als das Produkt aus Strom und Spannung:

$$P_L = \lambda_L \cdot I_L \cdot U_L \qquad (1.27)$$

Der Lampenleistungsfaktor λ_L kann je nach Kurvenform der Lampenspannung und der Differenz

Tabelle 1.7
Bezeichnung und Definition wichtiger Größen, die bei der Messung und Dimensionierung des Lampenstromkreises eine Rolle spielen

Größe	Einheit	Bezeichnung, Definition
Drosselblindspannung	V	$U_b = \sqrt{U_D^2 - U_W^2}$
Drosselimpedanz	Ω	$Z = \sqrt{R_V^2 + (\omega L)^2} = U_D/I_L$
Drosselinduktivität	H	L
Drosselleistungsfaktor	–	λ_D
Drosselscheinleistung	VA	$S_D = I_L \cdot U_D = I_L^2 \cdot Z$
Drosselspannung	V	U_D
Drosselverlustleistung	W	$D_V = \lambda_D \cdot S_D$
Drosselverlust-widerstand	Ω	R_V
Drosselwirkspannung	V	$U_W = P_V/I_L$
Lampenbrennspannung	V	U_L
Lampenleistung	W	P_L
Lampenleistungsfaktor	–	λ_L
Lampenstrom	A	I_L
Leistungsfaktor	–	$\lambda = g \cdot \cos\varphi$
Netzblindleistung	var	$Q_N = D_W \cdot \mathrm{tg}\,\varphi$
Netzfrequenz	s^{-1}	$f, \omega = 2\pi f$
Netzscheinleistung	VA	$S_N = I_L \cdot U_N$
Netzspannung	V	U_N
Netzstrom	A	I_N
Netzwirkleistung	W	$P_W = P_L + P_V = \lambda_N S_N$
Phasenwinkelverschiebung zwischen Strom und Spannung	rad, °	$\varphi, \cos\varphi = \frac{P_W}{S_N}$
Scheitelfaktor	–	$S = I_{max}/I_{eff}$
Spannung am Kondensator bei reihenkompensierten Geräten	V	U_C
Verzerrungsfaktor bei Abweichungen von Sinusform	–	g

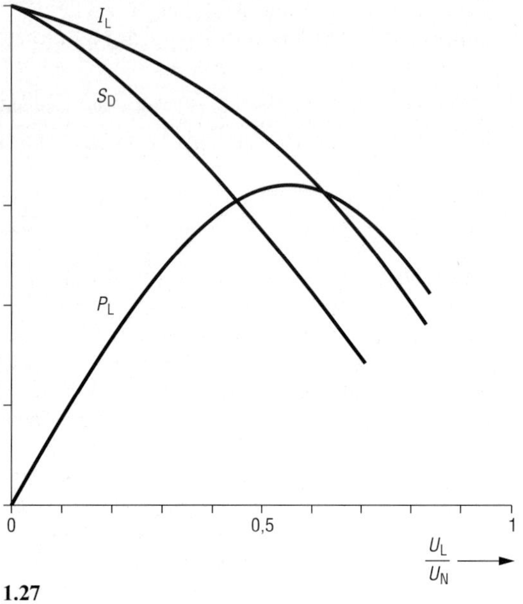

1.27
Lampenstrom I_L, Lampenleistung P_L und Drosselscheinleistung S_D in Abhängigkeit vom Verhältnis der Lampenspannung zur Netzspannung U_L/U_N

der Lampenspannung zur Netzspannung Werte zwischen 0,7 und 0,95 annehmen.

Formel (1.26) gibt die Verhältnisse im Lampenstromkreis mit guter Genauigkeit wieder. Auch die Abhängigkeiten des Lampenstroms von den übrigen Einflußgrößen beschreibt sie recht gut. Als Beispiel sei die Abhängigkeit von der Netzspannung und der Lampenspannung untersucht. Man setzt:

$$n = U_L/U_N \qquad (1.28)$$

Dann folgt für den Lampenstrom:

$$I_L = \frac{U_N}{Z}[(1-n^2)^{1/2} - n(\lambda_D + \sin\varphi_L)]$$
$$\approx \frac{U_N}{Z}[(1-n^2)^{1/2} - 0{,}25\,n] \qquad (1.29)$$

Für die Lampenleistung ergibt sich:

$$P_L = \lambda_L \frac{U_N^2}{Z} n \cdot I_L \qquad (1.30)$$

Der Einfluß von n auf den Lampenleistungsfaktor λ_L kann nicht vernachlässigt werden. Eine typische Abhängigkeit ergibt sich aus der empirischen Beziehung

$$\lambda_L = 1 - \frac{n}{3}, \qquad (1.31)$$

daraus für die Lampenleistung:

$$P_L = \frac{U_N^2}{Z} \cdot n\left(1 - \frac{n}{3}\right)[(1-n^2)^{1/2} - 0{,}25\,n] \qquad (1.32)$$

Die gleiche Rechnung kann man auch für die Scheinleistung der Drossel $S_D = I_L^2 \cdot Z$ durchführen. Die Ergebnisse für diese drei Größen sind in Bild 1.27 zusammengefaßt.

Mit steigendem n, d. h. mit geringerem Abstand der Lampenspannung zur Netzspannung, verringern sich der Lampenstrom und die Scheinleistung der Drossel ganz beträchtlich. Es wäre daher im Interesse kleiner, gering belasteter Drosseln günstig, die Lampenbrennspannung so nahe wie möglich an die Netzspannung zu bringen. Leider zeigt der Verlauf der Lampenleistung, daß dies möglichst vermieden werden sollte. Die Lampenleistung durchläuft ein Maximum und ist insbesondere bei großen n stark von n abhängig. Dies bedeutet einen sehr unstabilen Betrieb, da sich geringste Änderungen der Lampenbrennspannung oder Netzspannung stark auf die Lampenleistung auswirken würden.

Man wählt daher als günstigsten Arbeitspunkt das Leistungsmaximum, in dem in einem gewissen Spannungsbereich praktisch keine Abhängigkeit vorhanden ist. Das Maximum liegt bei $n \sim 0{,}5$. Deswegen liegen die Brennspannungen praktisch aller Entladungslampen bei etwa der halben Versorgungsspannung (s. Tab. 1.6).

1.3 Grundbegriffe und Beurteilungsgrößen von Betriebsgeräten

An dieser Stelle sollen nur wechselstrombetriebene Entladungslampen für Allgemeinbeleuchtung betrachtet werden, also weder der direkte Gleichstrombetrieb dieser Lampen noch der Betrieb von Spezialentladungslampen. Zum Wechselstrombetrieb der Lampen für Allgemeinbeleuchtung gehören auch der Hochfrequenzbetrieb, der Notstrombetrieb und der Betrieb in Fahrzeugen, bei denen die Lampen über Wechselrichter mit hochfrequentem Wechselstrom betrieben werden.

Start- und Betriebsgeräte sowie Leuchten müssen so aufeinander abgestimmt sein, daß ein sicherer und stabiler Lampenbetrieb erreicht wird. Hierzu gehört beim Startgerät die Auslegung auf die für die Zündung erforderlichen Mindestwerte der Stoßspannung und Impulsbreite und mit Rücksicht auf die Spannungsfestigkeit der einzelnen Komponenten die Einhaltung festgelegter maximaler Spannungswerte. Ein weiterer wichtiger Punkt ist die Steuerung der Startgeräte. Das Betriebsgerät muß durch seine ausreichend hohe Leerlaufspannung einen schnellen Übergang von der Glimm- zur Bogenentladung gewährleisten und muß so justiert sein, daß die Lampe mit Nenndaten im eingebrannten Zustand bei Netznennspannung etwa die Solldaten erreicht. Bei der Konstruktion der Betriebsgeräte müssen die Lampentoleranzen und -charakteristiken einschließlich etwaiger Änderungen im Laufe der Lebensdauer sowie Netzspannungstoleranzen und der vorgesehene Umgebungs-Temperaturbereich berücksichtigt werden.

1.3.1 Vorschaltgeräte

Für netzfrequenten Betrieb wird der Effektivwert der Brennspannung einer Entladungslampe aus wirtschaftlichen Gründen so gewählt, daß einerseits eine möglichst kleine Gerätescheinleistung und damit auch -verlustleistung erreicht wird und andererseits ein stabiler Lampenbetrieb gewährleistet werden kann. Die Brennspannungen liegen bei 50% der Netznennspannung, bei der Festlegung des Mittelwertes sind die Fertigungstoleranzen und mögliche Änderungen der Brennspannung im Laufe der Lebensdauer bzw. die Abhängigkeit der Brennspannung von der Umgebungstemperatur zu berücksichtigen. Wegen des Polaritätswechsels nach jedem Stromnulldurchgang entsteht eine Wiederzündspannungsspitze, durch die eine Nennbrennspannung in Höhe von 40% der Netznennspannung erforderlich werden kann, um einen flakkerfreien, stabilen Lampenbetrieb sicherstellen zu können. Als Beispiel sind in Bild 1.28 die Oszillo-

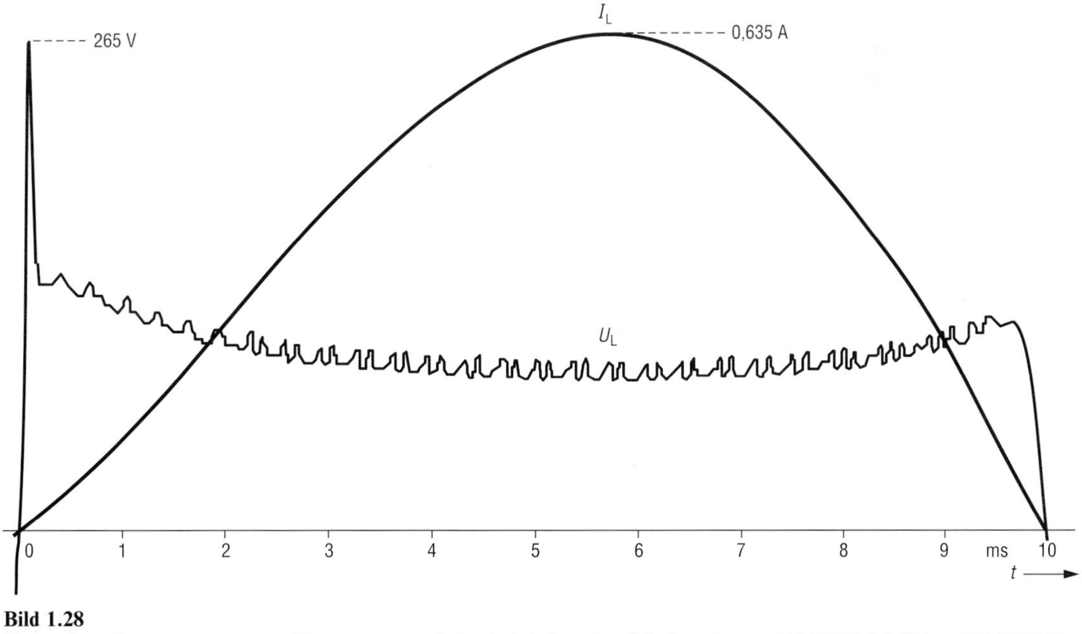

Bild 1.28
Verlauf von Brennspannung und Lampenstrom beim induktiven Betrieb einer Lampe DULUX L 36 W an 230 V/50 Hz

gramme der Brennspannung und des Lampenstroms beim Betrieb einer Lampe DULUX L 36 W an 230 V/50 Hz dargestellt. Der im Starter eingebaute Kondensator hatte eine Kapazität von 5,6 nF.

Die Lampenleistung P_L nach Gleichung 1.27 in Kapitel 1.2 ist wegen der nicht sinusförmigen Brennspannung U_L und des mit Oberschwingungen behafteten Lampenstroms I_L nicht nur das Produkt aus $U_L \cdot I_L$, sondern Brennspannung und Lampenstrom sind zusätzlich mit dem Lampenleistungsfaktor λ_L zu multiplizieren. Dieser Lampenleistungsfaktor hat keine physikalische Bedeutung, er sagt lediglich aus, um wieviel die Scheinleistung $U_L \cdot I_L$ vermindert werden muß, um die Wirkleistung der Lampe zu erhalten:

$$P_L = U_L \cdot I_L \cdot \lambda_L \tag{1.37}$$

Die Lampen- und Vorschaltgerätedaten lassen sich aber nicht mit dem Lampenleistungsfaktor λ_L errechnen, hierfür ist vielmehr die Kenntnis der Phasenverschiebung zwischen den Grundwellen von Brennspannung und Lampenstrom erforderlich. Die Lampenleistung kann auch aus den einzelnen Harmonischen der Brennspannung und des Lampenstroms berechnet werden:

$$P_L = \sum_{\nu} U_{L\nu} \cdot I_{L\nu} \cdot \cos\varphi_{L\nu} \tag{1.38}$$

Zum Beispiel erhält man bei der Fourier-Analyse von Brennspannung und Lampenstrom der Lampe DULUX L 36 W die in Tabelle 1.8 aufgeführten Werte für die Grundwellen und die Harmonischen. Die Leistungsanteile zeigen, daß nahezu die gesamte Leistung von 36,64 W in der Grundwelle enthalten ist und die dritte Harmonische trotz der großen Anteile in der Brennspannung und im Strom nur noch ca, 1% zur Gesamtleistung beisteuert. Der Grund ist die große Phasenverschiebung $\Delta\varphi_{L3} = 77°$. Die weiteren Harmonischen können bei der Leistungsbestimmung völlig vernachlässigt werden.

Die Effektivwerte von U_L und I_L ergeben sich aus der Wurzel der Summe der Quadrate der Einzelkomponenten:

$$U_L = \sqrt{\sum U_{L\nu}^2} = 114{,}9\ \text{V}$$

$$I_L = \sqrt{\sum I_{L\nu}^2} = 0{,}410\ \text{A}$$

Für die Lampe DULUX L 36 W ergibt sich aus P_L, U_L und I_L ein Lampen-Leistungsfaktor $\lambda_L = P_L/(U_L \cdot I_L) = 0{,}778$. Dieser λ_L-Wert liegt sehr nahe

Tabelle 1.8
Berechnung der Anteile der Oberschwingungen an der gesamten Leistung einer Lampe DULUX L 36 W beim induktiven Betrieb an 230 V/50 Hz nach der Fourier-Analyse von Brennspannung und Lampenstrom

Harmonische	$U_{L\nu}$ V	$I_{L\nu}$ A	$\Delta\varphi_{L\nu}$ °	$P_{L\nu}$ W
1. (Grundwelle)	93,7	0,408	19,4	36,06
3.	44,2	0,042	77,1	0,41
5.	29,0	0,009	70,1	0,09
7.	23,2	0,006	89,5	0,00
9.	20,0	0,004	64,9	0,03
11.	17,7	0,002	60,2	0,02
13.	14,5	0,002	55,1	0,02
15.	13,1	0,001	46,4	0,01

bei dem wirklichen Lampenleistungsfaktor 0,776, der sich aus den Nenndaten der DULUX L 36 W ergibt. Die Phasenverschiebung zwischen den Grundwellen muß für jeden Lampentyp durch Fourier-Analyse bestimmt werden, eine einfache Berechnungsmethode hierfür gibt es nicht.

Beim Errechnen von Lampenleistungen in Abhängigkeit von Netz-, Brennspannungs- und Betriebsgerätetoleranzen sind Brennspannungsänderungen zu berücksichtigen, die sich nach dem Einbrennen bei unterschiedlichen Strömen einstellen. Leuchtstofflampen haben bei langsamen Änderungen im Bereich der Bogenentladung eine negative Strom-Spannungs-Charakteristik, bei Metalldampf-Hochdrucklampen reicht der Bereich von schwach positiv bei Quecksilberdampf-Hochdrucklampen bis stark positiv bei Natriumdampf-Hochdrucklampen oder einigen Halogen-Metalldampflampen, den Verlauf zeigt Bild 1.29. Für Berechnungen hat sich eine einfache Beziehung zwischen Brennspannung und Lampenstrom als sinnvoll erwiesen. Diese am Beispiel der Halogen-Metalldampflampe HQI-TS 150 W/NDL auf Bild 1.30 dargestellten Zusammenhänge geben näherungsweise die Abhängigkeit der Brennspannung vom Lampenstrom im möglichen Lampenstrombereich wieder. Hierzu ist die Einführung von zwei Rechengrößen erforderlich, die keine physikalische Bedeutung haben. Die sogenannte Grundspannung U_G ist der Wert, der sich ergibt, wenn die idealisierte Brennspannungsgerade zum Strom „Null" extrapoliert wird. Der statisch differentielle Innenwiderstand R_L gibt die Steigung der Geraden an:

$$U_L = U_G + I_L \cdot R_L \tag{1.39}$$

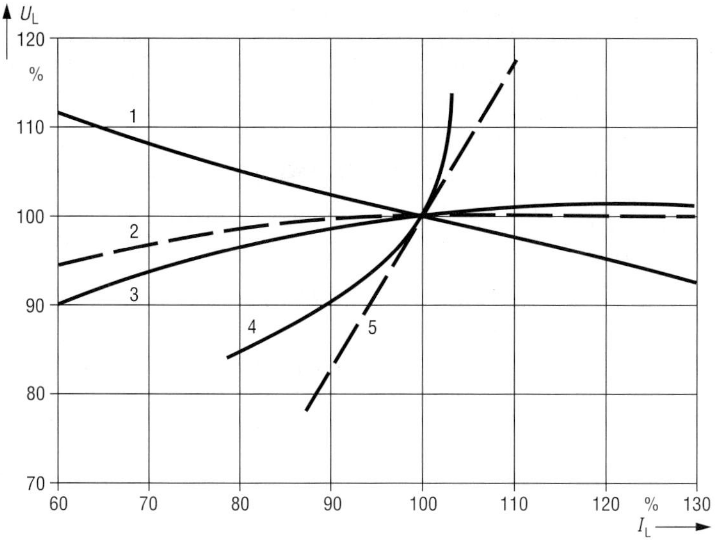

Bild 1.29
Abhängigkeit der Brennspannung U_L vom Lampenstrom I_L bei Niederdruck- und Hochdrucklampen

1 Leuchtstofflampen,
2 Halogen-Metalldampflampe HQI-TS 70 W/WDL,
3 Quecksilberdampf-Hochdrucklampen,
4 Natriumdampf-Hochdrucklampe 150 W,
5 Halogen-Metalldampflampe HQI-TS 150 W/NDL

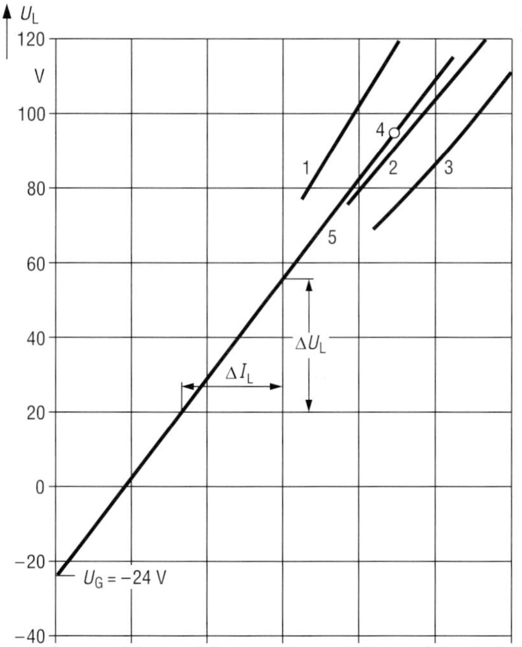

Bild 1.30
Bestimmung der Grundspannung U_G und des statisch differentiellen Innenwiderstandes R_L aus gemessenen Lampenkennlinien der HQI-TS 150 W/NDL (1, 2, 3)
4 Nennlampe 95 V/1,8 A,
5 idealisierte Lampencharakteristik

Bei Kenntnis der Brennspannungstoleranzen neuer Lampen und möglicher Änderungen im Lauf der Lampenlebensdauer ist es mit dieser Formel möglich, alle Lampenbelastungen unter den in der Praxis vorkommenden Betriebszuständen zu ermitteln.

Die in Lampenblättern genannten minimalen und maximalen Lampenleistungen $P_{L\,min}$ und $P_{L\,max}$ gelten für bestimmte Werte von Lichtstrom, Farbe und Farbwiedergabe sowie die angestrebte lange Lampenlebensdauer. Die Abweichung der Lampenleistungen von der Nennleistung ist die Folge von vier verschiedenen Einflußgrößen, den Brennspannungs- und Netzspannungstoleranzen, den Betriebsgeräte-Einstelltoleranzen und den Betriebsgerätearten. Beeinflussen lassen sich die Geräteart (induktive oder kapazitive Geräte) oder auch die Geräteeinstelltoleranz, weniger dagegen die Brennspannungstoleranzen einschließlich der möglichen Änderungen im Laufe der Lampenlebensdauer. Nicht beeinflussen lassen sich Netzspannungsänderungen, jedoch können die Geräte entsprechend der wirklichen mittleren Netzspannung am Einsatzort so justiert werden, daß die wirksame Netzspannungsänderung $\pm 5\%$ nicht überschreitet.

Für die Kenntnis der Lampen- bzw. Gerätebelastung ist auch das Verhalten von Entladungslampen bei und kurz nach der Zündung und am Ende der Lampenlebensdauer zu beachten.

Der Spannungsdurchbruch der isolierenden Gasstrecke erfolgt entweder durch einen ausreichend hohen Scheitelwert der Leerlaufspannung oder durch zusätzliche Impulse. Für Lampen mit nicht vorheizbaren Elektroden müssen die Leerlaufspannungen so hoch sein, daß die bei der Zündung entstehende Glimmentladung schnell in die Bogenentladung umschlägt. Dazu ist nicht nur eine hohe Leerlaufspannung, sondern auch ein ausreichend großer Strom bei der hohen Glimmentladungs-Brennspannung erforderlich.

Bei Leuchtstofflampen mit vorheizbaren Elektroden muß der Vorheizstrom so groß sein, daß die Elektroden Emissionstemperatur erreichen. Die Vorheizströme müssen zwischen den lampentypabhängigen Grenzen $I_{\mathrm{H\,min}}$ und $I_{\mathrm{H\,max}}$ liegen. Die Leerlaufspannung muß während der Vorheizperiode so niedrig bleiben, daß eine Glimmentladung vermieden wird. Ist zur Sicherstellung eines großen Betriebstemperaturbereiches eine hohe Leerlaufspannung erforderlich, kann eine Absenkung der Leerlaufspannung bis zum Erreichen der Emissionstemperatur notwendig werden. Beim Vorheizen mit überhöhten Strömen im Halbwellenbetrieb darf bei induktiven Geräten der von der Lampenleistung abhängige maximale Scheitelwert des Vorheizstroms $I_{\mathrm{S\,max}}$ zum Schutz der empfindlichen Elektroden nicht überschritten werden.

Hochdrucklampen werden fast ausschließlich bei kalten Elektroden gezündet. Die Elektroden enthalten normalerweise einen Emitter, bei vielen Halogen-Metalldampflampen müssen aber emitterfreie Elektroden verwendet werden. In diesem Fall hängt das Emissionsvermögen von zufällig kondensierten Belägen auf den Elektroden ab, die beiden Elektroden emittieren sehr unterschiedlich. Die Lampen können deshalb bei kalten Elektroden als Einweggleichrichter wirken. Durch die Erwärmung wird auch die zweite Elektrode innerhalb einiger Netzperioden emissionsfähig, so daß ein höherer Gleichstrom-Scheitelwert innerhalb einer Sekunde auf normale Werte zurückgeführt wird. Zum Schutze der Einschmelzungen und zum Vermindern der Schwärzung des Brenners wird der mögliche Scheitelwert bei Einweggleichrichtung $I_{\mathrm{S\,max}}$ auf Werte begrenzt, die die Lampe schonen und für den Gerätebau keine zu starke Einschränkung in der Auslegung der Geräte bedeuten.

Metalldampf-Hochdrucklampen haben kurz nach der Zündung einen Druck in Höhe des Grundgasfülldruckes und eine entsprechend niedrige Brennspannung U_{Anl}, die nur ca. 20% der Spannung beim Betrieb erreicht. Diese niedrige Brennspannung U_{Anl} bewirkt einen erhöhten Anlaufstrom I_{Anl}, der im Bereich $I_{\mathrm{Anl\,min}}$ und $I_{\mathrm{Anl\,max}}$ liegen soll. Der Mindestwert ist erforderlich, um den Anlauf der Hochdrucklampen in einigen Minuten abschließen zu können. Und der Maximalwert soll nicht überschritten werden, um die Elektrodenbelastung bei noch niedrigem Druck in Grenzen zu halten.

Bei Halogen-Metalldampflampen mit Leistungen ≤ 150 W kann es am Ende der Lampenlebensdauer zu einem Halbwellenbetrieb kommen. Dieser anomale Betrieb wurde bisher in sehr seltenen Fällen beobachtet. Voraussetzung hierfür sind ein evakuierter Außenkolben und ein undichter Brenner mit nur einer funktionsfähigen Elektrode. Die Halogenide kondensieren im Außenkolben und verdampfen wegen der geringen Temperatur nicht mehr. Bei niedrigen Drücken und nur einer emissionsfähigen Elektrode kann bei induktiven Vorschaltgeräten ein zwei- bis dreimal so großer Strom wie der Nennstrom fließen; dieser Strom kann zur thermischen Überlastung der Betriebsgeräte führen. Deshalb ist für den Betrieb von Halogen-Metalldampflampen mit Leistungen ≤ 150 W eine Absicherung gegen Überhitzung der Vorschaltgeräte erforderlich.

1.3.2 Startgeräte

Hochdrucklampen, die mit Zündgeräten gezündet werden, müssen drei Stadien durchlaufen:

1. Das Zündgerät muß – je nach Lampentyp – eine so hohe Spannung und einen so breiten, energiereichen Impuls in jeder Netzperiode oder in jeder Netzhalbwelle abgeben, daß ein sicherer Spannungsdurchbruch der isolierenden Gasstrecke erreicht wird.
2. Der Zündkreis muß nach dem Spannungsdurchbruch so viel Energie zur Verfügung stellen können, daß die Brennspannung wesentlich unter den Augenblickswert der Versorgungsspannung absinkt.
3. Damit kann das Betriebsgerät trotz der immer bei der Zündung auftretenden Glimmentladung einen so hohen Strom liefern, daß ein schneller Übergang von der Glimm- zur Bogenentladung möglich ist.

Bei der für Allgemeinbeleuchtung vorliegenden netzfrequenten sinusförmigen Versorgungsspannung bedeutet das eine Impulserzeugung im Bereich des Scheitels der Versorgungsspannung; bevorzugt wird eine Impulserzeugung im Bereich 60 bis 90 °el bzw. 240 bis 270 °el.

Zwei weitere Daten sind von wesentlicher Bedeutung für Startgeräte für Hochdrucklampen: Die Ansprech- und die Abschaltspannung. Die Zündgeräte für Halogen-Metalldampflampen zum Beispiel dürfen während des Lampenbetriebs keine Impulse erzeugen, weil der Bogen dadurch zur Quarzwand des Brenners ausgelenkt wird. Der Bogen wird instabil, die Lampe flackert, und die Lampenlebensdauer wird durch die übermäßige Aufheizung der Quarzwand stark verkürzt. Die Startgeräte müssen deshalb so ausgelegt sein, daß sie im Bereich vorkommender Brennspannungen mit Sicherheit abgeschaltet bleiben. Andererseits müssen sich die Startgeräte beim Überschreiten der Mindest-Lampenversorgungsspannung $U_{0\,\mathrm{min}}$ einschalten, damit eine sichere Lampenzündung gewährleistet ist.

Bei der Auslegung von Startgeräten für Natriumdampf-Hochdrucklampen und Halogen-Metalldampflampen ist ferner das Verhalten der Lampen am Ende der Lebensdauer zu beachten. Im Lauf der Lebensdauer kommt es bei diesen beiden Lampengruppen zu einem Brennspannungsanstieg, der schließlich so groß wird, daß die Wiederzündspitze höher wird als der Augenblickswert der Versorgungsspannung, so daß die Lampe auch ohne Netzspannungseinbruch löscht. Die Lampe kühlt ab und zündet nach einigen Minuten Abkühlzeit wieder.

Dieser Vorgang wiederholt sich immer wieder, wenn die Zündgeräte nicht mit einer Abschalteinrichtung ausgestattet sind. Startgeräte ohne Abschalteinrichtung müssen für diesen zyklischen Betrieb ausgelegt sein, der bei schließlich nicht mehr zündenden Lampen in eine dauernde Impulserzeugung übergeht. Es besteht auch die Möglichkeit, daß sich die Startgeräte wegen hoher Brennspannungen und der damit verbundenen hohen Wiederzündspitzen bei Lampenbetrieb einschalten. In diesem Fall werden Überlagerungsstartgeräte durch den Lampenstrom und durch die Impulserzeugung doppelt belastet.

Auch für Starter zur Zündung von Leuchtstofflampen mit vorheizbaren Elektroden gelten ähnliche Bedingungen: Der Starter muß den vom Lampentyp abhängigen Mindestwert der Stoßspannung erreichen. Er muß beim Überschreiten der Mindest-Versorgungsspannung der Lampe sicher schließen und darf im gegebenen Brennspannungsbereich nicht wieder schließen. Hinzu kommt eine Mindestschließzeit der Starterkontakte, damit die Lampenelektroden die erforderliche Emissionstemperatur bei den gegebenen Vorheizströmen wirklich jedesmal erreichen.

1.3.3 Prüfungen

Vorschalt- und Startgeräte werden auf Sicherheit und Funktion geprüft. Dadurch wird sichergestellt, daß die Lampen einerseits entsprechend den Vorschriften betrieben werden, andererseits wird so gewährleistet, daß die Geräte auch unter allen bekannten Grenzbedingungen elektrisch und thermisch nicht überlastet werden. Daten und Prüfhinweise werden international durch die Arbeitsgruppen der IEC zusammengestellt, gleichlautende oder ähnliche nationale Prüfvorschriften ergänzen die internationalen Empfehlungen. Derartige Empfehlungen gibt es für Start und Vorschaltgeräte für Niederdruck- und Hochdruck-Entladungslampen. Ergänzende Hinweise werden schließlich von den Lampenherstellern herausgegeben, um den Kunden Daten für national oder international noch nicht standardisierte Lampen und deren Start- und Vorschaltgeräte an die Hand geben zu können.

Während bei der redaktionellen Fertigstellung dieses Buches bereits an Empfehlungen für den Hochfrequenzbetrieb von Leuchtstofflampen gearbeitet wurde, fehlten zu diesem Zeitpunkt noch allgemeingültige Daten für einen derartigen Betrieb von Hochdrucklampen, für den Dimmerbetrieb von Niederdruck- und Hochdruck-Entladungslampen sowie für Startgeräte für die Heißzündung von Hochdrucklampen.

2 Leuchtstofflampen und Betriebsgeräte

2.1 Lampen

Elektrische Entladungen in Quecksilberdampf geben unter günstigen Bedingungen bis zu 98% der abgestrahlten Energie im Ultravioletten ab. Die Strahlung ist in nur zwei Spektrallinien bei Wellenlängen von 185 nm und 254 nm konzentriert. Diese Strahlung läßt sich mit Hilfe von Leuchtstoffen in sichtbares Licht umwandeln. Man nennt diesen Prozeß der Strahlungsumwandlung Photolumineszenz. Die Vereinigung von Lumineszenz und elektrischer Entladung zu Leuchtstofflampen ist heute die wichtigste künstliche Lichtquelle für weißes Licht. Die entsprechenden Lampen zeichnen sich nicht nur durch eine Vielzahl von Formen (Bild 2.1), sondern auch durch eine breite Skala von Lichtfarben aus. Die beiden Quecksilber-Spektrallinien sind Resonanzlinien, d.h. ihre Strahlung wird von neutralen Atomen wieder absorbiert. Deshalb darf die elektrische Entladung nur bei sehr niedrigen Drücken stattfinden; bei hohem Druck könnte die Strahlung das Entladungsrohr gar nicht verlassen. Selbst bei niedrigem Druck darf die Entladung nur einen geringen Querschnitt haben. Dies erklärt die Ausführung der Lampen und ihre geringe Leuchtdichte.

Leuchtstofflampen in der heute bekannten Form wurden 1938 auf den Markt gebracht. Bild 2.2 zeigt die Entwicklung der Lichtausbeute. Der starke Anstieg der Lichtausbeute war hauptsächlich eine Folge der Fortschritte in der Leuchtstoffentwicklung; erst in letzter Zeit gab es auch Verbesserungen durch die Entwicklung optimaler Abmessungen und Gasfüllungen (T 8-Lampen) sowie durch die Verwendung elektronischer Vorschaltgeräte (HF-Betrieb).

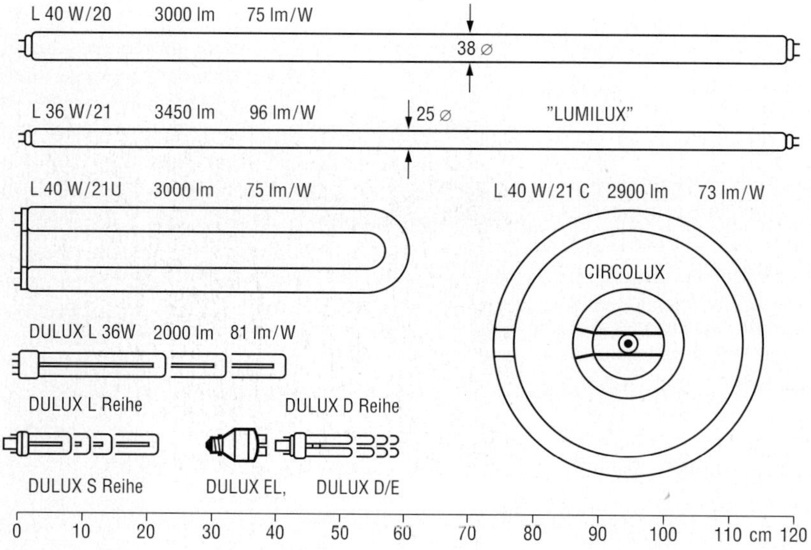

Bild 2.1 Leuchtstofflampen am Beispiel der Typen der Fa. OSRAM (Stand 1989)

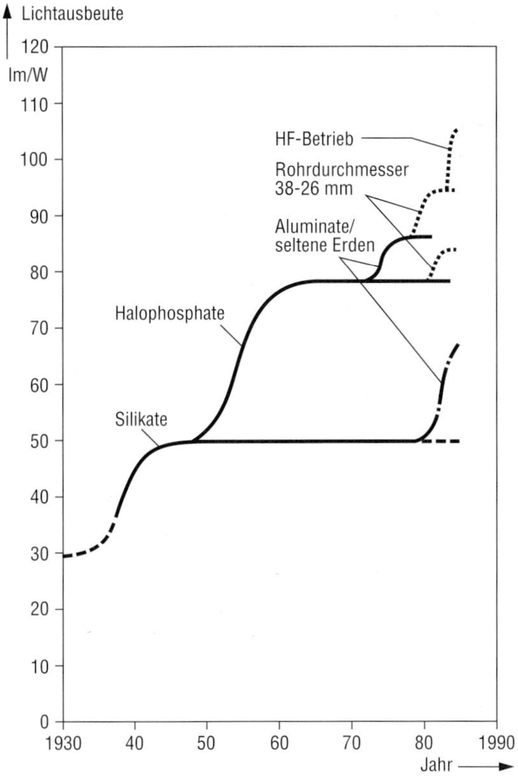

Bild 2.2
Die Entwicklung der Lichtausbeute von Leuchtstofflampen

2.1.1 Aufbau der Lampen

Den Aufbau einer Leuchtstofflampe zeigt Bild 2.3. Das Entladungsgefäß besteht aus einem Glasrohr. An das Glas werden hohe Anforderungen gestellt, weil es neben der elektrischen Isolationsfähigkeit, Verarbeitbarkeit und der Gasdichtigkeit noch auf eine hohe Lichtdurchlässigkeit im Sichtbaren ankommt, während die ultraviolette Strahlung aber vollkommen unterdrückt werden soll. Als Elektroden verwendet man Wendeln aus dünnem Wolframdraht, die mit dem Emitter, einer Schicht aus Erdalkalioxiden, bedeckt sind. Dieses Gemisch aus Barium, Strontium und Kalzium reduziert die Austrittsarbeit für Elektronen. Die Elektroden sind für den stabilen Betrieb der Lampen, die Dimensionierung und Auswahl der Vorschaltgeräte sowie für die Lampenlebensdauer von entscheidender Bedeutung. Deswegen sollen sie in einem besonderen Abschnitt ausführlich behandelt werden (2.1.3).

Der Wolframdraht ist doppelt oder dreifach gewendelt, damit er möglichst viel Emitter aufnehmen und festhalten kann. Besonders weit verbreitet sind Triple-Wendeln und Stabwendeln. Bild 2.4 zeigt solche Wendeln mit dem Emitterüberzug.

Die Stromdurchführungen bilden eine vakuumdichte elektrische Verbindung der Elektroden mit den Außenleitungen des Sockels. Außerdem dienen sie als Halterung für die Elektrodenwendeln. Es sind Metalldrähte, die das Glas gasdicht benetzen und dem thermischen Ausdehnungsverhalten des Glases angepaßt sind. Man nennt diesen Teil der Lampe, der das Entladungsgefäß abschließt, den Lampenfuß (Bild 2.5).

Als Gasfüllung dient gewöhnlich ein Quecksilbertropfen von 5 bis 20 mg. Bei dem daraus resultierenden Dampfdruck von 0,5 Pa würde die Lampe nur schwer zünden, und die Diffusions- und Ver-

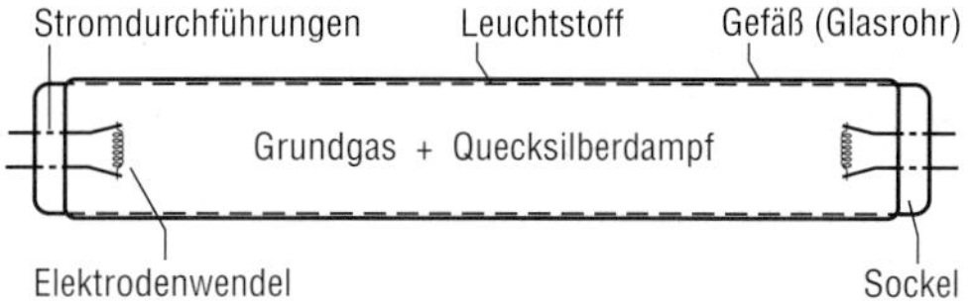

Bild 2.3
Prinzipieller Aufbau einer Leuchtstofflampe

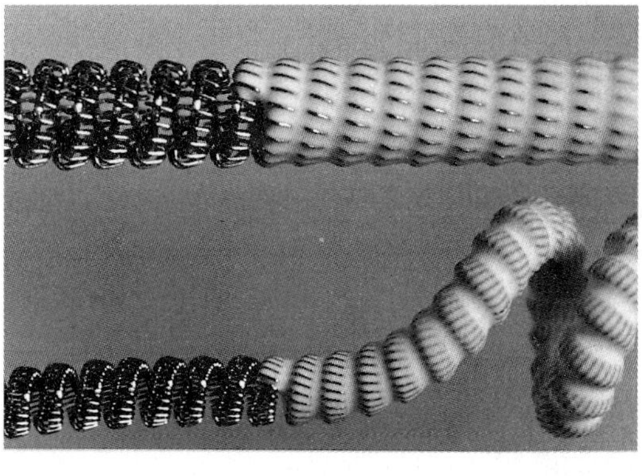

Bild 2.4
Elektrodenwendeln für Leuchtstofflampen.
Die obere Wendel ist eine Stabwendel, die untere nennt man Triple-Wendel

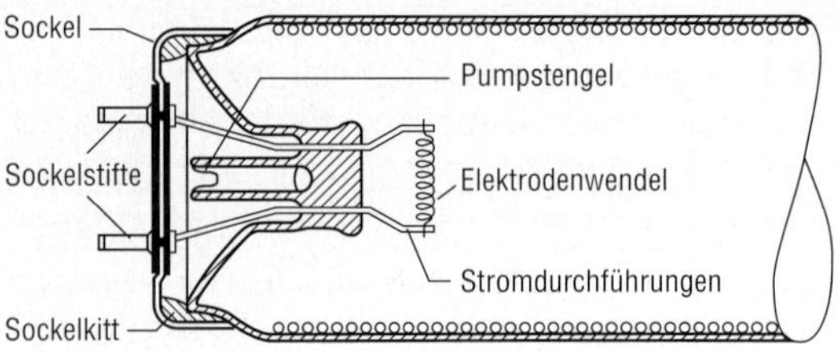

Bild 2.5 Fuß einer Leuchtstofflampe

dampfungsprozesse würden zu schnell ablaufen. Um das zu verhindern, füllt man zusätzlich ein Puffergas (meist Argon oder ein Argon-Krypton-Gemisch) mit einem Dampfdruck von 100 bis 500 Pa ein. Das Puffergas tritt zwar optisch nicht in Erscheinung, weil es eine höhere Anregungsspannung besitzt als Quecksilber, es beeinflußt aber die Brennspannung der Lampe und in geringem Maße auch die Lichtausbeute.

Als Leuchtstoffe verwendet man ausschließlich anorganische oxidische Verbindungen. Für Lampen mit mäßiger Farbwiedergabe und hoher Lichtausbeute sind es hauptsächlich Halophosphate $[(Ca, Sb, Mn)_5, (PO_4)_3, (F, Cl, O)]$, für Lampen mit sehr guter Farbwiedergabe bei hoher Lichtausbeute sogenannte Dreibandenleuchtstoffe (Lumilux), eine Mischung aus dem roten, mit Europium aktivierten Yttriumoxid, dem grünen Aluminat CAT ($CeMg\,Al_{11}0_{19}:Te$) und dem blauen Aluminat BAM ($BaMgAl_{10}0_{17}:Eu$).

Die Sockel mit den Kontaktstiften sorgen in Verbindung mit der Fassung für stabilen mechanischen Halt und sichere elektrische Kontaktierung. Eine Übersicht über die verwendeten Sockel gibt Bild 2.6.

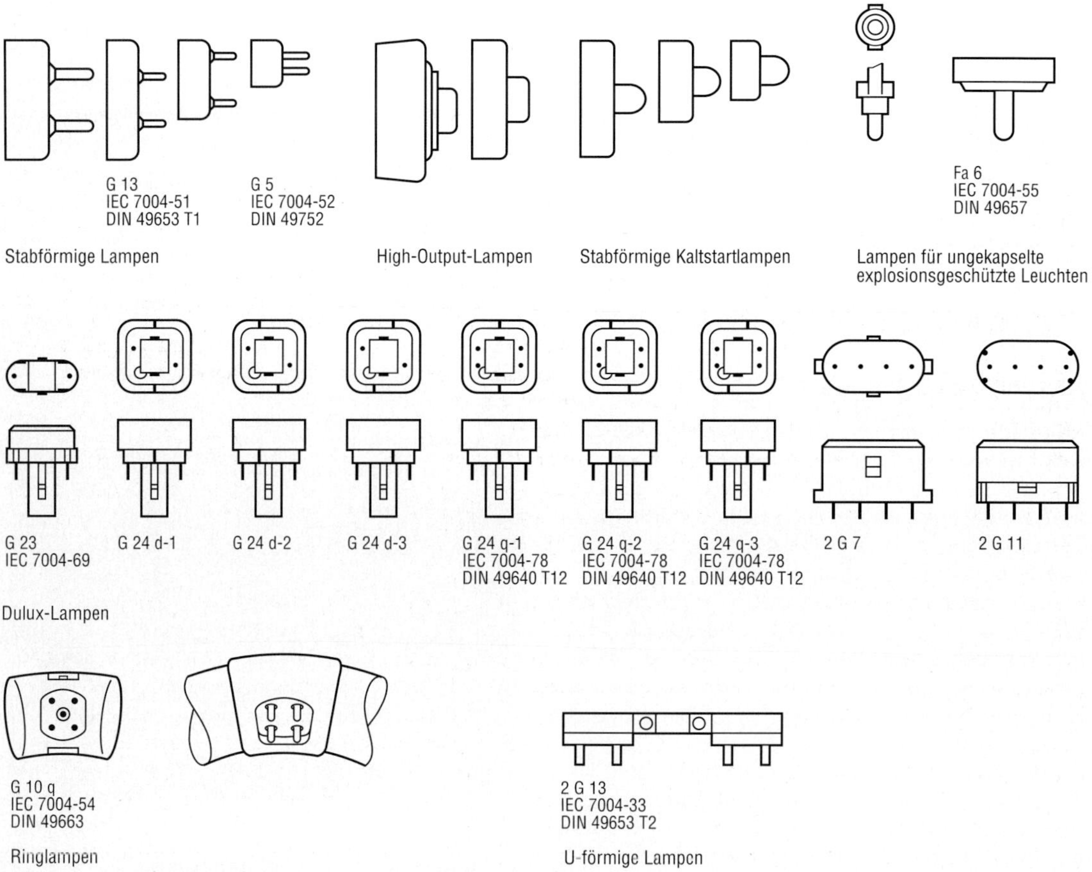

Bild 2.6 Die gebräuchlichsten Sockel für Leuchtstofflampen

2.1.2 Leuchtstofflampentypen

Die Leuchtstofflampen kann man einteilen nach Lichtfarben, geometrischer Form und Betriebsarten.

Die wichtigsten Lichtfarben sind in Tab. 2.1 zusammengestellt.

Für die Anwendung ebenso wichtig ist die geeignete Betriebsart. Auf Grund der verschiedenartigen Anforderungen haben sich drei verschiedene Betriebsarten entwickelt, die sich im wesentlichen durch die Art der Zündung unterscheiden. Tab. 2.2 gibt eine Übersicht der wichtigsten Lampentypen für die einzelnen Betriebsarten. Neben diesen international standardisierten Lampentypen gibt es noch Sonderausführungen einzelner Hersteller, z. B. Lampen höherer Leistung oder besonderer Form.

Standardschaltung für alle Netzspannungen > 200 V ist die Drossel-Starter-Schaltung. Für Netzspannungen, die kleiner sind (110–120 V), und die ohnehin einen Transformator zur Spannungsversorgung der Lampen benötigen, hat sich die sogenannte starterlose oder Rapidstart-Schaltung eingebürgert (USA, Kanada). Für besondere Anwendungen wird noch eine dritte Startmethode angewandt (Slimline, Instant-Start).

Für das Verständnis dieser Schaltungen und die Beurteilung des Lampenverhaltens und dieser Betriebsarten muß man wissen, wie sich die Elektroden der Lampen verhalten. Deshalb werden zuerst die grundlegenden Gesetzmäßigkeiten aller Schaltungen behandelt.

Tabelle 2.1
Lichtfarbe und Farbwiedergabeeigenschaften von Leuchtstofflampen. Die englischen Bezeichnungen daylight, coolwhite, warmwhite sind die Bezeichnungen für die international genormten Lichtfarben; die übrigen Lichtfarben sind nicht international genormt. Ihre Bezeichnung wechselt mit dem Hersteller. Die hier wiedergegebenen Namen und Lichtfarbennummern sind Bezeichnungen der Fa. OSRAM

Farbwiedergabe-eigenschaften (Ra)		Lichtfarbe tw tageslichtweiß über 5000 K	Lichtfarbe nw neutralweiß 4000 K	Lichtfarbe ww warmweiß unter 3300 K
Stufe 1 sehr gut	**1a** Ra 90–100	12 LUMILUX DE LUXE Daylight 19 Daylight 5000 de Luxe	22 LUMILUX DE LUXE Weiß	32 LUMILUX DE LUXE Warmton
	1b Ra 80–89	11 LUMILUX Tageslicht	21 LUMILUX Weiß	31 LUMILUX Warmton 41 LUMILUX INTERNA
Stufe 2 gut	**2a** Ra 70–79	10 Tageslicht Daylight	25 Universal-Weiß	–
	2b Ra 60–69	–	20 Hellweiß Coolwhite	–
Stufe 3 weniger gut	Ra 40–59	–	–	30 Warmton Warmwhite

Tabelle 2.2 Übersicht der wichtigsten Leuchtstofflampen

Lampentyp	Sockel	Leistungs-bereich	Elektroden	Verwendung
Lampe für Drossel-Starter-Betrieb	G5, G13	4–125 W	Hochohm	Standardlampe in Europa und den meisten anderen Gebieten mit 220 V Netzspannung. Bei 120-V-Netzen nur für kurze Lampen mit $U_L \leq 60\,V$
Rapidstart-Lampen S-Lampen	G5, G13	4–40 W	Niederohm	Für Betrieb ohne Starter mit Heizung der Elektroden über Trafo; Leuchte mit geerdeter Zündhilfe, silikonisierter Lampenkolben
High-output	Rec. D.C.	30–110 W	Niederohm	Rapidstart-Lampen für $I_L = 0{,}8\,A$, vorwiegend USA
Super-High-output	Rec. D.C.	110–215 W	Niederohm	Rapidstart-Lampen für $I_L = 1{,}5\,A$, vorwiegend USA
Dimmbetrieb	G 13	20–40 W	Niederohm	Lampen mit aufgeklebter 25 mm breiter Alufolie zur Verbesserung des Ansteuerverhaltens bei Dimmbetrieb
Sa-, TLM-Lampen	G 13	20–65 W	Niederohm	S-Lampen mit außen aufgebrachtem einigen mm breiten, metallischen Zündstreifen, der über 2 MΩ mit einer Elektrode verbunden ist; zur Verbesserung des Zündverhaltens bei tiefen Temperaturen
U-Lampen	2 G 13	20–65 W	Hochohm	Lampen in U-Form zur Verkürzung der Lampenlänge, vorwiegend für Starterbetrieb
Ringlampen	G10 q	16–40 W	Hochohm	Lampen in Ringform, vorwiegend für Starterbetrieb
Kaltstartlampen Instant-Start	G 13	40 W	–	Lampen für sofortige Zündung ohne Vorheizung (meist mit geringerer Lichtausbeute und Lebensdauer); vorwiegend USA
Slimline	Single Pin	25–73,5 W	–	Lampen für Kaltstart und Fassungen mit eingebautem Schalter, der beim Lampenwechsel Spannung unterbricht; vorwiegend USA
X-Lampen	Fa 6	40 W	–	Lampen mit einem an der Elektrode kontaktierten Innenzündstrich zur Herabsetzung der Zündspannung bei Kaltstarts für ungekapselte Leuchten in explosionsgeschützten Räumen
DULUX-Lampen				Leuchtstofflampen in kompakter U-förmiger oder doppel-U-förmiger Bauweise
S	G 23	5–11 W	Hochohm	mit eingebautem Glimmstarter
S/E	2 GZ	5–11 W	Hochohm	wie S, jedoch ohne eingebauten Glimmstarter für Hochfrequenzbetrieb
D	G 24 d	10–26 W	Hochohm	mit eingebautem Glimmstarter
D/E	G 24 q	10–26 W	Hochohm	ohne eingebauten Glimmstarter für Hochfrequenzbetrieb
L	2 G 11	18–36 W	Hochohm	ohne eingebauten Glimmstarter
DULUX EL	E 27	7–20 W	–	Lampen mit eingebautem elektronischen Vorschaltgerät, wie Glühlampen einsetzbar
COMPACTA	E 27	9–25 W	–	Lampen mit eingebauter Drossel und Starter, wie Glühlampen einsetzbar

2.1.3 Elektrodenwendeln

Die Elektrodenwendeln müssen auf eine ausreichend hohe Temperatur aufgeheizt sein, wenn die Lampe zündet. Man vermeidet dadurch das Abspratzen von Emissionsmaterial beim plötzlich erzwungenen „Kaltstart“. Aber auch länger anhaltende Glimmentladungen führen zu schweren Schädigungen des Emittermaterials. Nahezu sämtliche Lebensdauerbeanstandungen sind auf ungenügende Vorheizung beim Start zurückzuführen.

Zur richtigen Dimensionierung einer Schaltung oder zur Beurteilung eines Zündvorgangs ist daher die Kenntnis der Wendeltemperaturen unerläßlich. Dank der starken Temperaturabhängigkeit des elektrischen Widerstands von Wolfram (Bild 2.7) ist es verhältnismäßig einfach, aus den elektrischen Strom- und Spannungswerten, mit denen die Wendel beaufschlagt wird, die Temperaturen zu ermitteln. Das Verhältnis des Widerstands der warmen Wendel zu dem der kalten Wendel bei 25 °C R_w/R_k ist ein direktes Maß für die Temperatur, welches man unmittelbar anstatt der Temperaturwerte zur Kennzeichnung der Wendeleigenschaften verwenden kann. Wegen der starken Temperaturabhängigkeit sollte man zum Messen des Kaltwiderstands nur sehr kleine Ströme (< 20 mA) benutzen.

Die Erfahrung lehrt, daß man ab 600 °C, d. h. $R_w/R_k = 4$, im Augenblick der Zündung keinen schädigenden Einfluß der Glimmentladung auf die Lebensdauer der Lampe feststellen kann. Dies zeigt sich deutlich in der Strom-Spannungs-Kennlinie einer Leuchtstofflampe bei unterschiedlichen Heizströmen (Bild 2.8). Bei $R_w/R_k = 4$ wird das Stadium der Glimmentladung nicht mehr durchlaufen.

Zur optimalen Anpassung eines Vorschaltgeräts sollte man daher die Elektrodenkennlinie der betreffenden Lampen kennen. In Bild 2.9 sind die Strom-Spannungs-Kennlinien für zwei typische Elektrodenwendeln dargestellt, eine hochohmige und eine niederohmige. Bild 2.10 zeigt die daraus errechneten Widerstandskurven. Hochohmige Wendeln werden vorwiegend für Konstantstrom-

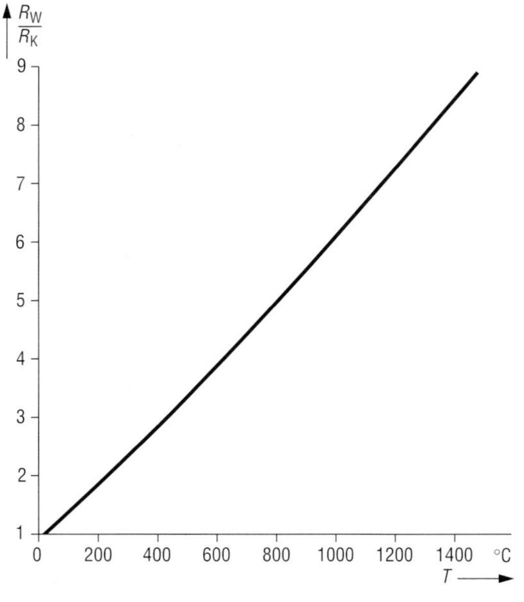

Bild 2.7
Zusammenhang zwischen der mittleren Temperatur einer Elektrodenwendel und dem Verhältnis R_W/R_K des ohmschen Widerstands der warmen Wendel (R_W) und der Wendel bei 25 °C (R_K)

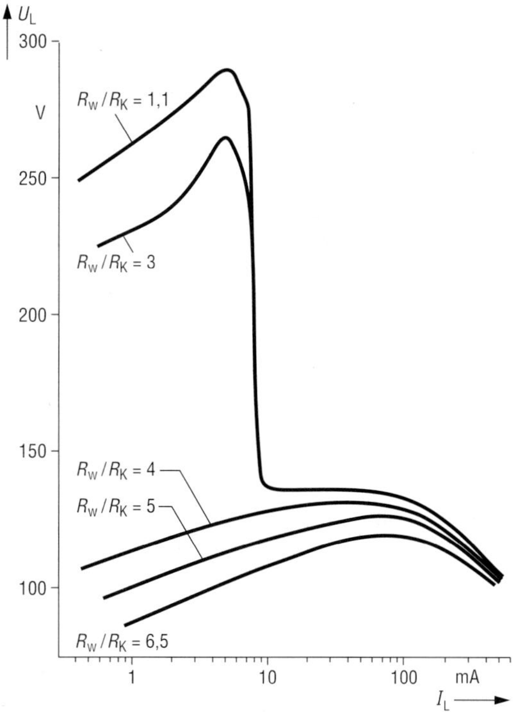

Bild 2.8
Brennspannung einer Leuchtstofflampe in Abhängigkeit vom Lampenstrom bei verschiedenen Wendeltemperaturen

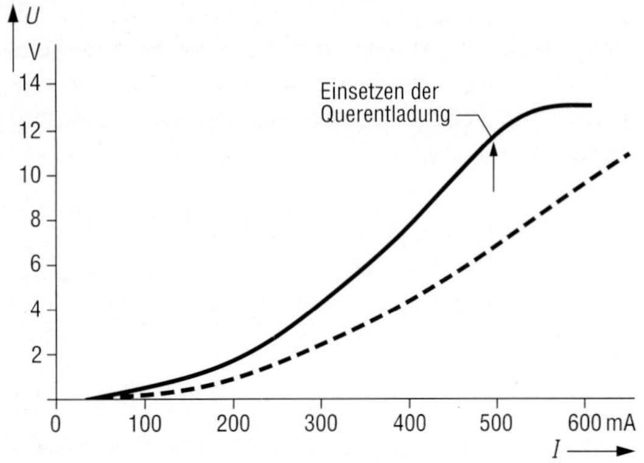

Bild 2.9
Typische Strom-Spannungs-Charakteristiken einer Leuchtstofflampenwendel mit hohem Kaltwiderstand (Hochohmwendel für L 36 W, $R_K = 3{,}65\ \Omega$) für den Drossel-Starter-Betrieb (——) und einer niederohmigen Leuchtstofflampenwendel (L 40 W, $R_K = 2{,}2\ \Omega$) für Trafoheizung in starterlosem Betrieb (– – –)

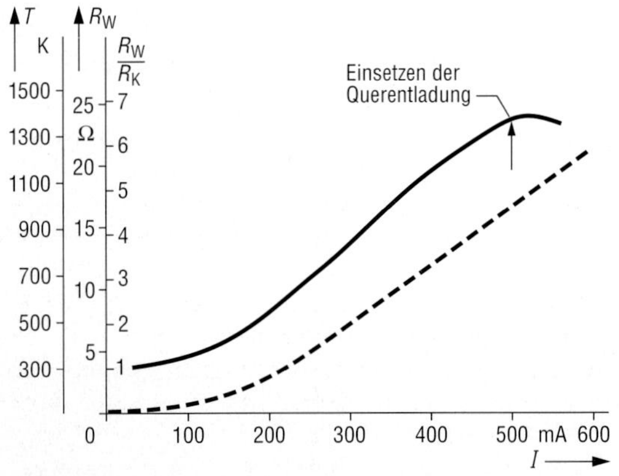

Bild 2.10
Ohmscher Widerstand und Temperatur einer Hochohmwendel (——) und einer Niederohmwendel (– – –) in Abhängigkeit vom Vorheizstrom

heizungen (z. B. Starterschaltung), niederohmige dagegen für Konstantspannungsheizung (z. B. Rapidstart-Schaltung) verwendet.

Der charakteristische Unterschied zwischen beiden Kurven ist das Verhalten bei hohen Temperaturen. Während die Temperatur der Niederohmelektrode mit steigendem Strom ansteigt, wird bei der Hochohmwendel durch das Einsetzen der sogenannten Querentladung ein weiteres Ansteigen der Temperatur begrenzt. Bei der Querentladung fließt von den Wendelenden ein Teilstrom durch das Gas. Bei ausreichender Emission energiereicher Elektronen wird Gas (Quecksilber) ionisiert, dieses kompensiert die Raumladung und übernimmt einen Teil des Stroms. Diese sich selbst stabilisierende Entladung tritt bei Spannungen über 10,4 V (Ionisierungsspannung des Quecksilbers) auf. Je nach Wendeltyp kommt noch ein unterschiedlich hoher Spannungsabfall aus den Wendeln hinzu, so daß sie in Wirklichkeit erst bei 12 bis 14 V einsetzt.

Während also Hochohmwendeln vor Überlastung geschützt sind, müssen die Niederohmwendeln durch die Schaltung geschützt werden. Deshalb kann man z. B. für die Starterschaltung keine Niederohmwendeln verwenden.

Bedeutsam für das Zusammenwirken mit dem Vorschaltgerät ist auch die Aufheizgeschwindigkeit der Wendel. Bild 2.11 zeigt für die Hochohmwendel den Anstieg der Temperaturen bei jeweils konstantem Heizstrom, Bild 2.12 zeigt die gleiche Abhängigkeit für die Niederohmwendel bei konstanter Heizspannung.

Bei der gezeigten Hochohmwendel sollte man einen Heizstrom von 570 mA 1,5 s bis zum Zündzeitpunkt anlegen, um einen schädigungsfreien Start der Lampen zu ermöglichen.

Bei konventionellen Drossel-Starter-Schaltungen ist eine Beurteilung der Wendeltemperatur aus der Zündzeit und der Aufheizkennlinie der Wendel möglich, da der Vorheizstrom zeitlich konstant ist. Bei Startern, die einen zeitlich veränderlichen Strom liefern wie z. B. DEOS-Starter, ist eine Beurteilung nur dann möglich, wenn mittelbar oder unmittelbar durch entsprechende Oszillogramme die zeitliche Veränderung des Wendelwiderstands registriert wird.

Auch in Rapidstart-Schaltungen ist eine Beurteilung der Wendeltemperatur wie bei Deos-Startern möglich. In beiden Fällen darf jedoch der Zündung keine Glimmentladung vorangegangen sein.

Die Wendeln für die Konstantstromheizung müssen so dimensioniert sein, daß beim Kurzschlußstrom der Drossel während der Schließzeit des Starters eine ausreichende Vorheizung gewährleistet ist. Der Minimalwert tritt bei Unterspannung und reihenkompensierten Geräten mit Kondensator und Drossel in Reihenschaltung auf, der Maximalwert bei Überspannung und unkompensierter Drossel. Der Minimalwert liegt bei ca. 0,9 I_L, der Maximalwert in der Praxis bei 1,5 I_L; zulässig wä-

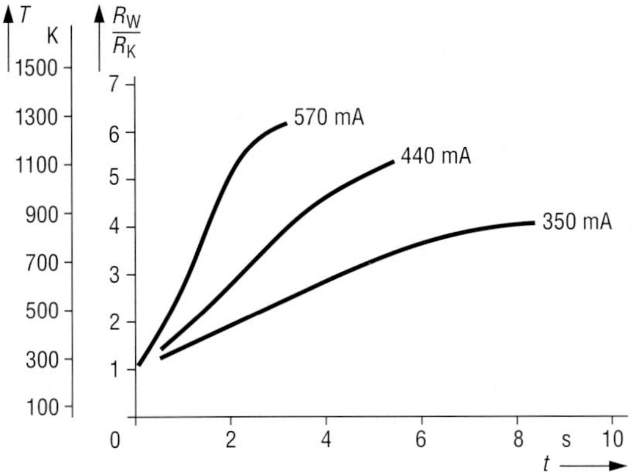

Bild 2.11
Aufheizung von Hochohmwendeln bei drei konstanten Heizströmen

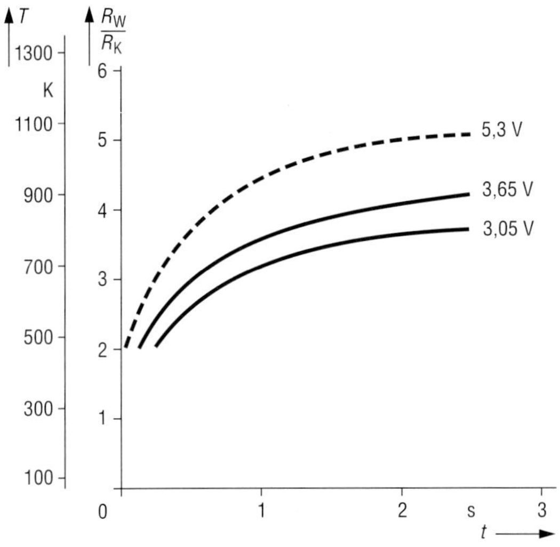

Bild 2.12
Aufheizung von Niederohmwendeln bei drei konstanten Heizspannungen

ren sogar 2,1 I_L. Ein so hoher Wert ist nur bei Drosseln mit stark gekrümmter Kennlinie möglich. Diese Ströme sollten nur sehr kurzzeitig oder besser gar nicht auftreten, die meisten Lampen sind trotz Schutzes durch die Querentladung für derartig hohe Ströme im Dauerbetrieb nicht ausgelegt.

Wendeln für Spannungsheizung (Trafoheizung) mit Niederohmwendeln sind einheitlich für Spannungen von 3,6 V ausgelegt.

Einige Lampentypen sind auch mit hochohmigen Wendeln für die starterlose Schaltung vorgesehen. Bei ihnen liegt die Heizspannung bei 6,5 V. Im übrigen ist bei Starterlampen mit hochohmigen Wendeln der Wendelwiderstand und damit die Vorheizspannung nicht festgelegt. Solche Lampen kann man daher im allgemeinen mit konstanter Spannung nicht vorheizen.

2.1.4 Allgemeine Eigenschaften von Leuchtstofflampen

Neben den bereits beschriebenen dynamischen Eigenschaften ist das Betriebsverhalten der Lampen durch die Temperaturabhängigkeit aller Daten gekennzeichnet, die durch die Veränderungen des Quecksilberdampfdruckes in der Lampe entsteht. Da man das Quecksilber nur in Form einer Flüssigkeit (Tropfen) in die Lampe füllen kann, wird der Dampfdruck durch die Temperatur dieses Tropfens bestimmt. In einem abgeschlossenen System befindet sich im Gleichgewichtszustand dieser Tropfen an der kältesten Stelle der Lampe. Bei stabförmigen Lampen ist das die Lampenmitte. Die Temperatur des Kolbens an dieser Stelle bestimmt dann die Eigenschaften der Lampe.

Viele Parameter können diese Temperatur verändern: Umgebungstemperatur, Wärmestau, Luftströmung, Stromdichte usw. Der optimale Dampfdruck, bei dem die höchste Lichtausbeute erreicht wird, entspricht ziemlich genau einer Wandtemperatur von 40 °C. Alle Lampen sind daher so dimensioniert, daß diese Kolbentemperatur mit der in der Lampe eingesetzten elektrischen Leistung bei einer bestimmten Umgebungstemperatur erreicht wird. Die optimale Temperatur verschiebt sich also auch durch Veränderungen der elektrischen Leistung. Man muß diese Wechselwirkungen kennen, um das Betriebsverhalten der Lampen richtig zu verstehen.

In Tabelle 2.3 sind die Daten von zwei unterschiedlichen Leuchtstofflampen in Abhängigkeit von der Umgebungstemperatur aufgelistet, gemessen mit Referenzdrossel. Nicht nur die photometrischen, sondern auch die elektrischen Daten ändern sich erheblich, was bei der Dimensionierung von Vorschaltgeräten zu beachten ist. Beispielsweise sinkt die Lampenspannung bei hohen und tiefen Temperaturen stark ab. Die Kennlinie der Drossel darf deshalb nicht so stark gekrümmt sein, daß die Lampenströme überproportional wachsen und Lampe und Gerät überlasten (siehe auch Kap. 2.1.10).

Tabelle 2.3
Die Temperaturabhängigkeit der technischen Daten von Leuchtstofflampen L 36 W und L 38 W

T/°C	Lampenspannung U_L/V	Lampenstrom I_L/A	Lampenleistung P_L/W	Lichtstrom ϕ/lm	Farbtemperatur T_f/K
L36W (Krypton/Argon)					
– 10,0	66,2	0,496	25,8	260	3735
0,0	75,4	0,483	28,1	497	3840
10,0	95,8	0,450	33,1	950	3920
20,2	103,9	0,430	36,1	1243	3980
25,0	101,9	0,439	36,0	1262	3970
30,1	99,4	0,444	35,7	1239	4010
40,5	90,3	0,460	33,9	1138	4050
60,0	79,9	0,479	32,3	1001	4160
80,0	74,0	0,489	31,9	860	4505
L38W (Argon)					
– 10,0	107,6	0,429	35,4	760	3875
0,0	116,4	0,410	38,0	1230	3940
10,0	116,1	0,412	39,1	1425	3945
20,8	111,2	0,424	38,9	1492	3905
22,0	110,3	0,426	38,7	1496	3905
25,2	107,9	0,431	38,4	1480	3915
30,6	102,7	0,441	37,5	1430	3905
40,8	93,8	0,457	35,5	1323	3955
60,2	78,6	0,482	32,5	1069	4090
80,0	74,1	0,492	32,4	900	4400

Alle anderen Lampen haben im Prinzip die gleiche Abhängigkeit der Daten von der Umgebungstemperatur. Je nach Stromdichte und Füllgas verschieben sich die Kurven nach höheren oder tieferen Temperaturen. Auf eine Anwendungsmöglichkeit temperaturabhängiger Lampendaten soll noch hingewiesen werden. Die in der Tabelle für die Lampentypen aufgeführten Lampendaten sind die Daten mittlerer Lampen, die zum Einstellen von Geräten verwendet werden (Referenzlampen). Häufig sind jedoch solche Lampen nicht greifbar oder schwer zu beschaffen. Man kann aber jede Lampe verwenden, deren Daten (bei Zimmertemperatur) von denen der Referenzlampe abweichen, wenn man die Umgebungstemperatur (Meßtemperatur) verändert, bis sich die gewünschte Lampenspannung ergibt. Da die Lampenspannung hauptsächlich die Verhältnisse im Lampenstromkreis bestimmt, ergeben sich dann auch für P_L und I_L die Referenzwerte (siehe auch Kap. 2.1.12).

2.1.5 Drossel-Starter-Schaltung

Diese Schaltung (siehe Kap. 1.2) ist wegen ihrer Einfachheit die gebräuchlichste Betriebsweise in allen Ländern bei Netzspannungen von 200 bis 240 V geworden.

Bild 2.13 zeigt ein typisches Oszillogramm des Zündvorgangs. Nach der Glimmphase des Starters, in der die Bimetallkontakte durch den Glimmstrom aufgeheizt wurden, schließen die Kontakte; die Vorheizung beginnt. Die Kontakte kühlen dabei ab. Sind die Bimetalle genügend abgekühlt, öffnen sie und es entsteht ein Spannungsstoß von 1 bis 2 kV_S. Dieser Spannungsimpuls zündet die Lampe während der Dauer des Impulses. Nach seinem Abklingen hinterläßt er soviel Restionisation, daß die anliegende Versorgungsspannung die Entladungsstrecke durchschlagen kann, deren Durchbruchspannung dank der heißen emissionsfähigen Elektroden herabgesetzt ist. Der Glimmzünder ist so dimensioniert, daß er bei der nun

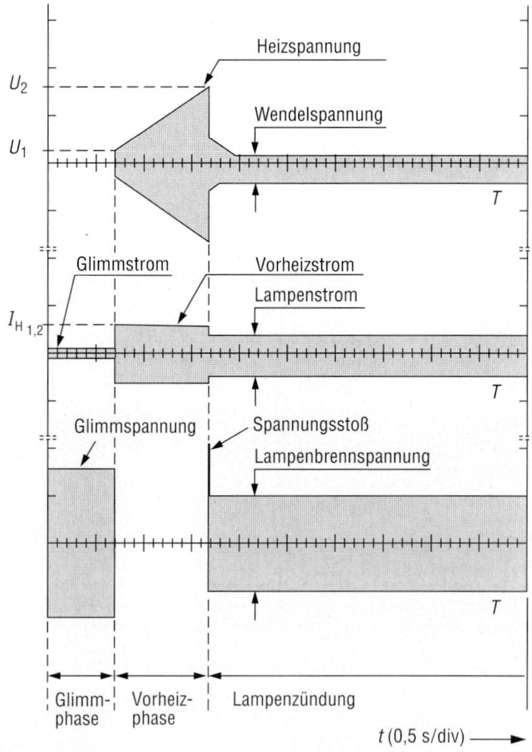

Bild 2.13
Startvorgang beim Zünden einer Leuchtstofflampe mit Glimmzünder

anliegenden Lampenbrennspannung nicht mehr schließen (glimmen) kann.

Die Elektrodenwendeln müssen an diese Betriebsweise angepaßt werden. Sie sollen einerseits stark aufgeheizt werden, müssen aber so hochohmig sein, daß sie bei dem Kurzschlußstrom der Drossel in die Querentladung kommen und sich deshalb vor Überhitzung schützen, wenn beispielsweise durch fehlerhafte, „verklebte" Glimmzünder die Kontakte nicht öffnen.

Die Brennspannung der Lampen darf nicht zu hoch sein, damit die Glimmzünder nicht während des stationären Betriebs mitglimmen oder sogar schließen. Deshalb darf man Lampen mit Brennspannungen über 110 bis 125 V nicht mit Startern betreiben, auch müssen die Wiederzündspitzen begrenzt sein.

Trotz dieser Eingrenzungen sind eine große Zahl verschiedener Lampen in einer Drossel-Starter-Schaltung betreibbar und auch für diese Betriebsweise standardisiert worden. In den Tabellen 2.4 bis 2.8 sind die für die Zündung und den Betrieb wichtigen Daten der gebräuchlichsten Lampentypen zusammengestellt (siehe dazu auch Bild 2.14). Man findet darin die geometrischen Abmessungen, Sockelbezeichnungen, elektrische Daten und die Angabe für das Referenzvorschaltgerät. Die Angabe, in welchen Gremien die Lampen genormt sind, gibt gleichzeitig eine Vorstellung über die weltweite unterschiedliche Verbreitung.

Um die Drossel-Starter-Schaltung und ihre Auswirkung auf die Lampenlebensdauer noch genauer verstehen zu können, muß das Zusammenwirken von Lampe und Starter noch genauer untersucht werden.

Das Zündoszillogramm (Bild 2.13) erlaubt, aus dem Verlauf der Heizspannung und des Heizstroms

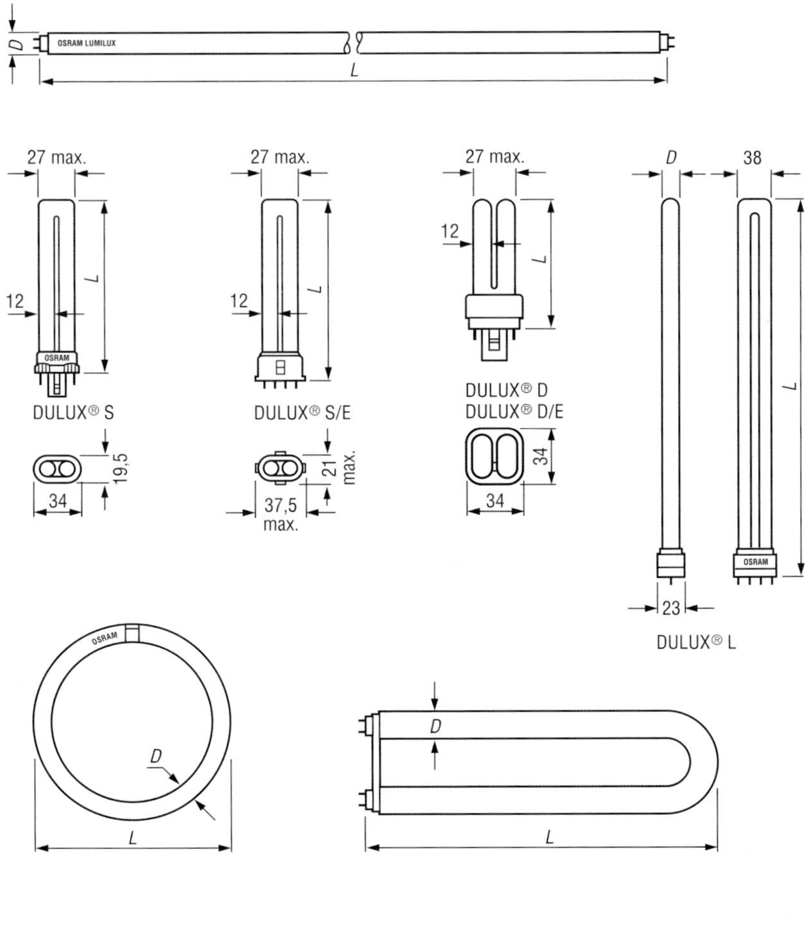

Bild 2.14
Abmessungen von Leuchtstofflampen

Tabelle 2.4 Daten der wichtigsten stabförmigen Leuchtstofflampen für den Starterbetrieb

Abmessungen				Lampendaten						Daten des Referenzgerätes						Normung		
							I_H											
Typ	D mm	L mm	Sockel	P_L W	U_L V	I_L A	min A	max A	R_K	$U_{N\,min}$ V	f Hz	U_N V	I_c A	Z Ω	λ_D –	IEC	ANSI	JIS
4		136		4,5	29	0,17	0,144	0,275	140	103,5	50/	127/	0,16	700/	0,12/	+	–	+
											60	118		650	0,075	+	+	–
6	16	212		6	42	0,16	0,144	0,275	140	103,5	50/	127/	0,16	700/	0,12/	+	–	+
			G5								60	118		650	0,075	+	+	–
8	(T5)	288		7,1	56	0,145			140	103,5	50/	127/	0,16	700/	0,12/	+	–	+
											60	118		650	0,075	+	+	–
13		517		13	95	0,165	0,146	0,297	140	180	50/	220/	0,165	1070/	0,12/	+	–	–
											60	236		1200	0,075	+	+	–
10		470		10,2	68	0,17	0,145	0,357	80	95	50	220	0,17	1140	0,10	–	–	–
15		437		15	55	0,31	0,28	0,65	50	103,5	50/	127/	0,31/	325/	0,12/	+	+	+
						0,305					60	118	0,30	305	0,075			
16		720		16	95	0,20	0,17	0,42	50	180	50	220	0,20	900	0,1	–	–	–
18	26	590		18	57	0,37	0,33	0,80	50	103,5	50	127	0,37	270	0,12	+	–	–
30		895		30	96	0,365	0,328	0,766	50	180	50/	220/	0,36/	480/	0,10/	+	–	–
			G13	30,5	99	0,355					60	236	0,355	548	0,075	+	+	–
36	(T8)	1199		36	103	0,43	0,387	0,904	40	180	50	220	0,43	390	0,1	+	–	–
58		1507		58	110	0,67	0,603	1,41	25	198	50	220	0,67	240	0,1	+	–	–
20	32	590		19	58	0,37	0,333	0,80	50	95	50/	127/	0,37/	270/	0,12/	+	–	+
			G13								60	118	0,38	240	0,075	+	–	+
40	(T10)	1199		39	106	0,42	0,387	0,904	40	180	50/	220/	0,43	390/	0,1/			
				39,5	105	0,425					60	236		439	0,075	+	–	+
10		331														–	–	+
14		381		14	40	0,38	0,44	0,65	50	106	60	118	0,39	275	0,075	–	+	–
15	38	438		14,5	47	0,325	0,44	0,65	50	106	60	118	0,30	305	0,075	–	+	+
20		590	G13	19,3	57	0,37	0,333	0,80	50	95	50/	127/	0,37/	270/	0,12/	+	–	+
				20,5		0,38					60	118	0,38	240	0,075	+	+	–
25	(T12)	970		24,5	94	0,29	0,261	0,609	50	180	50	220	0,29	605	0,10	+	–	–
30		895		29,5	81	0,405	0,365	0,85	40	180	50	220	0,405	460	0,10	+	–	+
40		1199		39,5	103	0,43	0,387	0,904	40	180	50/	220/	0,43/	390/	0,1/	+	–	+
				40	102	0,435					60	236	0,43	439	0,075	+	+	–
65		1507		64	110	0,67	0,603	1,41	25	180	50	220	0,67	240	0,1	+	–	–
80		1507		76	99	0,87	0,79	1,83	25	180	50	240	0,865	223	0,06	+	–	–
85		1771		84	120	0,80	0,68	1,70	25	216	50	240	0,865	223	0,06	+	–	–
125		2381		123	149	0,94	0,80	1,97	25	220	50	350	0,94	300	0,06	+	–	–

D Lampendurchmesser
L Lampenlänge gemäß Zeichnungen in Bild 2.14, Sockel entsprechend Bild 2.6
P_L Lampenleistung
U_L Lampenbrennspannung
I_L Lampenstrom
I_H Elektrodenheizstrom
R_K Elektrodenersatzwiderstand
$U_{N\,min}$ minimale Versorgungsspannung
I_C Kalibrierstrom
Z Impedanz
λ_D Drosselspannung

Tabelle 2.5 Daten der ringförmigen Leuchtstofflampen für den Starterbetrieb. Erklärungen siehe Tabelle 2.4

Abmessungen				Lampendaten						Daten des Referenzgerätes						Normung		
							I_H											
Typ	D mm	L mm	Sockel	P_L W	U_L V	I_L A	min A	max A	R_K	$U_{N\,min}$ V	f Hz	U_N V	I_c A	Z Ω	λ_D –	IEC	ANSI	JIS
22		210		22	62	0,40	0,36	0,84	40	103,5	50/	127/	0,40/	240/	0,12/	+	–	+
				21,5		0,37	0,45	0,77			60	236	0,37	575	0,075	+	–	–
32	32	305	G10	32	81	0,450	0,405	0,945	40	180	50/	220/	0,45/	415/	0,1/	+	–	+
					82	0,425	0,490	0,83		132	60	236	0,425	470	0,075	+	–	–
40		406		40	110	0,42	0,378	0,882	40	180	50	220	0,43	390	0,1	+	–	+

Tabelle 2.6 Daten der U-förmigen Leuchtstofflampen für den Starterbetrieb. Erklärungen siehe Tabelle 2.4

Abmessungen				Lampendaten						Daten des Referenzgerätes						Normung		
							I_H											
Typ	D mm	L mm	Sockel	P_L W	U_L V	I_L A	min A	max A	R_K	$U_{N\,min}$ V	f Hz	U_N V	I_c A	Z Ω	λ_D –	IEC	ANSI	JIS
20U		310		19,3	57	0,37	0,315	0,77	50	95	50	127	0,370	270	0,12	–	–	–
40U	38	607	2G13	39	103	0,43	0,387	0,904	50	180	50	220	0,43	390	0,1	–	–	–
65U		570		64	110	0,67	0,57	1,41	25	180	50	220	0,67	240	0,1	–	–	–

Tabelle 2.7 Daten der DULUX-Lampen mit eingebautem Starter. Erklärungen siehe Tabelle 2.4

Abmessungen				Lampendaten						Daten des Referenzgerätes						Normung		
							I_H											
Typ	D mm	L mm	Sockel	P_L W	U_L V	I_L A	min A	max A	R_K	$U_{N\,min}$ V	f Hz	U_N V	I_c A	Z Ω	λ_D –	IEC	ANSI	JIS
S5		85		5,5	35	0,18	0,153	0,24	160		50/	220/	0,17/	1180/	0,12/	+	–	–
				5,5	35						60	118	0,18	605	0,075	–	+	–
S7		115		6,9	45	0,18	0,153	0,24	160		50/	220/	0,17/	1180/	0,12/	+	–	–
				7,0	45						60	118	0,18	570	0,075	–	+	–
S9	12	145	G23	8,7	60	0,17	0,153	0,24	160		50/	220/	0,17/	1180/	0,12/	+	–	–
				9,0	59	0,18					60	118	0,18	515	0,075	–	+	–
S11		215		11,4	90	0,155	0,153	0,24	160		50	220	0,17	1180	0,12	+	–	–
S13				13,4	60	0,285	0,27	0,525	25		60	118	0,18	325	0,075	–	+	–
D10		95		10	67	0,19	0,153	0,275	100		50	220	0,19	1070	0,12	+	–	–
D13		130	G24	13	100	0,165	0,153	0,275	100		50	220	0,165	1070	0,12	+	–	–
D18	12	150	d-1	18	105	0,22	0,19	0,375	80		50	220	0,22	800	0,12	+	–	–
D26		170		26	110	0,315	0,27	0,55	25		50	220	0,315	540	0,1	+	–	–

Tabelle 2.8 Daten der DULUX-Lampen für Starterbetrieb. Erklärungen siehe Tabelle 2.4

Abmessungen				Lampendaten						Daten des Referenzgerätes						Normung		
							I_H											
Typ	D mm	L mm	Sockel	P_L W	U_L V	I_L A	min A	max A	R_K	$U_{N\,min}$ V	f Hz	U_N V	I_c A	Z Ω	λ_D –	IEC	ANSI	JIS
L18		225		18	61	0,37	0,315	0,67	50	95	50	127	0,37	270	0,12	+	–	–
L24	17,5	320	2G11	24,7	90	0,345	0,305	0,67	50	180	50	220	0,34	540	0,1	+	–	–
L36		415		36,7	112	0,43	0,365	0,775	40	180	50	220	0,43	390	0,1	+	–	–

die Wendeltemperatur im Moment der Zündung abzulesen. Es ist

$$\frac{R_w}{R_k} = \frac{U_2}{U_1}\frac{I_{H1}}{I_{H2}} \approx \frac{U_2}{U_1} \qquad (2.1)$$

Nach der Zündung bleibt an den Wendeln eine Wechselspannung mit hoher Gleichspannungskomponente bestehen. Diese Wendelspannung entsteht dadurch, daß der Brennfleck nicht unmittelbar an der Stromzuführung ansetzt. Der Lampenstrom muß einen Teil der Wendel durchfließen. Dieser Spannungsabfall tritt aber nur in der kathodischen Halbwelle auf. In der anodischen Halbwelle ist der Stromansatz über alle elektrisch leitenden Teile der Elektroden verteilt. Im Laufe der Lebensdauer einer Lampe wandert der Brennfleck in dem Maß zur stromfernen Seite weiter, in dem Emissionssubstanz verbraucht wird (Brennfleckwanderung) und erhöht den Spannungsabfall an der Wendel.

Zur sicheren Zündung einer Lampe reicht unter normalen Bedingungen (Temperatur, Spannung usw.) eine Stoßspannung von 400 V_S (IEC) aus. Will man jedoch auch unter extremen Bedingungen die Lampe sicher zünden, so ist mit einem Mindestwert von 900 bis 1100 V zu rechnen. Ist die Stoßspannung zu niedrig, so macht der Starter mehrere vergebliche Zündversuche. Genauso verhält er sich, wenn die Lampen zu kalt oder zu warm sind. Bild 2.15 zeigt dieses Zündverhalten. Hier ist die Zündzeit über der Umgebungstemperatur mit der Netzspannung als Parameter aufgetragen.

Im Unterschied zu starterlosen Schaltungen sind bei Drossel-Starter-Schaltungen metallische Zündhilfen nicht erforderlich. Im Gegenteil, man sollte das Anbringen großflächiger Zündhilfen zu dicht an die Lampe vermeiden. Insbesondere bei kurzen Lampen kann die Zündspannung der Lampe ohne vorgeheizte Elektrode soweit herabgesetzt werden,

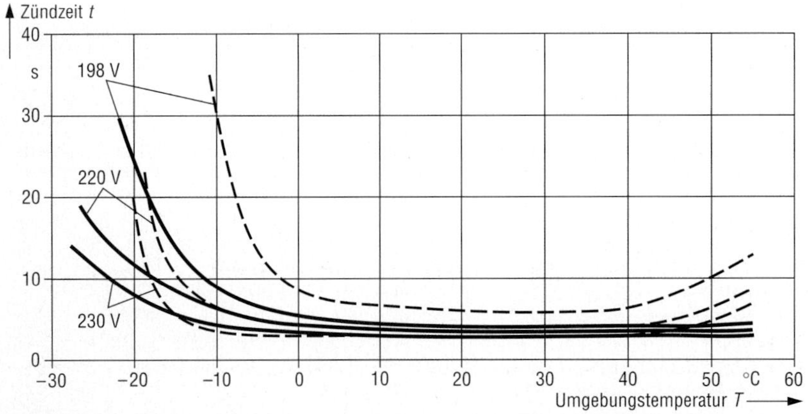

Bild 2.15
Zündzeiten von Leuchtstofflampen in Abhängigkeit von Umgebungstemperatur und Netzspannung (L 40 W/...——, L 65 W/...– – –)

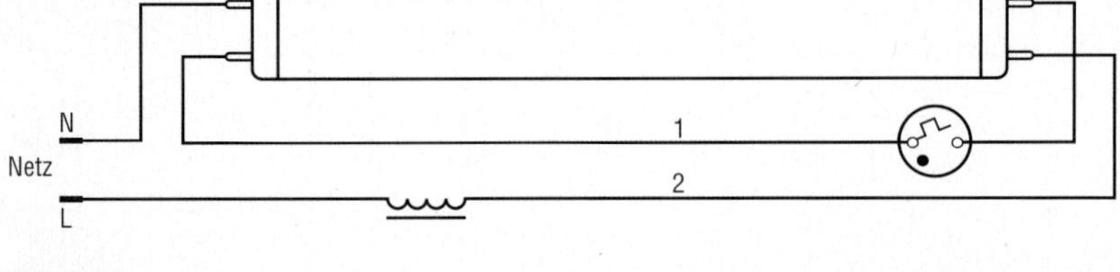

Bild 2.16
Richtige Leitungsführung in einer L 58 W-Leuchte der Schutzklasse II (vollisolierte Kunststoffleuchte)

daß die Lampen schon während der Glimmphase des Starters zünden. Diese Gefahr ist besonders groß bei kapazitiven Geräten, wo die hohe Leerspannung hinzukommt. Auf diese Weise kann die Lebensdauer der Lampen im kapazitiven Zweig einer Duoschaltung kürzer sein als im induktiven.

Eine gewisse Unterstützung von Zündhilfen bemerkt man jedoch, wenn Lampen hoher Zündspannung mit Startern niedriger Stoßspannung zusammenkommen. Aus Gründen, die im nächsten Abschnitt näher ausgeführt werden, kann es in vollständig isolierten Kunststoffleuchten von der Leitungsführung abhängen, ob die Zündung begünstigt oder behindert wird. In solchen Leuchten sollte nicht die Phasenleitung, sondern die Leitung des Nulleiters möglichst direkt an die Lampe herangeführt werden (Bild 2.16). Außerdem sollte der Starter an dem Lampenende liegen, an dem die Phasenleitung angeschlossen ist, um eine Zündverzögerung zu vermeiden.

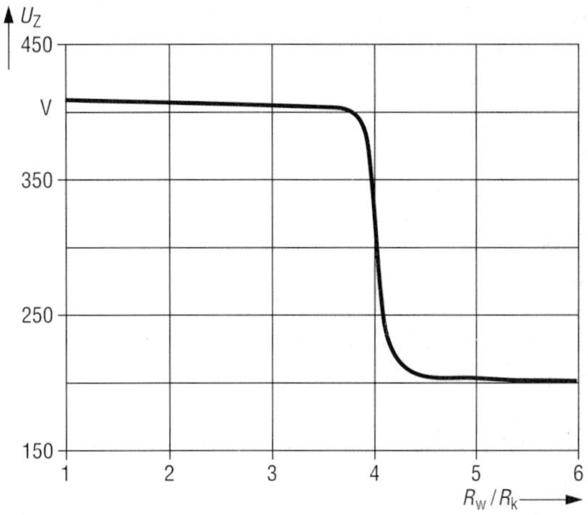

Bild 2.17
Abhängigkeit der Zündspannung von Leuchtstofflampen U_Z von der Elektrodentemperatur, ausgedrückt durch R_W/R_K

2.1.6 Lampen für starterlosen Betrieb

Ein gänzlich anderes Zündprinzip als beim Drossel-Starter-Betrieb ist die starterlose Zündung. Hier wird die Gasstrecke nicht durch einen Hochspannungsimpuls „durchschlagen“, sondern durch eine feste, dauernd einwirkende und sehr viel niedrigere Spannung.

Ausgenützt wird dabei die Senkung der Zündspannung durch die Elektronenemission der durch einen Transformator aufgeheizten Elektrode. Bild 2.17 zeigt die Abhängigkeit der Zündspannung von der Elektrodentemperatur. Die Zündung erfolgt hierbei aber nicht direkt, sondern unter Mitwirkung des Glaskolbens der Lampe und mehr oder weniger gut elektrisch leitender Zündhilfen. Das können Leuchtenbestandteile, auf die Lampe speziell aufgebrachte Aluminiumfolien oder sogar leitende Beläge im Inneren der Lampe sein. Wie die Zündung vor sich geht, hängt letzten Endes von der Beschaffenheit der Zündhilfe ab. Man kann vier Fälle unterscheiden:

▷ *Schlechte Kolbenleitfähigkeit (S-Lampen)*

Der Glaskolben ist hochisolierend, eine Zündhilfe außen vorhanden. Beim Anlegen der Spannung zündet von der Elektrode, die das höchste Potential gegen die geerdete Zündhilfe hat, eine sehr stromschwache unselbständige Entladung. Die räumliche Ausdehnung bewirkt eine Vergrößerung der Kapazität und gleichzeitig eine weitere Ausbreitung zur anderen Elektrode. Erst wenn diese erreicht ist, kann sich eine stromstärkere Glimmentladung und danach die Bogenentladung entwikkeln. Die anfänglichen Ströme sind sehr niedrig und liegen bei 10^{-12} A; sie lassen sich demzufolge durch äußere Veränderungen (Handauflegen, Berühren) sehr leicht beeinflussen und sind der Grund dafür, daß eine Lampe plötzlich durch Veränderung der Umgebung zünden kann und daß gewisse Teile der Lampe besonders empfindlich reagieren.

▷ *Gute Leitfähigkeit des Kolbens (Sa-Lampen, X-Lampen)*

Bei guter Leitfähigkeit des Lampenkolbens setzt die Zündung von beiden Elektroden ein. Es bildet sich eine stromstarke kapazitive Glimmentladung von den Elektroden zum leitfähigen Belag, wobei Leuchtstoff und Glaswand als Dielektrikum dienen. Die Glimmentladung erfolgt jeweils nur in einer Halbwelle (mit den elektronenemittierenden Elektroden als Kathoden). Auf diese Weise lädt sich durch beide Halbwellen der leitende Belag auf eine immer höhere Gleichspannung auf, der Glimmstrom steigt und damit die Ausbreitung. Wenn die Mitte der Lampe erreicht ist, ermöglicht die erreichte Ladungsträgerdichte ein Durchzünden der Entladung.

▷ *Mittlere Leitfähigkeit des Kolbens*

Bei mittlerer Leitfähigkeit des Kolbens kann sich zwar ebenfalls eine Glimmentladung an den Enden herausbilden, aber die Ausbreitung ist weder durch das eine noch das andere Modell denkbar. Die Folge sind hohe Zündspannungen. Bei hoher Luftfeuchtigkeit wird bei Leuchtstofflampenkolben die kritische Leitfähigkeit erreicht. Deshalb müssen Lampen für den starterlosen Betrieb stets mit einer Silikonschicht überzogen werden, die die Lampenkolben vor der Einwirkung der Feuchtigkeit schützt.

▷ *Aufgestockte Zündhilfsspannung*

In starterlosen Schaltungen, in denen zur Aufstokkung der Netzspannung Transformatoren verwendet werden müssen, stockt man die an der Lampe liegende Spannung gegen die Zündhilfe durch eine zusätzliche Spannungsquelle auf (Bild 2.18). Man erreicht damit eine sichere Zündung der Lampen, die die Elektroden wenig belastet. Der Überschlag erfolgt nach Modell 1. Man kann jedoch mit verhältnismäßig kleinen (an der Lampe liegenden) Leerlaufspannungen auskommen, weil aus der aufgestockten Spannung zur Zündhilfe ein ausreichend hoher Glimmstrom und große Ausbreitungsgeschwindigkeiten der Entladungsfront resultieren. Dies hat zur Folge, daß zwischen den Elektroden keine oder nur sehr schwache Glimmentladungen zünden. Sie entwickeln sich erst, wenn die Elektroden genügend vorgeheizt sind. Dadurch vermeidet man schädigende Kaltstarts, wie sie bei Rapidstart-Schaltungen häufig sind.

Lampentypen für starterlosen Betrieb

Lampen für starterlosen Betrieb sind hauptsächlich bei Netzspannungen von 120 V eingeführt (USA, Kanada).

Die Tabellen 2.9 bis 2.12 geben die Daten der wichtigsten Lampen an.

Da man die Wendelheizung nach dem Start nicht vollständig abschalten kann, bevorzugt man Wendeln mit niedrigem Widerstand, um die Verluste klein zu halten. Durchgesetzt haben sich Wendeln für eine Vorheizspannung von 3,6 V. Hochohmwendeln werden nur in einzelnen Ländern bei Lampen kleiner Leistung eingesetzt.

Eigenschaften des starterlosen Betriebs

Charakteristisch für die Zündung der Lampen ist die starke Abhängigkeit der Zündspannung vom Oberflächenwiderstand des Kolbens. Bild 2.19 zeigt die Abhängigkeit der Zündspannung vom

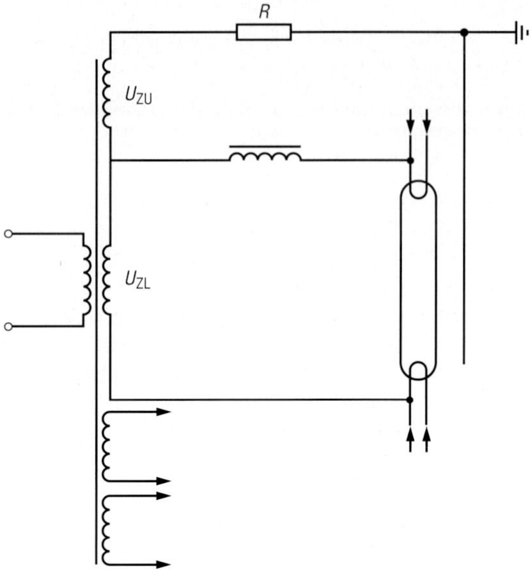

Bild 2.18
Prinzipschaltbild für den Anschluß von Lampen für den starterlosen Betrieb mit aufgestockter Zündhilfsspannung. Die wirksame Spannung an der Zündhilfe gegen Erdpotential ist $U_Z = U_{ZL} + U_{ZU}$

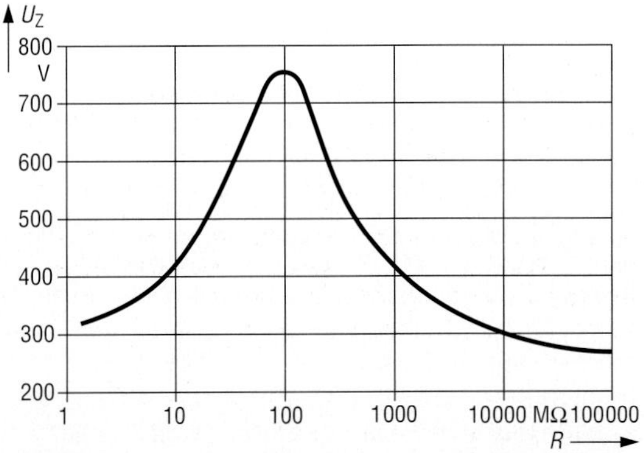

Bild 2.19
Einfluß der elektrischen Leitfähigkeit des Glaskolbens auf die Zündspannung von 20-W-Lampen, ausgedrückt durch den ohmschen Widerstand R des Lampenkolbens

Oberflächenwiderstand einer 20-W-Lampe. Um sich eine Vorstellung machen zu können, unter welchen Umständen diese Widerstände gemessen werden können, gibt Tabelle 2.13 einige Zahlenwerte nach unterschiedlicher Kolbenbehandlung. Man kommt sehr leicht in ein Gebiet des Widerstands, in dem die Zündspannung stark ansteigt. Aber

Tabelle 2.9
Abmessungen und Daten der wichtigsten stabförmigen Lampen für den starterlosen Betrieb mit 3,6 V Heizspannung (Niederohmwendel). Erklärungen siehe Tabelle 2.4. I_S ist der maximal zulässige Strom in der Stromzuführung, wo sich Lampenstrom und Heizstrom addieren. Der Elektrodenersatzwiderstand beträgt 9 Ω. U_{0Z} ist die Leerspannung an den Lampenklemmen, die zur Zündung der Lampen erforderlich ist, bzw. die nicht überschritten werden sollte, um Kaltzündungen zu vermeiden

Abmessungen				Lampendaten								Referenzgerät					Normung		
							U_H			U_{0Z}									
Typ	D mm	L mm	Sockel	P_L W	U_L V	I_L A	min V	max V	I_S A	min V_{eff}	max V_S	f Hz	U_N V	I_c A	Z Ω	λ_D –	IEC	ANSI	JIS
20	38	590	G13	19,3	57	0,37	3,05	5,5	0,65	180	345	50/	127/	0,37/	270/	0,12/	+	–	–
				20	56	0,38						60	118	0,38	240	0,075	+	–	–
20	32	590	G13	19	58	0,36	3,05	4,4	0,65	180	345	50/	127/	0,37/	270/	0,12/	+	–	–
				19								60	118	0,38	240	0,075			
30	26	895	G13	30	96	0,365	3,05	5,5	0,63	210	420	50/	220/	0,36/	480/	0,10	+	–	–
				30	98	0,355						60	236	0,355	548	0,075	+	–	–
30	38	895	G13	29,5	81	0,405	3,05	5,5	0,75	205	420	50/	220/	0,405/	460/	0,1/	+	–	–
				31,5	78	0,435						60	180	0,43	335	0,075		+	–
40	38	1199	G13	39,5	103	0,43	3,05	5,5	0,75	205	420	50/	220/	0,43/	390/	0,1/	+	–	–
				40	102	0,435	3,4	4,4				60	236	0,43	439	0,075		+	–
40	32	1199	G13	39	106	0,42	3,05	4,4	0,75	205	420	50/	220/	0,43/	390/	0,1/	+	–	
				39,5	105	0,425						60	236	0,43	439	0,075			+

Tabelle 2.10
Abmessungen und Daten der wichtigsten Lampen mit 3,6 V Heizspannung und 0,8 A, 1,0 A (High-output) sowie 1,5 A (Super-High-output) Lampenstrom. Diese Lampen sind nur in USA und Kanada standardisiert. Zur Lampenleistung werden zusätzlich 7 W Elektrodenheizleistung addiert. Die minimale Heizspannung beträgt 3,4 V, die maximale 4,5 V, der Elektrodenersatzwiderstand ist 3,2 Ω. Der Leistungsfaktor der Referenzgeräte beträgt 0,075.
U_0 ist die minimale Spannung an denjenigen Lampenanschlüssen mit dem höchsten Potentialunterschied; U_S ist die Spannung zur geerdeten Zündhilfe, gemessen zwischen demjenigen Lampenanschluß mit den höchsten Potentialunterschied und dem Teil des Vorschaltgerätes, der auf Erdpotential liegt; die Zünddaten gelten für ein Vorschaltgerät und eine Lampe in einem Temperaturbereich von + 10 bis 43,3 °C

Typ	D	L	Sockel	P_L	U_L	I_L	U_0	U_S	U_N	I_L	Z
							min	min			
	mm	Zoll		W	V	A	V	V_S	V	A	Ω
30	38	24	Rdc	30	41	0,8	85	325	230	0,8	275
50	38	36	Rdc	43	59	0,8	115	325	230	0,8	260
60	38	48	Rdc	56	78	0,8	155	325	230	0,8	244
				64	71	1,0			230	1	200
75	38	60	Rdc	68,5	98	0,8	210	325	300	0,8	325
85	38	72	Rdc	80	117	0,8	260	325	300	0,8	315
				94	108	1,0			300	1,0	257
100	38	84	Rdc	93	135	0,8	280	325	400	0,8	430
110	38	96		106	153	0,8			400	0,8	415
				121	139	1,0	295	325	400	1,0	337
110	38	48	Rdc	109	84	1,5	160	400	300	1,5	179
160	38	72	Rdc	161	125	1,5	225	400	350	1,5	197
215	38	96	Rdc	208	163	1,5	300	400	400	1,5	215

Tabelle 2.11
Abmessungen und Daten der wichtigsten stabförmigen Lampen für den starterlosen Betrieb und 8 V Heizspannung (Hochohmwendel).
Erklärungen siehe Tabellen 2.4 und 2.9.
Der Elektrodenersatzwiderstand R_K ist hier unterschiedlich hoch. U_S ist eine Mindestspannung, die zur Zündhilfe aufgestockt wird. I_S ist der max. zulässige Strom in der Stromzuführung, wo Lampenstrom und Heizstrom sich addieren

Abmessungen				Lampendaten										Referenzgerät					Normung		
							U_H				U_{0Z}										
Typ	D mm	L mm	Sockel	P_L W	U_L V	I_L A	min V	max V	I_S A	R_K	min V_{eff}	max V_S	U_S minV_S	f Hz	U_N V	I_c A	Z Ω	λ_D –	IEC	ANSI	JIS
4	16	136	G5	4,5	29	0,17	6,5	11	0,29	70	100	420	290	50/	127/	0,16/	700/	0,12/	+	–	–
														60	118	0,16	650	0,075			
6	16	212	G5	6	42	0,16	6,5	11	0,28	70	100	420	290	50/	127/	0,16/	700/	0,12/	+	–	–
														60	118	0,16	650	0,075			
8	16	288	G5	7,1	56	0,145	6,5	11	0,28	70	100	420	290	50/	127/	0,16/	700/	0,12/	+	–	–
														60	236	0,165	1200	0,07			
20	38	590	G13	19,3	57	0,37	6,5	10	0,65	19	180	345	–	50/	127/	0,37/	270/	0,12/	+	–	–
				20,5	57	0,38								60	118	0,38	240	0,075			
30	26	895	G13	30	96	0,365	6,5	10	0,63	22	210	420	–	50/	220/	0,36/	480/	0,1/	+	–	
				30,5	99	0,355								60	236	0,355	548	0,07		+	–
40	38	1199	G13	39,5	103	0,43	6,5	11	0,75	19	205	420	–	50/	220/	0,43/	390/	0,1/	+		–
				40	102	0,435								60	236	0,43	439	0,07		+	
80	38	1500	G13	76	99	0,87	6,5	11	1,6	11	220	475	–	50	240	0,865	223	0,06	+	–	
85	38	1764	G13	84	120	0,80	6,5	11	1,3	11	250	500	–	50	240	0,865	223	0,06	+	–	–
125	38	2375	G13	123	149	0,94	6,5	11	1,6	11	315	–	–	50	350	0,94	300	0,06	+	–	–

Tabelle 2.12
Abmessungen und Daten von DULUX-Lampen für den starterlosen Betrieb. Erklärungen siehe Tabelle 2.4 und die vorausgehende Tabelle. Referenzgeräte sind die jeweiligen des Starterbetriebs. Es wird zwischen drei Zündarten unterschieden:
1) U_0 Leerspannung ohne Zündhilfe
2) U_0 Leerspannung mit geerdeter Zündhilfe
3) U_0 Leerspannung für Zündung mit aufgestockter Zündhilfsspannung U_Z

Abmessungen				Lampendaten						Zündung			
IP	D	L	Sockel	P_L	U_L	I_L	U_H		R_K	$U_{0\,min}$ 1)	$U_{0\,min}$ 2)	$U_{0\,min}$ 3)	U_Z 3)
							min	max					
	mm	mm		W	V	A	V	V		V	V	V	V
S5				5,3	34	0,18	7	9,5	60	270	250	170	400
S7			ZG7	7,1	47	0,18	7	9,5	60	285	270	190	450
S9				8,7	60	0,17	7	9,5	60	300	290	210	480
S11				11,8	92	0,16	7	9,5	60	320	310	220	500
D10			G24q-1	10	67	0,190	7	9,5	60	350	310	220	500
D13			G24q-1	13	100	0,165	7	9,5	60	380	350	230	550
D18			G24q-2	18	105	0,22	7	9,5	40	420	400	240	570
D26			G24q-3	26	110	0,315	3,05	4,4	12,5	450	420	250	590
L18			2G11	18	61	0,37	3,05	4,4	12,5	–	250	175	475
L24			2G11	24,7	90	0,345	3,05	4,4	12,5	–	260	190	475
L36			2G11	36,7	110	0,43	3,05	4,4	10,0	–	270	215	475

auch die Luftfeuchtigkeit beeinflußt den Widerstand stark, ein Zahlenwert läßt sich nicht ohne weiteres angeben, da er außerdem noch stark vom Verschmutzungsgrad der Lampe abhängig ist. Bild 2.20 zeigt den Anstieg der Zündspannung einer sauberen L 40 W-Lampe mit der Luftfeuchtigkeit bei verschiedenen Temperaturen. Alle Lampen für den starterlosen Betrieb werden daher oberflächlich silikonisiert. Durch diese dauerhafte Oberflächenveränderung wird die Glasoberfläche wasserabstoßend, und alle genannten Effekte werden vernachlässigbar. Standardlampen kann man deshalb nicht für den starterlosen Betrieb verwenden.

Tabelle 2.13
Oberflächenwiderstände unsilikonisierter Leuchtstofflampen L 20 W nach unterschiedlichen Behandlungen

Lampe gut abgewischt	$10^{12} \ldots 10^{13}\ \Omega$
Lampe flüchtig abgewischt	$5 \times 10^{10} \ldots 10^{11}\ \Omega$
Lampe mit den Händen angefaßt	$10^{10}\ \Omega$
Lampe mit feuchten Händen angefaßt	$10^{9}\ \Omega$
Lampe nach 9 Monaten Lagerung	$3 \times 10^{3}\ \Omega$
Lampe angefeuchtet	10^{6}
Sauberer Lampenkolben bei 45% Luftfeuchtigkeit und 25 °C	10^{10}

Stark ausgeprägt ist die Temperaturabhängigkeit der Zündung beim starterlosen Betrieb. Im Prinzip sind alle Zündkurven ähnlich wie in Bild 2.21. Ohne Elektrodenheizung sind die Kurven etwa parallel zu hohen Zündspannungen verschoben.

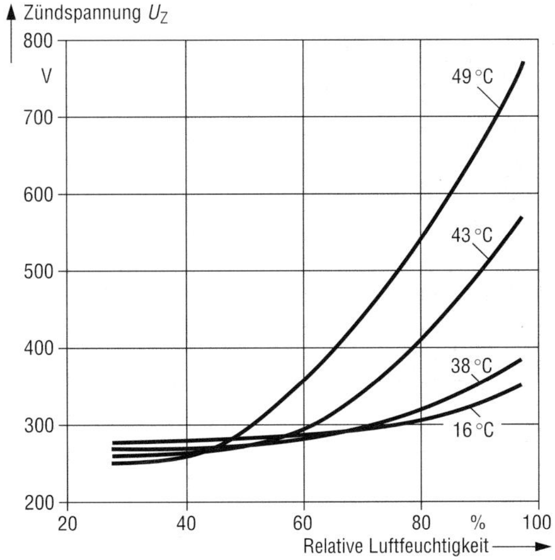

Bild 2.20
Feuchtigkeitsabhängigkeit der Zündspannung von Leuchtstofflampen; Parameter ist die Umgebungstemperatur

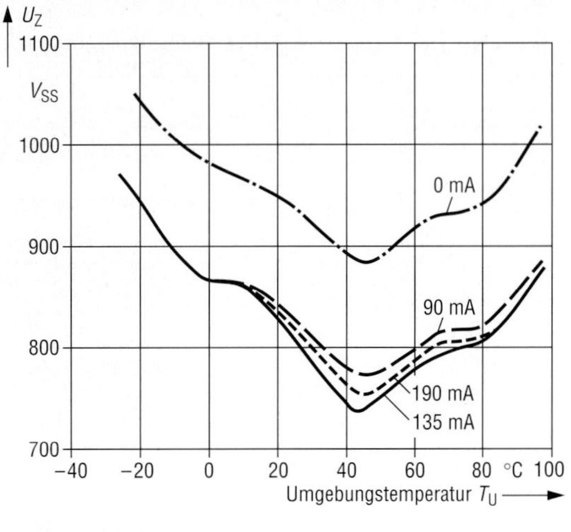

Bild 2.21
Typische Temperaturabhängigkeit der Zündspannung von Leuchtstofflampen; Parameter ist der Vorheizstrom

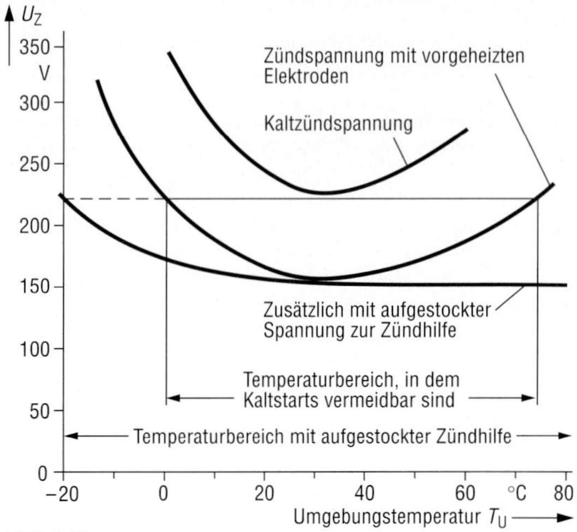

Bild 2.22
Temperaturabhängigkeit der Zündspannung von L 40 W-Lampen in verschiedenen Betriebsschaltungen

Dieses Verhalten ist bei der Bemessung von starterlosen Vorschaltgeräten zu beachten. Will man nämlich eine Kaltzündung der Lampen mit Sicherheit vermeiden, so darf die Leerspannung des Gerätes nicht größer sein als die niedrigste Kaltzündspannung. Damit ist aber nur ein eng begrenzter Temperaturbereich festgelegt, in dem die Lampen zünden können. Aus Bild 2.22 ist am Beispiel einer L 40 W-Lampe zu sehen, daß man starterlosen Betrieb praktisch nur in der Innenraumbeleuchtung einsetzen kann. Bei erhöhter Leerlaufspannung und normalen Umgebungstemperaturen würden die Lampen praktisch immer kalt zünden. Will man den Temperaturbereich erweitern (insbesondere zu tieferen Temperaturen hin), so läßt sich das Zündverhalten noch mit der Zündhilfe beeinflussen. Die Zündhilfe reduziert nicht nur die Zündspannung, sie macht die Zündung auch reproduzierbarer. Isoliert aufgebaute Lampen sind in starterlosem Betrieb nicht betreibbar. Für Meßzwecke dient normalerweise ein 20 mm breites Blech als Zündhilfe, das im Abstand des halben Lampendurchmessers die Lampe in ganzer Länge bedeckt. In der Praxis dient das Leuchtengehäuse als Zündhilfe. Es muß aus Metall sein und so dicht an die Lampe heranreichen, daß die Wirkung ebenso groß ist wie die genormte Zündhilfe. Ansonsten hat man mit erhöhter Zündspannung zu rechnen.

Andere Formen der Zündhilfe sind außen auf den Lampen aufgebrachte leitfähige Beläge in Form eines nur wenige mm breiten „Zündstriches“ oder breitere „Zündfolien“. Die Wirkung der Zündstriche ist im wesentlichen auf tiefe Temperaturen beschränkt und vermag hier den Zündbereich erheblich auszudehnen. Bild 2.23 zeigt die Temperaturabhängigkeit der Zündspannung für drei Ausführungen von L 40 W-Lampen.

Sehr wirksam kann die starterlose Zündung durch die aufgestockte Zündhilfsspannung verbessert

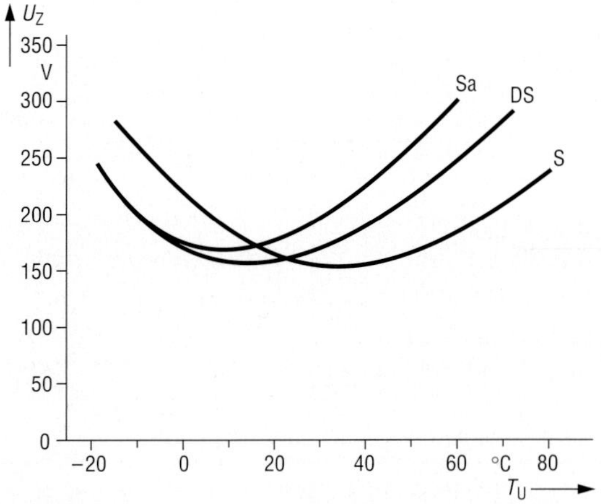

Bild 2.23
Temperaturabhängigkeit der Zündspannung von Lampen L 40 W für den starterlosen Betrieb mit verschiedenen Zündhilfen
S: mit Zündhilfsblech 20 mm breit, 19 mm Abstand
Sa: mit Zündstrich 4 mm breit, über 2 MΩ geerdet
DS: mit Zündfolie 20 mm breit, geerdet

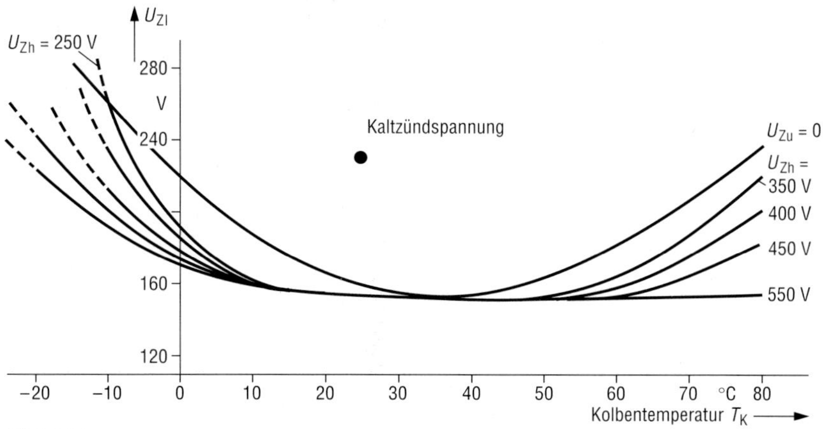

Bild 2.24
Verbesserung der Zündung bei hohen und tiefen Temperaturen durch eine gegenüber der Lampe aufgestockte Zündhilfsspannung mit einer 20 mm breiten Zündhilfe in 19 mm Abstand. Die Schaltung entspricht Bild 2.18

werden. Bild 2.24 zeigt, daß bei ausreichend hoher Zündhilfsspannung die Lampe im gesamten Innen- und Außentemperaturbereich eingesetzt werden kann.

Bei der Verdrahtung von Leuchten für den starterlosen Betrieb ist darauf zu achten, daß Leitungen die Lampen möglichst nicht berühren. Ebenso wie sie die Zündung begünstigen können, können sie sie nämlich auch behindern, wenn die Potentialdifferenz zwischen Leitung und benachbarter Elektrode sich nicht erhöht, sondern erniedrigt.

2.1.7 Kaltstartlampen

Bei langen Einschaltzeiten können die Lampen ohne merkbare Lebensdauereinbuße trotz starker Schädigung der Elektroden (siehe Kap. 2.1.11) auch kalt gestartet werden. Dies ist vor allem sinnvoll, wenn ohnehin durch niedrige Netzspannungen bei langen Lampen die Spannung transformatorisch angehoben werden muß. Aus diesen Gründen sind diese Lampen fast ausschließlich in USA verbreitet. Die Lampen haben etwas geringeren Lichtstrom als vorheizbare Lampen.

Unter dem Namen Slimline faßt man eine Gruppe von Lampen unterschiedlichster Leistungen und Längen zusammen. Tab. 2.14 gibt eine Zusammenstellung der wichtigsten Daten. Zum Schutz gegen elektrischen Schlag haben die Fassungen einen Kontakt, der beim Entfernen der Lampen den Stromkreis unterbricht.

Als Instant-Start-Lampen bezeichnet man eine kaltstartbare 40-W-Lampe, die man auch in normalen Fassungen einsetzen kann, deren Wendelanschlüsse kurzgeschlossen sind.

Kaltstartende Lampen für den Einsatz in ungekapselten Leuchten für explosionsgefährdete Räume sind mit einem besonderen Einstiftsockel versehen. In explosionsgeschützten Leuchten mit druckfester Kapselung können auch Standardlampen eingesetzt werden (Leuchten der Schutzart (Ex)d). Diese Leuchten sind jedoch wesentlich aufwendiger als Leuchten der Schutzart „erhöhte Sicherheit", die nicht druckfest gekapselt sein müssen. In diesen Leuchten müssen jedoch Lampenfassung und Lampensockel zusammen eine druckfeste Kontaktierung (Kapselung) der Zündschutzart „d" bilden (VDE 170/171 Teil 5, A2). Dazu muß zwischen Fassung und Sockel ein zündschlagsicherer Spalt eingehalten werden. Dies geschieht durch einen langen Sockelstift (Sockel Fa 6).

Tab. 2.15 zeigt die wichtigsten Typen und Daten der hauptsächlich in Europa verbreiteten Lampe. Zur Herabsetzung der Zündspannung sind diese Lampen mit einem Innenzündstrich ausgerüstet. Dieser aus einem elektrisch leitfähigen Material bestehende ca. 3 mm breite Belag ist auf der Innenseite des Glaskolbens aufgebracht. Er ist über einen Hochohmwiderstand mit einer Elektrode kontaktiert, die es ermöglicht, daß die Lampen eine Glimmentladungsphase mit besonders niedriger Spannung durchläuft und deshalb bei verhältnismäßig niedriger Leerspannung zündet.

Tabelle 2.14
Abmessungen und Daten der wichtigsten Kaltstartlampen: Slimline und Instant-Start. Diese Lampen gibt es ausschließlich in den USA.
Erklärungen der Abkürzungen siehe Tabellen 2.4 und 2.9. Leistungsfaktor der Referenzgeräte $\lambda_0 = 0{,}075$. U_0 ist die Mindestleerspannung, die zur Zündung der Lampen im Innenraum erforderlich ist

Abmessungen				Lampendaten				Referenzgerät				
Typ	D	L	Sockel	P_L	U_L	I_L	U_0	R_L	f	U_N	I_L	Z
							min					
	mm	mm		W	V	A	V	Ω	Hz	V	A	Ω
Instant-Start:												
40-T12	38	1199	G13	40,5	104	0,425	385	2750	60	430	0,425	930
Slimline:												
42-T6	19	996	Single pin	25,5	150	0,2	405	3000	60	450	0,2	1960
64-T6	19	1555		38,5	233	0,2	540	4000		600	0,2	2560
72-T8	26	1758		38	220	0,2	540	4000		600	0,2	2560
96-T8	26	2367		51	295	0,2	675	5000		750	0,2	3150
48-T12	38	1199		39	100	0,425	385	2750	60	430	0,425	930
72-T12	38	1758		57	149	0,425	475	3400	60	525	0,425	1100
96-T12	38	2367		75	197	0,425	565	4000	60	625	0,425	1280

Tabelle 2.15
Abmessungen und Daten der wichtigsten Lampen für Leuchten in explosionsgefährdeten Räumen.
Erklärungen der Abkürzungen siehe Tabellen 2.4 und 2.9 und vorangegangene Tabelle

Abmessungen				Lampendaten				Referenzgerät					Normung		
Typ	D mm	L mm	Sockel	P_L W	U_L V	I_L A	U_0 V	f Hz	U_N V	I_C A	Z Ω	λ_D	IEC	ANSI	JIS
39	38	1151	Fa6	39	100	0,425	385	60	430	0,425	930	0,075	+	–	–
57		1760		57	149		475	60	525	0,425	1100	0,075	+	–	–
75		2370		75	197		565	60	625	0,425	1280	0,075	+	–	–

2.1.8 Hochfrequenzbetrieb

Mit zunehmender Frequenz der Versorgungsspannung verändert sich der zeitliche Verlauf der Lampenbrennspannung deutlich. Die Wiederzündspitze und die stromlose Pause nehmen ab und verschwinden bei einigen kHz völlig; ab ca. 10 kHz folgt die Brennspannungskurve praktisch dem zeitlichen Verlauf der Versorgungsspannung. Der Lampen-Leistungsfaktor λ wird gleich 1 (Bild 2.25). Ferner beobachtet man eine deutliche Erhöhung der Lichtausbeute (Bild 2.26).

Die Höhe der Lichtausbeute ist von verschiedenen Lampenparametern abhängig. Am stärksten wird sie von der Lampenlänge und dem Lampendurchmesser beeinflußt. Grundgaszusammensetzung und Fülldruck wirken sich nur sehr schwach aus.

Ausgeprägt ist neben der Veränderung der Lichtausbeute auch die Änderung der elektrischen Daten der Lampe. Während der Effektivwert der Brennspannung sich nur leicht vermindert, sinkt die Stromstärke stärker. Der zur Einstellung einer bestimmten Leistung erforderliche Strom ist also geringer als bei 50 Hz. Bild 2.27 zeigt dies am Beispiel einer 1,5-m-Lampe mit 26 mm Lampendurchmesser. Die Zündspannung der Lampen verändert sich im Bereich der hier untersuchten Frequenzen

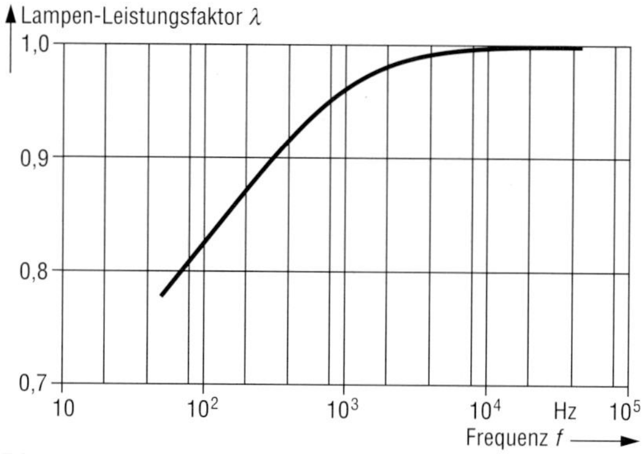

Bild 2.25
Lampen-Leistungsfaktor λ von Leuchtstofflampen in Abhängigkeit der Frequenz

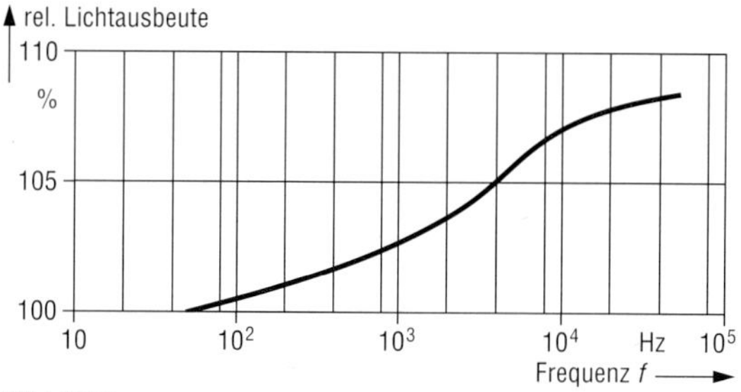

Bild 2.26
Relative Lichtausbeute von Leuchtstofflampen in Abhängigkeit der Frequenz des Lampenstroms

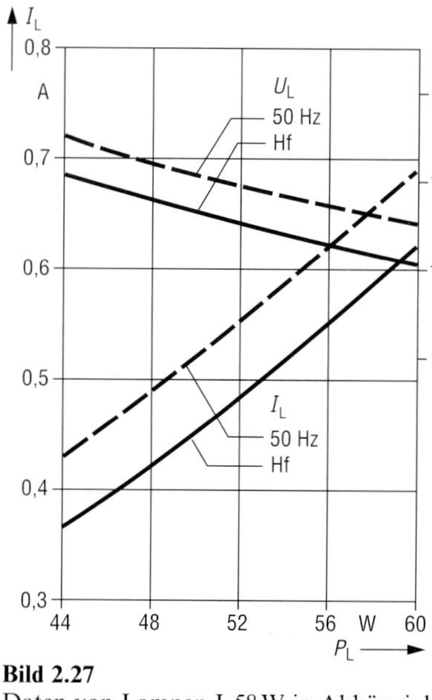

Bild 2.27
Daten von Lampen L 58 W in Abhängigkeit von der Leistung bei Betrieb mit 50 Hz und 35 kHz (HF)

praktisch nicht, unverändert bleibt auch die spektrale Verteilung des Lichts.

Die Senkung des Betriebsstroms der Lampe erhöht die Lichtausbeute und senkt den Spannungsabfall an der Elektrodenwendel, die der Entladungsstrom durchfließen muß. Dieser Unterschied wird mit zunehmender Brenndauer größer, wenn, infolge des Verbrauchs vom Emitter, der Brennfleck von der potentialhöchsten Stromzuführung wegwandert. Deswegen vermindert sich auch der Lichtstrom im Laufe der Lebensdauer weniger stark als bei niedrigen Frequenzen.

Der verminderte Entladungsstrom reicht jedoch noch nicht aus, um die beobachtete Erhöhung der Lichtausbeute zu erklären. Ein zweiter Anteil ist in der Verminderung der Elektrodenverluste durch die Senkung des Kathoden- und Anodenfalls zu finden. Die beschriebene Veränderung der Brennspannung der Lampe zeigt bereits, daß bei höheren Frequenzen die Energie, die zum Wiederzünden der Lampe benötigt wird, kleiner ist. Während der stromlosen Pause werden die Ladungsträger nicht vernichtet und müssen deshalb während der folgenden Zündung nicht wieder neu gebildet werden. Dies bewirkt eine Senkung des Kathodenfalls. Der Anodenfall ist ebenfalls vermindert, da sich keine Anodenfallschwingungen ausbilden.

Die Senkung der Elektrodenverluste bewirkt insgesamt etwa einen Beitrag von 50 bis 70% zur beobachteten Lichtausbeuteerhöhung. Er entspricht etwa der Ausbeute einer mit Gleichstrom betriebenen Lampe.

Der noch fehlende Teil ist auf eine Erhöhung der Lichtausbeute der positiven Säule zurückzuführen und auf die Veränderung der am Entladungsvorgangs beteiligten langsamen Prozesse.

Spezieller Lampen bedarf es für den Hochfrequenzbetrieb nicht. Es gelten alle Bedingungen für den Lampenstart und -betrieb wie bei 50 Hz. Trotzdem hat man bestimmte Lampentypen festgelegt, um Leistungen und Startmethoden zu vereinheitlichen. Es wurden Lampen für Kaltstart und für Warmstart mit vorgeheizten Elektroden standardisiert.

Lampen für Kaltstart

Es ist einfacher, mit Hochfrequenz hohe Spannungen zu erzeugen als bei 50 Hz. Bei Hochfrequenz verhalten sich die Lampen beim Kaltstart etwas günstiger. Daher ist der Kaltstart sinnvoll, insbesondere dann, wenn Lampen mit hochohmigen Elektroden eingesetzt werden. Es läßt sich nämlich mit vernünftigem Aufwand nicht vermeiden, daß bei Vorheizbetrieb ein Dauerstrom durch die Wendeln fließt, der eine erhöhte Verlustleistung zur Folge hat.

Voraussetzung für große Schaltzahlen und damit hohe Lampenlebensdauern ist das Vermeiden zu langer Glimmphasen oder gar ein Hängenbleiben in der Glimmentladung. Bei der Kaltzündung muß die Energie so groß sein, daß ein schnelles Aufheizen der Elektroden möglich ist. Zusätzlich muß dafür gesorgt werden, daß die Stromamplituden nicht zu hoch werden. So kann z. B. der Lampenstrom bei einer bestimmten Ausgangsspannung als Maß dafür gelten, ob die Geräte für Kaltzündung geeignet sind. Bild 2.28 zeigt die Kennlinien von 3 typischen Geräten für den Kaltzündbetrieb von Lampen L 58 W/1500 mm, L 36 W/1200 mm und L 18 W/600 mm. Bei 220 V Ausgangsspannung liegen die Ströme bei 300 mA, 210 und 160 mA. Die Ströme der Lampen L 36 W und L 58 W liegen mit 210 und 300 mA ausreichend hoch, während 160 mA für Lampen L 18 W schon zu niedrig sind. Dieser kennlinienbedingte niedrige Strom ist ein Grund für geringe Schaltzahlen so ausgelegter Geräte. Die zweite Ursache ist die zu geringe Brennspannung der Lampe. Zündet die Lampe L 18 W, so vermindert sich die Ausgangsspannung so stark, daß die Zündung nur über eine (Sekunden dauernde) Glimmentladung erfolgt, die die Elektroden stark schädigt. Eine Zündung ohne Vorheizen ist demnach bei Lampen mit niedrigen Brennspannungen kaum zu verwirklichen.

Gute Ergebnisse sind dagegen mit Geräten für längere Lampen größerer Leistung, z. B. L 58 W/1500 mm, zu erreichen. Es wurden drei Lampentypen für diese Betriebsweise standardisiert, die von den Abmessungen her den entsprechenden Starterlampen gleichen, aber mit niedrigerer Leistung betrieben werden. Tab. 2.16 zeigt die wichtigsten der

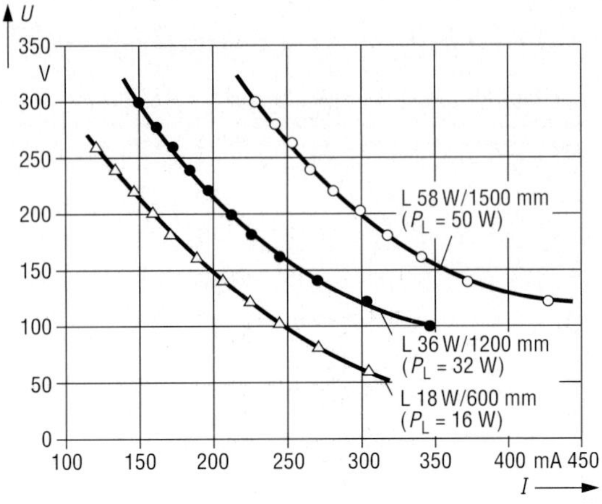

Bild 2.28
Geräte-Ausgangskennlinien von HF-Betriebsgeräten

bisher (vorläufig) festgelegten Daten. Als Referenzgerät dient hier ein ohmscher Widerstand.

Hochfrequenzlampen mit Elektrodenvorheizung

Entsprechend der besonderen Technologie elektronischer Vorschaltgeräte wurde für die Zündung mit vorgeheizten Elektroden ein sehr schonendes, die Elektroden nicht belastendes Verfahren standardisiert, mit dem hohe Schaltzahlen erreicht werden können.

Bei dieser Startmethode soll die Glimmentladung vollständig unterdrückt und die Lampe nur nach vorausgegangener ausreichender Vorheizung gezündet werden (Heizungsvorlauf). Damit dem Konstrukteur des Vorschaltgeräts freier Spielraum für die Dimensionierung der Vorheizströme und Startzeiten gelassen werden kann, legt man sogar das dynamische Aufheizverhalten der Wendel fest, so daß auch kurze Zündzeiten durch hohe Vorheizströme möglich sind. Der Grundgedanke ist, die Lampen durch Anlegen einer genügend hohen Spannung erst dann zünden zu lassen, wenn die

Tabelle 2.16
Abmessungen und Daten der für den Kaltstart bei HF-Betrieb standardisierten Lampen.
Erklärungen der Abkürzungen siehe Tabellen 2.4 und 2.9. R_e ist der Lampenersatzwiderstand. Als Referenzgerät dient ein ohmscher Widerstand R

Typ	D mm	L mm	Sockel	P_L W	U_L V	I_L A	U_0 V	I_S A	R_e Ω	f Hz	U_N V	I_C A	R Ω
32	26	1199	G13	32	102	0,32	800	0,75	800	25 k	262	0,32	500
34	26	1047	G13	32	109	0,300	800	0,75	1000	25 k	259	0,3	500
50	26	1500	G13	50	111	0,455	800	1,1	800	25 k	293	0,455	500

Tabelle 2.17
Definitionen und Erläuterungen von Größen, die für den Warmstart HF-betriebener Lampen wichtig sind

Emissionstemperatur	$R_{\mathrm{W}}/R_{\mathrm{K}} = 4$
Zeit bis zum Erreichen der Emissionstemperatur	t_{e}
Mindestwert des Heizstromes, um die Wendel während einer Zeit t_{e} auf die Emissionstemperatur zu bringen	I_{K}
Maximalwert von I_{K} für $t \leq 0{,}4$ s	I_{K1max}
Maximalwert von I_{K} zwischen 0,4 und 2 s	I_{K2max}
Maximalwert von I_{K} im Dauerbetrieb für $t \geq 2$ s Vorheizzeit	I_{K3max}
Mindestwert des Heizstromes, um bei langem Heizen die Emissionstemperatur zu erreichen	I_{m}
Maximaler Stiftstrom	I_{Smax}
Kathodenkonstante	a
Maximale Leerlaufspannung bis zum Zeitpunkt t_{e}	$U_0 \leq t_{\mathrm{e}}$
Minimale Leerlaufspannung nach t_{e}	$U_0 \geq t_{\mathrm{e}}$
Zündzeit $t_{\mathrm{Z}} = t_{\mathrm{e}} + t_{\mathrm{s}}$	t_{Z}
Umschaltzeit vom Vorheizen auf Zünden	t_{s}

Wendeln ihre Emissionstemperatur erreicht haben. Bis zu diesem Zeitpunkt soll die an der Lampe liegende Spannung so niedrig sein, daß die Zündung mit Sicherheit nicht erfolgt. Die Festlegung erfolgt für stromgesteuerte Vorheizung. Tabelle 2.17 enthält die wichtigsten Definitionen. Den Mindestheizstrom I_{K}, der es erlaubt, innerhalb einer gewünschten Zeit t_{e} die Kathode auf Emissionstemperatur aufzuheizen, berechnet man nach der Formel

$$I_{\mathrm{K}} = \frac{a}{t_{\mathrm{e}}} + I_{\mathrm{m}}^2 \qquad (2.2)$$

deren Konstanten in den Vorschriften für die Lampen (Tab. 2.18) angegeben sind. Natürlich bedarf es auch oberer Grenzwerte, um Überbelastungen der Elektrode zu vermeiden. Bild 2.29 zeigt den Bereich minimaler und maximaler Vorheizströme in Abhängigkeit von der gewählten Emissionszeit. Damit die Vorheizströme bei kurzen Zeiten nicht zu hoch werden, wurde eine Mindestvorheizzeit von 0,4 s vorgesehen. Die empfohlenen Vorheizströme sollen also in dem Gebiet liegen, das durch die beiden Kurven I_{K} und $I_{\mathrm{K\,max}}$ begrenzt wird. Eine Lampenzündung, d. h. das Hochschalten der bisher niedrigen Leerlaufspannung auf die höhere Zündspannung sollte erst nach 0,4 s erfolgen. Wird gleichzeitig mit dem Hochschalten der Spannung der Heizstrom abgeschaltet, so muß dies entweder innerhalb von 100 ms geschehen oder der Heizstrom darf nur auf einen bestimmten Mindestwert absinken, damit die Kathode nicht wieder abkühlt. Die Bilder 2.30 und 2.31 verdeutlichen diesen Zusammenhang.

Entscheidend für die Vorheizung ist die Heizenergie. Hat man also Geräte, bei denen der Heizstrom I_{H} nicht konstant ist, so muß man dafür sorgen, daß

$$\int_0^{t_{\mathrm{e}}} I_{\mathrm{H}}^2\,\mathrm{d}t \geq I_{\mathrm{K}}^2\, t_{\mathrm{e}} \qquad (2.3)$$

ist.

Für spannungsgesteuerte Vorheizungen gilt sinngemäß das gleiche.

Tab. 2.19 zeigt eine Übersicht über die festgelegten Lampen, die für stromgesteuerten Vorheizbetrieb vorgesehen sind.

Tabelle 2.18
Abmessungen und Daten der für den Warmstart bei HF-Betrieb standardisierten Lampen.
Erklärungen der Abkürzungen siehe Tabelle 2.17, Text und vorige Tabellen

Abmessungen				Lampendaten											Referenzgerät			
Typ	D mm	L mm	Sockel	P_{L} W	U_{L} V	I_{L} A	$U_0 \leq t_{\mathrm{e}}$ V	$U_0 \geq t_{\mathrm{e}}$ V	I_{m} A	I_{K1max} A	a s/A	I_{S} A	R_{K} Ω	f Hz	U_{N} V	I_{C} A	R Ω
16	26	590	G13	16	64	0,255	≤ 230	≥ 200	0,25	1,6	0,20	0,45	10	25	128	0,255	250
32	26	1199	G13	32	128	0,255	≤ 280	≥ 240	0,25	1,6	0,20	0,45	10	25	256	0,255	500
50	26	1500	G13	50	142	0,355	≤ 320	≥ 280	0,32	2,2	0,31	0,6	7	25	284	0,355	500

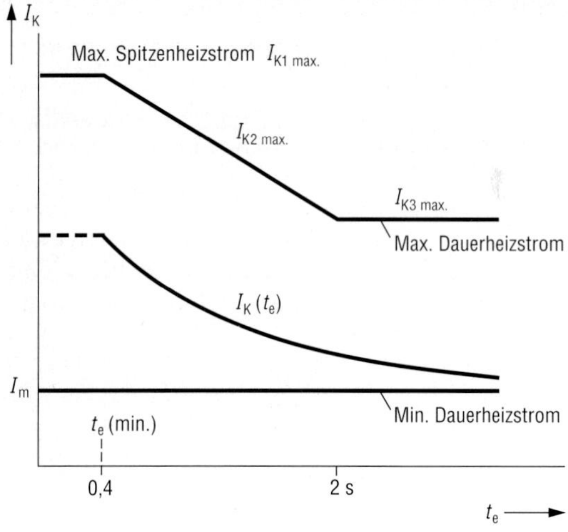

Bild 2.29
Stromgesteuerte Vorheizung bei HF-Betrieb
Die Zündung soll erst nach Erreichen der Emissionstemperatur der Elektroden, der Emissionszeit t_e, erfolgen. Damit innerhalb der vorgewählten Zeit t_e die Elektrode genügend vorgeheizt wird, muß der Vorheizstrom in dem Gebiet zwischen $I_{K\,max}$ und $I_K\,(t_e)$ liegen

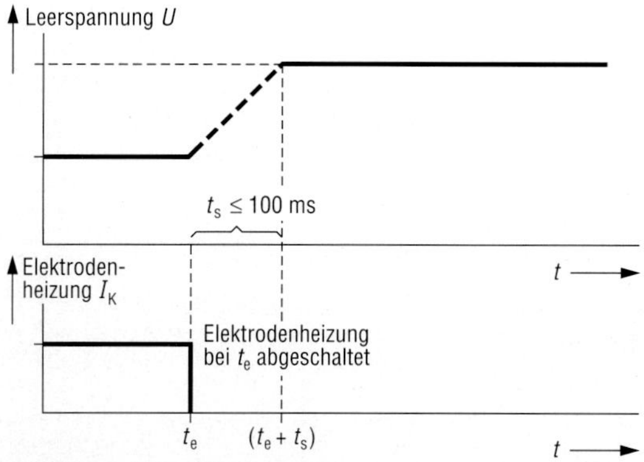

Bild 2.30
Verlauf der an der Lampe liegenden Spannung und des Vorheizstroms, der bei t_e abgeschaltet wird. Die Zündung muß in dem Bereich zwischen t_e und $t_e + t_s$ erfolgen.
Die Leerspannungen sollen innerhalb 0,1 s umgeschaltet werden

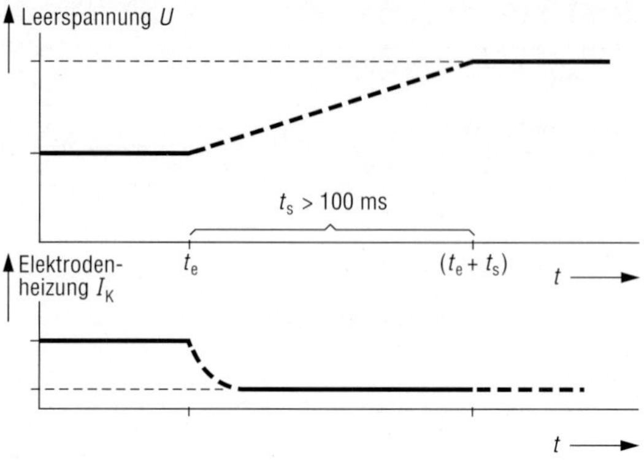

Bild 2.31
Startvorgang bei stromgesteuerter Vorheizung wie in Bild 2.30, jedoch mit verzögerter Umschaltung auf Zündung. In diesem Fall müssen die Elektroden mit einem Minimalstrom weitergeheizt werden

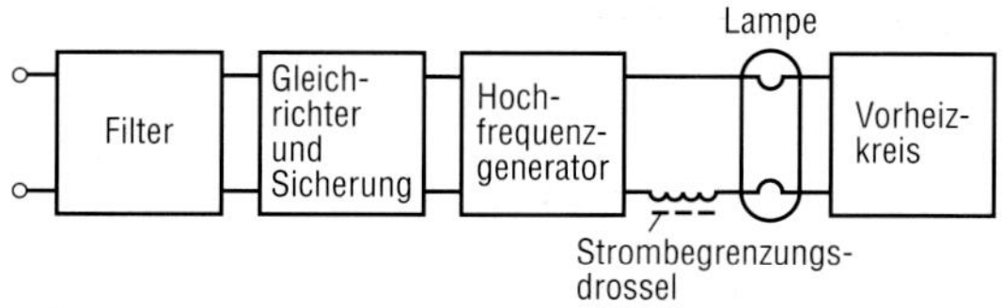

Bild 2.32
Prinzipschaltbild eines elektronischen Vorschaltgerätes für Kompaktlampen

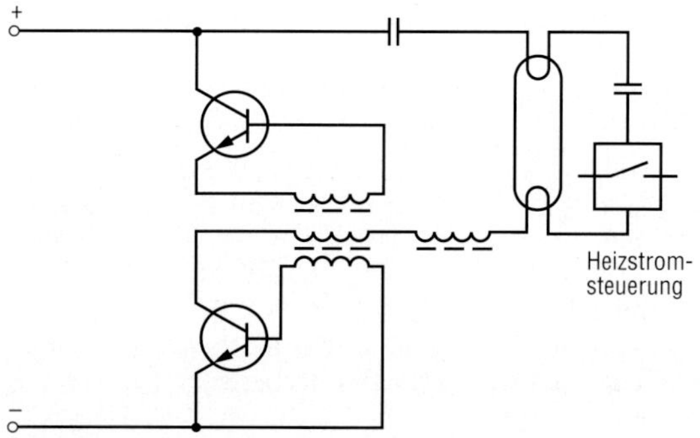

Bild 2.33
Prinzipschaltbild des Lampengenerators mit Vorheizkreis

2.1.9 Lampen mit eingebauten Vorschaltgeräten

Die geringen Abmessungen der kompakten Leuchtstofflampen haben es möglich gemacht, bei einigen Lampentypen Vorschaltgerät und Lampe zu vereinen, damit man sie unmittelbar am Netz betreiben kann. Sie werden mit Schraubsockel E 27 versehen und können unmittelbar in Glühlampenleuchten eingesetzt werden. Man erreicht eine beträchtliche Energieeinsparung und eine Lebensdauerverlängerung gegenüber Glühlampen. Mit Dreibandenleuchtstoffen lassen sich auch die gleichen Farbtemperaturen wie bei Glühlampen bei ähnlichen Farbwiedergabeeigenschaften erstellen.

Zuerst kamen Lampen mit eingebauter Vorschalt-

Tabelle 2.19 DULUX EL mit eingebautem elektronischen Vorschaltgerät: Abmessungen und Daten

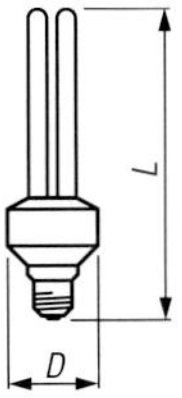

Bezeichnung	DULUX EL 7 W	DULUX EL 11 W	DULUX EL 15 W	DULUX EL 20 W
Versorgungsspannung	220–235 V/50–60 Hz			
Leistungsaufnahme	7 W	11 W	15 W	20 W
Lichtstrom	400 lm	600 lm	900 lm	1200 lm
Lichtfarbe	LUMILUX INTERNA wie Glühlampenlicht			
Farbwiedergabe	Stufe 1 (gem. DIN 5036)			
Länge *L*	145 mm	145 mm	175 mm	207 mm
Durchmesser *D*	58 mm	58 mm	58 mm	58 mm
Gewicht	115 g	115 g	130 g	140 g
Brennstellung	beliebig	beliebig	beliebig	beliebig
Sockel	E 27	E 27	E 27	E 27

Tabelle 2.20 CIRCOLUX EL mit eingebautem elektronischen Vorschaltgerät: Abmessungen und Daten

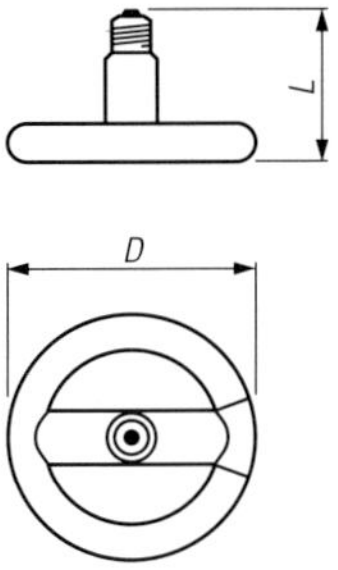

Bezeichnung	CIRCOLUX EL 12 W	CIRCOLUX EL 18 W	CIRCOLUX EL 24 W	CIRCOLUX EL 32 W
Versorgungsspannung	220–235 V/50–60 Hz			
Leistungsaufnahme	12 W	18 W	24 W	32 W
Lichtstrom	700 lm	1000 lm	1450 lm	2000 lm
Lichtfarbe	LUMILUX INTERNA			
Farbtemperatur	2700 K, Warmton wie Glühlampenlicht			
Farbwiedergabe	Stufe 1 (gem. DIN 5035)			
Bauhöhe *L*	100 mm	100 mm	100 mm	100 mm
Außendurchmesser *D*	165 mm	165 mm	216 mm	216 mm
Gewicht	210 g	210 g	240 g	240 g
Brennstellung	beliebig	beliebig	beliebig	beliebig
Sockel	E 27	E 27	E 27	E 27

CIRCOLUX EL sind nicht für Dimmerbetrieb geeignet

drossel und Glimmzünder auf den Markt. Eine weitere Verbesserung in Ausbeute, Zündung, Gewicht und anderen Eigenschaften gelang durch die Verwendung elektronischer Geräte. Die Tabellen 2.19 und 2.20 geben die wichtigsten Daten dieser Lampen an.

Im Prinzip sind die elektronischen Vorschaltgeräte genauso aufgebaut wie diejenigen für Leuchtstofflampen (Kap. 2.3). Da die Geräte aber nur für eine Lampenlebensdauer vorgesehen sind, können sie natürlich wesentlich einfacher und preisgünstiger ausgeführt sein. Wie das Prinzipschaltbild 2.32 zeigt, enthält das Gerät keinen Oberwellenfilter, keine Sicherheitsabschaltung bei Lampenausfall usw. Als Generator wird fast immer eine eigengesteuerte Halbbrückenschaltung benutzt (Bild 2.33). Besondere Sorgfalt muß auf die Vorheizung der Lampenelektroden gelegt werden. Wegen der kleinen Ströme bestehen die Wendeln aus sehr dünnem Draht, mit dem man ohne oder durch unzureichende Vorheizung nur sehr kurze Lebensdauern erhält.

Die Lebensdauer der Geräte ist ebenfalls auf die Lebensdauer der Lampen abgestimmt. Während bei Leuchtstofflampen der Emittervorrat auf der Elektrode die Lebensdauer begrenzt, ist es bei Vorschaltgeräten meist der Verlust der Isolationsfähigkeit von Bauteilen ganz allgemein. Verdampfung von Isolationsmaterial oder chemische Prozesse mit verschiedenen Komponenten führen dann am Ende zu einem Ausfall und damit zum Ende der Lebensdauer. Unmittelbar nach der Herstellung können sich Bauelementefehler und Herstellfehler bemerkbar machen. Diese Ausfälle versucht man natürlich schon in der Fabrik auszusondern, entweder durch Einbrennen (burn-in) oder entsprechende Streßtests. Dann folgt eine lange Periode mit sehr kleinen Ausfallraten. Schließlich steigt die Ausfallrate steil an, um das Ende der Lebensdauer anzuzeigen. Im allgemeinen ist bei den hier vorgestellten Typenreihen die Lebensdauer von Lampen und Geräten so aufeinander abgestimmt, daß während der Brennzeit keine Geräte ausfallen, daß aber

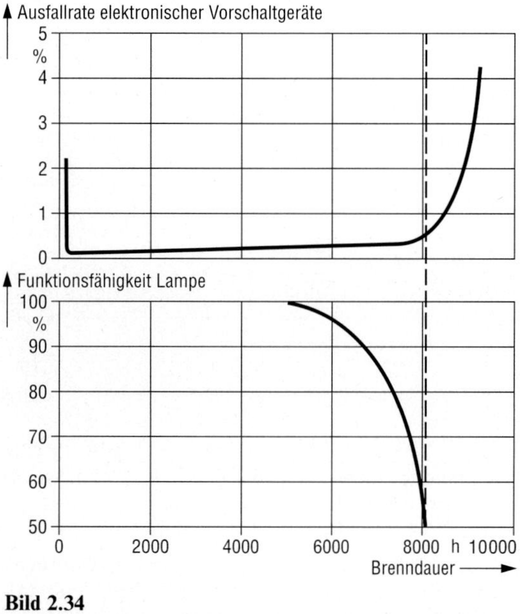

Bild 2.34
Ausfallrate elektronischer Vorschaltgeräte und Funktionsfähigkeit der Lampe von Kompakt-Leuchtstofflampen als Funktion der Brenndauer

Tabelle 2.21
Beispiel für die Stromkostenersparnis durch DULUX EL gegenüber lichtstromgleichen Glühlampen während einer Lampenlebensdauer

	DULUX EL 11 W	Glühlampe 60 W
Lebensdauer Lampenpreis ca.	8000 h 44,00 DM	1000 h 1,80 DM
Stromverbrauch in 8000 h Stromkosten DM –,25/kWh Lampenersatzkosten ca. für 6000 h	88 kWh 22,00 DM 44,00 DM	480 kWh 120,00 DM 8 × 1,80 DM = 14,80 DM
Betriebskosten für 8000 h	66,00 DM	134,40 DM
Einsparung	68,40 DM = 51%	

am Lebensdauerende der Lampen die Geräte keine zweite Lampenlebensdauer überstehen würden (Bild 2.34).

Ein Glühlampenersatz mit auswechselbaren Lampen (Adapter) hat sich bisher nicht eingebürgert, da für die entsprechenden Vorschaltgeräte der gleiche technische Aufwand betrieben werden müßte wie bei separaten Geräten.

Der sorgfältigen Bemessung des Vorschaltkreises verdanken die kompakten Leuchtstofflampen ihre ausgezeichnete Schaltfestigkeit und ihre Lebensdauer von bis zu 8000 Stunden. Die Schaltfestigkeit reicht über 100000 Schaltungen. Allerdings darf hier im Unterschied zu den sonstigen Leuchtstofflampen die Pause zwischen den Einschaltungen nicht zu kurz sein (> 1 Minute), damit die für die Heizungssteuerung verwendeten Bauelemente sich wieder zurückstellen können.

Trotz ihres höheren Anschaffungspreises erreichen Kompaktlampen viel höhere Wirtschaftlichkeit als Glühlampen, da die Stromkosten stärker zu Buche schlagen als die Anschaffungskosten (Tab. 2.21).

2.1.10 Auswirkungen von Vorschaltgerätetoleranzen auf die Lampendaten

Die für den Lampenbetrieb wichtigsten Daten von Vorschaltgeräten sind die Impedanz im Dauerbetrieb, die Vorheizströme oder -spannungen in der Vorheizphase sowie der Stromscheitelfaktor. Damit ist zumindest für Drosseln oder Vorschaltgeräte mit drosselartiger Charakteristik nicht nur der Arbeitspunkt, sondern auch die Krümmung der Kennlinie und damit auch die Verzerrung der Stromkurve festgelegt. Diese Werte gelten zunächst nur für Referenzgeräte. Für normale Vorschaltgeräte müssen auch noch Toleranzen berücksichtigt werden. Es gilt als zulässig, wenn bei Netznennspannung der Strom nicht mehr als 15% über dem Referenzstrom liegt (obere Toleranz) oder die Lampenleistung nicht niedriger ist als 92,5% des Nennwerts (untere Toleranz). Welche Auswirkungen solche Gerätetoleranzen auf die Lampendaten haben, soll nun am Beispiel einer L 36 W-Lampe untersucht werden.

Für die Abschätzung der elektrischen Daten benutzt man am besten die Gleichung 1.26. Man geht von den Referenzdaten der Lampe aus und berechnet daraus zunächst $\sin\varphi_L$, mit dem alle weiteren Berechnungen durchgeführt werden können:

$$\sin\varphi_L = \frac{1}{U_L}\left((U_N^2 - U_L^2)^{1/2} - I_L \cdot Z - U_L \lambda_D\right) \quad (2.4)$$

Tabelle 2.22
Elektrische Daten einer L 36 W-Lampe bei verschiedenen Lampenströmen, eingestellt mit festem Vorschaltgerät und veränderter Netzspannung

I_L A	U_L V	P_L W	λ_L
0,46	101	38,2	0,815
0,43	103	36,0	0,813
0,36	108	31,1	0,811
0,27	114	24,8	0,807

Zu der Angabe des zulässigen Überstroms gehört eine gewisse Drosselimpedanz, ebenso wie zur Unterleistung. Der Wert von Z für den Überstrom kann nun mit diesem Wert für $\sin\varphi_L$ aus Gleichung 1.26 unmittelbar berechnet werden. Um den Wert von Z für die untere Toleranz zu finden, wird zunächst aus der Lampenleistung

$$P_L = \lambda_L \cdot I_L \cdot U_L \quad (2.5)$$

unter Referenzbedingungen der Lampenleistungsfaktor ermittelt. Mit diesem kann man den neuen Lampenstrom und daraus das neue Z ermitteln. Will man etwas genauer rechnen, so muß man noch die Abhängigkeiten der Brennspannung und des Lampenleistungsfaktors von den übrigen Daten berücksichtigen. Da es sich jedoch nur um kleine Korrekturen handelt, braucht man diese nicht sehr genau zu kennen, sondern kann sie abschätzen. Tab. 2.22 zeigt, daß diese Werte sich tatsächlich nur wenig ändern.

Zur Beurteilung dieser Werte und ihrer Auswirkung auf den Lampenbetrieb muß man noch die zulässigen Netzspannungsschwankungen beachten. Man kann sie auf die gleiche Weise berechnen.

Auch haben die Lampen selbst Toleranzen in der Brennspannung ($\pm$ 10 V). Auf diese Weise wird der Lampenstrom mit einer nach der Überstromtoleranz festgelegten und zulässigen Drossel nochmals weiter steigen, wenn die Netzspannung am höchsten und die Lampenspannung am niedrigsten ist. Die Drossel, die nach der Unterleistungstoleranz zulässig ist, wird bei niedrigster Netzspannung und höchster Lampenspannung zu noch niedrigeren Lampenleistungen führen.

Tabelle 2.23 Elektrische Daten von L 36 W-Lampen unter verschiedenen Bedingungen

U_N		220 V				198 V				242 V			
	Z Ω	I_L A	U_L A	P_L W	U_D V	I_L A	U_L V	P_L W	U_D V	I_L A	U_L V	P_L W	U_D V
Referenzgerät	390	0,430	103	36	168	0,34	108	30	133	0,51	98	40	196
Überstromgerät	346	0,495	99	40	170	0,40	105	34	138	0,58	95	45	201
Unterleistungsgerät	422	0,39	105	33,3	165	0,31	110	28	131	0,46	102	38	194
Lampe mit max. U_L max. Z	422					0,28	120	26	118				
Lampe mit min. U_L min. Z	346									0,62	85	45	214
Vorheizstrom	$Z + 40$ Ω	0,387 min 0,904 max	– –	– –	205 185								

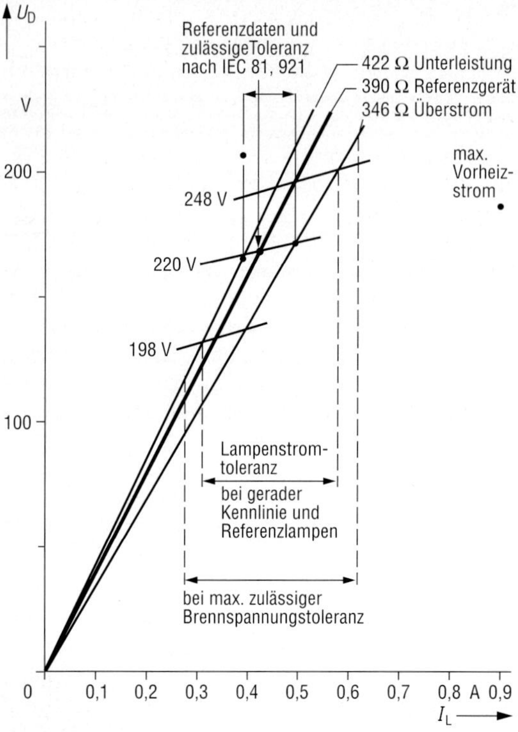

Bild 2.35
Kennlinien des Referenzgeräts und der noch zulässigen Geräte an der oberen und unteren Toleranzgrenze. Unter Berücksichtigung der Netzspannungstoleranzen kann sich die bei 220 V nur gering anmutende Toleranzangabe so auswirken, daß der Lampenstrom um fast ± 40% schwankt

Die Ergebnisse dieser Einflüsse sind in Tabelle 2.23 zusammengestellt. Um sie besser übersehen zu können, sollen sie jedoch anhand der Drosselkennlinien erläutert werden. Die Drosselkennlinien werden aus dem Lampenstrom und den an den Drosseln abfallenden Spannungen gebildet. Geht man zunächst von linearen Kennlinien aus, so ergeben die Werte drei Geraden: Eine für das Referenzgerät, eine für die Unterleistungs- und eine für die Überstromdrossel (Bild 2.35). Die Arbeitspunkte ergeben sich durch die Schnittpunkte mit den entsprechenden Netzspannungskurven. Man sieht nun, daß aus der zunächst gering erscheinenden Toleranzfestlegung der Drosseln in Wahrheit ein Toleranzbereich für den Lampenstrom und damit die Lampenleistung resultiert, der für den praktischen Betrieb viel zu groß ist. Hinzu kommt noch der Einfluß gekrümmter Kennlinien, die zu nochmaliger Erhöhung des Lampenstroms bei

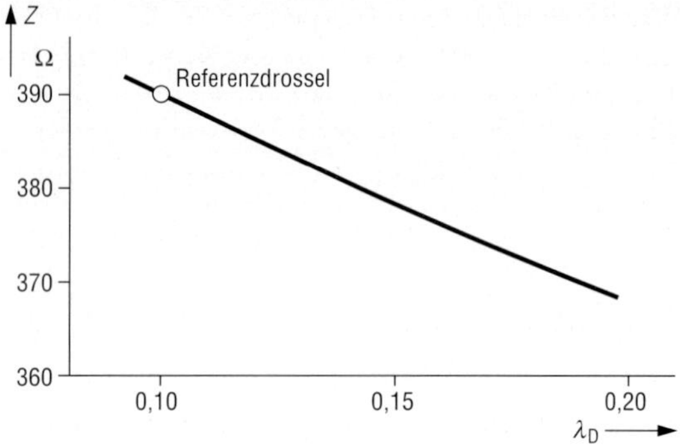

Bild 2.36
Bei Drosseln mit einem Drosselleistungsfaktor, der von dem des Referenzgerätes abweicht, muß die Impedanz korrigiert werden

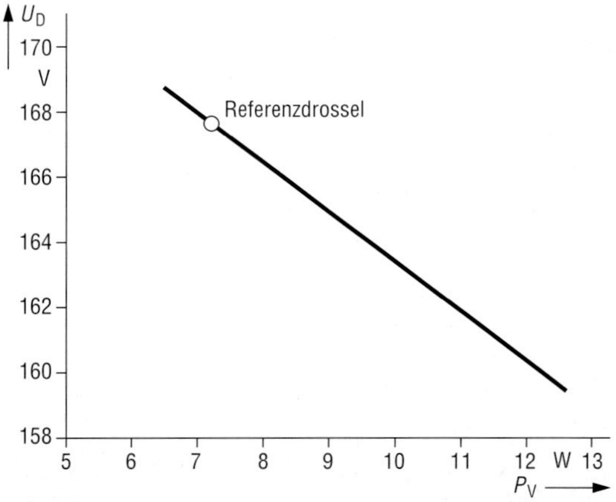

Bild 2.37
Korrektur der Drosselkennlinie bei Drosseln mit Verlustleistungen, die von denen des Referenzgeräts abweichen

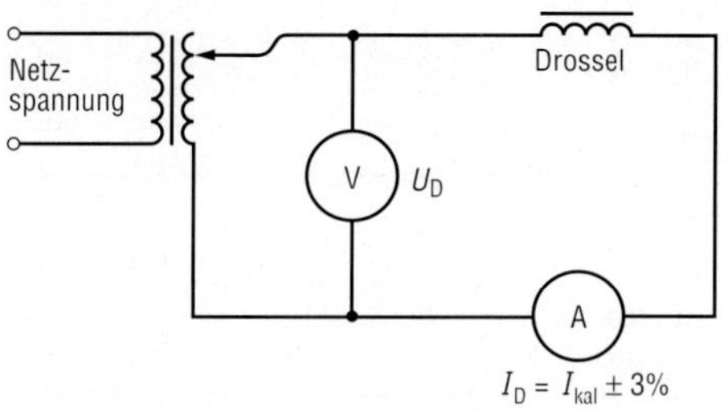

Bild 2.38
Prüfschaltung zur Kontrolle der Drosseleinstellung

Netzüberspannungen führen dürften. Theoretisch dürfte die Kennlinie vom Arbeitspunkt aus bis zum maximal zulässigen Vorheizstrom von der Geraden abknicken.

Man sieht also, daß die zulässigen Toleranzbereiche für die Drosseleinstellung keinesfalls ausgenutzt werden dürfen. Sie können nur beim Vorliegen bestimmter Einschränkungen (Netzspannungstoleranz, Brennspannungstoleranz usw.) akzeptiert werden.

Bei der Dimensionierung einer Drossel sollte man zusätzlich die beabsichtigte Verlustleistung bzw. den Drosselleistungsfaktor festlegen. Dann kann man entweder wie gezeigt aus Formel (1.26) die erforderliche Impedanz bzw. Drosselspannung berechnen oder aus Lampendatenblättern ablesen.

Solche Kurvenblätter werden von den Lampenherstellern herausgegeben. Ein Beispiel zeigen die Bilder 2.36 und 2.37. Mit diesem Wert von Z und λ_D hergestellte Drosseln werden dann in Meßschaltung nach Bild 2.38 geprüft. Nach Einstellung und Fixierung des Luftspalts wird der Strom bei der fest eingestellten vorher ermittelten Drosselspannung gemessen. Der gemessene Strom sollte nicht mehr als $\pm$ 3% vom Referenzstrom der Lampe abweichen.

Mit der Schaltung nach Bild 2.39 wird der Vorheizstrom kontrolliert; die Kennlinie der Drossel sollte nicht so stark gekrümmt sein, daß die maximalen Vorheizstromgrenzen erreicht werden.

Auf diese Weise kann man Drosseln für den Starterbetrieb ganz ohne Referenzlampen mit großer Genauigkeit dimensionieren. Bei dieser Einstellung wird auch der Stromscheitelfaktor nie den zulässigen Grenzwert von 1,7 erreichen.

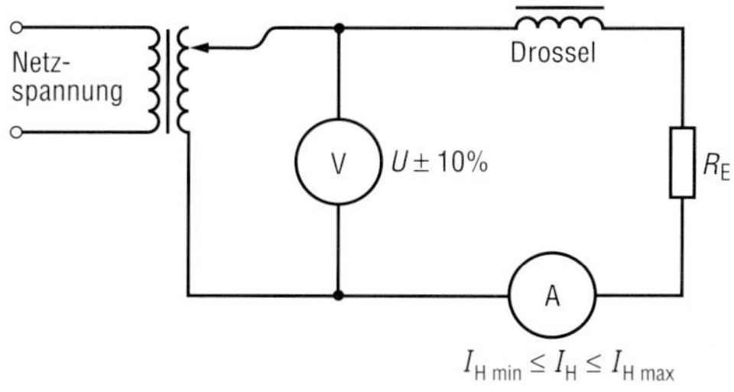

Bild 2.39
Prüfschaltung zur Kontrolle des Vorheizstroms

2.1.11 Die Lebensdauer von Leuchtstofflampen

Die Lebensdauer der Lampen ist durch die Lichtstromabnahme oder die Funktionsfähigkeit beschränkt.

Die Lichtstromabnahme ist verhältnismäßig gering, trotzdem muß sie bei Standardlampen als Ursache für das Ende der Nutzlebensdauer berücksichtigt werden. Die Vorschaltgeräte können die Lichtstromabnahme sehr beeinflussen, und zwar nicht nur durch die Zündschädigung, sondern auch im Dauerbetrieb, wenn Lampenstrom, Stiftstrom oder Stromscheitelfaktor zu hoch sind. Den größten Einfluß üben die Vorschaltgeräte aber auch hier auf die Funktionslebensdauer aus.

Wenn eine Lampe nicht mehr zündet, so sind in der Regel eine oder beide Elektroden nicht mehr emissionsfähig. Die Wendel kann unterbrochen sein oder es ist kein Emitter mehr vorhanden.

Die Funktionslebensdauer einer Leuchtstofflampe wird durch den Verbrauch von Emitter bestimmt. Dieses Material befindet sich als gesintertes Oxidgemisch auf der Elektrode. Der Dampfdruck ist so hoch, daß es bei der Temperatur des Brennflecks zu merklicher Verdampfung kommt (µg/h). Da man nicht beliebig viel Emittermaterial auf den Elektroden unterbringen kann, muß man mit einer endlichen Lebensdauer der Lampen rechnen.

Aber es gibt noch andere zusätzliche Verbrauchsmechanismen, die hauptsächlich beim Einschalten der Lampen mit unzureichend vorgeheizten Elektroden dominieren. Sie wurden schon in den vorangegangenen Kapiteln behandelt.

Durch lange Glimmentladungsphasen wird Emissionsmaterial deaktiviert; bei Kaltstarts ohne Wendelvorheizung kann Emitter aus der Wendel herausbröckeln.

Die Lebensdauer mit einem gegebenen Vorschaltgerät ist also eine Funktion der Einschaltzahlen und der Brennzeiten pro Schaltung. Im Dauerbetrieb würde sich nur die verhältnismäßig kleine Verdampfungsgeschwindigkeit des Emitters auswirken und ergäbe die maximal erreichbare Lebensdauer. Bei kurzen Einschaltzeiten hingegen dominiert der für die Zündung mit den betreffenden Vorschaltgeräten geltende spezifische Schaltverbrauch. Dieser Verbrauch bestimmt die maximal erreichbare Schaltzahl. Bei kleineren Einschaltzahlen begrenzen beide Einflüsse die Lebensdauer. Nur bei idealer Vorheizung, d.h. bei vor

Anlegen der Leerlaufspannung vorgeheizten Elektroden würde man keinen Einfluß des Einschaltens auf die Lebensdauer feststellen.

Bild 2.40 zeigt den prinzipiellen Zusammenhang zwischen den erreichbaren Schaltzahlen und den Einschaltrhythmen, d. h. der Einschaltzeit pro Schaltung. Die Dauer der Pausen ist ohne Bedeutung. Bild 2.41 zeigt den gleichen Zusammenhang mit den Lebensdauern.

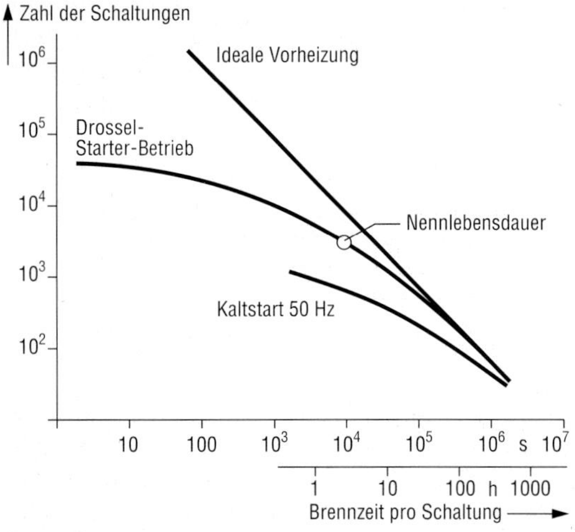

Bild 2.40
Mit Leuchtstofflampen erreichbare Schaltzahlen in Abhängigkeit von der Einschaltdauer

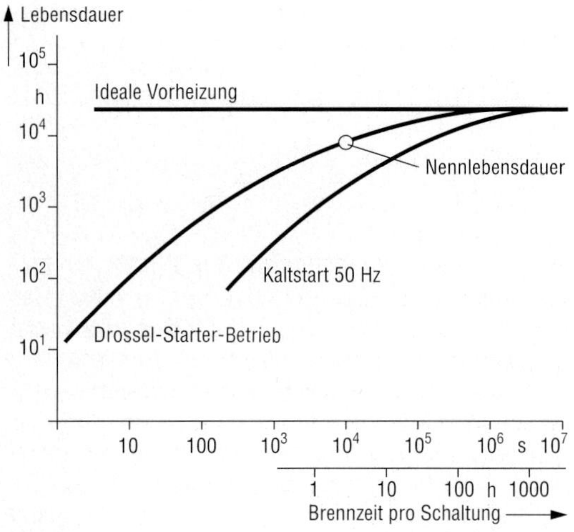

Bild 2.41
Lebensdauer von Leuchtstofflampen in Abhängigkeit von der Einschaltdauer

Die Geraden in Bild 2.40 und 2.41 kennzeichnen Geräte mit idealer Vorheizung. Jede Abweichung verursacht zusätzliche Schaltschädigung. Bei kurzen Einschaltzeiten ist nur noch der Schaltverbrauch wirksam; die erreichbaren Schaltzahlen werden unabhängig von der Einschaltzeit. In der Praxis ergeben sich demnach große Unterschiede in der Funktionslebensdauer. Bei Drosseln für Starterschaltungen bestimmen die Eigenschaften des Glimmzünders, wie Schließzeit, Glimmstrom, Stoßspannung usw. und die Vorheizbedingungen unabhängig von der Lampe die Lebensdauer. Auch ob es sich um eine induktive oder kapazitive Betriebsschaltung handelt, wirkt sich auf die Lebensdauer der Lampen aus. Schließlich geht auch die Art der Leuchte in die Lebensdauer der Lampe ein. Beispielsweise wirkt der metallische Reflektor als Zündhilfe; ist der Abstand der Lampe zu klein, kann die Kaltzündung der Lampe begünstigt werden. Bei starterlosen Schaltungen mit Niederohmwendeln ist auch die mehr oder weniger gute Kontaktgabe der Fassungen von großem Einfluß auf die Lebensdauer. Aus allen aufgeführten Gründen gibt es daher keine eindeutige Definition der Lebensdauer von Leuchtstofflampen.

Für die sogenannte Nutzlebensdauer der Leuchtstofflampen hat man einen Wert von 7500 h festgelegt, bei dem der Lichtverlust der Lampe unter 20% beträgt. (Der Einschaltrhythmus ist 165 min ein, 15 min aus.) Für die Funktionslebensdauer gibt es unterschiedliche Definitionen. Am häufigsten ist sie definiert als der Zeitpunkt, zu dem noch 50% der Lampen funktionsfähig sind (Bild 2.42).

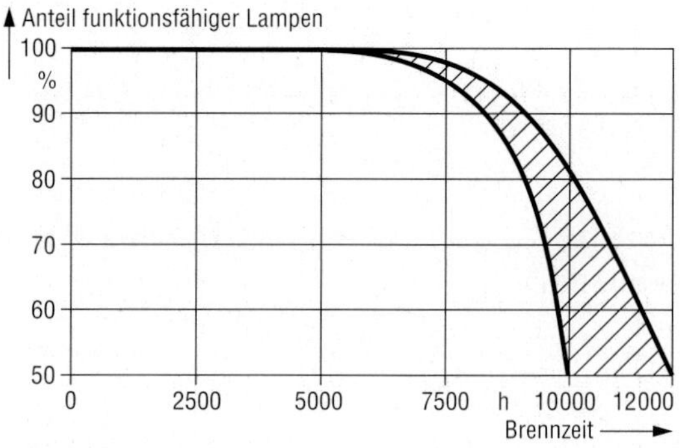

Bild 2.42
Anteil der funktionsfähigen Lampen als Funktion der Brennzeit bei Standardleuchtstofflampen 18 ... 58 W in Drossel-Starter-Betrieb 220 V/50 Hz. Der Schaltrhythmus ist 165 Minuten ein, 15 Minuten aus

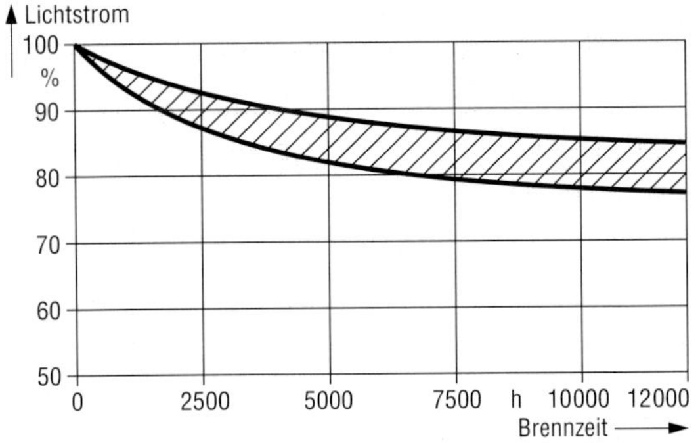

Bild 2.43
Lichtverlust von Leuchtstofflampen während der Brenndauer bei Standardleuchtstofflampen 18 ... 58 W (Betriebsbedingungen wie bei Bild 2.42)

Während der Brenndauer schlägt sich verdampfendes Erdalkalioxid an den Wänden der Lampen nieder und bildet lichtabsorbierende Schichten; auch läßt der Wirkungsgrad der Photolumineszenz etwas nach. Beide Effekte führen zu einer Lichtabnahme. Bild 2.43 zeigt eine typische Kurve für den Lichtverlust.

2.1.12 Messungen an Leuchtstofflampen

Alterung

Alle Messungen an Lampen und Geräten müssen mit verhältnismäßig großer Genauigkeit erfolgen. Man muß daher auch das Verhalten der Lampen genau kennen, um Fehlmessungen zu vermeiden. Fast alle elektrischen Daten der Lampen sind mehr oder weniger abhängig von der Brenndauer. Vor allem durch die Bewegung des Brennflecks auf der Kathode wird die Brennspannung entsprechend dem Spannungsabfall an der Wendel höher und beeinflußt über das Vorschaltgerät auch Strom und Leistung. Aber auch andere Prozesse wie Nachaktivierung des Emitters, Ionisation und Absorption von gasförmigen Verunreinigungen und andere Prozesse verändern im Laufe der Brenndauer die elektrischen Daten.

Deshalb hat man sich darauf geeinigt, daß alle Messungen an Lampen erst nach einer Einbrenndauer von 100 h gemacht werden sollen. Auch muß man die Lampen stets in der gleichen Weise elektrisch anschließen, wie man sie eingebrannt hat.

Umgebungstemperatur

Die Lampendaten sind temperaturabhängig. Man hat sich daher auf eine Umgebungstemperatur von $25 \pm 2\,^{\circ}$C als Meßtemperatur geeinigt. Diese Temperatur soll man in Höhe der Lampenmitte etwa 15 cm von der Lampe entfernt messen. Da in Wirklichkeit natürlich die Wandtemperatur für die Einstellung der elektrischen Daten maßgebend ist, muß man dafür sorgen, daß diese Temperaturdifferenz während der Messung konstant bleibt. Die Messungen müssen also in einem völlig zugfreien Raum erfolgen.

Einbrennen

Vor dem Messen sollte man die Lampen etwa 20 Minuten vorbrennen, damit sich alle Daten stabilisieren. Während dieser Zeit soll die Lampe eine gleichmäßige Temperatur angenommen haben und das Quecksilber an der kältesten Stelle kondensiert sein. Dies geschieht bei stabförmigen Lampen verhältnismäßig schnell, bei langen mit einer nur eng begrenzten kältesten Stelle wie z. B. DULUX-Lampen kann es hingegen mehrere Stunden dauern, bis sich alles Quecksilber an dieser Stelle (im U-Bogen) gesammelt hat. Bei solchen Lampen ist deshalb noch ein 15stündiges, möglichst erschütterungsfreies Vorbrennen in der vorgesehenen Brennstellung erforderlich. Wird danach die Lampe nicht mehr (oder zumindest nur vorsichtig, vor allem ohne Lageänderung) bewegt, so kann man sie wie eine normale Lampe betreiben; sie erhält dann ebenfalls nach 20 Minuten einen stabilen Endzustand.

Meßfassungen

Für genaue Messungen sollte man den Spannungsabfall berücksichtigen, der durch die Übergangswiderstände zwischen Sockel- und Fassungskontakten entsteht. Er kann insbesondere bei höheren Stromstärken die Meßwerte von Lampenspannung und Leistung merklich verfälschen. Man vermeidet ihn durch die Verwendung von Meßfassungen, indem man Stromversorgung der Lampe und Meßkreis trennt. An jedem Sockelstift befinden sich zwei Kontaktfedern (Bild 2.44). Jeweils über eine Feder fließt der Lampenstrom, über die andere der sehr viel kleinere Meßstrom I_{M}, z. B. zur Lampenspannungsmessung. Ist der Übergangswiderstand R, so ist der Spannungsabfall

$$\Delta U = R \cdot I_{\mathrm{M}} \ll R I_{\mathrm{L}} \qquad (2.6)$$

und damit auf den angezeigten Meßwert ohne Einfluß.

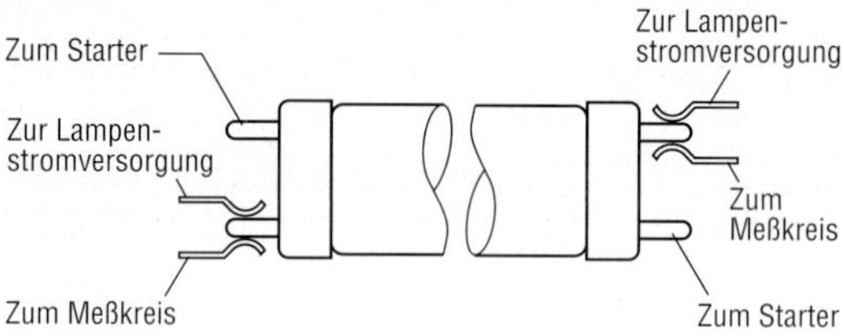

Bild 2.44
Meßfassung und Anschlußschema einer Leuchtstofflampe für genaue elektrische Messungen

2.2 Starter

Starter ermöglichen bei Leuchtstofflampen einfachste Betriebsschaltungen. Sie haben die Aufgabe, die Elektrode zur Vorheizung an einen Stromkreis anzuschließen und diesen nach entsprechender Zeit aufzutrennen. Beim Auftrennen wird die in der Drossel gespeicherte Energie in einen hohen Spannungsimpuls umgewandelt, mit dem die Lampe gezündet wird (Bild 2.45). Bei Betrieb der Lampe sollen die Starter möglichst keinen oder nur geringen Leistungsverbrauch haben und nach Abschalten der Leuchtstofflampen sofort wieder betriebsbereit sein.

Diese sehr einfach erscheinende Schaltfolge, die automatisch ablaufen soll, wird durch einige Nebenbedingungen kompliziert, auf die noch näher

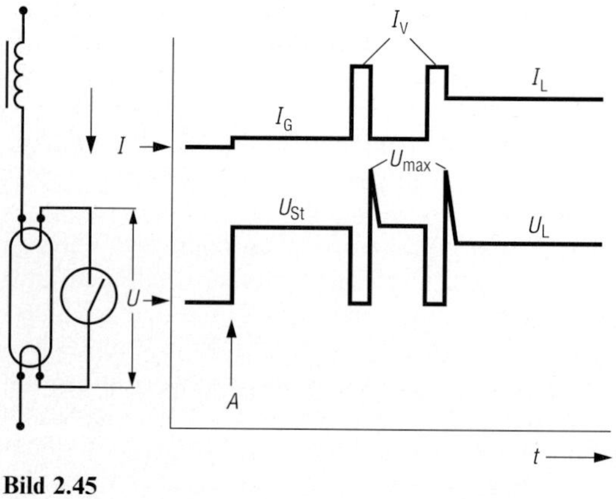

Bild 2.45
Vorheiz- und Startvorgang einer Leuchtstofflampe, Darstellung der Strom- und Spannungshöhe vom Einschaltaugenblick bis zum Brennen der Lampe (etwa 1 ... 3 s). Die Lampe startet in diesem Beispiel erst nach dem zweiten Vorheizen: t Zeit, A Einschaltaugenblick, U_{St} Starterspannung, I_G Glimmstrom, I_V Vorheizstrom, U_{max} Spannungsspitzen, I_L Lampenstrom, U_L Lampenspannung

eingegangen wird. Tatsächlich gibt es nur wenige einfache Vorrichtungen, mit denen sie sich realisieren läßt. Am bekanntesten ist der Glimmzünder. Obwohl seit der Erfindung des Starters vor fünfzig Jahren mehr als 1000 verschiedene Patente bekannt geworden sind, ist der Glimmzünder allein das einfache, billige und trotzdem vielseitige Schaltelement geblieben, das zur Lösung dieser Aufgabe im Starter eingesetzt wird.

Hauptanwendungsgebiet der Starter sind die Länder mit hoher Netzspannung (200–240 V) sowie einige Länder, in denen niedrige Netzspannungen mit Hilfe von Streufeldtransformatoren auf die erforderlichen Leerlaufspannungen erhöht werden (Japan). In Ländern mit niedriger Netzspannung wie USA, Kanada, in denen für Leuchtstofflampen Rapid-Startgeräte bevorzugt werden, beschränkt sich die Verwendung von Startern auf den Betrieb von Lampen mit niedriger Brennspannung ($\leq$ 22 W), die mit Drossel direkt am Netz betrieben werden.

2.2.1 Der Glimmstarter

Der Glimmstarter enthält das eigentliche Startelement, den Glimmzünder und einen Funk-Entstörkondensator. Er wird parallel zur Lampe, in Reihe zu den Lampenelektroden angeschlossen.

Der Glimmzünder ist ähnlich aufgebaut wie eine Glimmlampe, deren Elektroden aus Bimetallstreifen bestehen. Den typischen Aufbau eines Glimmzünders zeigt Bild 2.46. Bimetalle bestehen aus zwei aufeinandergewalzten Metallen mit verschieden großer Wärmeausdehnung; sie krümmen sich bei Erwärmung. Die beiden gegenüber angeordneten Bimetallstreifen berühren sich bei ausreichender Erwärmung und schließen den Stromkreis. Die Bimetalle werden durch eine Glimmentladung erwärmt, die man zwischen den Elektroden zündet.

Die Ansprechspannung des Glimmzünders, d. h. die Spannung, bei der eine Glimmentladung zwischen den Bimetallkontakten einsetzt, ist niedriger als die Zündspannung der Lampe mit kalten Elektroden. Beim Anlegen der Netzspannung zündet der Glimmzünder und nicht die Lampe, der Glimmstrom (20–40 mA) erwärmt die Elektroden, die Bimetallkontakte schließen und es fließt der volle Kurzschlußstrom der Drossel durch die Elektroden der Lampe. Nach dem Abkühlen der Bimetallkontakte öffnen sie wieder. Dabei entlädt sich nunmehr die gespeicherte Drosselenergie. Es entsteht ein Spannungsimpuls, der die Lampe zündet.

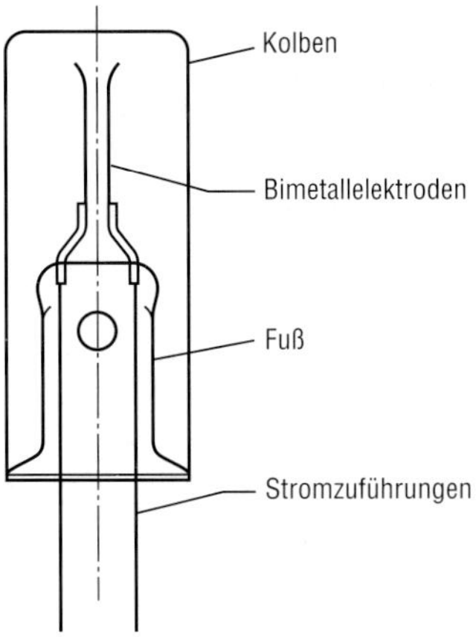

Bild 2.46
Typischer Aufbau eines Glimmzünders. Die Füllung besteht meist aus einem Gemisch von Edelgas (Neon, Argon, Helium) mit Wasserstoff mit einem Druck von 50–100 mb

a
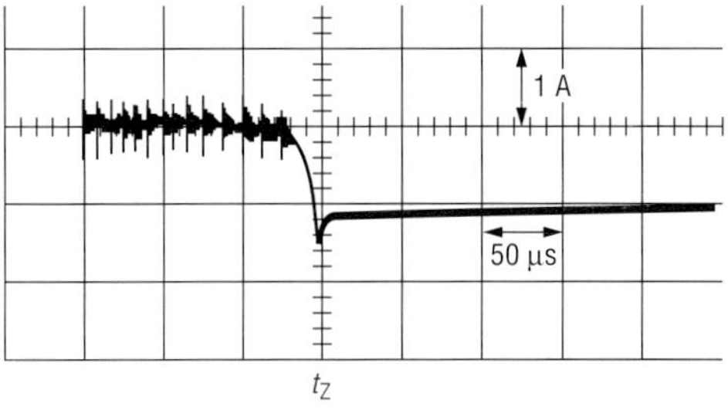

b
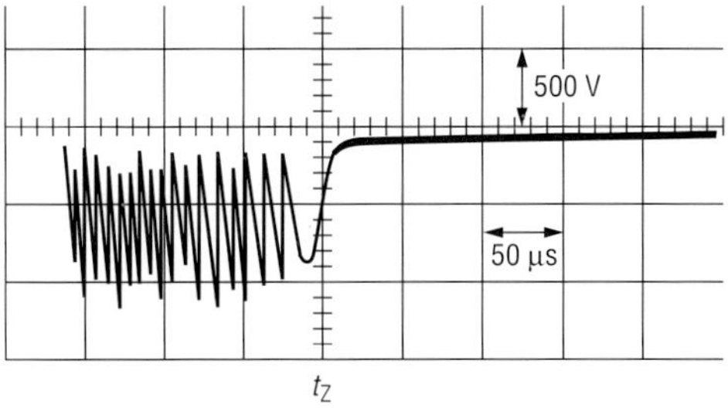

Bild 2.47
Oszillogramm eines Starterstoßes mit erfolgter Lampenzündung zum Zeitpunkt t_Z
a Strom durch die Lampe. Vor der Zündung fließende Stromimpulse des Starterstoßes durch die Lampe.
b Spannung an der Lampe. Der Starterstoß besteht aus einer Reihe von Spannungsimpulsen, die durch Kippschwingungen der Drosselinduktivität und der Kapazität des Kreises mit Glimmzünder und Lampe entstehen

Nach der Zündung liegt nur noch die Brennspannung am Glimmzünder. Sie ist so niedrig, daß sie den Glimmzünder nicht mehr zu zünden vermag. Das Spannungs-Zeit-Integral dieses Impulses ist nur von der Frequenz und der Spannung abhängig:

$$\int U \mathrm{d}t = \frac{\sqrt{2}}{\omega} U_N,$$

mit ω = Kreisfrequenz der Netzspannung U_N. Für 220 V und 50 Hz hat es einen Wert von 0,99 Vs.

Die Höhe des erzeugten Spannungsimpulses ist von einer Vielzahl von Parametern abhängig: Vom Zeitpunkt, d.h. der Phasenlage des Öffnens, der Gasfüllung, der Elektronenaustrittsarbeit, der Abreißgeschwindigkeit der Elektroden usw. Man erreicht Spannungen bis zu 3,5 kV. Mit diesen Spannungen kann man fast alle Leuchtstofflampen und auch einige Hochdrucklampen zünden.

In Wirklichkeit besteht der Spannungsimpuls (Starterstoß) nicht aus einem Impuls, sondern aus einer hochfrequenten Impulsfolge, da dem Glimmzünder ein Entstörkondensator parallelgeschaltet ist. In diesem Stromkreis entstehen Kippschwingungen. Bild 2.47 zeigt ein hochaufgelöstes Oszillogramm eines Starterstoßes.

Der parallelgeschaltete Kondensator dient nicht allein der Funk-Entstörung. Er entlädt sich beim Schließen der Kontakte. Die gespeicherte Energie reicht aus, um die Kontakte geringfügig zu verschweißen. Kühlen die Bimetalle ab, so trennen sie sich nicht sofort, sondern erst nach Überwinden der Haltekraft der Schweißung. Sie trennen sich daher erst nach längerer Zeit (mit deutlich hörbarem Klicken). Sie verlängern auf diese Weise die Vorheizzeit und verringern die Zahl vergeblicher Zündversuche. Dieser Effekt kann durch Vorspannung der Bimetalle noch verstärkt werden.

Vorheizbedingungen beim Starten von Leuchtstofflampen wurden schon in Kapitel 2.1 behandelt. Da der erzeugte Spannungsimpuls auch von der Phasenlage abhängt, bei der die Glimmzünderkontakte öffnen, kann es trotz guter Vorheizung dazu kommen, daß die Lampen nicht zünden.

In diesem Fall zündet der Glimmzünder erneut und wiederholt Vorheizung und Zündversuche nach kürzerer Zeit als das erste Mal.

Glimmeinsatzspannung

Dies ist die Spannung, bei der die Glimmentladung zündet und beide Elektroden mit einer deutlichen

Glimmhaut bedeckt sind; der fließende Strom reicht noch nicht zum Schließen der Bimetallkontakte. Dieser Zustand kann nicht nur während des Startens auftreten, sondern auch beim Dauerbetrieb der Lampe, wenn die Brennspannung der Lampe zu hoch ist. Grund dafür kann die Alterung der Lampen sein oder eine Betriebsweise, die zu hohen Scheitelwerten führt, z. B. das Dimmen ohne Wendelheizung bei angeschlossenem Starter. Obwohl dieser Zustand sowohl für Lampe als auch für den Starter ohne unmittelbare Auswirkungen ist, sollte er unbedingt vermieden werden, weil meist schon geringste Änderungen in den Betriebsbedingungen (Temperatur, Netzspannungsschwankungen usw.) zum Schließen der Bimetallkontakte führen und Blinken der Lampen verursachen.

Schließspannung

Das ist der Wert der Spannung, bei der die Bimetalle schließen. Die Schließspannung gibt Auskunft, bis zu welchen Netzspannungen der Starter einsetzbar ist. Für die praktische Prüfung wird sie meist ersetzt durch die Prüfung der Schließzeit und Schließgeschwindigkeit. Nach IEC-155 wird dazu die Mindeststartspannung der Lampe (s. Tabelle 2.24) für 30 s an den Starter gelegt. Während dieser Zeit dürfen die Kontakte nicht weniger als zweimal geöffnet haben und minimal insgesamt 1,5 s geschlossen haben. Die Prüfung erfolgt mit einem geeigneten Vorschaltgerät, das für Lampenleistungen über 22 W kapazitiv, bei kleineren Leistungen induktiv sein soll.

Starter, die nur diese Mindestbedingungen erfüllen, können in der Praxis sehr unbefriedigendes Zündverhalten zeigen (lange Zündzeiten, häufiges Flackern). Man sollte daher zusätzlich für die praktische Prüfung die angelegten Spannungen auf die tatsächlich auftretenden Spannungen erhöhen und Schließzeit und Schließgeschwindigkeit dabei registrieren und nach praktischen Gesichtspunkten beurteilen (z. B. Schließzeit bei 198 V, 10–20 s, Schließgeschwindigkeit 10 bis 20 mal in 30 s), jeweils unter Berücksichtigung der wirklich auftretenden Zündbedingungen.

Nichtwiederschließspannung

Bei dieser Spannung schließen die Bimetalle nicht mehr. Sie wird gemessen, indem man in der Schaltung, mit der auch die Schließspannung ermittelt wurde, zuerst die Mindeststartspannung der

Tabelle 2.24
Daten von Startern für die wichtigsten stabförmigen Leuchtstofflampen

Lampentypen				Starterdaten	
Typ	*D* mm	*L* mm	Sockel	Nicht-wieder-schließ-spannung V	Minimale Puls-spannung V
4		136		70	250
6	16	212		70	250
			G5		
8	(T6)	288		70	250
13		517		130	400
10		470			
15		437		70	250
16		720			
18	26	590		70	800
30		895		130	400
			G13		
36	(T8)	1199		130	400
58		1507		140	900
20	32	590		70	800
			G13		
40	(T10)	1199		130	900
10		331			
14		381			
15	38	438			
20		590	G13	70	250
25	(T12)	970		130	400
30		895		130	400
40		1199		130	400
65		1507		140	400
80		1507		130	400
85		1771		175	800
125		2381		180	800

Tabelle 2.25
Daten von Startern für die wichtigsten U-förmigen Leuchtstofflampen

Lampentypen				Starterdaten	
Typ	*D* mm	*L* mm	Sockel	Nicht-wieder-schließ-spannung V	Minimale Puls-spannung V
20U		310			
40U	38	607	2G13		
65U		570			

Lampe anlegt und sie dann rasch und kontinuierlich auf einen Wert reduziert, der für die einzelnen Lampen festgelegt wurde (s. Tabellen 2.24 bis 2.26). Die Spannung darf dabei nicht unterbrochen werden. Innerhalb einer Minute dürfen sich die Kontakte nicht schließen.

Pulsspannung (Stoßspannung)

Die Pulsspannung läßt sich mit einem bipolaren Spitzenspannungsmesser ermitteln, mit dem Stöße in beiden Netzhalbwellen berücksichtigt werden können.

Die in den Tabellen 2.24–2.26 (nach IEC-Publ. 81) enthaltenen Mindestwerte sind meist zu klein bemessen. Starter, die nur diesen Mindestwert liefern, sind für die Praxis meist völlig ungeeignet. Deshalb sollte man mindestens das eineinhalbfache der in den Tabellen genannten Werte anstreben.

Die Arbeitstemperatur der Bimetallelektrode, bei der Kontaktschluß mit der Gegenelektrode eintritt, liegt bei etwa 150 ... 250 °C, so daß die Umgebungstemperatur entgegen oft geäußerten Bedenken auf die Arbeitsweise des Glimmstarters nur geringen Einfluß hat. Die oberen Grenzen der Umgebungstemperatur für einwandfreies Funktionieren des Starters liegen bei 80–100 °C. Bei tiefen Temperaturen sollten die Starter noch bis − 20 ... − 25 °C zwar verzögerte, doch immer noch sichere Kontaktgabe haben. Der Kontaktschluß bei solchen tiefen Temperaturen ist nicht gleichbedeutend mit sicherem Start der Leuchtstofflampen. Meistens ist die Vorheizdauer dann so kurz, daß genügendes Aufheizen der Elektroden zum sicheren Start nicht gewährleistet ist. In allen Fällen ist bei tiefen Umgebungstemperaturen unter − 20 °C zu prüfen, ob eine Zündung der gewählten Lampe mit dem betreffenden Starter möglich ist.

Der Glimmstarter hat den großen Vorteil, daß der Anfangszustand der gleiche ist wie der Betriebszustand, so daß der Startvorgang sich sehr schnell wiederholt, wenn die Lampe nicht sofort startet. Bei kurzzeitigem Ausschalten einer Leuchtstofflampe mit Glimmstarter erfolgt sofort wieder ein Startvorgang.

Nachteilig ist beim Glimmstarter, daß die Zeit vom Einschalten bis zum Kontaktschluß des Glimmstarters nicht zum Vorheizen der Elektroden genutzt wird. Dadurch ist die Startzeit für die Leuchtstofflampe länger als die Vorheizzeit. Ferner wirkt sich im Augenblick der Kontaktöffnung des Glimmstarters die Parallelschaltung der Elektroden des Starters zu denen der Lampe nachteilig aus, da im Starter ein Teil der induktiven Spannungsspitze abgeschnitten wird.

Bei längerem Betrieb der Leuchtstofflampen steigt die Lampenspannung an, und die Startspannung des Starters sinkt etwas ab. Diese Alterungserscheinung kann in Ausnahmefällen bis zur Überschneidung der Kennlinie von Lampe und Starter führen, so daß bei normalem Betrieb der Leuchtstofflampe der Glimmstarter bereits startet und es gegebenenfalls zum Kontaktschluß kommen kann. Die brennende Leuchtstofflampe verlöscht dann durch Kurzschluß der Elektroden über den Glimmstarter und startet gleich danach wieder. Dieses Flackern wiederholt sich in Zeitabständen von einigen Sekunden und kann zur Überlastung des Vorschaltgeräts führen. Dieser Vorgang tritt bei gealtertem Starter und Netzunterspannung häufiger auf als bei Überspannung, da bei kleinerem Lampenstrom die Spannung der Lampe ansteigt und eine Überschneidung der charakteristischen Spannungswerte leichter möglich ist. In diesem Fall ist der Glimmstarter auszutauschen.

Die Lebensdauer der Starter liegt heute bei Normalbetrieb bei etwa 50000 bis 100000 Schaltungen; bei Dauerbetrieb des Starters infolge nicht startender Lampen pendelt dieser mehr als hundert Stunden zwischen Kontaktschluß und Öffnung; die Schaltzahlen liegen in diesem Fall zwischen 50000 und 100000 Startversuchen und beenden die Lebensdauer des Starters. Das Lebensdauerende des Starters ist meistens durch miteinander verschweißte Kontakte gegeben, seltener durch Kontaktbruch.

Tabelle 2.26
Daten von Startern für die wichtigsten ringförmigen Leuchtstofflampen

Lampentypen				Starterdaten	
Typ	*D* mm	*L* mm	Sockel	Nicht-wieder-schließ-spannung V	Minimale Puls-spannung V
22		210		70	250
32	32	305	G10	130	400
40		406		130	400

Startertypen

Die wichtigsten für den Starterbetrieb vorgesehenen Lampen lassen sich mit drei Startertypen betreiben. Die Unterschiede betreffen im wesentlichen die Schließspannungen und die Nichtwiederschließspannungen. Werden Lampen mit höheren Strömen verwendet, so müssen meist besondere Starter verwendet werden.

Die Startertypen sind nicht international standardisiert. Auch die Bezeichnungen sind von Hersteller zu Hersteller verschieden.

Ebenso ist die Aufteilung der Leistungen nicht einheitlich. Deswegen sind in Tabelle 2.27 nur die Startertypen der Firma Osram aufgeführt.

Vereinheitlicht sind hingegen Abmessungen und Sockel. Die wichtigsten Daten für Starter und Fassung enthält Bild 2.48. Starter werden heute überwiegend in Isolierstoffgehäusen angeboten. Sie können daher in Leuchten der Schutzklasse II eingesetzt werden. Korrekterweise müßten aber Starterfassungen in solchen Leuchten einen zentrischen Stift enthalten, damit nur Starter mit Isolierstoffgehäuse eingesetzt werden können, die eine entsprechende Öffnung haben. Starter ohne Isolierstoffgehäuse haben diese Öffnung nicht (Bild 2.49).

Alle Glimmstarter haben einen einheitlichen Sockel.

Den Aufbau eines Starters mit einem Glimmzünder mit symmetrischem Aufbau zeigt Bild 2.50. Daneben gibt es noch unsymmetrisch aufgebaute Glimmzünder mit nur einem Bimetall (Bild 2.51). Diese verwendet man hauptsächlich dann, wenn niedrige Schließspannungen es erforderlich machen, eine Elektrode zusätzlich zu aktivieren. Glimmzünder dieser Art liefern daher zu beiden Netzhalbwellen unterschiedliche Stoßspannungen. Erfolgt das Öffnen in der Halbwelle, in der die aktivierte Elektrode Kathode ist, so ist der Spannungsstoß sehr klein (max. $\sqrt{2}\, U_N$), da die Glimm-

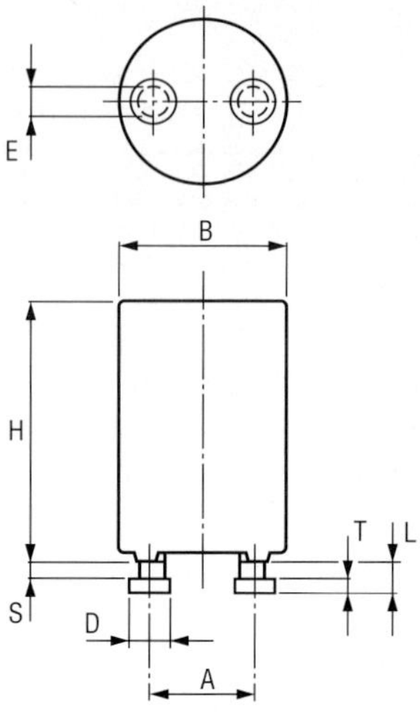

Maß	min.	max.
A	12,5	12,9
B	–	21,5
D	4,7	5,0
E	2,8	3,2
H	33,0	36,0
L	–	4,3
S	1,7	–
T	1,9	2,2

Bild 2.48
Abmessungen von Startern mit elektrisch leitenden Gehäusen (nach EN 60 155/DIN VDE 0712)

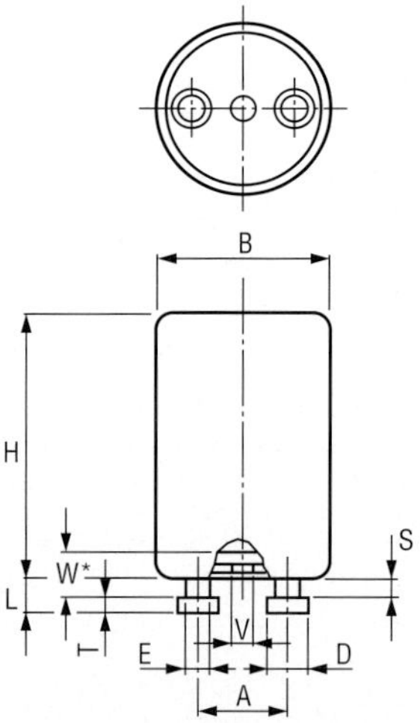

Maß	min.	max.
A	12,5	12,9
B	–	21,5
D	4,7	5,0
E	2,8	3,2
H	33,0	36,0
L	–	4,3
S	1,7	–
T	1,9	2,2
V	2,7	–
W*)	4,2	–

Bild 2.49
Abmessungen von Startern für Schutzklasse-II-Leuchten (Starter mit Isolierstoffgehäuse, nach E 60 155/DIN VDE 0712)

Tabelle 2.27
Startertypen von Osram und ihre Anwendung

Schaltung	Lampenleistung	Startertyp
Lampen für 230 V in Einzelschaltung	4–80 W	ST 111
Lampen für 110, 127 V in Einzelschaltung oder 220 V in Reihenschaltung	4–8 W 15 W 18, 20 W 22 W	ST 151
Hochleistungslampen	100 W 115 W 140 W	ST 191

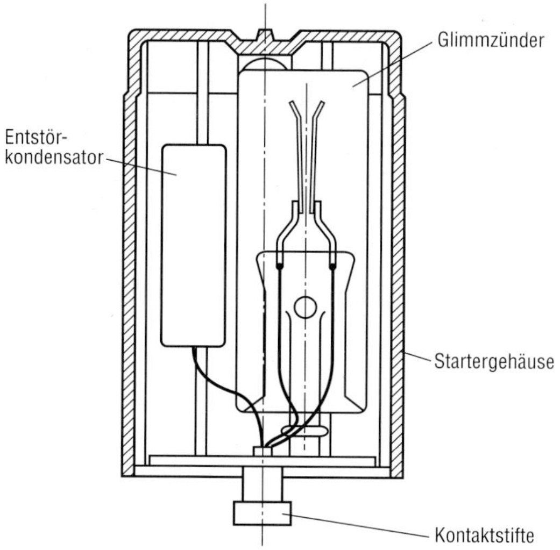

Bild 2.50
Aufbau eines Starters mit symmetrischem Glimmzünder

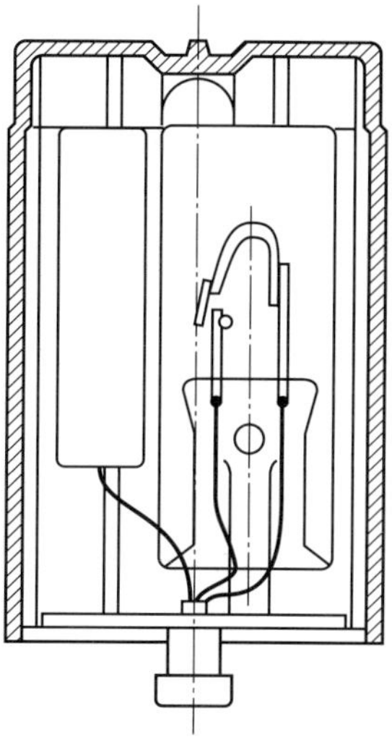

Bild 2.51
Aufbau eines Starters mit unsymmetrischem Glimmzünder

entladung sofort wieder zündet und die Spannung begrenzt. Nur in den anderen Halbwellen kann sich eine genügend hohe Stoßspannung entwickeln (~ 1000 V).

Ferner wurde festgestellt, daß zum Zeitpunkt der Kontaktöffnung im Starter sofortiger Start häufiger eintritt, wenn die Bimetallelektrode mit ihrer größeren Fläche positiv gepolt ist. Glimmstartern mit zwei gleich großen Elektroden ist der Vorzug zu geben, weil bei diesen Startern die Lampen nicht vorzugsweise von einer Lampenseite her starten. Bei einer größeren Startzahl mit der gleichen Lampen- und Starterpolung soll jede Lampenelektrode etwa gleich häufig Kathode (Elektronen-Austritt) im Augenblick des Startes gewesen sein. Im anderen Fall treten frühzeitig Verschleißerscheinungen an einer Elektrode auf, und die andere Elektrode der Lampe ist noch verhältnismäßig gut erhalten.

Prüfen von Glimmstartern

Zum Prüfen der Arbeitsweise von Glimmstartern wurden Schaltungen entworfen und Grenzwerte angegeben, nach denen beurteilt werden kann, ob die Starter die ihnen zugeordneten Leuchtstofflampen einwandfrei in Betrieb bringen. Zum Prüfen der Starter sollen die verwendeten weiteren Bauteile, wie Vorschaltgeräte, Kondensatoren und Lampen einander zugeordnet sein. Bei Startern, die für mehrere Lampenleistungen geeignet sind, hat sich folgende der Praxis entsprechende Zuordnung ergeben: Starter, die für Lampen bis einschließlich 20 W vorgesehen sind, werden mit einem induktiven 20-W-Vorschaltgerät geprüft; die Starter, die für Lampen höherer Leistung geeignet sind, werden mit einem kapazitiven 40-W-Vorschaltgerät geprüft.

Um sicherzustellen, daß die Starter bei den in Kapitel 2.1.5 angegebenen Mindestspannungen innerhalb 30 s mindestens zweimal die Starterkontakte öffnen, werden diese Starter in eine Schaltung mit Leuchtstofflampe eingesetzt (Bild 2.52). Darüber hinaus müssen die Starter in dieser gleichen Schaltung während einer Dauer von 30 s mindestens 2mal zusammen 1,5 s geschlossen sein, wenn die Prüfwechselspannung angelegt ist. Nach dieser Prüfung über die Schaltgeschwindigkeit und Dauer der Kontaktgabe der Starterkontakte ist die Schließspannung der Starterkontakte bei Prüfung eines Glimmstarters festzustellen. Dazu wird die angelegte Prüfwechselspannung langsam ohne Stromunterbrechung auf die „Schließspannung“ (vgl. Tabelle 2.24) verringert. Dabei sollen 1 min nach Erreichen der angegebenen Schließspannung die Starterkontakte noch nicht geschlossen sein. Nach längerer Dauer oder bei weiterem geringem Absenken der angelegten Spannung dürfen die Starterkontakte sich schließen.

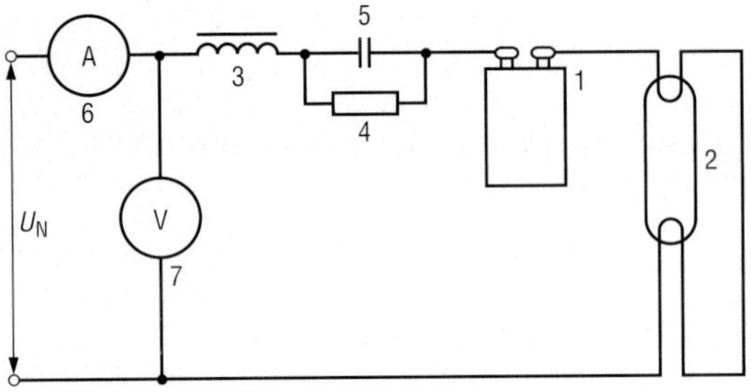

1 Starter
2 Entladungslampe
3 Vorschaltgerät
4 Entladewiderstand
5 Reihenkondensator
6 Strommesser
7 Spannungsmesser

Bild 2.52
Meßschaltung für die Funktionsprüfung von Startern

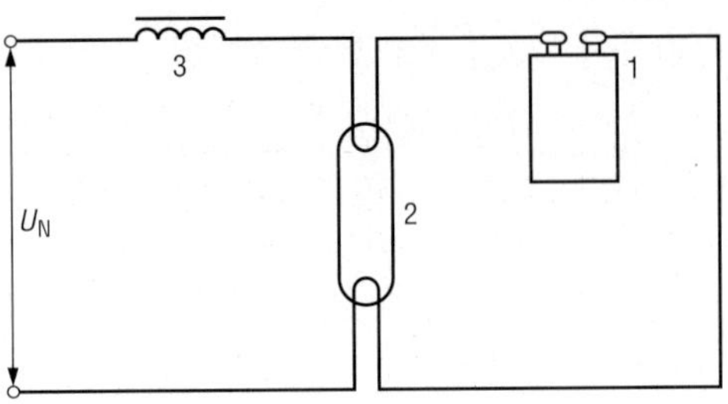

1 Starter
2 Entladungslampe
3 Vorschaltgerät

Bild 2.54
Schaltung für die Dauerhaftigkeitsprüfung

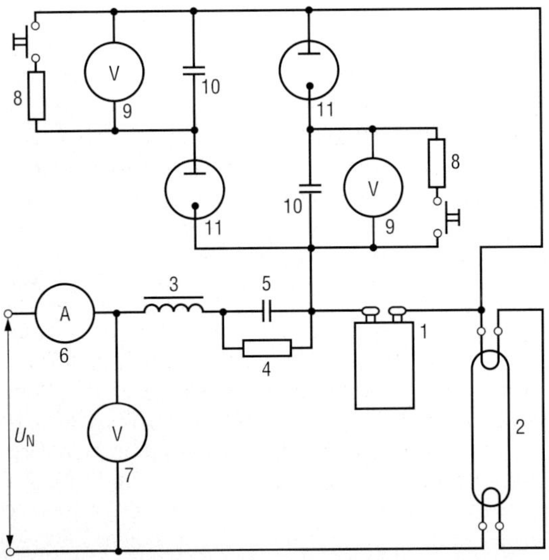

1 Starter
2 Entladungslampe
3 Vorschaltgerät
4 Entladewiderstand
5 Reihenkondensator
6 Strommesser
7 Spannungsmesser
8 Widerstände 1 MΩ
9 Statische Spannungsmesser
10 Kondensatoren 4000 pF
11 Dioden

Bild 2.53
Schaltung zum Messen des Scheitelwertes der Spannung am Starter
Eigenschaften der Dioden: Spitzensperrspannung ≥ 2 kV, Rückwärts-Leckstrom (bei 22 kV) ≤ 5 µA, Kapazität ≤ 2pF
Diese Forderungen erfüllen beispielsweise die Diodentypen DY 86, DY 87, EY 86, 6S2A, 1S2A

Um festzustellen, ob die zu prüfenden Starter einen ausreichend hohen Spannungsimpuls an die Elektroden der Lampen bringen, wird die Prüfwechselspannung angelegt und mit einem symmetrischen Scheitelspannungsmesser (Bild 2.53) die Spitzenspannung gemessen. Dabei soll innerhalb einer Zeit von 30 s mindestens einmal der Scheitelwert entsprechend Tabelle 2.24 erreicht werden. Dabei ist gleichgültig, an welchem der verwendeten Spannungsmesser (9 oder 7) dieser Mindestscheitelwert festgestellt wurde.

Bei dem nun folgenden Lebensdauertest werden 6000 Schaltzyklen in der Schaltung gemäß Bild 2.54 vorgenommen, wobei ein Schaltzyklus von 1 min mit einer Einschaltdauer von etwa 20 bis 30 s benutzt wird. Fällt während dieser Prüfzeit die Leuchtstofflampe oder ein anderes nicht zum Starter gehörendes Bauelement aus, so ist dieses zu ersetzen. Nach dieser Lebensdauerprüfung muß der Starter noch den oben erwähnten Bedingungen genügen.

Sicherungsstarter werden im Schaltzyklus Ein/Aus entsprechend 4 s/56 s geprüft, damit die zusätzliche Abschaltvorrichtung nicht anspricht. Die Schaltzyklen werden dafür auf 8000 erhöht.

Die Schaltfestigkeit der Starter wird mit einer deaktivierten Lampe (Elektroden haben keinen Emissionsbelag mehr) in der Schaltung nach Bild 2.54 geprüft. Nach dreistündigem Dauerbetrieb dürfen weder der eingebaute Kondensator ausgefallen noch die Starterkontakte zusammengeschweißt oder funktionsunfähig sein.

2.2.2 Sicherungsstarter

Das Ende der Lebensdauer einer Niederdruck-Leuchtstofflampe zeigt sich meistens dadurch an, daß sie besonders bei Netzunterspannung schwer und schließlich auch bei voller Spannung nach wiederholtem Vorheizen nicht mehr startet. Der Starter arbeitet aber unentwegt weiter, heizt die Elektroden vor und versucht die Lampe zu starten. Die Lampe blitzt dann in kurzen Zeitabständen hintereinander auf. Das Vorschaltgerät arbeitet infolge der sich laufend wiederholenden Vorheizungen praktisch im Kurzschluß; hinzu kommen die hohen Startspannungsspitzen, durch die die Wicklungsisolation der Drosselspule besonders gefährdet ist. Ferner wird der Starter durch die ununterbrochenen Schaltfunktionen stark beansprucht.

Bei Anlagen ohne ständige Überwachung, wie beispielsweise bei Straßen- und Schaufensterbeleuchtungen in den Nachtstunden oder bei mehrflammigen Leuchten und Lichtbändern, ist es meistens nicht möglich, die störende Lampe abzuschalten. Das Spiel zwischen Vorheizen der Elektroden und Startversuch wiederholt sich laufend, und das kurzzeitige Aufblitzen der Leuchtstofflampe wirkt außerordentlich störend. Um unbrauchbare Leuchtstofflampen selbsttätig abzuschalten, sind Sicherungsstarter entwickelt worden. Sicherungsstarter sollen den Vorheizkreis unterbrechen oder über einen hochohmigen Widerstand schließen, damit das Vorschaltgerät nicht stärker als mit Nennstrom belastet wird.

Als Schaltelemente werden Bimetalle verwendet. Würde man zum Aufheizen des Sicherungsbimetalls einen ohmschen Widerstand verwenden, so müßte man für jeden Lampentyp einen eigenen Starter verwenden. Die vom Widerstand aufgenommene und dem Bimetall zugeführte Leistung ist quadratisch vom Strom abhängig. Dadurch variieren die Abschaltzeiten sogar noch stärker als quadratisch und liegen zu weit auseinander.

Selbst der unterschiedliche Kurzschlußstrom bei induktiven und kapazitiven Geräten kann zu beträchtlichen Unterschieden in den Abschaltzeiten führen.

Aus diesen Gründen hat man nach anderen Aufheizmöglichkeiten gesucht, die einen größeren Streubereich zulassen. Eine Lösung, die auch noch einen anderen Nachteil der Starter beseitigt, nämlich die verhältnismäßig lange Zündzeit und häufiges Flackern beim Start, ist der DEOS-Starter.

DEOS-Starter – ein Sicherungsschnellstarter

Der DEOS-Starter ist ein Glimmstarter, bei dem in Reihe zum Glimmzünder und zum Bimetallschalter eine Diode geschaltet ist. Bild 2.55 zeigt die Schaltung.

Haben die Glimmzünderkontakte beim Anlegen einer Spannung geschlossen, so fließt im Vorheizkreis ein pulsierender Gleichstrom. Für diesen stellt die Drossel nunmehr nur noch einen kleinen Widerstand dar, der näherungsweise vom ohmschen Widerstand der Wicklung und vom sonstigen Aufbau der Drossel abhängt. Man kann die notwendige Vorheizzeit der Elektroden also stark abkürzen, um sie auf die Emissionstemperatur zu bringen. Dies geschieht durch einen speziellen Glimmzünder mit kurzen Schließ- und Öffnungszeiten, dessen Stoßspannung so hoch ist, daß die Lampe praktisch beim ersten Starterstoß zündet. Im allgemeinen ist der Vorheizstrom zu hoch und praktisch nicht beherrschbar. Man vermindert ihn dadurch, daß die Diode mit einem Widerstand überbrückt wird. Dafür wird ein Heißleiter (NTC, Urdox®) benutzt, dessen Widerstand mit zunehmender Erwärmung abnimmt und somit den anfänglichen hohen Strom bei zuvor stattgefundenem Fehlstart und weiteren Zündversuchen auf normale Werte senkt.

Kann die Lampe am Ende ihrer Lebensdauer nicht mehr starten, so wird die Wärme, die der Heißleiter erzeugt, dafür verwendet, den Bimetallschalter auszulösen, der den Stromkreis endgültig öffnet. Erst nach Wiedereinschalten des Bimetallschalters durch einen Druckknopf im Startergehäuse beim Lampenwechsel kann der Starter wieder zum Ansprechen gebracht werden.

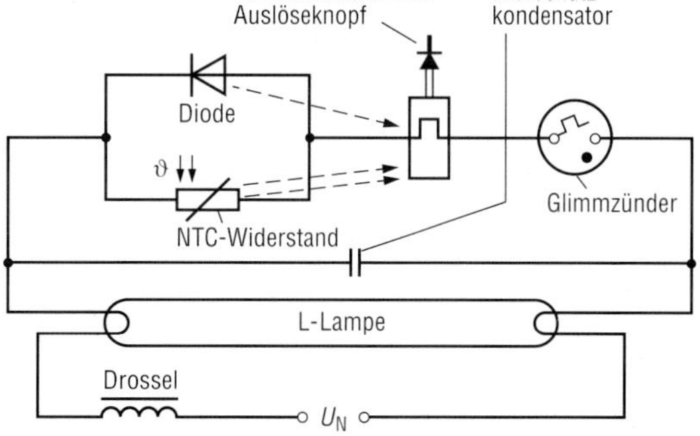

Bild 2.55
Schaltbild des Sicherungs-Schnellstarters DEOS

Die Aufheizung des Bimetallschalters durch den (nicht linearen) Heißleiter bewirkt eine geringere Abhängigkeit der Abschaltzeit vom Kurzschlußstrom der Drossel und ermöglicht es, mit einem Starter alle Lampentypen zwischen 18 und 65 W zu betreiben. Bild 2.56 zeigt die Abhängigkeit der Abschaltzeit vom Lampenstrom.

Bild 2.57 zeigt zum Vergleich den Startvorgang mit einem DEOS-Starter und einem herkömmlichen Starter.

Die Eigenschaft des Starters, bei Lampenausfall den Stromkreis zu unterbrechen, erhöht die Lebensdauer und die Sicherheit einer Beleuchtungsanlage, weil die Überlastung der Drosseln im Betrieb mit deaktivierten Lampen wegfällt. Dies ist besonders wichtig, wenn ein sofortiger Austausch deaktivierter Lampen nicht möglich ist. Das ist z. B. in großen Industrieanlagen bei schwer zugänglicher Anordung der Leuchten der Fall. Aber auch in der normalen Bürobeleuchtung wird die Wirtschaftlichkeit der Anlage erheblich erhöht,

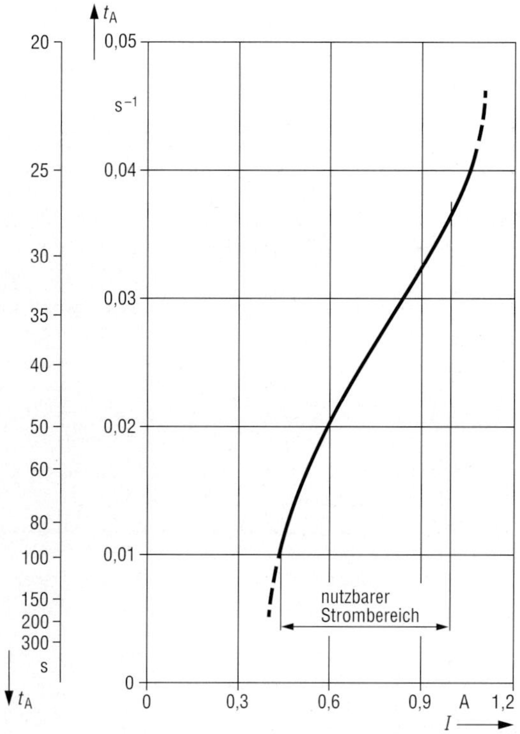

Bild 2.56
Abschaltzeit t_A des Sicherungs-Bimetallschalters als Funktion der Stromstärke I

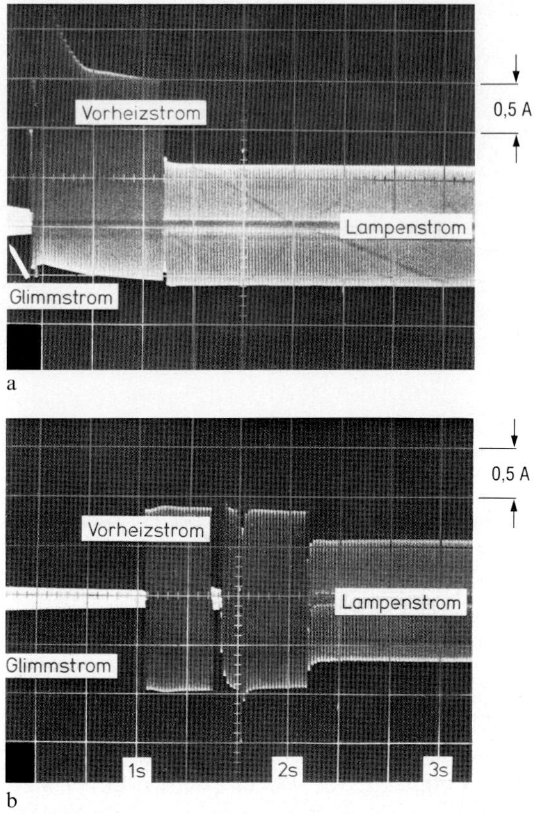

Bild 2.57
Oszillogramm des Stroms durch den Starter während des Zündvorgangs
a mit Osram DEOS St 171, b mit Osram St 111

weil einzelne Lampen nicht mehr ausgetauscht werden müssen. Die Lampen können gruppenweise gewechselt werden.

2.2.3 Glühstarter

Beim Glühstarter wird das Öffnen und Schließen durch Stromerwärmung bewirkt. Er besitzt zwei Kontaktfedern, von denen eine aus Bimetall besteht. Im Ruhestand ist der Kontakt geschlossen. Neben der Bimetallkontaktfeder ist ein Heizwiderstand in Drahtwendelform angebracht, der bei Stromfluß durch Strahlung das Bimetall erwärmt. Bei genügender Aufheizung biegt sich der Streifen auf und öffnet den Kontakt.

Da der Kontakt in Ruhestellung geschlossen ist, wird sofort nach dem Einschalten vorgeheizt (Bild 2.58). Der im gleichen Stromkreis liegende Heizwi-

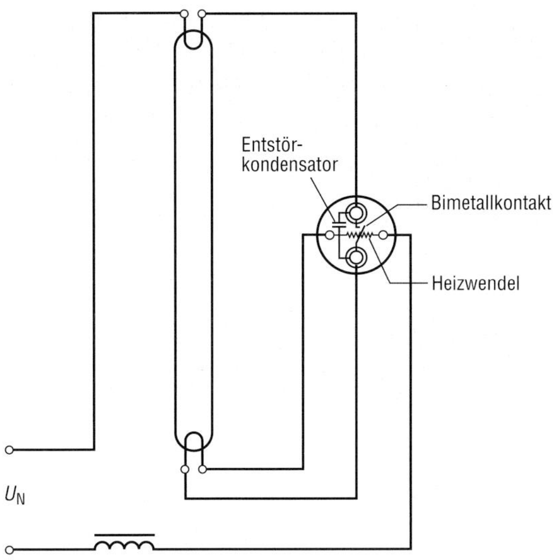

Bild 2.58 Anschlußschema eines Glühstarters

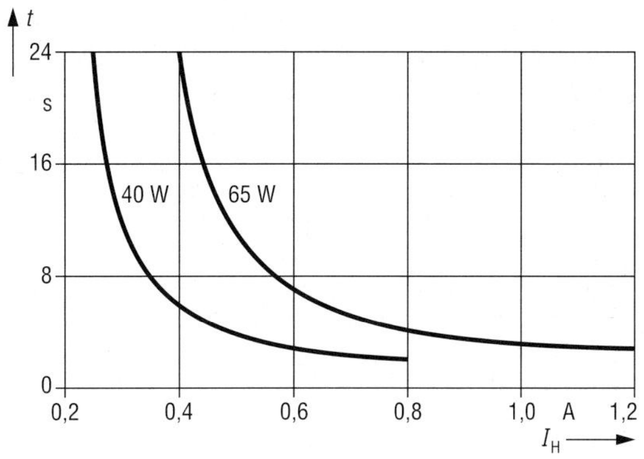

Bild 2.59
Vorheizdauer t der Lampenelektroden in Sekunden von 65- und 40-W-Leuchtstofflampen mit entsprechenden Glühstartern in Abhängigkeit vom Vorheizstrom I_H:
40 W = Starter für Leuchtstofflampen 40 W
65 W = Starter für Leuchtstofflampen 65 W

derstand erwärmt den Bimetallstreifen des Starters, und der Kontakt öffnet sich nach 2 bis 3 s. Während dieser Zeit werden auch die Elektroden der Leuchtstofflampe vorgeheizt.

Bei der Kontaktöffnung zündet der induktive Spannungsstoß die Leuchtstofflampe. Der nun fließende Betriebsstrom der Lampe hält den Heizwiderstand des Starters und damit den Bimetallstreifen noch so warm, daß der Kontakt geöffnet bleibt. Da die Glühstarter im Gegensatz zu den Glimmstartern stromabhängige Schaltglieder sind, müssen sie den Lampen-Vorheiz- und Betriebsströmen angepaßt sein. Die Vorheizdauer ist von der Größe des Vorheizstroms abhängig (Bild 2.59). Bei kapazitiven Vorschaltgeräten ohne zusätzliche Startwicklung ist der Vorheizstrom etwa gleich groß wie der Lampenstrom, so daß sich bei Anwendung dieser Glühstarter lange Startzeiten ergeben.

Mit Glühstartern erreicht man hohe Stoßspannungen (2–3 kV). Den Aufbau der Starter zeigt Bild 2.60.

Vorteilhaft ist bei diesem Starter, daß das Vorheizen der Lampenelektroden sofort beim Einschalten beginnt. Ferner ist die Vorheizdauer durch die Wärmeentwicklung des gleichen Stroms im Starter und in den Lampenelektroden auch gleichsinnig mit der Netzspannung verbunden, d. h. auch bei

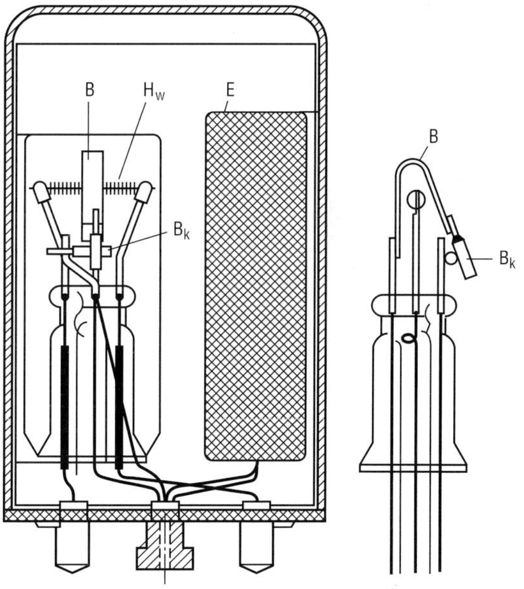

B Bimetall
B_k Bimetallkontakt
H_w Heizwendel
E Entstörkondensator

Bild 2.60
Aufbau eines Glühstarters
a Glühstarter in Startergehäuse
b Glühzünder im Aufbau

Unterspannung und entsprechend kleinerem Vorheizstrom wird die notwendige Elektrodentemperatur erreicht, da die Heizdauer größer ist.

Ein Nachteil der Glühstarter ist, daß infolge thermischer Trägheit von Heizwendeln und Bimetall die Zeit zwischen den Kontaktspielen größer ist als bei anderen Startern, z. B. bei etwaiger Wiederholung des Vorheizvorganges, bei schwer startender Leuchtstofflampe oder ungünstigem Schaltmoment in bezug auf den Wechselstromverlauf. Nach längerer Betriebszeit der Leuchtstofflampe und kurzzeitiger Unterbrechung des Kreises ist der Starter erst nach mehreren Sekunden wieder betriebsbereit, da die Heizwendel und der Bimetallstreifen im Starter abkühlen müssen, bis der Vorheizkreis wieder geschlossen ist. Außerdem sind zum Anschluß vier Zuführungen notwendig, der Startersockel ist größer und die Verdrahtung der Lampe umfangreicher als bei anderen Startern. Glühstarter werden nur noch selten angewendet. Wegen der guten Vorheizung und der hohen Stoßspannung werden sie insbesondere bei sehr tiefen Umgebungstemperaturen (Kühlhäuser) eingesetzt.

2.2.4 Elektronische Starter

Mit dem Aufkommen elektronischer Schaltelemente hat es nicht an Versuchen gefehlt, Starter zu konstruieren, die die Nachteile der Glimmstarter überwinden sollten. Leider ist bisher kein elektronischer Starter bekannt geworden, der diese Aufgabe vollkommen gelöst hätte. Meist waren andere Nachteile die Folge oder zumindest hohe Kosten, die eine wirtschaftliche Verwendung ausschlossen. Deswegen seien hier nur einige der wichtigsten prinzipiellen Schaltmöglichkeiten zur Realisierung von Startern mit elektronischen Schaltelementen aufgezählt.

Thyristorstarter (Bild 2.61)

Der Spannungsteiler R_1/R_2 wird so gewählt, daß bei brennender Lampe die Schaltspannung des Diacs D nicht erreicht wird. Bei nichtbrennender Lampe ist sie dagegen hoch genug; dann wird der Diac D leitend und der Stromstoß von C_2 über R zündet den Thyristor Th. Dadurch fließt ein Vorheizstrom in der positiven Halbwelle bis zum Nulldurchgang des Netzstroms. In der negativen Halbwelle liegt die volle Versorgungsspannung an der Lampe. Dieser Vorgang wiederholt sich bis die Lampenelektroden genügend aufgeheizt sind und die Lampe zündet. Hauptnachteil sind die unzureichende Elektrodenvorheizung und die schlechte Lampenzündung.

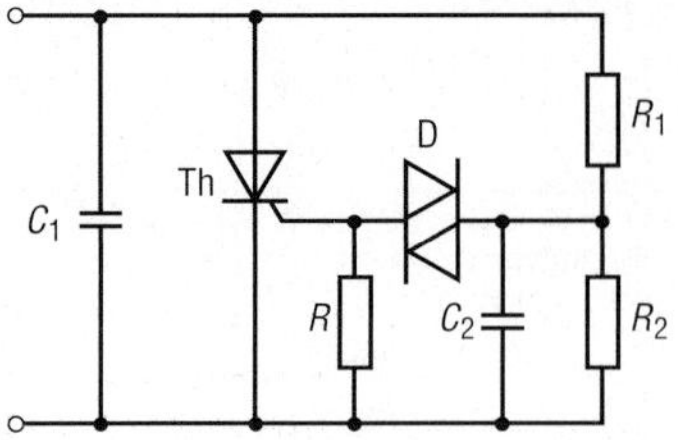

Th	Thyristor	C_1	Entstörkondensator
D	Diac	C_2	Zündkondensator
R_1/R_2	Spannungsteiler, der auf die Ansprechspannung des Diacs eingestellt ist	R	Entladewiderstand

Bild 2.61 Thyristorstarter

Triacstarter (Bild 2.62)

Mit dem Triac als Schaltelement vermeidet man die Nachteile, die beim Thyristor durch den unipolaren Stromfluß entstehen, benötigt aber erhöhten Steuerungsaufwand. Als Beispiel sei der von Osram entwickelte CENTRONIC®-Starter mit Triac beschrieben. Es hat sich gezeigt, daß es bei geeigneter Auslegung der Steuerschaltung möglich ist, sich widersprechende Forderungen zu erfüllen: Es wird ein hoher Vorheizstrom bei gleichzeitig

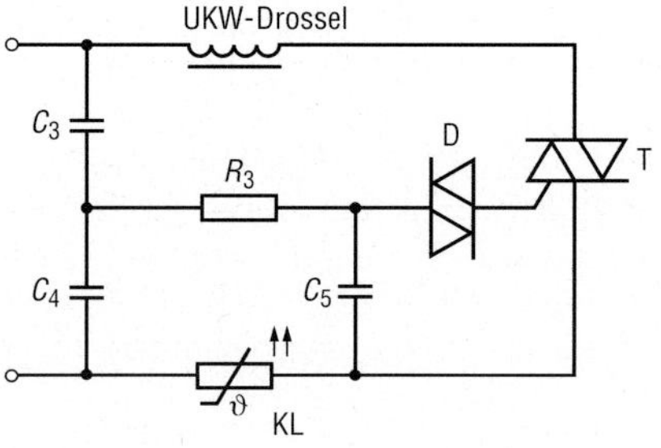

T	Triac	$R_3 \cdot C_5$	Triggerkreis
D	Diac	KL	Kaltleiter
C_3/C_4	Spannungsteiler, der auf die Ansprechspannung des Diacs D eingestellt ist		

Bild 2.62 Triacstarter

hoher Nichtwiederschließspannung erreicht, um auch Lampen mit hoher Brennspannung und hohen Wiederzündspitzen sicher zu zünden. Eine hohe Ansprechspannung sowie eine hohe Nichtwiederschließspannung wird durch den kapazitiven Spannungsteiler C_3/C_4 (Resonanzerscheinungen!) und eine passende Zeitkonstante des Triggerkreises $R_3 \cdot C_5$ erreicht. Die Triacansteuerung ist jedoch wegen der Potentialverhältnisse an C_3 und C_4 nicht stabil, so daß der Triac im Halbwellenbetrieb arbeitet, aber nach einigen Perioden in die andere Polarität umkippt. Dadurch ergeben sich die gewünschten hohen Vorheizströme, und der Starter ist auch für kapazitiven Betrieb geeignet. Bei 220 V Versorgungsspannung liefert der Starter transformatorlos Stoßspannungen von ca. 450 V_S nach beiden Polaritäten. Im Halbstromkreis liegen neben dem Triac T noch eine UKW-Drossel, die die Stromanstiegsgeschwindigkeit beim Schalten des Triacs auf zulässige Werte vermindert sowie ein Kaltleiter KL, der den Startvorgang bei nichtzündenden Lampen nach etwa 30 s unterbricht. Nach Abschalten der Netzspannung und Abkühlung des Abschaltkaltleiters wird die Zündvorrichtung wieder funktionsfähig.

Es wurden auch bereits Triacs mit integrierter Steuerung entwickelt („Fluoractor“ von TI).

Transistorstarter (Bild 2.63)

Auch Transistoren lassen sich als Schaltelement verwenden. Meist handelt es sich um einen durch Rückkopplung automatisch gesteuerten hochfrequenten Schalter (Sperrschwingerprinzip). Die Basis erhält über den Spannungsteiler R_4/R_5 eine schwach positive Vorspannung. Der Rückkopplungstransformator Tr bewirkt eine kräftige induktive Mitkopplung zwischen Kollektor und Basiskreis. Mit dieser Schaltungsanordnung werden in der Vorschaltdrossel periodische Stromunterbrechungen (typ. 30 kHz) erzeugt. Die große Schaltgeschwindigkeit führt zu hohen Stromänderungen ($\mathrm{d}i/\mathrm{d}t$) und damit zu hoher Stoßspannungserzeugung durch die Drossel. Zwischen den Lampenelektroden entstehen Spitzenspannungen in der Größenordnung von 1000 V_S. Der auftretende hochfrequente Strom bewirkt eine Vorheizung der Elektroden. Nach dem Zünden der Lampe sinkt die Spannung am Basisspannungsteiler soweit ab, daß durch Sperren des Transistors ein Weiterschwingen der Schaltung unterdrückt wird.

Auch dieser einfache Transistorstarter erfüllt die eingangs erwähnten Anforderungen an einen Elektronikstarter nicht. Um optimale Startereigenschaften zu erzielen, müssen aufwendige schaltungstechnische Maßnahmen getroffen werden.

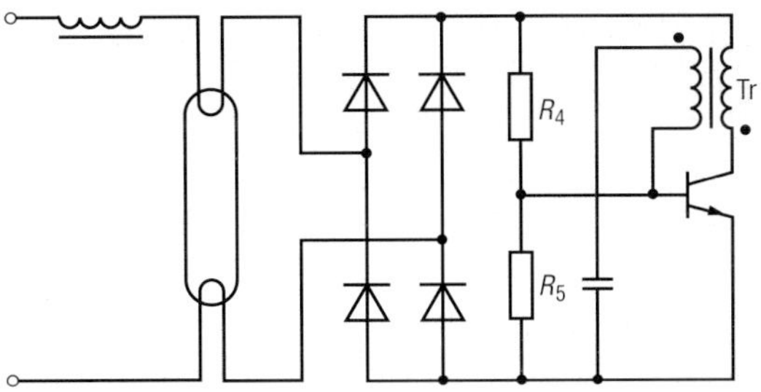

Bild 2.63 Transistorstarter

SIDAC-Starter (Bild 2.64)

Die Schaltung arbeitet ähnlich wie eine Triacschaltung mit Phasenanschnittsteuerung über Widerstände ohne Zeitverzögerung durch Kondensatoren. Die Ansprechspannung des SIDAC muß möglichst hoch, aber kleiner als der Scheitelwert der Versorgungsspannung sein. Der Starter eignet sich in dieser einfachen Ausführung nicht für Lampen mit hoher Wiederzündspitze, da ein über die Zeit integrierendes *RC*-Glied fehlt. Hohe Wiederzündspitzen, die die Schwellspannung des SIDAC überschreiten, verursachen ein Durchzünden des SIDAC-Schalters und damit das Löschen der Lampe.

Starter mit nichtlinearen dielektrischen Elementen

Seit wenigen Jahren sind nichtlineare dielektrische Bauelemente mit interessanten spezifischen Eigenschaften erhältlich. Es handelt sich um kapazitive Bauelemente mit Sättigungscharakter: Im Gegensatz zum normalen Kondensator gilt der lineare Zusammenhang zwischen Kondensatorspannung

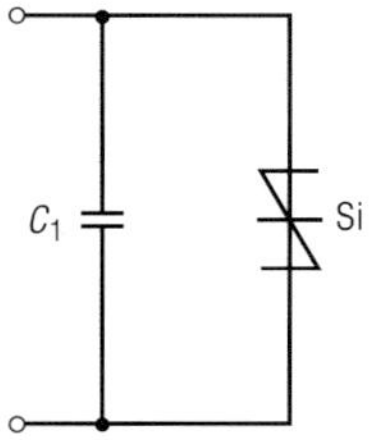

Bild 2.64 SIDAC–Starter

und gespeicherter Ladung nur bis zu einer gewissen Sättigungsspannung U_S. Oberhalb von U_S bleibt die im Element gespeicherte Ladung Q konstant. Das bedeutet, daß wegen $i = dq/dt$ der Ladestrom bis U_S konstant bleibt. Wird U_S überschritten, fällt der Ladestrom abrupt gegen Null. Die dabei auftretende sehr hohe Stromänderung kann dazu ausgenutzt werden, um in einer Drosselspule einen sehr hohen Spannungsstoß von mehr als 1 kV_S zu erzeugen. In Verbindung mit einem gesteuerten Halbleiterschalter, der die Vorheizung der Lampenelektroden und die Abschaltfunktion übernimmt, kann damit ein leistungsfähiger Elektronikstarter aufgebaut werden.

2.2.5 Thermostarter

Bei Thermostartern wird die Längsausdehnung eines stromdurchflossenen Heizdrahts zum Betätigen eines Schalters benutzt. Diese Starter benötigen eine besondere Heizwicklung zum Erwärmen des Dehnungsdrahtes. Durch die Drahtdehnung würden die Kontakte aber nur sehr langsam öffnen. Da dann keine einwandfreie augenblickliche Kontaktauftrennung eintritt, kann die notwendige induktive Spannungsspitze zum Starten nicht entstehen. Deshalb benutzt man zur schnellen Kontaktöffnung einen Magnet-Schnappkontakt.

Bei Zündwiederholungen muß allerdings solange gewartet werden, bis der Hitzdraht wieder abgekühlt ist.

Da der Dehnungsdraht über einige Windungen der Drosselspule gespeist wird, kann der Starter nur in Verbindung mit einem speziellen Vorschaltgerät betrieben werden und hat deshalb keine weitere Verbreitung gefunden.

2.3 Konventionelle Vorschaltgeräte

2.3.1 Vorschaltgeräte für Betrieb mit Startern

Steht ein Wechselstromnetz mit einer Spannung zur Verfügung, die ungefähr doppelt so groß wie die Lampenspannung ist, so betreibt man die Lampe am zweckmäßigsten mit einer verlustarmen Drosselspule. Zur Einführung in das Gebiet der konventionellen Vorschaltgeräte wird im folgenden die Wirkungsweise einer solchen Schaltung, der stark verbreiteten Drossel-Starter-Schaltung, erläutert.

Bild 2.65 zeigt die einfachste, sogenannte induktive Schaltung und die Strom-Spannungs-Kennlinie der Drossel. Anhand dieser Darstellung läßt sich die Wirkungsweise leicht verstehen. Etwa 0,5 Sekunden nach Betätigung des Netzschalters schließt der Glimmstarter und heizt die Lampenelektroden vor. Wenn diese die Emissionstemperatur erreicht haben, unterbricht der Starter den Vorheizstrom, und an der Induktivität entsteht eine Spannungsspitze, die die Lampe durchzündet. Der Strom sinkt nun vom Vorheizstrom I_v auf den Lampenstrom I_L.

Am Ende der Lampenlebensdauer sind die Lampenelektroden deaktiviert. Der Starter versucht

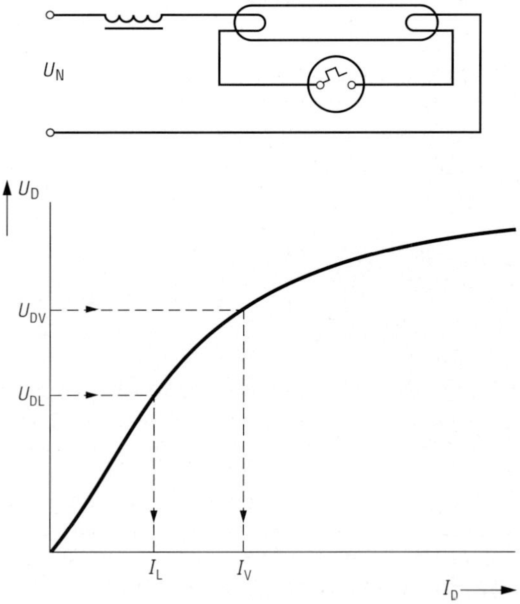

Bild 2.65
Induktive Schaltung und U-I-Kennlinie der Drossel

dann stunden- bis tagelang vergeblich, die Lampe zu zünden, bis schließlich die Starterkontakte verschweißen. Dann fließt solange der Vorheizstrom, bis eine neue Lampe eingesetzt wird. Man nennt das Dauervorheizbetrieb. Die Leuchtstofflampendrossel muß daher sowohl für den Lampen- als auch für den Dauervorheizbetrieb bemessen werden. Dazu sind einige Aufgaben bzw. Qualitätskriterien zu erfüllen. Sie muß

- ▷ ausreichenden Vorheizstrom liefern,
- ▷ für die durch Selbstinduktion erzeugte Spannungsspitze isoliert sein,
- ▷ den Lampenstrom möglichst genau auf den Nennwert begrenzen und
- ▷ den Oberschwingungsgehalt des Netzstroms auf die von VDE 0712 bzw. IEC 921 geforderten Werte begrenzen.

Baugröße und Verlustleistung

Der Vorschaltgeräteentwickler bekommt zwei wesentliche Vorgaben für die Dimensionierung der Leuchtstofflampendrossel:

- ▷ Im Hinblick auf eine möglichst hohe Systemlichtausbeute gibt der Lampenhersteller die höchstzulässigen Verluste vor.
- ▷ Um eine formschöne Leuchte bauen zu können, schreibt der Leuchtenkonstrukteur einen Vorschaltgerätequerschnitt vor, der etwa dem Lampenquerschnitt entspricht.

Die einzige Größe, die in einem gewissen Rahmen variiert werden kann, ist die Länge der Drossel.

Solange die für die Zweckleuchten bedeutungsvollen Leuchtstofflampen 38 mm Durchmesser hatten, waren die beiden genannten Dimensionierungskriterien relativ einfach zu erfüllen. Mit dem Erscheinen der Energiesparlampen 36 W und 58 W, mit nurmehr 26 mm Durchmesser, wurde der Wunsch nach einem Drosselquerschnitt von $b_V \times h_V = 28 \times 26\ \mathrm{mm}^2$ (Bild 2.66) laut.

Entsprechend den technischen Datenblättern der Lampenhersteller betragen die höchstzulässigen Verluste bei 36 W Lampenleistung 10 W, bei 58 W 13 W. Bei dem Versuch, eine 58-W-Drossel mit $28 \times 26\ \mathrm{mm}^2$ Querschnitt mit 13 W Verlustleistung zu konzipieren, gewinnt man den Eindruck, daß man dabei auf physikalische Grenzen stößt. Im folgenden soll dieser Frage nachgegangen werden.

Zunächst wird die erforderliche Länge dieser Drossel (Bild 2.66) abgeschätzt.

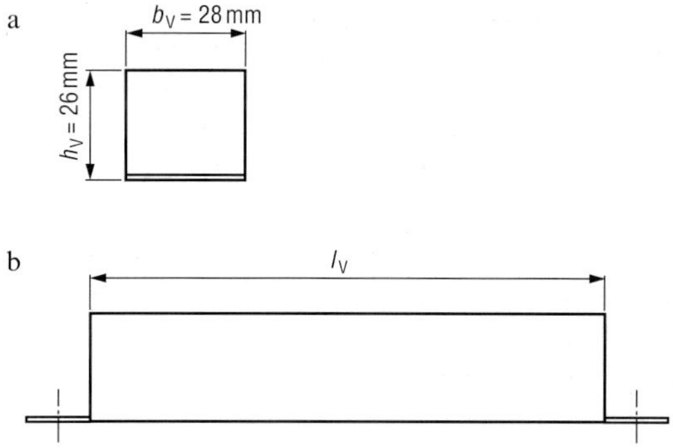

Bild 2.66
Abmessungen der Drossel für eine 58-W-Energiesparlampe. Die Länge l_V wird im Text berechnet

Die Drossel kann Ihre Verlustleistung nur über ihre Oberfläche an die umgebende Luft abgeben. Es gilt:

$$\Delta\vartheta = \frac{P_V}{\alpha \cdot O} \qquad (2.3.1)$$

$\Delta\vartheta$	Übertemperatur der Wicklung
P_V	Verlustleistung der Drossel
O	Drosseloberfläche
α	Wärmeübergangszahl

Die Übertemperatur ist also proportional zur Verlustleistung und indirekt proportional zur wärmeabführenden Oberfläche.

Für ein langgestrecktes Gerät mit dem kleinen Querschnitt von nur $28 \times 26\ \mathrm{mm}^2$ beträgt die Wärmeübergangszahl α etwa $12\ \mathrm{W/K} \cdot \mathrm{m}^2$.

Die Wicklungsübertemperatur $\Delta\vartheta$ nimmt man üblicherweise zu 60 K an. Damit ergibt sich eine erforderliche Drosseloberfläche von

$$O = \frac{P_V}{\alpha \cdot \Delta\vartheta} = 180\ \mathrm{cm}^2 \qquad (2.3.2)$$

Die Drosseloberfläche beträgt:

$$O = 2 \cdot h_V \cdot b_V + 2 \cdot l_V (h_V + b_V) \qquad (2.3.3)$$

Die Länge l_V ergibt sich damit zu:

$$l_V = \frac{O - 2 h_V \cdot b_V}{2 (h_V + b_V)} = 153\ \mathrm{mm} \qquad (2.3.4)$$

Erstes Ergebnis ist also, daß die gewünschte Drossel aus physikalischen Gründen eine Länge von mindestens 153 mm haben muß. Die höchstzulässigen Abmessungen von Vorschaltgeräten sind nach

DIN 49865 genormt (siehe Bild 2.67), für die 58-W-Lampe beträgt die maximale Vorschaltgerätelänge 240 mm. Es stellt sich nun die Frage, ob die 13 W Verlustleistung bei dem vorgegebenen kleinen Querschnitt von 28 × 26 mm² überhaupt erreichbar sind.

Wie Bild 2.65 zeigt, hat die Drossel bis zu ihrem Nennstrom eine lineare *U-I*-Kennlinie. Dies ist notwendig, damit die Kurvenform des Lampenstroms nicht unzulässig verzerrt ist.

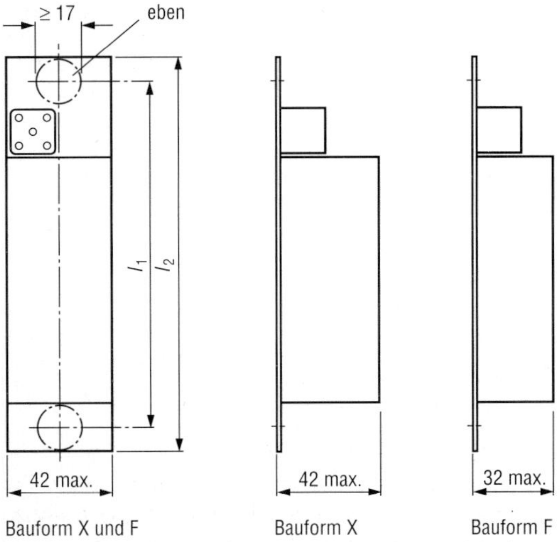

Für Leuchtstoff-lampen von Größe	Bauform X l_1 ± 1	Bauform X l_2 max.	Bauform F l_1 ± 1	Bauform F l_2 max.
16/37 20/31 20/59 25/97 32/31 40/41 40/61 40/120	140	160	140	160
42/105 65/76,5 65/150	180*) 220	200*) 240	220*) 180	240*) 200

*) Zu bevorzugende Werte

Bild 2.67
Genormte Abmessungen (nach DIN 49865, Blatt 2) für induktive Vorschaltgeräte (L) für 220 V und 50 Hz zum Einbau. Die Vorschaltgeräte brauchen der bildlichen Darstellung nicht zu entsprechen; nur die angegebenen Maße (in mm) sind einzuhalten

Eine derartige Kennlinie ist nur erreichbar, wenn man in dem Magnetkreis der Drossel einen Luftspalt einfügt. Bei der Leuchtstofflampendrossel handelt es sich also immer um eine Eisendrossel mit Luftspalt.

Da in der Praxis die Drossel in den Stahlblechträger der Leuchte eingebaut wird, kommt nur ein Mantelschnitt mit innenliegendem Luftspalt in Frage. Ein außenliegender Luftspalt würde wegen seines starken magnetischen Streufeldes benachbarte Stahlblechteile der Leuchte zu Schwingungen anregen und dadurch ein störendes Brummgeräusch erzeugen.

Die Datenblätter der IEC-Publikationen 81 und 901 enthalten neben den elektrischen und lichttechnischen Daten der Leuchtstofflampen auch die Nenndaten der zu ihrem Betrieb erforderlichen Vorschaltgeräte. Daraus lassen sich der Nennstrom, die Impedanz und der höchstzulässige Vorheizstrom der Drossel bei 1,1 U_N entnehmen.

Damit stehen alle für die Bemessung der 58-W-Drossel erforderlichen Daten fest:

Netzspannung	U_N	$= 230$ V
Netzfrequenz	f	$= 50$ Hz
Lampenstrom	I_L	$= 0{,}67$ A
Drosselspannung	U_D	$= 180$ V
Scheinleistung	$S_N = U_D \cdot I_L$	$= 120{,}6$ VA
Vorheizstrom	$I_V \leq 2{,}1 \cdot I_L$	
Verlustleistung	$P_V \leq 13$ W	
Querschnitt $b_V \cdot h_V$	$28 \cdot 26$ mm²	
Gerätelänge	maximal 240 mm	

Einerseits soll die Drossel bis zu ihrem Nennstrom eine lineare *U-I*-Kennlinie haben, andererseits soll sie aber während der Vorheizphase einen erhöhten Strom liefern, damit die Elektroden schnell auf Emissionstemperatur kommen. Um diese Forderung erfüllen zu können, muß die *U-I*-Kennlinie bei Strömen $I > I_L$ gekrümmt sein. Dies ist durch entsprechende magnetische Aussteuerung des Eisens zu erreichen.

Je höher die gewählte Induktion bei der Nennspannung der Drossel ist, um so stärker ist die Krümmung der *U-I*-Kennlinie. Die Praxis zeigt, daß der Spielraum für die Wahl der Induktion relativ klein ist. Um die Kennlinienbedingungen erfüllen zu können, muß die Betriebsinduktion mit ca. 1,1 bis 1,2 Tesla festgelegt werden.

Um die Drosselabmessungen klein zu halten, wählt man eine möglichst hohe Induktion. Überschreitet

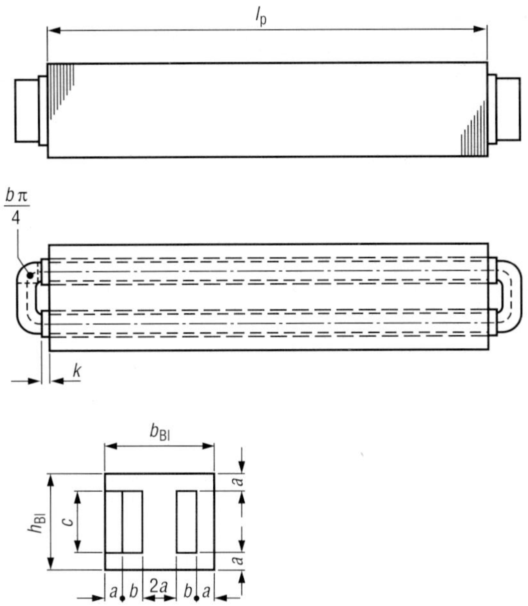

Bild 2.68
Form und Abmessungen der im Text berechneten 58-W-Drossel

man aber 1,2 Tesla, wird entweder der Lampenstrom unzulässig verzerrt oder die Übertemperatur der Drossel im Dauervorheizbetrieb bei 1,1 U_N zu hoch. Bild 2.68 zeigt die Geometrie der zu berechnenden 58-W-Drossel.

Die Drosselspannung ist:

$$U_D = 4{,}44 \cdot f \cdot \hat{B} \cdot N \cdot A_{Fe} \tag{2.3.5}$$

f Frequenz
$\hat{B}$ Scheitelwert der Induktion
N Windungszahl
A_{Fe} Eisenquerschnitt

Für die Induktion $\hat{B}$ wählen wir 1,2 Tesla. Da U_D, f und $\hat{B}$ vorgegeben sind, muß das Produkt $N \cdot A_{Fe}$ konstant sein:

$$C_1 = N \cdot A_{Fe} = \frac{U_D}{4{,}44 \cdot f \cdot \hat{B}} \tag{2.3.6}$$

Könnte man ganz regelmäßig Draht neben Draht und Lage auf Lage wickeln, so würde man im Wickelfenster

$$A_W = b \cdot c \tag{2.3.7}$$

auf die Windungszahl

$$N = \frac{A_w}{(d_a)^2} \tag{2.3.8}$$

kommen. d_a ist der Außendurchmesser des isolierten Kupferleiters.

In Wirklichkeit kann man nicht so exakt wickeln. Erfahrungsgemäß lassen sich in einem gegebenen Wickelraum nur ca. 85% der nach Gl. 2.3.8 errechneten Windungen unterbringen. Es ist dann

$$N = 0{,}85 \frac{A_w}{(d_a)^2} \tag{2.3.9}$$

Der Kupferfüllfaktor f_{Cu} gibt an, wieweit das Wickelfenster mit Kupfer gefüllt werden kann.

$$f_{Cu} = \frac{N \cdot A_L}{A_w} = \frac{0{,}85 \cdot \frac{A_w}{(d_a)^2} \cdot \frac{d^2\pi}{4}}{A_w} = 0{,}85 \frac{\pi}{4}\left(\frac{d}{d_a}\right)^2 = 0{,}67\left(\frac{d}{d_a}\right)^2 \tag{2.3.10}$$

mit
A_L Leiterquerschnitt
d Durchmesser des nichtisolierten Kupferleiters

Bei sehr großen Drahtdurchmessern ist $d/d_a \approx 1$ und damit der maximal erreichbare Kupferfüllfaktor $f_{Cu} = 0{,}67$. Bild 2.69 zeigt den Kupferfüllfaktor als Funktion des blanken Kupferleiters.

Im interessanten Durchmesserbereich von 0,35 bis 0,5 mm ändert sich der Kupferfüllfaktor nur wenig. Für die hier vorgenommene Berechnung kann man ihn deshalb konstant setzen.

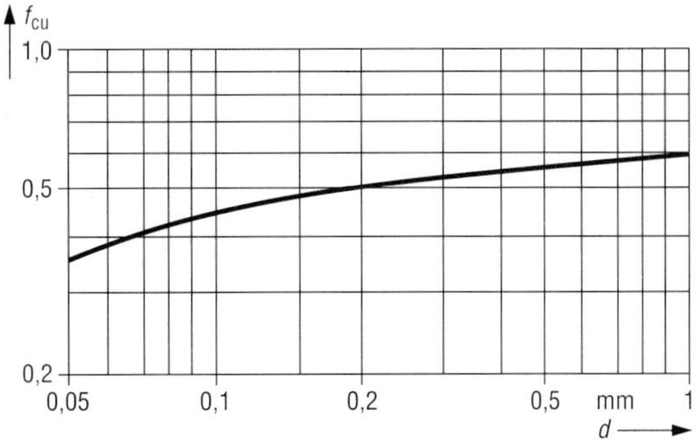

Bild 2.69
Der Kupferfüllfaktor f_{Cu} als Funktion des Drahtdurchmessers

$$f_{Cu} = \frac{A_L \cdot N}{A_w} = \text{const.} \tag{2.3.11}$$

Die Drosselverluste sind

$$P_V = P_{Cu} + P_{Fe} = I^2 \cdot R + P_{Fe} \tag{2.3.12}$$

Der Spulenwiderstand ist

$$R = \frac{\varrho \cdot N \cdot l_{Cu}}{A_L} \tag{2.3.13}$$

mit

ϱ spezifischer Widerstand des Kupfers
l_{Cu} mittlere Windungslänge

$$l_{Cu} = 2\,l_P + (4k + 4a + b\pi) = 2\,l_P + C_2 \tag{2.3.14}$$

mit

l_P Länge des Eisenpaketes
k Kriech- und Luftstrecke

Geometrisch bedeutet C_2 die mittlere Länge der beiden außerhalb des Eisens liegenden Wickelköpfe. Damit beträgt der Spulenwiderstand

$$R = \frac{\varrho \cdot N}{A_L}(2\,l_P + C_2) \tag{2.3.15}$$

Mit A_L aus Gl. (2.3.11) ergibt sich

$$R = \frac{\varrho \cdot N^2}{f_{Cu} \cdot b \cdot c}(2\,l_P + C_2) \tag{2.3.16}$$

Der Spulenwiderstand ist also proportional zu N^2.

Mit Gl. (2.3.16) erhalten wir

$$\begin{aligned} R &= \frac{\varrho \cdot C_1^2}{f_{Cu} \cdot 4a^2 \cdot b \cdot c \cdot l_P^2}(2\,l_P + C_2) = \\ &= \frac{\varrho \cdot C_1^2}{f_{Cu} \cdot 4a^2 \cdot b \cdot c}\left(\frac{2}{l_P} + \frac{C_2}{l_P^2}\right) \end{aligned} \tag{2.3.17}$$

Die Kupferverluste $P_{Cu} = I^2 R$ sind dann als Funktion der Paketlänge

$$P_{Cu} = f(l_P) = \frac{I^2 \cdot \varrho \cdot C_1^2}{f_{Cu} \cdot 4a^2 \cdot b \cdot c}\left(\frac{2}{l_P} + \frac{C_2}{l_P^2}\right) \tag{2.3.18}$$

Die handelsüblichen Elektroblechsorten sind in DIN 46400 genormt. Tabelle 2.28 zeigt die für den Drosselspulenbau geeigneten Qualitäten. In der Sortenbezeichnung sind die Eisenverluste je kg bei 1,5 Tesla und die Blechdicke verschlüsselt, z. B. bedeutet V 530-50 A, daß die Verluste 5,3 W/kg betragen und das Blech 0,5 mm dick ist.

Im Bild 2.70 ist der Preis der Elektroblechsorten (1988) als Funktion der Verluste dargestellt. Der Preis der Sorte V 800-50 wurde 100% gesetzt. Bis zur Sorte V 530-50 steigt der Preis relativ wenig, dann aber stark an. Diese Elektroblechsorte hat wegen ihres optimalen Siliziumgehaltes auch sehr günstige Stanzeigenschaften und stellt damit einen guten Kompromiß für den Drosselspulenbau dar. Der Berechnung wird daher diese Elektroblechqualität zugrundegelegt.

Tabelle 2.28
Für den Drosselspulenbau geeignete Elektroblechqualitäten. Die magnetischen und technologischen Eigenschaften von Elektroblech und -band unterschiedlicher Nenndicken sind in DIN 46400 genormt

Sorte		Nenndicke	Ummagnetisierungsverluste P W/kg max. bei		Dichte
Kurzname	Werkstoffnummer	mm	1,5 T	1,0 T	kg/dm³
V 270-50 A	1.0806		2,70	1,10	7,60
V 290-50 A	1.0807		2,90	1,15	7,60
V 310-50 A	1.0808		3,10	1,25	7,60
V 330-50 A	1.0809		3,30	1,35	7,60
V 350-50 A	1.0810		3,50	1,50	7,65
V 400-50 A	1.0811	0,50	4,00	1,70	7,65
V 470-50 A	1.0812		4,70	2,00	7,70
V 530-50 A	1.0813		5,30	2,30	7,70
V 600-50 A	1.0814		6,00	2,60	7,75
V 700-50 A	1.0815		7,00	3,00	7,80
V 800-50 A	1.0816		8,00	3,60	7,80

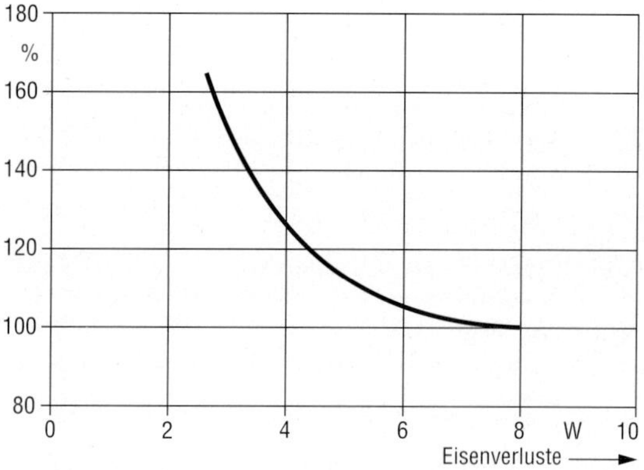

Bild 2.70
Der relative Elektroblechpreis als Funktion der Eisenverluste bei 1,5 Tesla (1988). Der Preis der Sorte V 800-50 entspricht 100%

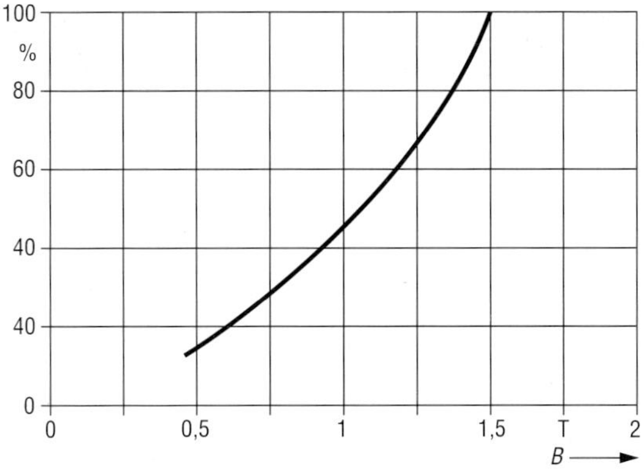

Bild 2.71
Die relativen Eisenverluste als Funktion der magnetischen Induktion *B*. Die Verluste bei 1,5 Tesla entsprechen 100%

Bild 2.71 zeigt die Abhängigkeit der Eisenverluste von der Induktion B. Die Verluste bei 1,5 Tesla sind zu 100% gesetzt, danach betragen die Eisenverluste bei 1,2 Tesla nur 61,7%. Bei der gewählten Induktion betragen dann die spezifischen Eisenverluste der Elektroblechsorte V 530-50

$$(P)_{1,2} = (P)_{1,5} \cdot 0{,}617 = 5{,}3 \cdot 0{,}617\ \mathrm{W/kg} = 3{,}27\ \mathrm{W/kg} \qquad (2.3.19)$$

Durch das Stanzen des Elektroblechs erhöhen sich die Eisenverluste durch Gitterverspannung entlang der Schnittkanten um 20 bis 25%; bei kleinen Kernblechen mit langen Schnittkanten je cm^2 Blechoberfläche liegt der Wert eher bei 25%. Die spezifischen Eisenverluste des gestanzten und geschichteten Eisenkernes betragen dann

$$(P_{\mathrm{Fe}})_{\mathrm{K}} = 3{,}27 \cdot 1{,}25\ \mathrm{W/kg} = 4{,}1\ \mathrm{W/kg} \qquad (2.3.20)$$

Die Eisenverluste P_{Fe} der Drossel sind

$$P_{\mathrm{Fe}} = A_{\mathrm{BL}} \cdot l_{\mathrm{P}} \cdot \varrho_{\mathrm{Fe}} (P_{\mathrm{Fe}})_{\mathrm{K}} \qquad (2.3.21)$$

mit

ϱ_{Fe} Dichte des Elektrobleches

A_{BL} ist die Kernblechoberfläche:

$$\begin{aligned} A_{\mathrm{BL}} &= h_{\mathrm{BL}} \cdot b_{\mathrm{BL}} - 2bc = \\ &= (2a + c)(4a + 2b) - 2bc = \qquad (2.3.22) \\ &= 8a^2 + 4ac + 4ab = 8a^2 + 4a(b + c) \end{aligned}$$

Damit ergibt sich

$$P_{\mathrm{Fe}} = [8a^2 + 4a(b + c)] \cdot \varrho_{\mathrm{Fe}} \cdot l_{\mathrm{P}} \cdot (P_{\mathrm{Fe}})_{\mathrm{K}} \qquad (2.3.23)$$

Bei angenommenen Kernblechabmessungen *a, b* und *c* ist auch der Klammerausdruck konstant und die Gleichung (2.3.23) stellt eine Gerade dar. Sind die Maße *a, b* und *c* frei wählbar, so beträgt die Konstante A_1

$$A_1 = [8a^2 + 4a(b + c)] \cdot \varrho_{\mathrm{Fe}} \cdot (P_{\mathrm{Fe}})_{\mathrm{K}} \qquad (2.3.24)$$

Sind, wie im Falle unserer 58-W-Drossel, die Kernblechabmessungen b_{BL} und h_{BL} vorgegeben, so lassen sich die Maße *a, b* und *c* nicht mehr frei wählen. Aus Bild 2.68 resultieren nachstehende geometrische Bedingungen.

$$b_{\mathrm{BL}} = 4a + 2b \rightarrow b = \frac{b_{\mathrm{BL}} - 4a}{2} \qquad (2.3.25)$$

$$h_{\mathrm{BL}} = 2a + c \quad \rightarrow c = h_{\mathrm{BL}} - 2a \qquad (2.3.26)$$

Als frei wählbarer Parameter bleibt dann nur *a*.

Setzen wir die vorstehenden Ausdrücke für *b* und *c* in Gleichung (2.3.23) ein, so erhalten wir

$$\begin{aligned} P_{\mathrm{Fe}} &= [2a(b_{\mathrm{BL}} + 2h_{\mathrm{BL}} - 4a)] \cdot \\ &\cdot \varrho_{\mathrm{Fe}} \cdot (P_{\mathrm{Fe}})_{\mathrm{K}} \cdot l_{\mathrm{P}} = A_1 \cdot l_{\mathrm{P}} \qquad (2.3.27) \end{aligned}$$

Sind die Kernblech-Außenmaße angegeben, so berechnen wir A_1 aus Gleichung (2.3.27)

$$A_1 = [2a(b_{\mathrm{BL}} + 2h_{\mathrm{BL}} - 4a)] \cdot \varrho_{\mathrm{Fe}} \cdot (P_{\mathrm{Fe}})_{\mathrm{K}} \qquad (2.3.28)$$

Die Kupferverluste als Funktion der Paketlänge beschreibt Gleichung (2.3.18). Bei festen *a, b* und *c* ist der Ausdruck

$$\frac{I^2 \cdot \varrho \cdot C_1^2}{f_{\mathrm{Cu}} \cdot 4a^2 \cdot b \cdot c} = \text{konst.} = C_3 \qquad (2.3.29)$$

Setzen wir für *b* und *c* wieder die Gleichungen (2.3.25) und (2.3.26) ein, so erhalten wir

$$C_3 = \frac{I^2 \cdot \varrho \cdot C_1^2}{f_{\mathrm{Cu}} \cdot 2a^2[h_{\mathrm{BL}} \cdot b_{\mathrm{BL}} - 2a(b_{\mathrm{BL}} + 2h_{\mathrm{BL}} - 4a)]} \qquad (2.3.30)$$

Je nachdem, ob *a, b* und *c* frei wählbar oder die Kernblech-Außenabmessungen vorgegeben sind, ergibt sich die Konstante C_3 nach Gleichung (2.3.29) oder Gleichung (2.3.30). Mit C_3 läßt sich die Gleichung (2.3.18) wie folgt umformen:

$$\begin{aligned} P_{\mathrm{Cu}} &= \mathrm{f}(l_{\mathrm{P}}) = C_3\left(\frac{2}{l_{\mathrm{P}}} + \frac{C_2}{l_{\mathrm{P}}^2}\right) = \frac{2C_3}{l_{\mathrm{P}}} + \frac{C_2 C_3}{l_{\mathrm{P}}^2} = \\ &= A_2 \frac{1}{l_{\mathrm{P}}} + A_3 \frac{1}{l_{\mathrm{P}}^2} \qquad (2.3.31) \end{aligned}$$

mit

$$A_2 = 2C_3 \qquad (2.3.32)$$

$$A_3 = C_2 \cdot C_3 \qquad (2.3.33)$$

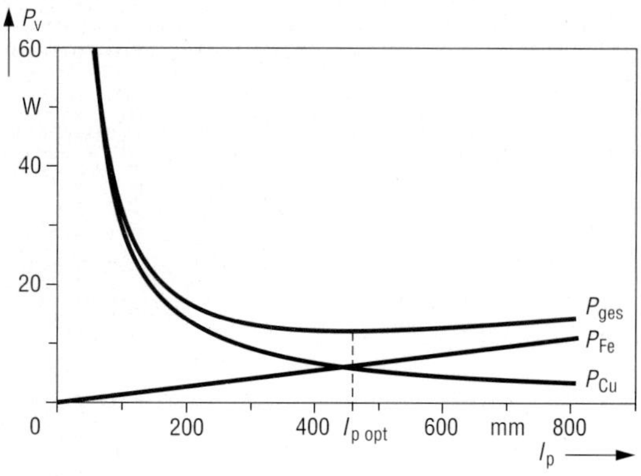

Die Daten der Drossel sind:

a	= 3,2 mm	f_{Cu}	= 0,5
b	= 7,6 mm	$b_V \times h_V$	= 25 mm × 28 mm
c	= 18,6 mm	$l_{p\,opt}$	= 457 mm
U_D	= 180 V	$P_{V\,min}$	= 11,75 W
I_L	= 0,67 A	A_{Fe}	= 2923,4 mm²
f	= 50 Hz	N	= 231
P_{Fe}	= 4,1 W/kg	A_{Cu}	= 0,306 mm²
B	= 1,2 T		

Bild 2.72
Kupfer-, Eisen- und Gesamtverluste P_{Cu}, P_{Fe}, P_{ges} einer 58-W-Drossel als Funktion der Paketlänge l_P

Die Gesamtverluste der Drossel als Funktion der Paketlänge betragen

$$P_V = P_{Fe} + P_{Cu} = A_1 l_P + A_2 \frac{1}{l_P} + A_3 \frac{1}{l_P^2} \qquad (2.3.34)$$

Die Eisenverluste nehmen also mit zunehmender Paketlänge zu, die Kupferverluste ab.

Die Summenkurve hat, wie Bild 2.72 zeigt, bei einer ganz bestimmten Paketlänge $l_{P\,opt}$ ein Minimum. Die Drossel wurde für diese Berechnung gemäß Bild 2.67 auf einem 1 mm dicken Bodenblech befestigt. Die mögliche Kernblechhöhe beträgt damit nur 25 mm anstatt 26 mm.

Differenziert man Gl. (2.3.34) nach l_P, so kann man $l_{P\,opt}$ numerisch berechnen.

Wenden wir uns nun der eingangs gestellten Frage zu, ob eine 58-W-Drossel mit dem gewünschten kleinen Querschnitt von 28 × 26 mm² bei 13 W Verlustleistung überhaupt realisierbar ist. Der einzige noch frei wählbare Parameter am Kernblech ist a.

Wir berechnen nun für verschiedene a-Werte zwischen 2 und 6 mm die Funktionen $P_V = f(l_P)$. Mit zunehmendem a nehmen die niedrigmöglichsten

Tabelle 2.29
58-W-Drossel mit 28 × 26 mm² Querschnitt. $(P_V)_{min}$ und $(l_P)_{opt}$ bei Kernblechmaßen a zwischen 2 und 6 mm sowie Verluste bei 180 mm Paketlänge $(P_V)_{180}$

a mm	b mm	c mm	$(l_P)_{opt}$ mm	$(P_V)_{min}$ W	$(P_V)_{180}$ W
2	10	21	721	12,53	28,7
2,5	9	20	569	11,98	22,2
3	8	19	481	11,76	18,8
3,2	7,6	18,6	457	11,75	18,03
3,5	7	18	428	11,81	17,2
4	6	17	397	12,1	16,6
4,5	5	16	382	12,67	17,0
5	4	15	383	13,64	18,2
5,5	3	14	401	15,24	21,1
6	2	13	453	18,15	27,5

Verluste $(P_V)_{min}$ bis $a = 3{,}2$ mm erst ab und dann wieder zu. Tabelle 2.29 zeigt die Rechenwerte.

Ein kleines a bedeutet, daß die Drossel mit wenig Eisen und viel Kupfer aufgebaut ist, großes a das Umgekehrte. Zu jeder Paketlänge gibt es ein optimales Kupfer-Eisen-Verhältnis, bei dem die Verluste am niedrigsten sind.

Bild 2.73 zeigt die Funktion $P_{V\,min} = f(a)$. Diese Kurve hat ein ausgeprägtes Minimum mit $P_{V\,min}$ = 11,75 W.

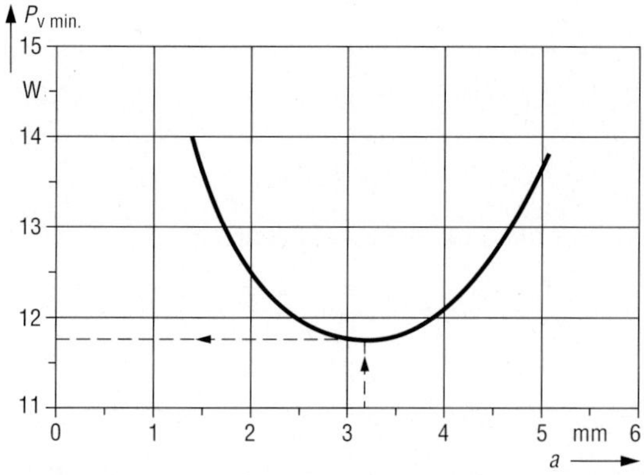

Bild 2.73
Die kleinstmöglichen Verluste der 58-W-Drossel $(P_V)_{min}$ als Funktion des Kernblechmaßes a

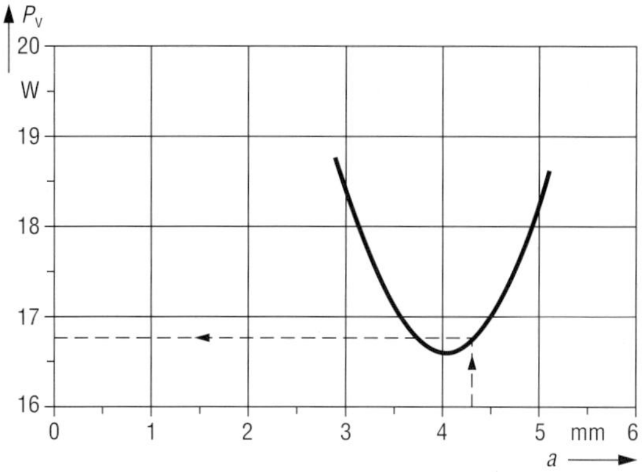

Bild 2.74
Verluste P_V einer 58-W-Drossel bei 180 mm Paketlänge als Funktion des Kernblechmaßes a

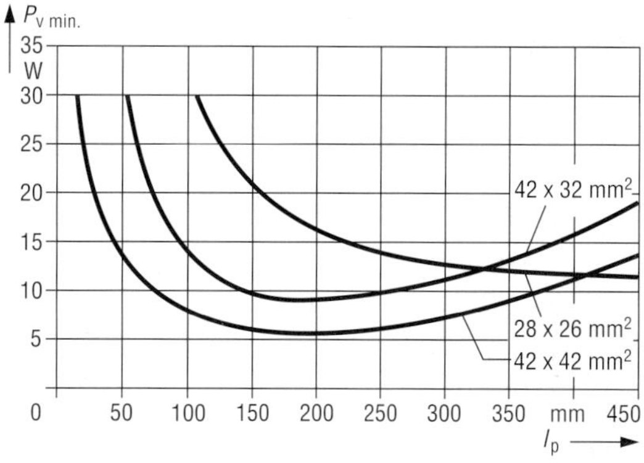

Bild 2.75
Die kleinstmöglichen Drosselverluste $P_{V\,min}$ als Funktion der Paketlänge l_P bei den Querschnitten 42 × 42 mm², 42 × 32 mm² und 28 × 26 mm²

Unter den getroffenen Annahmen betragen also die niedrigstmöglichen Verluste der 58-W-Drossel 11,75 W. Nach der Tabelle hätte eine derartige Drossel eine Paketlänge $l_{P\,opt} = 457$ mm.

Die eingangs gestellte Forderung $P_V \leq 13$ W wäre zwar erfüllbar, aber nicht bei der nach DIN 49865 vorgeschriebenen maximalen Vorschaltgerätelänge von $l_{V\,max} = 240$ mm. Wir stellen nun die Frage, welche Verlustleistung ist bei dieser Länge realisierbar?

Gemäß Bild 2.67 veranschlagen wir für die 2 vorstehenden Wickelköpfe, die Klemme und die 2 Befestigungslöcher einen Längenbedarf von 60 mm. Die höchstzulässige Paketlänge beträgt dann $l_{P\,max} = 240 - 60 = 180\,\text{mm}$.

Bild 2.74 zeigt die Drosselverluste P_V bei einer Paketlänge von 180 mm. Diese Kurve hat ihr Minimum bei a = 4 mm. Nach Tabelle 2.29 betragen die kleinstmöglichen Verluste bei 180 mm Paketlänge 16,6 W.

Der Vergleich mit einer handelsüblichen Drossel mit dem Querschnitt 28 × 26 mm² zeigt, daß das Rechenverfahren ausreichend genau ist. Die listenmäßige Drossel hat folgende Daten: $a = 4{,}3$ mm, $l_P = 178$ mm. Nach Bild 2.74 ergeben sich bei diesem a Verluste von $P_V = 16{,}75$ W. Der Hersteller gibt die maximalen Verluste, unter Berücksichtigung seiner Fertigungstoleranz, im kalten Zustand mit $P_{V\,max} = 17\,\text{W}$ an.

Die berechneten Verluste gelten bei kalter Spule. Im betriebswarmen Zustand sind die Verluste der Kupferwicklung etwas größer.

Bild 2.75 zeigt die kleinstmöglichen Drosselverluste bei den nach DIN 49865 genormten Vorschaltgeräte-Querschnitten, berechnet nach Gl. 2.3.34. Die kleinstmöglichen Drosselverluste und die Paketlängen nehmen mit abnehmendem Vorschaltgerätequerschnitt rasch zu. Aus physikalischen Gründen ist es deshalb nicht sinnvoll, die vorgesehenen Querschnitte 42 × 42 mm² bzw. 42 × 32 mm² zu unterschreiten.

Mit den bekannten Daten ist es einfach, den Kupfer- und Eisenaufwand der Drossel zu berechnen. Die Masse der Kupferwicklung beträgt

$$m_{Cu} = \varrho_{Cu} f_{Cu}\, b\, c\,(2\,l_P + C_2) \qquad (2.3.35)$$

die des Blechpakets

$$m_{Fe} = [8\,a^2 + 4\,a\,(b + c)]\,\varrho_{Fe}\,l_P \qquad (2.3.36)$$

Die Kosten für Kupfer und Elektroblech lassen sich damit durch eine Funktion der Form

$$K = f(l_P) = k_1 + (k_2 + k_3)\,l_P \qquad (2.3.37)$$

beschreiben. k_1 sind die Kosten der beiden Kupferwickelköpfe, k_2 und k_3 sind die Kosten für Kupferlackdraht in beiden Wickelfenstern bzw. für das Blechpaket je Längeneinheit. Bild 2.76 zeigt den Verlauf der Gesamtverluste und der Kosten einer Drossel als Funktion der Paketlänge.

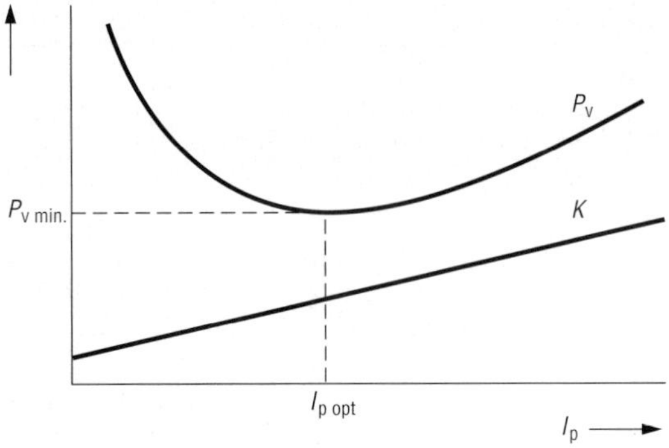

Bild 2.76
Verluste P_V und Kosten K einer Leuchtstofflampendrossel als Funktion der Paketlänge l_P

Im folgenden soll noch einiges zur Optimierung von Leuchtstofflampendrosseln ausgeführt werden. Wie Bild 2.75 deutlich zeigt, sind bei 180 mm Paketlänge die maximalen Verluste von 13 W nur bei den Querschnitten 42 × 42 mm² und 42 × 32 mm² möglich. Ist ein Querschnitt vorgegeben, so wird der Entwickler mit Hilfe eines Rechnerprogramms gemäß Bild 2.72 und 2.76 die Kurven $P_V = f(l_P)$ bzw. $K = f(l_P)$ für unterschiedliche

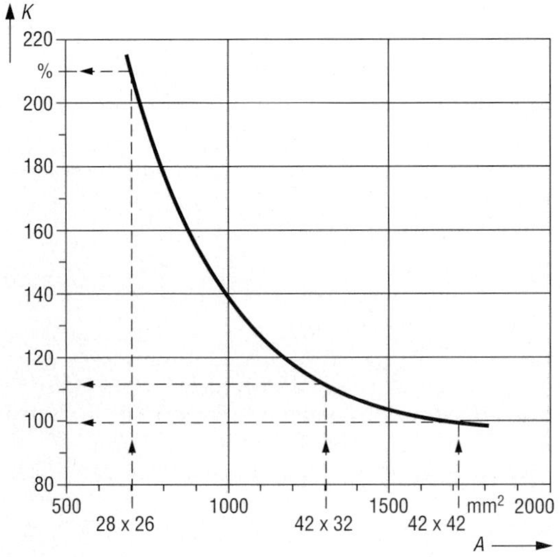

Bild 2.77
Niedrigstmögliche Kosten K für Kupferlackdraht und Elektroblech als Funktion des Drosselquerschnittes A. Die Kosten der Drossel mit 42 × 42 mm² Querschnitt entsprechen 100%

a darstellen. Anhand dieser Graphiken ist es möglich, bei einem gewünschten Verlustwert P_V das Kernblechmaß a zu finden, bei dem die Kosten für das Kupfer und Elektroblech am niedrigsten sind.

Als Beispiel wurden nach diesem Verfahren bei den Querschnitten 42 × 42 mm², 42 × 32 mm² und 28 × 26 mm² unter der Prämisse $P_V = 13$ W die minimalen Kosten für Kupfer und Elektroblech ermittelt.

Die Ergebnisse sind in Bild 2.77 graphisch dargestellt. Die Kosten für Kupferlackdraht und Elektroblech wurden beim Vorschaltgerätequerschnitt 42 × 42 mm² gleich 100% gesetzt. Die Kurve zeigt ganz deutlich, daß die Materialkosten bei Querschnitten unter 42 × 32 mm² rasch ansteigen. Auch aus wirtschaftlichen Gründen ist es deshalb nicht sinnvoll, diesen Querschnitt zu unterschreiten.

Abmessungen und konstruktive Gestaltung von Blechschnitten

Die Blechlamellen der Drossel werden quer zu ihrer Längsachse geschichtet (siehe dazu auch Kap. 3.2). Für die Kernblech-Außenmaße b_{BL} und h_{BL} gelten, einschließlich dem notwendigen Bodenblech oder Gehäuse, die nach DIN 49 865 genormten maximalen Drossel-Querschnittmaße.

Nachdem der Querschnitt 42 × 42 mm² fast vollständig durch den formal ansprechenderen Querschnitt 42 × 32 mm² verdrängt wurde, betragen die Außenmaße der Kernbleche in der Regel maximal 42 × 32 mm².

Bild 2.78 zeigt, welche konstruktive Lösungen sich in der Praxis durchgesetzt und bewährt haben. Damit die magnetischen Streufelder klein bleiben, werden ausschließlich Manteltypen verwendet, die die Spule möglichst gut einschließen. Damit sich die Spule einführen läßt, sind die Kernbleche mindestens zweiteilig. Die Blechschnitte c und f erleichtern die Spulenmontage und ermöglichen einen höheren Kupferfüllfaktor. Beim Blechschnitt c wird das U-förmige Teil etwa M-förmig gestanzt und erst später bei der Montage um die Spule U-förmig gebogen. Dadurch kann auf die Spule ein definierter Druck ausgeübt und eine besonders intensive Wärmeabfuhr der fertigen Spule erreicht werden.

Um die Streufelder in der Luft auf ein zulässiges Maß zu begrenzen, werden die Stoßstellen bei den Blechschnitten a bis e durch ein Bodenblech, bei f und g durch ein komplettes Stahlblechgehäuse überlappt.

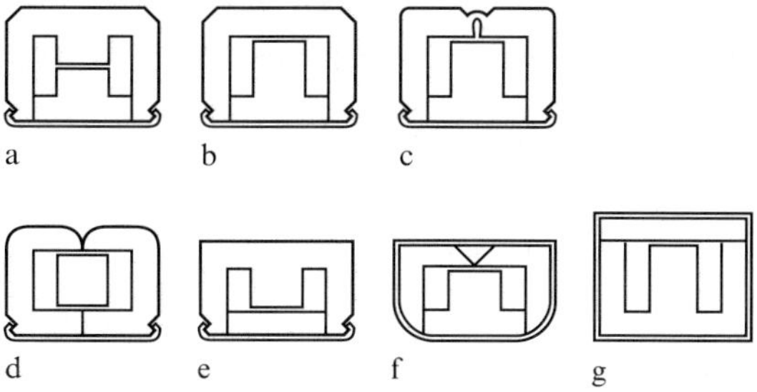

Bild 2.78 a–g
Blechschnitte handelsüblicher Leuchtstofflampen-Vorschaltgeräte

Wegen der unvermeidbaren Fertigungstoleranzen muß der ca. 0,5 mm breite Luftspalt verstellbar bzw. justierbar sein. Dazu wird in den Luftspalt ein plastischer, wärmebeständiger und nicht magnetischer Materialstreifen gelegt (Alu oder Blei). Die Stromeinstellung erfolgt dann durch Verformen dieser Luftspaltfüllung.

Die Luftspaltfüllung soll außerdem verhindern, daß sich der Luftspalt und damit der Strom während der Drossellebensdauer verändert. Bei den Blechschnitten d und g wird der Strom durch bleibende Verformung der beiden C-förmigen Mantelbleche bzw. des I-Joches justiert.

Aus wirtschaftlichen Gründen sollen die Stanzverluste möglichst gering sein. Bei den Blechschnitten a und b verliert man durch das Ausstanzen der Wickelfenster ca. 15 bis 20% Elektroblech. Dafür lassen sich die Außenabmessungen dieser Kernbleche frei wählen, so daß der nach DIN 49 865 gegebene maximale Querschnitt voll ausgenützt werden kann. Die Bleche a und b werden überwiegend in der magnetisch optimalen Walzrichtung magnetisiert. Dadurch läßt sich die Induktion höher wählen und Kupfer sparen. Der höhere Elektroblechaufwand wird, zumindest teilweise, durch das eingesparte Kupfer kompensiert.

Beim Stanzen der Blechschnitte c, d und f werden die Kernblechteile puzzleähnlich zusammengesetzt. Dadurch läßt sich der Stanzverlust unter 10% senken. Dafür muß man allerdings bei den Schnitten c und f magnetische Nachteile durch die Magnetisierung quer bzw. diagonal zur Walzrichtung in Kauf nehmen (Kompensation durch höheren Kupferaufwand möglich). Der Schnitt d wird zwar überwiegend in Walzrichtung magnetisiert, dafür ist aber der Aufwand bei der Montage durch die drei Kernblechteile größer.

Die Kernblechkonstruktionen e und g sind, wie die Bilder 2.79 und 2.80 zeigen, vollkommen abfallos herstellbar. Nachteilig bei diesen Schnitten ist, daß aus der Geometrie resultierend, das Verhältnis Höhe zu Breite einen gegebenen Wert hat. Der Blechschnitt e mit $h_{BL}/b_{BL} = 7/12$ ist nur für besonders flache, langgestreckte Drosseln geeignet. Außerdem muß man bei dieser Blechkonstruktion Nachteile durch die Magnetisierung quer zur Walzrichtung in Kauf nehmen. Würde man die Kernblechhöhe bei gegebener Breite vergrößern, wäre der Schnitt nicht mehr ganz abfallos.

Mit dem Kernblech g mit $h_{BL}/b_{BL} = 5/6$ läßt sich der nach DIN 49 865 gegebene Querschnitt schon besser ausnützen. Vorteilhaft bei diesem Blechschnitt ist die überwiegende Magnetisierung in Walzrichtung. Die Blechkonstruktion g in Verbindung mit einem geschlossenen Stahlblechgehäuse

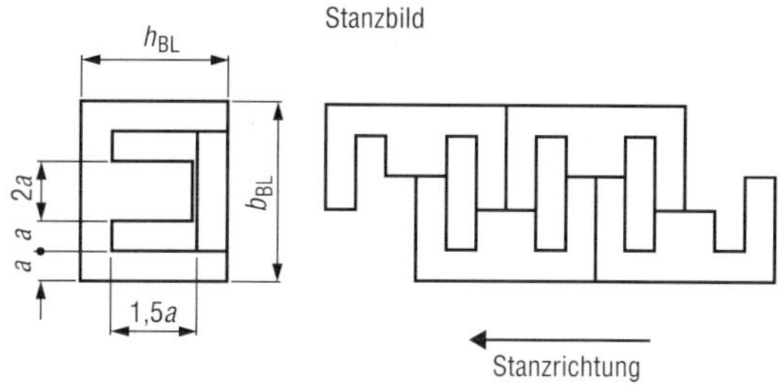

Bild 2.79
Stanzbild eines abfallosen EI-Schnittes, der sich zum Aufbau flacher Vorschaltgeräte eignet. Die Magnetisierung vorwiegend quer zur Walzrichtung wird bewußt in Kauf genommen. Das Verhältnis h_{BL}/b_{BL} beträgt 7/12

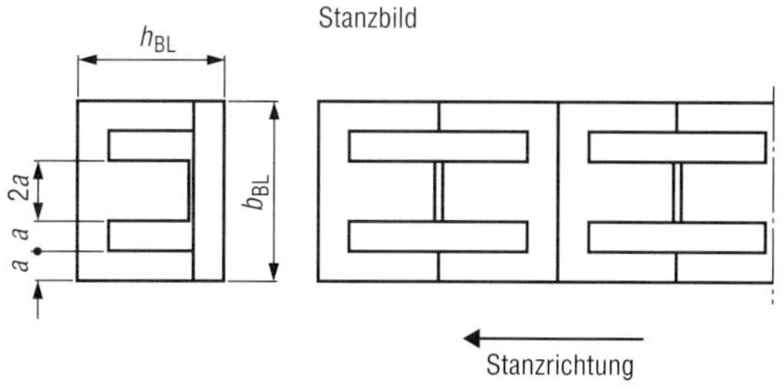

Bild 2.80
Stanzbild des klassischen, abfallosen EI-Schnittes. Die Magnetisierungsrichtung liegt überwiegend in Walzrichtung. Das Verhältnis h_{BL}/b_{BL} beträgt 5/6

zeichnet sich auch durch besondere Streufeldarmut aus. Legt man auf diese Eigenschaft Wert, so sollte man Einkerbungen im Kernblech vermeiden.

Es gibt also keinen magnetisch, fertigungstechnisch und zugleich wirtschaftlich optimalen Blechschnitt. Je nach der vorliegenden Aufgabenstellung und den Möglichkeiten der Fertigungsstätte ist daher einer der Blechschnitte am günstigsten.

Arbeitsweise

Eine Leuchtstofflampe erreicht nur dann die vom Hersteller genannte Lebensdauer, wenn das Vorschaltgerät die nachstehenden Bedingungen erfüllt.

Vorheizbedingungen

Das Vorschaltgerät muß bei Betrieb an Spannungen zwischen 92% und 106% seiner Nennspannung und bei Nennfrequenz den Vorheizstrom liefern, der auf dem entsprechenden Lampen-Datenblatt der IEC-Publikation 81 angegeben ist.

Leerspannungen an der Lampe bzw. am Starter

Um die Funktion des Starters und die schonende Zündung der Lampe sicherzustellen, müssen zwischen 92% und 106% der Vorschaltgeräte-Nennspannung folgende Leerspannungen sichergestellt sein:

▷ an den Starterklemmen mindestens die in dem betreffenden Datenblatt der IEC 81 und IEC 901 angegebene Effektivspannung,

▷ an der Lampe, um einen Kaltstart zu verhindern, eine Scheitelspannung (die Starter-Stoßspannung wird nicht berücksichtigt), die den in IEC 81 und IEC 109 genannten Wert nicht überschreitet.

Lampenleistung und Lampenstrom

Da die Leuchtstofflampe durch keine elektrische Schaltung nachgebildet werden kann, werden bei der Bestimmung der zulässigen Werte für Lampenleistung bzw. -strom Normallampen und Normalvorschaltgeräte verwendet. Diese nennt man „Referenzlampe“ bzw. „Referenzgerät“. Das Vorschaltgerät muß Leistung und Strom einer Referenzlampe auf Werte begrenzen, die für die Leistung nicht weniger als 92,5% und für den Strom nicht mehr als 115% derjenigen Werte betragen, die sich beim Betrieb derselben Lampe am Referenzgerät einstellen. Das Referenzgerät und das zu prüfende Vorschaltgerät müssen die gleiche Nennfrequenz haben und jedes muß bei seiner Nennspannung betrieben werden.

Tabelle 2.30
Vorschaltgeräte für den Betrieb zweier Leuchtstofflampen in Reihe

Lampen Typ	Datenblatt	Vorschaltgeräte für Lampen entsprechend Datenblatt	
2× 4 W 2× 6 W	81-IEC-6020 81-IEC-6030	8 W	81-IEC-6040
2× 8 W	81-IEC-6040	13 W	81-IEC-1050
2× 7 W 2× 9 W	901-IEC-2107 901-IEC-2109	11 W	901-IEC-2111
2×15 W T8	81-IEC-1104	30 W, T8	81-IEC-1210
2×18 W 2×20 W	81-IEC-1105 81-IEC-1110	40 W	81-IEC-1310

Für Vorschaltgeräte, die zusätzlich für die Reihenschaltung mehrerer Leuchtstofflampen von nicht mehr als jeweils 20 W Nennleistung vorgesehen sind, gelten um 5% erweiterte Grenzwerte. Bei Nennspannung beträgt dann die minimale Leistung 87,5%, der maximale Strom 120%. Bei der Auswahl der Daten des Referenzgeräts für diese Prüfung wird die Summe der einzelnen Lampenleistungen zugrunde gelegt. Leuchtstofflampen mit einer Nennleistung $\leq$ 20 W werden häufig in Reihenschaltung (jeweils 2 Lampen in Reihe) an einem Vorschaltgerät betrieben. Tabelle 2.30 aus IEC Publikation 921 zeigt, welche Lampen in Reihenschaltung ohne besondere Prüfung an welchem Vorschaltgerät betrieben werden dürfen.

Leistungsfaktor der Schaltung

Der gemessene Leistungsfaktor darf um höchstens 0,05 von dem Wert seiner Aufschrift abweichen, wenn das Vorschaltgerät mit einer oder mehreren Referenzlampen und die gesamte Schaltung an Nennspannung mit Nennfrequenz betrieben wird. Diese Toleranz für den Leistungsfaktor von $\pm$ 0,05 gilt für induktive Geräte. Wird für ein kompensiertes Vorschaltgerät ein Mindestwert des Leistungsfaktors gefordert, so muß dieser 0,85 betragen, sobald er unter den oben genannten Bedingungen gemessen wird. Für diese Vorschaltgeräte mit hohem Leistungsfaktor darf der gemessene Wert in keinem Fall kleiner als 0,85 sein. (Bemerkung: Die USA fordern bei Vorschaltgeräten mit hohem Leistungsfaktor einen Wert von $\geq$ 0,9.)

Tabelle 2.31
Die nach IEC 921 zulässigen Oberschwingungen des Netzstroms

Oberschwingung	Höchstwert in % der Grundwelle des Vorschaltgerätestroms ohne H-Kennzeichnung	mit H-Kennzeichnung
2	5	5
3	30 × λ	37 × λ
5	7	nicht begrenzt
7	4	
9	3	

λ ist der Leistungsfaktor der Schaltung

Netzstrom

Der Netzstrom des Vorschaltgeräts darf bei Nennspannung um maximal ± 10% von dem in der Aufschrift des Vorschaltgeräts angegebenen Wert abweichen, wenn das Vorschaltgerät mit einer Referenzlampe betrieben wird.

Kurvenform des Stroms

Netzstrom:

Die nach der IEC-Publikation 921 bei Nennspannung zulässigen Oberschwingungen zeigt Tabelle 2.31. Dementsprechend werden die Vorschaltgeräte, nach ihrem Oberschwingungsgehalt in 2 Klassen eingeteilt, in Geräte mit und ohne H-Kennzeichnung. Die nachstehend aufgeführten Länder lassen mit H gekennzeichnete Vorschaltgeräte mit hohem Oberschwingungsanteil nicht zu:

Dänemark, Bundesrepublik Deutschland, Finnland, Frankreich, Italien, Norwegen, Schweden und die Schweiz.

Deshalb sieht die VDE-Vorschrift 0712 (national nicht harmonisiert) keine Vorschaltgeräte mit H-Kennzeichnung vor.

Bei kapazitiven Vorschaltgeräten wird die Kurvenform des Netzstroms in einer Schaltung gemessen, die aus einem induktiven und einem kapazitiven Zweig besteht, wenn eine solche Kombination vorgesehen ist.

Lampenbetriebsstrom:

Bei Betrieb mit Referenzlampe oder Lampen an Nenn-Netzspannung muß die Kurvenform des Lampenstroms folgende Bedingungen erfüllen:

▷ Aufeinanderfolgende Halbwellen müssen im wesentlichen die gleiche Kurvenform aufweisen und die Scheitelwerte müssen mit einer Toleranz von ± 5% übereinstimmen.

▷ Das Verhältnis vom Scheitelwert zum Effektivwert darf nicht größer sein als 1,7.

Magnetische Abschirmung

Das Vorschaltgerät muß wirksam gegen magnetische Beeinflussung abgeschirmt sein. Weitere Einzelheiten hierüber enthält der Abschnitt Prüfungen am Ende dieses Kapitels.

Tonfrequenzimpedanz

Mit dem Zeichen $\not\geq$ für hohe Tonfrequenzimpedanz gekennzeichnete Vorschaltgeräte müssen im Frequenzbereich von 400 Hz bis 2000 Hz ganz bestimmte vorgeschriebene Impedanzen haben, damit Störungen der Rundsteueranlagen von Elektrizitätswerken vermieden werden.

Technische Daten, Aufbau und Kennlinien von Referenzgeräten

Die Betriebswerte der Referenzgeräte: Netznennspannung und Frequenz, Kalibrierstrom, Impedanz und Leistungsfaktor sind in den Lampen-Datenblättern der IEC-Publikation 81 und 901 zu finden. Nach IEC 921 bzw. VDE 0712 müssen Referenzgeräte den Leistungsfaktor auf ± 0,005 genau einhalten; für die Impedanz gelten folgende Toleranzen:

▷ beim Kalibrierstrom ± 0,5%,
▷ bei allen anderen Werten des Stroms zwischen 50% und 115% des Kalibrierstroms ± 3%.

Wird das Referenzgerät bei einer Umgebungstemperatur zwischen 20 °C und 27 °C mit Kalibrierstrom und Nennfrequenz betrieben, darf die Temperaturerhöhung der Wicklung des Vorschaltgeräts im Beharrungszustand 25 K nicht überschreiten. Diese Temperaturerhöhung wird nach der „Widerstandsmethode" gemessen. Die Geräte sollen durch ein festes Stahlblechgehäuse gegen Veränderung der Werte bei mechanischer Beanspruchung und auch gegen den Einfluß magnetischer Felder geschützt sein. Referenzgeräte können bei den Lampenherstellern, z. B. bei Osram, beschafft werden.

Mit dem Referenzgerät wird ein Datenblatt der Istwerte des Geräts geliefert, auf dem die Impedanzen bei 50, 100 und 115% des Kalibrierstroms und der Leistungsfaktor angegeben sind. Die von Osram gelieferten Referenzgeräte sind deutlich genauer als nach IEC 921 gefordert. Die Meßfehler, die auf die Genauigkeit der Referenzgeräte zurückzuführen sind, können daher in der Praxis vernachlässigt werden.

Abhängigkeit der Drosselspannung von der Verlustleistung des Vorschaltgeräts

Strenggenommen ist ein Vektordiagramm nur bei sinusförmigen Größen physikalisch sinnvoll. In den Kapiteln 1.2 und 1.3 wurde aber gezeigt, daß es ausreichend genau ist, wenn man die Vektorbilder mit den Grundwellen der elektrischen Größen zeichnet. Wir werden deshalb im folgenden die Oberschwingungen vernachlässigen und die Vektordiagramme mit den Effektivwerten konstruieren.

Bild 2.81 zeigt Bild 1.24 in etwas vereinfachter Form. Der Netzleistungsfaktor bzw. der $\cos\varphi_N$ ist

$$\cos\varphi_N = \frac{P_W}{S_N} = \frac{P_L + P_V}{S_N} \tag{2.3.38}$$

Nehmen die Vorschaltgeräteverluste P_V ab, so wird der $\cos\varphi_N$ kleiner und der arc $\cos\varphi_N$, der Phasenverschiebungswinkel φ_N zwischen Netzspannung $\vec{U}_N$ und Strom $\vec{I}_L$, größer. Abnehmende Drosselverluste bedeuten also ein Drehen des Vektors $\vec{U}_N$ entgegen dem Uhrzeigersinn.

Nachdem die Lampendaten und damit die Lampenspannung $\vec{U}_L$ unverändert bleiben sollen, und der Winkel φ_L zwischen $\vec{I}_L$ und $\vec{U}_L$ unabhängig von den Drosselverlusten ist, muß die Drosselspannung mit abnehmenden Verlusten größer werden bzw. umgekehrt. Die Drosselspannung als Funktion der Drosselverluste gibt der Lampenhersteller in Form eines Diagramms an. Für die 36-W-Drossel z. B. zeigt Bild 2.37 diese Abhängigkeit.

Induktive Vorschaltgeräte

Die einfachste Schaltung ist die sogenannte induktive Schaltung, eine Reihenschaltung von Drossel und Leuchtstofflampe.

Die Wirkungsweise wurde bereits im Kapitel 2.3.1 beschrieben. Der $\cos\varphi_N$ beträgt:

$$\cos\varphi_N = \frac{P_L + P_V}{U_N \cdot I_N} \tag{2.3.39}$$

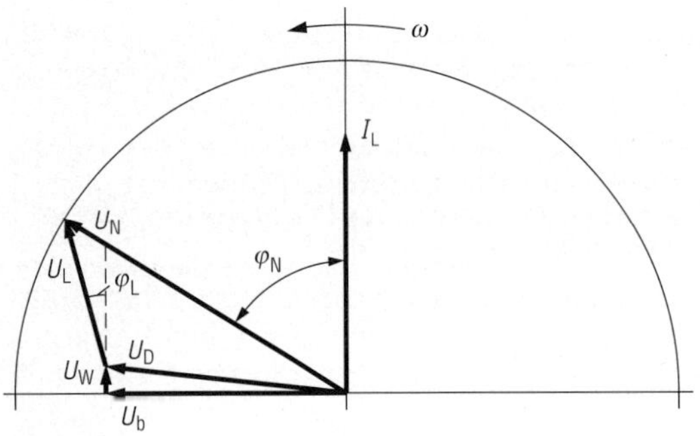

Bild 2.81
Vektordiagramm des induktiven Lampenstromkreises. Mit abnehmenden Verlusten wird die Drosselspannung größer

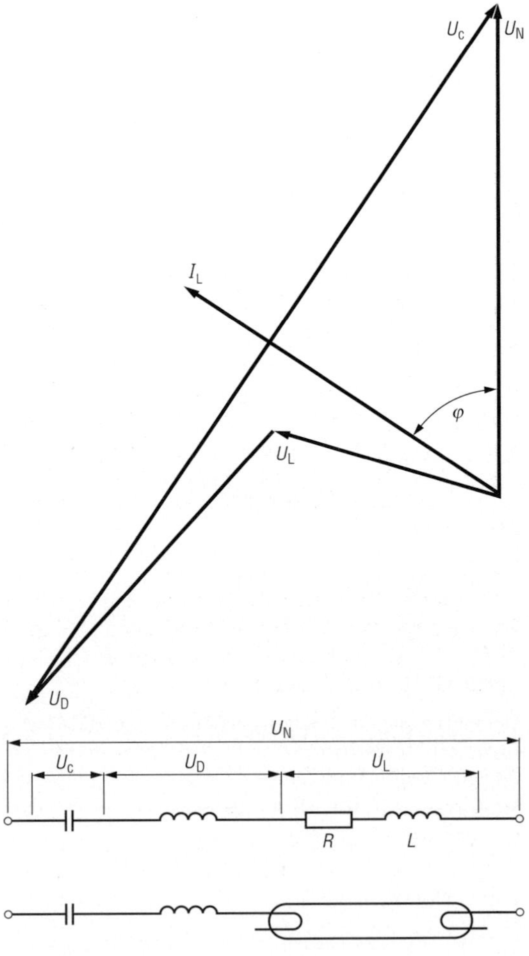

Bild 2.82
Zeigerdiagramm der kapazitiven Schaltung

Je nach Lampenleistung und Drosselverlusten liegt der $\cos \varphi_N$ etwa zwischen 0,35 und 0,52. Er wird am Typenschild des Geräts angegeben.

Aufgrund der Anschlußbedingungen des VDEW dürfen Leuchtstofflampen in der induktiven Schaltung nur bis zu einer Lampenleistung von insgesamt 130 W je Außenleiter angeschlossen werden. Bei größeren Leuchtstofflampenanlagen ist der Netzstrom zu kompensieren. Eine solche Kompensierung ist nicht erforderlich bei Anschluß von Leuchtstofflampen mit einer Leistung bis 22 W. In der Praxis bedeutet das, daß der Anwender entweder eine zentrale Kompensationsanlage installiert oder die Leuchten einzeln kompensiert. Die Kompensation der Leuchte kann durch einen netzparallelen Kondensator oder durch Anwendung der Duoschaltung erfolgen.

Kapazitive Vorschaltgeräte

Bild 2.82 zeigt eine vereinfachte Darstellung von Bild 1.25. Der Lampenstrom $\vec{I}_L$ eilt der Netzspannung $\vec{U}_N$ voraus, so daß die gesamte Schaltung kapazitiven Charakter hat. Sie hat das Bestreben, den Lampenstrom konstant zu halten. Um dies zu zeigen wurde die 36-W-Lampe durch einen veränderbaren Widerstand R_E ersetzt. Bild 2.83 zeigt das Vektordiagramm der Ersatzschaltung. Der Widerstand wurde so justiert, daß sich der Nennwert des Stroms der 36-W-Lampe einstellte. Im Anschluß daran wurde der Lampenersatzwiderstand R_E zwischen 0 und 100% variiert. Das Vektordiagramm zeigt, daß sich der Betrag des Stroms I_{RE} zwischen 0% und 100% R_E nur wenig verändert. Die kapazitive Schaltung prägt also den Lampenstrom mehr oder weniger ein.

Das gleiche gilt auch, wenn man statt einer mehrere Lampen mit der gleichen Schaltung betreibt. Beim Ersetzen der 36-W-Lampen durch eine, zwei oder drei 18-W-Lampen variiert der Lampenstrom zwischen 107% und 87%. Läßt man den Kondensator weg, variiert der Strom zwischen ca. 150% und ca. 25%. Der Strom bei zwei 18-W-Lampen ist dabei jeweils zu 100% gesetzt.

Der Lampenstrom I_L, der Lichtstrom Φ_L und die Drosselverluste P_V sind stark von der Toleranz des Reihenkondensators abhängig (siehe Bild 2.84). Aus diesem Grund müssen Reihenkondensatoren eine eingeengte Toleranz von nur $\pm$ 4% haben.

Wie das Vektordiagramm in Bild 2.82 zeigt, ist die Kondensatorspannung (Größenordnung 450 V)

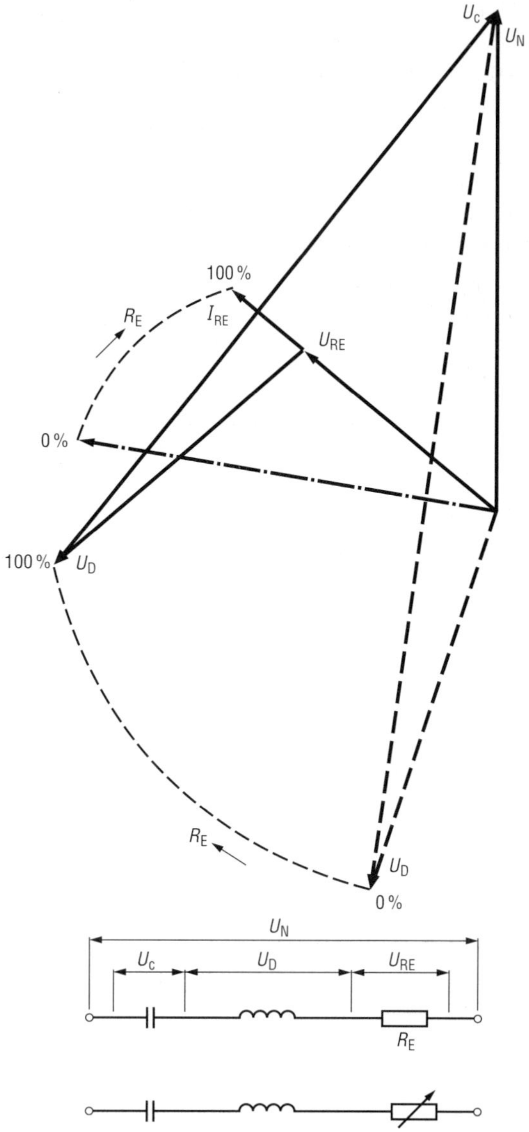

Bild 2.83
Belastung des kapazitiven Vorschaltgeräts mit einem Lampenersatzwiderstand R_E. Der Ersatzwiderstand R_E wurde zwischen 0% und 100% variiert

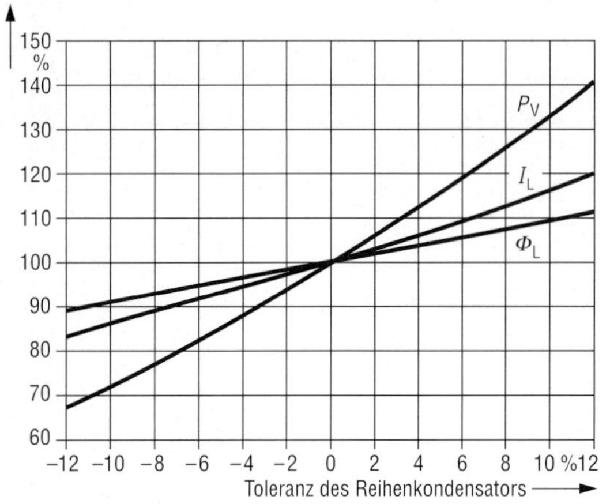

Bild 2.84
Betriebsgrößen der Lampe und Verlustleistung der Drossel in der kapazitiven Schaltung in Abhängigkeit von der Kondensatortoleranz

erheblich höher als die Netzspannung. Deshalb ist darauf zu achten, daß das im Leuchtenbau übliche Installationsmaterial mit einer Reihenspannung von 250 V nicht überlastet wird. Bild 2.85 zeigt, daß die Reihenfolge der Bauelemente beachtet werden muß. In der Praxis hat man sich daher auf die Reihenfolge Phase, Kondensator, Drossel, Lampe, Nulleiter geeinigt.

Die kapazitive Schaltung hat einen ähnlich schlechten Leistungsfaktor wie die induktive Schaltung. Der Unterschied ist nur, daß dieser kapazitiv ist. Aufgrund der Technischen Anschlußbedingungen des VDEW darf deshalb die kapazitive Schaltung nur bis zu einer Lampenleistung von insgesamt 130 W je Außenleiter verwendet werden. Die Kompensation der kapazitiven Blindleistung wäre nur mit einer verlustbehafteten, relativ großen und teuren netzparallelen Drosselspule möglich. Daher ist es üblich, jeweils eine induktive und eine kapazitive Schaltung parallel zu schalten (Duoschaltung).

Duoschaltung

Zur Kompensation des kapazitiven Blindstroms wird einem kapazitiven Vorschaltgerät ein normales, induktives Vorschaltgerät nach Bild 2.86 parallel geschaltet. Die geometrische Summe der vor- bzw. nacheilenden Ströme führt zu einem Gesamtstrom, der beinahe in Phase mit der Netzspannung liegt. Der Netzleistungsfaktor der Duoschaltung beträgt daher ungefähr 1.

Mit dem Duo-Vorschaltgerät wird nicht nur eine Kompensation der Blindleistung von zwei Leucht-

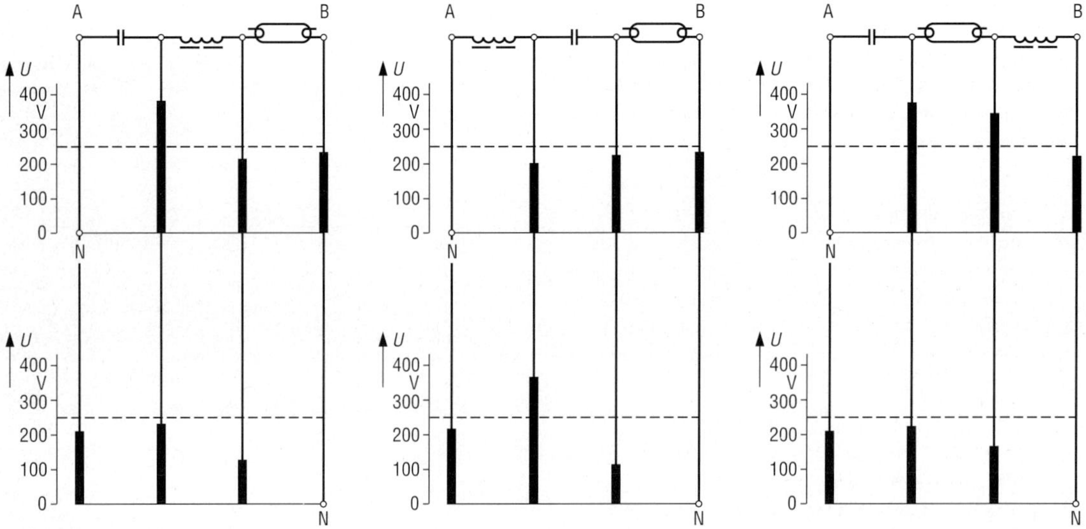

Bild 2.85
Spannung gegen Erde bei den 6 möglichen Reihenfolgen der Bauelemente Lampe, Drossel und Kondensator in der kapazitiven Schaltung. Die Spannung darf 250 V nicht überschreiten

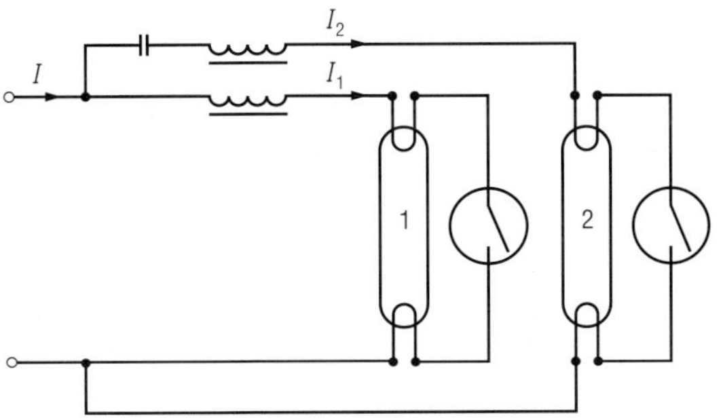

Bild 2.86
Duoschaltung. I_1 Lampenstrom im induktiven Zweig, I_2 Lampenstrom im kapazitiven Zweig

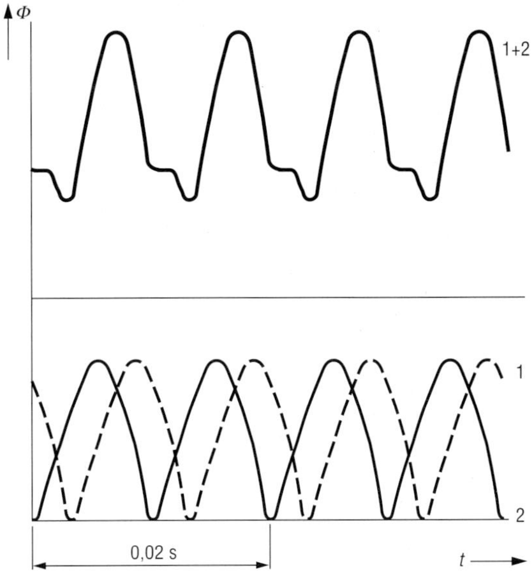

Bild 2.87
Zeitlicher Verlauf der Lichtströme ϕ zweier Leuchtstofflampen 1 und 2 einer Duoschaltung und ihre Summe

stofflampen erreicht, sondern es werden auch lichttechnische Vorteile gewonnen. Da der aus einer Leuchtstofflampe austretende Lichtstrom dem Lampenstrom nahezu proportional und phasengleich ist, sind die Dunkelpausen der zwei Leuchtstofflampen so gegeneinander verschoben, daß die Lichtwelligkeit geringer ist. Bild 2.87 zeigt die geschilderten Verhältnisse.

Eine zweilampige Leuchte in Duoschaltung hat eine so geringe Lichtwelligkeit, daß keine stroboskopischen Effekte an umlaufenden Maschinenteilen auftreten können.

Als weiterer Vorteil der Duoschaltung ist zu erwähnen, daß der Lichtstrom der Lampe, die am kapazitiven Geräteteil angeschlossen ist, kaum von der Netzspannung abhängt (Bild 2.88). Bei einer Netzunterspannung von 20% geht der Lichtstrom einer Glühlampe auf etwa 40% seines Nennwertes zurück, das Licht der Leuchtstofflampe in Drosselspulenschaltung aber fällt nur auf etwa 80%, in kapazitiver Schaltung auf etwa 90% ab. Der Verlauf des vom Netz aufgenommenen Stroms und der Leistung in Abhängigkeit von der an einem Duo-Vorschaltgerät angelegten Netzspannung ist in Bild 2.89 angegeben. Bemerkenswert ist, daß die nicht kompensierbare Verzerrungsblindleistung kleiner ist als bei kompensierten Vorschaltgeräten mit netzparallelem Kondensator. Die induktive Blindleistungsaufnahme des unkompensierten Geräteteils stimmt im zeitlichen Verlauf (Kurvenform) weitgehend mit der des kapazitiven Geräteteils überein. Deshalb erreicht der Leistungsfaktor nahezu den Wert 1.

Bei Netzen, in denen mit verhältnismäßig großen Frequenzschwankungen zu rechnen ist (selbstän-

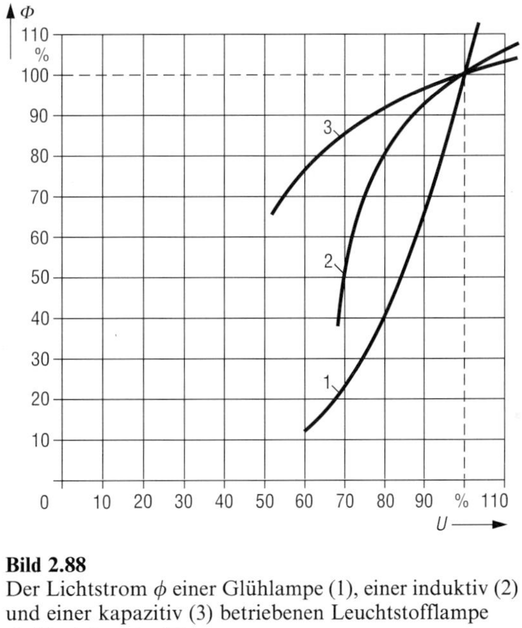

Bild 2.88
Der Lichtstrom ϕ einer Glühlampe (1), einer induktiv (2) und einer kapazitiv (3) betriebenen Leuchtstofflampe als Funktion der Netzspannung

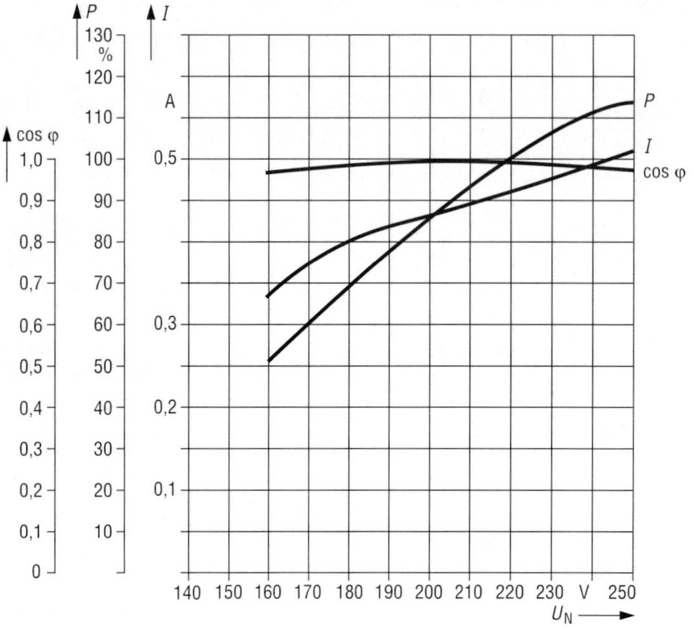

Bild 2.89
Leistung P, Strom I und Leistungsfaktor $\cos\varphi$ eines Duo-Vorschaltgeräts 2×36 W als Funktion der Netzspannung U_N

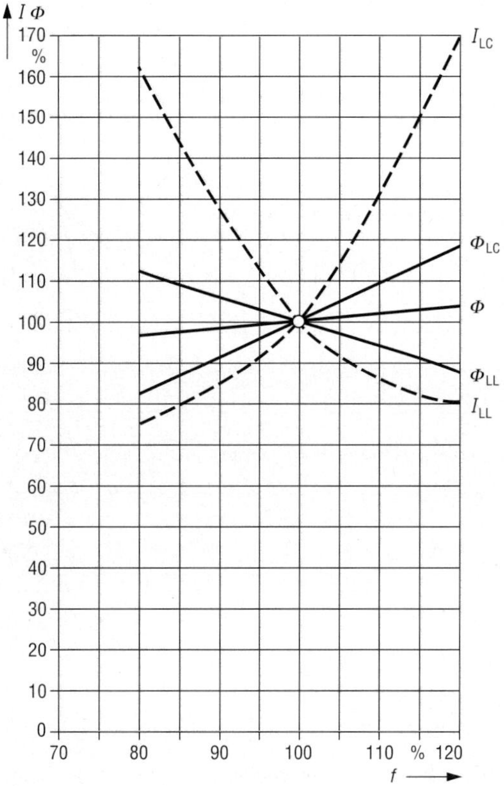

dige kleinere Stromversorgungsanlagen usw.), bietet die Duoschaltung ohne zusätzliche Regelung den Vorteil, daß der Gesamtlichtstrom der zwei Leuchtstofflampen kaum von der Frequenz abhängt (Bild 2.90). Mit steigender Frequenz fällt der Lichtstrom der Lampe am unkompensierten Geräteteil, während der Lichtstrom der Lampe am kapazitiven Vorschaltgerät größer wird.

Kompensierte Vorschaltgeräte

Der Leistungsfaktor der induktiven Schaltung beträgt etwa 0,5. Aus diesem Grunde verlangt der VDEW bei größerer Anhäufung dieser Schaltungsart eine Kompensation der induktiven Blindleistung. Wird die Kompensation durch einen netzparallelen Kondensator vorgenommen, so spricht man von einem kompensierten Vorschaltgerät.

Die Bilder 2.91a und b zeigen das Prinzip dieser Kompensationsart. Durch einen zusätzlichen

Bild 2.90
Prozentuale Lampen- und Lichtströme (I_L und Φ_L) in Abhängigkeit von der Frequenz f bei konstanter Netzspannung von Leuchtstofflampen im induktiven und kapazitiven Zweig (Index L bzw. C) bei einer Duoschaltung. Φ ist die Summe von Φ_{LL} und Φ_{LC}

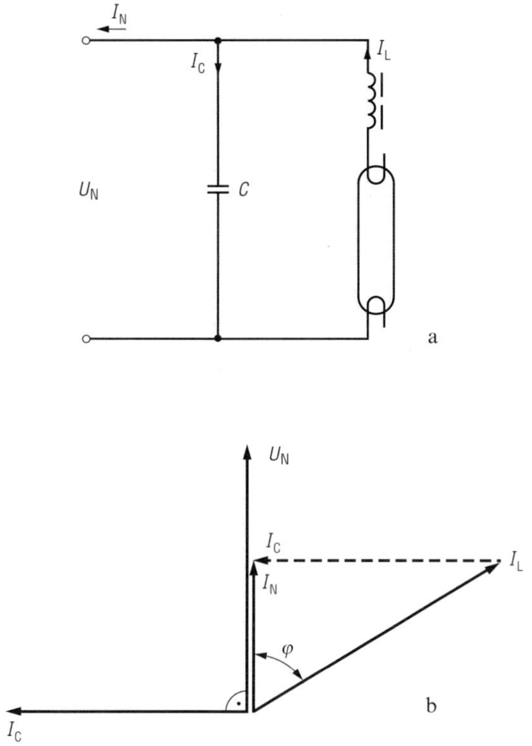

Bild 2.91
a Prinzip der Parallelkompensation
b Vektorbild bei netzparalleler Kompensation

Kondensator wird dem Netz ein so großer kapazitiver Blindstrom I_C entnommen, daß der Summenstrom, in dem Fall der Netzstrom I_N, etwa in Phase mit der Netzspannung liegt.

Die Größe des erforderlichen Kompensationskondensators können wir wie folgt berechnen:

$$I_C = U \cdot \omega C \qquad (2.3.40)$$

Damit I_N in Phase mit U_N liegt, muß nach Bild 2.91 b

$$I_C = I_L \cdot \sin\varphi$$

sein. Daraus folgt

$$C = \frac{I_L \cdot \sin\varphi}{U \cdot \omega} \qquad (2.3.40)$$

Als Beispiel berechnen wir den zur Vollkompensation der 36-W-Leuchtstofflampe erforderlichen Kondensator. Der $\cos\varphi$ der induktiven 36-W-Schaltung beträgt:

$$\cos\varphi = \frac{P_W}{P_S} = \frac{P_L + P_{VG}}{U_N \cdot I_L} = \frac{36 + 10}{230 \cdot 0{,}43} = 0{,}465$$

$$\sin\varphi = \sqrt{1 - \cos^2\varphi} = 0{,}885$$

und damit ist die Kapazität des Kompensationskondensators

$$C = \frac{0{,}43 \cdot 0{,}885}{230 \cdot 314} = 5{,}27\ \mu F$$

Die Kapazitätstoleranz der handelsüblichen Kompensationskondensatoren beträgt $\pm$ 10%. Damit die Schaltung nicht überkompensiert wird, legen wir den Nennwert des Kondensators um den Faktor 1,1 tiefer mit $C_N = \frac{5{,}27}{1{,}1} = 4{,}79\ \mu F$ fest.

Da dieser Kapazitätswert nicht erhältlich ist, wählen wir den nach DIN 48 511 genormten 4,5-μF-Kondensator.

Nun stellt sich die Frage, welchen Netzleistungsfaktor man mit diesem Kapazitätswert erreicht. Anhand des Vektorbildes 2.92 läßt sich der erzielte $\cos\varphi$ bzw. der Grad der Kompensation berechnen. Der 4,5-μF-Kondensator reicht zur Vollkompensation nicht mehr aus, so daß der Netzstrom I_N der Netzspannung U_N um den Winkel φ_2 nacheilt (Bild 2.92).

$$\operatorname{tg}\varphi_2 = \frac{I_1 \sin\varphi_1 - I_{bc}}{I_W} = \frac{I_1 \sin\varphi_1 - U_N \omega C}{\frac{P_W}{U_N}} \qquad (2.3.41)$$

Der kleinstmögliche Istwert des gewählten 4,5-μF-Kondensators beträgt $C_{min} = 4{,}5 \times 0{,}9\ \mu F = 4{,}05\ \mu F$; $\sin\varphi_1 = 0{,}885$. Werden die Werte in Gl. (2.3.41) eingesetzt, erhalten wir

$$\operatorname{tg}\varphi_2 = 0{,}4403$$

$$\rightarrow \varphi_2 = 23{,}76^\circ \rightarrow \cos\varphi_2 = 0{,}915$$

Im ungünstigsten Fall, mit dem kleinstmöglichen Kapazitätswert 4,05 μF, wird der Netzstrom I_N der Netzspannung um 23,8° elektrisch nacheilen. Der dazugehörige $\cos\varphi_2$ beträgt 0,915.

Setzt man in die Gleichung (2.3.41) nacheinander $C_M = 4{,}5\ \mu F$ und $C_{max} = 4{,}5 \cdot 1{,}1 = 4{,}95\ \mu F$ ein, so ergibt sich

$\cos\varphi_2 = 0{,}96$ für C_M und

$\cos\varphi_2 = 0{,}99$ für C_{max}.

Der gewählte 4,5-μF-Kondensator mit $\pm$ 10% Kapazitätstoleranz stellt also einen Kompensations-

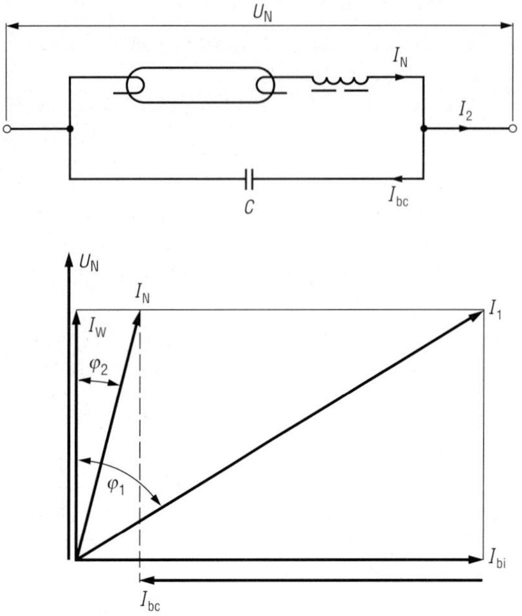

U_N	Netzspannung	I_1	Strom (ohne Kondensator)
I_w	Wirkstrom (wird vom Elektrizitätszähler berücksichtigt)	φ_1	Phasenwinkel (ohne Kondensator)
I_{bi}	induktiver Blindstrom	I_2	Gesamtstrom (mit Kondensator)
I_{bc}	kapazitiver Blindstrom	φ_2	Phasenwinkel (mit Kondensator)

Bild 2.92
Strom- und Spannungsvektoren einer Schaltung mit Leuchtstofflampe, Drosselspule und netzparallelem Kondensator

grad $\cos \varphi_2 > 0{,}9$ sicher. Bei der Berechnung wurden sinusförmige Netzspannung und Lampenstrom vorausgesetzt. In der Praxis ist es deshalb üblich, den so errechneten Kapazitätswert experimentell zu überprüfen. Hierzu wird der Kompensationskondensator um den errechneten Wert variiert und der Leistungsfaktor λ bzw. der $\cos \varphi$ gemessen.

Bild 2.93 zeigt die Meßergebnisse. Wie die Kurven a und b zeigen, kommt man je nach der gewählten Meßmethode zu unterschiedlichen Kompensationsgraden.

Mit einem $\cos \varphi$-Messer ergeben sich bei entsprechender Größe des Kondensators Kompensationsgrade bis zum Wert 1; die Messungen mit Strom-, Spannungs- und Wirkleistungsmessern können auch bei Vollkompensation den Wert 1 nicht erreichen. Diese Erscheinung ist auf den Oberschwingungsgehalt des Stroms der Leuchtstofflampe zurückzuführen.

Die Drosselspule mit angeschlossener Entladungslampe hat keine exakt sinusförmige Stromaufnahme; die induktive Blindleistung wird deshalb ebenfalls Oberschwingungen enthalten. Das Wesen der Kompensation besteht aber darin, die induktive Blindleistung durch die gleichfrequente und gleichgroße kapazitive Blindleistung eines Kondensators aufzuheben. Dieses „Aufheben" gelingt aber nur, wenn sich beide Blindleistungen in ihrem zeitlichen Verlauf vollkommen decken. Vollkommene Kompensation ist infolge der Verzerrung nicht möglich; es verbleibt eine nicht kompensierbare Blindleistung der Oberschwingungen, die sogenannte Verzerrungsblindleistung.

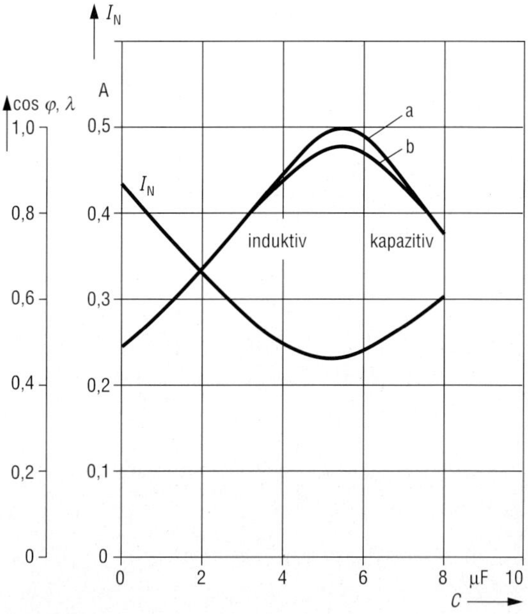

Bild 2.93
Leistungsfaktor $\cos \varphi$ und Stromaufnahme I_N einer Leuchtstofflampe mit Drosselspule in Abhängigkeit von der Kapazität C zur Kompensation der induktiven Blindleistung. Vergleich der Ergebnisse bei Messung mit $\cos \varphi$-Anzeiger und bei Messung mit Strom-, Spannungs- und Leistungsmesser (Leistungsfaktor aus $P/U \cdot I$ berechnet). Messungen mit einer 36-W-Leuchtstofflampe mit Vorschaltgerät an Wechselspannung 230 V:

a $\cos \varphi$-Messung, b $\dfrac{P_w}{U \cdot I}$-Messung

Bei oberschwingungsfreiem Strom und Spannungen ist der Verschiebungsfaktor $\cos\varphi$ gleich dem Leistungsfaktor λ. In der Praxis spielt bei den kompensierten Vorschaltgeräten der Unterschied zwischen dem Leistungsfaktor und dem Verschiebungsfaktor keine bedeutende Rolle, weil der zulässige Oberschwingungsgehalt begrenzt ist. Es genügt zu wissen, daß sich je nach Auswahl der Meßgeräte – insbesondere bei Vollkompensation – gering voneinander abweichende Ergebnisse zeigen können.

Nach der gezeigten Methode wurden die Kompensationskondensatoren der Standard-Leuchtstofflampen ermittelt. Die Werte sind aus Tabelle 2.32 ersichtlich.

Tabelle 2.32
Kompensationskondensatoren für Leuchtstofflampen

L-Lampe Watt	Nennstrom A	Leistung mit Vorschaltgerät W	Kompensationskondensator Leistungsfaktor > 0,9 µF
DULUX S 5	0,180	10	2,0
DULUX S 7	0,175	11	2,0
DULUX S 9	0,170	13	2,0
DULUX S 11	0,155	15	2,0
DULUX D 10	0,190	15	2,0
DULUX D 13	0,175	17	2,0
DULUX D 18	0,220	24	2,0
DULUX D 26	0,315	34	3,2
DULUX L 18	0,365	30	4,5
DULUX L 24	0,340	35	3,6
DULUX L 36	0,425	46	4,5
4	0,17	10	2,0
6	0,16	12	2,0
8	0,145	14	2,0
10	0,17	14	2,0
13	0,165	19	2,0
15	0,33	25	4,5
16	0,2	21	2,5
18	0,37	30	4,5
20	0,37	32	4,5
22	0,40	34	5,0
30	0,365	40	4,5
32	0,45	43	5,0
36	0,43	46	4,5
36/-1	0,556	46	6,0
38	0,43	50	4,5
40	0,43	50	4,5
58	0,67	71	7,0
65	0,67	78	7,0
65/..UK ln	0,845	80	9,0
115 SA	1,5	135	18,0
140 SA	1,5	160	18,0

Vorschaltgeräte als Teilgeräte

Die Scheinleistung eines Vorschaltgeräts ist eine Funktion seines Volumens:

$$P_S = f(V)$$

Ist bei vorgegebener Scheinleistung der gewünschte Gerätequerschnitt sehr klein, so nimmt die Drossel Längen an, die über den nach DIN 49 865 genormten Maximallängen liegen (Bild 2.67). In solchen Fällen wird das Vorschaltgerät aus 2 Teilgeräten aufgebaut.

Die im Abschnitt „Baugröße und Verlustleistung“ durchgeführte Berechnung einer 58-W-Drossel mit $28 \times 26\ \text{mm}^2$ Querschnitt zeigt, daß das Aufteilen in Teilgeräte zwangsläufig zu höherem Materialaufwand führt. Teilen wir die im Bild 2.68 skizzierte Drossel in 2 in Reihe geschaltete Drosseln auf, so liegt an jeder Drossel $U/2$ an. Der Strom I bleibt unverändert. Nach Gleichung (2.3.5) wird dann der Eisenquerschnitt einer Teildrossel

$$(A_{Fe})_{TD} = \frac{A_{Fe}}{2}$$

und damit die Paketlänge $l_P/2$. Aus der Geometrie ergibt sich, daß der Kupferaufwand sich um 2 zusätzliche Wickelköpfe erhöht.

Der Spulenwiderstand beider Teildrosseln zusammen erhöht sich nach Gleichung (2.3.15) von

$$R = \frac{\varrho \cdot N}{A_L}(2\,l_P + C_2)$$

$$\text{auf } (R)_{2TD} = \frac{\varrho \cdot N}{A_L}(2\,l_P + 2\,C_2) \qquad (2.3.42)$$

wenn C_2 die mittlere Länge von 2 Wickelköpfen ist. Proportional mit R steigen auch die Kupferverluste. Dabei ist gleich, ob die Teildrosseln in Reihe oder parallel geschaltet sind. Bei Reihenschaltung bleibt der Strom unverändert, dafür halbiert sich die Drosselspannung. Bei Parallelschaltung ist es umgekehrt.

Multipliziert man die Gleichung (2.3.5) mit I, so erhält man die Scheinleistung

$$P_S = I \cdot U_D = I \cdot 4{,}44 \cdot f \cdot \hat{B} \cdot N \cdot A_{Fe} \qquad (2.3.43)$$

Dann läßt sich schreiben:

$$P_S = 2\,(P_S)_{TD} \qquad (2.3.44)$$

$(P_S)_{TD}$ ist die Scheinleistung einer Teildrossel. Wenn eine Drossel in n Teildrosseln geteilt wird, gilt dann:

$$P_S = n \cdot (P_S)_{TD} \qquad (2.3.45)$$

In den Gerätetabellen der Vorschaltgerätehersteller wird deutlich darauf hingewiesen, wenn ab einer bestimmten Lampenleistung statt einer Drossel 2 Teildrosseln verwendet werden müssen. Auch die Schaltung (in Reihe oder parallel) wird durch ein Schaltbild angegeben. Um Verwechslungen zu vermeiden, ist auch üblich, in der Typenbezeichnung die Buchstaben TD aufzunehmen.

Verlustarme Vorschaltgeräte

Bei der Berechnung der Lichtausbeute geht der Lampenhersteller davon aus, daß ein 58-W-Vorschaltgerät im Durchschnitt 13 W Verluste hat.

Im Abschnitt „Baugröße und Verlustleistung" wurde die Minimierung der Verluste ausführlich behandelt. Entsprechend betragen bei dem genormten und sehr verbreiteten Gerätequerschnitt 42 × 32 mm^2 die kleinstmöglichen Verluste bei einer Paketlänge von ca. 180 mm 9 W. Bei dieser Optimierungsrechnung wurde eine preisgünstige, gut stanzbare Elektroblechsorte nach DIN 46400 (siehe Tabelle 2.28) mit der Bezeichnung V530-50A angenommen. Die Drosselverluste können mit verlustärmeren DIN-Blechen nicht mehr gravierend verringert werden, da mit abnehmenden Eisenverlusten auch die Magnetisierbarkeit zurückgeht. Dies hat zur Folge, daß die Induktion B zurückgenommen werden muß, wodurch die Windungszahl und damit die Kupferverluste wieder zunehmen.

Mit einer anderen Elektroblechgüte nach DIN 46400 lassen sich die Verluste einer 58-W-Drossel bei 42 × 32 mm^2 Gerätequerschnitt auf etwa 8 W senken. Dieser Wert stellt eine physikalisch vorgegebene Grenze dar.

Hersteller von Leuchtstofflampenvorschaltgeräten nennen für ihre Niedrigverlustgeräte bei 230 V/50 Hz die in Tabelle 2.33 zusammengestellten Verlustwerte.

Tabelle 2.33
Verlustleistung von Niedrigverlustgeräten

Vorschaltgerät	P_V*
18 W	6,4
36 W	6,0
58 W	8,0

* Vorschaltgeräteverluste (Eigenverluste) in Watt beziehen sich gemäß DKE (Deutsche Elektrotechnische Kommission) bei induktivem Betrieb mit Nennspannung und Nennfrequenz mit Referenzlampe auf den Mittelwert im thermischen Beharrungszustand. Dabei wird das Vorschaltgerät auf eine mattschwarz gestrichene Holzunterlage mit einer Dicke von 20 mm gestellt

Vorschaltgeräte für Netze mit anomalen Spannungen

Im Bild 1.27 im Kapitel 1.2.3 ist die Lampenleistung als Funktion des Verhältnisses U_L/U_N aufgetragen. Diese Kurve zeigt, daß die Lampenleistung P_L bei ca. $U_L/U_N - 0{,}5$ ein ausgeprägtes Maximum hat und gegen kleinere und größere U_L/U_N-Werte rasch abnimmt. Daher ist es ideal, die Nennversorgungsspannung mit $U_N \approx 2 \times U_L$ festzulegen. Dann sind die Lampenleistung bzw. Lichtstrom bei den unvermeidlichen Netzspannungsschwankungen am stabilsten. Wie im Kapitel 1.2.1 ausgeführt, legt man die Lampennennspannung wegen der Wiederzündspitze und wegen der im Laufe der Lampenlebensdauer leicht zunehmenden Brennspannung eher bei Werten um 0,4 U_N fest. Bei den meistverbreiteten Standardleuchtstofflampen beträgt die Nennspannung ca. 100 V. Damit ist die Bedingung $U_N \approx 2\, U_L$ bei den europäischen 230-V-Netzen recht gut erfüllt $\left(\frac{U_L}{U_N} = \frac{100}{230} = 0{,}43\right)$. In den USA und in einer Reihe außereuropäischer Länder trifft man noch häufig 110-, 115-, 120- und 127-V-Netze an. An diesen Spannungen können in der einfachen Drossel-Starter-Schaltung nur Lampen mit Brennspannungen um 60 V betrieben werden. Für die wichtigen Standardlampen mit Brennspannungen um 100 V muß bei solchen Netzen die Spannung erst mit Hilfe eines vorgeschalteten Trafos auf $U \approx 2\, U_L$ hochgesetzt werden. Zweckmäßigerweise vereinigt man den Trafo und die Drossel zu einem einzigen Gerät, dem Streufeldtransformator. In der Praxis trifft man beide Schaltungsarten an, weil in eine Reihe von Leuchten der im Querschnitt größere Streufeldtransformator nicht einbaubar ist.

Sollen an 230-V-Netzen schließlich kleine Leuchtstofflampen mit Brennspannungen $U_L \leq 60$ V in Einzelschaltung betrieben werden, so muß die Spannung auf $U \approx 2\, U_L$ heruntergesetzt werden.

In Tabelle 2.34 sind die technischen Daten von Streufeldtransformatoren zum Betrieb wichtiger Standardlampen an 110- bis 127-V-Netzen zusammengestellt.

Tabelle 2.34
Technische Daten von Streufeldtransformatoren zum Betrieb wichtiger Standardlampen an 110- bis 127-V-Netzen

Vorschaltgerät	Lampen- Leistung W	Strom A	Induktiv $\cos\varphi$	Netzstrom A	Kompensiert $C_{K\,150\,V}$ µF ± 10% *	**	Netzstrom A **
110 V 50 Hz	30	0,365	0,46	0,80	13,5	18	0,38
	1 × 40/2 × 20	0,46	0,45	0,95	16	20	0,47
	65	0,67	0,50	1,40	22	30	0,78
110 V 60 Hz	30	0,365	0,46	0,79	12	14	0,38
	1 × 40/2 × 20	0,43	0,47	0,92	12	16	0,44
	65	0,67	0,51	1,45	20	25	0,77
120 V 60 Hz	30	0,365	0,48	0,67	9	12	0,33
	1 × 40/2 × 20	0,43	0,50	0,79	10	15	0,40
	65	0,67	0,51	1,27	15	22	0,65
127 V 50 Hz	30	0,365	0,46	0,67	12	16	0,31
	1 × 40/2 × 20	0,43	0,49	0,74	12	16	0,37
	65	0,67	0,53	1,20	18	25	0,67
127 V 60 Hz	30	0,365	0,46	0,67	9	12	0,31
	1 × 40/2 × 20	0,43	0,49	0,74	9	12	0,39
	65	0,67	0,50	1,20	13,5	18	0,65

* für $\cos\varphi = 0{,}85$
** für $\cos\varphi = 0{,}95$

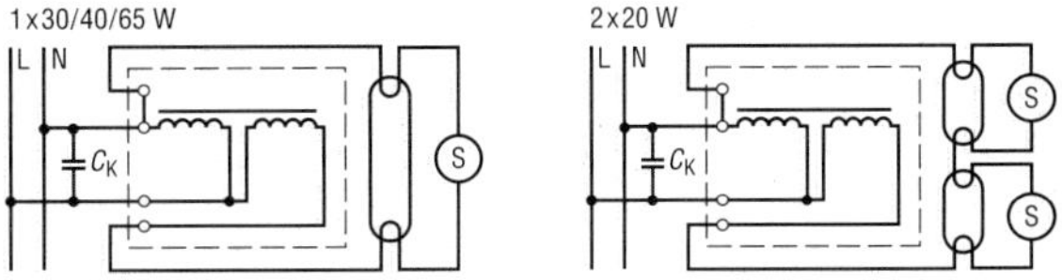

Vorschaltgeräte für Netze mit anomalen Frequenzen

In den USA und in Ländern mit USA-orientierten Normen beträgt die Netzfrequenz 60 Hz. Wird ein induktives Vorschaltgerät, das für 60 Hz bestimmt ist, an Netze mit 50 Hz angeschlossen, so steigt der Netzstrom um ca. 25%, die Verluste und die Betriebserwärmung des Geräts steigen um etwa 40%. Dadurch vermindern sich die Lebensdauer von Lampe und Vorschaltgerät. Bei diesem unzulässigen Betrieb entfallen die Gewährleistungen der Lampen- und Vorschaltgerätehersteller.

Wird andererseits ein induktives Vorschaltgerät, das für 50 Hz bemessen ist, an 60 Hz betrieben, verringert sich der Lampenstrom um etwa 20% und die Verlustleistung des Gerätes um ca. 25%. In diesem Fall werden Lampe und Drossel nicht überlastet. Aber auch dieser Betrieb ist unzulässig, weil die Lampenwendel wegen des verringerten Stroms nicht auf ausreichende Emissonstemperatur kommt und deshalb auch an Lebensdauer einbüßt. Außerdem steigt wegen der negativen Strom-Spannungs-Charakteristik der Lampen die Lampenspannung an, so daß der Starter schließen kann. Die Lampe würde dann in den Blinkbetrieb übergehen.

Die Bemessung von Vorschaltgeräten für 60 Hz bereitet keine Schwierigkeiten. Da die Lampe sich bei 50 und 60 Hz praktisch gleich verhält, gilt das Vektordiagramm im Bild 2.81 unverändert. Lediglich die Zeiger drehen sich um den Faktor $\frac{60}{50} =$ 1,2 schneller. Die Drosselspannung und damit auch die Impedanz sind bei 60 Hz unverändert.

Die Formel (2.3.5) für die Drosselspannung $U_D = 4{,}44 \cdot f \cdot \hat{B} \cdot N \cdot A_{Fe}$ zeigt, daß bei 60 Hz entweder die Windungszahl N, der Eisenquerschnitt A_{FE} oder das Produkt $N \cdot A_{Fe}$ im Verhältnis $\frac{50}{60}$ verringert werden müssen, damit U_D konstant bleibt. Die Magnetisierbarkeit des Eisens ist bei 50 bzw. 60 Hz praktisch unverändert, so daß die Induktion $\hat{B}$ gleich bleiben kann. Zu berücksichtigen ist, daß die Hystereseverluste des Eisens linear, die Wirbelstromverluste quadratisch mit der Frequenz zunehmen. Wie Bild 2.94 zeigt, steigen die gesamten Eisenverluste bei der vielverwendeten Elektroblechqualität V 530-50 A bei 60 Hz um ca. 25%.

Für europäische Vorschaltgerätehersteller kommt die 60-Hz-Drossel nur in relativ geringen Stückzahlen für den Export in Frage. Daher ist es günstig, diese Sonderausführung aus der 50-Hz-Standarddrossel mit möglichst wenigen Änderungen abzuleiten. Zweckmäßigerweise läßt man die Geräteabmessungen und damit den Eisenquerschnitt A_{Fe} unverändert und verringert die Windungszahl. Über die im Verhältnis $\frac{50}{60}$ niedrigere Windungszahl lassen sich die Kupferverluste um 17% senken. Weil dadurch 17% Wickelraum frei wird, kann der Drahtquerschnitt um denselben Prozentsatz erhöht und der Spulenwiderstand ebenfalls um etwa 17% gesenkt werden. Die Kupferverluste lassen sich so um rd. 1/3 senken.

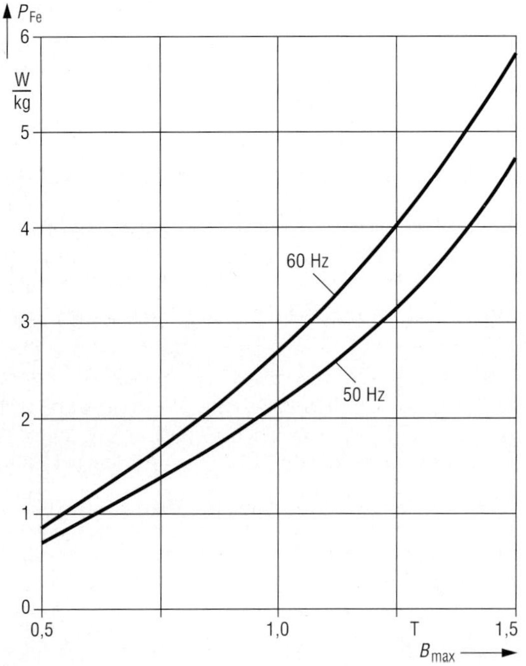

Bild 2.94
Eisenverluste der meistverwendeten Elektroblechqualität V 530-50 A bei 50 und 60 Hz

Die Drosselverluste bestehen aus ca. 75% Kupfer- und 25% Eisenverlusten. Da die Kupferverluste um rund 33% gesenkt werden können, die Eisenverluste aber nur um ca. 25% steigen, wird es immer leicht sein, eine Drossel für 60 Hz zu dimensionieren.

Der einfachste Weg wäre aber, N und A_{Fe} unverändert zu lassen und dafür die Induktion $\hat{B}$ über den entsprechend vergrößerten Luftspalt um den Faktor $\frac{50}{60}$ zu verringern. Die Kupferverluste würden dann gleich bleiben und die Eisenverluste geringfügig abnehmen, weil die um 17% niedrigere Induktion die durch die 60 Hz erhöhten Verluste etwas mehr als wettmacht.

Beträgt die Induktion der 50-Hz-Standarddrossel z. B. $\hat{B} = 1{,}2\,\mathrm{T}$, so betragen die spezifischen Eisenverluste nach Bild 2.94 bei 50 Hz 2,9 W/kg. Bei $\frac{50}{60} \cdot 1{,}2\,\mathrm{T} = 1{,}0\,\mathrm{T}$ und 60 Hz können wir diesem Bild einen Wert von 2,65 W/kg entnehmen. Die Eisenverluste würden um etwa 9%, die Gesamtverluste nur um ca. 2% abnehmen. Dieser Weg der Umdimensionierung von 50 Hz in 60 Hz ist unwirtschaftlich, weil er von der möglichen Kupfereinsparung keinen Gebrauch macht. In der Praxis verringert man die Windungszahl soweit, bis die Eisenverluste nicht mehr wesentlich zunehmen. Auf diese Weise kann man bei unveränderten Gesamtverlusten Kupfer einsparen.

Tabelle 2.35 zeigt anhand eines praktischen Beispiels die sinnvolle Umdimensionierung einer Standarddrossel 36 W, 230 V/50 Hz in eine Son-

Tabelle 2.35
Baudaten und elektrische Meßwerte bei Umdimensionierung einer Standarddrossel 36 W in eine Sonderdrossel 36 W

	Baudaten			Elektrische Meßwerte		
	$\hat{B}$ T	N	A_L mm²	$(P_V)_{Ges}$ W	P_{Cu} W	P_{Fe} W
Standarddrossel 36 W, 230 V/50 Hz	1,2	756	0,0768	10,0	7,5	2,5
Sonderdrossel 36 W, 230 V/60 Hz	1,14	720	0,0768	10,0	7,1	2,9

derdrossel 36 W, 230 V/60 Hz. Die Geräteabmessungen und der Leiterquerschnitt sind gleich, nur die Windungszahl und damit der Kupferaufwand sind um 5% gesenkt, ohne daß die Gesamtverluste steigen.

Lebensdauerverhalten

Die Lebensdauer des Vorschaltgeräts ist durch die Lebensdauer seiner Wicklungsisolation bestimmt. Versagt die Isolation an nur einer einzigen Stelle, so tritt Wicklungsschluß auf. Die Isolation wird örtlich thermisch zerstört, der Fehler breitet sich weiter aus, das Lebensdauerende ist erreicht.

Hinsichtlich Lebensdauerverhalten werden Vorschaltgeräte an Hand ihrer Wicklungsgrenztemperatur klassifiziert. Unter Wicklungsgrenztemperatur t_w versteht man jene Wicklungstemperatur, der das Vorschaltgerät unter Nennbedingungen und ununterbrochenem Betrieb 10 Jahre lang standhält.

Die IEC/VDE-Vorschriften sehen nachstehende t_w-Werte vor (in °C): 90, 95, 100, 105, 110, 115, 120, 125, 130, 135, 140, 145, 150. Mit preisgünstigen Isolierstoffen ist heute die Grenztemperatur t_w = 130 °C realisierbar. Dieser Wert hat sich deshalb als Standardwert eingeführt. Werte darunter haben nurmehr historische Bedeutung.

Mit wärmefesteren Isolierstoffen sind auch t_w-Werte bis 150 °C ohne weiteres erreichbar. Gegen Werte über 130 °C spricht aber, daß mit zunehmender Temperatur die Kupferverluste und damit die Gesamtverluste des Vorschaltgeräts zunehmen. Deshalb wird man derart hohe Wicklungstemperaturen nur dann in Anspruch nehmen, wenn am Einbauort des Vorschaltgeräts extrem hohe Umgebungstemperaturen herrschen.

Aus der chemischen Reaktionskinetik läßt sich die Lebensdauer der Wicklung als Funktion der Temperatur herleiten. Wird auf der x-Achse die Zeit logarithmisch und auf der y-Achse der Kehrwert der absoluten Temperatur $\frac{1}{T}$ mit $T = 273\,\mathrm{K} + t_w$ aufgetragen, so ist die Lebensdauerkurve eine Gerade. Bild 2.95 zeigt das Lebensdauerdiagramm eines Standardvorschaltgeräts mit der Wicklungsgrenztemperatur t_w von 130 °C.

Die Lebensdauergerade läßt die sogenannte Zehn-Grad-Regel erkennen. Erhöht man die Wicklungstemperatur um 10 °C, so sinkt die Lebensdauer auf etwa die Hälfte, bei weiteren 10 °C auf ein Viertel

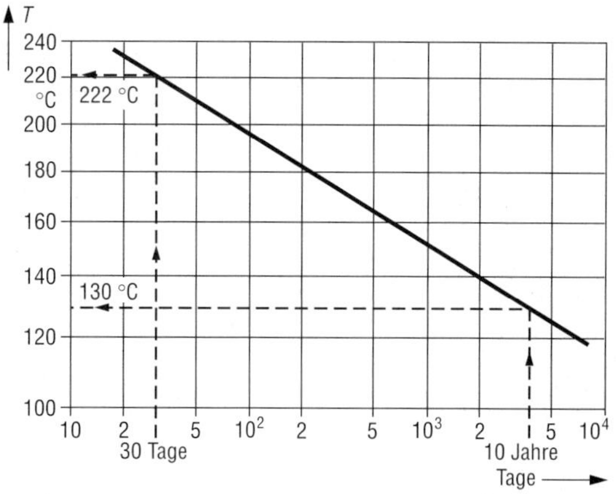

Bild 2.95
Lebensdauerdiagramm eines Standardvorschaltgeräts mit der Wicklungsgrenztemperatur t_w = 130 °C

usw. Diese Gesetzmäßigkeit macht eine zeitraffende Lebensdauerprüfung der Vorschaltgeräte möglich. Der zehnjährige praktische Betrieb bei 130 °C läßt sich z. B. innerhalb von 30 Tagen durch eine Prüfung bei 222 °C abbilden.

Die theoretisch hergeleitete Lebensdauergerade wurde in den letzten Jahrzehnten von vielen in- und ausländischen Untersuchungsstellen mit Vorschaltgeräten und anderen Wickelgütern über lange Zeiträume experimentell nachgewiesen. Ergebnisse dieser Untersuchungen waren:

▷ Die Prüftemperatur als Funktion der Prüfzeit $T_P = f(t_P)$ ist im halblogarithmischen Diagramm eine Gerade.
▷ Höhere Wicklungsgrenztemperaturen als 130 °C sind bei geeigneter Wahl der Isolierstoffe ohne weiteres möglich.
▷ Die Lebensdauergeraden haben je nach dem chemischen Abbaumechanismus der Isolierstoffe unterschiedliche Neigungen.

Allgemein läßt sich die Lebensdauergerade durch die folgende Gleichung beschreiben:

$$\log t_P = \log t_0 + S\left(\frac{1}{T_P} - \frac{1}{T_w}\right)$$

mit

t_P Sollprüfdauer in Tagen
t_0 3652 Tage (10 Jahre)
T_P Prüftemperatur in K
T_w Wicklungsgrenztemperatur in K
S Technologische Konstante (Neigung der Lebensdauergeraden)

Um Frühausfälle von Vorschaltgeräten zu verhindern, muß dem starken Einfluß der Temperatur auf die Lebensdauer Rechnung getragen werden. Je nach dem magnetischen Sättigungsgrad (Kennlinienkrümmung) und dem Verhältnis der Kupfer- zu den Eisenverlusten des Vorschaltgeräts nimmt der Lampenstrom und damit die Wicklungstemperatur bei Überspannung unterschiedlich stark zu. Messungen der Wicklungstemperaturen verschiedener Vorschaltgeräte bei Nennspannung und bei 10% Überspannung ergaben Temperaturzunahmen von 8 bis 33 K, je nach Schaltungsart und Auslegung des Geräts.

Bei induktiven Vorschaltgeräten wurden $\Delta\vartheta$-Werte von 13 bis 33 K festgestellt. Bei kapazitiven Vorschaltgeräten wirkt sich die strombegrenzende Wirkung der Schaltung günstig aus. Hier wurden nur Temperaturzunahmen von 8 bis 19 K ermittelt. In welchem Maß die Zunahme der Wicklungstemperatur durch die 10%ige Spannungserhöhung die Lebensdauer der Vorschaltgeräte verkürzt, zeigt Bild 2.96. Die Nennlebensdauer von 10 Jahren wurde 100% gesetzt.

Die Grafik zeigt, daß bei dauernder 10%iger Überspannung induktive Vorschaltgeräte nurmehr 11 bis 40%, kapazitive Geräte 27 bis 58% ihrer Nennlebensdauer erreichen. Bei der Auswahl von Vorschaltgeräten sollte dieses wichtige Qualitätskriterium berücksichtigt werden.

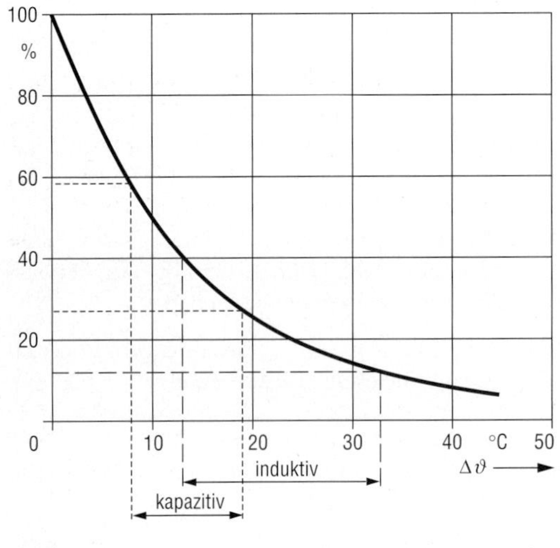

Bild 2.96
Lebensdauer von Vorschaltgeräten als Funktion der Temperaturerhöhung. Die Nennlebensdauer von 10 Jahren wurde zu 100% gesetzt. Bei 10%iger Spannungserhöhung ergeben sich die angegebenen Bereiche für induktive und kapazitive Vorschaltgeräte

Bei diesen Betrachtungen wurde angenommen, daß bei Ausfall einer Lampe diese sofort ausgetauscht wird, so daß eine thermische Belastung des Vorschaltgeräts durch Dauervorheizung nicht auftritt. Wird jedoch die Lampe am Ende ihrer Lebensdauer (ca. 7500 Std.) längere Zeit nicht ausgewechselt, so wird die Lebensdauer des Vorschaltgeräts noch viel stärker verkürzt.

Eine Drossel mit 130 °C Grenztemperatur darf in der Leuchte aufgrund der geltenden Vorschrift EN 60 598-1/DIN VDE 0711 T1 bei 10% Überspannung und Dauervorheizbetrieb max. 230 °C Wicklungstemperatur annehmen. Nach Bild 2.95 würde das bedeuten, daß die Lebensdauer dann von 10 Jahren (3652 Tage) auf 20 Tage zurückginge. Dies entspricht einer Lebensdauereinbuße um 99,5%!

Im allgemeinen treten in Leuchten nicht die hohen Wicklungstemperaturen auf, die bei 1,1facher Netzspannung zulässig wären, so daß die Verhältnisse in der Praxis günstiger liegen. Dieser zulässige und mögliche Betriebsfall wurde aufgezeigt, um auf den ungewöhnlich starken Einfluß des Dauervorheizbetriebs auf die Drossellebensdauer hinzuweisen. Bei Arbeitsplatzleuchten oder bei sehr gut gewarteten Beleuchtungsanlagen ist der Dauervorheizbetrieb praktisch ausgeschaltet. Bei schwer zu wartenden Anlagen (Straßenbeleuchtung oder hohe Fabrikhallen) wird sich ein Sicherheitsstarter, der den Lampenstromkreis in 10–30 s unterbricht, in kürzester Zeit amortisieren.

Der Lebensdauerkurve läßt sich aber auch entnehmen, daß eine um ca. 10 °C niedrigere Wicklungstemperatur die Lebensdauer jeweils verdoppelt. Durch verlustarme Vorschaltgeräte läßt sich in der Leuchte die Wicklungstemperatur verringern und dadurch die Lebensdauer erhöhen.

Prüfungen

Prüfungen und Zulassungen von Vorschaltgeräten für Niederdruck-Leuchtstofflampen erfolgen nach den gültigen VDE-Bestimmungen bzw. EG-einheitlichen harmonisierten Vorschriften als EN. In Kapitel 11, Tabelle 11.1 findet sich eine Gegenüberstellung der noch gültigen nationalen Normen und der zukünftigen internationalen harmonisierten Vorschriften.

Für o. g. Vorschaltgeräte gelten die harmonisierten IEC-Publikationen 920 und 921. Als europäische Normen haben diese die Bezeichnung EN 60 920/DIN VDE 0712, Teil 10, für die Sicherheit und EN 60 921/DIN VDE 0712, Teil 11, für die Arbeitsweise. Die Aufsplittung der Norm in den Teil Sicherheit und den Teil Arbeitsweise (siehe auch Bild 11.1) basiert auf internationalen Regelungen, die besagen, daß die Sicherheit der Geräte als obligatorisches Merkmal eingestuft werden muß. Das wird auch in der Niederspannungsrichtlinie der europäischen Gemeinschaft so dargestellt. Die richtige Arbeitsweise, die zum ordnungsgemäßen Betrieb der Lampe und der damit verbundenen Lampenbetriebsdaten ebenfalls erfüllt sein muß, liegt in der Verantwortung des Herstellers selbst.

Bei einer Zulassungsprüfung durch eine Prüfstelle erfolgt hiermit obligatorisch nur eine Überprüfung des Vorschaltgeräts gemäß dem Teil für die Sicherheit. Selbstverständlich kann der Hersteller auch die Konformitätsprüfung für die Arbeitsweise beantragen, was ihm von der Prüfstelle auch bescheinigt wird.

Die neuen, zu harmonisierenden Normen liegen in der Regel vorab als sogenannte Rosadrucke mit dem Status eines Entwurfs vor. Die VDE-Prüfstelle erteilt hierauf das sogenannte ÜG-Zeichen (Gutachten mit Fertigungsüberwachung), das den Charakter eines VDE-Zeichens besitzt (siehe auch Kapitel 11.1.6, Vertrag mit der VDE-Prüfstelle).

Durch das Technische Büro in CENELEC erfolgt nach einem allgemeinen Abstimmungsverfahren die Ratifizierung der zu harmonisierenden Norm, was einem Inkrafttreten der Norm gleichkommt. Ab diesem Zeitpunkt kann nun auch das VDE-Prüfzeichen vergeben werden bzw. werden vorher erteilte ÜG-Zeichengenehmigungen auf Anforderung zur VDE-Zeichengenehmigung umgeschrieben.

Der Zeitpunkt des Außerkrafttretens der alten, nationalen Norm ist auf der neuen, harmonisierten Norm vermerkt. Produkte, die noch nach der alten Norm genehmigt sind, dürfen in der Regel weitere 5 Jahre in den Handel gebracht werden (siehe dazu auch Bild 11.7).

Es wird jedoch empfohlen, Zulassungen nach den neuen, zu harmonisierenden Bestimmungen zu beantragen, da hiermit Folgezulassungen in anderen europäischen Ländern und den dort verantwortlichen Prüfstellen wesentlich erleichtert werden und gegebenenfalls Nachprüfungen gänzlich entfallen.

Die Vorschrift EN 60 920/DIN VDE 0712 Teil 10 zur Überprüfung der Sicherheit der Geräte beinhaltet folgende Anforderungen, die entsprechend der Reihenfolge der Paragraphen durchgeführt werden:

Hauptabschnitt I – Allgemeine Anforderungen

1 Anwendungsbereich
2 Begriffe
3 Allgemeine Anforderung
4 Allgemeines über die Prüfungen
5 Einteilung
6 Aufschriften

Hauptabschnitt II – Sicherheitsanforderungen

7 Schutz gegen zufällige Berührung aktiver Teile
8 Anschlußklemmen
9 Schutzleiteranschluß
10 Feuchtebeständigkeit und Isolierung
11 Wärmebeständigkeit der Wicklungen
12 Begrenzung der Vorschaltgeräte-Erwärmung
13 Schrauben, stromführende Teile und Verbindungen
14 Kriech- und Luftstrecken
15 Wärme- und Feuchtebeständigkeit
16 Beständigkeit gegen Korrosion

Anhang A	Prüfungen: Allgemeine Bestimmungen und Prüfungen, die sich auf Abschnitt II beziehen
Anhang B	Besondere Bestimmungen für thermisch geschützte Vorschaltgeräte
Anhang C	Besondere Bestimmungen für Einstift-Leuchtstofflampen
Anhang D	Gebrauch der Konstanten S für Prüfungen auf Dauerhaftigkeit, soweit S von 4500 abweicht
Anhang E	Information über die Ausführung von Erwärmungsprüfugen für thermisch geschützte Vorschaltgeräte

Bestimmte Abschnitte dieser Norm, z. B. Prüfungen über die Wärmebeständigkeit von Wicklungen, sind auch für solche Vorschaltgeräte anzuwenden, die integrierter Bestandteil einer Leuchte sind und nicht gesondert geprüft werden können.

Weitere Einzelheiten über thermische Eigenschaften der Vorschaltgeräte, die mit Hilfe der maximalen Nennbetriebstemperatur des Wickeldrahtes bestimmt wird und zur Sicherstellung einer ausreichenden Lebensdauer der Vorschaltgeräte dient (in der Regel 10 Jahre ununterbrochener Betrieb an der max. zulässigen Temperaturgrenze), sind der o. g. Norm zu entnehmen.

Die Vorschrift EN 60921/DIN VDE 0712 Teil 11 zur Überprüfung der Arbeitsweise der Geräte beinhaltet folgende Anforderungen, die allerdings nur in Verbindung mit den Anforderungen des Teiles 10 für die Sicherheit gelten; eine Prüfung bzw. Zulassung nur nach dem Vorschriftenteil Arbeitsweise ist nicht statthaft:

1 Anwendungsbereich
2 Begriffe
3 Allgemeines über die Prüfungen
4 Aufschriften
5 Allgemeines
6 Leerspannung an den Anschlüssen der Lampe oder des Starters (falls vorhanden)
7 Vorheizbedingungen
8 Lampenleistung und Strom
9 Leistungsfaktor der Schaltung
10 Netzstrom
11 Maximaler Strom in einer Elektrodenzuleitung
12 Kurvenform des Stroms
13 Magnetische Abschirmung
14 Tonfrequenzimpedanz

Anhang A	Prüfungen
Anhang B	Zusammenstellung der Vorschaltgeräte, die für die Serienschaltung von zwei Leuchtstofflampen geeignet sind
Anhang C	Referenzvorschaltgeräte
Anhang B	Referenzlampen

Die Auswahl und Eigenschaften der für die Prüfungen erforderlichen Referenzlampen sind in der Bestimmung ausführlich beschrieben.

2.3.2 Vorschaltgeräte für starterlosen Betrieb

Zum starterlosen Betrieb sind spezielle Lampen erforderlich. Diese, ihre Wirkungsweise und auch die verschiedenartigen Schaltungen wurden bereits im Kapitel 2.1.6 erläutert. Bei 120-V-Netzen muß die Spannung erst hochtransformiert werden. Hier bietet sich die starterlose Schaltung an, weil 2 zusätzliche Heizwicklungen am Streufeldtrafo zum Heizen der Lampenwendel nur einen ganz geringen Mehraufwand bedeuten. Aus diesem Grund ist diese Betriebsart z. B. in USA und Kanada sehr stark verbreitet. Anders ist es bei uns in Europa bei 230-V-Netzen, wenn die Leuchtstofflampe an einer einfachen Drossel betrieben werden kann. Hier ist zum starterlosen Betrieb ein zusätzlicher Heiztrafo oder ein aufwendiges Sondergerät (Resonanz-Doppeldrossel) erforderlich. Deshalb werden in diesen Netzen starterlose Vorschaltgeräte äußerst selten eingesetzt.

Im folgenden werden aufbauend auf Kapitel 2.1.6 ausschließlich Vorschaltgeräte zum Betrieb der in Deutschland eingeführten 20/40/65 W S- und Sa-Lampen behandelt.

Vorschaltgeräte zum Betrieb der S-Lampen

Das Prinzipschaltbild zeigt Bild 1.19 d. Ca. eine Sekunde nach Betätigen des Netzschalters sinkt die Zündspannung der Lampe U_Z unter die Netzspannung, die Lampe zündet flackerfrei durch. Dieser sogenannte „Rapidstart" wird vom Auge sehr angenehm empfunden, weil der Lichtstrom während der Zündphase nicht schlagartig, sondern langsam zunimmt. Zum Heizen der Lampenelektroden verwendet man in Deutschland getrennte Heiztransformatoren. Je nach der Schaltung (ein- oder zweilampig) haben sich in der Praxis 2 Trafotypen eingeführt.

Trafo 1 mit 2 Sekundärwicklungen
Trafo 2 mit 3 Sekundärwicklungen

Die Bilder 2.97 a bis c zeigen die drei möglichen Schaltungstypen.

Um die Typenvielfalt einzuschränken, legt man die Sekundärwicklungen für den Strom der größten Lampe (65 W) aus. So kommt man in der Praxis mit 2 Einheitsheiztrafos bei insgesamt 7 Einsatzvarianten aus. Im Hinblick auf die äußerst geringen Stückzahlen ist diese Vorgehensweise wirtschaftlich vertretbar (der prozentuale Anteil der Rapidstart-(RS-)Schaltung liegt in Deutschland unter 1%). Die äußeren Abmessungen der 2 Standardheiztrafos T 1 und T 2 hält man gleich (siehe Bild 2.98).

Tabelle 2.36 zeigt die technischen Daten der zwei Standardtrafos und ihre Zuordnung zu den S-Lampen 20/40/65 W. Bei der Leistungsbilanz der starterlosen Vorschaltgeräte für S-Lampen muß man berücksichtigen, daß die Heiztrafos T 1 oder T 2 ca. 5 W Dauerverluste verursachen. Hinzu kommt noch, daß die S-Lampen mit 38 mm Rohrdurchmesser nicht die hohe Lichtausbeute der Energiesparlampen (26 mm) erreichen.

Durch elektronische Starter und durch elektronische Vorschaltgeräte, die auch in Verbindung mit den Energiesparlampen denselben „Startkomfort"

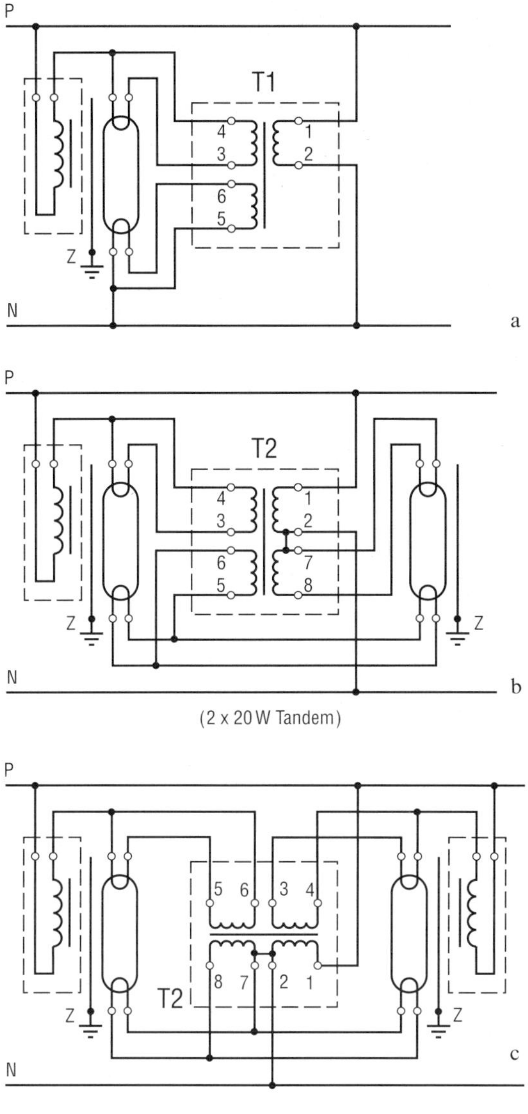

Bild 2.97
Schaltbilder von 1- und 2lampigen Vorschaltgeräten zum Betrieb von S-Lampen 20 (a), 40 (b) und 65 W (c)

Tabelle 2.36
Technische Daten der 2 Standardtrafos T 1 und T 2 und ihre Zuordnung zu den S-Lampen 20, 40 und 65 W

	Sekundärspannung/Strom						Zum Betrieb der S-Lampen
	U_{3-4}		U_{5-6}		U_{7-8}		
	V	A	V	A	V	A	
Trafo T 1	4	0,67	4	0,67	–	–	1 × 20 W 1 × 40 W 1 × 65 W
Trafo T 2	4	0,67	4	0,67	4	1,34	2 × 20 W in Reihe 2 × 20 W, 2 × 40 W, 2 × 65 W } parallel

bei günstigerer Energiebilanz bringen, wird die konventionelle RS-Schaltung mit Sicherheit noch mehr an Bedeutung verlieren.

Vorschaltgeräte zum Betrieb der Sa-Lampen

Wie im Kapitel 2.1.6 ausgeführt, sind S-Lampen nur für Innenraumbeleuchtung geeignet. Sa-Lampen ermöglichen zwar auch bei Minustemperaturen einen starterlosen Betrieb, erfordern allerdings aufwendigere Vorschaltgeräte mit höheren Leerspannungen. Eine Ausnahme bildet die Sa-Lampe 20 W, die am RS-Gerät (Bild 2.97 a) betrieben werden kann. Sie wird mit der sogenannten Resonanz-Doppeldrossel betrieben. Für diese Betriebsgeräte hat sich der Ausdruck „RDL-Gerät" eingebürgert. Die Prinzipschaltung zeigt Bild 1.19 e.

Tabelle 2.37 zeigt die technischen Daten eingeführter RDL-Geräte zum Betrieb von Sa-Lampen 40 und 65 W bei verschiedenen Spannungen und Frequenzen. Man kommt bei den 7 Ausführungsvarianten wiederum mit 2 Baugrößen aus (siehe Bild 2.99).

Von der Leistungsbilanz her entsprechen diese Geräte etwa den RS-Vorschaltgeräten. Mit Rücksicht auf den generell erforderlichen Resonanzkondensator ist das RDL-Gerät nach Zünden der Lampe etwa voll kompensiert (siehe auch Bildlegende zu 1.19 e).

Vorschaltgeräte zum Betrieb von X-Lampen

Der Aufbau und der Zündmechanismus dieser Lampen wurde bereits im Kapitel 2.1.6 beschrieben. Diese Lampen werden in explosionsgeschützten Leuchten verwendet (siehe Kap. 2.1.7).

Die X-Lampe hat keine heizbaren Elektroden, sie muß durch entsprechend hohe Leerspannung kalt gezündet werden. Praktische Bedeutung haben nur die X-Lampen 20 und 40 W. Die 20-W-Lampe kann an 230-V-Netzen wegen ihrer geringen Zündspannung an einer einfachen Drossel betrieben

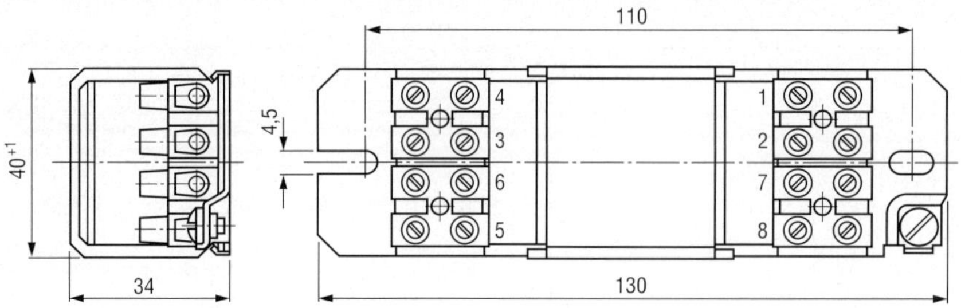

Bild 2.98
Abmessungen eines Standardheiztrafos zum Betrieb von S-Lampen 20, 40 und 65 W (in mm; nach Fa. Vossloh-Schwabe GmbH, Urbach)

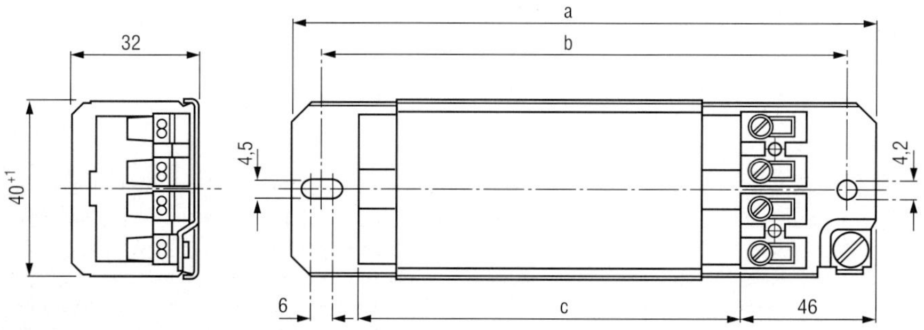

Bild 2.99
Abmessungen von RDL-Geräten zum Betrieb von Sa-Lampen 40 und 65 W (in mm; nach Fa. Vossloh-Schwabe GmbH, Urbach)

Tabelle 2.37 Technische Daten von RDL-Geräten zum Betrieb von Sa-Lampen 40 und 65 W

			Für Sa-Lampen		Kondensator						
			Leistung	Strom	C	C_e[1]	T_{W130} ΔT	a	b	c	ca.-Masse
	V	Hz	W	A	µF ± 5%	µF	°C	mm	mm	mm	kg
RDL-Gerät Baugröße 1	220	50	40	0,43	5,0/320 V	0,015	55	155	140	107	0,85
	220	60	40	0,43	4,2/320 V	0,015	55	155	140	107	0,85
	230	50	40	0,43	5,0/320 V	0,015	55	155	140	107	0,85
	240	50	40	0,43	5,5/250 V	0,015	55	155	140	107	0,85
RDL-Gerät Baugröße 2	220	50	65	0,67	7,0/320 V	0,015	55	235	220	171	1,40
	220	60	65	0,67	5,8/320 V	0,015	55	235	220	171	1,40
	220	50	65	0,67	7,0/320 V	0,015	60	235	220	171	1,40

[1] Entstörkondensator

Tabelle 2.38 Technische Daten der wichtigsten Vorschaltgeräte zum Betrieb der X-Lampen 20 und 40 W

Typ	Lampe	Schaltung	C	U_N	f	I_N	U_0	$(\Delta T)_N$	$(\Delta T)_{anomal}$ (Gleichrichterbetrieb)
	W		μF	V	Hz	A	V	K	K
1 × 20 W ind.	20	Drossel	–	230	50	0,38	230	40	80
1 × 20 W kap.	20	Drossel + Kondensator	2,7 ± 4%, 480 V	230	50	0,38	230	40	–
1 × 40 W ind.	40	Streufeldtrafo	–	230	50	0,54	265	40	–
1 × 40 W kap.	40	Streufeldtrafo + Kondensator	2,8 ± 4%, 500 V	230	50	0,54	265	40	–

werden. Die über der Netzspannung liegende Zündspannung der 40-W-X-Lampe wird transformatorisch erzeugt (siehe Bild 2.100).

Die technischen Daten der wichtigsten Vorschaltgeräte sind aus Tabelle 2.38 ersichtlich.

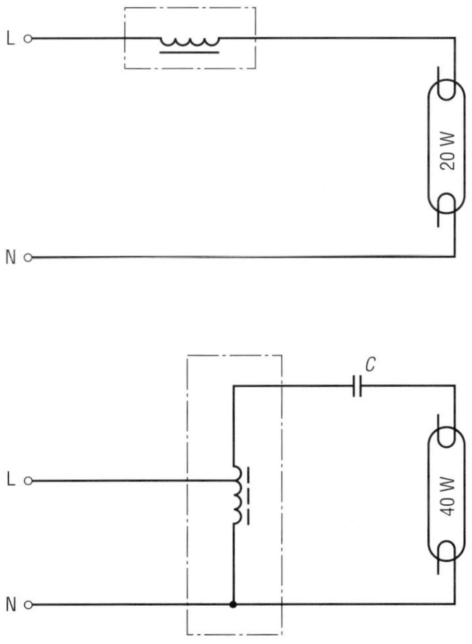

Bild 2.100
Schaltbilder zum Betrieb der X-Lampen 20 und 40 W

2.3.3 Vorschaltgeräte mit Temperaturbegrenzung

Die Temperaturbegrenzung bei einem Vorschaltgerät hat den Sinn, am Ende der Lebensdauer gefährliche Überhitzungen zu verhindern. Die VDE-Vorschrift 0712 Teil 2/6.71 läßt für die Temperaturbegrenzung nur Temperatursicherungen nach VDE 0630 zu. Solche Geräte werden mit dem Aufdruck T ... °C versehen. Die Zahl nach dem Buchstaben T gibt die höchstmögliche Wicklungstemperatur an, die die Drosselwicklung am Ende ihrer Lebensdauer annehmen kann. Der Leuchtenhersteller ist dann in der Lage, zu prüfen, ob die bei F- bzw. FF-Leuchten vorgeschriebenen maximal zulässigen Leuchten-Oberflächentemperaturen eingehalten werden.

Im Zuge der Harmonisierung werden in die neue VDE 0712 T 10 eine Reihe von Maßnahmen zur Temperaturbegrenzung aufgenommen, die sich vor allem in den USA seit vielen Jahren bewährt haben. Es werden zwei unterschiedliche Arten von thermisch geschützten Vorschaltgeräten eingeführt.

Thermische Schutzeinrichtungen müssen Bestandteil des Vorschaltgeräts und so angeordnet sein, daß sie gegen mechanische Beschädigung geschützt sind. Auswechselbare Teile, falls vorhanden, dürfen nur mit Hilfe von Werkzeug zugänglich sein. Wenn die Funktion der Schutzeinrichtung von der Polarität abhängt, müssen Schutzeinrichtungen in beiden Zuleitungen vorhanden sein, falls der Stekker von Geräten mit Anschlußleitung nicht polarisiert ist.

Thermisch geschütztes Vorschaltgerät der „Klasse P" mit dem Zeichen ▽P

Diese Geräte entsprechen den USA-Anforderugen und werden als geschützte Vorschaltgeräte bezeichnet. Sie haben eine eingebaute thermische Schutzvorrichtung, die unter allen Betriebsbedingungen eine Überhitzung des Vorschaltgeräts verhindert und die Leuchten-Befestigungsfläche vor Überhitzung auf Grund eines Fehlers des Vorschaltgeräts am Ende seiner Lebensdauer schützt. Die höchste Gehäusetemperatur dieser Vorschaltgeräte ist auf 90 °C, die Wicklungstemperatur (t_w) auf 105 °C begrenzt.

Thermisch geschütztes Vorschaltgerät mit Temperaturangabe, Bildzeichen ▽

Diese Vorschaltgeräte haben eingebaute Schutzvorrichtungen gegen Überhitzung, die unter allen Betriebsbedingungen verhindern, daß das Vorschaltgerätegehäuse die angegebene Temperatur überschreitet. Abhängig von der angegebenen Ansprechtemperatur der Schutzeinrichtung wird, entweder im Zusammenwirken mit der Leuchtenkonstruktion oder auch unabhängig davon, eine Überhitzung der Leuchtenbefestigungsfläche auf Grund eines Fehlers am Ende der Lebensdauer des Vorschaltgeräts verhindert. Die thermischen Schutzvorrichtungen müssen das Vorschaltgerät vom Netz trennen, bevor die Gehäusetemperatur des Vorschaltgeräts die vorgesehene Grenze übersteigt.

Die Punkte im Dreieck des Bildzeichens werden ersetzt durch den vom Hersteller angegebenen Wert der vorgesehenen höchsten Gehäusetemperatur an irgendeiner Stelle der Oberfläche des Vorschaltgeräts in °C.

Vorschaltgeräte mit Werten bis 130 gewährleisten Schutz gegen Überhitzung gemäß den ▽P-Anforderungen für Leuchten (siehe IEC-Publikation 598-1 Leuchten). Wenn der Wert 130 übersteigt, müssen mit ▽P gekennzeichnete Leuchten zusätzlich nach IEC 598-1 wie Leuchten ohne Temperaturschutzeinrichtung geprüft werden.

In Zukunft werden folgende Arten von Schutzeinrichtungen zulässig sein:

a) Selbsttätig zurückstellende (zyklische) Ausführung.

b) Von Hand zurückstellbare (zyklische) Ausführung.

c) Nicht ersetzbare, nicht zurückstellbare Ausführung (Sicherung).

d) Ersetzbare, nicht zurückstellbare Ausführung (Sicherung).

e) Andere Art von Schutzeinrichtung, die gleichwertigen thermischen Schutz gewährleistet.

Vorschaltgeräte mit Überhitzungsschutzeinrichtungen werden mit der Art des Schutzes gekennzeichnet sein:

Bildzeichen ▽P für „Klasse P"-Geräte;

Bildzeichen ▽ für thermisch geschützte Geräte mit Temperaturangabe in °C, Werte ansteigend als Vielfaches von 10.

Die Klemme(n), an der/denen die Schutzeinrichtung(en) angeschlossen ist/sind, ist/sind mit diesem Bildzeichen zu kennzeichnen.

Bei auswechselbaren Schutzeinrichtungen muß in den Aufschriften zusätzlich die Art der verwendeten Schutzeinrichtung angegeben sein.

Anmerkung: Diese Kennzeichnung ist wichtig für den Leuchtenhersteller, um sicherzustellen, daß an diese gekennzeichnete Klemme nicht die Lampe angeschlossen wird. Errichtungsnormen können die Schutzeinrichtung in der Phasenleitung erfordern. Dies ist wichtig bei Schutzklasse-I-Geräten in polarisierten Netzen.

Zusätzlich zu der oben angegebenen Aufschrift muß der Hersteller des Vorschaltgeräts den Typ der Schutzeinrichtung in Übereinstimmung mit der Einteilung angeben.

2.4 Elektronische Vorschaltgeräte

Seit zu Beginn der siebziger Jahre Schaltnetzteile ihren Siegeszug als Stromversorgung für Unterhaltungselektronik und Computer angetreten haben, war es naheliegend, die Vorteile dieser Technik auch in der Beleuchtungstechnik zu nutzen. Trotz der seit langem anhaltenden günstigen Preisentwicklung bei elektronischen Bauteilen ist der Einsatz von elektronischen Vorschaltgeräten (EVG) mit erheblich höheren Investitionen verbunden. Die deutlich reduzierten Vorschaltgeräteverluste bei EVG-Betrieb führen in wenigen Jahren zu einer Energieeinsparung, die etwa die Hälfte dieser Mehrkosten in die Tasche des Anwenders zurückfließen läßt. Die gleiche Größenordnung an Energieeinsparung läßt sich zusätzlich durch einen verbesserten Lampenwirkungsgrad erreichen. Ein vollständiger Rückfluß der höheren Investitionen ist so leicht möglich.

Eine deutliche Erhöhung der Lichtausbeute bei Schaltnetzteilfrequenzen in der Größenordnung um 30 kHz tritt nur bei Niederdruckgasentladungen auf. Es ist daher kein Zufall, daß sich die Entwicklung bis heute vorrangig auf elektronische Vorschaltgeräte für Leuchtstofflampen konzentriert.

Neben diesen elementaren Eigenschaften lassen sich Funktionen zum Schutz des Anwenders und des Geräts bei anomalem Betrieb realisieren (Überwachungsfunktionen).

Eine Zusammenstellung der auf dem europäischen Markt gängigen Geräte zeigt Tabelle 2.39.

Tabelle 2.39
Die größten europäischen Hersteller für EVG und ihre wichtigsten Produkte (Stand: 04/92)

		Siemens	Osram	Philips	Tridonic	Helvar	Trilux
Stabförmige Leuchtstofflampen ∅ 26 mm	2 × L 58 W	×		×	×	×	×
	1 × L 58 W	×		×	×	×	×
	2 × L 38 W	×			×		
	1 × L 38 W	×			×	×	
	2 × L 36 W	×		×	×	×	×
	1 × L 36 W	×		×	×	×	×
	2 × L 18 W	×		×	×	×	×
	1 × L 18 W	×		×	×	×	×
Kompakt-Leuchtstofflampen, z. B. DULUX L	2 × 55 W	×		×		×	
	1 × 55 W	×		×	×	×	
	2 × 40 W	×		×	×		
	1 × 40 W	×		×	×	×	
	2 × 36 W	×	×	×	×	×	
	1 × 36 W	×	×	×	×	×	
	2 × 24 W		×	×	×		
	1 × 24 W		×	×	×		
	2 × 18 W		×	×	×	×	
	1 × 18 W		×	×	×	×	
Leuchtstofflampen mit integrierten EVG	7 W bis 20 W		×	×			

2.4.1 Der HF-Gewinn von Leuchtstofflampen

Der Betrieb von Leuchtstofflampen mit Strömen im Frequenzbereich über 10 kHz führt zu einer deutlichen Verbesserung des Lampenwirkungsgrads. Hält man den Lichtstrom konstant, so ergibt sich eine Verringerung der aufgenommenen elektrischen Leistung um 8 bis 10%. Diese Wirkungsgradverbesserung entsteht dadurch, daß die Elektronendichte im Plasma bei HF-Betrieb nicht mehr dem Zeitverlauf des Stroms folgen kann. Es stellt sich eine zeitlich konstante, mittlere Elektronendichte ein. Ein solches Plasma verhält sich für einen festen HF-Strom wie ein ohmscher Widerstand, dessen Wert jedoch von niederfrequenten Änderungen der Stromamplitude abhängig ist.

Ganz anders verhält sich das Plasma bei netzfrequentem Betrieb. Die Elektronendichte und damit die Leitfähigkeit ändern sich hier mit dem zeitlichen Verlauf des Lampenstroms. Damit ist ein linearer Zusammenhang zwischen Spannung und Strom an der Lampe nicht mehr gegeben. Außerdem ergibt sich nach jedem Nulldurchgang der Netzspannung eine Stromlücke bis zum Wiederzünden der Lampe. Aus diesen Gründen ist für die gleiche elektrische Leistung an der Lampe bei netzfrequentem Betrieb typischerweise ein um 15% größerer Effektivwert des Stroms erforderlich.

Für den HF-Gewinn sind im wesentlichen 2 Mechanismen verantwortlich,

▷ die Verringerung von Elektrodenverlusten und
▷ die Steigerung der Lichtausbeute in der positiven Säule.

Messungen haben gezeigt, daß sich bei einer 50-W-Lampe die Elektrodenverluste von 4,2 W pro Elektrode bei netzfrequentem Betrieb auf 3 W pro Elektrode im HF-Betrieb reduzieren. Die Umwandlung der elektrischen Leistung in Licht findet hauptsächlich in der positiven Säule des Lampenplasmas statt. Die Steigerung der in der positiven Säule umgesetzten Leistung beträgt ca. 6%. Dieser Effekt entsteht durch eine Verringerung des Stromeffektivwerts bei gleichzeitig sinkender Elektrodenfallspannung. Die kleinere Elektrodenfallspannung wird damit erklärt, daß die bei Kathodenbetrieb aufgebaute Elektronenwolke auch bei Anodenbetrieb wirksam ist. Dadurch reduziert sich die Anodenfallspannung.

Für die Steigerung der Lichtausbeute in der positiven Säule existiert bis heute nur eine qualitative Erklärung, die auf folgender Vorstellung beruht:

Für die Lichtausbeute der Lampe ist fast ausschließlich die Umwandlung elektrischer Leistung in die UV-Linie des Quecksilberatoms bei 254 nm verantwortlich. Die Anregung dieser Spektrallinie wird für wachsende Elektronendichte uneffektiver. Bei netzfrequentem Betrieb folgt die Elektronendichte dem ohnehin größeren Strom, so daß sich gegenüber dem HF-Betrieb mit konstanter Elektronendichte lange Zeiten mit einer ungünstigeren Strahlungsanregung ergeben.

Der volle HF-Gewinn der Lampe ist also nur erreichbar, wenn der hochfrequente Lampenstrom keine netzfrequente Modulation hat.

2.4.2 Grundsätzliche Eigenschaften und Anforderungen

Die netzfrequente Modulation des Lampenstroms kann schaltungstechnisch durch die Wahl eines entsprechend großen Energiespeichers verhindert werden. Somit wird der Lampenstrom unabhängig vom Zeitverlauf der Netzspannung. Für den Anwender bedeutet dies, daß kein stroboskopischer Effekt wie beim Drosselbetrieb mehr auftreten kann.

Es ist sehr wichtig für den Beleuchtungskomfort, daß über die gesamte Lampenlebensdauer kein Elektrodenflimmern auftritt. Bei netzfrequentem Betrieb muß sich bei jeder Wiederzündung der Gasstrecke nach dem Stromnulldurchgang ein neuer Entladungskanal ausbilden, wobei die Wahrscheinlichkeit einer räumlichen Verschiebung recht hoch ist. Dies führt – insbesondere bei älteren Lampen – zu einem sehr irritierenden Elektrodenflimmern im Bereich weniger Hertz. Beim Betrieb mit elektronischen Vorschaltgeräten verhält sich das Plasma dagegen äußerst stabil. Lichtschwankungen sind selbst bei bewußter Beobachtung nicht erkennbar. Durch die zeitlich konstante Leitfähigkeit des Plasmas nimmt der Lampenstrom immer den gleichen Weg vom Brennfleck der Wendel zur positiven Säule.

Bei vielen Leuchten führt die Systemleistungsaufnahme zu Umgebungstemperaturen der Lampe, die über der optimalen Arbeitstemperatur liegen. Daraus ergibt sich ein Lichtstromrückgang. Die deutlich geringere Leistungsaufnahme bei EVG-Betrieb (Vorschaltgerät und Lampe) bringt in solchen Fällen eine deutliche Verbesserung, weil die Lampe dann näher bei ihrer optimalen Arbeitstemperatur betrieben wird.

Die zunehmende Dichte elektrischer und elektronischer Einrichtungen hat in den letzten Jahren zu einer starken Sensibilisierung auf dem Gebiet der elektromagnetischen Verträglichkeit geführt. Das bedeutet, daß keine Geräte mehr akzeptiert werden sollten, die zwar ihre Grundfunktion erfüllen, aber als Störquellen andere Einrichtungen in ihrer Funktion beeinträchtigen.

Andersherum muß jedoch auch gefordert werden, daß Geräte, die Störungen empfangen, in einer vernünftig gestalteten Umwelt zuverlässig funktionieren. Zur Zeit laufen intensive Normungsbemühungen, diese gegensätzlichen Forderungen in einem gesamtwirtschaftlich vernünftigen Kompromiß festzuschreiben.

Zwei bereits existierende Vorschriften haben die Entwicklung elektronischer Vorschaltgeräte entscheidend geprägt:

- Die Geräte müssen funkentstört nach DIN VDE 875 sein.
- Die Oberschwingungen des Netzstroms müssen nach DIN VDE 0712 begrenzt sein, um Netzrückwirkungen zu vermeiden.

Die wirtschaftliche Bedeutung dieser Forderungen wird durch folgende Erfahrung veranschaulicht:

Bei allen vorschriftengerechten EVG erfordert die Einhaltung dieser Vorschrift 30–50% des finanziellen Gesamtaufwands. Einsparungen an dieser Stelle können jedoch zu Verträglichkeitsproblemen führen, die leicht ein Vielfaches teurer werden, z. B. durch Störung von Fertigungseinrichtungen.

Schaltnetzteile von Fernsehapparaten und anderen Einzelgeräten besitzen in der Regel Netzgleichrichter mit Speicherkondensatoren, deren Pulsströme hohe Oberschwingungsanteile haben.

Netzrückwirkungen solcher Eingangsschaltungen, die sich als Oberschwingungen auf der Netzspannung bemerkbar machen, lassen sich heute in einigen Wohngebieten bereits deutlich nachweisen. Andererseits reagieren gerade die kapazitiven Eingangsfilter von Schaltnetzteilen selbst besonders empfindlich auf Netzspannungsoberschwingungen. Eine weitere Verbreitung solcher Eingangsschaltungen, insbesondere bei Anwendungen mit hoher Gerätekonzentration, sollte deshalb vermieden werden. Für Beleuchtungsanlagen wurden daher schon vor mehreren Jahren Vorschriften beschlossen, welche die für konventionelle Vorschaltgeräte gültigen Oberschwingungsgrenzen auch für EVG festlegen. Die zur Einhaltung dieser Vorschriften notwendigen Maßnahmen werden in Kapitel 2.4.9 besprochen. Die z. Z. gültigen Grenzwerte zeigt Tabelle 2.40.

Beim Funkschutz sind 2 Bedingungen einzuhalten:

- ▷ Zum einen müssen die ins Netz geleiteten Störspannungen, die durch Schaltvorgänge im Gerät entstehen, begrenzt werden. Dazu setzt man Funkschutzfilter ein, wie sie aus der Schaltnetzteiltechnik bekannt sind.
- ▷ Zum anderen muß die abgestrahlte Feldstärke des Gesamtsystems (EVG und Leuchte) begrenzt werden. Hier hat der Entwickler wenig Einflußmöglichkeiten auf die Höhe der abgestrahlten Leistung, da Anregung (= Lampenstrom) und Antenne (= Lampe) festliegen. Für das Gerät ergibt sich dadurch die Notwendigkeit einer niedrigen Betriebsfrequenz, die jedoch oberhalb der Hörschwelle liegen sollte, und eines möglichst geringen Oberschwingungsanteils des Lampenstroms. Leuchten mit Metallrastern zur Blendungsbegrenzung schränken die abgestrahlte Leistung zusätzlich ein.

Tabelle 2.40
Grenzwerte der Netzstromoberschwingungen nach DIN VDE 0712

Oberschwingungen	Höchstwert des Stromes im Verhältnis zur Grundschwingung des Vorschaltgerätes
2	5%
3	$25 \times \frac{\lambda^*}{0{,}9}$ %
5	7%
7	4%
9	3%

* λ ist der Leistungsfaktor der Schaltung

Weitere Forderungen ergeben sich aus dem Einsatz der EVG. Entsprechend den anderen Installationskomponenten muß die Lebensdauer in der betriebswarmen Leuchte ca. 15 Jahre betragen. Da sich Umgebungstemperaturen in der Leuchte nur schwer definieren lassen, hat sich ein Temperaturmeßpunkt auf dem Deckel eingebürgert. In der Regel darf an dieser Stelle eine Temperatur von 70 °C nicht überschritten werden.

Die für die Elektronik ungewöhnlich hohe Lebensdauer bedeutet für den Entwickler, daß er bei einem durchschnittlichen täglichen Betrieb von ca. 10 Stunden eine Lebensdauererwartung von 50 000 Stunden planen muß (zum Vergleich: Autoelektronik 3000 Stunden, Fernseher 6000 Stunden). Das macht eine langjährige Entwicklungs- und Fertigungserfahrung notwendig.

2.4.3 Typische Grundschaltung für hochfrequenten Lampenbetrieb

Bild 2.101 zeigt ein typisches Funktionsschaltbild für ein idealisiertes EVG. Aus der Forderung nach einem möglichst energiesparenden Lampenbetrieb läßt sich der Aufbau des Wechselrichters erklären. Die Frequenz zum Erzeugen des Lampenstroms muß im Bereich 20–50 kHz liegen. Außerdem erzielt man den erstrebten maximalen HF-Gewinn nur, wenn dieser nicht mit Netzfrequenz moduliert ist. Das kann durch eine zeitlich konstante Versorgungsspannung U_Z des Wechselrichters erreicht werden. Bei üblichen Netzspannungen von 230 V stellen sich am Speicherkondensator C_1 Spannungen zwischen 300 V und 400 V ein, abhängig von der Art des Sinusstromreglers (im Kapitel 2.4.4 beschrieben). Der Taktgenerator steuert die Leistungstransistoren T_1 und T_2 abwechselnd an. An der Induktivität L ergibt sich damit eine rechteckförmige Spannung (siehe Bild 2.102). Die Spannung auf den Brückenkondensator U_{CB} stellt sich auf den Mittelwert der Wechselrichterspannung $U_z/2$ ein. Lampe und Induktivität sind damit einer Wechselspannung ausgesetzt.

Im HF-Betrieb stellt sich die Lampe wie ein ohmscher Widerstand dar ($R_L \sim 260\ \Omega$ für eine L 58W-Lampe). Eine Induktivität von ca. 2 mH stabilisiert den Strom. Vernachlässigt man den Einfluß des Kondensators C, ergibt sich ein Lampenstrom, der

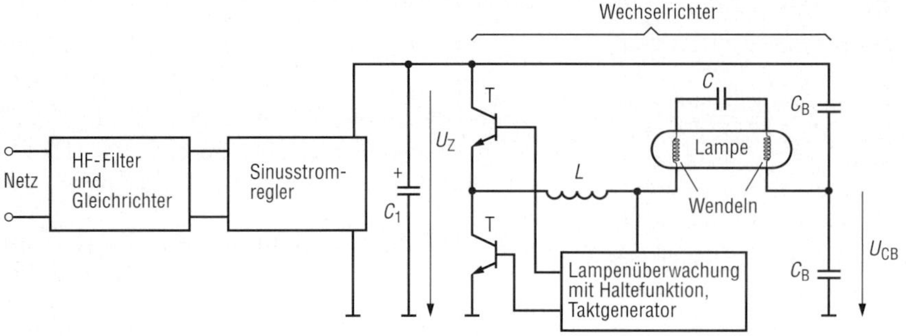

Bild 2.101 Typisches Funktionsschaltbild für ein idealisiertes elektronisches Vorschaltgerät

aus zusammengesetzten Exponentialfunktionen besteht (mit $\tau = L/R_L$). Mit C rundet sich die Form des Stroms etwas ab, was zur Begrenzung der Funkstörstrahlung von Vorteil ist. Die Oberschwingungen des Lampenstroms reduzieren sich weiter, wenn der Brückenkondensator C_B so klein gewählt wird, daß sich eine merkliche Modulation seiner Spannung einstellt.

Zum Starten der Lampe werden L und C nahe der Resonanzfrequenz angeregt. Frequenz und Schwingkreisdämpfung bestimmen die Zündspannung von ca. 1100 V_{SS} bis 1800 V_{SS}.

Integrierte Überwachungsfunktionen sollen das Gerät vor elektrischer und thermischer Überlastung schützen. In Tabelle 2.41 sind anomale Betriebszustände aufgeführt, bei denen weder das Vorschaltgerät noch der Anwender Schaden nehmen darf.

Bei der Schaltung (Bild 2.101) wird durch einen einfachen Schaltungstrick ein Startversuch verhindert, wenn die Wendel defekt oder wenn keine Lampe eingesetzt ist. Die Zündspannung wird mit Hilfe eines Reihenresonanzkreises, z. B. L, C erzeugt, wobei der Kondensator über die Wendel der Lampe angeschlossen ist. Bei gebrochener oder nicht eingesetzter Wendel bleibt der Resonanzkreis offen, so daß keine Zündspannung erzeugt werden kann.

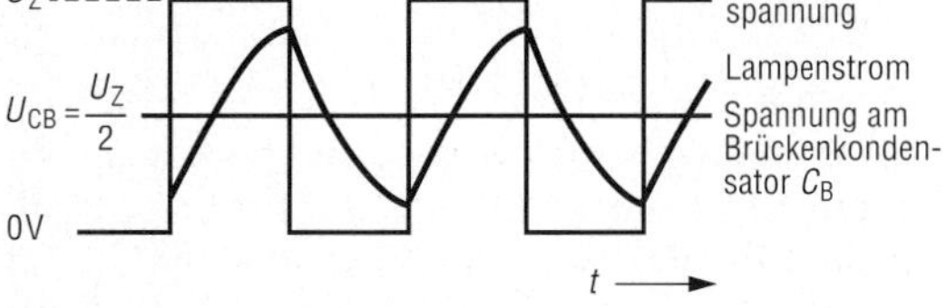

Bild 2.102 Spannung und Strom im Wechselrichter

Von besonderer Bedeutung ist die ständige Kontrolle der Lampenspannung durch eine Überwachungsschaltung. Eine typische Anordnung läßt sich hier nicht angeben, da jeder Hersteller unterschiedliche Realisierungen wählt.

Wichtig ist das Verständnis, wie die Überwachung wirkt. Sie erfüllt 2 Funktionen:

▷ Bei zündunwilligen Lampen begrenzt sie die Zündzeit durch Abschalten des Wechselrichters auf maximal 0,7 s;

▷ bei einem Anstieg der Lampenbrennspannung im Betrieb, z. B. durch eine deaktivierte Wendel

Tabelle 2.41
Kontrolle wichtiger Überwachungs- und Sicherheitsfunktionen

Anomaler Betrieb	Prüfung
Gleichrichtbetrieb	Reihenschaltung aus Lampe und hochsperrender Diode einsetzen
Durch Veränderung der Gasfüllung zündunwillige Lampe	Einsetzen der Wendeln von 2 verschiedenen Lampen
Deaktivierte Wendel	Lampe mit deaktivierter Wendel oder andere Lampe mit deutlich höherer Brennspannung einsetzen
Nur einseitig eingesetzte Lampe (bei Lampenwechsel)	Es darf kein Strom an den freien Stiften der Lampe gemessen werden

oder durch eine langsame Veränderung der Gasfüllung, wird ebenfalls der Wechselrichter angehalten.

Wenn der Lampengenerator über diese Überwachungsschaltung angehalten wurde, verhindert eine zusätzlich eingebaute Haltefunktion Startversuche. Der Anwender wird nicht mehr durch ständige Startversuche der Lampe irritiert. Eine hohe thermische Belastung des Vorschaltgeräts wie bei konventionellen Startersystemen ist ebenfalls ausgeschlossen. Eine solche Haltefunktion kann z. B. mit einem Thyristor realisiert werden, dessen Haltestrom über die Lampenwendel geführt wird. Ein neuer Startversuch erfolgt erst dann, wenn entweder das Netz kurzzeitig abgeschaltet oder eine neue Lampe eingesetzt wird (Unterbrechung des Thyristorstroms). Dies ermöglicht dem Wartungspersonal beim Lampenwechsel eine sofortige Erfolgskontrolle.

Selbstverständlich werden nicht alle diese Funktionen bei jedem Hersteller realisiert. Da ihr Anteil an den Gerätekosten aber gering ist, sollte jeder Anwender die Folgen fehlender Überwachungsfunktionen kritisch prüfen.

Durch die Sinusform des Netzstroms ist eine zeitlich konstante Leistungsaufnahme aus dem Netz unmöglich, also muß ein Energiespeicher den Bereich der Stromnulldurchgänge puffern. Da induktive Energiespeicher wegen ihres gewaltigen Bauvolumens nicht in Frage kommen, wird in allen Geräten ein Speicherkondensator eingesetzt. Bei einer Lampenleistung $P_L = 50$ W und einer zulässigen Restmodulation der Zwischenkreisspannung U_Z von ± 20 V ergeben sich für C_1 Kapazitätswerte von 10–15 µF.

Bild 2.101 macht keine Aussage über die Ansteuerung der Leistungstransistoren des Wechselrichters. Diese Ansteuerung wird bei sehr vielen Herstellern auf die gleiche Art realisiert. Die entsprechende Schaltung (Bild 2.103) ist wegen ihrer Einfachheit und Robustheit für Installationsgeräte sehr gut geeignet.

Sie enthält einen Steuerübertrager, dessen Primärwicklung vom Lampenstrom durchflossen wird. Die Sättigungsinduktion des Übertragers ist so bemessen, daß er etwa beim Scheitelwert des Lampenstroms in Sättigung geht (Bild 2.104). Nach Abschalten des zuletzt angesteuerten Transistors kehrt sich die Stromrichtung um. Der Kern entsättigt und erzeugt die Ansteuerung für den anderen

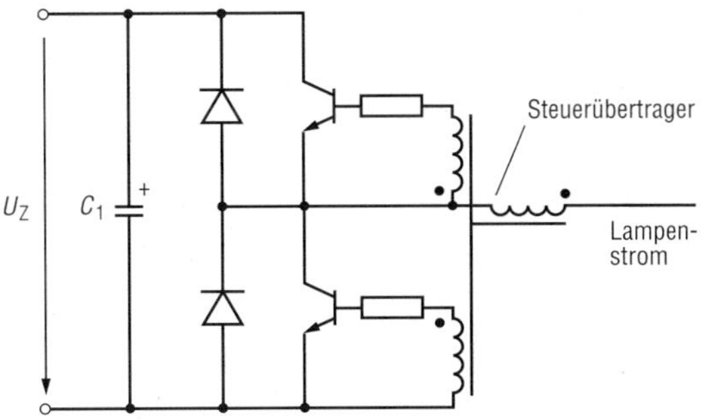

Bild 2.103
Schaltung zur Ansteuerung der Leistungstransistoren des Wechselrichters

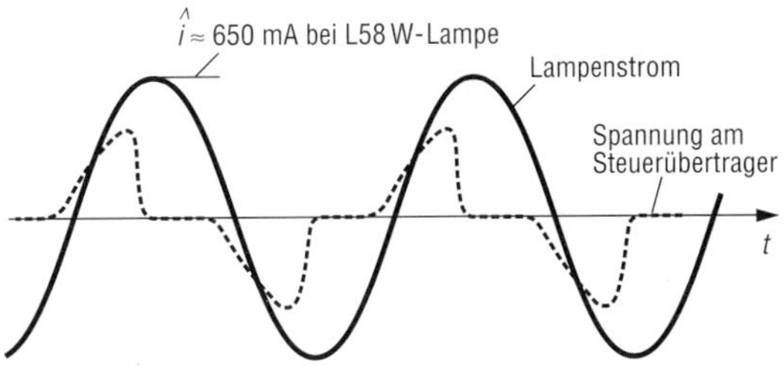

Bild 2.104
Spannungsverlauf am Steuerübertrager des Lampenwechselrichters

Transistor. Die Sekundärwicklungen des Übertragers steuern so (man achte auf den Wicklungssinn) abwechselnd beide Transistoren des Wechselrichters an.

2.4.4 Gängige Schaltungsprinzipien

Aufbau und Eigenschaften der Grundschaltung für den Lampenbetrieb leiten sich weitgehend aus physikalischen Anforderungen ab. Es ist daher nicht verwunderlich, daß die Grundfunktion bei allen Geräten ähnlich realisiert wird. Unterschiede bestehen hier im wesentlichen in der Zuverlässigkeit und in der Funktion der Überwachungsschaltung.

Einen stärkeren Einfluß auf das Schaltungskonzept hat eine Forderung der Energieversorgungsunternehmen. Diese wünschen eine geringe Blindleistung auf den Netzen, da sie die Leitungen belastet, ohne daß ein Wirkleistungstransport stattfindet. Ein quantitatives Maß für diesen unerwünschten Blindanteil in der aufgenommenen Leistung ist der Leistungsfaktor λ, das Verhältnis von Wirkleistung zu Scheinleistung.

Im günstigsten Fall, d. h. wenn dem Netz nur Wirkleistung entnommen wird, ist er 1. Zwei Dinge bestimmen die Größe des Leistungsfaktors:

▷ Die Phasenverschiebung zwischen Spannung und (der Grundwelle) Strom. Dieser „klassische“ Anteil ist mit Reaktanzen (Blindwiderständen) kompensierbar.

▷ Bei nicht sinusförmigem Verlauf des Stroms erzeugt nur die Grundwelle des Stroms mit der sinusförmigen Spannung Wirkleistung. Die Oberschwingungen führen ausschließlich zu Blindleistung. Diese Verzerrungsblindleistung tritt auch dann auf, wenn Strom und Spannung in Phase sind.

Die folgende Betrachtung zeigt sehr anschaulich die Notwendigkeit einer Oberschwingungsbegrenzung.

Die Gleichspannung am Speicherkondensator C_1 (Bild 2.101, idealisiertes EVG) kann man im einfachsten Fall mit einem Brückengleichrichter erzeugen, der direkt ans Netz angeschlossen ist. Bei dieser Schaltung stellt sich ein pulsförmiger Netzstrom ein, da ein Ladestrom nur fließen kann, wenn die Netzspannung höher ist als die nahezu auf deren Spitzenwert aufgeladene Kondensatorspannung. Ein solcher Zeitverlauf des Netzstroms ist sehr nachteilig, da er einen hohen Oberschwingungsanteil enthält. Der Leistungsfaktor liegt bei ca. 0,5. Es ist leicht einzusehen, daß ein solcher Leistungsfaktor, insbesondere bei größeren Anlagen, nicht zugelassen werden kann. Deshalb sind in DIN VDE 0712 und IEC 555-2 Grenzen für Leistungsfaktor und Oberschwingungsgehalt festgelegt.

Oberschwingungsbegrenzung durch Vorschaltdrossel

Eine solche Schaltung (Bild 2.105) nutzt den relativ hohen zulässigen Anteil der dritten Oberschwingung im Netzstrom aus. Die Resonanzfrequenz der Kombination LC_0 entspricht etwa der dreifachen Netzfrequenz. Im Bereich der Stromnulldurchgänge (hier sperrt der Gleichrichter) bestimmt diese Kombination das Umschwingverhalten des Drosselstroms von einem Zweig des Brückengleichrichters auf den anderen. Im Bereich hoher Netzspannungen begrenzt L die Stromanstiegsrate

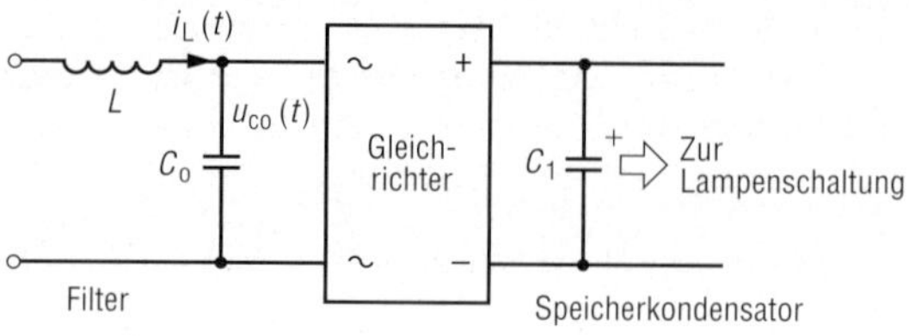

Bild 2.105
Induktives Filter zur Begrenzung der Netzstromoberschwingungen

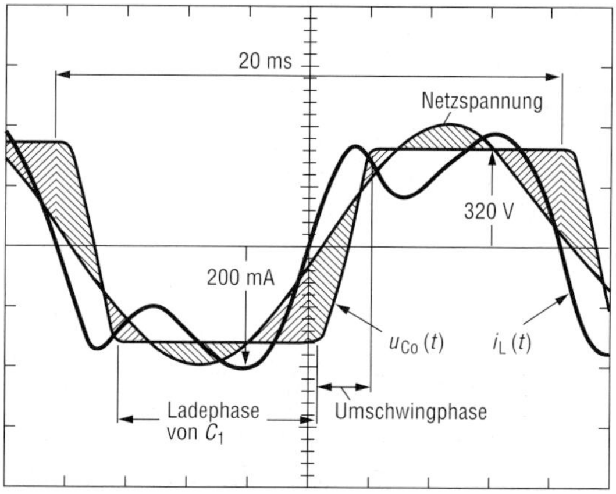

Bild 2.106
Betriebszustände des induktiven Oberschwingungsfilters, Erläuterung siehe Text

beim Ladevorgang von C_1. Bild 2.106 zeigt die Phasen dieses Vorganges. Wo Strom und Spannung (hier aus der Differenz zwischen Netzspannung und $u_{C0}(t)$ zu ermitteln) an der Drossel in Phase sind, nimmt sie Energie auf (Bereiche \\\\). Sind sie gegenphasig, gibt die Drossel Energie ab (Bereiche ////). Wenn während der Ladephase die Netzspannung unter die Spannung des Speicherkondensators C_1 fällt, entlädt sich die Drosselenergie in C_1. Wo der Strom seine Richtung ändert, beginnt die Umschwingungsphase, der Gleichrichter sperrt, C_0 wird umgeladen und L speichert Energie. Wenn die Netzspannung gleich $u_{C0}(t)$ wird, treibt die Drosselenergie den Strom weiter, bis in der Ladephase die Netzspannung wieder größer als U_{C1} ist. L nimmt Energie auf, bis sich ihre Spannung wieder umkehrt und der Zyklus von vorne beginnt.

Die relativ großen Werte von C_0 (typisch 1–2 µF) kommen auch der Funk-Entstörung der Geräte zugute, da Störspannungen kurzgeschlossen werden.

Bei der Dimensionierung solcher Schaltungen zeigt sich schnell, daß das Bauvolumen der Drossel L etwa dem eines konventionellen Vorschaltgeräts für die gleiche Lampe entspricht. Zwar ließe der gegenüber dem Lampenstrom kleinere Netzstrom des EVG eine kleinere Bauform zu. Die Forderung nach einer geringen Verlustleistung (kleiner 10% der Lampenleistung für Elektronik und Drossel) hebt diesen Vorteil jedoch wieder auf. Es ist daher unvermeidlich, daß solche Geräte recht große Bauvolumen besitzen.

Vorteilhaft ist die hohe Zuverlässigkeit dieser Drossel und die hohe Eingangsimpedanz, die in oberschwingungsbelasteten Netzen und bei Rundsteuerimpulsen nur zu geringer Strombelastung der Eingangsstufe führt.

Oberschwingungsbegrenzung mit Hochsetzsteller

Beim Untersuchen möglicher Schaltungsprinzipien für die Oberschwingungsbegrenzung erkennt man, daß die geringsten Verluste und kleinsten Bauformen beim Hochsetzsteller zu erwarten sind. Bild 2.107 zeigt den prinzipiellen Aufbau dieser Schaltung.

Sie überbrückt die Spannungsdifferenz zwischen der augenblicklichen Netzspannung und der Spannung am Speicherkondensator. Bei geschlossenem Schalter S steigt der Strom in der Induktivität L_1 linear an. Bei Erreichen eines vorgesehenen Endwertes öffnet S und der Strom entlädt sich in C_1. Damit diese Entladung möglich ist, muß die Spannung an C_1 immer größer als die Netzspannung sein. Der Entladevorgang wird über die Hilfswicklung von L_1 detektiert. Sobald der Strom Null wird, schaltet S erneut ein. Als Sollwert für die Höhe des Stroms dient die pulsierende Gleichspannung. Dadurch entsteht ein sinusförmiger Netzstrom. Bild 2.108 zeigt den Zeitverlauf des dem Netz entnommenen Stroms.

Das Funkschutzfilter nimmt eine Mittelwertsbildung dieses Stroms vor. Da Verzerrungen der Netzspannung in den Sollwert des Stroms eingehen, verhält sich diese Schaltung immer wie eine ohmsche Last. Erst durch den notwendigen Funkschutzfilter ergibt sich ein schwach kapazitives Verhalten am Netz.

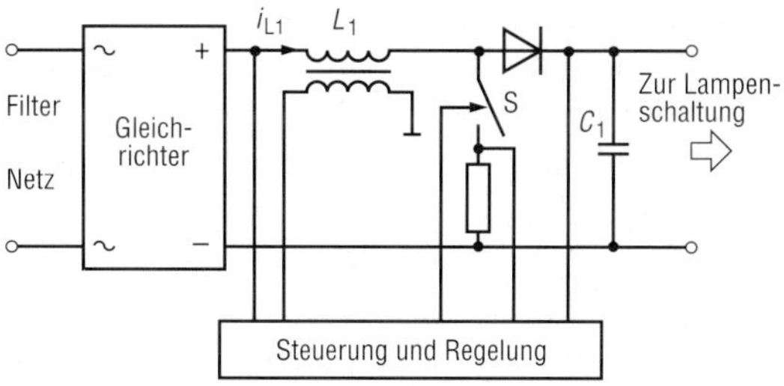

Bild 2.107 Oberschwingungsfilter mit Hochsetzsteller

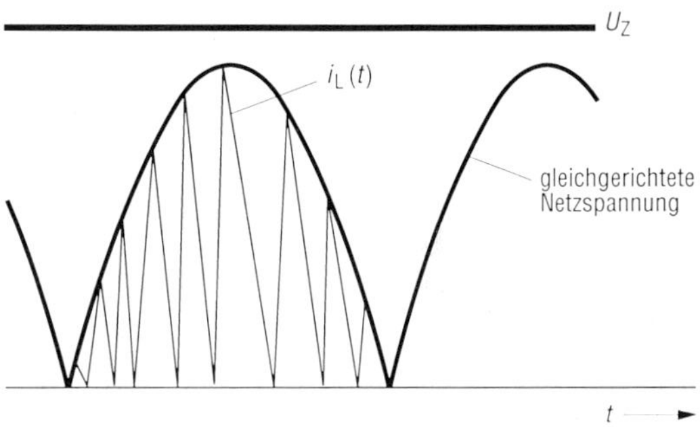

Bild 2.108
Zeitverlauf des Drosselstroms bei einem Hochsetzsteller mit nicht lückendem Strom

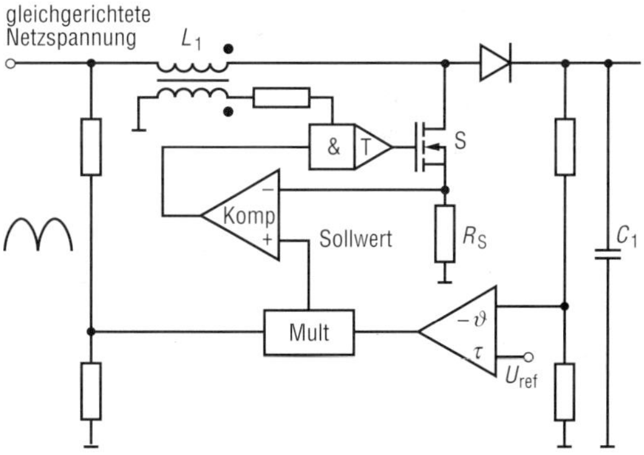

Bild 2.109
Prinzipschaltbild eines geregelten Hochsetzstellers

Bild 2.109 zeigt das Prinzipbild eines geregelten Hochsetzstellers, wie er im Siemens-EVG eingesetzt wird. Die Höhe des Stroms in L_1 bei geschlossenem Schalter S wird mit einem Sollwert verglichen, der aus einer Multiplikation der gleichgerichteten Netzwechselspannung mit einer Reglerausgangsspannung erzeugt wird. Der Istwert wird an R_S gemessen. Übersteigt der Istwert den Sollwert, öffnet der Komparator (Komp) den Schalter. Die Ausgangsspannung des invertierenden Regelverstärkers ist nur langsam veränderlich ($\tau \gg 10$ ms), so daß der Sollwert proportional zur gleichgerichteten Netzwechselspannung ist. Die Höhe ändert sich jedoch mit der Reglerausgangsspannung. Ist die Spannung an C_1 zu groß, verringert sich der Sollwert, was die dem Netz entnommene Leistung verkleinert. Die Spannung an C_1 kann so wieder auf den vorgesehenen Wert fallen. Dem Komparator nachgeschaltet ist ein Treiber für den Leistungstransistor, der den Schalter nur einschaltet, wenn sowohl der Sollwert kleiner als der Istwert als auch die Spannung an der Detektorwicklung (von L_1) negativ ist. Erst wenn der Entladestrom von L_1 auf 0 gefallen ist, kann der Schalter wieder eingeschaltet werden.

Vorteilhaft bei dieser Schaltungsvariante ist das kleine Bauvolumen, die konsequente Verwendung von Bauteilen, die auf einer einfachen Flachbaugruppe Platz finden und die gute Integrierbarkeit der Steuerungs- und Überwachungsfunktionen. Die Spannung am Speicherkondensator kann durch ihre Einbeziehung in die Regelschleife konstant gehalten werden. Dadurch werden die Lampen immer mit konstanter elektrischer Leistung versorgt.

Diese Trennung von Oberschwingungsfilter und Lampenschaltung ist besonders günstig für Geräte größerer Leistung (> 50 W), da die Leistungsbauteile hier effizient genutzt werden.

Oberschwingungsbegrenzung durch mit der Lampenschaltung kombinierte Reaktanznetzwerke

Bei den bisher behandelten Schaltungskonzepten ändert sich der Gerätepreis zu kleinen Leistungen hin nur wenig. Einige Komponenten werden zwar kleiner, aber damit nicht unbedingt billiger. Ihre Anzahl jedoch bleibt unverändert. Andererseits zeigen gängige Leistungsbauteile zu kleinen Lampenleistungen hin deutliche Leistungsreserven. Deshalb läßt sich die Funktion des Oberschwingungsfilters mit der ohnehin notwendigen Lampenschaltung kombinieren. Durch die so verringerte Anzahl der Bauteile werden sowohl kleinere als auch preiswertere Geräte möglich. Insbesondere bei Kompaktleuchtstofflampen spielen die Gehäuseabmessungen eine große Rolle. Für sinnvolle Leuchtenkonstruktionen dürfen die EVG nicht länger als die Lampe sein. Die über solche Schaltungskonzepte erzielten Vorteile haben jedoch ihren Preis in einem erhöhten Entwicklungsaufwand. Die Verknüpfungen der einzelnen Schaltungsteile werden zunehmend komplexer. Das Prinzip solcher Schaltungen zeigt Bild 2.110.

Für den Entwickler besteht hier die Grundaufgabe darin, Gleichheit zwischen aufgenommener und abgegebener Leistung herzustellen, wobei sich die an C_1 zulässige Spannung in engen Grenzen hält. Für sinusförmigen Netzstrom muß sie größer als der Scheitelwert der Netzspannung sein, weil sich sonst der am Anfang dieses Kapitels beschriebene Pulsstrom einstellt. Aus wirtschaftlichen und technischen Gründen sollte sie jedoch ca. 430 V nicht überschreiten. Sowohl die aufgenommene Leistung als auch die abgegebene Leistung ändert sich mit der Frequenz des Wechselrichters. Neben den Temperaturgängen der Bauteile muß insbesondere für die Temperaturabhängigkeit der Lampe eine Kompensation gefunden werden. Zu diesem Zweck kann am Punkt 2 eine brennspannungsabhängige Größe abgegriffen werden. Beim Startvorgang der Lampe, d.h. während der Vorheizung der Wendeln und der Zündspannungserzeugung, existiert das Gleichgewicht zwischen aufgenommener und abgegebener Leistung nicht. Für einen sicheren Betrieb ist eine Übewachung der Spannung am Speicherkondensator sinnvoll. Mit dieser Forderung ergeben sich jedoch andere Konzepte für eine Überwachungsschaltung als bei den vorhergehenden Schaltungen. Anstelle der Lampen-

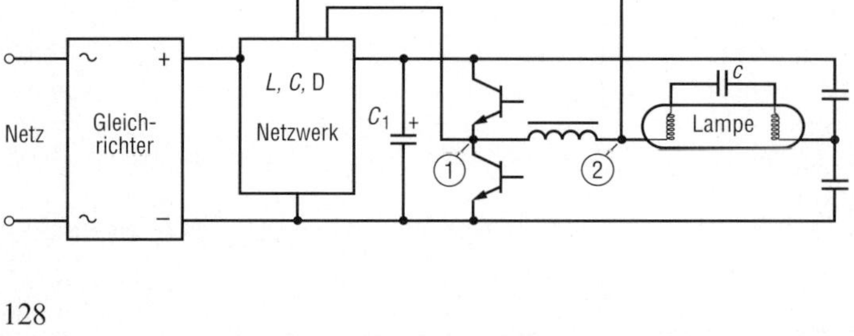

Bild 2.110
Prinzipschaltbild zur Begrenzung der Netzstromoberschwingungen durch ein mit der Lampenschaltung gekoppeltes Netzwerk passiver Bauteile

brennspannung wird bei diesen Geräten häufig die Spannung am Speicherkondensator überwacht.

Bild 2.111 zeigt ein Beispiel für eine solche kombinierte Schaltung. Der Wechselrichter der Lampenschaltung (S_1, S_2) wird zusätzlich mit dem passiven Netzwerk *L, C*, D_1, D_2 belastet. Den Stromverlauf im *LC*-Netzwerk stellt Bild 2.112 dar. Im Wechselrichter addieren sich die Ströme der Lampenschaltung und der Hochsetzfunktion. Da dieser Hochsetzsteller die gesamte elektrische Leistung in *L* zwischenspeichern muß, ergeben sich recht große Ströme, die die Schalter und das passive Netzwerk belasten. Aus diesem Grunde ist diese Schaltung besonders für kleine Leistungen geeignet.

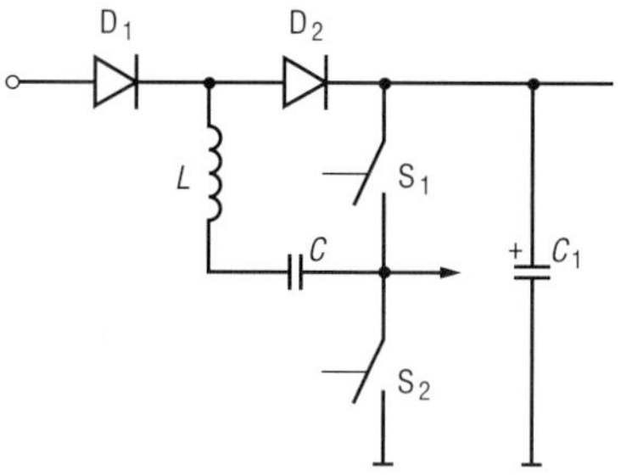

Bild 2.111
Realisierung der Hochsetzfunktion mit einem *LC*-Glied

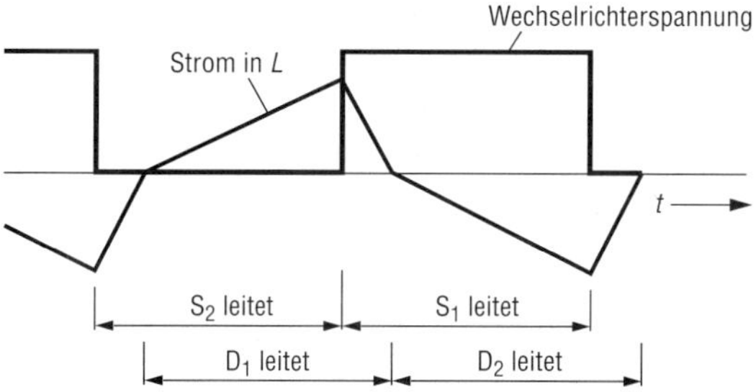

Bild 2.112
Ströme und Wechselrichterspannung zu Bild 2.111

2.4.5 Ein- und Mehrlampengeräte

Auf dem Leuchtenmarkt gibt es sehr viele Leuchten für 2 Lampen. Es ist wirtschaftlicher, anstelle von 2 getrennten Vorschaltgeräten für 2 Lampen nur eines zu benutzen. Das gleiche gilt im Prinzip auch für Leuchten mit mehr als 2 Lampen, jedoch sind 3- und 4lampige Leuchten auf dem europäischen Markt äußerst selten. Dem Einsatz eines Vorschaltgeräts für mehrere Leuchten sind enge Grenzen gesetzt. Aus Gründen des Funkschutzes und der Veränderung der Lampenleistung aufgrund der Leitungsimpedanzen ist nur die einfache Mutter-Tochter-Schaltung mit geringem Abstand der Einzelleuchten möglich. Bild 2.113 zeigt die Standardschaltung für zweilampige EVG. Sie bietet sich insbesondere für Lampenleistungen größer 32 W an. Hier haben beide Lampen ihre eigene induktive Stabilisierung. Die Spitze-Spitze-Werte der Lampenbrennspannungen sind etwa genauso groß wie die Spannung am Speicherkondensator.

Gegenüber einem einlampigen Gerät kommen nur wenige Bauteile hinzu: Eine HF-Lampendrossel mit Zündkondensator und einige Bauteile für die Überwachung der zweiten Lampe. Die Lampenbeschaltung unterscheidet sich nur geringfügig von der einlampiger Geräte. Die gemeinsamen Teile der Schaltung können mit geringen Mehrkosten an die höhere Leistung angepaßt werden. Für diesen wirtschaftlichen Vorteil muß jedoch eine Besonderheit

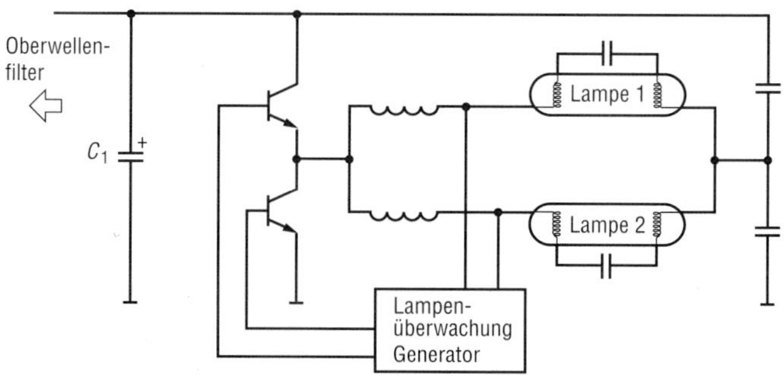

Bild 2.113
Schaltungsanordnung für den Parallelbetrieb von 2 Lampen

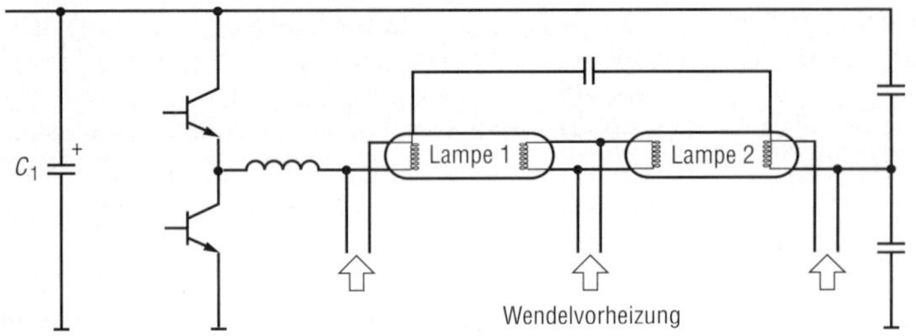

Bild 2.114
Schaltungsanordnung für den Betrieb von 2 Lampen in Reihe

der Lampenüberwachung in Kauf genommen werden. Wenn die Wendeln intakt sind, die Lampe aber trotzdem zündunwillig ist, wird dauerhaft Zündspannung erzeugt. Das ist aus Sicherheitsgründen und wegen der Gerätebelastung nicht zulässig. Der Wechselrichter muß angehalten werden, damit brennt auch die andere Lampe nicht. In der Regel wird der Anlauf der Schaltung davon abhängig gemacht, ob beide Lampen mit intakter Wendel eingesetzt sind. Ist eine der Wendeln gebrochen, so bleibt unklar, welche der Lampen ausgetauscht werden muß, da das Gerät nicht startet. Das Wartungspersonal muß in diesem Fall beide Möglichkeiten durchprobieren. Durch den automatischen Wiederanlauf kann das Ergebnis jedoch leicht beurteilt werden.

Bei kleinen Lampenbrennspannungen wird, ähnlich wie beim Drosselbetrieb, eine Reihenschaltung der Lampen an einer Induktivität möglich. Bild 2.114 zeigt diese Variante. Bei dieser Schaltung müssen beide Gasstrecken gleichzeitig durchbrechen. Schaltzahltests mit kalten Elektroden führen zu unbefriedigenden Ergebnissen; mit Wendelvorheizung hingegen, wie sie für die hier diskutierten Lampen kleiner Leistung zunehmend gefordert wird, ist diese Schaltung in einigen Fällen eine wirtschaftlich attraktive Lösung.

2.4.6 Schaltungen zur Wendelvorheizung

Wendelvorheizung und Schaltzahl

Die Bedingungen zum sicheren Vorheizen der Wendel auf die Temperatur für thermische Emission sind in den Vorschriften IEC 81 und IEC 901 festgehalten. Eine so gestartete Lampe erreicht in der Regel weit über 100000 Schaltzyklen. Abhängig von der Leistungsklasse schwankt die Lampenlebensdauer um 10000 Stunden. Die mittlere Einschaltzeit, bei der sich noch keine merkliche Lebensdauerreduzierung einstellt, liegt also bei nur wenigen Minuten. Ein solch perfekter Start ist in der überwiegenden Mehrzahl aller Anwendungen weit überzogen. Gerade da wo solche Schaltfestigkeit gefordert wird, sind die für einen solchen Start notwendigen Heizzeiten von 2 bis 3 s nicht akzeptabel.

Schaltzahltests zeigen, daß Lampen, die für große Lampenströme entwickelt worden sind (36 W, 58 W und 70 W) 10000 bis 15000 Einschaltzyklen ohne Vorheizen überstehen, d. h. es ist eine mittlere Einschaltdauer von einer Stunde und größer zulässig. Bei allen Normalanwendungen in Büros und Industrie braucht also der Luxus des Sofortstarts nicht durch eine Lebensdauerverminderung bezahlt werden. Etwas ungünstiger liegen die Verhältnisse bei den Lampen kleinerer Leistung (18 W und 24 W), deren weniger robuste Wendeln lediglich 3000 bis 4000 Schaltungen vertragen. Hier sollten Sofortstartgeräte nur eingesetzt werden, wenn bekannt ist, daß die Schalthäufigkeit unterhalb der maximal möglichen Schaltzahl bleibt.

Die meisten der am Markt erhältlichen Warmstart-EVG liegen in ihren Heizbedingungen zwischen den beiden beschriebenen Extremen. Sie sind in der Regel für kurze Heizzeiten und mittlere Schaltzahlen optimiert.

Schaltungen mit einem Kaltleiter als Schaltelement

Bei einfachen Schaltungen, deren Betriebsfrequenz nur wenig verändert werden kann, erreicht man einen guten Heizstrom, indem man – ähnlich wie beim Glimmstarter – parallel zum Zündkondensator einen Kurzschluß über der Gasstrecke erzeugt. Der Kurzschlußstrom der HF-Drossel wird dann über die Wendeln geführt und heizt diese auf. Nach der Heizzeit wird der Kurzschluß geöffnet; der Zündvorgang läuft ab.

Ein Schalter mit dieser Schaltleistung ist aufwendig und teuer. Deshalb ist es sinnvoll, die Restspannung der Lampen zu nutzen, bei der sicher noch keine Zündung stattfindet. Eine Schaltung mit einem Kaltleiter zeigt Bild 2.115.

Solange der Kaltleiter (PTC) kalt ist, überbrückt er mit seinem Innenwiderstand von 50 bis 100 Ω den Kondensator C_2. Die Spannung an der Reihenschaltung von C_1 und PTC ist so klein, daß die Lampe sicher nicht zündet. In diesem Zustand werden die Wendeln mit einem Strom in der Größenordnung des Lampenbetriebsstroms vorgeheizt. Dieser Strom heizt auch den Kaltleiter auf.

Die Vorheizzeit wird bestimmt durch die Wärmekapazität des Kaltleiters und dessen Anfangstemperatur. Oberhalb seiner Bezugstemperatur wird er hochohmig. Parallel zur Lampe wirkt jetzt die Reihenschaltung von C_1 (typ. 10 nF) und C_2 (typ. 7 nF). Die resultierende Kapazität ist so dimensioniert, daß sie mit der Lampendrossel in Resonanz gerät und so die für die Lampe notwendige Zündspannung erzeugt. Während des Betriebs bleibt der Kaltleiter im hochohmigen Zustand, d.h. seine Temperatur liegt über der Bezugstemperatur von 80 °C oder 120 °C. Dabei treten Verluste von knapp einem Watt auf.

Nach Abschalten des Geräts kann die Vorheizbedingung erst wieder nach Erkalten des Kaltleiters erfüllt werden. Während der Kaltleiter selbst in wenigen Minuten abkühlt, besitzt das System aus Vorschaltgerät und Leuchte Zeitkonstanten in der Größenordnung von einer Stunde. Bei der Dimensionierung solcher Schaltungen für Anwendungen mit häufigen Schaltvorgängen sollte dieser Aspekt berücksichtigt werden. Insgesamt ist diese Schaltung aus wirtschaftlichen Gründen sehr interessant, da neben dem Schaltelement selbst keinerlei Mehraufwand entsteht.

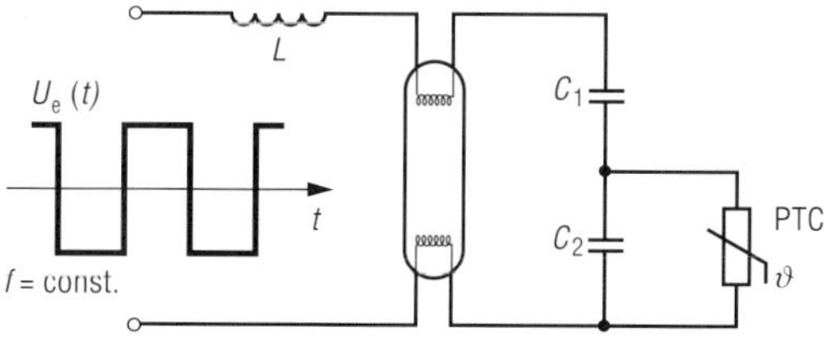

Bild 2.115
Schaltungsanordnung zur Wendelvorheizung mit einem Kaltleiter

Kaltleiter sind heute aus vielerlei Schutzanwendungen bekannt. Ihre Schaltzahl ist in diesem besonders harten Einsatzgebiet auf einige Tausend begrenzt. Daher stellt sich die Frage nach der Zuverlässigkeit des Kaltleiters. Der Keramikkörper selbst verträgt die abrupte Temperaturänderung beim Schalten. Insbesondere bei steilen Temperaturgradienten neigen jedoch die Lötstellen der Drahtanschlüsse mit der Metallisierung des Keramikkörpers zur Rißbildung. Ein solcher Fehler führt im Laufe der Zeit zum Ausfall der Wendelvorheizung. Bei kurzen Heizzeiten ist es daher sinnvoll, für den Kaltleiter Klemmkontakte zu verwenden. Aus Kostengründen ist natürlich der Einsatz von bedrahteten Kaltleitern erstrebenswert. Allerdings muß dann zur Entlastung der Lötverbindungen eine längere Heizzeit in Kauf genommen werden. Derzeit erscheinen Heizzeiten von etwa 1–2 s für Anwendungen mit hoher Schaltbelastung ausreichend.

Schaltungen zur Wendelvorheizung über Frequenzverschiebung

Schaltungen mit veränderbarer Frequenz benötigen kein zusätzliches Schaltelement im Leistungskreis. Im einfachsten Fall genügt eine angepaßte Dimensionierung der in Kap. 2.4.3 erläuterten Lampenschaltung. Mit unterschiedlichen Frequenzen kann man die Bedingungen für Wendelvorheizung f_H, Zündung f_Z und Betrieb f_B erfüllen. Bild 2.116 zeigt die Anordnung mit dem zeitlichen Ablauf der Frequenzen.

Während der Vorheizphase und der Zündspannungserzeugung fließt noch kein Strom in die Gasstrecke. Die Werte für Strom und Spannung werden durch die *LC*-Kombination und die anregende Rechteckspannung festgelegt. Nach der Zündung bedämpft die Lampe den Schwingkreis, so daß die Lampenleistung fast ausschließlich durch die Induktivität und die Lampenimpedanz bestimmt wird.

Bild 2.117 zeigt ein Beispiel für eine solche Dimensionierung. Bei einer L 58 W-Lampe dürfen während des Vorheizens ca. 150 V nicht überschritten werden. Aus dieser Forderung ergeben sich die Vorheizfrequenz f_H zu ca. 47,5 kHz und der Heizstrom I_H zu 0,425 A. Für eine sichere Zündung über einen weiten Temperaturbereich ist eine Zündspannung von ca. 500 V notwendig. Nach dem Diagramm ergibt sich damit für f_Z ein Wert von ca. 39,5 kHz. Die Betriebsfrequenz f_B läßt sich

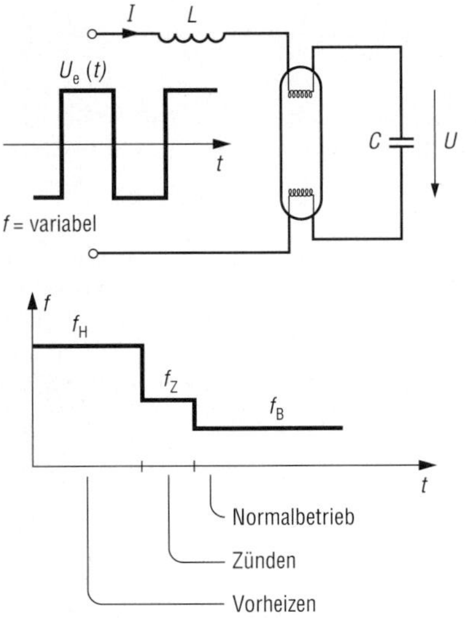

Bild 2.116
Wendelvorheizung über Frequenzverschiebung

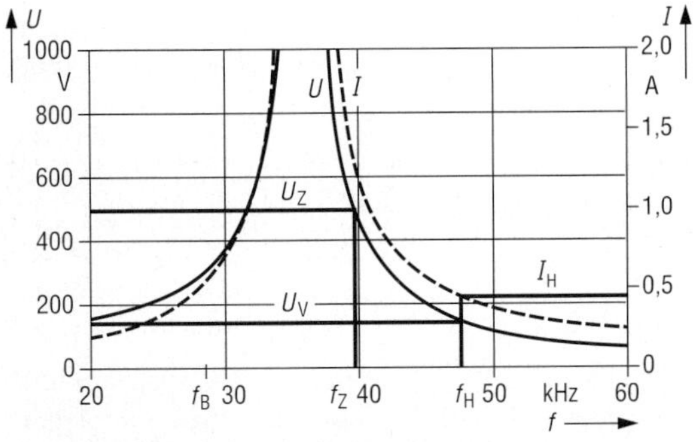

Bild 2.117
Dimensionierung einer Wendelvorheizung nach Bild 2.116 über Frequenzverschiebung am Beispiel einer L 58W-Lampe. I ist der Strom im Serienresonanzkreis, I_H der Heizstrom, U die Spannung am Zündkondensator, U_Z die Zündspannung und U_V die maximale Vorheizspannung. Die Induktivität der Drossel beträgt 2 mH, die Kondensatorkapazität 10 nF

nicht aus dem Diagramm ableiten. Bei dieser Dimensionierung ergeben sich für einen vorschriftengerechten Start (entsprechend IEC 81 und 901) Heizzeiten von etwa 3 s. Mit einem größeren Zündkondensator ließen sich kürzere Heizzeiten erreichen. Leider ergeben sich dabei im Dauerbetrieb merkliche Wendelverluste, so daß solche Dimensionierungen zu einer schlechteren Lichtausbeute führen. Kürzere Heizzeiten lassen sich daher nur durch Zusatzmaßnahmen erreichen, wie z. B. durch einen abschaltbaren Heizkreis. Die meisten Anwendungen rechtfertigen solchen Mehraufwand allerdings nicht.

2.4.7 Betriebsverhalten elektronischer Vorschaltgeräte

Berücksichtigung des Einschaltstromstoßes

Bei allen Vorschaltgeräten – konventionellen und elektronischen – wird die Zahl der an einem Leistungsschalter betreibbaren Geräte nicht durch den im Dauerbetrieb aufgenommenen Strom bestimmt, sondern durch den beim gleichzeitigen Einschalten entstehenden Stromstoß. EVG mit Vorschaltdrossel zur Begrenzung der Netzoberschwingungen (halbelektronische EVG) und induktive Vorschaltgeräte ohne Kompensation zeigen trotz der Ähnlichkeit der am Netz liegenden Drossel deutliche Unterschiede im Einschaltverhalten. Der Stromstoß fällt beim halbelektronischen EVG wegen des Ladevorgangs des Speicherkondensators höher aus als bei der Drossel. Entsprechend der Größe der Induktivität dauert er einige Millisekunden (siehe Bild 2.118). Während des Stromstoßes sättigt der Eisenkern. Der Strom wird dennoch durch die Restinduktivität wirksam begrenzt.

Vollelektronische EVG besitzen im Eingang keine Induktivität, die den Stromanstieg beim Einschalten wirksam begrenzt. Bei ihnen wird die Höhe des Einschaltstroms hauptsächlich durch die ohmschen Anteile des Funkschutzfilters bestimmt. Der Einschaltstromstoß dauert deswegen nur einige hundert Mikrosekunden (Bild 2.119). Die Ersatzschaltung von Siemens-EVG für den Einschalt-

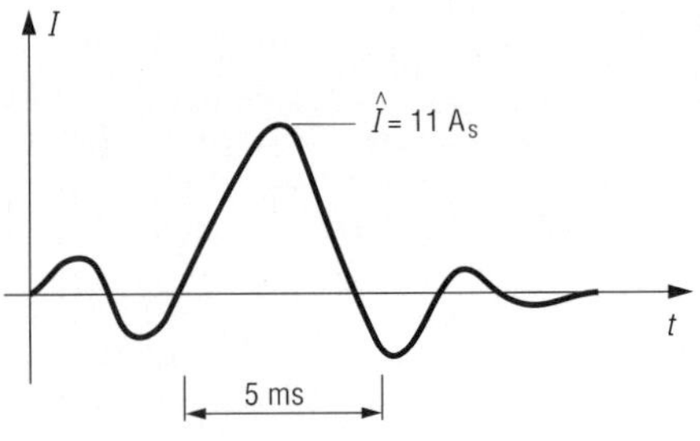

Bild 2.118
Typischer Einschaltstromstoß eines EVG für eine L 58W-Lampe mit einem induktiven Oberwellenfilter

augenblick und die dazugehörigen Werte für verschiedene Leistungsklassen zeigt Bild 2.120. Im Vergleich zu den halbelektronischen EVG muß der „harte" Stromimpuls der vollelektronischen EVG nur ca. 60% der zur Glättung des Lampenstroms notwendigen Energie übertragen, weil erst die Hochsetzfunktion des Oberschwingungsfilters die volle Spannung am Speicherkondensator aufbaut. Genaue Daten müssen beim jeweiligen Vorschaltgerätehersteller erfragt werden.

Bei der Belastbarkeit von Schützen und Relais kann man sich an den vom Hersteller angegebenen Belastungsbeispielen orientieren. Leistungsschutzschalter schützen die Installation vor Überlastungen bei Fehlern im Verbraucherkreis. Sehr häufig stellt sich die Frage, wieviele EVG gleichzeitig an einem Leistungsschutzschalter eingeschaltet werden können. Ein Beispiel für die Automatenbelastbarkeit bei Einsatz von Siemens-EVG und konventionellen Vorschaltgeräten zeigt Tabelle 2.42.

Ableitströme

Fehlerstromschutzschalter (NFI) reagieren auf die Stromdifferenz zwischen N-Leiter und Phase. Überschreitet die Stromdifferenz den für den jeweiligen Schutzschalter typischen Grenzwert, so wird das als Fehler in der Installation interpretiert und der Stromkreis wird abgeschaltet. Beleuchtungsan-

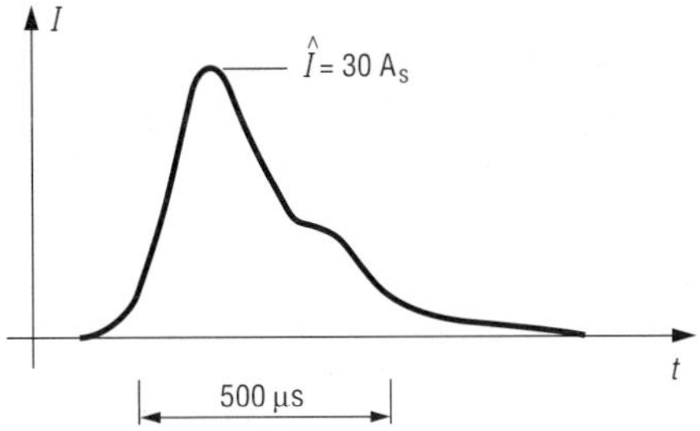

Bild 2.119
Typischer Einschaltstromstoß eines vollelektronischen EVG für eine L 58W-Lampe

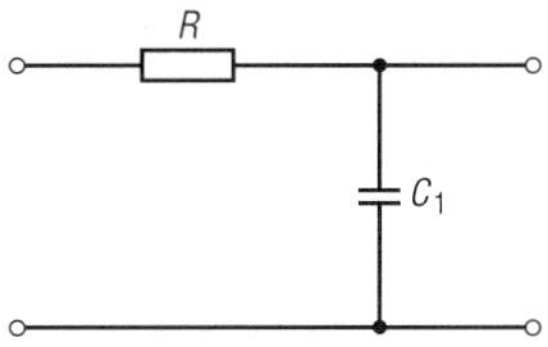

	R	C_1
2 × 50 W	5 Ω	22 µF
2 × 38 W	5 Ω	10 µF
2 × 36 W	5 Ω	10 µF
2 × 18 W	5 Ω	10 µF
1 × 50 W	6 Ω	10 µF
1 × 38 W	6 Ω	6,8 µF
1 × 36 W	6 Ω	6,8 µF
1 × 18 W	6 Ω	6,8 µF

Bild 2.120
EVG-Ersatzschaltbild und zugehörige Widerstands- und Kapazitätswerte für den Einschaltaugenblick

Tabelle 2.42
Maximal zulässige Anzahl EVG-Leuchten an einem Siemens-N-Automat 1 pol Typ B

Automaten-Nennstrom	Lampe	Leuchten			
		1lampig	2lampig 2 × 1lampig. EVG	2lampig 1 × 2lampig. EVG	3lampig 1 × 1lampig + 1 × 2lampig. EVG
10 A	L 18 W L 36 W L 38 W	26	13	18	10
	L 58 W	18	9	8	5
16 A	L 18 W L 36 W L 38 W	38	19	26	15
	L 58 W	26	13	12	8
20 A	L 28 W L 36 W L 38 W	48	24	33	20
	L 58 W	33	16	15	10

lagen müssen also mit den insgesamt erzeugten Ableitströmen unter diesem Grenzwert bleiben.

Impulsstromfeste Fehlerstromschutzschalter, wie sie heute in unseren Vorschriften gefordert werden (DIN VDE 0664 Teil 1), sind wegen ihrer großen Parallelkapazität unempfindlich gegen hochfrequente Ableitströme. Bei Planungen braucht deswegen nur die Größe des netzfrequenten Ableitstroms berücksichtigt zu werden. Er wird bestimmt durch die im Funkschutzfilter verwendeten Y-Kondensatoren. Für ein Einzelgerät darf der Ableitstrom, entsprechend DIN VDE 0711, max. 0,5 mA betragen. Da in Beleuchtungsanlagen häufig ausschließlich EVG installiert werden, sind kleinere Werte sinnvoll, um Fehlerstromschutzschalter mit niedriger Ansprechschwelle verwenden zu können. Zum Beispiel gelten für Siemens-EVG 300 µA pro Gerät (unabhängig von der Leistungsklasse) als Planungswert. Dabei ist zu beachten, daß für sicheren Betrieb nur der halbe Nennansprechstrom des NFI als Berechnungsgrundlage genommen werden darf.

Neben den Ableitströmen mit 50 Hz entstehen auch hochfrequente Ableitströme. Gründe dafür sind Kapazitäten der Bauteile gegen das geerdete Gehäuse und die Kapazität der Lampe und Zuleitungen gegenüber leitenden, geerdeten Leuchtenteilen.

Bei einem EVG für eine L 58-W-Lampe mißt man während des Betriebes ca. 0,5 mA in der Zuleitung zum Schutzleiter. Während der Zündung können kurzzeitig – je nach Zündwilligkeit der Lampe – bis zu 15 mA gemessen werden.

Verhalten bei oberschwingungsbehafteten Netzen

Verbraucher mit verzerrtem Netzstrom wirken ihrerseits wiederum auf den Zeitverlauf der Netzspannung zurück. Verantwortlich dafür sind Spannungsabfälle an Leitungsimpedanzen und Streuinduktivitäten von Transformatoren. Solche Verzerrungen der Netzspannung können insbesondere bei kapazitiven Eingangsschaltungen, wie sie in Funkschutzfiltern üblich sind, zu gefährlichen Überhöhungen des Eingangsstroms führen. Die Folge ist eine Überhitzung der netznahen Bauteile. Dieser Effekt wird noch verstärkt, wenn die Spannungsoberwellen die Resonanzfrequenz eines Funkschutzfilters anregen.

In VDE 0160 werden unterschiedliche Formen der Netzspannungsverzerrung beschrieben und ihre maximale Amplitude festgelegt. EVG solider Hersteller vertragen die in DIN VDE 160 beschriebenen Spannungsformen.

Wegen ihrer induktiven Eingangsschaltung sind vor allem halbelektronische EVG in oberwellenbelasteten Netzen besonders unempfindlich.

Betriebstemperaturen

Für elektronische Geräte werden üblicherweise maximal zulässige Umgebungstemperaturen definiert. In Leuchten kann aber wegen der inhomogenen Temperaturverteilung keine Umgebungstemperatur definiert werden. Deshalb muß die integrale Temperatureinwirkung an der Geräteaußenseite mit den Bauelementetemperaturen korreliert werden. Bei Metallgehäusen läßt sich wegen des guten Wärmeausgleichs ein Meßpunkt definieren, an dem die maximale Temperatur üblicherweise 70 °C beträgt. Besser noch als die Kontrolle des Meßpunktes ist es, die maximal zulässige Temperatur kritischer Bauteile direkt mit der Leuchtenumgebungstemperatur zu korrelieren. Das ist bei den Firmen gebräuchlich, die Leuchten und EVG herstellen.

Zusammenwirken mit IR-Übertragungsstrecken

Neben der gewünschten Strahlung im sichtbaren Spektralbereich erzeugen auch Leuchtstofflampen visuell nicht nutzbares Licht. Aus technischer Sicht sind hier die Infrarotanteile besonders interessant, da sie mit den heute weit verbreiteten IR-Übertragungsstrecken wechselwirken. Die Hersteller solcher IR-Anlagen haben den Störuntergrund von netzfrequent betriebenen Beleuchtungsanlagen bei der Auslegung ihrer Geräte berücksichtigt. Die Modulations- und Rauschspektren solcher Beleuchtungsanlagen liegen deutlich unter den Arbeitsfrequenzen typischer IR-Übertragungsstrekken (ca. 40 kHz). Eine Trennung von Stör- und Nutzsignal ist daher leicht möglich.

Ungünstigere Verhältnisse ergeben sich bei EVG-Betrieb von Leuchtstofflampen. Bei deren Niederdruckplasmen folgt der zeitliche Verlauf der IR-Strahlung dem anregenden Strom. Bei einer typischen Arbeitsfrequenz der EVG von 30 kHz ergibt sich eine starke Modulation des IR-Lichtes von 60 kHz, da die Lichtanregung unabhängig von der Stromrichtung ist. Der Lampenstrom ist bei EVG-Betrieb nicht exakt sinusförmig, sondern er wird aus zusammengesetzten Exponentialfunktionen nachgebildet. Daher treten auch höhere Harmonische des Lampenstroms auf, die merkliche Modulationen der IR-Strahlung bis ca. 250 kHz verursachen. Im Bereich der Kathodenfallstrecke ist die Anregung der IR-Strahlung besonders effektiv. Dieses Störlicht aus den Lampenenden ist mit der EVG-Betriebsfrequenz von 30 kHz moduliert, da jede Wendel nur einmal pro Stromperiode die Kathodenfunktion übernimmt.

Es gibt IR-Übertragungsstrecken mit Schaltfunktionen und analoge Übertragungsstrecken. Letztere benötigen in der Regel einen größeren Störabstand oder breitere störungsfreie Frequenzfenster. Nur wenige dieser Systeme dürften für den Betrieb in der Nachbarschaft von EVG-Beleuchtungsanlagen geeignet sein. Günstiger ist es bei IR-gesteuerten Schaltanlagen. Häufig genügt es, den Empfänger gegen direkte Bestrahlung durch die Beleuchtungsanlage abzuschirmen. In manchen Fällen muß auch mit einer Verminderung der Reichweiten gerechnet werden. Wegen der Vielzahl der verfügbaren IR-Systeme und der Abhängigkeit von örtlichen Gegebenheiten ist es nicht sinnvoll, generelle Aussagen zu machen. Die IR-Übertragungsstrekken und die EVG-Beleuchtungsanlagen müssen daher in jedem Einzelfall in Zusammenarbeit mit den Herstellern ausgewählt werden.

Welche Verbesserung dieser unerfreulichen Situation ist in Zukunft möglich? Die Betriebsfrequenzen der EVG müssen, wie die aller Schaltnetzteile, oberhalb der Hörschwelle des menschlichen Ohres liegen. Da die Lampe als Antenne wirkt, die alle Oberschwingungen des Lampenstroms und dessen parasitäre Schwingungen abstrahlt, sind aus Gründen des Funkschutzes Betriebsfrequenzen über 50 kHz zu vermeiden. Ähnlich wenig Spielraum für Veränderungen bieten die Leuchtstofflampen. Das IR-Störlicht wird von einer Spektrallinie des Quecksilbers erzeugt. Alternativen zum Quecksilber in Leuchtstofflampen sind heute nicht denkbar. Auch eine Veränderung der Plasmaparameter ist nicht erfolgversprechend.

Einige Hersteller von IR-Systemen haben diese Restriktionen längst erkannt und entwickeln neue Systeme mit Trägerfrequenzen größer 400 kHz. Solche Geräte arbeiten auch in der Nachbarschaft von Beleuchtungsanlagen mit EVG störungsfrei.

2.4.8 Besondere Einsatzgebiete

Notstromanlagen nach VDE 0108

Der Begriff Notbeleuchtung wird in DIN 5035 Teil 5 definiert:

„Notbeleuchtung ist eine Beleuchtung, die bei Störung der Stromversorgung der allgemeinen künstlichen Beleuchtung rechtzeitig wirksam wird. Unterschieden werden: Sicherheitsbeleuchtung und Ersatzbeleuchtung.“

Während die Ersatzbeleuchtung üblicherweise der privaten Initiative überlassen bleibt, gelten für die Sicherheitsbeleuchtung eine Reihe von Vorschriften.

DIN VDE 0108 regelt die elektrischen Anforderungen der Sicherheitsbeleuchtung. Es ist möglich, das ausgefallene öffentliche Netz durch 220-V-Zentralbatterien für einige Zeit zu ersetzen. Zum Betrieb von Gasentladungslampen mit induktiven Vorschaltgeräten ist dann in der Regel ein zentraler Wechselrichter erforderlich; Gasentladungslampen mit elektronischen Vorschaltgeräten hingegen lassen sich direkt an einer Gleichspannung betreiben. Außer für Leuchtstofflampen werden jetzt auch schon wenige EVG für Metalljodid-Hochdrucklampen angeboten. Diese Geräte erfüllen die Voraussetzung, um gemäß DIN VDE 0108 als Einzelwechselrichter eingesetzt zu werden.

Geregelte EVG, d. h. solche, deren abgegebene Leistung unabhängig von der Eingangsspannung ist, sorgen für den vollen Nennlichtstrom der Lampen, während ungeregelte Geräte einen deutlich reduzierten Lichtstrom zur Verfügung stellen.

Die damit verbundene niedrige Leistungsaufnahme ist oft von Vorteil, jedoch werden die Lampen außerhalb ihrer spezifischen Daten betrieben.

Häufig bieten elektronische Vorschaltgeräte die Möglichkeit, die Anforderungen der Sicherheitsbeleuchtung mit einem energiesparenden Normalbetrieb zu verbinden.

Medizinisch genutzte Räume

Konventionelle Vorschaltgeräte für Leuchtstofflampen erzeugen magnetische Störfelder, bei denen keine EKG und EEG aufgenommen werden können. Hauptquelle dieser Störfelder sind die parasitären Luftspalte an der Stoßwelle zwischen den E- und I-Blechen des Kerns.

Vollelektronische Vorschaltgeräte weisen wegen der fehlenden Eisendrossel nur sehr kleine magnetische Störfelder auf. Ihre Größe wird fast ausschließlich von dem auf der Netzzuleitung geführten Strom bestimmt. Die von DIN VDE 0107/6.81 geforderten Grenzwerte werden z. B. von dem Siemens-EVG bei einlampigen Leuchten in einem Mindestabstand von 0,85 m eingehalten. Bei mehrlampigen Leuchten sollte der Abstand mindestens 1,5 m betragen.

EVG mit induktivem Oberschwingungsfilter erzeugen ebenfalls größere magnetische Störfelder als vollelektronische Vorschaltgeräte, da ihre Filterdrossel ähnliche Felder produziert wie induktive Vorschaltgeräte.

Fahrzeugbeleuchtung

Während Lampen und konventionelle Vorschaltgeräte recht genau auf die jeweilige Netzspannung abgestimmt sind, lassen sich elektronische Vorschaltgeräte einfach an die verschiedensten Versorgungsnetze anpassen. „Gleichspannungsversorgte Vorschaltgeräte“ sind bei der Eisenbahn und in Straßenbahnen seit langem erfolgreich im Einsatz.

Durch die Entwicklung kompakter Leuchtstofflampen kleiner Leistung stehen heute auch für kleine Räume energiesparende Lichtquellen zur Verfügung. Solche Beleuchtungssysteme mit geringer Leistungsaufnahme sind von besonderem Nutzen, wenn eine Versorgung aus dem öffentlichen Netz nicht oder nur zeitweise möglich ist. Campingbusse, Wohnwagen und Werkstattwagen von Handwerkern sind sinnvolle Anwendungsfelder einer solchen Kombination von Kompaktleuchtstofflampen und Elektronik.

Da die bei vielen Leuchtstofflampen kleiner Leistung integrierten Starter für Hochfrequenzbetrieb nicht geeignet sind, werden heute für EVG-Betrieb geeignete Lampen mit 4-Stift-Sockel angeboten.

2.4.9 Prüfungen

Prüfungen und Zulassungen von elektronischen Vorschaltgeräten für Niederdruck-Leuchtstofflampen erfolgen wie bei konventionellen Vorschaltgeräten (s. Kap. 2.3.1) nach den z. Z. gültigen DIN VDE-Bestimmungen bzw. den in der Harmonisierung stehenden Normen.

Die in Frage kommenden Normen sind im Kapitel 11 (Tabelle 11.1) aufgelistet. Wie bei den konventionellen Vorschaltgeräten wurde in der internationalen Norm ebenfalls eine Aufsplittung in einen Teil für die „Sicherheit“ und einen Teil für die „Arbeitsweise“ vorgenommen. Die Hintergründe und Verfahrensweisen sind in Kapitel 11.1.1 ausführlich beschrieben.

Die Vorschrift EN 60928/DIN VDE 0712 Teil 22 zur Überprüfung der „Sicherheit“ der Geräte beinhaltet folgende Anforderungen, die entsprechend der Reihenfolge der Paragraphen abgefragt werden:

Hauptabschnitt 1 Allgemeine Anforderungen

1 Anwendungsbereich
2 Begriffe
3 Allgemeine Anforderungen
4 Allgemeines über die Prüfungen
5 Einteilung
6 Aufschriften

Hauptabschnitt 2 Sicherheitsanforderungen

7 Anschlußklemmen
8 Schutzleiteranschluß
9 Kriech- und Luftstrecken
10 Schutz gegen zufällige Berührung mit aktiven Teilen
11 Schutz gegen elektrischen Schlag
12 Feuchtebeständigkeit und Isolierung
13 Spannungsfestigkeit
14 Anomaler Betrieb
15 Fehlerbedingungen
16 Stromführende Teile und Verbindungen
17 Wärme- und Feuerbeständigkeit
18 Beständigkeit gegen Korrosion

Anhang A Aktive Teile

Prüfungen in dieser Norm sind Typprüfungen. Anforderungen zur Prüfung einzelner Vorschaltgeräte während der Herstellung sind nicht enthalten. Dies wird unabhängig von der Norm durch den Vertrag mit der VDE-Prüfstelle geregelt (siehe hierzu Kapitel 11.1.6).

Zur Überprüfung der „Arbeitsweise“ der elektronischen Vorschaltgeräte dient die Vorschrift EN 60929/DIN VDE 0712 Teil 23. Diese beinhaltet folgende Anforderungen, die allerdings nur in Verbindung mit den Anforderungen des Teiles 22 für die „Sicherheit“ erfüllt werden können; eine Prüfung bzw. Zulassung nur nach dem Vorschriftenteil „Arbeitsweise“ ist nicht statthaft:

1 Anwendungsbereich und andere Normen
2 Begriffe
3 Allgemeines über Prüfungen
4 Aufschriften
5 Allgemeines
6 Zündbedingungen
7 Betriebsbedingungen
8 Leistungsfaktor der Schaltung
9 Netzstrom
10 Maximaler Strom in einer Elektrodenzuleitung
11 Kurvenform des Stroms
12 Magnetische Abschirmung
13 Tonfrequenzimpedanz
14 Netz-Überspannungen
15 Prüfungen des Betriebs unter anomalen Bedingungen
16 Lebensdauer
Anhang A Prüfungen
Anhang B Referenz-Vorschaltgeräte
Anhang C Referenzlampen
Anhang D Erläuterungen zu den Zündbedingungen

Die Auswahl und Eigenschaften der für die Prüfungen notwendigen Referenzlampen sind in den Bestimmungen ausführlich beschrieben.

Die einzuhaltenden Daten für den Start von Leuchtstofflampen, mit oder ohne Vorheizung, sind in den entsprechenden Lampendatenblättern der IEC 81 für zweiseitig gesockelte Leuchtstofflampen bzw. IEC 901, für einseitig gesockelte Leuchtstofflampen, ausführlich aufgelistet.

2.5 Helligkeitssteuerung

Es gibt drei wesentliche Gründe für den Einsatz von Helligkeitssteueranlagen:

▷ Energie- bzw. Kosteneinsparung
▷ Komfortgründe
▷ Sicherheitsanforderungen

Aus Kostengründen wünscht man eine entsprechend der Außenhelligkeit regelbare Innenbeleuchtung, in der Straßenbeleuchtung wird die Beleuchtungsstärke während der Nachtstunden von ca. 23 Uhr bis zum nächsten Morgen auf etwa 50% gesenkt.

Komfortgründe sprechen für die Anwendung von Helligkeitssteuerungen in Theatern und Vortragsräumen. Durch kontinuierliche Beleuchtungsstärkeänderungen erleichtert man den Anwesenden in solchen Räumen die Adaptation. Darüber hinaus ist es in Vortragssälen üblich, die Beleuchtungsstärke so einzustellen, daß ein Mitschreiben bei Dia- oder Overheadprojektorvorträgen möglich wird.

Sicherheitsgründe erfordern die Anwendung von Helligkeitssteueranlagen bei der Tunnelbeleuchtung. Am Tage benötigt man in den Eingangsbereichen hohe Beleuchtungsstärken, die bei längeren Tunnels allmählich auf ein niedrigeres Beleuchtungsniveau zurückgenommen werden. Und bei Dunkelheit muß die Beleuchtungsstärke auch der Eingangszonen so weit vermindert sein, daß ein gefahrloses Einfahren in den Tunnel möglich wird.

Die einfachste und zugleich wirtschaftlichste Methode der Helligkeitssteuerung ist das Zu- und Abschalten einzelner Lampen, da bei Vollastbetrieb optimale Lampen-Betriebsbedingungen vorliegen. Das ist z. B. in Räumen möglich, in denen fensterfrontparallele Lichtbänder installiert sind. Aber nur ein Teil der in der Praxis vorkommenden Beleuchtungsaufgaben läßt sich durch Schalten von Lampen lösen, häufig muß die Leistung der einzelnen Lampe vermindert werden.

2.5.1 Lampenausführungen

Für Helligkeitssteuerungen werden nicht nur die mit einer Zündfolie versehenen speziellen Lampen L..W/..DS (DS: Dimmerschaltung) eingesetzt, sondern auch die für den starterlosen Betrieb gebauten Lampen L..W/..S (S: silikonisierte Lampe) bzw. L..W/..Sa (Sa: silikonisierte Lampe mit einseitig kontaktiertem Außenzündstrich). Um ausreichende Elektrodentemperaturen auch bei Lampenbetrieb mit verminderter Leistung zu erhalten, ist eine Dauerheizung der Elektrode erforderlich. Wegen der hinsichtlich der Heizspannung nicht standardisierten Elektroden von Lampen für den Starterbetrieb können diese nur in Sonderfällen in Helligkeitssteueranlagen eingesetzt werden.

Während zur Zündung von Lampen für den starterlosen Betrieb mit Niederohmelektroden 3,05 V ausreichen, sind für die Dauerheizung bei verminderter Lampenleistung mindestens 3,6 V erforderlich; die Nennheizspannung soll bei Belastung mit Elektrodenersatzwiderständen 4,0 ± 0,1 V erreichen. DS-Lampen 40 W und 65 W haben Hochohmelektroden, der Nennwert der Heizspannung dieser Lampen beträgt 6,5 V. Eine Zusammenstellung der Nennheizspannungen und der für die Messung dieser Heizspannungen zu verwendenden Elektrodenersatzwiderstände zeigt Tabelle 2.43. In der Tabelle sind ferner maximal zulässige Ströme in jeder Elektrodenzuleitung aufgeführt. Diese Ströme sollen unter allen Betriebszuständen bei zulässiger Überspannung nicht überschritten werden. Die Maximalwerte werden automatisch eingehalten, wenn die gleiche Phase für die Versorgung von Lampe und Heiztransformator verwendet wird. Bei Drehstromversorgung sind Anschlüsse entsprechend Tabelle 2.44 zu wählen.

Damit die Lampen bei Betrieb optimale Betriebsbedingungen erreichen, dürfen die Heizspannungen auch bei Vollastbetrieb nicht abgeschaltet werden. Während bei Starterschaltungen wegen des einseitigen Anschlusses der Elektroden eine Aufheizung durch den Lampenstrom selbst ausreicht, ist beim zweiseitigen Anschluß eine Dauerheizung auch bei Vollastbetrieb nötig, da sonst die Elektrodentemperaturen zu niedrig sind.

Die Folie der DS-Lampen wird geerdet und wirkt damit intensiv als Zündhilfe. Die für die Zündung bei Vollast sowie bei verminderter Leistung erforderliche Versorgungsspannung der Lampen L 40 W/.. DS und L 65 W/.. DS zeigt Bild 2.121. Die Kurven zeigen, daß ein Betrieb der L 40 W/.. DS bei der Netznennspannung 220 V oder 230 V noch in einem Kolbentemperaturbereich – 15 ... + 50 °C möglich ist, der Temperaturbereich verringert sich bei Netzunterspannung aber schon so stark, daß ein stabiler Betrieb der L 40 W/.. DS

Tabelle 2.44
Anschluß von Lampen und Heiztransformatoren bei Drehstromversorgung

Lampenversorgung	Heiztransformator-Versorgung
R	R
S	S
T	T
R–S	S, R–S
S–T	T, S–T
T–R	R, T–R

Tabelle 2.43
Heizdaten für den Betrieb von Leuchtstofflampen in Helligkeitssteueranlagen

Lampentyp	Nennwert der Heizspannung U_H	Elektrodenersatzwiderstände bei U_H	Maximal zulässiger Strom in jeder Elektrodenzuleitung
L 20 W/.. Sa	4,0 V	11 Ω	0,55 A
L 40 W/.. S	4,0 V	10 Ω	0,65 A
L 40 W/.. Sa	4,0 V	10 Ω	0,65 A
L 65 W/.. Sa	4,0 V	6 Ω	1,00 A
L 40 W/.. DS	6,5 V	20 Ω	0,65 A
L 65 W/.. DS	6,5 V	12,5 Ω	1,00 A
L 36 W/..	ca. 4,0 V*)	10 Ω*)	0,65 A
L 58 W/..	ca. 4,0 V*)	6 Ω*)	1,00 A

*) Heizspannungen und Elektrodenersatzwiderstände für den Betrieb in Helligkeitssteueranlagen sind nicht standardisiert und können sich ändern

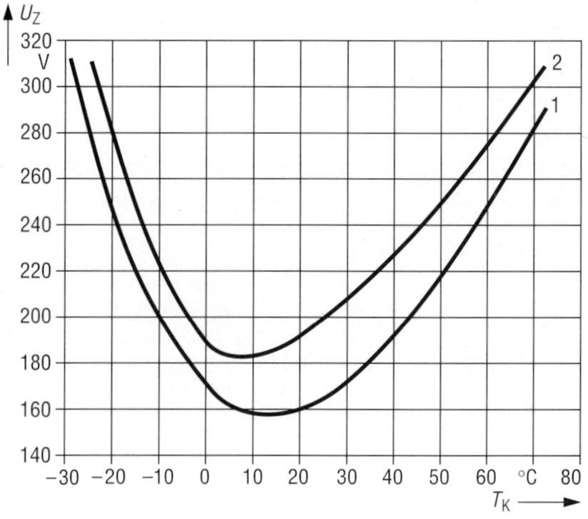

Bild 2.121
Die Zündspannungen U_Z von Lampen L 40 W/.. DS (1) und L 65 W/.. DS (2) in Abhängigkeit von der Kolbentemperatur T_K

nicht mehr gegeben ist. Lampen L 65 W/.. DS können nur mit Geräten betrieben werden, bei denen eine sichere Wiederzündung in jeder Netzhalbwelle auch nach stromlosen Pausen gewährleistet ist.

Noch kleiner ist der Temperaturbereich für sichere Zündung bei Lampen L 40 W/.. Sa und L 65 W/.. Sa, wie Bild 2.122 zeigt. Die Kurven gelten für Vollastbetrieb, für Ströme < 20% des Nennstroms gelten um 10% höhere Mindest-Lampenversorgungsspannungen, so daß für den stabilen Betrieb von Sa-Lampen erheblich höhere Leerlaufspannungen als für DS-Lampen erforderlich sind. Lampen L 65 W/.. Sa sind danach für die Zündung und den Betrieb an 220 V oder 230 V Versorgungsspannung ungeeignet. Die Lampen könnten zwar noch bei + 25 °C Raumtemperatur gezündet werden, eine Wiederzündung kurz nach einer Netzspannungsunterbrechung wäre aber wegen der um ca. 20 K gegenüber der Umgebungstemperatur höheren Kolbentemperatur nicht möglich. Beim Einsatz von Sa-Lampen wirkt sich der über einen Hochohmwiderstand mit einer Elektrode verbundene Außenzündstrich auch ungünstig auf den Lampenbetrieb aus, da das Wiederzündverhalten in jeder Netzhalbwelle davon abhängt, ob der Zündstrich mit dem Nulleiter verbunden oder auf der Phasenseite angeschlossen ist. Ein extrem gutes Zünd- und Wiederzündverhalten zeigen dagegen Lampen L 20 W/.. Sa. Die Einsatzmöglichkeiten dieses Lampentyps sind jedoch wegen der geringen Lampenleistung nicht groß.

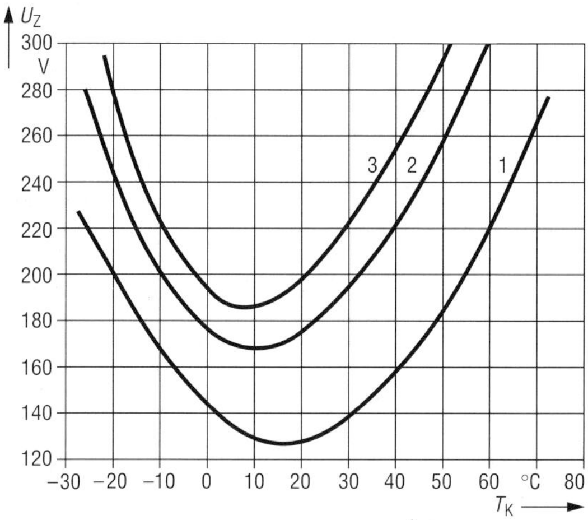

Bild 2.122
Die Zündspannungen U_Z von Lampen L 20 W/.. Sa (1), L 40 W/.. Sa (2) und L 65 W/.. Sa (3) in Abhängigkeit von der Kolbentemperatur T_K

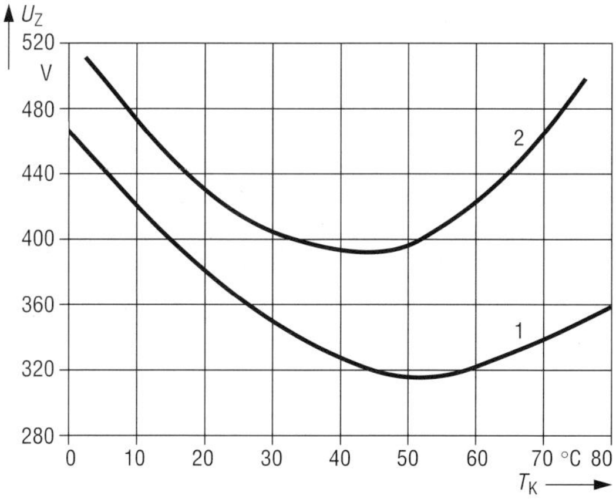

Bild 2.123
Die Zündspannungen U_Z von Lampen L 36 W/.. (1) und L 58 W/.. (2) für den Starterbetrieb in Abhängigkeit von der Kolbentemperatur T_K bei starterloser Schaltung

Der Einsatz von Starterlampen 36 W und 58 W mit 26 mm Durchmesser ist in normalen Anschnittsteueranlagen ohne zusätzliche Maßnahmen zur Zündung und Wiederzündung nicht möglich, die Zündspannungen dieser Lampen mit Krypton/Argon oder Krypton/Neon als Grundgas sind zu hoch. Nach Bild 2.123 reichen Netzspannungen von 220/230 V nicht zur Zündung aus. Der Einsatz solcher Lampen in Anlagen mit Helligkeitssteuerungen ist deshalb auf Sonderschaltungen beschränkt, durch die Zündung und Wiederzündung gewährleistet werden können.

2.5.2 Schaltungen

Je nach gewünschtem Resultat und vertretbarem Aufwand sind Stufenschaltungen oder stufenlose Ausführungen günstiger. Bei den Stufenschaltungen wird nicht die Kurvenform, sondern die Amplitude des Lampenstroms verändert. Bei den stufenlosen Helligkeitssteuerungen überwiegt die Veränderung der Stromflußzeit, möglich sind aber auch Amplitudensteuerungen durch Impedanz- oder Versorgungsspannungsänderungen.

Stufenschaltungen

Am häufigsten sind Rapidstart-Schaltungen mit umschaltbaren Drosseln, mögliche Prinzipschaltungen sind in Bild 2.124 dargestellt. Mit den ge-

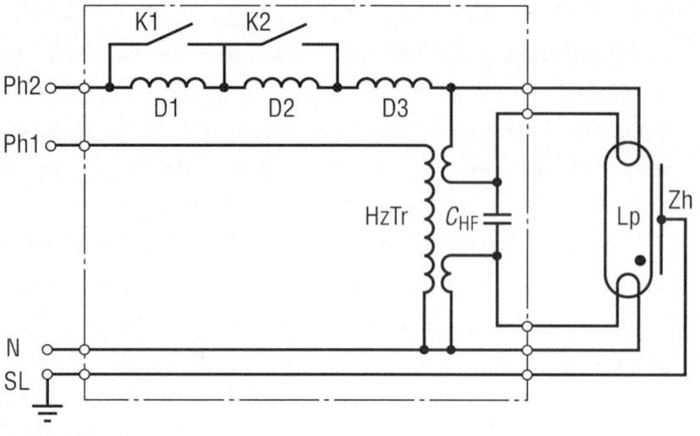

a

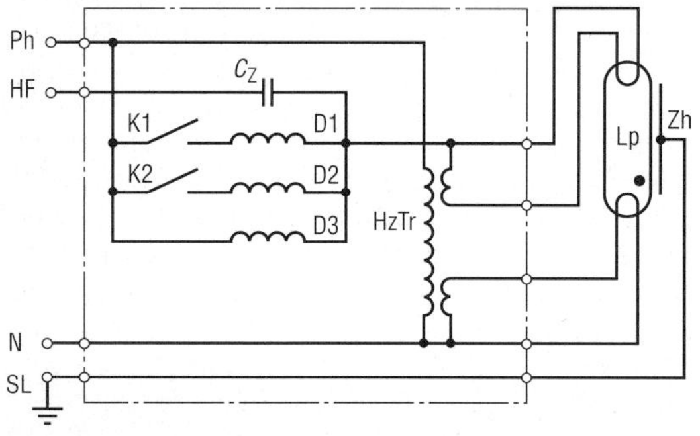

b

Ph 1	Versorgungs-spannung des Heiztrans-formators	HzTr	Heiztransformator
Ph 2	Lampenversor-gungsspannung	C_Z	Zündkondensator
N	Nulleiter	C_{HF}	Entstörkonden-sator
SL	Schutzleiter	Lp	Lampe
K 1,2	Relaiskontakte	Zh	Zündhilfe
D 1,2,3	Strombegren-zungsdrosseln	HF	Sinusförmige Hoch-frequenzspannung

Bild 2.124 a, b
Prinzipschaltbilder von Stufenschaltungen für die Helligkeitssteuerung von Leuchtstofflampen

wählten drei Teildrosseln lassen sich je nach Relaisaufwand zwischen drei und sieben Helligkeitsstufen einstellen. Bei Bild 2.124 a versorgt Phase Ph 1 den Heiztransformator Hz Tr, während die Spannung von Phase Ph 2 bei gleicher Phasenlage entsprechend dem gewünschten Temperaturbereich höher gewählt werden kann. Zur Vermeidung von Kaltzündungen sollte die Phase Ph 2 gegenüber Phase Ph 1 ca. 2 Sekunden verzögert zugeschaltet werden. Der lampenparallel geschaltete Kondensator C_{HF} dient als Entstörkondensator, die Kapazität darf mit Rücksicht auf die ansteigenden Wiederzündspitzen bei stark verminderten Lampenströmen 5 nF nicht übersteigen.

Eine hohe Lampenversorgungsspannung für die Stufenschaltung z. B. in der Tunnelbeleuchtung hat auch Nachteile. Setzt man z. B. Lampen L 40 W/..Sa für Umgebungstemperaturen bis zu – 25 °C ein, beträgt die mindestens einzuhaltende Lampenversorgungsspannung 280 V, der Nennwert liegt bei 300 V. Für diese Versorgungsspannung sind die Lampendrosseln auszulegen, die Geräte werden groß und entsprechend verlustreich. Bei einer Lampenversorgungsspannung von 300 V brennen Lampen L 40 W/..Sa auch dann noch, wenn eine Elektrode emissionsunfähig geworden ist. Deshalb kann die Lampe am Ende der Lebensdauer in einen Halbwellenbetrieb übergehen, die Vorschaltgeräte müssen für diesen Betrieb ausgelegt sein.

Bei der Stufenschaltung mit 230 V Versorgungsspannung ist der Betrieb stabil, wenn ein hochfrequenter Wechselstrom Zündung und Wiederzündung in jeder Netzhalbwelle gewährleistet, Schaltung siehe Bild 2.124 b. Eine hochfrequente Spannung von z. B. 350 V wird der netzfrequenten Versorgungsspannung überlagert, die Strombegrenzungsdrosseln verhindern ein Abfließen des Stroms zum Netz. Die Kapazität des Kondensators wählt man so, daß der hochfrequente Strom ca. 10 mA erreicht. Vorteilhaft bei dieser Schaltung ist, daß sie auch mit handelsüblichen verlustärmeren Drosseln funktioniert.

Stufenlose Schaltungen

Stufenlose Helligkeitssteuerungen lassen sich sowohl durch Steuerung der Stromflußzeit (Impulsweitensteuerung) als auch mit Amplitudenänderungen verwirklichen. Wegen ihrer größeren Bedeutung betrachten wir zuerst die Impulsweitensteuerung.

Die bekannteste und am weitesten verbreitete Schaltung dieser Art ist die Phasenanschnittsteuerung. Durch die Wahl des Anschnittwinkels kann man die Helligkeit stufenlos verändern. Der Nachteil aller Impulsweitensteuerungen ist die lampenstromlose Pause, während der die Gasstrecke der Leuchtstofflampe zum Teil entionisiert, so daß die Wiederzündung in jeder Halbwelle der netzfrequenten Versorgungsspannung behindert wird. Der Vorteil dieser Schaltungen liegt in der Möglichkeit, eine große Gruppe Lampen mit einem Gerät gleichzeitig steuern zu können. Zu jeder

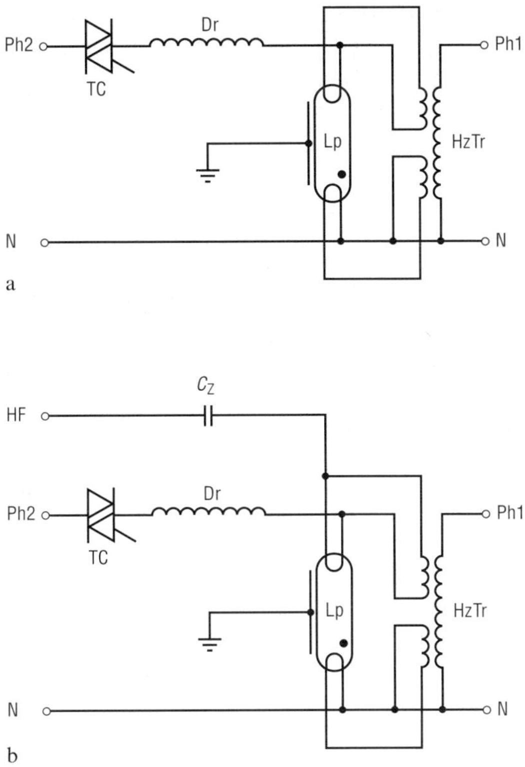

Ph 1	Versorgungsspannung des Heiztransformators	TC	Triac
Ph 2	Lampenversorgungsspannung	Dr	Strombegrenzungsdrossel
N	Nulleiter	C_Z	Zündkondensator
HF	Sinusförmige Hochfrequenzspannung	HzTr	Heiztransformator
		Lp	Lampe

Bild 2.125 a, b
Prinzipschaltbilder von Schaltungen für die stufenlose Helligkeitssteuerung von Leuchtstofflampen

Lampe führt neben dem Nulleiter eine Phase für die Versorgung des Heiztransformators sowie eine zweite Leitung mit der angeschnittenen gesteuerten Phase.

Wegen der stromlosen Pausen ist die Wiederzündung in jeder Netzhalbwelle schwieriger als bei der Amplitudensteuerung. Sowohl bei 40-W- wie auch bei 65-W-Lampen sind zusätzliche Maßnahmen zum Sicherstellen eines stabilen Lampenbetriebs notwendig. Eine Möglichkeit zeigt Bild 2.125 b; bei dieser Schaltung führt die Lampe dauernd einen hochfrequenten Strom. Die anliegende hochfrequente Spannung gewährleistet nicht nur die Zündung der Lampen in einem großen Temperaturbereich, sondern sie verhindert auch eine Entionisierung durch den hochfrequenten Strom, der auch in der stromlosen Pause des netzfrequenten Stroms fließt.

Eine Wiederzündung in jeder Netzhalbwelle ist aber auch durch Impulse möglich. Diese Impulse können mit einem speziellen Zündgenerator erzeugt und der angeschnittenen Versorgungsspannung im Moment des Anschnitts überlagert werden, ein Beispiel zeigt Bild 2.126 a. Zündimpulse können aber auch durch die ansteigende Spannung selbst erzeugt werden. Die Bilder 2.126 b und c sind Prinzipschaltbilder solcher Schaltungen.

Die Phasenanschnittsteuerung benutzt man gelegentlich auch für Anlagen mit Starterschaltung. Dabei können sich aber sowohl für die Lampe wie auch für den Glimmstarter negative Einflüsse ergeben. Nach der Lampenzündung unter Nennbedingungen beträgt der Mindestwert des Lampenstroms ohne zusätzliche Elektrodenheizung 70% des Nennstroms. Bei Strömen unter 70% ergibt sich eine zu niedrige Elektrodentemperatur, die eine starke Schwärzung im Elektrodenbereich und einen vorzeitigen Lampenausfall verursachen kann.

Die Höhe der Wiederzündspitze der Brennspannung sowie die Effektivwerte hängen von der Höhe des Lampenstroms ab. Bei Verminderung des Lampenstroms steigt die Brennspannung im Bereich normaler Raumtemperaturen an, so daß eine zu starke Absenkung des Lampenstroms auch mit Rücksicht auf die in IEC-Publikation 155 [2.5.1] bzw. VDE 0712 Teil 4 [2.5.2] festgelegten Nichtwiederschließspannungen vermieden werden muß. Die Grenzwerte werden bei den üblichen Geräte- und Netzspannungstoleranzen schon bei Umgebungstemperaturen um + 5 °C erreicht, bei Raumtemperaturen liegt die Grenze z. B. der 58-W-Lampen bei ca. 70% des Nennstroms. Dies gilt für eine Lampenstromverminderung mit Hilfe von Zusatzinduktivitäten, bei der keine stromlose Pause auftritt.

Ist die Lampenstromverminderung durch eine Anschnittsteuerung bedingt, steigt die Wiederzündspitze in jeder Netzhalbwelle so an, daß die Glimmzünder mitglimmen und vorzeitig ausfallen können. Nach den Oszillogrammen in Bild 2.127 a, b,

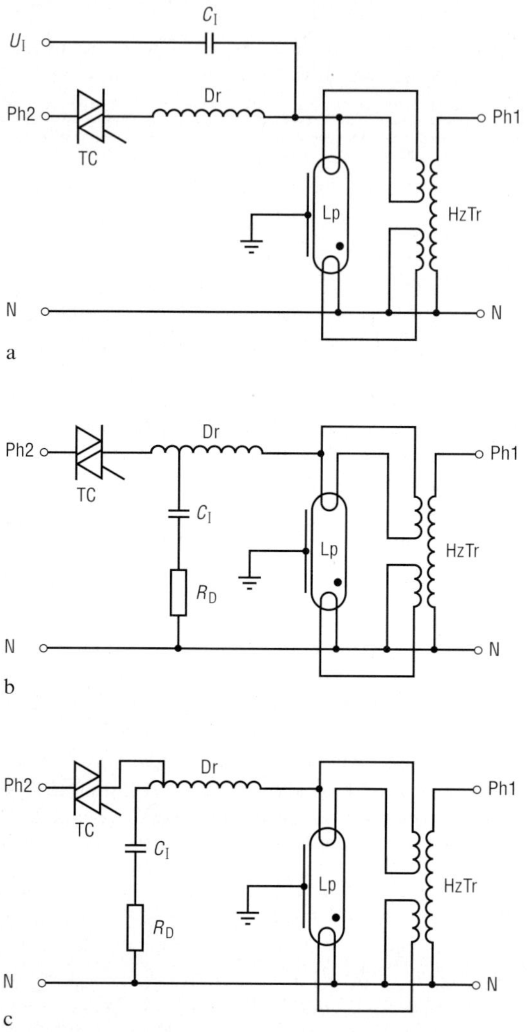

Ph 1	Versorgungsspannung des Heiztransformators	U_I	Impulsspannung
Ph 2	Lampenversorgungsspannung	C_I	Impulskondensator
N	Nulleiter	R_D	Dämpfungswiderstand
TC	Triac	Dr	Strombegrenzungsdrossel
		HzTr	Heiztransformator
		Lp	Lampe

Bild 2.126 a, b, c
Prinzipschaltbilder von Impulsschaltungen für die stufenlose Helligkeitssteuerung von Leuchtstofflampen

c wird bei Lampen L 40 W bereits bei 70% des Nennstroms ein Scheitelwert der Wiederzündspitze von 270 V erreicht, bei dem die Glimmzünder mit Sicherheit mitglimmen. Der Scheitelwert der Wiederzündspitze steigt bei nicht mehr zulässiger Verminderung auf 40% des Nennstroms auf knapp 400 V an. Noch höhere Wiederzündspitzen ergeben sich bei Lampen L 65 W bzw. L 36 W und L 58 W, so daß in solchen Anlagen mit einem vorzeitigen Ausfall der Glimmzünder schon bei Verminderung des Lampenstroms auf 70% des Nennstroms zu rechnen ist.

Auch mit einer Schaltung nach Bild 2.128 läßt sich die Helligkeit stufenlos steuern. Bei dieser sogenannten Abschnittsteuerung erhält jede Lampe einen steuerbaren Halbleiter. Der Heiztransformator entfällt, der Triac schaltet nach einer wählbaren Zeit des Stromflusses durch die Lampe auf Vorheizbetrieb um, bis die Lampe in der nächsten Halbwelle nach dem Stromnulldurchgang wieder den Strom übernimmt [2.5.3].

Bild 2.129 zeigt eine weitere Möglichkeit, die Helligkeit stufenlos zu verstellen, allerdings ist der Steuerbereich sehr eingeschränkt. Bei der Änderung der Lampenversorgungsspannung darf der Mindestwert für den stabilen Betrieb nicht unterschritten werden. Um trotzdem einen ausreichenden Steuerbereich zu erhalten, ist eine Erhöhung der Versorgungsspannung bei Nennleistung erforderlich. Dafür braucht man größere und verlustreichere Vorschaltgeräte.

In den letzten Jahren hat sich durch den Hochfrequenzbetrieb der Leuchtstofflampen eine weitere Möglichkeit ergeben, die Lampen in der Helligkeit zu steuern. Möglich ist eine Lampenstromänderung durch Impulsweitensteuerung oder durch Frequenzänderung, denkbar ist auch eine Transduktorsteuerung. Beim Hochfrequenzbetrieb gibt es keine Wiederzündschwierigkeiten, jedoch muß auch hier durch Fremdheizung der Elektroden für eine ausreichende Elektrodentemperatur gesorgt werden. Die einfachsten Schaltungen basieren auf der Frequenzänderung, eine Prinzipschaltung zeigt Bild 2.130. Bei der Erhöhung der Betriebsfrequenz der Halbbrückenschaltung vermindert sich der Strom durch die Drossel, die höhere Frequenz und zusätzlich der Anstieg der Brennspannung erhöhen den Strom über den Heizkondensator C_{HZ}, die Elektrodenheizung ist also lampenstromabhängig. Durch richtige Wahl der Komponenten läßt sich ein Lampenbetrieb bis ca. 25% des Nennlampenstroms sicherstellen [2.5.4].

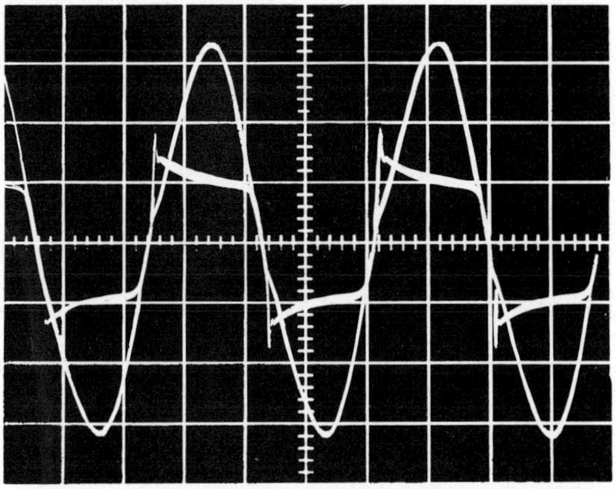

a

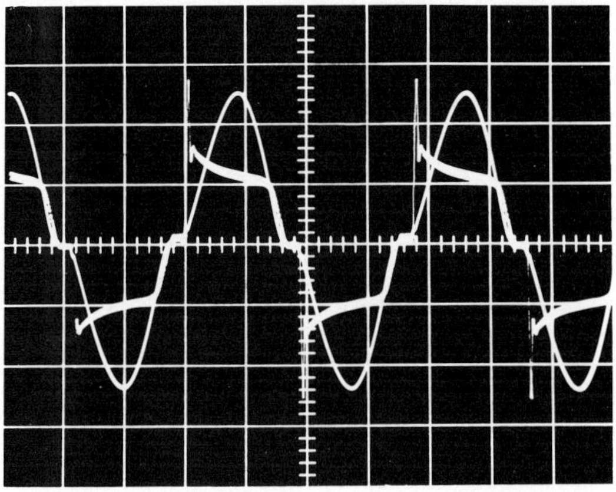

b

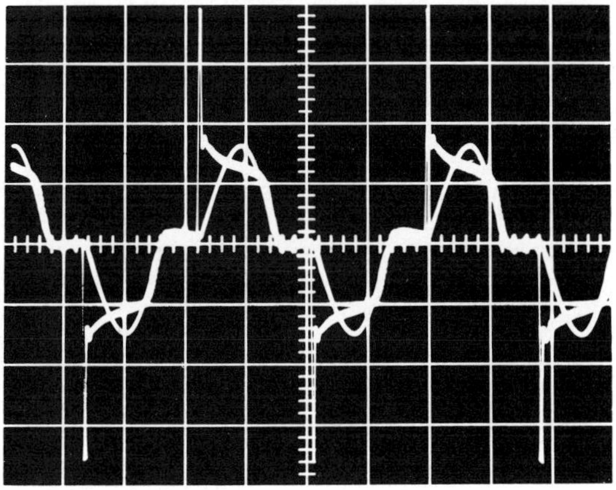

c

Bild 2.127 a, b, c
Verlauf von Brennspannung und Lampenstrom (a: 100%, b: 70%, c: 40%) bei Phasenanschnittsteuerung einer Lampe L 40 W/.. in Starterschaltung
Spannung 100 V/div., Strom 0,2 A/div., Zeit 5 ms/div.

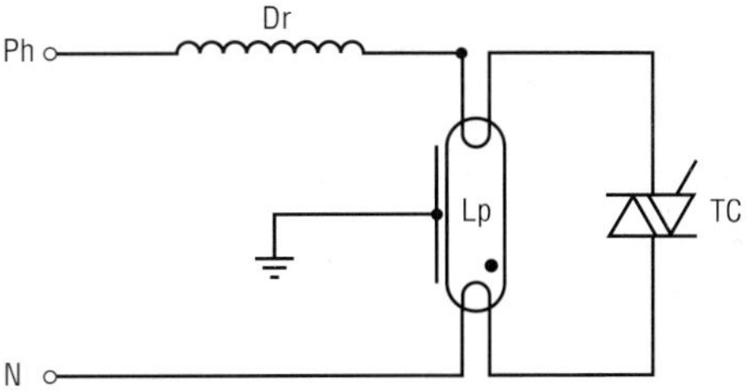

Ph	Phasenleitung	Lp	Lampe
N	Nulleiter	TC	Triac
Dr	Strombegrenzungs-drossel		

Bild 2.128
Prinzipschaltung einer stufenlosen Helligkeitssteueranlage für Leuchtstofflampen mit Abschnittsteuerung

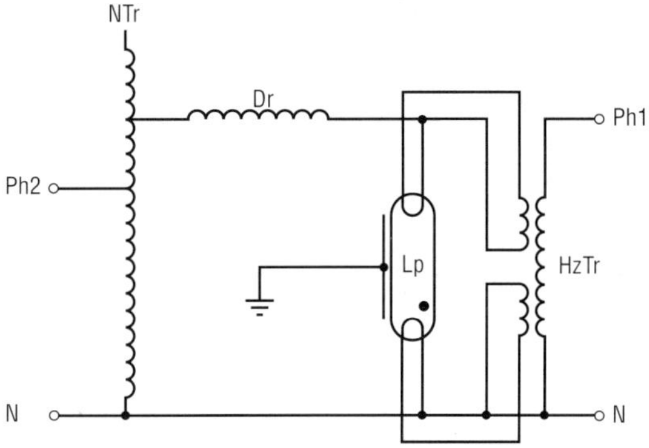

Ph 1	Versorgungs-spannung des Heiztransformators	N	Nulleiter
Ph 2	Phase für Lampen-versorgung,	NTr	Netztransformator
		Dr	Strombegrenzungs-drossel
		Lp	Lampe
		HzTr	Heiztransformator

Bild 2.129
Stufenlose Helligkeitssteuerung von Leuchtstofflampen durch Änderung der Versorgungsspannung

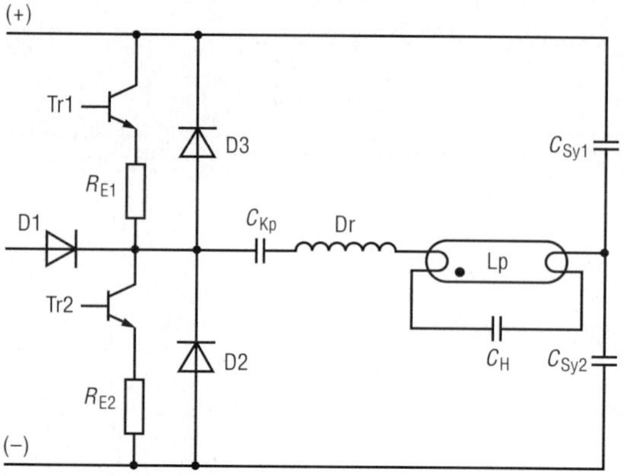

Tr 1,2	Schalttransistoren	Dr	Strombegrenzungsdrossel
$R_{E1,2}$	Emitterwiderstände	C_H	Heizkondensator
D 1,2,3	Dioden	C_{Sy} 1,2	Symmetrierkondensatoren
C_{Kp}	Koppelkondensator	Lp	Lampe

Bild 2.130
Prinzipschaltung einer Helligkeitssteuerung durch Frequenzänderung bei Hochfrequenzbetrieb

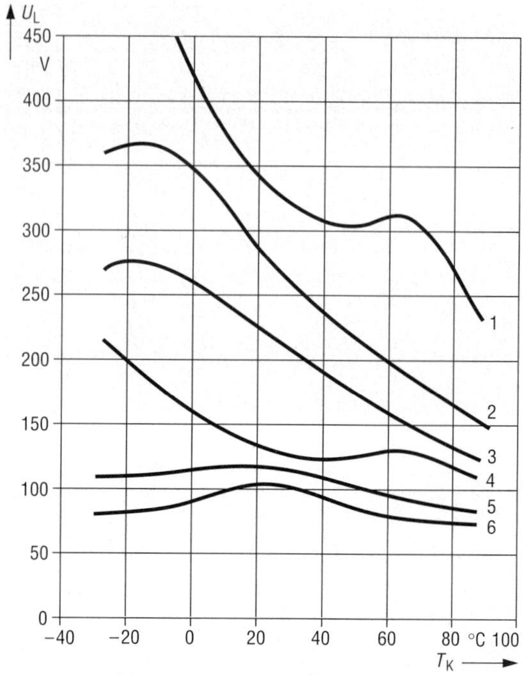

Bild 2.131
Scheitelwerte der Wiederzündspitzen (1, 2, 3) und Effektivwerte (4, 5, 6) der Brennspannung U_L von Lampen L 40 W/. . Sa in Abhängigkeit von der Kolbentemperatur T_K bei verschiedenen Lampenströmen:
1 und 4: 40 mA; 2 und 5: 200 mA; 3 und 6: 430 mA

2.5.3 Betriebsverhalten

Nicht nur die Zündspannung der Lampen ändert sich mit der Kolbentemperatur, sondern auch der Effektivwert der Brennspannung und insbesondere die Wiederzündspitze. Bild 2.131 zeigt die Abhängigkeit dieser beiden charakteristischen Daten von der Kolbentemperatur bei der Amplitudensteuerung von Lampen L 40 W/. . Sa. Bei Kolbentemperaturen unter 10 °C treten danach nur bei Lampenströmen ≥ 200 mA Brennspannungen < 120 V bzw. Wiederzündspitzen < 250 V auf. Diese Spannungen erlauben wegen der Phasenlage der Wiederzündspitze und des dadurch bedingten Augenblickswerts der Versorgungsspannung einen Betrieb bei Netznennspannung 220 V. Ein stabiler Betrieb bei tiefen Umgebungstemperaturen ist deshalb nur in geschlossenen Leuchten mit guter Wärmeisolation möglich, wenn dadurch eine Kolbentemperatur in Lampenmitte von mindestens 10 °C erreicht wird.

Auch für möglichst hohe Lampenlichtausbeute sind beim Betrieb z. B. in Tunnelleuchten thermisch gut isolierende Leuchten erforderlich, in denen die Kolbentemperaturen auf + 20 °C ansteigen können. Die Kurvenschar der Lichtströme bei der Stufenschaltung von Lampen L 40 W/. . Sa für den Betrieb bei tiefen Umgebungstemperaturen zeigt Bild 2.132. Eingezeichnet ist ferner die Flimmergrenze, die bei verminderten Lampenströmen trotz einer Versorgungsspannung von 300 V bis zu + 10 °C Umgebungstemperatur reicht. Diese Flimmergrenze ist jedoch bei der Tunnelbeleuchtung von untergeordneter Bedeutung.

Nach Bild 2.133 liegt das Maximum der Lichtausbeute der 40-W-Lampen bei einer Kolbentemperatur von ca. 35 °C, bei 0 °C erreicht die Lichtausbeute beim Nennstrom noch 30% und bei − 20 °C nur noch 7%. Das Bild zeigt zusätzlich die Zünd- und Flackergrenzen bei der Anschnittsteuerung der 40-W-Lampen in den Ausführungen „DS“ und

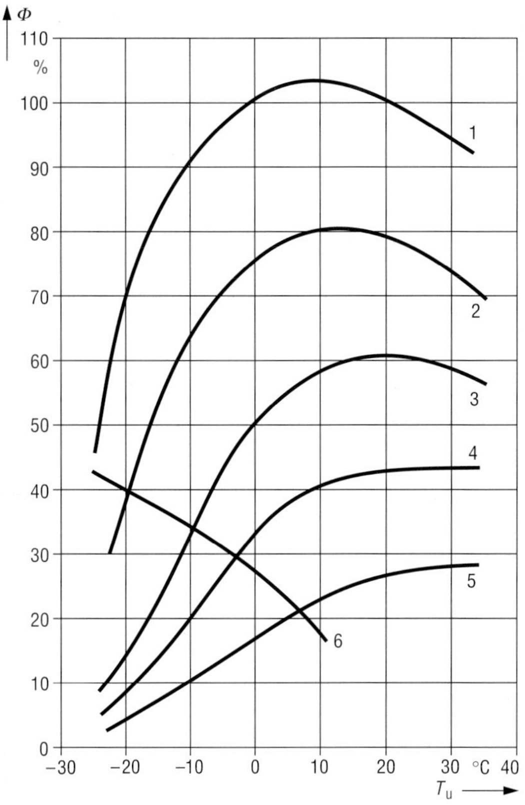

1 $\Phi_0 = 100\ \%$
2 $\Phi_0 = 75\ \%$
3 $\Phi_0 = 50\%$
4 $\Phi_0 = 33\ \%$
5 $\Phi_0 = 17\ \%$
6 Flimmergrenze

Bild 2.132
Die relativen Lichtströme Φ bei der Stufenschaltung in Abhängigkeit von der Leuchten-Umgebungstemperatur T_U beim Betrieb von Lampen L 40 W/..Sa in Leuchten. Φ_0 sind die jeweiligen Lichtströme bei $T_u = 0\,°C$

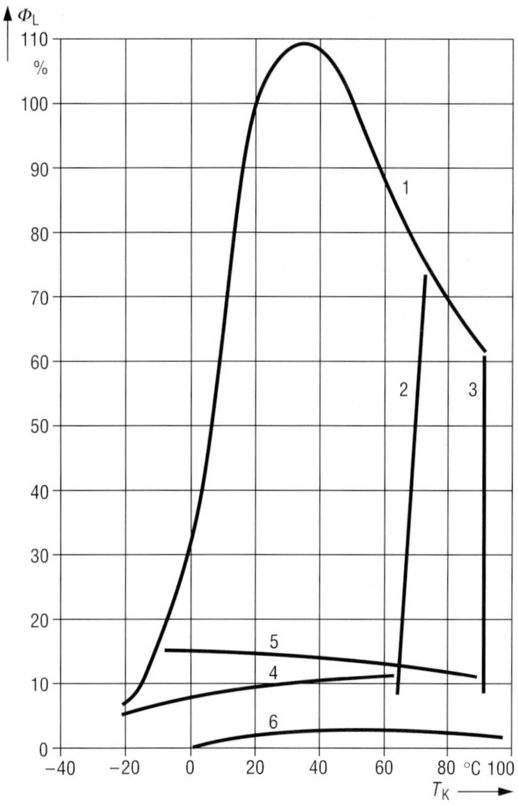

1 Lichtstrom $\Phi_L = f(T_K)$,
Zündgrenzen der Lampe L 40 W/..DS (2) und L 40 W/..S (3),
Flackergrenzen beim Betrieb der L 40 W/..DS (4) bzw. L 40 W/..S (5) ohne Hochfrequenzüberlagerung,
6 Grenze bei HF-Überlagerung

Bild 2.133
Lichtströme Φ von Lampen L 40 W/..DS oder L 40 W/..S beim Anschnittsteuerbetrieb mit und ohne Hochfrequenzüberlagerung in Abhängigkeit von der Kolbentemperatur T_K

„S“ mit und ohne Hochfrequenzüberlagerung. Bei Hochfrequenzüberlagerung ist der Betrieb am stabilsten, die Zündgrenze liegt außerhalb der für Leuchtstofflampen 40 W sinnvollen Temperaturgrenzen. Eine Flackergrenze ist nicht feststellbar, die Grenze bei niedrigen Lichtströmen ist durch den hochfrequenten Strom selbst gegeben. Ein Flimmern mit geschichteter Entladung tritt allerdings auch hier auf.

3 Quecksilberdampf-Hochdrucklampen und Betriebsgeräte

3.1 Lampen

Steigert man in einer Quecksilberentladung den Strom so, daß sich das Entladungsgefäß stark aufheizt, dann schlägt die Entladungsform um. Aus dem zunächst diffusen, das ganze Rohr ausfüllenden Plasma wird ein kontrahierter Entladungskanal, dessen Leuchtdichte mehrere Zehnerpotenzen höher ist. Aber auch Lichtstrom und Lichtausbeute nehmen entsprechend zu. Man spricht nun von einer Quecksilberdampf-Hochdruckentladung. Bild 3.1 zeigt die beiden Bereiche der Quecksilberentladung und den starken Anstieg der Lichtausbeute. Der Bereich der Hochdrucklampen liegt bei 1 bis 10 bar. Bei noch höheren Drücken steigt die Lichtausbeute weiter und, wie Bild 3.2 zeigt, auch die Leuchtdichte. Dieser Effekt wird nur für Speziallampen ausgenutzt (Quecksilberdampf-Höchstdrucklampen, s. Kap. 7.2).

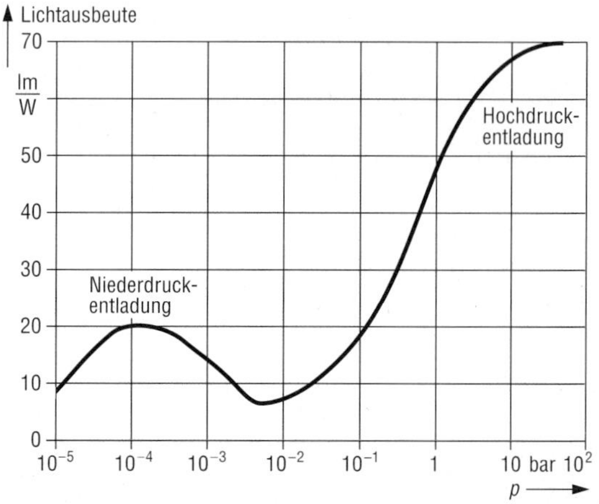

Bild 3.1
Abhängigkeit der Lichtausbeute (sichtbares Licht) einer Quecksilberentladung vom Quecksilberpartialdruck p. Der Bereich der Leuchtstofflampen bei 10^{-4} bar ist hier ohne den Beitrag der Leuchtstoffemission dargestellt. Ab 10^{-2} bar kontrahiert die positive Säule, und die Emission im sichtbaren Bereich wächst auf Kosten der UV-Emission

Durch den hohen Druck verändert sich zwar grundsätzlich nichts am Entladungsmechanismus, die hohe Gasdichte erhöht aber die Zahl der Stöße der Elektronen mit den Gasatomen stark. Die angeregten Gasatome können die aufgenommene Energie nicht mehr ungestört abgeben, sondern stehen unter dem Einfluß ihrer Nachbarn oder weiterer Stöße. Dadurch strahlen die angeregten Atome nicht mehr mit den für sie typischen Frequenzen, sondern in breiten Frequenzbändern. Diese Kontinua reichen über das ganze Spektrum.

Energetisch wichtig sind besonders die Vorgänge in der Nähe der Resonanzlinien, die bei den Niederdruckentladungen die Energie zur Anregung des Leuchtstoffs liefern. Diese Emissionen werden so stark selbst absorbiert, daß die Strahlung die Entladung nicht mehr verlassen kann. Sie heizen das Gas weiter auf und bewirken so, daß sich die Ausstrahlung der angeregten Atome im sichtbaren Bereich verstärkt. Bild 3.3 zeigt ein Spektrum mit solchen druck- und stoßverbreiterten Spektrallinien.

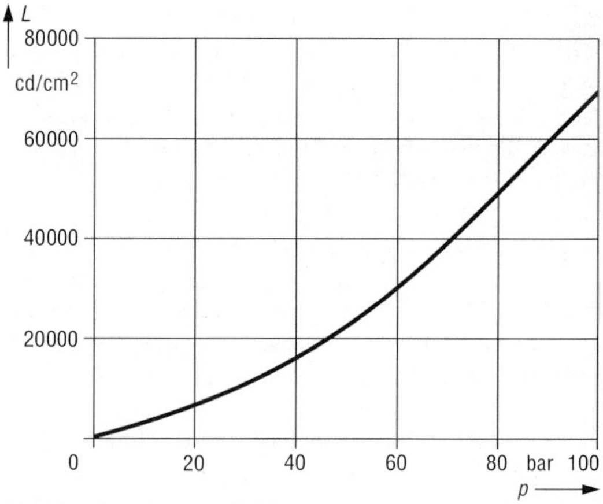

Bild 3.2
Leuchtdichte L in Abhängigkeit vom Dampfdruck p in Quecksilberdampf-Hoch- und Höchstdrucklampen bei konstantem Entladungsstrom 3 A

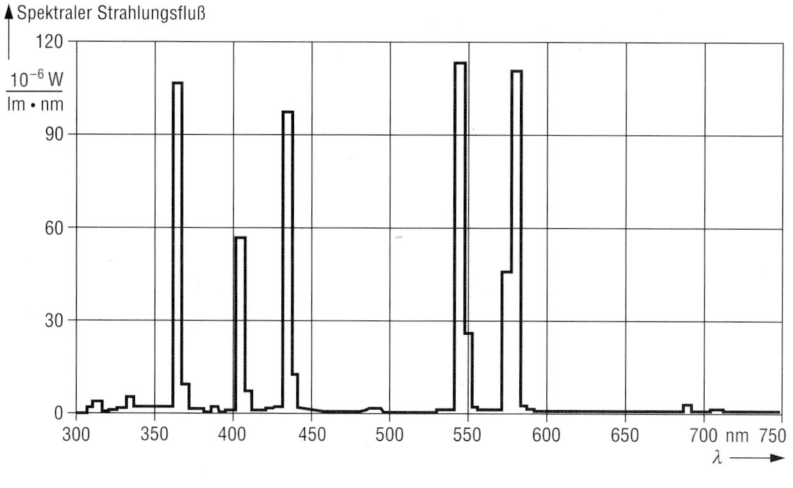

Bild 3.3
Spektrale Strahlungsflußverteilung einer Quecksilberdampf-Hochdruckentladung ohne Leuchtstoff, gemessen in 5-nm-Bereichen

Die Quecksilberdampf-Hochdrucklampe (HQL-Lampe) enthält als Hilfsgas meistens Argon, das unmittelbar nach dem Einschalten der Lampe Träger einer Vorentladung zwischen den beiden Hauptelektroden ist, durch die das Entladungsgefäß erwärmt wird. Eine oder auch zwei Zündelektroden im Entladungsraum dienen dabei als Zündhilfe. Das im Entladungsraum vorhandene Quecksilber verdampft allmählich, der Druck steigt und der Querschnitt der Entladungssäule verringert sich. Die Quecksilbermenge ist so gering, daß die Entladung in ungesättigtem Dampf stattfindet. Bei Stromsteigerungen kann kein Quecksilber verdampfen, bei Stromabnahme keines kondensieren. Dadurch bleibt die Lampenspannung unabhängig vom Lampenstrom.

Während der Anlaufzeit steigen Lichtstrom und Leuchtdichte, die Lichtfarbe ändert sich von Hellblau in Bläulichweiß. Die Resonanzlinie des Quecksilberdampfs bei 253,7 nm, die bei der Niederdruck-Leuchtstofflampe die Anregung des Leuchtstoffs bewirkt, fällt mit steigendem Dampfdruck stark ab. Bei einem Druck von etwa 0,1 bar ist sie auf 1% ihres Maximalwerts abgesunken, bei Hochdrucklampen fehlt sie vollkommen. Außerdem erhöht sich mit steigendem Druck der Spannungsgradient der Entladung. Bei Niederdrucklampen beträgt er etwa 1 V/cm, bei Hochdrucklampen 20 ... 150 V/cm. Das ermöglicht den wirtschaftlichen Anschluß von Hochdruck-Entladungslampen an die Spannung unserer Versorgungsnetze durch Anwenden einfacher, strombegrenzender Mittel (Drosselspulen). Die Wandbelastung der Entladungsstrecke beträgt bei Hochdrucklampen 3 bis 8 W/cm², d.h. etwa das Hundertfache wie bei Niederdrucklampen. Bei Höchstdrucklampen mit zusätzlicher Kühlung liegt die Wandbelastung noch beträchtlich höher.

Mit Entladungen dieser Art lassen sich sehr wirtschaftliche Lampen konstruieren, die nicht nur billig in der Herstellung, sondern auch einfach zu handhaben sind. Ihre Farbwiedergabeeigenschaften wurden verbessert, indem man die verbliebene langwellige UV-Strahlung durch Leuchtstoffe in sichtbares Licht umwandelte. Auf Grund dieser Eigenschaften haben die Quecksilberhochdrucklampen eine breite Anwendung gefunden. Hauptanwendungsgebiet ist die Straßenbeleuchtung.

Quecksilberdampf-Hochdrucklampen wurden 1933 auf den Markt gebracht und haben sich, anders als die Leuchtstofflampen, seit dieser Zeit in der Lichtausbeute nicht sehr stark verändert (1936 46 lm/W, 1988 52 lm/W).

3.1.1 Aufbau

Die Temperaturen zum Erreichen des hohen Quecksilberdampfdrucks liegen bei 600 bis 800 °C. Aus diesem Grund verwendet man meistens Quarzglas für das Entladungsgefäß. Bild 3.4 zeigt den Aufbau des Entladungsrohres, des sogenannten Brenners. Es besteht aus einem Quarzrohr, das an den Enden zusammengequetscht ist. In diese Quetschung sind die Elektroden und Stromeinführungen eingebettet. Die eigentliche vakuumdichte Einschmelzung übernimmt aber eine dünne Molybdänfolie. Der thermische Ausdehnungskoeffizient von Quarzglas ist nämlich soviel kleiner als

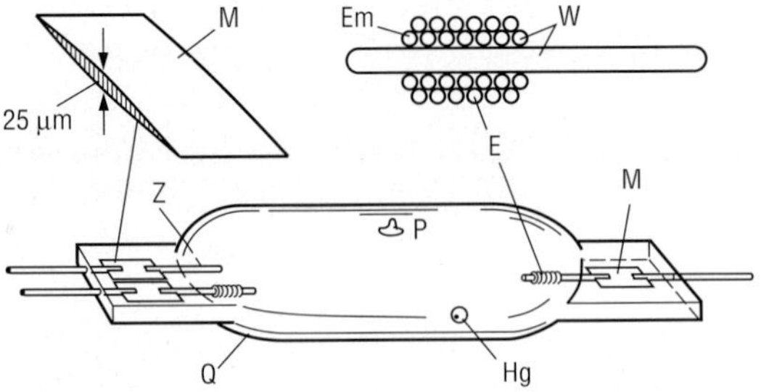

Q Quarzrohr
M Molybdänfolie
E Elektrode
W Wolfram
Em Emitter
Z Zündelektrode
P abgeschmolzenes Pumprohr
Hg Quecksilbertröpfchen; die sehr genau dosierte Menge ist abhängig von der Lampenleistung und vom Lampenvolumen

Bild 3.4
Aufbau eines Brenners einer Quecksilberdampf-Hochdrucklampe

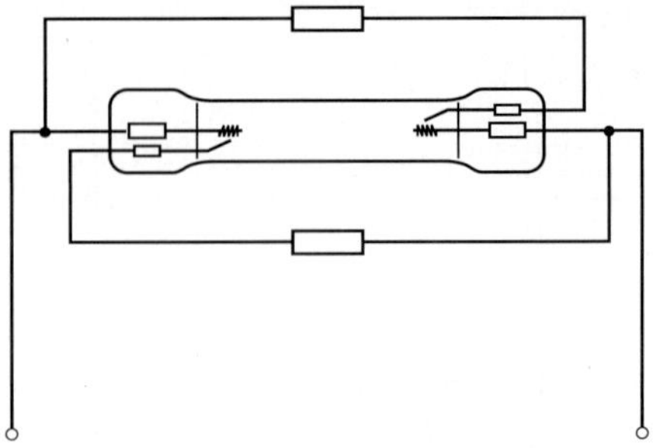

Bild 3.5
Interne Schaltung einer Hochdrucklampe mit Zündhilfselektroden. Die Zündwiderstände sind in die Lampe eingebaut

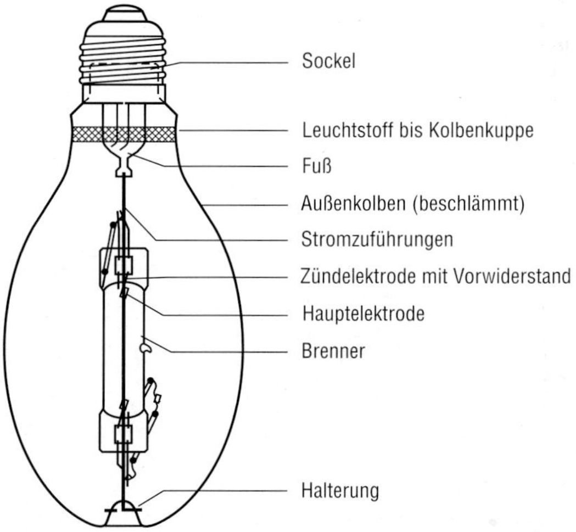

Bild 3.6
Aufbau einer Quecksilberdampf-Hochdrucklampe. Der Leuchtstoff, der sich auf der Innenseite des Außenkolbens befindet, muß so dünn sein, daß das Licht des Brenners nicht nennenswert absorbiert wird

der aller bekannten Metalle, daß eine Einschmelzung wie bei Leuchtstofflampen nicht möglich ist. Man bedient sich deshalb eines Tricks: Die dünne, keilförmige Molybdänfolie haftet gut auf Quarzglas und verursacht wegen der geringen Abmessungen keine großen Spannungen. Wegen der großen Elastizität der Folie werden die auftretenden Materialspannungen in eine plastische Verformung umgewandelt. Da die dünnen Folienstreifen nur einige Millimeter breit sind, ergeben sich in den Durchführungen große Stromdichten. Der Wärmekontakt ist aber gut, so daß eine hohe spezifische Belastung möglich ist.

In Hochdrucklampen werden die Elektroden viel heißer als in Niederdruck-Leuchtstofflampen. Als Elektrodenmaterial kommt daher nur Wolfram in Frage. Man verwendet gewöhnlich Drahtstücke, die mit einigen Windungen dünnerer Drähte umwickelt sind. Zusätzlich werden sie mit einem Emitter, meist Barium-Wolframat, aktiviert, um die Austrittsarbeit zu senken und die Zündspannung herabzusetzen.

Beim Anlegen von Spannung bewirkt das Argon als Hilfsentladung zwischen der Zündelektrode und einer Hauptelektrode unter blauem Leuchten einen kleineren Vorentladungsstrom, der die Entladungsstrecke erwärmt. Diese Hilfsentladung liefert genügend Elektronen und Ionen zur Ausbildung der Hauptentladung, so daß diese unmittelbar danach einsetzt (Bild 3.5). Der einen bzw. den beiden Zündelektroden sind Widerstände von etwa 10 bis 20 kΩ vorgeschaltet, die den Vorentladungsstrom auf wenige mA begrenzen. Mit nur einer Zündelektrode startet die Lampe ebenso sicher wie mit zwei Hilfselektroden.

Das Entladungsgefäß wird in einen Glaskolben (Bild 3.6) eingebaut. Das erleichtert das Handhaben der Lampe und ermöglicht es, nahezu unabhängig von Temperatur und Bewegung der Außenluft die optimalen Bedingungen für die Brenner einzuhalten. Als Außenkolben werden meist ellipsoid- oder kugelförmige Formen verwendet. Der Außenkolben ist auch Träger der Leuchtstoff-

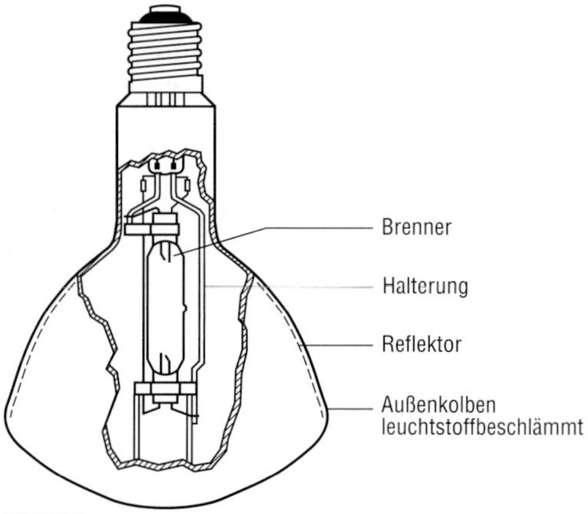

Bild 3.7
Aufbau einer Quecksilberdampf-Hochdrucklampe mit Reflektor. Der Reflektor befindet sich auf der Innenseite des Außenkolbens und besteht aus aufgedampftem Aluminium

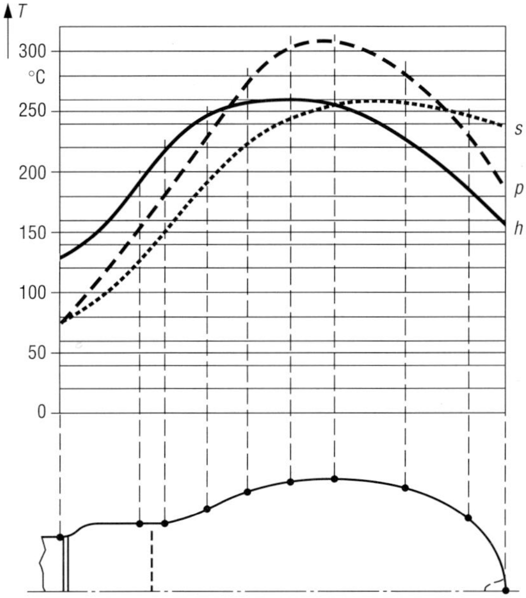

Bild 3.8
Typische Temperaturverteilung auf dem Kolben einer Quecksilberdampf-Hochdrucklampe HQL 250 W in hängender (h), waagrechter (p) und stehender (s) Brennlage. Die Werte gelten für eine freibrennende Lampe mit Nennleistung bei 25 °C Umgebungstemperatur

schicht. Heute werden fast ausschließlich Lampen mit Leuchtstoff gebaut.

Es gibt auch Lampen mit internem Reflektor (Reflektorlampen, Bild 3.7).

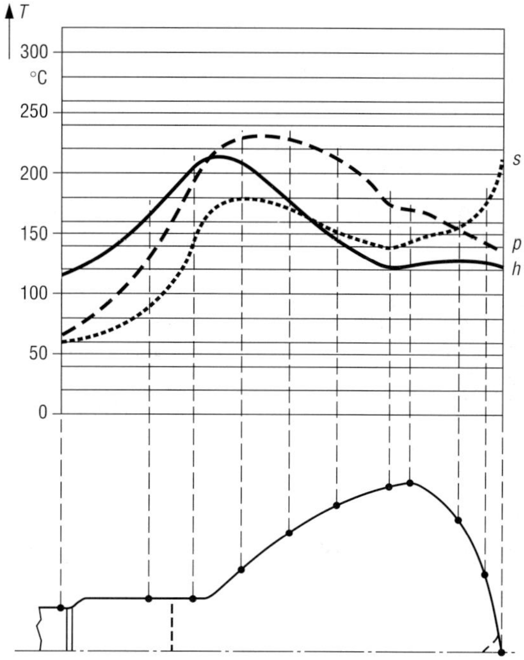

Bild 3.9
Typische Temperaturverteilung auf dem Kolben einer Quecksilber-Hochdruck-Reflektorlampe HQL-R 250 W in hängender (h), waagrechter (p) und stehender (s) Brennlage. Die Werte gelten für eine freibrennende Lampe mit Nennleistung und 25 °C Umgebungstemperatur

Der Außenkolben ist mit einem Gemisch aus Argon und Stickstoff gefüllt, um die heißen metallischen Teile der Lampe vor Oxidation zu schützen und Spannungsüberschläge zu verhindern. Außerdem soll die Wärmeisolation bewirken, daß das Quecksilber vollständig verdampft und die Eigenschaften des Brenners unabhängig von den äußeren Einflüssen Temperatur, Zugluft und Brennlage werden. Das Gasgemisch begrenzt die Hochspannungsfestigkeit der Standardlampen auf ca. 1000 V. Können höhere Spannungen auftreten wie beispielsweise bei der Reihenschaltung, so dürfen keine Standardlampen verwendet werden.

Der Kolben ist so dimensioniert, daß die Oberfläche nicht heißer wird als etwa 300 °C. Bei höherer Temperatur würde die Lichtausbeute der Leuchtstoffe sinken. Die Bilder 3.8 und 3.9 zeigen die typischen Temperaturverteilungen von Lampen ellipsoidförmiger Kolben bzw. von Reflektorlampen in den verschiedenen Brennlagen.

Der Außenkolben besteht aus Hartglas, das gegen Witterungseinflüsse und Temperaturschwankungen weniger empfindlich ist als Weichglas.

Als Sockel dienen ausschließlich Edison-Schraubsockel, bei den kleineren Typen die der üblichen Glühlampen, bei den größeren Typen entsprechend vergrößerte (in Europa E 40).

3.1.2 Lampentypen

Trotz frühzeitiger internationaler Standardisierung ist es nicht gelungen, weltweit einheitliche Lampentypen zu schaffen. Es existieren drei Typenreihen, die sich in Kolbenform, Nenndaten oder Sockel voneinander unterscheiden. Der Grund dafür liegt in den unterschiedlichen Betriebsschaltungen für die jeweilige Netzspannung. Während bei 220-V-Netzen hauptsächlich Vorschaltdrosseln verwendet werden, benutzt man bei 100- und 120-V-Netzen Streufeldtransformatoren mit oder ohne in Reihe geschaltetem Kompensationskondensator.

Eine Typenreihe ist nach IEC Publ. 188 standardisiert, sowie je eine in den USA und Japan. Die Tabellen 3.1 bis 3.3 enthalten die wichtigsten Daten dieser Lampen. Die nach IEC standardisierten Lampen haben ellipsoidförmige Außenkolben. In den USA gibt es mehrere unterschiedliche ellipsoidähnliche Kolben, in Japan sind ellipsoidförmige und Reflektorlampen standardisiert.

Die Tabellen enthalten neben den wichtigsten geometrischen Daten die Angaben von Lampenleistung, Lampenspannung und Lampenstrom. Diese Angaben gelten ebenso wie bei Leuchtstofflampen bei Benutzung entsprechender Referenzgeräte, deren Daten ebenso die Grundlage für den Bau von Betriebsgeräten bilden. Daneben enthalten die Tabellen noch Angaben über den Lampenanlauf. Auf diese Werte soll im Abschnitt 3.1.3 näher eingegangen werden.

Neben diesen standardisierten Lampen gibt es noch verschiedene andere von den Lampenherstellern angebotene Kolbenformen. Diese enthalten aber ausnahmslos Brenner der Standardreihe und können hier übergangen werden.

3.1.3 Eigenschaften der Lampen

Die Eigenschaften der Quecksilberdampf-Hochdrucklampen lassen sich leichter überblicken als die der Leuchtstofflampen. Die unkomplizierte Zündung, die nur geringe Temperaturabhängigkeit, die einfachere Betriebsschaltung und der Wegfall der vielen Lichtfarben schaffen die Voraussetzung dazu.

Lichttechnische Daten

Anders als bei Leuchtstofflampen beeinflußt man bei den Quecksilberdampf-Hochdrucklampen durch die Leuchtstoffe weniger die Lichtausbeute als die Farbwiedergabe. Den Lampen ohne Leuchtstoffe fehlen besonders rote Spektralanteile (siehe Tabelle 3.4). Deswegen verwendet man hauptsächlich rotleuchtende Stoffe wie z. B. Yttriumoxid, die sich durch langwellige Ultraviolettstrahlung anregen lassen, die sich nur im roten Spektralbereich von den Lampen ohne Leuchtstoff unterscheiden.

Dies macht sich in der spektralen Verteilung bemerkbar (Bild 3.10). Die Lichtausbeute wird daher

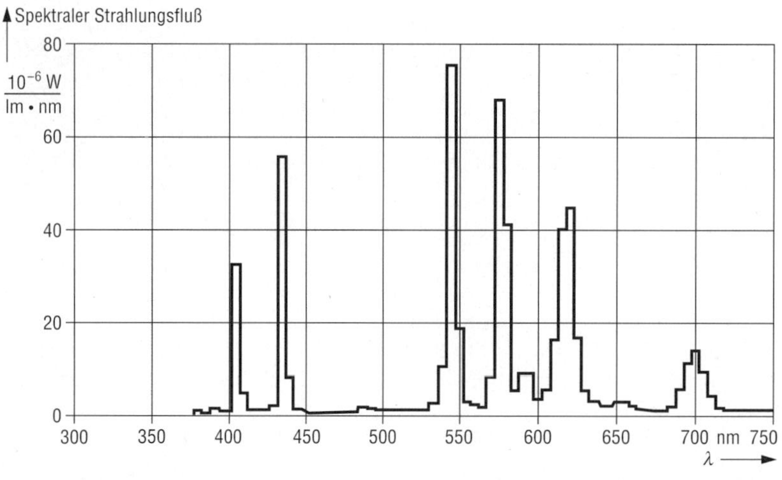

Bild 3.10
Spektrale Strahlungsflußverteilung einer Quecksilberdampf-Hochdrucklampe mit Leuchtstoff HQL 400 W, gemessen in 5-nm-Bereichen

Tabelle 3.1 Daten von Quecksilberdampf-Hochdrucklampen nach IEC Publ. 188

Geometrische Lampendaten				Elektrische Lampendaten								Referenzgerätedaten				
Typ	Sockel	D_{max} mm	L_{max} mm	P_L W	U_L V	I_L A	$U_{Z\,max}$ V	I_A A	$U_{A\,min}$ V	$t_{A\,max}$ min	$I_{K\,max}$ A	f Hz	U_N V	I_C A	Z Ω	λ_D
50	E 27	56	130	50 + 3	95 ± 10	0,61	180	0,58	72	12	1,22	50/60	220	0,62	297	0,075
80	E 27	81	166,5	80 + 4	115 ± 15	0,80	180	0,72	85	12	1,60	50/60	220	0,8	206	0,075
125	E 27	91	185,5	125 + 7	125 ± 15	1,15	180	1,04	93	12	2,30	50/60	220	1,15	134	0,075
175	E 40	91	211	175 + 9	130 ± 15	1,5	190	1,35	98	12	3,0	50/60	220	1,50	99,5	0,075
250	E 40	91	227	250 + 13	130 ± 15	2,13	180	1,94	98	12	4,26	50/60	220	2,15	71	0,075
400	E 40	122	292	400 + 20	135 ± 15	3,25	180	2,93	102	12	6,83	50/60	220	3,25	45	0,075
700 HV	E 40	152	368	700 + 35	265 ± 25	2,8	290	2,52	204	12	5,88	50/60	460	2,80	112	0,075
700 LV	E 40	152	368	700 + 35	140 ± 15	5,4	180	4,9	106	12	11,24	50/60	220	5,45	26,7	0,04
1000 HV	E 40	181	410	1000 + 50	265 ± 25	4,0	290	3,6	204	12	8,40	50	380	4,0	52	0,075
												60	460	4,0	80	0,075
1000 LV	E 40	181	410	1000 + 50	145 ± 15	7,5	180	6,75	110	12	15,75	50	220	7,5	18,5	0,04
1000 LV	E 40	181	410	1000 + 50	135 ± 15	8,0	180	7,2	102	12	16,80	60	220	8,0	18,2	0,075
2000	E 40	187	445	2000 + 100	270 ± 25	8,0	310	7,2	208	12	16,80	50/60	380	8,0	28	0,04

D_{max} maximaler Durchmesser
L_{max} maximale Lampenlänge (Sockelboden und Lampenspitze)
P_L Lampenleistung
U_L Brennspannung
I_L Lampenstrom
$U_{Z\,max}$ Zündspannung (maximaler Wert, bei der die Lampe zünden muß)
I_A Anlaufstrom (Richtwert)
$U_{A\,min}$ Anlauflampenspannung
$t_{A\,max}$ Anlaufzeit
$I_{K\,max}$ maximaler Kurzschlußstrom der Drossel = maximaler Anlaufstrom
f Netzfrequenz
U_N Netzspannung
I_C Kalibrierstrom
Z Impedanz
λ_D Drosselleistungsfaktor

Die Mindestspannung für stabilen Betrieb (= effektive minimale Leerlaufspannung) beträgt mit Ausnahme der HV-Typen bei allen Lampen 198 V. Bei HV-Typen beträgt sie 342 V. P_L, U_L und I_L sind in hängender Brennlage mit einem Referenzgerät nach 100 Stunden Brenndauer zu messen.

Die Toleranz der Impedanz der Referenzgeräte ist ± 0,5%; die Toleranz des Drosselleistungsfaktors ist ± 0,005 bei $\lambda_D = 0{,}075$ und ± 0,002 bei $\lambda_D = 0{,}004$.

Tabelle 3.2 Daten von Quecksilber-Hochdrucklampen nach ANSI C78, Mercury Lamps (hrsg. v. United States of America Standards Institute)

Geometrische Lampendaten				Elektrische Lampendaten							Referenzgerätedaten für 50/60 Hz				
Typ	Sockel	D_{nom} mm	L_{max} mm	P_L W	U_L V	I_L A	I_A A min.	A max.	U_Z V eff.	V Spitze	f Hz	U_N V	I_C A	Z Ω	λ_D
40 H 45	E 26	54	131	40	90 ± 10	0,53	0,53	1,12	180	255		180	0,53	251	0,075
50 H 46	E 26	54	131	50	95 ± 11	0,60	0,60	1,26	200	283	50/60	165	0,60	190	0,075
75 H 43	E 26	66,7	165	75	130 ± 15	0,66	0,66	1,4	200	283		220	0,66	226	
100 H 38	E 26 E 39	54	139	100	130 ± 15	0,85	0,85	1,85	220	311	50/60	220	0,85	170	0,075
175 H 39	E 39	90	211	175	130 ± 15	1,5	1,5	3,25	210	297	50/60	220	1,5	99,5	0,075
250 H 37	E 39	90	211	250	130 ± 15	2,1	2,1	4,5	198	280	50/60	220	2,1	70,8	0,075
400 H 33	E 39	118	292	400	135 ± 15	3,2	3,1	7,5	198	280	50/60	220	3,2	44,8	0,075
700 H 35	E 39	146	368	700	265 ± 25	2,8	2,8	6,7	375	530	50/60	460	2,8	122	0,075
1000 H 34	E 39	178	391	1000	135 ± 15	8,0	8,0	17,8	200	283	50/60	220	8,0	18,2	0,075
1000 H 36	E 39	178	391	1000	265 ± 25	4,0	4,0	9,5	375	530	50/60	460	4,0	80,0	0,075

D_{nom} Lampendurchmesser-Nennwert
L_{max} Lampenlänge (Maximalwert Sockelboden-Lampenspitze)
P_L Lampenleistung
U_L Lampenspannung
I_L Lampenstrom
$I_{A\,min,\,max}$ minimaler und maximaler Anlaufstrom
$U_{Z\,eff,\,Spitz.}$ minimale Spannung bei der die Lampe zünden muß; Effektivwert bzw. Spitzenwert

f Netzfrequenz
U_N Netzspannung
I_C Kalibrierstrom
Z Impedanz
λ_D Drosselleistungsfaktor Toleranz ± 0,005

Der Anlaufstrom wird bei 0 °C gemessen; die zulässige Anlaufzeit beträgt 15 min. P_L, U_L und I_L sind in hängender Brennlage nach 100 Stunden mit einem Referenzgerät zu messen.

Die Referenzgerätedaten beziehen sich auf hängende Brennlage; in waagerechter Brennlage gelten abweichende Werte.

Die Zündspannungsangaben beziehen sich auf eine Temperatur von 10 °C.

Tabelle 3.3 Daten von Quecksilberdampf-Hochdrucklampen nach JIS C 7604 (hrsg. v. Japanese Standards Association)

Geometrische Lampendaten				Elektrische Lampendaten						Referenzgerätedaten für 50/60 Hz			
Typ	Sockel	D_{max} mm	L_{max} mm	P_L W	U_L V	I_L A	$U_{Z\,min}$ V	$t_{A\,min}$ min	$I_{K\,max}$ A	U_N V	I_C A	Z Ω	λ_D
100	E 26	72 132	180 210	100	115 ± 15	1,0 ± 0,19	180	8	1,6 ± 0,2	200	1,0	137 ± 1,5	0,080 ± 0,011
250	E 39	102 202	258	250	130 ± 15	2,1 ± 0,39	180	8	3,7 ± 0,2	200	2,1	60 ± 0,72	0,064 ± 0,008
300	E 39	122 205	300 350	300	130 ± 15	2,5 ± 0,46	180	8	4,3 ± 0,2	200	2,5	50,4 ± 0,6	0,060 ± 0,007
400	E 39	122 205	300 350	400	130 ± 15	3,3 ± 0,60	180	8	5,7 ± 0,3	200	3,3	38,2 ± 0,46	0,048 ± 0,005
700	E 39	152 293	380 470	700	130 ± 15	5,9 ± 1,07	180	8	10,0 ± 0,4	200	5,9	21,4 ± 0,25	0,046 ± 0,005
1000	E 39	182	410	1000	130 ± 15	8,3 ± 1,50	180	8	13,7 ± 0,5	200	8,3	15,4 ± 0,18	0,038 ± 0,004

D_{max} maximaler Lampendurchmesser
L_{max} maximale Lampenlänge (Sockelboden bis Lampenspitze)
P_L Lampenleistung
U_L Lampenspannung
I_L Lampenstrom
U_Z Zündspannung

$t_{A\,min}$ Anlaufzeit
$I_{K\,max}$ maximaler Kurzschlußstrom und maximaler Anlaufstrom
U_N Netzspannung
I_C Kalibrierstrom
Z Impedanz
λ_D Drosselleistungsfaktor

P_L, U_L und I_L sind bei 20 °C mit Referenzgeräten zu messen

Tabelle 3.4
Lichttechnische Daten von Quecksilberdampf-Hochdrucklampen mit und ohne Leuchtstoff am Beispiel einer 400-W-Lampe

	HQA 400 W ohne Leuchtstoff	HQL 400 W mit Leuchtstoff
Farbwiedergabeindizes:		
1 Altrosa	– 15	47
2 Senfgelb	33	63
3 Gelbgrün	59	65
4 Hellgrün	2	46
5 Türkisblau	2	42
6 Himmelblau	7	40
7 Asterviolett	44	71
8 Fliederviolett	– 17	41
9 Rot (gesättigt)	– 336	– 59
10 Gelb (gesättigt)	– 54	3
11 Grün (gesättigt)	– 22	21
12 Blau (gesättigt)	– 26	– 8
13 Rosa (Hautfarbe)	– 2	48
14 Blattgrün	76	79
Farbtemperatur T_n	5600 Kelvin	3200 Kelvin
Farbwiedergabeindex R_a	14	52
Normalfarbwertanteil x	0,330	0,426
Normalfarbwertanteil y	0,391	0,404
Lichtstrom	23000 lm	24000 lm

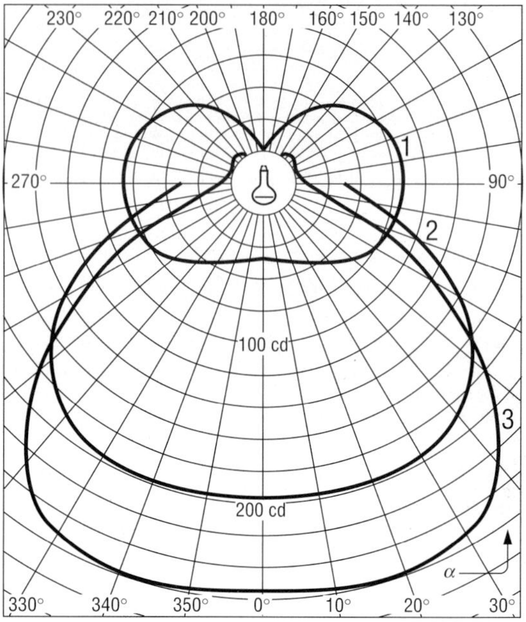

Bild 3.11
Lichtverteilungskurven von Quecksilberdampf-Hochdrucklampen, bezogen auf einen Lichtstrom von 1000 lm: 1 ohne Reflexionsschicht, 2 und 3 mit Reflexionsschicht und verschiedenen Öffnungswinkeln

ausschließich durch die Ausbeute des Brenners bestimmt. Die Abmessungen der heutigen Brenner und Lampentypen sind Resultat des Optimierens von Lichtausbeute, stabilem Betrieb und Lebensdauer.

Die Lichtverteilung zeigt bevorzugte seitliche Ausstrahlung (Bild 3.11). Bei Reflektorlampen ist je nach Kolbenform eine schmale Bündelung möglich.

Elektrische Daten

Der Strom-Spannungs-Verlauf von Hochdrucklampen unterscheidet sich nur wenig von dem der Leuchtstofflampen. Nicht ganz so ausgeprägt kann man ebenso die stromlose Pause und die Wiederzündspitzen erkennen (Bild 3.12). Somit gelten die in Kapitel 2.1.10 beschriebenen Gesetzmäßigkeiten auch für Hochdrucklampen.

Zündung der Lampen

Die Lampe zündet über die Glimmentladung zwischen den Elektroden. Die Glimmentladung muß so lange andauern, bis sich die Elektroden stark

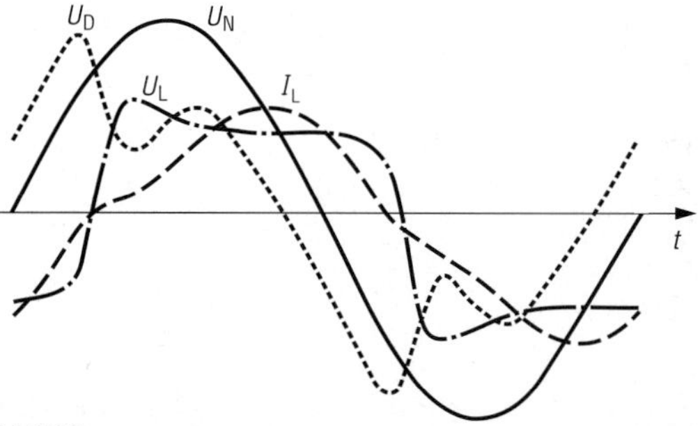

Bild 3.12
Oszillogramme von Lampenspannung U_L, Lampenstrom I_L, Netzspannung U_N und Drosselspannung U_D für eine Quecksilber-Hochdrucklampe über eine Netzspannungsperiode

genug erwärmt haben, daß eine Bogenentladung entstehen kann. Gut zündende Lampen erreichen diesen Zustand nach einigen Perioden. Unter ungünstigen Bedingungen kann es z. B. bei niedrigen Leerlaufspannungen oder alten Lampen auch mehrere hundert Perioden (also einige Sekunden) dauern, bis die Bogenentladung entsteht.

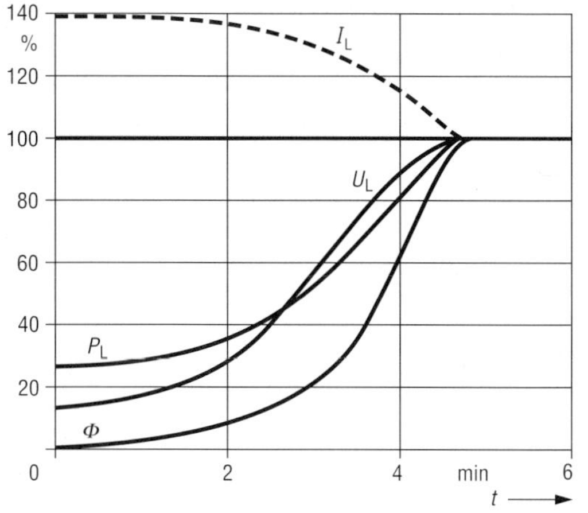

Abhängigkeit einiger Lampenparameter von der Anlaufzeit t

I_L	Lampenstrom	P_L	Lampenleistung
Φ	Lichtstrom	U_L	Lampenspannung

Bild 3.13
Anlauf von Quecksilberdampf-Hochdrucklampen

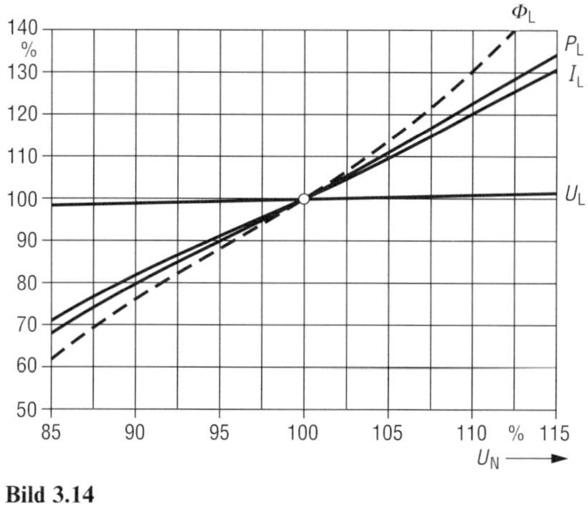

Bild 3.14
Relative Werte von Lampenspannung U_L, Lampenleistung P_L, Lampenstrom I_L und Lichtstrom Φ_L in Abhängigkeit von der Netzspannung U_N bei Betrieb an einem induktiven Vorschaltgerät (Drosselspule)

Anlauf

Während der Anlaufzeit ändern sich auch die elektrischen Daten sehr stark. Wie Bild 3.13 zeigt, beginnt die Lampe den Anlaufvorgang mit sehr niedriger Brennspannung. Deswegen ist der aufgenommene Strom in einer Schaltung mit Vorschaltdrossel praktisch nur vom Kurzschlußstrom der verwendeten Drossel abhängig. Um die Lampen nicht zu überlasten, hat man diesen Strom $I_{K\,max}$ begrenzt (siehe Tab. 3.1). Das Einhalten von $I_{K\,max}$ ist bei der Dimensionierung unbedingt zu beachten und erfordert lineare Drosselkennlinien. Bei kapazitiven Schaltungen ist dieser hohe Anlaufstrom nicht möglich. Um den Anlauf der Lampen auch unter diesen Bedingungen sicherzustellen, ist eine Prüfung des Lampenanlaufes noch unter anderen Bedingungen üblich.

Die Netzspannung wird sofort nach der Zündung soweit heruntergeregelt, daß der Anlaufstrom einen Wert I_A (siehe Tab. 3.1) erreicht. Während des Anlaufs wird dieser Wert nachgeregelt, indem man die Netzspannung variiert. Nach der Anlaufzeit $t_{A\,max}$ muß die Lampenspannung den Wert $U_{A\,max}$ erreicht haben.

Bei der Anlaufprüfung der amerikanischen Typenreihe muß der nach 5 bis 15 s nach der Lampenzündung gemessene minimale Anlaufstrom $I_{A\,min}$ innerhalb von 15 min zur minimal zulässigen Lampenspannung führen. Ähnlich ist auch die Prüfvorschrift für die japanische Typenreihe.

Betriebsschaltungen

Die meisten Quecksilberdampf-Hochdrucklampen sind so dimensioniert, daß an einer Netzspannung von 220 V ein Betrieb mit Vorschaltdrossel möglich ist. Bei niedrigerer Netzspannung muß die Leerlaufspannung meist über Streufeldtransformatoren heraufgesetzt werden. Gewöhnlich wird diesem primärseitig ein Kompensationskondensator in Reihe geschaltet. Die Streufeldtransformatoren nehmen dadurch den Charakter kapazitiver Geräte an. Obwohl die kapazitive Schaltung auch bei Drosseln an 220 V möglich wäre, hat sie sich hier nicht eingebürgert; Hochdrucklampen-Vorschaltgeräte werden daher vorwiegend parallel kompensiert.

Wichtig für ein sicheres Funktionieren der Lampenschaltung ist das Verhalten der Lampen bei Netzspannungsschwankungen. Da die Lampenspannung praktisch unabhängig von der Stromstärke ist, ergibt sich bei Drosselschaltungen eine verhältnismäßig starke Abhängigkeit der Lampenleistung von der Netzspannung (Bild 3.14). Bei den kapazitiven Schaltungen ist diese Abhängigkeit sehr viel geringer (Bild 3.15). Die beiden Schaltungen unterscheiden sich aber auch noch in anderer Hinsicht. In der induktiven Schaltung wird der

Betrieb bei einer Netzspannung unterhalb 185 V instabil. Fällt die Spannung noch weiter ab, so kann es sein, daß eine Neuzündung zu Beginn der nächsten Halbwelle der Netzspannung nicht mehr möglich ist: die Lampe verlöscht. Der Wert dieser Spannung (Löschspannung, Abreißspannung) hängt nicht nur von der Lampe, sondern auch vom Vorschaltgerät ab. Durch die höhere Leerlaufspannung verlöscht die Lampe bei kapazitivem Gerät erst bei Spannungen unter 125 V (zur Messung der Löschspannung siehe Kapitel 3.1.4).

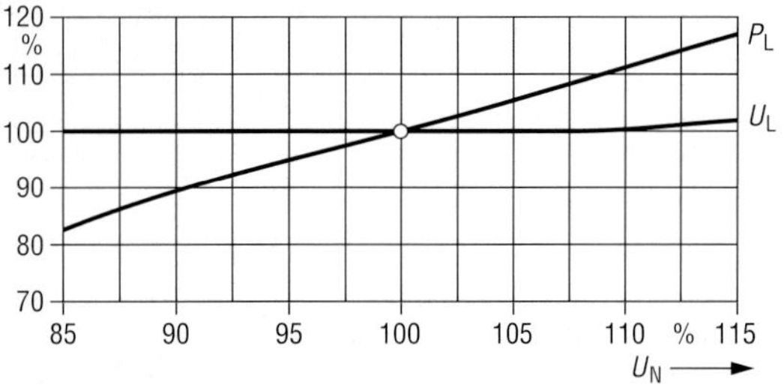

Bild 3.15
Lampenspannung U_L und Lampenleistung P_L in Abhängigkeit von der Netzspannung U_N bei Betrieb an einem kapazitiven Vorschaltgerät. Lampenstrom I_L und Lichtstrom Φ_L verlaufen bei veränderter Netzspannung nahezu proportional zur aufgenommenen Leistung P_L

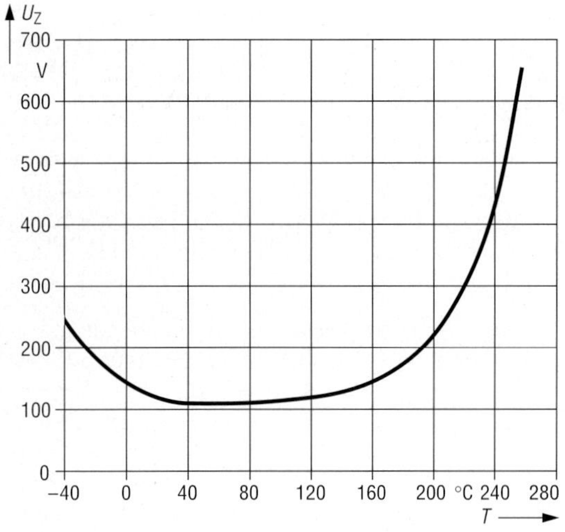

Bild 3.16
Startspannung U_Z (Effektivwert) einer Hochdrucklampe (125 W) in Abhängigkeit von der Lampenumgebungstemperatur T

Temperaturabhängigkeit

Die Zündspannung der Quecksilberdampf-Hochdrucklampen ist die einzige temperaturabhängige Größe. Bei Zimmertemperatur bewirkt die Mischung von Argon und Quecksilberdampf bei niedrigem Druck eine niedrige Zündspannung (Penning-Effekt). Sinkt die Temperatur, so stehen nicht mehr genügend Quecksilberatome für den Penning-Effekt zur Verfügung: die Zündspannung steigt. Bild 3.16 zeigt, daß man bei Verwendung der Lampen zur Außenbeleuchtung mit höheren Leerlaufspannungen als nach Tabelle 3.1 rechnen muß.

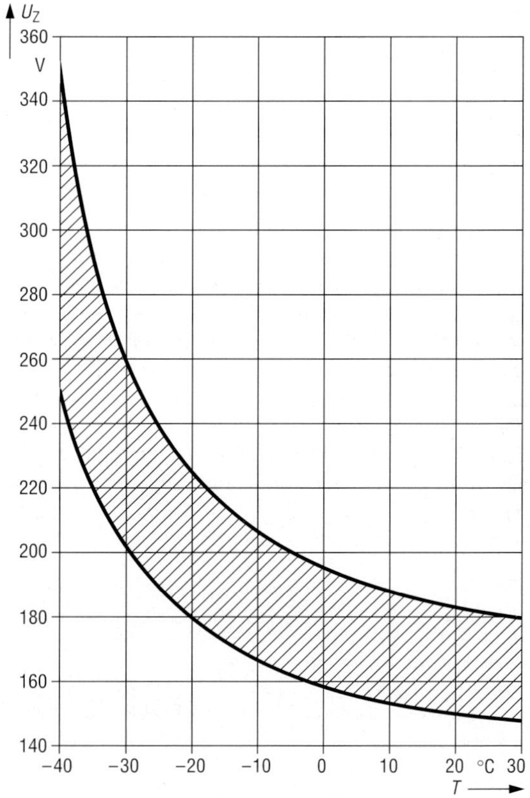

Bild 3.17
Notwendige Mindest-Zündspannung U_Z (Effektivwerte) von Hochdrucklampen verschiedener Größen (50 ... 400 W) in Abhängigkeit von der Umgebungstemperatur T im Kältebereich. Der schraffierte Bereich kennzeichnet den Streubereich der Lampenzündung bei Lampen verschiedener Leistungen, Hersteller sowie mehrerer Messungen an gleichen Lampen

Bild 3.17 zeigt die für größere Startsicherheit erforderliche Mindest-Zündspannung für Lampen von 50 bis 400 W.

Aber auch bei höheren Temperaturen steigt die Zündspannung stark an. Wird die betriebswarme Lampe ausgeschaltet, so kann sie erst nach längerer Zeit wieder gestartet werden, wenn sie hinreichend abgekühlt ist. Bei ruhender Luft ist die Zündspannung erst nach etwa 5 min soweit abgesunken, daß die Netzspannung für erneuten Start ausreicht (Bild 3.18). Die übrigen Daten der Lampen sind nicht von der Umgebungstemperatur abhängig.

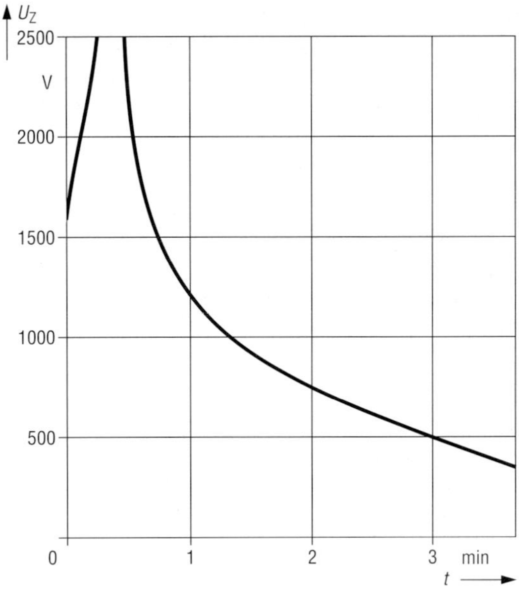

Bild 3.18
Notwendige Zündspannung U_Z zum Wiederzünden in Abhängigkeit von der Zeit t nach Abschalten einer betriebswarmen Hochdrucklampe

Lebensdauer und Lichtstromabnahme

Anders als bei Leuchtstofflampen wird die Funktionsfähigkeit der Lampen nicht durch einen Verbrauchsprozeß beendet. Selbst nach längerer Brenndauer kann die Lampe mit stark geschwärztem Kolben noch zünden und eine gewisse Leistung aufnehmen. Die Lebensdauer von Quecksilberdampf-Hochdrucklampen kann daher nicht nach ihrer Funktionsfähigkeit, sondern nur nach der Lichtabnahme beurteilt werden.

Der größte Teil der Lichtabnahme während der Brenndauer der Lampen ist auf die stark schädigenden Prozesse in der Zündphase und der anschließenden Anlaufphase zurückzuführen, wenn der Druck noch niedrig ist und die Stromstärke und der Kathodenfall hoch sind. Die Lichtabnahme ist also stark davon abhängig, wie oft die Lampen ein- und ausgeschaltet werden. Bild 3.19 und 3.20 zeigen die Lichtabnahme zweier unterschiedlich belasteter Lampen bei verschiedenen Schaltrhythmen.

Das Vorschaltgerät kann die Lichtabnahme ebenfalls stark beeinflussen. Ist der Lampenstrom nicht sinusförmig, sondern weist starke Spitzenwerte auf, so wird die Elektrode viel stärker erhitzt. Der Stromscheitelfaktor des Lampenstroms ist also im Interesse geringer Lichtabnahme so niedrig wie möglich zu halten. Bild 3.21 zeigt ein Beispiel der Lichtstromabnahme bei verschiedenen Stromscheitelfaktoren.

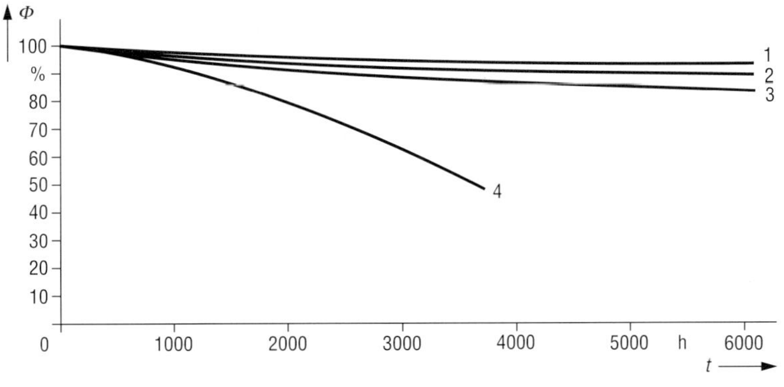

1 ohne Schalten;
2 7,5 h ein – 0,5 h aus;
3 165 min ein – 15 min aus;
4 15 min ein – 15 min aus

Bild 3.19
Lichtstrom Φ von HQL 250 W-Lampen in Abhängigkeit von Brennzeit t und Schaltrhythmus

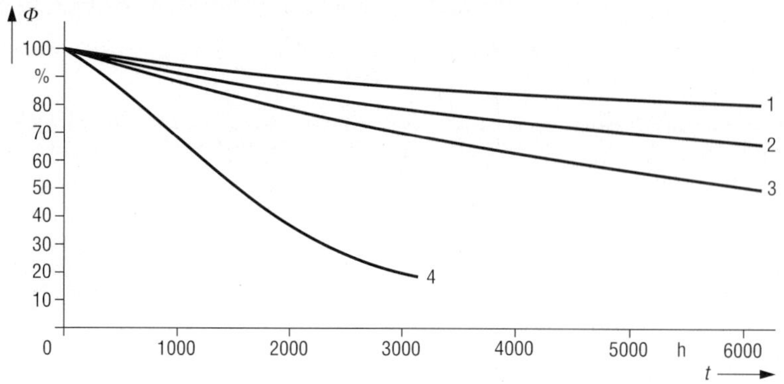

Bild 3.20
Lichtstrom Φ von HQL 125 W-Lampen in Abhängigkeit von Brennzeit t und Schaltrhythmus

1 ohne Schalten;
2 7,5 h ein – 0,5 h aus;
3 165 min ein – 15 min aus;
4 15 min ein – 15 min aus

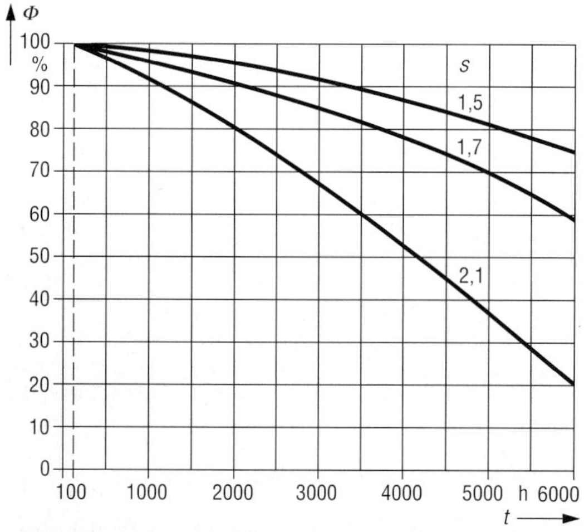

Bild 3.21
Lichtstrom Φ von Hochdrucklampen in Abhängigkeit von der schaltungslosen Brenndauer t bei Betrieb an Vorschaltgeräten mit verschiedenen Scheitelfaktoren s (1,5, 1,7 und 2,1) des Lampenstroms

Funkstörungen

Bei Hochdrucklampen treten, ähnlich wie bei Leuchtstofflampen, hochfrequente Schwingungen beim Verlöschen und Wiederzünden der Entladung auf. Sie sind im allgemeinen jedoch auf die Anlaufphase beschränkt und werden im betriebswarmen Zustand sehr klein. Zusätzliche Entstörmittel sind daher in Leuchten nicht erforderlich.

3.1.4 Messungen

Für Messungen verwendete Lampen sollen 100 h gealtert sein. Die Meßbedingungen hinsichtlich Umgebungstemperatur und Zugluft sind unkritisch. Die Lampen werden in hängenden Brennlagen gemessen. Wegen der teilweise recht hohen Ströme müssen unbedingt Meßfassungen (siehe Kapitel 2.1.12) vorgesehen werden.

Die Versorgungsspannung muß sinusförmig sein; der Gehalt an ungeradzahligen Harmonischen soll 3% nicht überschreiten. Die Frequenz sollte nicht mehr als ± 0,5% vom Sollwert abweichen.

Zum Einbrennen vor der Messung genügt ein Hochbrennen der Lampen.

Die von einem Vorschaltgerät abgegebene Leistung (mit Referenzlampen gemessen) soll minimal 92,5% der Nennleistung betragen. Der Lampenstrom darf 115% des Nennwerts nicht übersteigen.

Eine besondere Prüfung stellt die der Abreißspannung dar, also derjenigen Versorgungsspannung, bei der die Lampe verlischt. Bei dieser Messung wird die Versorgungsspannung mit eingebrannter Lampe innerhalb von 0,5 s abgesenkt und 5 s auf diesem neuen Wert gehalten. Am Referenzgerät sollte eine Absenkung von mindestens 12% ohne Erlöschen möglich sein. Am zu prüfenden Gerät sollte mindestens 80% der prozentualen Absenkung der Versorgungsnennspannung möglich sein, die mit dem Referenzgerät an dieser Lampe ermittelt wurde.

Im Unterschied zu allen anderen Messungen mit Lampen wird die Abreißspannung bei waagrechter Brennlage der Lampen ermittelt.

3.2 Vorschaltgeräte

Das Vorschaltgerät kann ein induktiver oder – in Kombination mit einer Kapazität – ein gemischter Widerstand sein. Bei einer Netzspannung von 90 bis 110% muß es eine Mindestleerlaufspannung an die Lampe liefern. Der Kurzschlußstrom darf dabei eine vorgegebene Größe entsprechend der jeweiligen Lampe nicht überschreiten. Der Anlaufstrom sollte so hoch sein, daß nach 15 min Betrieb an der Nennversorgungsspannung mindestens 90% der Lampenbrennspannung erreicht ist. Außerdem darf das Stromverhältnis Scheitelwert zu Effektivwert den Faktor 1,7 nicht überschreiten, und aufeinanderfolgende Halbperioden sollen die gleiche Wellenform und gleichen Scheitelwert haben, damit ein Flimmern des Lichtes vermieden wird.

3.2.1 Baugröße und Verlustleistung

Quecksilberhochdrucklampen arbeiten ohne Vorheizung. Damit bestimmt der Lampenstrom die thermischen Werte des Vorschaltgeräts bei maximaler Nennspannung und der kleinsten produzierten Impedanz.

Die Leuchtenhersteller wünschen möglichst billige Vorschaltgeräte mit niedrigen Verlusten, kleinen Abmessungen und niedrigem Geräuschniveau. Die Übertemperatur der Vorschaltgeräte sollte auch bei höchster Belastung gering bleiben. Kleine Abmessungen bewirken aber hohe Temperaturen.

Eine Verkleinerung des Vorschaltgeräts bewirkt eine Vergrößerung der Verluste, wobei die Übertemperatur in der dritten Potenz des Verkleinerungsfaktors steigt. Das läßt sich folgendermaßen berechnen:

Die Drosselspannung ist

$$U_D = 4{,}44 \cdot f \cdot A_{Fe} \cdot \hat{B} \cdot N \qquad (3.2.1)$$

Dabei ist f die Frequenz, $\hat{B}$ der Scheitelwert der magnetischen Induktion, A_{Fe} der Eisenquerschnitt $z \cdot d$ und N die Anzahl der Windungen.

Der Drosselstrom ist

$$I_D = \frac{S \cdot Q_{Cu} \cdot f_{Cu}}{N} \qquad (3.2.2)$$

Dabei ist S die Stromdichte, Q_{Cu} der Fensterquerschnitt $x \cdot y$ (siehe Bild 3.22) und f_{Cu} der Kupferfüllfaktor.

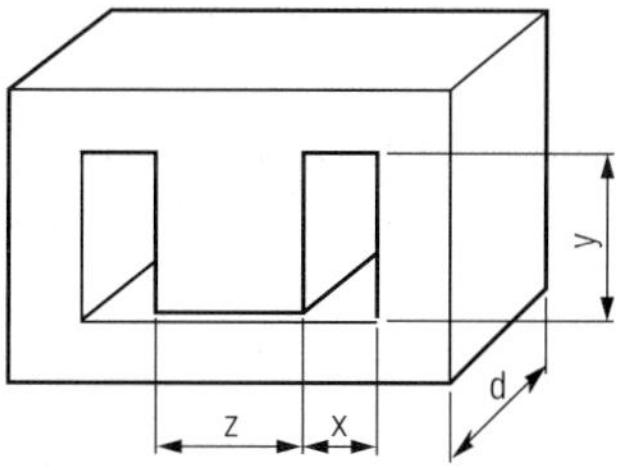

Bild 3.22 Die Abmessungen von Drosselfenstern

Aus den Gleichungen (3.2.1) und (3.2.2) erhalten wir für die Scheinleistung des Vorschaltgeräts die Gleichung

$$N_S = U_D \cdot I_D = 4{,}44 \cdot f \cdot A_{Fe} \cdot \hat{B} \cdot S \cdot Q_{Cu} \cdot f_{Cu} \cdot f_{Fe} \qquad (3.2.3)$$

f_{Fe} ist der Eisenfüllfaktor (0,95–0,97). Setzt man für A_{Fe} und Q_{Cu} die Maße ein, dann wird

$$N_S = 4{,}44 \cdot f \cdot \hat{B} \cdot S \cdot f_{Cu} \cdot f_{Fe} \cdot z \cdot d \cdot x \cdot y \qquad (3.2.4)$$

Verkleinert man das Gerät um den Faktor $\Delta \leq 1$, dann erhalten wir die neuen Abmessungen

$$x' = \frac{x}{\Delta}; \quad y' = \frac{y}{\Delta}; \quad z' = \frac{z}{\Delta}; \quad d' = \frac{d}{\Delta} \qquad (3.2.5)$$

Um die gleiche Scheinleistung zu übertragen, muß man die einzig wählbaren Größen $\hat{B}$ und S um Δ^4 vergrößern.

Setzt man voraus, daß sich die gesamte Verlustleistung zu gleichen Teilen aus Eisen- und Kupferverlusten zusammensetzt, dann erhalten wir die neue Induktion

$$\hat{B}' = \Delta^2 \cdot \hat{B} \qquad (3.2.6)$$

und die Stromdichte

$$S' = \Delta^2 \cdot S \qquad (3.2.7)$$

Die Gesamtverluste der Drossel setzen sich aus den Eisen- und Kupferverlusten zusammen:

$$P_V = P_{Fe} + P_{Cu} \qquad (3.2.8)$$

mit

$$P_{Fe} = \hat{B}^2 \cdot m_{Fe} \cdot P_{Fe} \cdot K \qquad (3.2.9)$$

m_{Fe} ist die Eisenmasse, P_{Fe} sind die Eisenverluste (W/kg) und K ist eine Konstante, die von der Konstruktion der Drossel abhängig ist: $0{,}9 \leq K \leq 1{,}1$.

$P_{Cu} = I^2 \cdot R$, dabei ist R der ohmsche Widerstand der Spule. Weiterhin kann man schreiben

$$R = \frac{\varrho \cdot l}{A_{Cu}} \tag{3.2.10}$$

$$A_{Cu} = \frac{I_D}{S} \tag{3.2.11}$$

$$R = \frac{\varrho \cdot l \cdot S}{I_D} \tag{3.2.12}$$

mit dem spezifischen Widerstand des Drahtes ϱ, Drahtlänge der gesamten Wicklung l und dem Drahtquerschnitt A_{Cu}.

Setzt man die verkleinerten Werte $S' = \Delta^2 \cdot S$ und $l' = \frac{l}{\Delta}$ ein, dann erhält man für den ohmschen Widerstand der Spule

$$R' = \frac{\Delta \cdot \varrho \cdot l \cdot S}{I_D} \tag{3.2.13}$$

und damit

$$P'_{Cu} = \Delta \cdot P_{Cu} \tag{3.2.14}$$

Die verkleinerte Eisenmasse wird:

$$m'_{Fe} = \frac{m_{Fe}}{\Delta^3} \tag{3.2.15}$$

Damit werden die neuen Eisenverluste

$$P'_{Fe} = \Delta \cdot \hat{B}^2 \cdot m_{Fe} \cdot P_{Fe} \cdot K = \Delta \cdot P_{Fe} \tag{3.2.16}$$

und somit

$$P'_V = \Delta \cdot P_V \tag{3.2.17}$$

Die Gesamtverluste steigen also proportional mit der Verkleinerung um den Faktor Δ.

Nach DIN VDE 0712 wird die mittlere Übertemperatur $\overline{\Delta\vartheta}$ nach folgender Gleichung bestimmt:

$$\overline{\Delta\vartheta} = \frac{R_W - R_K}{R_K} (234{,}5\,^\circ\mathrm{C} + \vartheta_K) + \vartheta_K - \vartheta_P \tag{3.2.18}$$

R_W ist der Widerstand der warmen Wicklung,
R_K der Widerstand der kalten Wicklung,
ϑ_K die Temperatur der kalten Wicklung in °C und
ϑ_P die Umgebungstemperatur des Prüfraumes am Ende der Prüfung in °C.

Durch Wärmeleitung gibt die Spule ihre Temperatur an den Eisenkern ab. Damit die Temperaturdifferenzen im Vorschaltgerät gering bleiben, sollte der Wärmeschluß zwischen Wicklung und Kern möglichst gut sein. Die Wärmeabgabe an die Luft durch Konvektion erfolgt über die gesamte Oberfläche des Vorschaltgeräts.

Die Übertemperatur ist um so kleiner, je größer die Oberfläche O des Vorschaltgeräts und der Wärmeübergangskoeffizient α sind:

$$\overline{\Delta\vartheta} = \frac{P_V}{\alpha \cdot O} \tag{3.2.19}$$

Für den Wärmeübergang vom Vorschaltgerät zu Luft ist $\alpha \approx 10 \frac{\mathrm{W}}{\mathrm{m}^2}$

Für eine Verkleinerung um den Faktor Δ wird

$$O' = \frac{O}{\Delta^2} \tag{3.2.20}$$

und damit

$$\Delta t = \frac{\Delta^3 \cdot P_V}{\alpha \cdot O} \tag{3.2.21}$$

Die Temperatur steigt also mit der dritten Potenz von Δ und ist damit indirekt proportional zum Volumen (oder der Masse) des Vorschaltgeräts.

3.2.2 Mögliche Abmessungen und konstruktive Gestaltung von Blechschnitten

Wenig Materialeinsatz, eine einfache Herstellung, niedrige Materialverluste und eine lange Lebensdauer bestimmen die Abmessungen des Blechschnittes (siehe auch Kap. 2.3).

Bei Manteltypen (Bild 3.23) ist die Spule magnetisch besser eingeschlossen als bei Kerntypen (Bild 3.24). Daher ist der Einfluß äußerer magnetischer

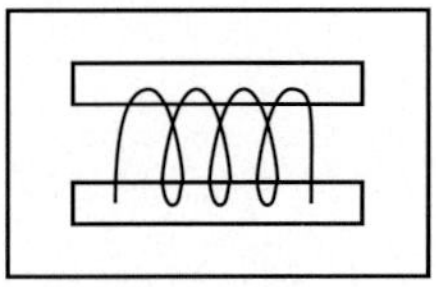

Bild 3.23 Manteltyp

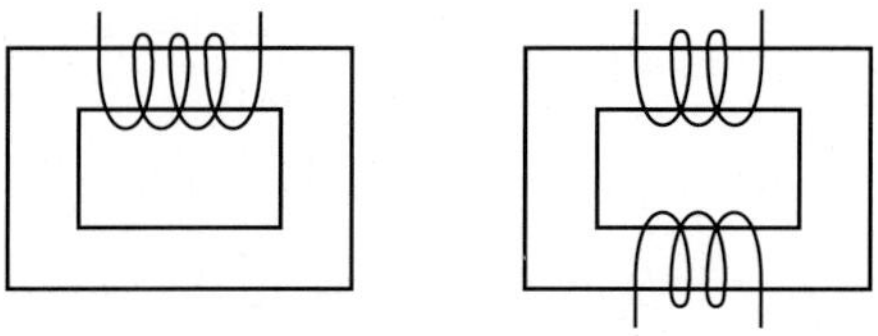

Bild 3.24 Kerntyp mit 1 bzw. 2 Spulen

Felder kleiner, was zu geringeren Brummgeräuschen in der Leuchte führt. Deshalb werden die Manteltypen im allgemeinen gegenüber den Kerntypen bevorzugt.

Um den Materialpreis niedrig zu halten, benutzt man abfallose Schnitte, das heißt, der Fensterquerschnitt für die Spule wird mitverwendet. Einen abfallosen EI-Schnitt zeigt Bild 3.25.

Bei der Festlegung des Blechschnittes muß man zwischen zwei Möglichkeiten abwägen:

Bei längsgestanztem Blech (Bild 3.25) kann der magnetische Fluß ϕ in großen Bereichen entlang der Walzrichtung erfolgen. Das führt zu ca. 10–15% geringeren Eisenverlusten als bei der Querstanzung.

Auf der anderen Seite ist es für die Produktion vorteilhaft, den Blechschnitt so zu wählen, daß man die Impedanz mit Hilfe des Luftspalts einstellen kann, wie es bei quergestanztem Blech möglich ist (Bild 3.26).

Die Wirtschaftlichkeit von Materialeinsatz und Herstellung entscheidet, ob ein einstellbarer Luftspalt bevorzugt wird, auch wenn man quer zur Walzrichtung stanzen muß, um das Blech abfallos stanzen zu können.

Vorschaltgeräte mit einstellbarem Luftspalt lassen sich ohne Schwierigkeiten in Serienfertigung mit einer Impedanztoleranz von $\pm$ 1% herstellen, was bei einem nichteinstellbarem Schnitt nur mit viel Ausschuß möglich ist.

Will ein Vorschaltgerätehersteller das gesamte Spektrum an Vorschaltgeräten für die verschiedensten Lampenleistungen, Netzspannungen und Netzfrequenzen liefern, so erfordert das ein großes Spulensortiment. Dieses läßt sich stark reduzieren, wenn mit einstellbaren Blechschnitten gearbeitet wird. Damit verkleinert sich das Spulenlager, und die Wickelautomaten müssen nicht laufend umgestellt werden. Das erniedrigt die Herstellkosten.

Bild 3.27 zeigt einen hauptsächlich quer zur Walzrichtung gestanzten einstellbaren abfallosen Blechschnitt.

Will man völlig abfallos stanzen, so liegt damit auch die Höhe fest, $h = 1{,}75 \cdot z$, ohne Berücksichtigung des Luftspalts.

Für diese abfallosen Ausführungen ist die Schenkelbreite des Schnittes gleich der Fensterhöhe x. Damit steht fest, daß $b = 3 \cdot z$ ist.

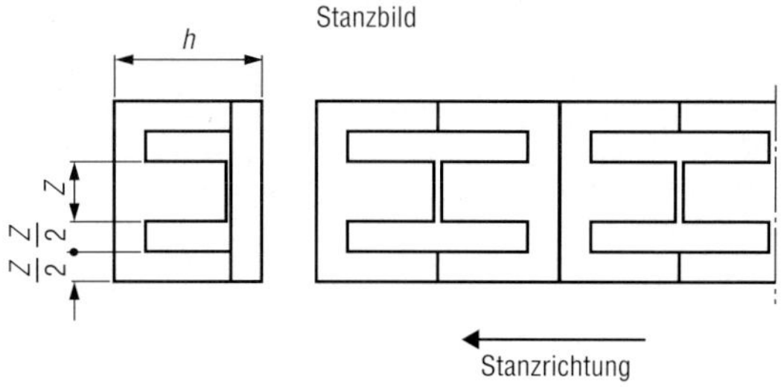

Bild 3.25 Abfalloser EI-Schnitt

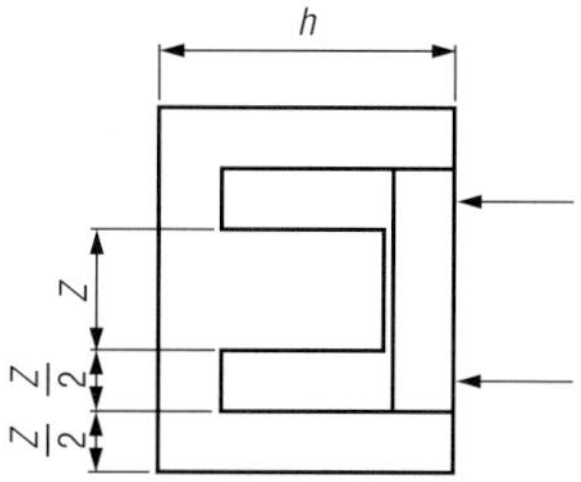

Bild 3.26
EI-Schnitt, bei dem sich die Impedanz mit dem Luftspalt einstellen läßt

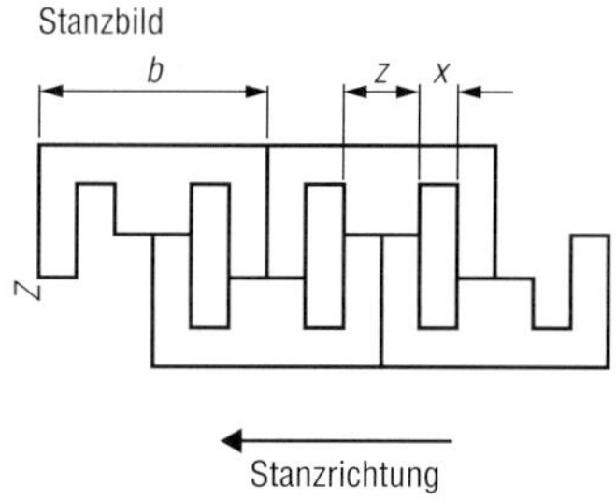

Bild 3.27
Hauptsächlich quer zur Walzrichtung gestanzter Blechschnitt

In den meisten Fällen zwingt das abfallose Stanzen dazu, die Wickelfensterhöhe gleich der Schenkelbreite zu machen. Werden Höhe und Breite des Vorschaltgeräts vorgegeben, so kann es bei einer abfallosen Ausführung auch möglich sein, daß der Wickelfensterquerschnitt zu groß und damit das Verhältnis Kupfermasse zu Eisenmasse ungünstig wird. Der jeweilige Anwendungsfall, die gewünschten Abmessungen, die geforderte Scheinleistung und die zulässige Übertemperatur entscheiden, welcher Blechschnitt bevorzugt wird. Dabei sollte man die magnetische Induktion $\hat{B}$ nicht zu hoch wählen, damit die magnetische Kennlinie im Arbeitsbereich relativ geradlinig verläuft. Das ist die Voraussetzung dafür, daß die Stromoberschwingungen nicht unzulässig hoch werden.

3.2.3 Arbeitsweise

Lampe und Vorschaltgerät müssen so aufeinander abgestimmt sein, daß sie die Prüfbedingungen nach IEC 923 bzw. DIN VDE 0712 erfüllen.

Für die verschiedenen Beanspruchungen wird immer zuerst die Referenzlampe mit dem Referenzgerät geprüft. Dann wird das zu prüfende Vorschaltgerät mit der Referenzlampe gemessen und die Daten werden mit den Referenzdaten verglichen. Die Abweichungen von den Referenzdaten dürfen die nach IEC 923 bzw. DIN VDE 0712 festgelegten Werte nicht überschreiten.

Bei diesen Typprüfungen ist es vorteilhaft, auch mit den Grenzimpedanzen, die man in der Fertigung zuläßt, also der Mindest- und der Maximalimpedanz Z_{min} bzw. Z_{max}, zu arbeiten. Dabei sollte die Leistung des Versorgungsnetzes genügend groß sein, das heißt seine Impedanz sollte sehr viel kleiner als die zu messende Impedanz des Vorschaltgeräts sein. Weiterhin ist darauf zu achten, daß Ver-

Tabelle 3.5 Tabelle zum Prüfen der Arbeitsweise von Referenzlampe und Referenzgerät

			Ref. Lampe + Ref. Gerät	Ref. Lampe + Prüfling			Soll	
				Z_{min}	Z_{Nenn}	Z_{max}		
Leerspannung			·/.				≥	V
Kurzschlußstrom bei	110%	U_{Netz}	·/.				≤	A
Lampendaten bei U_{Netz}	92%	I_L	·/.				–	
		U_L	·/.				–	
		P_L					0,88 × P_{Ref} ≥ W	
	100%	I_L					1,15 × I_{Ref} ≤ A	
		U_L	·/.				–	
		P_L					0,925 × P_{Ref} ≥ W	
	106%	I_L	·/.				–	
		U_L	·/.				–	
		P_L					1,09 × P_{Ref} ≤ W	
Gesamte Wirkleistung bei U_{Nenn}			·/.				–	
Gesamte Scheinleistung bei U_{Nenn}			·/.				–	
$\cos\varphi$			·/.				–	
Scheitelfaktor	92%		·/.				≤ 1,9	
$= \frac{\hat{I}}{I_{eff}}$ bei U_{Netz}	106%		·/.				≤ 1,9	

sorgungsspannung und -frequenz genügend genau sind. Während der Einbrennzeit sollten die Werte auf ± 0,5% und während der Meßzeit auf ± 0,2% genau sein. Zur Prüfung der Arbeitsweise müssen hochwertige Effektivwertmeßgeräte benutzt werden, damit die durch die Lampe und das Vorschaltgerät entstehenden Strom- und Spannungsverzerrungen genau gemessen werden können. Der Spannungsabfall über dem Strommesser sollte nicht mehr als 2% der Lampenspannung betragen. Der Spannungsmesser sollte so gewählt werden, daß sein Meßstrom nicht mehr als 3% vom Lampenstrom aufnimmt. Da die Eigenschaften aller Entladungslampen stark temperaturabhängig sind, ist es von großem Vorteil, wenn man bei konstanter Temperatur prüfen kann. Der dafür benötigte temperaturgeregelte Prüfraum sollte so groß wie möglich sein, damit bei großen Lampenleistungen die Eigenerwärmung von Lampe und Vorschaltgerät das Temperaturgleichgewicht nicht verändern. Die Prüfwerte werden erst notiert, wenn die Lampe genügend lange eingebrannt ist und das Vorschaltgerät seine Betriebstemperatur erreicht hat. Einen guten Überblick erhält man, wenn man sich einer Tabelle (wie Tab. 3.5) bedient.

Hat man das Referenzgerät mit der Referenzlampe gemessen, dann errechnet man die Sollwerte in der letzten Spalte der Tabelle und erkennt sofort, ob die Grenzdaten (Z_{min}) und (Z_{max}) die Sollwerte erfüllen.

3.2.4 Technische Daten von Referenzlampen und Referenzgeräten

Eine Referenzlampe besorgt man sich vom Lampenhersteller oder sucht sie aus mehreren vorhandenen Lampen aus. Voraussetzung ist, daß die Lampen mindestens 100 h gealtert worden sind. Die Lampe wird am Referenzgerät bei Nennspannung und Nennfrequenz gemessen und ihre Daten Lampenstrom, -spannung und -leistung dürfen nicht mehr als ± 3% von den Daten in Tabelle 3.6 abweichen.

Zusätzlich muß eine Referenzlampe am Referenzgerät noch folgende Bedingungen erfüllen:

▷ Anlaufbedingung
An der Nennversorgungsspannung muß die Lampe 5 min nach dem Einschalten mindestens 90% der Lampenbrennspannung erreicht haben. Bei der 50-W- und der 80-W-Lampe darf diese Zeit 8 min betragen.

▷ Abreißspannung
Die Abreißspannung ist der Wert der Versorgungsspannung, bei dem die voll eingebrannte Lampe gerade erlischt. Innerhalb von 0,5 s wird die Versorgungsspannung auf 88% des Nennwerts reduziert. Dieser Wert muß mindestens 5 s beibehalten werden. Dabei darf die Referenzlampe noch nicht erlöschen. Diese Messung wird in waagrechter Brennlage der Lampe durchgeführt.

▷ Kurvenform des Lampenstroms
Der Gleichstromanteil einer voll eingebrannten Referenzlampe darf 1% des fließenden Stroms nicht überschreiten.

Referenzgeräte

Ein Referenzgerät ist ein induktives Vorschaltgerät mit besonders niedriger Toleranz in der Strom-Spannungs-Charakteristik. Es ist so gebaut, daß es durch Eisenmetalle von außen elektrisch nicht stark beeinflußt wird und eine Temperaturänderung nur eine vernachlässigbare Z-Änderung bringt.

Die technischen Daten werden vom Lampenhersteller festgelegt und sind in IEC 188 zu finden (Tab. 3.7). Für die jeweilige Netzspannung sind der Drosselkalibrierstrom I_{kal}, die Nennimpedanz Z_0 und der Leistungsfaktor λ des Referenzgeräts angegeben.

$$\lambda = \frac{P_V}{Z \cdot I_{Kal}} \qquad (3.2.22)$$

Dabei dürfen folgende Toleranzen nicht überschritten werden:

▷ Die Nennimpedanz darf sich beim Kalibrierstrom nur um ± 0,5% und bei jedem anderen

Tabelle 3.6
Lampenspannung und -strom vom Quecksilberdampf-Hochdrucklampen

Typ	U_L	I_L
50 W	95	0,61
80 W	115	0,80
125 W	125	1,15
250 W	130	2,13
400 W	135	3,25
700 W	140	5,40
1000 W	145	7,50
2000 W	270	8,00

Tabelle 3.7
Technische Daten von Referenzgeräten für Quecksilberdampf-Hochdrucklampen bei 50 Hz

Lampentyp	U V	I_{kal} A	Z_0 Ω	λ –
50 W	220	0,62	297	0,075 ± 0,005
80 W	220	0,80	206	0,075 ± 0,005
125 W	220	1,15	134	0,075 ± 0,005
250 W	220	2,15	71	0,075 ± 0,005
400 W	220	3,25	45	0,075 ± 0,005
700 W	220	5,45	26,7	0,04 ± 0,002
1000 W	220	7,50	18,5	0,04 ± 0,002
2000 W	380	8,00	28	0,04 ± 0,002

Stromwert im Bereich von 50 bis 115% des Kalibrierstroms um ± 3% ändern.

▷ Der Aufbau des Referenzgeräts muß so gewählt werden, daß sich beim Anbringen einer 5-mm-Weicheisenplatte im Abstand von 25 mm von den Außenseiten des Referenzgeräts beim Kalibrierstrom keine Impedanzänderung über ± 0,2% ergibt.

Die Gesamtverluste des Referenzgeräts werden durch den Leistungsfaktor beschrieben

$$P_V = \lambda \cdot Z \cdot I_{Kal}^2 \qquad (3.3.23)$$

Für eine 50-W-Quecksilberdampf-Hochdrucklampe z. B. betragen die Verluste
$P_v = 0{,}075 \cdot 297\,\Omega \cdot 0{,}62^2\,A^2 = 8{,}56\,W$.
Das Gerät darf nur Verluste haben, die im Bereich von 7,99 bis 9,13 W liegen.

Verlustleistungsabweichungen erhält man, wenn man in den Luftspalt des Vorschaltgeräts Streifen aus Blei einlegt. Je breiter der Bleistreifen ist, um so größer werden die Verluste.

Das Referenzgerät wird geprüft, indem von 50 bis 115% in Schritten von 5% Drosselstrom und Spannung gemessen und daraus Z bestimmt wird. Die Abweichungen zu Z_0 werden errechnet und die Punkte in ein Diagramm (Bild 3.28) eingetragen. Die Drosselkennlinie muß dann innerhalb der Hüllkurven liegen.

3.2.5 Abhängigkeit der Drosselspannung von der Verlustleistung des Vorschaltgeräts

Die unvermeidlichen Verluste eines Vorschaltgeräts sind ein wichtiger Gesichtspunkt in der Dimensionierung. Ausgehend vom idealen Fall der verlustfreien Induktivität soll hier gezeigt werden, daß mit steigenden Verlusten die Induktivität kleiner gewählt werden muß. Bild 3.29 zeigt dies recht anschaulich.

Wenn die Phasenverschiebung unter 90% sinkt, muß der Spannungsabfall an der Drossel niedriger werden, damit die Spannung am Verbraucher U_L nicht kleiner wird. Der Istwert der Drosselspannung bei Netznennspannung und Lampennennstrom ist abhängig von der Drosselverlustleistung, der Sollwert der Drosselspannung bei Lampennennstrom fällt mit steigenden Verlusten des Vorschaltgeräts, was man aus dem Ersatzschaltbild (Bild 3.30) ableiten kann.

Man kann das Vorschaltgerät als Reihenschaltung des Wicklungswiderstands R_{Cu} für den Wärmeverlust der Wicklung und R_{Fe} für den Wärmeverlust des Eisens auffassen, wobei parallel zu R_{Fe} ein in-

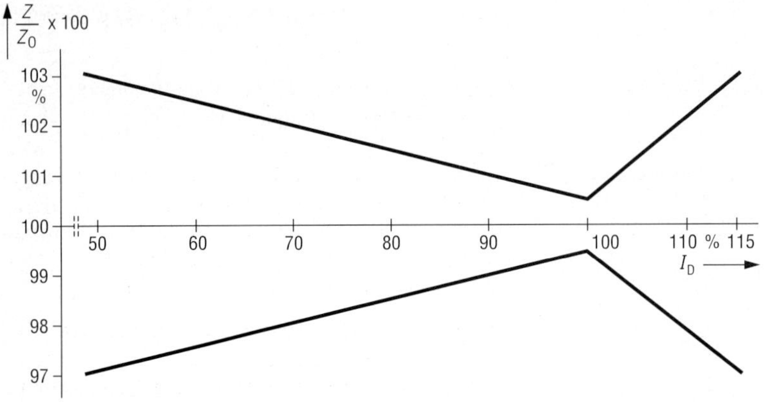

Bild 3.28
Hüllkurven der Impedanztoleranz beim Prüfen von Referenzgeräten

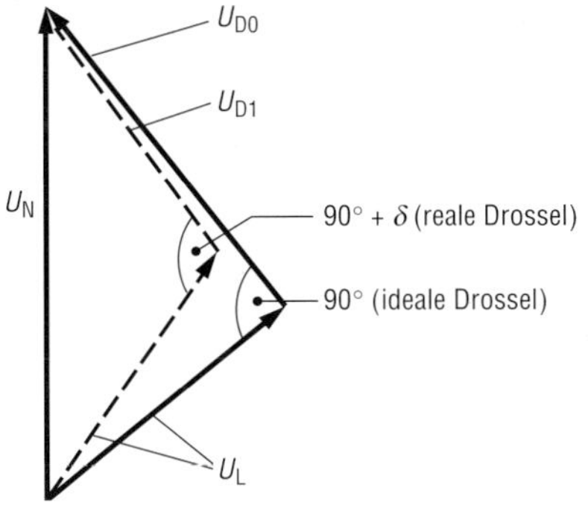

U_N Netzspannung
U_{D0} Drosselspannung ohne Verluste
U_{D1} Drosselspannung mit Verlusten
U_L Lampenspannung (konstant)

Bild 3.29
Zeigerdiagramm zum Veranschaulichen des Zusammenhangs zwischen den Verlusten eines Vorschaltgeräts und der Größe der Induktivität

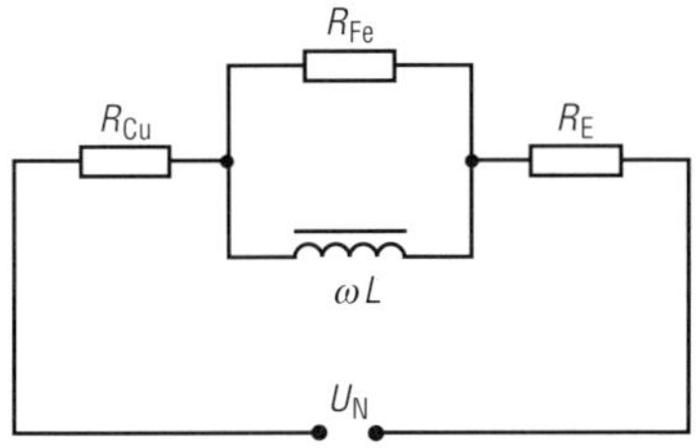

R_{Cu} Widerstand der Kupferwicklung
R_{Fe} Eisenverlustwiderstand
ωL induktiver Widerstand
R_E Lampenersatzwiderstand

Bild 3.30
Ersatzschaltbild für einen Stromkreis mit Vorschaltgerät und Lampe

duktiver Widerstand liegt, durch welchen der Magnetisierungsstrom fließt. Für die Gesamtimpedanz kann man setzen:

$$Z = R_{Cu} + R_{Fe} + \frac{R_{Fe} \cdot j\omega L}{R_{Fe} + j\omega L} = \tag{3.2.24}$$
$$= R_{Cu} + R_{Fe} + j\omega L \frac{1}{1 + j\omega L/R_{Fe}}$$

Da $|j\omega L/R_{Fe}| \ll 1$ gilt, ist die Gesamtimpedanz näherungsweise

$$Z = R_{Cu} + R_{Fe} + j\omega L(1 - j\omega L/R_{Fe}) = \tag{3.2.25}$$
$$= R_{Cu} + R_{Fe} + \frac{(\omega L)^2}{R_{Fe}} + j\omega L$$

und damit der Betrag von Z

$$|Z| = \sqrt{\left(R_{Cu} + R_{Fe} + \frac{(\omega L)^2}{R_{Fe}}\right)^2 + (\omega L)^2} \tag{3.2.26}$$

Da bei steigenden Eisenverlusten R_{Fe} kleiner und bei steigenden Kupferverlusten R_{Cu} größer wird, steigt auch $|Z|$. Damit $|Z|$ bei steigenden Verlusten konstant bleibt, muß ωL etwas verkleinert werden. Das heißt, der Einstellwert der Drossel U_D/I_L verkleinert sich.

Vom Lampenhersteller werden Diagramme (Bild 3.31a–h) angegeben, die ein leichtes Bestimmen der Drosselspannung bei konstanter Netzspannung und Verlustleistung der Drossel ermöglichen. Beim Messen der Betriebswerte der Referenzlampe mit dem neu eingestellten Vorschaltgerät wird festgestellt, ob die Lampenwerte eingehalten werden. Wenn nötig, kann die Drosselspannung noch etwas korrigiert werden.

3.2.6 Vorschaltgeräte für Netze mit anomalen Spannungen

Vorschaltgeräte für Quecksilberdampf-Hochdrucklampen für Spannungen über 230 V lassen sich ohne technische Schwierigkeiten herstellen. Da mit der Netzspannung auch die Drosselspannung und damit die Scheinleistung steigt, müssen bei gleichen Übertemperaturen auch die Vorschaltgeräte größer werden. Dabei sind bei Spannungen über 250 V größere Kriech- und Luftstrecken zu wählen, und die Geräte müssen mit höheren Prüfspannungen belastet werden.

Aufwendiger wird die Konzeption eines Vorschaltgeräts für Netzspannungen von 110 bis 150 V. Aufgrund der hohen Lampenspannung > 95 V lassen sich diese Lampen nicht mehr mit einfachen linearen Drosseln betreiben. Für eine stabile Arbeitsweise mit einem induktiven Vorschaltgerät benötigt man Versorgungsspannungen, die ca. 1,5 bis 2mal so groß sind wie die Lampenspannung.

Hat man es mit zu niedrigen Versorgungsspannungen zu tun, dann müssen diese hochtransformiert werden. Dies ist möglich, indem man eine übliche

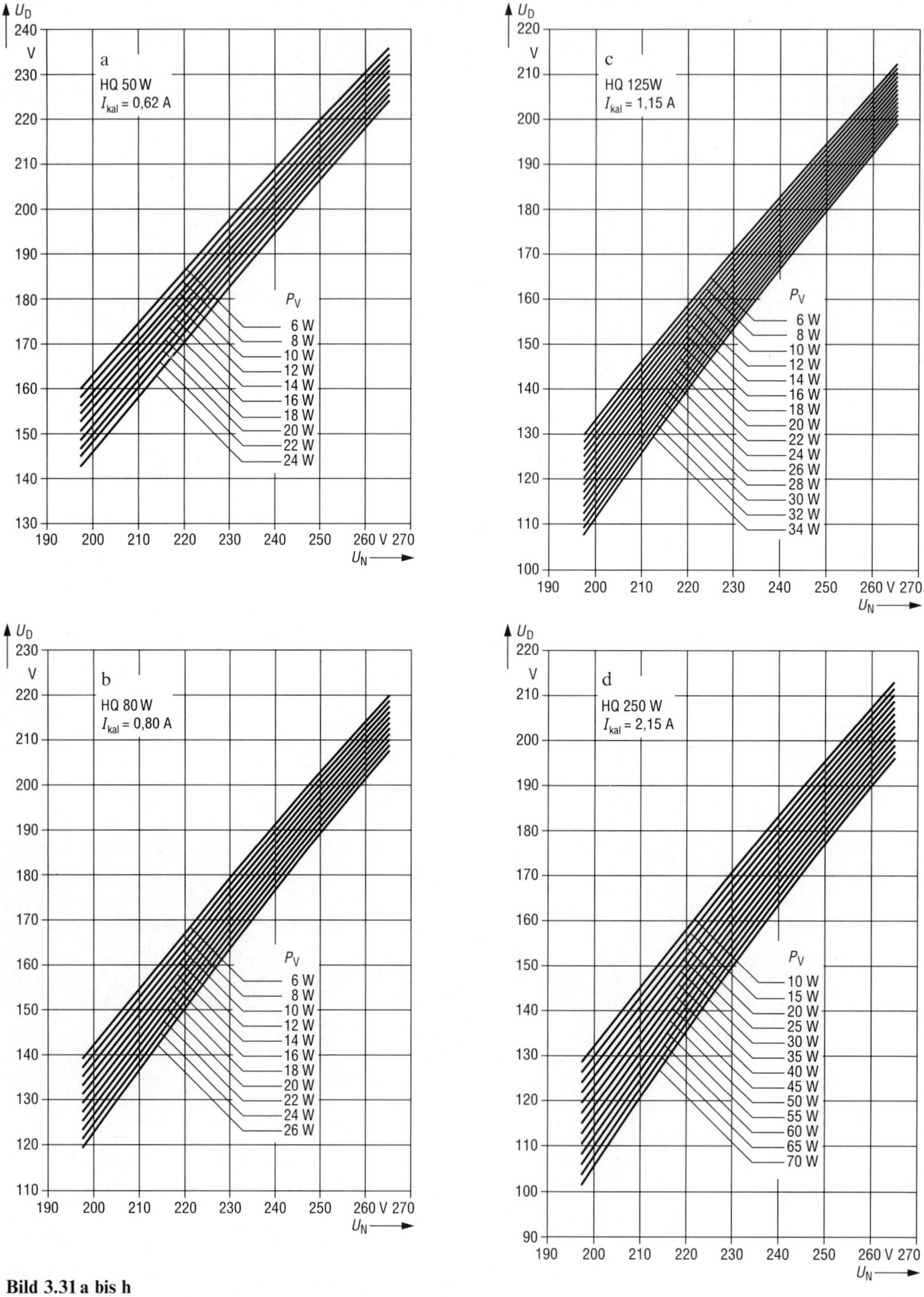

Bild 3.31 a bis h
Diagramme zum Bestimmen der Drosselspannung bei konstanter Netzspannung U_N und Verlustleistung P_V der Drossel beim Betrieb von Quecksilberdampf-Hochdrucklampen

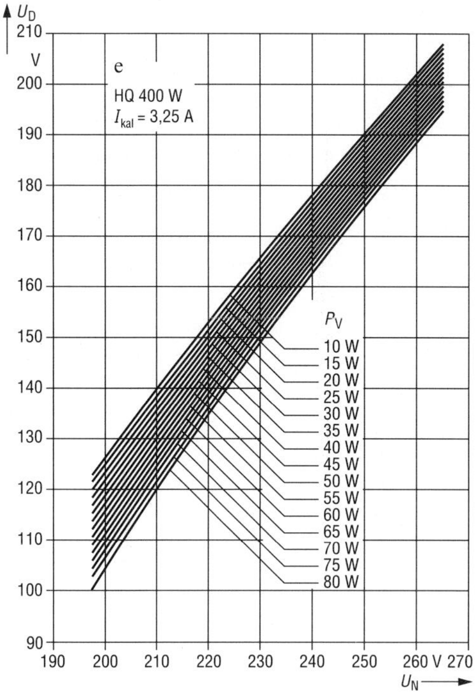
e
HQ 400 W
I_{kal} = 3,25 A
U_D
V
P_V
10 W
15 W
20 W
25 W
30 W
35 W
40 W
45 W
50 W
55 W
60 W
65 W
70 W
75 W
80 W
U_N
190
200
210
220
230
240
250
260 V 270

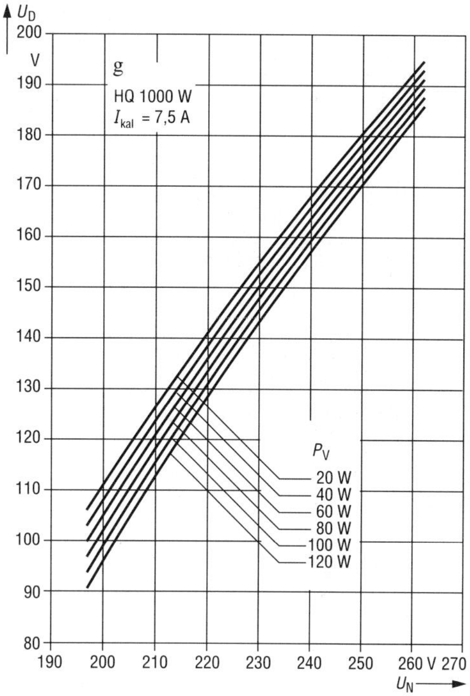
g
HQ 1000 W
I_{kal} = 7,5 A
U_D
V
P_V
20 W
40 W
60 W
80 W
100 W
120 W
U_N
190
200
210
220
230
240
250
260 V 270

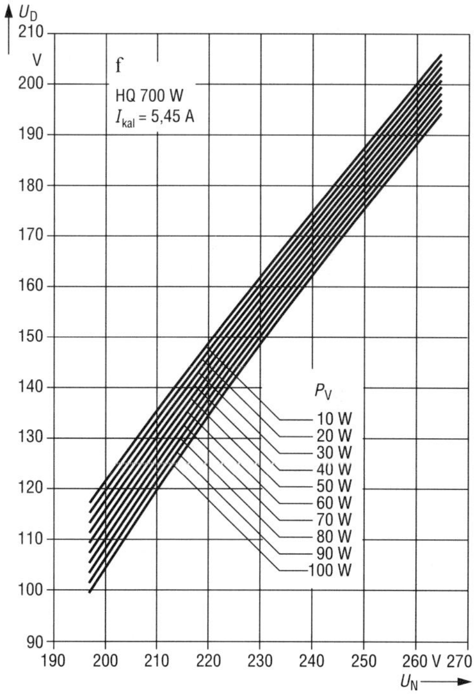
f
HQ 700 W
I_{kal} = 5,45 A
U_D
V
P_V
10 W
20 W
30 W
40 W
50 W
60 W
70 W
80 W
90 W
100 W
U_N
190
200
210
220
230
240
250
260 V 270

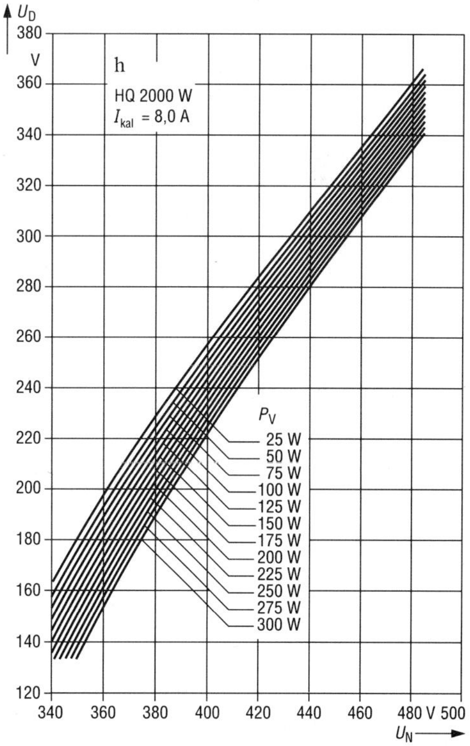
h
HQ 2000 W
I_{kal} = 8,0 A
U_D
V
P_V
25 W
50 W
75 W
100 W
125 W
150 W
175 W
200 W
225 W
250 W
275 W
300 W
U_N
340
360
380
400
420
440
460
480 V 500

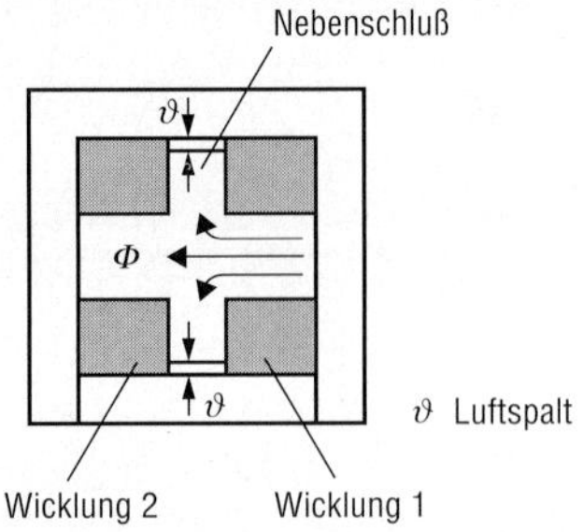

Bild 3.32 Querschnitt eines Streufeldtransformators

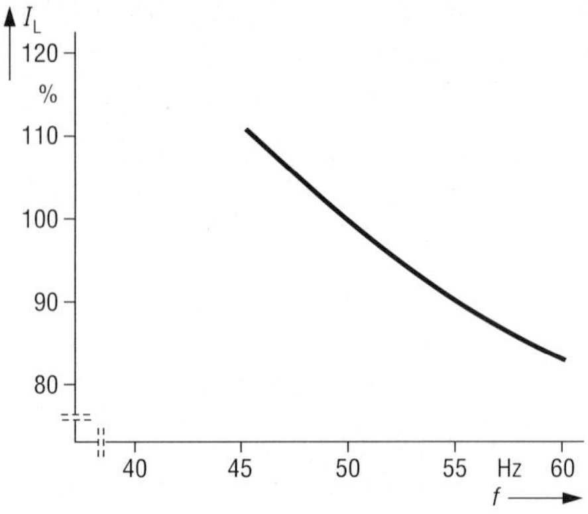

Bild 3.33
Abhängigkeit des Lampenstroms I_L von der Betriebsfrequenz *f* eines für 50 Hz ausgelegten Vorschaltgeräts für Quecksilberdampf-Hochdrucklampen 250 W

Seriendrossel benutzt, und die Schaltung über einen Spartransformator betreibt.

Eine andere Möglichkeit besteht darin, die Seriendrossel einzusparen und statt dessen einen Transformator zu benutzen, der ein großes magnetisches Streufeld besitzt. Die dadurch entstehende schlechte Kopplung zwischen Primär- und Sekundärschaltung kann man sich wie bei einem Transformator mit einer Induktivität im Sekundärkreis vorstellen. Die schlechte Kopplung erreicht man, indem man zwischen Sekundärspule und Primärspule einen Abstand läßt und diesen mit einem magnetischen Nebenschluß ausfüllt (Bild 3.32). Mit dem Querschnitt des Nebenschlusses, vor allem mit dem Luftspalt, läßt sich die gewünschte Streuung einstellen.

Durch den aufwendigeren Aufbau von Streufeldtransformatoren ist es erklärlich, daß diese teurer als Seriendrosseln sein müssen. Es lohnt sich deshalb nur für eine Einzelschaltung, einen Streufeldtransformator zu benutzen, da dann der nötige Spartransformator entfällt.

Bei mehreren Lampen kann die Kombination Spartransformator plus der zu jeder Lampe gehörenden Seriendrossel preislich günstiger werden.

3.2.7 Vorschaltgeräte für Netze mit anomalen Frequenzen

Die Bemessung von Vorschaltgeräten für Frequenzen über 50 Hz bietet keine besonderen Schwierigkeiten. Es ist lediglich zu beachten, daß bei höheren Frequenzen die Hystereseverluste im Eisen linear und die Wirbelstromverluste quadratisch mit der Frequenz steigen.

Betreibt man z. B. eine 250-W-Quecksilberdampf-Hochdrucklampe mit einem für 50 Hz bemessenen induktiven Vorschaltgerät an 60 Hz, dann verringern sich der Lampenstrom und die Lampenleistung wegen des zu großen induktiven Widerstands des Vorschaltgeräts auf ca. 83%. Man müßte die Induktivität auf 5/6 ihres Werts verkleinern oder eine kleine Drossel parallel schalten. Wenn diese Drossel 17% des Lampenstroms aufnimmt, können sich damit die richtigen Lampenwerte einstellen.

Bild 3.33 zeigt die Abhängigkeit des Lampenstroms von der Betriebsfrequenz eines für 50 Hz ausgelegten Vorschaltgeräts für die Quecksilberdampf-Hochdrucklampen 250 W.

Viel kritischer ist das Betreiben einer für 50 Hz ausgelegten kapazitiven Schaltung mit 60 Hz. Dadurch, daß sich der induktive Widerstand um 20% vergrößert und der kapazitive um 20% verkleinert, verringert sich die Gesamtimpedanz um ca. 35%. Daraus resultiert ein viel zu hoher Lampenstrom, der die Lampe nach kurzer Zeit zerstört.

3.2.8 Induktive Vorschaltgeräte

Die von einer Drossel zu übertragende Scheinleistung P_S bestimmt die Abmessung eines induktiven Vorschaltgeräts.

Dabei kann man von folgender Überlegung ausgehen: Hat man aus den Bildern 3.31 a–h die Drosselspannung gewählt, dann erhält man aus dem Produkt von Drosselstrom I_D und Drosselspannung U_D die Scheinleistung des Vorschaltgeräts

$$P_D = I_D \cdot U_D \tag{3.2.27}$$

Die Drosselspannung ist abhängig von der Windungszahl N

$$U_D = N \cdot \hat{B} \cdot A_{Fe} \cdot f \cdot 10^{-16} \cdot 4{,}44 \tag{3.2.28}$$

wobei man $\hat{B}$ in Tesla einsetzt und A_{Fe} in m^2.

Über die Stromdichte S und den Kupferquerschnitt A_{Cu} wird der Drosselstrom berechnet:

$$I_D = S \cdot A_{Cu} \tag{3.2.29}$$

Setzt man beide Gleichungen in 3.2.27 ein, dann ist

$$P_D = N \cdot \hat{B} \cdot A_{Fe} \cdot f \cdot S \cdot A_{Cu} \cdot 10^{-16} \cdot 4{,}44 \tag{3.2.30}$$

Aus folgenden Gleichungen kann man die Eisen- und Kupfermasse berechnen:

$$m_{Fe} = A_{Fe} \cdot l_{Fe} \cdot \varrho_{Fe} \tag{3.2.31}$$

$$m_{Cu} = N \cdot A_{Cu} \cdot l_{Cu} \cdot \varrho_{Cu} \tag{3.2.32}$$

Dabei ist
ϱ_{Fe} die Dichte von Eisen,
ϱ_{Cu} die Dichte von Kupfer,
l_{Fe} die Eisenweglänge,
l_m die mittlere Windungslänge,
A_{Fe} der Eisenquerschnitt und
A_{Cu} der Kupferquerschnitt.

Dividiert man m_{Fe} durch m_{Cu} und stellt nach N um, dann erhält man:

$$N = \frac{m_{Cu} \cdot A_{Fe} \cdot l_e \cdot \varrho_{Fe}}{m_{Fe} \cdot A_{Cu} \cdot l_m \cdot \varrho_{Cu}} \tag{3.2.33}$$

Setzt man diesen Ausdruck für N in Gleichung (3.2.30) ein, ergibt sich:

$$P_D = \hat{B} \cdot A_{Fe}^2 \cdot f \cdot S \cdot \frac{m_{Cu} \cdot 4{,}44 \cdot l_e \cdot \varrho_{Fe} \cdot 10^{-16}}{m_{Fe} \cdot l_m \cdot \varrho_{Cu}} \tag{3.2.34}$$

Für den gewählten Blechschnitt ist der Bruch eine Konstante C, die bei kurzen Paketen mit ca. $\frac{1}{600^2}$ und bei langen Ausführungen mit $\frac{1}{800^2}$ angegeben werden kann.

Aus Gleichung (3.2.34) läßt sich der Eisenquerschnitt bestimmten:

$$A_{Fe} = \sqrt{\frac{P_D \cdot m_{Fe}}{C \cdot \hat{B} \cdot f \cdot S \cdot m_{Cu}}} \tag{3.2.35}$$

Für eisenintensive Geräte liegt $\frac{m_{Fe}}{m_{Cu}}$ bei 5 bis 9 und für Normalgeräte bei 3 bis 5.

Bei eisenintensiven Geräten sind die Stromdichten etwas höher, da die in der Wicklung entstehende Wärme durch das große Eisenvolumen besser abgeleitet wird. Man kann mit Stromdichten von 4,5 bis 7,5 $\frac{A}{mm^2}$ rechnen, während bei Standardgeräten die Stromdichten bei 3 bis 4,5 $\frac{A}{mm^2}$ liegen.

Allgemein erzielt man höhere Stromdichten, wenn man bei der Konstruktion eines Vorschaltgeräts darauf achtet, daß die Wärme der Wicklung so gut wie möglich auf das Eisen übertragen wird. Lufträume zwischen Spule und Eisen sollten so klein wie möglich sein und sich beim Tränken, nach Möglichkeit im Vakuum, voll mit Harz füllen.

Die Isolierfolien sollten das Tränkharz aufnehmen, damit der Wärmeübergangswiderstand auch hier möglichst klein wird.

Die Befestigungsfläche des Vorschaltgeräts sollte plan sein, damit die Wärmeübertragung zur Leuchte gut ist.

Eine weitere, wählbare Größe in Gleichung 3.2.35 ist die Induktion $\hat{B}$. Je größer man die Induktion wählt, desto kleiner wird das Vorschaltgerät. Hierbei ist zu beachten, daß die Eisenverluste quadratisch mit der Induktion steigen. Auch die Oberschwingungen und der Kurzschlußstrom können bei großen Werten von $\hat{B}$ über die zulässigen Grenzen steigen.

Bei hohen Induktionen tritt ein weiteres Problem auf, die Brummgeräusche, die im Frequenzbereich von 100 Hz bis 500 Hz und oberhalb 1000 Hz auftreten. Das magnetische Feld bringt den Eisenkern und, wenn er aus Stahl ist, den Leuchtenboden zum Schwingen. Die Kräfte dieses Felds steigen mit dem Quadrat der Induktion. Die heute hergestellten Vorschaltgeräte, die frei im Raum aufgehängt werden, haben sehr niedrige Brummpegel, da die Wellenlänge der Brummfrequenz gegenüber den Abmessungen der Vorschaltgeräte sehr groß ist. Sind aber die Befestigungsflächen in der Leuchte groß, wird das Brummen verstärkt wiedergegeben.

Tabelle 3.8
Betriebswerte landesüblicher Vorschaltgeräte für am Netz 230 V/50 Hz betriebene Quecksilberdampf-Hochdrucklampen

Lampen-leistung P_L W	Nenn-strom I A	Impe-danz Z Ω	Verlust-leistung P_V W	Schein-leistung P_S VA
50	0,61	315	11	117
80	0,80	220	12	141
125	1,15	152	13	201
250	2,13	78	20	354
400	3,25	49	27	518
700	5,40	30,5	38	889
1000	7,5	21	58	1181

Tabelle 3.8 enthält die Betriebswerte handelsüblicher Vorschaltgeräte für am Netz 230 V/50 Hz betriebene Quecksilberdampf-Hochdrucklampen.

3.2.9 Kapazitive Vorschaltgeräte

Einen Kondensator als Serienwiderstand für Entladungslampen zu verwenden erscheint bei oberflächlicher Betrachtung als ideale Lösung. Es werden keine Brummgeräusche erzeugt, die Verluste sind sehr niedrig, somit entsteht keine zusätzliche Wärme in der Leuchte.

Leider kann man einen Kondensator nur bei hohen Frequenzen als Vorschaltwiderstand benutzen. Die Frequenz muß so hoch sein, daß die Lampenspannung sinusförmig wird. Bei den niedrigen Netzfrequenzen von 50 oder 60 Hz hat die Lampenspannung annähernd einen rechteckigen Verlauf. Sie springt nach jeder Halbperiode von $+U_L$ auf $-U_L$ bzw. von $-U_L$ auf $+U_L$. Dadurch entsteht im Kondensator eine hohe Ladungsträgerverschiebung, die sich durch eine Stromspitze bemerkbar macht. Diese wiederum erzeugt Lichtblitze und verkürzt die Lebensdauer der Lampe wesentlich.

Als kapazitives Vorschaltgerät bezeichnet man die Reihenschaltung eines induktiven Vorschaltgeräts und eines Kondensators. Wählt man den kapazitiven Widerstand annähernd doppelt so groß wie den induktiven Widerstand, erhält die Schaltung kapazitiven Charakter.

Bei gleichen Lampentypen und gleicher Netzspannung wählt man den Kondensator so groß, daß sich die Phasenverschiebungen durch Kondensator und induktives Vorschaltgerät kompensieren (siehe Kap. 1.2). In einer zweilampigen Leuchte z. B. erhält man mit dieser Kombination eine sehr gute Netzkompensation, die nahe bei 1 liegt.

Die kapazitive Schaltung hat noch einen weiteren Vorteil: Sie bringt eine gewisse Stabilisierung der Lampenwerte bei Netzspannungsänderungen.

Da bei der Reihenschaltung Kondensator – Drossel – Lampe (kapazitives Vorschaltgerät) die Kondensatorspannung dem Strom 90° nach und die Drosselspannung dem Strom 90° vorauseilt, ergibt sich bei jedem Stromnulldurchgang eine hohe Spannung für die Wiederzündung der Lampe, da an diesem Punkt die Kondensatorspannung annähernd ihren höchsten Wert besitzt.

Tabelle 3.9 zeigt Meßwerte einer induktiv bzw. kapazitiv betriebenen 250-W-Lampe bei 230 V ± 10% Netzspannungsänderung.

Nachdem man das induktive Vorschaltgerät in all seinen technischen Daten festgelegt hat, wählt man den entsprechenden Reihenkondensator. Mit den Grenzwerten, die in der Produktion für das induktive Vorschaltgerät zugelassen werden, und den Kondensatorgrenzwerten $C_N \pm 4\%$ bestimmt man durch Messen der Arbeitsweise den Wert des Reihenkondensators. Dabei sind folgende Bedingungen einzuhalten:

- ▷ Bei Nennspannung soll der Lampenstrom das 1,15fache des Referenzstroms nicht überschreiten und die Lampenleistung soll mindestens 92,5% der Referenzleistung sein.
- ▷ Bei 92% Netzspannung soll die Lampenleistung mindestens 88% der Referenzleistung und bei 106% Netzspannung darf die Lampenleistung max. 109% der Referenzleistung betragen.

Tabelle 3.9
Nennspannung U_N, Lampenstrom I_L und Lampenleistung P_L einer induktiv bzw. kapazitiv betriebenen 250-W-Quecksilberdampf-Hochdrucklampe

	U_N V	I_L A	P_L W
Ind.	207	1,72	200,7
	230	2,13	250
	253	2,50	296
Kap.	207	1,89	218,2
	230	2,13	250
	253	2,36	272

▷ Der Kurzschlußstrom soll im Netzspannungsbereich 90 bis 110%, jedoch mindestens 85% und maximal 210% vom Referenzstrom betragen.

3.2.10 Kompensierte Vorschaltgeräte

Stellt man sich die Summe aus der Lampenleistung und der Verlustleistung des Vorschaltgeräts als Leistung eines Verbraucherwiderstands R vor, läßt sich die Kompensationsschaltung durch ein Ersatzschaltbild darstellen (Bild 3.34).

Der Kondensatorstrom eilt der angelegten Spannung um 90° voraus. Die geometrische Addition von Kondensator- und Drosselstrom ergibt den Gesamtstrom I. Bei geeigneter Wahl des Kondensators wird der Phasenwinkel zwischen der angelegten Spannung und dem Gesamtstrom 0°.

Bei kompensierter Schaltung pendelt die zum Aufbau des magnetischen Feldes aufgewendete und die beim Abbau des magnetischen Feldes freiwerdende Energie nicht mehr zwischen dem Stromerzeuger und der Drossel, sondern von der Drossel zum Kompensationskondensator hin und her. Damit liefert der Generator nur noch die Wirkleistung.

Mit einem Zeigerdiagramm (Bild 3.35) kann man die erforderliche Blindleistung für den Kompensationskondensator bestimmen. Es ist

$$\tan\varphi = \frac{Q_L}{P} \tag{3.2.36}$$

$$\tan\varphi_{Kom} = \frac{Q_L - Q_C}{P} \tag{3.2.37}$$

$$\tan\varphi - \tan\varphi_{Kom} = \frac{Q_C}{P} \tag{3.2.38}$$

$$Q_C = P(\tan\varphi - \tan\varphi_{Kom}) \tag{3.2.39}$$

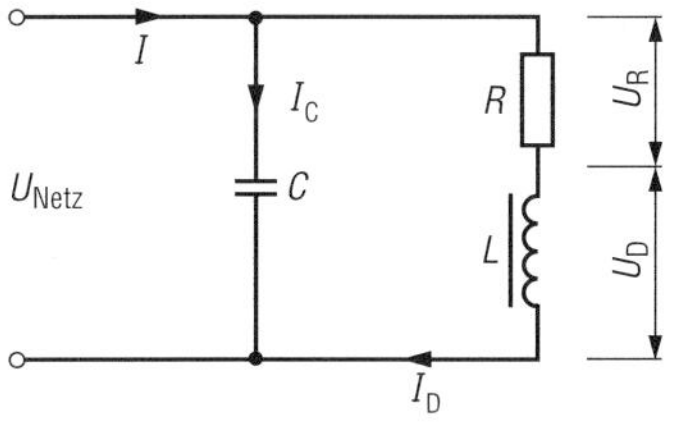

Bild 3.34
Ersatzschaltbild für eine Kompensationsschaltung

Die Blindleistung für den Kondensator ergibt sich aus

$$Q_C = \frac{U^2}{\dfrac{1}{\omega C}} \tag{3.2.40}$$

Mit den beiden letzten Gleichungen ist

$$C = \frac{P \cdot (\tan\varphi - \tan\varphi_{Kom})}{2\pi \cdot f \cdot U^2} \tag{3.2.41}$$

Beispiel:

Auf dem Typenschild eines Vorschaltgeräts 230 V/50 Hz einer Quecksilberdampf-Hochdrucklampe wird der Leistungsfaktor mit 0,56 angegeben. Der kompensierte Leistungsfaktor soll bei 0,95 liegen.

Für die Leistungsfaktoren werden die Phasenwinkel bestimmt:

$\cos\varphi \quad = 0{,}56 \rightarrow \varphi = 55{,}9°$
$\cos\varphi_{Kom} = 0{,}95 \rightarrow \varphi = 18{,}2°$

Die gesamte Wirkleistung errechnet man aus $P = U \cdot I \cdot \cos\varphi$:

$230\ \text{V} \cdot 2{,}13\ \text{A} \cdot 0{,}56 = 274\ \text{W}$

Damit wird:

$$C = 274\ \text{W} \cdot \frac{(\tan 55{,}9° - \tan 18{,}2°)}{2\,\pi \cdot 50\,\text{s}^{-1} \cdot (230\ \text{V})^2} = 19{,}8\ \mu\text{F}$$

Man wählt einen Kompensationskondensator 20 µF ± 10% für 230 V Nennspannung.

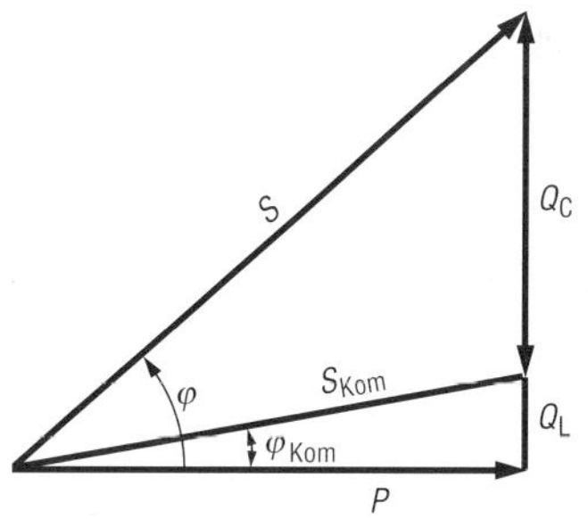

S	Scheinleistung vor der Kompensation	Q_L	induktive Blindleistung
S_{Kom}	Scheinleistung nach der Kompensation	Q_C	kapazitive Blindleistung
$\cos\varphi$	Leistungsfaktor vor der Kompensation	P	Lampenleistung und gesamte Vorschaltgeräteverlustleistung
$\cos\varphi_{Kom}$	Leistungsfaktor nach der Kompensation		

Bild 3.35
Zeigerdiagramm zum Bestimmen der erforderlichen Blindleistung eines Kompensationskondensators

Duoschaltung
Eine weitere einfache Art der Kompensation ist mit einer Duo- oder Doppel-Lampenschaltung möglich. In der Praxis wird die Duoschaltung bei Quecksilberdampf-Hochdrucklampen sehr selten angewendet.

3.2.11 Vorschaltgeräte als Teilgeräte

Aus konstruktiven Gründen, Platzmangel und wärmetechnischen Belangen verwendet man für spezielle Leuchten zwei Vorschaltgeräte, die in Reihen- oder Parallelschaltung eingesetzt werden.

Bei der Reihenschaltung liegt an jedem Teilgerät nur die halbe Drosselspannung. Die Gesamtimpedanz ist die Summe der beiden Teilimpedanzen.

Bei der Parallelschaltung muß jedes Teilgerät die doppelte erforderliche Vorschaltgeräteimpedanz haben, und in jedem Gerät fließt der halbe Lampenstrom.

Für die Parallelschaltung benötigen die Drosseln viele Windungen mit niedrigen Drahtquerschnitten, während man für Reihenschaltung Drosseln mit weniger Windungen und starken Drahtdurchmessern braucht. Hier wird von Fall zu Fall entschieden, welche Variante für die Herstellung am günstigsten ist.

3.2.12 Verlustarme Vorschaltgeräte

Die Gesamtverluste P_V eines Vorschaltgeräts setzen sich aus den Kupferverlusten P_{Cu} und den Eisenverlusten P_{Fe} zusammen (siehe Kap. 3.2.1).

Die Verlustleistung kann z. B. durch besseres Blech mit niedrigen Eisenverlusten und durch niedrigen Kupferwiderstand reduziert werden. Damit wird das Vorschaltgerät in der Regel größer und teurer.

Bei Verwendung von besseren Blechqualitäten (1,7 W/kg bzw. 1,35 W/kg) muß man meistens die Induktion etwas verkleinern, da die magnetische Kennlinie $B = f(H)$ flacher verläuft. Dadurch wird die Kurzschlußimpedanz geringer und somit der Kurzschlußstrom höher.

Ein niedriger Kupferwiderstand läßt sich mit kleineren Windungszahlen erreichen. Dazu benötigt man ein größeres Eisenpaket; unter Umständen muß man einen anderen Blechschnitt mit einem größeren Fensterquerschnitt wählen.

3.2.13 Prüfungen

Prüfungen und Zulassungen von konventionellen Vorschaltgeräten für Quecksilberdampf-Hochdrucklampen werden nach der gleichen Vorgehensweise vorgenommen, wie sie unter 2.3.1 beschrieben wurde. Hier sind gleichfalls die z. Z. gültigen VDE-Bestimmungen bzw. zur Harmonisierung kommenden Normen gemäß Tabelle 11.1 anzuwenden. Wie bei den konventionellen Vorschaltgeräten für Niederdruck-Leuchtstofflampen wurde in der internationalen Norm ebenfalls eine Aufsplittung in einen ersten Teil für die Sicherheitsanforderungen und einen zweiten Teil für die Arbeitsweise vorgenommen. Der Sinn und Zweck dieser Aufteilung sowie die erforderliche Vorgehensweise bei Prüfung und Zulassung sind in Kapitel 11.1.1 beschrieben.

Die Vorschrift stellt eine reine Typprüfung dar und beinhaltet nicht Anforderungen für eine laufende Überprüfung der Fertigung. Hierzu gelten die Regeln in der Prüfordnung der VDE-Prüfstelle, PM 102, wie in Kapitel 11.1.6 beschrieben, in der durch zu wiederholende Typprüfungen die Konformität mit der Vorschrift sicherzustellen ist.

Die Vorschrift EN 60922/DIN VDE 0712 Teil 12 zur Überprüfung der Sicherheit der Geräte beinhaltet folgende Anforderungen, die entsprechend der Reihenfolge der Paragraphen abgefragt werden:

Hauptabschnitt I – Allgemeine Anforderungen

1 Anwendungsbereich
2 Begriffe
3 Allgemeine Anforderung
4 Allgemeines über die Prüfungen
5 Einteilung
6 Aufschriften

Hauptabschnitt II – Sicherheits-Anforderungen

7 Schutz gegen zufällige Berührung aktiver Teile
8 Anschlußklemmen
9 Schutzleiteranschluß
10 Feuchtebeständigkeit und Isolierung
11 Prüfung mit Startspannungs-Impuls
12 Wärmebeständigkeit der Wicklungen
13 Begrenzung der Vorschaltgeräte-Erwärmung
14 Stromführende Teile und Verbindungen
15 Kriech- und Luftstrecken
16 Wärme- und Feuerbeständigkeit und Kriechstromfestigkeit
17 Beständigkeit gegen Korrosion

Anhang A Prüfung der Wärmebeständigkeit der Wicklungen
Anhang B Gebrauch der Konstanten „S“ in Erwärmungsprüfungen, soweit S von 4500 abweicht
Anhang C Zugfreier Raum
Anhang D Methode zur Auswahl von Varistoren

Bestimmte Hauptabschnitte der Norm, z. B. Prüfungen über die Wärmebeständigkeit von Wicklungen, sind auch für solche Vorschaltgeräte anzuwenden, die integrierter Bestandteil einer Leuchte sind und nicht gesondert geprüft werden können.

Zur Überprüfung der Arbeitsweise der Vorschaltgeräte für Entladungslampen dient die Bestimmung EN 60923/DIN VDE 0712 Teil 13. Besonders zu beachten ist in DIN VDE 0712 Teil 13 Hauptabschnitt II „Elektrische Anforderungen an Vorschaltgeräte für Quecksilberdampf-Hochdrucklampen“. Dieser Teil der Norm beinhaltet die folgenden Anforderungen, die allerdings nur in Verbindung mit den Anforderungen des Teils 12 für die Sicherheit erfüllt werden können; eine Prüfung bzw. Zulassung nur nach den Anforderungen der Arbeitsweise allein ist nicht erlaubt:

Hauptabschnitt I – Allgemeine Anforderungen

1 Anwendungsbereich
2 Begriffe
3 Allgemeines über die Prüfungen
4 Aufschriften
5 Vorschaltgeräte, die gebaut worden sind, um an unterschiedlichen Netzspannungen betrieben zu werden
6 Leistungsfaktor der Schaltung
7 Netzstrom
8 Kurvenform des Netzstroms
9 Magnetische Abschirmung

Hauptabschnitt II – Elektrische Anforderungen an Vorschaltgeräte für Quecksilberdampf-Hochdrucklampen

10 Einstellung des Vorschaltgeräts
11 Kurzschlußstrom
12 Leerspannung

Hauptabschnitt III – Elektrische Anforderungen an Vorschaltgeräte für Natriumdampf-Niederdrucklampen

13 Einstellung des Vorschaltgeräts
14 Kurzschluß- und Anlaufbedingungen
15 Leerspannung

Hauptabschnitt IV – Elektrische Anforderungen an Vorschaltgeräte für Halogen-Metalldampflampen

16 Einstellung des Vorschaltgeräts
17 Kurzschluß- und Anlaufstrom
18 Leerspannung

Hauptabschnitt V – Elektrische Anforderungen an Vorschaltgeräte für Natriumdampf-Hochdrucklampen

19 Einstellung des Vorschaltgeräts
20 Kurzschlußstrom
21 Leerspannung
22 Startgeräte

Anhang A Referenzvorschaltgeräte
Anhang B Referenzlampen
Anhang C Allgemeine Anforderungen für Prüfungen

Die Auswahl und notwendigen Eigenschaften der für die Prüfungen notwendigen Referenzlampen sind in den Bestimmungen ausführlich beschrieben. Die spezifischen Daten für die Lampen sind in den einzelnen Datenblättern der IEC-Publikation 188 enthalten (siehe auch Tabelle 11.1 zu Vorschriften für Entladungslampen).

Wegen der besonderen Eigenschaften von Entladungslampen müssen zwei Bereiche für die Netzspannungsabweichung beachtet werden. Immer, wenn es die Sicherheit betrifft, wird der klassische Abweichungsbereich von 90% bis 110% der Netznennspannung beibehalten. Aber für bestimmte Abschnitte, bei denen nur Betriebsbedingungen betroffen sind, ist ein engerer Bereich von 92% bis 106% des Nennwertes zu berücksichtigen.

3.3 Helligkeitssteuerung mit Quecksilberdampf-Hochdrucklampen

Bis ca. 1980 war es üblich, in der Straßenbeleuchtung überwiegend zweilampige Leuchten zu installieren. Eine Lampe wurde in der verkehrsarmen Zeit abgeschaltet. Heute bevorzugt man aus Kostengründen einlampige Leuchten, so daß die Leistung dieser einen Lampe vermindert werden muß. Quecksilberdampf-Hochdrucklampen sind hinsichtlich ihrer Elektroden und der Brennerbemessung für optimale Betriebsbedingungen bei Vollast ausgelegt: Hierbei erreicht die Lampe bei guter Lichtausbeute ihre Nennlebensdauer. Eine verminderte Lampenleistung darf die Lebensdauer nicht verkürzen und das Betriebsverhalten nicht unzumutbar verschlechtern.

3.3.1 Betriebsverhalten

Durch Verminderung der Lampenleistung ändern sich die elektrischen Daten, die Lampen ändern ihre Eigenschaften, aus den Hochdruck-Entladungslampen können Niederdruck-Entladungslampen werden. Anders als bei Leuchtstofflampen mit vorheizbaren Elektroden können die Elektroden der Hochdrucklampen nicht fremd geheizt werden, der Lampenstrom muß die Elektroden selbst aufheizen. Deshalb ist bei Lampen mit Nennleistungen $\geq$ 125 W nur eine Verminderung der Lampenleistung um höchstens 50% möglich, bei einer noch stärkeren Leistungsverminderung können sich z. B. erhöhte Funkstörungen wegen der sich einstellenden niedrigen Elektrodentemperatur oder auch verstärkte Brennerschwärzungen ergeben. Eine weitere Leistungsverminderung ist darüber hinaus auch unwirtschaftlich, da die Lampenlichtausbeute zu stark sinkt. Die Abhängigkeit des Lichtstroms von der Lampenleistung bei der Leistungsverminderung zeigt Bild 3.36. Bei Quecksilberdampf-Hochdrucklampen 80 W ist nur eine Leistungsverminderung auf 50 W zulässig, wobei der Anlauf immer mit Vollast erfolgen muß.

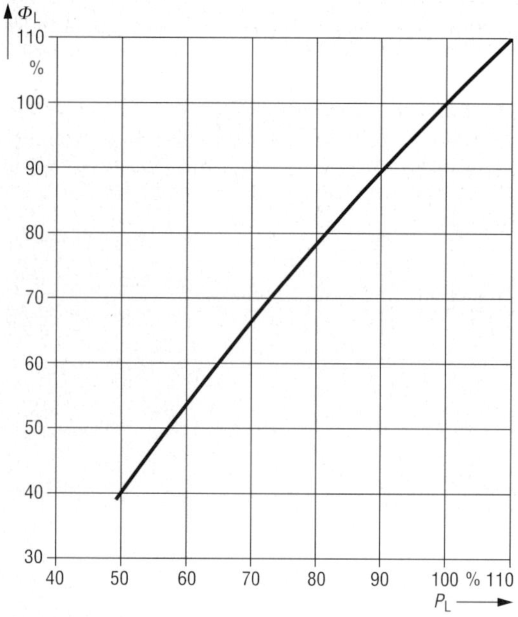

Bild 3.36
Abhängigkeit des Lichtstroms von der Lampenleistung bei Quecksilberdampf-Hochdrucklampen

3.3.2 Schaltungen

Die Lampenleistung kann man durch Steuerung der Amplitude des Lampenstroms oder der Stromflußzeit variieren. Geringeren Aufwand erfordert die Anschnittsteuerung und die damit erreichbare Änderung der Stromflußzeit, technisch einwandfreier ist jedoch das Verhalten der Lampen bei der Amplitudensteuerung, bei der keine stromlose Pause auftritt.

Amplitudensteuerung

Das Steuern der Amplitude des Lampenstroms ist durch Ändern der Impedanz des Vorschaltgeräts oder der Versorgungsspannung möglich. Beim Ändern der Versorgungsspannung ist der für den stabilen Betrieb erforderliche Mindestwert der Versorgungsspannung auch noch bei der kleinsten Helligkeitsstufe einzuhalten. Die Versorgungsspannung bei Nennleistung ist auf z. B. 250 V zu erhöhen, damit die Versorgungsspannung auch bei Verminderung der Lampenleistung auf 50% der Nennleistung über dem Mindestwert bleibt. Das erfordert neben der erhöhten Versorgungsspannung Sondervorschaltgeräte, die wegen ihrer erhöhten Scheinleistung auch eine entsprechend höhere Verlustleistung aufweisen.

Weiter verbreitet ist die Amplitudensteuerung durch Impedanzänderung des Vorschaltgeräts. Die Änderung der Impedanz kann in Stufen oder in seltenen Fällen auch stufenlos erfolgen. Bei der Stufenschaltung wird entweder auf einen anderen Anschluß des Betriebsgerätes umgeschaltet oder es

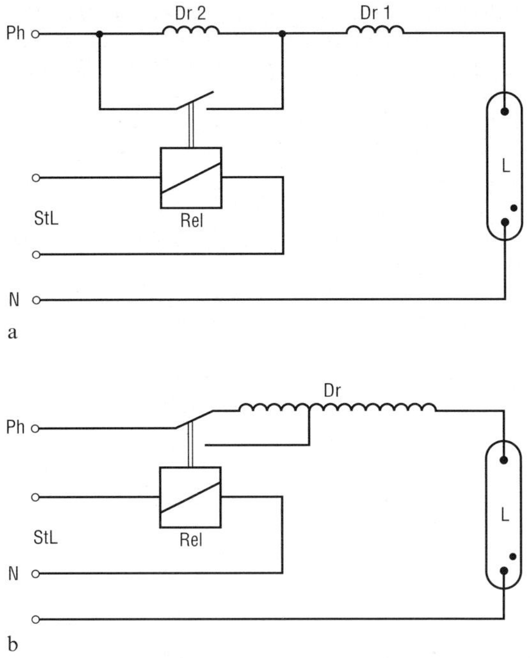

Ph	Lampenversorgungsspannung	Dr, Dr1, Dr2	Strombegrenzungsdrosseln
N	Nulleiter	Rel	Umschaltrelais
StL	Steuerleitungen		

Bild 3.37 a, b
Prinzipschaltbilder von Stufenschaltungen für die Helligkeitssteuerung von Quecksilberdampf-Hochdrucklampen

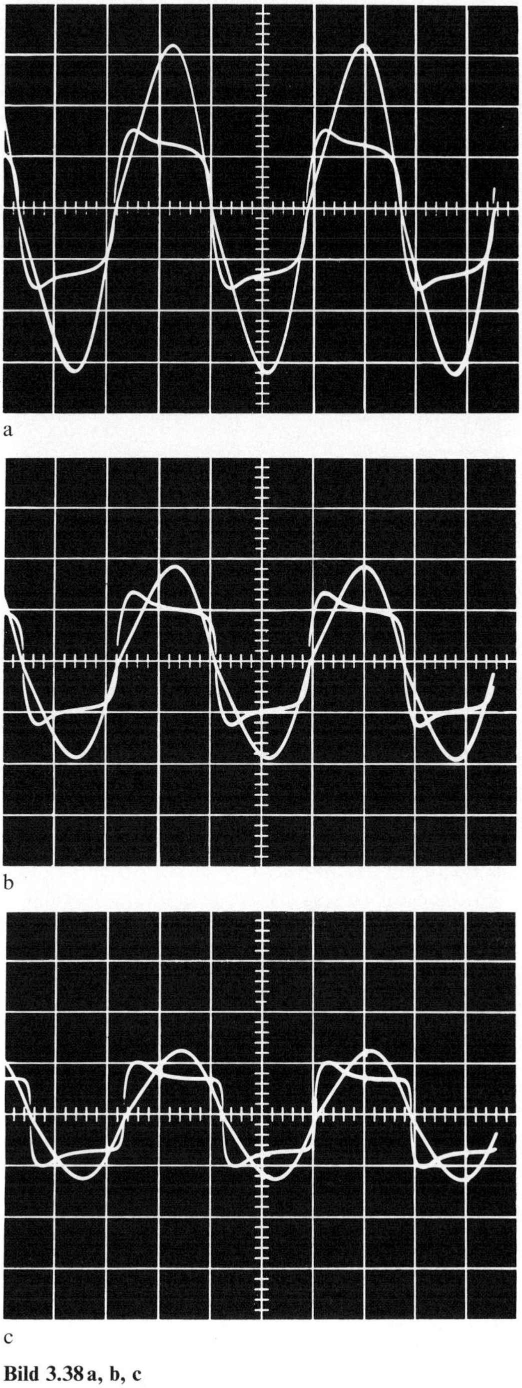

Bild 3.38 a, b, c
Oszillogramme von Brennspannung und Lampenstrom bei der Amplitudensteuerung von Quecksilberdampf-Hochdrucklampen 250 W (a: 100% Leistung, b: 60% Leistung, c: 40% Leistung)
Spannung 100 V/div., Strom 1 A/div., Zeit 5 ms/div.

werden zusätzliche Drosseln zu- oder abgeschaltet, Prinzipschaltbilder zeigen die Bilder 3.37 a und b. Die Umschaltung der Drossel mit Anzapfung erfolgt ohne stromlose Pause. Für einige Netzperioden kommt es nach dem Umschalten von der Nennleistung auf eine geringere Leistung zu einem Anstieg der Brennspannung, so daß die Lampen bei zu geringen Versorgungsspannungen löschen können. Die Brennspannung sinkt anschließend sehr langsam ab, bis sich der Dampfdruck der neuen Lampenleistung angepaßt hat.

Oszillogramme bei der Amplitudensteuerung von Quecksilberdampf-Hochdrucklampen HQL 250 W bei konstanter Versorgungsspannung zeigen die Bilder 3.38 a bis c. Nach dem Verlauf der Brennspannungskurven ist der Betrieb bei 60% der Nennleistung einwandfrei, während sich bei 40% der Übergang zur Niederdruckentladung andeutet. Bei dieser Leistung ist deshalb mit einer stärkeren

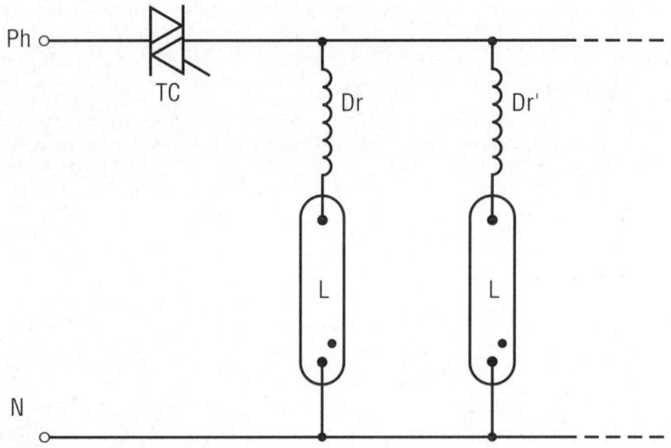

Ph Lampenversorgungsspannung
N Nulleiter
TC Triac
Dr, Dr′ Strombegrenzungsdrosseln

Bild 3.39
Prinzipschaltbild einer Anlage für die Anschnittsteuerung von Quecksilberdampf-Hochdrucklampen

Schwärzung und einer Verkürzung der Lampenlebensdauer zu rechnen.

Impedanzänderungen sind auch mit Transduktoren möglich. Diese erlauben eine kontinuierliche Veränderung der Impedanz und damit der Lampenleistung. Wegen der hohen Kosten ist eine Transduktorsteuerung für Allgemeinbeleuchtung aber kaum wirtschaftlich.

Anschnittsteuerung

Der Vorteil der Anschnittsteuerung liegt in der Einfachheit der Schaltung, mit der auch Lampengruppen gesteuert werden können. Nachteilig ist die stromlose Pause, während der der Entladungskanal zum Teil entionisieren kann, so daß die Wiederzündung erschwert wird. Da sich die Brennspannung bei sprunghafter Verminderung des Lampenstroms stark erhöht, ist bei der Anschnittsteuerung nur eine Minuten dauernde langsame Änderung des Anschnittwinkels erlaubt, da die Lampen sonst löschen.

Das Prinzipschaltbild beim Betrieb mehrerer Quecksilberdampf-Hochdrucklampen 250 W zeigt Bild 3.39, die Kurvenformen von Brennspannung und Lampenstrom bei verschiedenen Anschnittwinkeln sind in den Bildern 3.40a bis c dargestellt. Bereits bei einem Betrieb mit 60% der Nennleistung zeigt die Brennspannung den typischen Verlauf einer Niederdruckentladung. Den Brennspan-

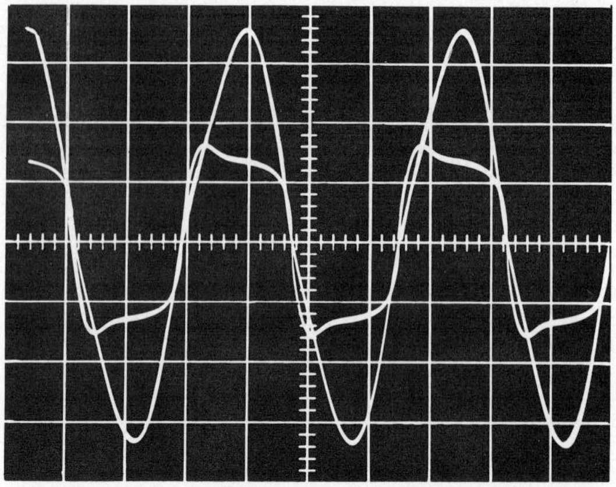
a

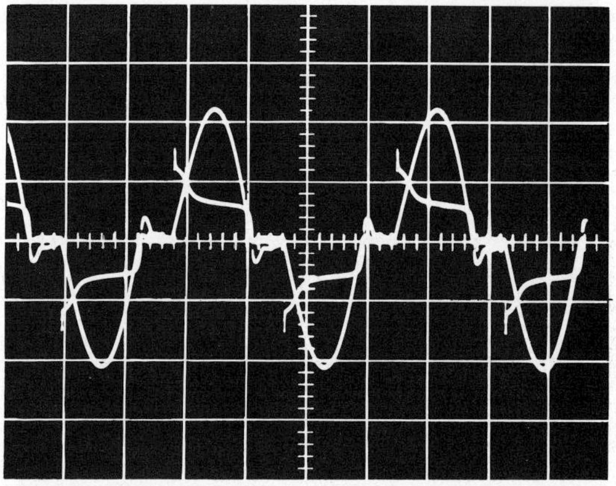
b

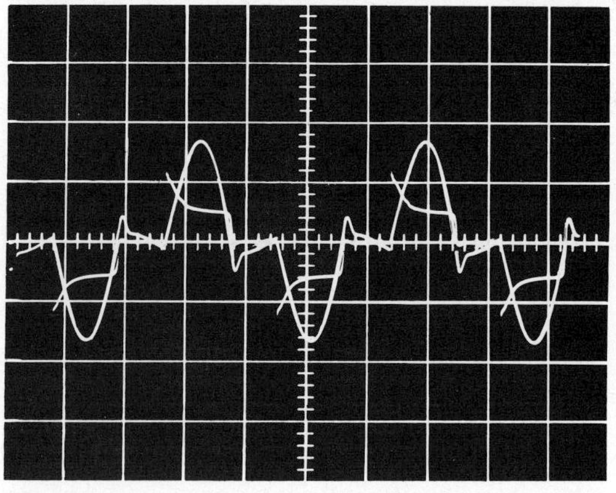
c

Bild 3.40a, b, c
Oszillogramme von Brennspannung und Lampenstrom beim Betrieb von Lampen HQL 250 W mit Phasenanschnittsteuerung (a: 100% Leistung, b: 60% Leistung, c: 40% Leistung)
Spannung 100 V/div., Strom 1 A/div., Zeit 5 ms/div.

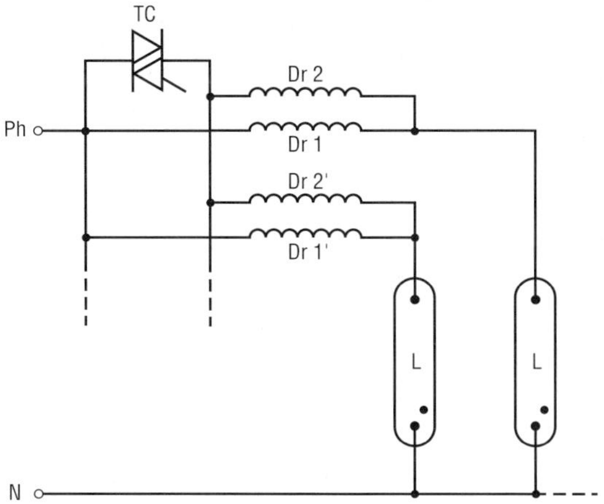

Ph	Lampenversorgungsspannung	Dr 1,1′, 2,2′	Strombegrenzungsdrosseln
N	Nulleiter	TC	Triac

Bild 3.41
Zweikreisschaltung für die stufenlose Änderung der Lampenleistung mit Anschnittsteuerung ohne stromlose Pause

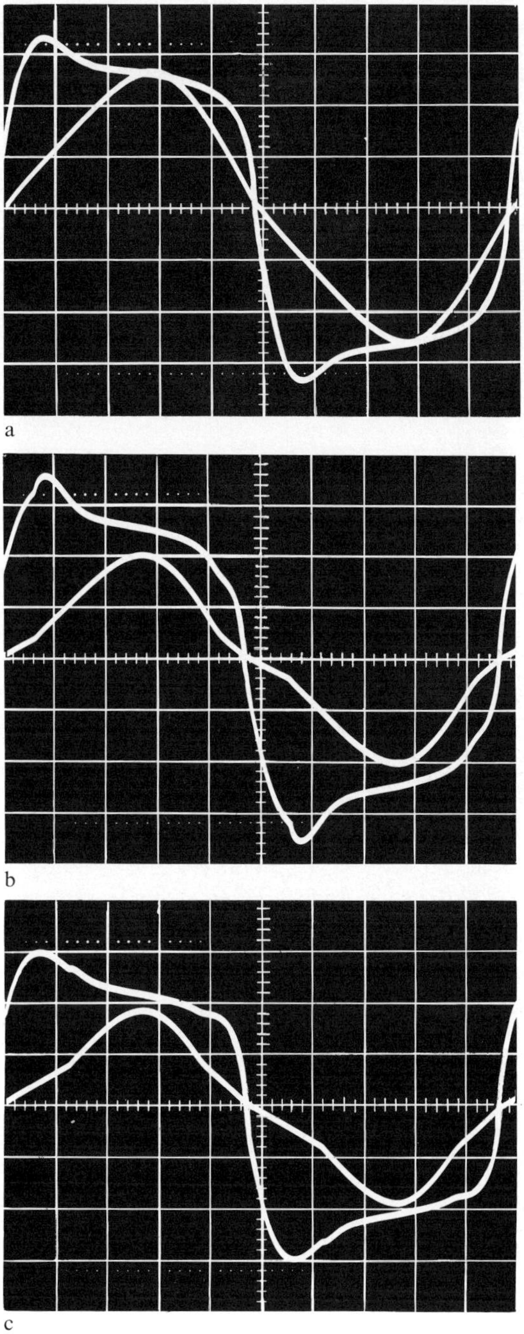

Bild 3.42 a, b, c
Oszillogramme von Brennspannung und Lampenstrom beim Betrieb einer Quecksilberdampf-Hochdrucklampe 250 W mit Anschnittsteuerung in einer Zweikreisschaltung (a: 100% Lampenleistung, b: 70% Lampenleistung, c: 50% Lampenleistung)
Spannung 50 V/div., Strom 2 A/div., Zeit 2 ms/div.

nungskurven läßt sich entnehmen, daß die Elektroden trotz verminderter Leistung gut emittieren. Die Emissionsfähigkeit kann sich im Laufe der Lampenlebensdauer aber so unterschiedlich ändern, daß es beim Anschnittsteuerbetrieb zu sehr unterschiedlich hohen und breiten Wiederzündspitzen kommt. Die Folge sind periodisch wechselnde Stromflußzeiten und ein Flimmern mit Netzfrequenz, das insbesondere bei der Innenraumbeleuchtung unerträglich ist. Wegen der unterschiedlichen Emissionsfähigkeiten von Lampen mit verschiedenen Brennzeiten sowie unterschiedlicher Fabrikate müssen in solchen Anlagen Lampen eines Herstellers und gleichen Alters eingesetzt werden.

Während sich der Oberschwingungsgehalt des Netzstroms bei der Leistungsverminderung durch Amplitudensteuerung praktisch nicht ändert, steigt er bei der Anschnittsteuerung sowohl relativ wie auch absolut erheblich an, wie Tabelle 3.10 anhand von Messungen beim Betrieb von Quecksilberdampf-Hochdrucklampen 250 W zeigt.

Mit einer Schaltung wie in Bild 3.41 ist es auch möglich, eine stufenlose Steuerung ohne stromlose Pausen zu verwirklichen. Gegenüber der normalen Anschnittsteuerung ist es dabei von Nachteil, daß

Tabelle 3.10
Oberschwingungsgehalt des Stroms von Quecksilberdampf-Hochdrucklampen 250 W bei der Leistungsverminderung durch Anschnittsteuerung

Harmonische	Oberschwingungsgehalt bei 100% Lichtstrom (P_L = 269 W; I_L = 1,87 A)		Oberschwingungsgehalt bei 60% Lichtstrom (P_L = 227 W; I_L = 1,63 A	
	mA	%	mA	%
3.	187,5	10,03	235	17,41
5.	40	2,14	70	5,81
7.	15	0,80	47,5	3,52
9.	7,5	0,40	30	2,22
11.	–	–	17,5	1,30
13.	–	–	7,5	0,56

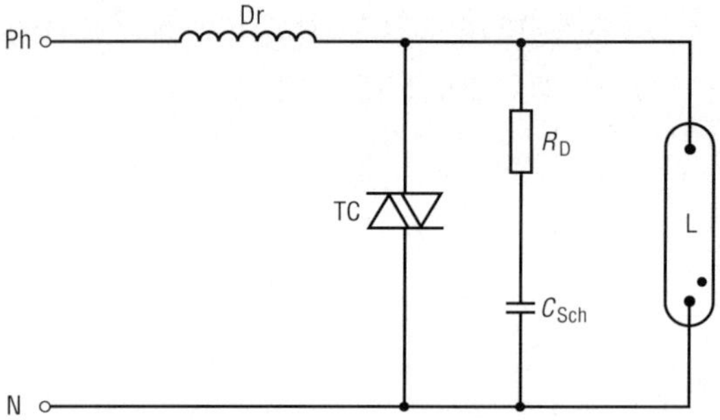

Ph	Lampenversorgungsspannung	C_{Sch}	Kondensator zum Schutz gegen Überspannungen
N	Nulleiter		
Dr	Strombegrenzungsdrossel	R_D	Dämpfungswiderstand
TC	Triac		

Bild 3.43
Prinzipschaltbild einer Helligkeitssteuerschaltung mit Abschnittsteuerung für den Betrieb von Quecksilberdampf-Hochdrucklampen

man zwei Phasenleitungen vorsehen muß. Die direkt an Phase liegenden Drosseln Dr 1 und Dr 1′ sind so eingestellt, daß sich 50% der Nennleistung ergeben. Durch den parallel liegenden Zweig mit den Drosseln Dr 2/Dr 2′ mit phasenangesteuerter Spannung kann die Leistung stufenlos von 50 bis 100% verändert werden. Oszillogramme von Brennspannung und Lampenstrom beim Betrieb von Quecksilberdampf-Hochdrucklampen 250 W an einer solchen Schaltung zeigen die Bilder 3.42 a, b und c.

Die Abschnittsteuerung hat bei Quecksilberdampf-Hochdrucklampen keine große Bedeutung, da sie aufwendiger als die Anschnittsteuerung ist, ohne ihren Nachteil, die stromlose Pause der Lampen, zu beseitigen. Darüber hinaus ist der lampenparallelgeschaltete Triac gefährdet, siehe Prinzipschaltung Bild 3.43. Trotz einer Schutzbeschaltung kann der Triac zerstört werden, wenn die Lampe aufgrund äußerer Einflüsse während des Lampenbetriebs löschen sollte.

4 Halogen-Metalldampf-Hochdrucklampen und Betriebsgeräte

4.1 Lampen

Man könnte die Lichtausbeute und die Farbwiedergabe der Quecksilberdampf-Hochdrucklampen verbessern, wenn andere Metalldämpfe zugesetzt werden könnten, die Licht in den Lücken des Quecksilberspektrums emittieren. Leider zeigt sich, daß in Frage kommende Metalle meistens zu niedrige Dampfdrücke haben. Dadurch wird zu wenig des zugemischten Metalldampfs angeregt, so daß auf diese Weise das Spektrum der HQ-Lampen nicht spürbar verbessert werden kann.

Füllt man jedoch nicht die Metalle direkt, sondern eine chemische Verbindung ein, so kann es sein, daß diese einen höheren Dampfdruck besitzt als das reine Metall, und damit in der Entladung angeregt werden kann. Leider zersetzen sich chemische Verbindungen im Hochdruckplasma. Man muß also dafür Sorge tragen, daß ein Kreisprozeß entsteht, in dem die im heißen Plasma zersetzten Verbindungen sich an kälteren Stellen der Lampen wieder neu bilden können. Mit den Verbindungen der Metalle mit den Halogenen Jod, Brom, Chlor oder Fluor lassen sich unter den Bedingungen von Hochdrucklampen solche Kreisprozesse realisieren. Man kann nun fast beliebige Metallkombinationen in der Entladung anregen, wenn entsprechende Halogenidgemische in die Lampen eingefüllt werden. Dadurch ergibt sich ein praktisch unerschöpfliches Potential anpassungsfähiger Lichtquellen. Für die Allgemeinbeleuchtung sind jedoch nur wenige Metalle und Kombinationen verwendbar. Geeignet sind einige Metalle der seltenen Erden wie Dysprosium (Dy), Holmium (Ho) Thulium (Tm), Alkalien wie Natrium, Lithium, Cäsium sowie Zinn, Indium, Scandium und Thallium. Tabelle 4.1 zeigt eine Übersicht über einige der verwendbaren Metalle und die dadurch erzielten lichttechnischen Daten der Lampen. Die Bilder 4.1 und 4.2 zeigen zwei typische Spektren solcher Lampen: Sie sind gekennzeichnet durch einen starken Untergrund kontinuierlicher oder quasikontinuierlicher (Viellinien-)Strahlung sowie aufgesetzte Spektrallinien gewisser herausragender Füllsubstanzen.

Tabelle 4.1
Lichtausbeute, Farbwiedergabe und Farbtemperatur von Halogen-Metalldampflampen mit verschiedenen Füllungen

Dotierung	Lichtausbeute lm/W	Farbwiedergabe Ra	Farbtemperatur K
nur Hg	45	20	6000
Hg + Leuchtstoff	52	50	4000
Dy, Ho, Tm, Tl, Cs	80	90	5600
Dy, Ho, Tm, Tl, Na	75	85	4300
Sn, Li, In, Tl, Na	70	75	3000
Na, Tl, In	80	65	3600 ... 7000
Na, Sc	90	65	3800

Lampen dieser Art kamen in den sechziger Jahren auf den Markt und haben inzwischen wegen ihrer guten Farbwiedergabe und Lichtausbeute auf vielen Gebieten die HQ-Lampen verdrängt. Leider erfordert der Lampenbetrieb höheren Aufwand bei den Vorschaltgeräten als bei HQ-Lampen, sowie die genaue Beachtung des Betriebsverhaltens der Lampen. Die Haupteinsatzgebiete variieren je nach Leistung der Lampen: Beleuchtung von Sportstadien bei den größeren Leistungen, Hallenbeleuchtung bei mittleren Leistungen und Schaufenster- und gewerbliche Innenraumbeleuchtung bei kleineren Leistungen. Bis auf wenige Ausnahmen müssen die Lampen mit Zündgeräten betrieben werden, die die zum Zünden erforderlichen hohen Spannungsimpulse liefern. Auch bei den Drosseln kann man nicht auf vorhandene HQ-Drosseln zurückgreifen.

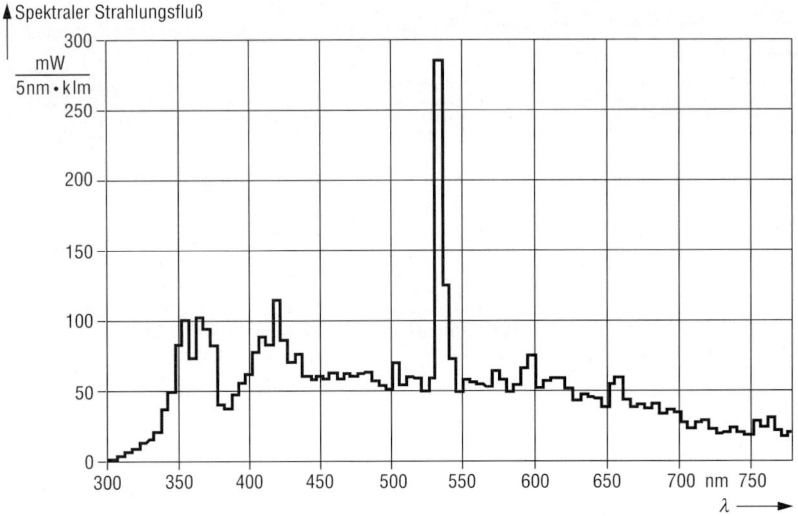

Bild 4.1
Spektrale Strahlungsflußverteilung einer Halogen-Metalldampflampe mit hoher Farbtemperatur: HQI-T 250 W/D. Farbtemperatur 6300 K, Farbwiedergabeindex 84. Das Spektrum zeigt eine dichte Folge eng benachbarter Spektrallinien. Die herausragende Linie bei 540 nm gehört zum Spektrum des Thalliums

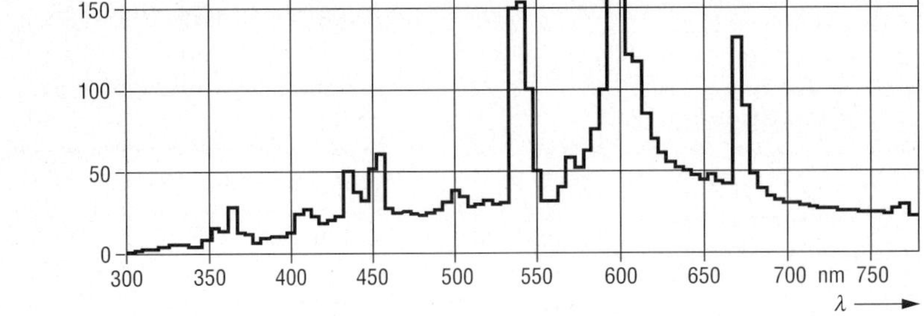

Bild 4.2
Spektrale Strahlungsflußverteilung einer Halogen-Metalldampflampe mit niedriger Farbtemperatur: HQI-TS 70 W/WDL. Farbtemperatur 3300 K, Farbwiedergabeindex 75. Das Spektrum zeigt kontinuierlichen Untergrund mit den aufgesetzten Spektrallinien von Thallium, Zinn, Natrium, deren Zusammensetzung die charakteristischen Farbtemperaturen ergibt

4.1.1 Aufbau der Lampen

Die Lampen sind im Prinzip aufgebaut wie HQ-Lampen, d. h. ein Brenner aus Quarzglas befindet sich in einem evakuierten oder mit Schutzgas gefüllten Außenkolben.

Der zweiseitig gequetschte Brenner (Bild 4.3) ist dem HQ-Brenner am ähnlichsten; sein Aufbau gleicht daher dem in Kapitel 3.1.1 beschriebenen. Unterschiede entstehen durch die Füllung. Halogen-Metalldampflampen arbeiten mit gesättigtem Dampf. Die Füllstoffe verdampfen also nicht vollständig, sondern bleiben teilweise in flüssiger oder fester Form im Brenner. Der Dampfdruck der Halogenide wird also wie bei Leuchtstofflampen von der Temperatur der kältesten Stelle bestimmt, an der der Überschuß kondensiert. Die Brenner müssen daher so beschaffen sein, daß innerhalb des Brenners nur geringe Temperaturdifferenzen bestehen, damit sich die Kondensationsstellen nicht bei kleinsten Lageänderungen verschieben und der Dampfdruck und damit die elektrischen und lichttechnischen Daten der Lampen sich verändern. Der Brenner wird daher an den Elektroden mit einem Wärmestaubelag (meist aus Zirkondioxid) versehen.

Mit einseitig gequetschten Brennern (Bild 4.4) erreicht man eine fast gleiche Temperatur der Kondensationsstellen bei allen Brennlagen. Die Bogenstrahlung heizt alle Bereiche des Brenners gleich auf, besonders die mit der stärksten Wärmeableitung im Bereich der Quetschung. Deswegen kann man hier auf Wärmestaubeläge verzichten.

Die einseitig gesockelten Lampen werden meist mit Schraubsockel E27 bzw. E40 versehen, die Lampen in Soffittenform haben bei kleineren Leistungen die auch für Halogenglühlampen in Soffittenform verwendeten Sockel, bei größeren Leistungen spezielle Sockel.

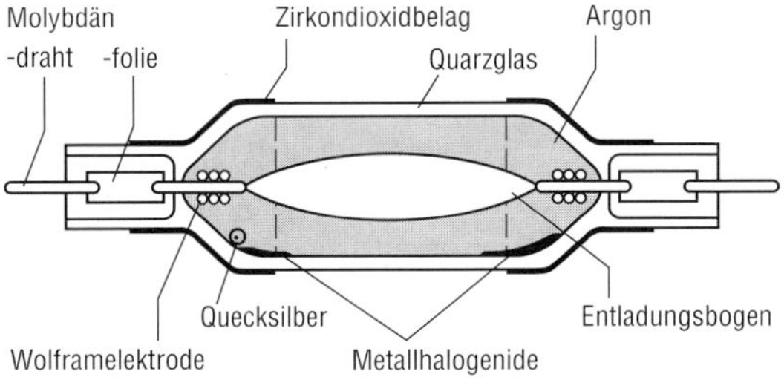

Bild 4.3
Aufbau eines Brenners von Halogen-Metalldampflampen, bei dem die Elektroden axial von beiden Seiten eingeführt sind. Solche Brenner werden sowohl in Lampen in Soffittenform als auch in einseitig gesockelten Lampen verwendet

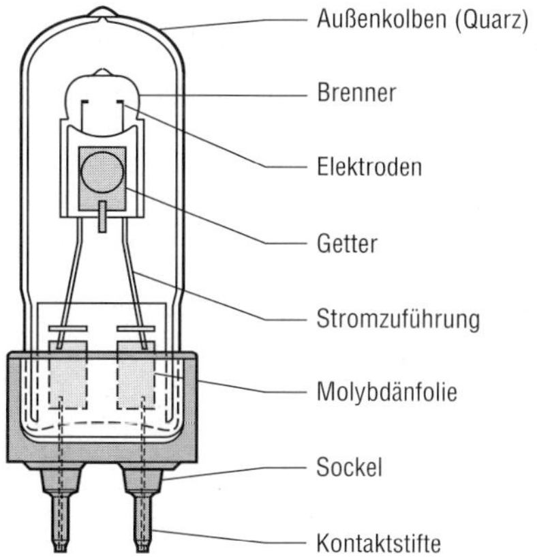

Bild 4.4
Aufbau einer Halogen-Metalldampflampe mit einem Brenner, in den die Elektroden von einer Seite eingeführt sind

4.1.2 Lampentypen

Die Technik der Halogen-Metalldampflampen bietet die Möglichkeit, nicht nur Lampen unterschiedlicher Leistung zu bauen, sondern diese auch hinsichtlich Farbtemperatur und Außenkolben zu variieren. Bild 4.5 zeigt die hauptsächlich verwendeten Außenkolben.

Lampen mit Ellipsoidkolben (Bild 4.5 a) gibt es im Leistungsbereich von 175 bis 1000 W. Der Kolben ist meist mit lichtstreuender Schicht überzogen.

Lampen mit röhrenförmigen, klaren Außenkolben für Scheinwerfer und Fluter (Bilder 4.5 b bis d) sind im Leistungsbereich von 250 bis 3500 W erhältlich. Für Lampen, die auch heiß gezündet werden sollen, muß wegen der höheren Spannungsfestigkeit ein zweiseitiger Anschluß vorgesehen werden (Bilder 4.5 e und f). Diese Lampen in Soffittenform gibt es im Bereich von 75 bis 3500 W.

Einseitig gesockelte Lampen gibt es im unteren Leistungsbereich 35 bis 150 W vorwiegend für die Innenraumbeleuchtung (Bild 4.5 g).

Bestimmte Lampendaten sind mit verschiedenen Füllungen und Brennergeometrien möglich. Die meisten Lampenhersteller haben deshalb eigene Lampentypen entwickelt. Diese haben zwar häufig

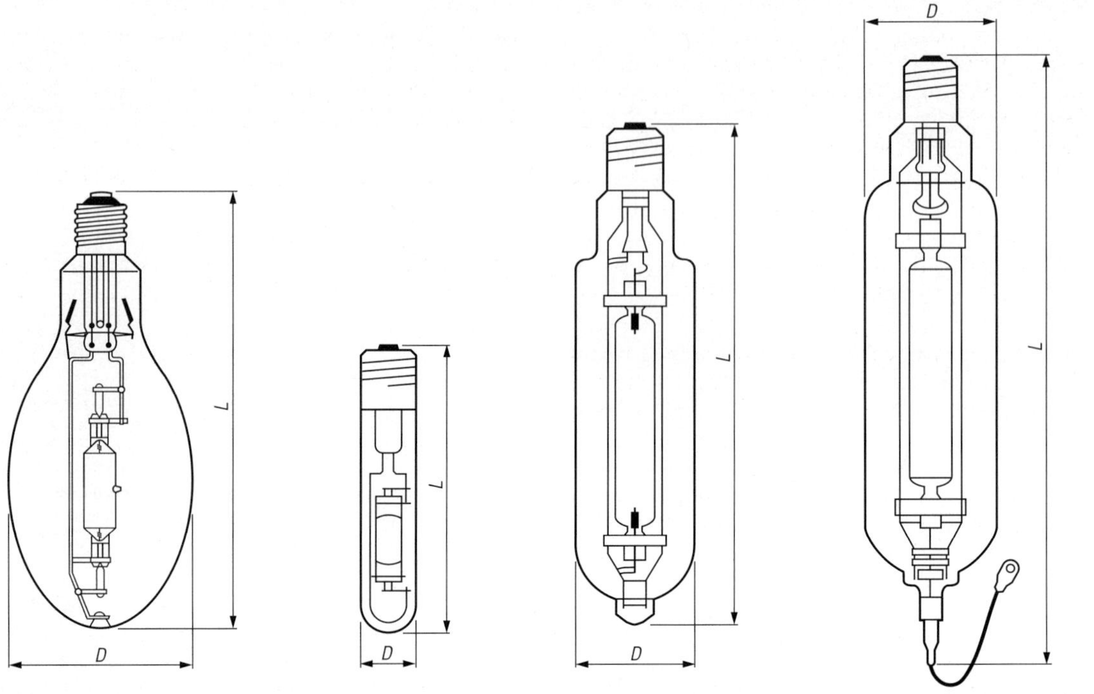

a b c d

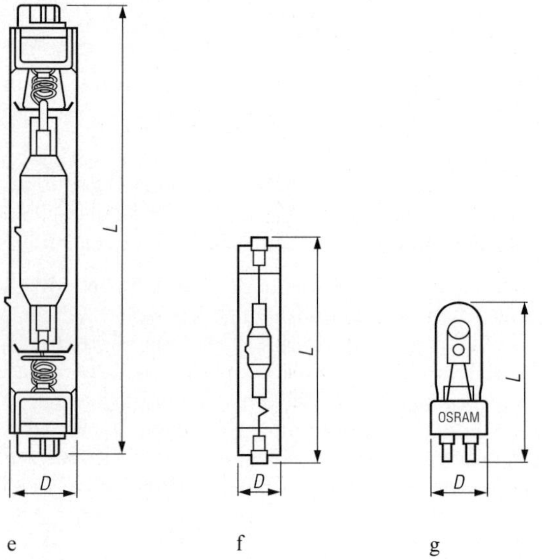

e f g

Bild 4.5
Ausführungsformen von Halogen-Metalldampf-lampen
a Lampe mit Ellipsoidkolben
b Röhrenkolben kleinerer Leistung
c Röhrenkolben größerer Leistung
d Röhrenkolben größerer Leistung für sofortige Wiederzündung
e Lampe in Soffittenform größerer Leistung
f Lampe in Soffittenform kleinerer Leistung
g Einseitig gesockelte Lampe kleinerer Leistung

gleiche Leistungsdaten und ähnliche lichttechnische Eigenschaften, sind aber oft elektrisch verschieden, so daß sie nicht untereinander austauschbar sind und nicht immer am gleichen Betriebsgerät betrieben werden können. Daher fehlen auch standardisierte Lampentypen. Lediglich in den USA sind eine 175-W- und eine 400-W-Lampe standardisiert. So gibt es auf dem Weltmarkt eine verwirrende Vielfalt von Lampentypen. Um die Betriebsmöglichkeiten der Lampentypen untersuchen zu können, sei daher stellvertretend für die Typenvielfalt bei den Halogen-Metalldampflampen das Programm der Firma Osram beschrieben, die z. Z. auch die meisten Typen weltweit anbietet. Tabelle 4.2 enthält eine Übersicht mit den wichtigsten technischen Merkmalen.

Die Lampen lassen sich lichttechnisch in neun Kategorien einteilen (Tabelle 4.3). In der Farbtemperatur gibt es drei Stufen: Tageslicht, Neutralweiß und Warmweiß, die jeweils noch in drei Farbwiedergabestufen unterteilt sind. Daneben gibt es

Tabelle 4.2 Daten von Halogen-Metalldampflampen HQI der Fa. Osram

Lampentyp	Bezeichnung	Nennleistung W	*D* mm	*L* mm	Kolben	Sockel	Farbtemp. K	Lichtstrom lm	Brennlage	Betriebsmöglichkeit
HQI-T	HQI-T									
	35 WDL	39	25	84	g	G 12	3000	2400	bel.	Drossel,
	70 WDL	75	25	84	g	G 12	3000	5200	bel.	Streufeldtrafo
	150 WDL	150	25	84	g	G 12	3000	12000	bel.	
Einseitig	250 D	250	46	250	b	E 40	5400	19000	H 50	
gesockelte	400 D	400	46	285	b	E 40	5500	33000	bel.	
Lampen mit	400 DH	360	46	285	b	E 40	5900	25000	p 45	mit ZG
klarem	400 DV	360	46	285	b	E 40	5900	28000	h 45	
Röhrenkolben	1000 D	1000	76	340	c	E 40	6000	80000	p 60	
	2000 D	2000	100	430	c	E 40	6000	170000	p 60	
	3500 D	3500	100	430	c	E 40	6000	300000	p 60	
	2000 D/I	2000	100	430	c	E 40	6000	170000	p 60	
	2000 N	2000	100	430	c	E 40	4500	170000	p 60	ohne ZG
HQI-TS	HQI-TS									
	70 WDL	75	20	114	f	R7s	3000	5500	p 45	Drossel,
	NDL	73	20	114	f	R7s	4300	5000	p 45	Streufeldtrafo
Zweiseitig	150 NDL	150	23	132	f	R7s	4300	11250	p 45	mit Zündgerät
gesockelte	250 NDL	250	25	163	e	Fc 2	4300	20000	p 45	auch für
Lampen mit	250 D	250	25	163	e	Fc 2	5200	19000	p 45	sofortige Wieder-
klarem	400 D	360	31	206	e	Fc 2	5600	25000	p 45	zündung
Röhrenkolben	2000 D	2000	100	490	d	E 40	6000	17000	p 60	
	3500 D	3500	100	490	d	E 40	6000	30000	p 60	
HQI-E	HQI-E									
	250 D	250	90	226	a	E 40	5200	17000	h 150	Drossel,
Einseitig	400 D	400	120	290	a	E 40	5600	31000	bel.	Streufeldtrafo
gesockelte	400 DH	360	120	290	a	E 40	5600	24000	p 45	mit Zündgerät
Lampen mit	400 DV	360	120	290	a	E 40	5600	26000	h 45	
beschichtetem,	1000 N	1000	165	380	a	E 40	4500	80000	h 45	
lichtstreuendem										
ellipsoid-										
förmigem										
Außenkolben										

Ausführungskennzeichen:
.../D = Daylight
.../DH = Daylight horizontale Brennstellung
.../DV = Daylight vertikale Brennstellung
.../NDL = Neutralweiß DE LUXE
.../N = Neutralweiß
.../WDL = Warmweiß DE LUXE

D, *L*, Kolben: Durchmesser, Länge, Kolbenform nach Bild 4.5
Brennlage: Zur Definition der Brennlage siehe Bild 4.6

Tabelle 4.3
Einteilung der Halogen-Metalldampflampen nach Farbtemperatur und Farbwiedergabe

Lichtfarbe Farb- wieder- gabestufe	tw tageslicht- weiß über 5000 K	nw neutralweiß 3300–5000 K	ww warmweiß unter 3300 K
Stufe 1 Ra 85 ... 100	HQI-.../D in 250 W, 400 W, 1000 W, 2000 W, 3500 W	HQI-.../NDL in 70 W, 150 W, 250 W	
Stufe 2 Ra 70 ... 84			HQI .../ WDL in 35 W, 70 W, 250 W
Stufe 3 Ra 40 ... 69		Lampen mit NaSc-Füllung	

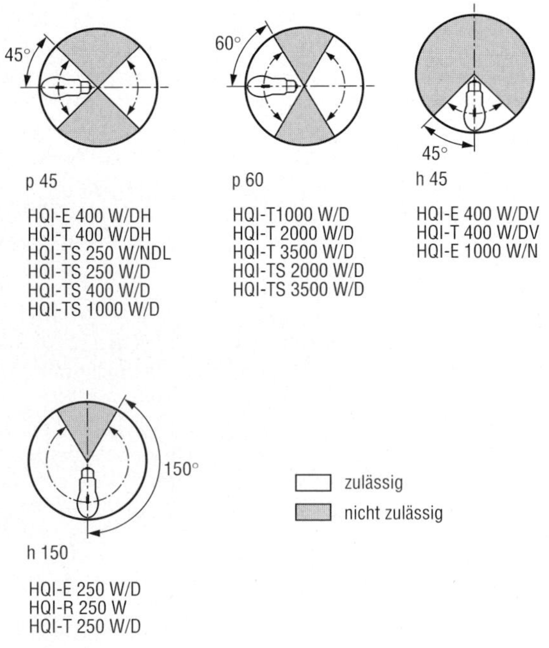

Bild 4.6
Zulässige und unzulässige Brennstellungen von Halogen-Metalldampflampen

noch die schon erwähnten Unterscheidungen hinsichtlich des Außenkolbens. Die Lampen sind in der Mehrzahl für den Betrieb an Drosseln mit gesondertem Zündgerät vorgesehen. Für diese Betriebsweise sind die wichtigsten Daten der Lampen in Tabelle 4.4 zusammengestellt. Auf die Bedeutung der einzelnen Lampen- und Vorschaltgeräteparameter wird in den nächsten Kapiteln noch näher eingegangen werden. Die Vorschaltgerätedaten für diese Lampen, die gleichzeitig die Referenzgerätedaten sind, findet man in Tabelle 4.5.

Die Anforderungen an die Zündgeräte richten sich danach, ob eine Wiederzündung der Lampen vorgesehen sein soll und diese auch möglich ist. Überlagerungszündgeräte, mit denen nur eine Kaltzündung möglich ist, müssen die Bedingungen der Tabelle 4.6 erfüllen.

Zündgeräte für die sofortige Wiederzündung heißer Lampen benötigen nicht nur höhere Spannungen, meist müssen auch zusätzliche Spannungen für den Übergang der Entladung in die Bogenform bereitgestellt werden. Tabelle 4.7 enthält die Daten, die die Geräte einhalten müssen.

4.1.3 Eigenschaften der Lampen

Im Gegensatz zu den Quecksilberdampf-Hochdrucklampen, die nur ungesättigten Quecksilberdampf enthalten, sind in den Halogen-Metalldampflampen im Betriebszustand gesättigte und ungesättigte Dämpfe nebeneinander wirksam. Eine Änderung der Temperatur der Entladungsstrecke wirkt sich daher stark auf die Zusammensetzung der verdampften Komponenten der einzelnen Füllsubstanzen aus. Dadurch ändern sich nicht nur die elektrischen Daten, sondern auch Lichtstrom und Farbtemperatur. In der gleichen Weise wirken sich auch Änderungen der Lampenleistung über die sich einstellende Kolbentemperatur auf die elektrischen und lichttechnischen Daten aus. Im Unterschied zu anderen Lampen ändert sich mit der Kolbentemperatur auch die Farbtemperatur. Änderungen der Farbtemperatur sind jedoch leichter wahrnehmbar als Lichtstromänderungen. Die HQI-Lampen sollten deshalb in praktischen Fällen recht kritisch auf die Einhaltung der Betriebsbedingungen geprüft werden. Die Vorschaltgeräte dürfen daher nur eingeengte Toleranzen für die Impedanz haben (siehe ΔZ in Tabelle 4.4). Bild 4.7 zeigt als typisches Beispiel die Veränderung der wichtigsten Lampenparameter in Abhängigkeit von der Umgebungstemperatur bei HQI 250- und

Tabelle 4.4 Elektrische Daten von Halogen-Metalldampflampen

	P_L	$P_{L\,max}$	$P_{L\,min}$	U_L	ΔU_L	U_A	I_L	$I_{A\,max}$	$I_{A\,min}$	$I_{S\,max}$	$U_{N\,min}$ Zdg.	$U_{N\,min}$ Betrieb	ΔZ	R_E	Ersatzleuchte D	Ersatzleuchte L
	W	W	W	V	V	V	A	A	A	A	V	V	%	Ω	mm	mm
HQI-T 35 WDL	39	45	33	90	± 10	15	0,53	1,0	0,55	10	230	198	± 2	250	–	–
HQI-T, TS 70 WDL HQI-TS 70 NDL	75 73														50	100
HQI-T TS 150 NDL	150	180	120	95	± 10	20	1,8	3,1	1,8	36	230	198	± 2	66	50	120
HQI-E, T, TS, R 250 D 250 NDL	250	300	180	100	+ 15 – 10	20	3,0	5,1	3,0	60	198 230	198	± 3	37	50	139
HQI-E 400 DH, DV T 400 DH, DV TS 400 D	360	435	300	120	± 12	20	3,5	7,5	4,2	70	198	198	± 3	41	60	185
HQI-T 1000 D	1000	1170	830	120	± 10	30	9,5	19	10	120	198	198	± 3	15,5	–	–
HQI-E 1000 N	1000	1170	830	120	± 10	25	9,3	19	10	120	198	198	± 3	15,5	–	–
HQI-T, TS 1000 D, D/I	2000	2300	1700	230	± 25	30	10,3	22	11	125	342	342	± 3	25	–	–
HQI-T, TS 3500 D	3500	4000	3000	220	+ 30 – 20	30	18,0	38	19	220	342	342	± 3	14	–	–

P_L Lampenleistung
$P_{L\,max,\,min}$ Max. bzw. minimal zulässige Lampenleistungen, die bei Eintreten der jeweiligen Toleranzgrenze aller Betriebsparameter auftreten dürfen
U_L Lampenbrennspannung
ΔU_L Brennspannungstoleranz
U_A Lampenbrennspannung unmittelbar nach der Zündung (Anlaufspannung)
I_L Lampenstrom
$I_{A\,max,\,min}$ Maximal zulässiger bzw. minimal erforderlicher Anlaufstrom
$I_{S\,max}$ Maximal zulässiger Scheitelwert bei Einweggleichrichtung während des Lampenanlaufs
$U_{N\,min}$ Mindestleerlaufspannung zur Zündung bzw. während des stationären Lampenbetriebs
ΔZ Maximal zulässige Toleranz der Drosselimpedanz
R_E Lampenersatzwiderstand (für die Dimensionierung von Streufeldtransformatoren)
D, L Durchmesser und Länge der Ersatzleuchte nach Bild 4.16

Tabelle 4.5
Nenndaten der Referenzgeräte für eine Versorgungsspannung von 50 Hz

Typ	Versorgungsspannung	Kalibrierstrom	Impedanz	Leistungsfaktor
	U V	I_{kal} A	Z Ω	λ
HQI-T 35 W	220	0,53	350	0,075
HQI-TS 70 W	220	0,98	188	0,075
HQI 150 W/NDL	220	1,8	99	0,06
HQI 250 W/D HQI 250 W/NDL	220	3,0	60	0,06
HQI 400 W/D	220	3,5	45	0,075
HQI 1000 W/D HQI 1000 W/N	220	9,5	17	0,03
HQI-T 2000 W/N HQI 2000 W/D	380	10,3	25,5	0,03
HQI 3500 W/D	380	18	15	0,03

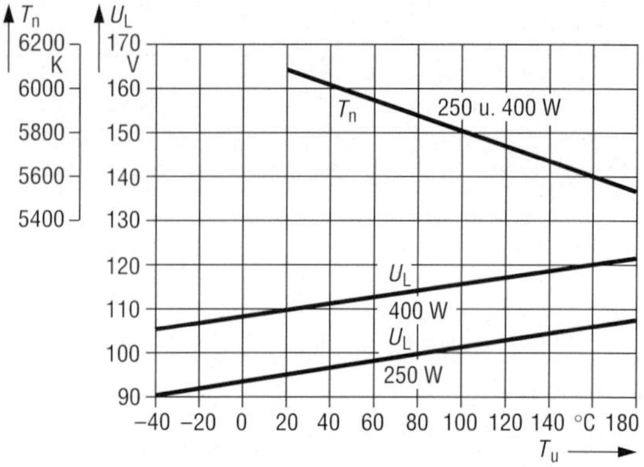

Bild 4.7
Abhängigkeit der Farbtemperatur T_n und der Lampenspannung U_L von der Umgebungstemperatur T_u bei Halogen-Metalldampflampen 250 W und 400 W

400-W-Lampen. Die Abhängigkeit unterstreicht, daß beim Einbau der Lampe in Leuchten die sich einstellenden Temperaturen sorgfältig beachtet werden müssen.

Elektrische Daten

Der Strom-Spannungs-Verlauf von Halogen-Metalldampflampen ist ähnlich dem bei Leuchtstoff- und Quecksilberdampf-Hochdrucklampen. Die Wiederzündspannung je Netzhalbwelle ist im Verhältnis zum Effektivwert der Spannung höher als bei Quecksilberdampflampen, so daß die Gefahr des Verlöschens der Lampe bei geringeren Netzspannungsabsenkungen gegeben ist. Wenn die Lampenspannung der Halogen-Metalldampflampen infolge zu hoher Umgebungstemperatur oder Alterung der Lampen sich dem Wert 140 V nähert, so ist ein stabiler Betrieb mit induktiven Vorschaltgeräten am 220-V-Netz unter Berücksichtigung einer zeitweisen Spannungsabsenkung bis auf 90% nicht mehr gegeben.

Bei Inbetriebnahme einer Lampe muß sich das Entladungsgefäß erwärmen, damit die in ihm befindlichen Substanzen verdampfen und ein stabiler Betrieb erreicht wird. Der Anlaufvorgang dauert

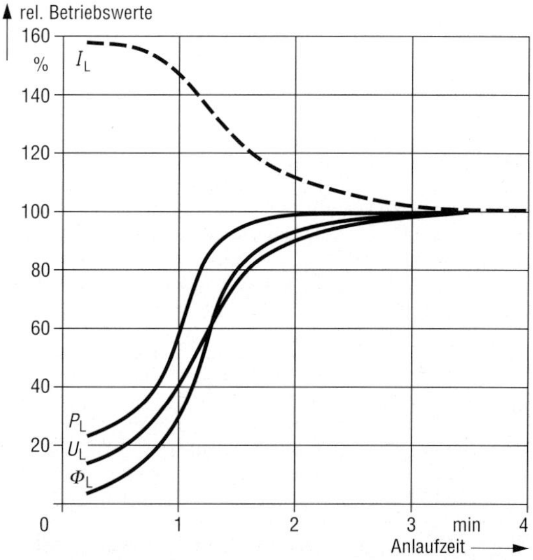

I_L Lampenstrom
P_L Lampenleistung
U_L Lampenspannung
Φ_L Lichtstrom

Bild 4.8
Anlaufverhalten der Halogen-Metalldampflampen HQI 2000 W/D und HQI 3500 W/D

bei den Halogen-Metalldampflampen etwa 4 bis 5 Minuten; er ist von der Art und Dimensionierung des Vorschaltgeräts abhängig. Typische Anlaufkurven für zwei verschiedene Lampentypen zeigen die Bilder 4.8 und 4.9.

Tabelle 4.6 Anforderungen an die Spannungsimpulse von Überlagerungszündgeräten zur Zündung (Kaltzündung)

	$U_{St\,min}$ kV_S	$t_{p\,min}$ µs	φ °	$I_{Z\,min}$ mA	C_Z pF	C_{ZH} µF
HQI						
T 35 WDL	3,0	2	60–90/240–270	60	20–100	≤ 0,033
T, TS 70 WDL, NDL	4,0	2	60–90/240–270	60	20–100	≤ 0,068
T, TS 150 NDL	4,0	2	60–90/240–270	150	20–100	≤ 0,068
T, TS 250 D	3,0	1	60–90/240–270	50	20–100	≤ 0,1
TS 250 NDL	4,0	2	60–90/240–270	150	20–100	≤ 0,1
E 400 DH, DV T 400 DH, DV TS 400 D	2,8	1	60–90/240–270	50	20–200	0,1
T, TS 1000 D	4,0	1	60–90/240–270	–	10–100	0,1
E 1000 N	3,0	1	60–90/240–270	–	20–200	0,1
T 2000 D	4,0	1	80–90/260–270	60	10–100	0,1
T 3500 D	4,0	1	80–90/260–270	60	10–100	0,1

$U_{St\,min}$ Mindest-Scheitelwert der Stoßspannung
$t_{p\,min}$ Mindest-Impulsbreite des Spannungsimpulses bei 0,9 U_{St} (min)
φ Phasenwinkelbereich der Netzspannung, in dem die Spannungsimpulse auftreten sollen
$I_{Z\,min}$ Mindestzündstrom (siehe Kapitel 4.2.3)
C_Z Bereich der Belastungskapazität
C_{ZH} Zündhilfskondensator

Tabelle 4.7
Anforderungen an die Spannungsimpulse von Zündgeräten zur Wiederzündung betriebswarmer Halogenmetalldampflampen (Heißzündung)

	$U_{St\,min}$ kV_S	$F_{Z\,min}$ °	$t_{p\,min}$ µs	φ °	$I_{Z\,min}$ mA	C_Z pF	C_{ZH} µF	R_R Ω
HQI TS 70 NDL, WDL	25	15	0,1	60–90/240–270	300	5–30	2,5	47
150 NDL	35	25	0,1	60–90/240–270	400	5–30	3,6–4	27
250 D	35	25	0,1	60–90/240–270	400	5–30	0,5	27
250 NDL	35	25	0,1	60–90/240–270	400	5–30	6,0	15
400 D	35	30	0,1	60–90/240–270	500	5–30	0,5	27
1000 D	35	30	0,1	60–90/240–270	500	5–30	0,5	27
2000 D	60	20	0,1	60–90/240–270	–	5–30	1,0	15
3500 D	60	20	0,1	60–90/240–270	–	5–30	0,1	–

$U_{St\,min}$ Mindestscheitelwert der Stoßspannung
$F_{Z\,min}$ Mindestzahl aufeinanderfolgender Impulse
$t_{P\,min}$ Mindestimpulsbreite bei 0,9 $U_{St\,min}$
φ Phasenwinkelbereich der Netzspannung, in dem die Spannungsimpulse auftreten sollen
$I_{Z\,min}$ Mindestzündstrom (siehe Kapitel 4.2.3)
C_Z Bereich der Belastungskapazität
C_{ZH} Kapazität des Zündhilfskondensators
R_R Reihenwiderstand zum Zündhilfskondensator

Die minimalen Anlaufströme $I_{A\,min}$ nach Tabelle 4.4 sind erforderlich, um die Lampe über die Glimmentladungsphase in die stabile Bogenentladung zu bringen. Zu bevorzugen sind höhere Ströme; ihr Maximalwert $I_{A\,max}$ soll die Lampen vor Überlastung schützen.

Die elektrischen Daten sind auch von der Brennlage abhängig. Auf die vom Hersteller angegebene Brennstellung muß daher unbedingt geachtet werden. Mit welchen Änderungen bei Abweichungen von der empfohlenen Brennstellung gerechnet werden muß, zeigt für Lampen- und Soffittenform

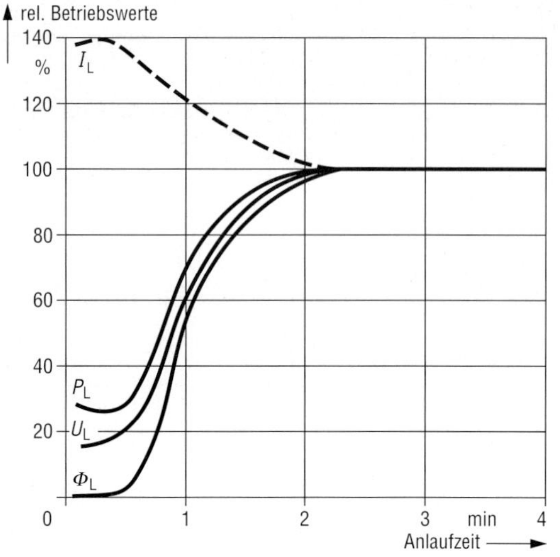

I_L Lampenstrom
U_L Lampenspannung
P_L Lampenleistung
Φ_L Lichtstrom

Bild 4.9
Anlaufverhalten von Halogen-Metalldampflampen HQI-T

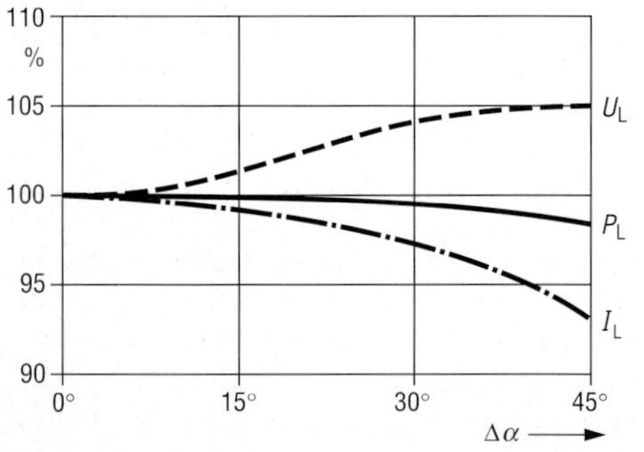

Bild 4.10
Werte der Lampenspannung U_L, des Lampenstromes I_L und der Lampenleistung P_L einer Halogen-Metalldampflampe in Abhängigkeit von der Abweichung $\Delta\alpha$ aus der waagrechten Lage der Lampenlängsachse. Der Lichtstrom steigt bei der 45°-Stellung zur Waagrechten um etwa 3% an. Meistens sind nur geringe Schräglagen zugelassen

Bild 4.10. Diese Lampen werden üblicherweise waagrecht betrieben. Senkrechte Stellung des Entladungsrohres ist bei diesen Lampen nicht zugelassen.

Zündung der Lampen

Für die Zündung werden Überlagerungszündgeräte verwendet. Die Nenndaten der Lampen sind in den Tabellen 4.6 und 4.7 enthalten; ihre Erläuterung findet man in Kapitel 5.2.

Funkstörungen

Die Leuchten mit HQI-Lampen benötigen im allgemeinen keine zusätzlichen Funk-Entstör-Maßnahmen und halten in Verbindung mit Überlagerungszündgeräten die Funkstörgrenzen nach DIN VDE 0875 ein. Die Einhaltung dieser Grenzen in Verbindung mit anderen Zündgeräten hängt vom Aufbau innerhalb der Leuchte ab. Um eine ausreichende Entstörung auch bei laufenden Zündgeräten z. B. am Ende der Lampenlebensdauer zu erreichen, ist eine zusätzliche Entstörung auf der Netzseite erforderlich.

Lichtstromabnahme mit der Lebensdauer

Das Brennverhalten der HQI-Lampen ist ebenso wie bei anderen Hochdrucklampen stark von der Einschaltdauer abhängig. Da während der Zündung und des Hochbrennens die größte Belastung auftritt, die letztendlich zur Elektrodenzerstörung führt, ist nicht nur die erreichte Lebensdauer, sondern auch der Lichtverlust von der Einschaltdauer abhängig. Die Lebensdauer verkürzt sich mit abnehmender Einschaltzeit und der Lichtverlust nimmt zu. Lebensdauerangaben sind im allgemeinen auf eine Einschaltphase von 8 h bezogen. Bild 4.11 zeigt ein typisches Verhalten für Halogen-Metalldampflampen. Im allgemeinen setzt wie auch bei Quecksilber-Metalldampflampen der Lichtverlust und nicht die Funktion der Brenndauer ein Ende.

Ein weiteres charakteristisches Merkmal ist der Anstieg der Brennspannung mit der zunehmenden Brenndauer. Die Brennspannung beginnt bei einem Anfangswert und steigt solange, bis die Lampe verlöscht, weil die Wiederzündspannung zu hoch geworden ist. Tabelle 4.8 gibt für die wichtigsten Lampentypen jeweils die maximale Brennspannung an, bei der die Lampe im allgemeinen verlöscht. Dieser Wert ist die maximale Brennspannung, mit der im Laufe der Lebensdauer der

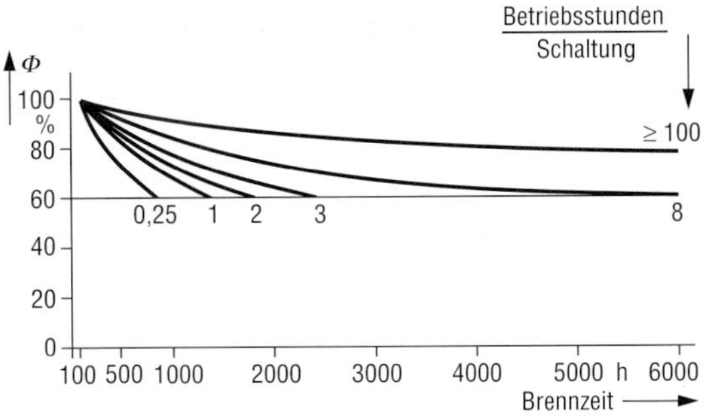

Bild 4.11
Lichtstrom als Funktion der Brennzeit und Schalthäufigkeit von Halogen-Metalldampflampen HQI-400 W/D. Für das Verhalten der Lampe ist nur die Einschaltphase von Bedeutung, die Pausenzeit hat keinen Einfluß

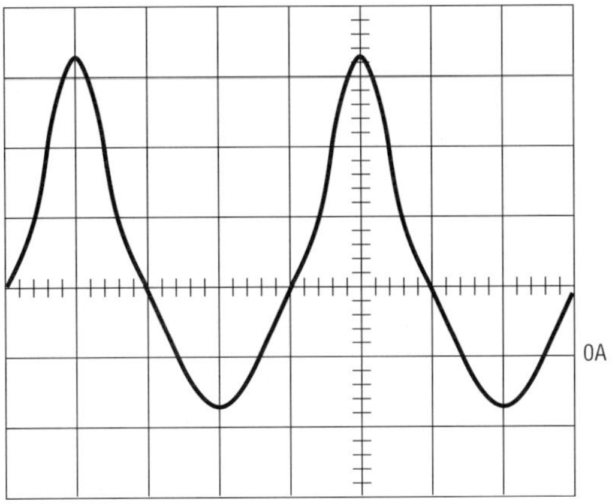

Bild 4.12
Kurvenform des Drosselstroms bei gleichrichtender Lampe

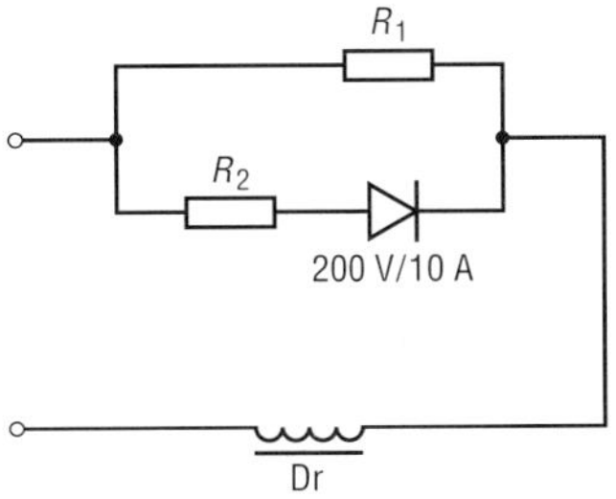

Bild 4.13
Ersatzschaltung zur Nachahmung der Lampen mit Gleichrichtereffekt

Tabelle 4.8
Mittlere Lampenspannung, bei der die Lampen verlöschen; Versorgungsspannung 220 V bzw. 380 V

Lampentyp	mittlere Löschspannung/V
T 35 W	130
T, TS 70 W	130
T, TS 150 W	130
T, TS 250 W/D TS 250 W/NDL	135
E, T, TS 400 W	140
T, TS 1000 W	150
E 1000 W	150
T, TS 2000 W	270
T, TS 3500 W	280

Lampe zu rechnen ist. Sie ist für die Dimensionierung des Vorschaltgerätes von Bedeutung (siehe Kapitel 4.1.6).

Wie bei anderen Lampen auch, können durch unterschiedliche Elektrodenabtragung Asymmetrien entstehen, die nicht nur stärkeres Lichtflimmern am Lebensdauerende entstehen lassen, sondern sogar den Betrieb nur während einer Halbwelle der Netzperioden. In diesem Fall wirkt die Lampe wie ein Gleichrichter und die Strombegrenzung durch die Drossel wird stark vermindert. Es fließt ein höherer Strom, dessen zeitlicher Verlauf die Überhöhung einer Halbwelle zeigt (Bild 4.12). Die starke Abweichung von der Sinusform zeigt, daß die Drossel in einer Halbwelle bis in die Sättigung ausgesteuert wird, während in der anderen Halbwelle nur noch ein sehr kleiner Strom fließt. Da dieser Zustand sehr lange anhalten kann, müssen Stromkreis und Drossel vor Überlastung geschützt werden. Der entstehende Gleichstrom kann in seiner Höhe sehr unterschiedlich sein, er kann daher nicht durch eine Schmelz- oder eine andere Überstromsicherung abgeschaltet werden. Man muß vielmehr durch eine Temperatursicherung direkt die Temperaturen an der Drossel überwachen. Deshalb müssen Vorschaltgeräte für Halogen-Metalldampflampen mit einem Übertemperaturschutz ausgerüstet sein.

Um die Drosseln für den Fall der Gleichrichterwirkung der Lampe zu prüfen, gibt es Ersatzschaltungen, da die Gleichrichterwirkung mit Lampen nicht reproduzierbar ist. Bild 4.13 zeigt eine geeignete Schaltung. Tabelle 4.9 zeigt Widerstandswerte für zwei mögliche Ströme. Erfahrungsgemäß sind diese beiden Ströme die mittleren und die höchsten vorkommenden Werte.

Tabelle 4.9 Widerstandswerte für die Schaltung nach Bild 4.13 für zwei verschiedene Stromwerte

Daten für anomalen Betrieb	Lampe HQI-T 35 W		HQI-T 70 W HQI-TS 70 W		HQI-T 150 W HQI-TS 150 W	
Strom	1,06 A	1,59 A	2 A	3 A	3,6 A	5,4 A
Widerstand R_1 (Ω) Widerstand R_2 (Ω)	150 29	200 2	100 6,0	200 1,3	55 3,0	84 0,6

4.1.4 Dimensionierung von Vorschaltgeräten für Halogen-Metalldampflampen

Bei Netzen mit ausreichender Spannung werden Drosseln als Vorschaltgeräte verwendet. Bei niedrigen Netzspannungen müssen die erforderlichen Leerlaufspannungen transformatorisch erhöht werden. Im allgemeinen verwendet man dafür Streufeldtransformatoren. Drosseln und Streufeldtransformatoren in der erforderlichen Form haben die gleichen Kennlinien.

Im Prinzip gelten die Ausführungen in Kapitel 2.1.10 über den Einfluß der Vorschaltgerätetoleranzen auf die aufgenommene Leistung auch für HQI-Lampen. Zusätzlich bekommen jedoch hier diese Zusammenhänge stärkeres Gewicht, weil der Einfluß der Lampenleistung auf die lichttechnischen Daten viel ausgeprägter ist als bei Leuchtstofflampen, und weil die Toleranzen der Lampenspannung sowie die Veränderungen der Lampenspannung während der Lebensdauer einen zusätzlichen Einflußfaktor darstellen. Tabelle 4.4 nennt in der Spalte ΔU_L die erfahrungsgemäß auftretenden maximalen und minimalen Brennspannungen. Hinzu kommt ein Anstieg während der Brenndauer der Lampe. Um auch während dieser Phase Über- oder Unterlastung der Lampe zu vermeiden, ist auch für die Lampenleistung ein Toleranzbereich genannt ($P_{L\,max}$ und $P_{L\,min}$).

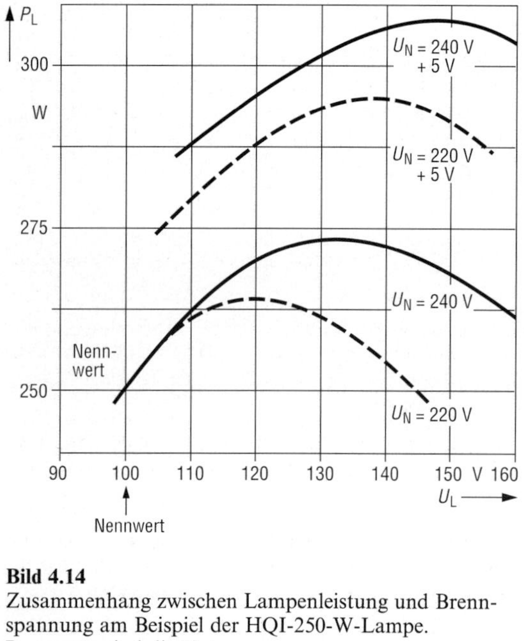

Bild 4.14
Zusammenhang zwischen Lampenleistung und Brennspannung am Beispiel der HQI-250-W-Lampe. Parameter sind die Netzspannungen

Die Verhältnisse lassen sich am besten überblicken, wenn man die Lampenleistung als Funktion der Brennspannung der Lampe aufträgt. Bild 4.14 zeigt für die verschiedenen Netzspannungen diesen Zusammenhang am Beispiel einer HQI-250-W-Lampe. Bei 220 V durchläuft die Lampenleistung bei Brennspannungen von 120 V ein Maximum. Ein weiterer Anstieg der Brennspannung während der Lebensdauer wird von einer Leistungsabnahme beantwortet, die die Lampe vor Überlastung schützt. Höhere Netzspannungen verschieben das Maximum zu immer höheren Brennspannungswerten. Die Lampe wird also nicht nur höher belastet, auch nimmt die Leistung bis zu hohen Brennspannungswerten stetig zu. Dies verkürzt nicht nur die Lebensdauer der Lampe, sondern führt auch zu erheblichen Farbabweichungen. Bei noch höheren Brennspannungen verlöscht dann die Lampe. Typische Werte für maximale Brennspannungen enthält Tabelle 4.8.

Aus diesen Gründen ist der Betrieb von HQI-Lampen nur bei eingeengter Netzspannungstoleranz möglich. Diesem trägt man dadurch Rechnung, daß alle Vorschaltgeräte mit mindestens einer Anzapfung für höhere (oder niedrigere) Netzspannungen ausgeführt werden. Bei einer Netznennspannung von 220 V sollte die Netzspannung dauernd + 3% oder kurzfristig + 5% nicht übersteigen. Ist dies der Fall, so muß die Anzapfung für 230 V verwendet werden.

Bei höheren Netznennspannungen wird die zulässige Abweichung noch geringer. Bei einer Netznennspannung von 240 V darf die Netzspannung dauernd + 2% oder kurzfristig + 4% nicht übersteigen, sonst muß eine Anzapfung für eine Nenneinstellung bei 252 V gewählt werden.

Ein Betrieb an noch höheren Netzspannungen ist wegen der starken Abhängigkeit der Lampenleistung von U_N und U_L mit einfacher Drosselschaltung nicht mehr zu empfehlen.

Wegen der höheren Versorgungsspannung ist bei 240-V-Netzen ein Lampenbetrieb auch noch bei Brennspannungen möglich, die bei 220-V-Betrieb zum Löschen der Lampen führen. Die Brennspannungsgrenze für stabilen Betrieb liegt bei 220-V-Netzen bei 140 V und bei 240-V-Netzen bei 160 V. Es wird deshalb empfohlen, bei Zündgeräten für 240-V-Netze eine Abschaltspannung von $\geq$ 180 V zu wählen, um bei diesen Netzen auch noch einen ungestörten Lampenbetrieb bis zu Brennspannungen von 160 V zu ermöglichen.

Eine typische Abhängigkeit der Lampendaten von der Netzspannung zeigt Bild 4.15. Die Blindstromkompensation in Drosselschaltungen kann nur mit netzparallelen Kondensatoren erfolgen. In kapazitivem Betrieb mit Reihenkondensatoren steigt die Lampenleistung überproportional mit zunehmender Lampenspannung; sie durchläuft also kein Maximum und führt zu vorzeitigem Ausfall.

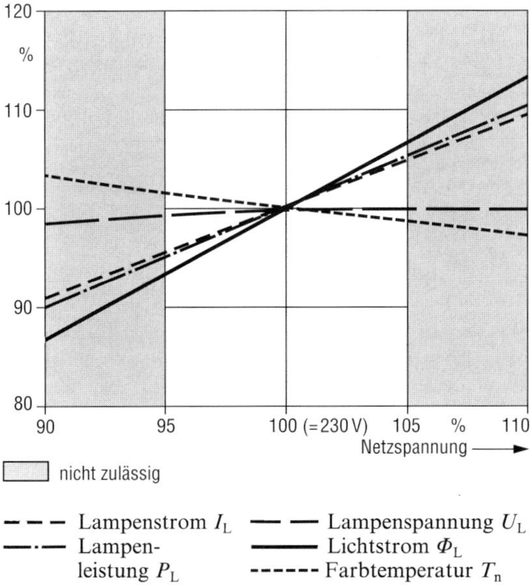

Bild 4.15
Charakteristische Abhängigkeiten der wichtigsten Lampenparameter von der Netzspannung in einer Drosselschaltung

Um Leistungsschwankungen durch unterschiedliche Drosseln klein zu halten, ist die Toleranz der Impedanz geringer als bei anderen Lampen üblich. Es sind Werte um 2 bis 3% üblich, die genauen Werte sind in Tabelle 4.5 enthalten.

Während der Arbeitspunkt der Drosseln durch Messungen von Strom und Spannung eingestellt werden kann, müssen Streufeldtransformatoren mit Ersatzwiderständen geprüft werden. Die Werte sind in Tabelle 4.4 enthalten. Werden Streufeldtransformatoren verwendet, so lassen sich auch durch geeignete Streujoche und Kompensationskondensatoren die Ausgangskennlinien verändern, so daß die Ausgangsleistung weniger stark von der Netzspannung abhängt (Konstantleistungsgeräte, Lead-Peak-Geräte). Bei diesen Geräten sind für die maximal zulässige Netzspannungstoleranz die Abweichungen der Lampenleistung vom Nennwert maßgebend. Diese sind aber zwangsläufig größer als bei Drosselgeräten. Man wählt deshalb als Maß für die zulässigen Abweichungen der Lampenleistung höhere Werte: Die Abweichungen der Lampenleistung dürfen nicht größer sein, als sie sich bei Betrieb an einem Referenzgerät bei Änderung der Netzspannung von $\pm$ 5% ergeben würden. Diese Werte kann man nicht mit dem Lampenersatzwiderstand aufnehmen, sondern nur mit Lampen, weil sonst infolge der stark verzerrten Ausgangsspannung zu große Abweichungen entstehen würden.

4.1.5 Zusammenwirken von Lampen und Leuchten

Die sich aus der Abhängigkeit der Lampenparameter von der Temperatur und der Netzspannung ergebenden Veränderungen müssen natürlich auch beim Einbau in Leuchten beachtet werden. Anleitungen zum Einbau in Leuchten werden von den Lampenherstellern herausgegeben; hier soll deshalb nur auf die wesentlichen Punkte eingegangen werden.

In Kapitel 4.1.4 wurden die wesentlichen Anforderungen an die Vorschaltgeräte genannt. Beim Einbau in Leuchten kann es zu zusätzlichen Beeinflussungen des Lampenbetriebs durch das magnetische Streufeld der Drossel kommen. Durch ein Magnetfeld würde der Bogen aus seiner Position verdrängt und gegen die Kolbenwand gedrückt. Hier erhitzt er die Kolbenwand so stark, daß nach gewissen Brennzeiten die Kolbenwand brüchig wird und die Lampe vorzeitig ausfällt.

Man kann die magnetische Beeinflussung nur mit Sicherheit erkennen, wenn man zwei identische Vorschaltgeräte verwendet, von denen eins in die Leuchte eingebaut, das andere entfernt davon angeordnet ist. Beim Umschalten vom eingebauten auf das externe Vorschaltgerät darf sich die Brennspannung nicht erkennbar verändern. Wenn möglich, leistet eine vergrößerte Abbildung des Bogens auf einen Projektionsschirm gute Dienste bei der Beurteilung der Auslenkung durch ein Magnetfeld.

Bei der Aufheizung der Lampe durch zu enge Leuchten, durch direkte Einwirkung der Drosselwärme, durch zu enge Reflektoren oder durch Rückreflexion in die Lampe muß man zwischen der Temperatur des Kolbens und der Quetschung unterscheiden. Während die Abweichung der Kolbentemperaturen in der Leuchte von der in der Ersatzleuchte meist nur zu abweichenden Farbtemperaturen führt, die höchstens bei zu hohen Werten und unter ungünstigen Bedingungen zu vorzeitigen Lampenausfällen führen, sind höhere Temperaturen der Quetschung in jedem Falle schädlich, da bei Quetschungstemperaturen oberhalb 250 °C die Lampe in kurzer Zeit undicht wird.

4.1.6 Messungen an Halogen-Metalldampflampen

Messungen mit Halogen-Metalldampflampen sollten ebenso wie bei anderen Entladungslampen nur mit vorgealterten Lampen durchgeführt werden. Für das Voraltern ist eine Zeit von 100 h im Rhythmus 7,5 h ein, 0,5 h aus vorzusehen. Vor dem Messen genügt eine Zeit von 10 bis 35 min. Sollte mit einer Lampe wiederholt gemessen werden, so sollte die Lampe nach dem Abschalten noch 5 min in der Meßstellung abkühlen.

Wegen der Abhängigkeit der Lampenparameter von der Umgebungstemperatur mancher Lampen ergeben sich bei Messungen an frei brennenden Lampen große Meßunsicherheiten, da die thermischen Verhältnisse unterschiedlich sein können. Man hat daher für solche Lampen die Messungen in sogenannten Ersatzleuchten vorgesehen, die nicht nur für stabile thermische Verhältnisse sorgen, sondern auch die erhöhte Temperatur in Leuchten nachbilden sollen. Das trifft nur für Lampen mit engen Außenkolben zu, also TS-Lampen. Bei allen anderen Lampen ist eine Ersatzleuchte nicht erforderlich.

Die Ersatzleuchten bestehen aus Rohrabschnitten aus Quarzglas, in das die Lampe eingeschoben wird. Die Abmessungen sind so gewählt, daß sich eine mittlere Umgebungstemperatur von 150 °C einstellt. Bild 4.16 zeigt die Konstruktion der Ersatzleuchten; Tabelle 4.4 enthält die Abmessungen für die einzelnen Lampen.

Bei den Lampen mit Schraubfassungen sollten insbesondere bei den höheren Leistungen unbedingt Meßfassungen vorgesehen werden. Die Meßschaltungen sind so auszuführen, daß die Meßgeräte gegen die Spannungsspitzen geschützt sind, die von den Zündgeräten während der Zündung ausgehen können. Es ist zweckmäßig, dazu während der Zündung die Eingänge der Meßinstrumente vom Meßkreis zu trennen und die Strompfade kurzzuschließen.

Es ist zu beachten, daß Halogen-Metalldampflampen oft ultraviolettes Licht aussenden, das in Leuchten üblicherweise durch Abdeckscheiben absorbiert wird. Insbesondere bei hoher Leistung können dadurch schon bei kurzen Expositionszei-

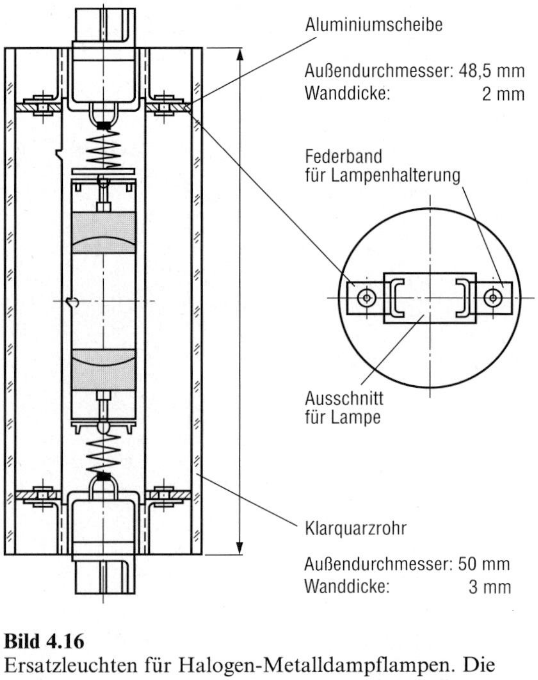

Bild 4.16
Ersatzleuchten für Halogen-Metalldampflampen. Die Maße *L* und *D* der Ersatzleuchten enthält Tabelle 4.4

ten Gesundheitsschäden auftreten (Erythem, Konjunktivitis). Bei manchen Lampen kann zusätzlich durch kurzwellige UV-Strahlung Ozon entstehen.

Der Aufenthalt in unmittelbarer Umgebung von frei brennenden Halogen-Metalldampflampen ist deshalb möglichst zu vermeiden. Schon bei kürzesten Expositionszeiten sind Schutzbrille und Gesichtsschutz aus UV-undurchlässigem Material erforderlich; auf gute Lüftung des Meßraums ist zu achten.

4.2 Startgeräte

Die Ausführung der Startgeräte hängt davon ab, ob die Lampen nur im kalten Zustand bzw. nach einer vom Lampentyp abhängigen Abkühlzeit oder ob speziell hierfür ausgelegte Lampen auch im heißen Zustand bzw. in jedem Abkühlstadium gezündet werden sollen.

4.2.1 Startgeräte für normale Zündung

Diese für die Zündung kalter Lampen ausgelegten Startgeräte müssen die von den Lampenherstellern angegebenen Mindest-Stoßspannungen erzeugen. Die maximalen Spitzen der Stoßspannungen betragen 2,3 kV für Lampen mit Sockeln E 26/E 27 und 4,6 bzw. 5,0 kV für Lampen mit Sockeln E 39/E 40. Bei den angegebenen Werten für Stoßspannungen handelt es sich im folgenden immer um Spitzenwerte. Der Mindestwert der Stoßspannung bei Halogen-Metalldampflampen mit Natrium/Scandium liegt bei 600 V bzw. 900 V, die Erzeugung der Stoßspannung erfolgt bei diesen Lampen immer mit Hilfe des Betriebsgeräts. Die Erzeugung von Stoßspannungen ≥ 1,8 kV bei Lampen mit Sockel E 26/E 27 bzw. von ≥ 2,8 kV bei Lampen mit Sockel E 39/E 40 kann entweder mit dem Betriebsgerät oder mit Hilfe eines im Startgerät eingebauten Transformators erfolgen.

Startgeräteschaltungen

Die Zündung von Lampen mit Zündspannungen ≤ 600 V ist einfach. Die notwendige Spannung kann entweder mit dem Betriebsgerät selbst durch Überhöhung des Leerlauf-Scheitelwertes (lead peak ballast [4.2.1]) oder bei Drosselbetrieb mit einem der Lampe parallel geschalteten Kondensator erzeugt werden, der über einen steuerbaren Halbleiter im Bereich des Scheitels der sinusförmigen Versorgungsspannung mit Hilfe der Induktivität des Betriebsgeräts nahezu auf das Doppelte des Scheitelwertes aufgeladen wird; die Schaltung zeigt Bild 4.17. Bei Lampenversorgungsspannungen von 380 V werden Scheitelwerte um 900 V erreicht. Bei höheren Zündspannungen muß die Stoßspannungserzeugung transformatorisch erfolgen. Auch hierfür wird das Betriebsgerät verwendet, um einen zusätzlichen Transformator zu ersparen. Mögliche Schaltungen mit Streufeldtransformatoren zeigt Bild 4.18; derartige Schaltungen sind in den USA verbreitet. Eine Schaltung mit angezapfter Drossel

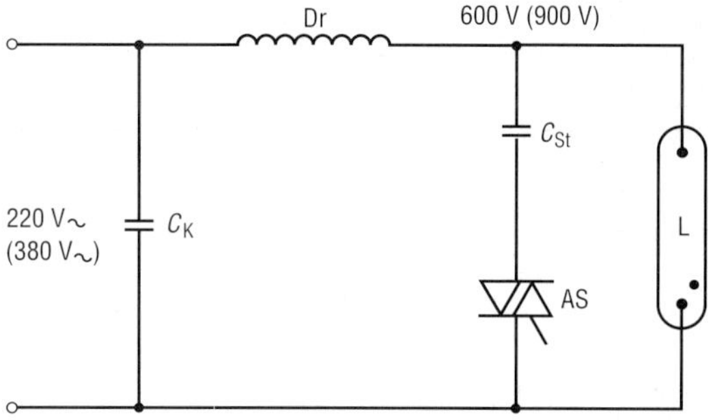

Dr Strombegrenzungsdrossel
C_K Kompensationskondensator
C_{St} Stoßkondensator
AS Steuerbarer Halbleiter (Triac oder Sidac) als automatischer Schalter

Bild 4.17
Schaltung einer Starteinrichtung für die Zündung von Halogen-Metalldampflampen mit Natrium/Scandium mit Zündspannungsscheitelwerten bis 600 V bei 220 V Netzspannung bzw. bis 900 V bei 380 V

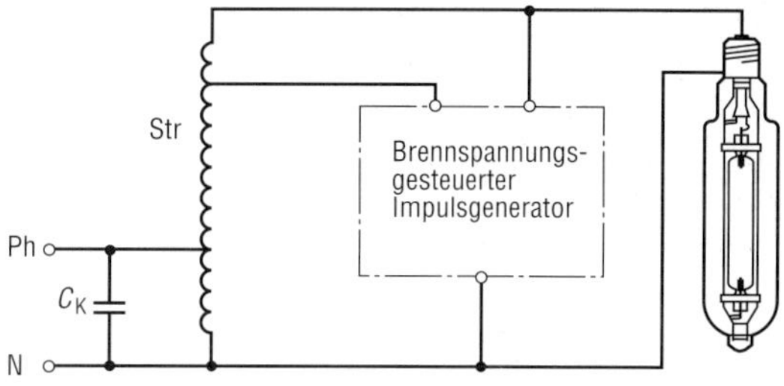

Str Streufeldtransformator
Ph Phase
N Nulleiter

Bild 4.18
Brennspannungsgesteuertes Startgerät mit Streufeldtransformator-Betriebsgerät als Hochspannungstransformator

ist in Bild 4.19 dargestellt. Nachteilig bei diesen Schaltungen ist die Notwendigkeit, die Betriebsgeräte für die Hochspannung isolieren zu müssen. Außerdem sind die Betriebsgeräte wegen ihres Aufbaus mit Eisenkernen nur schlecht als Hochfrequenz-Impulstransformatoren geeignet; es müssen deshalb Stoßkondensatoren mit großen Kapazitäten verwendet werden.

Eine einfachere Impulserzeugung ist mit einem Gerät entsprechend der Schaltung in Bild 4.20 zu erreichen, bei dem ein kleiner Ferritkern-Transformator im Startgerät eingebaut ist. Diese Startgeräteart konnte sich aber nicht durchsetzen, denn ein wesentlicher Nachteil bleibt: Das Betriebsgerät muß für die auftretenden Stoßspannungen isoliert werden. Dabei ist zu beachten, daß die Höhe der Stoßspannung von der Wicklungskapazität des Betriebsgeräts und seinen Eigenschaften bei hohen Frequenzen abhängt. Wenn schon ein getrennter Transformator für die Stoßspannungserzeugung vorgesehen wird, sind Schaltungen vorteilhaft, bei denen die Stoßspannung der Lampenversorgungsspannung überlagert und somit das Betriebsgerät nicht mit der Stoßspannung belastet wird. Die Prinzipschaltung eines derartigen Überlagerungsstartgeräts ist in Bild 4.21 dargestellt.

Allen Überlagerungsstartgeräteschaltungen gemeinsam sind ein lampenstromdurchflossener Ferritkerntransformator und ein Kondensator auf der Eingangsseite des Startgeräts, der als Hochfrequenz-Rückschlußkondensator wirkt und die

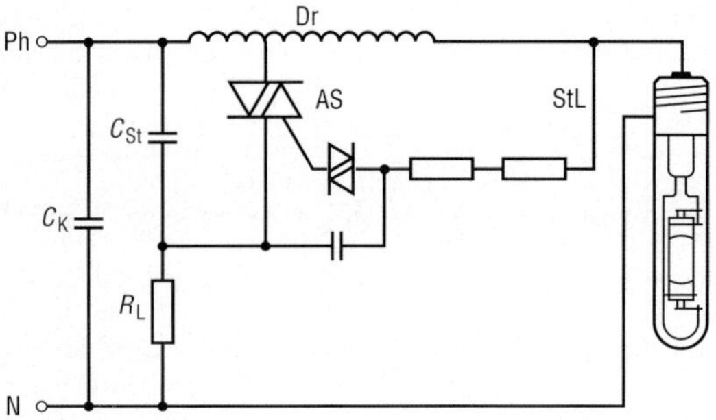

Ph	Phase	AS	automatischer Schalter
N	Nulleiter	R_L	Ladewiderstand
C_K	Kompensationskondensator	StL	Steuerleitung
C_{St}	Stoßkondensator		

Bild 4.19
Brennspannungsgesteuertes Startgerät mit angezapfter Drossel als Hochspannungstransformator

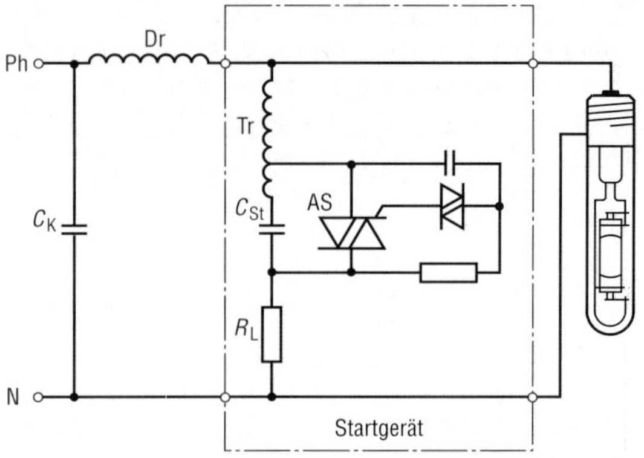

Ph	Phase	Tr	Impulstransformator
N	Nulleiter	C_{St}	Stoßkondensator
C_K	Kompensationskondensator	R_L	Ladewiderstand
Dr	Drossel	AS	automatischer Schalter

Bild 4.20
Startgerät mit Strombegrenzungsdrossel als Stoßspannungssperre

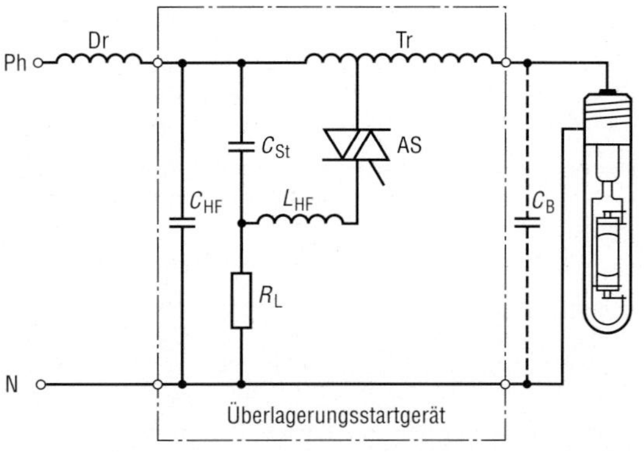

Ph	Phase
N	Nulleiter
Dr	Strombegrenzungsdrossel
C_{HF}	Hochfrequenzrückschlußkondensator
C_{St}	Stoßkondensator
R_L	Ladewiderstand
L_{HF}	UKW-Drossel
AS	automatischer Schalter
Tr	lampenstromdurchflossener Impulstransformator
C_B	Eigenkapazität der hochspannungsführenden Leitung mit Lampenfassung (Belastungskapazität)

Bild 4.21
Prinzipschaltung eines Überlagerungsstartgeräts

Stoßspannung vom Betriebsgerät fernhält. Als automatische Schalter können gasgefüllte Funkenstrecken oder zweiseitig schaltende Halbleiter wie Triacs oder Sidacs verwendet werden. Das Startgerät nach Bild 4.21 kann bei einer Impulsbreite von 1 µs nur für die Zündung von Lampen der Ausführung „daylight“ eingesetzt werden. Wird die Impulsbreite auf 2 µs verbreitert und zusätzlich die Lampenversorgungsspannung während der Zündung auf mindestens 230 V erhöht, sind diese Geräte auch für Lampen der Ausführungen „WDL“ oder „NDL“ brauchbar. Die Verbreiterung der Impulse auf mindestens 2 µs bedeutet aber eine höhere Impulsenergie, für deren Erzeugung größere Stoßkapazitäten und Impulsübertrager aufgewendet werden müssen. Und auch eine Mindestversorgungsspannung von 230 V kann bei Netznennspannungen von 220 V oder 230 V nicht vorausgesetzt werden.

Für diese schwieriger zu zündenden Lampen hat sich die Schaltung nach Bild 4.22 [4.2.2] durchgesetzt. Bei Geräten mit dieser Schaltung wird der 2 µs breite Impuls durch 2 bis 3 schmale Impulse mit Breiten um 1 µs ersetzt. Die Breiten der Einzelimpulse können addiert werden, wenn die Impulsabstände kleiner als 0,3 ms sind. Sie wirken dann wie ein breiter Impuls. Diese Geräte haben deshalb eine kleine Stoßkapazität und einen kleinen Impulstransformator. Ferner wird die Lampenversorgungsspannung während der Impulserzeugung durch eine der netzfrequenten Versorgungsspannung überlagerte Schwingung mit einer Frequenz von ca. 1 kHz so überhöht, daß z. B. auch eine Netzspannung von 198 V für die Zündung ausreicht. Die Oszillogramme der tonfrequenten Schwingung mit der Impulsfolge zeigt Bild 4.23.

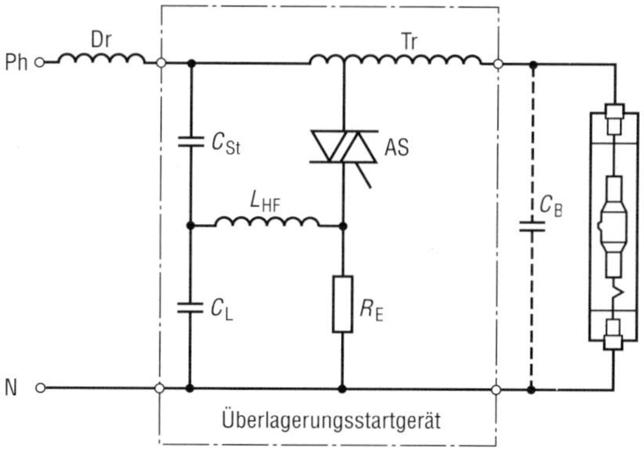

Ph Phase
N Nulleiter
Dr Drossel
C_{St} Stoßkondensator
L_{HF} Hochfrequenzdrossel
C_L Ladekondensator
AS Spannungsgesteuerter automatischer Schalter ohne Schaltverzögerung
R_E Entladewiderstand
Tr Lampenstromdurchflossener Impulstransformator
C_B Belastungskapazität

Bild 4.22
Überlagerungsstartgerät für die Zündung von Halogen-Metalldampflampen NDL und WDL mit mehreren Impulsen im Abstand bis 0,3 ms

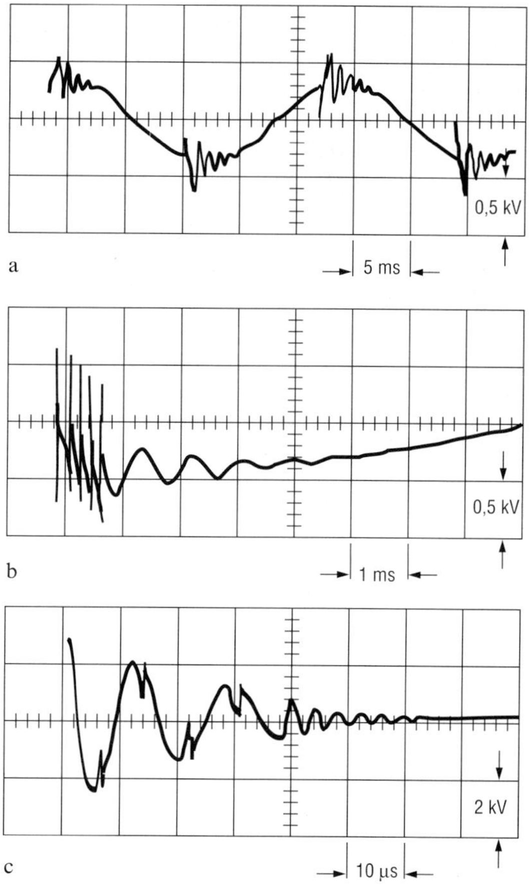

Bild 4.23
Kurvenverlauf von Lampenversorgungs- und Startspannung beim Betrieb des Überlagerungsstartgeräts nach Bild 4.22
a Lampenversorgungsspannung mit überlagerter niederfrequenter Schwingung,
b Impulsfolge in der negativen Netzhalbwelle,
c Verlauf der Stoßspannung mit gedämpfter Schwingung

Steuerung der Startgeräte

Startgeräte müssen sich bei der lampentypabhängigen Mindestversorgungsspannung einschalten und Impulse bei einer bestimmten Phasenlage der sinusförmigen Versorgungsspannung erzeugen, um der Lampe nach dem Spannungsdurchbruch trotz der hohen Brennspannung während der Glimmentladungsphase genügend Strom zur Verfügung stellen zu können. Sinnvoll sind Bereiche von 60 bis 90 °el bzw. 240 bis 270 °el, da hier ausreichend hohe Augenblickswerte der Versorgungsspannung vorliegen und der Strom nach der Lampenzündung die richtige Phasenlage zur Versorgungsspannung hat, so daß der Stromnulldurchgang und damit die Wiederzündung ebenfalls bei hohen Augenblickswerten der Versorgungsspannung erfolgen kann. Ungünstig ist dagegen eine Impulserzeugung bei 30 °el bzw. 210 °el. Die Lampenzündung ist möglich, aber nicht sichergestellt, da der Augenblickswert der Versorgungsspannung zu niedrig ist. Gefährlich für die Lampe ist eine Impulserzeugung nach dem Scheitel der Versorgungsspannung bei z. B. 120 °el. Der Augenblickswert der Versorgungsspannung ist so hoch wie bei 60 °el, so daß die Zündung erfolgt. Allerdings ist die Stromflußzeit so kurz, daß eine Wiederzündung in umgekehrter Polarität nach dem Stromnulldurchgang unmöglich ist, die Lampe verbleibt in der Glimmentladung und wird zerstört.

Automatisch arbeitende Startgeräte müssen sich so steuern, daß sie sich mit Sicherheit abschalten, wenn die Lampen gezündet haben. Notwendig ist eine von der Lampe gesteuerte Abschaltung, hinzu kommen kann eine Zeitsteuerung, die sowohl bei der Wiederzündung einer sich abkühlenden Lampe wie auch am Ende der Lampenlebensdauer wirksam werden kann. Für die automatische Abschaltung der Startgeräte stehen sowohl die Brennspannung wie auch der Lampenstrom zur Verfügung. Einerseits muß die Abschaltung sicher erfolgen, da ein sich während des Lampenbetriebs einschaltendes Startgerät zum vorzeitigen Lampenausfall führt, andererseits darf sich das Startgerät erst dann abschalten, wenn die Lampe in beiden Polaritäten zum Bogen durchgezündet hat. Das Startgerät muß also jeweils in der Halbwelle, in der es noch nicht zur Bogenbildung gekommen ist, weiterhin Impulse abgeben, damit ein Halbwellenbetrieb nach wenigen Netzperioden durch Stromfluß in beiden Richtungen abgelöst wird. Die Abschalt- bzw. Nichtwiedereinschaltspannung wird bei Lampen mit Brennspannungen um 100 V mit 160 V angegeben. Zu beachten ist hierbei die nicht sinusförmige Brennspannung der Lampen. Anzustreben ist deshalb ein Wiedereinschalten erst bei Wiederzündspitzen $\geq$ 280 V.

Eine Zeitsteuerung wird vorgesehen, wenn die Startgeräte am Ende der Lampenlebensdauer abgeschaltet werden sollen. Bei der Zeitsteuerung ist zu beachten, daß auch funktionsfähige Lampen bei der Kaltzündung einige Zeit bis zum Spannungsdurchbruch brauchen und daß im Falle des Löschens infolge eines Netzspannungseinbruchs je nach Lampentyp 5 bis 10 Minuten bis zur Wiederzündung verstreichen können. Möglich sind Steuerungen mit z. B. 15 s ein und 1 bis 2 Minuten aus, bis das Gerät nach ca. 12 Minuten bei Lampen mit Leistungen bis ca. 250 W und nach ca. 30 Minuten bei 3500-W-Lampen völlig abgeschaltet werden kann. Ein automatisches Wiedereinschalten des Startgeräts sollte erst nach einigen Sekunden Spannungsunterbrechung erfolgen.

Lampenparalleler Kondensator

Durch eine während des Lampenbetriebs parallel zu einer Lampe geschaltete Kapazität wird das Wiederzündverhalten in jeder Netzhalbwelle stark beeinflußt. Durch eine kleine Kapazität von 33 nF wird die Wiederzündzeit verkürzt, und die Wiederzündung erfolgt in gleichbleibender kurzer Zeit. Die Kapazität von 33 nF ist der Maximalwert für Lampen mit 35 W Leistung, bei 70-W- und 150-W-Lampen soll eine Kapazität von 68 nF nicht überschritten werden, und bei Lampen $\geq$ 250 W sind 100 nF zulässig [4.2.3]. Werden diese Kapazitäten überschritten, ergeben sich zu lange stromlose Pausen, die stark überhöhte Wiederzündspitzen verursachen. Oszillogramme des Betriebs von 250-W-Lampen mit unterschiedlich hohen Kapazitäten zeigt Bild 4.24. Bei wirksamen Kapazitäten $>$ 100 nF steigt die Wiederzündspitze, bei sehr hohen Kapazitäten entstehen in jeder Netzhalbwelle Einschaltschwingungen. Es kann hierbei zur Bogenunruhe kommen, was bei Innenraumbeleuchtung unzumutbar ist.

Startgerätefehler

Bei nicht brennender Lampe läßt sich normalerweise durch Austausch der Lampe ermitteln, ob die Lampe oder das Startgerät ausgefallen ist oder ob noch ein anderer Fehler vorliegt. Es gibt aber Zündgerätefehler, bei denen die Lampen trotz des Fehlers zünden, die neue Lampe aber nach kurzer

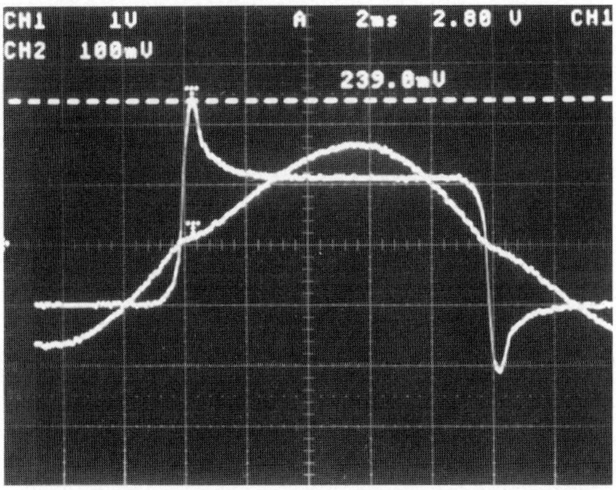

a

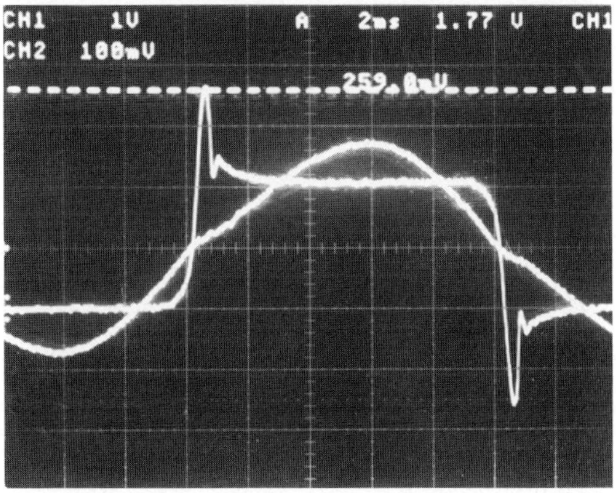

b

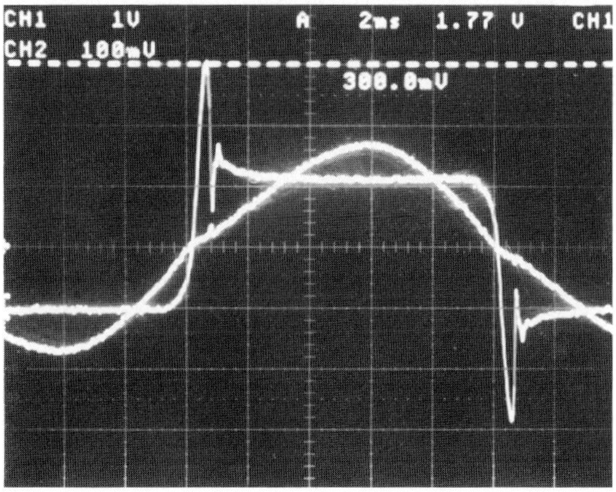

c

Bild 4.24
Verlauf von Brennspannung und Lampenstrom beim induktiven Betrieb von Lampen HQI-TS 250 W/NDL mit unterschiedlich großen lampenparallel geschalteten Kapazitäten
a 0,1 µF, b 0,2 µF, c 0,25 µF

Brennzeit ausfällt. Ein solcher Fehler liegt z. B. vor, wenn als Halbleiterschalter zwei in Reihe geschaltete Sidacs gleicher Schaltspannung verwendet werden, von denen einer durchbricht, so daß die Ansprechspannung auf Werte unter 100 V absinkt und sich das Startgerät schon bei mittleren Brennspannungen einschaltet. Dadurch wird der Bogen so ausgelenkt, daß er die Quarzwand des Brenners berührt, wodurch der Brenner örtlich so überhitzt wird, daß er für wesentliche Füllsubstanzen durchlässig und nach einigen hundert Stunden undicht wird.

Ein zweiter seltener Fehler beeinträchtigt nicht die Lebensdauer der Lampe, sondern gefährdet das Betriebsgerät: Im Fall der Unterbrechung des Zweiges mit dem Hochfrequenz-Rückschlußkondensator C_{HF} (siehe Bild 4.21) wird das Betriebsgerät mit der Stoßspannung belastet. Da die Betriebsgeräte bei Überlagerungsstartgeräten nur die normale Isolation für die Wechselspannung 250 V bzw. Stoßspannung $\leq$ 1500 V aufweisen, kann es in diesem Fall zur Zerstörung der Betriebsgeräte-Isolation kommen.

Ende der Lampenlebensdauer

Das Ende der Lebensdauer wird bei Halogen-Metalldampflampen normalerweise durch Brennspannungsanstieg verursacht. Es zeigt sich durch Löschen in unregelmäßigen Abständen infolge von Netzspannungseinbrüchen an, schließlich löschen die Lampen schon unmittelbar nach dem Anlauf. Das Startgerät schaltet deshalb in immer kürzeren Abständen, bis es schließlich bei nicht mehr zündender Lampe in einen Dauerimpulsbetrieb übergeht. Die Startgeräte müssen deshalb für Dauerbetrieb geeignet sein. Handelt es sich bei den Schaltelementen um gasgefüllte Startelemente oder Funkenstrecken mit begrenzter Lebensdauer, müssen diese zusammen mit der Lampe ausgetauscht werden, da normalerweise nicht bekannt ist, wie lange die Startgeräte am Ende der Lampen-Lebensdauer im Dauerbetrieb gelaufen sind.

Neben diesem Lebensdauerende können Halogen-Metalldampflampen in seltenen Fällen in einen Gleichrichterbetrieb übergehen. Für Überlagerungsstartgeräte bedeutet das die gleiche höhere Strombelastung wie bei den Betriebsgeräten. Dies ist aber für Startgeräte wegen der geringen Windungszahl des Transformators nur in seltenen Fällen kritisch. Eine höhere Beanspruchung kann jedoch durch die zusätzliche Impulserzeugung in der stromlosen Halbwelle entstehen.

4.2.2 Startgeräte für Heißwiederzündung

Beim Einsatz in Stadien oder für Beleuchtung von Innenräumen mit Publikumsverkehr ist eine Heißwiederzündung aller oder zumindest einiger Lampen erwünscht, um z. B. nach einem kurzen Netzspannungseinbruch die Lampen wieder zünden zu können. Schon bei Lampen HQI-TS 70 W/WDL treten nach Bild 4.25 Durchbruchspannungen mit Scheitelwerten bis zu 22 kV auf, so daß die Startgeräte mindestens 25 kV für die Heißzündung dieser Lampen abgeben müssen [4.2.4]. Die höchsten Spannungen benötigen 3500-W-Lampen, für die 65 kV erforderlich sind. Wegen der hohen Spannungen und der für die Heißzündung erforderlichen hohen Energien kommen Impulse nur mit Breiten $\leq 0{,}1\,\mu s$ und einer hohen Funkenzahl je Netzhalbwelle in Frage.

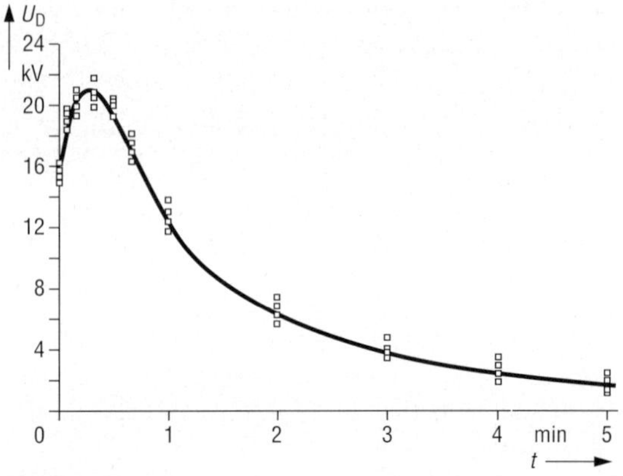

Bild 4.25
Durchbruchspannungen von Lampen HQI-TS 70 W/WDL bei 0,1-μs-Impulsen in Abhängigkeit von der Abkühlzeit

Startgeräteschaltungen

Die Wicklungen der Hochspannungstransformatoren für Heißstartgeräte werden meistens einlagig auf Ferritkerne gewickelt, die Kopplung zwischen Primär- und Sekundärwicklung ist gering. Um trotz großer Streuung ein Spannungsübersetzungsverhältnis nahe dem Windungsübersetzungsverhältnis zu erreichen, ist eine Abstimmung zwischen dem Primärkreis und dem Ausgangskreis des Startgeräts erforderlich.

Nach Bild 4.26 besteht der Primärkreis aus dem Stoßkondensator C_{St} und der Primärwicklung des Hochfrequenztransformators Tr. Der Stoßkondensator C_{St} wird beim Erreichen der Schaltspannung der Funkenstrecke FS über die Primärwicklung entladen. Der sekundäre Schwingkreis besteht aus der Sekundärwicklung des Hochfrequenztransformators Tr und der Belastungskapazität C_B; sie stellt die Eigenkapazität der hochspannungsführenden Leitung vom Transformator Tr und der Lampenfassung dar. Die Belastungskapazität darf ca. 30 pF betragen.

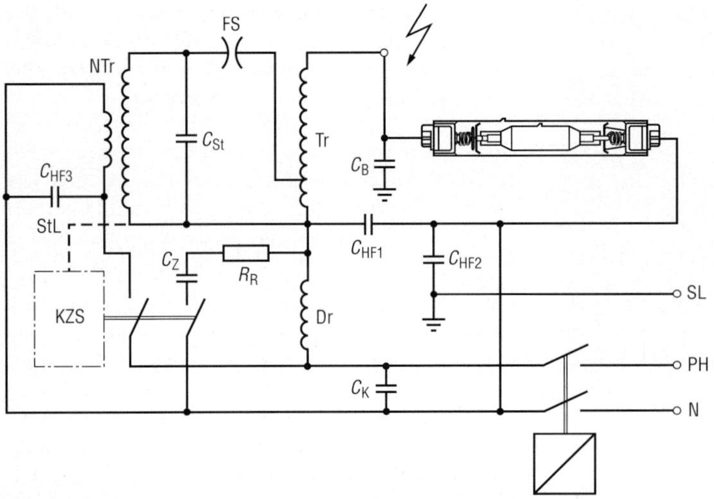

Bild 4.26
Schaltung eines Startgeräts für die Heißzündung von Halogen-Metalldampflampen HQI-TS

NTr	Hochspannungs-Netztransformator
FS	Funkenstrecke
C_Z	Zündhilfskondensator
R_R	Reihenwiderstand
KZS	Kurzzeitschalter
StL	Steuerleitung für die Startgeräteabschaltung nach erfolgter Zündung von Lampen HQI-TS mit Leistungen ≤ 150 W
$C_{HF1,2,3}$	Hochfrequenz-Rückschluß-kondensatoren
C_B	Belastungskapazität
Dr	Drossel
C_K	Kompensations-kondensator
SL	Schutzleiter
Ph	Phase
N	Nulleiter
Tr	Hochfrequenz-transformator
C_{St}	Stoßkondensator

Sie ist damit klein gegenüber der Kapazität von 22 bis 100 nF des Hochfrequenz-Rückschlußkondensators C_{HF1}, der die Stoßspannung vom Betriebsgerät fernhält. Auch der zweite Hochfrequenz-Rückschlußkondensator C_{HF2} dient dem Schutz des Betriebsgeräts: Er leitet kapazitive Ströme zurück in den Sekundärkreis, die von den hochspannungsführenden Leitungen zur geerdeten Leuchte geflossen sind. Um die Kopplung zu verbessern, wird der Hochspannungstransformator normalerweise als Spartransformator ausgeführt. Die notwendige Potentialtrennung erfolgt dann mit dem Netztransformator. Bei einer Schaltspannung der Funkenstrecke von 5 kV muß die effektive Sekundärspannung des Netztransformators NTr ca. 6 kV betragen. Diese Hochspannungs-Netztransformatoren werden nur für einen Kurzzeitbetrieb ausgelegt. Zur Begrenzung der Einschaltzeit wird ein Kurzzeitschalter KZS vorgesehen; er begrenzt die Betriebszeit des Startgeräts auf ca. 2 s.

Ein zweiter Arbeitskontakt des Kurzzeitschalter-Relais dient zum Einschalten des Zündhilfskondensators C_Z. Zur Begrenzung des maximalen Stroms und zur Verlängerung der Entladezeit wird in Reihe zu C_Z ein Strombegrenzungswiderstand R_R geschaltet. Die Kapazität des Kondensators ist so gewählt, daß diese Zündhilfskombination zwei Aufgaben erfüllen kann. Erstens wird die Lampenversorgungsspannung um ca. 15% angehoben, damit auch bei Unterspannung in 220-V-Netzen noch 230 V erreicht werden. Die zweite Aufgabe ist das Ermöglichen eines raschen Übergangs von der Glimm- zur Bogenentladung durch einen schnellen Stromanstieg nach dem Spannungsdurchbruch.

Startgeräte für 250-W- oder 400-W-Lampen müssen die erforderlichen 30 Funken in ca. 6 ms erzeugen, der Impulsabstand beträgt also nur ca. 0,2 ms. In dieser Zeit muß der Stoßkondensator geladen werden und sich über die Funkenstrecke wieder entladen. Um ein sicheres Löschen der Funkenstrecke nach der Kondensatorentladung zu gewährleisten, müssen Mehrkammer-Funkenstrekken mit ausreichender Wärmekapazität eingesetzt werden. Zur Erleichterung des Löschens muß der Netztransformator zusätzlich einen so hohen Innenwiderstand aufweisen, daß die Ausbildung eines netzfrequenten Bogens behindert wird.

Steuerung der Startgeräte

Der Kurzzeitschalter begrenzt die Einschaltzeit auf die für die Lampen maximal erforderliche Betriebszeit des Startgeräts. Für Lampen $\leq$ 150 W ist eine zusätzliche Steuerung des Geräts durch die Lampe erforderlich. Die Zündung der heißen Lampe nach maximal 5 s Abkühlzeit erfolgt normalerweise in weniger als 0,1 s. Danach muß das Startgerät abgeschaltet werden, gesteuert von der Brennspannung oder dem Lampenstrom. Durch einen Weiterbetrieb des Startgeräts nach bereits erfolgter Zündung wird der Bogen zur Quarzwand ausgelenkt und die Bogenansätze wandern von den Elektrodenspitzen zum hinteren Teil der Elektroden. Die Folge ist ein starker Anstieg der Brennspannung und besonders der Wiederzündspitze. Schaltet der Kurzzeitschalter das Startgerät nach 2 s ab, kann die Lampe löschen.

Ein direkter lampenparalleler Anschluß des Startgeräts ist bei Geräten für die Heißzündung nicht möglich, da die Stromaufnahme so groß ist, daß die Lampenversorgungsspannung auf zu niedrige Werte absänke. Vom lampenseitigen Anschluß des Betriebsgeräts darf das Gerät nur gesteuert werden, während der Netztransformator direkt vom Netz gespeist werden muß. Nachdem die Lampe das Startgerät abgeschaltet hat, muß dieses aber noch für die vorgesehene Gerätebetriebszeit in Einschaltbereitschaft bleiben, da die Lampe nach einigen Perioden Betrieb noch einmal löschen kann. Lampen am Ende ihrer Lebensdauer mit zu hohen Brennspannungen neigen zum Löschen und sollten nicht wieder gezündet werden, um ein zu häufiges Einschalten des Startgeräts und damit seine Überlastung zu vermeiden.

Für die Heißzündung von Lampen $\geq$ 250 W hat sich die Zeitsteuerung der Startgeräte bewährt. Die Auslegung des Kurzzeitschalters muß so erfolgen, daß das Startgerät auch bei einer Netzspannungsunterbrechung von nur einer Netzperiode sofort wieder einschaltbereit ist.

4.2.3 Prüfungen

Internationale Vorschriften für die Prüfung von Startgeräten für Halogen-Metalldampflampen liegen zu IEC 926 als Ergänzung im Entwurf vor. Für die normale Zündung kalter Lampen gibt es aber die IEC-Publikationen 926 und 927 [4.2.5], nach denen die Prüfung von Startgeräten möglich ist. Aus der Sicht der Lampenhersteller sollte man bei der Prüfung von Startgeräten für normale Zündung folgende Messungen und Kontrollen durchführen, die an einigen Stellen über die in den IEC-Publikationen aufgeführten Prüfpunkte hinausgehen [4.2.3]:

- ▷ Kontrolle der Stoßspannungen im vorgesehenen Bereich kapazitiver Belastung zwischen 90 und 110% der Netznennspannung bei ca. 25 °C sowie an den Grenzen der Betriebstemperaturbereiche.
- ▷ Messung der Impulsbreiten bei 90% der Mindeststoßspannung zwischen 90 und 110% der Netznennspannung im zulässigen Bereich kapazitiver Belastung bei ca. 25 °C sowie an den Grenzen des Betriebstemperaturbereichs.
- ▷ Ermittlung der Phasenlage der Zündimpulse zwischen 90 und 110% der Netznennspannung.
- ▷ Kontrolle von Ansprech- und Abschaltspannung.
- ▷ Messung des Impulsstroms.
- ▷ Ermittlung der Kapazität des während des Lampenbetriebs der Lampe parallel geschalteten Kondensators.
- ▷ Verhalten des Startgeräts bei Lampen mit hohen Brennspannungen und hohen Wiederzündspitzen.
- ▷ Kontrolle des Startverhaltens bei der Wiederzündung sich abkühlender Lampen zwischen 90 und 110% der Netznennspannung.
- ▷ Ermittlung des Zünd- und Wiederzündverhaltens mit Lampen bei Startgeräten, die nicht alle genannten Mindestwerte einhalten.

Die Messung von Stoßspannung, Impulsbreite und Phasenlage der Impulse erfolgt oszillografisch, für die Ermittlung der Stoßspannung kann auch ein statisches Voltmeter verwendet werden. Die Impulsstromkontrolle erfolgt entweder mit einem Thermoumformer- bzw. einem vergleichbaren Gerät oder ersatzweise mit der Lichtvergleichsmethode, bei der die Lichtstärke einer 6-V- oder 12-V-Lampe bei Zündgerätebetrieb und bei 50 Hz auf gleiche Werte eingestellt wird. In Reihe zur Lampe wird bei der Impulsstrommessung ein 0,1-μF-Kondensator geschaltet, um ein Fließen des netzfrequenten Betriebsstroms zu vermeiden.

Bei der Prüfung von Startgeräten für die Heißzündung sind folgende Kontrollen durchzuführen:

- ▷ Messung der Stoßspannung im zulässigen Bereich kapazitiver Belastung mittels einer 5-cm- oder 10-cm-Kugelfunkenstrecke, die zur Vermeidung von Zündzeitverzögerungen mit einem Quecksilberdampf-Niederdruckstrahler mit Quarzkolben mit mindestens 5 W Leistung bestrahlt wird. Der Abstand zwischen dem Niederdruckstrahler und den Kugeln soll maximal 20 cm betragen.
- ▷ Oszillografische Ermittlung der Funkenzahl je Netzhalbwelle im Bereich 90 bis 110% der Netznennspannung bei ca. 25 °C, an den Grenzen des zulässigen Temperaturbereichs und bei der maximalen Temperatur nach ausreichend langer Belastung des Ausgangstransformators mit dem maximal zulässigen Strom.
- ▷ Feststellung der Daten des Zündhilfskondensators und des Reihenwiderstands.
- ▷ Kontrolle der Steuerung des Startgeräts mit Ermittlung der Betriebszeit des Kurzzeitschalters.
- ▷ Ermittlung des Zündverhaltens bei Startgeräten für die Heißzündung von HQI-TS-Lampen mit Leistungen $\leq$ 150 W.

4.3 Vorschaltgeräte

4.3.1 Eigenschaften

Halogen-Metalldampflampen sind sehr licht-farbempfindlich gegenüber Abweichungen der Impedanz vom Nennwert. Außerdem muß das Vorschaltgerät den für jede Lampe angegebenen maximalen Gleichstrom-Scheitelwert einhalten.

Voraussetzung für einen einwandfreien Lampenbetrieb ist, daß das Vorschaltgerät auch nach mehrmaligem Lampenwechsel seinen Impedanzwert bis zum Lebensdauerende einhält. Das ist durch eine Lebensdauerprüfung nachzuweisen.

Thermisch wird das Vorschaltgerät nur mit dem Lampennennstrom belastet. Im kurzzeitigen Anlaufbetrieb und bei Netzüberspannung übersteigt der Strom den Nennstrom. Mit einem Kurzschluß des Vorschaltgeräts wird bei sachgemäßer Installation nicht gerechnet. Die Vorschaltgeräte in der Leuchte werden deshalb nur bei Lampennennstrom thermisch geprüft.

Bei der thermischen Überprüfung nimmt die Halogen-Metalldampflampe in Soffittenausführung eine Sonderstellung ein. Hier kann bei den Lampen HQI-TS 35, 70 und 150 W eine Drosselüberhitzung durch Halbwellenbetrieb auftreten.

Entladungslampen ohne Elektrodenheizung müssen nicht im anomalen Betriebszustand geprüft werden. Es ist aber vorgekommen, daß von einigen tausend HQI-TS-Lampen einzelne Lampen (derzeitiger Erkenntnisstand 1:20000) am Ende ihrer Lebensdauer in Halbwellenbetrieb (Halbwellen-Gleichrichtung) übergehen. Dabei wird das Vorschaltgerät mit dem 2- bis 3fachen Lampenstrom belastet. Innerhalb kurzer Zeit erhitzt sich das Vorschaltgerät dann so stark, daß es sich entzünden und unter Umständen sogar verbrennen kann. Deshalb müssen beim Einsatz von Halogen-Metalldampflampen in Soffittenausführung in der Leuchte besondere Vorkehrungen getroffen werden, damit bei diesem anomalen Betrieb kein Brand auftreten kann.

Der Lampenhersteller schlägt daher vor, die Leuchte mit einer Ersatzschaltung (Bild 4.27, Tabelle 4.10) zu prüfen.

Man kann in der Leuchte, oder besser dort, wo die Wirkung unmittelbar auftritt, also im Vorschaltgerät, einen thermischen Schutz anbringen. Dazu setzt man Thermosicherungen oder Schalter bzw. PTC-Widerstände ein, die bei zu hohen Temperaturen den Stromkreis unterbrechen bzw. hochohmig machen. Diese Schutzbauelemente müssen einen guten Wärmekontakt zur Wicklung haben, da ein großer Wärmewiderstand zwischen Schutzbauelement und Wicklung bei schnellem Temperaturanstieg ein hohes Überschwingen der Wicklungstemperatur bewirkt und die maximale Grenztemperatur des Vorschaltgeräts, z. B. bei $t_w = 130\,°C$, auf keinen Fall 230 °C überschreiten sollte. Das Schutzelement darf nur über 130 °C auslösen, wenn es sich um Vorschaltgeräte handelt, die für eine max. Grenztemperatur von 130 °C festgelegt sind.

Der Wert des Schutzbauelements läßt sich am schnellsten durch eine Meßreihe festlegen. Zu diesem Zweck betreibt man das Vorschaltgerät mit der Lampe bei 1,05facher Nennspannung. Dabei steht das Vorschaltgerät auf 75 mm hohen Holzklötzen in einem temperaturgeregelten Ofen. Wenn das Vorschaltgerät seine maximale Temperatur erreicht hat, stellt man den Ofen so ein, daß bei einem Vorschaltgerät mit z. B. $t_w = 130\,°C$ die Schutzeinrichtung bei $(130 + 5)\,°C$ noch nicht anspricht. Danach schaltet man statt der Lampe die Ersatzschaltung nach Bild 4.27 und überprüft die Abschalt-

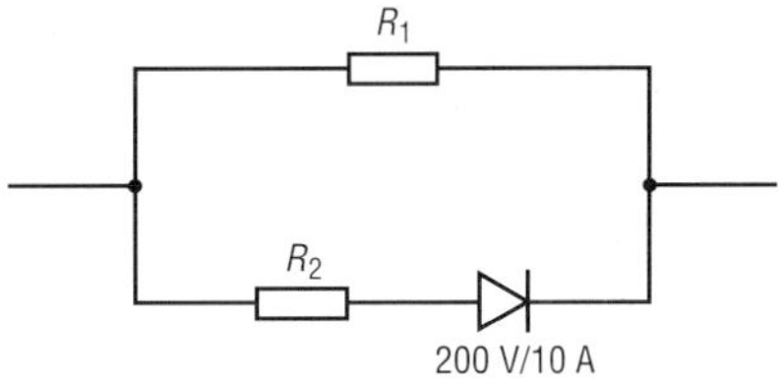

Bild 4.27
Ersatzschaltung zum Prüfen von Leuchten mit Halogen-Metalldampflampen in Soffittenausführung
Werte für R_1 bzw. R_2 siehe Tabelle 4.10

Tabelle 4.10
Widerstandswerte für R_1 und R_2 aus Bild 4.27

Daten für anomalen Betrieb	Lampe					
	HQI-T 35 W		HQI-T 70 W HQI-TS 70 W		HQI-T 150 W HQI-TS 150 W	
Strom	1,06 A	1,59 A	2 A	3 A	3,6 A	5,4 A
Widerstand R_1 (Ω)	150	200	100	200	55	84
Widerstand R_2 (Ω)	29	2	6,0	1,3	3,0	0,6

Tabelle 4.11
Tabelle zum Prüfen der Arbeitsweise von Referenzlampe und Referenzgerät für Halogen-Metalldampflampen

			Ref. Lampe + Ref. Gerät	Ref. Lampe + Prüfling Z_{min}	Z_{Nenn}	Z_{max}	Soll
Leerspannung			·/.				≥ V
Kurzschlußstrom bei	110%	U_{Netz}	·/.				≤ A
Lampendaten bei U_{Netz}	95%	I_L	·/.				–
		U_L	·/.				–
		P_L					0,93 × P_{Ref} ≥ W
	100%	I_L					
		U_L	·/.				–
		P_L					0,925 × P_{Ref} ≥ W
	105%	I_L	·/.				–
		U_L	·/.				–
		P_L					1,07 × P_{Ref} ≤ W
Gesamte Wirkleistung bei U_{Nenn}			·/.				–
Gesamte Scheinleistung bei U_{Nenn}			·/.				–
$\cos\varphi$			·/.				–
Scheitelfaktor	95%		·/.				≤ 1,7
$\frac{\hat{I}}{I_{eff}}$ bei U_{Netz}	105%		·/.				≤ 1,7

temperatur, die in diesem Fall 230 °C nicht überschreiten soll.

Zum Zünden von Halogen-Metalldampflampen reicht die Netzspannung von 220 oder 380 V im allgemeinen nicht aus. Es wurden spezielle Startgeräte (Z) entwickelt, die Spannungsspitzen von 0,6 bis 5 kV erzeugen. Von den vielen Ausführungsarten haben sich hauptsächlich das Überlagerungszündgerät und zum Teil der Zündpulser durchgesetzt.

Das Überlagerungszündgerät (Z) wird nach der Drossel geschaltet. Es besteht aus einem Impulsgenerator, einem Impulstrafo und einem Hochfrequenz-Rückschlußkondensator. Es ist aufwendiger als der Zündpulser, belastet aber das Vorschaltgerät nicht mit Hochspannungsspitzen. So reicht es aus, das Vorschaltgerät für die erforderliche Drosselspannung zu dimensionieren.

Anders verhält es sich beim Zündpulser Zp. Dieser ist billiger, verlangt aber ein spannungsfestes Vorschaltgerät, da hier das Vorschaltgerät als Impulsträger von z. B. 500 V auf 5 kV benützt wird. Die Kriech- und Luftstrecken vergrößern sich, und die Lagenspannung erreicht je nach Konstruktion erhebliche Werte. Ein solches Vorschaltgerät ist aufwendiger, denn man muß bessere Isolierstoffe einsetzen, die auch nach langer Betriebszeit noch spannungsfest sind. Bei zu hohen Lagenspannungen verwendet man Doppellackdrähte oder teilt die Wicklung in mehrere Teilwicklungen, die in Reihe geschaltet werden.

Der Vorschaltgerätehersteller muß garantieren können, daß die Gesamtproduktion, also auch die Produktionsgrenzmuster, Minus- und Plus-Impedanz der Betriebsbedingungen erfüllen. Deshalb ist es zweckmäßig, die Arbeitsweise anhand einer Tabelle (Tabelle 4.11) zu überprüfen.

4.3.2 Referenzlampen und Referenzgeräte

Es gibt 1- und 2seitig gesockelte Halogen-Metalldampflampen. Halogen-Metalldampflampen mit 2seitigem Anschluß sind für sofortige Wiederzündung der heißen Lampe mit speziellen Zündgeräten vorgesehen, die Zündspannungen von 10 bis 60 kV erzeugen.

Da die Vorschaltgeräte für beide Ausführungen die gleichen Bemessungsrichtlinien haben, lassen sich die einseitig gesockelten Lampen mit dem E 40-Sockel am günstigsten für die Kontrolle der Arbeitsweise verwenden. Dazu kann man ein entsprechendes Rohr über die Lampe schieben, und damit die Temperatur der Lampe verändern. So lassen sich die Referenzwerte (Tabelle 4.12) einstellen.

Aufbau und Wirkungsweise von Referenzgeräten sind in Kap. 3.2.4 beschrieben. Auch hier muß die Drosselkennlinie innerhalb der vorgegebenen Hüllkurven liegen. Die Impedanz beim Kalibrierstrom beträgt ebenfalls ± 0,5%; bei jedem anderen Stromwert im Bereich 50 bis 115% darf sie um maximal ± 3% vom Nennwert abweichen. Tabelle 4.13 zeigt die Nenndaten von Referenzgeräten.

Wie in Kap. 3.2.5 beschrieben, kann man die Drosselspannung bei konstanter Netzspannung und Verlustleistung der Drossel mit Diagrammen bestimmen. Entsprechende Diagramme zeigen die Bilder 4.28 a bis 4.28 i.

Tabelle 4.12
Nennwerte von Referenzlampen für Halogen-Metalldampflampen

Typ	P_L W	U_L V	I_L A
35 W	39	90	0,53
70 W	75	95	0,95
150 W	150	95	1,8
250 W	250	100	3,0
400 W	360	120	3,5
1000 W-D	1000	120	9,5
1000 W-N	1000	120	9,3
2000 W-D	2000	230	10,3
2000 W-N	2000	245	8,8
3500 W	3500	220	18

Tabelle 4.13
Nenndaten von Referenzgeräten für Halogen-Metalldampflampen

Lampentyp	U V	I_{kal} A	Z_0 Ω	λ –
35 W	220	0,53	350	0,075 ± 0,005
70 W	220	0,98	188	0,075 ± 0,005
150 W	220	1,8	99	0,06 ± 0,005
250 W	220	3,0	60	0,06 ± 0,005
400 W	220	3,5	45	0,06 ± 0,005
1000 W	220	9,5	17	0,075 ± 0,005
2000 W-N	380	8,8	28	0,03 ± 0,02
2000 W-D	380	10,3	25,5	0,04 ± 0,002
3500 W	380	18,0	15	0,03 ± 0,002

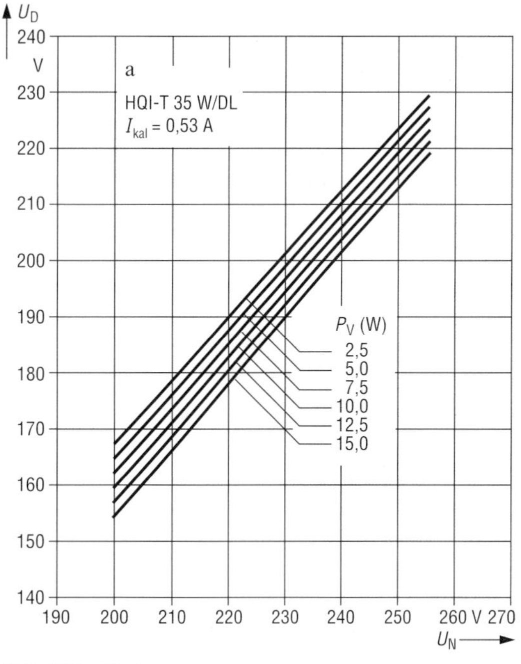

Bild 4.28 a bis i
Diagramme zum Bestimmen der Drosselspannung bei konstanter Netzspannung U_N und Verlustleistung P_V der Drossel beim Betrieb von Halogen-Metalldampflampen

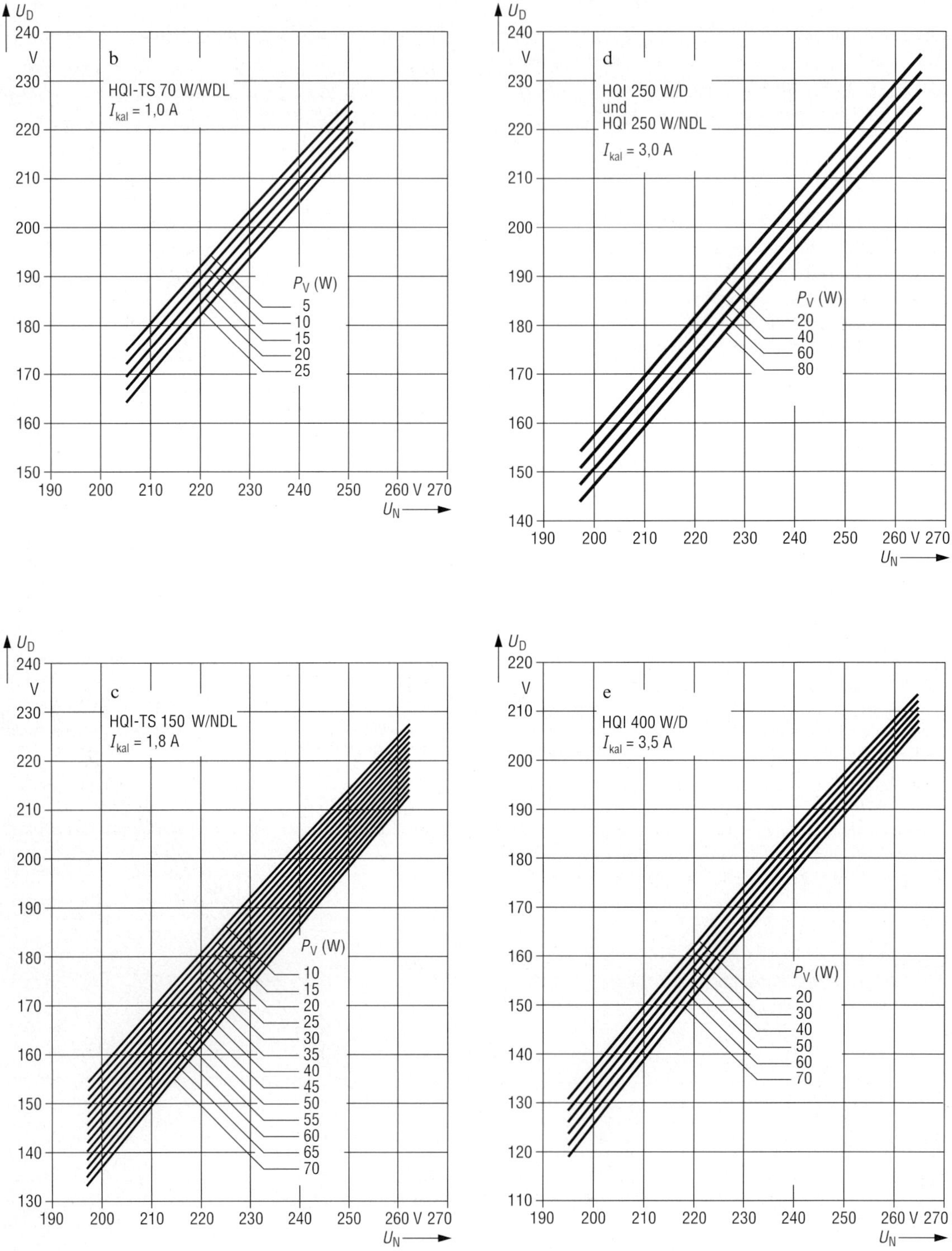

Bild 4.28 Fortsetzung

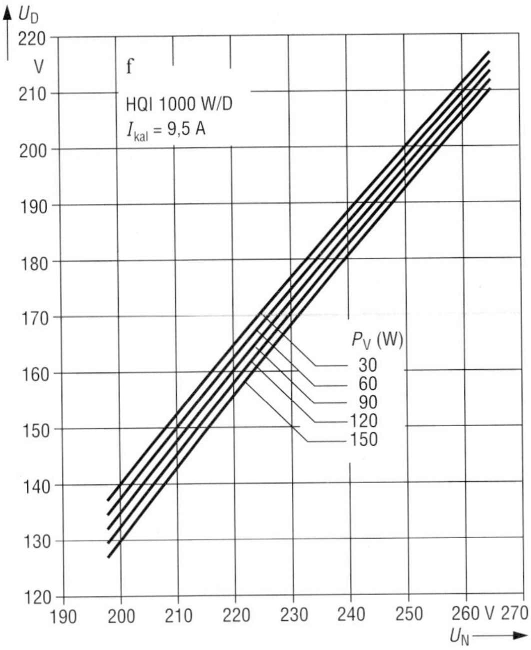
f
HQI 1000 W/D
I_kal = 9,5 A
U_D
V
220
210
200
190
180
170
160
150
140
130
120
P_V (W)
30
60
90
120
150
190
200
210
220
230
240
250
260 V 270
U_N

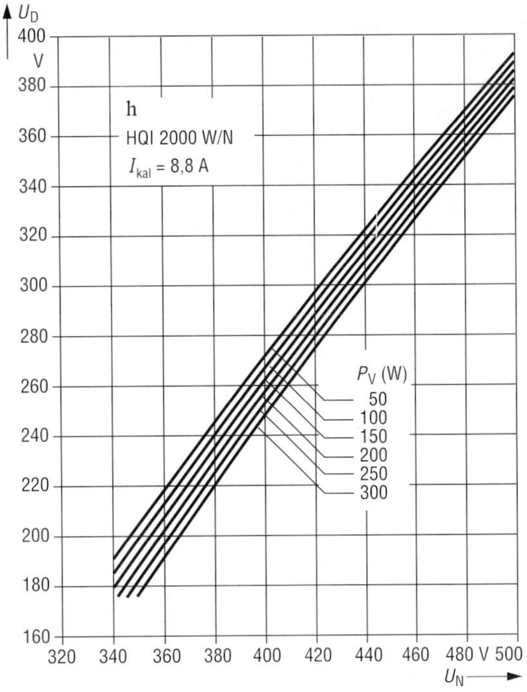
h
HQI 2000 W/N
I_kal = 8,8 A
U_D
V
400
380
360
340
320
300
280
260
240
220
200
180
160
P_V (W)
50
100
150
200
250
300
320
340
360
380
400
420
440
460
480 V 500
U_N

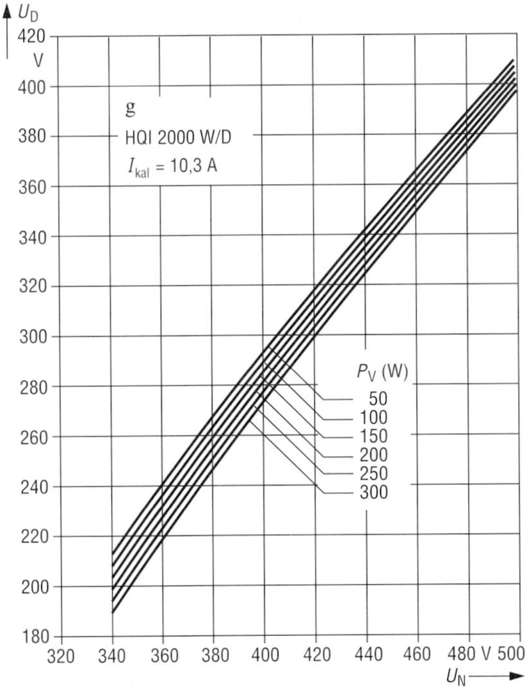
g
HQI 2000 W/D
I_kal = 10,3 A
U_D
V
420
400
380
360
340
320
300
280
260
240
220
200
180
P_V (W)
50
100
150
200
250
300
320
340
360
380
400
420
440
460
480 V 500
U_N

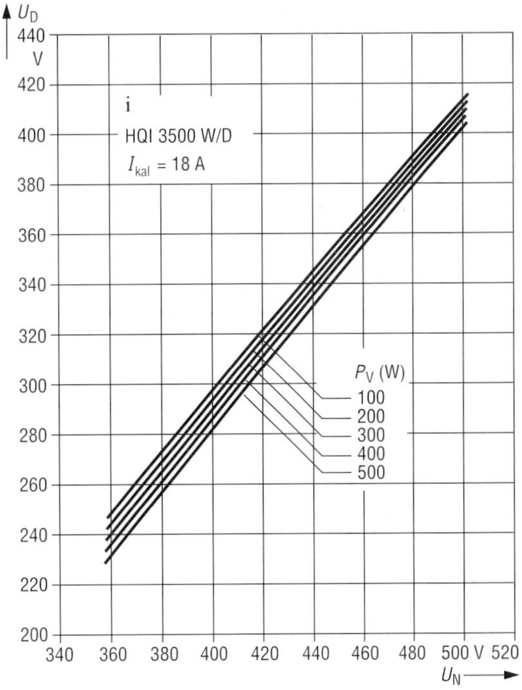
i
HQI 3500 W/D
I_kal = 18 A
U_D
V
440
420
400
380
360
340
320
300
280
260
240
220
200
P_V (W)
100
200
300
400
500
340
360
380
400
420
440
460
480
500 V 520
U_N

4.3.3 Prüfungen

Für Halogen-Metalldampflampen gelten wie für Quecksilberdampf-Hochdrucklampen die Vorschriftenteile EN 60 922/DIN VDE 0712 Teil 12 für die „Sicherheit“ und EN 60923/DIN VDE 0712 Teil 13 für die „Arbeitsweise“. Besonders zu beachten ist in DIN VDE 0712 Teil 13 Hauptabschnitt IV „Elektrische Anforderungen an Vorschaltgeräte für Halogen-Metalldampflampen“.

Die Daten für die zu verwendenden Referenzlampen und Referenzvorschaltgeräte sind, soweit vorhanden, in der IEC Publikation 1167 enthalten. Daten von Lampen, die in der Publikation noch nicht erfaßt sind, müssen beim Lampenhersteller erfragt werden.

Manche Natriumdampf-Hochdrucklampen und Halogen-Metalldampflampen werden mit Hilfe der Überlagerung von sich kurzzeitig wiederholenden Spannungsimpulsen auf die Normalspannung des Vorschaltgerätestromkreises gestartet. Diese Hochspannungsimpulse werden oft von elektronischen Zündgeräten erzeugt und in einigen Schaltungen sowohl den Lampen als auch den Vorschaltgeräteklemmen zugeführt. Deshalb muß sichergestellt werden, daß Vorschaltgeräte, die in diesen Schaltungen eingesetzt werden, eine geeignete Hochspannungs-Impulsprüfung bestehen.

Die Norm nennt im einzelnen besondere Prüfungen für solche Vorschaltgeräte, die für den Betrieb in einer Schaltung mit extern zur Lampe angeordnetem Startgerät bestimmt sind und für andere Vorschaltgeräte, die für den Betrieb von Lampen mit interner Starteinrichtung vorgesehen sind.

Einige Vorschaltgeräte enthalten ein- oder angebaute Überspannungsableiter. Deshalb schließt die Norm Prüfverfahren für diese Vorschaltgeräteart ein, soweit es notwendig ist, die Sicherheit solcher, ggf. angebauter Vorrichtungen zu gewährleisten.

Diese Anforderungen bestätigen, daß Vorschaltgeräte Spannungsimpulsen ausgesetzt werden können, wenn Lampe und Vorschaltgerät gleichzeitig warm oder kalt sind.

Sämtliche Prüfungen der Norm sind Typprüfungen und beinhalten nicht eine Überprüfung der laufenden Fertigung. Hierfür gelten die besonderen Vereinbarungen mit der VDE-Prüfstelle: Durch eine laufend zu wiederholende Typprüfung muß ein Nachweis zur Normenkonformität (mit Nachweis an die Prüfstelle) durchgeführt werden (siehe auch Kapitel 11.1.6, Vertrag mit VDE-Prüfstelle).

4.4 Elektronische Vorschaltgeräte für Halogen-Metalldampflampen

Im Unterschied zu Leuchtstofflampen lassen sich Hochdrucklampen nicht so einfach mit elektronischen Vorschaltgeräten betreiben. Dies liegt nicht nur an der physikalischen Natur der elektrischen Gasentladung bei hohen Drücken, sondern auch an den mit der Anwendung selbst zusammenhängenden Problemen:

- ▷ Die Lampen haben nur bestimmte Frequenzbereiche, in denen sie stabil betrieben werden können.
- ▷ Die Zündspannungen sind höher und reichen bis zu mehreren kV; sie erfordern deshalb einen sorgfältigen Schutz der Bauelemente des EVG gegen kapazitiv eingekoppelte Störungen aus den Leitungen, die auf Hochspannung liegen.
- ▷ Die Leistungen sind höher und die Geräte müssen wegen der kleinen Leuchtenabmessungen kompakt aufgebaut sein. Trotz hohen Wirkungsgrads des Vorschaltgeräts heizen sich die Geräte stark auf. Hinzu kommt die Erwärmung durch die Lampe selbst.
- ▷ Eine Lichtausbeutesteigerung durch elektronische Vorschaltgeräte wie bei Leuchtstofflampen beobachtet man im allgemeinen nicht. Elektronische Vorschaltgeräte sind also nicht von vornherein wirtschaftlicher als konventionelle.

Die Vorteile der EVG liegen daher bei Halogen-Metalldampflampen auf Gebieten, in denen nicht nur die Wirtschaftlichkeit allein entscheidet, sondern auch da, wo die Erweiterung oder Verbesserung des Anwendungsbereichs im Vordergrund steht:

- Bessere Farbkonstanz durch Ausregelung der Lampenleistung gegenüber Änderungen der Lampenbrennspannung oder der Netzspannung;
- Wegfall des Lichtflimmerns;
- Heißwiederzündbarkeit mit einfachen Mitteln;
- durch schonendere Zündung meist höhere Lampenlebensdauer;
- Halogen-Metalldampflampen lassen sich auch an anderen Versorgungsspannungen betreiben, z. B. im Akkubetrieb an 12 V. Be-

sonders interessant ist auch der Einsatz an 100- und 120-V-Netzen, wo nicht nur einfache Drosseln, sondern aufwendige Streufeldtransformatoren mit hoher Verlustleistung durch EVG ersetzt werden können. Damit ergibt sich eine hohe Wirtschaftlichkeit.

Trotz des höheren Aufwands für EVG für Halogen-Metalldampflampen ist ihr Einsatz deshalb durchaus von großem Interesse.

Der Leistungsbereich von EVG ist im allgemeinen auf Lampen unter 400 W beschränkt. Wegen der individuellen Anpassung an die Lampen ist meist auch ein Gerät nur für einen bestimmten Lampentyp geeignet und nicht für verschiedene Lampen gleicher Leistung.

Die Anforderungen an die Geräte hinsichtlich Funk-Entstörung, Netzstromoberschwingungsgehalt, Berührungssicherheit usw. sind die gleichen wie bei Leuchtstofflampen-Vorschaltgeräten. Sie sind in Kapitel 2.4 beschrieben. In diesem Kapitel werden daher nur die speziell für Halogen-Metalldampflampen erforderlichen Grundprinzipien der EVG behandelt.

4.4.1 Resonanzeffekte

Die Wahl der Betriebsfrequenz ist bei Leuchtstofflampen unkritisch und richtet sich nach Gesichtspunkten, die vom Vorschaltgerät abhängig sind, wie Wirtschaftlichkeit, Funk-Entstörung, Wirkungsgrad usw. Bei Halogen-Metalldampflampen ist sie dagegen von größter Bedeutung. Versucht man Halogen-Metalldampflampen bei höherer Frequenz zu betreiben, so stellt man fest, daß in breiten Frequenzbereichen die Lampen nicht zünden, hohe Brennspannungen haben oder zumindest sichtlich unruhig brennen. Eine genaue Analyse zeigt, daß alle Lampen bis zu Frequenzen von einigen kHz einwandfrei zu betreiben sind; dann folgt ein Gebiet mit stark unruhig brennendem Bogen. Manchmal verlöscht die Lampe ganz und ist auch mit noch so hohen Spannungen nicht zu zünden. Dazwischen gibt es Bereiche, in denen die Lampe anscheinend einwandfrei brennt, mitunter jedoch mit ungleichförmig gestalteten Bogen oder strahlförmigen Protuberanzen. Bei noch höheren Frequenzen, ab 30 bis 40 kHz, werden diese Bereiche immer seltener und schmäler und die Lampen sind in dem Gebiet zwischen 40 und 200 kHz praktisch nicht zu betreiben. Erst bei noch höherer Frequenz, manchmal jedoch erst über 500 kHz ist wieder ein einwandfreier Betrieb möglich.

Die Erklärung für dieses Verhalten liegt im hohen Druck der Lampen. Beim Durchgang jeder Stromhalbwelle durch das Gas wird dieses aufgeheizt und der Bogenkern expandiert. Es entsteht eine Druckwelle, deren Ausbreitungsgeschwindigkeit der Schallgeschwindigkeit c entspricht. Sie ist von der Gasart und der Temperatur abhängig. Für die typische Füllung einer HQI-Lampe mit Quecksilber und Argon beträgt c etwa 630 m/s.

Durch die Reflexion an den Wänden des Entladungsgefäßes entstehen Schwingungen. Diese Schwingungen können sich, je nach der Form des Entladungsgefäßes, bevorzugt in einer Richtung ausbreiten. Bei langen, dünnen Rohren geschieht dies beispielsweise in axialer Richtung. Trifft die ausgehende Welle mit einer reflektierten Welle zusammen, so gibt es eine resonanzartige Überlagerung. Das Plasma wird an dieser Stelle zusätzlich aufgeheizt und es kommt zu Störungen. Die Frequenz läßt sich in diesem Fall sehr einfach bestimmen. Resonanz tritt auf bei der Frequenz $f_R = c/2L$, wobei c die Schallgeschwindigkeit und L die Länge des Entladungsrohres sind. Man nennt diesen Fall longitudinale Resonanz.

Da die meisten Entladungsgefäße aber auch Reflexionen an anderen Stellen erlauben, ergeben sich z. B. auch azimutale und radiale Schwingungen. Zusätzlich können Kopplungen verschiedener Schwingungsmoden entstehen, und schließlich gibt es auch Schwingungen auf den entsprechenden Oberschwingungen oder sogar auf Subharmonischen. Im einfachsten Fall führen diese Schwingungen zu leichten Beeinflussungen des Bogens. Die drei Grundresonanzen führen im allgemeinen zum Verlöschen. Jede Beeinflussung des Bogens macht sich auch in einer Erhöhung der Brennspannung bemerkbar. Besonders bei kleinen kugelförmigen Lampen reicht das Gebiet unruhigen Brennens bis in den MHz-Bereich.

Weil also die Resonanzfrequenz in einer Lampe nicht nur von der Gasart und der mittleren Gastemperatur, sondern auch noch von der Brennergeometrie abhängig ist, haben alle Hochdrucklampen individuell unterschiedliche Resonanzspektren.

Ob der Betrieb einer Halogen-Metalldampflampe mit Hochfrequenz möglich ist oder nicht, kann daher nur durch die Aufnahme eines Frequenz-

Tabelle 4.14
Frequenzbereiche, in denen ein stabiler Lampenbetrieb möglich ist, für einige ausgewählte Halogen-Metalldampflampen (Angaben in kHz)

Lampentyp	Niederfrequenz-Betrieb	Frequenz-Fenster	Hochfrequenz-Betrieb
HQI-T 35 W	< 15	–	> 400
HQI-TS 70 W	< 9	22	> 180
HQI-T 70 W	< 12	–	> 250
HQI-TS 150 W/N,	< 5	17	> 80
WDL			> 115
HQI-T 150 W	< 10	–	> 180

spektrums entschieden werden. Tabelle 4.14 zeigt für einige Lampen die Frequenzbereiche, in denen ein stabiler Lampenbetrieb möglich ist. Auf die Realisierung von EVG für dieses Frequenzgebiet wird im nächsten Kapitel näher eingegangen.

4.4.2 Möglichkeiten für stabilen Lampenbetrieb

Ein elektronisches Betriebsgerät für Halogen-Metalldampflampen muß das Frequenzverhalten der Lampen berücksichtigen. Alle Versuche, die Lampen so zu verändern, daß keine akustischen Resonanzen auftreten, sind bisher gescheitert und werden wohl auch in Zukunft scheitern. Man muß also die Betriebsfrequenz in solche Gebiete legen, in denen keine Resonanzen auftreten, oder die treibende Spannung so in der Frequenz modulieren, daß die Anregungsbedingungen für Resonanzen nicht erreicht werden können.

Resonanzfreie Frequenzbereiche

Resonanzfreie Frequenzbereiche gibt es nur bei sehr tiefen und sehr hohen Frequenzen. Die unteren Frequenzbereiche fallen meist ganz in den akustischen Bereich unterhalb 15 kHz. Obwohl es unproblematisch ist, EVG in diesem Frequenzbereich zu realisieren und auch die Lampen einwandfrei betrieben werden können, ist es wenig empfehlenswert. Sehr oft erweisen sich elektronische Bauelemente wie Induktivitäten, Kondensatoren und selbst Transistoren als leicht erregbare Schallsender. Auch die Lampe selbst oder Teile davon können zu Schwingungen erregt werden, die sehr störend sein können. Zwar liegt die abgestrahlte Frequenz beim doppelten Wert der Frequenz der treibenden Spannung, aber oft genug werden durch die Schwingungen auch Subharmonische erregt. Deshalb bleiben solche Geräte auf Anwendungsfälle beschränkt, in denen Geräusche durch das EVG oder die Lampe nicht stören können, z. B. im Kraftfahrzeug oder Flugzeug. Nachteilig sind auch die durch die erforderlichen Größen der Ferritkerne entstehenden Kosten und Baugrößen.

Der Betrieb oberhalb der erregbaren akustischen Resonanzen ist erst bei verhältnismäßig hohen Frequenzen möglich. Abgesehen von höheren Verlusten in Ferriten oder Transistoren muß man hier schon auf die merkliche Abstrahlung von Leitungen und Lampen hinweisen. Die abgestrahlte Leistung fällt in das Lang- und Mittelwellengebiet, kann aber bei nichtsinusförmigem Lampenstrom auch bis ins Kurzwellengebiet reichen. Bei den hohen Leistungen, die Halogen-Metalldampflampen haben können, ist der abgestrahlte Anteil daher erheblich und macht die einwandfreie Funk-Entstörung einer Leuchte aufwendig. Aber auch durch kapazitive Kopplung auf die Netzzuleitungen bleibt der konduktive Anteil der Funkstörung schwieriger zu beherrschen als bei niedrigen Frequenzen.

Frequenzfenster, Frequenzmodulation

Sofern Frequenzfenster gefunden werden, in denen die Lampe richtig brennt, sind sie meist sehr schmal. Außerdem weisen sie noch eine zusätzliche Feinstruktur auf, die sich nur in einer Erhöhung der Brennspannung bemerkbar macht, die aber auf eine Beeinflussung des Bogens hinweist. Bild 4.29 zeigt die Brennspannung einer Lampe zwischen zwei Resonanzstellen bei 20 und 25 kHz. Obwohl die Lampe augenscheinlich ruhig mit den Zwi-

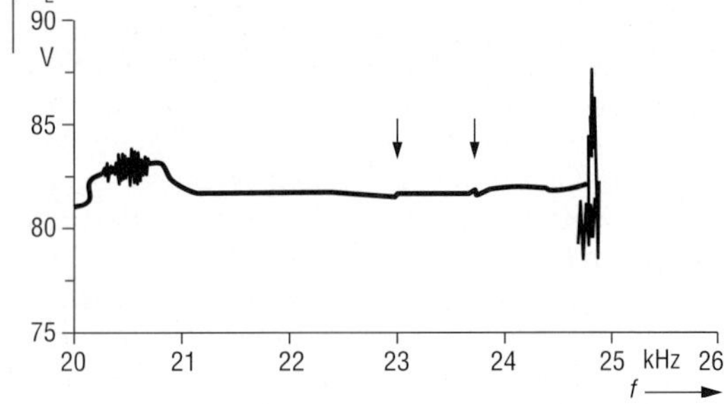

Bild 4.29
Frequenzfenster bei Halogen-Metalldampflampen. Feinstruktur zwischen zwei Resonanzstellen bei 20 und 25 kHz. Der Verlauf der Brennspannung zeigt dazwischen kleine Unruhen

schenfrequenzen brennt, sieht man doch deutliche Beeinflussungen.

Eine Möglichkeit, trotzdem in diesem sehr günstig liegenden Frequenzfenster zu arbeiten, besteht darin, die Betriebsfrequenz nicht konstant zu lassen, sondern sie periodisch zu verändern. Das Aufschaukeln der Druckwellen in den Lampen zu Resonanzen erfolgt verhältnismäßig langsam. Wenn man die Frequenz schnell genug ändert, so unterdrückt man diese Aufschaukelung. Die Frequenz dieser Modulation kann z. B. die zweite Harmonische der Netzfrequenz sein. Die Kurvenform der Modulation hat ebenfalls großen Einfluß auf das Maß der Unterdrückung von Resonanzen. Ungleichförmige Kurvenformen sind besser geeignet als sinusförmige. Der Frequenzhub sollte nicht größer sein als das freie Fenster, damit nicht die Gefahr besteht, die benachbarten Resonanzen anzuregen. Es ist nicht möglich, durch Frequenzmodulation die Grundresonanzen zu unterdrücken.

Betrieb mit Rechteckstrom

Ein ganz anderes Prinzip elektronischer Vorschaltgeräte eröffnet sich, wenn die Lampen mit Gleichstrom betrieben werden. In diesem Fall kann man die Gleichspannung durch nachträgliche Gleichrichtung eines nun auf beliebiger Frequenz arbeitenden Generators erzeugen. Die Strombegrenzung erfolgt dann auf der Wechselstromseite.

Leider ist bis auf geringe Ausnahmen ein Gleichstrombetrieb von Halogen-Metalldampflampen nicht möglich, weil die gleichbleibende Stromrichtung Ionen nur in eine Richtung transportiert. Dadurch sammeln sich die leichter kondensierbaren Füllsubstanzen an der kälteren Kathode und nehmen dann nur noch mit sehr geringem Druck an der Entladung teil. Die Folgen sind Entmischungen längs des Bogens, starke Farbverschiebungen und Abfall der Lichtausbeute; außerdem werden die Elektroden ungleichmäßig belastet. Aus diesem Grunde muß bei Gleichstrombetrieb die Polarität regelmäßig gewechselt werden. Dies kann mit einer sehr niedrigen Frequenz (z. B. 200 bis 600 Hz) geschehen. Man verwendet dazu gewöhnlich vier Transistoren in Vollbrückenschaltung (siehe Kapitel 4.4.5).

Vorteil dieses Prinzips ist eine von der Eigenart der Lampe vollständig unabhängige Betriebsart. Der Modulationsgrad der Ausgangsrechteckspannung mit der Generatorfrequenz darf einen bestimmten Wert nicht überschreiten, damit es nicht zur Anregung von Resonanzen kommen kann. Auch die Umschaltpausen dürfen nicht zu lang sein, damit nicht die Gefahr besteht, daß die Lampen löschen. Nachteilig ist der erheblich höhere Schaltungsaufwand.

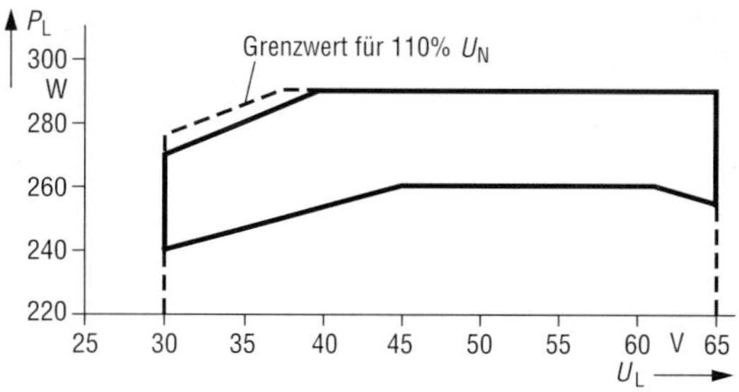

Bild 4.30
Grenzbereiche der zulässigen Abweichungen der Lampenleistung und Abhängigkeit von der Lampenspannung bei Rechteckbetrieb der Halogen-Metalldampflampe HTI 250 W

Bild 4.30 zeigt die Grenzwerte der Lampenleistung für den Rechteckbetrieb einer Halogen-Metalldampflampe HTI 250 W (siehe Kapitel 7.4) bei den auftretenden, zulässigen Lampenbrennspannungen, wie sie in Kapitel 4.1 erläutert wurden.

4.4.3 Die Lampenzündung

Grundsätzlich unterscheidet sich die Lampenzündung bei Hochfrequenz- oder Rechteckbetrieb nicht von der bei Netzfrequenz. Die Durchbruchspannung nimmt jedoch bei höherer Frequenz zu. Ein typisches Verhalten zeigt Bild 4.31 am Beispiel

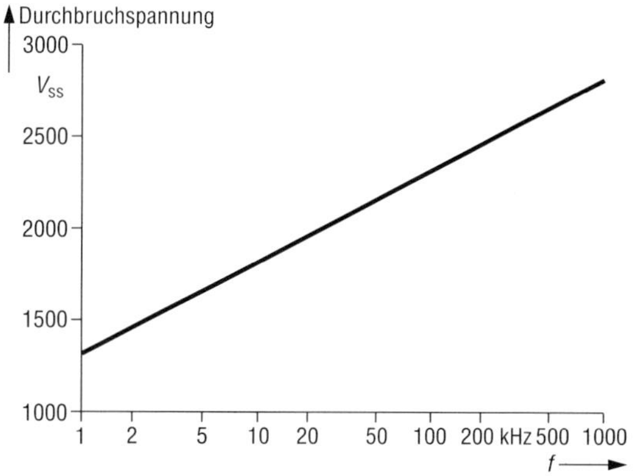

Bild 4.31
Durchbruchspannung von Halogen-Metalldampflampen in Abhängigkeit von der Betriebsfrequenz am Beispiel einer HQI-TS 70 W/WDL

Tabelle 4.15
Lampendaten und Anforderungen an ein Vorschaltgerät für den Rechteckbetrieb der Halogen-Metalldampflampe HTI 250 W

Lampenbrennspannung, stationär	45 ± 15 V
Lampenbrennspannung, nach dem Zünden	20 V
Lampenbrennspannung, Anstieg beim Brennen	+5 V
Lampenstrom	6 A
maximaler Anlaufstrom	11 A
minimaler Anlaufstrom	7 A
nominale Lampenleistung	270 W
maximale Lampenleistung (s. Bild 4.30)	270 W–290 W
minimale Lampenleistung (s. Bild 4.30)	240 W–260 W
Lampenleistungsfaktor	1
minimale Leerlaufspannung, rechteckförmig	250 V
maximale Stromunterbrechung	10 μs
maximale HF-Modulation des Lampenstroms	10%
minimaler Zündimpuls	16 kV_s
Mindestzahl der Zündimpulse je Sekunde	1000
minimale Einwirkungsdauer der Zündimpulse	1 s

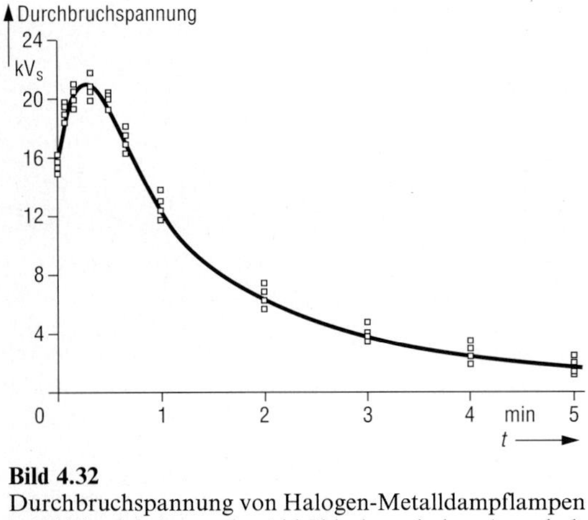

Bild 4.32
Durchbruchspannung von Halogen-Metalldampflampen in Abhängigkeit von der Abkühlzeit nach dem Ausschalten am Beispiel einer HQI-TS 70 W/WDL. Der starke Anstieg der Zündspannung ist auf das Vorhandensein freier, elektronenfangender Halogene während dieser Phase zurückzuführen

der HQI-TS 70-W-Lampe. Die erforderlichen Leerlaufspannungen zum Anlauf der Lampen wiederum sind ähnlich wie bei Netzfrequenz (Tabelle 4.15).

Die sofortige Wiederzündung heißer Lampen erfordert ebenfalls sehr viel höhere Spannungen. Verbindliche Werte dafür sind noch nicht festgelegt worden. Ein Beispiel zeigt Bild 4.32. Die höchste Spannung wird nicht nach unmittelbarem Einschalten nach einer Stromunterbrechung benötigt, sondern meist nach 15 bis 30 s.

Zur Erzeugung der Spannungen zur Lampenzündung können alle bekannten Verfahren der Hochfrequenztechnik zum Erzeugen hoher Spannungen herangezogen werden. Besonders bewährt haben sich Resonanzschaltungen und Impulsschaltungen.

Resonanzschaltungen

Bei diesen Schaltungen wird ein Reihenresonanzkreis LC im Lampenstromkreis zur Resonanz gebracht. Da die Resonanz dieses Kreises dem Generator sehr viel Energie entzieht, stimmt man ihn meist nicht unmittelbar auf die Grundfrequenz f_G ab, sondern auf eine höhere Harmonische, vorzugsweise auf $3 f_G$ oder $5 f_G$. Bei selbsterregten Generatoren schiebt sich die Frequenz von selbst auf die Resonanzfrequenz. Bei Generatoren mit fester Frequenz muß man, um eine genaue Abstimmung von L und C auf die f_G (oder eine höhere Harmonische) zu vermeiden, im Augenblick der Zündung die Frequenz modulieren (über eine Rampenspannung oder periodisch), damit die Resonanzfrequenz mit Sicherheit überstrichen wird. Die Parallelkapazität C_P wirkt als Spannungsteiler und sollte daher so klein wie möglich gehalten werden.

Mit hoher Kreisgüte lassen sich Spannungen bis zu 15 kV erzeugen, die sehr sicheres Zünden der Lampen gewährleisten. Wegen der hohen Belastung empfiehlt es sich den Generator zu takten.

Impulszündung

Hier können die Spannungsimpulse entweder parallel zur Lampe über einen Zündtrafo angelegt werden (siehe Bild 4.20) oder sie werden vom Lampenstrom über einen Impulstrafo überlagert (siehe Bild 4.21). Bei der Schaltung mit Zündtrafo muß die Drossel hochspannungsfest sein; sie sperrt den Hochspannungsimpuls gegen den Generator ab. Beim Überlagerungszündgerät ist keine hochspan-

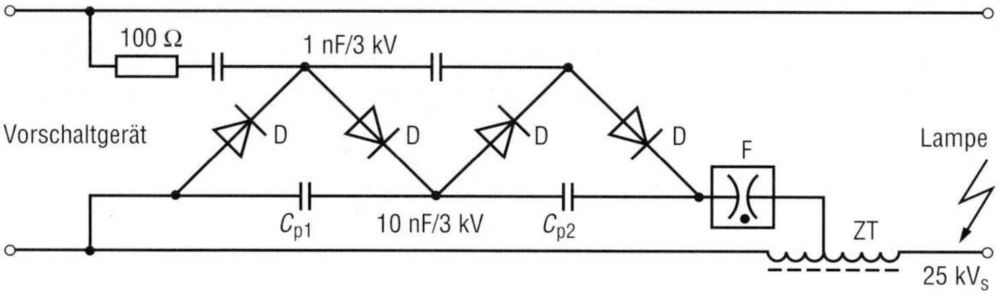

Bild 4.33
Prinzipschaltbild eines Zündgeräts mit Tesla-Trafo ZT;
F ist eine Funkenstrecke

nungsfeste Drossel erforderlich. In beiden Fällen darf die Parallelkapazität auf der Generatorseite nicht fehlen, um den Stromkreis für die Spannungsimpulse zu schließen.

Bezüglich der Phasenlage und Höhe der Impulse wird ebenfalls auf Kapitel 4.2 verwiesen. Als Impulsgeber müssen jedoch der höheren Frequenz angepaßte Schaltelemente verwendet werden, beispielsweise Thyristoren.

Tesla-Transformator-Zündung

Der Tesla-Transformator ist ein Impulstransformator, der so dimensioniert ist, daß die Sekundärspule mit ihrer Wickelkapazität bei der Betriebsfrequenz in Resonanz gerät. Damit lassen sich sehr hohe Spannungsimpulse erzeugen, die auch eine heiße Lampe zünden können. Bild 4.33 zeigt die Schaltung eines solchen Zündgeräts. Aus der Generatorspannung werden zunächst durch Spannungsvervielfachung über die Dioden *D* die Kondensatoren C_{P1} und C_{P2} aufgeladen. Dadurch entsteht an der Funkenstrecke F eine hohe Spannung. Wird die Durchbruchsspannung der Funkenstrecke erreicht (Bild 4.34), so entladen sich die Kondensatoren C_P über die Primärspule der Tesla-Transformatoren und erzeugen auf der Sekundärseite je nach Dimensionierung Spannungsimpulse bis zu 30 bis 60 kV.

Um den Anlauf der Lampen sicherzustellen, ist ebenso wie im konventionellen Betrieb auf ausreichende Leerlaufspannung zu achten. Damit der Übergang von der Zündung zur stationären Entladung sicher ist, kann man bei kritischen Bedingungen oft kurzzeitig die Leerlaufspannung erhöhen (Booster) oder durch die Entladung eines Kondensators unmittelbar nach der Zündung für zusätzliches Aufheizen des Gases sorgen und damit die Übernahme erleichtern (siehe Kapitel 4.2 und 7.4).

4.4.4 Lampendaten bei Hochfrequenzbetrieb

Ein ganz charakteristischer Unterschied in Bezug auf die Dimensionierung der Vorschaltgeräte besteht im Verhalten der Lampen bei Hoch- und Netzfrequenz. Bei Netzfrequenz sorgt die zunehmende Wiederzündspitze bei steigender Brennspannung für die verhältnismäßig starke Abhängigkeit der Lampenleistung von der Brennspannung der Lampe. Bei Hochfrequenz fehlt die Wiederzündspitze, der Lampenleistungsfaktor ist fast gleich 1. Es ist daher zu erwarten, daß sich auch bei Hochfrequenz der Grad der Abhängigkeit abschwächt.

Wie in Bild 4.35 dargestellt, zeigen Lampen mit überproportionalem Anstieg der Brennspannung

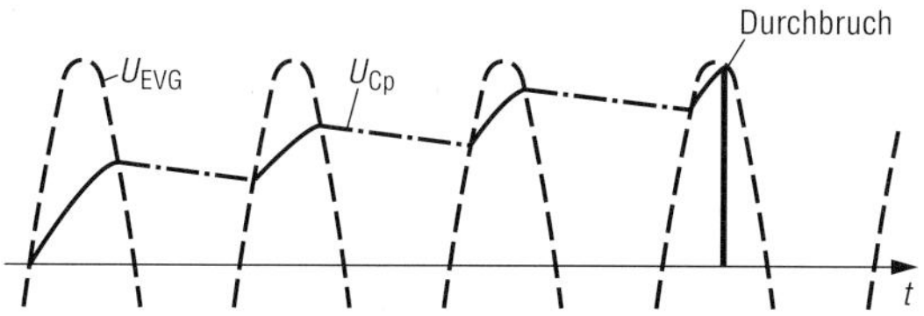

Bild 4.34
Aufladung U_{CP} der Kondensatoren C_P des Zündgeräts nach Bild 4.33. U_{EVG} ist die Ausgangsspannung des Vorschaltgeräts

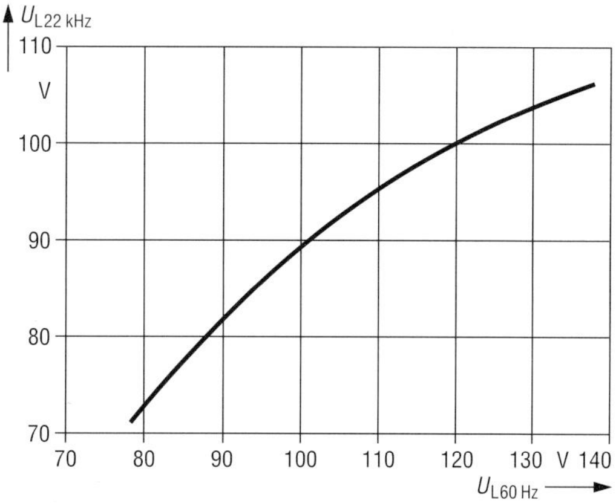

Bild 4.35
Zusammenhang zwischen der Brennspannung von Lampen bei Netzfrequenz mit Vorschaltdrossel und bei Hochfrequenz mit ca. 300 V Leerlaufspannung

bei Hochfrequenz nur eine sehr schwache Zunahme. Während Lampen mit 130 V bei Netzfrequenz meist schon verlöschen, können sie daher bei HF noch (bei gleicher Leerlaufspannung) weiterbrennen. Aus diesem Grunde ergeben sich bei HF sehr viel flachere Kurvenlinien, die in weiten Bereichen eine von der Lampenbrennspannung unabhängige Lampenleistung ergeben. Bild 4.36

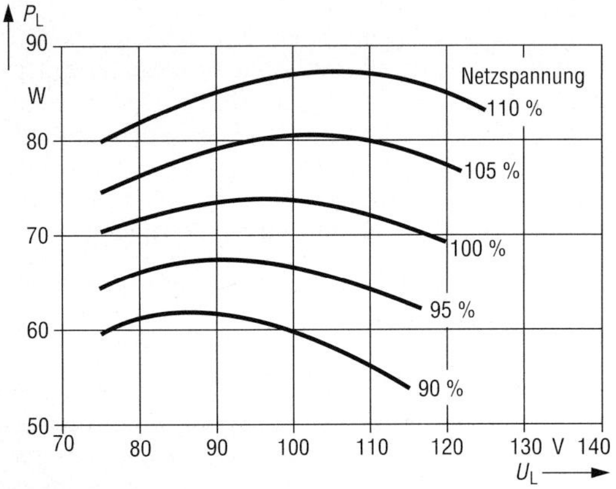

Bild 4.36
Ausgangskennlinien von elektronischen Vorschaltgeräten mit Halbbrückenwandlern

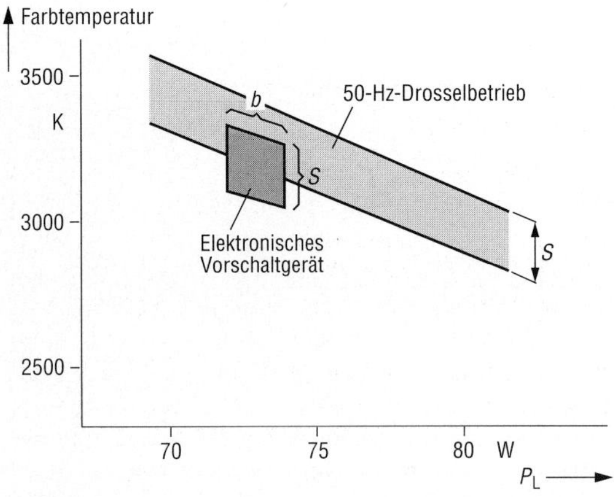

Bild 4.37
Veränderung der Farbtemperatur von HQI-Lampen bei unterschiedlichen Lampenleistungen im Drosselbetrieb, die auf Grund der Schwankungen aller Betriebsparameter auftreten können. Bei Konstanthaltung der Lampenleistung durch ein geregeltes elektronisches Gerät schrumpft das Gebiet der Farbschwankungen auf ein kleines Feld zusammen, dessen Fläche durch die individuellen Lampenschwankungen *s* und die Regelbreite *b* gegeben ist

zeigt ein solches Kurvenlinienfeld bei einer Leerlaufspannung von 300 V. Dieses Kurvenlinienfeld ist typisch für Halbbrücken-Inverterschaltungen, die an 230 V arbeiten.

Verglichen mit den Kennlinien bei 50 Hz ist die Abhängigkeit der Lampenleistung sowohl von der Brennspannung als auch von der Netzspannung wesentlich geringer. Bei nicht allzu großen Netzspannungsschwankungen kann auf eine Regelung der Lampenleistung meist ganz verzichtet werden. Die Folge davon ist eine sehr viel geringere Änderung der übrigen Lampendaten. Als Beispiel sei hier die Abhängigkeit der Farbtemperatur von der Lampenleistung herausgegriffen. Wie Bild 4.37 zeigt, gibt es einen Zusammenhang zwischen der Farbtemperatur und der Lampenleistung, der noch von individuellen Lampenschwankungen überlagert wird. Entsprechend einer Kennlinie wie in Bild 4.14 muß infolge Leistungsschwankungen mit einer Farbtemperaturwanderung von 500 K gerechnet werden. Durch eine Regelung der Lampenleistung läßt sich dieser Einfluß so stark verringern, daß er praktisch vernachlässigt werden kann und nur die individuelle Lampenstreuung *s* übrig bleibt.

4.4.5 Praktische Ausführungen von elektronischen Vorschaltgeräten

Die Grundschaltungen, wie sie zum Betrieb von Leuchtstofflampen angewendet werden, lassen sich im Prinzip auch für Halogen-Metalldampflampen anwenden. Allerdings sind durch die Anforderungen an Frequenzkonstanz, Modulationsgrad und Frequenzhöhe erhebliche Änderungen notwendig. Deshalb unterscheiden sich EVG für Halogen-Metalldampflampen sehr stark von Leuchtstofflampengeräten, obwohl die sonstigen Anforderungen an die Geräte bezüglich Netzrückwirkungen, Lebensdauer usw. gleich sind. Außerdem sind unterschiedliche Konzepte für die einzelnen Frequenzbereiche erforderlich. Für vier typische Möglichkeiten, Halogen-Metalldampflampen zu betreiben, sollen die einzelnen Konzepte näher erläutert werden.

Niedrige Betriebsfrequenz

Im mobilen Betrieb oder in Kraftfahrzeugen sind akustische Störungen durch das Betriebsgerät in gewissen Maßen akzeptabel. Hier bietet es sich an, ein Gerät zu verwenden, dessen Betriebsfrequenz unterhalb der niedrigsten akustischen Resonanz der Lampe liegt, aber noch in den Hörbereich fällt.

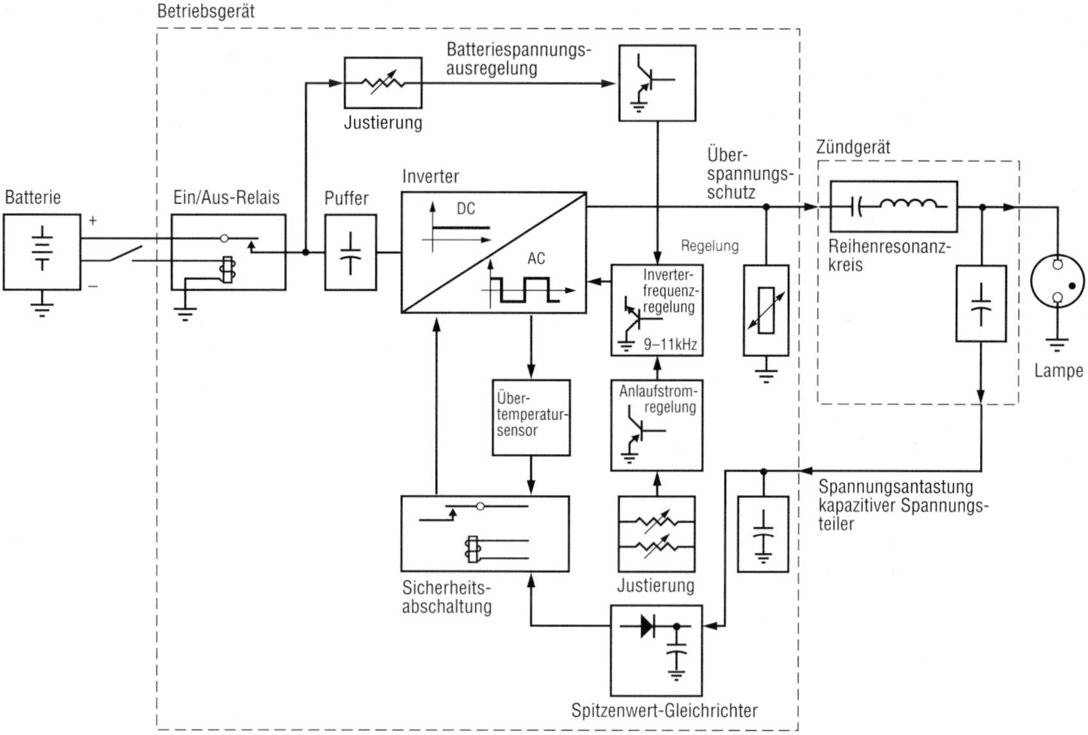

Bild 4.38
Blockschaltbild eines Vorschaltgeräts für den Betrieb von Halogen-Metalldampflampen an 12-V-Batterien

Hier soll als Beispiel ein Gerät für den Betrieb an 12 V Gleichspannung beschrieben werden.

Die Anforderungen an ein solches Gerät sind recht umfangreich:

▷ Regelung der Lampenleistung gegenüber Änderungen der Batteriespannung und der Lampenbrennspannung;

▷ erhöhter Anlaufstrom, um den Lampenanlauf zu beschleunigen;

▷ sofortige Wiederzündung der heißen Lampe;

▷ Schutzschaltungen bei

- zu niedriger Betriebsspannung,
- zu niedriger Lampenspannung,
- fehlender, nichtzündender Lampe,
- zu hohen Temperaturen und
- Kurzschluß.

Diese Forderungen können mit einem selbsterregten, geregelten Gegentaktgenerator erfüllt werden.

Die Zündung erfolgt über Reihenresonanz an der Lampendrossel.

Bild 4.38 zeigt das Blockschaltbild eines solchen Geräts. Ein selbsterregter Gegentaktgenerator mit einer Rückkopplungswicklung auf dem Ausgangsübertrager würde den wechselnden Lastverhältnissen (Zündung, Anlauf, Betrieb) nicht entsprechen. Deshalb muß die Ansteuerung direkt vom Laststrom gesteuert werden. Wie Bild 4.39 zeigt, werden die Transistoren T 1 und T 2 über einen getrennten Ansteuertrafo Tr 2 angesteuert, der als Sättigungsübertrager ausgebildet ist und direkt vom Laststrom gesteuert wird. Dadurch ist die Transistoransteuerung ideal an die Lastverhältnisse angepaßt. Wenn z. B. während der Zündung die Reihenschaltung von $C\,2$ und $L\,1$ auf der dritten Harmonischen in Resonanz kommt und die Transistorbelastung am höchsten ist, werden die Transistoren exakt mit dieser Frequenz phasenrichtig angesteuert.

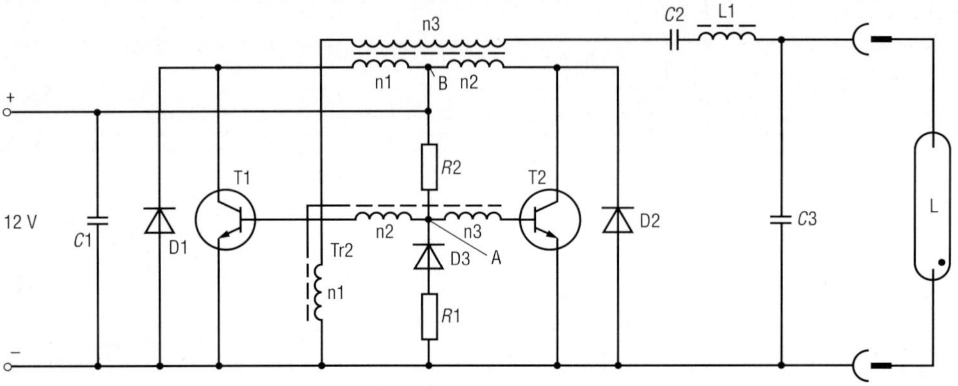

Bild 4.39 Prinzipschaltbild eines Gegentaktwandlers zum Betrieb an Halogen-Metalldampflampen

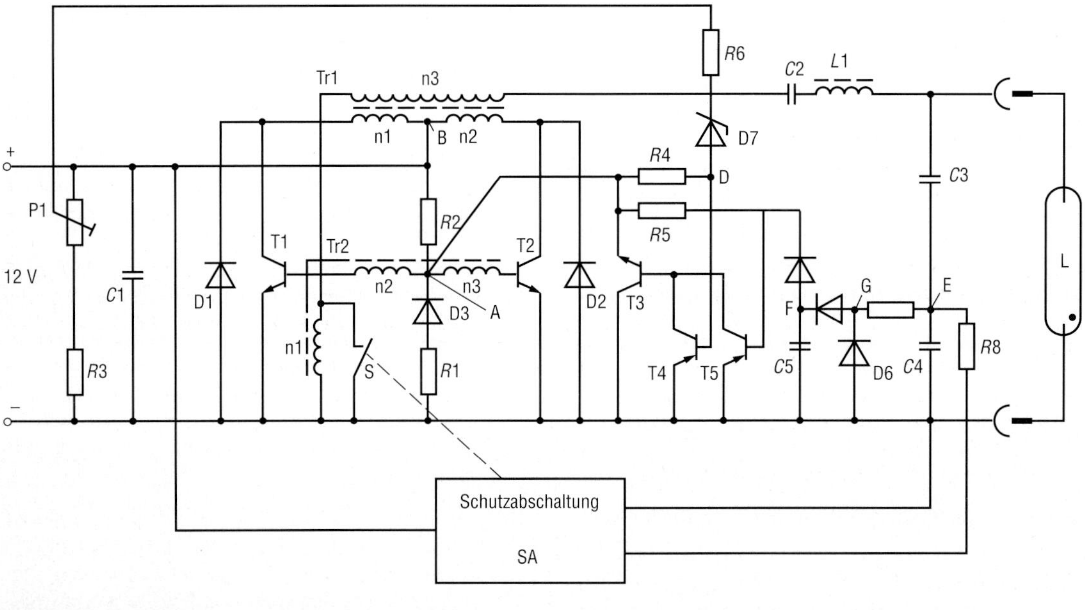

Bild 4.40 Regelung eines Gegentaktwandlers

Zur Erfüllung der beschriebenen Aufgaben ist eine Regelungsschaltung unerläßlich. Ist die Betriebsfrequenz weit genug von der nächsten akustischen Resonanzstelle der Lampe entfernt, so läßt sich die Lampenleistung sehr bequem über die Betriebsfrequenz steuern. Eine Eingriffsmöglichkeit zur Beeinflussung der Betriebsfrequenz besteht in Punkt A in der Veränderung der Zeitkonstanten der Steuerkreise des Gegentaktgenerators. Dies kann z. B. durch einen parallelgeschalteten Transistor geschehen, der entspechend der gewählten Regelgröße gesteuert wird.

Bild 4.40 zeigt eine vollständige Schaltung des Regelkreises. Da alle Einflußgrößen nicht mit einem einzigen Regelkreis gesteuert werden können, wurden sie aufgeteilt und steuern ihrerseits über T 3 in der beschriebenen Weise die Betriebsfrequenz. Über T 4 werden Schwankungen der Batteriespannung ausgeregelt (nach Kompensation mit negativer Spannung in Punkt D), mit T5 der erhöhte Anlaufstrom. Schutzabschaltung SA bei fehlender oder nicht zündender Lampe erfolgt durch Kurzschließen des Ansteuertrafos, die von einem Spannungsteiler C_3/C_4 gesteuert wird.

Vorschaltgeräte dieser Art erreichen Wirkungsgrade von 80 bis 90%.

Betrieb in Frequenzfenstern

Da die Frequenzfenster verhältnismäßig schmal sind, ist der Betrieb grundsätzlich nur mit fremderregten Generatoren möglich. Die Frequenzkonstanz und der Frequenzgang sollten besser als $\pm$ 2% sein. Zusätzlich ist es im allgemeinen erforderlich, durch Frequenzmodulation die Anregungsbedingungen für akustische Resonanzen in der Lampe zu verschlechtern.

Bild 4.41 zeigt das Blockdiagramm eines solchen Geräts. Zur Begrenzung des Netzstroms wurde hier ein induktives Filter verwendet (siehe Kapitel 2.4.4). Dadurch ergibt sich eine sehr wirksame Trennung gegenüber Netzstörungen. Außerdem lassen sich durch Hinzufügen eines Hochspannungszündgeräts die Lampen leicht heiß zünden.

Die Sicherheitsabschaltung soll bei fehlender oder nichtzündender Lampe das Gerät abschalten, ebenso bei zu hoher Betriebstemperatur oder anderen Fehlern.

Als Generatoren sind beliebige *RC*-Schaltungen möglich, die jedoch temperaturkompensiert sein müssen. Zur Frequenzmodulation dient die 100-Hz-Brummspannung nach dem Gleichrichter.

Als Hochfrequenzgenerator wird eine fremdgesteuerte Halbbrücke verwendet. Bild 4.42 zeigt die grundsätzliche Schaltung. Die Ansteuerung erfolgt mit Rechteckimpulsen aus dem NF-Generator. Damit die Transistoren nicht überlappend schalten können, müssen die Ansteuerimpulse schmäler sein als die Halbperiode und während der Nulldurchgänge Tastlücken aufweisen. Dies geschieht durch die Diodenbeschaltung der Transistorbasis.

Als Hochspannungszündgerät kann ein Tesla-Zündgerät verwendet werden.

Mit Geräten dieser Art werden Ausgangskennlinien wie in Bild 4.36 erreicht, die eine gute Ausregelung der Brennspannungsveränderungen zeigen. Will man eine echte Regelung der Lampenleistung erreichen, so sind Generatoren dieser Art nicht dazu geeignet, da man die Frequenz konstant halten muß und nur eine Regelung über die Frequenz oder das Tastverhältnis möglich ist. Deshalb wird die Versorgungsspannung geregelt. Zur Regulierung dient ein Hochsetzsteller, der gleichzeitig auch den Oberschwingungsgehalt des Netzstroms regelt (Bild 4.43). Man kann dadurch die Leistung der Lampe über einen weiten Bereich der Netzspannung, der Lampenspannung oder evtl. anderer Parameter konstant halten.

Wird wie im vorliegenden Fall auf sofortige Wiederzündbarkeit der heißen Lampe verzichtet, so muß eine Abschaltlogik hinzugefügt werden, die

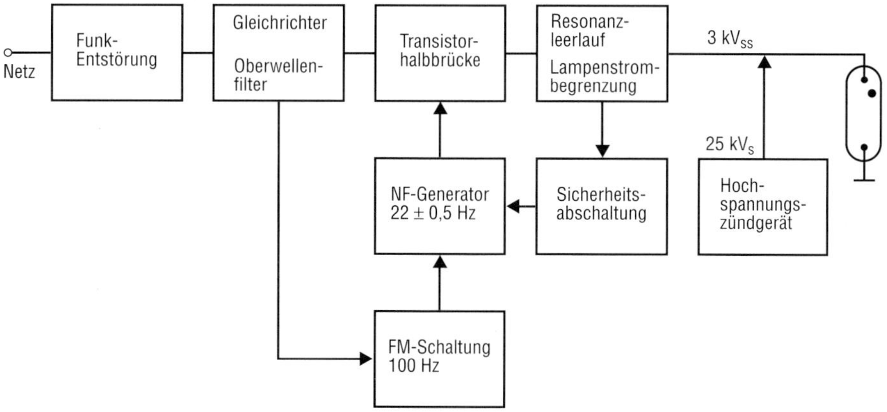

Bild 4.41
Blockschaltbild eines Vorschaltgeräts mit sofortiger Wiederzündung der heißen Lampe und Transistorhalbbrückenschaltung zum Betrieb in einem Frequenzfenster

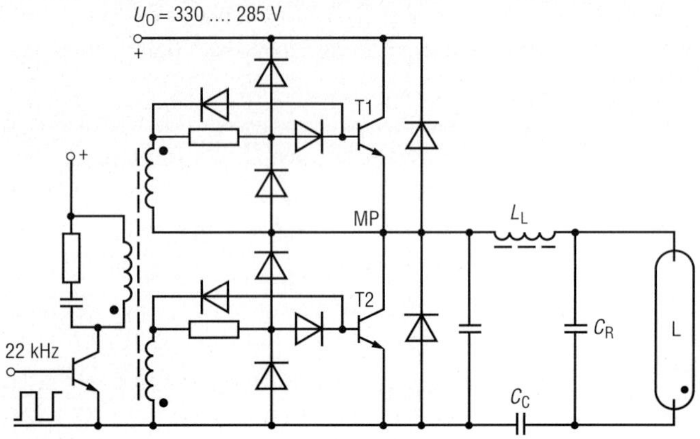

Bild 4.42
Prinzipschaltbild einer Transistorhalbbrücke zum Betrieb von Halogen-Metalldampflampen

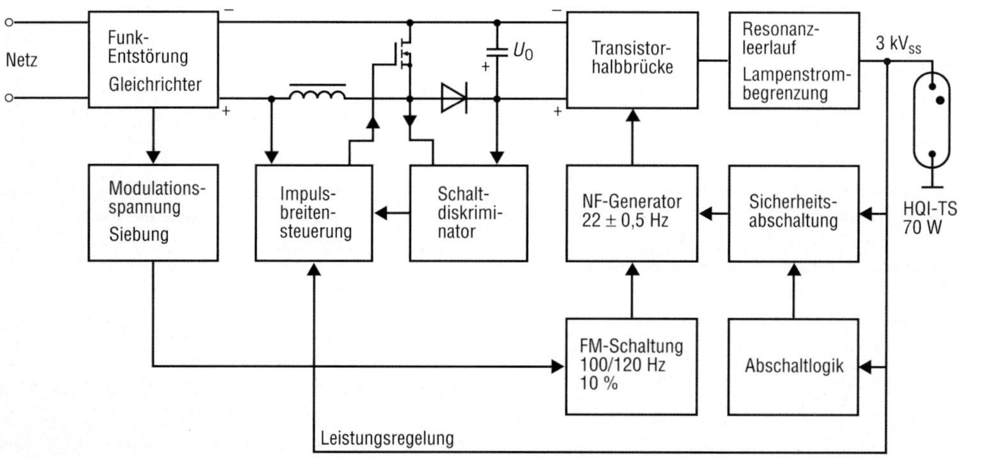

Bild 4.43
Blockschaltbild eines Vorschaltgeräts zum Betrieb von Halogen-Metalldampflampen in einem Frequenzfenster mit geregelter Lampenleistung

unterscheiden kann, ob es sich beispielsweise bei vergeblichen Zündversuchen um eine Netzspannungsunterbrechung oder eine nichtzündende Lampe handelt.

Hohe Betriebsfrequenzen

Frequenzen von mehreren hundert kHz können heute mit modernen Leistungs-MOS-Transistoren mit hohen Wirkungsgrad erzeugt werden. Auch Leistungsferrite sind noch bis zu mehreren hundert kHz geeignet. Im Prinzip könnten hier wieder selbsterregte Generatoren verwendet werden, doch ist die Ansteuerung der Transistoren wegen Phasendrehungen und ungenügender Flankensteilheit der rückgekoppelten Steuerimpulse nicht optimal. Man zieht es deshalb vor, fremdgesteuerte Generatoren zu verwenden. Der Aufbau solcher Geräte

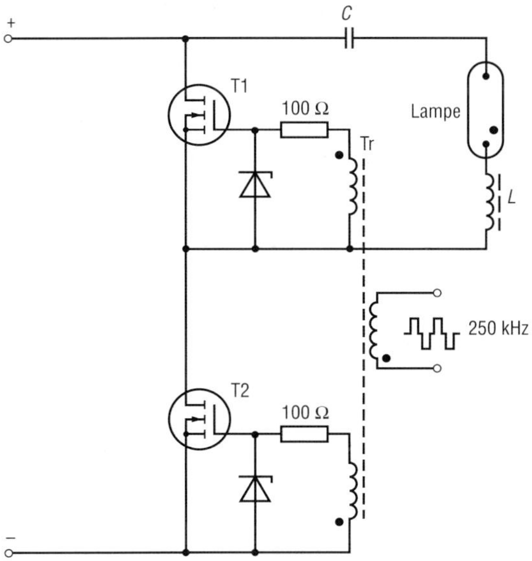

Bild 4.44
Prinzipschaltbild einer Transistorhalbbrücke für hohe Betriebsfrequenz (250 kHz) mit SIPMOS-Transistoren

gleicht weitgehend dem in Bild 4.41. Allerdings werden erhöhte Anforderungen an die Leitungsführung und die Vermeidung kapazitiver Einkopplungen gestellt. Bild 4.44 zeigt eine Ausführung einer Halbbrückenschaltung mit zwei SIPMOS-Transistoren. Die Ansteuerung geschieht mit Rechteckimpulsen. Die Tastlücken werden mit Hilfe der Z-Dioden erzeugt.

Rechteckstrom

Zum Betrieb von Lampen ohne geeignete Frequenzfenster ist der Betrieb mit Rechteckstrom oft die einzige Alternative. Geräte dieser Art sind genauso aufgebaut wie die bisher beschriebenen. Die Ausgangsspannung des Lampengenerators wird gleichgerichtet und gesiebt. Die erzeugte Gleichspannung wird über eine Transistorvollbrücke periodisch umgepolt. Bild 4.45 zeigt ein Blockschaltbild eines solchen Geräts.

An das netzseitige Funk-Entstörfilter schließt sich nach Gleichrichtung zunächst ein Hochsetzsteller an, der als Sinusstromregler arbeitet. Durch pulsweitenmodulierte Ansteuerung des Transistors T_1 werden die Zeiten, in der der Transistor leitend ist, während einer Netzhalbwelle so gesteuert, daß die Hüllkurve des aufgenommenen Stroms sinusförmig ist. Die Ausgangsspannung wird gleichgerichtet und gesiebt und dient als Versorgungsspannung für den Tiefsetzsteller T_2. Dieser wird, ebenfalls pulsweitenmoduliert, so gesteuert, daß die Lampenleistung unabhängig von Streuungen der Netzspannung oder Lampenspannung konstant bleibt. Hier findet die eigentliche Begrenzung des Lampenstroms statt. Die Ausgangsspannung wird erneut gleichgerichtet und den Lampen über die Transistoren T_3 bis T_6 bzw. T_4 bis T_5 zugeführt. Diese Transistorpaare werden niederfrequent abwechselnd leitend gemacht und polen so die an der Lampe liegende Spannung um. Dieses Umpolen ist erforderlich, um Entmischungserscheinungen und Unsymmetrien in den Lampen zu vermeiden, die durch Gleichstrombetrieb hervorgerufen werden.

Zur Zündung der Lampe kann man die erforderliche Spannung entweder durch Resonanz oder durch überlagerte Zündimpulse erzeugen.

Zur Resonanzüberhöhung wird ein Serienresonanzkreis in Reihe zur Lampe geschaltet. Auf eine höhere Harmonische der Generatorfrequenz abgestimmt, erreicht man Spannungen bis zu 3 bis 3,5 kV_s. Höhere Spannungen lassen sich nur durch überlagerte Spannungsimpulse erzeugen.

Ist die Spannung nicht hoch genug, um auch die heiße Lampe zu zünden, muß dafür gesorgt werden, daß das Zündgerät zwischen defekten und heißen, nicht zündenden Lampen unterscheiden kann. Meist verwendet man dazu einen Zeitgeber, der etwa während einer Sekunde Zündspannung an die Lampe legt; bei nicht erfolgter Zündung wird nach einer Pause von acht Sekunden ein erneuter Versuch gemacht. Hat die Lampe auch nach 10 Minuten noch nicht gezündet, so erkennt das Gerät dies als Störfall an und schaltet sich ab.

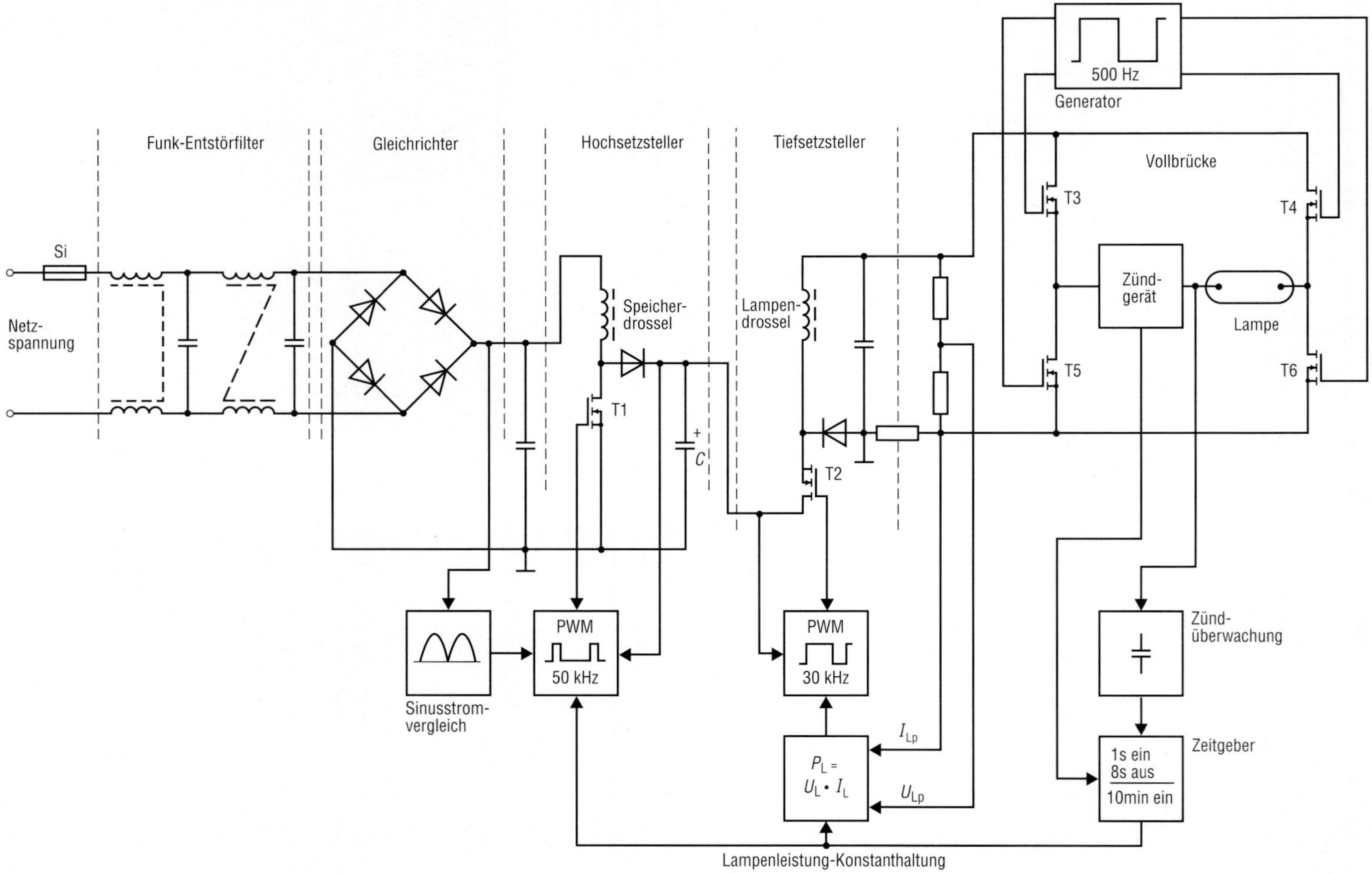

Bild 4.45
Blockschaltbild eines elektronischen Vorschaltgeräts zum Betrieb an Halogen-Metalldampflampen mit rechteckförmigem Lampenstrom

5 Natriumdampf-Hochdrucklampen und Betriebsgeräte

5.1 Lampen

Das monochromatisch intensiv gelbe Licht der Natriumdampf-Niederdrucklampe führt zwar durch die hohe Bewertung nach der Augenempfindlichkeitskurve zu hohen Lichtausbeuten, aber außerordentlich schlechter Farbwiedergabe. Der allgemeine Farbwiedergabeindex nimmt bei ähnlichster Farbtemperatur von etwa 1900 K negative Werte an, da es kein Licht in anderen Spektralbereichen gibt.

Eine Möglichkeit, die Farbwiedergabe zu verbessern, besteht darin, den Natriumdampfdruck zu erhöhen. Dazu wird infolge von Druckverbreiterung die ursprünglich nur sehr schmale Spektrallinie bei 589 nm in den roten und den grünen Bereich ausgedehnt. Es werden auch einige bei niedrigem Druck nicht beobachtbare andere Spektrallinien des Natriums angeregt. Bei genügend hohem Druck wird Licht im gesamten sichtbaren Bereich ausgesandt. Die Lichtausbeute nimmt ab, aber die Farbwiedergabe nimmt zu. Bei der Wellenlänge, auf der ursprünglich die Natrium-Spektrallinie ausgesendet wurde, entsteht eine Lücke, die sich bei weiterer Druckerhöhung noch mehr vertieft. Das hat seine Ursache darin, daß die Natrium-Spektrallinie auch von neutralen Atomen absorbiert werden kann. Bei genügend hohem Druck absorbieren die neutralen Atome der Randschichten alles aus dem Inneren des Brenners emittierte Licht. Anstelle der Natriumlinie erscheint eine breite Lücke.

Auf diese Weise entstehen je nach Leistungsaufnahme Spektren, in denen Lichtausbeute und Farbwiedergabe variieren. Bild 5.1 zeigt ein Beispiel für die Veränderung der Spektren. Zuerst ergibt sich ein Maximum der Lichtausbeute, bei höheren Drücken ein Maximum der Farbwiedergabe. Bei noch höheren Drücken steigt die Farbtemperatur weiter an, aber Lichtausbeute und Farbwiedergabe sinken. Wegen der hohen Wandbelastung lassen sich allerdings solche Lampen nicht realisieren, die Lebensdauer wäre zu kurz. Die meisten heute

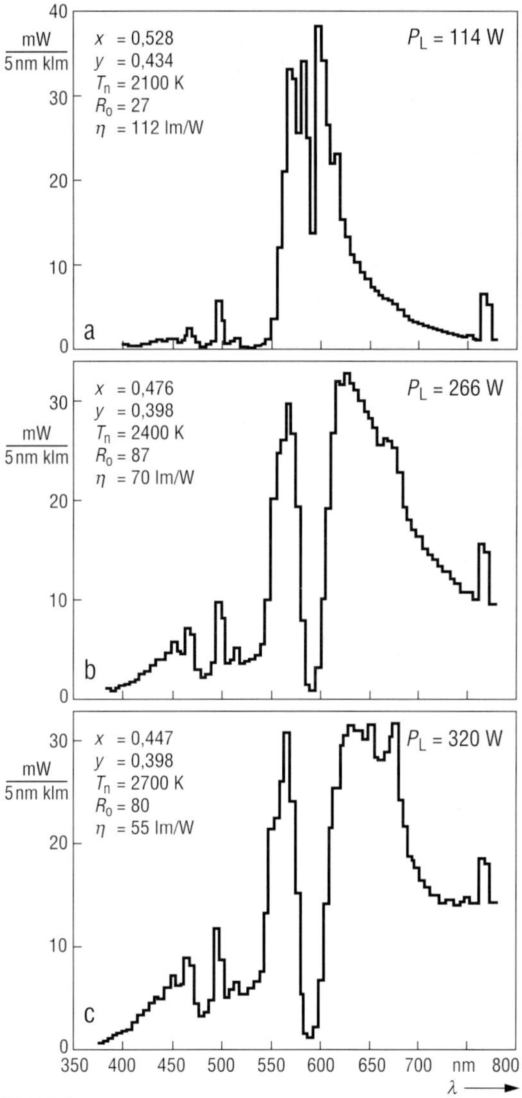

Bild 5.1
Spektrum von Natriumdampf-Hochdrucklampen
a Standardlampe mit optimaler Lichtausbeute
b Überlasteter Brenner mit optimaler Farbwiedergabe
c Überlasteter Brenner mit glühlampenähnlicher Lichtfarbe

erhältlichen Lampen sind daher auf optimale Lichtausbeute eingestellt (siehe Kapitel 5.1.2). Man benötigt dazu Drücke von 100 bis 200 mbar bzw. Temperaturen von 700 bis 800 °C. Bei diesen Temperaturen ist Natrium sehr aggressiv und verbindet sich chemisch mit dem Quarz, dem einzigen bekannten durchsichtigen, temperaturbeständigen Material.

Ein geeigneter beständiger Werkstoff ist ein hochgesintertes durchscheinendes, nicht durchsichtiges Aluminiumoxid, das aber trotzdem sehr transparent ist (Durchlässigkeit > 97%). Mit diesem Material gelang es, Lampen herzustellen, die den anderen Hochdrucklampen von der Lebensdauer und Handhabbarkeit vergleichbar sind. Sie erreichen hohe Lichtausbeute und mäßige Farbwiedergabe. Sie wurden in den 60er Jahren eingeführt und werden heute überwiegend in der Straßenbeleuchtung, zur Beleuchtung von Hallen und Lagerräumen eingesetzt, wo keine besonderen Ansprüche an die Farbwiedergabe gestellt werden. Neuerdings gibt es Lampen mit verbesserter Farbwiedergabe (auf Kosten der Lichtausbeute), mit denen auch anspruchsvollere Beleuchtungsaufgaben gelöst werden können.

5.1.1 Aufbau der Lampen

Natriumdampf-Hochdrucklampen sind im Prinzip genauso aufgebaut wie andere Hochdrucklampen. Sie bestehen aus einem Brenner, der in einen Außenkolben eingebaut wird. Der Unterschied besteht im Brenner. Bild 5.2 zeigt den prinzipiellen Aufbau eines Natriumdampf-Hochdruckbrenners. Wegen der hohen Erweichungstemperatur kann man das Rohr nicht durch Zusammenquetschen abdichten. Hier besteht der eigentliche technologische Unterschied zu Quecksilberbrennern aus Quarz. Die Dichtung wird vielmehr durch einen

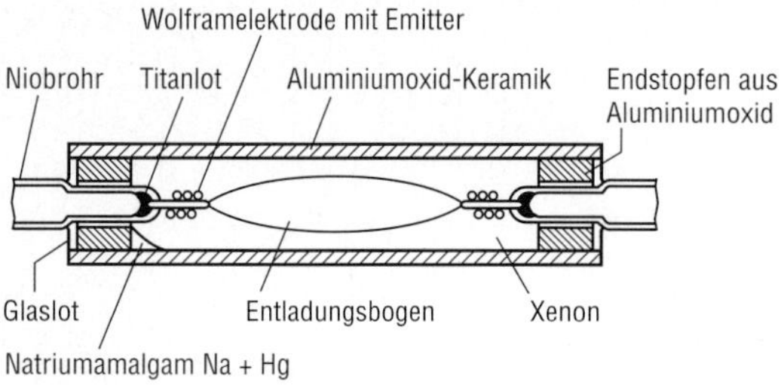

Bild 5.2
Schematischer Aufbau eines Brenners von Natriumdampf-Hochdrucklampen

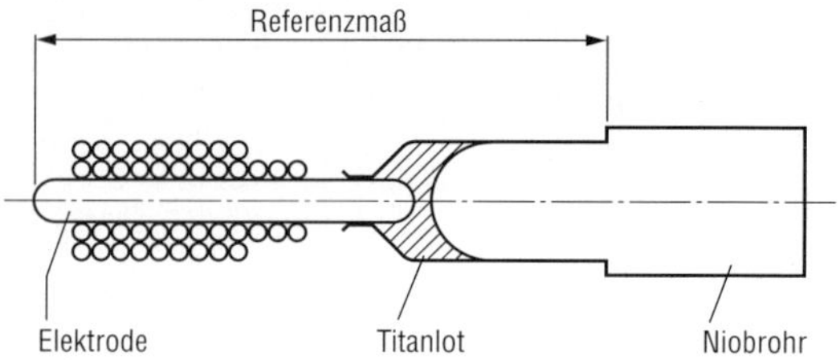

Bild 5.3
Elektrodenkonstruktion von Natrium-Hochdrucklampen

Stopfen erreicht, der mit Glaslot an das Aluminiumoxidrohr angeschmolzen wird.

Die Elektroden bestehen aus einem mit dünnen Wolframdraht bewickelten Kernstift (Bild 5.3). Die Füllung besteht aus Xenon als Grundgas mit Natrium und Quecksilber, das als Amalgam an einer definierten Stelle der Lampe angebracht ist. In dieser Hinsicht unterscheiden sich einzelne Lampenkonstruktionen voneinander. Das Amalgam kann entweder im Innern oder im Äußern des Brennerrohres untergebracht sein.

5.1.2 Lampentypen

Von den Lampentypen, die heute weltweit angeboten werden, sind nur einige Standardtypen international genormt und untereinander beliebig austauschbar. Diese sind in der IEC-Publikation 662 aufgeführt. Daneben gibt es jedoch eine Fülle von Lampentypen, die nicht alle Hersteller im Programm haben und die sich durch Kolbenform, lichttechnische Daten und elektrische Eigenschaften unterscheiden. Da nicht alle diese Lampen eingehend beschrieben werden können, sei hier speziell das Programm der Firma Osram aufgeführt (NAV-Lampen).

Es gibt Lampen mit Ellipsoid- und Röhrenkolben sowie Soffittenlampen. Die Ellipsoidkolben haben eine lichtstreuende Innenbeschichtung, während Röhrenkolben innen klar sind. Bild 5.4 zeigt diese Lampentypen. Tabelle 5.1 enthält die Konstruktionsdaten der wichtigsten Lampentypen, die Tabellen 5.2 bis 5.5 enthalten die für den Betrieb und die Zündung der Lampe erforderlichen elektrischen Daten. Hier wurde auch vermerkt, welche Lampen nach IEC standardisiert sind. Die Lampen wurden für den Betrieb an Drosseln bzw. Streufeldtransformatoren konzipiert. Zur Zündung werden meist externe Zündgeräte verwendet.

Tabelle 5.1 Abmessungen, lichttechnische Daten und Betriebsschaltungen der wichtigsten Natriumdampf-Hochdrucklampen

	Nenn-leistung	D mm	L mm	Kolben	Sockel	Licht-strom lm	Farb-wieder-gabestufe	Brenn-lage	Betriebsmöglichkeit
Beschichteter Ellipsoid-Außenkolben Standard Typ: NAV-E....	50/E 70/E 150 250 400 1000	70 70 90 90 120 165	156 156 226 226 290 400	a a a a a a	E27 E27 E40 E40 E40 E40	3500 5600 14000 25000 47000 120000	4	bel.	Drossel oder Streufeldtransformator mit Zündgerät
Beschichteter Ellipsoid-Außenkolben DeLuxe Typ: NAV-E DeLuxe...	150 250 400	90 90 120	226 226 285	a a a	E40 E40 E40	12000 22000 36000	2b	bel.	Drossel oder Streufeldtransformator mit Zündgerät
Beschichteter Ellipsoid-Außenkolben Standard Typ: NAV-E...	50/I 70/I 110 210 350	70 70 75 90 120	156 156 175 226 290	a a a a a	E27 E27 E27 E40 E40	3500 5600 8000 18000 34000	4	bel.	Drossel oder Streufeldtransformator ohne Zündgerät; NAV-E 110, 210 u. 350 W können in HQL-Brennstellen für 125, 250 bzw. 400 W eingesetzt werden
Beschichteter Ellipsoid-Außenkolben Super Typ: NAV-E Super...	100 150 250 400	75 90 90 120	186 226 226 226	a a a a	E40 E40 E40 E40	9500 15500 30000 51500	4	bel.	Drossel oder Streufeldtransformator mit Zündgerät
Röhrenkolben, klar Standard Typ: NAV-T...	150 250 400 1000	46 46 46 65	211 257 285 400	b b b b	E40 E40 E40 E40	14500 27000 48000 130000	4	bel.	Drossel oder Streufeldtransformator mit Zündgerät
Röhrenkolben, klar DeLuxe Type: NAV-T DeLuxe...	150 250 400	46 52 52	211 257 285	b b b	E40 E40 E40	12500 23000 38000	2b	bel.	Drossel oder Streufeldtransformator mit Zündgerät
Röhrenkolben, klar Super Typ: NAV-T Super...	50 70 100 150 250 400	37 37 46 46 52 52	156 156 211 211 257 285	b b b b b b	E27 E27 E40 E40 E40 E40	4000 6500 10000 17000 33000 55500	4	bel.	Drossel oder Streufeldtransformator mit Zündgerät
Soffittenform mit klaren Außenkolben Typ: NAV-TS...	70 250 400	20 23 23	114 206 206	c c c	R7s F2c F2c	7000 25500 48000	2b 4 4	p45	Drossel oder Streufeldtransformator mit Zündgerät, auch für Heißzündung

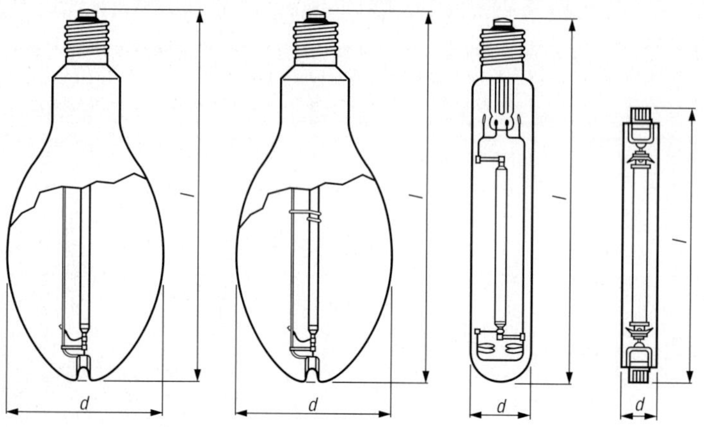

a b c d

Bild 5.4
Ausführungsformen von Natriumdampf-Hochdrucklampen
a Ellipsoidform mit lichtstreuendem Kolben
b Lampe mit Zündhilfe
c Röhrenform mit Klarglaskolben
d Soffittenform

Tabelle 5.2
Elektrische Daten von Natriumdampf-Hochdrucklampen. Die Abkürzungen sind in Tabelle 4.4 erläutert. Die Mindestversorgungsspannung $U_{\mathrm{N\,min}}$ beträgt für den stabilen Lampenbetrieb 198 V, für sichere Zündung gilt bei einigen Lampen jedoch ein Minimalwert von 230 V. In der letzten Spalte kennzeichnet ein +, ob die betreffenden Lampen auch in IEC-Publikation 662 verzeichnet sind

Typ	P_L W	$P_{L\,max}$ W	$P_{L\,min}$ W	U_L V	ΔU_L V	U_A V	I_L A	$I_{A\,max}$ A	$I_{A\,min}$ A	$U_{N\,min}$ V	$U_{N\,min}$ Zdg V	R_E Ω	IEC 662
NAV-E 50	50	60	40	85	± 15	18	0,76	1,25	0,76	198	230	135	
NAV-E 70 NAV-T 70	70	85	55	90	± 15	20	1,0	1,7	1,0	198	230	120	
NAV-E 100 NAV-T 100	100	120	80	100	± 15	20	1,2	2,4	1,2	198	230	99	
NAV-E 150 T 150 T 150/S	150	180	110	100	± 15	20	1,8	3,1	1,8	198	198	65	+ +
NAV-E 250 T 250 TS 250	250	300	180	100	± 15	20	3,0	5,2	3,0	198	198	38,5	+ +
NAV-E 400 TS 400	400	480	280	105	± 15	25	4,45	7,5	4,6	198	198	25,5	+
NAV-T 400	392	480	280	100	± 15	25	4,6	7,5	4,6	198	198	25,5	+
NAV-E 1000 T 1000	1000	1200	750	110	± 15	25	10,3	17,5	10,3	198	198	12,3	
NAV-E 110	110			125			1,15			198	198	–	
NAV-E 210	210			117			2,25			198	198	–	
NAV-E 350	350			125			3,45			198	198	–	

Tabelle 5.3
Daten von Referenzgeräten für Natriumdampf-Hochdrucklampen

Typ		Referenzgeräte-Daten			
		U_N V	I_{kal} A	Z Ω	λ
NAV-E	50 W	220	0,76	246	0,075 ± 0,005
NAV-E NAV-T NAV-TS	70 W 70 W 70 W[1]	220	0,98	188	0,075 ± 0,005
NAV-E NAV-T	100 W 100 W	220	1,2	148	0,06 ± 0,005
NAV-E NAV-E NAV-T NAV-T	150 W 150 W/S 150 W 150 W/S	220	1,8	99	0,06 ± 0,005
NAV-E NAV-T NAV-TS	250 W 250 W 250 W[1]	220	3,0	60	0,06 ± 0,005
NAV-E NAV-T NAV-TS	400 W 400 W 400 W[1]	220	4,6	39	0,06 ± 0,005
NAV-E NAV-T	1000 W 1000 W	220	10,3	17	0,03 ± 0,002
NAV-E	110 W	220	1,15	134	0,075 ± 0,005
NAV-E	210 W	220	2,15	71	0,075 ± 0,005
NAV-E	350 W	220	3,25	45	0,075 ± 0,005

[1] Werte gelten bei Betrieb der Lampe in der Ersatzleuchte

Eine Ausnahme davon bildet eine Gruppe von Lampen, die unmittelbar in bestehende Anlagen für Quecksilberdampf-Hochdrucklampen eingesetzt werden können (Plug-in-Typen), etwas weniger Leistung aufnehmen als die entsprechenden HQ-Lampen, aber einen erheblich höheren Lichtstrom abgeben. Diese Lampen haben im Außenkolben eingebaute Zündhilfen, die es erlauben, daß sie schon bei normaler Netzspannung zünden. Drosseln für diese Lampen müssen allerdings für den höheren Betriebsstrom der NAV-Lampen ausgelegt sein.

Daneben gibt es noch Lampen, die einen im Außenkolben eingebauten Glimmzünder haben (NAV 50/I, 70/I) und ebenfalls kein externes Zündgerät benötigen.

Lichttechnisch unterscheidet man drei Typen:

▷ Standardausführung mit niedriger Zündspannung,
▷ Super mit erhöhtem Lichtstrom, aber mit erhöhter Zündspannung, und
▷ DeLuxe mit vermindertem Lichtstrom, aber verbesserter Farbwiedergabe.

5.1.3 Eigenschaften der Lampen

Bedingt durch den hohen Innendruck auch im kalten Zustand benötigen die Lampen höhere Spannungen zum Zünden. Im kalten Zustand reichen dazu Spannungen von 2 bis 4 kV aus (siehe Tabelle 5.4). Im betriebswarmen Zustand dagegen benötigt

Tabelle 5.4
Anforderungen an die Spannungsimpulse von Überlagerungs-Zündgeräten zur Kaltzündung von Natriumdampf-Hochdrucklampen. Die Abkürzungen sind in Tabelle 4.6 erläutert

	$U_{St\,min}$ kVs	$t_{p\,min}$ µs	φ °el.	$I_{Z\,min}$ mA	C_Z pF	C_{ZF} µF
NAV-T 50 und 70 SUPER	1,8	2	60–90/240–270	60	20 … 100	≤ 0,068
NAV-TS 70 SUPER	4	2	60–90/240–270	60	20 … 100	≤ 0,068
NAV-E 100 … 400 SUPER T 100 … 400 SUPER	4	2	60–90/240–270	60	20 … 100	≤ 0,1
NAV-E 150 … 400 DELUXE T 150 … 400 DELUXE	4	1	60–90/240–270	60	20 … 100	≤ 0,1
NAV-E 50/E, 70/E T 70/E	1,8	2	60–90/240–270	60	20 … 100	≤ 0,068
NAV-E 150 … 400 T 150 … 400 TS 400	2,8	1	60–90/240–270	60	20 … 200	≤ 0,1
NAV-E, T 1000	3,5	1	60–90/240–270	60	10 … 100	≤ 0,1

Tabelle 5.5
Anforderungen an die Spannungsimpulse von Zündgeräten zur Wiederzündung betriebswarmer Lampen (Heißzündung). Abkürzungen siehe Tabelle 4.7

	$U_{\text{St min}}$ kVs	$F_{\text{Z min}}$	$t_{\text{p min}}$ µs	φ °el.	$I_{\text{Z min}}$ mA	C_Z pF	C_{ZH} µF	R_R Ω
NAV-TS 70 SUPER	20	30	–	60–90/240–270	300	5–30	2,5	47
E, T 150 SUPER	4	2	2	60–90/240–270	60	20–100	≤ 0,1	–
TS 250	20	40	–	60–90/240–270	400	5 ... 30	–	–

man nach kurzzeitigen Stromunterbrechungen zur sofortigen Wiederzündung weit höhere Spannungen (siehe Tabelle 5.5). Wegen der begrenzten Spannungsfestigkeit der Schraubsockel einseitig gesockelter Lampen sind dafür nur TS-Lampen in Soffittenform geeignet. Im Unterschied zu Halogen-Metalldampflampen beobachtet man unmittelbar nach einer Stromunterbrechung nicht einen Anstieg der Zündspannung, sondern einen stetigen Abfall zu Werten, die weit unterhalb der Kaltzündungen liegen (siehe Bild 5.5). Aus diesen Gründen zünden die Lampen nach einer Stromunterbrechung meist sehr viel schneller als Halogen-Metalldampflampen, und die Frage der sofortigen Wiederzündung ist nicht von so großer Bedeutung.

Wie Bild 5.5 zeigt, muß bei Erhöhung der Betriebsfrequenz beim Zünden mit geringfügig höherem Spannungsbedarf gerechnet werden.

Beim Anlauf der Natriumdampf-Hochdrucklampe ist mit der Veränderung der elektrischen Werte (Bild 5.6) mit steigendem Dampfdruck eine Farbveränderung vom monochromatischen gelben Licht der Niederdrucklampe zur gelblichweißen Lichtfarbe der Hochdrucklampe zu beobachten.

Es besteht eine steile Abhängigkeit zwischen der Lampenspannung und der von der Lampe aufgenommenen Leistung; mit der Leistung steigt auch die Temperatur der Entladungsstrecke. Hinzu kommt ein Anstieg der Lampenspannung im Laufe der Lebensdauer der Lampe. Diese Eigenschaften erfordern Vorschaltgeräte, die sehr genau auf ihre Nennwerte justiert und in ihrer Kennlinie linear sind; auch die Netzspannungsänderungen sollen bei Lampenbetrieb gering sein. Eine typische Abhängigkeit zeigt Bild 5.7.

Die Lichtausbeute der Natriumdampf-Hochdrucklampe liegt je nach Lampengröße im Bereich von etwa 75 ... 140 lm/W (ohne Vorschaltgeräte). Der Lichtstromabfall in Abhängigkeit von der Lebensdauer unter normalen Betriebsbedingungen,

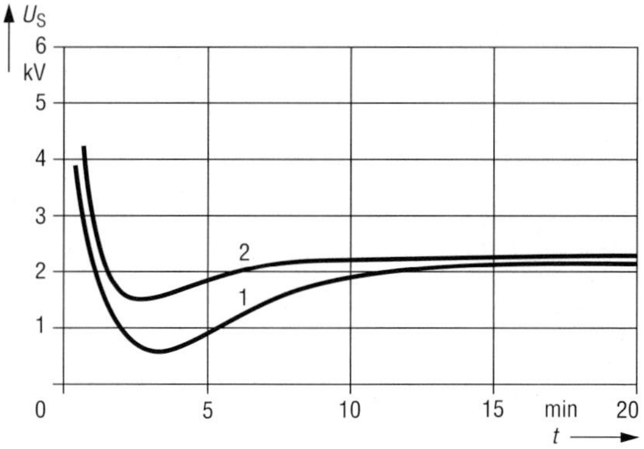

Bild 5.5
Notwendige Startspannung U_s (Scheitelwert) einer Natriumdampf-Hochdrucklampe in Abhängigkeit von der Abkühlzeit t nach Abschalten der betriebswarmen Lampe. Frequenz der Startspannung: 50 Hz (Verlauf 1), 100 kHz (Verlauf 2)

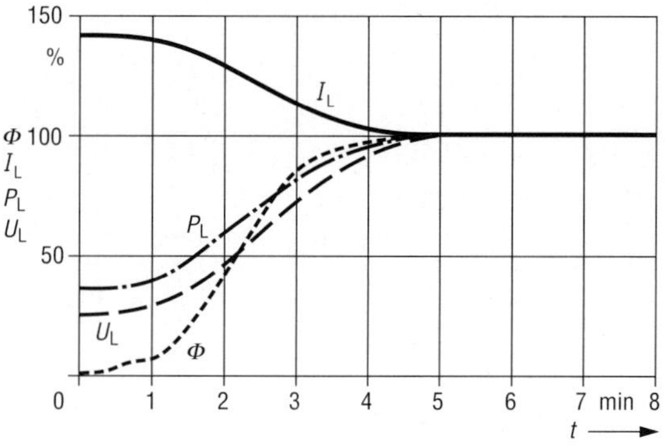

I_L Lampenstrom
P_L Lampenleistung
U_L Lampenspannung
Φ Lichtstrom

Bild 5.6
Anlaufvorgang einer Natriumdampf-Hochdrucklampe

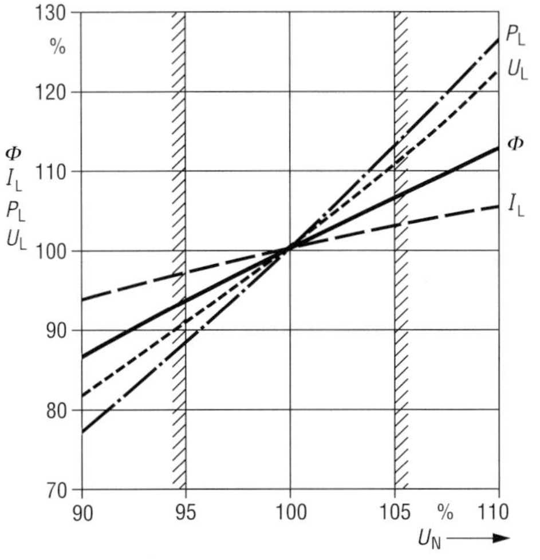

Bild 5.7
Relative Betriebswerte von Lampenstrom I_L, Lampenspannung U_L, Leistung P_L sowie Lichtstrom Φ einer Natriumdampf-Hochdrucklampe 400 W in Abhängigkeit von der relativen Netzspannung U_N bei Betrieb an induktiven Vorschaltgeräten. Die Schraffur kennzeichnet die Grenzen des empfohlenen Betriebsbereichs

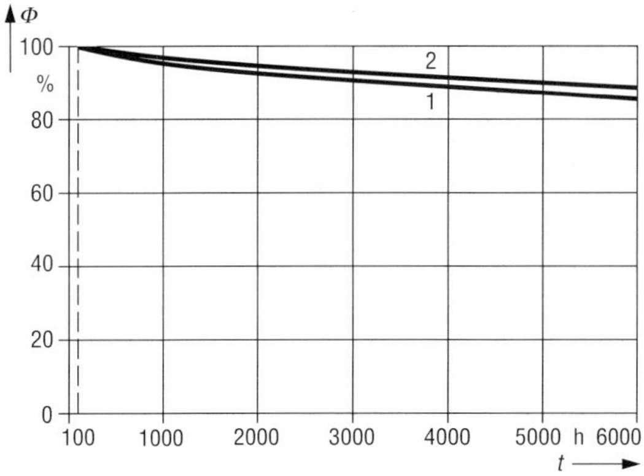

Bild 5.8
Relativer Lichtstrom Φ einer Natriumdampf-Hochdrucklampe in Abhängigkeit von der Brenndauer t 250-W-Lampe (Verlauf 1), 400-W-Lampe (Verlauf 2)

vor allem ohne langdauernde Überschreitung der oberen Leistungsgrenze der Lampe, ist aus Bild 5.8 zu ersehen.

Die Prüfung auf Verlöschen der Lampen durch Spannungsabsenkung geschieht durch Messen der Abreißspannung. Als Abreißspannung wird jener Wert der Versorgungsspannung angesehen, bei dem die volleingebrannte Lampe erlischt, wenn die Versorgungsspannung von ihrem Nennwert innerhalb einer Zeit von 0,5 s auf diesen niedrigeren Wert abgesenkt wird. Die abgesenkte Spannung ist 5 s beizubehalten.

Bei Nennversorgungsspannung soll eine Absenkung der Versorgungsspannung von mindestens 18% ohne Erlöschen der Lampe möglich sein.

Bei Messungen der Lampen kann hinsichtlich Einbrennen und Meßbedingungen auf Kapitel 3.1 verwiesen werden.

5.1.4 Dimensionierung der Vorschaltgeräte

Für die Dimensionierung von Vorschaltgeräten gelten die gleichen Aussagen wie für Quecksilberdampf-Hochdrucklampen (Kapitel 3.1). Allerdings bedarf der Brennspannungsanstieg der Lampen während der Brenndauer einer besonderen Betrachtung, ähnlich wie bei Halogen-Metalldampflampen. Man muß nämlich durch Festlegen der Gerätekennlinien dafür sorgen, daß es dabei nicht zu Überlastungen der Lampe oder des Vorschaltgeräts kommt. Deshalb sind für jede Lampe Maximal- und Minimalwerte der auftretenden Brennspannungen sowie der dazugehörigen maximalen und minimalen Leistungen festgelegt. IEC 662 nennt dafür Daten.

Jedes Lampendatenblatt enthält ein Diagramm der Lampenspannung und Lampenleistung. Bild 5.9 zeigt ein Beispiel. Die Lampe muß innerhalb der eingezeichneten Grenzen betrieben werden. Die untere Spannungsgrenze (linke Seite des Diagramms) ist charakteristisch für eine Lampe, deren Spannung bei Nennleistung den niedrigsten akzeptierten Wert hat. Die obere Spannungsgrenze (rechte Seite des Diagramms) ist die charakteristische Kurve für eine Lampe mit höchster zulässiger Brennspannung, bei 0 Betriebsstunden, bei maximalem Brennspannungsanstieg während der Lebensdauer und bei maximalem Spannungsanstieg nach Einbau in eine Leuchte.

Die Leistungsgrenzen (obere und untere Begrenzung des Diagramms) werden im Hinblick auf das Lampenverhalten ausgewählt. Dazu zählen vor allem Anfangslichtstrom, Lichtverlust während des Brennens, Lampenlebensdauer, Anlaufverhalten. Damit ein Vorschaltgerät die Lampenforderungen erfüllt, muß seine Kennlinie die Grenzlinien der Lampenspannung an Punkten schneiden, die zwi-

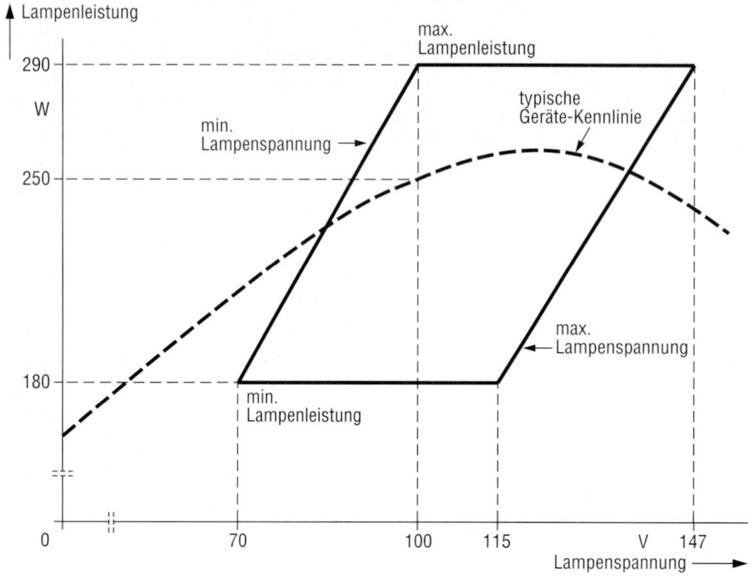

Bild 5.9
Festlegung der zulässigen Gerätedaten nach IEC 662. Die Kennlinie eines Vorschaltgeräts zwischen 95 und 105% der Netznennspannung sollte innerhalb des durch die minimalen und maximalen Werte von Brennspannung und Lampenleistung aufgespannten Trapezes liegen. Eine typische Geräte-Kennlinie bei Netznennspannung sollte wie die gestrichelte Kurve aussehen

schen den Grenzlinien der Lampenleistung liegen und im gesamten Brennspannungstoleranzbereich innerhalb der Leistungsgrenzlinien verbleiben. Dies muß im gesamten Netzspannungsbereich zwischen 95 und 105% des Nennwerts eingehalten werden. Bevorzugt wird eine Gerätekennlinie, bei der die Lampenleistung ihr Maximum unterhalb der Grenze für die maximale Lampenspannung erreicht und bei weiterem Anstieg der Brennspannung abnimmt.

Für jedes Vorschaltgerät darf die Lampenleistung einer Lampe, die den Nennwert der Brennspannung aufweist, bei der Nennspannung nicht mehr als $\pm$ 7,5% von der mit Referenzgerät gemessenen Lampenleistung abweichen.

Diese Festlegung nach IEC sollte jedoch bei der Dimensionierung von Vorschaltgeräten nicht voll ausgenutzt werden. Insbesondere an den Extrempunkten entstehen für den stabilen Lampenbetrieb gefährliche Über- oder Unterlastungen, die sich auf die Lebensdauer der Lampen stark auswirken. Diese Ausnutzung der Extremgrenzen ist, ähnlich wie schon in Kapitel 2.1.10 erläutert, nur unter Beachtung aller sonstigen Einflüsse möglich. In Tabelle 5.2 sind daher für die Festlegung des Spannungs-Leistungs-Trapezes kleinere Werte für $P_{\mathrm{L\,max}}$, $P_{\mathrm{L\,min}}$, U_{L} und ΔU_{L} genannt als bei IEC. Sie wurden auf Grund der Erfahrungen in der Praxis ermittelt; ihre Einhaltung sichert das Erreichen der Nennlebensdauer der Lampen auch unter ungünstigen Bedingungen.

Für den Betrieb mit elektronischen Vorschaltgeräten gelten wie bei allen Hochdrucklampen die Einschränkungen, die sich durch Auftreten akustischer Resonanzen ergeben. Wegen der verhältnismäßig langen und dünnen Brennerrohre werden hauptsächlich die longitudinalen Resonanzen angeregt. Diese können sehr intensiv sein, müssen aber nicht unbedingt zum Verlöschen des Bogens führen. Dadurch wird das Brennerrohr mechanisch stark belastet und kann sogar platzen. Zwischen den longitudinalen Resonanzstellen gibt es resonanzfreie Gebiete. Dieses Verhalten ist aber noch nicht systematisch untersucht worden, und elektronische Vorschaltgeräte für Natrium-Hochdrucklampen sind bisher nicht in größerem Maßstab eingesetzt worden.

5.2 Startgeräte

Nur für Startgeräte mit Stoßspannungsscheitelwerten über 1500 V müssen besondere Anforderungen an die Betriebsgeräte gestellt werden. Bei Natriumdampf-Hochdrucklampen mit eingebauten Glimmzündern, die bei Netzspannungen bis 250 V Stoßspannungen von maximal 1500 V erzeugen, sind keine besonderen Isolationsmaßnahmen beim Betriebsgerät erforderlich, es genügt die Auslegung für die Reihenspannung 250 V.

Bei Natriumdampf-Hochdrucklampen könnte die Zündspannung z. B. durch ein Penning-Gasgemisch als Grundgas erniedrigt werden [5.2.1]. Üblich sind jedoch Füllungen mit Xenon als Grundgas, das schon bei Drücken um 30 mbar so hohe Durchbruchspannungen aufweist, daß eine Zündung bei Netzfrequenz mit erhöhten Leerlaufspannungen nicht in Frage kommt.

Wie Bild 5.10 zeigt, sind die Durchbruchspannungen bei z. B. 1-µs-Impulsen nur wenig höher als bei 50 Hz, so daß sich aus wirtschaftlichen Gründen eine Impulszündung anbietet. Die Abkühlkurven zeigen außerdem, daß Startgeräte für normale Zündung mit einer Stoßspannung von 2,8 kV in der Lage sind, die Lampen nach spätestens einer Minute wiederzuzünden. Wegen der in der Praxis üblichen Stoßspannungen der Zündgeräte von ca. 4 kV erfolgt die Zündung schon nach ca. 30 s. Deshalb werden fast nur Startgeräte für normale Zündung eingesetzt, während Startgeräte für die Heißzündung von Natriumdampf-Hochdrucklampen nur für die Sicherheitsbeleuchtung wichtig sind.

5.2.1 Startgeräte für normale Zündung

Die Zündung von Natriumdampf-Hochdrucklampen ist mit einem Impuls pro Netzperiode möglich. Für die Zündprüfung von Lampen wurde in IEC-Publikation 662 [5.2.2] für Nordamerika ein negativer Impuls auf der negativen Halbwelle festgelegt, während sich die europäischen Staaten auf einen positiven Impuls auf der positiven Halbwelle einigten. Die unterschiedlichen Polaritäten haben starke Auswirkungen, denn bei einem positiven Impuls reicht eine geringere Stoßspannung zur Zündung aus als bei einem negativen Impuls. Dies wird durch die Feldverteilung in Bild 5.11 [5.2.3] verdeutlicht. Die Ursache der leichteren Zündung beim positiven Impuls ist die höhere Feldstärke im Kathodenbereich. Voraussetzung für den angegebenen Feldverlauf ist ein bestimmter Lampenaufbau: Die dem Sockel zugewandte Elektrode muß am Mittelkontakt des Sockels angeschlossen sein, der wiederum mit dem Hochspannungsausgang des Startgeräts verbunden wird.

Eine weitere Erschwerung der Zündung nach der amerikanischen Norm ist durch die festgelegte Impulshöhe von nur 2,225 kV gegeben, während der europäische Zündprüfimpuls für 250-W- und 400-W-Lampen eine Höhe von 2,8 kV hat. Dar-

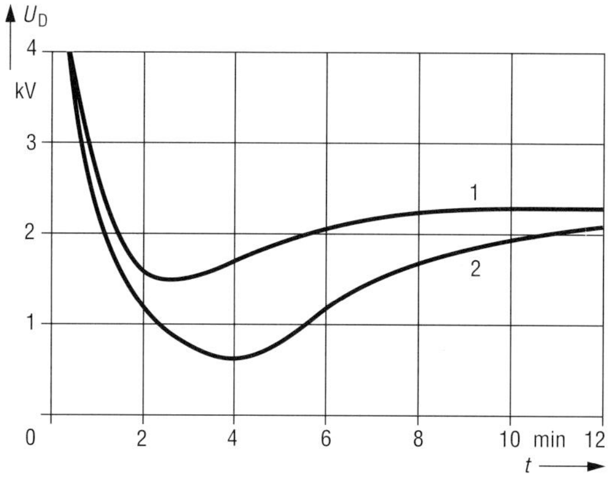

Bild 5.10
Durchbruchspannungen U_D von Natriumdampf-Hochdrucklampen mit 30 mbar Grundgasfülldruck bei 1-µs-Impulsen mit gedämpfter 100-kHz-Schwingung (1) und bei 50 Hz (2) in Abhängigkeit von der Abkühlzeit t

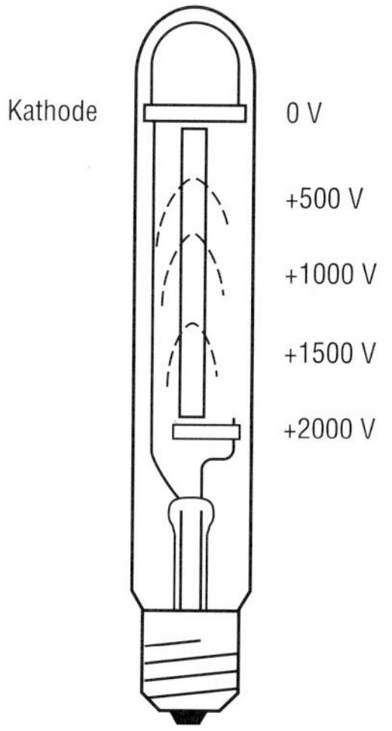

Bild 5.11
Feldverteilung von Natriumdampf-Hochdrucklampen vor der Zündung mit 2000 V

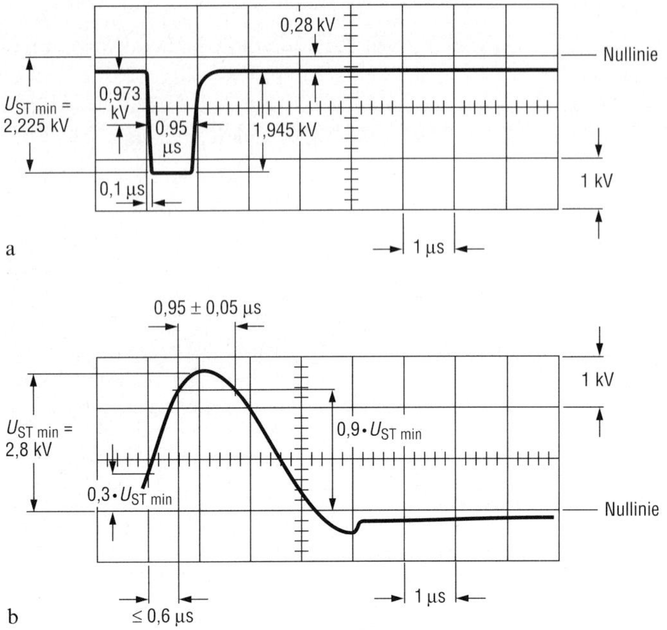

Bild 5.12
Kurvenform von Zündprüfimpulsen für Natriumdampf-Hochdrucklampen
a Negativer Zündimpuls nach US-Standard,
b Positiver Zündimpuls nach IEC für Europa

über hinaus sind auch noch die Impulsformen und -breiten unterschiedlich (Bild 5.12). Diese verschiedenen Zündprüfbedingungen verlangen unterschiedlich aufgebaute Lampen, der Grundgasfülldruck der Lampen für den amerikanischen Markt muß erheblich niedriger sein als der der Lampen für den europäischen Raum.

Für die Zündung von Natriumdampf-Hochdrucklampen werden drei Schaltungsarten eingesetzt:

Die Zündung mittels Starter ist in Europa auf Lampen mit Leistungen bis 70 W beschränkt. Die Stoßspannung U_{St} der in den Lampen eingebauten Glimmzünder erreicht maximal 2,3 kV, so daß die Betriebsgeräte nach der Beziehung $U_B = \frac{U_{St}}{4{,}6}$ entsprechend IEC 926 [5.2.4] für einen Effektivwert der Betriebsspannung von 500 V_{eff} ausgelegt sein müssen.

Die zweite Gruppe verwendet das Betriebsgerät mit einer Anzapfung als Überlagerungstransformator. Entweder wird die Strombegrenzungsdrossel angezapft (Bild 5.13) oder die Schaltung funktioniert mit einem Streufeldtransformator (siehe Bild 4.18). Der letztere Schaltungstyp ist vor allem in den USA und in Fernost verbreitet.

Die weiteste Verbreitung in Europa hat das Überlagerungsstartgerät gefunden, bei dem die Stoßspannung der Lampenversorgungsspannung mit Hilfe eines lampenstromdurchflossenen Transformators überlagert wird. Das Prinzipschaltbild eines solchen Geräts zeigt Bild 5.14. Der Stoßkondensator C_{St} wird über den Ladewiderstand R_L geladen und

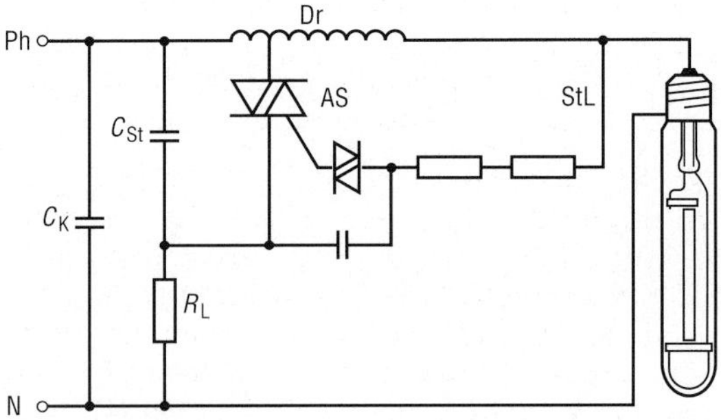

C_K	Kompensationskondensator	R_L	Ladewiderstand
Dr	Strombegrenzungsdrossel mit Anzapfung	AS	Thyristor als automatischer Schalter
C_{St}	Stoßkondensator	StL	Steuerleitung
		Ph	Phase
		N	Nulleiter

Bild 5.13
Startgeräteschaltung für Natriumdampf-Hochdrucklampen mit einer angezapften Strombegrenzungsdrossel als Hochspannungstransformator

beim Erreichen der Schaltspannung des automatischen Schalters AS über die Primärwicklung des Überlagerungstransformators Tr entladen, der die Spannung auf die erforderliche Stoßspannung hochtransformiert. Der Hochfrequenz-Rückschlußkondensator C_{HF} schließt den hochfrequenzstromführenden Kreis, so daß die strombegrenzende Drossel Dr nicht mit der Stoßspannung belastet wird. Die Kapazität C_B stellt die Eigenkapazität der hochspannungsführenden Leitung mit der Lampenfassung dar. Da C_B auf den Scheitelwert der Stoßspannung aufgeladen werden muß, ist eine Begrenzung der Kapazität und damit der Leitungslänge erforderlich. Auf der Sekundärseite des Überlagerungstransformators entsteht ohne Lampe eine gedämpfte Schwingung mit einer Frequenz von ca. 100 kHz. Für die Lampenzündung ist jedoch nur die erste Halbwelle von Interesse, die an der Basis eine Breite von ca. 2,5 µs und bei 90% des Scheitelwerts eine Breite von ca. 1 µs hat. Den Verlauf der Stoßspannung zeigt Bild 5.15. Bei Scheitelwerten von mehr als 2,8 kV erfolgt der Spannungsdurchbruch bei Standardlampen mit einem Grundgasfülldruck von ca. 30 mbar innerhalb von 1 µs. Superlampen mit einem Grundgasfülldruck von ca. 300 mbar benötigen für die Zündung jedoch eine Impulsbreite von 2 µs bei einem erhöhten Stoßspannungsscheitelwert von mindestens 4 kV.

Bei nur einem Impuls pro Netzperiode kann als automatischer Schalter ein Thyristor oder eine Vierschichtdiode mit einer Schaltspannung von ca. 250 V verwendet werden. Beim Einsatz von Triacs, Sidacs oder auch gasgefüllten Funkenstrecken entstehen Impulse in beiden Netzhalbwellen.

Weit verbreitet sind in Europa auch Startgeräte mit einem Glimmzünder als Schalter, die Schaltung zeigt Bild 5.16. Obwohl diese Startgeräte nicht in jeder Netzperiode Impulse erzeugen, ist die Zündung von Standardlampen mit einem Grundgasfülldruck von 30 mbar sicher, während Superlampen mit höheren Grundgasfülldrucken nicht gezündet werden können. Für solche Lampen eignen sich besonders die Startgeräte, die auch für die Zündung von Halogen-Metalldampflampen eingesetzt werden, Schaltungen siehe 4.2.1.

Steuerung der Startgeräte

Die Startgeräte müssen sich bei der Mindest-Versorgungsspannung der Lampe eingeschaltet haben und sich nach der Zündung sicher abschalten. Bei Lampen mit Brennspannungen um 100 V soll ein Startgerät bei 160 V nicht mehr arbeiten, die Abschaltung erfolgt in der einfachsten Weise durch die Brennspannung. Damit die Zündung gewährleistet werden kann, müssen die Impulse bei ausreichend hohen Augenblickswerten der Versorgungsspannung erzeugt werden. Als sinnvoll haben sich für die Impulserzeugung Bereiche von 60 ... 90 °el bzw. 240 ... 270 °el erwiesen. In diesen Bereichen decken

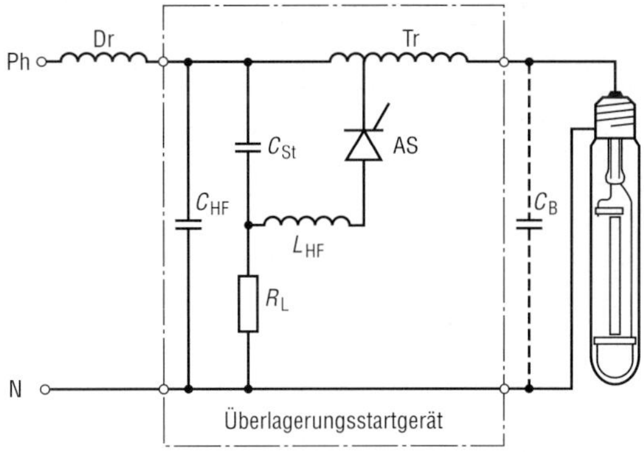

Ph Phase
N Nulleiter
Dr Drossel
C_{HF} Hochfrequenz-Rückschluß-kondensator
C_{St} Stoßkondensator
R_L Ladewiderstand
L_{HF} UKW-Drossel
AS Automatischer Schalter
Tr Lampenstrom-durchflossener Impulstransformator
C_B Eigenkapazität der hochspannungsführenden Leitung und der Fassung (Belastungskapazität)

Bild 5.14
Prinzipschaltung eines Überlagerungsstartgeräts für Natriumdampf-Hochdrucklampen

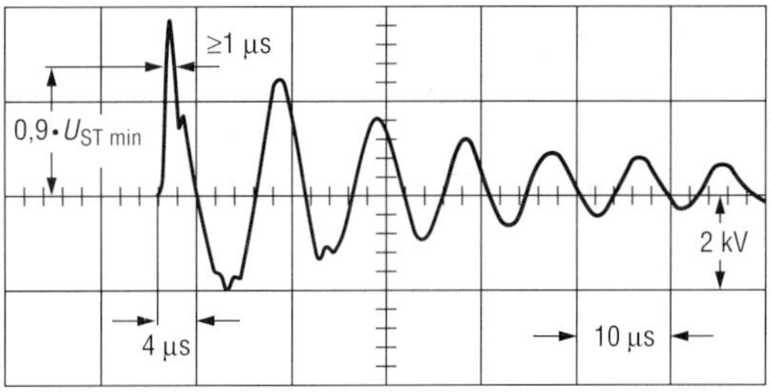

Bild 5.15
Verlauf der Stoßspannung mit gedämpfter Schwingung eines Überlagerungsstartgeräts nach Bild 5.14

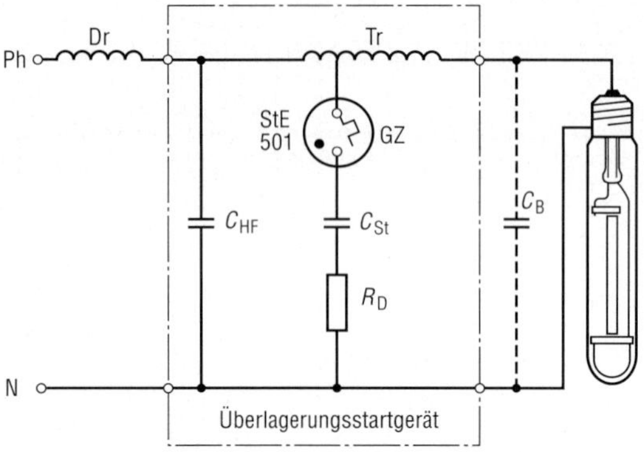

Ph	Phase	Tr	Impulstransformator
N	Nulleiter	GZ	Glimmzünder
Dr	Drossel	C_{St}	Stoßkondensator
C_{HF}	Hochfrequenzrückschlußkondensator	R_D	Dämpfungswiderstand
		C_B	Belastungskapazität

Bild 5.16
Schaltung eines Überlagerungsstartgeräts mit Glimmzünder als Impulserzeuger

sich die Lage der Impulse und der Stromnulldurchgang des folgenden Lampenstroms ungefähr. Sichergestellt werden muß, daß sich die Werte im gesamten vorgesehenen Temperaturbereich nicht unzulässig verändern.

Sinnvoll ist eine zusätzliche Zeitsteuerung, um das lästige Löschen und Wiederzünden im Minutenrhythmus am Ende der Lampenlebensdauer zu vermeiden. Die Zeitsteuerung muß aber ein Wiederzünden funktionsfähiger Lampen nach einem Löschen der Lampen infolge eines netzbedingten Spannungseinbruchs gewährleisten.

5.2.2 Startgeräte für Heißzündung

Die Durchbruchspannungen der für die Heißzündung geeigneten Lampen mit zweiseitigem Anschluß liegen bei 20 kV, so daß für sie nur Funkenstrecken-Startgeräte in Frage kommen. Das Verhältnis Elektrodenabstand zu Brennerdurchmesser ist sehr groß. Das bedingt eine sehr hohe Funkenzahl je Netzhalbwelle, denn nur dann ist ein Entladungskanal innerhalb des Brenners mit geringer Brennspannung und der Aufbau einer netzfrequenten Bogenentladung möglich.

Das Prinzipschaltbild eines Funkenstrecken-Startgeräts zeigt Bild 5.17. Wegen der erforderlichen hohen Funkenzahl von 40 Funken je Netzhalbwelle müssen gut löschende Luftfunkenstrecken mit hoher Wärmekapazität verwendet werden. Der Kurzzeitschalter, der die Betriebszeit des Startgeräts auf ca. 2 s begrenzt, ist wegen der großen Belastung des Netztransformators und der Funkenstrecke unbedingt erforderlich.

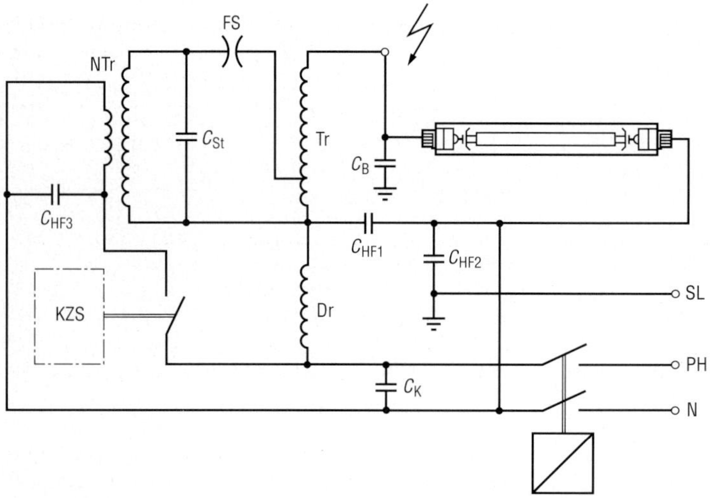

$C_{HF1,2,3}$	Hochfrequenzrückschlußkondensatoren
NTr	Hochspannungs-Netztransformator
FS	Funkenstrecke mit ca. 4 kV Schaltspannung
Tr	Impulstransformator
KZS	Kurzzeitschalter
C_{St}	Stoßkondensator
C_K	Kompensationskondensator
C_B	Belastungskapazität
Dr	Drossel
SL	Schutzleiter
Ph	Phase
N	Nulleiter

Bild 5.17
Prinzipschaltbild eines Startgeräts für die Heißzündung von zweiseitig angeschlossenen Natriumdampf-Hochdrucklampen NAV-TS

5.2.3 Prüfungen

Bei Startgeräten für normale Zündung reichen die Messung der Stoßspannung, der Impulsbreite bei 90% des Mindestwerts der Stoßspannung, der Phasenlage der Impulse sowie der Ansprech- und Abschaltspannung aus. Weitere Kontrollen des Zündverhaltens der Natriumdampf-Hochdrucklampen erübrigen sich wegen des guten Zündverhaltens der Lampen, sie werden jedoch notwendig, wenn eine der vorstehend aufgeführten Bedingungen nicht eingehalten wird. Sollen die Startgeräte jedoch auch für die Zündung von Halogen-Metalldampflampen eingesetzt werden, müssen die zusätzlichen Bedingungen nach 4.2.3 eingehalten werden.

Bei der Prüfung von Startgeräten für die Heißzündung von Lampen NAV-TS werden kontrolliert [5.2.5]:

▷ Die Scheitelwerte der Stoßspannung bei 90 bis 110% der Netznennspannung

▷ Die Funkenzahl je Netzhalbwelle bei 90 bis 110% der Netznennspannung, an den Grenzen des Betriebstemperaturbereichs und nach ausreichend langer Belastung mit dem maximalen Lampenstrom

▷ Die Einschaltzeit des Kurzzeitschalters und das Zündverhalten nach dem Löschen einer Lampe infolge eines kurzen Netzspannungseinbruchs.

Die Prüfvorrichtungen sind die gleichen wie für die Kontrolle von Startgeräten für Halogen-Metalldampflampen (siehe auch 4.2.3).

5.3 Vorschaltgeräte für Natriumdampf-Hochdrucklampen

Sind die Impedanztoleranzen entsprechend eng, lassen sich die gleichen Vorschaltgeräte wie für die Halogen-Metalldampflampen verwenden.

Im Gegensatz zu den Halogen-Metalldampflampen ist es aber normalerweise nicht notwendig, daß das Vorschaltgerät den lampenspezifischen maximalen Gleichstrom-Scheitelwert einhält. Lediglich darf der maximale Anlaufstrom nicht überschritten werden. Auch bei Natriumdampf-Hochdrucklampen ist es Voraussetzung für einen einwandfreien Lampenbetrieb, daß das Vorschaltgerät auch nach mehrmaligem Lampenwechsel seinen Impedanzwert bis zum Lebensdauerende einhält. Das ist durch eine Lebensdauerprüfung nachzuweisen.

Thermisch wird das Vorschaltgerät nur mit dem Lampennennstrom belastet. Allerdings übersteigt beim kurzzeitigen Anlaufbetrieb und bei Netzüberspannung der Strom den Nennstrom. Mit einem Kurzschluß des Vorschaltgeräts wird bei sachgemäßer Installation nicht gerechnet. Die Vorschaltgeräte in der Leuchte werden deshalb nur bei Lampennennstrom thermisch geprüft.

Auf dem Markt gibt es Natriumdampf-Hochdrucklampen, die mit einem Innenzünder versehen sind. Sie haben einen in der Lampe eingebauten Schaltkontakt, der beim Öffnen den Kurzschlußstrom unterbricht und somit im Vorschaltgerät eine Induktionsspannungsspitze zum Zünden der Lampe erzeugt. Bei diesen Lampen muß das Vorschaltgerät kurzschlußsicher sein und eine maximale Impulsspannung von 2,3 kV vertragen. Die Vorschaltgeräte müssen so konstruiert werden, daß die dadurch entstehende hohe Lagenspannung und die größere Prüfspannung zu keiner Zerstörung führen.

Wie bei den Halogen-Metalldampflampen benötigt man zum Zünden von Natriumdampf-Hochdrucklampen spezielle Startgeräte (Z), die Spannungsspitzen von 0,6 kV bis 5 kV erzeugen. Von den vielen Ausführungsarten haben sich hauptsächlich das Überlagerungszündgerät und zum Teil der Zündpulser durchgesetzt (siehe Kap. 5.2).

Natriumdampf-Hochdrucklampen können nach dem Zünden als Einweggleichrichter wirken, solange sie noch kalt sind. Im Falle eines solchen, normalerweise weniger als eine Sekunde dauernden Betriebszustands, sollen die Stromversor-

Tabelle 5.6
Nennwerte von Referenzlampen für Natriumdampf-Hochdrucklampen

Typ	P_L W	U_L V	I_L A
50 W	50	85	0,76
70 W	70	90	0,98
100 W	100	100	1,2
150 W	150	100	1,8
250 W	250	100	3,0
400 W	400	105	4,45
1000 W	1000	110	10,3

gungsgeräte bei Netznennspannung die maximalen Stromscheitelwerte nicht überschreiten, damit die Elektroden nicht überlastet oder geschädigt, die Schwärzung des Brenners vermindert und die Einschmelzungen nicht gefährdet werden. Die Arbeitsweise wird mit den Grenzmustern überprüft wie bei Halogen-Metalldampflampen.

Referenzlampen

Die Lampe wird am Referenzgerät bei Nennspannung und Nennfrequenz betrieben und ihre Daten Lampenstrom, -spannung und -leistung dürfen nicht mehr als ± 3% von den Werten der Tabelle 5.6 abweichen.

Die Lampe soll stabil brennen und vor dem Messen ihre Betriebstemperatur erreicht haben. Die Lampendaten sind unmittelbar vor und nach der Prüfungsreihe zu kontrollieren. Alle Meßgeräte sollen eine ausreichende Genauigkeit haben. Spannungskreise von parallel an die Lampe gelegten Meßgeräten dürfen zusammen nicht mehr als 3% des Referenzlampen-Netznennstroms aufnehmen. Instrumente, die mit der Lampe in Reihe gelegt werden, sollen eine genügend niedrige Impedanz haben, so daß ihr Gesamtspannungsabfall 2% der Referenzlampen-Nennspannung nicht überschreitet. Die Meßgeräte sollen frei von Kurvenstromfehlern sein. Sie müssen den echten Effektivwert anzeigen.

Eine Referenzlampe am Referenzgerät muß die folgenden Bedingungen erfüllen:

- Anlaufbedingung
Die Lampe soll frei brennend bei Nenn-Versorgungsspannung spätestens nach 8 Minuten mindestens 90% ihrer Brennspannung erreicht haben.

- Kurvenform des Lampenstroms
Der Gleichstromanteil des durch die voll eingebaute Lampe fließenden Stroms darf 1% nicht übersteigen.

- Abreißspannung
Die Abreißspannung ist der Spannungswert, bei dem die voll eingebrannte Lampe erlischt, wenn die Versorgungsspannung innerhalb von 0,5 s von ihrem Nennwert auf diesen niedrigen Wert gesenkt wird. Die abgesenkte Spannung ist 5 s beizubehalten. Bei der Nennversorgungsspannung 220 V/ 50 Hz soll ein Absenken der Versorgungsspannung von mindestens 18% ohne Erlöschen der Lampe möglich sein.

Referenzgeräte

Aufbau und Wirkung von Referenzgeräten sind in Kap. 3.2.4 beschrieben. Auch hier muß die Drosselkennlinie innerhalb der gegebenen Hüllkurven liegen. Die Impedanz beim Kalibrierstrom beträgt ebenfalls ± 0,5%; bei jedem anderen Stromwert im Bereich 50 bis 115% darf sie um ± 3% vom Nennwert abweichen. Tabelle 5.7 zeigt die Nenndaten von Referenzgeräten.

Festlegen der Drosselspannung

Wie in Kap. 3.2.5 beschrieben, kann man die Drosselspannung bei konstanter Netzspannung und Verlustleistung der Drossel mit Diagrammen bestimmen. Entsprechende Diagramme zeigen die Bilder 5.18a bis g.

Prüfungen

Für Natriumdampf-Hochdrucklampen gelten, wie für Quecksilberdampf-Hochdrucklampen, die Vorschriftenteile EN 60 922/DIN VDE 0712 Teil 12 für die Sicherheit und EN 60 923/DIN VDE 0712 Teil 13 für die Arbeitsweise. Besonders zu beachten ist DIN VDE 0712 Teil 13 Hauptabschnitt V „Elek-

Tabelle 5.7
Nenndaten der Referenzgeräte für Natriumdampf-Hochdrucklampen

Lampentyp	U	I_{Kal}	Z_o	λ
50 W	220	0,76	246	0,075 ± 0,005
70 W	220	0,98	288	0,075 ± 0,005
100 W	220	1,2	148	0,06 ± 0,005
150 W	220	1,8	99	0,06 ± 0,005
250 W	220	3,0	60	0,06 ± 0,005
400 W	220	4,6	39	0,06 ± 0,005
1000 W	220	10,3	17	0,03 ± 0,002

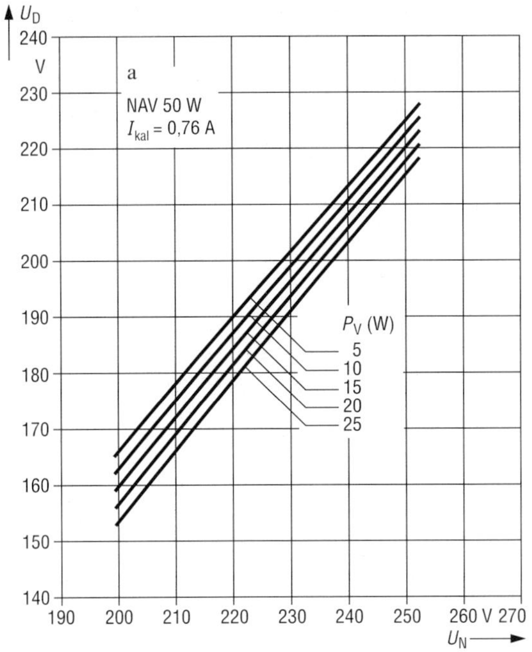

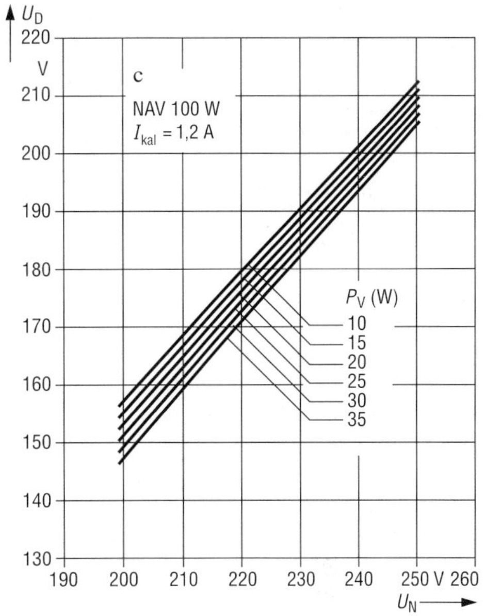

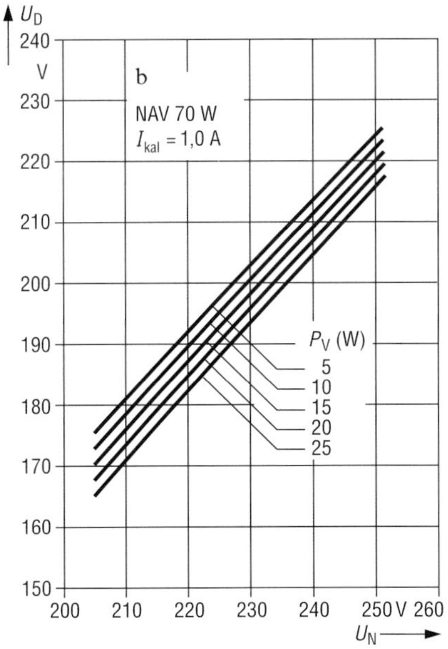

Bild 5.18 a bis g
Diagramme zum Bestimmen der Drosselspannung bei konstanter Netzspannung U_N und Verlustleistung P_V der Drossel beim Betrieb von Natriumdampf-Hochdrucklampen

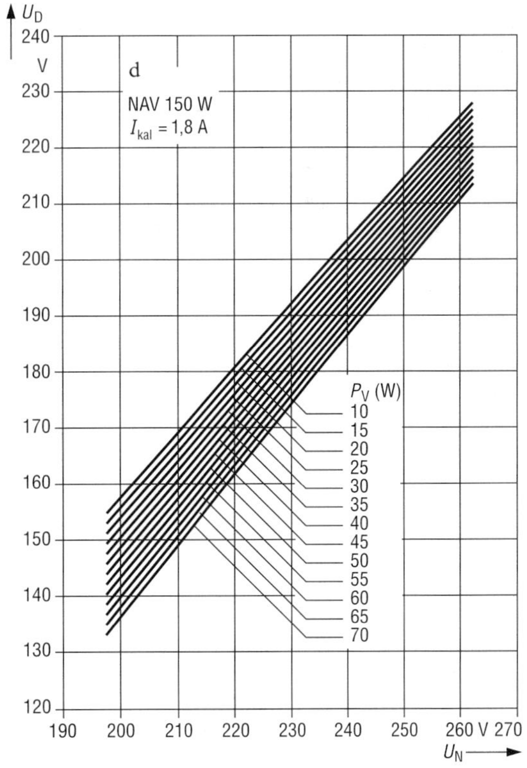

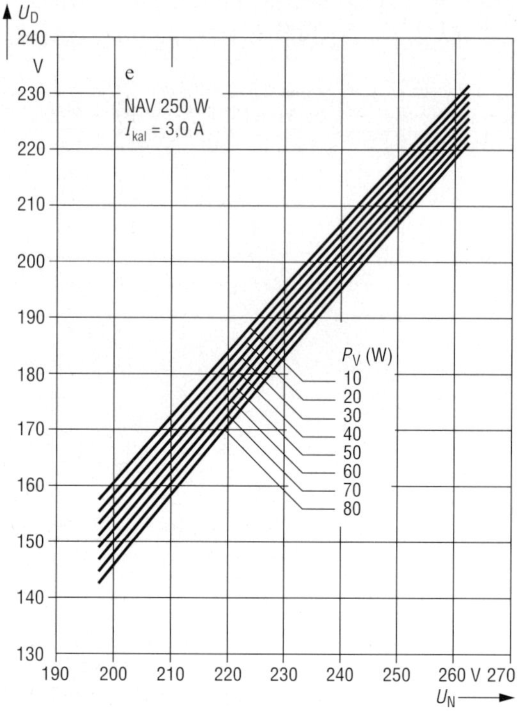

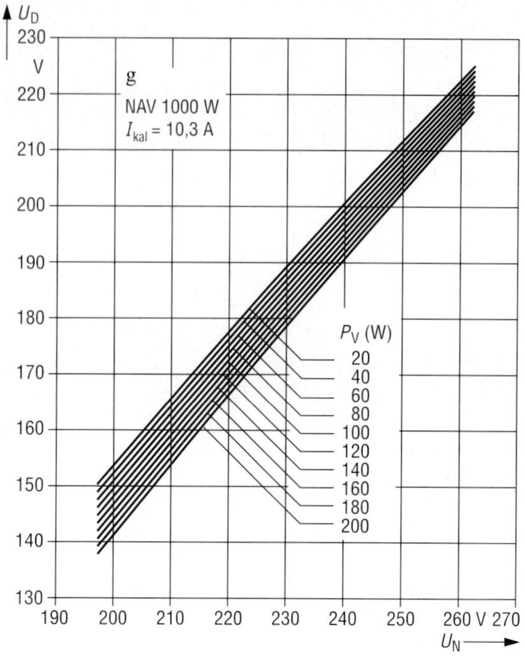

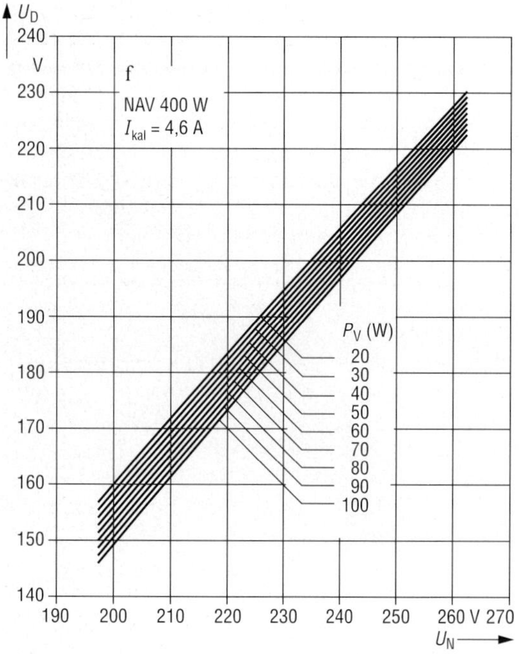

Bild 5.18 Fortsetzung

trische Anforderungen an Vorschaltgeräte für Natriumdampf-Hochdrucklampen".

Die Daten für die zu verwendenden Referenzlampen und Referenzvorschaltgeräte sind, soweit vorhanden, der IEC-Publikation 622 und den darin enthaltenen einzelnen Lampendatenblättern zu entnehmen. Daten von Lampen, die noch nicht in der Publikation enthalten sind, müssen beim Lampenhersteller erfragt werden.

Manche Natriumdampf-Hochdrucklampen und Halogen-Metalldampflampen werden mit Hilfe der Überlagerung von sich kurzzeitig wiederholenden Spannungsimpulsen auf die Normalspannung des Vorschaltgerätestromkreises gestartet. Diese Hochspannungsimpulse werden oft von elektronischen Zündgeräten erzeugt und in einigen Schaltungen sowohl den Lampen als auch den Vorschaltgeräteklemmen zugeführt. Deshalb muß sichergestellt werden, daß Vorschaltgeräte, die in diesen Schaltungen eingesetzt werden, eine geeignete Hochspannungs-Impulsprüfung bestehen.

Diese Norm nennt im einzelnen besondere Prüfungen für solche Vorschaltgeräte, die für den Betrieb in einer Schaltung mit extern zur Lampe angeordnetem Startgerät bestimmt sind und für andere Vorschaltgeräte, die für den Betrieb von Lampen mit interner Starteinrichtung vorgesehen sind.

Einige Vorschaltgeräte enthalten ein- oder angebaute Überspannungsableiter. Deshalb schließt die Norm Prüfverfahren für diese Vorschaltgeräteart ein, soweit es notwendig ist, die Sicherheit solcher ggf. angebauter Vorrichtungen zu gewährleisten.

Diese Anforderungen sichern, daß Vorschaltgeräte Spannungsimpulsen ausgesetzt werden können, wenn sowohl die Lampe und das Vorschaltgerät warm oder kalt sind.

Sämtliche Prüfungen der Norm sind Typprüfungen und beinhalten nicht eine Überprüfung der laufenden Fertigung. Hierfür gelten die besonderen Vereinbarungen mit der VDE-Prüfstelle, indem ein Nachweis zur Normenkonformität durch eine laufend zu wiederholende Typprüfung, mit Nachweis an die Prüfstelle, durchgeführt werden muß (siehe hierzu Kapitel 11.1.6, Vertrag mit VDE-Prüfstelle).

5.4 Helligkeitssteuerung

Auch bei Natriumdampf-Hochdrucklampen ist bei der Außenbeleuchtung die Möglichkeit erwünscht, bei einlampigen Leuchten die Leistung für den Nachtbetrieb vermindern zu können. Wie bei Quecksilberdampf-Hochdrucklampen ist eine Amplitudensteuerung günstiger. Bei der Steuerung der Stromflußzeit ist zusätzlich der Einfluß der von der Brennspannung oder vom Lampenstrom gesteuerten automatischen Zündgeräte zu berücksichtigen.

5.4.1 Betriebsverhalten

Die Lampenlichtausbeute geht im interessierenden Bereich zwischen Vollast und Halblast um knapp 15% zurück, die Abhängigkeit des Lichtstroms von der Lampenleistung ist in Bild 5.19a dargestellt. Für den Anwender ist jedoch nicht die Lampenlichtausbeute, sondern die Systemausbeute von Interesse, d. h. das Verhältnis des Lichtstroms zur Summe der Leistungen von Lampe und Vorschaltgerät. Nach Bild 5.19a müssen ca. 67% der Systemleistung bei Vollast aufgewendet werden, um 50% des Lichtstroms zu erreichen. Die Ursache für den stärkeren Rückgang der Systemlichtausbeute gegenüber der Lampenlichtausbeute ist die Höhe des Lampenstroms bei Leistungsverminderung. Bild 5.19b zeigt, daß der Lampenstrom bei Verminderung der Lampenleistung auf 50% der Nennleistung nur auf ca. 80% des Nennstroms absinkt. Entsprechend gering ist der Rückgang der Verlustleistung des Vorschaltgeräts, so daß der prozentuale Anteil der Verlustleistung bei Leistungsverminderung stark zunimmt.

Die Lebensdauer der Natriumdampf-Hochdrucklampen geht bei Leistungsverminderungen bis auf 50% der Nennleistung nicht zurück. Dauerversuche haben gezeigt, daß der Lichtausbeuterückgang bei Halblastbetrieb sogar etwas geringer ist als bei Vollastbetrieb, auch der Brennspannungsanstieg im Laufe der Brennzeit ist schwächer. Die Abhängigkeiten zeigen die Bilder 5.20a und b. Danach ist es möglich, daß die Lampen unter diesen Betriebsbedingungen nicht nur ihre Nennlebensdauer, sondern eine etwas längere Lebensdauer als bei Vollastbetrieb erreichen. Es ist nach dem Verlauf der Lichtausbeute und der Lampenausfallrate aber nicht sicher, daß eine Lebensdauerverlängerung auftreten muß. Sie kann auch bei weitem nicht die Werte erreichen, die sich bei Unterlastbetrieb von Glühlampen ergeben.

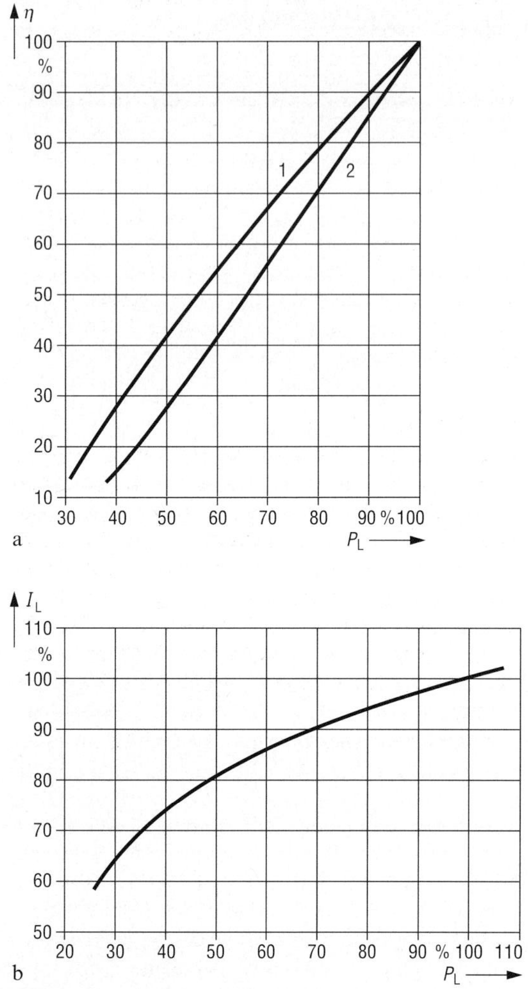

1 Lampenlichtausbeute
2 Systemlichtausbeute

Bild 5.19 a, b
a Abhängigkeit der Lampen- und der Systemlichtausbeute η von der Lampenleistung P_L bei Natriumdampf-Hochdrucklampen der Standardausführung
b Abhängigkeit des Lampenstroms I_L von der Lampenleistung P_L bei Natriumdampf-Hochdrucklampen der Standardausführung

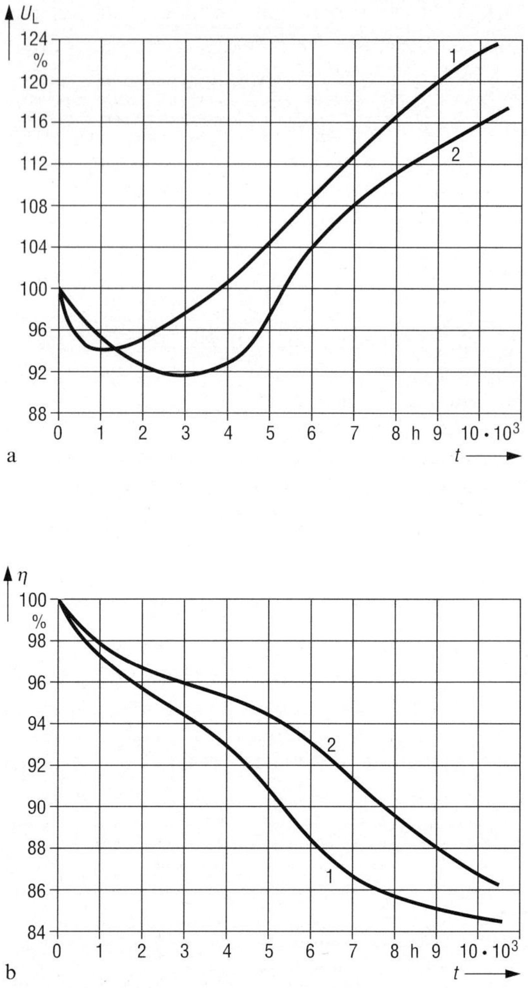

1 Vollastbetrieb mit 7,5 h ein und 0,5 h aus
2 7,5-Stunden-Betrieb mit 3,75 h Vollast und 3,75 h Halblast sowie 0,5 h aus

Bild 5.20 a, b
Änderung der Brennspannung U_L (a) und der Lichtausbeute η (b) von Natriumdampf-Hochdrucklampen der Standardausführung in Abhängigkeit von der Brenndauer t bei Voll- und Halblastbetrieb im 8-Stunden-Rhythmus

5.4.2 Schaltungen

Bei der Auslegung von Helligkeitssteueranlagen mit Natriumdampf-Hochdrucklampen sind die Startgeräte mit ihrem Einschaltverhalten zu berücksichtigen. In der Praxis werden überwiegend Amplitudensteuerungen eingesetzt, aber auch die Anschnittsteuerung mit ihrer Stromflußzeitänderung findet Verwendung.

Amplitudensteuerung

Wegen des überwiegenden Einsatzes der Natriumdampf-Hochdrucklampen in der Außenbeleuchtung reicht normalerweise eine Stufenschaltung aus. Drei mögliche Schaltungen mit drei verschiedenen Startgeräten zeigen die Bilder 5.21 a bis c. Günstig ist die Verwendung einer Drossel mit einer Anzapfung für Vollastbetrieb entsprechend Bild 5.21 a. Das Umschalten von einem zum anderen Anschluß muß bei dieser Schaltung ohne stromlose Pause erfolgen.

Oszillogramme der Amplitudensteuerung von Natriumdampf-Hochdrucklampen 250 W sind in den Bildern 5.22 a bis c dargestellt. Bei 60% der Nennleistung beträgt die Brennspannung kaum mehr als die Hälfte der Spannung bei Vollast, es herrschen aber noch einwandfreie Betriebsbedingungen. Bei 40% der Leistung ist die Brennspannung auf Werte ähnlich den Anlaufwerten zurückgegangen, ein solcher Betrieb kann zu einem vorzeitigen Lampenausfall führen.

Anschnittsteuerung

Bei der Anschnittsteuerung von Natriumdampf-Hochdrucklampen ist die Schaltung der Startgeräte zu beachten. Überlagerungsstartgeräte haben am Eingang einen HF-Rückschlußkondensator, der bei Anschnittsteuerbetrieb über die Drossel auf nahezu das Doppelte des Spannungsaugenblickswerts aufgeladen wird. Die Frequenz der gedämpften Schwingung beim Laden des Kondensators liegt bei ca. 1 kHz, Oszillogramme bei der Anschnittsteuerung zeigen die Bilder 5.23 a bis c. Nach dem Oszillogramm Bild 5.23 b können Wie-

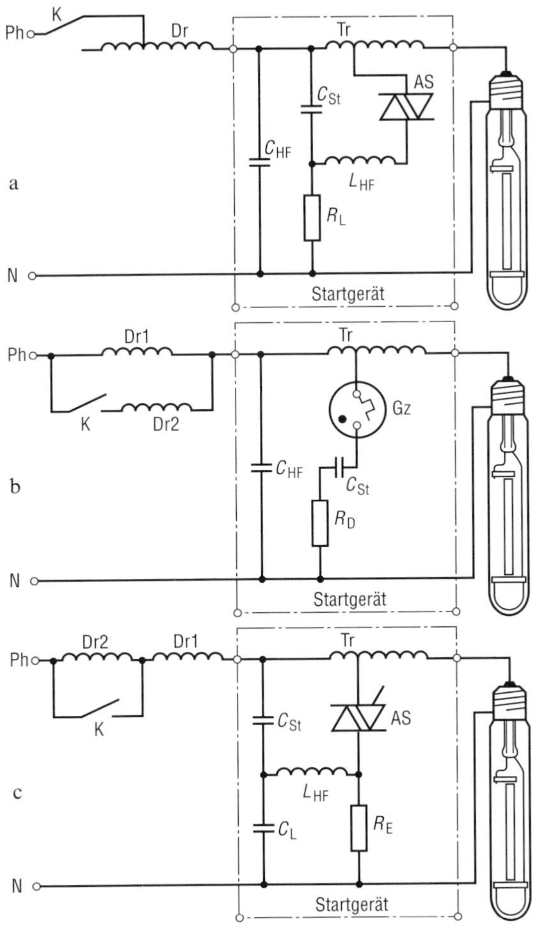

Ph	Phasenleitung	C_{St}	Stoßkondensator
N	Nulleiter	AS	Automatischer Schalter
Dr, Dr 1,2	Drosseln	Gz	Glimmzünder
K	Umschaltkontakt	L_{HF}	UKW-Drossel
Tr	Impulstransformator	R_L	Ladewiderstand
		R_D	Dämpfungswiderstand
C_{HF}	Hochfrequenz-Rückschlußkondensator	R_E	Entladewiderstand
		C_L	Ladekondensator

Bild 5.21
Prinzipschaltbilder von Schaltungen für die Stufensteuerung von Natriumdampf-Hochdrucklampen
- a Schaltung mit angezapfter Drossel und Überlagerungsstartgerät für Natriumdampf-Hochdrucklampen der Standardausführung mit niedrigem Grundgasfülldruck
- b Stufenschaltung mit zwei parallelgeschalteten Drosseln und einem Überlagerungsstartgerät für Natriumdampf-Hochdrucklampen der Standardausführung mit niedrigem Grundgasfülldruck
- c Stufenschaltung mit zwei in Reihe geschalteten Drosseln und einem Startgerät für Natriumdampf-Hochdrucklampen der Super-Ausführung mit hohem Grundgasfülldruck

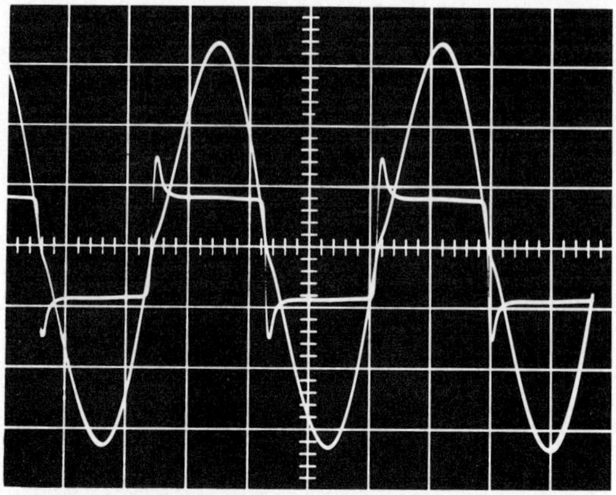

a

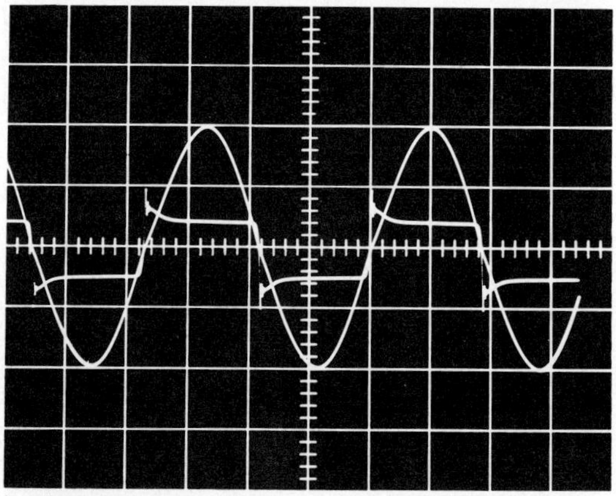

b

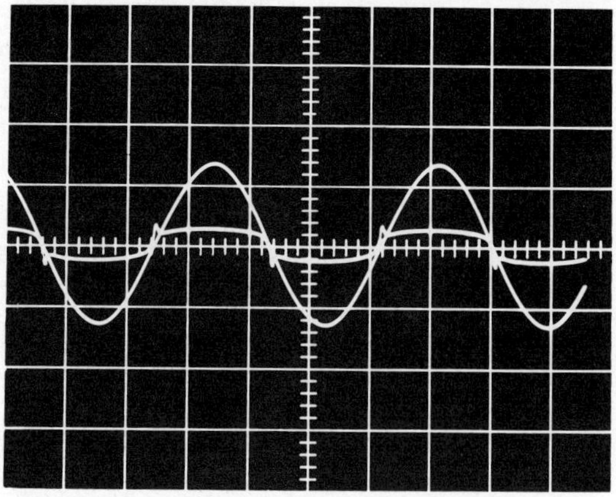

c

Bild 5.22
Verlauf von Brennspannung und Lampenstrom bei der Amplitudensteuerung von Natriumdampf-Hochdrucklampen bei Vollastbetrieb (a) und Betrieb mit 60% (b) und 40% (c) der Nennleistung
Spannung 100 V/div., Strom 1,25 A/div., Zeit 5 ms/div.

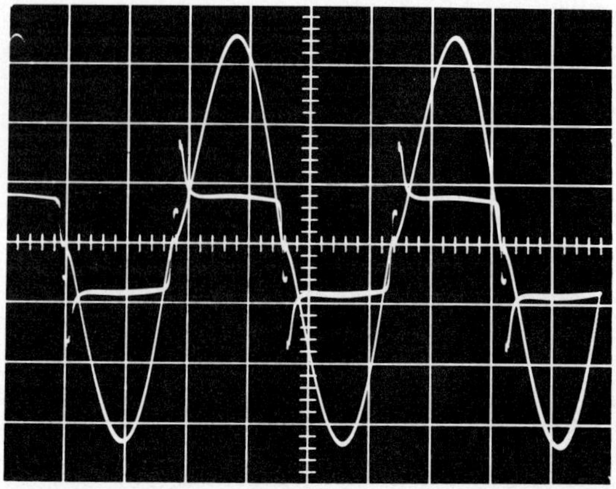

a

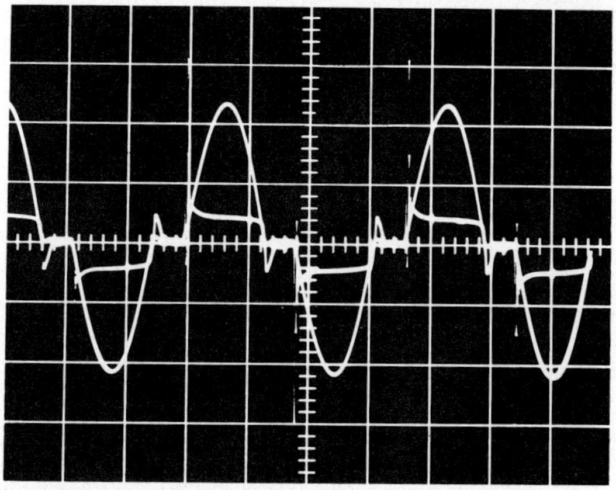

b

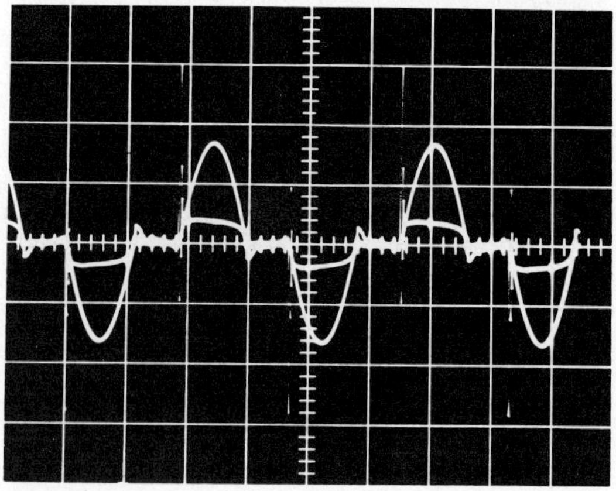

c

Bild 5.23
Verlauf von Brennspannung und Lampenstrom bei der Phasenanschnittsteuerung von Natriumdampf-Hochdrucklampen bei Vollastbetrieb (a) und Betrieb mit 60% (b) und 40% (c) der Nennleistung
Spannung 100 V/div., Strom 1,25 A/div., Zeit 5 ms/div.

derzündspannungsspitzen von ca. 300 V erreicht werden. Das ist hoch genug, um Startgeräte mit kleinen Ladezeitkonstanten für den Stoßkondensator in Betrieb zu setzen. Ein Startgerätebetrieb während des Lampenbetriebs führt bei gasgefüllten Funkenstrecken als automatische Schalter in Startgeräten entsprechend Bild 5.21 c oder bei Startelementen in Geräten entsprechend Schaltung Bild 5.21 b zum vorzeitigen Ausfall der Schalt- bzw. Startelemente. Zu empfehlen ist deshalb ein langsamer Spannungsanstieg bzw. eine Teilladung des HF-Rückschlußkondensators auf Werte etwas unter den Scheitelwert der Wiederzündspitze bereits vor dem Augenblick des Anschnitts.

Eine überhöhte Wiederzündspitze führt nicht zur Inbetriebsetzung von Startgeräten, bei denen der Stoßkondensator über einen Ladewiderstand aufgeladen wird, so daß sich Zeitkonstanten ≥ 2 ms ergeben. Derartige Startgeräte (siehe Bild 5.21 a) sind nur für Standardlampen mit niedrigen Grundgasfülldrucken brauchbar, während zur Zündung der verbesserten Lampen mit hohem Grundgasfülldruck der „Super"-Ausführung überwiegend Startgeräte entsprechend der Schaltung Bild 5.21 c eingesetzt werden. Bei diesen Geräten liegt die Ansprechzeit unter 0,5 ms, so daß sich derartige spannungsgesteuerte Geräte bei hohen Brennspannungen bzw. Wiederzündspitzen einschalten können.

Stromgesteuerte Startgeräte dürfen in Helligkeitssteueranlagen nicht verwendet werden. Der Lampenstrom, bei dem sich die Startgeräte nach der Lampenzündung abschalten, liegt bei maximal 80% des Nennstroms. So gesteuerte Startgeräte können deshalb bei Lampenströmen unter 80% des Nennstroms während des Lampenbetriebs dauernd Impulse erzeugen. Infolge der Doppelbelastung durch Impulserzeugung und Lampenstrombelastung können die Startgeräte überlastet werden. Der Startgerätebetrieb während des Lampenbetriebs kann auch zu einer Verkürzung der Lampenlebensdauer führen.

Bei der Anschnittsteuerung erhöht sich der Netzstromoberschwingungsgehalt, Meßergebnisse sind in Tabelle 5.8 zusammengestellt. Die Werte für Vollast mit 100% Lichtstrom sowie 80 und 60% des Lichtstroms zeigen, daß der Oberschwingungsgehalt nicht nur relativ, sondern auch absolut ansteigt.

Tabelle 5.8
Oberschwingungsgehalt beim Phasenanschnittsteuerbetrieb von Natriumdampf-Hochdrucklampen 250 W

Harmonische	Oberschwingungsgehalt bei 100% Lichtstrom (P_L = 270 W; I_L = 3,12 A)		Oberschwingungsgehalt bei 80% Lichtstrom (P_L = 235 W; I_L = 3,03 A)		Oberschwingungsgehalt bei 60% Lichtstrom (P_L = 196 W; I_L = 2,86 A)	
	mA	%	mA	%	mA	%
3.	157,5	5,05	165	5,44	202,5	7,08
5.	47,5	1,52	50	1,65	75	2,62
7.	32,5	1,04	40	1,32	55	1,92
9.	17,5	0,56	25	0,83	40	1,40
11.	12,5	0,40	17,5	0,58	25	0,87
13.	7,5	0,24	10	0,33	22,5	0,79

6 Natriumdampf-Niederdrucklampen und Betriebsgeräte

6.1 Lampen

Unter den chemischen Elementen, die zur Lichterzeugung verwendet werden können, ist das Natrium einzigartig, weil der überwiegende Teil der Energie, die ein Natriumatom aufnimmt, in Form einer einzigen Spektrallinie ausgestrahlt wird. Die niedrige Ionisierungsspannung und der verhältnismäßig niedrige Dampfdruck ermöglichen auch eine leichte Anregung des Atoms in der elektrischen Entladung. Zusammen mit dem hohen visuellen Nutzeffekt (siehe Kapitel 1.1) führt das zu Lichtquellen mit der höchsten heute erreichbaren Lichtausbeute. Leider hat das monochromatische gelbe Licht keinerlei Farberkennungsmöglichkeiten, so daß es nur dort eingesetzt werden kann, wo die Farbe keine Rolle spielt, wie bei Fernstraßen und Unterführungen, oder wo es durch seine gelben Farben die Auffälligkeit besonderer Verkehrs-Gefahrenpunkte unterstreichen soll, wie etwa Kreuzungen, Fußgängerüberwege usw. Früher wurden Natriumdampf-Niederdrucklampen auch zu Farbverbesserungen mit anderen Lampen kombiniert, z. B. mit Quecksilberdampf-Hochdrucklampen.

Natriumdampf-Niederdrucklampen sind in ihrem Verhalten und ihrem Aufbau Leuchtstofflampen ähnlich. Da man sie jedoch meist nur dort einsetzt, wo sie selten geschaltet werden müssen, und der starke Anstieg der Brennspannung während des Anlaufs eine hohe Leerlaufspannung erforderlich macht, hat man auf den Starterbetrieb heute ganz verzichtet und verwendet ausschließlich Streufeldtransformatoren als Vorschaltgeräte.

Natriumdampf-Niederdrucklampen wurden um 1932 auf den europäischen Markt gebracht. Sie waren früher stärker verbreitet als heute, denn aus vielen Anwendungsgebieten wurden sie durch effiziente weiße Lichtquellen verdrängt.

6.1.1 Aufbau der Lampen

Der für die Lichtemissionen optimale Dampfdruck des Natriums von ca. 0,01 mb wird bei einer Temperatur von 300 °C erreicht. Um die großflächigen Entladungsröhren auf diese Temperatur aufzuheizen, bedarf es einer sorgfältigen Wärmeisolation. Dies charakterisiert den Aufbau der Natriumdampf-Niederdrucklampen. Um die Temperaturänderungen der Entladungsrohre gering zu halten, ist es notwendig, die Wärmeabgabe durch Leitung und Strahlung besonders zu beachten. Ein über das Entladungsgefäß gestülptes Glasrohr würde die Wärmeableitung, aber nicht die Wärmeabstrahlung verhindern. Zur hinreichenden Wärmeisolation für Leitung und Strahlung dient daher ein doppelwandiges Glasrohr, dessen Zwischenraum evakuiert ist. Diese Maßnahme stellt nahezu gleichbleibende Temperatur der Entladungsstrecke auch bei veränderten Umwelteinflüssen sicher. Zusätzlich verbessert man die Wärmeisolation durch das Aufbringen einer infrarotreflektierenden Schicht auf dem Außenkolben. Diese Schicht soll das sichtbare Licht möglichst ungehindert hindurchlassen, infrarotes dagegen so gut wie möglich reflektieren, damit es durch Absorption im Entladungsrohr dieses zusätzlich aufheizen kann. Für solche Schichten verwendet man Zinn- oder Indiumoxid in einer Dicke von einigen µm. Die Schichten haben bei der Wellenlänge des Natriumlichts eine Transmission von 92% und im Bereich der Wärmestrahlung bei einer Wellenlänge von 5 µm ein Reflexionsvermögen von 80%; ihre Isolationswirkung ist so gut, daß sie dem Wärmeschutz von zwei Wärmeschutzrohren entspricht.

Zur leichten Zündung wird als Grundgas Neon in die Lampe gefüllt, dem ein geringer Prozentsatz Argon oder Xenon zugesetzt wird. Dieser Zusatz senkt die Zündspannung (Penning-Effekt).

Im Entladungsraum der Lampe ist mehr Natrium enthalten als für die Dampfbildung notwendig ist. Das überschüssige Natrium ist an der kältesten Stelle der Lampen kondensiert; dies ist in U-förmigen Lampen gewöhnlich der Bogen. Es gibt auch Lampenkonstruktionen, die längs der Außenwand Noppen oder Vertiefungen eingelassen haben. Bei diesen Lampen sammelt sich das Natrium in den Vertiefungen.

Die Elektroden der Lampen bestehen wie bei Leuchtstofflampen aus Wolframwendeln, die mit Emitter bepastet sind.

6.1.2 Lampentypen

Die heute üblicherweise verwendeten Natriumdampf-Niederdrucklampen haben ein U-förmiges Entladungsrohr in einem röhrenförmigen Außenkolben (Bild 6.1). Sie sind einseitig mit einem Bajonettsockel ausgerüstet und für den Betrieb an Streufeldtransformatoren vorgesehen. Tabelle 6.1 enthält alle für Betrieb und Zündung der Lampen erforderlichen Daten. Für die Einstellung der Streufeldtransformatoren müssen Lampen verwendet werden, da Ersatzwiderstände bisher nicht festgelegt wurden.

Bei der Montage der Lampen und Anwendung der Leuchten ist auf die zulässige Brennstellung der Lampen zu achten (Tabelle 6.2). Bei unzulässiger Brennstellung ist mit geringerer Lichtausbeute und Lampenlebensdauer zu rechnen.

Gelegentlich nur wird noch eine stabförmige Lampe mit 200 W Lampenleistung verwendet (Bild 6.2), die vorheizbare Elektroden besitzt und deren Lampenbrennspannung bei 95 V liegt, so daß sie an 220 V nur mit Drossel und Starter betrieben werden kann.

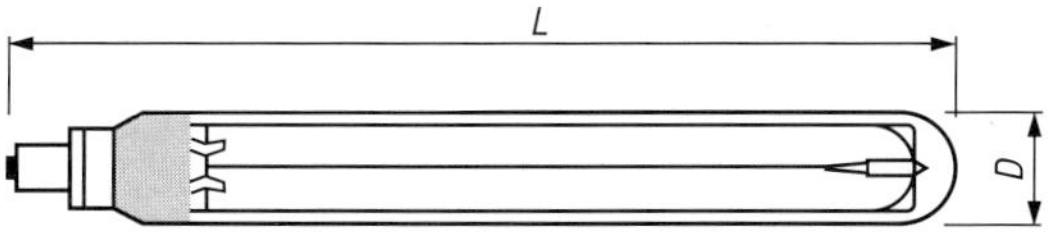

Bild 6.1
Grundsätzlicher Aufbau einer Natriumdampflampe mit U-förmigem Entladungsgefäß

6.1.3 Eigenschaften der Lampen

Die Lichtausbeute der auf dem Markt verfügbaren Natriumdampflampen für allgemeine Beleuchtungszwecke reicht – ohne Berücksichtigung der Verluste im Vorschaltgerät – je nach der Lampengröße bis 200 lm/W. Wegen der erforderlichen überhöhten Startspannung der Natriumdampflampen sind als Vorschaltgeräte Streufeldtransformatoren notwendig, die einen größeren Eigenverbrauch als einfache Drosselspulen haben, so daß die erzielbaren Systemausbeuten wesentlich niedriger sind (30 bis 50%, siehe Kapitel 6.3).

Die Natriumdampflampen benötigen nach dem Einschalten eine Anlaufzeit von 8 ... 15 Minuten (Bild 6.3), um vollen Lichtstrom abzugeben. Während der Anlaufzeit gibt die Lampe je nach der Mischung des Startgases (Neon, Argon, Xenon) rotes oder blaues Licht ab.

Temperaturabhängigkeit

Die Abhängigkeit der notwendigen Startspannung und des Lichtstroms von der Umgebungstemperatur ist bei Natriumdampflampen infolge des hochwirksamen Wärmeschutzes sehr gering. Wie Bild 6.4 zeigt, ist lediglich bei sehr tiefen Temperaturen mit einem schwachen Lichtstromabfall zu rechnen.

Strom-Spannungs-Verlauf und Spannungsabhängigkeit

Der Strom-Spannungs-Verlauf (Bild 6.5) einer betriebswarmen Natriumdampflampe zeigt die gleiche Charakteristik wie andere Niederdruck- und Hochdruck-Entladungslampen. Durch die Notwendigkeit, einen Streufeldtransformator anzuwenden, dessen Leerlaufspannung mehr als das Zweifache der Netzspannung beträgt, ergeben sich für die an der Lampe anliegenden Spannungen zeitweise höhere Werte als die Netzspannung.

Im Gegensatz zu den Hochdrucklampen starten die betriebswarmen Natriumdampflampen nach kurzer Stromunterbrechung sofort wieder mit vol-

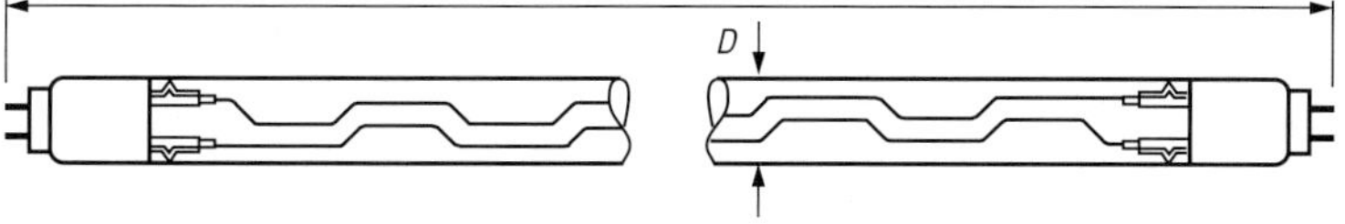

Bild 6.2 Aufbau einer Natriumdampflampe mit langgestrecktem Entladungsgefäß mit zwei Sockeln

Tabelle 6.1 Betriebsdaten von Natrium-Niederdrucklampen

Geometrische Lampendaten				Elektrische Lampendaten								Referenzgerätedaten für 50/60 Hz						
Typ	Sockel	D_{max}	L_{max}	P_L	$P_{L\,max}$	$P_{L\,min}$	U_L	$U_{L\,max}$	$U_{L\,min}$	I_L	$U_{Z\,max}$	U_N	Z	$\frac{\Delta Z}{Z}$	λ_D	$\frac{\Delta\lambda_D}{\lambda_D}$	I_C	$U_{N\,min}$
		mm	mm	W	W	W	V	V	V	A	V	V	Ω	%	–	%	A	V
10	B22d	41	150	10	11	8	55	63	47	0,20	320	360	1760	0,5	0,075	0,005	0,20	340
18	BY22d	54	216	18	21	15	57	67	47	0,35	280	300	829	0,5	0,06	0,005	0,35	300
35	BY22d	54	425	37	42	–	70	80	–	0,60	390	480	775	0,5	0,06	0,005	0,60	390
55	BY22d	54	425	56	62	–	109	120	–	0,59	410	480	775	0,5	0,06	0,005	0,60	410
90	BY22d	68	528	91	104	–	112	125	–	0,94	420	480	500	0,5	0,06	0,005	0,90	420
135	BY22d	68	775	135	153	–	164	185	–	0,95	540	650	655	0,5	0,06	0,005	0,92	540
180	BY22d	68	1120	185	210	–	240	270	–	0,91	600	650	655	0,5	0,06	0,005	0,92	600

Die Abkürzungen sind in den Tabellen 3.1 und 4.4 definiert.
$U_{Z\,max}$ ist die maximale Zündspannung, die die Lampe haben darf,
$U_{N\,min}$ ist die Mindestleerspannung, die ein Gerät haben soll

Tabelle 6.2
Lichtstrom und zulässige Brennlage von Natriumdampf-Niederdrucklampen. Die Definition der Brennstellung ist in Bild 4.6 zu finden

Typ	Φ lm	Brennstellung
18	1800	h 150
35	4800	h 110
55	8000	h 110
90	13 500	p 20
135	22 500	p 20
180	33 000	p 20

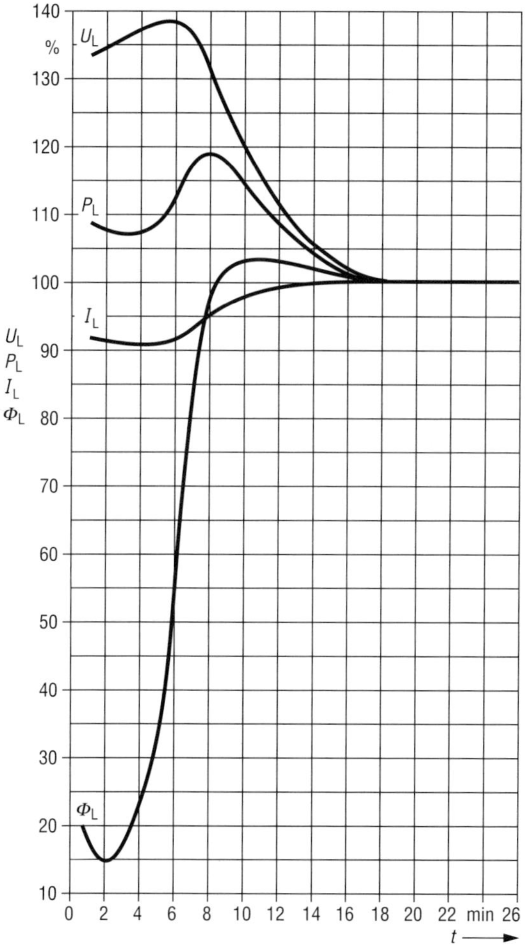

U_L Lampenspannung
I_L Lampenstrom
P_L Lampenleistung
Φ_L Lichtstrom
t Zeit

Bild 6.3
Anlaufvorgang einer Natriumdampflampe an einem induktiven Vorschaltgerät (Streufeldtransformator)

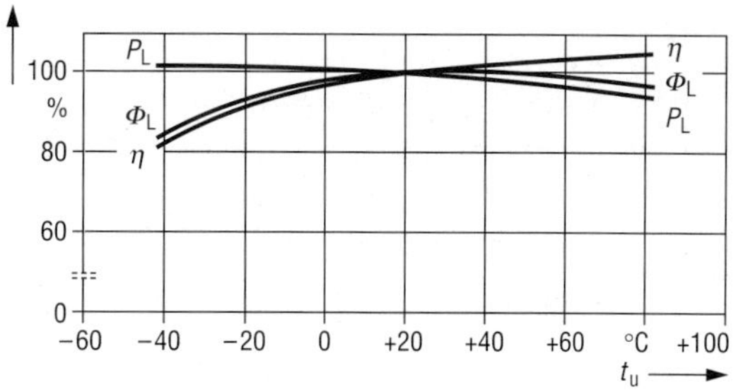

Bild 6.4
Lampenleistung P_L, Lichtstrom Φ_L und Lichtausbeute η von Natriumdampf-Niederdrucklampen als Funktion der Umgebungstemperatur t_u

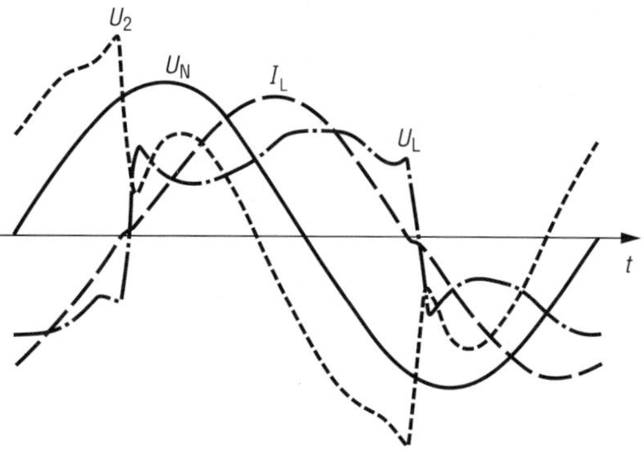

Bild 6.5
Lampenstrom I_L, Lampenspannung U_L, Spannung U_2 über der Sekundärwicklung eines Streufeldtransformators und Netzspannungsverlauf U_N einer Natriumdampflampe in Abhängigkeit von der Zeit t

lem oder der Abkühlungszeit entsprechend verminderten Lichtstrom.

Die Abhängigkeit des Lampenstroms, der Leistung und des Lichtstroms von der Höhe der angelegten Spannung (Bild 6.6) ist im Vergleich zu den Kennlinien anderer Entladungslampen geringer.

Brenndauerverhalten

Die Abhängigkeit des Lichtstroms von der Brennzeit ist verhältnismäßig gering. Wegen des großen Einflusses des Vorschaltgeräts, der Lampenlage und der Lampenbetriebsweise kann man nur Richtwerte angeben (Bild 6.7).

Zur genauen Abschätzung muß man zusätzlich noch die Lebensdauererwartung hinzuziehen, d. h. den Teil der Lampen berücksichtigen, der nicht

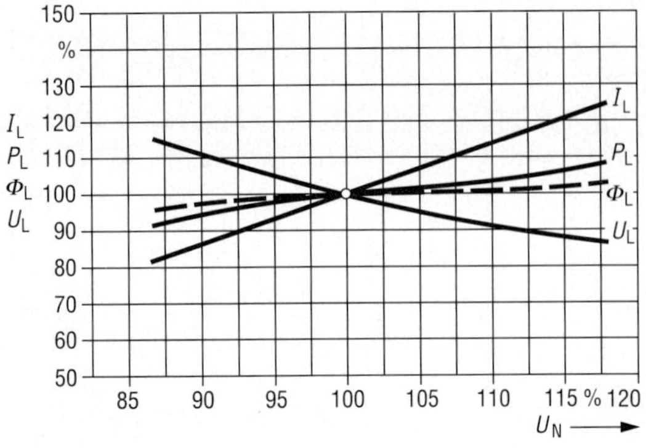

Bild 6.6
Lampenspannung U_L, Lampenleistung P_L, Lampenstrom I_L und Lichtstrom Φ_L in Abhängigkeit von der Netzspannung U_N bei Betrieb einer Natriumdampflampe an einem induktiven Vorschaltgerät (Streufeldtransformator). Die Messungen wurden jeweils erst nach Erreichen des Endzustands durchgeführt. Der prozentuale Verlauf des Lampenstroms stimmt annähernd mit dem Verlauf der Netzstromaufnahme überein

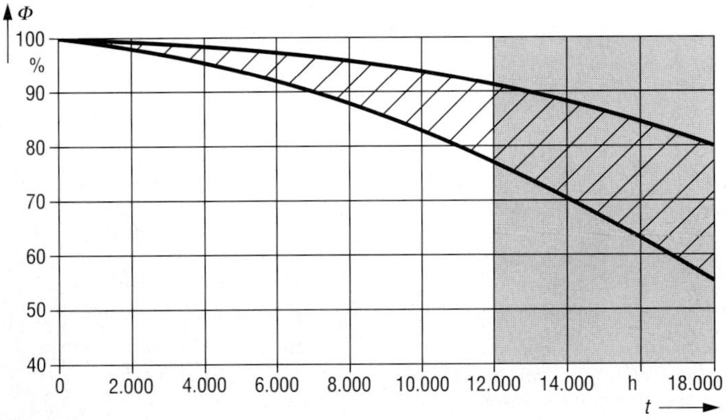

Bild 6.7
Lichtstrom Φ einer Natriumdampf-Niederdrucklampe in Abhängigkeit von der Brenndauer t. Der Schaltzyklus beträgt 11 h ein, 1 h aus. Der Anfangswert entspricht dem 100-h-Wert

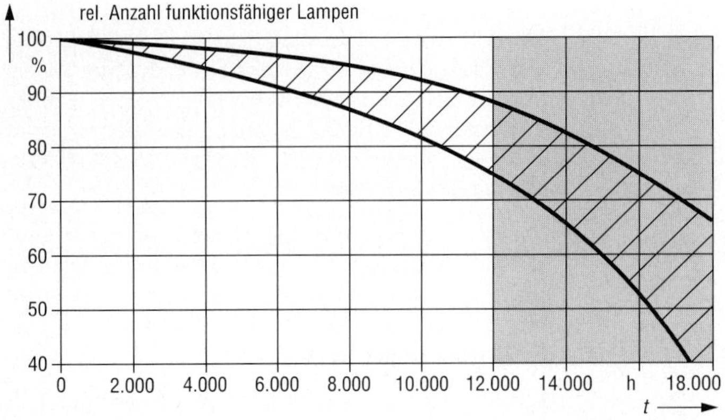

Bild 6.8 Lebensdauererwartung von Natriumdampf-Niederdrucklampen

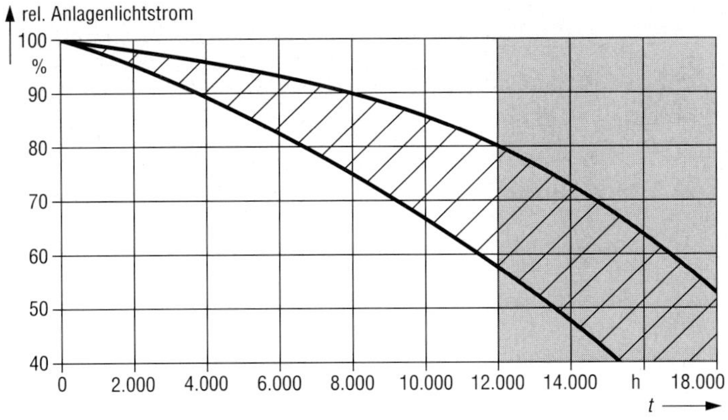

Bild 6.9 Der Anlagenlichtstrom, das Produkt des Lichtstroms und der Lebensdauererwartung

wegen zu hohen Lichtverlustes, sondern aus anderen Gründen ausfällt. Bild 6.8 zeigt eine mittlere Lebensdauererwartungskurve für Natriumdampf-Niederdrucklampen. Das Produkt der Lebensdauererwartung mit dem Lichtstromrückgang ergibt dann den tatsächlichen Anlagenlichtstrom (Bild 6.9), der als Basis für die Wirtschaftlichkeitsbetrachtung dienen kann.

Als „Ausfallursache“ kommt nicht nur Verbrauch des Emitters der Wolframelektroden in Betracht, sondern auch Lichtstromabfall durch Verlagerung des Natriums. Es verdampft bei Betrieb und kondensiert in den Betriebspausen an den kühlsten Stellen des Lampenrohres; dadurch kann eine stellenweise Verarmung an Entladungsträgern in der U-förmig gebogenen Röhre auftreten. An diesen Stellen herrscht dann die viel lichtschwächere, rötliche Neonentladung vor.

Natriumdampflampen, die in einer nicht zulässigen Brennstellung arbeiten, beispielsweise in senkrechter Lage mit dem Sockel nach unten, haben keine hohe Lebensdauererwartung. Hinter den Elektroden sammelt sich Natrium, das somit dem Entladungsraum ganz entzogen ist, und schließlich fällt die Lampe durch Zerstörung des Glases an den Durchführungen aus.

Ein weiterer Anlaß, Natriumdampflampen wegen Unwirtschaftlichkeit auszutauschen, ist der starke Lichtstromabfall, der durch Braunfärbung des Glases der Entladungsröhre entsteht. Durch Einsatz besonders natriumfester Glassorten, z. B. durch Auskleiden des Entladungsgefäßes mit Boratglas, wird diese Braunfärbung des Glases weitgehend verlangsamt.

Der Betrieb an elektronischen Geräten ist ohne Einschränkung wie bei Leuchtstofflampen möglich. Allerdings zeigt die Lichtausbeute in Abhängigkeit von der Frequenz einen anderen Verlauf. Der Anstieg beginnt erst bei sehr viel höheren Frequenzen und erreicht bei Frequenzen um 200 kHz Zunahmen gegenüber dem 50-Hz-Betrieb, die mehr als 20% betragen können.

6.2 Startgeräte

Die Zündspannung der Natriumdampf-Niederdrucklampen ist so hoch, daß die Lampenversorgungsspannung überhöht werden muß. Hierbei ist auch die erhöhte Brennspannung während des Anlaufs zu berücksichtigen. Bei diesen Lampen überwiegt die Zündung ohne Elektrodenvorheizung, lediglich die Stablampen 60 W und 200 W sind für Vorheizbetrieb ausgelegt. Für die starterlose Zündung der Lampen sind nach Tabelle 6.3 Mindest-Leerlaufspannungen erforderlich, die das 3- bis 6fache der Brennspannung betragen. Die aufgeführten Daten sind der IEC-Publikation 192 entnommen.

6.2.1 Zündung mit Netzfrequenz

Die Mindest-Leerlaufspannungen bei Netzfrequenz sind nach Tabelle 6.3 so hoch, daß die mitteleuropäischen Netznennspannungen zwischen 220 und 240 V nicht zur Zündung ausreichen. Für die Zündung und den Betrieb der Natriumdampf-Niederdrucklampe 18 W reicht eine einfache Schaltung (Bild 6.10). Diese Schaltung ist für 220 und 240 V brauchbar, da die Mindest-Leerlaufspannung nur 300 V beträgt. Der Kondensator erzeugt die Zündspannung, zusätzlich wirkt er als Kompensationskondensator während des Lampenbetriebs.

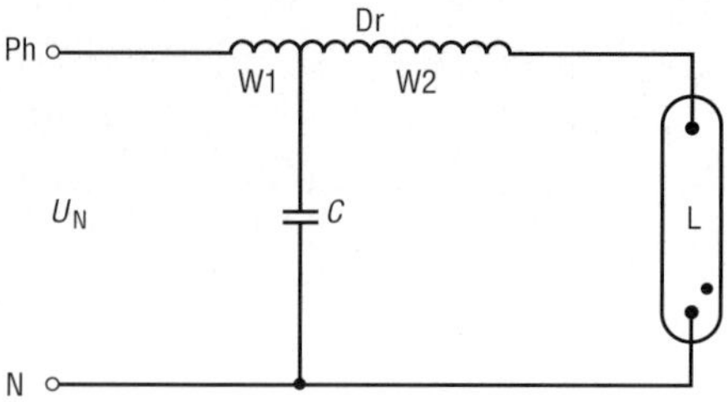

U_N Netzspannung 220 V
Ph Phasenleitung
N Nulleiter
Dr Drossel mit Anzapfung im Windungsverhältnis W1:W2 = 1:6
C Zünd- und Kompensationskondensator 5 µF
L Lampe

Bild 6.10
Prinzipschaltbild eines Betriebsgeräts für Natriumdampf-Niederdrucklampen 18 W

Für Lampen mit Mindest-Leerlaufspannungen $\geq$ 340 V verwendet man Streufeldtransformatoren. Sie sind jedoch sehr voluminös und schwer und wegen der hohen Scheinleistung auch verlustreich.

Tabelle 6.3
Brennspannung und Mindest-Leerlaufspannung von Betriebsgeräten für Natriumdampf-Niederdrucklampen

Lampenform	Lampenleistung	Brennspannung V	Mindest-Leerlaufspannung V
U-förmig	10 W	55	340
	18 W	57	300
	35 W	70	390
	55 W	109	410
	90 W	112	420
	135 W	164	540
	180 W	240	600
	E26	84+)	390
	E36	120+)	410
	E66	123+)	420
	E91	173+)	540
	E131	250+)	600
stabförmig	60 W	82	510
	140 W	175	430
	200 W (902 mm)	145	420
	200 W (1207 mm)	95	198+)

+) Vorläufige Daten
++) Zündung mit Starter

6.2.2 Impulszündung

Wegen der Höhe der für die Zündung erforderlichen Spannungen ergibt sich fast von selbst die Frage, ob es möglich ist, die Lampen mit Impulsen zu zünden, um kleinere Betriebsgeräte mit geringeren Leerlaufspannungen zu erhalten. Hierbei sind jedoch die Anlaufbedingungen zu beachten (Betriebsgeräte mit Impulsgeräten siehe 6.3.2).

Bei den ersten Impulszündeinrichtungen handelte es sich um Glimmstarter, die an die Besonderheiten der Natriumdampf-Niederdrucklampen angepaßt waren. Diese Starter wurden z. B. für die Vorheizung und Zündung der Stablampen 200 W mit 1,2 m Länge verwendet. Bild 6.11 zeigt die Scheitelwerte der Zündspannung solcher Lampen in Abhängigkeit von der Abkühlzeit bei Zündung mit Netzfrequenz und mit 1-kHz-Impulsen. Die Abkühlkurven zeigen, daß die Zündspannung der heißen Lampen niedriger ist als die kalter Lampen und daß sie während des Abkühlens ein Minimum durchläuft. Die Zündspannungen der Lampen bei 1-kHz-Impulsen sind nicht wesentlich höher als bei

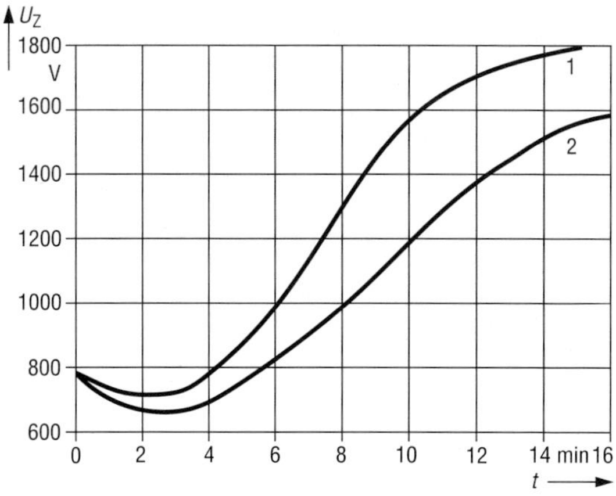

1 Zündspannungen bei 1-kHz-Impulsen
2 Zündspannungen bei 50 Hz

Bild 6.11
Scheitelwerte der Zündspannungen U_Z von stabförmigen Natriumdampf-Niederdrucklampen 200 W mit 1,2 m Länge mit vorgeheizten Elektroden bei 50 Hz und 1 kHz in Abhängigkeit von der Abkühlzeit *t*

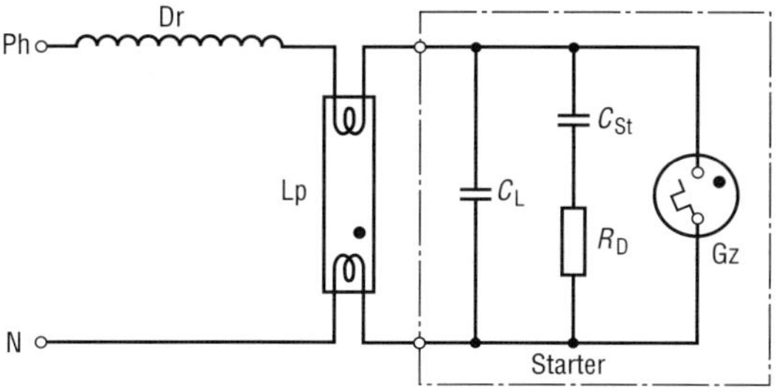

Ph	Phasenleitung	Gz	Glimmzünder
N	Nulleiter	C_{St}	Stoßkondensator 0,22 µF
Dr	Strombegrenzungsdrossel	R_D	Dämpfungswiderstand 200 Ω
Lp	Lampe		
C_L	Löschkondensator 5 nF		

Bild 6.12
Prinzipschaltbild eines Starters für Natriumdampf-Niederdrucklampen 200 W mit 1,2 m Länge

50 Hz. Bei Zündung mit Impulsen muß der Starter Stoßspannungsscheitelwerte von mindestens 2 kV erzeugen.

Das Prinzipschaltbild eines Starters für die 200-W-Stablampe zeigt Bild 6.12. Parallel zum Glimmzünder und zu einem 5-nF-Funkenlöschkondensator liegt eine Reihenschaltung aus einem 0,22-µF-Kondensator und einem 200-Ω-Widerstand. Der 0,22-µF-Kondensator bestimmt die Form des Zündimpulses, zusammen mit der Strombegrenzungsdrossel mit einer Induktivität von ca. 0,26 H ergibt sich eine Eigenfrequenz von ca. 660 Hz. Die Stoßspannung des Starters zeigt Bild 6.13. Die Glimmzünder müssen Stoßspannungen zwischen mindestens 2 kV und 2,3 kV produzieren. Die Zündzeiten nach dem Einschalten kalter Lampen betragen bei solchen Startern 8 bis 15 Sekunden. Der lampenparallel liegende 0,22-µF-Kondensator mit dem Reihenwiderstand verbreitert nicht nur den Impuls und ermöglicht dadurch eine sichere Lampenzündung, er unterstützt auch – insbesondere während des Anlaufs – die Wiederzündung nach jedem Stromnulldurchgang.

Glimmzünder sind nur für die Zündung von Natriumdampf-Niederdrucklampen geeignet, deren Elektroden auf Emissionstemperatur vorgeheizt werden können. Bei Lampen mit nicht vorheizbaren Elektroden führen einzelne Impulse hoher Energie zu einer Lampenschädigung; zur schonenden Zündung ohne Vorheizen sind deshalb energieschwache Impulse erforderlich. Den Verlauf der Stoßspannung eines elektronischen Startgeräts für Natriumdampf-Niederdrucklampen mit nicht vorheizbaren Elektroden (Philips SX71) zeigt Bild 6.14. Erforderlich sind mehr als 25 Impulse je Netzhalbwelle; die bei handelsüblichen Startgeräten für

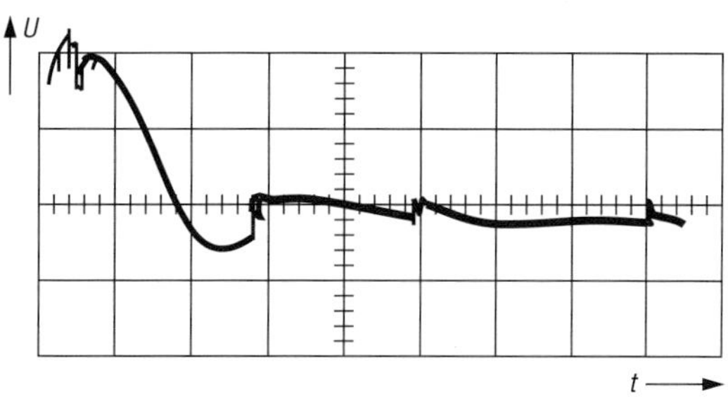

Bild 6.13
Kurvenform der Stoßspannung eines Starters nach Bild 6.12
Spannung 1000 V/div., Zeit 0,5 ms/div.

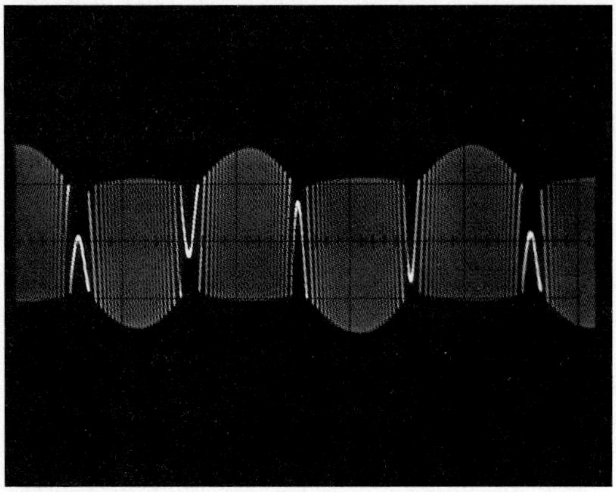

Bild 6.14
Zahl und Höhe der Impulse eines elektronischen Startgeräts für die Zündung von Natriumdampf-Niederdrucklampen 35 W mit U-förmigem Entladungsgefäß Spannung 500 V/div., Zeit 5 ms/div.

Tabelle 6.4
Gemessene Daten elektronischer Startgeräte für die Zündung von Natriumdampf-Niederdrucklampen 35 W bis 180 W

Leistung der Lampe mit U-förmigem Brenner	Scheitelwert der Stoßspannung kV	Zahl der Impulse je Netzhalbwelle	Scheitelwert der Leerlaufspannung des Betriebsgeräts V
35/55 W	850	25	350
90 W	980	35	360
135 W	1200	35	480
180 W	1350	35	600

Natriumdampf-Niederdrucklampen mit U-förmigen Entladungsgefäßen ermittelten Daten zeigt Tabelle 6.4. Bei diesen Daten handelt es sich um Meßwerte. Die Mindestwerte für die Funkenzahl, den Mindest-Scheitelwert der Leerlaufspannung der Betriebsgeräte und der Stoßspannung der Startgeräte sowie die für die Zündung erforderliche Mindestenergie und die für eine ausreichende Lampenlebensdauer einzuhaltende maximal zulässige Impulsenergie können im Augenblick noch nicht genannt werden.

6.3 Vorschaltgeräte

Das Anlaufverhalten der Natriumdampf-Niederdrucklampen unterscheidet sich von dem aller anderen Entladungslampen für Allgemeinbeleuchtung. Bei Geräten mit den in Tabelle 6.3 aufgeführten Mindest-Leerlaufspannungen macht sich dieses Anlaufverhalten jedoch nicht nachteilig bemerkbar, obwohl nach den Bildern 6.15 und 6.16 die Anfangsbrennspannung höher ist als die nach dem Einbrennen und die Brennspannung während des Anlaufs auch noch ein Maximum durchläuft. Die Anlaufspannungen liegen ca. 50% über den Spannungen im eingebrannten Zustand. Auffällig ist auch die lange Anlaufzeit, die je nach Lampentyp 10 bis 20 Minuten dauern kann. Die Anläufe erfolgten bei 90% der Netznennspannung mit Re-

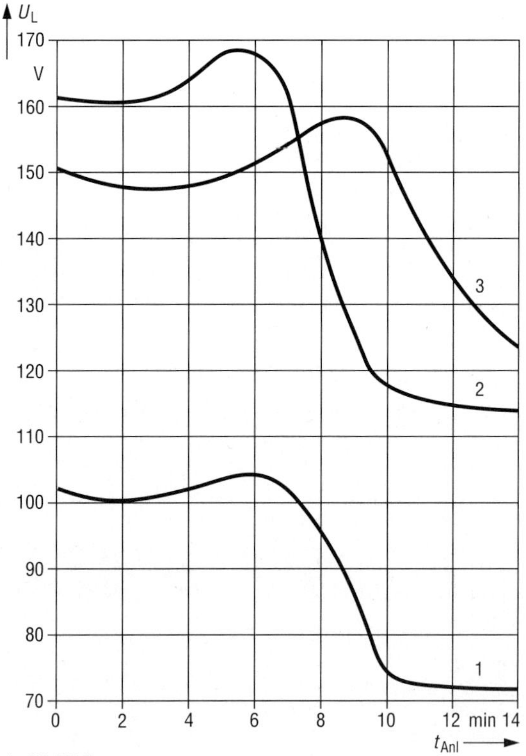

1 35-W-Lampe
2 55-W-Lampe
3 90-W-Lampe

Bild 6.15
Brennspannungen U_L während des Anlaufs von U-förmigen Natriumdampf-Niederdrucklampen 35 W, 55 W und 90 W beim Betrieb mit Referenzgeräten bei 90% der Netznennspannung

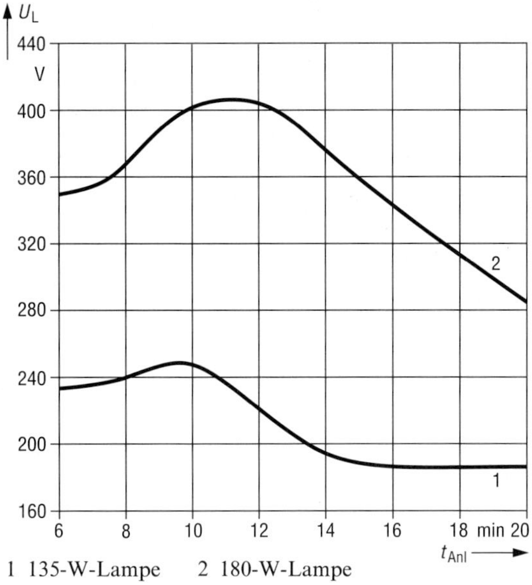

1 135-W-Lampe 2 180-W-Lampe

Bild 6.16
Brennspannungen U_L während des Anlaufs von U-förmigen Natriumdampf-Niederdrucklampen 135 W und 180 W beim Betrieb mit Referenzgeräten bei 90% der Netznennspannung

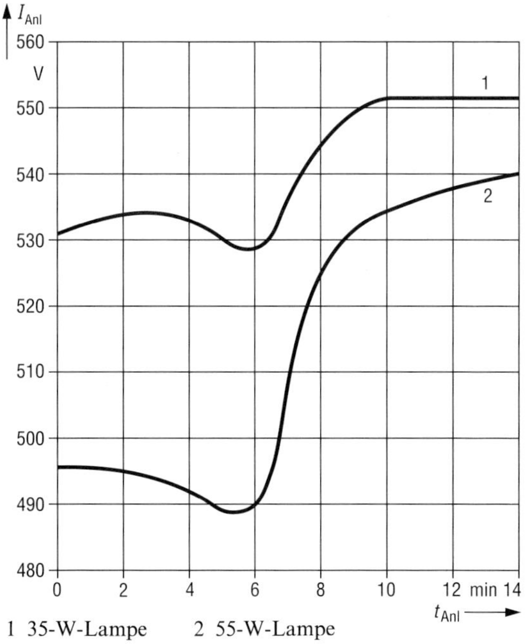

1 35-W-Lampe 2 55-W-Lampe

Bild 6.17
Ströme I_{Anl} während des Anlaufs von U-förmigen Natriumdampf-Niederdrucklampen 35 W und 55 W beim Betrieb mit Referenzgeräten bei 90% der Netznennspannung

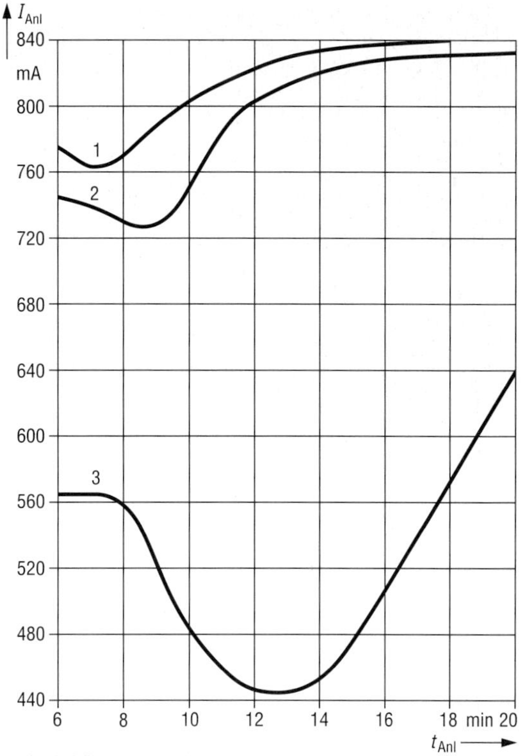

1 90-W-Lampe
2 135-W-Lampe
3 180-W-Lampe

Bild 6.18
Ströme I_{Anl} während des Anlaufs von U-förmigen Natriumdampf-Niederdrucklampen 90 W, 135 W und 180 W beim Betrieb mit Referenzgeräten bei 90% der Netznennspannung

ferenzgeräten, Daten der Referenzgeräte siehe Kapitel 6.3.4. Bei Netznennspannung ergeben sich niedrigere Brennspannungen, so daß Zündung und Anlauf bei 90% der Netznennspannung kritischer sind.

Die gegenüber dem Betrieb höhere Anlaufspannung bewirkt einen Anlaufstrom, der niedriger ist als der Betriebsstrom. Typische Stromverläufe während des Anlaufs bei 90% der Netznennspannung mit Referenzgeräten zeigen die Bilder 6.17 und 6.18. Wegen der Höhe der Brennspannung während des Anlaufs bzw. des sich hierdurch vermindernden Anlaufstroms ist es nicht möglich, die Leerlaufspannung der Betriebsgeräte stark zu vermindern, auch wenn es gelingt, die Zündung durch elektronische Startgeräte sicherzustellen.

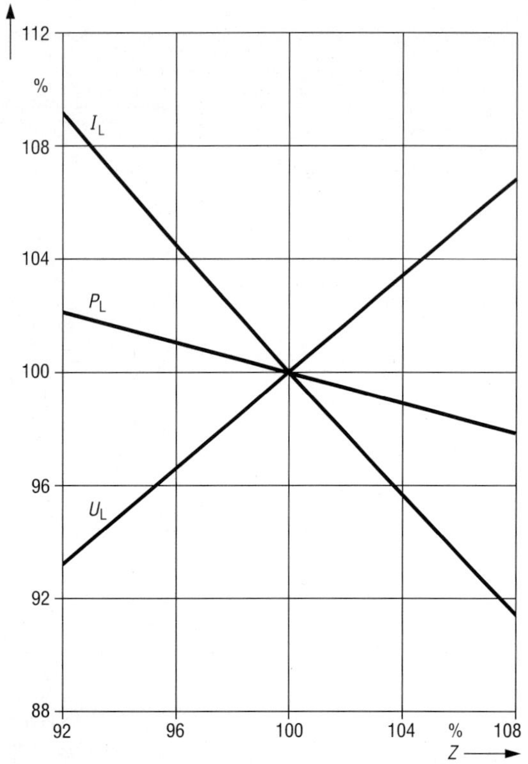

I_L Lampenstrom P_L Lampenleistung
U_L Brennspannung

Bild 6.19
Abhängigkeit der elektrischen Daten der U-förmigen Natriumdampf-Niederdrucklampe 35 W von der Impedanz des Vorschaltgeräts

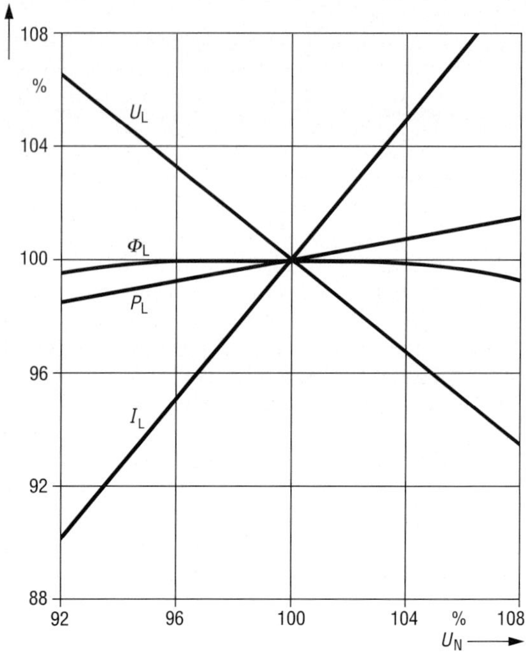

U_L Brennspannung Φ_L Lichtstrom
P_L Lampenleistung I_L Lampenstrom

Bild 6.20
Abhängigkeit der Daten der U-förmigen Natriumdampf-Niederdrucklampe 35 W von der Netzspannung beim Betrieb am Referenzgerät

Bild 6.19 zeigt die Abhängigkeit der Lampendaten von der Impedanz des Vorschaltgeräts bei Netznennspannung. Wegen der gegenläufigen Änderung von Brennspannung und Lampenstrom ändert sich die Lampenleistung nur wenig. Bei einer Impedanzerhöhung um 5% vermindert sich der Lampenstrom um 5,5%, die Leistung geht jedoch nur um knapp 1,5% zurück, da die Brennspannung entsprechend ansteigt. Die Lampen mit U-förmigen Entladungsgefäßen mit Leistungen von 55 bis 180 W verhalten sich ähnlich: Bei Impedanzänderungen um ± 10% ändern sich die Ströme um − 10 bis − 11% bzw. um + 12 bis + 14%, die Brennspannungen um − 7,5 bis − 9,5% bzw. um + 7,5 bis + 9,5% und die Lampenleistungen um + 2 bis + 3,5% bzw. um − 2,2 bis − 3,2%.

Auch bei Netzspannungsabweichungen ändert sich die Lampenleistung fast nicht, wie Bild 6.20 am Beispiel der 35-W-Lampe zeigt. Die Systemausbeute unter Berücksichtigung der Verlustleistung des Vorschaltgeräts sinkt bei Netzüberspannungen jedoch erheblich, obwohl der Lichtstrom nur wenig absinkt, da sich die Geräteverlustleistung wegen des ansteigenden Lampenstroms erhöht. Bei den Lampen 55 W bis 180 W ergeben sich etwas größere Änderungen: Bei Netzspannungsänderungen im Bereich von 92 bis 106% der Netznennspannung ändern sich bei diesen Lampen die Ströme um − 9 bis − 14% bzw. + 7 bis + 9,5%, die Brennspannungen um + 7,5 bis + 10% bzw. − 5 bis − 9% und die Lampenleistungen um − 2 bis − 5% bzw. + 2,5 bis + 3%.

6.3.1 Streufeldtransformatoren

Wegen der hohen Zündspannungen und Brennspannungen während des Anlaufs waren Streufeldtransformatoren bis ca. 1980 die einzig denkbaren Geräte für den Betrieb von Natriumdampf-Niederdrucklampen mit U-förmigen Entladungsgefäßen. Der Streufeldtransformator ist eine Kombination aus Transformator und strombegrenzender Drossel mit Luftspalt. Er ist normalerweise billiger als ein Betriebsgerät, das aus einem Spartransformator und einer Drossel besteht. Einen möglichen Aufbau eines Streufeldtransformators zeigt Bild 6.21, dargestellt sind ferner die Prinzipschaltbilder verschiedener Ausführungen. Möglich ist der Aufbau mit voneinander isolierten Primär- und Sekundärwicklungen, denkbar ist aber auch die Spartransformatorausführung, bei der die Sekundärwicklung an einer Anzapfung der Primärwicklung angeschlossen ist. Die dritte Schaltung zeigt einen im Lampenkreis liegenden Reihenkondensator. In dieser Ausführung kann der Streufeldtransformator zum Ausregeln von Netzspannungsabweichungen verwendet werden. Die netzspannungsausregelnde Wirkung wird bei derartigen Geräten entweder durch gleichlaufende Änderung der Impedanz oder durch entgegengesetzt laufende Änderung der Kopplung zwischen Primär- und Sekundärkreis erreicht.

Wegen der hohen Leerlaufspannungen haben die Streufeldtransformatoren Ausgangskennlinien, bei denen sich die Lampenströme im Bereich der Brennspannungen nur wenig ändern. Die in Bild 6.22 dargestellten Gerätekennlinien wurden durch Belastung mit einem veränderlichen Widerstand anstelle einer Lampe ermittelt; der Widerstand wurde dazu zwischen $R = 0$ und $R = \infty$ verändert. Zusätzlich wurden die Kennlinien konstanter Scheinleistung für die 55-W- und 135-W-Lampe eingetragen. Die Scheinleistung errechnet sich aus der Wirkleistung, dividiert durch den Lampenleistungsfaktor, der bei der 55-W-Lampe 0,92 und bei der 135-W-Lampe 0,87 beträgt. Eingezeichnet sind ferner zwei gemessene Lampenwerte. Sie liegen nicht auf der Geräteausgangskennlinie, sondern bei der Kennlinie konstanter Scheinleistung. Wird demnach ein Streufeldtransformator mit Hilfe eines Lampenersatzwiderstands eingestellt, muß dieser Ersatzwiderstand für jeden Streufeldtransformatortyp ermittelt werden. Dazu ist es erforderlich, eine Lampe mit Referenzdaten auszuwählen und ein Mustergerät genau einzustellen. Anschließend wird die Lampe durch einen Widerstand er-

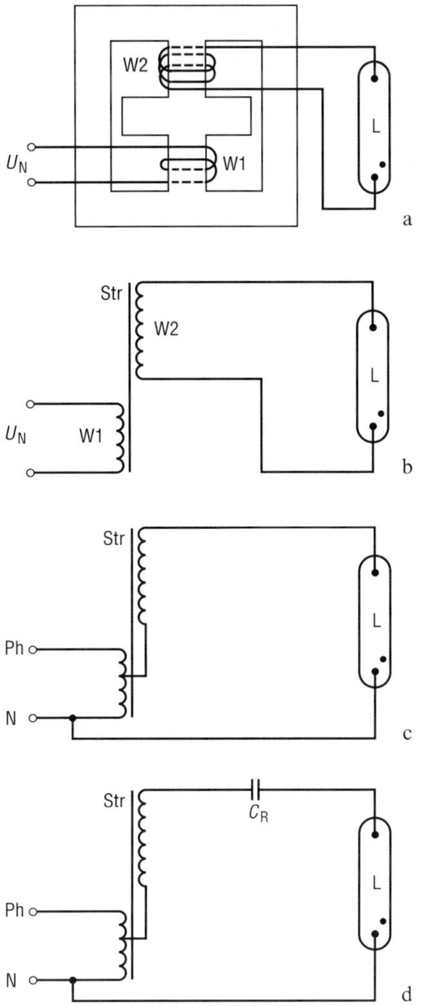

a Aufbau eines Streufeldtransformators mit zwei voneinander isolierten Wicklungen
b Prinzipschaltbild eines Streufeldtransformators mit zwei voneinander isolierten Wicklungen
c Prinzipschaltbild eines Streufeldtransformators in Spartransformatorausführung
d Prinzipschaltbild eines Streufeldtransformators in Konstantstromausführung bzw. Konstantleistungsausführung bei Lampen mit konstanter Brennspannung

Ph Phasenleitung
N Nulleiter
U_N Netzspannung
W1 Primärwicklung
W2 Sekundärwicklung
C_R Reihenkondensator
Str Streufeldtransformator
L Lampe

Bild 6.21
Aufbau und Prinzipschaltbilder von Streufeldtransformatoren für den Betrieb von Natriumdampf-Niederdrucklampen

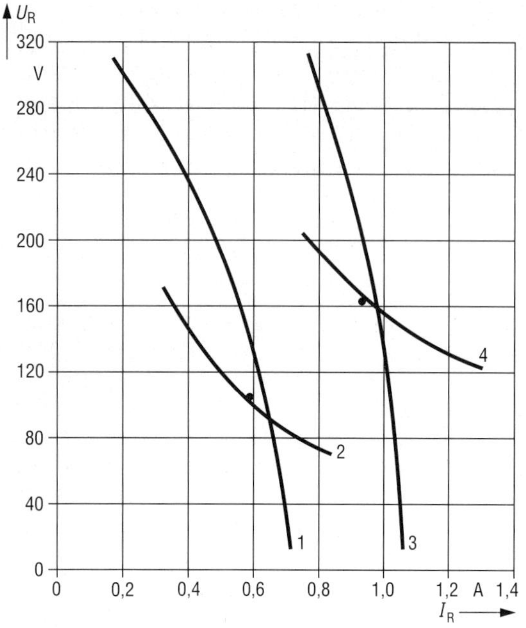

1 Gerätekennlinie eines 55-W-Geräts
2 Kennlinie konstanter Scheinleistung von 55-W-Lampen (55/0,92)
3 Gerätekennlinie eines 135-W-Geräts
4 Kennlinie konstanter Scheinleistung von 135-W-Lampen (135/0,87)
• Lampenbetriebspunkte

Bild 6.22
Die Ausgangskennlinien $U_R = f(I_R)$ von Geräten zum Betrieb von Natriumdampf-Niederdrucklampen 55 W und 135 W und die entsprechenden Kennlinien konstanter Scheinleistung dieser Lampen

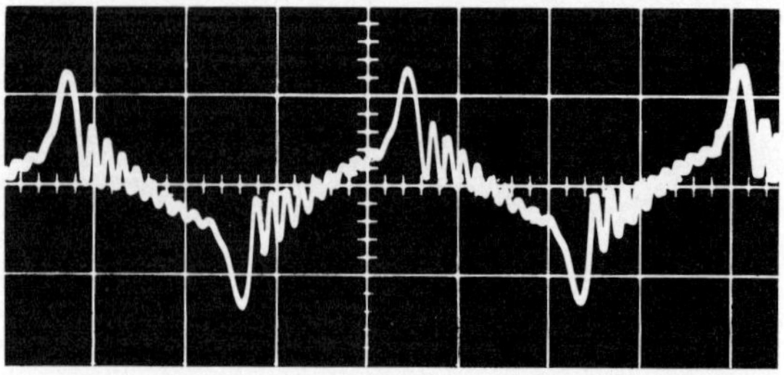

a

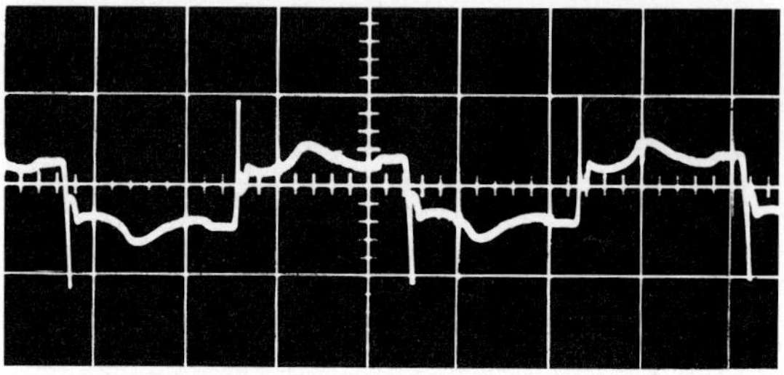

b

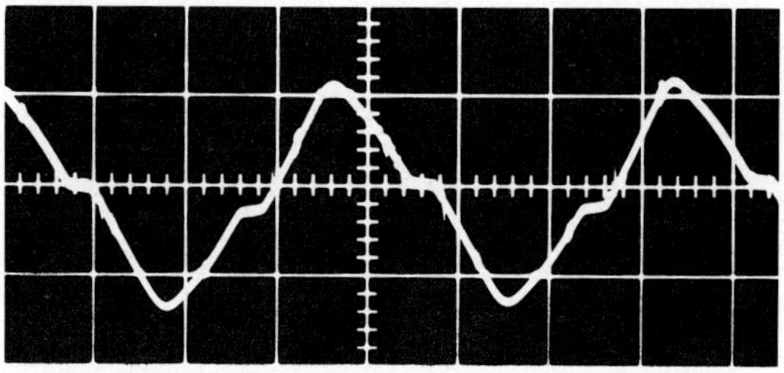

c

a Verlauf der Leerlaufspannung bei 90% der Netznennspannung
Spannung 1 kV/div., Zeit 5 ms/div.
b Verlauf der Brennspannung nach dem Einbrennen bei Netznennspannung
Spannung 500 V/div., Zeit 5 ms/div.
c Kurvenform des Lampenstroms nach dem Einbrennen bei Netznennspannung
Strom 1,2 A/div., Zeit 5 ms/div.

Bild 6.23
Oszillogramme vom Betrieb eines Streufeldtransformators für Natriumdampf-Niederdrucklampen 135 W

setzt, der so zu justieren ist, daß der gleiche Strom fließt wie bei der Lampe. Die sich hierbei am Widerstand einstellende Spannung ist jedoch erheblich höher als die Brennspannung der Referenzlampe. Für die Einstellung der Geräte der Serienfertigung reicht der so ermittelte Lampenersatzwiderstand aber aus und ist ausreichend genau, solange die Konstruktion des Streufeldtransformators nicht verändert wird.

Die Leerlaufspannung eines Streufeldtransformators kann mit einem Kondensator am Ausgang erhöht werden. Ein solcher Kondensator erleichtert zusätzlich die Wiederzündung in jeder Netzhalbwelle. Da dieser Kondensator lampenparallel liegt, darf die Kapazität nicht zu groß sein, um eine Elektrodenschädigung bei der Entladung des Kondensators im Moment der Wiederzündung in jeder Netzhalbwelle zu verhindern. Die Oszillogramme in Bild 6.23 zeigen die Leerlaufspannung eines solchen Geräts sowie die Brennspannung und den Lampenstrom nach dem Anlauf. Die Entladung des Kondensators ist als schmale Stromspitze auf dem Oszillogramm des Lampenstroms nach dem Stromnulldurchgang sichtbar; sie erreicht ca. 50% des Scheitelwerts des netzfrequenten Lampenstroms und ist damit ausreichend niedrig.

Die Brennspannung steigt bei Natriumdampf-Niederdrucklampen im Laufe der Lampenlebensdauer an; Ursache ist die Wanderung des Natriums zu kühleren Stellen des Entladungsgefäßes. Wegen der hohen Leerlaufspannungen und der dadurch bedingten nur geringen Verminderung des Lampenstroms steigt auch die Leistung an. Die Daten einer 90-W-Lampe mit U-förmigem Brenner im Lauf der Brennzeit zeigt Bild 6.24. Dieser Brennspannungsanstieg und der dadurch hervorgerufene Leistungsanstieg müssen bei der Auslegung des Streufeldtransformators berücksichtigt werden.

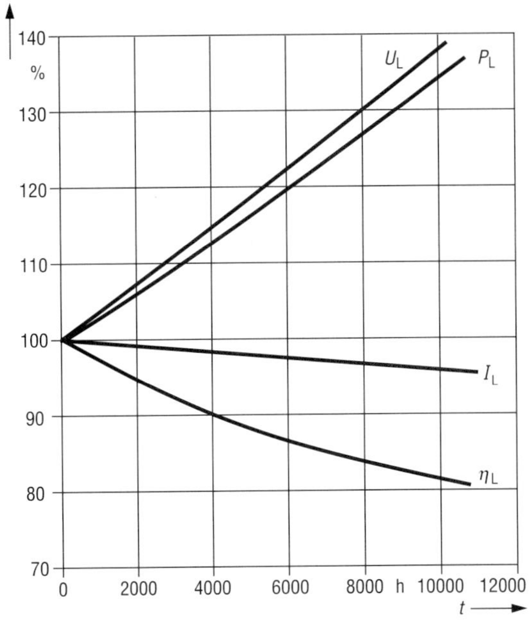

U_L Brennspannung
I_L Lampenstrom
P_L Lampenleistung
η_L Lampenlichtausbeute

Bild 6.24
Änderung der Daten von Natriumdampf-Niederdrucklampen 90 W im Laufe der Brennzeit *t* beim Betrieb an einem Streufeldtransformator

6.3.2 Betriebsgeräte mit Impulsstartgeräten

Um die großvolumigen, schweren und im Vergleich zur Lampenleistung verlustreichen Streufeldtransformatoren zu vermeiden, hat man schon frühzeitig versucht, Natriumdampf-Niederdrucklampen durch externe Starteinrichtungen zu zünden, um die Leerlaufspannung der Geräte und damit ihre Größe und Scheinleistung herabzusetzen.

Geräte für Warmstart

Für Warmstart sind nur die stabförmigen Lampen 60 W und 200 W/1,2 m vorgesehen. Die 60-W-Lampe kann auch starterlos betrieben werden. Die 200-W-Lampe ist so ausgelegt, daß Zündung und Anlauf dann sichergestellt sind, wenn der Glimmstarter nach ausreichender Vorheizung Stoßspannungen mit Scheitelwerten von mindestens 2 kV bei einer Breite von ca. 0,5 ms bei 1,8 kV erzeugt. Der im Starter eingebaute 0,22-µF-Kondensator garantiert eine sichere Wiederzündung während des Anlaufs. Dadurch reicht eine Mindestversorgungsspannung von 198 V aus, obwohl die Nennbrennspannung 95 V beträgt.

Trotz der einfachen Betriebsmöglichkeit mit Drossel hat dieser Lampentyp nur eine geringe Bedeutung. Viel weiter verbreitet sind Lampen mit geringeren Leistungen und nicht vorheizbaren Elektroden, für die keine Glimmstarter oder Startgeräte mit einzelnen Impulsen verwendet werden können.

Hybridgeräte

Der Name Hybridgeräte [6.3.1] wird für Geräte verwendet, deren Leerlaufspannungen geringer sind, als es nach IEC für Lampen mit nicht vorheizbaren Elektroden erforderlich ist. Die Zündung erfolgt bei diesen Geräten durch externe Startgeräte, zusätzlich können noch Einrichtungen zur Erleichterung der Wiederzündung in jeder Netzhalbwelle vorgesehen werden. Die niedrigere Leerlaufspannung verringert die Gerätescheinleistung und damit auch die Geräteverlustleistung, so daß die Systemausbeute steigt. Es lag nahe zu versuchen, die Streufeldtransformatoren bei den Lampentypen durch Drosseln zu ersetzen, deren Brennspannungen auch während des Anlaufs unter 50% der Netznennspannung bleiben. Bei 220 V Netzspannung erfüllt nur die Brennspannung der 35-W-Lampe mit U-förmigem Entladungsgefäß gerade noch diese Anforderung. Nach Bild 6.15 erreicht der Effektivwert der Brennspannung beim Anlauf mit hoher Leerlaufspannung und einem entspre-

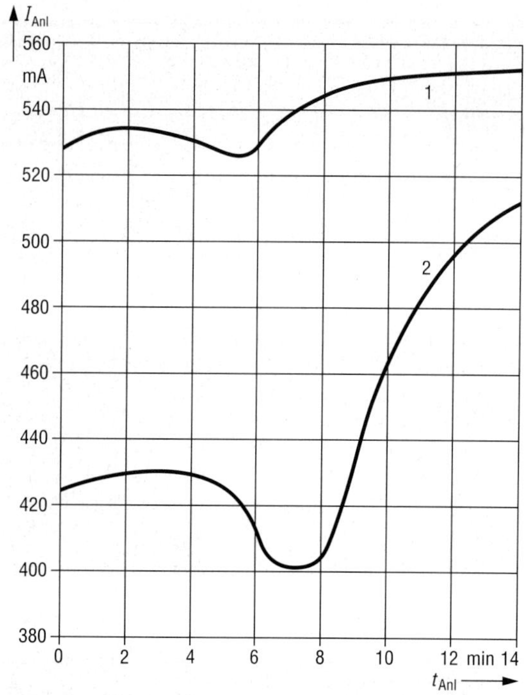

1 Betrieb am Referenzgerät
2 Drosselbetrieb bei 220 V

Bild 6.25
Höhe des Anlaufstroms I_{Anl} in Abhängigkeit von der Anlaufzeit t beim Betrieb von Natriumdampf-Niederdrucklampen 35 W am Referenzgerät und an einer Drossel bei 220 V Netzspannung nach Zündung mit einem externen Startgerät mit eingebautem Zündhilfskondensator

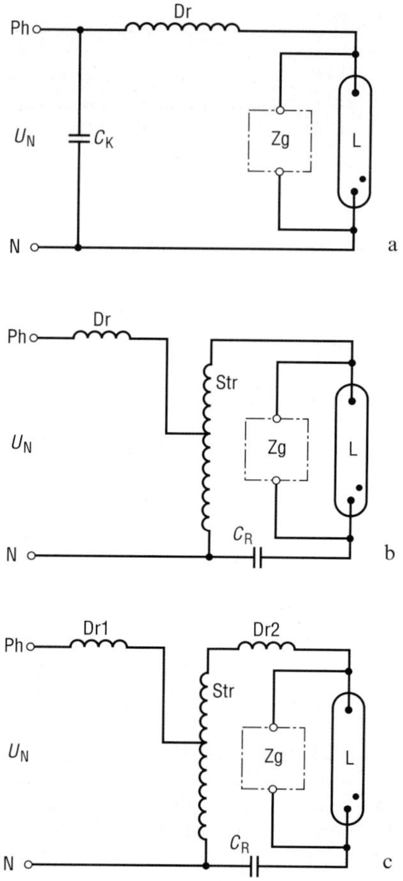

a Betriebsschaltung für 35-W-Lampen
b Betriebsschaltung für 55-W- und 90-W-Lampen
c Betriebsschaltung für 135-W- und 180-W-Lampen

U_N	Netznennspannung 220–240 V	Dr 2	Drossel zur Erzeugung einer 3. Harmonischen
Ph	Phasenleitung		
N	Nulleiter	Zg	Startgerät
C_K	Kompensationskondensator	Str	Streufeldtransformator
Dr, Dr 1	Strombegrenzungsdrosseln	C_R	Reihenkondensator
		L	Lampe

Bild 6.26
Prinzipschaltbilder von Hybridgeräten für den Betrieb von Natriumdampf-Niederdrucklampen mit U-förmigem Entladungsgefäß

chend hohen Anlaufstrom von ca. 530 mA knapp 110 V. Auf Bild 6.25 ist zusätzlich der Anlaufstrom bei 220-V-Drosselbetrieb dargestellt. Der Anlaufstrom beginnt mit ca. 430 mA und sinkt nach mehreren Minuten wegen der erhöhten Brennspannung während des Anlaufs auf ca. 400 mA ab.

Durch einen kleineren Anlaufstrom verlängert sich die Anlaufzeit erheblich; während der Anlauf bei hoher Leerlaufspannung nach etwa 9 min abgeschlossen ist, beträgt die Anlaufzeit der 35-W-Lampe bei 220-V-Drosselbetrieb ca. 18 Minuten. Der Verlauf des Anlaufstroms zeigt, wie empfindlich der Lampenstrom auf geringe Änderungen der Brennspannung reagiert. Die notwendige Festlegung von Anlaufbedingungen und ihrer Messung war jedoch bisher nicht möglich.

Zum Sichern des Anlaufs von Natriumdampf-Niederdrucklampen $\geq$ 55 W mit nicht vorheizbaren Elektroden und U-förmigen Entladungsgefäßen ist es trotz Einsatz von Startgeräten erforderlich, die Lampenversorgungsspannung bei 220-V- bis 240-V-Netzen zu überhöhen. In der Praxis verwendete Hybridgeräteschaltungen zeigt Bild 6.26 [6.3.2]. Zum Betrieb dieser Lampen sind noch immer Streufeldtransformatoren nötig, bei denen aber die Leerlaufspannungen unter den vom IEC festgelegten Mindestwerten für den starterlosen Betrieb liegen.

Oszillogramme von Brennspannung und Lampenstrom während des Anlaufs sowie der eingebrannten 135-W-Lampe (Hybridgerät der Fa. Philips Typ BSX 135 H-26 mit Zündgerät Typ SX-74) zeigt Bild 6.27. Die Wiederzündspitze und das Plateau in der Mitte der Netzhalbwelle sind während des Anlaufs höher als nach dem Anlauf. In beiden Fällen sinkt die Brennspannung nach der Wiederzündung nahezu auf „0" ab. Verursacht wird dieser Spannungsverlauf durch einen im Startgerät eingebauten Zündhilfskondensator, der sich im Moment der Wiederzündung nach jedem Stromnulldurchgang über die Lampe entlädt. Auf dem Oszillogramm ist die Entladung des Kondensators als schmale Stromspitze am Beginn jeder Netzhalbwelle erkennbar. Der Kondensator überhöht die Wiederzündspitze, die Wiederzündspitze wird aber auch schmaler, so daß die Wiederzündung mit Kondensator etwas früher erfolgt. Wird das Startgerät und mit ihm der Zündhilfskondensator während des Lampenbetriebs abgeklemmt, sinkt die Wiederzündspitze auf ca. 280 V ab, wird aber breiter, so daß die Lampenleistung durch den späteren Stromeinsatz ebenfalls sinkt.

Die Kurve des Lampenstroms zeigt einen großen Anteil der dritten Harmonischen, deren Phasenlage eine hohe Stromanstiegsgeschwindigkeit nach dem Stromnulldurchgang bewirkt. Die Folge ist eine sichere Wiederzündung in jeder Netzhalbwelle mit relativ niedrigen Wiederzündspitzen, so daß trotz verminderter Leerlaufspannung sowohl Anlauf als auch ein stabiler Lampenbetrieb gewährleistet bleiben.

Den Verlauf der Leerlaufspannung des verwendeten Hybridgeräts zeigt Bild 6.28 a. Die Leerlaufspannung ist verzerrt und ihr Scheitelwert überhöht. Bei der Aufnahme dieses Oszillogramms war das Startgerät abgeklemmt. Wird das zum Hybridgerät gehörende Startgerät zugeschaltet, ergibt sich

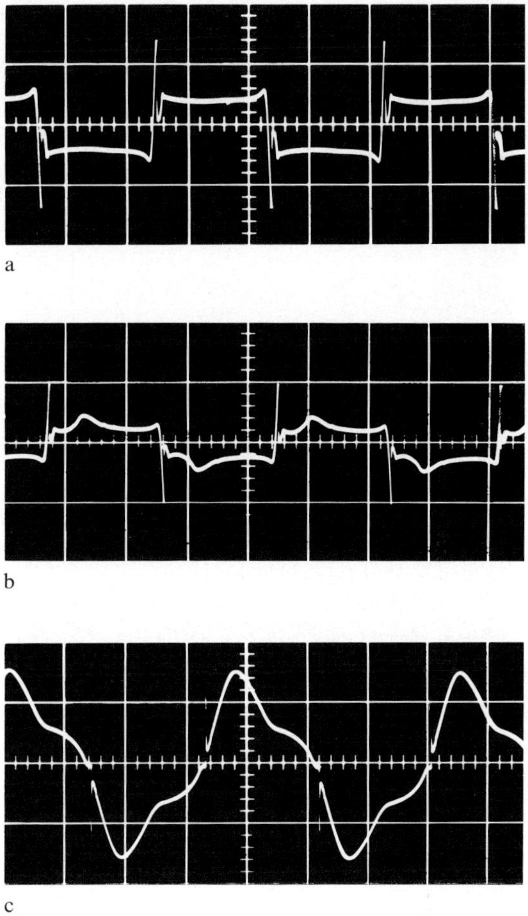

a Brennspannung während des Anlaufs eine Minute nach der Zündung
b Brennspannung nach dem Anlauf
c Lampenstrom nach dem Anlauf
Spannung 500 V/div., Strom 1 A/div., Zeit 5 ms/div.

Bild 6.27
Oszillogramme von Brennspannungen und Lampenstrom von Natriumdampf-Niederdrucklampen 135 W an einem Hybridgerät

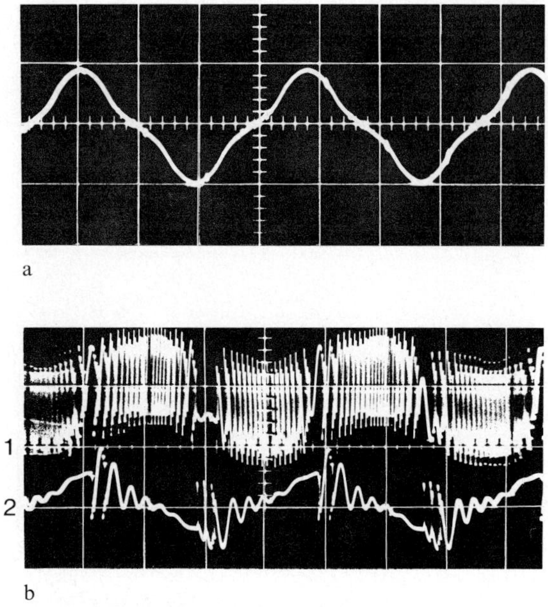

a Leerlaufspannung des Betriebsgeräts ohne Zündgerät
Spannung 500 V/div., Zeit 5 ms/div.
b Verlauf der Leerlaufspannung mit Startgerät
1 Kurvenform kurz nach dem Einschalten
2 Verlauf nach 10 s Betriebszeit
Spannung 1 kV/div., Zeit 5 ms/div.

Bild 6.28
Oszillogramme vom Leerlaufbetrieb eines Hybridgeräts für Natriumdampf-Niederdrucklampen 135 W

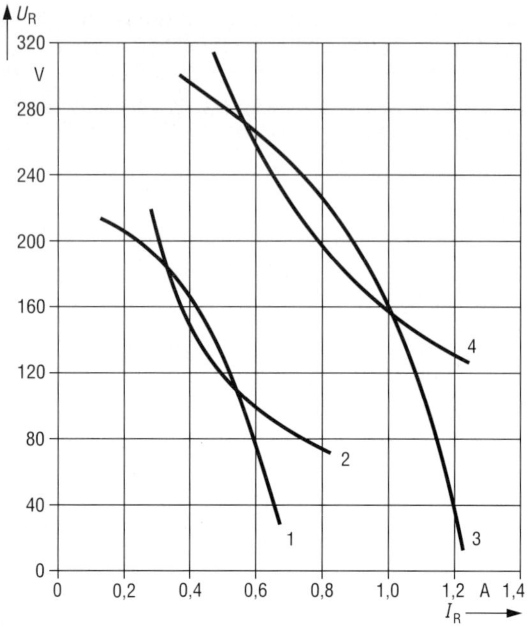

1 Kennlinie des 55-W-Geräts
2 Hyperbel konstanter Leistung für 55-W-Lampen (55/0.92)
3 Kennlinie des 135-W-Geräts
4 Hyperbel konstanter Leistung für 135-W-Lampen (135/0.87)

Bild 6.29
Die Ausgangskennlinien von Hybridgeräten für den Betrieb von Natriumdampf-Niederdrucklampen 55 W und 135 W und die entsprechenden Kennlinien konstanter Scheinleistung dieser Lampen

kurz nach dem Einschalten ein Verlauf mit vielen Impulsen (Bild 6.28 b). Nach etwa 10 Sekunden Betriebszeit hat sich die Kurvenform verändert, das Startgerät erzeugt nur noch wenige Impulse.

Durch die Verminderung der Effektivwerte der Leerlaufspannungen unter die in IEC bzw. in Tabelle 6.3 aufgeführten Mindest-Leerlaufspannungen ergeben sich Geräteausgangskennlinien, die sich im Bereich der Lampenbrennspannungen mehr den Kennlinien konstanter Scheinleistungen der entsprechenden Lampentypen anpassen. Die Geräteausgangskennlinien, die mit veränderlichen Widerständen anstelle der Lampen aufgenommen wurden, sind in Bild 6.29 dargestellt. Erhöht sich beim Betrieb an derartigen Geräten die Brennspannung während der Lebensdauer der Lampe, steigt die Lampenleistung nur noch wenig. Das zeigt der Verlauf der Lampendaten beim Betrieb einer 90-W-Lampe an einem Hybridgerät (Bild 6.30). Wegen der guten Betriebseigenschaften der Hybridgeräte wird diese Geräteart in Zukunft wahrscheinlich noch weiter verbreitet sein als bisher.

6.3.3 Hochfrequenz-Vorschaltgeräte

Wegen des Betriebsverhaltens der Lampen bei höheren Frequenzen hat der Hochfrequenzbetrieb von Natriumdampf-Niederdrucklampen heute noch wenig Bedeutung. Grund zur Wahl eines entsprechenden Vorschaltgeräts wäre ein Betrieb mit verminderter Leistung, wobei sich die Lichtausbeute so steigern müßte, daß der Lichtstrom konstant bleibt. Bild 6.31 zeigt die Abhängigkeit der

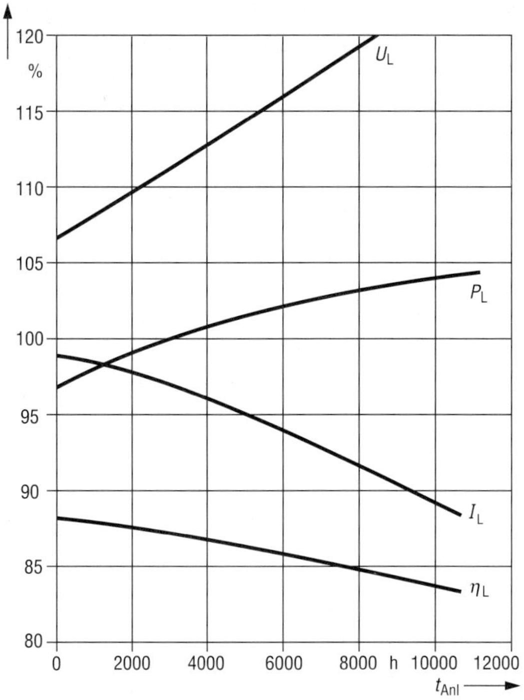

U_L Brennspannung P_L Lampenleistung
I_L Lampenstrom η_L Lampenlichtausbeute

Bild 6.30
Änderung der relativen Daten von Natriumdampf-Niederdrucklampen 90 W als Funktion der Brennzeit t_{Anl} beim Betrieb an einem Hybridgerät (100-%-Werte entsprechen den Anfangsdaten bei Referenzgeräte-Betrieb)

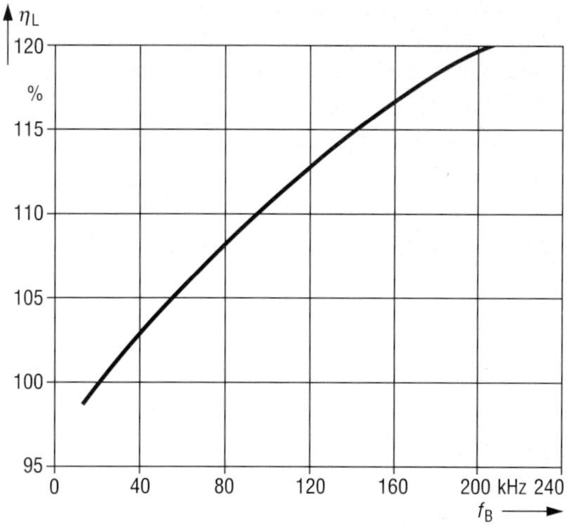

Bild 6.31
Lichtausbeute von Natriumdampf-Niederdrucklampen 90 W bei 78 W Lampenleistung in Abhängigkeit von der Betriebsfrequenz f_B. Die Lichtausbeute bei 50-Hz-Betrieb mit einem Hybridgerät bei 84 W Lampenleistung entspricht $\eta_L = 100\%$

Lichtausbeute von der Betriebsfrequenz f_B. Die Daten stammen von 90-W-Lampen mit U-förmigen Entladungsgefäßen; für die Messung wurde die Lampenleistung auf 78 W eingestellt und konstant gehalten. Nach Bild 6.31 hat es bei der gewählten Lampenleistung von 78 W wenig Sinn, bei Betriebsfrequenzen unter 50 kHz zu bleiben. Ausreichende Lichtausbeutesteigerungen ergeben sich erst bei Betriebsfrequenzen von mindestens 150 kHz.

Bei veränderter Leistung stellen sich auch andere Lichtausbeuten ein. Nach Bild 6.32 ergeben sich bis 84 W Lampenleistung bei 200 kHz Betriebsfrequenz die höchsten Lichtausbeuten. Über 84 W sind die Lichtausbeuten bei Geräten mit rechteckförmigen Ausgangsspannungen bzw. Lampenströmen mit Betriebsfrequenzen ≤ 300 Hz und bei 200-kHz-Geräten etwa gleich. Bei 84 W Lampenleistung ist die Lichtausbeute in beiden Fällen etwa 14% größer als beim 50-Hz-Betrieb mit Hybridgeräten. Noch günstiger wäre jedoch ein Betrieb mit Leistungen unter 78 W und Lichtausbeutesteigerungen um mehr als 20% bei Betriebsfrequenzen ≥ 200 kHz.

Bauteile für Geräte mit Betriebsfrequenzen ≥ 200 kHz sind heute vorhanden, trotzdem ist die Verwirklichung derartiger Geräte in der Praxis sehr schwierig, da die einschlägigen Funk-Entstör-Vorschriften wegen der Größe der Lampen nur schwer einzuhalten sind. Bei Geräten mit rechteckförmigen Strömen ist die Funk-Entstörung einfacher. Diese Geräte sind aber wegen ihrer vielen Bauele-

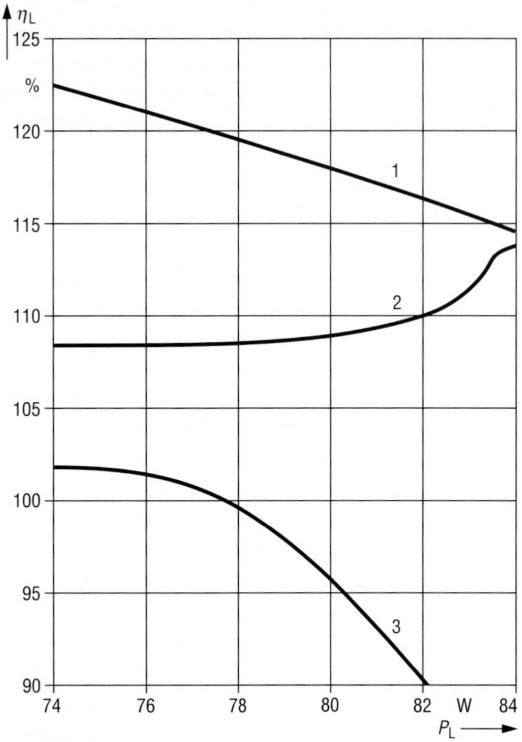

1 sinusförmiger 200-kHz-Betrieb
2 200-Hz-Betrieb mit rechteckförmigen Strömen
3 sinusförmiger 20-kHz-Betrieb

Bild 6.32
Lichtausbeute η_L von Natriumdampf-Niederdrucklampen 90 W in Abhängigkeit von der Lampenleistung P_L bei verschiedenen Betriebsarten. Die Lichtausbeute bei 50-Hz-Betrieb mit einem Hybridgerät bei 84 W Lampenleistung entspricht $\eta_L = 100\%$

mente so aufwendig, daß sie für Natriumdampf-Niederdrucklampen kaum wirtschaftlich sein werden.

6.3.4 Prüfungen

Die einzuhaltenden Sicherheitsanforderungen sind in der IEC-Publikation 922 [6.3.3] enthalten. Die Prüfung der Geräte erfolgt nach DIN VDE 0712 Teil 12/13 [6.3.4] bzw. nach IEC-Publikation 923 [6.3.5]. Die Daten der Lampen sind in der IEC-Publikation 192 [6.3.6] zusammengefaßt. Die Geräte werden mit Referenzlampen geprüft, die Daten der Referenzlampen mit U-förmigem Entladungsgefäß zeigt Tabelle 6.5. Die Werte der Referenzgeräte für das Ausmessen von Referenzlampen sind in Tabelle 6.6 aufgeführt. Während die Geräteanforderungen für den starterlosen Betrieb mit Streufeldtransformatoren vollständig vorliegen, fehlen die Daten für Hybridgeräte. Die in Tabelle 6.3 genannten Mindest-Leerlaufspannungen gelten für den starterlosen Betrieb mit Zündung bei Netzfrequenz und mit Spannungskurven, deren Scheitelfaktor $\geq 1{,}4$ ist. Zulässige verminderte Leerlaufspannungen für den Betrieb mit Hybridgeräten fehlen noch.

Neben den auch für Betriebsgeräte für andere Entladungslampen geltenden Daten wie Netzstromoberschwingungsgehalt oder Lampenstromscheitelfaktor gibt es nach IEC für Natriumdampf-Niederdrucklampen spezielle Anforderungen, die den Anlauf sicherstellen sollen. Die in Tabelle 6.5 aufgeführten Anlaufbedingungen sind für die Prüfung von Geräten für den starterlosen Betrieb der Lampen mit U-förmigem Entladungsgefäß vorgesehen,

Tabelle 6.5
Daten der Referenzlampen und Anlaufkontrolldaten für starterlose Geräte zum Betrieb von Natriumdampf-Niederdrucklampen mit U-förmigen Brennern

Leistung der Lampe mit U-förmigem Brenner	Betriebsdaten der Referenzlampen		Prüfwerte für Anlaufkontrolle		Kurzschlußstromkontrolle nach DIN VDE 0712
	Brennspannung	Lampenstrom	Mindest-Ausgangsspannung bei I_P	Prüfstrom I_P	Maximaler Kurzschlußstrom
W	V	A	V	A	A
35	70	0,6	280	0,35	0,75
55	109	0,59	310	0,35	0,75
90	112	0,94	335	0,50	1,18
135	164	0,95	420	0,50	1,19
180	240	0,91	470	0,50	1,14

Tabelle 6.6
Daten von Referenzgeräten für Natriumdampf-Niederdrucklampen nach IEC-Publikation Nr. 192

Lampentyp		Referenzgerätedaten		
Lampenform	Lampenbezeichnung	Impedanz Ω	Kalibrierstrom A	Versorgungsspannung V
U-förmig	10 W	1760	0,20	360
	18 W	829	0,35	300
	35 W	775	0,60	480
	55 W	775	0,60	480
	90 W	500	0,90	480
	135 W	655	0,92	650
	180 W	655	0,92	650
	E26	1350+)	0,35	480
	E36	1315+)	0,35	480
	E66	750+)	0,62+)	480
	E91	1015+)	0,62+)	650
	E131	940+)	0,62+)	650
stabförmig	60 W	236,5	0,85	220++)
	140 W	500	0,9	480
	200 W (902 mm)	295	1,55	480
	200 W (1207 mm)	83	2,3	220++)

+) Vorläufige Daten
++) Zündung mit Starter

entsprechende Empfehlungen für Hybridgeräte müssen noch erarbeitet werden.

Nach DIN VDE 0712 Teil 13 [6.3.4] wird die Arbeitsweise der Geräte hinsichtlich folgender Punkte überprüft:

Das Gerät soll zwischen 92 und 106% der Netznennspannung eine Leerlaufspannung haben, die größer oder gleich dem Mindestwert ist. Bei 106% der Netznennspannung soll der Kurzschlußstrom höchstens den angegebenen Maximalwert erreichen. Die Kontrolle der Geräteeinstellung erfolgt mit Referenzlampe: Bei Netznennspannung soll die Lampenleistung mindestens 92,5% der Leistung betragen, die die Lampe beim Betrieb mit einem Referenzgerät hatte. Und der Lampenstrom soll maximal 115% des Werts erreichen, der bei Netznennspannung am Referenzgerät auftrat. Nach den Kennlinien auf Bild 6.29 sind diese Toleranzen aber unverständlich groß, denn damit ergeben sich Impedanztoleranzen von mehr als 10%.

Zur Kontrolle der Krümmung der Spannungs-Strom-Kennlinie des Geräts erfolgen weitere Messungen bei 92 und 106% der Netznennspannung: Bei 92% der Netznennspannung sollen mindestens 88%, bei 106% der Netznennspannung höchstens 109% der Leistung beim Betrieb am Referenzgerät auftreten.

7 Entladungslampen für besondere Anwendungen

7.1 Halogen-Metalldampflampen für Film- und Fernsehaufnahmen

Die Forderungen der Film- und Fernsehtechnik nach einer Lichtquelle mit einer tageslichtähnlichen Farbtemperatur von 6000 K und sehr guter Farbwiedergabe ($R_a \geq 90$) führten zur Entwicklung einer speziellen Typenreihe von Halogen-Metalldampflampen. Bei diesen Lampen (HMI-Lampen) handelt es sich um Quecksilberdampf-Hochdruckentladungslampen mit Metallhalogenidzusätzen wie z. B. Dysprosiumjodid und Holmiumjodid.

Die Eigenschaften der Lampen werden durch die Anforderungen der Fernseh- und Beleuchtungstechnik definiert:

▷ wirtschaftliche Betriebsweise durch maximale Lichtausbeute (Batterieleuchten),
▷ Heißzündfähigkeit,
▷ tageslichtähnliche Farbtemperatur (5600 K, 6000 K),
▷ lichttechnisch tolerierbare Farbänderung als Funktion der Lampennennlebensdauer,
▷ Farbwiedergabeindex $R_a \geq 90$,
▷ hohe Leuchtdichte für optimalen Leuchtenwirkungsgrad,
▷ Einsatz in Scheinwerfern mit guter Bündelungsfähigkeit.

HMI-Lampen sind überwiegend strahlungsgekühlte Halogen-Metalldampflampen für Wechselspannungsbetrieb. Wegen der hohen spezifischen Belastung verdampft Wolfram von den Elektroden und schwärzt dadurch die Kolbenwand, was zu rascher Lichtabnahme führen würde. Man muß deshalb bei diesen Lampen dafür sorgen, daß durch einen verstärkten Wolfram-Halogen-Kreislauf Wolfram von der Wand wieder zur Elektrode

Tabelle 7.1
Technische und physikalische Daten von HMI-Lampen. Bei der Brennstellung p 15 (siehe auch Bild 4.6) ist die Lampe waagrecht mit zulässiger Abweichung von $\pm$ 15° zu montieren.
Die Vorschalt- und Zündgerätedaten für die Lampe HMI 250/SE gleichen denen der HTI 250 (siehe Kapitel 7.4)

Lampentyp	HMI 200 W	HMI 250 W/SE	HMI 575 W/GS	HMI 1200 W/GS	HMI 2500 W/GS	HMI 4000 W	HMI 6000 W	HMI 12000 W	HMI 1200 W/PAR
Leistung P_L in W	200	270	575	1200	2500	4000	6000	12000	1200
Spannung U_L in V	80	50	95	100	115	200	125	225	100
Strom I_L in A	3,1	5,4	7,0	13,8	25,6	24,0	55,0	65,0	13,8
Lichtstrom Φ in klm	16	19	49	110	240	385	570	1100	
Lichtausbeute in lm/W	80	70	85	88	96	96	95	92	
Farbtemperatur T_n in K	5600	5600	5600	5600	5600	6000	6000	6000	6000
Farbwiedergabeindex	90	90	90	90	90	90	90	90	>90
Durchmesser D in mm	14	14	21	27	30	38	55	65	205
Elektrodenabstand in mm	10	5	7	10	14	34	20	35	–
mittlere Länge L in mm	60	84	115	180	290	340	450	470	175
Lebensdauer in h	300	250	750	750	500	500	350	250	1000
Brennstellung	p15	p15	beliebig	beliebig	p15	p15	p15	p15	beliebig
Sockel	X515	FAXI, 5–3×1	SFc10–4	SFc15, 5–6	SFa21–12	SFa21–12	K25s	K25s	G38
Füllungskomponenten	Ho/Dy	Ho/Cs Li/Cd	Dy	Ho/Dy	Ho/Dy	Ho/Dy	Dy/Gd	Dy/Gd	Ho/Dy
Nr. in Bild 7.1	1	2	3	4	6	6	7	7	5

transportiert wird (siehe auch Kapitel 8.1). Durch diesen Mechanismus wird die Lichtabsorption in der Quarzglaswand erheblich reduziert und die Lebensdauer dieser hochbelasteten Lampe (100 W/cm^2) erhöht.

HMI-Lampen besitzen spezifische Leistungen zwischen 20 W/mm Bogenlänge (HMI 200 W) und 343 W/mm (HMI 12000 W). Die wesentlichen elektrischen photometrischen und geometrischen Daten sind aus Tabelle 7.1 ersichtlich.

Bild 7.1 zeigt das Aussehen dieser Lampen. Die Lampen werden ohne Außenkolben verwendet.

Die Lampen werden genauso betrieben wie andere Halogen-Metalldampflampen. Deswegen sei hier auf die entsprechenden Abschnitte des vierten Kapitels verwiesen. Die Tabellen 7.2 bis 7.5 nennen die wichtigsten zum Betrieb der Lampen erforderlichen Zünd- und Betriebsbedingungen.

Der Betrieb mit elektronischen Geräten ist besonders für Lampen kleinerer Leistung wichtig, die häufig auch aus Batterien gespeist werden müssen, z.B. wenn sie für Reportagen eingesetzt werden. Die Lampen werden mit Rechteckströmen betrieben. Diese Betriebsweise wurde bereits in Kapitel 4.4 ausführlich beschrieben.

Bei Leistungen ≥ 1000 W konnten sich vollelektronische Betriebsgeräte bisher nicht durchsetzen: Die Kosten sind zu hoch gegenüber dem Nutzen, denn es handelt sich hierbei um stationäre Anlagen, bei denen das Gewicht von untergeordneter Bedeutung ist. Außerdem ist bei elektronischen Betriebsgeräten für hohe Leistungen insbesondere die Verminderung der Lampenstrommodulation schwierig, da sie sehr verlustreich entweder mit Längstransistoren im Lampenstromkreis oder konventionell mit Elektrolytkondensatoren und Eisendrosseln ausgeführt wird.

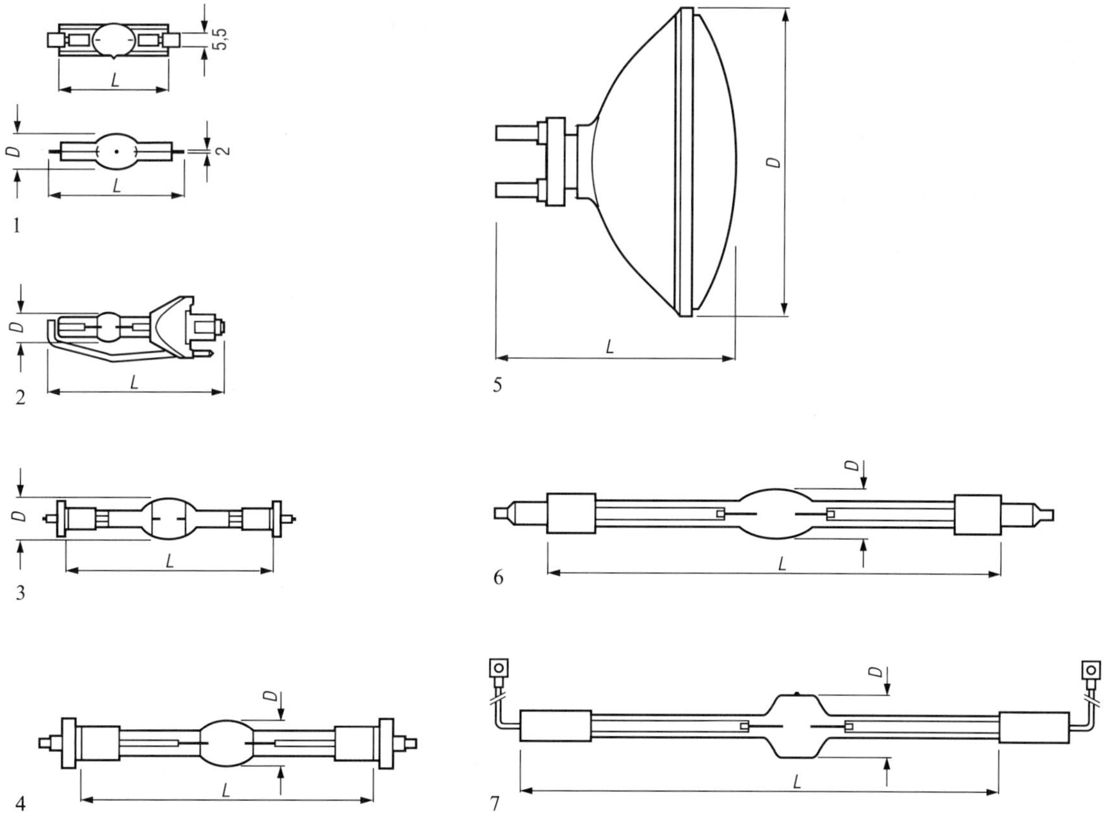

Bild 7.1 Aufbau der Halogen-Metalldampflampen HMI mit kurzem Entladungsbogen

Tabelle 7.2
Elektrische Daten von Halogen-Metalldampflampen HMI. Die Abkürzungen sind in Tabelle 4.4 erläutert

	$P_{L\,max}$ W	$P_{L\,min}$ W	ΔU_L V	U_A V	$I_{A\,max}$ A	$I_{A\,min}$ A	$U_{N\,min}$ V	$I_{S\,max}$ A	R_E Ω
HMI 200 W	250	160	± 10	30	5,6	3,1	198	30	
HMI 575 W	660	480	± 10	20	13	7	198	70	15,5
HMI 1200 W	1400	1000	± 10	20	26	14	198	140	8,1
HMI 2500 W	2900	200	± 10	20	45	26	198	250	5,1
HMI 4000 W	4700	3200	± 10	35	45	25	340	250	10
HMI 6000 W			± 10	25	90	55	198	400	2,7
HMI 12000 W			± 10	35	110	65	340	450	4,1

Tabelle 7.3 Daten der Referenzgeräte für HMI-Lampen

	U_N V	I_L A	Z Ω	λ –
HMI 200 W	220	3,1	62	0,06
HMI 575 W	220	6,95	26,7	0,04
HMI 1200 W	220	13,8	13,3	0,03
HMI 2500 W	220	25,6	6,64	0,03
HMI 4000 W	380	24,0	11,9	0,03
HMI 6000 W	220	55,0	2,91	0,03
HMI 12000 W	380	65,0	4,05	0,03

Tabelle 7.4
Anforderungen an die Spannungsimpulse von Zündgeräten zur Kaltzündung von HMI-Lampen. Die Abkürzungen sind in Tabelle 4.7 erläutert

	$U_{St\,min}$ kV_S	$F_{Z\,min}$ –	φ °el.	C_Z pF	C_{ZH} µF	R_R Ω
HMI 200 W	16	10	60– 50	5–20	0,5	27
HMI 575 W	12	10	60– 90	5–20	0,5	27
HMI 1200 W	12	10	60– 90	10–35	0,5	27
HMI 2500 W	20	15	45–100	5–30	1,0	15
HMI 4000 W	20	15	45–100	5–30	1,0	15
HMI 6000 W	20	15	45–100	5–30	1,0	15
HMI 12000 W	20	15	45–100	5–30	1,0	15

Hinzu kommt, daß bei höheren Lampenleistungen der Gleichrichter des elektronischen Vorschaltgeräts wegen der hohen Netzimpulsströme mit einem Oberschwingungsfilter zur Erhöhung des Netzleistungsfaktors auf $\geq 0{,}9$ ausgestattet werden müßte. Um das zu vermeiden, betreibt man das elektronische Vorschaltgerät an Drehstrom. Die separate Gleichrichtung aller drei Phasen und die Addition zu einer Gleichspannung bewirken eine Brummspannung mit einer Frequenz von 300 Hz, zu deren Siebung nur kleine Kapazitäten erforderlich sind. Durch die Kompensation in den drei Phasen weist die Stromaufnahme nur einen geringen Oberschwingungsgehalt auf, deshalb sind Geräte dieser Art ohne weitere Oberschwingungsfilter verwendbar. Die Oberschwingungsgrenze wird nach der neuen IEC-Publikation 555-2 bzw. nach DIN VDE 0712 ermittelt.

HMI-Lampen kamen in den 60er Jahren auf den Markt; sie werden heute nicht mehr nur in der Film- und Fernsehtechnik eingesetzt, sondern haben auch andere Anwendungsgebiete wie Sonnensimulation, Scheinwerfer, Bühnenbeleuchtung und Overheadprojektion erobert.

Tabelle 7.5
Anforderungen an die Spannungsimpulse von Zündgeräten zur Heißzündung von HMI-Lampen. Die Abkürzungen sind in Tabelle 4.7 erläutert

	t_{min} s	$U_{St\,min}$ kV_S	$F_{Z\,min}$ –	φ °el.	C_Z pF	C_{ZH} µF	R_R Ω
HMI 200 W	0	25	20	60– 90	5–20	1	15
HMI 575 W	0	25	20	60– 90	5–20	0,5	27
HMI 1200 W	≥ 10	30	15	60– 90	10–35	0,5	27
	0	45	15	60– 90	10–35	0,5	27
HMI 2500 W	≥ 300	30	15	45–100	5–30	1	15
	0	45	15	45–100	5–30	1	15
HMI 4000 W	≥ 300	40	15	45–100	5–30	1	15
	0	65	15	45–100	5–30	1	15
HMI 6000 W	0	50	15	45–100	5–30	1	15
HMI 12000 W	0	65	15	45–100	5–30	1	15

7.2 Quecksilber- und Edelgashöchstdruckentladungen

Höchstdruckentladungen in Quecksilber, Xenon und Krypton bei Betriebsdrucken von einigen MPa (1Mpa = 10 bar) sind heute als Quecksilber- und Xenonkurzbogenlampen (HBO, XBO) sowie als wassergekühlte Xenon- und Kryptonlangbogenlampen (XBF, KBF) weitverbreitete Licht- bzw. Strahlungsquellen in Technik und Wissenschaft; derartige Entladungen ermöglichen bei hohen Stromdichten ($> 10^3$ A/cm^2) hohe spezifische Leistungsumsätze im Bogen und damit hohe Leucht- bzw. Strahldichten.

Quecksilberhöchstdruck-Entladungslampen

Quecksilberhöchstdruck-Entladungslampen werden in Form konvektionsgekühlter Kurzbogenlampen mit kugel- bzw. ellipsoidförmigen Kolben seit etwa 1935 als Projektionslicht- bzw. -strahlquellen hoher Leuchtdichte bzw. hoher Strahldichte im mittel- und langwelligen UV eingesetzt. Haupteinsatzgebiete sind heute Chipherstellung, Fluoreszenzmikroskopie und Schlierenphotographie. Das Betriebsverhalten dieser Lampen ist gekennzeichnet durch besonders hohe Zündspannungen, sehr lange Anlaufzeit und äußerst niedrige Brennspannungen. Hinzu kommt eine starke individuelle Brennspannungsänderung während der Lebensdauer. Viele Lampen werden auch nur mit Gleichspannung betrieben. Der Betrieb dieser Lampen erfolgt daher in den meisten Fällen mit besonderen, geregelten Stromversorgungsgeräten, deren Wirkungsweise und Aufbau stark von den in diesem Buch beschriebenen Betriebsschaltungen abweicht. Auf eine genaue Beschreibung dieser Schaltungen wird deshalb verzichtet.

Xenon- und Kryptonhöchstdruck-Entladungslampen

Obwohl Xenon wegen seiner relativ kleinen Wärmeleitfähigkeit und seiner Reaktionsträgheit ein ideales Entladungsgas ist, wurde es erst seit 1937 als Lampenfüllgas eingesetzt, nachdem ein wirtschaftliches Verfahren zur Xenongewinnung entwickelt war.

Xenon-Kurzbogenlampen (XBO) werden vorwiegend zur Kinoprojektion, als Lichtquellen für Leuchttürme und dergleichen eingesetzt.

Wassergekühlte Langbogenlampen mit Xenon- oder Kryptonfüllung (XBF, KBF) werden zum Pumpen von Lasern verwendet.

Konvektionsgekühlte Xenon-Langbogenlampen sind als Impulsentladungs- und Blitzlampen weitverbreitet; für die Allgemeinbeleuchtung (XQO) haben sie heute wegen ihrer im Vergleich zu Halogenmetalldampflampen geringen Lichtausbeute kaum noch Bedeutung.

Wegen der hohen thermischen Belastung wird für Höchstdruckentladungslampen als Kolbenmaterial grundsätzlich Quarzglas, als Elektrodenmaterial Wolfram eingesetzt.

Der Betrieb dieser Lampen weicht von dem Standard der in diesem Buch beschriebenen Lampen stark ab. Charakteristisch sind der Betrieb an geregelter Gleichspannung, die hohe Zündspannung und die niedrige Brennspannung. Eine detaillierte Beschreibung der Vorschaltgeräte für diese Lampe geht über den Rahmen dieses Buchs hinaus.

7.3 UV-Strahler

Die vielfältige Anwendung ultravioletter Strahlung hat zu einer großen Zahl unterschiedlicher Strahlungsquellen geführt, da ebenso wie im Sichtbaren mit einem einzigen Typ nicht alle Anforderungen an Wellenlänge, Strahlstärke und Strahldichte erfüllt werden können.

Tabelle 7.6 gibt eine Übersicht über die Anwendungsbereiche verwendeter Lampentypen und die dazu erforderlichen Vorschaltgeräte. Im Prinzip handelt es sich dabei um die gleichen Entladungstypen, die in den Kapiteln 2, 3 und 4 bereits behandelt wurden. Auch Leistung und Typenreihe sind meist unmittelbar an die bestehenden Lichtquellen angepaßt. Wegen des Betriebs dieser Lampen kann daher auf die entsprechenden Kapitel dieses Buches verwiesen werden. Eine Ausnahme bildet lediglich die Typenreihe der ULTRAMED/ULTRATEC-Lampen, Halogen-Metalldampflampen, die zum Teil eigene Vorschaltgeräte erfordern. Die elektrischen Daten dieser Lampen zeigt Tabelle 7.7. Für den Betrieb des 400-W-Strahlers werden Vorschaltgeräte für NAV 400 W (s. Tabelle 5.3) verwendet, die den maximalen Scheitelwert bei Einweggleichrichtung in Höhe von 55 A einhalten.

1000-W-Strahler werden mit Drosseln für HQI 1000 W/D betrieben; Daten siehe Tabelle 4.5. Für 2000-W-Strahler an 220 V werden zwei Drosseln parallelgeschaltet. Der Betrieb des 2000 W/380-V-Strahlers erfolgt an der HQI 2000 W/D-Drossel (Daten siehe Tabelle 4.5). Für den 4000-W-Strahler werden ebenfalls zwei Drosseln parallelgeschaltet. Als Zündgeräte sind die der entsprechenden HQI-Lampen zu verwenden.

Tabelle 7.6
Die wichtigsten Anwendungsbereiche für ultraviolette Strahlung und dafür geeignete Lampentypen

Anwendungsbereich	Lampentyp	Leistungsbereich	Vorschaltgeräte
Solarien, Sonnenliegen	Leuchtstofflampen Eversun, LF 79	20–140 W	Standardvorschaltgeräte
Medizin, Kosmetik	Halogen-Metalldampflampen ULTRAMED	400–2000 W	Drossel/Streufeldtrafo mit Zündgerät Daten s. Tab. 7.7 bzw. 4.5
Kunststoffhärtung	Quecksilberdampf-Hochdrucklampen ULTRAVITALUX, Leuchtstofflampen LF 70, 71, 78	300 W	Eingebaute Glühwendel Standardvorschaltgeräte
Photopolymerisation, Druckvorlagenbelichtung, Chemische Reaktion	Halogen-Metalldampflampen ULTRATEC	400–4000 W	Drossel/Streufeldtrafos mit Zündgerät Daten s. Tab. 7.3 bzw. 4.5
Psoriasisbehandlung	Leuchtstofflampen LF 78	7–100 W	Standardvorschaltgeräte
Entkeimung, Ozonbildung	Quecksilberdampf-Niederdruckstrahler HNS	5–55 W	Standardvorschaltgeräte
Fluoreszenzanregung (Schwarzlichtlampen)	Leuchtstofflampen LF 73, Quecksilberdampf-Hochdrucklampen HQV	18, 36 W 125 W	Standardvorschaltgeräte

Tabelle 7.7
Daten von Halogen-Metalldampflampen ULTRAMED/ULTRATEC (Abkürzungen siehe Tabelle 4.4)

	P_L W	$P_{L\,max}$ W	$P_{L\,min}$ W	U_L V	ΔU_L V	U_A V	I_L A	$I_{A\,max}$ A	$I_{A\,min}$ A	$I_{S\,max}$ A	$U_{N\,min}$ V	R_E Ω
400 W	420	500	300	120	±10	30	4,5	7,5	4,6	55	198	25,5
1000 W	1000	1170	830	130	±10	30	9	19	10	120	198	15,5
2000 W/220 V	2000	2350	1650	145	±10	30	15	38	20	240	198	7,75
2000 W/380 V	2000	2300	1700	250	±25	30	9	22	11	125	342	25
4000 W	4000	4600	3400	250	±25	30	18	44	22	250	342	12,5

7.4 Halogen-Metalldampflampen für Projektionszwecke (HTI)

Diese Lampen wurden als Lichtquellen für Projektoren von Super-8- und 16-mm-Filmen entwickelt. Sie erreichen einen um den Faktor 4 bis 9 höheren Nutzlichtstrom als Halogenglühlampen und sind einfacher zu betreiben als Xenon-Kurzbogenlampen, die zur Projektion von 35-mm-Filmen eingesetzt werden und wegen ihrer komplizierten Betriebsweise und des hohen Kaltfülldrucks für kleine, transportable Projektoren nicht in Frage kommen. Die kompakte Bauweise, die hohe Leuchtdichte, die Tageslichtfarbtemperatur und der hohe Farbwiedergabeindex führten dazu, daß die Lampen heute vorwiegend in der Endoskopie, Glasfaserbeleuchtung und Effektbeleuchtung Anwendung finden.

Die Lampen sind mit und ohne Reflektor erhältlich, die wichtigsten Daten sind aus den Tabellen 7.8 und 7.9 ersichtlich. Die Bilder 7.2 und 7.3 zeigen die Abmessungen. HTI-Lampen werden entweder mit Drossel und Zündgerät oder mit elektronischen Geräten mit Rechteckstrom betrieben. Für letztere Betriebsweise wurden die Daten bereits in Kapitel 4.4 genannt. Die für den Betrieb der Lampen erforderlichen Daten nennt die Tabelle 7.10, Tabelle 7.11 enthält die erforderliche Form der Zündspannungsimpulse.

Referenzdrosseln sind für HTI-Lampen nicht festgelegt. Für den Betrieb an 230 V mit konventionellen Drosseln ist die niedrige Brennspannung erschwerend. Die Drosseln arbeiten praktisch im Kurzschluß. Ein Brennspannungsanstieg während der Lebensdauer führt zu kontinuierlichem Leistungsanstieg und damit zur Überbelastung der

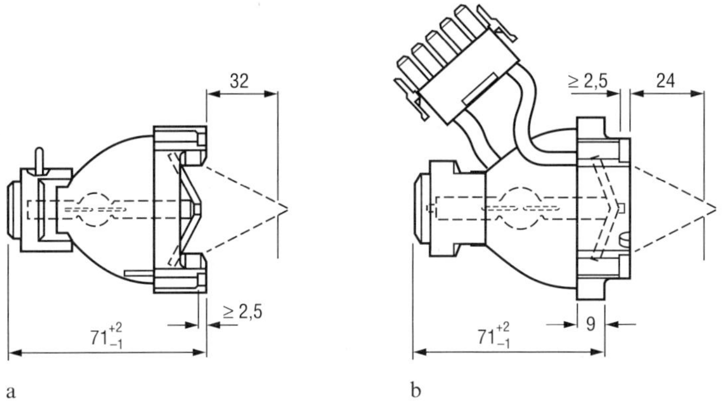

Bild 7.2
Halogen-Metalldampflampen mit Reflektor
a HTI 250 W/32
b HTI 400 W/24

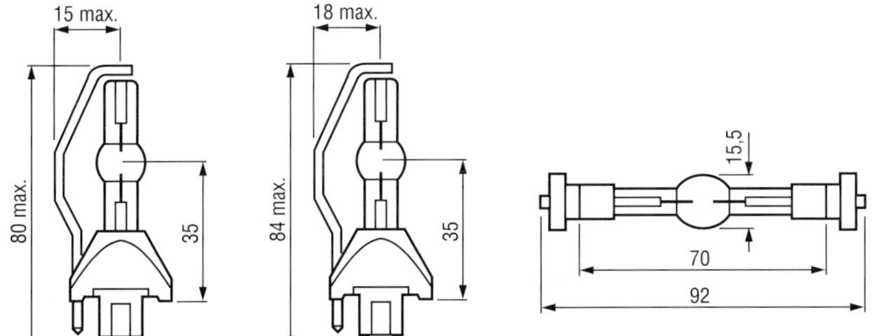

Bild 7.3
Halogen-Metalldampflampen
a HTI 250 W/SE
b HTI 400 W/SE
c HTI 400 W/DE

Tabelle 7.8
Technische Daten der Halogen-Metalldampflampen HTI 250 W/SE, HTI 400 W/SE, HTI 400 W/DE

Typ		HTI 250 W/SE	HTI 400 W/SE	HTI 400 W/DE
Lampenleistung P_L	W	250	400	400
Lichtstrom Φ	lm	20000	30000	30000
Lichtstärke	cd	2500	3500	3500
mittlere Leuchtdichte	cd/cm²	40000	30000	30000
Leuchtfeldabmessungen ($B \times H$)	mm	0,75 × 2,35	1,0 × 3,5	1,0 × 3,5
Farbtemperatur T_n	K	4600	4600	4600
mittlere Lebensdauer	h	250	250	250
Brennstellung		p45	p45	p45
Sockel		Spezial	Spezial	SFc9, 5–4
Anwendungsbeispiele		Diaprojektion	Film- und Videoprojektion, Computergrafik-Display	Schreibprojektion

Tabelle 7.9
Technische Daten der Halogen-Metalldampflampen mit Reflektor HTI 250 W/32 und HTI 400 W/24

Typ		HTI 250 W/32	HTI 400 W/24
Lampenleistung P_L	W	270	400
Farbtemperatur T_n	K	5600	5600
mittlere Lebensdauer	h	250	250
max. Abstand a	mm	31	31
max. Durchmesser d	mm	67	67
Abstand zur Aperturblende	mm	32	24
Brennstellung		p20	p20
Anwendung		Super-8-Projektoren, Endoskopie, Glasfaserbeleuchtung	16-mm-Projektoren, Endoskopie, Effektbeleuchtung

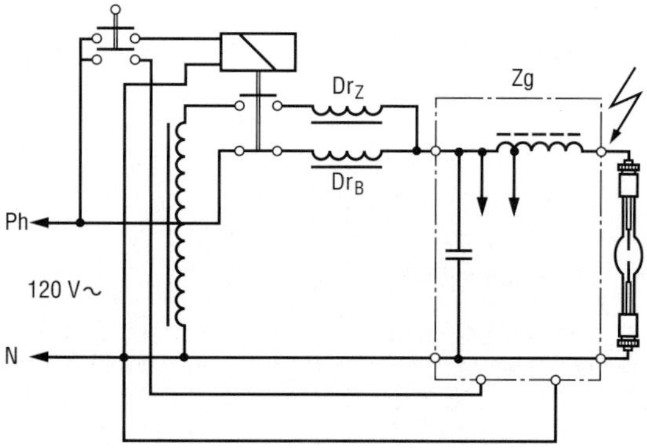

Dr_z Lampendrossel für Lampenzündung
Dr_B Betriebsdrossel
Zg Zündgerät

Bild 7.4
Prinzipschaltbild einer Boosterschaltung für den Wechselstrombetrieb von HTI-Lampen

Tabelle 7.10
Betriebsdaten von Halogen-Metalldampflampen HTI (Erläuterung der Abkürzungen siehe Tabelle 4.4)

	P_L	$P_{L\,max}$	$P_{L\,min}$	U_L	ΔU_L	U_A	I_L	$I_{A\,max}$	$I_{A\,min}$	$I_{S\,max}$	$U_{N\,min}$ kalt/heiß
HTI 250 W	250	300	200	50	± 10	20	5,8	11	7	55	198/220
HTI 400 W	380	460	300	60	± 10	20	7,5	13	8	60	198/220

Tabelle 7.11
Anforderungen an Zündspannungsimpulse zur Zündung von HTI-Lampen in kaltem und heißem Zustand (Abkürzungen siehe Tabelle 4.7)

		$U_{St\,min}$ kV$_S$	$F_{Z\,min}$ –	$t_{p\,min}$ µs	φ °el.	C_Z	C_{ZH}	R_R
HTI 250 W	Kaltzündung	10	10	0,1	60–90/240–270	5–60	–	–
	Heißzündung	20	15	0,1	60–90/240–270	5–60	0,5	27
HTI 400 W	Kaltzündung	10	10	0,1	60–90/240–270	5–60	–	–
	Heißzündung	25	15	0,1	60–90/240–270	5–60	0,5	27

Lampen. Es empfiehlt sich daher, nur kurzzeitig während der Zündung die Versorgungsspannung auf dem minimalen Wert von 198 bzw. 230 V zu halten und nach der Zündung und Übernahme die Spannung auf 120 V zu senken. Man nennt dieses Schaltprinzip Boosterschaltung. Bild 7.4 zeigt ein Prinzipschaltbild. Das Gerät nach Bild 7.4 mit einem Transformator, der die Lampen-Versorgungsspannung von 120 auf 230 V herauftransportiert, mit einer Start- und einer Betriebsdrossel sowie der erforderlichen Umschaltvorrichtung hat so große Vorteile, daß sich der höhere Aufwand lohnt:

- ▷ Der Transformator mit der Startdrossel ist nur für Kurzzeitbetrieb auszulegen.
- ▷ Die Betriebsdrossel ist klein und hat eine viel geringere Verlustleistung als ein Streufeldtransformator, der ohne Umschaltvorrichtung für den Betrieb der Lampen an 120 V erforderlich wäre.
- ▷ Brennspannungsänderungen führen nur zu kleinen Leistungsänderungen, da sich die Lampe nahezu im Optimum der Abhängigkeit der Leistung von der Brennspannung befindet. Eine Überlastung der Lampen ist auch bei einem starken Anstieg der Brennspannung ausgeschlossen.

Eine ähnliche Schaltung ergibt auch für Hochvoltnetze mit 220 bis 240 V gute Betriebsmöglichkeiten. In diesem Falle erfolgt die Zündung mit der Netzspannung, anschließend wird auf 120 bis 130 V zurückgeschaltet, um in den von der Brennspannung nur noch wenig abhängigen Betrieb überzugehen.

8 Niedervolt-Halogenglühlampen und Betriebsgeräte

8.1 Lampen

Die Lebensdauer und die Lichtausbeute von Glühlampen wird durch die Temperatur der Wolframwendel bestimmt. Während es im Interesse einer langen Lebensdauer läge, die Temperatur so niedrig wie möglich zu halten, erfordert eine hohe Lichtausbeute möglichst hohe Werte. Die Lebensdauer hängt von der Verdampfungsrate des Wolframs ab, das die Kolbenwand schwärzt und den Wendeldraht zum Durchbrennen bringt.

Eine Möglichkeit, diese Gesetzmäßigkeit zu durchbrechen, besteht darin, dem Füllgas ein Halogen hinzuzufügen. Chemische Verbindungen des Wolframs mit Fluor, Chlor, Brom und Jod sind gasförmig; sie bilden sich bei niedrigen Temperaturen und zerfallen bei Temperaturen oberhalb 2000 °C. Damit läßt sich ein idealer Kreislauf des Halogens in der Lampe erzeugen: Das Halogen verbindet sich mit dem Wolfram auf der Kolbenwand; diese Verbindung ist gasförmig und gelangt durch Konvektion in die Nähe der Wendel; dort erhitzt sie sich und zersetzt sich dabei; das Wolfram schlägt sich an der Wendel nieder, und das Halogen steht für einen weiteren Transportprozeß erneut zur Verfügung.

Damit kann man Lampen herstellen, die eine höhere Wendeltemperatur haben und eine größere Lebensdauer als herkömmliche Glühlampen. Leider leidet die Gleichförmigkeit, mit der das Wolfram längs der Wendel niedergeschlagen wird, mit abnehmendem Drahtdurchmesser. Bei einer bestimmten Versorgungsspannung muß es also eine untere Grenzleistung geben. Bei 220 V sind dies z. Z. 75 bis 100 W. Will man niedrigere Leistungen haben oder die Vorteile geringer Leuchtkörperabmessungen ausnutzen, so muß man die Versorgungsspannung senken.

Dies hat nicht nur den Vorteil, daß der Wolfram-Halogen-Kreislauf optimiert werden kann, man erreicht bei dicken Drähten auch höhere Lichtausbeute. Die kleinen Leuchtkörperdimensionen ermöglichen ferner den optimalen Einsatz in Reflektoren. Aus diesem Grunde haben sich Niedervolt-Halogenglühlampen trotz des augenscheinlichen Nachteils zu einer der vielseitigsten und erfolgreichsten Lichtquelle der letzten Jahre entwickelt.

Die weite Verbreitung der Halogenglühlampen hat zu einer großen Typenvielfalt geführt. Es würde zu weit führen, hier alle Lampentypen aufzuzählen, die sich in Betriebsspannung, Leistung, Lebensdauer und lichttechnischer Hinsicht unterscheiden.

Für den Betrieb der Lampen haben diese Unterschiede in Form, Reflektorausführung und Wendelanordnung keine Bedeutung. Hauptsächlich verwendete Betriebsspannung ist 12 V, der Leistungsbereich reicht von 5 bis 100 W.

Die Eigenschaften in Bezug auf die Betriebsgeräte sind durch den hohen Einschaltstrom gekennzeichnet. Bild 8.1 zeigt den Einschaltvorgang für eine Lampe. Der Grund für diesen hohen Einschalt-

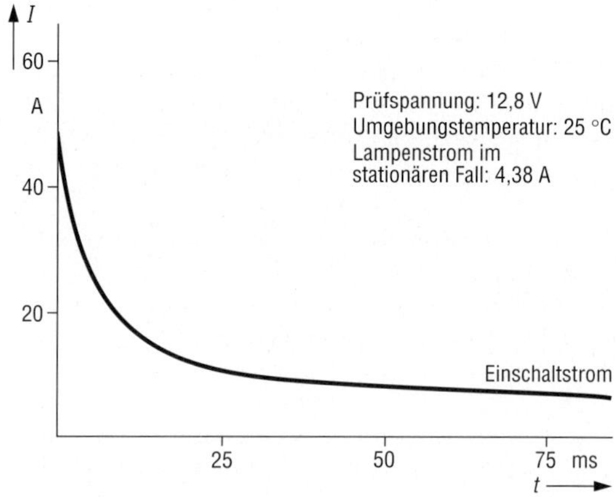

Bild 8.1
Einschaltcharakteristik des Lampenstroms einer Halogen-Niedervoltlampe am Beispiel einer 50-W-Lampe

strom ist in der starken Temperaturabhängigkeit des elektrischen Widerstands von Wolfram zu suchen. Die Einschaltströme sind nur für die Dimensionierung der Betriebsgeräte wichtig; für die Lampen ist eine Erniedrigung durch eine weiche Ausgangscharakteristik nicht erforderlich.

Die maximale Stromstärke unmittelbar nach dem Einschalten ergibt sich durch den Kaltwiderstand der Wendel. Je nach Lampentyp liegt der Kaltwiderstand bei 7–10% des Betriebswiderstands, der sich bei Nennspannung als Dauerwert einstellt.

Wie bei allen Glühlampen ist für die Dimensionierung der Betriebsgeräte für Halogenlampen die starke Abhängigkeit der elektrischen und photometrischen Daten von der Versorgungsspannung wichtig. Außerdem ist bei Überschreiten der Nennleistung mit starker Lebensdauerverkürzung zu rechnen. Bild 8.2 zeigt die Abhängigkeit der wichtigsten Lampenparameter von der Versorgungsspannung. Aber nicht nur die Höhe der Versorgungsspannung ist zu beachten. Angesichts der hohen Lampenströme kann der Spannungsabfall längs der Zuleitungen beachtliche Werte annehmen, insbesondere wenn mehrere Lampen an einer langen Leitung parallelgeschaltet sind.

Die Lampen sind mit einem Edelgas hohen Drucks gefüllt. Am Lebensdauerende brennt die Wendel durch und der Stromkreis wird in der Lampe unterbrochen. Wegen der niedrigen Spannung von 12 V braucht aber nicht befürchtet zu werden, daß ein Lichtbogen entsteht, so daß vom Vorschaltgerät besondere Maßnahmen in dieser Hinsicht nicht erforderlich sind.

Während der Betriebsdauer der Lampe verändert sich die kristalline Struktur der Lampenwendel. Dadurch können auch mechanische Spannungen entstehen. Manchmal nähern sich zwei oder mehr Windungen so stark aneinander, daß sie sich berühren können. Dies ist im allgemeinen nur kurz vor dem Durchbrennen der Fall. Bei genügend kleinem Nennwiderstand der Spannungsquelle wird das Durchbrennen beschleunigt. Ist der Nennwiderstand jedoch so groß, daß der Strom stark begrenzt wird, kann die Lampe noch längere Zeit in diesem Zustand betrieben werden. Dabei besteht aber die Gefahr, daß der Transformator überlastet wird. Diese Erscheinung sollte daher auch bei elektronischen Versorgungsgeräten beachtet werden.

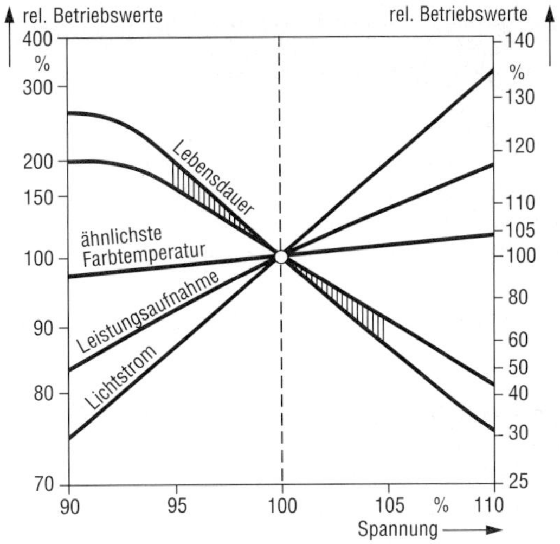

Bild 8.2
Abhängigkeit der elektrischen und lichttechnischen Daten von Halogenglühlampen von der Betriebsspannung. Der Halogen-Kreisprozeß ist im wesentlichen auf den Betrieb bei Nennspannung abgestimmt. Daher tritt im Bereich zwischen 95 und 90% der Nennspannung keine so deutliche Lebensdauerverlängerung wie bei der Allgebrauchslampe ein

8.2 Konventionelle Transformatoren mit Schutzkleinspannung (Sicherheitstransformatoren für Niedervolt-Halogenglühlampen)

Der Transformator ist eine statische elektrische Maschine zur Umwandlung der elektrischen Energie und zum elektromagnetischen Transfer aus einem in einen anderen, galvanisch getrennten elektrischen Kreis. Mit einem Transformator lassen sich die Grundparameter des Wechselstroms (Spannung, Strom, Frequenz, Anzahl der Phasen und Kurvenform) verändern. Normalerweise besteht ein Transformator aus mindestens 2 galvanisch getrennten Wicklungen zur Umwandlung des Wechselstroms einer Spannung in den Wechselstrom einer anderen Spannung.

Eine Klassifikation der Transformatoren kann nach Leistung, Spannung, Frequenz, Anzahl der Phasen, Anzahl der Wicklungen, Kerngeometrie, Wicklungsart, Kühlungsart, Lastart, Funktion usw. erfolgen. Die Transformatoren für Niedervolt-Halogenglühlampen gehören zur Gruppe der einphasigen, luftgekühlten Kleintransformatoren (max. 1000 VA) für die Niederspannung (Primärspannung max. 500 V/Sekundärspannung 6, 12 oder 24 V) und Niederfrequenz (50/60 Hz) mit einer Primärwicklung und einer oder mehreren Sekundärwicklungen.

8.2.1 Arbeitsweise eines Transformators

Im wesentlichen besteht ein Transformator aus einem geschlossenen Magnetkreis und zwei Wicklungen (Bild 8.3). Die Primärwicklung wird an die Wechselspannung, an die Sekundärwicklung wird der Verbraucher angeschlossen.

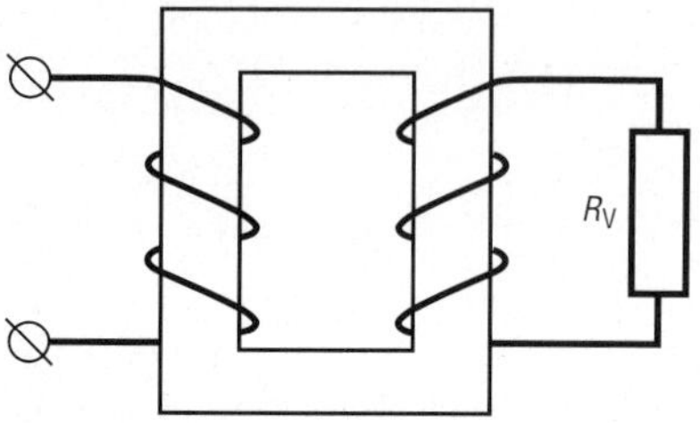

Bild 8.3
Schema eines einfachen Transformators mit Verbraucherwiderstand R_v

Die Betriebsart eines Transformators ohne einen Verbraucher heißt Leerlaufbetrieb oder Leerlauf (Bild 8.4). Schließt man die Primärwicklung an eine Speisespannung U_1 an, fließt ein Leerlaufstrom I_0. Dieser Strom ruft einen magnetischen Fluß im geschlossenen Magnetkreis hervor, der in der Primär- und Sekundärwicklung Spannungen induziert. Bei einer sinusförmigen Eingangsspannung berechnet man diese induzierten Spannungen nach dem Gesetz der elektromagnetischen Induktion:

$$E_1 = 4{,}44 \cdot f \cdot W_1 \cdot \Phi_{max} \tag{8.1}$$

$$E_2 = 4{,}44 \cdot f \cdot W_2 \cdot \Phi_{max} \tag{8.2}$$

f ist die Frequenz der Speisespannung,
W_1 die Anzahl der Windungen der Primärwicklung und
W_2 die Anzahl der Windungen der Sekundärwicklung.

Φ_{max} ist der Scheitelwert des magnetischen Flusses

$$\Phi_{max} = B_{max} \cdot A_{Fe}$$

mit dem Scheitelwert der Induktion B_{max} und dem Querschnitt des magnetischen Kreises A_{Fe}.

Die in den Wicklungen induzierten Leerlaufspannungen sind proportional zur Anzahl der Windungen:

$$ü = E_1/E_2 = W_1/W_2 \tag{8.3}$$

$ü$ ist das Übersetzungsverhältnis.

Wenn man die Verluste in der Primärwicklung und im Kern und die Streuung der magnetischen Flüsse Φ_0 außerhalb des Kerns vernachlässigt, so ist die vom magnetischen Fluß Φ_0 induzierte Leerlauf-

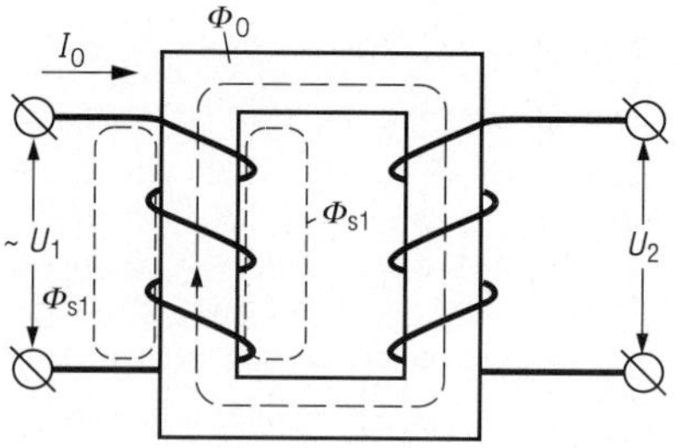

U_1 Primärspannung
U_2 Sekundärspannung
I_0 Leerlaufstrom
Φ_{s1} magnetischer Streufluß des Primärkreises
Φ_0 resultierender magnetischer Fluß

Bild 8.4 Leerlauf eines Transformators

spannung in der Primärwicklung vom gleichen Betrag aber entgegengesetzten Vorzeichen wie die Speisespannung:

$$\vec{U}_1 = - \vec{E}_1 \tag{8.4}$$

In der Praxis kann man die Verluste und die Streuung des magnetischen Flusses nicht vernachlässigen.

In einem reellen Transformator fließt durch die Primärwicklung im Leerlauf ein Leerlaufstrom I_0. Neben dem reaktiven Anteil I_{0r} dieses Stromes, der den magnetischen Fluß Φ_0 zur Folge hat, fließt auch ein aktiver Anteil I_{0a} des Leerlaufstroms zur Deckung der Verluste im Kern des Transformators.

$$\vec{I}_0 = \vec{I}_{0a} + \vec{I}_{0r} \tag{8.5}$$

Die Primärwicklung eines reellen Transformators hat einen Widerstand R_1. An diesem Widerstand hat der Leerlaufstrom einen Spannungsabfall

$$I_0 \cdot R_1 = U_{a1}$$

U_{a1} ist der Spannungsabfall in der Primärwicklung.

Neben dem magnetischen Flusses Φ_0 im Kern fließt außerhalb des magnetischen Kreises noch ein Streufluß Φ_{s1} (Bild 8.4). Dieser Streufluß induziert in die Primärspannung eine Streuspannung:

$$U_{s1} = I_0 \cdot X_1 \tag{8.6}$$

X_1 ist die Streureaktanz der Primärwicklung.

Es gilt:

$$\vec{U}_1 + (\vec{E}_1 - \vec{U}_{a1} - \vec{U}_{s1}) = 0 \tag{8.7}$$

oder

$$\vec{U}_1 = - \vec{E}_1 + \vec{I}_0 \cdot R_1 + \vec{I}_0 \cdot j \cdot X_1 = \\ = - \vec{E}_1 + \vec{I}_0 \cdot \vec{Z}_1 \tag{8.8}$$

$Z_1 = \sqrt{(X_1^2 + R_1^2)}$ ist die Impedanz der Primärwicklung.

Das Vektordiagramm Bild 8.5 zeigt die Zusammenhänge zwischen den Spannungen, den Strömen und den magnetischen Flüssen des Transformators im Leerlauf.

Zum Entwurf des Vektordiagramms beginnt man am besten mit dem magnetischen Fluß Φ_0. Die Lage dieses Vektors kann frei gewählt werden. Ein sinusförmiger magnetischer Fluß Φ_0 induziert in die Primär- und Sekundärwicklung die jeweils um 90° verschobenen Leerlaufspannungen E_1 und E_2.

Der reaktive Teil der Leerlaufstroms I_{0r} liegt phasengleich mit dem magnetischen Fluß Φ_0. Der aktive Anteil I_{0a} ist um 90° verschoben. Der Vektor des Leerlaufstroms I_0 wird nach Gleichung 8.5 dargestellt.

Der Winkel α zwischen I_0 und I_{0a} hängt von den Eisenverlusten ab. Der Vektor des Streuflusses Φ_{s1} liegt gleichphasig mit dem Leerlaufstrom I_0 und induziert in die Primärwicklung eine um 90° verschobene Spannung U_{s1}.

Der Vektor U_1 wird nach Gleichung 8.8 gezeichnet.

Aus dem Vektordiagramm sieht man, daß die induzierten Spannungen E_1 und E_2 im Leerlauf fast um 180° gegenüber der Speisespannung U_1 verschoben sind. Da der Spannungsabfall in der Primärwicklung normalerweise im Leerlauf sehr klein ist (ausgenommen bei ganz kleinen 50-Hz-Transformatoren um 1 bis 2 VA), unterscheiden sich die Vektoren

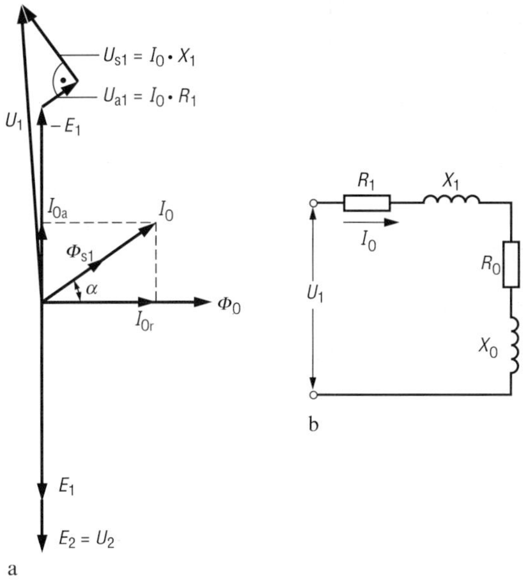

U_1, U_2	Primär- und Sekundärspannung
E_1, E_2	induzierte Spannungen in der Primär- und Sekundärwicklung
U_{a1}, U_{s1}	aktiver und reaktiver Spannungsabfall des Primärkreises
I_0, I_{0r}, I_{0a}	Leerlaufströme
R_0, X_0	Leerlaufwiderstand und Leerlaufreaktanz des Primärkreises
R_1, X_1	Widerstand und Reaktanz des Primärkreises
Φ_{s1}	magnetischer Streufluß des Primärkreises
Φ_0	resultierender magnetischer Fluß

Bild 8.5
Vektordiagramm (a) und Ersatzschema (b) eines Transformators im Leerlauf

E_1 und U_1 der Größe nach sehr wenig. In diesem Fall kann man die Übersetzung eines Transformators als Verhältnis der Leerlaufspannungen berechnen:

$$ü = U_1/U_2 \quad (8.9)$$

Eine weitere Transformation kann eingeführt werden, wenn man den Vektor E_1 als Produkt des Leerlaufstroms I_0 und einer fiktiven Impedanz Z_0 darstellt. Da der Winkel zwischen E_1 und I_0 kleiner ist als 90°, besteht die Impedanz Z_0 aus einem reaktiven (X_0) und einem aktiven (R_0) Anteil.

Die verbrauchte Energie in der Reaktanz X_0 und dem Widerstand R_0 dient zur Deckung des magnetischen Flusses Φ_0 und der Verluste im Kern des Transformators.

Nun kann man Gleichung 8.8 wie folgt schreiben:

$$\vec{U}_1 = \vec{I}_0 \cdot \vec{Z}_1 + \vec{I}_0 \cdot \vec{Z}_0 \quad (8.10)$$

Diese Gleichung ist in der Ersatzschaltung (Bild 8.5 b) dargestellt. In dieser Ersatzschaltung ist normalerweise die Reaktanz X_0 wesentlich größer als die Streureaktanz X_1, da der magnetische Fluß Φ_0 wesentlich größer als der Streufluß Φ_{s1} ist.

Wenn man an die Primärwicklung eines Transformators eine Spannung U_1 und an der Sekundärwicklung einen Verbraucher anschließt, so fließen durch die Primär- und die Sekundärwicklung die Ströme I_1 und I_2 (Bild 8.6). Als Folge dieser beiden Ströme fließen durch den magnetischen Kreis des Transformators zwei entgegengesetzte magnetische Flüsse Φ_1 und Φ_2.

Bei der Erhöhung des Sekundärstroms I_2 steigt auch der magnetische Fluß Φ_2. Der resultierende magnetische Fluß $(\vec{\Phi}_1 - \vec{\Phi}_2)$ im magnetischen Kreis wird dadurch kleiner, was zur Folge hat, daß die induzierten Spannungen E_1 und E_2 sich verkleinern. Die Reduktion der induzierten Spannung E_1 hat einerseits die Erhöhung des Primärstroms zur Folge, weil die Differenz $\vec{U}_1 - \vec{E}_1$ sich vergrößert hat. Die Erhöhung des Primärstroms erhöht nun den magnetischen Fluß Φ_1 bzw. den resultierenden magnetischen Fluß $(\vec{\Phi}_1 - \vec{\Phi}_2)$. Andererseits bewirkt die kleinere induzierte Spannung E_2 einen kleineren Sekundärstrom I_2 und einen größeren resultierenden magnetischen Fluß $(\vec{\Phi}_1 - \vec{\Phi}_2)$.

Die durch eine Veränderung des Sekundärstroms I_2 erregte Veränderung des resultierenden magnetischen Flusses $(\vec{\Phi}_1 - \vec{\Phi}_2)$ wird durch den Primär-

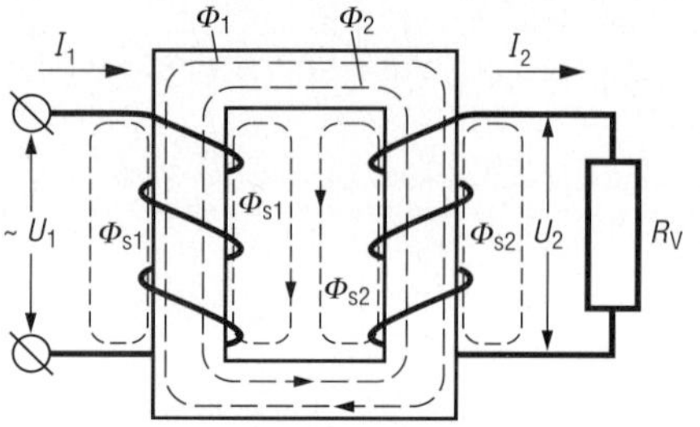

U_1, U_2	Primär- und Sekundärspannung
I_1, I_2	Primär- und Sekundärstrom
Φ_{s1}, Φ_{s2}	magnetische Streuflüsse des Primär- und des Sekundärkreises
Φ_1, Φ_2	magnetische Flüsse des Primär- und des Sekundärkreises
R_V	Widerstand des Verbrauchers

Bild 8.6 Betrieb eines Tansformators unter Last

strom I_1 so kompensiert, daß der resultierende magnetische Fluß konstant bleibt.

Bei einer langsamen Reduktion des Sekundärstroms bis zum Übergang in den Leerlauf bleibt der resultierende magnetische Fluß unverändert. Daraus folgt, daß der resultierende magnetische Fluß $(\vec{\Phi}_1 - \vec{\Phi}_2)$ gleich demjenigen im Leerlauf ist:

$$\vec{\Phi}_1 - \vec{\Phi}_2 = \vec{\Phi}_0 \quad (8.11)$$

Vernachlässigt man die Verluste im magnetischen Kreis und in den Wicklungen des Transformators, so ist die Leistung der Primärwicklung gleich der Leistung der Sekundärwicklung:

$$E_1 \cdot I_1 = E_2 \cdot I_2 \quad (8.12)$$

oder

$$E_1/E_2 = I_2/I_1 \quad (8.13)$$

Aus den Gleichungen 8.9 und 8.13 folgt:

$$ü = I_2/I_1 \quad (8.14)$$

Bei einem konstanten resultierenden magnetischen Fluß sind auch die entsprechenden Amperewindungen konstant, die den resultierenden magnetischen Fluß erregen. Aus der Gleichung 8.11 kann man ableiten:

$$\vec{I}_1 \cdot W_1 + \vec{I}_2 \cdot W_2 = \vec{I}_0 \cdot W_1 \quad (8.15)$$

oder

$$\vec{I}_0 = \vec{I}_1 + \vec{I}_2/ü \quad (8.16)$$

Neben dem resultierenden magnetischen Fluß fließen durch die Wicklungen im Lastbetrieb eines Transformators auch die Streuflüsse Φ_{s1} und Φ_{s2} (Bild 8.6), die folgende Streuspannungen in die Wicklungen induzieren:

$$U_{s1} = I_1 \cdot X_1 \tag{8.17}$$

$$U_{s2} = I_2 \cdot X_2 \tag{8.18}$$

Analog zu Gleichung 8.8 gilt auch hier:

$$\vec{U}_1 = -\vec{E}_1 + \vec{I}_1 \cdot R_1 + \vec{I}_1 \cdot j \cdot X_1 = = -\vec{E}_1 + \vec{I}_1 \cdot Z_1 \tag{8.19}$$

Die induzierte Spannung E_2 kann als eine Speisespannung des Verbrauchers betrachtet werden:

$$\vec{E}_2 = \vec{U}_2 + \vec{U}_{a2} + \vec{U}_{s2} = \vec{U}_2 + \vec{I}_2 \cdot R_2 + + \vec{I}_2 \cdot j \cdot X_2 = \vec{U}_2 + \vec{I}_2 \cdot \vec{Z}_2 \tag{8.20}$$

$Z_2 = \sqrt{(R_2^2 + X_2^2)}$ ist die Impedanz der Sekundärwicklung.

Im Bild 8.7 ist das Vektordiagramm eines Transformators mit einer Last ($\cos\varphi_2 \leq 1$ induktiv) dargestellt.

Beim Entwurf eines Vektordiagramms beginnt man auch hier der Reihenfolge nach mit Φ_0, E_1, E_2 und I_0. Danach zeichnet man den Strom I_2, der E_2 um den Winkel ψ_2 nachläuft. Weiter muß man die Gleichungen 8.16, 8.19 und 8.20 grafisch darstellen.

Aus Bild 8.7 sieht man, daß die Primärspannung U_1 um den Winkel φ_1 gegenüber dem Strom I_1 verschoben ist. φ_1 ist größer als der Winkel φ_2, der die Phasenverschiebung der Lastspannung U_2 gegenüber dem Laststrom I_2 darstellt. Diese Phasenverschiebung der durch den Transformator transportierten elektrischen Energie wird durch die Reaktanzen X_1 und X_2 verursacht. Weiter läßt sich leicht feststellen, daß die Ströme I_1 und I_2 um fast 180° verschoben sind. Wesentlich ist auch, daß eine Erhöhung des Sekundärstroms die Verkleinerung der Ausgangsspannung U_2 zur Folge hat.

Bei gleichen Windungszahlen der Primär- und Sekundärseite sind auch die induzierten Spannungen E_1 und E_2 gleich. Bei einem solchen Transformator läßt sich die magnetische Bindung der Primär- und Sekundärseite im Ersatzschema durch die einfache galvanische Bindung ersetzen. Bei Transformatoren mit ungleichen Windungszahlen ist man gezwungen, alle Parameter einer Wicklung (normalerweise der Sekundärseite) auf die Windungszahl

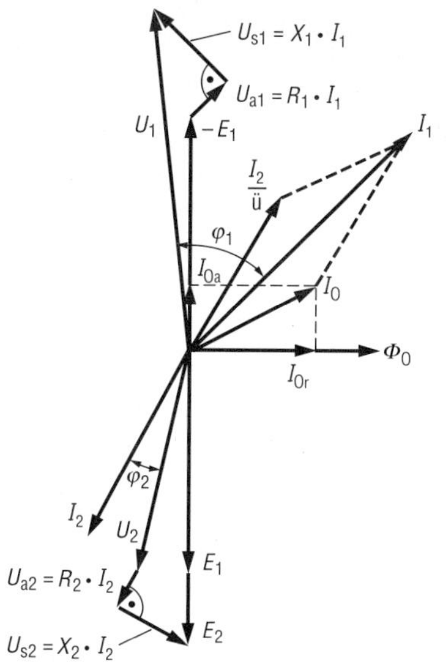

U_1, U_2	Primär- und Sekundärspannung
E_1, E_2	induzierte Spannungen in der Primär- und Sekundärwicklung
U_{a1}, U_{s1}	aktiver und reaktiver Spannungsabfall des Primärkreises
U_{a2}, U_{s2}	aktiver und reaktiver Spannungsabfall des Sekundärkreises
R_1, X_1	Widerstand und Reaktanz des Primärkreises
R_2, X_2	Widerstand und Reaktanz des Sekundärkreises
I_1, I_2	Primär- und Sekundärstrom
Φ_{s1}, Φ_{s2}	magnetische Streuflüsse des Primär- und des Sekundärkreises
Φ_1, Φ_2	magnetische Flüsse des Primär- und des Sekundärkreises
Φ_0	resultierender magnetischer Fluß
I_0, I_{0r}, I_{0a}	Leerlaufströme

Bild 8.7
Vektordiagramm eines Transformators unter Last ($\cos\varphi_2 < 1$)

einer anderen Wicklung (normalerweise der Primärseite) zu transformieren.

Bei der Transformation der induzierten Spannung E_2 soll die nachstehende Beziehung gelten:

$$E_2' = E_1 \tag{8.21}$$

Mit der Gleichung (8.3) läßt sich ableiten:

$$E_2' = ü \cdot E_2 \tag{8.22}$$

Da die transformierte Leistung des Transformators unverändert bleiben muß, also

$$E_2' \cdot I_2' = E_2 \cdot I_2 \tag{8.23}$$

berechnet man aus den Gleichungen 8.22 und 8.23 den transformierten Strom

$$I'_2 = I_2 \cdot E_2/E'_2 = I_2/ü \qquad (8.24)$$

Aus der Bedingung, daß die Verluste ebenfalls unverändert bleiben müssen, folgt die Umrechnung der ohmschen Widerstände:

$$I^2 \cdot R_2 = I_2'^2 \cdot R'_2 \qquad (8.25)$$

Mit Hilfe von Gleichung 8.24 berechnet man weiter:

$$R'_2 = R_2 \cdot (I_2/I'_2)^2 = R_2 \cdot ü^2 \qquad (8.26)$$

Zur Umrechnung der Reaktanzen kann man sich auf die Tatsache stützen, daß die Phasenverschiebung zwischen Spannung und Strom unverändert bleiben muß:

$$X_2/R_2 = X'_2/R'_2 \qquad (8.27)$$

Daraus berechnet man mit Gleichung 8.26:

$$X'_2 = X_2 \cdot R'_2/R_2 = X_2 \cdot ü^2 \qquad (8.28)$$

Damit lassen sich die folgenden Parameter des Transformators berechnen:

– der ohmsche Widerstand des Transformators

$$R_{tr} = R_1 + R'_2 = R_1 + R_2 \cdot ü^2 \qquad (8.29)$$

– der induktive Widerstand des Transformators

$$X_{tr} = X_1 + X'_2 = X_1 + X_2 \cdot ü^2 \qquad (8.30)$$

– die Impedanz des Transformators

$$Z_{tr} = \sqrt{(R_{tr}^2 + X_{tr}^2)} \qquad (8.31)$$

Nun läßt sich die Ersatzschaltung des Transformators unter Last mit Hilfe der Gleichungen 8.16, 8.19, 8.20 und 8.10 entwerfen (Bild 8.8 a)

$$\vec{I}_0 = \vec{I}_1 + \vec{I}'_2 \qquad (8.32)$$

$$\vec{U}_1 = \vec{I}_0 \cdot Z_0 + I_1 \cdot Z_1 \qquad (8.33)$$

$$-\vec{I}_0 \cdot \vec{Z}_0 = \vec{U}'_2 + \vec{I}'_2 \cdot \vec{Z}'_2 \qquad (8.34)$$

Aus diesen 3 Gleichungen ergibt sich die Eingangsimpedanz des Transformators $\vec{Z}_e$:

$$\vec{U}_1 = \vec{I}_1 \cdot [\vec{Z}_1 + \vec{Z}_0 \cdot (\vec{Z}'_v + \vec{Z}'_2)/(\vec{Z}_0 + \vec{Z}'_v + \vec{Z}'_2)] = \vec{I}_1 \cdot \vec{Z}_e \qquad (8.35)$$

Dabei ist $\vec{Z}'_v$ die transformierte Impedanz des Verbrauchers, berechnet nach der folgenden Beziehung:

$$\vec{U}'_2 = \vec{I}'_2 \cdot \vec{Z}'_v \qquad (8.36)$$

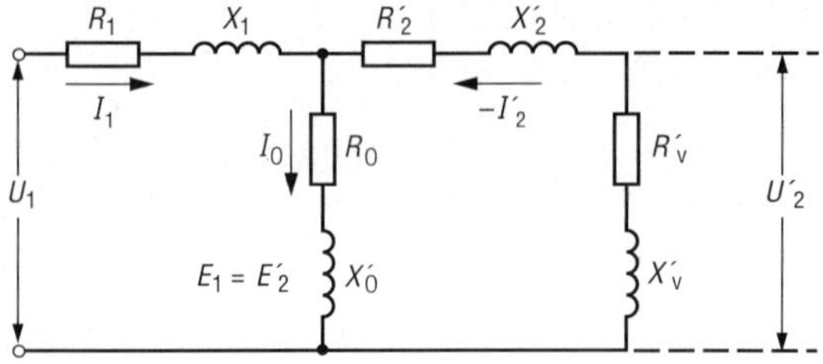

a

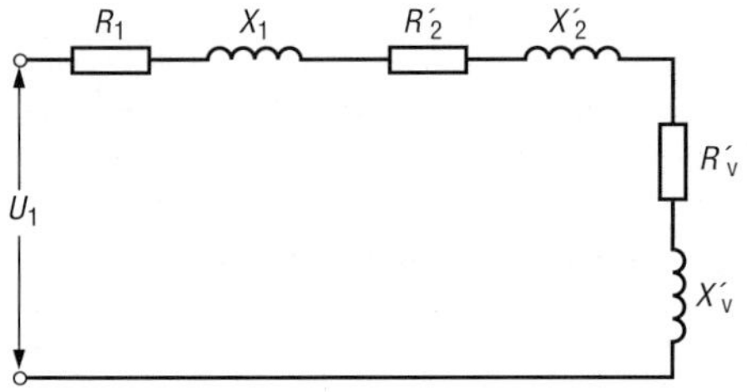

b

U_1, U'_2	Primär- und Sekundärspannung
E_1, E'_2	induzierte Spannungen in der Primär- und Sekundärwicklung
R_1, X_1	Widerstand und Reaktanz des Primärkreises
R'_2, X'_2	Widerstand und Reaktanz des Sekundärkreises
R'_v, X'_v	Widerstand und Reaktanz des Verbrauchers
R_0, X_0	Leerlaufwiderstand und Leerlaufreaktanz des Primärkreises
I_1, I'_2	Primär- und Sekundärstrom
I_0	Leerlaufstrom

Bild 8.8
Ersatzschaltbild des Transformators unter Last
a vollständiges Schema,
b bei sehr kleinen Leerlaufströmen

Bei sehr kleinem Leerlaufstrom I_0 läßt sich die Ersatzschaltung vereinfacht darstellen (Bild 8.8 b) [8.2.1].

8.2.2 Die elektromagnetischen Parameter eines Transformators

Der wichtigste Parameter eines Transformators ist die Leistung. Man unterscheidet elektromagnetische Leistung, Ausgangsleistung, Bauleistung und Typenleistung eines Transformators.

Die elektromagnetische Leistung eines Transformators wird aus dem Primärkreis in den Sekundärkreis übergeben und wird wie folgt berechnet:

$$S_{em} = E_2 \cdot I_2 \qquad (8.37)$$

Die Ausgangsleistung ist die Leistung, welche dem Verbraucher abgegeben wird:

$$S_2 = U_2 \cdot I_2 \quad (8.38)$$

Die Bauleistung eines Transformators wird aus der Bauleistung aller Wicklungen berechnet. Die Bauleistung einer Wicklung ist das Produkt der Spannung, welche an der Wicklung liegt, und des effektiven Stroms, der durch die Wicklung fließt. Die Bauleistung der Primärwicklung wird wie folgt berechnet:

$$S_1 = U_1 \cdot I_1 \quad (8.39)$$

Bei einer ohmschen Last ist die Bauleistung des Sekundärkreises gleich der Ausgangsleistung des Transformators (Gl. 8.38). Bei Speisung eines Gleichrichters ist der Ausgangsstrom des Transformators normalerweise nicht sinusförmig. Er kann auch eine Gleichstromkomponente haben. Deswegen kann die Bauleistung eines Transformators größer sein als die Ausgangsleistung.

Die Typenleistung eines Transformators wird aus den Bauleistungen der einzelnen Wicklungen berechnet:

$$S_{typ} = (S_1 + S_2)/2 \quad (8.40)$$

wobei S_1 und S_2 die Bauleistungen der einzelnen Wicklung sind.

Die Verluste im magnetischen Kreis des Transformators bestehen aus Wirbelstrom- und Hysteresisverlusten. Normalerweise werden sie nicht getrennt betrachtet und beide zusammen Eisenverluste genannt. Zum Berechnen der Eisenverluste P_{Fe} in einem Transformator nimmt man spezifische Verluste p des magnetischen Materials zu Hilfe. Diese spezifischen Eisenverluste gelten bei der Induktion von 1,5 T und der Frequenz von 50 Hz.

$$P_{Fe} = K_p \cdot p \cdot (B_{max}/1{,}5)^2 \cdot m_{Fe} \quad (8.41)$$

mit den spezifischen Eisenverlusten p, dem Scheitelwert der Induktion B_{max}, der Eisenmasse des magnetischen Kreises bzw. Kernes m_{Fe} und einem Korrekturfaktor K_p zur Erfassung der verschiedenen technologischen Parameter des magnetischen Kreises (1,1 bis 1,3).

Die Verluste in den Wicklungen entstehen durch den ohmschen Widerstand. In jeder Wicklung betragen sie

$$P_w = I^2 \cdot R = (j \cdot A)^2 \cdot (\varrho_{el} \cdot l_w/A) \quad (8.42)$$

j ist die Stromdichte in der Wicklung,
A der Drahtquerschnitt der Wicklung,
ϱ_{el} der spezifische Widerstand des Drahtes und
l_w die Drahtlänge der Wicklung.

Mit der Masse der Wicklung

$$m_w = \varrho_w \cdot A \cdot l_w \quad (8.43)$$

läßt sich die Gleichung 8.42 transformieren:

$$P_w = \varrho_{el} \cdot j^2 \cdot m_w/\varrho_w) \quad (8.44)$$

ϱ_w ist die Dichte des Wicklungsmaterials,
m_w die Masse der Wicklung.

Der Wirkungsgrad des Transformators ist das Verhältnis zwischen der Ausgangswirkleistung und der Eingangswirkleistung:

$$\eta = P_2/(P_2 + P_w + P_{Fe}) \quad (8.45)$$

Zu den wichtigsten Parametern eines Transformators gehören Spannungsabfall und Leerlaufstrom.

Der Spannungsabfall in einem Transformator wird vom Primär- und Sekundärstrom über die ohmschen Widerstände (R_1, R_2) und die Reaktanzen (X_1, X_2) produziert. Er wird normalerweise als Prozentsatz der Eingangsspannung angegeben.

Der aktive Anteil des Spannungsabfalls kann unter Vernachlässigung des Leerlaufstroms folgendermaßen berechnet werden:

$$U_a \approx (R_1 + R_2') \cdot I_1 = R_{tr} \cdot I_1 \quad (8.46)$$

oder

$$\begin{aligned} u_a(\%) &= (U_a/U_1) \cdot 100 \\ &= ((R_1 + R_2') \cdot I_1/U_1) \cdot 100 = \\ &= (P_w/S_1) \cdot 100 \end{aligned} \quad (8.47)$$

Der reaktive Anteil des Spannungsabfalls wird analog wie folgt definiert:

$$U_r \approx (X_1 + X_2') \cdot I_1 = X_{tr} \cdot I_1 \quad (8.48)$$

oder

$$u_r(\%) = (U_r/U_1) \cdot 100 \quad (8.49)$$

Die Kurzschlußspannung eines Transformators ist der Spannungsabfall in den Wicklungen des Transformators bei Nennprimär- und Sekundärstrom. Diese Spannung wird ebenfalls in Prozent berechnet:

$$u_k = \sqrt{(u_a^2 + u_r^2)} \quad (8.50)$$

Die Größe der Speisespannung, bei welcher durch die Primär- und Sekundärwicklungen im Kurzschluß die Nennströme fließen, hat den Wert der Kurzschlußspannung.

Wenn die Last am Transformator kein reiner ohmscher Widerstand ist, muß die Berechnung des Spannungsabfalls über das Vektordiagramm Bild 8.7 erfolgen. Dann ist

$$du(\%) = ((U_1 - U_2')/U_1) \cdot 100 \quad (8.51)$$

bzw.

$$du(\%) \approx u_a \cdot \cos(\varphi_2) + u_r \cdot \sin(\varphi_2) + \\ + (u_r \cdot \cos(\varphi_2) - u_a \cdot \sin(\varphi_2))/2 \quad (8.52)$$

wobei u_a, u_r die aktiven und reaktiven Spannungsabfälle in Primär- und Sekundärwicklungen sind, φ_2 ist die Phasenverschiebung zwischen der Sekundärspannung und dem Sekundärstrom.

Der Leerlaufstrom besteht ebenfalls aus einem aktiven und einem reaktiven Anteil. Sein Wert wird normalerweise als Prozentsatz des Nennprimärstroms angegeben.

Der aktive Anteil des Leerlaufstroms ist:

$$I_{0a} = P_{Fe}/U_1 \quad (8.53)$$

bzw.

$$i_{0a}(\%) = (I_{0a}/I_1) \cdot 100 = (P_{Fe}/S_1) \cdot 100 \quad (8.54)$$

Der reaktive Anteil des Leerlaufstroms wird analog berechnet:

$$I_{0r} = Q_{Fe}/U_1 \quad (8.55)$$

oder

$$I_{0r} = H \cdot l_{Fe}/W_1 \quad (8.56)$$

Q_{Fe} ist die reaktive Leistung, welche zur Erregung des magnetischen Kreises erforderlich ist. H ist die Feldstärke, l_{Fe} die Länge des magnetischen Kreises.

Die reaktive Leistung eines Transformators dient zur Erhaltung der Induktion im magnetischen Kreis. Sie wird ähnlich wie die aktive Leistung berechnet:

$$Q_{Fe} = q_{Fe} \cdot m_{Fe} \quad (8.57)$$

wobei q_{Fe} die spezifischen reaktiven Verluste (in VA/kg) sind.

Nun kann man berechnen:

$$i_{0r}(\%) = (I_{0r}/I_1) \cdot 100 = (Q_{Fe}/S_1) \cdot 100 \quad (8.58)$$

Der Prozentsatz des Leerlaufstroms ist wie folgt definiert:

$$i_0 = \sqrt{(i_{0a}^2 + i_{0r}^2)} \quad (8.59)$$

Den Leistungsfaktor des Verbrauchers zusammen mit dem Transformator berechnet man folgendermaßen [8.2.1]:

$$\cos(\varphi_{tr}) = (P_2 + P_{Fe} + P_w)/S_1 \quad (8.60)$$

8.2.3 Die konstruktiven Parameter eines Transformators

Die Transformatoren für die Leistung von Halogenlampen müssen wegen der erforderlichen Spannungsfestigkeit zum Schutz des Menschen sehr sorgfältig berechnet, konstruiert, fabriziert und geprüft werden. Dabei sind die folgenden Einwirkungen auf den Transformator zu berücksichtigen:

- ▷ Mechanische Beanspruchungen wie Vibrationen und Schläge,
- ▷ große Temperaturschwankungen bei der Lagerung im Betrieb,
- ▷ Luftfeuchtigkeit und
- ▷ atmosphärischer Druck.

Neben den mechanischen Beschädigungen hat die Luftfeuchtigkeit den größten Einfluß auf die Lebensdauer eines Transformators. Eindringende Feuchtigkeit verringert den Widerstand und vergrößert die Verluste in der Isolation, was zu weniger Spannungsfestigkeit bzw. Überschlägen und zum Betriebsausfall führen kann. Die Luftfeuchtigkeit verursacht auch ein Korrodieren der Drähte, was besonders bei sehr dünnen Drähten gefährlich ist. Das Durchkorrodieren eines Drahtes in der Wicklung eines Transformators führt zur Unterbrechung.

Die Spannungsfestigkeit der Luft kann bei niedrigerem Luftdruck stark reduziert sein. Bei Lufteinschlüssen in der Wicklung entsteht manchmal der Koronaeffekt, der zur Beschädigung der Isolation führen kann.

Bei zu tiefen Temperaturen bilden sich Risse in der Isolation des Transformators. Bei zu hohen Temperaturen sind Widerstand und Spannungsfestigkeit gefährdet.

Ein Transformator muß bezüglich der oben erwähnten Einflüsse so konstruiert sein, daß die vorgeschriebene Betriebssicherheit garantiert wird. Dabei dürfen aber in keinem Fall die technischen und wirtschaftlichen Kriterien vergessen werden.

Im wesentlichen besteht ein Transformator (Bild 8.9) aus dem magnetischen Kreis, nachstehend

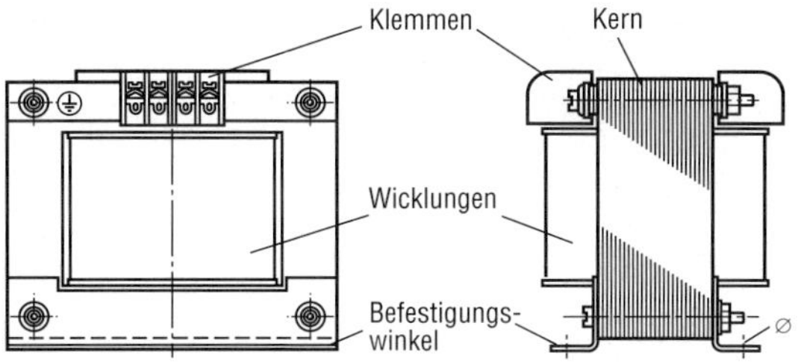

Bild 8.9
Typische Ausführung eines Transformators für Niedervolt-Halogenglühlampen

Kern genannt, der Primär- und Sekundärwicklung und der Isolation. Zubehör sind die Anschlußklemmen, die Befestigungswinkel und die Sicherungen. Aus sicherheitstechnischen Gründen werden die Transformatoren für Niedervolt-Halogenglühlampen sehr oft in ein Gehäuse eingebaut oder vergossen. Demnach gehört das Gehäuse praktisch zum Zubehör.

Kern

Der Kern eines Transformators wird hauptsächlich aus gestanzten Blechen zusammengestellt. Die Qualität der Blechmaterialien (Eisenqualität) wird gemäß der Gleichung 8.41 mit p bemessen. Die folgenden Eisenqualitäten benützt man zum Bau der Transformatoren für Halogenlampen: 5,30 W/kg, 4,00 W/kg und 1,11 W/kg.

Grundsätzlich wählt der Hersteller die Eisenqualität. Zu den wichtigsten Parametern, welche diese Wahl beeinflussen, gehören die Frequenz, die Umgebungstemperatur, die zulässige Übertemperatur in den Wicklungen und an der Oberfläche des Transformators, das Volumen und die Herstellkosten.

Aus Preisgründen werden die einphasigen Kleintransformatoren bis ca. 1000 VA fast ausschließlich mit abfallosen EI-Blechen hergestellt (siehe Kapitel 3.2).

Die Kernmontage der abfallosen EI-Bleche erfolgt grundsätzlich durch wechselseitiges Schachteln oder Schweißen (Bild 8.10). Das manuell oder maschinell durchgeführte wechselseitige Schachteln der Bleche ist die klassische Methode der Kernmontage. Das vollautomatische Schweißen der Bleche eines Kerns wird seit ca. 15 Jahren mit immer mehr Erfolg praktiziert. Der Hauptvorteil dieser Methode liegt bei der kurzen Montagezeit und ist schon bei Serien ab 20 Stück sehr vorteilhaft. Folgendes sind die Hauptunterschiede dieser zwei Methoden:

- ▷ Geschweißte Kerne haben andere Trennstellen als wechselseitig geschachtelte Kerne (Bild 8.11)
- ▷ Ein Joch des geschweißten Kernes besteht aus den in Walzrichtung gestanzten Blechen und das andere aus quer zur Walzrichtung gestanzten Blechen. Bei dem wechselseitig geschachtelten Kern bestehen beide Joche sowohl aus in Walzrichtung als auch aus quer zur Walzrichtung gestanzten Blechen.

Bei kornorientiertem Blech produziert der geschweißte Transformator größere aktive und reaktive Verluste als der Transformator mit wechselseitig geschachteltem Kern. Bei warm- und kaltgewalzten, nicht kornorientierten Blechmaterialien

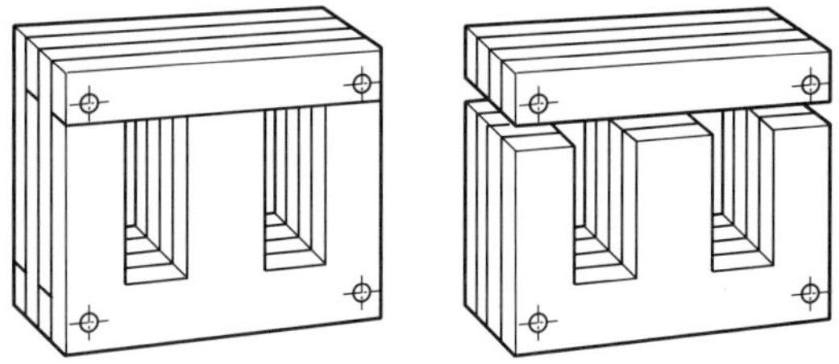

a b

Bild 8.10 Kernmontage
a Wechselseitig geschachtelt
b Geschweißt

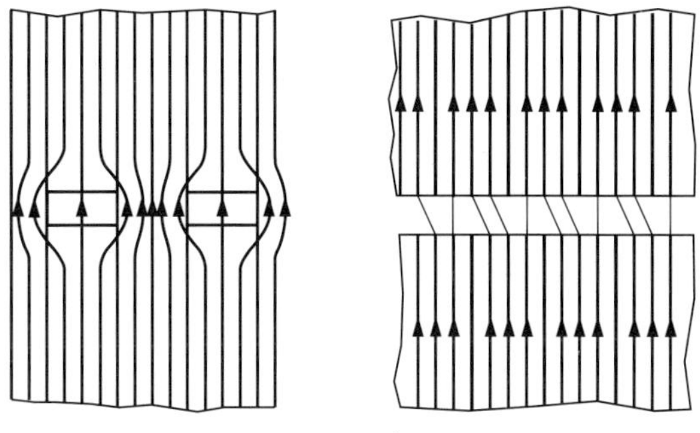

a b

Bild 8.11
Der Verlauf der magnetischen Feldlinien an den Trennstellen im Kern eines Transformators
a Wechselseitig geschachtelt
b Geschweißt

liefern beide Kernmontagen gleichwertige Resultate. Aus diesen und rein schweißtechnischen Gründen wird das Schweißen der Kerne mit kornorientierten Blechmaterialen weniger praktiziert.

Neben beiden oben erwähnten Kernmontagen wird bei Großserien der vergossenen Transformatoren bis zu einer Leistung von 100 VA immer mehr die sogenannte Steckkernmontage praktiziert (Patent Waasner, Bild 8.12). Das gestanzte Blech ist nicht abfallos und hat bei kornorientierten Blechmaterialien etwas größere reaktive und aktive Verlustleistungen als das Blech in dem wechselseitig geschachtelten Kern, weil die beiden Joche quer zur Walzrichtung gestanzt sind. Die Kernmontage wird vollautomatisch maschinell durchgeführt. Das Blech ist mit einer Rast versehen, die einen festen Sitz nach dem Einpressen der beiden Kernhälften gewährleistet. Die paketweise Verarbeitung der beiden Kernteile verläuft sehr schnell (über 500 Kernmontagen pro Stunde) und so rationell, daß die Mehrkosten für das nicht abfallose Blech kompensiert werden können.

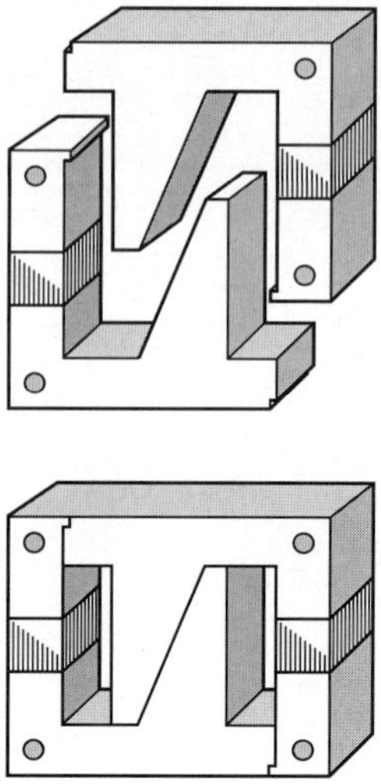

Bild 8.12
Steckkernmontage (Patent Waasner, Forchheim, BRD)

Primär- und Sekundärwicklungen

Die Wicklungen eines Transformators für Halogenlampen werden fast ausschließlich aus runden, lackisolierten Kupferdrähten hergestellt (Tabelle 8.1). Sie werden aus Kupfer mit folgenden Parametern produziert:

ϱ_{elm} (spezifischer Widerstand bei 20 °C)
$= 0{,}01724\ \Omega\text{mm}^2/\text{m}$
ϱ (Dichte) $= 8{,}9\ \text{g/cm}^3$

Die Isolationsdicke um den Draht wählt man vor allem mit Rücksicht auf die Lagenspannung jeder Wicklung so, daß keine Lagenisolation notwendig ist. Man unterscheidet 3 normierte Auftragsklassen (Bild 8.13).

Die Isolation eines Transformators (Spulenkörper, Drahtisolation, Lagenisolation, Zwischenisolation, ...) darf nur bis zu einer gewissen Temperatur erwärmt werden. Den jeweiligen Grenztemperaturen entsprechen verschiedene Isolationsklassen (Tabelle 8.2).

Die Sekundärwicklungen eines Transformators sind von der Primärwicklung galvanisch getrennt. Die Spannungsfestigkeit zwischen den Sekundärwicklungen und der Primärwicklung wird wie bei einem Sicherheitstransformator mit einer Prüfspannung von 4000 V/50 Hz eine Minute lang getestet.

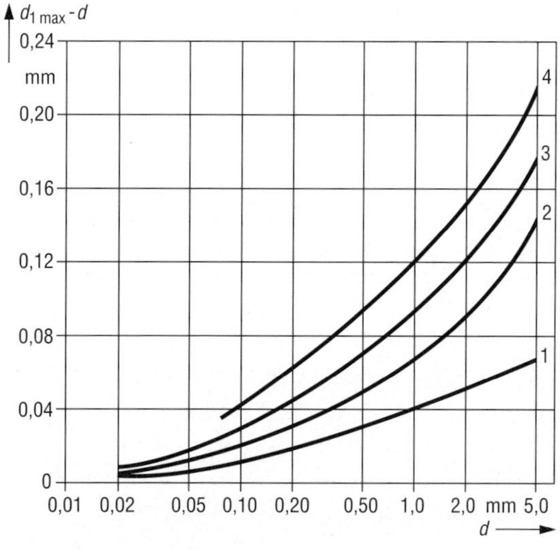

1 maximaler Lackauftrag für Auftragsklasse 0, minimaler Auftrag für Auftragsklasse 1
2 maximaler Lackauftrag für Auftragsklasse 1, minimaler Auftrag für Auftragsklasse 2
3 maximaler Lackauftrag für Auftragsklasse 2, minimaler Auftrag für Auftragsklasse 3
4 maximaler Lackauftrag für Auftragsklasse 3
Für Auftragsklasse 0 ist kein minimaler Lackauftrag festgelegt

Bild 8.13
Festgelegter Lackauftrag für die verschiedenen Auftragsklassen bei lackisolierten Wicklungsdrähten.
Der Gesamtdurchmesser des Drahtes $d_{1\,max}$
ist die Summe aus dem Nenndurchmesser d und dem Lackauftrag $d_{1\,max}$-d

Tabelle 8.1 Eigenschaften von Kupferdrähten von 0,02 mm bis 5,0 mm

Durchmesser mm		Querschnitt	Gleichstrom-Widerstand Ω/m bei 20 °C			Masse *m*	Länge *L*
d	Toleranz	*A*	Nennwert	Kleinstwert	Größtwert	kg	m
mm	mm	mm²	R_{nom}	R_{min}	R_{max}	je 1000 m	je kg
0,020		0,000314	54,88	46,65	65,31	0,0028	358 000
0,025		0,000491	35,12	30,55	41,09	0,0044	229 000
0,032		0,000804	21,44	18,87	24,44	0,0072	140 000
0,036		0,001018	16,94	14,99	19,14	0,0091	110 000
0,040		0,001257	13,72	12,21	15,37	0,0112	89 400
0,045		0,001590	10,84	9,702	12,03	0,0142	70 600
0,050		0,001964	8,781	7,903	9,659	0,0175	57 200
0,056		0,002463	7,000	6,335	7,665	0,0219	45 600
0,063		0,003117	5,531	5,033	6,029	0,0277	36 000
0,071		0,003959	4,355	3,985	4,725	0,0352	28 400
0,080		0,005027	3,430	3,156	3,704	0,0447	22 400
0,090		0,006362	2,710	2,507	2,913	0,0566	17 700
0,100		0,007854	2,195	2,041	2,349	0,0699	14 300
0,112	± 0,003	0,009852	1,750	1,646	1,864	0,0877	11 400
0,125		0,01227	1,405	1,328	1,488	0,109	9 160
0,132		0,01368	1,260	1,194	1,331	0,122	8 220
0,140		0,01539	1,120	1,064	1,180	0,137	7 300
0,150		0,01767	0,9756	0,9298	1,025	0,157	6 360
0,160		0,02011	0,8575	0,8192	0,8983	0,179	5 590
0,170		0,02270	0,7596	0,7272	0,7940	0,202	4 950
0,180		0,02545	0,6775	0,6499	0,7068	0,226	4 420
0,190		0,02835	0,6081	0,5843	0,6332	0,252	3 960
0,200		0,03142	0,5488	0,5282	0,5706	0,280	3 580
0,212		0,03530	0,4884	0,4708	0,5070	0,314	3 180
0,224		0,03941	0,4375	0,4224	0,4534	0,351	2 850
0,236		0,04374	0,3941	0,3810	0,4079	0,389	2 570
0,250	± 0,004	0,04909	0,3512	0,3374	0,3659	0,437	2 290
0,265		0,05515	0,3126	0,3008	0,3251	0,491	2 040
0,280		0,06158	0,2800	0,2698	0,2907	0,548	1 820
0,300		0,07069	0,2439	0,2355	0,2527	0,629	1 590
0,315		0,07793	0,2212	0,2139	0,2289	0,694	1 440
0,335		0,08814	0,1956	0,1894	0,2021	0,784	1 280
0,355		0,09898	0,1742	0,1689	0,1797	0,881	1 140
0,375		0,1104	0,1561	0,1515	0,1609	0,983	1 020

Fortsetzung nächste Seite

Tabelle 8.1 Fortsetzung

Durchmesser mm		Querschnitt	Gleichstrom-Widerstand Ω/m bei 20 °C			Masse *m*	Länge *L*
d	Toleranz	*A*	Nennwert	Kleinstwert	Größtwert	kg	m
mm	mm	mm²	R_{nom}	R_{min}	R_{max}	je 1000 m	je kg
0,400		0,1257	0,1372	0,1327	0,1419	1,12	893
0,425		0,1419	0,1215	0,1177	0,1255	1,26	792
0,450	± 0,005	0,1590	0,1084	0,1501	0,1118	1,42	706
0,475		0,1772	0,09730	0,09446	0,1002	1,58	634
0,500		0,1964	0,08781	0,08534	0,09037	1,75	572
0,530		0,2206	0,07815	0,07604	0,08034	1,96	509
0,560	± 0,006	0,2463	0,07000	0,06794	0,07215	2,19	456
0,600	± 0,006	0,2827	0,06098	0,05927	0,06276	2,52	398
0,630	± 0,006	0,3117	0,05531	0,05381	0,05687	2,77	360
0,670	± 0,007	0,3526	0,04890	0,04749	0,05037	3,14	319
0,710	± 0,007	0,3959	0,04355	0,04234	0,04481	3,52	284
0,750	± 0,008	0,4418	0,03903	0,03788	0,04022	3,93	254
0,800	± 0,008	0,5027	0,03430	0,03334	0,03530	4,47	224
0,85	± 0,009	0,5675	0,03038	0,02950	0,03131	5,05	198
0,90	± 0,009	0,6362	0,02710	0,02634	0,02789	5,66	177
0,95	± 0,010	0,7088	0,02432	0,02362	0,02506	6,31	159
1,00	± 0,010	0,7854	0,02195	0,02134	0,02259	6,99	143
1,06	± 0,011	0,8825	0,01953	–	–	7,85	127
1,12	± 0,011	0,9852	0,01750	–	–	8,77	114
1,18	± 0,012	1,094	0,01576	–	–	9,73	103
1,25	± 0,013	1,227	0,01405	–	–	10,9	91,6
1,32	± 0,013	1,368	0,01259	–	–	12,2	82,1
1,40	± 0,014	1,539	0,01120	–	–	13,7	73,0
1,50	± 0,015	1,767	0,009757	–	–	15,7	63,6
1,60	± 0,016	2,011	0,008575	–	–	17,9	55,9
1,70	± 0,017	2,270	0,007596	–	–	20,2	49,5
1,80	± 0,018	2,545	0,006775	–	–	22,7	44,2
1,90	± 0,019	2,835	0,006081	–	–	25,2	39,6
2,00	± 0,020	3,142	0,005488	–	–	28,0	35,8
2,12	± 0,021	3,530	0,004884	–	–	31,4	31,8
2,24	± 0,022	3,941	0,004375	–	–	35,1	28,5
2,36	± 0,024	4,374	0,003941	–	–	38,9	25,7
2,50	± 0,025	4,909	0,003512	–	–	43,7	22,9
2,65	± 0,027	5,515	0,003126	–	–	49,1	20,4
2,80	± 0,028	6,158	0,002800	–	–	54,8	18,2
3,00	± 0,030	7,069	0,002439	–	–	62,9	15,9
3,15	± 0,032	7,793	0,002212	–	–	69,4	14,4
3,35	± 0,034	8,814	0,001956	–	–	78,4	12,7
3,55	± 0,036	9,898	0,001742	–	–	88,1	11,4
3,75	± 0,038	11,04	0,001561	–	–	98,3	10,2
4,00	± 0,040	12,57	0,001372	–	–	112	8,94
4,25	± 0,043	14,19	0,001215	–	–	126	7,92
4,50	± 0,045	15,90	0,001084	–	–	142	7,06
4,75	± 0,048	17,72	0,0009730	–	–	158	6,34
5,00	± 0,050	19,64	0,0008781	–	–	175	5,72

Tabelle 8.2
Grenztemperaturen und Isolationsklassen für Isolationen

Grenztemperatur	Isolationsklasse
105 °C	A
120 °C	E
130 °C	B
165 °C	F
180 °C	H

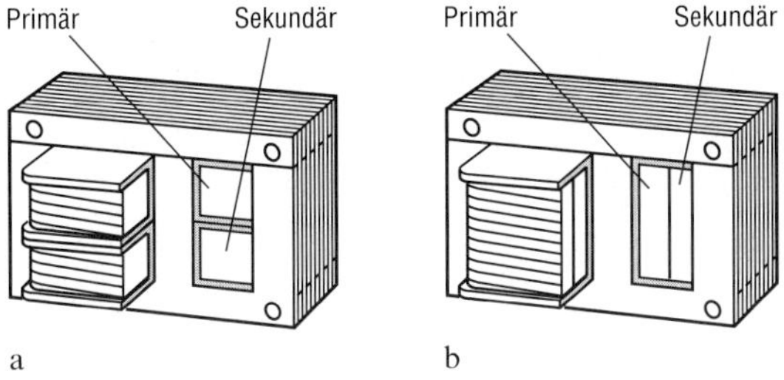

Bild 8.14
a Transformator mit Zweikammer-Spulenkörper
b Transformator mit Einkammer-Spulenkörper

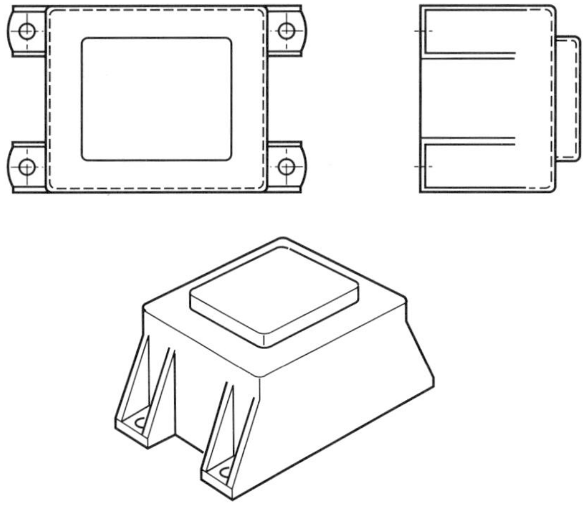

Bild 8.15
Ein vergossener Transformator für Halogenlampen und dessen Becher

Wegen diesen Testbedingungen wird der Transformator für Halogenlampen fast ausschließlich vakuumimprägniert mit Zweikammer-Spulenkörper hergestellt (Bild 8.14). Da ein Zweikammer-Transformator eine größere Kurzschlußspannung bzw. einen größeren Spannungsabfall als ein Einkammer-Transformator hat, ist es nur bei Leistungen über 200 VA (mehrere parallel geschaltete Halogenlampen) manchmal erforderlich, einen Einkammer-Transformator einzusetzen.

Die Spulenkörper und die Isolationen müssen vor allem die geforderte Spannungsfestigkeit garantieren. Sie müssen auch widerstandsfähig gegenüber den mechanischen und chemischen Beanspruchungen und der Feuchtigkeit sein.

Die Transformatoren für Halogenlampen werden zur Erhaltung einer tiefen Oberflächentemperatur und für zufriedenstellenden Schutz in einen Becher oder ein Gehäuse vergossen. Das erhöht auch die Spannungsfestigkeit und die Lebensdauer und macht den Transformator unempfindlich gegen Feuchtigkeit und mechanische und chemische Beanspruchungen. Die angewendete Vergußmasse und das Gehäuse müssen so gewählt werden, daß der thermische Widerstand des vergossenen Transformators gering ist. Zu diesem Zweck sind die Becher bis zur Kerngröße 120 mm × 100 mm (Bild 8.15) erhältlich. Ab dieser Kerngröße gibt es keine einheitlichen Gehäuse mehr.

8.2.4 Die wichtigsten Parameter zur Wahl eines Transformators für Niedervolt-Halogenglühlampen

Der Anwender der Transformatoren muß dem Hersteller genaue Angaben über die notwendigen Eigenschaften des Transformators liefern, damit ein problemloser Betrieb des Transformators garantiert werden kann.

Mit den nachstehenden Definitionen soll diese sehr wichtige Schnittstelle „Anwender – Hersteller" mit Hilfe eines Eingabeformulars (Bild 8.16) ausführlich beschrieben werden.

Die Anzapfungen an der Primärwicklung werden normalerweise für eine Anpassung der Ein- und/oder Ausgangsspannung an die erwünschten Werte vorgesehen.

Der Sekundärteil besteht meistens nur aus einer Wicklung. Aus schutztechnischen Gründen kann der Sekundärteil allerdings auch aus mehreren Wicklungen aufgebaut werden.

Kundenspezifische Daten zur Berechnung eines Sicherheitstransformators mit Schutzkleinspannung

1	Primärspannungen V								
2	Sekundärspannung V								
3	Sekundärleistung W								
4	Frequenz Hz								
5	Spann. Erhöhung %								
6	Umgebungstemp. °C								
7	Übertemperatur K								
8	T_{ein} Min T_{aus} Min								
9	Ventilation m/s								
10	Schema								

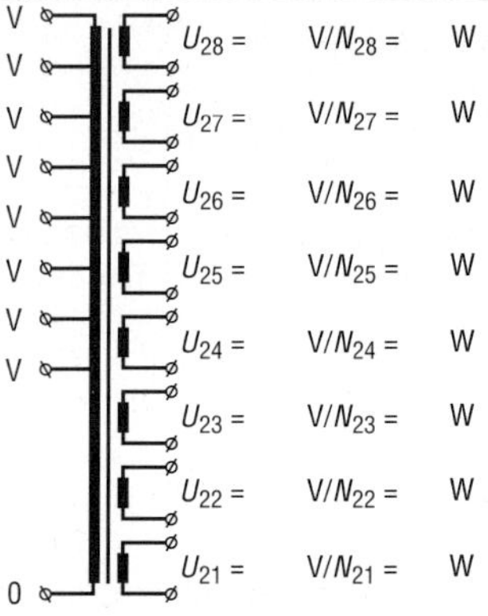

11	Schutzklasse	
12	max. Abmessg. mm	
13	Kurzschluß	
14	Prüfspannungen	
15	Typenschild	
16	Anschlüsse	

Bild 8.16
Das Eingabeformular (Erläuterung siehe Text)

Primärspannung

Für die Vorgabe der Primärspannungen hat man meistens 8 Anzapfungen vorgesehen. Zu jeder Anzapfung wird eine Nennspannung U_{1n} angegeben. Legt man an eine Anzapfung die jeweilige Nennspannung, so liefert der Transformator unter Last die Nennsekundärspannung am Ausgang. Mit den verschiedenen Anzapfungen läßt sich die Ausgangsspannung nach Bedarf einstellen. Dies wird in der Praxis oft erforderlich

▷ zum Anschluß mehrerer Primärspannungen: 220 V, 380 V, ...,
▷ zur Kompensation der Primärspannungsschwankungen,
▷ zur Kompensation des Spannungsabfalls in den Leitungen und
▷ zur Helligkeitssteuerung.

Eine übliche Vorgabe für die Primärspannungen ist z. B. 210 V, 220 V, 230 V, 370 V, 380 V, 390 V.

Dabei ist der Transformator zum Anschluß an ein 220-V- und 380-V-Netz vorgesehen. Die restlichen Anzapfungen dienen zur Anpassung der Ausgangsspannung. Legt man eine Spannung von 220 V an die Anzapfung 230 V, beträgt die Ausgangsspannung nur 220/230 = 0,956 des Nennwertes. Die Anzapfungen 210 V, 220 V und 230 V dürfen in keinem Fall mit der Nennspannung 380 V betrieben werden.

Sekundärspannung

Die Sekundärspannung U_{2n} des Transformators ist, unter Last und im warmen Zustand, gleich der Nennspannung der Niedervolt-Halogenglühlampe U_L. Zum Schutz der Lampe wird die Sekundärspannung oft niedriger als die Nennspannung der Niedervolt-Halogenlampe ausgelegt (Tabelle 8.3).

Die Ausgangsspannung des Transformators wird wie folgt berechnet:

$$U_{2n} = k \cdot U_L + dU_l \qquad (8.61)$$

Der Faktor k beträgt 0,95-0,96, dU_l ist der Spannungsabfall in den Zuleitungen, U_L ist die Nennspannung der Halogenlampe.

Die Lichtstärke von Niedervolt-Halogenlampen ist stark spannungsabhängig. Daher dürfen die Zuleitungen in keinem Fall zu schwach dimensioniert werden. Man empfiehlt:

$$dU_l/U_L = 0{,}01 \text{ bis } 0{,}02 \qquad (8.62)$$

oder

$$U_{2n} = (0{,}97 \text{ bis } 0{,}98) \cdot U_L \qquad (8.63)$$

Tabelle 8.3
Sekundärspannungen der Transformatoren zum Betrieb von Niedervolt-Halogenglühlampen

Nennspannung der Halogenlampe	Sekundärspannung des Transformators
6 V	5,7 V– 5,8 V
12 V	11,5 V–11,8 V
24 V	23,0 V–23,8 V

Eine so gewählte Sekundärspannung gibt an der Halogenlampe bei Anliegen der Nennprimärspannung ca. 95% der Nennspannung der Halogenlampe ab. Bei einer Primärspannungserhöhung von + 10% liegt die Spannung an der Halogenlampe nur 5% über ihrer Nennspannung. Damit ist eine zufriedenstellende Lebensdauer garantiert (siehe dazu auch Bild 8.32 in Kapitel 8.3).

Tabelle 8.4 gibt die für Kupferleiter zulässigen einfachen Leitungslängen für einen Spannungsabfall von 1% an. Die einfache Leitungslänge l ist

$$l = \frac{q \cdot \mathrm{d}U_1 \cdot U_L}{2 \cdot P \cdot \varrho_{el}} \qquad (8.64)$$

q ist der Leitungsquerschnitt, P ist die übertragene Leistung und $\mathrm{d}U_1$ der Spannungsabfall.

Normalerweise braucht man nur eine Sekundärwicklung; die Lampen werden dann parallelgeschaltet. Bei einer sternförmigen Verteilung der Halogenlampen um den Transformator wird der Transformator mit mehreren Sekundärwicklungen bevorzugt.

Sekundärleistung

Die Baugröße eines Transformators hängt vor allem von der Sekundärleistung bzw. der Ausgangsleistung ab. Aus den Ausgangsleistungen der einzelnen Sekundärwicklungen wird gemäß Gl. 8.40 die Typenleistung des Transformators ermittelt, die zur Wahl der Baugröße des Transformators entscheidend ist.

Frequenz

Die Transformatoren für Halogenlampen werden ausschließlich mit den Frequenzen 50 und 60 Hz betrieben. Oft ist es nötig, einen Transformator für 110 V/60 Hz und 220 V/50 Hz herzustellen. Bei solchen Transformatoren wird die Primärwicklung in 2 Hälften ausgeführt. Beim Betrieb mit 220 V/50 Hz werden diese zwei Hälften der Primärwicklung in Serie, beim Betrieb mit 110 V/60 Hz werden sie parallel geschaltet.

Spannungsabfall

Die Leerlaufspannung U_{20} eines Transformators ist immer größer als die Nennspannung; aus Sicherheitsgründen bzw. zum Berührungschutz des Menschen darf ihr Effektivwert 33 V nicht überschreiten.

Der Spannungsabfall dU kann außer nach Gleichung 8.51 auch wie folgt berechnet werden:

$$\mathrm{d}u(\%) = \frac{(U_{20} - U_{2n})}{U_{2n}} \cdot 100 \qquad (8.65)$$

Der Spannungsabfall spielt eine große Rolle beim Parallelschalten der Halogenlampen und muß mit Rücksicht auf die Lebensdauer der Halogenlampen und den Preis des Transformators bestimmt werden.

Beim Betrieb mehrerer Halogenlampen an einem Transformator könnte der Ausfall einiger Halogenlampen eine unzulässig hohe Spannung an den verbliebenen Halogenlampen verursachen. Des-

Tabelle 8.4
Zulässige einfache Leitungslängen für genormte Kupferquerschnitte bei einem Spannungsabfall von 1%

Querschnitt	Nennspannung der Halogenlampe										
	6 V		12 V						24 V		
	Anschlußleistung										
mm	10 W	35 W	5 W	10 W	20 W	50 W	75 W	100 W	20 W	50 W	100 W
	Einfache Leitungslänge in m										
0,5	0,5		4,0	2,0	1,0	0,4	0,27	0,2	4,0	1,6	0,8
0,75	0,8		6,0	3,0	1,5	0,6	0,40	0,3	6,0	2,4	1,2
1,0	1,0	0,29	8,0	4,0	2,0	0,8	0,54	0,4	8,0	3,2	1,6
1,5	1,5	0,43	12,0	6,0	3,0	1,2	0,80	0,6	12,1	4,8	2,4
2,5	2,5	0,72	20,0	10,0	5,0	2,0	1,35	1,0	20,2	8,1	4,0
4,0	4,0	1,15	32,0	16,0	8,0	3,2	2,15	1,6	32,2	12,9	6,5

halb wird der maximal zulässige Spannungsabfall folgendermaßen berechnet:

$$du = du_{\ln} \frac{P_{tot}}{P_{aus}} \qquad (8.66)$$

Dabei ist P_{tot} die Nennleistung aller Halogenlampen, P_{aus} die Nennleistung der ausgefallenen Lampen und $du_{\ln}$ die zulässige Spannungserhöhung an den verbliebenen Halogenlampen (max. 5%).

Beim Einsatz eines Transformators mit nur einer Halogenlampe wird der Transformator nur mit Rücksicht auf die zulässige Übertemperatur ausgelegt.

Umgebungstemperatur

Die Umgebungstemperatur T_u eines Transformators ist normalerweise gleich der Lufttemperatur. Bei Transformatoren für Halogenlampen trifft dies oft nicht zu, weil sie für An- und Einbau in Möbel oder unter der Raumdecke ausgelegt werden müssen. Je nach der Umgebung des Transformators stellt sich ein anderer Wert für die Umgebungstemperatur T_u ein. Beispiele dafür zeigt Bild 8.17. Wenn der Transformator von allen Seiten offen ist (a) oder wenn er oben und unten offen ist und die Seitenwände mehr als 30 mm entfernt sind (b), ist die Umgebungstemperatur T_u etwa gleich der Lufttemperatur. Ist der Transformator von allen Seiten umschlossen (c und d) und beträgt der Abstand zu den Seitenwänden überall mehr als 50 mm, gilt für die Umgebungstemperatur etwa:

$$T_u = 0{,}5 \cdot (T_L + T_W) \qquad (8.67)$$

T_L ist die Lufttemperatur um den Transformator, T_W die Temperatur der Innenwand.

Übertemperatur

Beim Überschreiten der Grenztemperatur in der Wicklung wird sowohl die mechanische Festigkeit als auch die Spannungsfestigkeit einer Isolation verkleinert. Da die Spannungsfestigkeit eines Niedervolt-Halogenglühlampen-Transformators von größter Bedeutung ist, müssen diese Transformatoren normalerweise vor Überlast geschützt werden.

Die zulässige Übertemperatur eines Transformators ist die Differenz zwischen der Grenztemperatur der Isolationsklasse (Tab. 8.2) und der Umgebungstemperatur:

$$dT = T_{ik} - T_u \qquad (8.68)$$

Eine weitere Bedingung ist die maximale Temperatur der Oberfläche des Transformators, welche von der Art der angewandten Materialien abhängt. Für einen im Gehäuse eingebauten oder vergossenen Transformator beträgt diese höchste zulässige Temperatur 80 °C.

Zum Einhalten dieser Bedingungen wählt der Hersteller des Transformators den geeigneten aktiven Schutz (Sicherungen, Thermosicherungen). Zu den passiven Schutzmaßnahmen gehört das Vergießen des Transformators zur Erhöhung der Kühloberfläche in einen Becher oder ein Gehäuse.

Einschaltdauer-Betrieb (ED-Betrieb)

Bei intermittierendem Betrieb werden die Einschaltdauer und die Pause in Minuten eingegeben.

Zur Auswertung der Bauleistung einer Wicklung mit ED-Betrieb (Gl. 8.38) wird der Strom wie folgt berechnet:

$$I_2 = I \cdot \sqrt{T_{ein}/(T_{ein} + T_{aus})} \qquad (8.69)$$

Ventilation

Wenn die Luftgeschwindigkeit um den Transformator bekannt ist, läßt sich die Konvektion recht einfach berechnen. In der Praxis kennt man normalerweise die Ventilatordaten (befördertes Luftvolu-

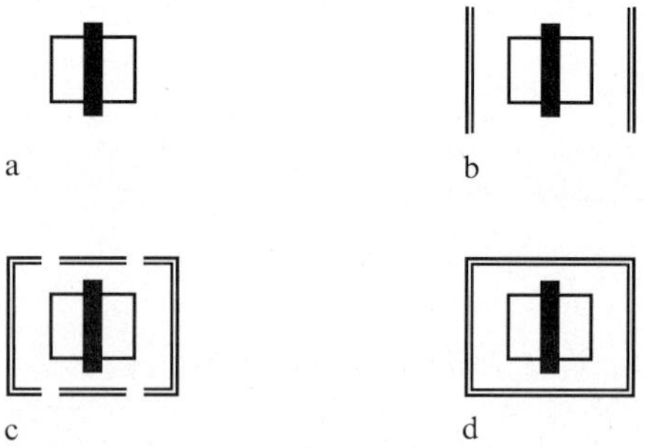

Bild 8.17
Umgebungskonfigurationen von Transformatoren für Halogenlampen
a Offene Montage
b Kanalmontage
c Montage im Gehäuse, oben und unten perforiert
d Montage im geschlossenem Gehäuse

men/Zeit) $\dot{V}$ und die Gehäuseabmessungen. Die Luftgeschwindigkeit um den Transformator beträgt:

$$v = k \cdot \frac{\dot{V}}{A} \tag{8.70}$$

k ist ein Faktor (0,1 ... 0,8), der die Verteilung der Luft um den Transformator beschreibt.

Da die Wärmeübertragung bei Luftgeschwindigkeiten über 2,5 m/s fast konstant bleibt, soll man höhere Geschwindigkeiten mit 2,5 m/s runden.

Schaltkreisschema

Mit dem Schaltkreisschema wird dem Transformatorhersteller eine eindeutige Anordnung und die Anzahl der Wicklungen bekannt gegeben.

Tabelle 8.5
Prüfspannungen zum Test der Spannungsfestigkeit der Sicherheitstransformatoren

Prüfung zwischen	Prüfspannung in V			
	Netzspannung bis 380 V		Nennspannung über 380 V	
	Schutz-kl. I	Schutz-kl. II	Schutz-kl. I	Schutz-kl. II
Primär-Sekundär	4000	4000	4500	6000
Primär-Primär	2000	2000	2500	2500
Sekundär-Sekundär	500	500	500	500
Primär-Kern	2000	2000	2500	2500

Schutzklasse

Eine Betriebsisolierung soll den ordnungsgemäßen Betrieb des Transformators und grundlegenden Schutz gegen elektrischen Schlag gewährleisten. Transformatoren der Schutzklasse I weisen durchwegs Betriebsisolierung auf und sind mit einer Vorrichtung für den Anschluß des Schutzleiters versehen. Transformatoren der Schutzklasse II haben keine Vorrichtungen für den Anschluß des Schutzleiters. Sie müssen aber mit einer besseren Isolierung als der Betriebsisolierung gebaut sein.

Die Spannungsfestigkeit wird mit einer 50-Hz-Spannung 1 Minute lang getestet. Bei Transformatoren für Niedervolt-Halogenlampen gelten die Prüfspannungen gemäß Tabelle 8.5.

Da die Transformatoren für Halogenlampen aus thermischen Gründen in ein Gehäuse eingebaut oder vergossen werden, werden sie normalerweise in Schutzklasse II hergestellt.

Maximale Abmessungen

Aus Platzgründen muß man die Abmessungen des Transformators oft begrenzen. Hierzu gehören auch die Angaben über die Abstände der Befestigungspunkte.

Kurzschluß/Überlastschutz

Die Transformatoren für Niedervolt-Halogenlampen sind normalerweise bedingt kurzschlußfest. Dies heißt, daß der Transformator an der Eingangsseite eine Schutzvorrichtung enthält: eine Sicherung, einen Überlastschutz oder einen Temperaturbegrenzer.

Beim Einsatz einer Sicherung darf die mittlere Übertemperatur der Wicklungen bei 1,1facher Eingangsspannung und 1,5fachem Nennstrom der normierten Sicherung 135 °C nicht überschreiten (Isolationsklasse E). Die erwähnten Bedingungen führen grundsätzlich zu einer Überdimensionierung des Transformators.

Beim Einsatz eines Temperaturbegrenzers kann der Transformator bis zu dessen Ansprechtemperatur betrieben werden. Zum Plazieren des Temperaturbegrenzers in die Primärwicklung muß die Stelle der maximalen Erwärmung in der Wicklung gesucht werden.

Da jeder Temperaturbegrenzer eine gewisse Trägheit besitzt, muß seine Ansprechtemperatur ca. 10 bis 15 °C niedriger sein als die Grenztemperatur der Isolation in der Wicklung, was eine Überdimensionierung des Transformators zur Folge hat.

Die beste Lösung stellt daher eine Kombination aus einer Sicherung und einem Temperaturbegrenzer dar. Dabei ist die Sicherung zum Schutz vor einem Kurzschluß und der Temperaturbegrenzer zum Schutz bei einer Überlast aktiv. Dank dieser Kombination läßt sich der Transformator auf der Grundlage der Ansprechtemperatur des Temperaturbegrenzers in der Primärwicklung und der höchsten zulässigen Oberflächentemperatur des Gehäuses im Nennbetrieb von 80 °C auslegen. Die Wahl der Isolationsklasse der Wicklungen ist stark von dieser höchstzulässigen Oberflächentemperatur abhängig. In der Praxis wählt man die Isolationsklasse E.

Zum Öffnen des Primärstromkreises werden normalerweise sich selbsttätig zurückstellende Temperaturbegrenzer mit Bimetall eingesetzt, die den Strom wieder einschalten, wenn die Primärwicklung sich ausreichend abgekühlt hat.

Nennenswert sind auch die Temperaturbegrenzer mit einer Wiedereinschaltgrenze. Bei diesen wird der Bimetall nach Öffnen des Kontakts mit einem Widerstand weiter geheizt. Das verhindert das Abkühlen und Schließen der Kontakte. Diese Temperaturbegrenzer lassen sich von außen mit der Hand zurückstellen.

Zum Schutz gegen Kurzschluß wird anstatt einer Sicherung oft ein PTC-Widerstand in die Primärwicklung eingebaut und im Nennbetrieb bis zur Grenztemperatur der Isolationsklasse vorgewärmt. Dabei ist sein Widerstand klein und bewirkt keinen wesentlichen Spannungsabfall (2 bis 3%). Bei einem Kurzschluß steigt durch die erhöhten Verluste in den Wicklungen und im PTC-Widerstand selbst die Temperatur des PTC-Widerstands und damit auch sein Widerstandswert. Bevor die Wicklung die höchste zulässige Temperatur erreicht hat, muß der Widerstand des PTC-Widerstands so hoch sein, daß die Verluste und die Temperatur nicht mehr steigen.

Bei einer primärseitigen Sicherung darf der Einschaltstrom die folgenden Größen nicht überschreiten:

$I_{ein}/I_{ns} < 15 \ldots 20$ bei trägen Sicherungen

$I_{ein}/I_{ns} < 8 \ldots 10$ bei flinken Sicherungen

I_{ein} ist der Scheitelwert des Einschaltstroms, I_{ns} der Nennstrom der Sicherung.

Typenschild

Nach Bauvorschriften ist der Transformatorhersteller verpflichtet, die Hauptmerkmale des Transformators auf einem Typenschild anzugeben:

- ▷ Symbol für Sicherheitstransformatoren,
- ▷ Nenneingangsspannung,
- ▷ Nennausgangsspannung,
- ▷ Nennausgangsleistung,
- ▷ Nennfrequenz,
- ▷ Umgebungstemperatur und Isolationsklasse,
- ▷ Ursprungszeichen,
- ▷ Modell- oder Typenbezeichnung und
- ▷ Schutzklasse.

8.2.5 Auswahl eines Transformators

In der Praxis gibt es zwei Wege zur Wahl eines Transformators. Entweder man gibt die Daten zur Berechnung dem Transformatorenhersteller oder man wählt den Transformator aus dem Katalog der Transformatorenhersteller. Bei beiden Wegen sollte man das Eingabeformular (Bild 8.16) benützen. Das im Bild 8.18 ausgefüllte Eingabeformular ist dafür ein typisches Beispiel.

Fast alle namhaften Transformatorenhersteller berechnen die Transformatoren für Halogenlampen mit Computerprogrammen. Tabelle 8.6 zeigt das Resultat der Berechnung nach Bild 8.18.

- ▷ Zu 1: Die Primäranzapfungen 210, 220 und 230 V sind für die Kompensation des Spannungsabfalls vorgesehen.
- ▷ Zu 2: Die Ausgangsspannung unter Last von 11,7 V wurde mit Rücksicht auf die Lebensdauer der Halogenlampen gewählt.
- ▷ Zu 3: Die Ausgangsleistung von 100 W ist zur Speisung von 4 Halogenlampen mit je 25 W bestimmt.
- ▷ Zu 5: Beim Abschalten aller vier Halogenlampen soll die Ausgangsspannung um maximal 10% größer werden. Beim „Sterben" einer Halogenlampe fließt normalerweise ein doppelt so großer Strom. Wenn jede Halogenlampe abgesichert ist, wird die „sterbende" Halogenlampe durch die Sicherung von der Speisung abgeschaltet. Dabei steigt die Ausgangsspannung an den anderen 3 Halogenlampen um ca. 2,5% an, was keine Gefahr für die Lebensdauer der Lampen bedeutet.
- ▷ Zu 6: Damit man eine Temperaturbegrenzung richtig auslegen kann, muß die maximale Umgebungstemperatur bekannt sein.
- ▷ Zu 7: Die Angaben zur Übertemperatur werden nur dann gemacht, wenn man sie kleiner als in Vorschriften haben möchte. In unserem Fall dürfen die Übertemperatur an der Oberfläche und in der Wicklung maximal 30 K bzw. 50 K betragen. Bei dieser Auslegung läßt sich

Kundenspezifische Daten zur Berechnung eines Sicherheitstransformators mit Schutzkleinspannung										
1	Primärspannungen	V	210	220	230					
2	Sekundärspannung	V	11,7							
3	Sekundärleistung	W	100							
4	Frequenz	Hz	50 u. 60		für 4 Halogenlampen je 25 W					
5	Spann. Erhöhung	%	max. 10							
6	Umgebungstemp.	°C	50		Oberfläche bei 1,1 • U_{nenn}					
7	Übertemperatur	K	max. 25							
8	T_{ein} T_{aus}	Min Min								
9	Ventilation	m/s	0		keine Ventilation					
10	Schema	V V V V V V V V 0	U_{28} = V/N_{28} = W U_{27} = V/N_{27} = W U_{26} = V/N_{26} = W U_{25} = V/N_{25} = W U_{24} = V/N_{24} = W U_{23} = V/N_{23} = W U_{22} = V/N_{22} = W U_{21} = 12 V/N_{21} = 100 W							
11	Schutzklasse		II nach VDE 0551, vergossen							
12	max. Abmessg.	mm	150 x 100 x 100							
13	Kurzschluß		nach VDE 0551, mit Temperaturbegrenzer und Eingangssicherung							
14	Prüfspannungen		nach VDE 0551							
15	Typenschild		nach VDE 0551							
16	Anschlüsse		Anschlußkabel 1 m lang							

Bild 8.18
Kundenspezifische Daten zur Berechnung eines Sicherheitstransformators mit Schutzkleinspannung (Erläuterung siehe Text)

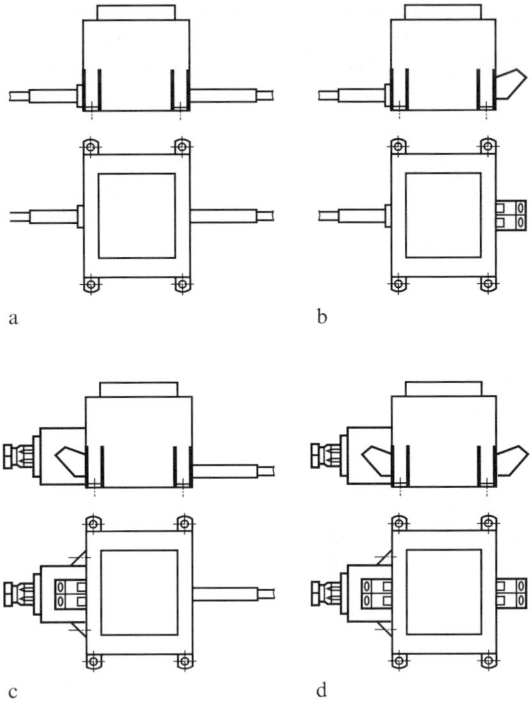

a Primär- und Sekundärseite mit je einem Anschlußkabel
b Primärseite mit Anschlußkabel, Sekundärseite mit Klemmen
c Primärseite mit abgedecktem Klemmenanschluß, Sekundärseite mit Anschlußkabel
d Primärseite mit abgedecktem Klemmenanschluß, Sekundärseite mit Klemmen

Bild 8.19
Anschlüsse eines vergossenen Transformators für Halogenlampen

ein Temperaturbegrenzer für die Ansprechtemperatur von 100 bis 110 °C in die Primärwicklung einbauen.

▷ Zu 9: Der Transformator soll für Dauerbetrieb und natürliche Kühlung ausgelegt werden.

▷ Zu 10: Aus dem Schema sieht man, daß der Transformator nur eine Primär- und eine Sekundärwicklung hat.

▷ Zu 11: Die Schutzklasse besagt praktisch, daß der Transformator in ein Gehäuse vergossen werden soll.

▷ Zu 13: Da die Größe des Transformators sehr stark vom Kurzschlußschutz abhängig ist, sollte man diesen genau vorschreiben.

▷ Zu 14: Die Prüfspannungen werden gemäß der Tabelle 8.5 gewählt.

Tabelle 8.7 beinhaltet die wichtigsten Daten einer Reihe von Transformatoren für Halogenlampen. Damit kann man den Transformator auswählen. Mögliche Anschlußformen zeigt Bild 8.19 [8.2.2].

Tabelle 8.6 Ergebnis der Berechnung eines Transformators nach Bild 8.18

Im oberen Teil der Tabelle befinden sich die Eingabedaten:

- Primärspannungen sind 210, 220 und 230 V,
- Runddraht, keine Lagenisolation, Endisolation jeder Wicklung 200 µm,
- Frequenz ist 50 Hz,
- Umgebungstemperatur 50 °C, vorgeschriebene Übertemperatur 40 K,
- Blechqualität 5,3 W/kg, nicht geglüht nach Stanzen, wechselseitig geschachtelt,
- Zweikammer-Spulenkörper vergossen in einem Becher.

Im mittleren Teil der Tabelle stehen die berechneten allgemeinen Daten und die Preise.

Der untere Teil liefert die Wickeldaten der Primär- und der Sekundärseite.

Die Berechnung wurde mit dem Rechenprogramm der Firma RALE, CH-5430 Wettingen durchgeführt.

Rale/CH-5430 Wettingen

Titel: 100-W-Transformator für Niedervolt-Halogenlampen

Eingabedaten

Primärspannung	(V)	:	210.0	220.0	230.0
Drahttyp		:	0.0000	0.0000	0.0000
Lagenisolation	(µm)	:	0.0000	0.0000	0.0000
Zwischenisolation	(µm)	:	0.0000	0.0000	200.0
Sekundärspannung warm	(V)	:	11.69		
Sekundärstrom	(A)	:	8.330		
Drahttyp		:	0.0000		
Lagenisolation	(µm)	:	0.0000		
Zwischenisolation	(µm)	:	200.0		

Frequenz	: 50	Induktion	: 1.2	Vergossen	: 1	Sp.Körper	: 2
Spann.Abf.	: .5	Blech	: 6	Geschwind.	: 0	Nummer	: 41
	: 0	Fe-Verl.K.	: 1	Kühl.Fakt.	: 1	Montage	: 1
	: 0	Cu-Verl.K.	: 1	Therm.Wid.	: 1	Füllfakt.	: .9
	: 0	Geglüht	: 2	Fe-Fläche	: 1	Bauch	: 0
Umg.Temp.	: 50	Fe-Magn.K.	: 1	Cu-Fläche	: 1	Wild	: 0
Übertemp.	: 40	Cu-Magn.K.	: 1	Cu-Kanal	: 0	Sort	: 1
Ein. Dauer	: 10	Remanenz	: .35		: 0		: 0
Pause	: 0	Loch	: 1	Radiator	: 0	Fe-Füllf.	: 1
Formfakt.	: 1.11	Ws/Schw/St	: 1	VAC/GT/TR	: 2	Kriterium	: 2

Allgemeine Daten 1 X EI 96/35.7 M / 2/2.300

Bauleistung (Total)	(VA)	: 99.58	Sek.Leistung (Total)	(VA)	: 97.36
Kurz.Spannung U_k	(%)	: 8.474	Kurz.Spannung U_x	(%)	: 5.963
Spannungsabfall	(%)	: 6.738	Leerlaufverl. kalt	(W)	: 5.863
Fe-Verluste/Phase	(W)	: 5.424	Cu-Verluste/Phase	(W)	: 6.678
Cu-dT Leerlauf	(K)	: 19.88	Wirkungsgrad	(%)	: 88.94
Cu-dT max. Betrieb	(K)	: 37.23	Induktion	(T)	: 1.204
Cu-dT Oberfläche	(K)	: 19.00	Leerlaufinduk. kalt	(T)	: 1.242
Fe-dT Oberfläche	(K)	: 0.0000	Cu-Term. Zeitkonst.	(Min)	: 9.147
Cu-dT Dauerbetrieb	(K)	: 37.23			
Fe-Preis		: 0.0000	Fe-Gewicht	(kg)	: 1.619
Cu-Preis		: 0.0000	Cu-Gewicht	(kg)	: 0.4945
Fe-Kanal	(Anzahl Bleche)	: 0.0000	Rippe	(Anzahl Bleche)	: 0.0000

Tabelle 8.6 Fortsetzung

Primär					
Anzahl Windungen	(total)	:	687.0	719.0	751.0
Cu-Gewicht	(kg)	:	0.2391	0.0135	0.0140
Draht-Typ		:	0.0000	0.0000	0.0000
Draht Blank (BR)	(mm)	:	0.5300	0.5300	0.5300
Draht Blank (HO)	(mm)	:	0.5300	0.5300	0.5300
Querschnitt	(mm^2)	:	0.2200	0.2200	0.2200
Windungen pro Lage		:	33.94	33.94	33.94
Anzahl Lagen/Kammer		:	20.24	0.1615	0.0920
Stromdichte	(A/mm^2)	:	2.399	2.292	2.193
Widerstand kalt	(Ω)	:	9.826	10.38	10.96
Zusatzverluste Fakt.		:	1.000	1.000	1.000
Nennstrom	(A)	:	0.5279	0.5034	0.4825
Verlustleistung	(W)	:	3.465	3.342	3.228
Kurzschlußstrom	(A)	:	5.867	5.436	5.218
Einschaltstrom	(A)	:	11.08	10.78	10.49
Leerlaufstrom kalt	(A)	:	0.0756	0.0722	0.0691

Sekundär			
Anzahl Windungen	(total)	:	41.00
Cu-Gewicht	(kg)	:	0.2278
Draht-Typ		:	0.0000
Draht Blank (BR)	(mm)	:	2.120
Draht Blank (HO)	(mm)	:	2.120
Querschnitt	(mm^2)	:	3.520
Windungen pro Lage		:	8.170
Anzahl Lagen/Kammer		:	5.018
Stromdichte	(A/mm^2)	:	2.366
Widerstand	(Ω)	:	0.0366
Zusatzverluste Fakt.		:	1.000
Nennstrom	(A)	:	8.330
Verlustleistung	(W)	:	3.213
Leerlaufspann. kalt	(V)	:	12.47
Strom DU = 5% + cos = 1	(A)	:	14.39
Strom DU = 5% + cos = .5	(A)	:	11.15

Tabelle 8.7
Die wichtigsten Daten einer Reihe von Transformatoren für Halogenlampen

Erläuterungen:
- Es werden die Massen des Kerns und der Wicklungen angegeben.
- Die Transformatoren sind in die Gehäuse vergossen.
- Die Befestigungspunkte und die Anschlüsse liegen außerhalb der angegebenen Abmessungen.
- Die Vergußmasse hat die Wärmeleitfähigkeit 0,8 W/mK.
- Die Blechqualität ist mit den spezifischen Eisenverlusten p bei 1 T und 1,5 T bei 50 Hz bezeichnet.
- Die Spannungserhöhung ist gemäß Gl. 8.65 angegeben.
- Die Temperatur der Oberfläche ist ein Mittelwert.
- Die Umgebungstemperatur ist 50 °C.
- Die Transformatoren haben Schutzklasse II.
- Die Isolationsklasse ist E.
- Die Eingangsspannung beträgt 220 V/50 Hz.
- Bei 10% Überlast wurde die Eingangsspannung und der Ausgangsstrom um 10% erhöht.
- Die Sicherungen sind träge.

Leistung	Kern	Primär	Sekundär		Spannungs-erhöhung	Übertemperatur bei Umgebungstemperatur 50 °C		Wirkungsgrad
	Name Blech (W/kg) Masse (g) Länge (mm) Breite (mm) Höhe (mm)	220 V/50 Hz Windungen ∅ (mm) Masse (g) Strom (A) Kurz.strom (A) Sicherung (A) Temp.beg. (°C)	11,7 V Windungen ∅ (mm) Masse (g)	23,4 V Windungen ∅ (mm) Masse (g)		Nennbetrieb Wicklung Oberfläche	Bei 10% Überlast Wicklung Oberfläche	
W					%	K	K	%
10	EI 48/16,8 2,3/5,3 192 52 44 38	2765 0,125 29 0,072 0,260 0,080 100-110	198 0,475 28	397 0,335 28	33	38 23	45 27	70
15	EI 54/18,8 2,3/5,3 270 58 49 42	2108 0,16 39 0,089 0,48 0,1 100-110	135 0,67 43	272 0,475 44	20	33 20	42 24	76
20	EI 60/21 2,3/5,3 375 64 54 48	1736 0,20 55 0,112 0,807 0,125 100-110	106 0,85 61	212 0,60 61	14	30 18	37 21	80
25	EI 60/25,5 2,3/5,3 455 64 54 52	1447 0,224 62 0,138 1,10 0,16 100-110	87 0,95 67	174 0,67 67	12	32 20	40 24	82
35	EI 66/30 2,3/5,3 650 70 59 56	1133 0,28 85 0,187 1,84 0,25 100-110	66 1,18 89	133 0,85 92	9,5	32 20	40 24	84

Tabelle 8.7 Fortsetzung

Leistung W	Kern Name Blech (W/kg) Masse (g) Länge (mm) Breite (mm) Höhe (mm)	Primär 220 V/50 Hz Windungen ∅ (mm) Masse (g) Strom (A) Kurz.strom (A) Sicherung (A) Temp.beg. (°C)	Sekundär 11,7 V Windungen ∅ (mm) Masse (g)	 23,4 V Windungen ∅ (mm) Masse (g)	Spannungserhöhung %	Übertemperatur bei Umgebungstemperatur 50 °C Nennbetrieb Wicklung Oberfläche K	 Bei 10% Überlast Wicklung Oberfläche K	Wirkungsgrad %
50	EI 78/27,5 2,3/5,3 825 82 69 59	1056 0,35 130 0,261 2,65 0,315 100-110	61 1,5 143	122 1,06 143	8,5	34 20	42 24	86
60	EI 78/36,5 2,3/5,3 1100 82 69 71	800 0,40 146 0,31 3,95 0,4 100-110	46 1,70 151	91 1,18 145	6,4	35 20	43 24	87
75	EI 84/38 2,3/5,3 1330 88 74 72	760 0,45 190 0,38 4,77 0,63 100-110	43 1,90 190	86 1,40 207	6,4	36 20	44 24	88
100	EI 96/35,7 2,3/5,3 1620 102 85 75	723 0,53 255 0,50 5,77 0,8 100-110	41 2,12 230	82 1,60 265	6,4	38 20	46 25	89
150	EI 96/59,7 1,7/4,0 2715 102 85 99	454 0,65 305 0,732 11,2 1,0 100-110	25 2,65 280	51 2,00 320	6,8	38 20	46 24	91

8.2.6 Ringkerntransformatoren

Sehr oft kann man aus Platzgründen keine Transformatoren mit EI-Kernen einsetzen. In solchen Fällen wird ein Ringkerntransformator verwendet (Bild 8.20). Ringkerntransformatoren benötigen keine Spulenkörper und werden selten in den Gehäusen vergossen. Aus diesen Gründen läßt sich die Bauform eines Ringkerntransformators wesentlich leichter an die Platzanforderungen anpassen.

Der Ringkerntransformator besteht im wesentlichen aus einem Ringkern, einer Primär- und einer Sekundärwicklung. Sowohl zwischen der Primärwicklung und dem Ringkern als auch zwischen der Sekundär- und der Primärwicklung befindet sich eine Zwischenisolation. Die Endisolation dient zum Schutz der Sekundärwicklung. Die Ringkerntransformatoren für Halogenlampen werden nicht imprägniert und nicht vergossen. Dadurch sind sie, trotz zeitraubender Wickeltechnik, im Preis gegenüber den Transformatoren mit EI-Kernen konkurrenzfähig.

Die Kriterien zur Auslegung der Ringkerntransformatoren sind gleich wie diejenigen für die Transformatoren mit den vergossenen EI-Kernen. Die Ringkerntransformatoren können nach folgenden Parametern klassifiziert werden: Spannungsabfall, Übertemperatur, Preis, Volumen, Bauhöhe, Außendurchmesser, Restloch, Bandbreiten. Tabelle 8.8 zeigt Daten von Ringkerntransformatoren für Halogenlampen.

Aus wickeltechnischen Gründen verwendet man bei Ringkerntransformatoren selten Drähte mit größerem Durchmesser als 2 bis 2,5 mm. Deshalb wird die Ausgangsleistung bei Ringkerntransformatoren auf mehrere Sekundärwicklungen verteilt. Die Grenzleistung liegt bei 12 V um 100 W bzw. bei 24 V um 200 W [8.2.2].

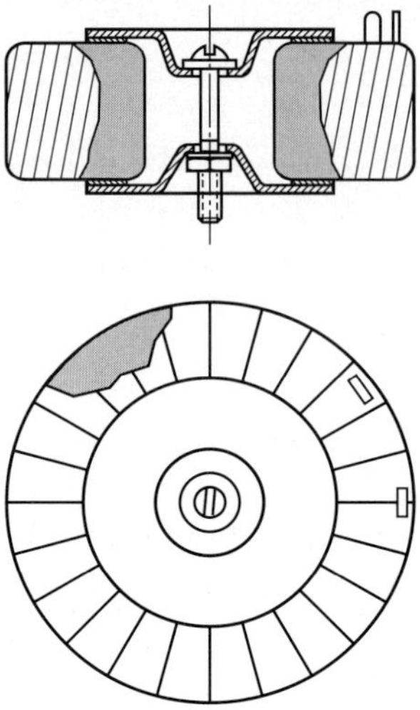

Bild 8.20
Typische Ausführung eines Ringkerntransformators für Halogenglühlampen

Tabelle 8.8 Die wichtigsten Daten einer Reihe von Ringkerntransformatoren

Erläuterungen:
- Es werden die Massen des Kerns und der Wicklungen angegeben.
- Die Transformatoren sind nicht imprägniert. Das Restloch ist unten und oben geschlossen.
- Die Bauhöhe beinhaltet in sich die Abdeckung des Restlochs.
- Die Drahtisolation hat Grad 2.
- Die Isolation Kern-Primär = 0,5 mm, Primär-Sekundär = 0,5 mm, die Endisolation = 0,25 mm
- Die Vergußmasse hat die Wärmeleitfähigkeit 0,8 W/mK.
- Die Blechqualität ist mit den spezifischen Eisenverlusten p bei 1,5 T und 50 Hz bezeichnet.
- Die Spannungserhöhung ist gemäß Gl. 8.65 angegeben.
- Die Temperatur der Oberfläche ist ein Mittelwert.
- Die Umgebungstemperatur ist 50 °C.
- Die Transformatoren haben Schutzklasse II.
- Die Isolationsklasse ist E.
- Die Eingangsspannung beträgt 220 V/50 Hz.
- Bei 10% Überlast wurden die Eingangsspannung und der Ausgangsstrom um 10% erhöht.
- Die Sicherungen sind träge.

Leistung	Kern	Primär	Sekundär		Spannungserhöhung	Übertemperatur bei Umgebungstemperatur 50 °C		Wirkungsgrad
		220 V/50 Hz	11,7 V	23,4 V		Nennbetrieb	Bei 10% Überlast	
	Name Blech (W/kg) Masse (g) Durchmesser (mm) Höhe (mm) Restloch (mm)	Windungen ∅ (mm) Masse (g) Strom (A) Kurz.strom (A) Sicherung (A) Temp.beg. (°C)	Windungen ∅ (mm) Masse (g)	Windungen ∅ (mm) Masse (g)		Wicklung Primär Sekundär Oberfläche	Wicklung Primär Sekundär Oberfläche	
W					%	K	K	%
10	30/50/10 0,97 123 63 25 17	5034 0,132 34 0,056 0,275 0,063 100-110	335 0,63 62	677 0,425 58	25	33 31 28 23	39 37 34 27	78
15	30/60/13,5 0,97 212 67 27 19	3071 0,15 32 0,089 0,52 0,1 100-110	195 0,71 53	391 0,50 53	19,5	33 31 29 25	39 37 35 28	82
20	40/70/10 0,97 190 80 27 22	4184 0,20 72 0,105 0,684 0,125 100-110	263 1,00 144	524 0,71 145	17,8	33 31 28 21	39 37 34 25	84
25	40/70/13,5 0,97 257 78 30 26	3139 0,212 66 0,129 0,95 0,16 100-110	193 1,06 126	386 0,75 124	15,7	33 31 29 22	40 38 35 26	85

Fortsetzung nächste Seite

Tabelle 8.8 Fortsetzung

Leistung W	Kern Name Blech (W/kg) Masse (g) Durchmesser (mm) Höhe (mm) Restloch (mm)	Primär 220 V/50 Hz Windungen ∅ (mm) Masse (g) Strom (A) Kurz.strom (A) Sicherung (A) Temp.beg. (°C)	Sekundär 11,7 V Windungen ∅ (mm) Masse (g)	Sekundär 23,4 V Windungen ∅ (mm) Masse (g)	Spannungserhöhung %	Übertemperatur bei Umgebungstemperatur 50 °C Nennbetrieb Wicklung Primär Sekundär Oberfläche K	Übertemperatur bei Umgebungstemperatur 50 °C Bei 10% Überlast Wicklung Primär Sekundär Oberfläche K	Wirkungsgrad %
35	40/80/13,5 0,97 373 88 28 27	2309 0,25 78 0,177 1,47 0,2 100-110	139 1,18 121	278 0,85 127	13,3	34 32 30 24	41 39 36 28	87
50	40/80/20 0,97 553 89 36 25	1153 0,30 89 0,247 2,62 0,315 100-110	92 1,4 130	183 1,00 134	10,1	34 32 29 23	41 39 36 27	89
60	40/80/25 0,97 690 88 41 25	1268 0,315 88 0,29 3,32 0,4 100-110	74 1,50 132	148 1,06 130	9,5	35 33 31 23	43 40 27 28	90
75	50/90/20 0,97 645 100 39 31	1547 0,400 161 0,37 4,47 0,5 100-110	91 1,90 256	182 1,32 246	8,7	36 34 31 22	44 41 37 26	91
100	50/90/25 0,97 807 100 46 29	1242 0,450 178 0,48 6,86 0,63 100-110	71 2,12 280	142 1,60 313	7,6	39 36 33 23	48 45 41 27	92
150	55/105/25 0,97 1155 118 48 31	1003 0,60 285 0,72 11,7 1,0 100-110	57 2,65 385	113 1,90 382	6,3	41 38 34 22	49 46 42 27	93

8.3 Elektronische Transformatoren

8.3.1 Allgemeines

Elektronische Transformatoren sind Betriebsgeräte für Niedervolt-Halogenglühlampen. Im Gegensatz zu elektronischen Vorschaltgeräten für Gasentladungslampen bieten sie dem Anwender keinerlei Vorteil, wenn man ausschließlich das Verhalten der Lampen betrachtet. Denn es ergeben sich keine Veränderungen in Komfort und Wirtschaftlichkeit, solange sie mit ihrer Nennleistung betrieben werden. Die Motivation für den Einsatz von elektronischen Transformatoren resultiert allein aus den Möglichkeiten, die sich aus der Anwendung elektronischer Schaltungen ergeben. Dies sind im einzelnen:

▷ Verringerung des Bauvolumens
Das ist besonders dann möglich, wenn nur der konventionelle Transformator mit all seinen Schwächen nachgebildet werden soll. Leider beachten einige Hersteller geltende Vorschriften nicht, z. B. zum Funkschutz oder zur Netzrückwirkung (Oberschwingungen).

▷ Freiheit in den Abmessungen
Elektronische Schaltungen bestehen aus einer Vielzahl von Bauteilen, die sich nahezu in jede beliebige Form „gießen“ lassen.

▷ Verbesserungen in der Lastabhängigkeit
Auch ohne aufwendige Regler kann die Abhängigkeit der Ausgangsspannung von der Last und der Netzspannung gegenüber konventionellen Transformatoren verbessert werden.

▷ Freiheit im Dimmsystem
Elektronische Transformatoren eignen sich für alle drei derzeit üblichen Dimmsysteme:
- Traditionelle Phasenanschnittdimmer (Haushaltsdimmer).
- Dimmer, die den internen Wechselrichter so beeinflussen, daß der elektronische Trafo selbst die Leistung durch Phasenanschnitt begrenzt.
- Dimmer mit potentialfreier Niedervoltschnittstelle. Hier wird die Dimmstellung über eine zusätzlich verlegte Steuerleitung kontrolliert. Diese muß potentialfrei sein, wenn Trafos an unterschiedlichen Phasen parallel gesteuert werden sollen.

▷ Realisierung geregelter Systeme
Der Lichtstrom und die Lebensdauer von Niedervolthalogenlampen sind sehr stark spannungsabhängig. Ein optimaler Betrieb, unabhängig von den äußeren Gegebenheiten, ist nur mit einem geregelten System möglich.

Es ist unmöglich, alle diese Eigenschaften in einem Gerät zu vereinen. Der Anwender muß daher prüfen, was für ihn am wichtigsten ist. Nur so kann er aus der Vielzahl der angebotenen Geräte eine gute Wahl treffen.

Einhalten der Oberschwingungsgrenzen

In Kapitel 2.4 wurde auf die Notwendigkeit hingewiesen, die Oberschwingungen des Netzstroms zu begrenzen. Auch elektronische Transformatoren können in einer so hohen Dichte eingesetzt werden, daß die Netzrückwirkungen zu Störungen führen können. Deshalb gelten auch hier die in IEC 555-2 bzw. DIN VDE 0712 T. 25) genannten Grenzen.

Eine physikalische Eigenart der Niedervolt-Halogenglühlampen gestattet es jedoch, diese Vorschrift auf einfache und elegante Art einzuhalten. Die thermische Zeitkonstante der Wendel ist so lang, daß der Lichtstrom der Lampe weitgehend unmoduliert ist, auch wenn er mit netzfrequentem Strom angeregt wird. Das ermöglicht wesentlich einfachere Schaltungen als bei elektronischen Vorschaltgeräten für Leuchtstofflampen: Der anregende Strom darf mit der Netzfrequenz moduliert sein, die Lampenwendel dient als Energiespeicher. Darauf beruht das Grundkonzept der Schaltung, wie es bei nahezu allen elektronischen Transformatoren angewendet wird. Die pulsierende, gleichgerichtete Netzspannung wird zerhackt und mit einem Übertrager auf die für die Lampen notwendige Kleinspannung transformiert. Die Zerhackerfrequenz liegt typisch zwischen 20 und 50 kHz. Bild 8.21 zeigt den Zeitverlauf eines solchen Lampenstroms.

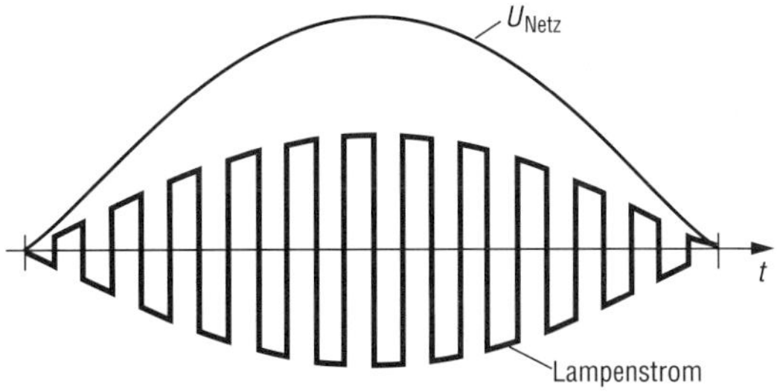

Bild 8.21
Zeitverlauf des Lampenstroms bei einem typischen elektronischen Transformator

Die Symmetrie des Lampenstroms zur Nullinie ergibt sich aus dem Einsatz eines Koppelkondensators zur Vermeidung von Gleichstromanteilen im Übertrager (siehe auch Kapitel 8.3.2 Schaltungsprinzipien). Transformatoren können nur Wechselströme übertragen. Dies wird durch die Reihenschaltung mit einem Kondensator erzwungen.

Funk-Entstörung

Ähnlich wie bei elektronischen Vorschaltgeräten gelten die Grenzwerte der Funkstörgrößen für die Netzseite und die Lampenseite.

Auf der Netzseite muß ein Funkschutzfilter angepaßt werden, wie das bei jedem Schaltnetzteil erforderlich ist. Bei den gängigen Schaltungen, die den netzfrequent modulierten Lampenstrom zur Begrenzung der Netzstromoberschwingungen nutzen, darf kein großer Energiespeicher eingesetzt werden. So ist nur der auf die Primärseite transformierte Lastwiderstand der Lampe wirksam. Die Glättung des Netzstroms muß deswegen ausschließlich das Filter übernehmen.

Die von der Niedervolt-Halogenglühlampe abgegebene Funkstörstrahlung ist dank der geringen Lampenabmessungen vernachlässigbar. Wenn die Lampe und der elektronische Trafo zu weit voneinander entfernt sind, kann die Zuleitung jedoch zu erheblichen Funkstöremissionen führen. Insbesondere frei verspannte Drähte sind wegen der großen eingeschlossenen Fläche gute „Sender". Deshalb begrenzt man die Entfernung zwischen Elektronik und Lampe üblicherweise auf 2 Meter. Schon bei dieser Entfernung entstehen durch die Leitungsinduktivität empfindliche Spannungsverluste auf der Zuleitung.

Bei gleichgerichtetem und geglättetem Lampenstrom würden weder Funkstöremissionen noch Spannungsverluste auftreten. Allerdings würden die dazu notwendigen Einrichtungen und die zusätzlichen Verluste den Vorteil der elektronischen Transformatoren gegenüber guten Ringkerntransformatoren wieder zunichte machen.

Betriebsverhalten

Die Themen der letzten beiden Abschnitte befaßten sich mit Forderungen, deren Einhaltung für ein problemloses Zusammenspiel technischer Geräte wichtig ist. Für den Anwender stellen sich jedoch noch weitere Fragen. Wie gut wird die Lampe in Abhängigkeit von Umgebungstemperatur und Netzspannung betrieben? Besteht eine Möglichkeit für Dimmbetrieb? Welche Gefährdung geht von Störungen der Netzspannung aus?

Die für Glühlampen hohe Lichtausbeute der Niedervolt-Halogenlampen wird nur in einem engen Bereich um die Nennspannung erreicht. 10% Unterspannung führen bereits zu einem Lichtstromverlust von ca. 25%. 10% Überspannung reduzieren die Lampenlebensdauer auf ca. 35% des Nennwerts. Ein wichtiges Bewertungskriterium für elektronische Transformatoren ist daher, daß bei Änderungen der Netzspannung die Ausgangsspannung möglichst konstant bleibt.

Die Ausgangsspannung muß auch in einem großen Temperaturbereich möglichst stabil sein. Punktlichtstrahler sind kompakt aufgebaut; Lichttechnik und Größe der Komponenten lassen das zu. Wegen der daraus resultierenden hohen Leistungsdichten lassen sich selbst bei sorgfältiger Konstruktion hohe Umgebungstemperaturen für die Elektronik nicht vermeiden. Neben der konstanten Ausgangsspannung in einem großen Temperaturbereich muß der elektronische Trafo auch für den Betrieb bei hohen Umgebungstemperaturen geeignet sein.

Elektronik, die direkt am Netz betrieben wird, besitzt wenig Schutz gegen die auf Netzen üblicherweise vorhandenen Störungen. Solche „unsauberen" Netze sind in DIN VDE 160 beschrieben. Wahrscheinliche Störgrößen sind danach schnelle energiearme Impulse hoher Spannung, energiereiche Impulse mit ca. 700 V und Verzerrungen der Netzspannung. Spezielle Prüfanforderungen sind in IEC-Publikation 1047 bzw. EN 61047/DIN VDE 0712 Teil 25 beschrieben.

Große Verwirrung herrscht beim Begriff der Dimmbarkeit. Hier sind generell 2 Bereiche zu unterscheiden:

▷ Dimmen über einen zusätzlichen Leistungssteller, üblicherweise Phasenanschnittsysteme (z. B. „Haushaltsdimmer„)

  Diese Systeme sind weit verbreitet und gut bekannt. Leider ist ihr Zusammenspiel mit den notwendigen Funkschutzfiltern selten zufriedenstellend. Die steilen Flanken der Thyristoren regen stromstarke Schwingungen im Filter an. Die Folgen sind oft Flackererscheinungen aufgrund nicht „einrastender" Leistungsschalter oder Überlastung schon bei wenigen ange-

schlossenen Geräten. Nur wenige Geräte besitzen Filter, deren Stromverlauf beim Einschalten für Phasenanschnittdimmer geeignet ist. Einige Hersteller haben wegen dieser Probleme sogar Phasenabschnittdimmer entwickelt. Dabei wird die Spannung nicht verzögert eingeschaltet, sondern vorzeitig abgeschaltet.
Für elektronische Betriebssysteme sind solche vorgeschalteten Leistungssteller nicht nur aus den oben genannten Gründen fragwürdig, denn eine Leistungssteuerung ist natürlich auch durch Beeinflussung des ohnehin vorhandenen Wechselrichters im Trafo möglich. Dann wird zum Dimmen nur noch eine leistungsarme Steuerung benötigt. Trotzdem erscheint die Kompatibilität elektronischer Transformatoren mit Phasenanschnittsystemen aus heutiger Sicht als Übergangslösung unvermeidbar.

▷ Dimmen über leistungsarme Schnittstellen

Auch hier müssen zwei recht unterschiedliche Techniken betrachtet werden. Zum einen kann der Wiederanlauf des Wechselrichters nach dem Stromnulldurchgang verzögert werden. Die dem Netz entnommene Leistung erhält damit den gleichen Zeitverlauf wie beim Phasenanschnittdimmen.
Andererseits kann eine von der Netzphase unabhängige Verminderung des wirksamen Übersetzungsverhältnisses vorgenommen werden, z. B. durch Pulsweitenmodulation (d. h. Verändern der Zeiten, in denen beide Wechselrichtertransistoren ausgeschaltet sind) oder Reiheninduktivitäten in Verbindung mit Frequenzsteuerung. Die Lampe erhält dadurch weniger Spannung. Das Einhalten der Vorschriften zur Oberschwingungsbegrenzung des Netzstroms ist im gedimmten Zustand nur mit einem solchen System möglich.

Schutzmaßnahmen für anomalen Betrieb

Veränderungen oder Störungen im Lastkreis sollten beim elektronischen Trafo nicht zum Ausfall führen. Auch Schutzmaßnahmen, die bei unzulässigen Umweltbedingungen wirksam werden, sind sinnvoll. Am häufigsten sind hier zu hohe Umgebungstemperaturen zu beachten.

Beim Lampenwechsel oder schlechten Übergangskontakten kann der Ausgang des elektronischen Transformators ohne Last sein. Die heute üblichen Brückenschaltungen (siehe Kap. 8.3.2) beherrschen diesen Zustand leicht. Einige Varianten sind sogar ohne Last nicht schwingfähig, d. h. ihr Wechselrichter wird ohne angeschlossene Lampe angehalten. Auch nicht leerlauffeste Schaltungen können mit preiswerten Überspannungsschutzbauelementen leicht geschützt werden.

Viel schwerer zu beherrschen ist ein Kurzschluß an der Lampenfassung. Üblicherweise ist die Fassung direkt mit dem Übertrager verbunden. Die Impedanz solcher Ferritübertrager ist sehr niedrig. Auch der Rest der Schaltung bietet nur wenig Innenwiderstand, da die Verluste klein sein sollen. Deshalb stellen sich bei einem Kurzschluß innerhalb weniger Mikrosekunden Ströme ein, die zur Zerstörung der Wechselrichtertransistoren führen. Oft sind diese Zeiten kürzer als die Speicherzeiten der verwendeten Transistoren, so daß selbst eine schnelle Fehlererkennung und Abschaltung des Wechselrichters diesen Effekt nicht verhindern können. Daher ist der Kurzschlußstrom zunächst zu begrenzen und dann abzuschalten. Eine Strombegrenzung allein würde aufgrund zu hoher Verluste in den Transistoren in der Regel zur Zerstörung des Geräts führen. Diese zweistufige Schutzmaßnahme erfordert einen relativ hohen Schaltungsaufwand. Viele Einfachgeräte haben deshalb überhaupt keinen Kurzschlußschutz, denn Schmelzsicherungen allein verhindern im Störungsfall zwar ein spektakuläres Abbrennen von Schaltungen, Halbleiterbauteile können sie ohne Zusatzmaßnahmen nicht schützen.

Wahrscheinlicher als ein Kurzschluß durch eine Drahtbrücke ist ein Teilkurzschluß der Lampenwendel. Hierbei werden dem elektronischen Trafo kurzfristig sehr hohe Leistungen abverlangt. Das Gerät kann vor Schaden bewahrt werden, wenn der Wechselrichter über eine Stromerkennungsschaltung abgeschaltet wird. Auch eine Temperaturmessung an kritischen Bauteilen kann mit großer Wahrscheinlichkeit vor Schaden schützen, wenn sie den Wechselrichter bei zu hoher Temperatur abschaltet.

Häufig ist es auch möglich, daß Lampen mit zu hoher Nennleistung in die Fassung gesteckt werden. Auch dann ist eine thermische Überwachung der Schaltung von großem Nutzen. Neben der aktuellen Schutzfunktion signalisiert sie dem Anwender auch (durch reversibles Verlöschen des Lichtes), daß die letzte Änderung an der Leuchte noch einmal zu überprüfen ist.

Die härteste Herausforderung an die Elektronik ist die thermische Belastung in Strahlern für Niedervolt-Halogenglühlampen. Kompakte, designorientierte Konstruktionen lassen wenig Hoffnung auf geeignete Umgebungstemperaturen für elektronische Schaltungen aufkommen. Der Anteil des Lichts am Energiehaushalt einer Glühlampe ist gering. So müssen z. B. ein 100-W-Strahler und ein 200-W-HiFi-Verstärker (unter Vollast) etwa die gleichen thermischen Verluste bewältigen. Der wesentlich kleinere Strahler kann seine Verluste nur abführen, wenn der Konstrukteur für eine gute thermische Entkopplung zwischen Stromversorgung und Lampenteil gesorgt hat. Der Lampenteil kann dann sehr heiß werden, ohne die Stromversorgung mit aufzuheizen.

Zuverlässigkeit

Der letzte Abschnitt zeigt deutlich, wie wichtig das vernünftige Planen der Gerätezuverlässigkeit ist. Die Temperatur der Bauteile spielt dabei sicher eine zentrale Rolle. Bild 8.22 zeigt die Badewannenkurve für die Ausfallrate λ von elektronischen Systemen während ihrer Lebensdauer.

Die Ausfallrate ist definiert als die Zahl der ausgefallenen Geräte pro Zeiteinheit. Ihre Einheit ist fit (failures in time): 1 fit = 1 Ausfall pro 10^9 Stunden. Die Ausfallrate wird bestimmt durch die Ausfallraten der einzelnen Bauelemente.

Frühausfälle treten mit abnehmender Tendenz in den ersten 1000 Stunden des Nennbetriebs auf. Durch verschärfte Belastungsbedingungen (bezüglich Temperatur, Spannung, Strom, Leistung) kann

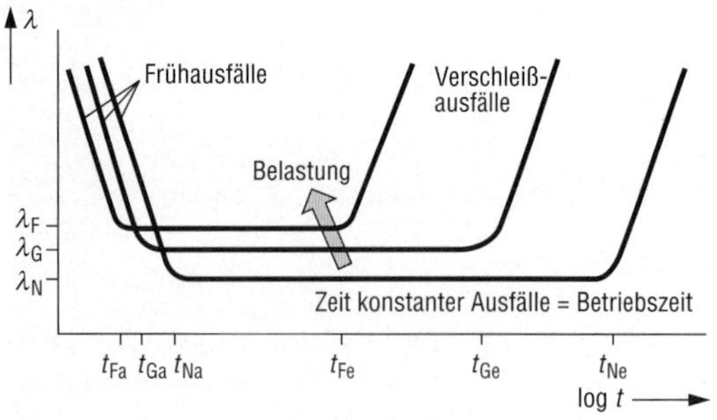

Ausfallrate:	Betriebszeit: (a = am Anfang, e = am Ende)	
λ_F im Fehlerfall	t_{Fa} bis t_{Fe}	im Fehlerfall
λ_G bei Grenzbetrieb	t_{Ga} bis t_{Ge}	bei Grenzbetrieb
λ_N im Nennbetrieb	t_{Na} bis t_{Ne}	im Nennbetrieb

Bild 8.22
Ausfallrate λ von elektronischen Systemen in Abhängigkeit ihrer Betriebszeit

diese Phase drastisch verkürzt werden (Burn-in). Für den Anwender bleibt dann die Phase der konstanten Ausfälle als Nutzungsdauer. In der Verschleißphase stellen sich systematische Ausfälle ein. Die Ausfallrate steigt schnell auf Werte, die nicht mehr akzeptabel sind.

Je nach Belastung stellen sich für gleiche Geräte unterschiedliche Verläufe der Ausfallrate ein.

Hohe Belastungen erhöhen die Ausfallrate während der Nutzungsdauer und verkürzen die Zeit bis zum Einsatz der Verschleißphase. Bei Belastungen oberhalb der zulässigen Grenzen können keine Aussagen mehr über die Ausfallrate und die Nutzungsdauer gemacht werden. Eine Zeit mit konstanter Ausfallrate stellt sich auch noch ein, wenn die Grenzbelastung nur wenig überschritten wird.

Während der Entwickler die Belastungsfaktoren Strom, Spannung und Leistung recht gut kontrollieren kann, wird die Temperatur stark durch die Einsatzbedingungen bestimmt. Somit beeinflußt auch der Anwender (OEM-Kunde) die Gerätezuverlässigkeit. Eine pedantische Kontrolle der Temperaturen unter Grenzlast ist daher unerläßlich. Strahler dürfen nur bis zu ihrer maximal zulässigen Umgebungstemperatur betrieben werden. Für die Einhaltung dieses Grenzwerts ist der Betreiber verantwortlich. Der Leuchtenhersteller hat dafür zu sorgen, daß bei dieser Grenztemperatur alle Komponenten des Strahlers ordnungsgemäß arbeiten. Dafür muß er beim Hersteller von elektronischen Transformatoren die Einsatzbedingungen erfragen. Besitzt der Transformator ein eigenes Gehäuse, so genügt häufig ein Temperaturmeßpunkt mit einer Grenzwertangabe. Bei offenen Leiterplatten müssen Meßpunkte auf mehreren kritischen Bauteilen definiert werden, weil in Strahlern nicht mit einer einheitlichen Temperaturverteilung gerechnet werden kann.

8.3.2 Schaltungsprinzipien

Nicht dimmbare Geräte

In Bild 8.23 sind die drei Funktionsblöcke eines typischen elektronischen Transformators dargestellt. Das Funkschutzfilter reduziert die ins Netz eingeleitete Störspannung auf Werte, die nach DIN VDE 0875 zulässig sind. Erzeugt wird diese Störspannung durch Schaltvorgänge im Gerät. Der Wechselrichter entnimmt dem Gleichrichter einen in Rechteckblöcke zerhackten Strom. Der zeitliche

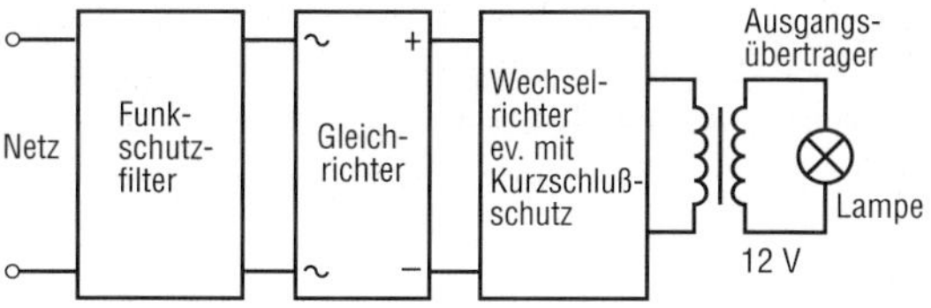

Bild 8.23
Funktionsblöcke eines typischen elektronischen Transformators

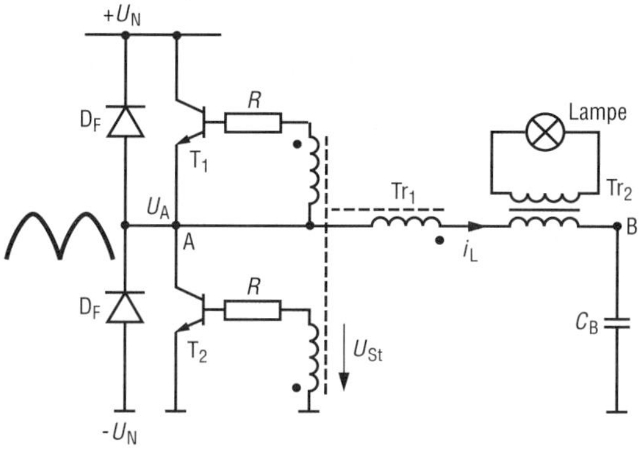

i_L	Ausgangsstrom	T_1/T_2	Leistungstransistoren für die Wechselrichtung
U_{St}	Steuerspannung		
D_F	Freilaufdiode		
U_N	gleichgerichtete Netzspannung	R	Basiswiderstände
		Tr_1	Steuerübertrager
U_A	rechteckförmige Wechselrichterspannung	Tr_2	Ausgangsübertrager
		C_B	Halbbrückenkondensator

Bild 8.24
Typische Grundschaltung eines Wechselrichters ohne Schutzmaßnahmen für anomalen Betrieb

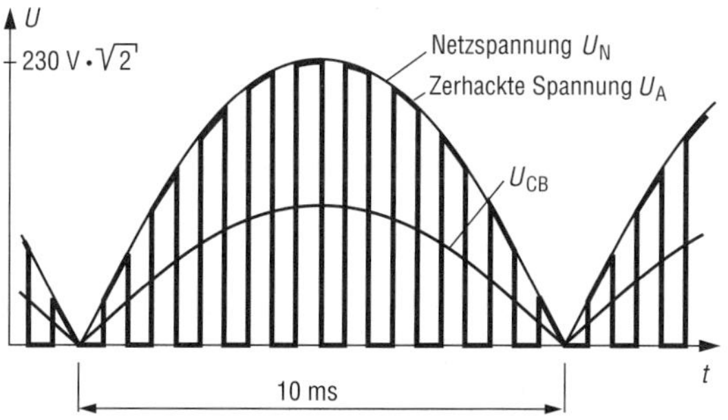

Bild 8.25 Spannungspegel im Wechselrichter

Verlauf des Stroms wird aus der Diskussion von Bild 8.24 verständlich. Das Filter bildet den Mittelwert dieses Stroms. Es wirkt als Tiefpaßfilter, welches den HF-Strom blockt. Netzfrequente Ströme werden jedoch durchgelassen. Bei der Lösung dieser Aufgabe sind große Kapazitäten zwischen den Netzklemmen (X-Kondensatoren) nützlich, da sie in Verbindung mit Filterspulen preiswerte Tiefpaßfilter bilden.

Als Gleichrichter dient eine gängige Diodenbrücke. Wie in Kapitel 8.3.1 erläutert, dürfen auf der Gleichspannungsseite keine Energiespeicher eingesetzt werden. Der Wechselrichterstrom ist dann proportional dem aktuellen Betrag der Netzspannung. Die Vorschriften zur Begrenzung der Netzstromoberschwingungen lassen sich damit auf einfache und elegante Weise einhalten.

Eine häufig verwendete Grundschaltung des Wechselrichters zeigt Bild 8.24. Die Leistungstransistoren T_1 und T_2 schalten abwechselnd ein. Am Punkt A ergibt sich damit eine zerhackte Spannung (Bild 8.25). Nur wenn T_1 leitet, wird dem Netz ein Laststrom entnommen.

Der auf die Primärseite des Leistungsübertragers transformierte Lampenersatzwiderstand von ca. $R'_L = 240\,\Omega$ für eine 50-W-Lampe integriert mit dem Brückenkondensator C_B die zerhackte Spannung. An C_B ergibt sich damit $U_{N/2}$. Da U_B sich mit doppelter Netzfrequenz ändert, muß gelten

$$10\text{ ms} \gg \tau = R'_L\, C_B \gg 30\ \mu\text{s},$$

wobei 30 µs die Periodendauer des Wechselrichters ist.

Der Steuerübertrager Tr_1 arbeitet anders als der in Kapitel 2.4 beschriebene Sättigungsübertrager bei elektronischen Vorschaltgeräten. Da es sich bei der Lampe um eine ohmsche Last handelt, ist der Lampenstrom rechteckförmig wie die anregende Spannung. Die Ausgangsspannung des Steuerübertragers ist proportional der zeitlichen Änderung des Laststroms, d. h. es gibt nur in der Umschwingphase des Laststroms einen Spannungsimpuls (siehe Bild 8.26) an der Primärwicklung des Steuerübertragers.

Je nach Stromrichtung wird einer der beiden Leistungstransistoren angesteuert (man achte auf den Wicklungssinn). Bei kleinen Lastströmen, z. B. beim Spannungsnulldurchgang, wird auch die Ansteuerung der Transistoren schwächer. Wenn man in diesem Zeitbereich eine gute Ansteuerung der

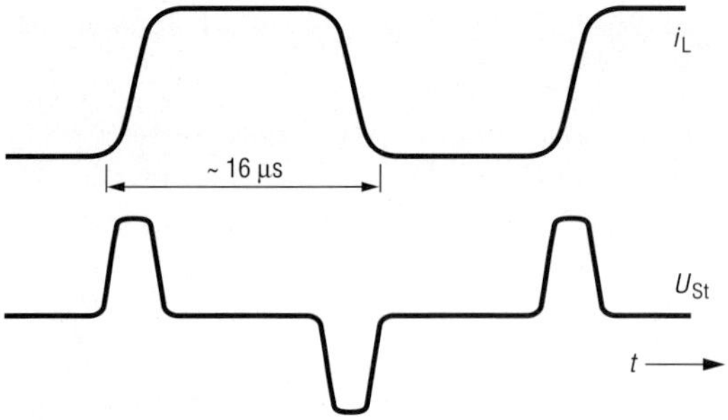

Bild 8.26
Ausgangsspannung U_{St} des Steuerübertragers aus Bild 8.24 beim Laststrom i_L für einen Transistor

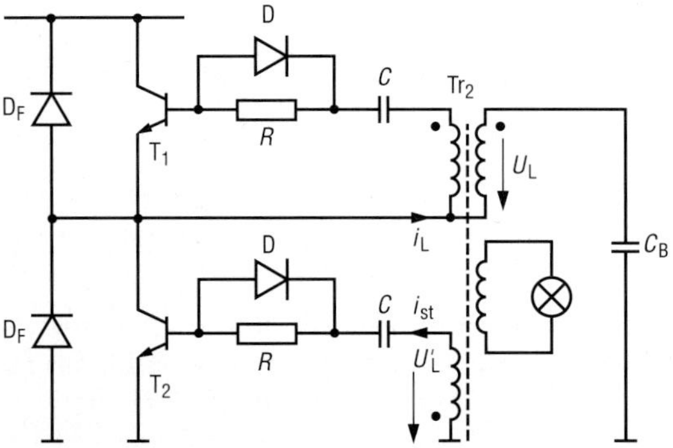

D_F	Freilaufdiode	i_L	Laststrom primärseitig
D	Ausräumdiode	C_B	Halbbrückenkondensator
C	Steuerzeit-Begrenzungskondensator	U_L	Primärspannung des Übertragers
Tr_2	Leistungsübertrager mit Steuerwicklung	U'_L	Steuerspannung
i_{St}	Steuerstrom		

Bild 8.27 Vereinfachte Wechselrichterschaltung

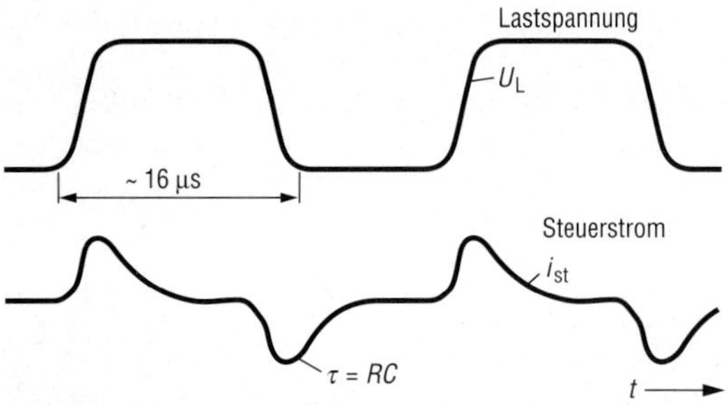

Bild 8.28
Aussteuerstrom i_{St} bei der Lastspannung U_L der Wechselrichterschaltung

Transistoren sicherstellt, muß man bei großen Lastströmen eine kräftige Sättigung in Kauf nehmen. Zwischen den Umschwingphasen ist der Laststrom konstant, d. h. die Transistoren werden nicht angesteuert. Sie schalten nach Ablauf ihrer Speicherzeit ab. Dadurch wird die Betriebsfrequenz stark von den Transistorparametern abhängig, was wegen der ohmschen Last ohne nennenswerte Folgen bleibt. Wenn ein Transistor abschaltet, führt eine induktive Komponente des Laststroms dazu, daß die Spannung am Punkt A umschwingen kann. Als Induktivität genügt die unvermeidliche Streuinduktivität des Übertragers. Sobald der Strom seine Richtung ändert, wird die Ansteuerspannung für den anderen Transistor erzeugt.

Die Schaltung von Bild 8.24 läßt sich weiter vereinfachen. Beim Steuerübertrager aus Bild 8.24 wird eine Steuerspannung durch Differenzieren des Laststroms erzeugt, entsprechend $U_{St} = L \frac{di_L}{dt}$; wobei L die Induktivität des Steuerübertragers ist. Ebenso kann man mit einem Kondensator C die heruntertransformierte Lastspannung U'_L differenzieren. Es gilt dann

$$i_{St} = C \frac{dU_C}{dt},$$

solange R zu vernachlässigen ist (siehe Bild 8.27).

Der Basiswiderstand R hat die Aufgabe, den Basisstrom auf technisch vernünftige Werte zu begrenzen und die Einschaltzeit über die Abklingzeitkonstante $\tau = RC$ zu kontrollieren. Den Zeitverlauf des Steuerstroms für einen Transistor zeigt Bild 8.28.

Die Rückwärtsdiode D entlädt in der Umschwingphase die restliche Basisspeicherladung, bevor der andere Transistor einschaltet. Damit werden die für Brückenschaltungen gefährlichen Querströme (T_1 und T_2 leitend) vermieden. Für diese Schaltungsvariante werden Transistoren mit kurzen Ausschaltzeiten benötigt, da bereits die fallende Flanke den anderen Transistor ansteuert.

Dimmbare Geräte

Elektronische Transformatoren, die an Phasenanschnittdimmern betrieben werden können

Bei bestehenden Dimmanlagen kann kein leistungsarmes Steuersignal für die Dimmstellung übertragen werden, da keine getrennt verlegten

Steuerleitungen vorhanden sind. In solchen Fällen ist die technisch wenig überzeugende Reihenschaltung von 2 Leistungselektroniken (Dimmer und elektronischer Trafo) unvermeidbar.

Für diese Betriebsweise müssen Funkschutzfilter und Wechselrichter an die steilen Flanken der Phasenanschnittsspannungen angepaßt werden. In Kapitel 8.3.1, Abschnitt „Betriebsverhalten", wurden die aufgrund des Funkschutzfilters entstehenden Probleme kurz diskutiert. Die phasenangeschnittene Spannung muß die Filterkondensatoren schlagartig aufladen. Ein hoher Stromimpuls von einigen Ampere stellt sich ein. Dessen Höhe ist nur durch die Restinduktivität der gesättigten Filterspulen begrenzt. Diese *LC*-Kombination ist häufig schwingfähig; d.h. neben der hohen Einschaltstrombelastung kann der „Rückwärtsstrom" den Leistungsschalter des Dimmers wieder abschalten, was zu einem sehr unangenehmen Flackern führt. Abhilfe schafft hier nur eine gut bedämpfte induktive Strombegrenzung bei möglichst kleinen Filterkondensatoren.

Auch der Wiederanlauf des Wechselrichters nach den stromlosen Phasen muß an die Phasenanschnittspannung angepaßt werden. Er soll möglichst verzögerungsfrei und ohne Stromspitzen ablaufen.

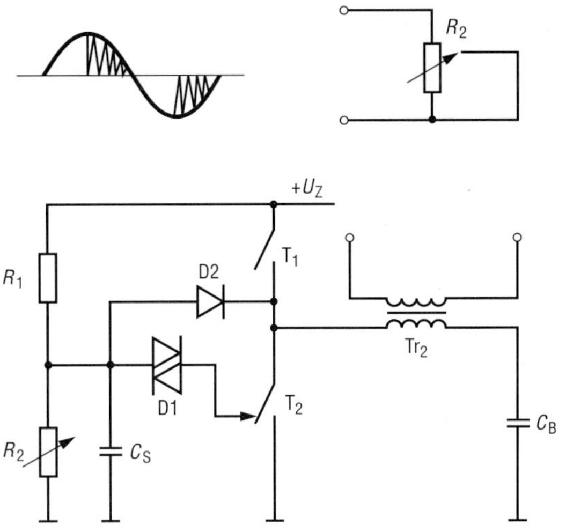

$R_{1/2}$, C_s	Verzögerungsschaltung für Triggerstrom durch D_1	T_1/T_2	Wechselrichterschalter
		Tr_2	Leistungsübertrager
D_1	Diac	C_B	Halbbrückenkondensator
D_2	Entladediode		

Bild 8.29
Schaltung für verzögerten Wiederanlauf des Wechselrichters

Geräte, die durch verzögertes Wiederanlaufen des Wechselrichters die Leistung begrenzen

Bei Anwendungen, die es erlauben, zwei Leitungen für ein externes Potentiometer anzuschließen, ermöglicht ein einfacher Trick, daß die Schaltung nach jedem Stromnulldurchgang mit einer zeitlichen Verzögerung wieder anläuft. Man erhält so einen Netzstrom wie bei Phasenanschnittsdimmern.

Dazu ist eine spezielle Dimensionierung des Wechselrichters auf der Basis der Grundschaltung nach Bild 8.24 notwendig (Bild 8.29). Der Steuerübertrager wird so ausgelegt, daß die Schaltung bei sehr kleinen Eingangsspannungen nicht mehr weiterschwingt. Der Startgenerator (R_1, R_2, C_s, D_1, D_2) muß den Wechselrichter dann wieder starten. So ein Startgenerator ist bei allen selbsterregten Schaltungen für den Anlauf nach Einschalten der Netzspannung notwendig. Wenn die Schaltung läuft, wird der Startkondensator C_s über D_2 und T_2 entladen. Erst wenn der Wechselrichter nach dem Spannungsnulldurchgang steht, wird C_s über R_1 und R_2 geladen, bis die Durchbruchspannung des Diacs D_1 erreicht ist. Der laufende Wechselrichter entlädt C_s wieder über D_2 bis zum nächsten Spannungsnulldurchgang. An R_2 kann die Ladezeit von C_s so beeinflußt werden, daß der Wiederanlauf innerhalb der 10 ms einer Netzhalbwelle verschoben werden kann.

Bei dieser sehr einfachen Dimmöglichkeit ist die Dimmstellung allerdings von der Zahl der mit R_2 gesteuerten Geräte abhängig. Diese müssen außerdem an der gleichen Phase betrieben werden, da keine Potentialtrennung vorhanden ist. Selbstverständlich werden im Dimmbetrieb die Vorschriften zur Begrenzung der Netzstromoberschwingungen nicht eingehalten.

Dimmen durch induktive Strombegrenzung und Niedervoltschnittstelle

Schaltet man in Reihe zum Leistungsübertrager eine Induktivität L (Bild 8.30), so kann man deren Impedanz $2\pi fL$ durch Verändern der Wechselrichterfrequenz f beeinflussen. Die Frequenz des Wechselrichters wird vom Regler so gesteuert, daß

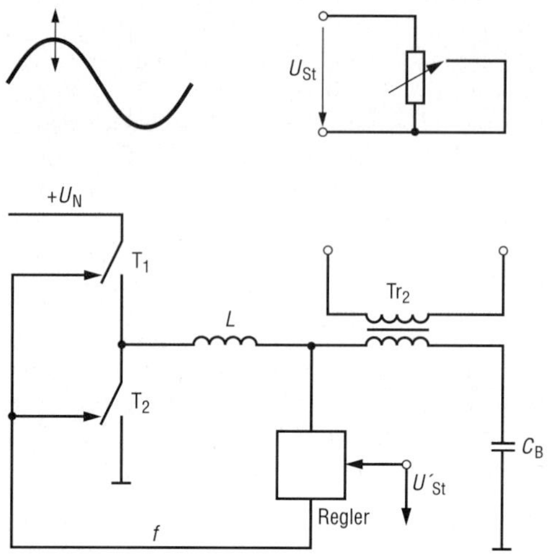

U'_{St} Steuerspannung
$T_{1/2}$ Leistungsschalter
Tr_2 Leistungsübertrager
C_B Halbbrückenkondensator

Bild 8.30
Schaltung zum Dimmen durch induktive Strombegrenzung bei Frequenzvariation

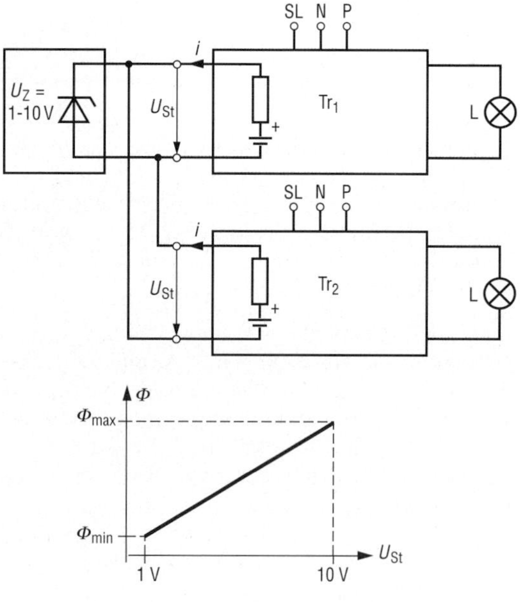

Φ Lichtstrom der Lampe
L Lampe
U_{St} Steuerspannung
$Tr_{1/2}$ Elektronische Trafos
U_z Zenerspannung

Bild 8.31
Beispiel einer Niedervoltschnittstelle mit Steuerkennlinie

eine konstante Ausgangsspannung erreicht wird. Erhöht man die Frequenz, so verringert sich die an die Lampe abgegebene Leistung. Bei kleinerer Leistung wird die Lampenwendel niederohmiger und ihre Lichtausbeute sinkt drastisch. Dies unterstützt den Dimmvorgang, so daß mit einem Frequenzhub von 1 : 5 der Lichtstrom zwischen 100% und 1% variiert werden kann. Bei dieser Art der Leistungsreduktion bleibt ein sinusförmiger Netzstrom auch im Dimmbetrieb erhalten. Er wird lediglich in der Amplitude verändert.

Eine solche Schaltung benötigt einen steuerbaren Oszillator zur Ansteuerung der Wechselrichterbrücke. Dieser kann leicht über eine leistungsarme Schnittstelle kontrolliert werden. Der Sollwert des Reglers U'_{St} bestimmt die Dimmstellung. Eine hier nicht dargestellte Dimmschnittstelle erzeugt eine potentialfreie Spannung U_{St}, an welcher der interne Sollwert des Reglers verändert werden kann. Das Potentiometer deutet ein Stellglied für U_{St} an. Gängig als analoge Steuerspannungen sind Gleichspannungssignale zwischen 1 V und 10 V. Störeinkopplungen auf den Steuerleitungen können so leicht mit Tiefpaßfiltern unterdrückt werden. Folgende Forderungen sollten an die Steuereingänge gestellt werden:

▷ Potentialfreiheit, damit Geräte an unterschiedlichen Phasen gleichzeitig gedimmt werden können,

▷ Parallelschaltung muß möglich sein,

▷ 100% Licht, wenn kein Steuergerät angeschlossen ist, und

▷ die Steuerleistung soll dem Gerät entnommen werden, so daß einfache passive Steuergeräte möglich sind.

Bild 8.31 zeigt den prinzipiellen Aufbau und eine mögliche Steuerkennlinie. Der äußeren Steuerspannung U_{St} entspricht eine interne Stellgröße U'_{St} für die Frequenz des Wechselrichters.

Geregelte Geräte

In Bild 8.30 wirkt nicht nur der Sollwert U'_{St} auf den Regler, sondern auch die auf die Primärseite transformierte Lampenspannung (Istwert). Bei einer Differenz zwischen Soll- und Istwert verändert der Regler die Frequenz des Wechselrichters so, daß der Sollwert erreicht wird. Selbst sehr geringfügige Abweichungen können nun korrigiert werden. Wichtiger als die Genauigkeit der Regelung ist die

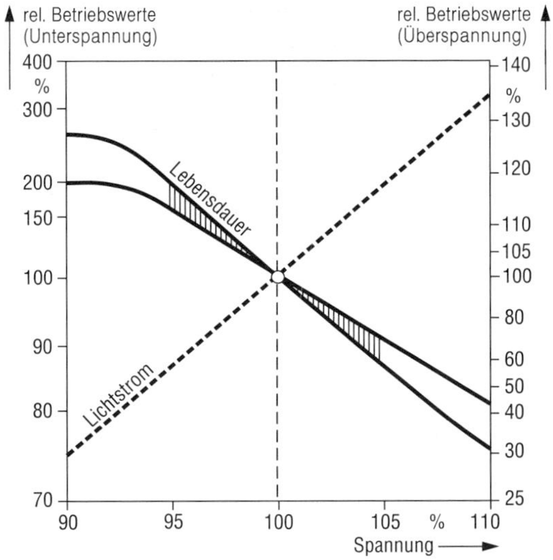

Bild 8.32
Lichtstrom und Lebensdauer einer Niedervolthalogenlampe als Funktion der Netzspannung

Tatsache, daß die Ausgangsspannung und damit der Lichtstrom nun unabhängig von der Netzspannung und der Belastung des Geräts ist (solange die Impedanz von Tr_2 vernachlässigbar ist).

Bild 8.32 zeigt Lichtstrom und Lebensdauer einer Niedervolthalogenlampe als Funktion der auf den Nennwert bezogenen Lampenbrennspannung.

10% Überspannung verkürzen die Lebensdauer bereits um 65%, während 10% Unterspannung zu 25% weniger Lichtstrom führen. Durch Netzspannungsschwankungen, Laständerungen und Gerätetoleranzen sind solche Spannungsschwankungen leicht möglich. Sichere Abhilfe bieten hier nur geregelte Systeme.

Leider verhindert der vergleichsweise hohe technische Aufwand derzeit eine breite Anwendung solcher Geräte. Selbstverständlich sind neben der einfachen induktiven Strombegrenzung auch andere Schaltnetzteiltechniken denkbar.

8.3.3 Prüfungen

Prüfungen und Zulassungen von elektronischen Transformatoren (im engl. „step-down converter“) erfolgen nach eigens hierfür im IEC-Unterkomitee SC34C erarbeiteten neuen Normen. Diese Normen wurden bei CENELEC ratifiziert und liegen z. Z. als VDE-Rosadrucke vor. Die VDE-Prüfstelle erteilt hiermit das VDE-Zeichen (siehe auch Kapitel 11.1.1). Die Normen sind, wie bei den anderen internationalen Bestimmungen für Vorschaltgeräte, wiederum in einen ersten Teil für die „Sicherheit“ als EN61046/DIN VDE 0712 Teil 24 aufgesplittet (siehe auch Tabelle 11.1). Die Hintergründe und die Verfahrensweisen zur Anwendung dieser aufgesplitteten Normen sind in Kapitel 2.3.1 (Abschnitt Prüfungen) ausführlich beschrieben.

Die Vorschrift EN61046/DIN VDE 0712 Teil 24 zur Überprüfung der Sicherheitsanforderungen bei elektronischen Transformatoren beinhaltet folgende Anforderungen, die entsprechend der Reihenfolge der Paragraphen geprüft werden:

Hauptabschnitt 1 – Allgemeine Anforderungen

1 Anwendungsbereich
2 Begriffe
3 Allgemeine Anforderungen
4 Allgemeines über Prüfungen
5 Einteilung
6 Aufschriften

Hauptabschnitt 2 – Sicherheits-Anforderungen

7 Anschlußklemmen
8 Schutzleiteranschluß
9 Aufbau
10 Kriech- und Luftstrecken
11 Schutz gegen zufällige Berührung spannungsführender Teile
12 Feuchtebeständigkeit und Isolierung
13 Spannungsfestigkeit
14 Anomaler Betrieb
15 Fehlerbedingungen
16 Stromführende Teile und Verbindungen
17 Wärme- und Feuerbeständigkeit
18 Beständigkeit gegen Korrosion

Anhang A Prüfung zur Bestimmung, ob ein Teil als aktives Teil anzusehen ist, das einen elektrischen Schlag verursachen kann

Anhang B Besondere Anforderungen an Gleich- oder Wechselspannungs-versorgte elektronische Konverter, mit Schutzvorrichtung gegen Überhitzung

In dieser Norm werden elektronische Transformatoren, die den Bedingungen der Sicherheitskleinspannung (SELV = self extra low voltage) entsprechen und die dem Abschnitt 11.2 des Teils 24 genügen, so betrachtet, daß sie hinsichtlich elektrischem

Schlag einen der Schutzisolierung entsprechenden Schutz gewährleisten.

Zur Überprüfung der „Arbeitsweise“ der elektronischen Transformatoren dient die Vorschrift EN 61 047/DIN VDE 0712 Teil 25. Diese beinhaltet folgende Anforderungen, die allerdings nur in Verbindung mit den Anforderungen des Teiles 24 für die „Sicherheit“ erfüllt werden können; eine Prüfung bzw. Zulassung nur nach dem Vorschriftenteil „Arbeitsweise“ ist nicht zulässig:

Hauptabschnitt 1 – Allgemeine Anforderungen

1 Anwendungsbereich und weitere zuständige Normen
2 Begriffe
3 Allgemeines über Prüfungen
4 Einteilung
5 Aufschriften
6 Ausgangsspannung und -strom
7 Gesamtleistung der Schaltung
8 Leistungsfaktor der Schaltung
9 Netzstrom
10 Tonfrequenzimpedanz
11 Transiente Netzüberspannungen
12 Prüfung des Betriebs unter anomalen Bedingungen
13 Dauerhaftigkeit

Anhang A Prüfungen

Die Auswahl und Eigenschaften der für die Prüfungen notwendigen Referenz- bzw. Prüflampen sind in der vorliegenden Norm ausführlich beschrieben. Diese basieren auf den Festlegungen für Halogen-Glühlampen in IEC-Publikation 357 bzw. EN 60 357 (siehe auch Kapitel 8.1).

9 Leuchten

Leuchten sind Betriebsmittel, die das zum Betrieb der Lampen erforderliche Zubehör enthalten, z. B. Fassungen, Vorschaltgeräte und Starter.

Sie sollen

- ▷ den von den Lampen abgestrahlten Lichtstrom in gewünschter Weise lenken und verteilen (hierfür werden streuende und spiegelnde Reflektoren, streuende und optisch lenkende Gläser eingesetzt),
- ▷ die Blendung auf ein erträgliches Maß begrenzen,
- ▷ Lampen und Betriebszubehör vor schädlichen mechanischen und atmosphärischen Einflüssen schützen (Staub, Feuchte, Wasser usw.), wobei auch die Wärmeentwicklung zu berücksichtigen ist (hierfür müssen geeignete Baustoffe mit ausreichend hoher mechanischer, thermischer und chemischer Beständigkeit verwendet werden),
- ▷ einen hohen Systemwirkungsgrad haben, um einen wirtschaftlichen Betrieb zu ermöglichen,
- ▷ eine einfache und kostensparende Montage und Wartung ermöglichen,
- ▷ durch Design und Farbgebung ästhetischen Ansprüchen gerecht werden, um als architektonisches Gestaltungsmittel zu dienen,
- ▷ Umwelt und Umgebung nicht negativ beeinflussen,
- ▷ im Sinne einer integrierten Systemtechnik (Decke, Klima, Akustik) klimatechnischen, bau- und raumakustischen Forderungen gerecht werden.

Obwohl zwischen Schmuckleuchten und Zweckleuchten unterschieden wird, ist eine scharfe Abgrenzung nicht möglich. Bei Schmuckleuchten steht die Formgestaltung und die dekorative Wirkung im Vordergrund, sie sollen z. B. einen Wohnraum behaglich machen oder einem Theaterfoyer den festlichen Glanz verleihen.

Bei Zweckleuchten stehen lichttechnische Eigenschaften und Funktionalität im Vordergrund. Für die jeweiligen Anwendungen sind lichttechnisch definierbare Kriterien mit hoher Wirtschaftlichkeit und geringem Energieeinsatz zu erfüllen. Eine einfache zeitsparende Montage und Wartung wird vorausgesetzt.

9.1 Einteilung von Leuchten nach lichttechnischen Merkmalen

Leuchten für Beleuchtungszwecke werden nach den folgenden lichttechnischen Merkmalen eingeteilt (DIN 5040 Teil 1):

- ▷ Art und Anzahl der verwendeten Lampen,
- ▷ Lichtstromverteilung,
- ▷ Lichtstärkeverteilung,
- ▷ Leuchtdichteverteilung,
- ▷ Leuchtenwirkungsgrad und
- ▷ Beleuchtungswirkungsgrad.

Art und Anzahl der verwendeten Lampen, ihre Bezeichnung und wesentliche Kenndaten werden angegeben. Am gebräuchlichsten sind Glühlampen, Niederdruck- und Hochdruckentladungslampen.

Lichtstromverteilung

Entsprechend der Verteilung der Lichtstromanteile in den unteren und oberen Halbraum erfolgt eine Einteilung der Leuchten in 5 Klassen mit den Kennbuchstaben A bis E für die jeweilige Leuchtenart (Tabelle 9.1).

Zu dieser Grobeinteilung sind bei Innenleuchten weitere Klassifizierungen zweckmäßig. Zum einen nach dem Nutzlichtstromanteil, der auf die Nutzebene in 0,85 m Höhe über dem Boden eines Standardraums gestrahlt wird. Die erste Kennziffer von 1 bis 6 nach dem jeweiligen Kennbuchstaben (siehe Tabelle 9.2) gibt Auskunft über den Anteil des Nutzlichtstroms. Zum anderen wird durch eine zweite Kennziffer von 0 bis 3 eine Einteilung nach

Tabelle 9.1
Leuchteneinteilung nach dem relativen Lichtstrom in % [9.1]

Leuchtenart	Klasse	Relativer Lichtstrom in % im unteren Halbraum	im oberen Halbraum
direkt	A	100 bis 90	0 bis 10
vorwiegend direkt	B	90 bis 60	10 bis 40
gleichförmig	C	60 bis 40	40 bis 60
vorwiegend indirekt	D	40 bis 10	60 bis 90
indirekt	E	10 bis 0	90 bis 100

Tabelle 9.2
Einteilung von Innenleuchten nach dem Nutzlichtstromanteil [9.1]

1. Kennziffer	Bereich von
6	0,71 ... 1,0
5	0,61 ... 0,7
4	0,51 ... 0,6
3	0,41 ... 0,5
2	0,31 ... 0,4
1	0 ... 0,3

Tabelle 9.3
Einteilung von Innenleuchten nach dem Deckenlichtstromanteil [9.1]

2. Kennziffer	Bereich von
3	0,71 ... 0,9
2	0,51 ... 0,7
1	0 ... 0,5
0	0

dem Deckenlichtstromanteil im Standardraum vorgenommen (siehe Tabelle 9.3). So wird z. B. eine direktstrahlende Innenraumleuchte ohne Deckenlichtstromanteil und mit einem Nutzlichtstromanteil von 0,61 bis 0,7 mit A 50 klassifiziert.

Lichtstärkeverteilung

Die Lichtlenkung einer Leuchte wird durch die Lichtstärkeverteilung beschrieben und im allgemeinen in Form von Lichtstärkeverteilungskurven (LVK) für eine oder mehrere Ebenen dargestellt. Die Lichtstärkewerte werden meist auf einen Gesamtlichtstrom der Bestückung von 1000 lm bezogen. Dabei wird vorausgesetzt, daß die Form der Lichtstärkeverteilung der Leuchte bei verschiedener Bestückung gleich ist. Bei abweichender Form werden für die jeweiligen Bestückungen die zugehörigen Lichtstärkeverteilungen angegeben. Die Form der Lichtstärkeverteilung erlaubt die Einteilung der Leuchten in

- ▷ symmetrisch strahlende Leuchten,
- ▷ asymmetrisch strahlende Leuchten und
- ▷ Engstrahler und Breitstrahler.

Die Lichtstärkeverteilung ermöglicht eine Klasseneinteilung bei Innenleuchten, die Berechnung der Verteilung der direkten Beleuchtungsstärken auf der beleuchteten Fläche, des Beleuchtungswirkungsgrads und der Gleichmäßigkeit der Beleuchtungsstärke. Die Schattigkeit und das Maß der Blendfreiheit werden aus ihr abgeleitet.

Bild 9.1 zeigt typische Lichtverteilungskurven (LVK) einer Straßenleuchte mit Spiegelverstellung. Die Form der LVK läßt sich durch Schwenken des Spiegels den Beleuchtungserfordernissen anpassen.

In der Innenraumbeleuchtung werden zahlreiche Leuchtenbauformen mit entsprechend verschiedenen Lichtverteilungen verwendet. Eine Auswahl typischer LVK von Innenleuchten ist in Bild 9.2 wiedergegeben. Dargestellt sind Lichtverteilungs-

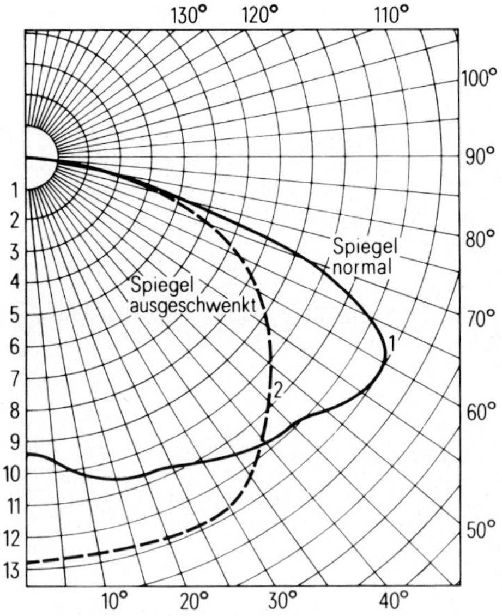

Bild 9.1
Typische Lichtverteilungskurve (C_0-Ebene) einer Spiegelleuchte für Straßenbeleuchtung; 1 für rauhe, 2 für glatte Straßenbeläge [9.1]

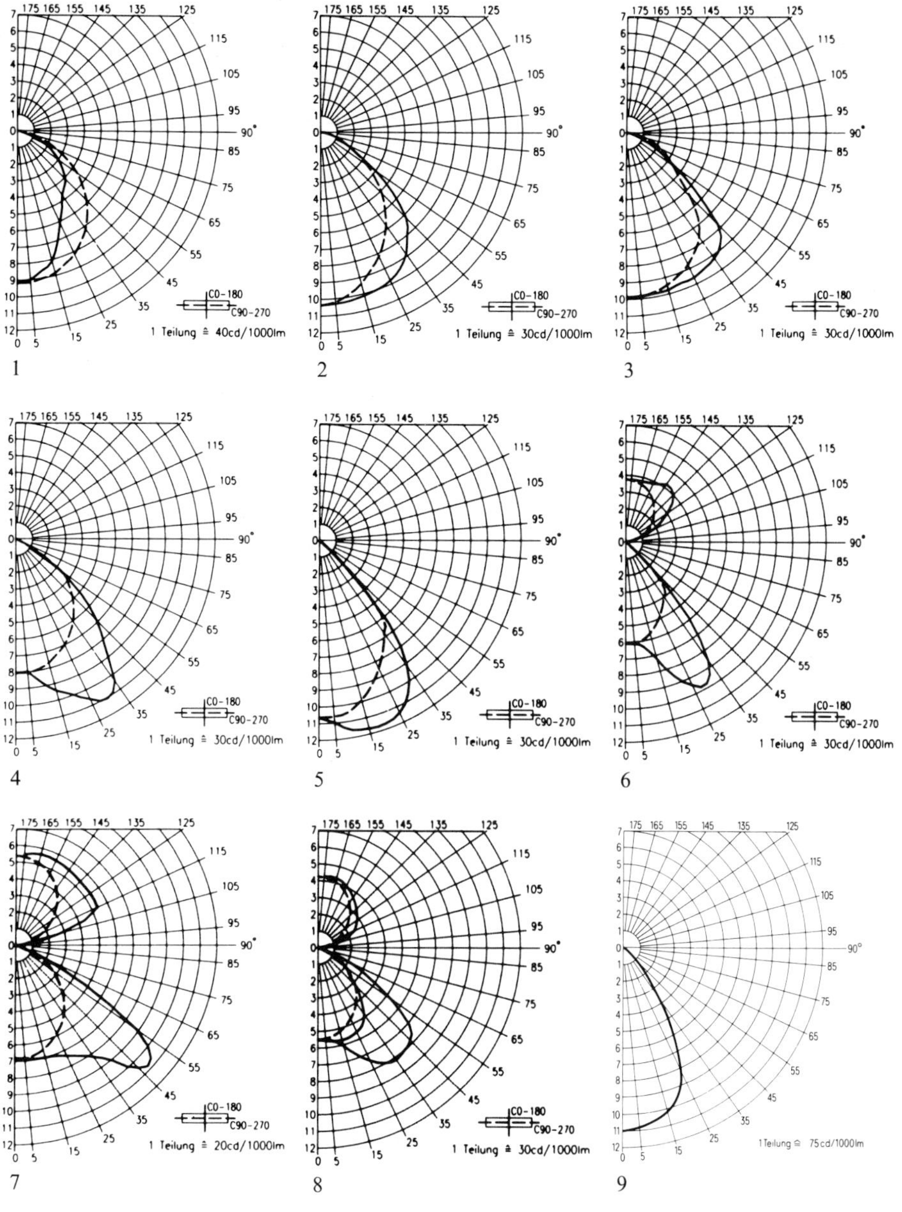

Bild 9.2
Typische Lichtverteilungskurven von Innenleuchten für Leuchtstofflampen (1–8 durchgezogene Linie: C_0-Ebene, gestrichelt: C_{90}-Ebene) und eine Hochdrucklampe (9, rotationssymmetrisch) [9.1]

Tabelle 9.4 Einteilung von Leuchten nach der Lichtverteilungskurve [9.1]

Nr. der LVK in Bild 9.2	Typ der LVK nach DIN 5040	Kennziffer η_{LB}	Leuchtenart (Leuchten für Leuchtstofflampen)
1	tiefstrahlend-gebündelt	A 50 0,78	Spiegelreflektorleuchte für 2 Leuchtstofflampen
2	tiefstrahlend	A 40 0,71	weiße Großrasterleuchte
3	tief-breitstrahlend	A 40 0,71	Einbaudeckenleuchte mit Prismenscheibe
4	tief-breitstrahlend	A 50 0,64	Ein- und Anbau-Deckenleuchte mit Spiegelraster „Darklight"
5	tief-breitstrahlend	A 50 0,53	Anbau-Deckenleuchte mit Spiegelraster „BAP"
6	freistrahlend	B 53 0,73	Pendelleuchte mit Spiegelraster „BAP"
7	freistrahlend	C 43 0,89	Pendelleuchte mit Spiegelraster „Batwing"
8	schrägstrahlend	B 43 0,89	asymmetrisch strahlende Pendelleuchte mit Spiegelraster
9	tiefstrahlend	A 60 0,85	rotationssymmetrische Hallenspiegelleuchte für eine Hochdrucklampe HQI-E 400 W

kurven von Leuchtstofflampenleuchten in der C_0/C_{90}-Ebene und einer rotationssymetrischen Hochdrucklampenleuchte in einer beliebigen Meridian-(C)-Ebene. Die dazugehörige Übersicht über Bezeichnung und Leuchtenart für die gezeigten Beispiele enthält Tabelle 9.4.

Leuchtdichteverteilung

Die Leuchtdichteverteilung der Leuchten beschreibt die Verteilung der mittleren Leuchtdichte unter den verschiedenen Ausstrahlungswinkeln. Eine Einteilung der Leuchten erfolgt in Güteklassen zur Blendbewertung.

Leuchtenwirkungsgrade

Bei den Leuchtenwirkungsgraden ist zwischen dem temperaturabhängigen Betriebswirkungsgrad η_{LB} und dem optischen Wirkungsgrad zu unterscheiden.

Der optische Wirkungsgrad, der die Ausnutzung des Lichtstroms durch das optische System der Leuchte kennzeichnet, wird bei der Entwicklung der lichtlenkenden Leuchtenoptik optimiert.

Der Betriebswirkungsgrad ist abhängig vom Lampenvolumen und der Wärmeabgabe der Leuchte. Ist die Lichtstromabgabe der verwendeten Lampen temperatur- und lagenunabhängig, sind die beiden Wirkungsgrade identisch.

Zur Optimierung des Betriebswirkungsgrads sind wirkungsvolle Maßnahmen zur Wärmeabfuhr, zur Eigen- bzw. Fremdbelüftung der Leuchten zu treffen. Bei der Entwicklung von Klimaleuchten für Leuchtstofflampen ist einer „sanften" Kühlung der Lampen zur Erhaltung des Lampenlichtstroms über einen großen Abluftmengenbereich besonderes Augenmerk zu schenken.

Bei ungünstiger Luftführung innerhalb der Leuchte mit stark luftumspülten Lampen muß mit erheblichem Rückgang des Lampenlichtstroms gerechnet werden. Tabelle 9.5 enthält Betriebswirkungsgrade wichtiger Leuchten. Sie wurden unter normalen Betriebsbedingungen ermittelt, d.h. bei 25 °C Umgebungstemperatur nach DIN 5032 bezogen auf die normale Gebrauchslage der Leuchten.

Beleuchtungswirkungsgrad

Für die Projektierung von Beleuchtungsanlagen werden zur Vereinfachung für die jeweiligen Leuchten Beleuchtungswirkungsgrade in Abhängigkeit von Reflexionsgraden der Raumbegrenzungsflä-

Tabelle 9.9
Gebräuchliche Aufschriften und Symbole zur Beschreibung der Montage von Leuchten [9.2]

Text Nur für .../Nicht für ...	Zeichnerische Darstellung Nur für ...	 Nicht für ...
1 ... Montage an der Decke		
2 ... Montage an der Wand	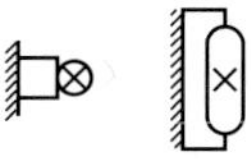	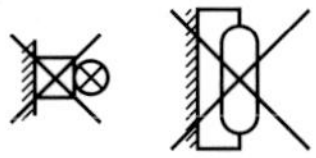
3 ... waagerechte Montage an der Wand		
4 ... senkrechte Montage an der Wand		
5 ... Montage an der Decke und waagerechte Montage an der Wand		
6 ... Montage an der Decke und senkrechte Montage an der Wand	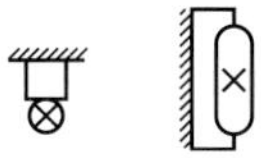	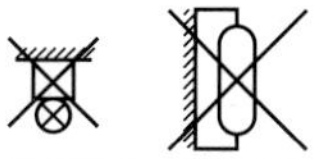
7 ... Montage in der waagerechten Ecke, Lampe seitlich	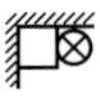	
8 ... Montage in der waagerechten Ecke, Lampe unterhalb		
9 ... Montage in der waagerechten Ecke		
10 ... Montage im U-Profil	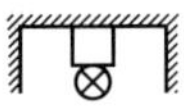	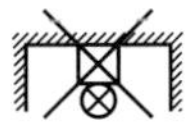
11 ... Montage am Pendel	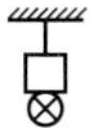	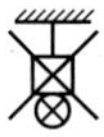

gen ist angegeben, für welche Montagearten die Leuchten geeignet bzw. nicht geeignet sind. Gegebenenfalls sind dabei in der Montageanweisung Abstände angegeben, die nicht unterschritten werden dürfen. Zur Beschreibung der Montageart darf je nach der Zweckmäßigkeit aus den möglichen Aufschriften oder Symbolen (Tab. 9.9) die positive oder negative Aussage gewählt werden.

Leuchten für Montage an oder in Einrichtungsgegenständen (Möbelleuchten)

Als Einrichtungsgegenstände gelten Schränke, Schrankwände und dergleichen, aber auch Gardinenleisten, Holzblenden usw.

Bei nicht brennbaren Stoffen dürfen alle Leuchten verwendet werden. Auf allen anderen Stoffen dürfen nur Leuchten mit folgenden Zeichen montiert werden:

▷ Leuchten für Glühlampen ▽M▽M oder
▷ Leuchten für Entladungslampen mit eingebauten Vorschaltgeräten,
  – bei nicht brennbaren und schwer entflammbaren sowie normal entflammbaren Bauteilen ▽M und ▽M▽M,
  – bei Baustoffen, deren Brandverhalten nicht bekannt ist, ▽M▽M.

Dabei kann in allen Fällen die Montageart vorgeschrieben sein (siehe Tabelle 9.9).

Leuchten mit ▽M-Zeichen

Dies sind Möbelleuchten mit eingebauten Vorschaltgeräten für Entladungslampen, zum Anbau oder Einbau in Möbel, deren Werkstoffe in ihrem Brandverhalten schwer- oder normalentflammbaren Baustoffen im Sinne von DIN 4102 entsprechen. Die Werkstoffe können beschichtet, furniert oder lackiert sein. Analog zu den Leuchten mit ▽F-Zeichen treten im gestörten Betrieb auch bei Leuchten mit der Kennzeichnung ▽M weder auf der Befestigungsfläche noch an den Leuchten benachbarter Flächen höhere Temperaturen als 180 °C auf.

Leuchten mit ▽M▽M-Zeichen

Dies sind Möbelleuchten für Glühlampen oder für Entladungslampen mit eingebauten Vorschaltgeräten für den Anbau oder Einbau in Möbel, die aus Werkstoffen mit unbekannten Entflammeigenschaften bestehen. Bei ▽M▽M-Leuchten liegen die Temperaturen der Befestigungsfläche bzw. an den benachbarten Flächen im gestörten Betrieb unterhalb 115 °C.

Beide Ausführungen müssen die Bestimmungen der Europanorm EN 60 598 und die zusätzlichen Bestimmungen der DIN VDE 0710, Teil 14 erfüllen. In den Montageanweisungen werden Angaben über die Ein- oder Anbaumöglichkeiten gemacht, falls besondere Maßnahmen zu treffen sind (Einhaltung besonderer Abstände, Anbringung von Zugentlastungsvorrichtungen usw.). Es dürfen aus den in DIN VDE 0710, Teil 14 aufgeführten Aufschriften und Symbolen je nach Zweckmäßigkeit die positive oder negative Aussage gewählt werden (Tabelle 9.9).

Leuchten mit (Ex)-Kennzeichen

Leuchten mit dem Kennzeichen (Ex) sind für die Verwendung in schlagwetterexplosionsgefährdeten Räumen und Betriebsanlagen geeignet.

9.3 Leuchtentypen

Während bei Wohnraum- und Repräsentativleuchten in erster Linie formalästhetische Überlegungen zu einer Vielfalt von sich rasch wandelnden Typen führen, lassen sich Zweckleuchten je nach ihrem Anwendungsgebiet in wenige typische Gruppen für die Gebiete der Innen-, Industrie- und Außenbeleuchtung einteilen. Darüber hinaus stehen bei der Entwicklung von Zweckleuchten bewertbare lichttechnische Kriterien für die unterschiedlichsten Sehaufgaben unter Beachtung wirtschaftlicher Aspekte im Vordergrund.

9.3.1 Innenleuchten

Diese Leuchten (Bild 9.4) werden z. B. in Bürogebäuden, Verkaufs- und Versammlungsräumen, Hotels und auch zur Beleuchtung von Wohnhäusern verwendet. Viele Ausführungen lassen sich auch in Industrieanlagen mit mäßigem Schmutzanfall und geringer Korrosionsbeanspruchung einsetzen.

Innenleuchten werden in vielen Ausführungen hergestellt, von der einfachen Lichtleiste über die dekorativ wirkende Decken- oder Pendelleuchte bis zur optisch präzis geformten Spiegel-Einbauleuchte mit Abluftführung. Innenleuchten müssen mindestens dem Schutzgrad „abgedeckt“ nach EN 60 598/DIN VDE 0711 entsprechen. Leuchten mit Kunststoff-Glaswannen haben meist einen Schutzgrad IP 40 oder IP 50. Dichtungen erschweren das Eindringen von Staub in das Leuchteninnere, so daß größere Wartungsintervalle erreicht werden.

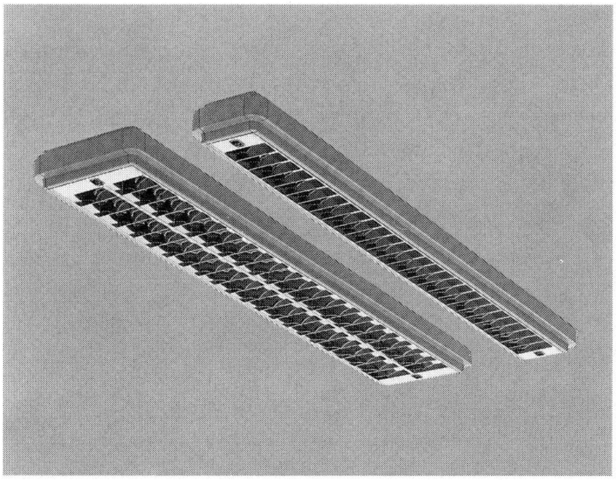

Bild 9.4
Typische Deckenanbauleuchte für Büroräume mit Bildschirmarbeitsplätzen; ein- und zweilampige Ausführung [9.4]

Innenleuchten sind ohne spezielle Angaben nach EN 60 598/DIN VDE 0711 für eine Nennumgebungstemperatur von + 25 °C ausgelegt. Definitionsgemäß ist ein gelegentlicher Betrieb bis + 35 °C zulässig. Dadurch wird sichergestellt, daß auch im Hochsommer oder unter anderen extremen Bedingungen an den wärmeempfindlichen Teilen der Leuchte keine unzulässigen Temperaturen auftreten. Wenn dauernd höhere Umgebungstemperaturen als + 25°C am Einsatzort zu erwarten sind, so muß durch Rückfrage beim Hersteller geklärt werden, ob die vorgesehenen Leuchten den Bedingungen noch genügen oder ob besondere Maßnahmen erforderlich sind. Leuchtstofflampen in Rapidstartschaltung sind z. B. in solchen Fällen nicht mehr unbedingt funktionssicher.

Bei Gebäuden mit Deckenstrahlungsheizung ist eine höhere Wärmebelastung der Leuchten bei der Planung zu berücksichtigen, auch im Hinblick auf die dadurch verminderte Lichtausbeute der Lampen.

Die lichttechnischen Eigenschaften von Innenleuchten werden hauptsächlich durch die Anforderungen bestimmt, die sich entsprechend der Sehaufgabe aus den in DIN 5035 festgelegten Kriterien für die Beleuchtungsgüte ergeben. Hierbei sind besonders die Höhe der Beleuchtungsstärke und deren Gleichmäßigkeit, die Leuchtdichteverteilung im Raum und die Begrenzung der Direkt- und Reflexblendung wichtig.

Der Zwang, Energie sparsam einzusetzen, hat ebenfalls Einfluß auf die Leuchtenentwicklung. Darüber hinaus haben neue Technologien im Arbeitsbereich z. B. Bildschirmarbeitsplätze und gleichzeitig das Streben nach höherem Beleuchtungskomfort, besserem Kontrastsehen und angenehmerer Raumatmosphäre zu neuen Entwicklungsrichtungen geführt, z. B. Darklight-Technik und BAP-Technik (BAP Bildschirmarbeitsplatzbeleuchtung).

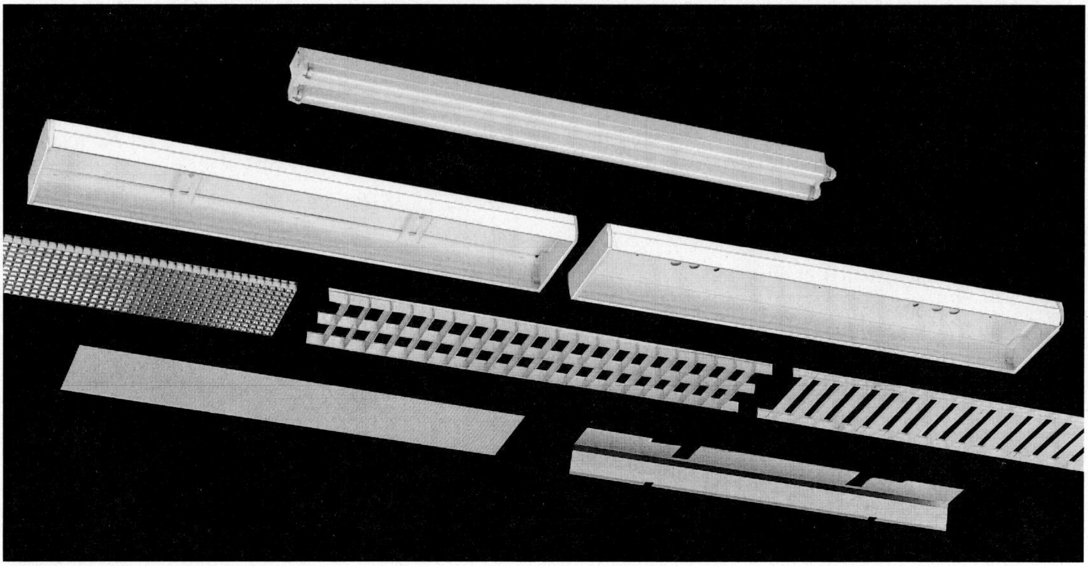

Bild 9.5 DUS-Kombileuchte 5 LJ 170 als Beispiel für das Baukastensystem bei Lichtleisten [9.4]

9.3.2 Decken-Anbauleuchten

Decken-Anbauleuchten werden in aller Regel als Baukastensystem entwickelt und angeboten. Dabei dient ein Grundelement, z. B. eine Lichtleiste (Bild 9.5) oder ein Gehäuse (Bild 9.6) mit Fassungen und der gesamten Elektrik als Träger für eine Vielzahl unterschiedlich wirksamer Lichtlenkelemente bzw. Abdeckungen. Als Lichtlenkelemente dienen Reflektoren, Lamellenblenden und Raster, weiß oder verspiegelt, zusätzliche Spiegel, Streugläser und Kunststoffgläser mit berechneter optischer Wirkung. Durch die Verwendung verschiedenfarbiger Rahmen und Gehäuse hat der Architekt ein zusätzliches Element für die Raumgestaltung.

Die meisten Decken-Anbauleuchten lassen sich einzeln oder als Lichtbänder – in einigen Fällen mit Hilfe von Tragschienen – an Pendel, Seil oder Kette von der Decke abhängen. Durch veränderbare Verbindungsstücke lassen sich auch beliebig abgewinkelte Lichtlinien und Ornamente zusammenfügen.

9.3.3 Decken-Einbauleuchten

In modernen Neubauten werden häufig abgehängte Decken verwendet. In dem darüber befindlichen Hohlraum sind die verschiedenartigen Installationen untergebracht (z. B. Elektro, Klima, Sprinkler). Um die harmonische Deckenarchitektur und die Luftführung nicht zu stören, werden die Leuchten meist so in die Decken eingebaut, daß sie bündig damit abschließen oder nur wenig herausragen. Hierfür werden Decken-Einbauleuchten angeboten, die den jeweiligen Deckensystemen angepaßt sind (Bild 9.7). Entsprechend variables Montagezubehör erlaubt einen schnellen und einfachen Einbau.

Ähnlich wie bei Anbauleuchten lassen verschiedenartige Abdeckungen eine große Vielfalt lichttechnischer Möglichkeiten zu, insbesondere durch den Einsatz verschiedener Spiegelrasterkonstruktionen und die Wahlmöglichkeit hinsichtlich ihrer Oberflächenstruktur (Bild 9.6).

Bei eingebauten Leuchten ist eine direkte Deckenaufhellung wie mit abgehängten Leuchten nicht möglich, auch nicht wenn die Leuchtenabdeckungen etwas herausragen. So können störend hohe Kontraste zwischen Leuchte und Decke entstehen. Das kann durch helle, also gut reflektierende Bodenbeläge und Möbel zur Erhöhung der Deckenleuchtdichte vermieden oder gemildert werden, oder, was wirkungsvoller ist, indem die Leuchtdichte der Leuchten z. B. durch geeignete Spiegelraster stark herabgesetzt wird.

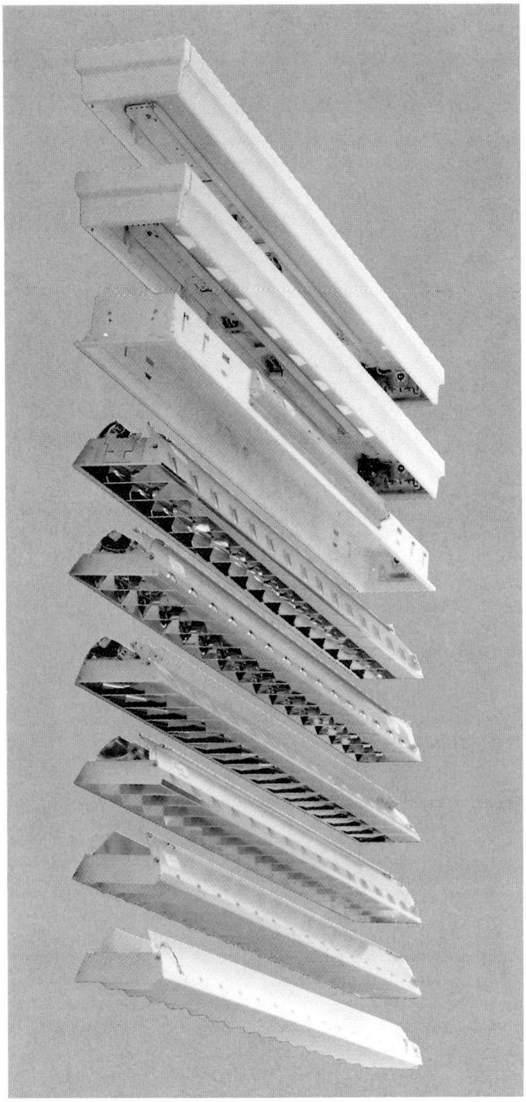

Bild 9.6
Leuchtengehäuse mit kompatiblen Rastervarianten als Baukastensystem bei Anbau-, Einbau- und Einzelleuchten. Ähnliche Leuchten gibt es auch für Bandanordnung [9.4]

Mit Spiegelrasterleuchten läßt sich auch das Kontrastsehen am Schreibtisch verbessern. In Räumen mit Bildschirmarbeitsplätzen vermeiden Leuchten mit BAP-Spiegelraster störende Reflexe auf den Bildschirmen.

Bild 9.7
Decken-Einbauleuchten in zwei- und dreilampiger Ausführung [9.4]

9.3.4 Klima-Einbauleuchten

Bürogebäude, Hörsäle, Verkaufsräume und spezielle Arbeitsräume werden vielfach mit Komfort-Klimaanlagen ausgestattet. Die von der Beleuchtungsanlage aufgenommene elektrische Leistung wird letztlich vollkommen in Wärme umgesetzt und beeinflußt als Teil der inneren Kühllast die Höhe der Luftfördermenge und der Kühlleistung, folglich die Investitions- und Betriebskosten der Klimaanlage.

Größtmögliche Wirtschaftlichkeit setzt also einen möglichst kleinen Beleuchtungsanschlußwert und eine möglichst niedrige Wärmeabgabe der Leuchten voraus. Erreicht wird dies mit Lampen hoher Lichtausbeute, betrieben mit energiesparenden elektronischen Vorschaltgeräten, Leuchten mit hohen Betriebswirkungsgraden und deren Verwendung als Abluftleuchten, meist als „Klimaleuchten" bezeichnet. Abluftleuchten sind so ausgebildet, daß die durch sie gezielt geführte Abluft eine sanfte Kühlung der Lampen bewirkt und die Konvektionswärme von Lampen und Vorschaltgeräten mitgenommen wird (Bilder 9.8 und 9.9). Durch turbulenzarme Luftführung und sehr kurze Verweildauer der Luft in der Leuchte werden Staubablagerungen vermieden.

Es gibt zwei Arten von Anlagensystemen zur Abluftführung. Bei dem einen wird der Deckenhohlraum als Abluftkammer verwendet, aus dem über einen Kanal die Abluft abgesaugt wird. Der Deckenhohlraum steht auf Unterdruck, man

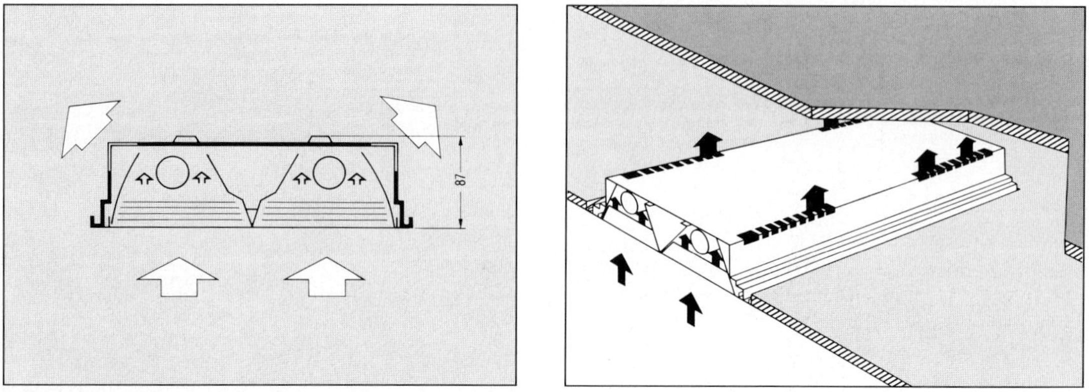

Bild 9.8 a, b Klimaleuchte für Unterdruckdecken

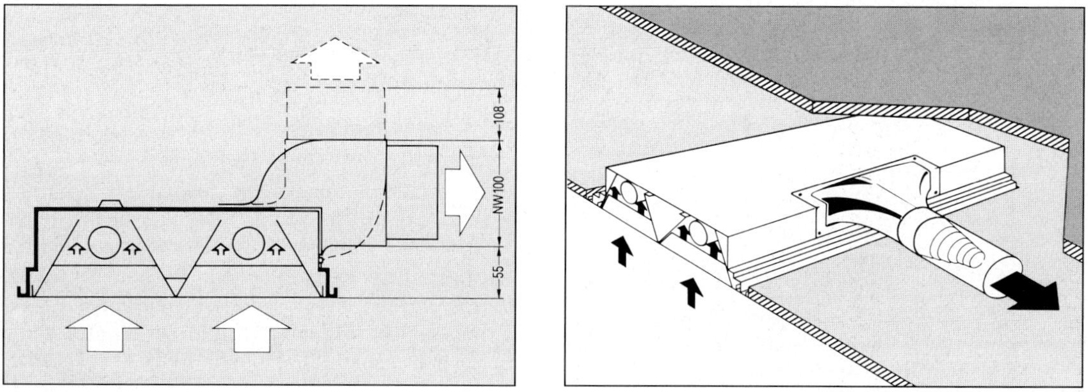

Bild 9.9 a, b Klimaleuchte für die Führung der Abluft in Aluflex-Rohren (Kanalsystem)

spricht von einer „Unterdruckdecke". Hierfür sind Klimaleuchten mit verdeckt angeordneten großen Abluftöffnungen im Leuchtengehäuse geeignet, durch die die Luft aus dem Raum mit geringem Unterdruck (bis ca. 15 Pa) in den Deckenhohlraum abgezogen wird (Bild 9.8 a und b). Zur Mengen- und Druckanpassung kann die Zahl der Abluftöffnungen und deren Querschnitt einfach variiert werden (Bild 9.8 a und b sowie Bild 9.10 a und b).

Bei dem anderen System ergeben sich wärmetechnisch günstigere Verhältnisse durch die Führung der Abluft in Aluflex-Rohren von der Leuchte bis zu den Sammelkanälen (Bild 9.9 a und b). Klimaleuchten für dieses Anlagensystem besitzen zum Aufstecken des Aluflex-Rohres einen Anschlußstutzen mit verdeckt angeordneter Einströmöffnung. Der Anschlußstutzen kann als Winkel- oder Eckstutzen (Bild 9.9 b) ausgebildet sein. Einfache runde Stutzen werden seitlich oder nach oben am Leuchtengehäuse angeflanscht (Bild 9.10 d).

Der Abgleich des Druckabfalls bzw. des Abluftvolumenstroms kann z. B. durch einstellbare Klappen, Lochblenden oder Tellerventile erfolgen. Bevorzugt werden allerdings strömungstechnisch und akustisch vorteilhafte Festwiderstandsdüsen, deren Ausströmquerschnitt zum Abgleich durch Abtrennen von Ringen vergrößert werden kann (Bild 9.10 c).

Hersteller von Klimaleuchten bieten für alle Varianten ausführliche Dokumentationen in Form von

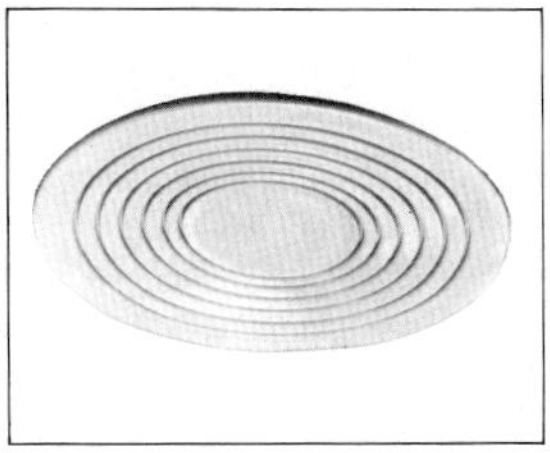

Bild 9.10 a
Festwiderstandsabdeckung zum Einstellen des Abluftvolumenstroms (Unterdruckdecke) [9.4]

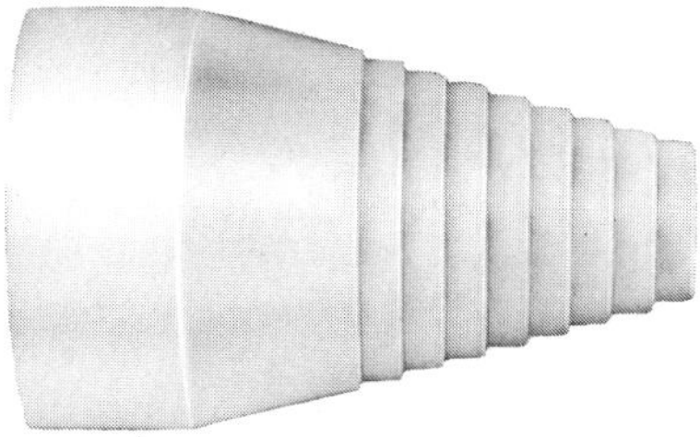

Bild 9.10 c
Festwiderstandsdüsen zum Einstellen des Abluftvolumenstroms (Kanalsystem) [9.4]

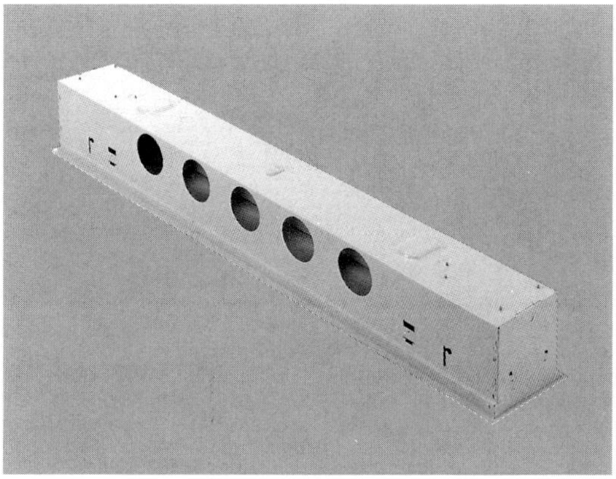

Bild 9.10 b
Klimaleuchte für die Abluftführung in eine Unterdruckdecke [9.4]

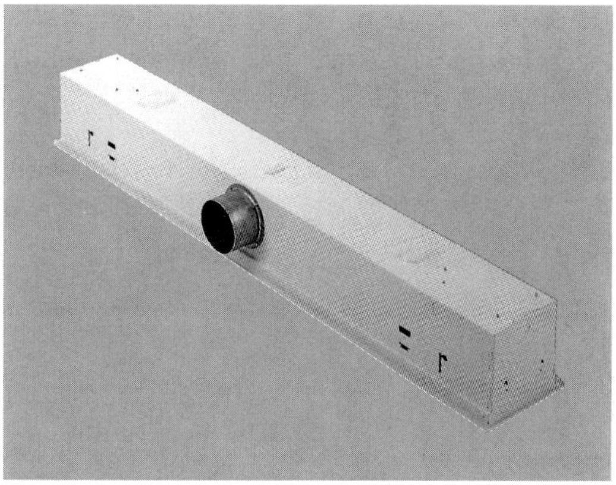

Bild 9.10 d
Klimaleuchte für die Abluftführung in ein Kanalsystem [9.4]

Diagrammen über die zusammenhängenden Daten für Volumenstrom, Druckabfall und Schalleistung, Lichtstromverhalten bei Abluftbetrieb und Energiebilanz – Wärmeabfuhr. Bild 9.11 zeigt ein typisches Diagramm, das den Zusammenhang zwischen Volumenstrom, Druckabfall und Schalleistung für eine Klimaleuchte mit seitlicher Öffnung und Düsen wie in Bild 9.10 d darstellt, Bild 9.12 zeigt die analoge Darstellung für eine Klimaleuchte mit runden Abluftöffnungen an der Seite wie im Bild 9.10 b. Bild 9.13 zeigt das Lichtstromverhalten einer L-Lampe in einer Klimaleuchte als Funktion des Abluftvolumenstroms. Bild 9.14 zeigt die Energiebilanz einer Klimaleuchte.

Das Erscheinungsbild in der Decke der Klimaleuchten mit Abluftführung stimmt mit dem von entsprechenden Leuchten ohne Abluftführung völlig überein. Beide Leuchtenarten können im gleichen Raum kombiniert werden. Sie lassen sich in fast alle Deckensysteme einbauen. Dabei lassen sich die Vorteile von Klimaleuchten folgendermaßen zusammenfassen:

▷ Mit der durch die Klimaleuchten geführten Abluft wird der größte Teil der Leuchtenwärme abgeführt. Das bedeutet eine niedrigere Beleuchtungskühllast und damit kleinere klimatechnische Anlagen mit geringeren Betriebskosten.

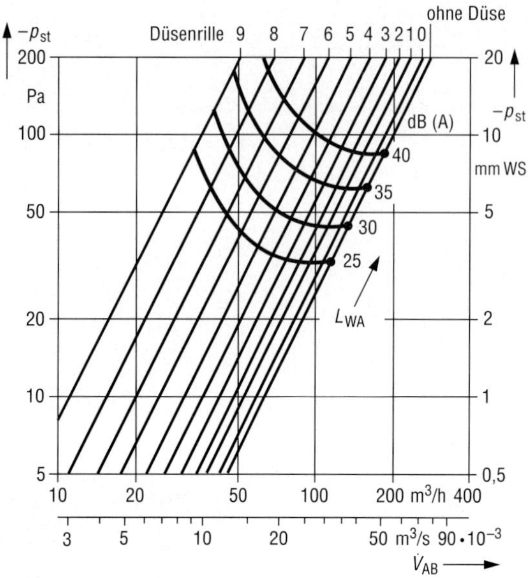

Bild 9.11
Abluftvolumenstrom $\dot{V}_{AB}$, statischer Druckabfall $-p_{st}$ und bewerteter Schalleistungspegel L_{WA} für eine Klimaleuchte mit seitlicher Öffnung und Düse wie in den Bildern 9.10c und d

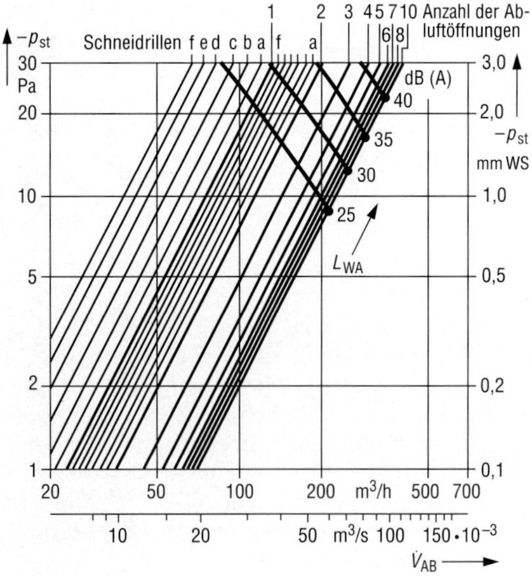

Bild 9.12
Abluftvolumenstrom $\dot{V}_{AB}$, statischer Druckabfall $-p_{st}$ und bewerteter Schalleistungspegel L_{WA} für eine Klimaleuchte mit runden Abluftöffnungen an der Seite (Bild 9.10b). Die Schneidrillen a–f der Festwiderstandsabdeckung (Bild 9.10a) ermöglichen das Verkleinern der Öffnungsdurchmesser

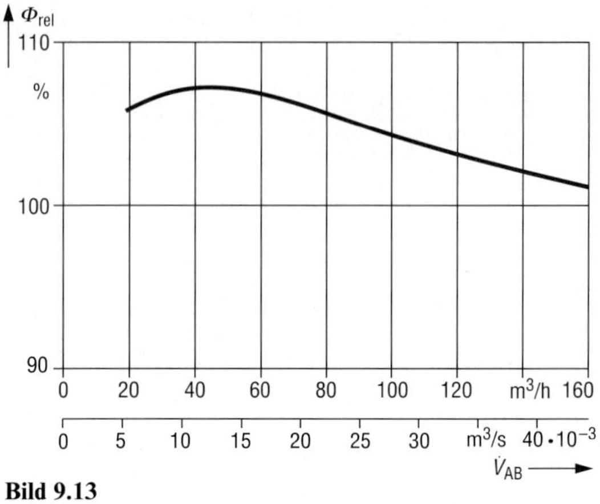

Bild 9.13
Lichtstromverhalten einer L-Lampe in einer Klimaleuchte als Funktion des Abluftvolumenstroms. Der Lichtstrom der unbelüfteten Leuchte bei 25 °C Umgebungstemperatur entspricht 100%

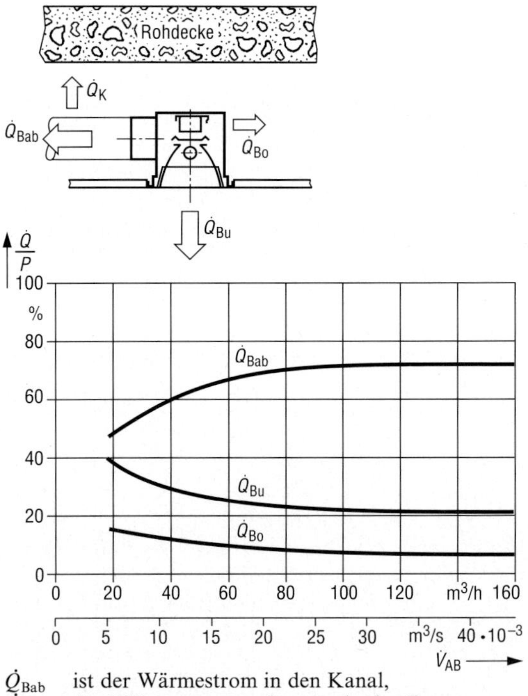

$\dot{Q}_{Bab}$ ist der Wärmestrom in den Kanal,
$\dot{Q}_{Bu}$ der Wärmestrom nach unten in den Raum,
$\dot{Q}_{Bo}$ der Wärmestrom über die Leuchtenoberfäche in den Deckenhohlraum
$\dot{Q}_K$ der Wärmestrom, der über die Kanal- und Rohrleitungsoberflächen in den Deckenhohlraum geht

Bild 9.14
Energiebilanz einer Klimaleuchte:
Relativer Wärmestrom $\dot{Q}_p$ als Funktion des Abluftvolumenstroms $\dot{V}_{AB}$

- ▷ Klimaleuchten erfüllen die Abluftfunktion kostengünstiger als zusätzliche Abluftschienen oder Abluftgitter und vermeiden eine weitere optische und unästhetische Zergliederung der Deckenfläche.
- ▷ Die Ablufteinstellung der Leuchten kann sehr einfach auf die örtlichen Bedingungen abgestimmt werden.
- ▷ Klimaleuchten sind strömungstechnisch so ausgebildet, daß das Strömungsrauschen auch bei hohem Luftdurchsatz gering ist. Dadurch sind die Anforderungen an die Lufttechnik und an die Raumakustik ohne Schwierigkeiten zu erfüllen.
- ▷ Klimaleuchten verschmutzen weniger als Leuchten ohne Abluftführung, damit vergrößern sich die Wartungsintervalle.
- ▷ In Klimaleuchten werden die Elektrikbauteile durch die Abluft gekühlt, sie sind deshalb weniger hoch thermisch belastet. Hieraus ergibt sich eine Lebensdauerverlängerung der Bauteile bis zum Vierfachen gegenüber Bauteilen in unbelüfteten Leuchten.
- ▷ Als Klimaleuchten werden nur lichttechnisch hochwertige Konstruktionen verwendet. Ihre Eigenschaften machen sie besonders geeignet für die Beleuchtung großer Räume mit hohem Lichtbedarf und hohen Ansprüchen an den Beleuchtungskomfort.

9.3.5 Arbeitsplatzleuchten

Der Wunsch nach Energieeinsparung und die Humanisierung der Arbeitsplätze führten zur Wiedereinführung der Arbeitsplatzbeleuchtung. Dazu kam aus beleuchtungstechnischer Sicht die Aufgabe, das Kontrastsehen zu verbessern und eine höhere Sehleistung bei geringerer Ermüdung zu erzielen. Die bisherigen Arbeitsplatzleuchten konnten diesen Ansprüchen nicht gerecht werden.

Mit neuen Lichtquellen und neuen Beleuchtungskonzepten konnten in letzter Zeit sehr gute Ergebnisse erzielt werden. Beispiele hierfür sind Arbeitsplatzleuchten für die Zweikomponenten(2K)-Beleuchtung von Siemens (Bild 9.15) und die direkt- und indirektwirkenden arbeitsplatzbezogenen Büroleuchten. Beide Systeme können am Schreibtisch befestigt oder über dem Schreibtisch aufgehängt werden.

In allen Fällen ist jedoch eine Allgemeinbeleuchtung des Raums als Grundbeleuchtung erforderlich, die entweder eine direkte Beleuchtung durch

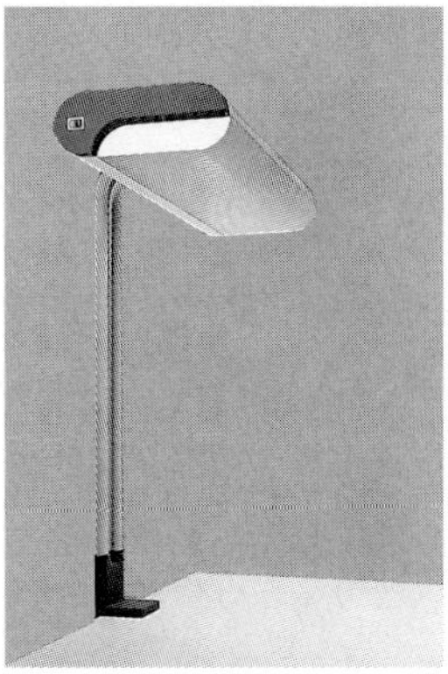

Bild 9.15
Arbeitsplatzleuchte [9.4]

Leuchten mit Spiegelrastern sein kann oder eine indirekte Raumbeleuchtung, wie sie durch Büro- oder Pendelleuchten erzeugt wird.

9.3.6 Downlights

Downlights treten bescheiden hinter ihrer Sichtwirkung zurück. Das klassische Downlight-Licht, ein „Sternenhimmel", strahlt aus vielen kleinen Deckenöffnungen, stört nicht und blendet nicht. Es ist Stimmungslicht, ob dramatisch-stimulierend oder ruhig und diffus. Einzeln eingesetzte Downlights setzen Akzente, schaffen Schwerpunkte und heben Konturen hervor. Massiert verwendet beleuchten sie effektiv und schattenfrei Hallen, Säle, Foyers. Licht aus Downlights ist Testlicht, Verkaufslicht, Licht für Banken, Museen oder Sitzungssäle, für Flughäfen und Restaurants – aber

Bild 9.16
Downlight für Kompakt-Leuchtstofflampen (links) und Niedervolt-Halogenglühlampen [9.4]

auch für die Werbung. Unter der umfassenden Regie von Architekten und Lichtgestaltern kann Downlight eigentlich alles.

Die Industrie bietet für dieses vielseitige beleuchtungstechnische Gebiet eine nicht übersehbare Vielfalt an Downlights für Halogenglühlampen, Kompaktleuchtstofflampen, Quecksilberdampf-Hochdrucklampen und Halogen-Metalldampflampen an (Bild 9.16).

9.3.7 Strahler

Die Architektur, der Raum, das Bild, die Plastik, die Schrifttafel: Strahler heben sie hervor, machen sie zum Mittelpunkt, geben ihnen Glanz und Bedeutung. Strahlerlicht erzeugt starke Schattenbildung, betont Konturen, läßt Einzelheiten hervortreten. Die Wirkung ist immer interessant und lebendig.

In der allgemeinen Beleuchtung des Raums, etwa durch Langfeldleuchten, schafft Strahlerlicht, exakt gelenkt, Lichtinseln und optische Oasen.

Die große Vielfalt der angebotenen Strahlerleuchten, zum Teil mit ausgefeilter Lichttechnik, und ihre Vielzahl von Designvarianten ermöglichen brillante und vielseitige Lösungen für die Lichtarchitektur (Bild 9.17).

Ob Strahler für Halogen-Metalldampflampen, Halogen-Glühlampen für Niedervolt oder für Netzspannung, alle bieten brillantes Licht für naturgetreue Farbwiedergabe, das eng gebündelt oder breit gestreut werden kann.

Strahler mit Halogen-Metalldampflampen werden vorzugsweise in repräsentativen Foyers, Museen, Banken, Läden und Verwaltungsgebäuden mit hohem Lichtbedarf eingesetzt. Die kleinen Strahler für Niedervolt-Halogenglühlampen bieten hohe Beleuchtungsstärken und enge, gezielte Lichtbündel, z. B. zum Beleuchten von Einzelgegenständen in Läden und Schaufenstern. Der gewählte Reflektor beeinflußt die Lichtatmosphäre und auch die Wärmebelastung des angestrahlten Objekts. Blumen und Lebensmittel z. B. verlangen Farbtreue und Frische – hier werden vorzugsweise Strahler mit Kaltlichtreflektoren oder mit Halogen-Metalldampflampen eingesetzt. Silberfarbige Reflektoren bringen kühle Lichtstrombrillanz und besondere Helligkeit. Verschiedene Wirkungen lassen sich durch Farbfilter erzielen. Für viele Strahler eignen sich die Montagearten Stromschiene, Wand- oder Deckenmontage.

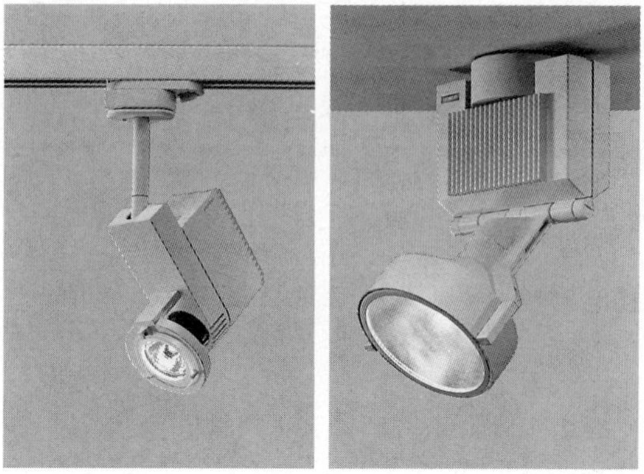

Bild 9.17
Strahler für Niedervolt-Halogenglühlampen (links) und Halogen-Metalldampflampen (rechts) [9.4]

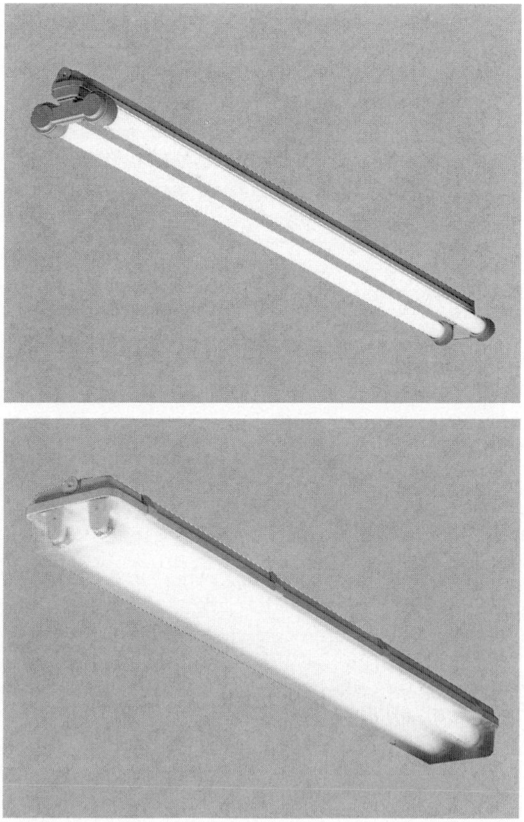

Bild 9.18
Feuchtraumleuchten: Freistrahlende Lichtleiste (oben) und Wannenleuchte (unten) [9.4]

9.3.8 Feuchtraumleuchten

In vielen Industriebetrieben, in denen keine besonderen Anforderungen an die Schutzart der Leuchten zu stellen sind, können die schon im Kap. 9.3.1 erwähnten Leuchtensysteme eingesetzt werden. Unter Umständen sind staubgeschützte Varianten zu verwenden. Sobald jedoch Staub- und Wasserschutz erforderlich werden, sind Feuchtraumleuchten notwendig (Bild 9.18). Feuchtraumleuchten haben heute fast ausschließlich Kunststoffgehäuse, überwiegend aus Polyester mit Glasfaserverstärkung. Diese Kunststoffe sind nicht nur unter dem Einfluß von Feuchtigkeit korrosionsfest, sondern auch unempfindlich gegen viele aggressive Chemikalien und Dämpfe (z. B. galvanische Bäder, Papierherstellung, Labors).

Kunststoff-Feuchtraumleuchten erreichen je nach Bauart die Schutzarten IP 54 bis IP 65. Einige Kunststoffleuchten können für harte mechanische Beanspruchung auch mit erhöhter Stoßfestigkeit ausgeführt sein.

9.3.9 Industrieleuchten

Für hohe Werkhallen und andere hohe Räume sind tief- oder breitstrahlende Spiegelleuchten für Hochdruck-Metalldampflampen besonders geeignet. Einsetzbar sind rotationssymmetrische Spiegelreflektorleuchten und Rinnenspiegelausführungen mit verschiedenen Spiegelarten und -größen für Bestückung mit Quecksilberdampf- und Natriumdampf-Hochdrucklampen sowie Halogen-Metalldampflampen von 250 W bis 1000 W Leistungsaufnahme (Bild 9.19). Diese Leuchten entsprechen ohne Abschlußglas der Schutzart IP 20. Mit einem Abschlußglas wird die Schutzart im Lampenraum auf IP 50 angehoben, das Oberteil bleibt IP 20. Mit speziellen Konstruktionen wird IP 54 für die gesamte Leuchte erreicht. Bei Umgebungstemperaturen bis 50 °C sind Sonderausführungen erforderlich.

Bei der Planung von Anlagen mit Spiegelleuchten für Hochdrucklampen sind die folgenden Vor- und Nachteile zu beachten.

Vorteile

- ▷ Durch hohe Lichtstromkonzentration in einer Leuchte auch in hohen Hallen gute Beleuchtungswirkungsgrade,
- ▷ gute Blendungsbegrenzungen,

Bild 9.19
Industrieleuchte: Hallenspiegelleuchte für Hochdruckentladungslampen [9.4]

- ▷ auch für große Flächen relativ wenige Lichtpunkte erforderlich (Vorteil für Montage und Wartung).

Nachteile

- ▷ Harte Schatten, geringere Vertikalbeleuchtungsstärken,
- ▷ bei Ausfall schon von einer Lampe starke Ungleichmäßigkeiten,
- ▷ kein sofortiges Wiederzünden nach Spannungsabsenkung oder Netzunterbrechung,
- ▷ stärkeres Flimmern als bei Leuchtstofflampen.

In Betriebsstätten mit Explosionsgefahr müssen nach DIN VDE 0165 Leuchten verwendet werden, die mindestens dem Schutzgrad IP 54 entsprechen und darüber hinaus gemäß den vorkommenden Explosionsklassen und Zündgruppen explosionsgeschützt sind. Die Lampen müssen dabei mit Glas oder Kunststoff abgedeckt und bei mechanischer Gefährdung zusätzlich mit einem Schutzkorb versehen sein. Der Schutzkorb kann entfallen, wenn Kunststoffabdeckungen mit besonders hoher Festigkeit verwendet werden. Für ortsfeste explosionsgeschützte Leuchten werden Glühlampen mit Sicherung oder Leuchtstofflampen mit Einstiftsokkel in starterloser Schaltung verwendet. Es gibt auch Ex-Innenleuchten für Bestückung mit Mischlichtlampen und für Hochdruck-Metalldampflampen.

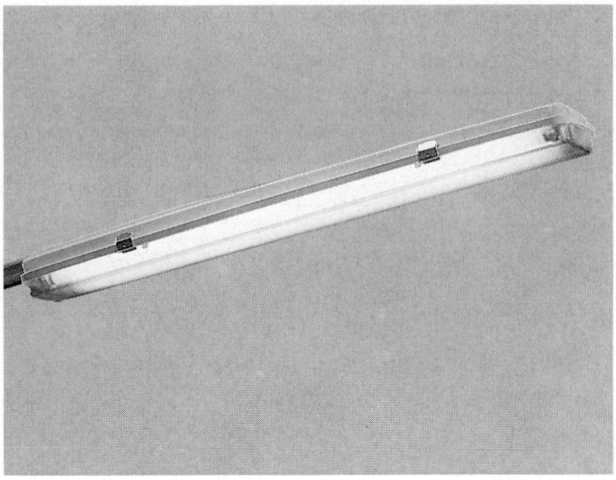

Bild 9.20
Außenleuchten: Mastaufsatzleuchte für Hochdrucklampen (links) und Mastansatzleuchte für Leuchtstofflampen (rechts) [9.4]

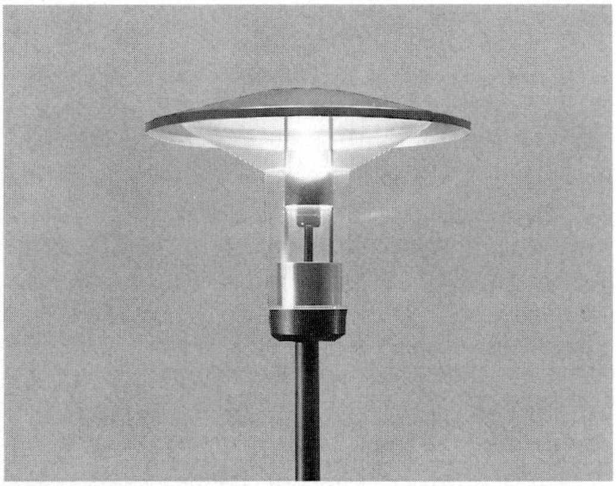

Bild 9.21 Dekorative Außenleuchten für Hochdruck- und Glühlampen [9.4]

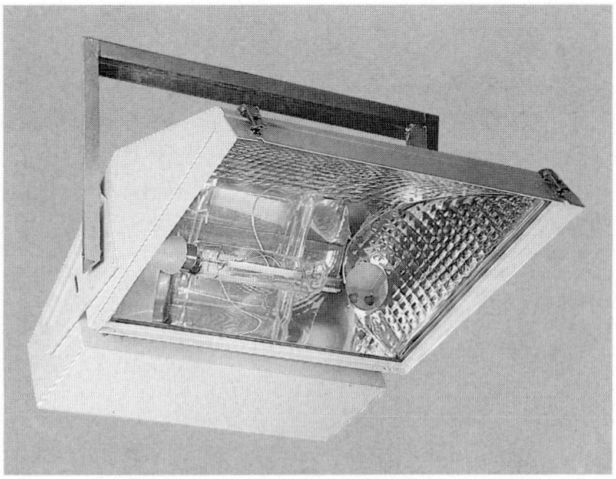

Bild 9.22
Scheinwerfer: Hochleistungsscheinwerfer mit rotationsparabolischem Spiegel für Allgebrauchs-Halogen- und Metalldampflampen (links); Lichtfluter mit Rinnenspiegel für Halogenmetalldampf- und Natriumdampflampen (rechts) [9.4]

9.3.10 Außenleuchten und Scheinwerfer

Außenleuchten dienen fast ausschließlich der Verkehrsbeleuchtung auf Straßen, Plätzen, Tunnels und Wasserstraßen. Scheinwerfer und Lichtfluter werden zur Beleuchtung von Sportanlagen, Industrieanlagen im Freien und zur Anstrahlung von Bauwerken eingesetzt.

Außenleuchten für die Straßenbeleuchtung

Für die Verkehrsbeleuchtung werden nur noch Entladungslampen verwendet. Damit wird eine hohe Lichtausbeute erzielt, außerdem sind durch exakte Lichtlenkung mit Spiegeln, Prismen usw. hohe Anlagenwirkungsgrade möglich. Mit langgestreckten Leuchtstofflampen läßt sich allerdings exakte Lichtlenkung nur bedingt erreichen, deshalb kommen sie nur zur Beleuchtung bebauter Straßen in Betracht, wo eine Aufhellung des Straßenraums durch das Streulicht erwünscht ist.

Außenleuchten gibt es in verschiedenen Ausführungsformen als Mastansatz- und Mastaufsatzleuchten (Bild 9.20) sowie als Hängeleuchten für Überspannungen. Um Verschmutzung von Lampen und Reflektoren zu vermeiden, werden Außenleuchten überwiegend in geschlossener Ausführung hergestellt. Bei Leuchten für Leuchtstofflampen ist dies auch aus thermischen Gründen notwendig, um den starken Lichtstromabfall im Tieftemperaturbereich zu mildern.

Die abschließenden Gläser oder Kunststoffglaswannen können auch mit Prismen versehen sein und somit Aufgaben der Lichtlenkung erfüllen. Die damit erzielbare, exakt berechenbare breitstrahlende Lichtstärkeverteilung ermöglicht einerseits eine sorgfältige Abschirmung gegen Blendung und andererseits eine optimale Verteilung des Lichtstroms auf der Straßenfläche entsprechend der genormten Leuchtdichte- und Gleichmäßigkeitswerte.

Bei abnehmender Verkehrsdichte kann das Leuchtdichteniveau auf der Straße abgesenkt werden. Dies führt zu niedrigerem Energiebedarf und damit auch geringeren Kosten für die Straßenbeleuchtung. Die Gleichmäßigkeit der Beleuchtung darf jedoch aus Gründen der Verkehrssicherheit nicht beeinträchtigt werden. Dies läßt sich durch Abschalten einer Lampe in zweilampigen Leuchten geeigneter Bauart oder durch die „Reduzierschaltung“ (Absenkung des Lampenstroms um etwa 40% durch Vergrößerung des Drosselspulen-Scheinwiderstandes) erreichen. Beide Verfahren können entweder in Verbindung mit Zeitschaltern oder in Abhängigkeit von der tatsächlichen Verkehrsdichte angewendet werden.

Dekorative Außenleuchten

In innerstädtischen Bereichen, Fußgängerzonen, Parks oder dergleichen kommt der Außenbeleuchtung eine besondere Bedeutung zu. Hier steht, im Gegensatz zur Verkehrsbeleuchtung, dic Behaglichkeit im Mittelpunkt. Durch langsamere Bewegungsabläufe kann das Auge auch größeren Helligkeitsunterschieden folgen, ohne daß die Wahrnehmung wesentlich eingeschränkt wird.

Dem jeweiligen Umfeld entsprechend kann eine farbliche Anpassung durch Wahl der geeigneten Lampen – neutralweiß, warmweiß oder gelbweiß – erfolgen. Für solche Aufgaben bieten dekorative Außenleuchten vorwiegend mit kleinen Lampenleistungen viele Anwendungsmöglichkeiten (Bild 9.21).

Scheinwerfer

Ob Schweinwerfer oder Lichtfluter verwendet werden, hängt von der Beleuchtungsaufgabe ab. Für die Beleuchtung kleiner Objekte in großer Entfernung ist starke Lichtbündelung erforderlich, wie sie bei Scheinwerfern mit rotationsparabolischen Spiegeln in Verbindung mit kleinen Leuchtensystemen erreichbar ist. Ein breiteres, kegelförmiges Lichtbündel geben diese Scheinwerfer ab, wenn größere Leuchtensysteme verwendet werden.

Bandförmige Bündelung erhält man bei Lichtflutern mit parabolzylindrischen Spiegeln („Rinnenspiegeln“) in Verbindung mit stabförmigen Lampen wie Halogenglühlampen und Halogen-Metalldampflampen (Bild 9.22). Geräte dieser Art eignen sich besonders für die Beleuchtung größerer Flächen wie Sportanlagen, größere Gebäudefronten, industriell und gewerblich genutzte Flächen (Lager- und Verladeplätze, Baustellen) oder Parkplätze.

10 Installation von Beleuchtungsanlagen

10.1 Allgemeine Hinweise

Bei der Planung von Beleuchtungsanlagen mit Entladungslampen sowie Halogenlampen mit Transformatoren ergeben sich eine ganze Reihe licht- und elektrotechnischer Gesichtspunkte, die berücksichtigt werden müssen. Vom Elektroinstallateur sind nach Projektierung der Beleuchtungsanlage, Festlegung der Leuchtenart und Leuchtenanzahl grundsätzlich folgende Fragen zu klären:

1. Spannung und Frequenz des Netzes: Wechsel- oder Drehstromnetz?
2. Wie sollen die Lampen geschaltet werden, einzeln, in Gruppen oder zentral? Ist Ein- oder Mehrphasenanschluß beabsichtigt?
3. Wird Kompensation der induktiven Blindleistung gefordert? Bis zu welchem Kompensationsgrad? Soll einzeln, gruppenweise oder zentral kompensiert werden?
4. Ist Rücksicht auf Rundsteueranlagen (tonfrequente Zentralsteuerungsanlagen) zu nehmen? Welche Forderung besteht hinsichtlich Verdrosselung von netzparallelen Kondensatoren? Welche Steuerfrequenzen werden angewendet?
5. Sollen oder können Duo-Vorschaltgeräte eingesetzt werden, auch wenn gegebenenfalls keine Leuchten mit mehreren Lampen geplant sind (Einzelmontage von Leuchten mit abwechselnd induktiven und kapazitiven Vorschaltgeräten)?
6. Bestehen besondere Forderungen hinsichtlich Funk-Entstörung?
7. Bestehen Sonderforderungen hinsichtlich elektrischer Installation, besonderer Stromkreisaufteilung, Sicherheitsbeleuchtung, Schutzschaltungen?
8. Machen besondere klimatische Verhältnisse (Luftfeuchtigkeit, Temperatur, aggressive Atmosphäre usw.) den Einsatz von dafür geeigneten Leuchten bzw. Vorschaltgeräten notwendig?
9. Welche Leuchten sind entsprechend den Raumarten und Betriebsstätten (DIN VDE 0100) auszuwählen?
10. Welche Umgebungstemperaturen müssen beachtet werden?
11. Bestehen besondere Netzverhältnisse mit Überspannungsimpulsen?
12. Besteht die Gefahr der Nulleiterunterbrechung in Verteilungssystemen?

Grundsätzlich gilt, daß Leuchten für Beleuchtungsanlagen so auszuwählen sind und die Errichtung von Beleuchtungsanlagen so zu erfolgen hat, daß keine Gefährdung

- ▷ von Personen und Nutztieren durch Körperströme und
- ▷ von Sachen durch zu hohe Temperaturen

auftritt.

Dazu ist die normgerechte Anbringung der Leuchten auf Bauteilen, Befestigungsflächen und Einrichtungsgegenständen zu beachten. Leuchten mit eingebauten Vorschaltgeräten oder getrennt angeordneten Vorschaltgeräten für Entladungslampen sind so anzubringen, daß im anomalen Betrieb (Kurzschlußstrom durch das Vorschaltgerät bei deaktivierter Lampe) oder im Fehlerfall des Vorschaltgerätes (Körper- oder Windungsschluß) für die Befestigungsfläche und die Umgebung keine Brandgefahr entsteht.

Die Netznennspannung in Deutschland ist durch Umsetzung der IEC 38 auf $230\ \mathrm{V}^{+6\%}_{-10\%}$ festgelegt, was auch den tatsächlichen Netzverhältnissen entspricht. Im gesamten Bundesgebiet schwankt die mittlere Netzspannung über den Tagesverlauf etwa zwischen 229,5 und 234 V. Lokal schwanken die Spannungspegel etwa zwischen 220 und 240 V.

Bis Ende 1996 muß die tatsächliche Umstellung auf den neuen Netzspannungsnormwert abgeschlossen sein, das gilt auch für die in CENELEC erfaßten europäischen Nachbarländer, so daß hiermit eine einheitliche Nennspannung für die Betriebsgeräte und damit auch Leuchten möglich sein wird.

Bereits jetzt haben mehrere Hersteller von Vorschaltgeräten ihre Geräte auf 230 V eingestellt, so daß Leuchten und Lampen thermisch und lichttechnisch ordnungsgemäß betrieben werden. Die bei Duoschaltung erforderlichen Kompensationskondensatoren in Reihenschaltung wurden ebenfalls den geänderten Drosseleinstellungen angepaßt (siehe hierzu auch Kapitel 10.2).

Für die z. Z. noch unterschiedlichen Spannungspegel in Europa wurden auch spezielle elektronische Vorschaltgeräte mit Weitspannungsbereich von 198 V bis 250 V Netznennspannung konzipiert (siehe auch Kapitel 2.4).

10.1.1 Errichtungsvorschriften

Für die „Errichtung von Starkstromanlagen mit Nennspanung bis 1000 V" gilt allgemein DIN VDE 0100/05.73 mit den in der Normenübersicht genannten Beiblättern. DIN VDE 0100 ist in mehrere Teile gegliedert [10.1].

Für die Errichtung von Beleuchtungsanlagen mit elektrischen Leuchten ist insbesondere Teil 559 (Leuchten und Beleuchtungsanlagen) [10.2] zu beachten, wobei weitere Teile für die Installation und Auswahl der Leuchten heranzuziehen sind:

- ▷ Teil 510 Auswahl und Errichtung elektrischer Betriebsmittel; Allgemeines;
- ▷ Teil 520 Auswahl und Errichtung elektrischer Betriebsmittel, Kabel, Leitungen und Stromschienen;
- ▷ Teil 523 Bemessung von Leitungen und Kabeln, mechanische Festigkeit, Spannungsfall und Strombelastbarkeit;
- ▷ Teil 560 Auswahl und Errichtung elektrischer Betriebsmittel; Elektrische Anlagen für Sicherheitszwecke;
- ▷ Teil 701 Räume mit Badewannen oder Dusche;
- ▷ Teil 702 Überdachte Schwimmbecken;
- ▷ Teil 703 Sauna-Anlagen;
- ▷ Teil 705 Landwirtschaftliche Betriebsstätten;
- ▷ Teil 720 Feuergefährdete Betriebsstätten;
- ▷ Teil 722 Fliegende Bauten, Wagen und Wohnwagen nach Schaustellerart;
- ▷ Teil 724 Elektrische Anlagen in Möbeln und ähnlichen Einrichtungsgegenständen, z. B. Gardinenleisten, Dekorationsverkleidung;
- ▷ Teil 737 Feuchte und nasse Bereiche und Räume; Anlagen im Freien.

Für weitere Gebiete, in denen aufgrund der örtlichen besonderen Verhältnisse besondere Maßnahmen berücksichtigt werden müssen, sind zu beachten bzw. heranzuziehen:

- ▷ DIN VDE 0105 Teil 7, Zusatzfestlegungen für explosivstoffgefährdete Bereiche;
- ▷ DIN VDE 0105 Teil 9, Zusatzfestlegungen für explosionsgefährdete Bereiche;
- ▷ DIN VDE 0105 Teil 10, Zusatzfestlegungen für elektrische Anlagen im Bergbau über Tage;
- ▷ DIN VDE 0105 Teil 11, Sonderbestimmungen für den Betrieb von elektrischen Anlagen im Bergbau;
- ▷ DIN VDE 0107, Errichten und Prüfen von elektrischen Anlagen in medizinisch genutzten Räumen;
- ▷ DIN VDE 0108, Errichten und Betreiben von Starkstromanlagen in baulichen Anlagen für Menschenansammlungen sowie von Sicherheitsbeleuchtung in Arbeitsstätten;
- ▷ DIN VDE 0118, Bestimmungen für das Errichten elektrischer Anlagen in bergbaulichen Betrieben unter Tage;
- ▷ DIN VDE 0160, Ausrüstung von Starkstromanlagen mit elektronischen Betriebsmitteln (gilt speziell bei Einsatz elektronischer Betriebsgeräte);
- ▷ DIN VDE 0165, Errichten elektrischer Anlagen in explosionsgefährdeten Bereichen;
- ▷ DIN VDE 0166, Elektrische Anlagen und deren Betriebsmittel in explosivstoffgefährdeten Bereichen;
- ▷ DIN VDE 0168, Bestimmungen für das Errichten und den Betrieb elektrischer Anlagen in Tagebauen, Steinbrüchen und ähnlichen Betrieben;
- ▷ DIN VDE 0170/0171, Elektrische Betriebsmittel für explosionsgefährdete Bereiche.

In den genannten Normen wird wegen des Inkrafttretens der Normen überwiegend auf Leuchten gemäß DIN VDE 0710 Bezug genommen. Am 01. 11. 1992 wird die Norm DIN VDE 0710 zurückgezogen und durch die harmonisierte Leuchtenvorschrift EN 60 598/DIN VDE 0711 ersetzt (siehe auch Tabelle 10.1), so daß hier jeweils ein Bezug zu DIN VDE 0711 zu sehen ist.

Tabelle 10.1 Normen für elektrische Leuchten

Ablösung nationaler Vorschriften im Bereich DIN VDE 0710			Harmonisierte Vorschriften als EN 60598/DIN VDE 0711		2. Ausgabe dow
Allg. Teil zur Prüfung für alle Leuchten	Teil 1	▶	Allg. Teil zur Prüfung für alle Leuchten	EN 60598 Teil 1 DIN VDE 0711 Teil 1	„dow“ in Verbindung mit Teilen 2
Hand- und Hohlraumleuchten	Teil 2	▶	Handleuchten	EN 60598-2-8 DIN VDE 0711 Teil 208	01.11.92
Lichtketten	Teil 3	▶	Lichtketten	EN 60598-2-20 DIN VDE 0711 Teil 220	01.01.93
Leuchten unter erschwerten Bedingungen	Teil 4	}	Bleibt vorerst national bestehen		
Leuchten mit begrenzter Oberflächentemperatur	Teil 5	}	Bleibt vorerst national bestehen		
Scheinwerfer für Film, Fernsehen und Bühne	Teil 6	▶	Leuchten für Bühnen-, Fernseh- und Filmstudios	EN 60598-2-17 DIN VDE 0711 Teil 217	01.11.92
Leuchten mit Zündgeräten	Teil 8	▶	Wird durch EN 60598 Teil 1/DIN VDE 0711 Teil 1 ersetzt		
Leuchten für Schwimmbecken	Teil 9	▶	Leuchten für Schwimmbecken	EN 60598-2-18 DIN VDE 0711 Teil 218	01.11.92
Leuchten für Photo-, Film- und Fernsehaufnahmen	Teil 10	▶	Foto- und Filmleuchten (nicht professionell)	EN 60598-2-9 DIN VDE 0711 Teil 209	01.11.92
Einbausignalleuchten	Teil 11	}	Bleibt vorerst national bestehen		
Aquarienleuchten	Teil 12	}	Bleibt vorerst national bestehen		
Ballwurfsichere Leuchten	Teil 13	}	Bleibt vorerst national bestehen		
Leuchten zum Einbau in Möbel	Teil 14	}	Bleibt vorerst national bestehen		
Ortsfeste Leuchten für Entladungslampen mit getrennt angeordneten Vorschaltgeräten	Teil 15	▶	Wird durch EN 60598 Teil 1/DIN VDE 0711 Teil 1 ersetzt.		
Leuchten mit Hochspannungseinrichtung zur Tötung von Insekten	Teil 16	▶	Insektentöterleuchten (noch im 1. Entwurfsstadium)		offen
Strahlerleuchten für Innenraumbeleuchtung	Teil 17	▶	Anstrahlleuchten	EN 60598-2-5 DIN VDE 0711 Teil 205	01.11.92
Ortsveränderliche Gartenleuchten	Teil 19	▶	Ortsveränderliche Gartenleuchten	EN 60598-2-7 DIN VDE 0711 Teil 207	01.11.92
			Einbauleuchten	EN 60598-2-2 DIN VDE 0711 Teil 202	01.11.92
			Straßenleuchten	EN 60598-2-3 DIN VDE 0711 Teil 203	01.11.92
			Leuchten mit eingebauten Transformatoren für Glühlampen	EN 60598-2-6 DIN VDE 0711 Teil 206	01.11.92
			Gewöhnliche, ortsveränderliche Leuchten	EN 60598-2-4 DIN VDE 0711 Teil 204	01.11.92
			Spielzeugleuchten	EN 60598-2-10 DIN VDE 0711 Teil 210	01.11.92
			Luftführende Leuchten	EN 60598-2-19 DIN VDE 0711 Teil 219	01.11.92
			Leuchten für Notbeleuchtung	EN 60598-2-22 DIN VDE 0711 Teil 222	01.11.92
			Stromschienensysteme für Leuchten 2. Ausgabe 1985	EN 60570 DIN VDE 0711 Teil 300	01.06.89

! DIN VDE 0710 bleibt bis zu „dow“ (01.11.92) gültig, danach Herstellungserlaubnis bis 01.11.1997“

dow	5 Jahre	Herstellungserlaubnis
01.11.92		01.11.97
date of withdrawal		Vertriebserlaubnis unbegrenzt

10.1.2 Auswahl der Leuchten in thermischer und mechanischer Hinsicht

Gemäß DIN VDE 0100 Teil 559 sind die Leuchten so auszuwählen, daß hinsichtlich ihrer thermischen Wirkung auf die Umgebung folgende Anforderungen zu berücksichtigen sind [10.2]:

▷ Zulässige Gebrauchslage,
▷ Brandverhalten des Materials
  - der Montagefläche,
  - thermisch beeinflußter Flächen,
▷ bei Strahlerleuchten Mindestabstand im Strahlengang zu brennbaren Materialien.

Je nach Anbringung der Leuchten auf Gebäudeteilen oder an Einrichtungsgegenständen (Möbeln, Fensternischen, Gardinenleisten) ist, in Abhängigkeit vom Brandverhalten des Materials der Montageflächen und thermisch beeinflußten anderen Flächen, folgendes zu beachten:

▷ Montage auf Gebäudeteilen
  - Auf *nichtbrennbaren* Flächen wie Beton, Gips, Kalk, Mörtel, Asbest, Metall usw. können alle Leuchten ohne besondere Merkmale befestigt werden.
  - Auf *normalentflammbaren* Flächen wie Holz über 2 mm Dicke, Holzwerkstoffen mit einer Rohdicke $\geq$ 600 kg/m^3 und einer Dicke von mehr als 2 mm, kunststoffbeschichteten Flachpreßplatten mit einer Dicke $\geq$ 4 mm usw. dürfen nur Leuchten mit dem Zeichen ▽F, ▽M, ▽F▽F oder ▽M▽M angebracht werden. Leuchten ohne diese Zeichen dürfen nur in einem Abstand von 35 mm angebracht werden und müssen auf ihrer gesamten Länge und Breite mit einem Blech von mindestens 1 mm Dicke abgedeckt sein.

▷ Montage in und an Einrichtungsgegenständen
  - Auf *nichtbrennbaren* und *normalentflammbaren* Flächen dürfen nur Leuchten mit dem Zeichen ▽M oder ▽M▽M angebracht werden.
  - Auf Flächen, die in ihrem Brandverhalten nicht bekannt sind, dürfen nur Leuchten mit dem Zeichen ▽M▽M angebracht werden.

Die Begriffe nichtbrennbar und normalentflammbar sind in DIN 4102 Teil 1 näher erläutert.

Die Kennzeichnungen ▽F, ▽F▽F sowie ▽M, ▽M▽M sind in Kapitel 9.2 näher erläutert. Siehe auch DIN VDE 0710 Teil 5 und Teil 14 sowie DIN VDE 0711 Teil 1.

Werden elektronische Vorschaltgeräte in Leuchten verwendet, deren max. Oberflächentemperatur 130 °C im anomalen Betrieb nicht übersteigt, kann die Leuchte ohne zusätzliche Maßnahmen mit dem Zeichen ▽F gekennzeichnet werden.

Bei Verwendung von elektronischen Vorschaltgeräten mit einer maximalen Oberflächentemperatur von

- 95 °C im normalen Betrieb und
- 115 °C im anomalen Betrieb oder Fehlerfall,

können diese Leuchten in thermischer Hinsicht mit den Zeichen ▽F▽F bzw. ▽M▽M versehen werden. Hierbei sind jedoch noch einige konstruktive Maßnahmen zu berücksichtigen, wie in den oben genannten Normen beschrieben.

Bei Leuchten mit getrennt angeordneten Vorschaltgeräten müssen diese Geräte mit dem Zeichen ⊖ versehen sein, was unabhängiges Vorschaltgerät bedeutet. Für solche unabhängigen Geräte gelten jedoch die gleichen Anforderungen für die Anschlußklemmen und das Gehäuse wie für Leuchten (DIN VDE 0711), damit der Berührungsschutz sowie die erforderliche Schutzart erfüllt werden. Hierbei ist zu beachten, daß solche getrennt angeordneten Vorschaltgeräte in einem Mindestabstand von 35 mm von normalentflammbaren Flächen angebracht werden müssen.

Bei Verwendung von elektronischen Vorschaltgeräten mit den o. g. Temperaturgrenzen im anomalen Betrieb von 115 °C können diese direkt auf Holz montiert werden.

Diese Temperaturfestlegungen gelten analog bei unabhängigen elektronischen Vorschaltgeräten zur Verwendung in Möbeln.

Bei Aufhängevorrichtungen für Leuchten, z. B. Deckenhaken, ist zu beachten, daß diese die 5fache Masse der daran befestigten Leuchte, mindestens aber 10 kg, ohne Formveränderung tragen können.

Weitere Anforderungen sind den einzelnen Abschnitten von DIN VDE 0100 Teil 559 zu entnehmen [10.2].

Bei Leuchten mit konventionellen oder elektronischen Transformatoren für Halogenglühlampen gelten die gleichen Anforderungen und Festlegungen wie für Vorschaltgeräte für Entladungslampen.

10.1.3 Betriebsstätten und die erforderlichen Schutzarten für Leuchten

Gemäß dem Verwendungszweck und der Aufgabe von bestimmten Betriebsstätten werden auch unterschiedliche Anforderungen an die Schutzart der Leuchten (Schutz gegen Eindringen von Fremdkörpern und Feuchte) gestellt. Dies gilt auch für getrennt von den Leuchten angeordnete Vorschaltgeräte, für die geeignete Gehäuse zur Einhaltung der geforderten Schutzart notwendig werden.

In DIN VDE 0100 Teil 510, 701, 702, 703, 704, 705, 720, 737 usw. sind für die zu installierenden Betriebsmittel, sprich Leuchten, notwendige IP-Schutzarten von IP 20 aufwärts angegeben (Tabelle und Erläuterungen der IP-Schutzarten siehe Kapitel 9.2).

Für Installation in feuchten Räumen ist besonderes Zubehör zu verwenden. Die Erfahrung mit wasserdichten Anlagen, besonders mit Gußkästen, hat gezeigt, daß infolge der Atmung in einwandfrei dichten Kästen nach einiger Zeit doch Wasser vorgefunden wird. Werden Vorschaltgeräte in Gußkästen eingebaut, so ist der Ansammlung von Wasser durch Anbringen von Öffnungen (mit Mückensieb) an der tiefsten Stelle des Gehäuses zu begegnen; das „Atmen" geschlossener Gußkästen wird durch größere Temperaturunterschiede bei Betriebserwärmung der Vorschaltgeräte begünstigt. Es wird kein wasserdichtes, sondern nur tropfwassergeschütztes Installationsmaterial vorgeschrieben, wenn die Installation in überdachten Gebäudeteilen, Toreinfahrten, Rampen, Bahnsteigen, Tankstellen usw. so angebracht ist, daß die Anlagenteile nicht unmittelbar dem Regen ausgesetzt sind [10.1].

10.1.4 Durchgangsverdrahtungen in Leuchten

In DIN VDE 0100 Teil 559, Abschnitt 5.5, werden Anforderungen genannt, in welcher Weise Durchgangsverdrahtungen an und durch Leuchten geführt werden können [10.2].

Werden die Leitungen für die Durchgangsverdrahtung vom Leuchtenhersteller bereits eingebaut bzw. wird vom Leuchtenhersteller angegeben, wie diese nachträglich eingebaut werden sollen, gilt ein Beschluß des DKE-Unterkomitees 521.4 (Leuchten), der in der ETZ Band 104 (1983) Heft 7/8 veröffentlicht wurde (siehe Bild 10.1) [10.3].

In Leuchten dürfen die Leitungen mehrerer Leuchtenstromkreise gemeinsam verlegt werden, wenn die Leuchten konstruktiv dafür vorgesehen sind.

Stellungnahme des Unterkomitees 521.4 „Leuchten"
Durchgangsverdrahtung in Leuchten

Die VDE-Bestimmung 0100 Teil 430 „Schutz von Leitungen und Kabeln gegen zu hohe Erwärmung", schreibt gegenüber VDE 0100/5.73, § 41, verringerte Nennströme für die Absicherung von Leitungen vor. Dies hat zur Folge, daß z. B. bei 16 A Absicherungen von früher 1,5 mm^2 Leiterquerschnitt jetzt auf 2,5 mm^2 gegangen werden bzw. der Nennwert der Absicherung auf 10 A reduziert werden muß. Die VDE-Bestimmung 0100 Teil 523 „Bemessung von Leitungen und Kabeln; mechanische Festigkeit, Spannungsfall und Strombelastbarkeit" bestimmt im Abschnitt 9, daß für Leitungen im Innern von Geräten die jeweiligen Gerätebestimmungen anzuwenden sind.

Für Durchgangsverdrahtungen in Leuchten, die gemäß VDE 0710 bzw. VDE 0711 „Leuchtenbestimmung" vom Hersteller eingebaut werden, oder nachträglich vom Errichter in Form von fabrikationsmäßig vorbereiteten Leitungen bezogen und installiert werden oder nachträglich vom Errichter als vom Leuchtenhersteller vorgeschriebene Leitungen installiert werden, tritt hierdurch keine Änderung ein.

Solche Leitungen sind gemäß VDE 0710 bzw. VDE 0711 „Leuchten" vom Leuchtenhersteller temperaturgemäß unter Strombelastung und hinsichtlich der Leitungsführung überprüft worden. Als Mindestquerschnitt ist für die Durchgangsverdrahtung 1,5 mm^2 auszuwählen. Die Leitungsart, die entsprechende Strombelastung bzw. die Anzahl der anzuschließenden Leuchten wird vom Leuchtenhersteller angegeben.

Zu Durchgangsverdrahtung in Leuchten siehe auch DIN 57 100 Teil 559/VDE 0100 Teil 559 und DIN IEC 589 Teil 1 A 1/VDE 0711 Teil 1 A 1.

Schienenverteiler nach IEC 439 bzw. VDE 0660 Teil 5 sind nicht Bestandteile von Leuchten.

Bild 10.1 Einbauvorschriften von Durchgangsverdrahtungen in Leuchten

Werden Leuchtengruppen mit einem gemeinsamen Neutralleiter als Drehstromsystem betrieben, wobei das Drehstromsystem auch als Durchgangsverdrahtung geführt werden kann, so ist darauf zu achten, daß das System mit einem Schalter allpolig freigeschaltet werden kann. Die zu diesem Drehstromkreis gehörenden Leitungen müssen in einer mehradrigen Leitung (Kabel), in einem Rohr oder in den selben Hohlräumen von Leuchten oder Lichtbändern verlegt werden, die zur Aufnahme der Leitungen bestimmt sind.

10.2 Kompensation der induktiven Blindleistung

10.2.1 Vorschriften

In den „Technischen Anschlußbedingungen für den Anschluß an das Niederspannungsnetz" (TAB), Ausgabe 1980, werden unter Abschnitt 8.4 „Anschluß von Entladungslampen" folgende Forderungen erhoben [10.4]:

▷ In einer Kundenanlage dürfen Entladungslampen bis zu einer Lampenleistung von insgesamt 130 W je Außenleiter unkompensiert angeschlossen werden. Eine Kompensation ist nicht erforderlich beim Anschluß von Entladungslampen in Einzelschaltung mit einer Lampenleistung bis 22 W und bei Tandemschaltung bis 14 W je Lampe.

▷ Um den Bereich von Tonfrequenz-Rundsteueranlagen nicht zu beeinträchtigen, ist die Duoschaltung oder eine Schaltung von Einzellampen in Gruppen vorzusehen, die je zur Hälfte mit gleichmäßig auf den Außenleiter aufgeteilten kapazitiven und induktiven Vorschaltgeräten betrieben werden. Bei allen anderen Schaltungen ist Rückfrage beim EVU dann erforderlich, wenn vom EVU eine Tonfrequenz-Rundsteueranlage mit einer höheren Frequenz als 250 Hz betrieben wird.

Hierbei ist gemäß Kapitel 8.2 „Blindleistung" folgendes zu beachten:

▷ Kompensationseinrichtungen sind entweder zusammen mit den Verbrauchsgeräten zu- und abzuschalten oder über Regeleinrichtungen zu betreiben.

Zur Höhe des Kompensationsgrads und damit zum erforderlichen Leistungsfaktor gibt die „Verordnung über Allgemeine Bedingungen für die Elektrizitätsversorgung von Tarifkunden" (AVBEltV) vom Juni 1979 Auskunft. In § 22 Abschnitt 3 heißt es [10.5]:

▷ Die allgemeinen Tarife haben zur Voraussetzung, daß der Gebrauch der Elektrizität mit einem Leistungsfaktor zwischen $\cos\varphi = 0{,}9$ kapazitiv und 0,8 induktiv erfolgt. Andernfalls kann das Elektrizitätsversorgungsunternehmen nach seiner Wahl den Einbau ausreichender Kompensationseinrichtungen verlangen oder die zusätzliche Blindleistung und den Verbrauch an zusätzlicher Blindarbeit in Rechnung stellen.

In besonderen Fällen sind Einzelvereinbarungen mit dem zuständigen EVU zu treffen.

Je nach Art der Anlage, die sich natürlich aus mehr induktiven Verbrauchern als nur Entladungslampen zusammensetzt, muß festgestellt werden, welche Art der Kompensation angewendet werden soll,

▷ Einzelkompensation,
▷ Gruppenkompensation oder
▷ Zentralkompensation.

Gegebenenfalls können bei großen vernetzten Anlagen mehrere dieser Kompensationsarten gleichzeitig angewendet werden.

Kompensationskondensatoren für Entladungslampen – insbesondere Leuchtstofflampenanlagen mit Kondensatornennleistungen bis 1,5 kvar müssen gebaut und geprüft sein nach DIN VDE 0560 Teil 6. Für Kondensatoren in Entladungslampenanlagen mit Kondensatornennleistungen über 1,5 kvar gilt noch DIN VDE 0560 Teil 4. Im Bereich der IEC im SC 34 C werden z. Z. neue Bestimmungen für Kompensationskondensatoren für Entladungslampen ausgearbeitet, die als EN 61 048 für den Teil „Sicherheit" und als EN 61 049 für den Teil „Arbeitsweise" in CENELEC zur Harmonisierung kommen werden.

Bei Einzelkompensation ist darauf zu achten, daß gemäß DIN VDE 0100 Teil 559 [10.2] nur Kondensatoren mit dem Aufdruck Ⓕ oder (FP) verwendet werden dürfen. Die Kennzeichnungen

Ⓕ = flammsicher und
(FP) = flamm- und platzsicher

geben an, daß die Kondensatoren im Fehlerfall keine Zündquelle für die Umgebung darstellen;

auch dann nicht, wenn leicht entzündliche Stoffe vorhanden sind. Kondensatoren bis 1,5 kvar Nennleistung müssen mit der Aufschrift „0560-6“ und über 1,5 kvar mit „0560-4“ gekennzeichnet sein. Diese Bezeichungen weisen auf die zuständigen VDE-Bestimmungen hin.

10.2.2 Einzelkompensation und Duoschaltung

Durch die Induktivität der Vorschaltgeräte entsteht im Stromkreis von Lampe und Vorschaltgerät ein Leistungsfaktor, je nach Typ etwa 0,4 bis 0,6. Bei Streufeldtransformatoren, wie sie z. B. für Natriumdampf-Niederdrucklampen verwendet werden, entsteht ein Leistungsfaktor von etwa 0,3.

Es sei hierbei erwähnt, daß z. B. elektronische Vorschaltgeräte für Leuchtstofflampen und Hochdruckentladungslampen sowie elektronische Transformatoren für Niedervolt-Halogenlampen keine zusätzliche Kompensation erfordern, da ihr Leistungsfaktor nahezu 1 ist. Bezüglich der hier auftretenden Oberschwingungsprobleme siehe Kapitel 10.4.

Die Anhebung des schlechten Leistungsfaktors auf Werte zwischen 0,9 und 1 kann durch Parallelschaltung oder Reihenschaltung eines passenden Kondensators erfolgen (siehe Bild 1.19). Die Größe des Kondensators ergibt sich aus der Lampenleistung bzw. bei Tandemschaltung den Lampenleistungen im Stromkreis und natürlich aus der Art des Vorschaltgeräts. In Kapitel 2.3 wird auf die physikalischen Zusammenhänge bei den Kompensationsschaltungen näher eingegangen.

Werte für die erforderlichen Parallelkondensatoren bzw. Reihenkondensatoren werden von den Lampenherstellern in ihren Listen für die jeweils in Frage kommenden Lampen angegeben. Auch in den Katalogen der Leuchtenhersteller sind die erforderlichen Kondensatordaten aufgelistet. Speziell bei den Reihenkondensatoren ist streng darauf zu achten, daß die genannten Kapazitätswerte zu den netznennspannungsmäßig richtigen Vorschaltgeräten passen. Die Einstellungen der meisten Vorschaltgeräte für Entladungslampen sind der neuen Netznennspannung von 230 V$^{+6\%}_{-10\%}$ angepaßt. Die hierdurch erfolgte Änderung der Impedanz des Vorschaltgeräts hatte auch eine Neufestlegung der Kapazitätswerte für die Reihenkondensatoren zur Folge. Bei einer Zuordnung von alten Kapazitätswerten für Reihenkondensatoren zu auf 230 V eingestellte Vorschaltgeräte kann es zu einer erheblichen Überbelastung der Lampe kommen. Die Folge ist eine thermische Überlastung von Lampensockel und Leuchtenbauteilen mit möglichem frühzeitigen Ausfall. In Tabelle 10.2 sind die entsprechenden Kapazitätswerte von Reihenkondensatoren aufgelistet. In Zweifelsfällen kann aus dem Typenaufdruck des Vorschaltgeräts der notwendige Kapazitätswert für den Reihenkondensator abgelesen werden.

In der Leuchtenindustrie hat sich eingebürgert, daß die Leuchtenhersteller die Leuchten auf Wunsch komplett mit Parallel- oder Reihenkondensatoren liefern. Möchte der Kunde selbst kompensieren, so sind in den Leuchten Befestigungsmittel und elektrische Anschlußmöglichkeiten bereits vorgesehen.

Sind von den EVU gemäß den Festlegungen in den TAB (Technische Anschlußbedingungen) [10.4] wegen vorhandener Tonfrequenzrundsteueranlagen mit hohen Frequenzen netzparallele Kondensatoren nicht zulässig, so eignet sich die Kompensation mit Reihenkondensator. Bei zweilampigen Leuchten verwendet man die Duoschaltung (siehe auch Kapitel 2.3). Die Duoschaltung läßt sich auch mit 2 gleichartigen Einzelleuchten realisieren, indem eine Leuchte eine Reihenkompensation enthält und mit der zweiten Leuchte am gleichen Stromkreis betrieben wird. Voraussetzung hierfür

Tabelle 10.2
Kennwerte von Reihenkompensationskondensatoren, die in Verbindung mit Vorschaltgeräten für 230 V Netznennspannung bei den gängigen Niederdruck-Leuchtstofflampen eingesetzt werden

Lampenleistung	Kapazität (alle Werte ± 4%)	Kondensatorspannung
18 W (stabförmig)	2,7 µF	480 V
36/38 W (stabförmig)	3,4 µF	450 V
58 W (stabförmig)	5,3 µF	450 V
36 W (1-Meter-Lampe)	4,3 µF	480 V
25 W (stabförmig 26 mm)	2,3 µF	450 V
30 W (stabförmig 26 mm)	2,9 µF	450 V
22 W (Kreislampe)	3,0 µF	480 V
32 W (Kreislampe)	3,4 µF	450 V
40 W (Kreislampe)	3,4 µF	450 V
26 W (einseitig gesockelt G24)	2,5 µF	480 V
18 W (einseitig gesockelt 2G11)	2,7 µF	480 V
36 W (einseitig gesockelt 2G11)	3,4 µF	450 V

ist, daß beide Leuchten gemeinsam geschaltet werden.

Die Duoschaltung wird vorwiegend bei Leuchtstofflampen angewendet. Sie ist bei Hochdruckentladungslampen weniger gebräuchlich.

Beispiel:

Allgemeine Berechnung eines Parallelkondensators

Vorliegende Daten

▷ 1 Leuchtstofflampe 58 W (Verluste des Vorschaltgeräts = 13 W)
▷ Netzspannung $U_N = 230$ V/50 Hz
▷ Leistungsfaktor $\cos\varphi_2 = 0{,}95$

Gesucht werden

▷ Leistungsfaktor $\cos\varphi_1$ ohne Kompensation
▷ Kapazität des Parallelkondensators
▷ Netzstrom des kompensierten Lampenstromkreises

Entsprechend den Daten der Lampenhersteller beträgt der Nennbetriebsstrom einer 58-W-Leuchtstofflampe 0,67 A.

Der *Leistungsfaktor* $\cos\varphi_1$ der unkompensierten Schaltung beträgt

$$\cos\varphi_1 = \frac{P}{S} \qquad (1)$$

mit

$$P = P_1 + P_2 = 58\ \text{W} + 13\ \text{W} = 71\ \text{W} \qquad (2)$$

S ist die Scheinleistung der Schaltung, P_1 die Lampenleistung und P_2 die Verlustleistung des Vorschaltgeräts.

$$S = U_N \cdot I_1 = 230\ \text{V} \cdot 0{,}67\ \text{A} = 154{,}1\ \text{VA} \qquad (3)$$

Damit wird

$$\cos\varphi_1 = \frac{71\ \text{W}}{154{,}1\ \text{VA}} = 0{,}46. \qquad (4)$$

Die *Kapazität des Parallelkondensators* beträgt

$$C = \frac{Q_C}{2\pi f U_N^2} \qquad (5)$$

mit

$$Q_C = P(\tan\varphi_1 - \tan\varphi_2) = \\ = 71\,(1{,}9303 - 0{,}3287)\ \text{var} \qquad (6)$$

mit

$$\tan\varphi = \frac{\sqrt{1-\cos^2\varphi}}{\cos\varphi}$$

ist

$Q_C = 113{,}71$ var.

Q_C ist die Blindleistung des Kondensators. Damit ist

$$C = \frac{113{,}71\ \text{var}}{314\ \text{s}^{-1} \cdot 230^2\ \text{V}^2} = 6{,}8\ \mu\text{F} \qquad (7)$$

Der Netzstrom des kompensierten Lampenstromkreises beträgt

$$I = K \cdot \frac{\sqrt{P^2 + (Q - Q_C)^2}}{U_N} \qquad (8)$$

K ist der Faktor für Stromerhöhung durch eventuelle Oberschwingungen, er beträgt 1,1.

$$Q = \sqrt{S^2 - P^2} = \sqrt{154{,}1^2 - 71^2} = 136{,}77\ \text{var} \qquad (9)$$

Q ist die Blindleistung der Schaltung.

Damit ist

$$I = \frac{\sqrt{71^2 + (136{,}77 - 113{,}71)^2}}{230}\ \text{A} \approx 0{,}35\ \text{A} \qquad (10)$$

Bei der Parallelkompensation, die auch vorwiegend bei Hochdruckentladungslampen-Stromkreisen in der Straßenbeleuchtung angewendet wird, kann es vorkommen, daß Tonfrequenzsperrdrosseln eingesetzt werden müssen, wenn Rundsteueranlagen zur Steuerung der Außenbeleuchtung in Betrieb sind.

Die Duoschaltung, in Verbindung mit einem Reihenkompensationskondensator, ist bei Hochdruckentladungslampen weniger gebräuchlich, da eine feste Aufteilung in kapazitiven und induktiven Lampenstromkreis nur selten gegeben ist.

Die Berechnung des Kapazitätswerts von Reihenkondensatoren ist nur mit großem Aufwand möglich, da hier zusätzliche Parameter der Lampenbetriebsdaten wie

▷ minimal zulässige Lampenleistung von P_N (92,5%),
▷ maximal zulässiger Lampenbetriebsstrom von I_N (115%) und
▷ minimal zulässiger Vorheizstrom für die Elektrodenwendeln beim Lampenstart

berücksichtigt werden müssen. Weiterhin muß hier beachtet werden, daß die genannten Grenzdaten auch zwischen den Toleranzgrenzen der Vorschaltgeräteimpedanz (Herstelltoleranz) und der Kapazitätstoleranz des Reihenkondensators eingehalten werden müssen. Für die Vorschaltgerätetoleranz sind heute ± 2,5% üblich. Für den Reihenkondensator hat sich eine maximale Kapazitätstoleranz von ± 4% eingeführt. Bei Parallelkondensatoren beträgt die Kapazitätstoleranz dagegen ± 10% (nach DIN 48 511 Teil 1 und Teil 2).

Zur Ermittlung der richtigen Kapazitätswerte bei Reihenkondensatoren wird deshalb eine grafische Methode angewendet, in der die einzelnen Parameter in einem Toleranzfeld sichtbar werden, so daß damit der mittlere Kapazitätswert abgelesen werden kann (siehe Bild 10.2). Näheres dazu findet sich auch in Kapitel 2.3.

Aufgrund dieser aufwendigen Ermittlungsmethode für die Kapazität von Reihenkondensatoren werden die passenden Werte auf die Vorschaltgeräte aufgedruckt und außerdem in den Katalogen der Leuchten- und Lampenhersteller angegeben.

10.2.3 Gruppenkompensation

Bei Anlagen mit mehreren Entladungslampen, die nicht über Duo-Vorschaltgeräte gespeist werden, kann die induktive Blindleistung durch einen oder wenige Kondensatoren großer Kapazität kompen-

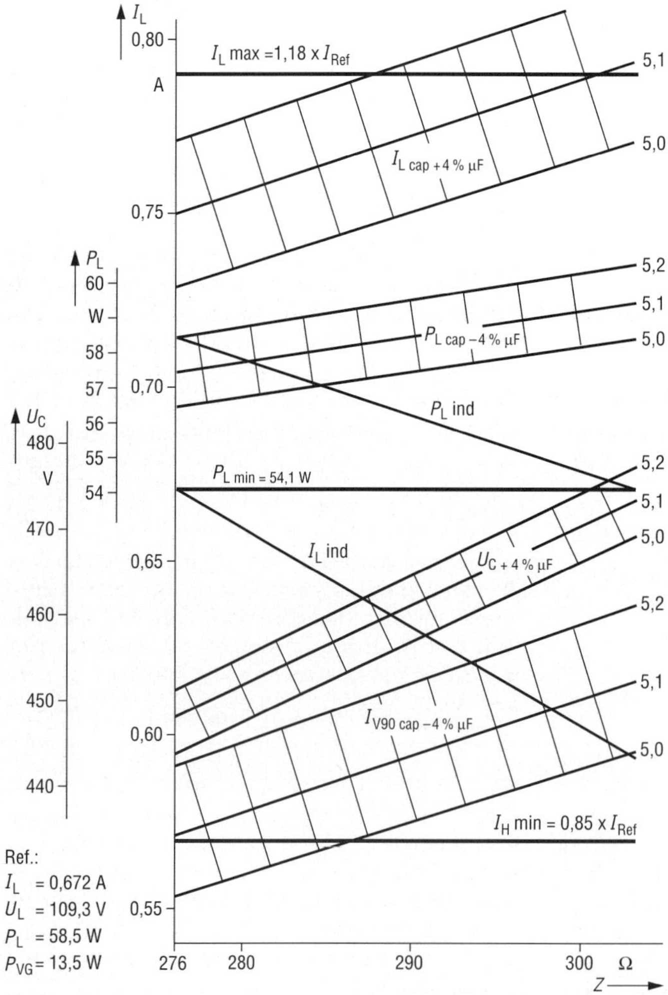

Bild 10.2
Grafische Methode zur Ermittlung der Kapazität von Reihenkondensatoren

siert werden, die mit je einer Lampengruppe zusammengeschaltet sind. Dabei ist Voraussetzung, daß die Gruppe der Entladungslampen, die mit einem Kondensator kompensiert werden soll, auch über einen gemeinsamen Schalter gespeist wird. Es ist nicht zulässig, die Entladungslampen und Kondensatoren über getrennte Schalter zu bedienen, weil sonst keine Gewähr für Kompensation gegeben ist. Getrennte Schaltgeräte müssen elektrisch oder mechanisch gekuppelt sein. Werden die Lampen einzeln geschaltet, ist Gruppenkompensation nur zulässig, wenn automatische Blindleistungsregler vorhanden sind.

Über die erforderlichen Kapazitäten der Kondensatoren für die Kompensation der Blindleistung mehrerer Lampen geben die Tabellen in den Katalogen der Leuchten- und Lampenhersteller Aufschluß. Diese Tabellen enthalten Werte für Einzelkompensation; die Kapazitätsangaben sind um die Anzahl der angeschlossenen Lampen zu vervielfachen. Bei größeren Anlagen werden von den Elektrizitätswerken oft andere Kompensationsbedingungen gestellt (z. B. ein Leistungsfaktor $\cos\varphi = 0{,}85$ oder daß die Blindleistung bis zu 50% der Wirkleistung betragen darf). In solchen Fällen ist eine gesonderte Berechnung der Kapazitätsgröße notwendig (siehe Kapitel 10.2.2, Gleichung (7)).

Tabelle 10.3 gibt die Umrechnungszahlen an, mit denen die Wirkleistungsaufnahme P in Watt (genannte Lampenleistung + Verlustleistung der Vorschaltgeräte) einer Gruppe zu multiplizieren ist, um die erforderliche Blindleistung Q_C des Kondensators in var zu bestimmen (siehe auch Gleichung (6) in Kapitel 10.2.2):

$$Q_C = P(\tan\varphi_1 - \tan\varphi_2) \qquad (11)$$

Die Größe des Kondensators (in µF) wird dann mit Q_C in var aus der Beziehung

$$C = \frac{Q_C \cdot 10^{-6}}{2\,\pi f U_N^2} \qquad (12)$$

ermittelt (siehe auch Gleichung (5)).

Beispiel: Gruppenkompensation in einem Drehstromsystem (Bild 10.3 a und b)

In einem Großraumbüro befinden sich 150 Leuchtstofflampen mit je 58 W Lampenleistung. Die Lampen werden zu je 50 Stück auf die 3 Phasen gleichmäßig aufgeteilt. Der Leistungsfaktor $\cos\varphi_2$ nach der Kompensation soll 0,95 sein. Die Anlage ist für 230 V Netznennspannung ausgelegt. Die gesamte Einheit soll zentral geschaltet werden. Je Lampe ergibt sich gemäß Gleichung (11) einschließlich der Vorschaltgeräteverluste eine Kompensationsleistung von

$$Q_C = 113{,}71 \text{ var}$$

Die Gesamtkondensatorleistung beträgt hiermit

$$Q_{C\,ges} = 17{,}057 \text{ kvar}$$

Gemäß Bild 10.3 a, wenn die Kondensatoren den einzelnen Phasen zugeordnet werden, ergibt sich je Kondensator eine Leistung von

$$Q_{CPh} = 5{,}69 \text{ kvar}$$

und damit eine Kapazität von

$$C_{Ph} = \frac{5{,}69 \text{ kvar}}{314 \text{ s}^{-1} \cdot 230^2 \text{ U}^2} = 342{,}5 \text{ µF}$$

Werden die Kompensationskondensatoren wie in Bild 10.3 b verkettet zwischen die 3 Phasen geschaltet, so ergibt sich je Kondensator eine Kapazität von

$$C_{verk.} = \frac{5{,}69 \text{ kvar}}{314 \text{ s}^{-1} \cdot 380^2 \text{ U}^2} = 125{,}4 \text{ µF}$$

Aus diesem Beispiel wird ersichtlich, daß es vorteilhaft ist, in Drehstromsystemen die Kondensatoren immer für die höheren verketteten Spannungen auszuwählen. Sollen die drei Phasenstränge jedoch einzeln schaltbar sein, so ist die Kompensation je Phase gemäß Bild 10.3 a zu wählen.

Bei der Auswahl von Schaltgeräten ist bei der Gruppenkompensation der Ladestromstoß auf die Kondensatoren beim Einschalten zu beachten. Die hohe Strombelastung kann zu erheblichen Lebensdauereinbußen der Kontakte führen. Bei größeren Kondensatorleistungen (ab etwa 10 kvar) sind deshalb Spezial-Kondensatorschütze zu verwenden. Die Schütze haben einen Vorkontakt mit Widerstandsschaltung (0,5 ... 10 Ω), der dem Schluß des Hauptkontaktes um kurze Zeit (0,3 ... 1 s) vorauseilt. Durch diese Einschaltung mit Widerstandsvorstufe werden Einschaltstromspitzen stark gedämpft. In Sonderfällen, wenn nur ein einziger Kondensator im Netz vorhanden ist und die Leistungswiderstände des Netzes bei Belastung mit dem normalen Kondensatorstrom einen Spannungsabfall von mindestens 5% erwarten lassen, kann bei geringer Schalthäufigkeit auch direkt geschaltet werden.

Tabelle 10.3 Umrechnungszahlen ($\tan\varphi_1 - \tan\varphi_2$) [10.6]

bei gegebenem		verlangter Leistungsfaktor										
$\tan\varphi_1$	$\cos\varphi_1$	$\cos\varphi_2 = 0{,}70$	$\cos\varphi_2 = 0{,}75$	$\cos\varphi_2 = 0{,}80$	$\cos\varphi_2 = 0{,}82$	$\cos\varphi_2 = 0{,}85$	$\cos\varphi_2 = 0{,}87$	$\cos\varphi_2 = 0{,}90$	$\cos\varphi_2 = 0{,}92$	$\cos\varphi_2 = 0{,}95$	$\cos\varphi_2 = 0{,}97$	$\cos\varphi_2 = 1{,}00$
4,90	0,20	3,88	4,02	4,15	4,20	4,28	4,33	4,41	4,47	4,57	4,65	4,90
3,87	0,25	2,85	2,99	3,12	3,17	3,25	3,31	3,39	3,45	3,54	3,62	3,87
3,18	0,30	2,16	2,30	2,43	2,48	2,56	2,61	2,70	2,75	2,85	2,93	3,18
2,68	0,35	1,66	1,79	1,93	1,98	2,06	2,11	2,19	2,25	2,35	2,43	2,68
2,29	0,40	1,27	1,41	1,54	1,59	1,67	1,72	1,81	1,87	1,96	2,04	2,29
2,16	0,42	1,14	1,28	1,41	1,46	1,54	1,59	1,68	1,74	1,83	1,91	2,16
2,04	0,44	1,02	1,16	1,29	1,34	1,42	1,47	1,56	1,62	1,71	1,79	2,04
1,93	0,46	0,91	1,05	1,18	1,23	1,31	1,36	1,45	1,50	1,60	1,68	1,93
1,83	0,48	0,81	0,95	1,08	1,13	1,21	1,26	1,34	1,40	1,50	1,58	1,83
1,73	0,50	0,71	0,85	0,98	1,03	1,11	1,17	1,25	1,31	1,40	1,48	1,73
1,64	0,52	0,62	0,76	0,89	0,94	1,02	1,08	1,16	1,22	1,31	1,39	1,64
1,56	0,54	0,54	0,68	0,81	0,86	0,94	0,99	1,07	1,13	1,23	1,31	1,56
1,48	0,56	0,46	0,60	0,73	0,78	0,86	0,91	1,00	1,05	1,15	1,23	1,48
1,40	0,58	0,38	0,52	0,65	0,71	0,78	0,84	0,92	0,98	1,08	1,15	1,40
1,33	0,60	0,31	0,45	0,58	0,64	0,71	0,77	0,85	0,91	1,00	1,08	1,33
1,27	0,62	0,25	0,38	0,52	0,57	0,65	0,70	0,78	0,84	0,94	1,01	1,27
1,20	0,64	0,18	0,32	0,45	0,50	0,58	0,63	0,72	0,77	0,87	0,95	1,20
1,14	0,66	0,12	0,26	0,39	0,44	0,52	0,57	0,65	0,71	0,81	0,89	1,14
1,08	0,68	0,06	0,20	0,33	0,38	0,46	0,51	0,59	0,65	0,75	0,83	1,08
1,02	0,70	–	0,14	0,27	0,32	0,40	0,45	0,54	0,59	0,69	0,77	1,02
0,96	0,72		0,08	0,21	0,27	0,34	0,40	0,48	0,54	0,63	0,71	0,96
0,91	0,74		0,03	0,16	0,21	0,29	0,34	0,42	0,48	0,58	0,66	0,91
0,86	0,76		–	0,11	0,16	0,24	0,29	0,37	0,43	0,53	0,60	0,86
0,80	0,78			0,05	0,10	0,18	0,24	0,32	0,38	0,47	0,55	0,80
0,75	0,80			–	0,05	0,13	0,18	0,27	0,32	0,42	0,50	0,75
0,70	0,82				–	0,08	0,13	0,21	0,27	0,37	0,45	0,70
0,65	0,84					0,03	0,08	0,16	0,22	0,32	0,40	0,65
0,59	0,86					–	0,03	0,11	0,17	0,26	0,34	0,59
0,54	0,88						–	0,06	0,11	0,21	0,29	0,54
0,48	0,90							–	0,06	0,16	0,23	0,48
0,43	0,92								–	0,10	0,18	0,43
0,36	0,94									0,03	0,11	0,36
0,29	0,96									–	0,01	0,29
0,20	0,98										–	0,20

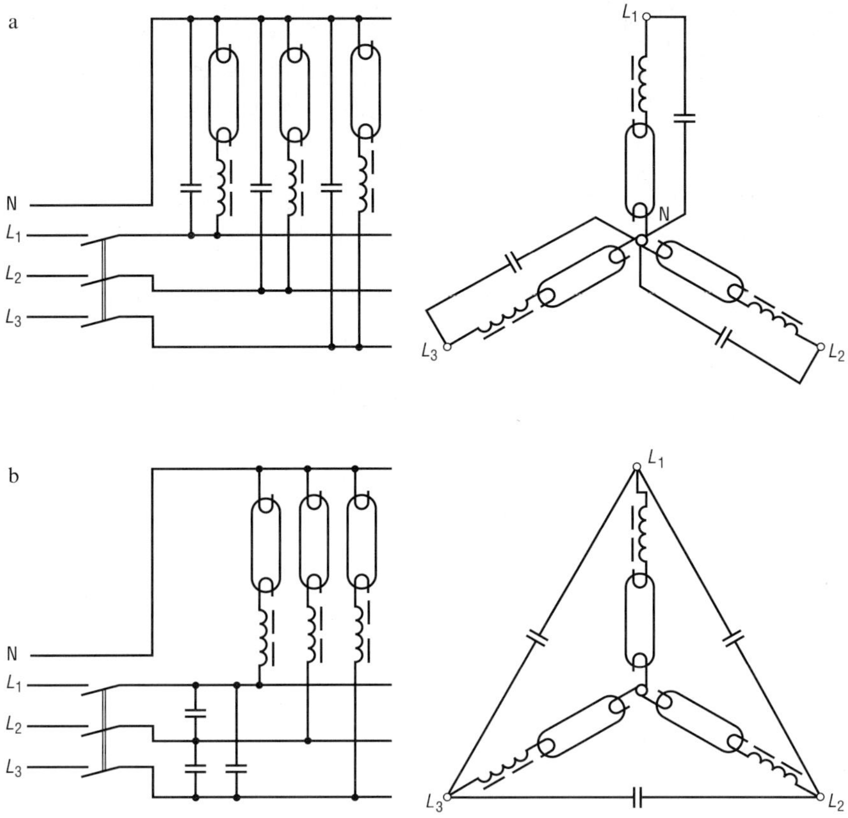

Bild 10.3 Gruppenkompensation in einem Drehstromnetz
a Sternschaltung der Kompensationskondensatoren
b Dreieckschaltung der Kompensationskondensatoren

10.2.4 Zentralkompensation

Bei großen Industrieanlagen wird die induktive Blindleistung in den meisten Fällen zentral kompensiert. Der erhöhte induktive Blindleistungsbezug infolge Installation von Entladungslampen muß bei nennenswertem Anteil des Lichtstromverbrauchs gegenüber dem Energieverbrauch für elektrische Maschinen durch zusätzliche Kondensatoren berücksichtigt werden. Häufig werden einzelne Kondensatoren durch Schaltwerke zu- und abgeschaltet, die durch Blindleistungsbegrenzer oder in einfachen Fällen durch Stromwächter gesteuert werden.

Die Regeleinheiten sind meist einer Haupt- oder Unterverteilung zugeordnet, um so den gewünschten $\cos\varphi_2$ einzuhalten.

In großen Anlagen ist es üblich, daß man die Niederspannungs-Hauptverteilung in Gruppen aufteilt und den Lastschwerpunkten zuordnet. Diese Einzelverteilungen versorgen einzelne Betriebszweige oder Verbrauchergruppen und erhalten eigenständige Zentralkompensationen mit automatischer Regelung.

Die in diesen großen Anlagen ständig wechselnde Blindleistungsbelastung würde bei einer Festkompensation einmal zur Unterkompensation bzw. zur Überkompensation führen, was in der Regel nicht zulässig ist.

Auch für große Geschäftshäuser und Verwaltungsgebäude, in denen Entladungslampen installiert sind, kann die Zentralkompensation der induktiven Blindleistung Vorteile bieten. In diesem Fall kann sich die erforderliche kapazitive Blindleistung, je nach der Zahl der eingeschalteten Lampen, von kleinsten Werten bis zur Maximalleistung ändern. Um diesen großen Bereich mit möglichst wenig Kondensatoreneinheiten erfassen zu können, werden Blindleistungsregler mit automatischem Stufenschaltwerk gebaut, bei denen mit mehreren Kondensatoreneinheiten eine Kompensation der induktiven Blindleistung in kleinen Stufen der Gesamtleistung möglich ist. Das stufenweise Erhöhen der Blindleistung durch Zuschalten von Kapazitäten geschieht in kleineren Sprüngen von etwa 5% der gesamten Blindleistung.

Bei der Planung von Kompensationsanlagen sollte jedoch zunächst geprüft werden, ob nicht für Verbraucher mit hoher Einschaltdauer eine Festkompensation vorteilhafter und kostengünstiger ist, und der Rest der Verbraucher mit unterschiedlichem Leistungsbedarf und stark wechselnder Einschaltdauer durch eine Zentralkompensation abgedeckt wird.

Ausführliche Erläuterungen zur Blindstromkompensation gibt das Buch „Blindstromkompensation in der Betriebspraxis“ von Wolfgang Just, erschienen im VDE-Verlag [10.6].

10.3 Funk-Entstörung

Die rechtliche Grundlage für die Funk-Entstörung bilden in der Bundesrepublik folgende Gesetze:

▷ Das Gesetz über den Betrieb von Hochfrequenzgeräten vom 9. August 1949, das nach einer Übergangsfrist bis zum 31. 12. 1995 durch das Gesetz über elektromagnetische Verträglichkeit von Geräten (EMVG) abgelöst wird. Das EMVG tritt zum 1. 1. 1992 rückwirkend in Kraft;

▷ das Durchführungsgesetz EG-Richtlinien, Funk-Störgesetz (wird gegenstandslos nach Inkrafttreten des EMVG) und

▷ das Gesetz über Fernmeldeanlagen.

Zu den einzelnen Gesetzen gibt es die verschiedensten Verfügungen des Bundesministers für Post und Telekommunikation. Diese Verfügungen werden im „Amtsblatt des Bundesministers für Post und Telekommunikation“ veröffentlicht und regeln die momentane Rechtslage und die technischen Anforderungen. Allgemein gilt, daß für die Funk-Entstörung eine VDE-Bestimmung nur dann brauchbar ist, wenn sie nicht von der entsprechenden Verfügung abweicht oder in der Verfügung nur auf VDE-Bestimmungen verwiesen wird. An erster Stelle steht also das Gesetz, an zweiter die Verfügung, und erst an dritter Stelle steht die VDE-Bestimmung bzw. Europäische Norm zur Funk-Entstörung.

Grundaussage der Gesetze und Verfügungen ist: Jeder Betreiber benötigt für den Betrieb elektrischer Einrichtungen eine Betriebsgenehmigung der Deutschen Bundespost.

Eine Einzel(betriebs)genehmigung wird dem Betreiber auf Antrag vom zuständigen Fernmeldeamt erteilt. Eine „Allgemeingenehmigung“ muß der Hersteller oder Importeur einholen. Der Betreiber ist davon entlastet.

10.3.1 Vorschriften

Verfügungen des Bundesministers für Post und Telekommunikation (gültig bis 31. 12. 1995)

▷ Verfügung 241/1991 im Amtsblatt Nr. 61/91 „Gesetz über die elektromagnetische Verträglichkeit von Geräten (EMVG); Übergangsbestimmung bis zum Inkrafttreten“.

▷ Verfügung 242/1991 im Amtsblatt Nr. 61/91 „Funk-Entstörung von elektrischen Betriebsmitteln und Anlagen: Allgemeine Genehmigung".

▷ Verfügung 243/1991 im Amtsblatt Nr. 61/91 „Funk-Entstörung von Hochfrequenzgeräten für industrielle, wissenschaftliche, medizinische (ISM) und ähnliche Zwecke: Allgemeine Genehmigung".

EG-Richtlinien, veröffentlicht im Amtsblatt der Europäischen Gemeinschaft

▷ 87/308 EWG
Richtlinie der Kommission vom 2.6.1987 zur Anpassung der Richtlinie 76/889/EWG des Rates zur Angleichung der Rechtsvorschriften der Mitgliedstaaten über Funkstörungen durch Elektrohaushaltsgeräte, handgeführte Elektrowerkzeuge und ähnliche Geräte an den technischen Fortschritt.

▷ 87/310 EWG
Richtlinie der Kommission vom 3.6.1987 zur Anpassung der Richtlinie 76/890/ EWG des Rates zur Angleichung der Rechtsvorschriften der Mitgliedstaaten über Funkentstörung bei Leuchten mit Starter für Leuchtstofflampen an den technischen Fortschritt.

Die oben genannten Richtlinien 87/308/EWG und 87/310/EWG verweisen, ebenso wie die Verfügung 242/1991 des Bundesministers für Post und Telekommunikation, auf die Europa-Normen EN 55014/DIN VDE 0875 Teil 1 und EN 55015/ DIN VDE 0875 Teil 2.

VDE-Bestimmungen

▷ DIN VDE 0875 Funk-Entstörung von elektrischen Betriebsmitteln und Anlagen

Teil 1/Dez. 1988
Grenzwerte und Meßverfahren für Funkstörungen von Elektrohaushaltsgeräten, handgeführten Elektrowerkzeugen und ähnlichen Elektrogeräten

Teil 2/Dez. 1988
Grenzwerte und Meßverfahren für Funkstörungen von Leuchtstofflampen und Leuchtstofflampenleuchten

Teil 3/Dez. 1988
Funk-Entstörung von besonderen elektrischen Betriebsmitteln und von elektrischen Anlagen

▷ DIN VDE 0876 Geräte zur Messung von Funkstörungen

Teil 1/Sep. 1978
Funkstör-Meßempfänger mit bewertender Anzeige und Zubehör

▷ DIN VDE 0877 Messen von Funkstörungen

Teil 1/Nov. 1981
Messen von Funkstörspannungen

Teil 2/Feb. 1985
Messen von Funkstörfeldstärken

Teil 3/April 1980
Das Messen von Funkstörleistungen auf Leitungen

10.3.2 Die Genehmigung zum Betrieb einer Leuchte mit Entladungslampe

Es ist zu unterscheiden, ob der Hersteller oder Importeur eines Gerätes eine Zulassung für den EG-Binnenmarkt oder eine Zulassung für den deutschen Markt erhalten möchte (siehe auch Bild 10.4).

Für die EG-weite Zulassung ist grundsätzlich das „CE"-Zeichen erforderlich, welches auf der Basis des EMV-Gesetzes und der Verfügung 241/1991 vergeben wird.

Derzeit (Anfang 92) kann das „CE"-Zeichen für Leuchten nur über Prüfung und Bescheinigung durch eine „zuständige Stelle" (z. B. Bundesamt für Zulassungen in der Telekommunikation, BZT – früher ZZF – in Saarbrücken) erlangt werden, da für Leuchten noch keine Störfestigkeits-Norm vorliegt und die vom Verfahren her vorgeschriebene Veröffentlichung der Fundstellen der Normen im Amtsblatt der europäischen Gemeinschaft nicht vollständig durchgeführt wurde.

Grundlage für die nationale „Allgemeingenehmigung" im deutschen Markt ist die Verfügung 242/1991 sowie das HFrG. Für Schmalbandstörungen (z. B. bei elektronischen Betriebsgeräten) wird zusätzlich für Frequenzen kleiner 150 kHz und oberhalb 300 MHz auf die Verfügung 243/1991 verwiesen.

Der Hersteller oder Importeur kann sich frei für eine der beiden folgenden Möglichkeiten entscheiden.

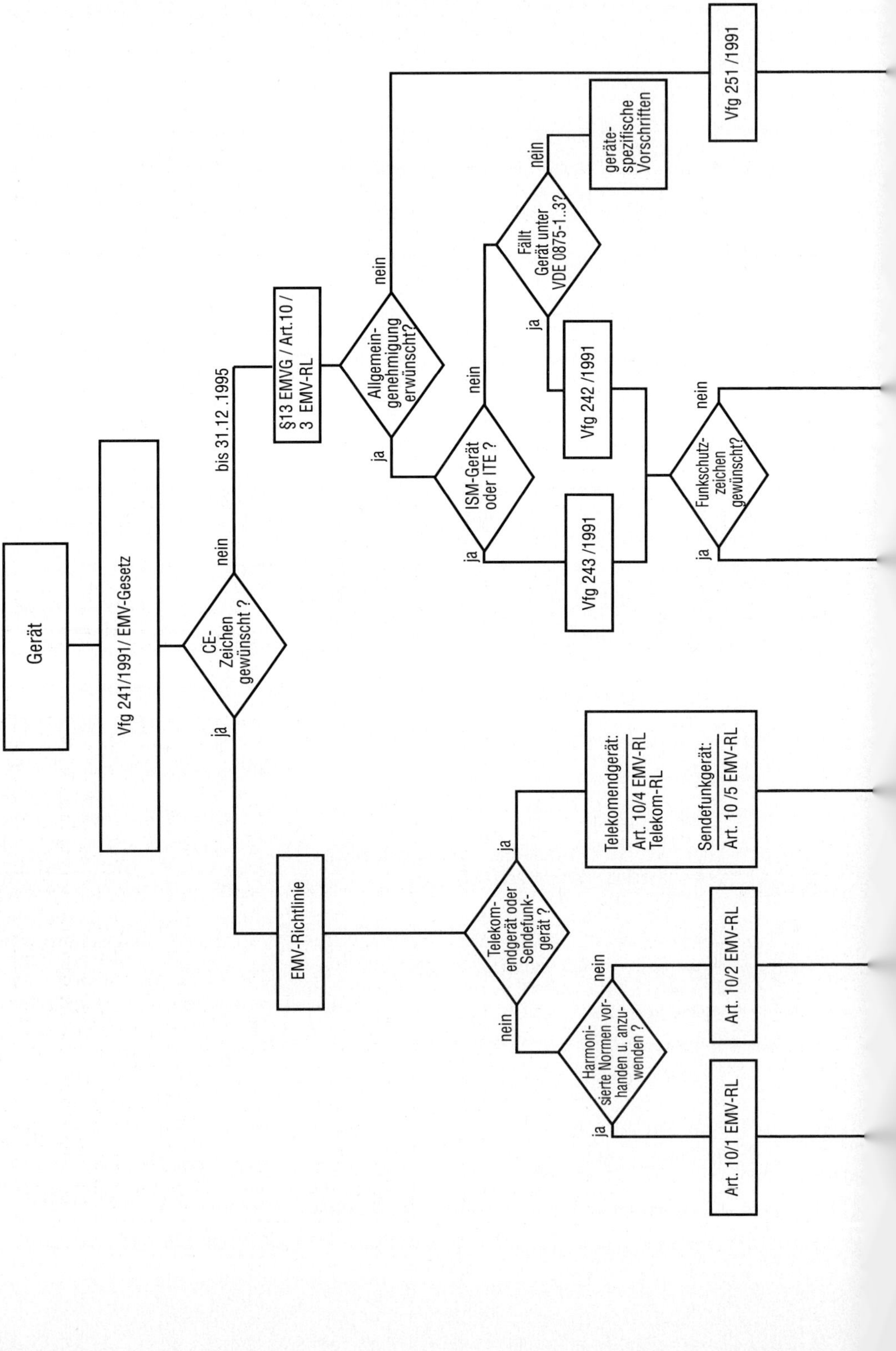
Gerät
Vfg 241/1991/ EMV-Gesetz
CE-Zeichen gewünscht ?
ja
nein
bis 31.12.1995
§13 EMVG / Art.10 / 3 EMV-RL
Allgemeingenehmigung erwünscht?
nein
ja
Vfg 251 /1991
ISM-Gerät oder ITE ?
nein
ja
Fällt Gerät unter VDE 0875-1..3?
nein
ja
gerätespezifische Vorschriften
Vfg 242 /1991
Vfg 243 /1991
Funkschutzzeichen gewünscht?
nein
ja
EMV-Richtlinie
Telekomendgerät oder Sendefunkgerät ?
ja
nein
Telekomendgerät:
Art. 10/4 EMV-RL
Telekom-RL
Sendefunkgerät:
Art. 10 /5 EMV-RL
Harmonisierte Normen vorhanden u. anzuwenden ?
nein
ja
Art. 10/2 EMV-RL
Art. 10/1 EMV-RL

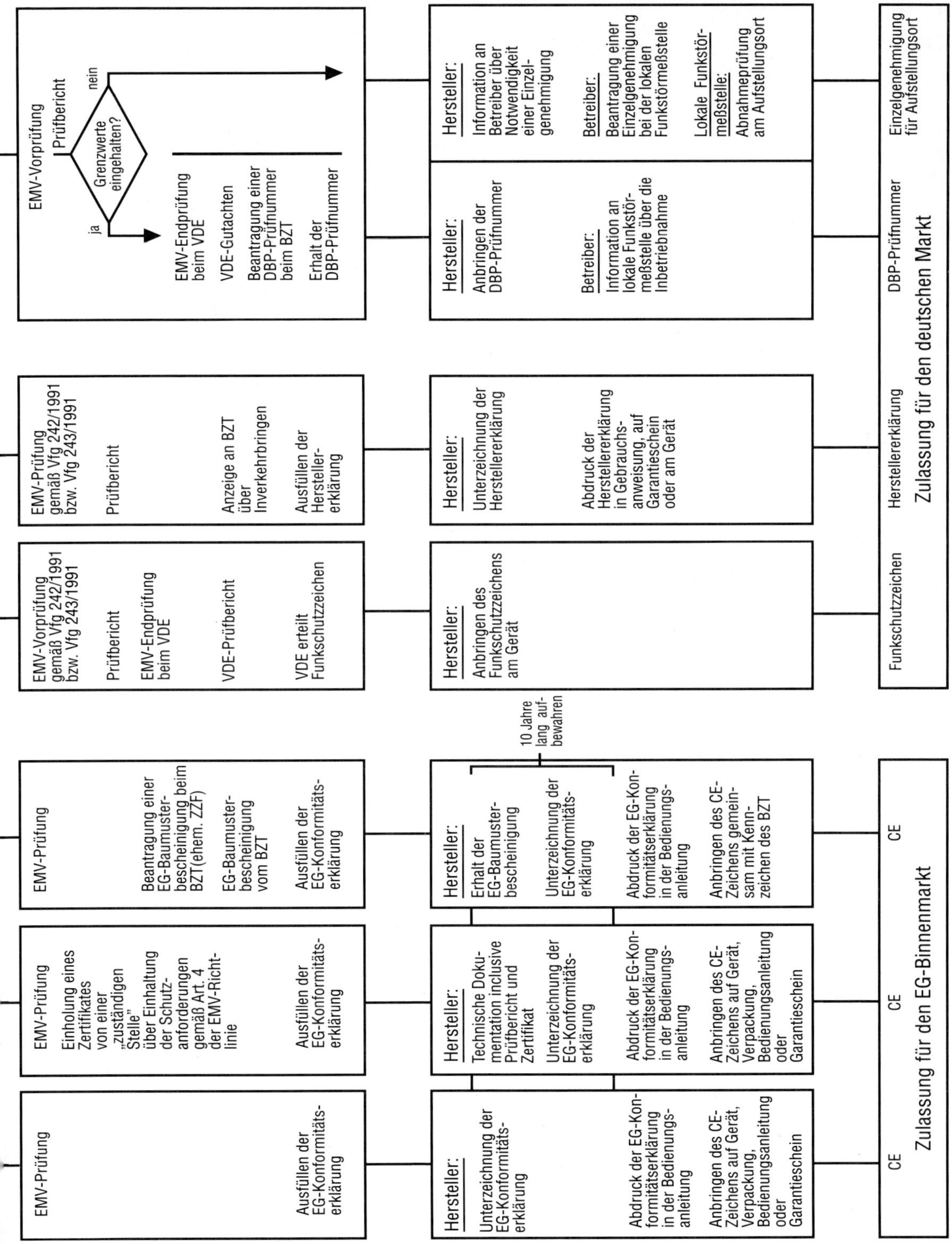

Bild 10.4 Zulassungsverfahren zum Erhalt des „CE“-Zeichens bzw. der „Allgemeingenehmigung“ (gültig seit 1. 1. 1992) [10.8]

a b

Bild 10.5
Funkschutzzeichen für
a Leuchten, die unter den Anwendungsbereich der EN 55015:87/A 1:90 fallen
b Leuchten, die nicht unter den Anwendungsbereich fallen

a) Kennzeichnung des Produkts mit dem Funkschutzzeichen gemäß Bild 10.5a und b.

Die Kennzeichnung eines Produkts mit dem Funkschutzzeichen gilt als Nachweis für die Einhaltung der Funk-Entstörvorschriften. Die Genehmigung zum Benutzen des Funkschutzzeichens erteilt auf Antrag die VDE-Prüfstelle gemäß ihrer Prüfordnung aufgrund einer von ihr durchgeführten Typprüfung (Serienprüfung) oder eine von der VDE-Prüfstelle für eigene Produkte ermächtigte Firmenprüfstelle.

Anmerkung:
Seit 1984 besteht kein Funkschutzzeichenzwang mehr für entstörte Leuchten.

b) Herstellererklärung

Der Hersteller oder Importeur bescheinigt in deutscher Sprache in der Gebrauchsanweisung, auf dem Garantieschein oder dem Produkt die Einhaltung der zutreffenden Funk-Entstörvorschrift.

Diese Bescheinigung muß enthalten:
- Die Gerätebezeichnung (Typangabe),
- die Angabe der EG-Richtlinien oder die DIN-Norm/VDE-Bestimmung, nach der das Gerät funk-entstört ist, oder
- einen Hinweis darauf, daß das Inverkehrbringen des Geräts der Deutschen Bundespost (BZT in Saarbrücken) angezeigt und ihr das Recht zur Überprüfung der Serie dieses Gerätetyps eingeräumt wurde.

Der Betrieb des Produkts ist somit allgemein genehmigt.

Falls keiner der beiden hier beschriebenen Wege eingeschlagen wurde, muß in der Leuchte ein Vermerk angebracht sein: „nicht entstörte Leuchte – Betrieb nur außerhalb von Wohngebieten.“

Für den Einsatz in geschlossenen elektrischen Anlagen gelten nach DIN VDE 0875 Teil 3 Erleichterungen:

„In einer elektrischen Anlage, innerhalb einer zusammenhängenden Betriebsstätte oder innerhalb eines Industriegebiets, sind die Störspannungen und Störleistungen nicht begrenzt, wenn dafür gesorgt ist, daß die Bedingungen nach den (folgenden) Abschnitten a) und b) eingehalten werden“ [10.7].

Diese Bedingungen lauten:

a) „Die Funkstörspannungen auf Niederspannungsversorgungsleitungen dürfen außerhalb der Anlage, außerhalb des zusammenhängenden Betriebs oder des Industriegebiets den Störgrad N nicht überschreiten.“

b) „Die Störfeldstärke in den Ton- und den Fernsehrundfunkbereichen muß an den Standorten von Empfangsantennen, die nach VDE 0855 Teil 1 errichtet sind oder werden, so gering sein, daß ein ungestörter Empfang sichergestellt ist, sobald am Aufstellungsort der Antenne die Mindestnutzfeldstärken (...) vorhanden sind“ [10.7].

Unter obigen Bedingungen ist der Betrieb dieser Einrichtungen an den entsprechenden Aufstellungsorten allgemein genehmigt.

10.3.3 Nachweis der Funk-Entstörung

Für Leuchten zum „Einsatz in Wohngebieten“ kann die Funk-Entstörung mit der Herstellererklärung bescheinigt werden.

Der Nachweis hierzu ist mittels einer Messung nach DIN VDE 0875 Teil 2/EN 55015 zu erbringen.

Für diese Messung ist grundsätzlich zu unterscheiden, ob die in der Leuchte eingesetzten Lampen durch eine Lampennachbildung nach DIN ersetzt werden können oder nicht. Falls eine genormte Lampennachbildung existiert (wie z. B. für stabförmige Lampen mit 15, 26 oder 38 mm Durchmesser) darf die meßtechnisch einfachere Dämpfungsmessung durchgeführt werden.

Falls keine genormte Lampennachbildung existiert, muß die Störspannung einer im Betrieb befindlichen Leuchte gemessen werden.

Messung der Einfügungsdämpfung nach DIN VDE 0875 Teil 2 (12.88)

Für die Durchführung der Messung ist ein Meßaufbau nach Bild 10.6 nötig. Bei diesem Meßverfahren ist das Meßergebnis vollkommen unabhängig von Lampeneinflüssen (keine Einbrennzeiten, keine Meßwertstreuung durch Einsatz unterschiedlicher Lampen); außerdem müssen die Störeinflüsse nicht berücksichtigt werden, die über den Netzanschluß der Leuchte kommen können. Die Messung wird auch dadurch vereinfacht, daß nicht der in der Vorschrift festgelegte gesamte Frequenzbereich von 150 bis 1605 kHz nach eventuellen Störmaxima abgesucht werden muß; stattdessen wird eine Prüfung bei 5 Frequenzwerten als ausreichend betrachtet. Die in die Leuchte einzusetzende Lampennachbildung wird in Bild 10.7 am Beispiel der Stablampe näher beschrieben.

„Ist für eine Serienleuchte mittels Messung der Einfügungsdämpfung der Nachweis zu erbringen, daß sie funkentstört ist, muß eine Stichprobe von mehreren Leuchten (...) gemessen werden“ [10.9]. Hiermit soll nach DIN VDE 0875 Teil 2 sichergestellt werden, daß 80% der seriengefertigten Geräte

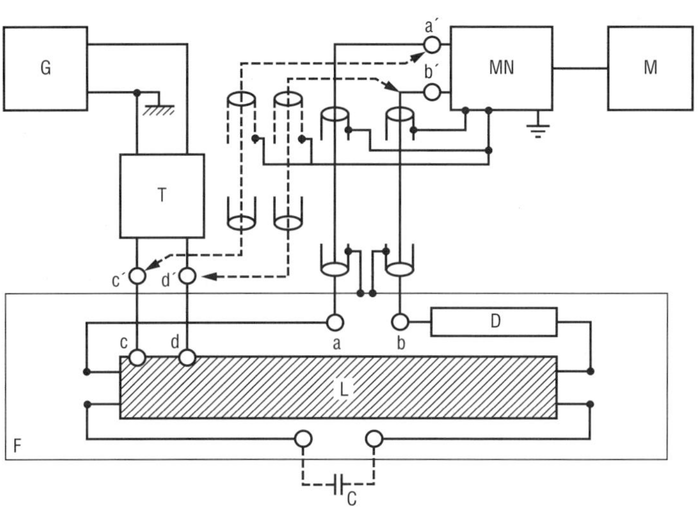

C	Prüfkondensator	c–d	HF-Anschlüsse an der Lampennachbildung L
D	Drossel	c′–d′	Ausgangsklemmen des Symmetrierübertragers T
T	Symmetrierübertrager	a–a′	Koaxiale Leitungen zwischen F und MN, nicht
G	Hochfrequenzgenerator	und b–b′	länger als 50 cm, Wellenwiderstand $Z_0 = 75\ \Omega$,
L	Lampennachbildung		Schirme an die Metallgehäuse von F und MN
M	Funkstörmeßgerät (Meßempfänger oder		angeschlossen
	HF-Millivoltmeter, siehe Anmerkung)	c–c′	ungeschirmte Leitungen zwischen Lampennach-
MN	150-Ω-V-CISPR-Netznachbildung oder	und d–d′	bildung L und Übertrager T, höchstens 10 cm lang
	Meßnetzwerk		
F	Leuchtengehäuse		
a–b	Netzanschlußklemmen der Leuchte		
a′–b′	Eingangsklemmen von MN		

Anmerkungen:
Ein HF-Millivoltmeter ist nur bei der Messung mit dem Meßnetzwerk gemäß DIN VDE 0875 Teil 2 A 1/Okt. 90 zu verwenden. In Verbindung mit der 150-Ω-V-Netznachbildung ist ein Meßempfänger mit einem Eingangswiderstand von 50 Ω zu verwenden.
– Für die Messung von Leuchten für Lampen in U-Form wird dieselbe Meßanordnung benutzt, jedoch wird die stabförmige Lampennachbildung durch die Lampennachbildung für U-förmige Lampen ersetzt.
– Bei Leuchten ohne Starter ist die Drossel durch eine komplexere Transformatorschaltung ersetzt. Das beeinflußt aber nicht das Meßverfahren.

Bild 10.6
Aufbau zur Messung der Einfügungsdämpfung an Leuchten für gerade und U-förmige Leuchtstofflampen [10.9]

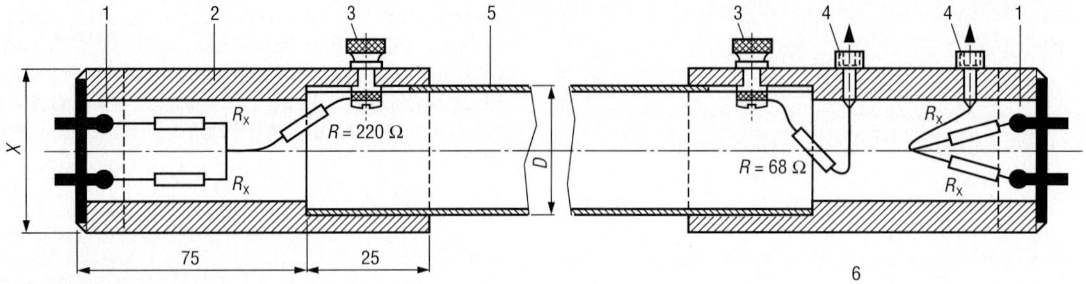

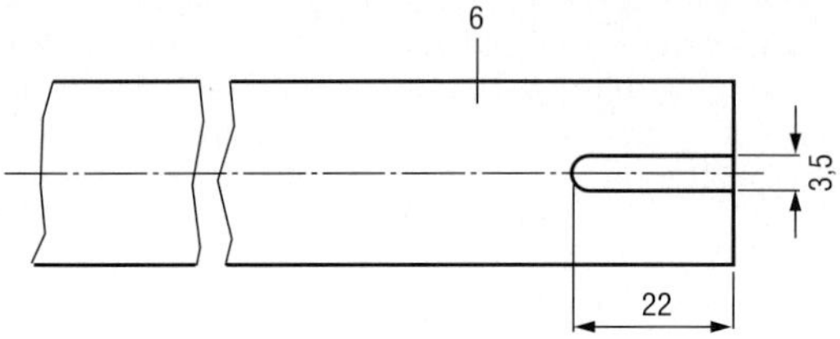

1 Sockel mit kurzgeschlossenen Stiften einer Original-Leuchtstofflampe [10.9]
2 Isoliermaterial (z. B. Plexiglas)
3 Schrauben mit Rändelmuttern zur Verbindung des Metallrohrs mit den Isolierrohren und zum Anschluß der inneren Verdrahtung
4 Buchsen zum Anschluß des Symmetrierübertragers
5 dünnwandiges Metallrohr
6 Teilansicht der Verbindungsstelle des Metallrohrs (bei U-Lampen entsprechend gebogen)

Die Maßtoleranzen betragen ± 1 in der letzten Stelle, die Toleranzen der Widerstände ± 5%. Alle Widerstände R_x haben 4,8 Ω

Nenndurchmesser der Lampe	(mm)	25	38
Außendurchmesser *D* des Metallrohrs	(mm)	20 ± 0,5	28 ± 0,5
Durchmesser *X* des normalen Sockels	(mm)	24	35

Bild 10.7 Lampennachbildungen für stabförmige und U-förmige Lampen

mit einer Sicherheit von 80% die geforderten Grenzwerte einhalten. (Zur detaillierten Auswertung der Meßergebnisse siehe DIN VDE 0875 Teil 2.)

Falls nur eine Leuchte zur Verfügung steht, z. B. das Muster für eine spätere Serienfertigung, kann an nur einer Leuchte gemessen werden. Jedoch sind dann Stichprobenmessungen an der späteren Serienfertigung notwendig. Das ist der am häufigsten vorkommende Fall, denn meistens muß die Entstörmaßnahme im Verlauf der Konstruktion und Entwicklung festgelegt werden.

Hierzu noch einige praxisorientierte Hinweise:

Grundlagen zur Entstörung

Um zu verstehen, wie entstört werden kann, muß man wissen, wie sich leitungsgebundene Störungen ausbreiten (Bild 10.8):

Von einer erdfreien Störquelle gehen zunächst nur Störungen aus, die sich längs der angeschlossenen Leitungen ausbreiten. Wie der Netzstrom fließt auch der Störstrom über den einen Leiter zur Störsenke hin und über den anderen Leiter zurück. Diese Störung wird als Gegentaktstörung (differential-mode) oder symmetrische Störung bezeichnet.

Parasitäre Kapazitäten in der Störquelle oder beabsichtigte Masseverbindungen rufen jedoch auch einen Störstrom im Erdkreis hervor. Dieser Störstrom fließt auf den beiden Anschlußleitungen zur Störsenke hin und über Erdleitungen zurück. Eine solche Störung wird deshalb Gleichtaktstörung (common-mode) oder asymmetrische Störung genannt.

Im europäischen Sprachgebrauch gibt es zusätzlich noch die unsymmetrische Störung. Diese Komponente kennzeichnet die Störspannung zwischen ei-

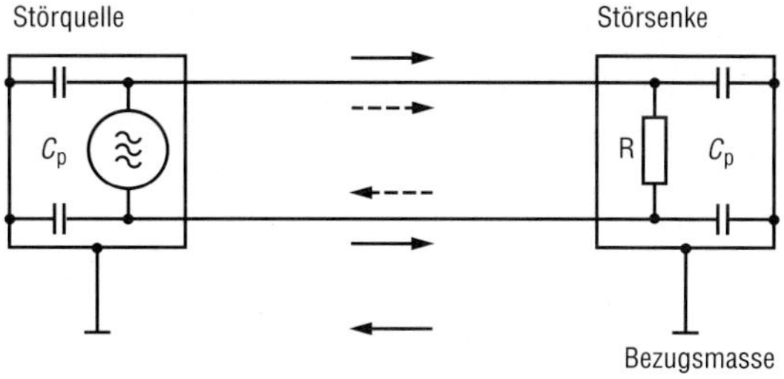

——► Gleichtakt-Störstrom
---► Gegentakt-Störstrom
C_p parasitäre Kapazität

Bild 10.8
Ausbreitung leitungsgebundener Störungen [10.10]

ner Leitung und Bezugsmasse bzw. der zweiten Leitung und Bezugsmasse (siehe Bild 10.8).

Ziel der Entstörmaßnahme ist es, die Ausbreitung der in der Leuchte erzeugten Störströme ins Netz zu vermeiden. Hierzu bietet sich vom Prinzip her die Möglichkeit an, den Störstrom entweder „abzublocken", oder ihn noch innerhalb der Leuchte „kurzzuschließen", um ein Abfließen zu einer Störsenke zu verhindern oder zu verringern.

Eine Induktivität (Spule mit und ohne Eisenkern) stellt für den hochfrequenten Störstrom einen großen Widerstand dar, blockt ihn also ab. Dem niederfrequenten Netzstrom setzt eine Induktivität nur einen geringen Widerstand entgegen.

Eine Kapazität ist für hochfrequente Ströme niederohmig, für den Netzstrom aber hochohmig. Sie ermöglicht das Kurzschließen des Störstroms.

Auswahl der Entstörmaßnahmen

Die Leuchte, für die eine Entstörmaßnahme festgelegt werden soll, wird zuerst ohne eingesetzte Entstörmittel gemessen. Hierbei zeigt sich unter Umständen, daß die Leuchte bereits ohne besondere Maßnahmen die Grenzwerte einhält. Dies ist speziell bei geteilten Vorschaltgeräten der Fall, da durch die in Außenleiter und Mittelpunktsleiter geschalteten Induktivitäten der Störstrom abgeblockt wird.

Werden die Grenzwerte nur knapp überschritten, kann eine optimierte Leitungsführung zum Erreichen der geforderten Werte genügen. Optimierte Leitungsführung heißt: Möglichst kurze Leitungen, die nahe am geerdeten Gehäuse laufen und keine Schleifen bilden.

Werden die Grenzwerte nicht eingehalten, müssen spezielle Entstörkondensatoren eingesetzt werden. Der Entstöraufwand (Kondensator nur netzparallel oder netzparallel und gegen Erde) ist stark von der lampenseitigen parasitären Kapazität des Vorschaltgeräts abhängig. Je geringer diese Kapazität ist, desto geringer ist auch die asymmetrische Störung, die nur durch Kondensatoren gegen Masse abgebaut werden kann.

Die Entstörbeschaltung und die Werte der Bauteile müssen über Meßreihen festgelegt werden. Hierbei ist zwischen X- und Y-Kondensatoren zu unterscheiden (VDE 0565). X-Kondensatoren werden nur netzparallel eingesetzt, Y-Kondensatoren dürfen auch zwischen Außenleiter und Gehäuse eingesetzt werden. Bei der Auswahl der Kapazitätswerte von Y-Kondensatoren ist darauf zu achten, daß der Ableitstrom gegen das Gehäuse keine Menschen gefährdet (EN 60 598/DIN VDE 0711).

Eine mit Entstörkondensatoren beschaltete Leuchte hält in der Regel die Grenzwerte für die Messung der Einfügungsdämpfung mit entsprechender Sicherheit ein. Falls dies nicht zutrifft, zum Beispiel wenn der Innenwiderstand der Leuchte im Vergleich zum Scheinwiderstand des netzparallelen Entstörkondensators zu klein oder die asymmetrische Störkomponenten zu groß sind, muß zu komplexeren Filterbeschaltungen mit Induktivitäten und Kapazitäten gegriffen werden. Ein Beispiel hierfür ist das Siemens Netzleitungsfilter B 84 151 (Bild 10.9), das auch dann eingesetzt werden kann, wenn für Leuchten eine über die DIN VDE 0875 Teil 1 hinausgehende Entstörung gefordert wird (z. B. Entstörgrad K; DIN VDE 0875 Teil 3).

Messung der Störspannung nach DIN VDE 0875 Teil 2 (12.88)/EN 55 015

Die Prüfung wird an einem Meßaufbau nach Bild 10.10 durchgeführt. Der Zeitaufwand für diese Prüfung ist erheblich höher als für die Messung mit Einfügungsdämpfung, da der gesamte Frequenzbereich von 9 kHz bis 30 MHz mittels Funkstörmeßempfänger bezüglich Störmaxima untersucht werden muß. Hier läßt sich durch automatische Prüfplätze Zeit sparen. Einflüsse auf das Meßergebnis sind durch netzbedingte Störungen oder Störstrahlung aus der unmittelbaren Umgebung des Meßplatzes sowie durch das Störverhalten der Lampe möglich. Bei den Lampen ist es ratsam, mindestens die DIN-Einbrennzeit von 5 Minuten abzuwarten (besser noch 20 Minuten),

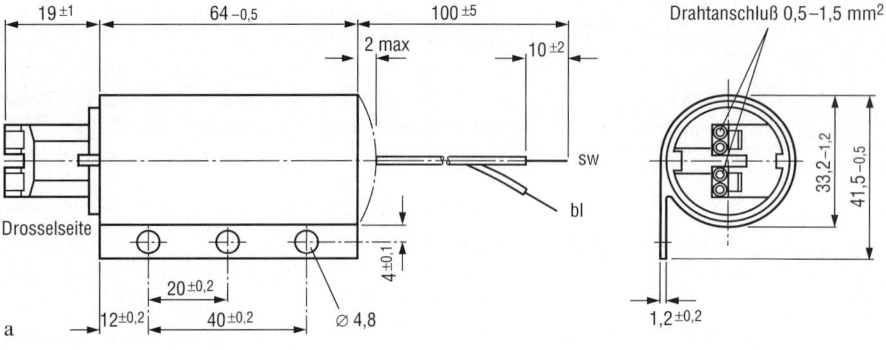

a

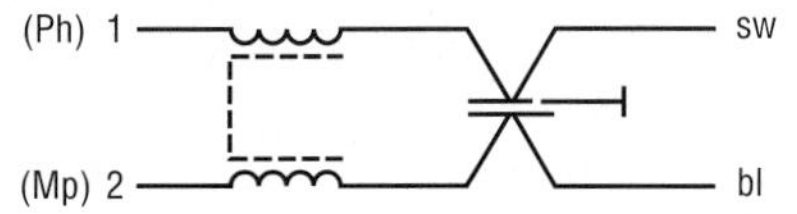

b

a Konstruktionszeichung
b Schaltbild

Bild 10.9
Siemens Netzleitungsfilter B 84 151 für 1-Phasen-Systeme [10.10]

und 100 h gealterte Lampen zu verwenden, da dann mit einem stabilen Verhalten der Lampe als Störgenerator gerechnet werden kann.

Abschließend ist zu sagen, daß der Aufbau eines eigenen Funk-Entstörmeßplatzes nicht sinnvoll ist, wenn nur wenige Messungen vorzunehmen sind, und kein mit der Thematik vertrautes Personal zur Verfügung steht. Im allgemeinen ist es wesentlich günstiger, die von vielen Entstörbauteilherstellern angebotenen Dienste ihres Applikationslabors in Anspruch zu nehmen.

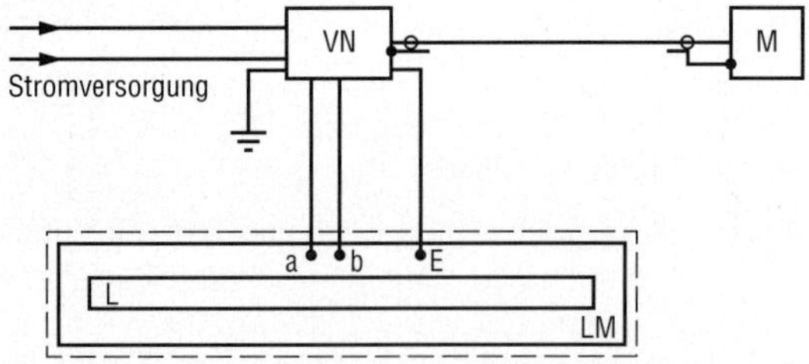

VN CISPR-50-Ω/50-μH-V-Netznachbildung gemäß CISPR-Publikation 16, Unterabschnitt 8.3.3
M CISPR-Funkstörmeßempfänger gemäß CISPR-Publikation 16, Unterabschnitt 1
LM Leuchte
L Leuchtstofflampe
a–b Anschlußklemmen der Leuchte
E Erd- oder Schutzleiterklemme der Leuchte, wenn vorhanden

Bild 10.10 Anordnung zur Messung der Störspannung [10.10]

10.4 Oberschwingungen des Netzstroms

10.4.1 Entstehung von Oberschwingungen im Netzstrom

Wie bereits beim Beschreiben der Vorschaltgeräte (Kap. 2.3) erwähnt, sind Entladungslampen-Stromkreise mit konventionellen Vorschaltgeräten Erzeuger von Stromoberschwingungen. Besonders stark tritt die 3. Oberschwingung (150 Hz) hervor. Die Höhe der erzeugten Oberschwingungen hängt von der Art des Vorschaltgeräts ab, vom konstruktiven Aufbau und vom Sättigkeitsgrad des Eisens.

Bei Verwendung von elektronischen Vorschaltgeräten mit Entladungslampen, hierzu zählen auch die sogenannten Kompaktlampen mit integriertem elektronischen Vorschaltgerät, können außer der 3. Oberschwingung auch die höherzahligen Oberschwingungen 5, 7, 9, 11 usw. in erhöhtem Maße auftreten.

Wie im Kapitel 2.4 beschrieben, entstehen die Oberschwingungen durch Gleichrichtung des Netzstroms und anschließende Glättung der gleichgerichteten Spannung durch einen Glättungskondensator (Bild 10.11). Der zugehörige Stromverlauf ist aus Bild 10.12 ersichtlich. Man erkennt deutlich, daß im Zeitpunkt des Nachladens des Glättungskondensators im Sinusverlauf ein Stromstoß erfolgt, der die Sinushalbwelle des Grundschwingungsstroms verzerrt.

Bei den heute auf dem Markt sich mehr und mehr verbreitenden „elektronischen Transformatoren“ für Niedervolt-Halogenglühlampen (siehe auch Kap. 8.3) tritt aufgrund der gleichartigen Gleichrichterschaltung derselbe Effekt auf, was ebenfalls zur Verzerrung des aufgenommenen Netzstroms führt.

In Bild 10.13 ist dargestellt, wie sich ein möglicher Summenstrom Σi aus den einzelnen Oberschwingungsströmen zusammensetzt und bei steigender Anzahl von einzelnen Oberschwingungsströmen immer mehr zum Rechteckstrom wird.

Beim Betrieb von Lampen mit Vorschaltgeräten in Netzen mit Oberschwingungen gilt folgender Zusammenhang (Netze mit sinusförmiger Spannung und nichtsinusförmigen Strömen):

Leistungsfaktor $\lambda = \dfrac{P_L}{S_L}$

P_L ist die Wirkleistung, S_L die Scheinleistung.

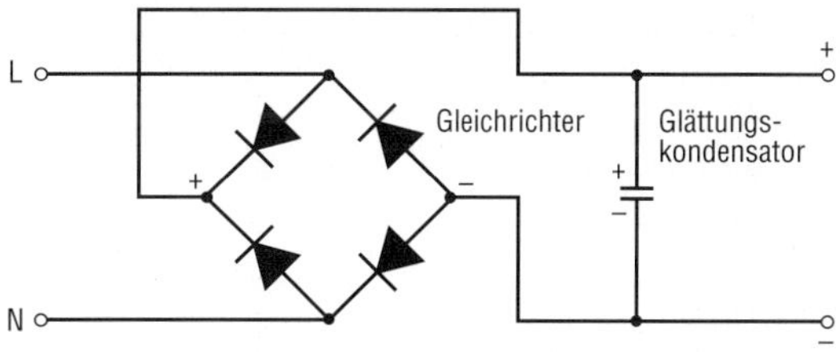

Bild 10.11
Gleichrichtung des Netzstroms mit anschließender Glättung durch einen Glättungskondensator

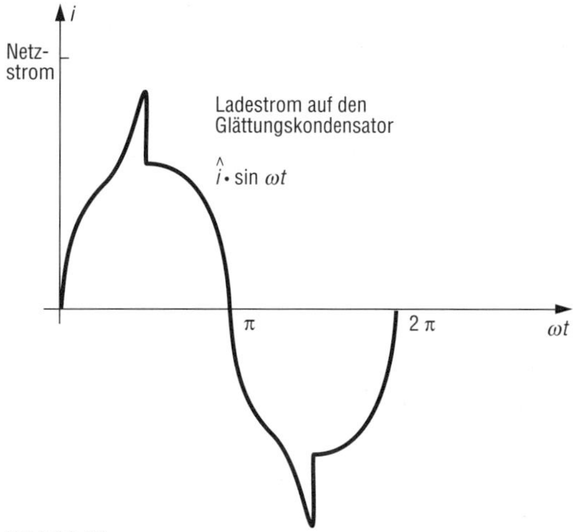

Bild 10.12
Netzstromverlauf vor der Gleichrichtung und Ladekondensator

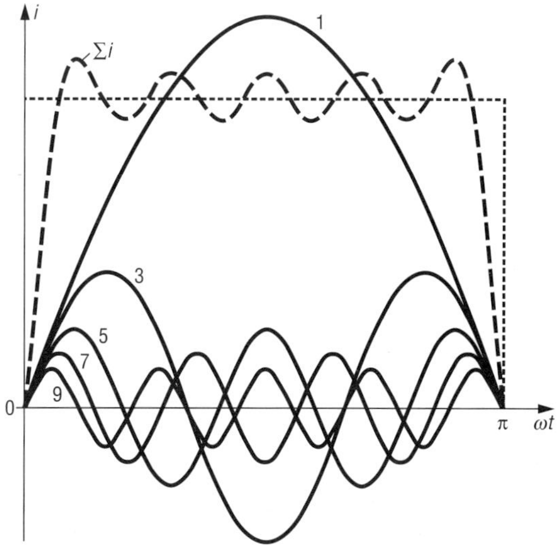

Bild 10.13
Summenstrom Σi im Netz, zusammengesetzt aus den einzelnen Oberschwingungsströmen

Die Wirkleistung ist

$P_L = U \cdot I_{L1} \cdot \cos\varphi$,

die Blindleistung

$Q_{L1} = U \cdot I_{L1} \cdot \sin\varphi$.

Die Scheinleistung ist

$S_L = \sqrt{P_L^2 + Q_{L1}^2 + D^2}$

wobei D die Verzerrungsleistung ist. Damit ist

$$\lambda = \frac{1}{\sqrt{1 + \frac{Q_{L1}^2}{P_L^2} + \frac{D^2}{P_L^2}}} = g_1 \cdot \cos\varphi_1$$

g_1 ist der Grundschwingungsgehalt, $\cos\varphi_1$ die Phasenverschiebung des Grundschwingungsstroms.

$\frac{Q_{L1}^2}{P_L^2}$ ist durch Kompensationskondensatoren kompensierbar, wogegen $\frac{D^2}{P_L^2}$ eine unveränderbare Größe darstellt und ausschließlich durch die erzeugten Oberschwingungsanteile im Netzstrom bestimmt wird.

Aus dem Grundschwingungsgehalt

$$g_1 = \frac{I_{L1}}{I_{eff}}$$

bzw.

$$g_1 = \frac{I_{L1}}{\sqrt{I_{L1}^2 + I_{L2}^2 + I_{L3}^2 + \cdots}}$$

läßt sich der Verzerrungsfaktor berechnen:

$K = \sqrt{1 - g_1^2}$

Die Blindleistung läßt sich auch ableiten zu

$Q_{L1} = S_L \cdot g_1 \cdot \sin\varphi_1$.

Damit ist

$D = S_L \cdot K$

und

$Q_L = \sqrt{Q_{L1}^2 + D^2} = S_L \sqrt{1 - \lambda^2}$

Mit diesem physikalischen Sachverhalt lassen sich die folgenden Vergleiche zwischen konventionellen und elektronischen Schaltkreisen mit Entladungslampen anstellen. Im folgenden sind die Daten für verschiedene Beispiele angegeben.

Beispiel 1

Konventionelle Schaltung mit einer 58-W-Leuchtstofflampe (siehe Bild 10.14)

Phasenverschiebung des Grundschwingungsstroms $\cos\varphi_1 = 0{,}505$
Verzerrungsfaktor $K = 0{,}17$
kompensierbare Grundwellenblindleistung $Q_{L1} =$ 121 var
Verzerrungsleistung $D = 24$ var
Gesamtblindleistung $Q_L = 123$ var

Beispiel 2

Handelsübliches elektronisches Vorschaltgerät in Verbindung mit einer 58-W-Leuchtstofflampe (siehe Bild 10.15)

$\cos\varphi_1 = 0{,}99$
$K = 0{,}14$
$Q_{L1} = 7{,}82$ var
$D = 7{,}84$ var
$Q_L = 11{,}14$ var

Beispiel 3

Kompaktleuchtstofflampe mit integriertem elektronischen Vorschaltgerät (siehe Bild 10.16)

$\cos\varphi_1 = 0{,}95$
$K = 0{,}85$
$Q_{L1} = 6{,}6$ var
$D = 33{,}8$ var
$Q_L = 34{,}4$ var

Beispiel 4

Handeslüblicher elektronischer Trafo in Verbindung mit einer 12 V/100 W Halogenlampe (siehe Bild 10.17)

$\cos\varphi_1 = 0{,}788$
$K = 0{,}743$
$Q_{L1} = 73{,}439$ var
$D = 132{,}48$ var
$Q_L = 151{,}53$ var

Bei Beispiel 4 ergibt sich eine hohe kompensierbare Blindleistung, aber auch eine erhebliche Verzerrungsleistung.

Die 4 Beispiele zeigen unter vereinfachten Annahmen die z. Z. mögliche Situation bei der Entstehung von Stromoberschwingungen durch Betriebsgeräte für Entladungs- und Halogen-Niedervolt-

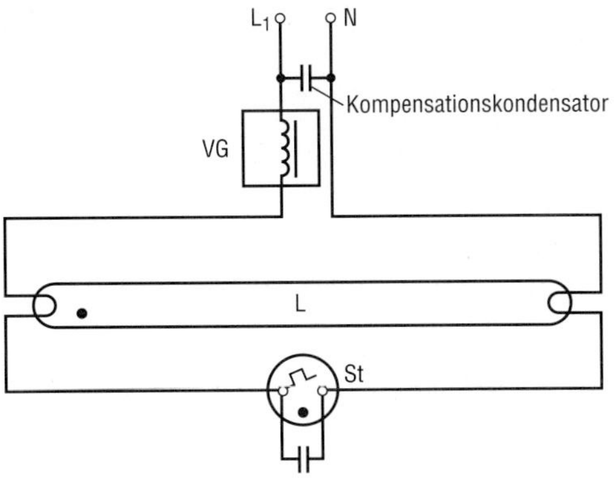

Bild 10.14
Konventionelle Schaltung mit einer 58-W-Leuchtstofflampe

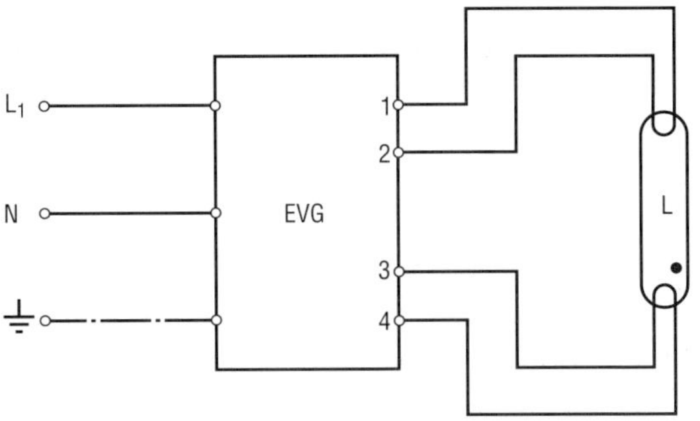

Bild 10.15
Elektronisches Vorschaltgerät (EVG) mit einer 58-W-Leuchtstofflampe

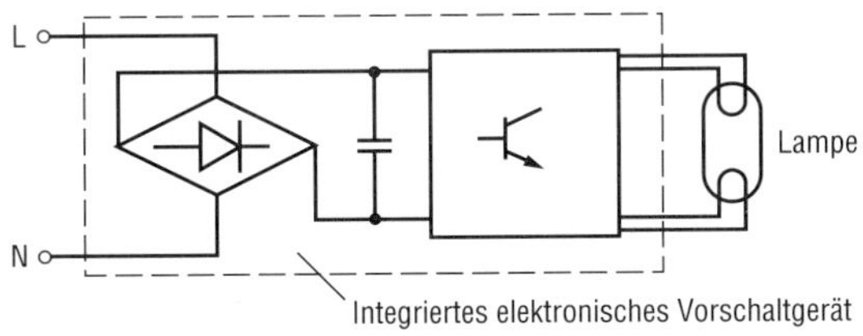

Bild 10.16
Kompaktlampe mit integriertem elektronischen Vorschaltgerät

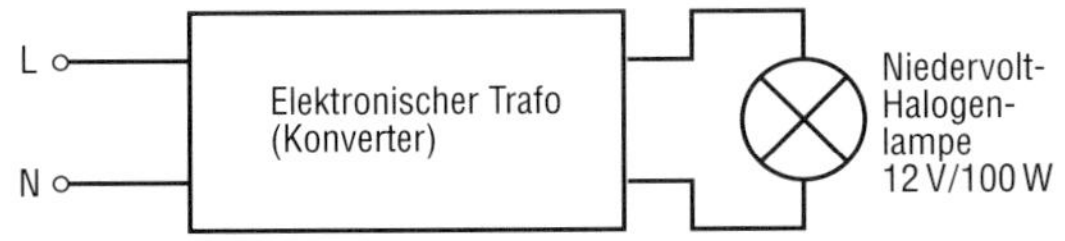

Bild 10.17
Elektronischer Transformator mit Niedervolt-Halogenglühlampe

lampen. Wie eingangs erwähnt, wurde bei den Beispielen eine sinusförmige Netzspannung vorausgesetzt. In der Praxis ist die Spannung aber nicht sinusförmig, da die Stromoberschwingungen an den im Netz befindlichen Reaktanzen Spannungsabfälle verursachen, die wiederum die angeschlossenen Verbrauchsgeräte nachteilig beeinflussen können.

In folgendem theoretischen Beispiel wird gezeigt, wie durch eine größere Anzahl von Kompaktleuchtstofflampen mit integriertem Vorschaltgerät (siehe Beispiel 3) die Netzspannungsverhältnisse hinter einem Trafo für eine Niederspannungsverteilungsanlage beeinflußt werden können (andere Verbraucher im gleichen Netz werden hierbei nicht berücksichtigt):

Beispiel 5

Beleuchtungsanlage mit einer größeren Anzahl 18-W-Kompaktleuchtstofflampen mit integriertem elektronischen Vorschaltgerät an einem Versorgungstransformator mit 100 kVA Nennleistung

Aus den prozentualen Werten der einzelnen Oberschwingungsströme ergibt sich mit

$$k_n = \frac{I_n}{I_{\text{eff}\,1}}$$

und

$$g_1 = \frac{I_1}{I_{\text{eff}}} = \frac{1}{\sqrt{1^2 + k_3^2 + k_5^2 + k_7^2 + k_9^2 + k_{11}^2 + k_{13}^2}}$$

$$g_1 = \frac{1}{\sqrt{1^2 + 0{,}89^2 + 0{,}71^2 + 0{,}56^2 + 0{,}4^2 + 0{,}25^2 + 0{,}22^2}} = 0{,}59.$$

Mit $\lambda = 0{,}503$ ist der Lampenstrom

$$I_{\text{eff}} = \frac{P_L}{U \cdot \lambda} = \frac{20\ \text{W}}{220\ \text{V} \cdot \lambda} = 0{,}18\ \text{A}$$

Damit betragen der Grundschwingungsstrom I_1 und die Oberschwingungsströme I_n

$$I_1 = g_1 \cdot I_{\text{eff}} = 0{,}59 \cdot 0{,}18\ \text{A} = 0{,}11\ \text{A}$$
$$I_3 = 0{,}89 \cdot I_1 = 0{,}098\ \text{A}$$
$$I_5 = 0{,}71 \cdot I_1 = 0{,}078\ \text{A}$$
$$I_7 = 0{,}56 \cdot I_1 = 0{,}055\ \text{A}$$
$$I_9 = 0{,}4 \cdot I_1 = 0{,}044\ \text{A}$$
$$I_{11} = 0{,}25 \cdot I_1 = 0{,}027\ \text{A}$$
$$I_{13} = 0{,}22 \cdot I_1 = 0{,}024\ \text{A}$$

Die Trafo- und Netzreaktanz beträgt

$$\omega L = \frac{u_k \cdot 3\,U_S^2}{S}$$

$u_k = u_{kTr} + u_{kL} \approx 0{,}1$ ist die relative Kurzschlußleistung, U_S ist die Trafonennspannung.

Mit $S = 100$ kVA ist dann

$$\omega L = \frac{0{,}1 \cdot 3 \cdot 220^2\ \mathrm{V}^2}{100\ \mathrm{VA} \cdot 10^3} = 0{,}145\ \Omega$$

Die Spannungsabfälle an Trafo- und Netzreaktanz, verursacht durch die einzelnen Oberschwingungsströme, betragen

$$U_n = n\,I_n\,\omega L$$

Damit sind (jeweils angegeben im Verhältnis zu U_S):

$$U_3 = 0{,}0426\ \mathrm{V} = 19{,}36 \cdot 10^{-3}\%$$
$$U_5 = 25{,}7 \cdot 10^{-3}\%$$
$$U_7 = 25{,}36 \cdot 10^{-3}\%$$
$$U_9 = 26{,}1 \cdot 10^{-3}\%$$
$$U_{11} = 19{,}57 \cdot 10^{-3}\%$$
$$U_{13} = 20{,}56 \cdot 10^{-3}\%$$

Daraus ergibt sich je Lampe folgender prozentualer Gesamtoberschwingungsgehalt in der Netzspannung:

$$\frac{U_{nges}}{U_S} = \sqrt{\left(\frac{U_3}{U_S}\right)^2 + \left(\frac{U_5}{U_S}\right)^2 + \cdots + \left(\frac{U_{13}}{U_S}\right)^2}$$
$$= 56{,}26 \cdot 10^{-3}\%$$

10.4.2 Auswirkungen von Oberschwingungen im Netz und auf andere Verbraucher

Beim Überschreiten der Störfestigkeit von im Netz befindlichen Betriebsmitteln kommt es bei diesen zu Störungen:

▷ Zur Verkürzung der Lebensdauer und somit vorzeitigem Ausfall von Kondensatoren und Motoren infolge thermischer Überlastung,

▷ zu Funktionsstörungen bei elektronischen Betriebsmitteln oder

▷ zu Fehlfunktionen von Rundsteuerempfängern (Unterfunktion: Empfänger schalten nicht. Überfunktion: Empfänger schalten falsch)

Darüber hinaus beeinträchtigen Oberschwingungsströme die Erdschlußlöschung. Aus diesen Gründen muß der Betreiber eines Versorgungsnetzes sowohl im Interesse seiner Stromkunden als auch im Sinne eines ungestörten Netzbetriebs darauf achten, daß die Oberschwingungsspannungen in seinem Netz bestimmte Grenzwerte in der Regel nicht überschreiten [10.11].

Die Störfestigkeit ist definiert als die Fähigkeit einer elektrischen Einrichtung, Störungen bestimmter Größe ohne Fehlfunktionen zu ertragen.

Die Oberschwingungsspannungen im Netz entstehen aus dem Zusammenwirken aller Geräte in der Niederspannungsebene und in der Mittel- und Hochspannungsebene. Das bedeutet, daß ein einzelnes Gerät nur einen Bruchteil der im Netz zulässigen Oberschwingungsspannungen verursachen darf. An den Klemmen der angeschlossenen Geräte liegt nämlich die Summe aller Oberschwingungsspannungen, die die Oberschwingungsströme im Netz sowohl an den niederspannungsseitigen Impedanzen als auch an den Impedanzen der Mittel- und Hochspannungsnetze hervorrufen.

Bei der Aufteilung des insgesamt zulässigen Oberschwingungsstroms in einem Versorgungsnetz gelten folgende Grundsätze:

▷ Ein Betriebsmittel darf keine höheren Oberschwingungsströme erzeugen als für die Erfüllung seines technischen Zweckes unbedingt erforderlich ist. Damit ist gemeint, daß die mit vertretbarem wirtschaftlichen Aufwand rückwirkungsärmste Lösung anzustreben ist.

▷ Jeder Kunde darf nur entsprechend seinem Lastanteil Oberschwingungsströme ins Netz einspeisen.

Für Betriebsmittel, die in Niederspannungsnetzen angeschlossen werden, gelten mit der AVBEltV (Verordnung über allgemeine Bedingungen für die Elektrizitätsversorgung von Tarifkunden) [10.5] die Festlegungen der TAB (Technische Anschlußbedingungen für den Anschluß an das Niederspannungsnetz) [10.4]. Dort werden u. a. solche Geräte angeführt, für die nach DIN VDE 0838 eine generelle Zulassung erteilt ist.

Hinsichtlich der Oberschwingungsspannungen werden im folgenden stets relative, d. h. auf die Nennspannung bezogene Oberschwingungsspannungen angegeben. Für diese relativen Spannungen wird das Symbol „u_v“ gewählt.

Die Richtwerte für die Beurteilung der Störaussendung von Oberschwingungsspannungen orientie-

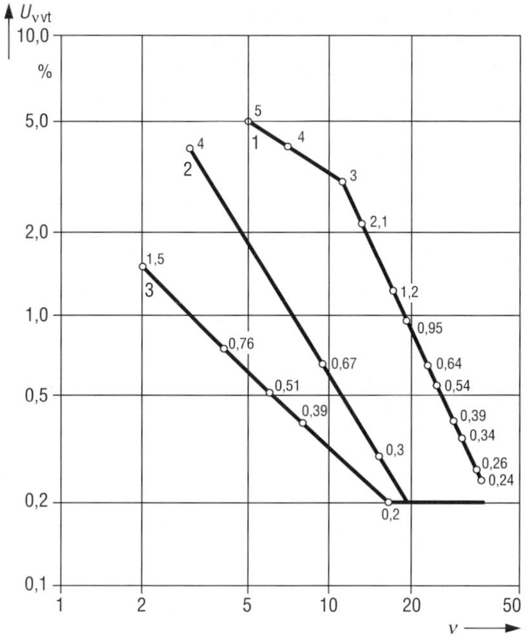

Kurve 1 gilt für ungeradzahlige, nicht durch 3 teilbare Werte von ν,
Kurve 2 für ungeradzahlige, durch 3 teilbare Werte von ν,
Kurve 3 für geradzahlige Werte von ν

Bild 10.18
Verträglichkeitspegel für die einzelnen relativen Spannungs-Oberschwingungen im Niederspannungsnetz. [10.11]

ren sich an den Verträglichkeiten für Niederspannungsnetze [10.11]:

a) Für die einzelnen Oberschwingungen sind die Verträglichkeitspegel $u_{\nu vt}$ in Bild 10.18 angegeben.

b) Für die Summe der gewichteten Oberschwingungsspannungen gilt folgende Bedingung:

$$\sum_{\nu=2}^{40} \nu^2 \cdot u_\nu^2 < 0{,}5$$

Anmerkung:

Wenn die Verträglichkeitspegel nach Bild 10.18 für alle u_ν eingehalten werden, ist Bedingung b) automatisch erfüllt.

Folgeerscheinungen durch Oberschwingungen im Netz

Der Kondensatorstrom ist

$$I_C = U \cdot \omega \cdot C.$$

Der effektive Gesamtstrom, verursacht durch mehrere Oberschwingungsspannungen, errechnet sich zu

$$I_{Cg} = \sqrt{I_{C1}^2 + I_{C2}^2 + I_{C3} + \cdots\cdots + I_{Cn}^2},$$

wobei I_{C1} bis I_{Cn} der Grundschwingungsstrom und die Oberschwingungsströme bis zur n-ten Oberschwingung sind.

Mit

$$I_{Cn} = U_{Cn} \cdot \omega_n \cdot C$$

und den einzelnen Oberschwingungs-Spannungswerten U_n, wie sie in Kapitel 10.4.1 berechnet wurden, und die als U_{Cn} am Kondensator anliegen, ergibt sich bezogen auf den Grundwellenstrom I_{C1}

$$I_{Cg} = 0{,}0108 \cdot 10^{-3}\%.$$

Dieser Wert gilt je Lampe.

Wie im theoretischen Beispiel 5 im Kapitel 10.4.1 ergibt sich wieder je Lampe für die Oberschwingungsspannung ein prozentualer Anteil von

$$U_{Cg} = 56{,}26 \cdot 10^{-3}\%.$$

Gemäß DIN VDE 0160/Mai 1988 Abschnitt 5.3.1.2 ist ein Gesamtoberschwingungs-Spannungspegel von maximal 10% zugelassen (siehe auch DIN 40110). Hiermit ergibt sich eine maximale Lampenanzahl n:

$$n = \frac{10\%}{56{,}26 \cdot 10^{-3}\%} = 177$$

Die Berechnung geht beispielhaft von rein theoretischen Betrachtungen aus und berücksichtigt nicht weitere Verbraucher im Netz, die wiederum eine weiterführende Kompensierung und Abschwächung der vorhandenen Oberschwingungen bewirken. Damit wird natürlich eine maximal mögliche Anzahl von Lampen an einem Trafo wesentlich höher, wie die Praxis auch zeigt.

Hieraus wird ersichtlich, daß bei der Spannung eine Belastung durch erzeugte Oberschwingungen auftritt, die bei der Planung der Anlage berücksichtigt werden muß. Die Strombelastung des Kompensationskondensators bei 177 Lampen beträgt bezogen auf den Grundwellenstrom

$$I_{Cg} = 0{,}0108 \cdot 10^{-3}\% \cdot 177 = 1{,}9 \cdot 10^{-3}\%$$

und ist unerheblich, da nach DIN VDE 0560 Teil 4/04.73 Überströme vom 1,3fachem Wert des Grundwellenstroms zulässig sind.

Damit wird ersichtlich, daß die Effektivwerte von Spannung und Strom über den Amplituden der Grundschwingungen liegen, verursacht durch Stromoberschwingungserzeuger im zusammenhängenden Niederspannungsnetz. Bei der Planung und Installation von Beleuchtungsanlagen sind demnach solche Auswirkungen auf Kompensationskondensatoren zu berücksichtigen.

Ein weiterer Einfluß von Oberschwingungsspannungen ergibt sich auf mögliche Resonanzerscheinungen, gebildet durch Kompensationskondensatoren und Induktivität des Netzes. Hierbei können Probleme durch Parallel- bzw. Reihenresonanz auftreten, wenn die Resonanzfrequenz

$$f_r \approx \frac{1}{2\pi\sqrt{L_N \cdot C}}$$

in den Bereich einer Oberschwingung fällt. L_N ist dabei die Netz- und Verbraucherinduktivität, C die Kapazität des Kompensationskondensators.

Bei der sich bildenden Resonanzfrequenz kann es zu großen Strömen im Resonanzkreis und zur Überlastung der Anlage kommen. Die hierbei auch stark erhöhte Oberschwingungsspannung am Kondensator und den mitangeschlossenen Schaltelementen kann zu einer Gefährdung der Isolation führen.

In Verbindung mit Rundsteueranlagen kann es bei Auftreten von Reihenresonanz zur „Absaugung" der Rundsteuersignale kommen.

10.4.3 Nationale und internationale Vorschriften

Zur Einhaltung und Nichtüberschreitung des Oberschwingungspegels in Stromversorgungsnetzen durch Vorschaltgeräte für Entladungslampen gab es bisher national festgelegte Grenzwerte. In der nationalen VDE-Vorschrift DIN VDE 0712 Teil 2, 6/71 sind die maximalen Grenzwerte für die Oberschwingungsströme in % vom Grundwellenstrom festgeschrieben (siehe Tabelle 10.4) [10.12].

Bis vor kurzem galt hier international IEC 82 mit ähnlichen Grenzwerten, die in Tabelle 10.5 aufgeführt sind [10.13]. Zusätzlich hatte man eine sogenannte Kategorie für H-Vorschaltgeräte mit höheren Stromoberschwingungsgrenzwerten eingeführt, die aber außer in Großbritannien praktisch keine Bedeutung gefunden haben.

Tabelle 10.4
Zulässiger Oberschwingungsanteil nach DIN VDE 0712 Teil 2/06.71

Harmonische	Oberschwingungsanteile %
2.	5
3.	$25 \cdot \frac{\lambda}{0{,}9}$
5.	7
7.	4
9.	3
11.	2
13. und höher	1

λ ist der Leistungsfaktor

Tabelle 10.5
Zulässiger Oberschwingungsanteil nach IEC 82. Geräte ohne und mit H-Kennzeichnung

Harmonische	Oberschwingungsanteile	
	ohne H	mit H
2	5	5
3	$25 \cdot \frac{\lambda}{0{,}9}$	$33 \cdot \frac{\lambda}{0{,}9}$
5	7	unbegrenzt
7	4	unbegrenzt
9	3	unbegrenzt

Bei der Zulassungsprüfung von Vorschaltgeräten durch die Prüfstellen wurden die einzelnen Oberschwingungsströme obligatorisch überprüft, wie dies mit Prüfschaltungen in der Vorschrift durchgeführt wurde.

Im Rahmen einer weltweiten Überarbeitung von IEC 82 und zur Ermöglichung einer harmonisierten Bestimmung für den europäischen Binnenmarkt über CENELEC wurden neue IEC-Publikationen geschaffen, jeweils getrennt für konventionelle Vorschaltgeräte für Leuchtstofflampen, für Hochdruckentladungslampen und elektronische Vorschaltgeräte.

Zusätzlich wurden IEC-Publikationen für elektronische Transformatoren erstellt. Aus Tabelle 11.1

ist ersichtlich, welche neuen harmonisierten europäischen Normen als sogenannte „EN“ für Betriebsgeräte für Lampen bestehende nationale Normen ersetzen werden. Unter „dow“ (date of withdrawal) wird die bereits harmonisierte Norm europäisch die alte nationale Bestimmung ablösen.

Die neuen Normen sind gemäß einem Generalbeschluß in IEC und CENELEC in einen Teil für die „Sicherheit“ und einen Teil für die „Arbeitsweise“ aufgesplittet (siehe auch Kapitel 11.1.1).

Entsprechend den CENELEC-Regularien besteht für die Prüfstellen nur noch Prüfpflicht für den Vorschriftenteil „Sicherheit“. Die Prüfung der „Arbeitsweise“ kann auf Verlangen des Antragstellers erfolgen. Die Einhaltung der Anforderungen der Arbeitsweise liegt jedoch grundsätzlich in der Verantwortung des Herstellers.

Die Anforderungen für die Oberschwingungen sind in dem Teil für die „Arbeitsweise“ enthalten. Jedoch hat man hier auf Nennung der Grenzwerte verzichtet, verweist stattdessen auf die IEC-Publikation 555-2, in der einheitlich gemeinsame Oberschwingungswerte für alle Betriebsmittel zum Anschluß an Niederspannungsnetze enthalten sind. In Europa soll diese Norm durch das Technische Komitee TC 110 als harmonisierte Norm EN 60 555-2 bis Mitte 1993 eingeführt werden.

Die Einhaltung der Oberschwingungswerte wird jedoch durch die sogenannte „EMV-Richtlinie“ (Elektromagnetische Verträglichkeit) verbindlich, die ab 1. 1. 1992 rechtswirksam wurde, jedoch mit einer Übergangsfrist bis 31. 12. 1995. Die EMV-Richtlinie, im Bereich CENELEC als EMC-Directive bekannt, beinhaltet die allgemeine Festlegung zur Störaussendung von Geräten in Form von Funkstörungen und Netzstromoberschwingungen sowie zur Störfestigkeit gegen Einflüsse von außen. Hinsichtlich nomineller Grenzwerte wird in der Richtlinie auf die einschlägigen Normen verwiesen. Was die zulässige Erzeugung von Oberschwingungen bei Betriebsgeräten und Leuchten betrifft, verweist die Richtlinie auf die EN 60 555-2. Es empfiehlt sich deshalb auch jetzt, bei der Entwicklung und Konstruktion von Betriebsgeräten auf die Einhaltung der zulässigen Oberschwingungsgrenzen zu achten.

Zur Begrenzung der Netzstromoberschwinungen bei Betriebsgeräten und Leuchten in EN 60 555-2 werden die Festlegungen für

- ▷ Lampen mit getrennt angeordneten Betriebsgeräten und
- ▷ Lampen mit integrierten Betriebsgeräten bzw. Adaptoren

unterschiedlich getroffen, wie es in Tabelle 10.6 dargestellt ist. Diese Grenzwerte gelten für alle Lampen-Betriebssysteme (Lampe(n) mit dem dazugehörigen Betriebsgerät wie in Bild 10.19 a bis d dargestellt), sei es mit getrenntem oder auch integriertem Vorschaltgerät. Demnach können Leuchten, je nach Lampenbestückung, aus einem oder mehreren solcher Systeme bestehen.

Die EN 60 555-2 beinhaltet allerdings die Festlegung, daß ab 1. 1. 1998 auch Lampen mit integrierten Betriebsgeräten generell die Oberschwingungsgrenzwerte einhalten müssen.

Tabelle 10.6
Neue geplante internationale Grenzwerte für Stromoberschwingungen gemäß EN 60 555-2

• Entladungslampe mit integriertem Vorschaltgerät • Entladungslampe mit Adaptorenvorschaltgerät (Semiluminaire) **Bei einer Systemleistung von gesamt ≤ 25 W keine Oberschwingungsbegrenzung!**	• Entladungslampe(n) mit getrennt angeordnetem Vorschaltgerät • Glühlampe(n) mit getrennt angeordnetem elektronischem Transformator • Entladungslampe mit integriertem Vorschaltgerät[1)] • Entladungslampe mit Adaptorenvorschaltgerät (Semiluminaire)[1)]

[1)] bei einer Systemleistung von gesamt > 25 W

Zulässige Grenzwerte der einzelnen Oberschwingungen

Oberschwingung	% von Grundschwingung I_1
2	2
3	$30 \cdot \lambda$*
5	10
7	7
9	5
$11 \leq n \leq 39$	3

* λ = Leistungsfaktor

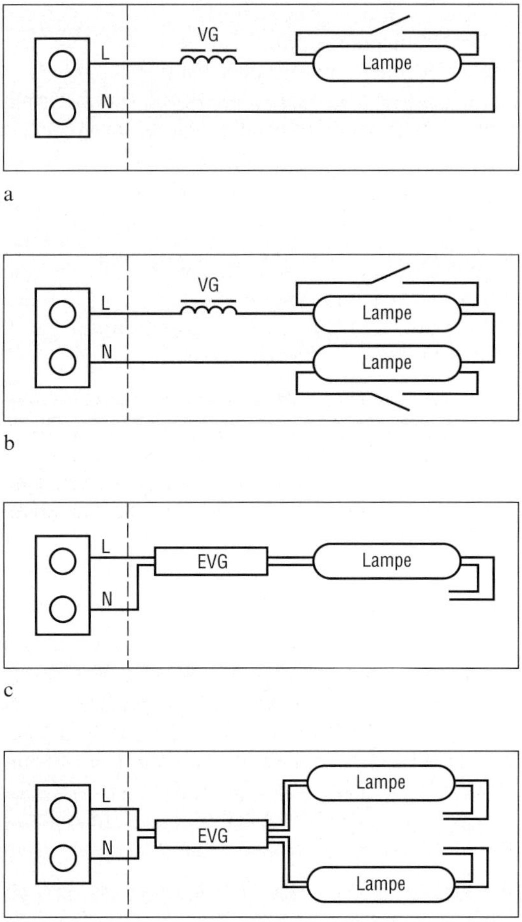

a konventionelles Vorschaltgerät (VG) mit einer Leuchtstofflampe
b konventionelles Vorschaltgerät (VG) mit zwei Leuchtstofflampen in Reihe (Tandemschaltung)
c elektronisches Vorschaltgerät (EVG) mit einer Leuchtstofflampe
d elektronisches Vorschaltgerät (EVG) zum Anschluß von zwei Leuchtstofflampen

Bild 10.19 Beispiele für Lampen-Betriebssysteme

10.5 Tonfrequenz-Rundsteueranlagen

10.5.1 Allgemeines

Unter den Fernwirkanlagen hat die Tonfrequenz-Rundsteuerung (TF-Steuerung) große Bedeutung erlangt. Sie arbeitet – ohne ein besonderes Steuerleitungsnetz – mit Tonfrequenzimpulsen, die dem Starkstromnetz auf der Mittelspannungsebene überlagert werden. Die Impulse breiten sich über die Niederspannungstransformatoren und über das ganze Verteilnetz aus und veranlassen die an jeder beliebigen Stelle des Verteilnetzes anschließbaren Rundsteuerempfänger zum Schalten besonderer Verbraucher. Die Steuerfrequenzen liegen im allgemeinen im Bereich von 110 bis 1600 Hz.

Tabelle 10.7 zeigt die gebräuchlichsten Frequenzen mit ihren oberen Sendepegeln, d. h. dem maximalen Verhältnis zwischen den Effektivwerten der Tonfrequenzspannung und des Netzes.

Die TF-Steuerung trägt bei den EVU zu einer wirtschaftlich besseren Ausnutzung des Stromversorgungsnetzes und der versorgten Kraftwerke bei und stellt hiermit eine wesentliche Rationalisierung im EVU-Betrieb dar. Die vorgegebenen Verbrau-

Tabelle 10.7
Gebräuchliche Steuerfrequenzen für Tonfrequenz-Rundsteueranlagen und Angaben über den oberen zulässigen Sendepegel [10.14]

Nenn-Steuerfrequenz Hz	oberer Sendepegel %
110	1,7
168	1,7
183	3
194	2
206	2
217	3
228	2
270	3
283	3
317	3
383	3
425	3
485	4
600*)	4
750	4
1050	3
1350	3
1600	2,5

*) Einspeisung im Nullsystem

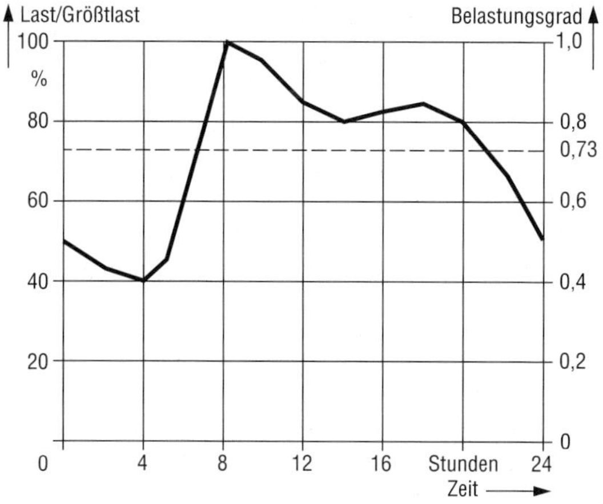

—— Verhältnis der Last zur Größtlast in %
– – – Verhältnis der Durchschnittslast zur Größtlast [10.15]

Bild 10.20
Tageslastspiel und Bestimmung des Belastungsgrads (Beispiel)

cher beim Kunden werden vom EVU aus zu festen oder beliebigen Zeiten ein- und ausgeschaltet. Die Ein- und Ausschaltzeiten sind der täglichen Lastkurve (siehe Bild 10.20) des EVU angepaßt, so daß damit ein Auffüllen der Lasttäler und Abtragen der Leistungsspitzen ermöglicht wird [10.15].

Die TF-Rundsteuerung wird unter anderem eingesetzt für [10.6]

▷ Tarifsteuerung im Haushalt, Gewerbe und in der Industrie:
  - Umschaltung von Tag-(HT) auf Nachttarif (NT),
  - Messung des Maximums beim Kunden in Zeiten der Höchstlast,
  - Messung des oberhalb der eingestellten Leistungsgrenze auftretenden Überverbrauchs in Zeiten der Höchstlast.

▷ Steuerung des Stromverbrauchs zum Belastungsausgleich beim EVU:
  - Schalten der Wärmestromspeicheranlagen,
  - Sperrung von Durchlauferhitzern, Waschmaschinen, Pumpen und anderen Verbrauchseinrichtungen mit „Pufferverhalten" in Höchstlastzeiten,
  - Steuerung der Einschaltzeiten für Elektrokessel, Backöfen, Industrieöfen usw.

▷ Beleuchtungssteuerung:
  - Straßenbeleuchtung,
  - Hinweis- und Verkehrsschilder,
  - Beleuchtung spezieller Objekte wie Denkmäler, Sportplätze, Weihnachtsbeleuchtung.

▷ Schalten von Alarmsignalen:
  - Entstörungsdienste,
  - Feuerwehr, Polizei usw.

▷ Fernsteuerung von Schaltern:
  - Eigenerzeugungsaggregate,
  - Nieder- und Hochspannungsschalter,
  - Transformatorregelungen.

Die Tonfrequenzen (Steuerfrequenzen) sind in der Bundesrepublik sowie in den europäischen Nachbarstaaten nicht einheitlich, sondern werden je nach Netzstruktur von den jeweils zuständigen EVU gemäß Tabelle 10.7 für ihr Gebiet individuell festgelegt.

10.5.2 Bedingungen der EVU

Für ein einwandfreies Funktionieren der Tonfrequenz-Rundsteuer-Empfänger (TRE) ist Bedingung, daß die TF-Signale mit ausreichend hoher Spannung ankommen und die TRE sicher ansteuern können. Hinsichtlich der Höhe der Ansprechspannung der TRE und der dazugehörenden Tonfrequenz ist Rücksprache mit dem betreffenden EVU erforderlich.

Die Empfangsspannung, auf welche die Rundsteuerempfänger sicher ansprechen, liegt je nach Verfahren zwischen 0,7 und 1,5 V. Der in das Netz einzuspeisende Tonfrequenz-Sendepegel ist je nach der Charakteristik des Netzes, der Steuerfrequenz und dem gewählten Rundsteuerverfahren möglichst niedrig zu halten. Obere Sendepegel siehe Tabelle 10.8. Nähere Angaben sind den Empfehlungen der „Netzleitsysteme in Elektrizitätsversorgungsunternehmen (EVU), 2 Rundsteuersysteme", zu entnehmen.

Für die Ausbreitung der Tonfrequenzspannungen über die Starkstrom-Verteilungsnetze gelten andere Bedingungen als für die 50-Hz-Spannungen. Da die Netze nach dem Gesichtspunkt guten Wirkungsgrads bemessen sind, treten für die Tonfrequenz im allgemeinen nur die Blindwiderstände als Belastung auf. Während die Streureaktanzen der Transformatoren und die Leistungsinduktivitäten lediglich geringe Spannungsabfälle hervorrufen, beeinträchtigen netzparallele Kondensatoren die Rundsteuerung stärker.

Je nach der Kondensatorkapazität wird das Rundsteuersignal mehr oder weniger kurzgeschlossen und somit abgeschwächt. Die Blindwiderstände der Kondensatoren verhalten sich umgekehrt proportional zur Frequenz. Der kapazitive Widerstand

$$X_C = \frac{1}{2 \cdot \pi \cdot f \cdot C}$$

nimmt mit wachsender Frequenz f und größerer Kapazität C ab. Deshalb ist es bei hoher installierter und kapazitiver Leistung und hoher Tonfrequenz möglich, daß – neben der zusätzlichen Belastung der TF-Sendeanlage der EVU – die TF-Empfangsspannung soweit abgesenkt wird, daß der Rundsteuerempfänger nicht mehr anspricht.

Außerdem kann bei auftretender Reihenresonanz der Kapazität des Kondensators mit der Induktivität des übergeordneten Netzes eine unzulässige hohe Spannung am Rundsteuerempfänger auftreten. Bei einer Steuerfrequenz von beispielsweise 1000 Hz ist der Scheinwiderstand des Kondensators bereits auf 1/20 des Widerstands bei 50 Hz gesunken.

Netzparallele Kondensatoren zur Kompensation der induktiven Blindleistung beeinflussen also die Ausbreitung der Tonfrequenzimpulse negativ. Nach den bisher vorliegenden Erfahrungen darf die Blindleistung aller netzparallelen Kondensatoren bei mittleren Steuerfrequenzen nicht größer als 5 ... 10% der Leistung des diesen Netzabschnitt speisenden Transformators sein, wenn die eingespeiste Tonfrequenzleistung wirtschaftlich bleiben soll.

Bei darüber hinaus installierter kapazitiver Blindleistung und Anlagen mit höheren Steuerfrequenzen müssen die Kondensatoren gesperrt werden, wobei zu beachten ist, daß der Sperrfaktor von Kondensator und Spule über einem Minimalwert liegen muß.

Der Sperrfaktor ist das Verhältnis der Impedanz (Scheinwiderstand) des Kondensators mit Tonfrequenzsperre bei Steuerfrequenz zur Impedanz des Kondensators bei 50 Hz. Bild 10.21 zeigt Beispiele für den Sperrfaktor.

Für den Aufbau der Tonfrequenzsperre bestehen grundsätzlich zwei Möglichkeiten:

Bei größeren Kondensatoreinheiten empfiehlt es sich, Sperrkreise vorzusehen, die aus Parallelresonanzkreisen bestehen und auf die Frequenz der Steuerspannung abgestimmt sind. Bei diesen Sperrkreisen ist auf die Frequenz der Serienresonanz zu achten, die sich aus der Reihenschaltung der Induktivität der Sperre und der Kapazität des Kompensationskondensators ergibt.

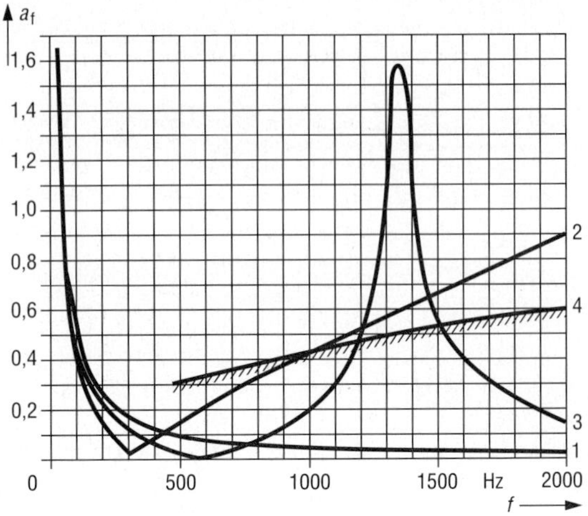

1 Kondensator (60 μF) ohne Sperre
2 Kondensator (13,5 μF) mit Sperrdrossel, Sperrbereich > 1000 Hz
3 Kondensator (60 μF) mit Sperrkreis, Sperrbereich 1350 ± 150 Hz
4 Mindestsperrfaktor a_f nach VDEW

Bild 10.21
Sperrfaktor $a_f = Z/Z_{50}$ in Abhängigkeit von der Frequenz f

Kleinere Kondensatoren, wie sie bei der Einzel- oder bei der kleinen Gruppenkompensation von Anlagen mit Entladungslampen vorkommen, werden günstigerweise über eine Sperrdrossel angeschlossen. Die Resonanzfrequenz der Reihenschaltung dieser Sperrdrossel mit dem Kompensationskondensator liegt über der Netzfrequenz von 50 Hz. Sie ist aber kleiner als die Frequenz der Steuerspannung.

Um Rundsteueranlagen der EVU störungsfrei betreiben zu können, enthalten mehrere Richtlinien der „Vereinigung Deutscher Elektrizitätswerke e.V." (VDEW) Abschnitte über Tonfrequenz-Rundsteueranlagen [10.4]:

▷ *Bundes-Musterwortlaut „Technische Anschlußbedingungen für den Anschluß an das Niederspannungsgesetz" (TAB)*

Ziffer 8.4: Anschluß von Entladungslampen
„(2) Um den Betrieb von Tonfrequenz-Rundsteueranlagen nicht zu beeinträchtigen, ist die Duoschaltung oder eine Schaltung von Einzellampen in Gruppen vorzusehen, die je zur Hälfte mit gleichmäßig auf den Außenleiter aufgeteilten kapazitiven und induktiven Vorschaltgeräten betrieben werden. Bei allen anderen Schaltungen ist Rückfrage beim EVU dann erforderlich, wenn vom EVU eine Tonfrequenz-Rundsteueranlage mit einer höheren Frequenz als 250 Hz betrieben wird."

Ziffer 8.10: Tonfrequenz-Rundsteueranlagen
„(1) Kundenanlagen dürfen den Betrieb von Tonfrequenz-Rundsteueranlagen nicht beeinträchtigen. Andernfalls sind auf Veranlassung des Kunden Tonfrequenzsperren einzubauen. Das gilt sowohl für Anlagen, die Oberschwingungen erzeugen (Schweißgeräte, Gleichrichter, Magnetverstärker, Geräte mit Thyristoren, Phasenanschnittsteuerungen, unsymmetrische Schwingungspaketsteuerungen usw.), als auch für Anlagen, die die Tonfrequenzspannung unter den für die Rundsteuerempfänger erforderlichen Ansprechwert herabsetzen (größere Kondensatorbatterien u. a.).

(2) Bei Anlagen, deren Kondensatoren in Verbindung mit vorgeschalteten Induktivitäten (Transformatoren, Drosseln) einen Reihenresonanzkreis bilden, muß die Resonanzfrequenz außerhalb des Bereichs der Tonfrequenz der vom EVU verwendeten Rundsteueranlagen liegen."

▷ *Bau und Betrieb von Übergabestationen zur Versorgung von Kunden aus dem Mittelspannungsnetz*

Ziffer 9.5.: Maßnahmen zur Berücksichtigung von Rundsteueranlagen
„Betreibt das EVU eine Rundsteueranlage, so kann es eine Sperrung vorhandener Kondensatoren (zur Blindstromkompensation oder zur Symmetrierung der Belastung) für die Tonfrequenz verlangen. Wird eine Rundsteueranlage erst zu einem späteren Zeitpunkt erstellt, so sind die etwa erforderlichen Tonfrequenzsperren oder sonstigen Einrichtungen vor der Inbetriebnahme der Tonfrequenz-Rundsteueranlage einzubauen.

Unzweckmäßig ausgelegte Filterkreise können einen übermäßig hohen Anteil der Tonfrequenzenergie von Rundsteueranlagen absaugen. Darauf ist bei der Auslegung und Abstimmung der Filterkreise Rücksicht zu nehmen."

▷ *Empfehlungen über die Anwendung von Tonfrequenzsperren für Kondensatoren in Niederspannungsnetzen mit Tonfrequenz-Rundsteueranlagen (TRA)*

Diese Empfehlungen enthalten u. a. Angaben über den erforderlichen Umfang der Sperrung, die durch den sogenannten Sperrfaktor (a_f) ausgedrückt wird. Bei Sperrung von Kompensationsanlagen muß der Sperrfaktor von Kondensator und Drosselspule über dem Mindestfaktor (a_f) laut VDEW-Empfehlungen liegen. Die EVU schreiben – je nach Stromlieferungsvertrag – Sperrmaßnahmen bei bestimmten Kondensatorleistungen und dafür fallweise auch bestimmte Sperrschaltungen vor. Daher sollte vor Installationsbeginn eine Rücksprache beim EVU erfolgen.

10.5.3 Sperrschaltungen

Bei möglicher Beeinträchtigung des Betriebs von Tonfrequenz-Rundsteueranlagen durch Kondensatoren sind geeignete Sperrschaltungen vor den Kompensationskondensatoren zu installieren. Damit soll für die jeweilige Tonfrequenz der Gesamtwiderstand erhöht werden. Als Sperrglieder eignen sich in der Regel induktive Widerstände.

Folgende Arten von Sperrschaltungen sind gebräuchlich:

▷ Sperrdrosselspulen,
▷ Sperrkreise und
▷ Teilverdrosselungen.

Sperrdrosselspulen

Der Blindwiderstand X_N von Sperrdrosseln für die Tonfrequenz muß relativ hoch sein, da eine Reihenresonanz mit der Tonfrequenz unbedingt zu vermeiden ist.

Kleinere Kondensatoren, wie sie bei der Einzel- oder bei der kleinen Gruppenkompensation von Anlagen mit Entladungslampen vorkommen, werden günstigerweise über eine Sperrdrossel einge-

Bild 10.22
Sperrschaltung mit Sperrdrossel in Reihe zum Kondensator

schlossen (Bild 10.22). Die Resonanzfrequenz der Reihenschaltung dieser Sperrdrossel mit dem Kompensationskondensator liegt über der Netzfrequenz (50 Hz); sie ist aber kleiner als die Frequenz der Steuerspannung und soll nicht in der Nähe der 3., 5., 7. oder 9. Oberschwingung der Netzfrequenz liegen. Der Scheinwiderstand der Reihenschaltung hat bei einer Frequenz von 50 Hz kapazitiven Charakter, so daß die Wirkung der Kompensation induktiver Blindleistung nur wenig beeinträchtigt ist. Es ist zu beachten, daß durch die Reihenschaltung der Sperrdrossel mit dem Kondensator die Kondensatorspannung wenig über die Netzspannung erhöht wird. Die maximale Spannungserhöhung darf 5% der Nennspannung des Kondensators nicht überschreiten.

Gemäß VDEW-Empfehlung wird der Blindwiderstand der Drossel X_N in Prozent des Blindwiderstandes X_C des zu sperrenden Kondensators angegeben. Das Verhältnis X_N/X_C (in Prozent) – bei der Nennfrequenz des Netzes – wird als Verdrosselungsfaktor p bezeichnet. Hierbei ist X_N die Nennreaktanz einer Tonfrequenzsperre als ihr induktiver Blindwiderstand bei sinusförmiger Spannung des Netzes mit Betriebsfrequenz 50 Hz und bei Nennstrom [10.6]:

$$X_N = \frac{p}{100} \cdot X_C = \frac{p}{100} \cdot \frac{1}{\omega C}$$

Um Reihenresonanzen mit der Tonfrequenz zu vermeiden, sind bei größeren Anlagen Verdrosselungsfaktoren p von 7% bis 13% erforderlich, was wegen der Größe zu teuren Drosselspulen führt. Sperrdrosseln werden daher in der Regel für kleine Kondensatoren (z. B. bei der Einzel- oder Gruppenkompensation) eingesetzt.

Aus wirtschaftlichen Gründen ist es zweckmäßig, bei bestehenden größeren Anlagen mit vielen im Netzabschnitt verteilt installierten kleineren Kondensatoreinheiten (z. B. Leuchtstofflampe mit kompensiertem Vorschaltgerät) nicht die einzelnen Kondensatoren, sondern den ganzen Netzabschnitt durch eine Anschlußsperre gegen tonfrequente Steuerspannungen zu sperren. In diesem gesperrten Netzabschnitt können keine Rundsteuerempfänger eingesetzt werden. Soll in diesem Netzabschnitt gesteuert werden, sind die Empfänger unmittelbar vor der Sperre anzuschließen.

Bei neuen Leuchtstofflampenanlagen in Netzen mit Tonfrequenz-Rundsteuereinrichtung sind induktive und kapazitive Vorschaltgeräte zu verwenden. Die meisten Elektrizitätswerke erklären sich aber auch bereit, Anlagen mit Leuchtstofflampen zum Anschluß an ihre Netze freizugeben, wenn induktive (unkompensierte) und kapazitive (überkompensierte) Vorschaltgeräte etwa in gleicher Anzahl verteilt installiert sind und paarweise Schaltung nicht zwangsläufig sichergestellt ist. In diesem Fall treten, je nach dem Betriebszustand der Anlage, im Grenzfall induktive und kapazitive Leistungsfaktoren von 0,4 ind. bis 0,4 kap. auf. Man geht dann davon aus, daß sich diese Ungleichförmigkeiten in einem größeren Netzabschnitt hinreichend ausgleichen.

Sperrkreise

Bei Sperrkreisen (Bild 10.23) sind nur relativ kleine Drosselspulen mit $p = 0{,}5\%$ bis 1% erforderlich. Mit dem parallelgeschalteten Hilfskondensator ist der Sperrkreis für die Tonfrequenzsperrung günstiger als der Einsatz von Sperrdrosseln.

Durch Verwendung von Drosselspulen mit Primär- und Sekundärwicklungen (Bild 10.24) läßt sich der

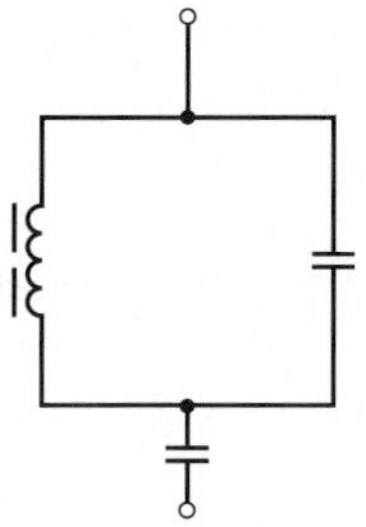

Bild 10.23
Sperrkreis mit Parallelresonanz von Drossel und Kondensator

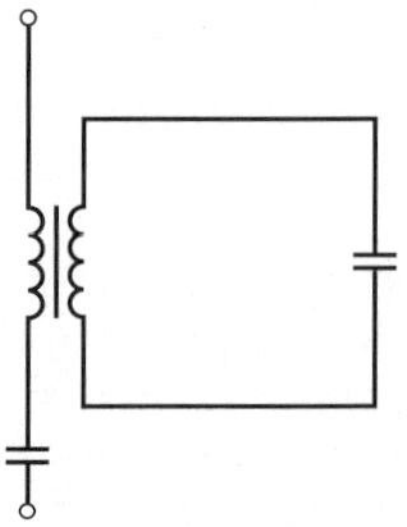

Bild 10.24
Sperrkreis mit Parallelresonanz mit transformatorisch gekoppeltem Kondensator

Aufwand für die TF-Sperreinrichtung nochmals minimieren, da durch den transformatorisch angekoppelten Hilfskondensator eine günstigere Spannungsausnutzung erzielt wird.

Wie sich ein solcher Sperrkreis im Dreiphasensystem realisieren läßt, zeigt Bild 10.25. Hierbei muß beachtet werden, daß die Reihenresonanzfrequenz auf den höchsten Kapazitätswert bei regelbaren Kondensatorbatterien abgestimmt werden muß und oberhalb gefährlicher Oberschwingungsfrequenzen liegen muß.

Die Vorteile von Sperrkreisen gegenüber Sperrdrosseln liegen in

- ▷ günstigeren Kosten,
- ▷ problemlosem, nachträglichem Einbau als anschlußfertigem Bauelement,
- ▷ geringerem Platzbedarf und
- ▷ geringer Spannungserhöhung am Kompensationskondensator, da in der Regel $p \leq 1\%$.

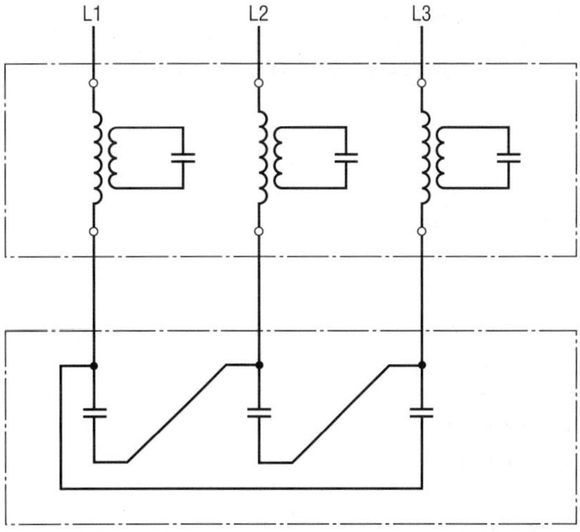

Bild 10.25
Prinzipschaltbild eines Tonfrequenz-Sperrkreises im Dreiphasensystem

Teilverdrosselung

Die Teilverdrosselung (Bild 10.26) ist eine spezielle Abwandlung der Schaltung mit Sperrkreisen. Die zu sperrende Kondensatorbatterie wird in zwei Teile C_1 und C_2 aufgeteilt. Die Aufteilung der Kapazität erfolgt in einem vom EVU vorgegebenen Verhältnis.

Die Teilverdrosselung eignet sich für Tonfrequenzen > 650 Hz. Sie ist für nachträgliche Sperrung weniger geeignet und zur Sperrung von Einzelkondensatoren nicht anwendbar.

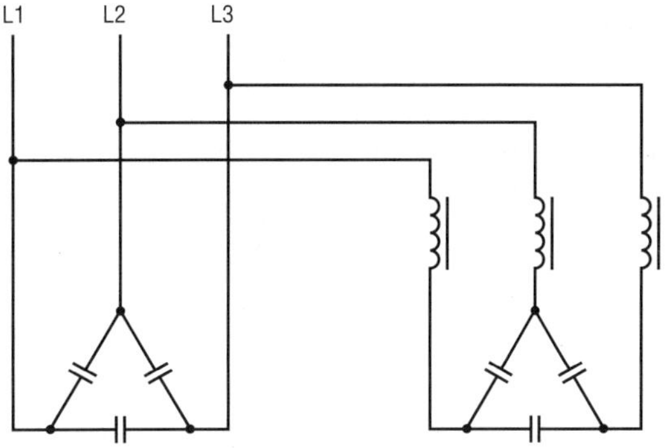

Bild 10.26
Prinzipschaltbild einer Tonfrequenz-Teilverdrosselung einer Kompensationseinheit

11 Vorschriften und Zulassungen für Lampen und Betriebsgeräte

11.1 Allgemeines

Aufgrund der in verschiedenen europäischen Ländern geltenden Bestimmungen müssen elektrische Betriebsgeräte in und an Leuchten bestimmten Vorschriften entsprechen. In den EG-Ländern sind diese Vorschriften mittlerweile vereinheitlicht. Das Inverkehrbringen und Ausstellen von technischen Arbeitsmitteln darf in diesen Ländern nur dann erfolgen, wenn sie gemäß den entsprechenden Normen entwickelt und hergestellt wurden.

Gemäß dem in der Bundesrepublik Deutschland geltenden Gerätesicherheitsgesetz besteht folgender Grundsatz [11.1]:

Der Hersteller oder Einführer von technischen Arbeitsmitteln darf diese nur in den Verkehr bringen oder ausstellen, wenn sie nach den allgemein anerkannten Regeln der Technik sowie den Arbeitsschutz- und Unfallverhütungsvorschriften so beschaffen sind, daß Benutzer oder Dritte bei Ihrer bestimmungsgemäßen Verwendung gegen Gefahren aller Art für Leben oder Gesundheit soweit geschützt sind, wie es die Art der bestimmungsgemäßen Verwendung gestattet. Von den allgemein anerkannten Regeln der Technik sowie den Arbeitsschutz- und Unfallverhütungsvorschriften darf abgewichen werden, soweit die gleiche Sicherheit auf andere Weise gewährleistet ist.

Regeln der Technik bei elektrischen Betriebsmitteln, in unserem Fall elektrischen Leuchten und den darin befindlichen Komponenten, sind die national und auch weitgehend international bekannten deutschen DIN VDE-Bestimmungen.

Die DIN VDE-Vorschriften stellen im übergeordneten Sinne verbindliche Normen dar. Dabei muß zwischen Richtliniennormen und reinen Sicherheitsnormen unterschieden werden:

- ▷ Richtliniennormen sind vom Gesetz her nicht zwingend verbindlich. Sie stellen mehr oder weniger eine ordnungsgemäße Betriebsweise der Geräte sicher.
- ▷ Sicherheitsnormen sind vom Gesetzgeber (siehe Gesetz über technische Arbeitsmittel [11.1]) verbindlich zu erfüllen, und über die Einhaltung derselben ist ein Nachweis durch eine Prüfstelle zu erbringen.

Das VDE-PZI (VDE-Prüf- und Zertifizierungsinstitut) ist hierzu vom Bundesarbeitsministerium als Prüfstelle Nr. 1 benannt und erteilt auch das sog. VDE-Zeichen (siehe Bild 11.1).

In der Bundesrepublik besteht kein Prüfzeichenzwang, es genügt auch eine Herstellerbestätigung, daß das Produkt gemäß den DIN VDE-Sicherheitsvorschriften gebaut und geprüft wurde.

Die Erarbeitung von DIN VDE-Vorschriften geht auf das Ende des vorigen Jahrhunderts zurück und hat sich in der Zwischenzeit zu einem Regelwerk mit weltweit höchster Anerkennung entwickelt [11.2]. DIN VDE-Vorschriften für Leuchten und Zubehör entstanden erstmalig im Jahr 1942. Für Zubehör wie Vorschaltgeräte und Fassungen ist dies DIN VDE 0712 und für Leuchten DIN VDE 0710 bzw. DIN VDE 0711. Die Bestimmungen wurden seither ständig überarbeitet und ergänzt und auf neue Technologien abgestimmt und erweitert.

Heute fällt die Bearbeitung von DIN VDE-Vorschriften in den Bereich der Deutschen Elektrotechnischen Kommission im DIN und VDE (DKE) mit dem Amtssitz in Frankfurt am Main.

Die Einbindung des DIN VDE-Vorschriftenwerks in der DKE hat aber auch den Hintergrund der Verknüpfung der nationalen Normung mit den internationalen Normungsgremien der Internationalen Elektrotechnischen Kommission (IEC) sowie

Bild 11.1 Das VDE-Zeichen

insbesondere mit den europäischen Normungsgremien im Bereich CENELEC und damit in der europäischen Wirtschaftsgemeinschaft.

Eine Vertragsfestlegung in Anlage 1 des DKE-Gründungsvertrags lautet [11.2]:

„Die DKE hat die Interessen der Elektrotechnik auf dem Gebiet der internationalen elektrotechnischen Normungsarbeit wahrzunehmen. Sie ist infolgedessen zuständig für alle Normungsarbeiten, die in den entsprechenden internationalen Organisationen (IEC, CENELEC) behandelt werden.

Die DKE hat insbesondere sachliche Übereinstimmung der deutschen elektrotechnischen Normen mit den einschlägigen internationalen Empfehlungen und Feststellungen anzustreben.“

Die technische Normung in den Ländern Westeuropas ist grundsätzlich eine freiwillige Gemeinschaftsarbeit der interessierten Kreise unter Einschluß des Staates. Sie stellt einen wichtigen Beitrag zum freien Verkehr mit Industriewaren dar. Durch ein allen Unternehmen gemeinsames technisches Umfeld trägt die Normung zur industriellen Wettbewerbsfähigkeit insbesondere auf dem Gebiet der neuen Technologien bei, sowohl auf dem Gemeinschaftsmarkt als auch auf den Außenmärkten.

Die Normung schafft für die Unternehmen Bedingungen, durch die sie ihre Produktionskosten senken können, wenn ein Produktvolumen erreicht wird, das einem Markt von kontinentaler oder weltweiter Dimension entspricht.

Die 1974 von der UNO-Wirtschaftskommission für Europa (ECE) anerkannte Definition einer Norm lautet [11.3]:

„Eine Norm ist eine technische Beschreibung oder ein anderes Dokument, das für jedermann zugänglich ist und unter Mitarbeit und im Einvernehmen oder mit allgemeiner Zustimmung aller interessierten Kreise erstellt wurde. Sie beruht auf abgestimmten Ergebnissen von Wissenschaft, Technik und Praxis. Sie erstrebt einen größtmöglichen Nutzen für die Allgemeinheit. Sie ist von einer auf nationaler, regionaler oder internationaler Ebene anerkannten Organisation gebilligt worden.“

In vielen Ländern nimmt der Gesetzgeber auf technische Normen Bezug, wenn es gilt, die Bedingungen für die Marktzulassung von Produkten zu beschreiben. Dadurch werden diese Normen allgemeinverbindlich und erhalten gesetzliche Wirkung. Produkte, welche dieser Beschreibung nicht entsprechen, werden vom Markt ausgeschlossen.

Aufgrund der Sicherheitsbestimmungen in praktisch allen Ländern der Erde ist das Einhalten der

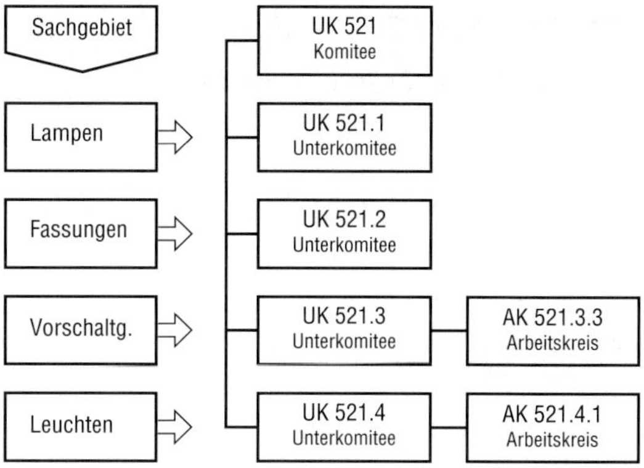

Bild 11.2
DKE-Schema der Kommisson K 521 mit UK 521.1 bis UK 521.4 und seinen Arbeitskreisen

Normen unumgänglich. Gerade bei den elektrischen Betriebsmitteln wird von den Behörden meistens das Erfüllen der Normen verlangt (siehe speziell das Gerätesicherheitsgesetz [11.1]).

Der Normungsbereich in der DKE für elektrotechnische Normen auf dem Gebiet der elektrischen Beleuchtungstechnik ist im sogenannten Fachbereich 5 angesiedelt. Er ist unter anderem in das Komitee K 521 mit seinen Unterkomitees UK 521.1 bis UK 521.4 sowie ihren zuständigen Arbeitskreisen gegliedert. In Bild 11.2 ist dies schematisch dargestellt.

Für die Leuchte selbst und die darin befindlichen Komponenten sind jeweils getrennte Unterkomitees zuständig, wobei allerdings eine enge Zusammenarbeit stattfindet, die eine wichtige Voraussetzung für das Zusammenspiel der Vorschriften ist.

11.1.1 Welche Arten von Vorschriften gibt es?

Auf dem Sektor Beleuchtungstechnik gibt es 4 Kategorien von elektrotechnischen Normungsgruppierungen:

1. Normen für elektrische Lampen (siehe auch die Kapitel über Lampen)
2. Normen für Lampensockel, Lampenfassungen und Fassungen für elektrische Komponenten (z. B. Starterfassungen)
3. Normen für elektrische Betriebsgeräte zum Betrieb der entsprechenden Lampen
4. Normen für elektrische Leuchten

Tabelle 11.1
Ablösung der nationalen Bestimmungen im Bereich DIN VDE 0712 durch harmonisierte Bestimmungen als EN 609.. bzw. EN 61 04. (Stand 19. 8. 92)

Ablösung nationaler Vorschriften im Bereich VDE 0712		Harmonisierte Vorschriften als EN 6.... bzw. DIN VDE 0712		dow
Vorschaltgeräte für Leuchtstofflampen und Entladungslampen		Vorschaltgeräte f. Leuchtstofflampen		
Allgemeiner Teil	VDE 0712 Teil 1	Sicherheit*	EN 60920 DIN VDE 0712 T10	01.03.92
		Arbeitsweise*	EN 60921 DIN VDE 0712 T11	01.03.92
Zusatzteil für Vorschaltgerät	VDE 0712 Teil 2	Vorschaltgeräte f. Entladungslampen		
		Sicherheit*	EN 60922 DIN VDE 0712 T12	01.06.91
		Arbeitsweise*	EN 60923 DIN VDE 0712 T13	15.06.91
Startgeräte (nicht Glimmstarter)		Startgeräte (nicht Glimmstarter)		
Zusatzteil für Startgeräte	VDE 0712 Teil 4	Sicherheit*	EN 60926 DIN VDE 0712 T14	01.03.91
		Arbeitsweise*	EN 60927 DIN VDE 0712 T15	01.06.92
Glimmstarter	VDE 0712 Teil 101	Glimmstarter*	EN 60155 DIN VDE 0712 T101	01.01.90
Transistorierte Vorschaltgeräte		Elektronische Vorschaltgeräte f. Gleichspannung		
	VDE 0712 Teil 102	Sicherheit*	EN 60924 DIN VDE 0712 T20	01.09.91
		Arbeitsweise*	EN 60925 DIN VDE 0712 T21	01.06.91
Elektronische Vorschaltgeräte EVG		Elektronische Vorschaltgeräte EVG		
Entwurf mit Ermächtigung	VDE 0712 Teil 201	Sicherheit*	EN 60928 DIN VDE 0712 T22	01.03.92
		Arbeitsweise	EN 60929 DIN VDE 0712 T23	01.03.93
Keine bestehende nationale Vorschrift. VDE-Prüfstelle erteilt ÜG-Zeichen nach DIN VDE 0712 Teil 24/25 (Entwurf)		Elektronische Transformatoren		
		Sicherheit*	EN 61046 DIN VDE 0712 T24	01.12.92
		Arbeitsweise	EN 61047 DIN VDE 0712 T25	01.09.93
Kompensations-Kondensatoren für Entladungslampen		Kompensationskondensatoren		
VDE 0560 Teil 1 + 6		Sicherheit*	EN 61048 (modifiz.) DIN VDE 560 T....	01.09.93
		Arbeitsweise	EN 61049 DIN VDE 560 T....	15.03.94

* In CENELEC harmonisiert; VDE vergibt VDE-Zeichen

Diese Normen existieren im Bereich DIN VDE, aber auch IEC, und sind z. Z. im Begriff, als Euronormen für den Bereich CENELEC (verbindlich für die EG- und EFTA-Länder) übernommen zu werden. Die entsprechenden Bezeichnungen für die Euronormen beginnen mit der Bezeichnung EN 6... bzw. EN S...

Auf die Normen für elektrische Lampen und Lampenfassungen wird hier nicht näher eingegangen.

Elektrische Betriebsgeräte

Für den Bereich elektrische Betriebsgeräte zum Betrieb der entsprechenden Lampen kommen die in Tabelle 11.1 genannten Normen zur Anwendung. Die nationale Vorschrift DIN VDE 0712 (ehemals VDE 0712) wird nach erfolgter Harmonisierung durch europäische Normen ersetzt.

Die neuen, harmonisierten Normen werden in jeweils 2 Teile aufgesplittet sein (siehe Bild 11.3), einen Teil 1 für „Allgemeine und Sicherheitsanforderungen" („General and Safety Requirements") und einen Teil 2 für die „Arbeitsweise" („Performance").

Der Grund für die Auftrennung basiert auf Direktiven in der IEC und der „Low Voltage Directive (73/23/EEC)" bzw. der „Product Liability Directive (85/374/EEC)". Diese werden auch damit begründet, daß der Arbeitsaufwand der Prüfstellen verringert wird, wenn die Geräte bei der Zulassungsprüfung nur noch nach dem Teil 1 „Allgemeine und Sicherheitsanforderungen" überprüft werden.

Hierbei wird als selbstverständlich vorausgesetzt, daß die Geräte auch die Anforderungen des Teils 2 für die richtige „Arbeitsweise" erfüllen. Dies liegt jedoch im Verantwortungsbereich des Herstellers.

Elektrische Leuchten

Für den Bereich elektrische Leuchten, die sämtliche elektrische Komponenten erhalten, gilt Tabelle 10.1. Hier gibt es keine Aufsplittung in Sicherheit und Arbeitsweise, da die Leuchtenvorschrift nur Sicherheitsanforderungen darstellt.

Die internationale europäische Norm ist praktisch schon seit März 1986 harmonisiert, was sich in einem positiven Ergebnis bei der Zulassung von Leuchten in europäischen Nachbarländern wie Dänemark, Norwegen, Schweden, Finnland, Österreich, Schweiz usw. ausgewirkt hat.

Lichttechnische Normen für Leuchten und Beleuchtungsanlagen sind in Kapitel 1.1. näher beschrieben.

11.1.2 Harmonisierung der Vorschriften

In der EG-Niederspannungsrichtlinie von 1973, die Sicherheitsanforderungen an elektrische Geräte umfaßt, wird ähnlich wie im Gerätesicherheitsgesetz in allgemeiner Form verlangt, daß alle hierunter fallenden Erzeugnisse so beschaffen sein

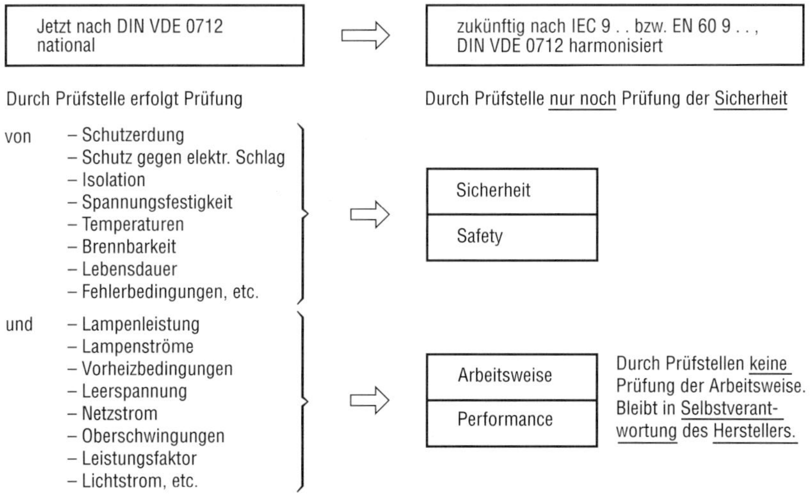

Bild 11.3
Aufsplittung in „Safety" und „Performance"

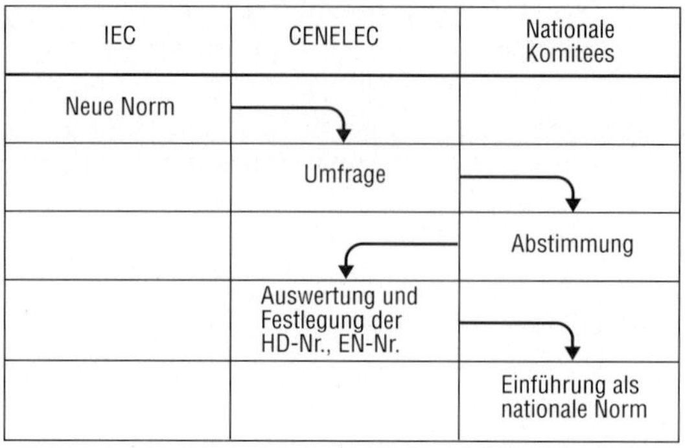

Bild 11.4
Normungsablauf bei Vorhandensein einer IEC-Publikation (nach [11.4])

müssen, daß sie unter praxisnahen Voraussetzungen keine Unfälle oder Schäden hervorrufen.

Dafür müssen die entsprechenden Normen geeignete Festlegungen enthalten. Diese Beschreibung der Sicherheitsziele ist damit auch eine Anweisung für die Ausarbeitung der entsprechenden Normen. Die Anweisung schließt ausdrücklich alle Gefahrenaspekte im Zusammenhang mit elektrischen Betriebsmitteln ein, also auch Gefahren nichtelektrischer Art [11.4].

Die Form der Verweisung entspricht der seit Jahrzehnten in der Bundesrepublik Deutschland bewährten Praxis. Sie läßt den Selbstverwaltungsorganisationen die nötige Freiheit, gestützt auf alle beteiligten Fachkreise, Sicherheitsnormen zu erarbeiten und laufend dem Stand der Technik anzupassen. Die Zuständigkeit der DKE für diese Aufgabe ist sowohl durch die DIN-internen Regelungen und den Gründungsvertrag der DKE als auch dadurch geregelt, daß die DKE durch die Bundesregierung für die Erarbeitung der harmonisierten Normen notifiziert ist. Analog sind die elektrotechnischen Komitees der übrigen EG-Länder benannt. In ähnlicher Weise ist u. a. auch das VDE-PZI für Zertifizierungsaktivitäten notifiziert, die ebenfalls in der Niederspannungsrichtlinie angesprochen sind [11.4].

Zur Umsetzung der Niederspannungsrichtlinie sind die nationalen Regierungen und die notifizierten Stellen, in der Bundesrepublik Deutschland also die DKE, verpflichtet. Hierüber gibt es daher auch besondere schriftliche Festlegungen mit dem Bundeswirtschaftsministerium, die die Behandlung von Harmonisierungsbeschlüssen in bezug auf die Bekanntgabe im Bundesanzeiger und im Bundesarbeitsblatt sowie die eventuelle Inanspruchnahme der Schutzklausel der Niederspannungsrichtlinie regeln [11.4].

Ein Harmonisierungsbeschluß von CENELEC bleibt jedoch auch bei unzureichender oder fehlender Umsetzung in einzelnen Ländern nicht wirkungslos. Durch die Rechtsprechung des Europäischen Gerichtshofs ist nämlich klargestellt, daß die Harmonisierungsergebnisse im Geltungsbereich der Niederspannungsrichtlinie – und hierunter fällt der weitaus größte Teil der derzeitigen CENELEC-Arbeiten – unmittelbare Wirkung haben. Dies gilt sogar dann, wenn in einem EG-Land noch anderslautende nationale Rechts- oder Verwaltungsvorschriften bestehen. Es ist dann nicht mehr zulässig, gegen den Absatz eines dem Harmonisierungsergebnis entsprechenden Erzeugnisses zu intervenieren. Die bisherige nationale Norm oder nationale Rechts- und Verwaltungsvorschrift hat nur noch für eine auslaufende Zeit im eigenen Land eine alternative Bedeutung neben dem CENELEC-Ergebnis. Die harmonisierte Norm und auch eine Konformitätserklärung oder ein Konformitätszeichen, das die Einhaltung dieser Norm bestätigt, steht damit in der faktischen Wirkung über nichtharmonisierten Festlegungen und gibt grundsätzlich Anrecht auf freien Warenverkehr mit dem entsprechenden Erzeugnis. Hierauf kann sich jeder Hersteller oder Importeur gegenüber Behörden oder Gerichten berufen [11.4].

Bei der Harmonisierung von Vorschriften bzw. Erstellung von harmonisierten Normen werden in CENELEC europäische Normen nur dann aufgenommen, wenn in angemessener Zeit keine geeigneten internationalen Normen zur Verfügung stehen. In der Regel konzentrieren sich daher alle Bemühungen auf die Überführung der Arbeitsergebnisse der IEC in nationale Normen der CENELEC-Mitgliedsländer möglichst ohne Abweichungen. Bild 11.4 zeigt den Ablauf der Normung in vereinfachter Form.

Zur Abwicklung der Normenübernahme aus IEC und Harmonisierung in der EG besteht ein organisatorischer Zusammenhang sowie eine Aufgabenverteilung zwischen CENELEC, seinen nationalen Komitees und den staatlichen Institutionen auf europäischer und nationaler Ebene (Bild 11.5).

Aus den EG-Verpflichtungen entsteht somit ein Zwang zur Harmonisierung, dem man sich im eige-

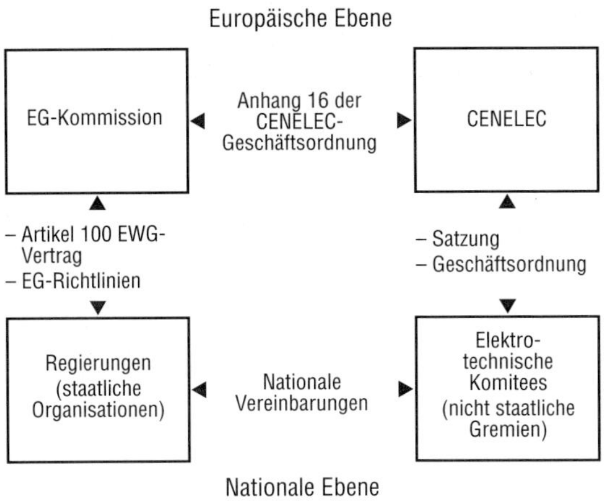

Bild 11.5
Organisation und Aufgabenverteilung in der europäischen Ebene (nach [11.4])

nen Interesse nicht entziehen kann und will. Die Harmonisierung der Normen im Geltungsbereich der Niederspannungsrichtlinie nunmehr zu vollenden, dient nicht nur dem Erfolg dieser Richtlinie, sondern der Schaffung eines freien Marktes für elektrische Betriebsmittel [11.4].

Im Bereich elektrischer Leuchten und Zubehör kommt es bei der Harmonisierung von Normen ausschließlich zur Übernahme von bereits erarbeiteten Dokumenten im Bereich der IEC. Dies ist ohne weiteres möglich, da in den betreffenden IEC-Gremien Vertreter sämtlicher EG-Staaten einschließlich der EFTA-Länder mitarbeiten und die entsprechenden Normen gemäß ihren nationalen Erfordernissen im Vorfeld beeinflussen.

Bild 11.6 veranschaulicht den Zusammenhang zwischen dem deutschen nationalen Komitee K 521 und seinen Unterkomitees zu den Komitees auf

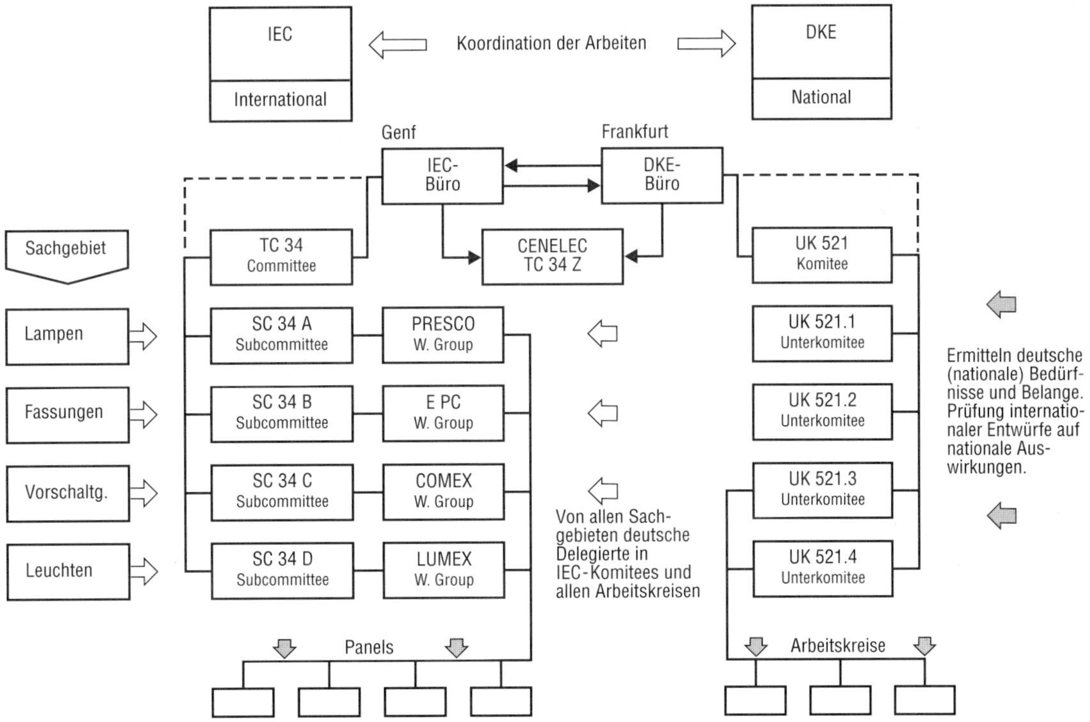

Bild 11.6
Zusammenhang zwischen deutschen und internationalen Normengremien im Bereich elektrische Leuchten und Zubehör

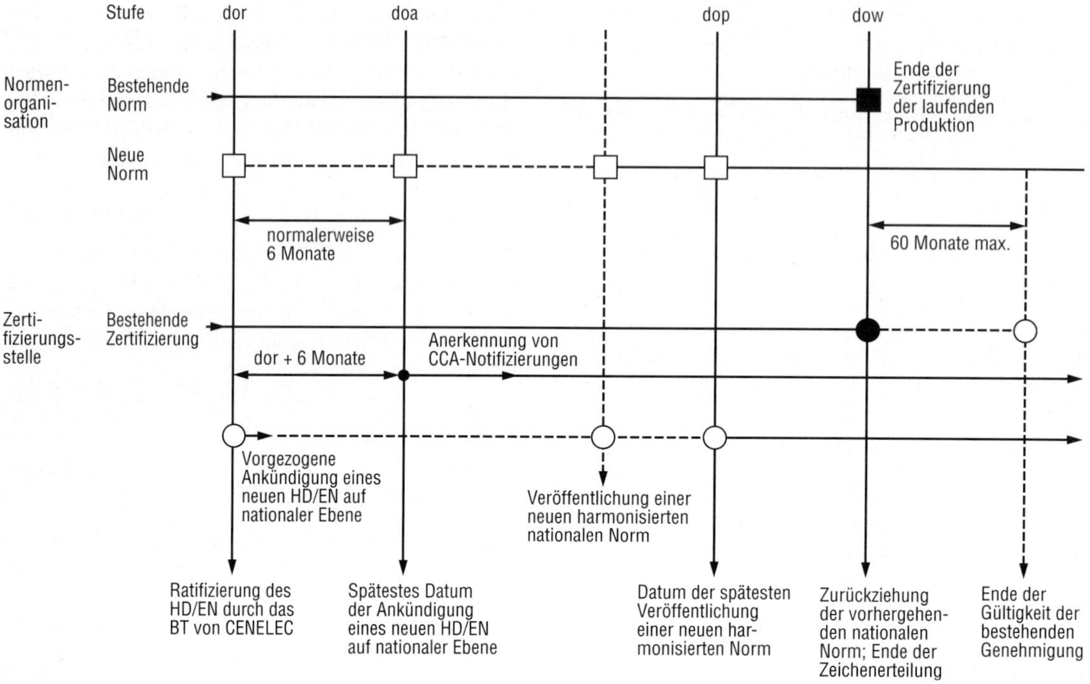

Bild 11.7
Terminablauf bei Harmonisierung einer Norm (nach CENELEC Memorandum Nr. 6, Ausgabe 4 10/89)

der IEC-Ebene, den „Spiegelkomitees". Die Vorsitzenden und stellvertretenden Vorsitzenden der deutschen Komitees sind jeweils deutsche Sprecher in den IEC-Komitees bzw. sind aktive Mitarbeiter in den zugehörigen IEC-Arbeitsgruppen und können somit die Meinungen und Beschlüsse der deutschen Komitees in diesem Frühstadium vertreten.

Der Ablauf der Harmonisierung erfolgt nach einem Zeitplan (Bild 11.7). Darin ist festgelegt, wann die neue harmonisierte Norm angekündigt und veröffentlicht wird und in Kraft tritt. Gleichzeitig wird ersichtlich, wann die bestehende nationale Norm ungültig wird und welche Übergangszeit gilt. Die Termine für „doa" bis „dow" werden jeweils auf dem Normentwurf noch vor der Ratifizierung durch das Technische Büro (BT) bei CENELEC bekanntgegeben.

11.1.3 Auslandsapprobation über Erstprüfung bei einer nationalen Prüfstelle

Die bisher übliche notwendige Zertifizierung von Produkten, wenn diese in anderen europäischen Ländern vertrieben werden sollen, wurde durch die landeseigenen Prüfstellen vorgenommen, z. B. SEMKO in Schweden, DEMKO in Dänemark usw. Hierbei war es völlig unbedeutend, ob das Produkt z. B. von der VDE-Prüfstelle schon eine Zulassung hatte, es wurde von der landeseigenen Prüfstelle nochmals grundlegend nach den landesspezifischen Vorschriften neu geprüft. Dies war meistens sehr zeit- und auch kostenaufwendig, deshalb wurden Absprachen und Abkommen zwischen einzelnen Ländern entwickelt, um diese aufwendigen Prozeduren zu vereinfachen. Zwei Verfahren haben sich herausgebildet: Das von der IEC betriebene CB-Verfahren und das in CENELEC existierende CCA-Verfahren. Das CB-Verfahren wird überwiegend mit den osteuropäischen Ländern praktiziert, die nicht dem EG-Wirtschaftsraum angehören.

Das CCA-Verfahren

Das CENELEC-Zertifizierungsabkommen (CCA) vom 11. September 1973 (in seiner neuesten Ausgabe vom Mai 1990) behandelt die Anerkennung von Prüfergebnissen einer von CENELEC anerkannten Prüfstelle durch andere von CENELEC anerkannten Prüfstellen bei der Vergabe von nationalen Konformitätszeichen für zeichenfähige Erzeugnisse. Das CCA wird im CENELEC Memorandum Nr. 13 beschrieben [11.5].

Das Abkommen gilt für alle unter die Niederspannungsrichtlinie fallenden Erzeugnisse. Es kann aber auch auf andere Erzeugnisse oder auf andere Kriterien als Sicherheitskriterien (z. B. Funk-Entstörung) angewendet werden, wenn die betreffenden Prüfstellen hierfür zuständig sind.

Das CCA-Verfahren ist für Erzeugnisse verbindlich, die einer harmonisierten Norm entsprechen (HD/EN). Enthält die harmonisierte Norm in den einzelnen Ländern keine Abweichungen, wird die von der ersten Prüfstelle ausgestellte „Mitteilung von Prüfergebnissen" von allen anderen Prüfstellen ohne Wiederholungsprüfungen anerkannt und der beantragende Hersteller erhält für sein Erzeugnis das jeweilige nationale Konformitätszeichen. Sind in der harmonisierten Norm für bestimmte Länder nationale Abweichungen anerkannt und aufgeführt, so können diese auf Antrag des Herstellers bereits von der ersten Prüfstelle berücksichtigt (geprüft) werden; eine Nachprüfung bei den anderen Prüfstellen ist dann nicht nötig. Sind diese Abweichungen von der ersten Prüfstelle nicht geprüft, werden sie bei Beantragung des Prüfzeichens von der Prüfstelle des Landes geprüft, in dem diese Abweichungen vorliegen.

Der deutsche Unterzeichner ist die VDE-Prüfstelle. Mit diesem Abkommen wird vereinbart, daß Prüfergebnisse nach einer harmonisierten Norm von den anderen Unterzeichner-Prüfstellen anerkannt werden. Dies geschieht neuerdings auf der Grundlage eines Formblatts, der „Mitteilung von Prüfergebnissen/Notification of Test Results" (Bild 11.8). Die Mitteilung besagt, daß „ein bestimmtes, dort näher beschriebenes Erzeugnis geprüft und als in Übereinstimmung mit einer bestimmten Norm befunden worden ist, wie es aus dem angegebenen Prüfbericht hervorgeht". Außerdem, daß „es sich um das Ergebnis einer Prüfung handelt, die an einem eingereichten Muster eines Erzeugnisses durchgeführt worden ist. Sie stellt kein allgemein gültiges Urteil über die gesamte Fertigung dar."

Die Mitteilung von Prüfergebnissen darf von einer Institution ausgestellt werden, die direkt am oder im Auftrag vom CENELEC-Zertifizierungsabkommen teilnimmt. Die Mitteilung dient als Grundlage für die Erteilung eines nationalen Konformitätszeichens (Prüfzeichens) oder einer nationalen Zulassung [11.6].

Das Abkommen wird auch auf Erzeugnisse angewendet, für die es noch keine harmonisierten Normen gibt, die aber nationalen Normen entsprechen. Hier können nationale Abweichungen in einem anderen Land auf Antrag des Herstellers ebenfalls von der ersten Prüfstelle überprüft werden. Andernfalls ist die Prüfstelle des betreffenden Landes zuständig, in dem die Abweichungen gelten.

Es gibt also für den Hersteller, der ein nationales Sicherheitskonformitätszeichen beantragen möchte, zwei Möglichkeiten:

▷ Er kann das übliche Verfahren benutzen und bei jeder Prüfstelle, von der er ein Zeichen haben möchte, den Antrag stellen. Die Prüfstelle wird dann die notwendigen Prüfungen durchführen.

▷ Der Hersteller kann sich auf das CCA berufen und nach erfolgreicher Prüfung eines Erzeugnisses bei der ersten Prüfstelle (in der Regel der des eigenen Landes) den anderen Prüfstellen bei Beantragung folgendes zur Verfügung stellen:
  - Einen formlosen Antrag oder ein Antragsformular, in dem das Produkt eindeutig beschrieben ist,
  - ein Muster des Erzeugnisses,
  - die „Mitteilung von Prüfergebnissen" der ersten Prüfstelle,
  - eine Identitätserklärung, die aussagt, daß das vorgestellte Muster mit dem der ersten Prüfung zugrundeliegenden Muster identisch ist und
  - die Kopie des Prüfberichts der ersten Prüfstelle.

Einige Prüfstellen verzichten auf ein Muster oder auf den Prüfbericht.

Man sollte der Prüfstelle gleich beim Beantragen des ersten Prüfzeichens mitteilen, daß man beabsichtigt, über das CCA-Verfahren andere Prüfzeichen zu beantragen.

Wird ein nationales Konformitätszeichen aufgrund des CCA bei einer Prüfstelle beantragt, so muß diese den Antrag vorrangig vor anderen Prüfaufträgen abwickeln. Da hierbei keine (oder nur die Abweichungen betreffende) Prüfungen stattfinden, bedeutet das eine Zeit- und Kostenersparnis für den Antragsteller.

CENELEC-Zertifizierungs-Abkommen

CENELEC Certification Agreement · CCA · Accord de Certification du CENELEC

Mitteilung von Prüfergebnissen

Notification of Test Results

CCA/DE ______

Erzeugnis ______
Product

geprüft im Auftrag von ______
tested by request of

______

hergestellt in (Firma und Ort) ______
manufactured at (Name and place)

Betriebsdaten und wichtige Merkmale ______
Rating and principal characteristics

______

Warenzeichen (falls vorhanden) ______
Trade mark (if any)

Typenbezeichnung ______
Model/Type Ref.

Zusätzliche Information (falls erforderlich) ______
Additional information (if necessary)

______

Ein Muster dieses Erzeugnisses ist geprüft und als in Übereinstimmung mit der gültigen Norm
A sample of the product has been tested and found to be in conformity with the current standard

(HD/EN und gleichwertige nationale Norm – Nummer und Ausgabe) ______
(HD/EN and equivalent national standard – Number and edition)

______

befunden worden, wie es aus dem Prüfbericht (Aktenzeichen/Nr. ______) hervorgeht.
as shown in the test report (reference No.).

Diese Mitteilung von Prüfergebnissen ist das Ergebnis einer Prüfung, die an einem eingereichten Muster eines Erzeugnisses in Übereinstimmung mit den Bestimmungen der jeweiligen Norm durchgeführt worden ist.

Diese Mitteilung von Prüfergebnissen ist von einer Stelle ausgestellt worden, die am CENELEC-Zertifizierungs-Abkommen (CCA) vom 11. September 1973 in der Fassung vom 29. März 1983 teilnimmt. Jede andere am CCA teilnehmende Stelle nimmt diese Mitteilung als Grundlage für die Erteilung eines nationalen Konformitätszeichens (Prüfzeichens) oder einer nationalen Zulassung, wie es im CCA festgelegt ist, solange die oben genannte Norm im Lande dieser Stelle noch gültig ist. Diese Mitteilung von Prüfergebnissen kann angefochten werden, falls sie älter als drei Jahre ist.

This Notification of Test Results is the result of testing a sample of the product submitted, in accordance with the provisions of the relevant specific standard.

This Notification of Test Results has been established by a body which participates in the CENELEC Certification Agreement (CCA) of 11th September 1973 as amended on 29th March 1983. Any other body participating in the CCA will take this Notification as a basis for granting a national mark of conformity or a national approval as specified in the CCA as long as the standard referred to above is still in force in the country of that body. This Notification of Test Results may be challenged if it is more than three years old.

D-6050 Offenbach a. M.
Merianstraße 28
Telefon:
nat.: 0 69/83 06-0
internat.: + 49 69/83 06-0

Telex:
4 152 796 vdep d
Telefax:
0 69/83 06-555

Verband Deutscher Elektrotechniker
VDE Prüf- und Zertifizierungsinstitut
VDE Testing and Certification Institute

Akt.- u. Dikt.-Z.:
Internal ref.:

Bild 11.8
Mitteilung von Prüfergebnissen nach dem CENELEC-Zertifizierungsabkommen (nach [11.6])

Besondere Bedingungen für das nationale Zeichen eines Landes (z.B. Erstbesichtigung der Fertigungsstätte, Fertigungsüberwachung und Marktüberwachung) werden, sollten sie von der ersten Prüfstelle nicht gefordert sein, nach wie vor von der betreffenden Prüfstelle durchgeführt.

Wenn eine Prüfstelle Erstbesichtigung und Fertigungsüberwachung fordert, gibt sie in der Regel der Prüfstelle des Landes den Auftrag dazu, in dem die Fertigungsstätte des Herstellers liegt. Das teilt sie dem Hersteller mit, der hiergegen ein Einspruchsrecht hat.

Europäisches Leuchtenzeichen

Ab 1. 1. 1993 können Leuchten mit einem europäischen Leuchtenzeichen „ENEC" von einer landeseigenen Prüfstelle (z. B. VDE-PZI) zugelassen werden. Damit sind in den übrigen EG- und einigen EFTA-Ländern keine zusätzlichen Approbationsmodalitäten mehr erforderlich. Konkrete Einzelheiten über Durchführung des Verfahrens waren bei der Drucklegung des Buches noch nicht vorhanden.

11.1.4 Prüfung im Herstellerlabor

Die VDE-Prüfstelle hat den Herstellern von Produkten zugestanden, Prüfungen zur Erlangung des VDE-Zeichens im eigenen Labor durchzuführen, Nach der Prüfstellenmitteilung PM 105 vom Februar 1992 nennt man das „externe Prüfungen des VDE Prüf- und Zertifizierungsinstituts". Diese Prozedur ermöglicht kürzere Prüfzeiten, setzt allerdings beim Hersteller ein dementsprechend eingerichtetes Prüflabor und genügend sachkundiges Personal voraus. Nach den grundsätzlichen Anforderungen des PM 105 gilt folgendes [11.7]:

▷ Diese Richtlinien gelten für Prüfungen, die auf Antrag außerhalb der VDE-Prüfstelle durchgeführt werden, im folgenden „externe Prüfungen" genannt.

▷ Nach dem Aufgabenbereich der VDE-Prüfstelle können, gemäß ihrer Prüfordnung, als externe Prüfungen durchgeführt werden:

- Sicherheitstechnische Prüfungen,
- funk-entstörtechnische Prüfungen (Funkstörungsmessungen) und
- Gütebestätigungsprüfungen.

Solche Prüfungen führen zur Erteilung des betreffenden Konformitätszeichens, zur Ausstellung eines Gutachtens oder sonstigen Nachweises, sofern die der Prüfung zugrundegelegten VDE-Bestimmungen und/oder allgemein anerkannten Regeln der Technik eingehalten worden sind.

▷ Diese Richtlinien gelten in Verbindung mit der Prüfordnung der VDE-Prüfstelle (VDE-PZI) in ihrer jeweils neuesten Fassung.

▷ Externe Prüfungen werden dem Antragsteller nach Aufwand des VDE-PZI berechnet.

▷ Diese Richtlinien können aufgrund von Erfahrungen geändert oder zurückgezogen werden.

Weitere detaillierte Regelungen sind der Prüfstellenmitteilung zu entnehmen [11.7].

11.1.5 Art der Prüfung bei der Typprüfung

Bei der Zulassungsprüfung eines Produkts oder einer Produktserie zur Erlangung eines Prüfzertifikats und damit der Genehmigung zur Anbringung eines Prüfzeichens wird eine sogenannte Typprüfung durchgeführt. Eine Typprüfung ist eine Prüfung oder eine Reihe von Prüfungen an einem Typprüfmuster, um das Übereinstimmen der Konstruktion eines Produktes mit den Bestimmungen der zuständigen Vorschrift festzustellen. Vom Hersteller oder verantwortlichen Händler werden dazu ein oder mehrere Typprüfmuster zur Verfügung gestellt. Ein Typprüfmuster besteht aus einer oder mehreren zusammengehörenden Einheiten.

Nach internationalen Festlegungen gilt, daß die Anforderungen und die durch die Norm zugelassenen Toleranzen sich auf ein Typprüfmuster beziehen, das vom Hersteller für die Typprüfung zur Verfügung gestellt wird. Die Übereinstimmung des Typprüfmusters mit der Sicherheitsnorm bedeutet, daß die gesamte Produktion eines Herstellers im Hinblick auf Sicherheit mit ihr übereinstimmt.

Zusätzlich zur Typprüfung liegt daher die Verantwortung für die gesamte Produktion beim Hersteller, sie erfordert ständige Prüfungen und die Qualitätsüberwachung.

11.1.6 Vertrag mit Prüfstelle und Überwachung der laufenden Fertigung

Zulassungsprüfungen durch das VDE-PZI mit Vergabe eines VDE-Prüfzeichens erfolgen grundsätzlich dann, wenn der Antragsteller einen Vertrag mit dem VDE-PZI geschlossen hat.

Hierfür gilt die Prüfordnung der VDE-Prüfstelle PM 102 vom 1. Januar 1974 mit Anhang 1/03.84 [11.8]. Die PM 102 enthält folgende Festlegungen:

§ 1	Prüfungsarten
§ 2	Bedingungen für die Einreichung von Prüf- und Begutachtungsanträgen
§ 3	Prüfverfahren
§ 4	Zeichengenehmigung
§ 5	Überwachung der Fabrikation der Genehmigungsinhaber sowie des Marktes
§ 6	Veröffentlichung von Prüfberichten
§ 7	Maßnahmen der Prüfstelle
§ 8	Schlichtung von Streitigkeiten
§ 9	Haftung
§ 10	Inkrafttreten und Änderung der Prüfordnung
Anhang 1	Verzeichnis der zeichenfähigen Erzeugnisse

Insbesondere sind zu beachten:

▷ § 2 hinsichtlich der Bedingungen für die Einreichung von Prüf- und Begutachtungsanträgen sowie

▷ § 5 für die Überwachung der Fabrikation der Genehmigungsinhaber sowie des Marktes.

Im einzelnen regelt § 2 das Antragsverfahren und die Voraussetzungen hierzu bei Prüfanträgen durch inländische und ausländische Hersteller oder Importeure.

Entsprechend § 2 hat auch jedermann die Möglichkeit, mit einem Prüfzeichen versehene Erzeugnisse unter Angabe der von ihm festgestellten Mängel zur Überprüfung einzureichen. Der Einsender hat hierbei Anspruch auf einen Prüfbericht, wenn er die Kosten der Prüfung trägt.

§ 5 der Prüfordnung der VDE-Prüfstelle gibt der VDE-Prüfstelle das Recht, jederzeit ohne vorherige Anmeldung die in der Zeichengenehmigung angegegebenen Fertigungs- und Betriebsstätten und die Lager (bei ausländischen Genehmigungsinhabern auch die Lager der deutschen Bevollmächtigten und der Zweigniederlassungen) im Rahmen der allgemein üblichen Überprüfungen zu besichtigen und Gegenstände, für die eine Zeichengenehmigung erteilt ist, zur Vornahme von Überprüfungen kostenlos zu entnehmen und auch selbst Überprüfungen in den Betriebsstätten vorzunehmen.

Hierbei sind die entnommenen Gegenstände vom Genehmigungsinhaber der von der Prüfstelle bezeichneten Stelle kostenlos zu übermitteln; sie werden nach Beendigung der Prüfung wieder zurückgesandt. Falls bei diesen Überprüfungen Mängel festgestellt werden, die nach Ansicht der Prüfstelle eine nochmalige Prüfung erforderlich machen, hat der Genehmigungsinhaber die bisher entstandenen Kosten zu tragen.

Die Prüfstelle hat außerdem das Recht, aus dem Markt Gegenstände zur Überprüfung zu entnehmen, die mit einem Verbandszeichen versehen sind.

Darüber hinaus ist gemäß § 3 der PM 102 jeder Antragsteller verpflichtet, nachzuweisen, daß die Betriebsstätten für die angemeldeten Gegenstände technisch so eingerichtet und geleitet sind, daß eine gleichmäßige Herstellung gewährleistet ist. Es sind laufend Fabrikationskontrollen und die von der Prüfstelle auf Grund der VDE-Bestimmungen geforderten Prüfungen im Betrieb selbst durchzuführen. Dies ist durch Vorlage von Prüfprotokollen nachzuweisen.

Hierdurch soll sichergestellt werden, daß die laufende Produktion der einmal genehmigten Produkte auch weiterhin die in den Vorschriften gestellten Anforderungen erfüllt.

Die auslaufenden Vorschriften für Vorschaltgeräte DIN VDE 0712 und für Leuchten DIN VDE 0710 werden z. Z. durch EG-einheitliche harmonisierte Bestimmungen ersetzt. Diese im wesentlichen gleichwertigen Normen enthalten jedoch nicht mehr die Prüfanweisungen für die Fertigungsüberwachung hinsichtlich einer 100%-Stück- und Stichprobenprüfung. Aufgrund der Prüfordnung des VDE-PZI ist jedoch der Hersteller verpflichtet, seine Produkte in gleicher Weise zu überwachen. Die VDE-Prüfstelle hat hierzu eine besondere Prüfstellenmitteilung herausgegeben (PM 333) [11.9]. Darin sind die Anforderungen für eine Stückprüfung jedes aus der Fertigung kommenden Produktes beschrieben. Außerdem ist angegeben, welche Prüfungen stichprobenartig und in welchem Umfang vorzunehmen sind. Für die internationale Leuchtenvorschrift EN 60 598 existiert z. Z. ein Entwurf für eine Ergänzung zur 100%-Stückprüfung analog PM 333.

11.1.7 EG-einheitliches Prüf- und Zertifizierverfahren

Im Rahmen des europäischen Binnenmarktes wird z. Z. von der EG-Kommission ein System ausgearbeitet, das ein EG-einheitliches Prüf- und Zertifizierwesen ermöglicht. Danach sollen auch Prüfungen und Zulassungen von Produkten – in unserem

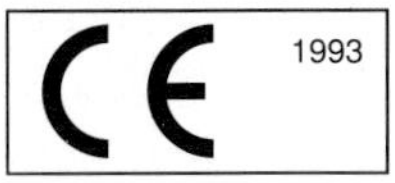

Bild 11.9
Das CE-Zeichen in Verbindung mit der Jahreszahl der Konformitätserklärung; die Kennzeichnung mit der Jahreszahl ist erwünscht

Fall elektrische Betriebsgeräte und Leuchten – in den einzelnen EG-Ländern gegenseitig anerkannt werden. Nach diesem System genügt eine Erstprüfung in einem EG- oder EFTA-Land mit Vergabe eines EG-einheitlichen Konformitätszeichens, das aus dem sogenannten CE-Zeichen besteht (Bild 11.9). Produkte mit dieser Kennzeichnung können dann ohne weitere Nachprüfungen im gesamten EG- und EFTA-Raum auf den Markt gebracht werden und bestätigen die grundlegenden Anforderungen der für das Produkt zuständigen EG-Richtlinien (z. B. die EMV-Richtlinie zur Funk-Entstörung, Kapitel 10.3, und zukünftig auch die Niederspannungsrichtlinie).

Als weitere Besonderheit wird zusätzlich die Möglichkeit geschaffen, daß die Konformitätsprüfung, also die Prüfung auf Übereinstimmung mit den harmonisierten Normen, vom Hersteller im eigenen Labor vorgenommen werden kann. Das Herstellerlabor wird dazu vorab durch eine behördliche Akkreditierung (z. B. durch die DATech, Deutsche Akkreditierungsstelle Technik) autorisiert. Die vom Hersteller vorgenommene Konformitätsprüfung kann anhand des erstellten Prüfberichts durch eine Zertifizierstelle (bei Betriebsgeräten und Leuchten das VDE-PZI) zertifiziert werden, ohne daß eine nachträgliche Prüfung erfolgt. Mit diesem zertifizierten Prüfbericht ist eine Anerkennung speziell auch im Ausland gegeben. Die Anbringung des VDE-Zeichens ist jedoch nur dann zulässig, wenn bei der Prüfung im Herstellerlabor zusätzlich ein VDE-Prüfer anwesend war (siehe Kapitel 11.1.4).

Diese neuen Möglichkeiten im Prüf- und Zertifizierwesen sind in der bereits harmonisierten Normenreihe EN45001 bis EN45015 beschrieben. Weitere Normen hierzu sind z. Z. im Entstehen. In Bild 11.10 ist ein Schema aufgezeigt (sog. Module), das die möglichen Varianten der Konformitätserklärungen und Bestätigungen durch autorisierte Stellen aufzeigt.

Die Basis für die möglichen Konformitätsbewertungsverfahren sind in den EG-Richtlinien pro-

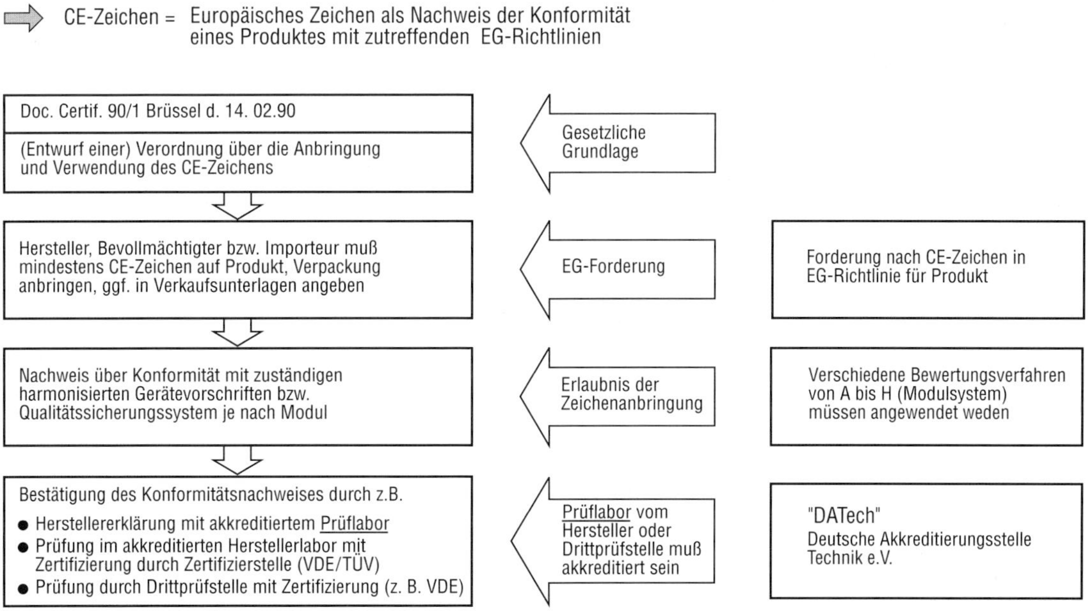

Bild 11.10 Schema zur Konformitätserklärung (Module)

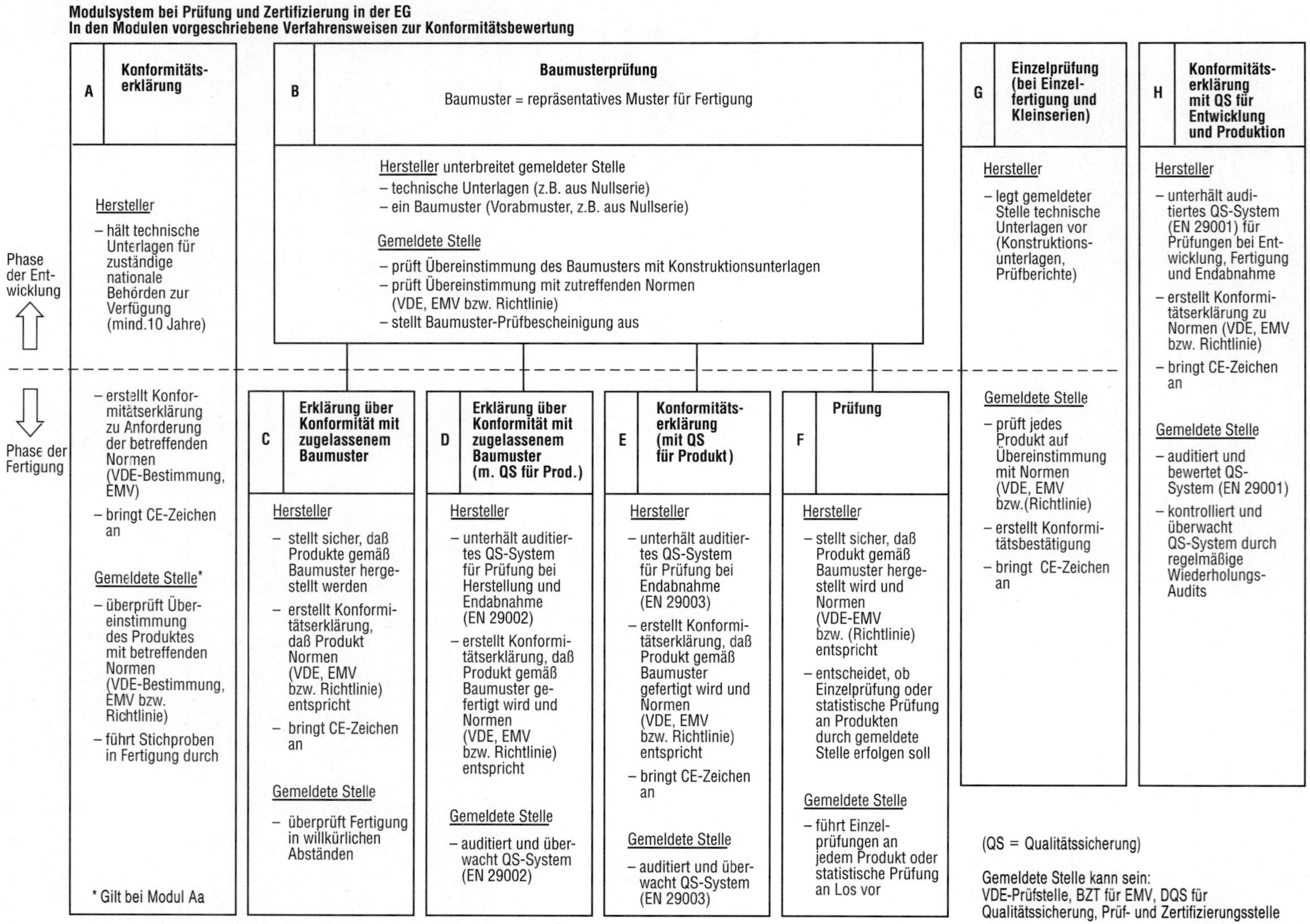

Bild 11.11 Module zur Konformitätserklärung

duktbezogen festgeschrieben und werden in Form von sogenannten Modulen A bis H angewendet (Bild 11.11).

Hiermit soll erreicht werden, daß Prüfungen und Zulassungen im gesamten EG- und EFTA-Raum mit gleicher Güte und Zuverlässigkeit ausgeführt werden und auch die gleiche Aussagekraft besitzen.

11.2 Startgeräte

Für den größten Teil der Starter und Start- bzw. Zündgeräte gibt es nationale und internationale Empfehlungen zur Sicherheit und Funktion der Geräte. Hinsichtlich der Prüfung auf Sicherheit erfüllen diese Vorschriften alle Wünsche, die an derartige Empfehlungen gestellt werden müssen. Leider gilt dies nicht im gleichen Maße für die Arbeitsweise, da sich die beteiligten Gremien zum Teil nur auf Mindestanforderungen einigen konnten, die nicht das Optimum für die Lampenzündung darstellen.

Wenn noch keine gültigen Vorschriften für eine Geräteart vorliegen, gibt es die Möglichkeit, ein Gutachten z. B. der VDE-Prüfstelle mit Fertigungsüberwachung zu beantragen (ÜG-Zeichen). Wenn das Gerät für neu auf den Markt gebrachte Lampen hergestellt wird, kann es bei diesem Verfahren wünschenswert sein, eine Startgeräteprüfung durch einen Lampenhersteller durchführen zu lassen.

Eine solche Prüfung und Zulassung durch den Lampenhersteller erfolgt ohne Berücksichtigung der Schutzrechtslage und beinhaltet keinerlei Lizenzerteilung an etwaigen bestehenden Schutzrechten. Sie erstreckt sich nicht auf die Kontrolle der Betriebssicherheit des Geräts bzw. der Erfüllung nationaler Bestimmungen über Sicherheit und Funk-Entstörungen. Sie ist eine Eignungserklärung und erstreckt sich nur auf das Einhalten der Gerätedaten, die für die einwandfreie Zündung der betreffenden Lampen notwendig sind.

Es wird nur ein Gerät überprüft, deshalb kann eine solche Zulassung nur unter der Voraussetzung erteilt werden, daß die bei der Prüfung festgestellten Werte unter Berücksichtigung der in den Gerätehinweisen genannten Toleranzen von allen Geräten des überprüften Typs im Neuzustand sowie nach längerer Betriebsdauer eingehalten werden. Es kann auch noch einschränkend verfügt werden, daß die Zulassung zurückgenommen werden darf, wenn die zulässigen Toleranzen bei der laufenden Fertigung nicht eingehalten werden oder – bedingt durch die technische Entwicklung oder neuere Erkenntnisse – eine Änderung der Zulassungsbedingungen erforderlich wird.

Dieses Zulassungsverfahren mit Prüfungen durch den Lampenhersteller sollte aber so schnell wie möglich durch eine vollständige Prüfung der Startgeräte durch die nationalen Prüfstellen abgelöst werden.

Starter für Leuchtstofflampen

Markenstarter tragen heute die wichtigsten Zulassungskennzeichen der nationalen Prüfstellen. Bei der Funktionsprüfung der Starter gibt es selten unzureichende Mindestwerte, da die Glimmstarter normalerweise von Firmen angeboten werden, die auch Leuchtstofflampen herstellen.

Zu den Punkten, denen in den Glimmstarter behandelnden Empfehlungen VDE 0712 Teil 4 [11.10] und IEC-Publikation 155 [11.11] nur wenig Aufmerksamkeit geschenkt wird, gehören die Schließzeit und die Höhe der Stoßspannung. Z. B. müssen die Starterkontakte innerhalb von 30 Sekunden nur zweimal öffnen und in diesen 30 Sekunden sowie 15 weiteren Sekunden nur insgesamt 1,5 Sekunden geschlossen sein. Eine solche Funktionsprüfung ist für den Lampenhersteller und für den Anwender unzureichend, da eine Schließzeit von 1,5 Sekunden bei Vorheizung mit dem zulässigen Mindestvorheizstrom keine ausreichende Vorheizung gewährleisten kann und ein Kunde ungern länger als 2 bis 3 Sekunden, geschweige denn 45 Sekunden auf die Zündung einer Leuchtstofflampe warten wird.

Für den Anwender wichtig sind aber auch die Sicherheitsprüfungen, also die Kontrolle der mechanischen Festigkeit und des Berührungsschutzes, der Wärme- und Feuerbeständigkeit sowie der Kriechstromfestigkeit. Hierzu gehört auch die VDE-Prüfung der im Starter eingebauten 5- bis 20-nF-Kondensatoren. Bei ihnen stellt man fest, ob der Kondensator nach einem durch Überspannung hervorgerufenen Spannungsdurchbruch entflammen und brennen kann.

VDE 0712 Teil 14 [11.12] bzw. IEC-Publikation 926 [11.13] enthalten Sicherheitsanforderungen für Starter für Leuchtstofflampen, die keine Glimmstarter sind. Entsprechende Anforderungen an die Arbeitsweise sind in der IEC-Publikation 927

[11.14] festgelegt. Danach können elektronische Starter und Ruhekontaktstarter mit mechanischen Kontakten geprüft werden. IEC-Publikation 927 enthält auch eine Begrenzung des maximalen Vorheizstroms auf das 1,15fache des effektiven Lampennennstroms. Eine solche Begrenzung ist für Dioden- oder Thyristorstarter notwendig, bei denen infolge Einweggleichrichtung und Sättigung des Eisens der Spulen so hohe Ströme auftreten können, daß die Lampenelektroden innerhalb weniger Sekunden zerstört werden. Leider sind die Meßbedingungen nicht eindeutig: Es fehlt die genaue Festlegung der Drossel für diese Prüfung, so daß eine wirkliche Begrenzung des möglichen Vorheizstroms noch nicht gegeben ist. Hierzu wäre das Festlegen von Grenzwerten und einer Meßvorschrift in der IEC-Publikation 921 [11.15] erforderlich.

Für die Prüfung von Startern für die Vorheizung und Zündung von Leuchtstofflampen liegen damit international gültige Empfehlungen vor. Ziel aller Beteiligten kann es deshalb nur sein, diese Empfehlungen so zu ergänzen, daß aufgrund einer Funktionsprüfung nur Starter zulässig sind, die den Wünschen der Anwender und Hersteller von Lampen und Geräten entsprechen.

Startgeräte mit Impulsspannungen $\leq$ 5 kV

Für Startgeräte zur Zündung von Natriumdampf-Niederdrucklampen, Natriumdampf-Hochdrucklampen sowie Halogen-Metalldampflampen sind IEC-Empfehlungen entstanden, die entweder als Central-Office-Dokumente oder schon als fertige Publikationen vorliegen:

IEC-Publikation 926 [11.13] bzw. VDE 0712, Teil 14 [11.12]:
Allgemeine und Sicherheitsanforderungen für Startgeräte.

IEC-Publikation 927 [11.14] bzw. VDE 0712, Teil 15 [11.16]:
Anforderungen an die Arbeitsweise von Startgeräten.

Damit können die verschiedenen nationalen Prüfstellen Startgeräte für Entladungslampen prüfen und für solche Geräte Zulassungszeichen erteilen. Das geht aber nur bei Lampen, deren Daten international standardisiert sind, also bei Natriumdampf-Niederdrucklampen (IEC-Publikation 192 [11.17]) und Natriumdampf-Hochdrucklampen (IEC-Publikation 662 [11.18]).

Fehlen noch entsprechende Datenblätter für Lampen, können die Startgeräte wenigstens hinsichtlich ihrer Sicherheit überprüft werden.

Bei der Kontrolle der Spannungsfestigkeit dürfen nach 50 Impulsen weder sichtbare noch hörbare Funkenentladungen auftreten, es darf weder einen Spannungszusammenbruch noch eine Veränderung der Kurvenform der Spannungsimpulse geben. Zur Kontrolle des gestörten Betriebs überbrückt man nacheinander zu geringe Luft- und Kriechstrecken, bei Halbleitergeräten werden die Halbleiter kurzgeschlossen und unterbrochen. Das Gerät wird anschließend zwischen 90 und 110% der Netznennspannung bei maximaler Gehäusetemperatur mit Lampe betrieben, bis sich stabile Betriebsbedingungen eingestellt haben. Nach dem Abkühlen auf Raumtemperatur muß der Isolationswiderstand noch mindestens 1 MΩ betragen. Schließlich erfolgt auch noch eine Erwärmungsprüfung. Hierbei müssen die Bauteiletemperaturen die in IEC-Publikation 598-1 [11.19] angegebenen Grenzen einhalten.

Wichtig ist auch die Kontrolle der Luft- und Kriechstrecken. Werden die Bauteile z. B. durch Vergießen mit selbsthärtenden Vergußmassen so geschützt, daß an der Oberfläche keine Luftstrekken existieren, werden die Luft- und Kriechstrekken nicht geprüft. Andernfalls muß für die Bemessung dieser Strecken die Arbeitsspannung U_R bestimmt werden, die aus dem Scheitelwert der Impulsspannung U_S errechnet wird:

$$U_R = \frac{U_S}{4{,}6}$$

Bei Impulsspannungen zwischen 4,6 und 5,0 kV beträgt $U_R = 1000$ V.

Die IEC-Publikation 926 [11.13] enthält ferner Kapitel über Wärme- und Feuchtebeständigkeit sowie die Kontrolle der Kriechstromfestigkeit.

Startgeräte für Natriumdampf-Hochdrucklampen

Ausreichende Daten für die Standardausführungen der Natriumdampf-Hochdrucklampen sind in der IEC-Publikation Nr. 662 [11.18] enthalten, so daß für diese Lampen eine Prüfung der Startgeräte erfolgen kann. Daten für Startgeräte zur Zündung von Natriumdampf-Hochdrucklampen mit hohem Grundgasfülldruck, sogenannten Superlampen, und von Lampen in farbverbesserter Ausführung liegen bei den Lampenherstellern vor. Es besteht deshalb kein Zweifel, daß eine Standardisierung auch für die noch fehlenden Lampentypen in absehbarer Zeit möglich sein wird.

Startgeräte für Natriumdampf-Niederdrucklampen

Die IEC-Publikation 192 [11.17] enthält zwar Daten für den starterlosen Betrieb der Lampen, entsprechende Daten für die Zündung von Lampen mit nicht vorheizbaren Elektroden mit Startgeräten fehlen aber noch, so daß ein solches Startgerät noch kein VDE-Zeichen erhalten kann. Es liegen im Augenblick auch noch nicht genügend Erfahrungen vor, um die Grenzen für Stoßspannungen und Zündenergien nennen zu können. Man kann zwar die Mindestwerte für die Zündung ermitteln, aber es ist schwierig, die Maximalwerte mit Rücksicht auf die Lampenlebensdauer festzulegen, da die Lampen mit empfindlichen oxidbepasteten Elektroden ausgestattet sind. Eine baldige Ergänzung der Datenblätter der IEC-Publikation 192 ist deshalb nicht zu erwarten.

Startgeräte für Halogen-Metalldampflampen

Hier liegen noch keine allgemein gültigen Daten vor. Ursache sind die verschiedenartigen Lampenausführungen und Füllungen, die unterschiedlichste Zündspannungen und -verfahren zur Folge haben. Im Augenblick können die nationalen Prüfstellen deshalb nur die Sicherheit überprüfen, während das Überprüfen der Arbeitsweise durch die entsprechenden Lampenhersteller erfolgen muß. Die Kontrolle der Startgeräte muß unter Umständen mit Lampen erfolgen, da das Zündverhalten insbesondere sich abkühlender Lampen nur schwer durch Ersatzschaltungen darstellbar ist.

Startgeräte mit Stoßspannungen > 5 kV

Für Startgeräte zur Heißzündung von Natriumdampf-Hochdrucklampen oder Halogen-Metalldampflampen mit zweiseitigem Anschluß gibt es wegen der hohen Impulsspannungen zwischen 20 und ca. 60 kV noch keine nationalen oder internationalen Vorschriften, es liegt aber ein Entwurf der Sicherheitsanforderungen zur Ergänzung der IEC-Publikation 926 [11.20] vor, der national bereits als Rosadruck (Entwurf) DIN VDE 0712 Teil 14 A2 (02/92) vorhanden ist.

Als Grundlage für die Prüfung einer Leuchte mit einem Zündgerät mit Stoßspannungen ≥ 20 kV könnte der Entwurf VDE 0710/Teil 6 verwendet werden. Der Entwurf dieser VDE-Vorschrift behandelt die Prüfung von Scheinwe Fernsehen, Bühne und Photographi VDE-Vorschrift wird lediglich ko Überschläge zum Gehäuse oder durch die Isolierung stattfinden; Luft-strecken sind nicht festgelegt. Eine Erteilung des VDE-Zeichens durch di stelle ist nach diesem Entwurf jedoch lich, Informationsprüfungen können den VDE mit entsprechenden Meßmögli erfolgen.

Die Arbeitsweise der Startgeräte mit Impuls nungen > 5 kV für die Heißzündung von N dampf-Hochdrucklampen und Halogen-Met dampflampen kann bisher nur von den La herstellern geprüft werden. Entsprechende A derungen an solche Zündgeräte liegen vor.

Wirtschaftlichkeit von Beleuchtungsanlagen

2.1 Der Wirtschaftlichkeitsbegriff in der Beleuchtungstechnik

In der Beleuchtungstechnik versteht man unter Wirtschaftlichkeit das Verhältnis des berechenbaren Aufwands für Errichtung und Betrieb einer Beleuchtungsanlage zum dadurch erzielten Nutzen. Dieser Nutzen wirkt sich häufig nicht unmittelbar in einem berechenbaren Ertrag aus. Erhöhter Beleuchtungsaufwand ermöglicht eine höhere Sehleistung und damit größere Produktivität sowie niedrigere Fehlerquote und weniger Unfälle. Daneben drückt sich der Nutzen einer verbesserten Beleuchtungsanlage häufig auch in einem verbesserten, jedoch nicht quantifizierbaren visuellen Komfort aus.

Den berechenbaren Beleuchtungskosten steht somit auch ein immaterieller Nutzen gegenüber. Wie wirtschaftlich eine Beleuchtungsanlage im Vergleich zu einer anderen zu beurteilen ist, läßt sich nur auf den vergleichbaren Nutzen, d. h. qualitativ gleich gute Beleuchtungswirkung, beziehen. Eine Kostensenkung gilt insoweit nur dann als wirtschaftlich vergleichbar, wenn sie nicht zu qualitativer Minderung der vorgegebenen Beleuchtungswirkung führt. Wenn also im folgenden von Wirtschaftlichkeit der Beleuchtung gesprochen wird, ist grundsätzlich von vergleichbarer Beleuchtungsqualität auszugehen. Der auf die jeweilige Anwendung der Beleuchtung bezogene Nutzen läßt sich dabei – abgesehen von den immateriellen Komfortmerkmalen – mehr oder weniger direkt erfassen.

In der Innenbeleuchtung bedeutet wirtschaftliche Beleuchtung ein dem jeweiligen Zweck des Raums bzw. der darin ausgeübten Tätigkeit angemessenes Beleuchtungsniveau. Dieses muß bei vorgegebener Sehaufgabe deren mühelose Wahrnehmung über längere Zeit ohne merkliche Ermüdung ermöglichen. Zu diesem die Produktivität bestimmenden ergonomischen Aspekt, einem meßbaren Nutzen, kommt die Sicherheit am und um den Arbeitsplatz, deren Einsparpotential der Vermeidung von Unfällen dient – auch von Bagatellunfällen.

Zur Produktivität hinzuzurechnen ist das Vermeiden von Fehlern, insbesondere bei der Aufnahme und Verarbeitung visueller Informationen, z. B. am Bildschirmarbeitsplatz. Nach zahlreichen Untersuchungen amortisiert sich eine Investition in eine angemessene Beleuchtung in kurzer Zeit bereits durch eine relativ geringe Steigerung der Produktivität. Unterstützt wird dieser Beleuchtungsnutzen durch die Güte der Beleuchtung als physischem, positiv auf die Leistungsbereitschaft einwirkenden Faktor.

Die Mindestanforderungen und der Rahmen der Planung werden hier durch die Norm DIN 5035 [12.1] vorgegeben. Deren Erfüllen setzt den Vergleichsmaßstab für die folgenden Kostenvergleiche.

Dem beschriebenen Nutzen stehen die Kosten inklusiv denen der installierten spezifischen Anschlußleistung gegenüber.

In der Außenbeleuchtung spielt die Wirtschaftlichkeit vor allem bei der Straßenbeleuchtung eine wichtige Rolle. Der Nutzen der ortsfesten Straßenbeleuchtung besteht aus der Leistungsfähigkeit und Sicherheit des Straßenverkehrs. Ein quantitativer Nutzen läßt sich hier nur indirekt im volkswirtschaftlichen Sinne durch die Leistungsfähigkeit des Verkehrswegs, d. h. die reibungslos mögliche Verkehrsdichte und mindestens gleichwertig das Vermeiden von Verkehrsunfällen mit ihren unmittelbaren und den Folgekosten, erfassen. Für die Beleuchtungsanlage legt die Norm DIN 5044 [12.2] die Mindestanforderungen und den planerischen Rahmen fest, der einem Kostenvergleich verschiedener Anlagevarianten zugrunde zu legen ist. Bei den Energiekosten kann die elcktrische Anschlußleistung je km Länge beleuchteter Strecke als Vergleichsmaßstab dienen.

12.2 Kosten von Beleuchtungsanlagen

Die Jahresbetriebskosten teilen sich in feste Kosten F und bewegliche Kosten B auf.

Dabei ist P der Preis je Leuchte (DM), L der Preis je Lampe (DM), p der Kapitaldienst für P, W sind die Kosten für das Auswechseln einer Lampe (DM), I sind das Installationsmaterial und die Montagekosten je Leuchte (DM), N ist die Leistungsaufnahme einer Lampe einschließlich Vorschaltgerät (kW), q der Kapitaldienst für I, R sind die jährlichen Reinigungskosten je Leuchte (DM), n_1 ist die Zahl der Lampen, s der effektive Strompreis $\left(\frac{\mathrm{DM}}{\mathrm{kWh}}\right)$, n_2 die Zahl der Lampen je Leuchte, t_L die Nutzlebensdauer der Lampe (h) und t_B die jährliche Nutzungsdauer $\left(\frac{\mathrm{h}}{\mathrm{a}}\right)$.

Damit ergeben sich die Jahresbetriebskosten K zu:

$$K = n_1 [F + B] = n_1 \cdot \left[\frac{p \cdot P + q \cdot I + R}{n_2} + \right. \\ \left. + t_B \left(\frac{L + W}{t_L} + s \cdot N\right)\right] \tag{12.1}$$

Die Kostenformel läßt erkennen, daß die Jahresbetriebskosten neben den festen Kosten vor allem durch die Stromkosten, d. h. die Leistungsaufnahme des Systems Lampe – Vorschaltgerät bestimmt werden. Hohe Lichtausbeute des Beleuchtungssystems und hohe Nutzlebensdauer senken die Kosten. Die jährliche Benutzungsdauer läßt sich durch eine tageslichtabhängige Steuerung der Beleuchtungsanlage senken (siehe Abschnitt 12.6).

Sind bei einer Planung die Kosten der Anlage A mit denen der Anlage B zu vergleichen, so werden die Kosten im Sinne einer Rentabilitätsbewertung meist auf mehrere Jahre bezogen. Dabei sind statische und dynamische Verfahren der Kostenrechnung zu unterscheiden (siehe [12.3] und [12.4]).

Bei den statischen Verfahren wird die Zinseszinsrechnung nicht berücksichtigt, d. h. es werden nur die Kosten zur Zeit der Fälligkeit betrachtet. Mit dieser einfachen Methode kann man den Amortisationszeitpunkt ermitteln, zu dem der Ausgleich zwischen den investierten Mehrkosten für die wirtschaftliche Anlage B und den bis dahin gegenüber der Anlage A eingesparten Energiekosten stattfindet. Weil die Amortisationszeit – auch Break-even-Period genannt – zum Beispiel bei einer EVG-Anlage im Vergleich zum konventionellen Vorschaltgerät nur wenige Jahre beträgt, wirken sich die Vernachlässigung des Zinssatzes und die Stromteuerungsrate kaum aus.

Die Amortisationszeit t – auch Payback-Zeit genannt – berechnet sich nach der statischen Methode nach folgender Beziehung:

$$t = \frac{\Delta K}{\Delta N \cdot s \cdot t_B} \tag{12.2}$$

Dabei ist t die Amortisationszeit (a), ΔN die Differenz der Leistungen der Anlagen B und A (kW), ΔK der Leuchten- bzw. Anlagenmehrpreis von Anlage B gegenüber Anlage A (DM), s der effektive Strompreis $\left(\frac{\mathrm{DM}}{\mathrm{kWh}}\right)$ und t_B die jährliche Nutzungsdauer $\left(\frac{\mathrm{h}}{\mathrm{a}}\right)$.

Die absolute Rentabilität einer Investition kann nur durch eine dynamische Investitionsrechnung beantwortet werden, die die Zinseszinsrechnung einschließt. Dabei wird mit dem Endwert gerechnet, d. h. man gibt an, welcher Ertrag sich nach n Jahren durch die Mehrinvestition ergeben hat. Die Kosten werden dabei als exponentiell steigende Rente mit dem Kalkulationszinssatz p auf den Endwert aufgezinst. Sobald der Endwert Null erreicht ist, ist die Investition von Leuchten der wirtschaftlicheren Anlage B amortisiert und liefert eine absolute Wirtschaftlichkeit. Der Endwert E_n ergibt sich zu

$$E_n = -\Delta K \cdot (1 + p)^n + \\ + \Delta N \cdot s \cdot t_B \cdot \frac{(1 + u)^n - (1 + p)^n}{1 - \frac{(1 + p)}{(1 + u)}} \tag{12.3}$$

mit dem kalkulatorischen Zinssatz p (siehe auch Kap. 12.4) und der Energiepreissteigerungsrate pro Jahr u.

Um die Rentabilität einer Investition zu verdeutlichen, kann aus dem Endwert der erforderliche Zinssatz p_R berechnet werden, mit dem alternativ die Investitionskosten verzinst werden müßten, um den gleichen Ertrag zu erzielen:

$$p_R = \sqrt[n]{\frac{E_n}{\Delta K}} - 1 \tag{12.4}$$

Liegt der errechnete Zinssatz p_R über den üblichen Kapitalmarktzinsen, so ist die Investition in Anlage B rentabel. Die folgenden Berechnungsbeispiele beziehen sich auf die Innenbeleuchtung.

12.3 Berechnungsbeispiel

Vergleich einer Anlage B mit zweilampigen Leuchten 2 × L 58 W an EVG gegenüber einer Anlage A mit Duoschaltung bei 230 V (siehe auch Kap. 12.5):

Unter sonst gleichen Kosten nach (12.1) lassen sich Amortisationszeit t nach (12.2), dynamischer Endwert der Einsparung E_n nach (12.3) und der Rentabilitätszinssatz p_R nach (12.4) für die Mehrkosten der einzelnen Leuchte ΔK berechnen:

Leuchtenmehrpreis	K	= 76,– DM
Leistungseinsparung je Leuchte	ΔN	= 54,4 W (siehe Bild 12.1)
Betriebsstunden je Jahr	t_B	= 2500 h/a
effektiver Strompreis	s	= 0,27 DM/kWh
Kalkulationszinssatz	p	= 0,10 (= 10%)
Energiepreissteigerungssatz	u	= 0,05 (= 5%)
Nutzungsdauer	n	= 10 Jahre

Mit diesen Beispielwerten ergibt die statische Rechnung nach (12.1) eine Amortisationszeit t von 2,1 Jahren.

Die Entwicklung der Kosteneinsparung nach (12.3) zeigt Bild 12.2. Auch hier ergibt sich bei allen drei angegebenen Kombinationen von p und u mit $K = 76,–$ DM als negativem Anfangswert ein Schnittpunkt mit der Nullinie bei einer Zeit von 2,1 Jahren. Für p = 10% und u = 5% beträgt der Endwert E_n nach 10 Jahren 548,10 DM, woraus sich nach (12.4) ein Rentabilitätszinssatz p_R von 21,8% ergibt, d. h. weit über dem üblichen Kapitalmarktzinsfuß. Die Investition in Anlage B erweist sich somit als absolut wirtschaftlich.

Oftmals ist es für eine Investitionsentscheidung erwünscht, daß die Gesamtkosten der Anlagen A und B als Jahresbetriebskosten nach der statischen Methode nach (12.1) oder als dynamisch gerechneter Endwert aufgezinst nach einer bestimmten Zahl n Jahren berechnet werden. Bei der dynamischen Methode werden dazu die Kosten K nach (12.1) als Rente nachschüssig aufgezinst auf den Endzeitpunkt. Tabelle 12.1 zeigt ein solches Berechnungsbeispiel. Die dazu verwendete finanzmathematische Formel findet sich in [12.4].

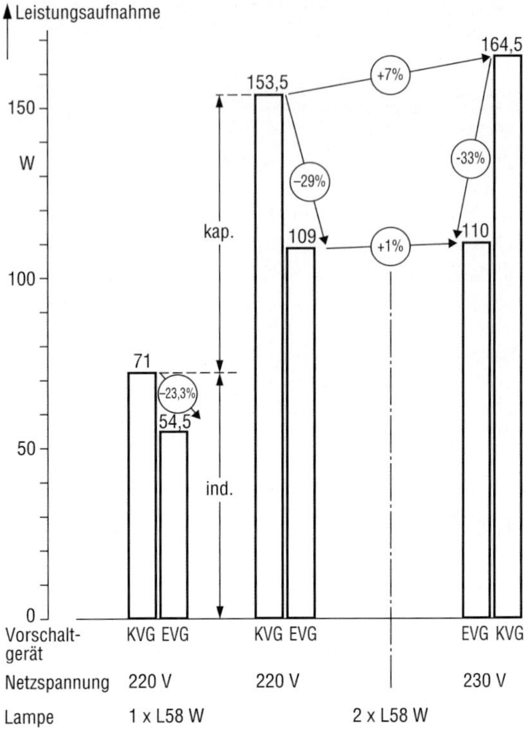

Bild 12.1
Vergleich der Leistung zweier Lampen im EVG-Betrieb und im Betrieb mit Duoschaltung [12.5]

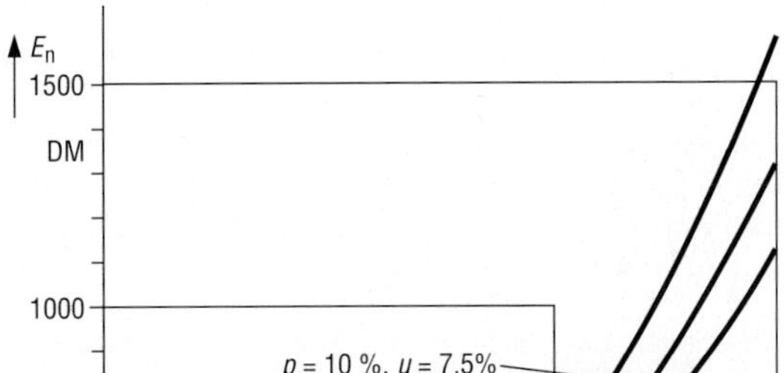

Bild 12.2
Entwicklung des Einsparungsendwerts E_n für verschiedene Zinssätze (nach [12.5])

Tabelle 12.1 Beispiel einer Computerberechnung zum dynamischen Vergleich zweier Beleuchtungsanlagen

Seite 1 — Siemens AG, Vertrieb Beleuchtungstechnik

Programm WIRTSCHAFTLICH-KEITSVERGLEICH — Eingabewerte

Projekt: 3853 FABRIKHALLE HÖHE 10 M
LEUCHTE: BREITSTRAHLEND
Leuchte: 5LJ 810 7-2EF01 Z
Lampe: L58W/21

Projekt: 3903 FABRIKHALLE HÖHE 10 M
LEUCHTE: HALLENSPIEGELLEUCHTE TIEFSTR.
Leuchte: 5NJ 743 1-1R
Lampe: HQI-T 400 W/DV

Anlagedaten:		Projekt: 3853	Projekt: 3903
Raumdaten:			
Raumlänge	m	–	–
Raumbreite	m	–	–
Fläche des Raumes	qm	–	–
Raumhöhe	m	–	–
Höhe Nutzebene	m	–	–
Lichttechnische Daten:			
Anzahl der Leuchten		299	187
Anzahl Lampen pro Leuchte		4	1
gewünschte Beleuchtungsstärke	lx	502	503
Lichtstrom einer Lampe	lm	5200	26000
Umrechnungsfaktor		1,00	1,00
Praxisfaktor		0,95	0,95
Verminderungsfaktor		0,80	0,80
Beleuchtungswirkungsgrad		–	–

Seite 2 — Siemens AG, Vertrieb Beleuchtungstechnik

Programm WIRTSCHAFTLICH-KEITSVERGLEICH — Eingabewerte

Anlagedaten:		Projekt: 3853	Projekt: 3903
allgemeine Daten:			
Lebensdauer einer Lampe	h	12000	6000
jährliche Betriebszeit der Anlage	h/a	3000	3000
Leistungsaufnahme pro Leuchte	W	220,00	385,00
effektiver Strompreis	DM/kWh	0,23	0,23
Anlagekosten:			
Preis einer Leuchte	DM	544,00	296,00
Kosten für Installationsanlage und Leuchtenmontage je Leuchte	DM	225,00	150,00
Preis einer Lampe	DM	6,30	88,54
Jährliche feste Kosten:			
jährliche Rate für Abschreibung und Kapitaldienst für			
a) Leuchten	%	6,60	6,60
b) Installationsanlage und Leuchtenmontage (ohne Leuchten)	%	6,60	6,60
jährl. Reinigungskosten je Leuchte	DM	20,00	10,00
Jährliche Betriebskosten:			
Lohnkosten Auswechslung einer Lampe	DM	15,00	45,00
Ersatzteilkosten pro ausgew. Lampe (ohne Lampe)	DM	1,25	5,00

Seite 3 — Siemens AG, Vertrieb Beleuchtungstechnik

Programm WIRTSCHAFTLICH-KEITSVERGLEICH — Ergebnisse

Anlagedaten:		Projekt: 3853	Projekt: 3903
Anlagekosten:			
Leuchtkosten (gesamt)	DM	7534,80	16556,98
Leuchtenkosten (gesamt)	DM	162656,00	55352,00
Kosten für Installationsanlage und Leuchtenmontage (gesamt)	DM	67275,00	28050,00
Summe:	DM	237465,80	99958,98
jährliche feste Kosten:			
jährliche Abschreibung (gesamt)			
für Leuchten	DM	10735,30	3653,23
für Installationsanlage	DM	4440,15	1851,30
jährl. Reinigungskosten (gesamt)	DM	5980,00	1870,00
Summe:	DM	21155,45	7374,53
jährliche Betriebskosten:			
jährliche Gesamtkosten von ausgewechseltem Material	DM	2257,45	8745,99
jährliche Lohnkosten für Lampenauswechslung (gesamt)	DM	4485,00	4207,50
jährl. Stromkosten (gesamt)	DM	45388,20	49676,55
Summe:	DM	52130,65	62630,04
jährliche Gesamtkosten	DM	73286,10	70004,57
jährliche Gesamtkosten (relativ)	%	104,69	100,00

Seite 4 — Siemens AG, Vertrieb Beleuchtungstechnik

Programm WIRTSCHAFTLICH-KEITSVERGLEICH — Ergebnisse des dynamischen Vergleichs

Das dynamisch-finanzmathematische Rechenverfahren erbrachte für den Vergleich der Anlage Nr. 3853
FABRIKHALLE HÖHE 10 M
LEUCHTE: BREITSTRAHLEND
Leuchte: 5LJ 810 7-2EF01 Z
Lampe: L58W/21

mit der Anlage Nr. 3903
FABRIKHALLE HÖHE 10 M
LEUCHTE: HALLENSPIEGELLEUCHTE TIEFSTR.
Leuchte: 5NJ 743 1-1R
Lampe: HQI-T 400 W/DV

folgende Ergebnisse:

betrachtete Nutzungsdauer	15,00 a
allgemeine Teuerungsrate	2,00 %
Energieteuerungsrate	2,00 %
Zinsfuß	6,00 %
eingesparte Energiekosten	114896,01 DM
eingesparte Reinigungskosten	−114435,89 DM
eingesparte Lohnkosten	−7726,51 DM
eingesparte Ersatzteilkosten	180662,24 DM
eingesparte Betriebskosten in Summe	173395,86 DM
Rentabilitätszinsfuß, Rendite	1,56 %

Das Beispiel zeigt die jährlichen Betriebskosten nach der statischen Methode sowie die Vorgaben zum Ermitteln des Einsparungsendwerts nach 15 Jahren. Bei diesem Beispiel ergeben die eingesparten Betriebskosten keine hohe Wirtschaftlichkeit, da die Rendite erheblich unter dem Kapitalmarktzinsfuß liegt.

12.4 Grafische Bestimmung der Amortisationszeit

Die Ermittlung der Amortisationszeit (Payback-Zeit) bei Einsatz von EVG gegenüber konventionellen Vorschaltgeräten läßt sich – sowohl statisch ohne Verzinsung als auch mit Verzinsung – relativ einfach mittels eines Nomogramms (Bild 12.3) herausfinden.

Wie in Bild 12.3 startet man mit dem Strompreis (im Beispiel 0,25 DM), um in Pfeilrichtung über Jahresbetriebsstunden (2500 h) und Leistungseinsparung (32 W) auf die jährliche Stromkosteneinsparung (20,– DM/a) zu kommen. Unter Berücksichtigung des Leuchtenmehrpreises (71,– DM) gelangt man zur Amortisationszeit ohne Verzinsung, im Beispiel 3,5 Jahre. Zusätzlich läßt sich die Verzinsung einrechnen, im Beispiel ergeben sich bei 10% Verzinsung 4,6 Jahre Amortisationszeit.

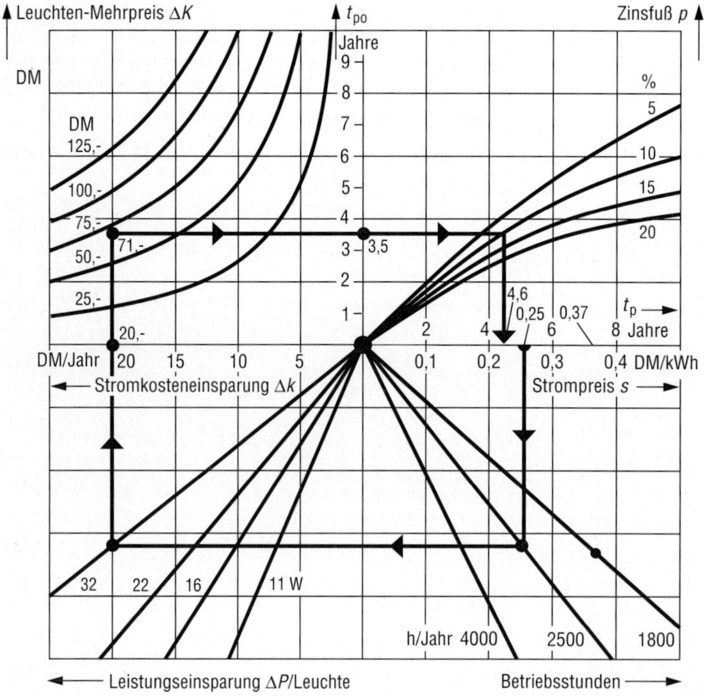

Bild 12.3
Nomogramm zum Ermitteln der Payback-Zeit bei Verwendung von Siemens-EVG (nach [12.5])

12.5 Einflußfaktoren auf die Wirtschaftlichkeit

Faßt man alle direkten Einflüsse auf die Kosten einer Innenraum-Beleuchtungsanlage zusammen, so ergeben sich für den Planer fünf Wege, den Energieaufwand bei vergleichbarer Güte der Beleuchtung zu senken (Bild 12.4). Die ersten drei Wege hängen vom System Lampe – Vorschaltgerät ab, das in den vorangegangenen Kapiteln ausführlich behandelt wurde.

Weiteren Einfluß üben die beleuchtungstechnischen Komponenten aus, die quantitativ über den Raumwirkungsgrad η_R und den Leuchtenbetriebswirkungsgrad η_{LB} erfaßt werden. Mit der Systemleistung η_{Sys} in lm/W und dem Beleuchtungswirkungsgrad $\eta_B = \eta_R \cdot \eta_{LB}$ berechnet sich die spezifische Anschlußleistung p zu

$$p = \frac{1{,}25 \cdot E_m}{\eta_{Sys} \cdot \eta_B} \qquad (12.5)$$

in W/m², wenn für E_m die mittlere Beleuchtungsstärke in lux eingesetzt wurde, für die die Anlage ausgelegt ist. Zur hohen System-Lichtausbeute und einer günstigen beleuchtungstechnischen Lösung kommen noch hohe Nutzlebensdauer der Lampe und gute Wartungseigenschaften der Anlage hinzu, die die Kosten nach (12.1) unmittelbar beeinflussen.

In der Außenbeleuchtung, insbesondere in der mit dem Maßstab der Wirtschaftlichkeit gemessenen Straßenbeleuchtung, sind es wiederum die System-Lichtausbeute und die beleuchtungstechnische Lösung, die zur Kostensenkung bei gleicher Erfüllung der Normforderung nach DIN 5044 führen.

In der Straßenbeleuchtung wird die System-Lichtausbeute in erster Linie durch die Auswahl der Lampe bestimmt. Für Verkehrsstraßen gilt in der Praxis, daß die Quecksilberdampf-Hochdrucklampe mit Leuchtstoff annähernd lichtstromgleich durch eine Natriumdampf-Hochdrucklampe mit deutlich niedrigerer Leistung ersetzt werden kann. Tabelle 12.2 zeigt eine Gegenüberstellung äquivalenter Lampen. Damit empfiehlt sich für die Sanierung und Neuanlage größerer Straßenbeleuchtungsanlagen der Einsatz der Natriumdampf-Hochdrucklampen.

Bezieht man die Kosten und den Energieeinsatz einer Straßenbeleuchtungsanlage auf den Mastabstand oder den Kilometer der installierten Anlage, so ist ähnlich wie bei Innenbeleuchtungsanlagen die lichttechnisch-optische Qualität der Leuchte ausschlaggebend für Kosten- und Energiesenkung.

Eine dem Straßenbelag, der Straßengeometrie und der Abschirmforderung gegen Blendung angepaßte Spiegelgeometrie, für die insbesondere die Natriumdampf-Hochdrucklampen mit Klarglaskolben geeignet sind, ermöglicht erheblich größere Mastabstände als bei Standard-Straßenleuchten, vor allem wenn diese Lampen mit lichtstreuenden Kolben bestückt sind. Insoweit ist die Berechnung der Gesamtwirtschaftlichkeit nicht nur auf das Sy-

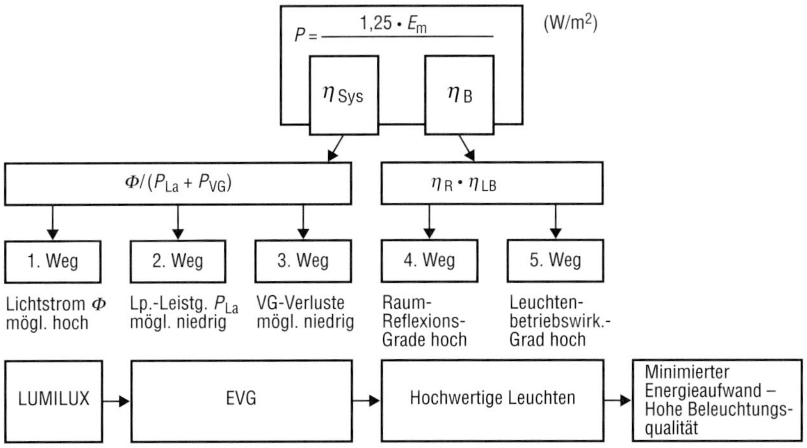

Bild 12.4
Die fünf möglichen Wege zum Minimieren des Energieaufwands einer Beleuchtungsanlage

Tabelle 12.2 Leistungs- und Lichtstromvergleich von HQL- und NAV-Lampen

		HQL	NAV*	HQL	NAV	HQL	NAV
Leistung	W	400	250	250	150	125	70
Lichtstrom	lm	22000	25000	13000	14000	6300	5600

* Standardlampe mit lichtstreuendem Ellipsoidkolben NAV-SUPER mit ca. 10–20% höherer Lichtausbeute

stem Lampe – Vorschaltgerät der einzelnen Lichtquelle, sondern unter Einschluß der Beleuchtungstechnik auf die Gesamtanlage zu beziehen.

Bedingt durch die höheren Lampenersatzkosten der Natriumdampf-Hochdrucklampen gegenüber den etwa leistungsäquivalenten Quecksilberdampf-Hochdrucklampen ergeben sich bei Anlagen in Wohn- und Anliegerstraßen keine signifikanten Kostenunterschiede in der Gesamtrechnung nach Gleichung (12.1), so daß in diesem Fall die subjektive Akzeptanz der Lichtfarbe im Wohnbereich ausschlaggebend sein kann. Hier konkurrieren in der Kostenrechnung die Leuchtstofflampen 58 und 36 W in Stabform und die Kompaktleuchtstofflampen 40 und 55 W, während die kleineren Kompaktleuchtstofflampen wegen der kleinen Lichtströme und niedrigerer Lichtausbeute bei höheren Kosten je Lichtquelle eher für dekorative Anlagen in Frage kommen. Hier sind sie in Gesamtkosten und Energieverbrauch den Glühlampen überlegen, zumal sie auch in warmweißer Lichtfarbe verfügbar sind. Bei ihrem Einsatz ist allerdings auf gute Wärmeisolation zu achten, da der Lichtstrom bei Temperaturen unter 0 °C stark abfällt.

Bei den Glühlampen wurde mit den Halogenglühlampen, insbesondere der Niedervoltausführung, höhere Wirtschaftlichkeit erreicht. Betrachtet man zum Beispiel die Reihe der für eine Nennspannung von 12 V ausgelegten Glühlampen, so wird die Nennlebensdauer von 2000 Stunden durch Überspannung stark gekürzt. So ergibt sich bei 10% Überspannung eine Reduzierung der Lebensdauer um mehr als 50%. Deshalb werden die Trafos für Halogen-Niedervoltlampen bei Netznennspannung und Nennlast auf eine Sekundärspannung von 11,5 V ausgelegt. Im Vergleich zu den hohen Lampenwechselkosten bei Überspannung ist der Lichtstromrückgang durch die niedrigere Sekundärspannung tolerierbar, da es bei Anstrahlzwekken meist um den Effekt geht, nicht aber um die absolute Höhe der Beleuchtungsstärke am Objekt, die um ein vielfaches über der Umgebung liegt. Mit Vorteil wird hier der elektronische Trafo eingesetzt, der zusätzlich die Sekundärspannung lastunabhängig und unabhängig von der Netzspannung konstant hält.

12.6 Helligkeitssteuerung

Anlagen zur Helligkeitssteuerung von Lampen dienen außer zur Effektbeleuchtung und regelbaren Beleuchtung von Hörsälen und Theaterräumen auch dazu, die Beleuchtung von Arbeitsräumen je nach den betrieblichen Erfordernissen und nach Tageslichtverfügbarkeit zu schalten oder zu steuern. In diesen Fällen stehen die Wirtschaftlichkeit und die Einsparung von Energiekosten im Vordergrund. Im Sinne einer vergleichenden Wirtschaftlichkeitsrechnung nach Kapitel 12.2 sind dabei die Mehrkosten gegenüber der ungesteuerten Anlage zu berücksichtigen.

Sieht man von Anlagen ab, die je nach betrieblichen Erfordernissen, wie z. B. Änderung der Nutzung, unterschiedlicher Belegung von Arbeitsplätzen, Schicht- und Pausenzeiten ohne großen Mehraufwand lediglich stufen- oder abschnittweise dezentral oder zentral geschaltet werden, ist die Helligkeitssteuerung insbesondere zur tageslichtabhängigen Regelung der Beleuchtung geeignet. Hier lassen sich je nach Größe der Anlage Kosteneinsparungen erzielen, da häufig die Beleuchtung nach dem Einschalten am Morgen selbst bei ausreichendem Tageslicht nicht abgeschaltet wird. Das gilt besonders bei Räumen größerer Tiefe, in denen die Leuchten in Fensternähe je nach Tageshelligkeit gesteuert oder abgeschaltet werden können, während die Leuchten in der Raumtiefe unter Umständen während der gesamten Arbeitszeit eingeschaltet bleiben müssen.

Um eine physiologisch richtige, der Sehaufgabe angepaßte Helligkeitssteuerung einzurichten, sollte die am Arbeitsplatz mindestens erforderliche Beleuchtungsstärke als Führungsgröße für die Regelung der Beleuchtungsstärke dienen. Durch einen Sensor in der Arbeitszone kann auch der Einfluß eventueller Sonnenschutzeinrichtungen berücksichtigt werden. Dagegen erfaßt ein Sensor außerhalb der Fassade nur das außen verfügbare, nicht jedoch das am Arbeitsplatz vorhandene Tageslicht. Aus der Abhängigkeit des Tageslichteinfalls von der Fassadenorientierung, der Fensterlage und -größe, dem Geschoß, von eventuellen Sonnenschutzeinrichtungen und der Verbauung

Tabelle 12.3
Jahreseinschaltdauer vormittags t_v und nachmittags t_n (Gesamteinschaltdauer $t_B = t_V + t_n$) der künstlichen Beleuchtung für 251 Arbeitstage in Abhängigkeit von Beginn und Ende der Nutzung, vom Tageslichtquotienten D und der Beleuchtungsstärke E_s des Tageslichtes im Innenraum, bei welcher aus- bzw. eingeschaltet wird. Ort: Frankfurt/Main (siehe [12.7])

		Schaltbeleuchtungsstärke E_s							
		300 lx				500 lx			
	D %	10	5	3	< 1,4	10	6	4	< 2,4
Beginn der Nutzung Einschaltdauer t_v in h	6 Uhr	427	677	1050	1734	588	916	1229	1734
	7	213	426	799	1483	342	665	978	1483
	8	80	225	548	1232	163	421	727	1232
	9	13	104	335	981	64	247	476	981
	10	0	36	196	730	9	143	282	730
Ende der Nutzung Einschaltdauer t_n in h	15 Uhr	0	48	216	525	18	161	287	525
	16	24	122	334	776	80	263	419	776
	17	98	231	466	1027	178	389	570	1027
	18	211	361	624	1278	304	530	772	1278
	19	343	513	844	1529	446	714	1023	1529
	20	503	723	1095	1780	635	962	1274	1780

durch angrenzende Bauwerke folgt, daß im allgemeinen mehrere Sensoren erforderlich sind. Es empfiehlt sich daher, die vom Sensor gelieferten Informationen im Rahmen der Gebäudeleittechnik über einen Zentralcomputer zu verarbeiten und damit die jeweiligen Leuchten zu steuern. Zur Berechnung des Tageslichts wird auf DIN 5034 [12.6] verwiesen.

Zum Abschätzen der Wirtschaftlichkeit einer tageslichtabhängigen Lichtregelung benötigt man die Betriebszeiten in Abhängigkeit vom Tageslichteinfall. Für eine erste überschlägige Berechnung gibt Tabelle 12.3 die jährliche Benutzungsdauer t_B für die verschiedenen Tageslichtverhältnisse an, ausgedrückt durch den am betreffenden Arbeitsplatz vorhandenen Tageslichtquotienten D (siehe [12.6] und [12.7]. t_B wird aufgeteilt in Vormittagsstunden t_V vom Nutzungsbeginn bis zum Ausschalten, wenn das Tageslicht die Schaltbeleuchtungsstärke überschreitet und in Nachmittagsstunden t_n vom Einschalten bis zum Nutzungsende. Dabei sind die Begriffe Aus- und Einschalten im Sinne der Helligkeitssteuerung als die Zustände zu verstehen, bei denen die Lampen auf Null heruntergesteuert sind bzw. von Null beginnend heraufgesteuert werden. Tabelle 12.3 gibt die Werte t_V und t_B für gestufte Werte von D und für die Schaltbeleuchtungsstärken 300 und 500 lx an. Die Uhrzeiten für Beginn und Ende der Nutzung sind unter Berücksichtigung der Sommerzeit für die Berechnung der Einschaltdauern gegeben. Als Tageslicht wurden die Verhältnisse für den bedeckten Himmel nach IEC/DIN 5034 angenommen und um 8% entsprechend der mittleren Sonnenscheinwahrscheinlichkeit in den Morgen- und Abendstunden erhöht. Die dem Schaltzeitpunkt zugrunde liegenden Werte von 300 und 500 lx werden bei Tageslichtquotienten D von 1,4% bzw. 2,4% an keinem Tag des Jahres mehr erreicht. In diesen Fällen sind die betreffenden Plätze während des ganzen Jahres in der täglichen Nutzungszeit ständig künstlich zu beleuchten.

Schließlich wird auch erwogen, die künstliche Beleuchtung so zu regeln, daß am Arbeitsplatz auch bei einer neuen Anlage nur die jeweils erforderliche Beleuchtungsstärke, d. h. der Nennwert nach DIN 5035, vorhanden ist. Ob der Mehraufwand für die Helligkeitssteuerung zur Energiekosteneinsparung im Laufe der Alterung der Beleuchtungsanlage wirtschaftlich vertretbar ist, muß jeweils anlagebedingt gerechnet werden. Dabei sind nicht mehr nur die Mehrkosten der Installation, sondern auch der Wartung infolge des frühzeitigen Austausches von flackernden Lampen zu berücksichtigen, die bei konventioneller, ungesteuerter Anlage nicht anfallen.

Ob eine Helligkeitssteuerung wirtschaftlich vertretbar ist, kann daher nicht allgemein gesagt werden, sondern hängt von den Besonderheiten der jeweiligen Anlage und vom Ergebnis der entsprechenden Wirtschaftlichkeitsrechnung ab.

Literaturhinweise

Kapitel 1.1:

[1.1.1] LiTG, SLG, LTAG (Hrsg.): Handbuch für Beleuchtung. Essen: W. Girardet 1975.

[1.1.2] Hentschel, H.-J.: Licht und Beleuchtung. 3. Auflage. Heidelberg: Hüthig 1987.

[1.1.3] DIN 5031 Teil 3 Ausgabe 05.77: Strahlungsphysik im optischen Bereich und lichttechnische Größen; Formelzeichen und Einheiten der Lichttechnik.

[1.1.4] DIN 5032 Teil 1 Ausgabe 11.66: Lichtmessung; Photometrische Meßverfahren.

[1.1.5] DIN 5032 Teil 7 Ausgabe 12.85: Lichtmessung; Klasseneinteilung von Beleuchtungsstärke- und Leuchtdichtemeßgeräten.

[1.1.6] DIN 5033 Teil 7 Ausgabe 7.83: Farbmessung; Meßbedingungen für Körperfarben.

[1.1.7] DIN 5032 Teil 2 Ausgabe 1.92: Lichtmessung; Betrieb elektrischer Lampen und Messung der zugehörigen Größen.

[1.1.8] DIN 5032 Teil 4 Ausgabe 11.73: Lichtmessung; Messungen an Leuchten.

[1.1.9] DIN 5036 Teil 1 Ausgabe 7.78: Strahlungsphysikalische und lichttechnische Eigenschaften von Materialien; Begriffe, Kennzahlen.
DIN 5036 Teil 3 Ausgabe 11.79: Meßverfahren für lichttechnische und spektrale strahlungsphysikalische Kennzahlen.
DIN 5036 Blatt 4 Ausgabe 4.70: Klasseneinteilung.

[1.1.10] DIN 5031 Teil 4 Ausgabe 8.76: Strahlungsphysik im optischen Bereich und Lichttechnik. Wirkungsgrade.

Kapitel 1.2:

Schulz, P.: Elektronische Vorgänge in Gasen und Festkörpern. Karlsruhe: Braun 1968.

Flügge, S. (Hrsg.): Handbuch d. Physik, Bd. 22, Gasentladungen. Berlin: Springer 1956.

Engel, A. v.; Steenbeck, M.: Elektrische Gasentladungen (2 Bde.). Berlin: Springer 1932.

Kapitel 2.1:

IEC-Publ. 81: Tabular fluorescent lamps for general lighting service.

ANSI C78: Electric lamps.

JIS Japanese Industrial Standards: Fluorescent lamps (Japanese Standards Association).

Fähnrich, H. J.; Rasch, E.: Der Betrieb von Leuchtstofflampen an elektronischen Vorschaltgeräten. Techn.-Wiss. Abh. d. OSRAM-Gesellschaft. Berlin: Springer 1986.

Rasch, E.: Zündung und Betrieb von Kompakt-Leuchtstofflampen bei hohen Frequenzen. Techn.-Wiss. Abh. d. OSRAM-Gesellschaft. Berlin: Springer 1986.

IEC-Publ. 929: A. C. supplied electronic ballasts for tubular fluorescent lamps.

Elenbaas, W.: Leuchtstofflampen und ihre Anwendung. Eindhoven: Philips Technische Bibliothek 1962.

Kapitel 2.2:

IEC-Publ. 155: Starters for fluorescent lamps.

Rasch, E.: Deos – ein Sicherungs-Schnellstarter für Leuchtstofflampen. Techn.-Wiss. Abh. d. OSRAM-Gesellschaft. Berlin: Springer 1986.

Fähnrich, H. J.; Roll, U.: Zündung von Leuchtstofflampen mit elektronischen Startern. Techn.-Wiss. Abh. d. OSRAM-Gesellschaft. Berlin: Springer 1986.

Kapitel 2.3:

DIN VDE 0712 Teil 10: Vorschaltgeräte für röhrenförmige Leuchtstofflampen. Allgemeine und Sicherheitsanforderungen.

DIN VDE 0712 Teil 11: Vorschaltgeräte für röhrenförmige Leuchtstofflampen. Anforderungen an die Arbeitsweise.

Feldtkeller, R.: Theorie der Spulen und Übertrager. 5. Auflage. Stuttgart: Hirzel 1971.

Grabner, A.: Elektrodynamische Starkstrommaschinen. 2. Auflage. Zürich: Hirzel 1950.

Küpfmüller, K.: Einführung in die theoretische Elektrotechnik. 13. Auflage. Berlin: Springer 1990.

Siemens (Hrsg.): Formel und Tabellenbuch für Starkstromingenieure. 2. Auflage. Essen: Girardet 1960.

Kapitel 2.4.1 bis 2.4.8:

Campbell, J. H.: High Frequency Operation of Fluorescent Lamps. Illum. Eng., Vol. XLIII, 125, 1948.

Fischperer, Große-Wilde: Interner Siemens-Bericht, 1981.

Waymouth, J. F.: Electric Discharge Lamps. Cambridge, Mass.: UIT Press 1971.

Kapitel 2.4.9:

DIN VDE 0712 Teil 22 Entwurf Januar 1988: Wechselstromversorgte elektronische Vorschaltgeräte für röhrenförmige Leuchtstofflampen. Allgemeine und Sicherheitsanforderungen.

DIN VDE 0712 Teil 22 A 1 Dezember 1989: Änderung 1 zum Entwurf DIN VDE 0712 Teil 22.

DIN VDE 0712 Teil 23 Entwurf August 1988: Wechselstromversorgte elektronische Vorschaltgeräte für röhren-

förmige Leuchtstofflampen. Anforderungen an die Arbeitsweise.
DIN VDE 0712 Teil 23 A 1 Dezember 1989: Änderung 1 zum Entwurf DIN VDE 0712 Teil 23.

Kapitel 2.5:
[2.5.1] IEC-Publ. 155: Starters for fluorescent lamps.
[2.5.2] VDE 0712: Bestimmungen für Entladungslampenzubehör mit Nennspannungen bis 1000 V. Teil 4: Besondere Bestimmungen für Startgeräte.
[2.5.3] Laupmann, R. R. (Novanex Automation N. V. Wijchen, Niederlande): Vorrichtung zum Regeln und/oder Anlassen von Lumineszenzlampen. Deutsches Patentamt, Offenlegungsschrift 2118795 vom 28. 10. 1971.
[2.5.4] Philips Licht, Technisches Handbuch: Hochfrequenz Electronic Beleuchtungssystem.

Kapitel 3.1:
IEC-Publ. 188: High pressure mercury vapour lamps.
American National Standards C 78: Electric lamps.
Elenbaas, W.: Quecksilberdampf-Hochdrucklampen. Grundlagen und Anwendungen. Eindhoven: Philips Technische Bibliothek 1966.

Kapitel 3.2.1 bis 3.2.12:
Osram, Hinweise für die Bemessung und Kontrolle von Vorschaltgeräten zum Betrieb von Quecksilberdampf-Hochdrucklampen, Ausgabe 1971.
Elenbaas, W.: Quecksilberdampf-Hochdrucklampen. Grundlagen und Anwendungen. Eindhoven: Philips Technische Bibliothek 1966.

Kapitel 3.2.13:
DIN VDE 0712 Teil 12 Entwurf Januar 1987: Vorschaltgeräte für Entladungslampen. Allgemeine und Sicherheitsanforderungen.
DIN VDE 0712 Teil 12 A 1 Oktober 1989: Änderung 1 zum Entwurf DIN VDE 0712 Teil 12.
DIN VDE 0712 Teil 13 Entwurf Januar 1987: Vorschaltgeräte für Entladungslampen. Anforderungen an die Arbeitsweise.
DIN VDE 0712 Teil 13 A 1 Oktober 1989: Änderung 1 zum Entwurf DIN VDE 0712 Teil 13.

Kapitel 4.1:
Dobrosskin, A.; Fromm, D. C.; Heider, J.: Halogen-Metalldampflampen kleiner Leistung mit niedrigen Farbtemperaturen. Techn.-wiss. Abh. der OSRAM-Gesellschaft. Berlin: Springer 1986.
Dobrosskin, A.; Leyendecker, H.: Halogen-Metalldampflampen mit seltenen Erden. Techn.-wiss. Abh. d. OSRAM-Gesellschaft. Berlin: Springer 1973.

Kapitel 4.2:
[4.2.1] American National Standard: Definitions for high-intensity-discharge-lamp ballasts and transformers, ANSI C 82.9 – 1981.
[4.2.2] Fähnrich, H. J.: Zündschaltung für eine Hochdruck-Metalldampfentladungslampe. Patentschrift DE 3 108 547 C 2.
[4.2.3] Osram, Anforderungen an Zündgeräte für Halogen-Metalldampflampen (HQI), Ausgabe Februar 1988.
[4.2.4] Statnic, E.: Zum Hochfrequenzbetrieb von Halogen-Metalldampflampen kleiner Leistung. Techn.-wiss. Abh. d. OSRAM-Gesellschaft, 12. Band. Berlin: Springer 1986.
[4.2.5] IEC-Publ.: Starting devices (other than glow starters).
IEC 926: General and safety requirements.
IEC 927: Performance requirements.

Kapitel 4.3.1 und 4.3.2:
Osram, Richtlinien für Vorschaltgeräte zum Betrieb von Halogen-Metalldampflampen HQI, Ausgabe Dezember 1987.
Osram, Absicherung in Leuchten für HQI-TS und HQI-T 70 W- und 150 W-Lampen, Mitteilung vom 23. September 1986.

Kapitel 4.3.3:
DIN VDE 0712 Teil 12 Entwurf Januar 1987: Vorschaltgeräte für Entladungslampen. Allgemeine und Sicherheitsanforderungen.
DIN VDE 0712 Teil 12 A 1 Oktober 1989: Änderung 1 zum Entwurf DIN VDE 0712 Teil 12.
DIN VDE 0712 Teil 13 Entwurf Januar 1987: Vorschaltgeräte für Entladungslampen. Anforderungen an die Arbeitsweise.
DIN VDE 0712 Teil 13 A 1 Oktober 1989: Änderung 1 zum Entwurf DIN VDE 0712 Teil 13.

Kapitel 4.4:
Statnic, E.: Zum Hochfrequenzbetrieb von Halogen-Metalldampflampen kleiner Leistung. Techn.-wiss. Abh. d. OSRAM-Gesellschaft. Berlin: Springer 1986.
Fähnrich, H. J.; Rasch, E.: Electronic ballasts for metal halide lamps. Journ. IES 17 (1988) 131.
Rasch, E.; Statnic, E.: Behaviour of metal halide lamps with conventional and electronic ballasts. Journ. IES 20 (1991) 88.
Arlt, J.: Europ. Pat.-Schrift 0 294 604: Schaltungsanordnung zum Betrieb einer Entladungslampe an einer Niedervolt-Gleichspannungsquelle.

Kapitel 5.1:
Dobrusskin, A.; Graser, W.; Heider, J.: Untersuchungen zur Farbverbesserung bei Natrium-Hochdrucklampen. Techn.-wiss. Abh. d. OSRAM-Gesellschaft. Berlin: Springer 1986.
Ramert, H.: Das elektrische Betriebsverhalten der neuen Halogen-Metalldampflampen HQI und Natriumdampf-Hochdrucklampen NAV. Techn.-wiss. Abh. d. OSRAM-Gesellschaft. Berlin: Springer 1973.

Kapitel 5.2:
[5.2.1] de Groot/van Vliet: The High-Pressure-Sodium-Lamp. Eindhoven: Philips Technical Library.
[5.2.2] IEC-Publ. 662: High-pressure sodium vapour lamps.

[5.2.3] Takahashi, K.: Starting Voltage of High-Pressure Sodium Lamps. Jap. J. Appl. Phys. Vol. 22, No. 11, Nov. 1983.
[5.2.4] IEC-Publ. 926: Starting devices (other than glow starters), General and safety requirements.
[5.2.5] Osram, Anforderungen an Zündgeräte für Natriumdampf-Hochdrucklampen NAV.

Kapitel 5.3:
Osram, Richtlinien für Vorschaltgeräte zum Betrieb von Natriumdampf-Hochdrucklampen (NAV), Ausgabe Oktober 1984.
DIN VDE 0712 Teil 12, Vorschaltgeräte für Entladungslampen. Allgemeine und Sicherheitsanforderungen.
DIN VDE 0712 Teil 13, Vorschaltgeräte für Entladungslampen. Anforderungen an die Arbeitsweise.

Kapitel 6.2:
IEC-Publ. 192: Low pressure sodium vapour lamps. Second edition, 1973.

Kapitel 6.3:
[6.3.1] Dennemann, J. W.: Low-pressure sodium discharge lamps. IEEE Proc. Vol. 128, Pt.A, No. 6, September 1981.
[6.3.2] Philips Lighting Catalogue: Ballast and Ignition Device for Low-pressure Sodium Lamp SOX 35 W–90 W, 135 W, 180 W.
[6.3.3] IEC-Publ. 922: Ballasts for discharge lamps, General and safety requirements.
[6.3.4] DIN VDE 0712: Vorschaltgeräte für Entladungslampen.
T. 12 Allgemeine und Sicherheitsanforderungen.
T. 13 Anforderungen an die Arbeitsweise.
[6.3.5] IEC-Publ. 923: Ballasts for discharge lamps, Performance requirements.
[6.3.6] IEC-Publ. 192: Low pressure sodium vapour lamps. Second edition, 1973.

Kapitel 7:
Lewandowski, B.: Neue OSRAM-HMI-Lampen für Farbfilm- und Fernsehaufnahmen. Techn.-wiss. Abh. d. OSRAM-Gesellschaft. Berlin: Springer 1986.
Lewandowski, B.: New single-ended metal-halide lamps for ENG, EFP and film production. SMPTE Journ. 99 (1990) 647.
Block, W.: Halogenmetall-Mittelbogenlampen – eine neue Typenreihe. Techn.-wiss. Abh. d. OSRAM-Gesellschaft. Berlin: Springer 1973.

Kapitel 8.2:
[8.2.1] B. Mitrakovic: Transformatori. Naučna Knjiga: Beograd 1979.
[8.2.2] R. Hadži-Manovic: Computer Calculation of Transformers and Introductors. Baden 1985.

Kapitel 8.3:
[8.3.1] DIN VDE 0712 Teil 24, Entwurf 12/89, Gleich- und wechselstromversorgte elektronische Konverter für Glühlampen. Allgemeine und Sicherheitsanforderungen.
[8.3.2] DIN VDE 0712 Teil 25, Entwurf 12/89, Gleich- und wechselstromversorgte elektronische Konverter für Glühlampen. Anforderungen an die Arbeitsweise.

Kapitel 9:
[9.1] Hentschel, H. J.: Licht und Beleuchtung. 3. Auflage. Heidelberg: Hüthig 1987.
[9.2] DIN VDE 0711 Teil 1 Ausg. 9.91: Leuchten; Allgemeine Anforderungen und Prüfungen.
[9.3] DIN VDE 0710 Teil 5 Ausg. 2.83: Leuchten mit Betriebsspannungen unter 1000 V.
[9.4] Siemens AG, Bereich Antriebs-, Schalt- und Installationstechnik, Geschäftsgebiet Beleuchtungstechnik: Leuchtenkatalog '90.
[9.5] DIN VDE 0100 Teil 559 Ausg. 3.83: Errichten von Starkstromanlagen mit Nennspannung bis 1000 V.

Kapitel 10:
[10.1] VDE 0100/05.73: Bestimmungen für das Errichten von Starkstromanlagen mit Nennspannungen bis 1000 V, mit VDE 0100 g/07.76 Änderung g zu VDE 0100/05.73. Verband Deutscher Elektrotechniker (VDE) e. V.
[10.2] VDE 0100 Teil 559/03.83: Errichten von Starkstromanlagen mit Nennspannungen bis 1000 V: Teil 559 Leuchten und Beleuchtungsanlagen. Verband Deutscher Elektrotechniker (VDE) e. V.
[10.3] ETZ, Band 104 (1983), Heft 7/8.
[10.4] TAB: Technische Anschlußbedingungen für den Anschluß an das Niederspannungsnetz, Ausgabe 1980 mit Ergänzungen bis 1983. Hrsg.: VDEW.
[10.5] AVBEltV: Verordnung über Allgemeine Bedingungen für die Elektrizitätsversorgung von Tarifkunden. Verordnung des Bundesministers für Wirtschaft vom 21. Juni 1979.
[10.6] Just, W.: Blindstrom-Kompensation in der Betriebspraxis. Ausführung, Wirtschaftlichkeit, Umwelt- und Brandschutz, Oberschwingungen. 2. Auflage. Berlin: VDE.
[10.7] DIN VDE 0875 Teil 3 Ausg. 12.88: Funk-Entstörung von elektrischen Betriebsmitteln und Anlagen.
[10.8] Eisenträger, J.: Neue Zulassungsverfahren bezüglich elektromagnetischer Verträglichkeit; AMADOR Newsletter, Febr. 92.
[10.9] DIN VDE 0875 Teil 2 Ausg. 12.88: Funk-Entstörung von elektrischen Betriebsmitteln und Anlagen.
[10.10] EMV Funk-Entstörung Bauelemente, Filter; Datenbuch 1987/88; Siemens AG, Bereich Bauelemente, München.
[10.11] Grundsätze für die Beurteilung von Netzrückwirkungen. 2. Auflage. Frankfurt/M.: Hrsg.: VDEW 1987.
[10.12] VDE 0712 Teil 2/6.71: Bestimmungen für Entladungslampenzubehör mit Nennspannungen bis 1000 V. Teil 2, Besondere Bestimmungen für Vorschaltgeräte.
[10.13] IEC-Publ. 82/1984: Ballasts for tubular fluorescent lamps. Bureau Central de la Commission Electrotechnique Internationale, Genève.

[10.14] Netzleitsysteme in Elektrizitätsversorgungsunternehmen (EVU). Empfehlungen. 2 Rundsteuersysteme. 2.1 Allgemeine Planungsunterlagen. VDEW.
[10.15] Entwurf DIN VDE 0298 Teil 2/07.90. Empfohlene Strombelastbarkeiten für Kabel mit Nennspannungen U_0/U bis 18/30 kV.

Kapitel 11.1:
[11.1] Gerätesicherheitsgesetz. Hrsg. T. R. Meyer. Berlin: Verlag für Technische Regelwerke, 1979.
[11.2] Loew, Heinz: Aufgaben und Arbeitsweise der DKE. DIN-Mitteilungen + electronorm 62. 1983, Nr. 2, Seiten 73 bis 89.
[11.3] Mitteilung der EG-Kommission an den Rat.
[11.4] Winkler, R.: Europäische Normung in CENELEC. DIN-Mitteilungen + electronorm 62. 1983, Nr. 2, Seiten 73 bis 89.
[11.5] CENELEC Memorandum Nr. 13. CENELEC-Zertifizierungs-Abkommen (CCA) vom 11. September 1973, geändert am 29. März 1983 und ergänzt mit den Nachträgen 1, 2 und 3. Ausgabe 3, 1990/05.
[11.6] Warner, A.: Nationale und internationale Prüfstellen- und Zertifizierungsaktivitäten auf dem Gebiet der Elektrotechnik. DIN-Mitteilungen + electronorm 62. 1983, Nr. 2, Seiten 73 bis 89.
[11.7] PM 105, Richtlinie zur Prüfordnung. Externe Prüfungen des VDE-Prüf- und Zertifizierungsinstituts. Februar 1992. VDE-Prüfstelle, Offenbach.
[11.8] PM 102, Prüfordnung der VDE-Prüfstelle vom 1. Januar 1974 mit Anhang 1/03.84. März 1984. VDE-Prüfstelle, Offenbach.
[11.9] PM 333, Prüfanweisung für die Fertigungsüberwachung von Leuchten, die DIN VDE 0711 entsprechen (EN 60598-1: 1989, IEC 598-1 modifiziert). Dezember 1991. VDE-Prüf- und Zertifizierungsinstitut, Offenbach.

Kapitel 11.2:
[11.10] VDE 0712 Teil 4: Bestimmungen für Entladungslampenzubehör mit Nennspannungen bis 1000 V. Teil 4 Besondere Bestimmungen für Startgeräte.
[11.11] IEC-Publ. 155: Starters for tubular fluorescent lamps.
[11.12] VDE 0712 Teil 14: Entladungslampenzubehör, Startgeräte (andere als Glimmstarter); Sicherheitsanforderungen (Entwurf).
[11.13] IEC-Publ. 926: Starting devices (other than glow starters); General and safety requirements.
[11.14] IEC-Publ. 927: Starting devices (other than glow starters); Performance requirements.
[11.15] IEC-Publ. 921: Ballasts for tubular fluorescent lamps; Performance requirements.
[11.16] VDE 0712 Teil 15: Entladungslampenzubehör, Startgeräte (andere als Glimmstarter); Anforderungen an die Arbeitsweise (Entwurf).
[11.17] IEC-Publ. 192: Low-pressure sodium vapour lamps.
[11.18] IEC-Publ. 662: High-pressure sodium vapour lamps.
[11.19] IEC-Publ. 598-1: Luminaires; Part 1: General requirements and tests.
[11.20] IEC-Entwurf, Schriftstück 34 C (CO) 248, Januar 1992.

Kapitel 12:
[12.1] DIN 5035 Teil 1 Ausgabe 06.90: Beleuchtung mit künstlichem Licht; Begriffe und allgemeine Anforderungen.
[12.2] DIN 5044 Teil 1 Ausgabe 09.81: Ortsfeste Verkehrsbeleuchtung; Beleuchtung von Straßen für den Kraftfahrzeugverkehr; Allgemeine Gütemerkmale und Richtwerte.
[12.3] Wöhe, G.: Einführung in die allgemeine Betriebswirtschaftslehre. München: Franz Vahlen 1981.
[12.4] Grob, R.: Erweiterte Wirtschaftlichkeits- und Nutzenrechnung: duale Bewertung von Investitionen für Planungsalternativen. Köln: TÜV Rheinland 1983.
[12.5] Dill, L.: EVG '84 – eine neue Generation elektronischer Vorschaltgeräte. Siemens Energietechnik 6 (1984) Nr. 4, S. 195–199.
[12.6] DIN 5034 Teil 1 Ausgabe 02.83: Tageslicht in Innenräumen; Allgemeine Anforderungen.
DIN 5034 Teil 2 Ausgabe 02.85: Tageslicht in Innenräumen: Grundlagen.
[12.7] Hentschel, H.-J.: Licht und Beleuchtung. Theorie und Praxis der Lichttechnik. 3. Auflage. Heidelberg: Hüthig 1987.

Stichwortverzeichnis

T

Internationale und nationale technisch-wissenschaftliche Organisationen und Verbände

Die im folgenden aufgeführten Bezeichnungen wurden zum größten Teil entnommen aus dem Buch „Kurzzeichen. Institutionen, Gremien, Vereinigungen in Technik und Wirtschaft, Information und Dokumentation", herausgegeben vom Zentralverband Elektrotechnik- und Elektronikindustrie e. V. (ZVEI), Frankfurt, September 1989. Soweit möglich, wurden bei den aufgeführten Organisationen die zuständige Dachorganisation, der Ort und das betreffende Land angegeben.

ACEC Advisory Committee on Electromagnetic Compatibility/Beratungskomitee für elektromagnetische Kompatibilität
Genf, IEC

ACOS Advisory Committee on Safety/Beratendes Komitee für Sicherheit
Genf, IEC

AEE Asociación Electrotécnica Española/Elektrotechnischer Verband Spaniens (zugleich Prüfzeichen)
Barcelona/Madrid

AENOR Asociación Española de Normalización y Certificación/Nationales Institut für Normung
Madrid, ISO

AFE Association Française de l'Eclairage/Französischer Verband für Beleuchtung
Paris

AK PRZ Arbeitskreis Prüfzeichen
Frankfurt, ZVEI

ALS Arbeitskreis Lichttechnischer Spezialfabriken e. V.
Deutschland

AMEV Arbeitskreis Maschinenwesen und Elektrotechnik staatlicher und kommunaler Verwaltungen
Bonn, BMBau

ANSI American National Standards Institute/Amerikanische nationale Normeninstitution
New York, ISO

BAM Bundesanstalt für Materialforschung und -prüfung
Berlin, BMWI

BAU Bundesanstalt für Arbeitsschutz und Unfallforschung
Dortmund, BMA

BDI Bundesverband der deutschen Industrie e. V.
Köln

BEAB British Electrical Approvals' Board for domestic applicances/Britischer Prüfstellen-Ausschuß für Elektro-Hausgeräte
Großbritannien

BMA Bundesministerium für Arbeit und Sozialordnung
Bonn

BMWI Bundesministerium für Wirtschaft
Bonn

BS British Standard/Britische Norm (auch Normenkonformitätszeichen)
London, BSI

BT Technisches Büro
Brüssel, CENELEC

BSI British Standards Institute/Britische Normeninstitution
London, ISO

BZT Bundesamt für Zulassungen in der Telekommunikation (ehemals ZZF)
Saarbrücken, BMPT

CAPIEL Comité de Coordination des associations de Constructeurs d'Appareillage Industriel Electrique du Marché Commun/EWG-Zusammenarbeit der Fachverbände der Schaltgeräte-Hersteller
Frankfurt, EWG

CASCO Committee on Conformity Assessment
Genf, ISO

CB Certification Board/Internationales Zulassungsverfahren der IECEE
Stockholm

CCA CENELEC Certification Agreement/CENELEC Zertifizierungsabkommen
Brüssel, Belgien, CENELEC

CCIR Comité Consultatif International des Radio-Communications/International beratender Ausschuß für das Funkwesen
Genf, UN, ITU

CCITT Comité Consultatif International Télégraphique et Téléphonique/Internationaler beratender Ausschuß für den Telegraphen- und Fernsprechdienst
Genf, ITU

CE Communautés Européennes/Europäische Gemeinschaft

CEA Comité Electrotécnico Argentino/Elektrotechnisches Komitee von Argentinien
Buenos Aires, AAET

CEB Comité Electrotechnique Belge/Elektrotechnisches Komitee Belgiens
Brüssel

CEBEC Sicherheitstechnisches Konformitätszeichen für elektrotechnische Erzeugnisse des CEB
Brüssel

CEC Commission of the European Communities/Kommission der Europäischen Gemeinschaft
Luxemburg/Brüssel, EG

CECC CENELEC Electronic Components Committee/CENELEC-Komitee für elektronische Bauelemente
Brüssel, CENELEC

CEE Commission Economique pour l'Europe/Europäische Wirtschaftskommission
Genf, UN, ECOSOC

CEEP Europäischer Zentralverband der öffentlichen Wirtschaft
Brüssel

CEI Comitato Elettrotecnico Italiano/Elektrotechnisches Komitee Italiens
Mailand

CEI Commission Electrotechnique Internationale/Internationale Elektrotechnische Kommission
Genf

CELMA Committee of E.E.C. Luminaires Manufacturers Associations (Verband von Leuchtenherstellern in der europäischen Gemeinschaft)
Paris

CEN Comité Européen de Normalisation/Europäisches Komitee für Normung
Brüssel, Belgien

CENCER Association for CEN-Certification-marks/Gesellschaft für CEN-Prüfzeichen
Paris

CENELEC Comité Européen de Normalisation Electrotechnique/Europäisches Komitee für elektrotechnische Normung
Brüssel

CEPT Europäische Konferenz der Post- und Fernmeldeverwaltungen
Lissabon

CIE Commission Internationale de l'Eclairage/Internationale Beleuchtungskommission
Paris

CIRED Congrès International des Réseaux Electriques de Distribution/International Conference on Electricity Distribution/Internationale Konferenz für elektrische Energieverteilung

CISPR Comité International Spécial des Perturbations Radioélectriques/Internationales Spezialkomitee für Rundfunkstörungen
Genf/London, IEC

CLC (→CENELEC)
Brüssel

COMEX Committee of Experts, Arbeitsgruppe für Betriebsgeräte in Leuchten
IEC

COS Cooperation for Open Systems (ISO-Referenzmodell)
USA

CSA Canadian Standards Association/Kanadische Normenvereinigung zugleich Bezeichnung für Normen und Normenkonformitätszeichen der CSA
Ottawa, ACNOR

D Sicherheits-Prüfzeichen für elektrotechnische Erzeugnisse des DEMKO
Dänemark

DATech Deutsche Akkreditierungsstelle Technik
Frankfurt

DEKITZ Deutsche Koordinierungsstelle für IT-Normenkonformitätsprüfung und -zertifizierung
Berlin

DEMKO Danmarks Elektriske Materielkontrol/Dänische elektrotechnische Prüfstelle, zugleich Bezeichnung für Bestimmungen und Prüfzeichen von DEMKO
Kopenhagen

DFG Deutsche Forschungsgemeinschaft
Bonn

DIAL Deutsches Institut für angewandte Lichttechnik
Lüdenscheid

DIN Deutsches Institut für Normung e.V. zugleich Bezeichnung für Normen und Normenkonformitätszeichen des DIN
Berlin, ISO

DKD Deutscher Kalibrierdienst
Braunschweig, PTB

DKE Deutsche Elektrotechnische Kommission im DIN und VDE
Frankfurt

DK-IEC Deutsches Komitee der Internationalen Elektrotechnischen Kommission
Frankfurt, DKE

DNK-CIE Deutsches Nationales Komitee der CIE
München, CIE

DQS Deutsche Gesellschaft zur Zertifizierung von Qualitätssicherungssystemen mbH
Berlin, DIN, DGQ

EAC European Group for the Accreditation of Certification
z.Z. London

EC Electricity Council/Elektrizitäts-Ausschuß
London

ECC Electronic Components Conference/Konferenz elektronische Bauelemente
London, BVA, VASCA

ECITC European Committee for IT Testing and Certification/Europäisches Komitee für die Zertifizierung in der Informationstechnik
Brüssel, CEN, CENELEC

ECM European Common Market/Gemeinsamer Markt (europäische Wirtschaftsgemeinschaft)
Brüssel, EG

EEC European Economic Community/Europäische Wirtschaftsgemeinschaft
Brüssel, EG

EEG Europese Economische Gemeenschappen/Europäische Wirtschaftsgemeinschaft
Brüssel

EFTA European Free Trade Association/Europäische Freihandelszone
Genf

EG Europäische Gemeinschaften
Brüssel

EIBA European Installation Bus Association
Brüssel

ELMAPS European Lamp Manufacturers' Association for Preparation of Standards/Vereinigung der europäischen Lampen-Hersteller für die Vorbereitung von Normen
Paris, EG

ELSECOM European Electrotechnical Sector Committee for Testing and Certification/Europäisches Sektorkomitee Elektrotechnik für Prüfung und Zertifizierung
Brüssel, CENELEC

EMCIT European Testing and Certification of Electromagnetic Compatibility of Information Technology Products (ECITC)/ Europäische Prüfung und Zertifizierung der elektromagnetischen Verträglichkeit von Produkten in der Informationstechnik
Brüssel, CEN, CENELEC

ENEL Ente Nazionale per l'Energia Elettrica/Staatliche Elektrizitätsbehörde
Italien

ENV Europäische Vornorm
DIN

EOTC European Organization for Testing and Certification
Brüssel, CENELEC

EPC Experts Preparation Committee/Arbeitsgruppe für Lampenfassungen und -sockel
Genf, IEC

ESPRIT European Strategic Programme for Research in Information-Technology/Europäisches strategisches Programm für die Forschung in der Informationstechnik
Brüssel, Belgien, EG

ETCCC European Testing and Certification Coordinating Council/ Europäischer Koordinierungsrat für Prüfung und Zertifizierung
CEN/CENELEC

ETS ETSI-Standard

ETSI European Telecommunications Standards Institute/Europäisches Institut für Fernmeldenormen
Sophia Antipolis (Frankreich)

EURELECTRIC Europäisches Komitee der Elektrizitätsversorgungsindustrie

EUROLAB Organization for Testing in Europe/Organisation für Prüflaboratorien in Europa
Paris

EVU (allgemein für Elektrizitäts-Versorgungs-Unternehmen)
Deutschland

EWG Europäische Wirtschaftsgemeinschaft
Brüssel, EG

EWOS European Workshop on Open Systems/Europäische Arbeitsgruppe für die Erarbeitung von OSI-Normenvorschlägen
CEN

FCC Federal Communication Commission/Bundes-Nachrichten-Kommission (Oberste Fernmeldebehörde)
Washington

FGL Fördergemeinschaft Gutes Licht
Frankfurt, ZVEI

FTZ Fernmeldetechnisches Zentralamt
Darmstadt, BMPT

GAEB Gemeinsamer Ausschuß Elektronik im Bauwesen
Bonn

HEA Hauptberatungsstelle für Elektrizitätsanwendung e. V.
Frankfurt, VDEW

ICAO International Civil Aviation Organization/Internationale Organisation für zivile Luftfahrt
Montreal, UN, ECOSOC

ICE Laboratoire Central d'Electricité/Zentrallaboratorium für Elektrotechnik
Belgien

IEC International Electrotechnical Commission/Internationale Elektrotechnische Kommission
Genf

IECC International Electronic Components Committee/Internationales Komitee für elektronische Bauelemente
IEC

IECEE Integration der CEE in die IEC
CEE, IEC

IECQ IEC Quality Assessment System for Electronic Components/IEC-Gütebestätigungsverfahren für elektronische Bauelemente
IEC

IMQ Istituto Italiano del Marchio di Qualitá/Italienisches Institut für Qualitäts-Kennzeichnung (zugleich Normenkonformitätszeichen)
Mailand, UNI

IPQ Instituto Portugués da Qualidade/Normungsorganisation
Lissabon, PT, ISO

ISO International Organization for Standardization/Internationale Organisation für Normung
Genf, ISA

ISOTOP ISO-Technical Office Protocol
Genf, ISO

ITSTC Information Technology Steering Committee/Lenkungskomitee für die Informationstechnik
CENELEC, CEN, ETSI

ITU International Telecommunication Union/Internationale Fernmeldeunion
Genf, UN, ECOSOC

IZE Informationszentrale der Elektrizitätswirtschaft e. V.
Frankfurt, VDEW

JIS Japanese Industrial Standard/ Japanische Industrienorm der JISC, gleichzeitig Normenkonformitätszeichen
Japan, JISC

KEMA Keuring van Electrotechnische Materialen/Prüfinstitut für elektrotechnische Erzeugnisse (zugleich sicherheitstechnisches Normenkonformitätszeichen)
Arnheim, Niederlande

KEMA-KEUR (Niederländisches Sicherheitstechnisches Konformitätszeichen)
Niederlande, KEMA

KTA Kerntechnischer Ausschuß des Deutschen Atomforums
Köln, BMFT

LABORELEC Laboratoire belge de l'industrie électrique/Belgisches Laboratorium der elektrotechnischen Industrie
Belgien

LIF Lighting Industry Federation Limited/Verband der Beleuchtungsindustrie
London, Großbritannien

LITG Lichttechnische Gesellschaft e. V.
Berlin

LUMEX Preparatory Committee of Lighting Fitting Experts/IEC-Arbeitsgruppe für Leuchten
Genf, IEC

MAP Manufacturing Automation Protocol/Schnittstellen-Prozeduren

MC Marks Committee/Prüfzeichenkomitee
Brüssel, CENELEC

MITI Ministery of International Trade and Industry/Ministerium für internationalen Handel und Industrie
Japan

N Norwegisches Prüfzeichen für elektrische Erzeugnisse
NEMKO

NE Normenstelle Elektrotechnik (organisatorisch eigenständige Normenstelle des BWB, erarbeitet VG Normen in enger Zusammenarbeit mit DKE)
Koblenz, DIN, DKE

NEC National Electrical Code/Nationale Errichtungsbestimmungen für Elektrotechnik
USA, NEC, UL

NEC Nederlands Elektrotechnisch Comite/Niederländisches Elektrotechnisches Komitee
Rijswijk, Niederlande

NEMA National Electrical Manufacturers' Association/Verband der Elektroindustrie
New York

NEMKO Norges Elektriske Materiellkontroll/Norwegisches Prüfinstitut für elektrotechnische Erzeugnisse
Oslo

NF Norme Française/Französische Norm (zugleich Normenkonformitätszeichen)
Frankreich, AFNOR

NI Normenausschuß für Informationsverarbeitung
Deutschland

ÖNORM (OENORM) Österreichische Norm (zugleich Normenkonformitätszeichen)
Österreich, ON

ORGALIME Organisme de Liaison des Industries Métalliques Européennes/Verbindungsstelle der europäischen Maschinenbau-, metallverarbeitenden und Elektro-Industrie
Brüssel

OSTC Open Systems Testing Consortium/Konsortium für Prüfung offener Systeme
ECITC

ÖVE Österreichischer Verband für Elektrotechnik
Wien

ÖVE Österreichisches sicherheitstechnisches Konformitätszeichen
Österreich, ÖVE

PRESCO Preparatory Committee/IEC-Arbeitsgruppe für Lampen
Genf, IEC

PTB Physikalisch-Technische Bundesanstalt
Braunschweig, BMWI

PTZ Posttechnisches Zentralamt
Darmstadt, BMPT

S Schwedisches Sicherheitszeichen für elektrische Erzeugnisse
Schweden, SEMKO

SC Subcommittee/Technisches Unterkomitee (allgemein)

SEK Svenska Elektriska Kommissionen/Schwedische Elektrotechnische Kommission
Stockholm, SIS

SEMKO Svenska Elektriska Materielkontrollanstalten/Schwedische Prüfanstalten für elektrotechnische Erzeugnisse
Stockholm

SEN (Schwedische Elektrotechnische Norm des SIS, vorbereitet von der SEK)
Schweden

SEV Schweizerischer Elektrotechnischer Verein
Zürich, ASEV

SPAG Standard Promotion and Application Group/Gruppe für die Förderung und Anwendung von Normen

SQS Schweizerische Vereinigung für Qualitätssicherungs-Zertifikate
Bern, Schweiz

TA Technischer Ausschuß
Frankfurt, ZVEI

TA-FV12 Technischer Ausschuß im ZVEI-Fachverband „Elektroleuchten"
Frankfurt

TC Technical Committee/Technisches Komitee (allgemein)

TGA Trägergemeinschaft für Akkreditierung GmbH
Köln

TGL Technische Normen, Gütevorschriften und Lieferbedingungen
Deutschland

TgS Trägergemeinschaft Sicherheitszeichen e. V.
Köln/Berlin, DIN

TÜV Prüfstelle und Versuchsanstalt des Technischen Überwachungsvereins
Wien

TÜV Technische Überwachungsvereine
Deutschland, VdTÜV

UL Underwriters' Laboratories Inc./Prüflaboratorien der Versicherungsunternehmer (zugleich Sicherheitsbestimmungen und sicherheitstechnisches Konformitätszeichen)
Chicago

VDE Verband Deutscher Elektrotechniker e. V. (zugleich sicherheitstechnisches Konformitätszeichen)
Frankfurt/Offenbach, DVT

VDE-PZI VDE-Prüf- und Zertifizierungsinstitut
Offenbach

VDEW Vereinigung deutscher Elektrizitätswerke e. V.
Frankfurt

VDI Verein Deutscher Ingenieure
Düsseldorf, DVT

VdS Verband der Sachversicherer e. V.
Köln

VdTÜV Vereinigung der Technischen Überwachungsvereine e. V.
Essen, DVT, CEOC

VEW Verband der Elektrizitätswerke Österreichs
Wien

WECC Western European Calibration Cooperation/Westeuropäische Zusammenarbeit im Kalibrierwesen
Boras (Schweden)

WELAC Western European Laboratory Accreditation Cooperation/Westeuropäische Zusammenarbeit in der Akkreditierung von Prüflabors

ZVEH Zentralverband der Deutschen Elektro-Handwerke e. V.
Frankfurt

ZVEI Zentralverband Elektrotechnik- und Elektronikindustrie e. V.
Frankfurt, BDI

ZZF Zentralamt für Zulassungen des Fernmeldewesens
Saarbrücken, BMPT (neu BZT)

Das Fachbuch aus dem Siemens-Verlag zum Thema „Schaltnetzteile“

Walter Hirschmann, Alfred Hauenstein

Schaltnetzteile

Konzepte
Bauelemente
Anwendungen

1990, 462 Seiten, 344 Abbildungen, 55 Tabellen,
14,8 cm × 22 cm, Pappband
ISBN 3-8009-1550-2 174,– DM

Das Buch behandelt neue SNT-Konzepte und Anwendungen von Schaltnetzteilen. Es beschreibt Bauelemente, deren Schaltverhalten und gibt Dimensionierungshinweise.
Die einzelnen Kapitel behandeln Funk-Entstörung, Überspannungsschutz, Gleichrichtung, Siebung, Elektrolyt- sowie Impulskondensatoren, Power-MOS- und bipolare Transistoren und Steuer-IS. Für SNT-Transformatoren und SNT-Drosseln sind zur raschen Dimensionierung Diagramme angegeben. Außerdem sind Hinweise hinsichtlich Belastung von Platinen und Kühlung von Transistoren und Geräten enthalten.
Im letzten Teil des Buches werden einige Steuer- und Regelschaltungen sowie Treiberschaltungen für Eintakt- und Brückenschaltungen – selbstschwingend und festfrequent gesteuert – mit modernen IS angegeben.

Inhalt
Einführung: SNT-Einsatzgebiete, Vorzüge, Aufbau und Funktionsweise · Wandler-Arten und -Leistung
Ein- und Ausschaltvorgänge: Schaltverhalten am ohmschen Widerstand · Schaltverhalten an einer Kapazität · Schaltverhalten an einer Induktivität · Schwingkreise · Spektralfrequenzen häufiger Kurvenformen in Schaltnetzteilen · Scheinwiderstands-Diagramm
SNT-Grundschaltungen: Drosselwandler · Eintaktwandler · Gegentaktwandler · Steuerung und Regelung von Schaltnetzteilen
Bauelemente und Dimensionierung für getaktete Stromversorgung: Netz-Überspannungsschutz · Funk-Entstörung · Gleichrichtung · Der Aluminium-Elektrolytkondensator · Impulskondensatoren · Der bipolare Leistungstransistor · Leistungs-MOS-Feldeffekt-Transistoren · Integrierte Steuer- und Regelschaltungen für SNT · Optokoppler · Transformator und Drossel · Gleichrichtung höherfrequenter Rechteckspannungen · Sekundärseitige Siebung und Funk-Entstörung · Platine · Kühlung
Anwendungen: Steuer- und Treiberschaltungen · Selbstschwingende SNT · Weitbereich-Schaltnetzteile · Sperrwandler-SNT mit mehreren Ausgangsspannungen · Durchflußwandler · Halbbrücke mit sinusförmiger Transformatorspannung · Gegentakt SNT 110 V/12 V/8 A · Interne Stromversorgung für SNT höherer Leistung
Sinusförmige Netzstromaufnahme (SNTS): Netzrückwirkungen · Oberwellen bei Phasenschnitt und Pulslast · Wandlertyp für sinusförmige Stromaufnahme (1,5 kW) · Schaltnetzteil mit sinusförmiger Stromaufnahme (SNTS) · SNTS mit zwei Transistoren · SNTS-Halbbrücke mit sinusförmiger Stromaufnahme
Größen, Formelzeichen und Einheiten.